Instruments
of
Science

科学大博物館

装置・器具の歴史事典

橋本毅彦　梶雅範　廣野喜幸　……監訳

An Historical Encyclopedia

朝倉書店

Instruments of Science
——An Historical Encyclopedia

THE SCIENCE MUSEUM, LONDON
and
THE NATIONAL MUSEUM OF AMERICAN HISTORY,
SMITHSONIAN INSTITUTION
in association with
GARLAND PUBLISHING, INC.
A member of the Taylor & Francis Group
New York & London
1998

Copyright © 1998 by The Science Museum, London and The National Museum of American History, Smithsonian Institution
All rights reserved
Authorised translation from English language edition published by Taylor & Francis

訳者まえがき

　本書のキーワードは，「測定」である．

　本書のタイトルは，「インスツルメンツ・オブ・サイエンス」とある．それをそのまま訳すと「科学の装置」となる．しかし本書の内容は，その訳語が指し示すような意味からはかなりかけ離れた器具や装置をも対象としている．それを一言でいえば，「測定や観測のための装置」と言うことができる．

　科学の研究活動，技術による機械やシステムの製造と作動には，観測や測定のための器具が欠かせない．本書は，そのような種々様々な測定器，観測器の仕組みとその起源と発展の歴史を解説したものである．登場する器具や装置の数は300余りにのぼる．

　現代社会の営みが科学技術によって支えられていることは，誰もが異論をはさまないであろう．人々の日常生活において，日常生活を支える製品や機械の製造や流通を支える産業界の諸活動において，そして医療や科学研究の現場において，観測や測定のための種々様々な装置は不可欠の道具として活躍をしている．我々の身のまわりを見わたしても，時計，物差し，体温計，自動車の速度計，そして身近な世界からやや離れれば，電流計，騒音計，地震計などがあり，さらに日常生活から離れ，専門家以外には使われないものとしてPCR（ポリメラーゼ連鎖反応法），各種のゲージ，摩擦測定器などがある．

　本書のカバーする範囲は，実は正確には測定器だけに限られず，幻灯機やレーザーなどの科学実験における小道具・大道具にも目が向けられている．それらの実験装置や実験技術が含まれることによって，本書はさらに内容豊かなものになっているといえよう．

　科学や実験に興味をもつ人，日常の何気ない測定器具の由来に疑問をもった人，産業界で使われる種々の測定装置の現状と背景について関心をもっている人など，広く多くの方々に，本書の中から該当項目を探し当て，一読してみることを薦めたい．

橋本毅彦

はじめに

　ジャイロスコープは誰が発明したのか．望遠鏡はどのように発達してきたのか．爆弾熱量計は何のために使われてきたのか．気体試験技術は装置のコストにどのように反映してきたのか．本書は他の科学装置の歴史とは大きく異なっている．収載した 327 の項目は，古代から現代に至るトピックをカバーし，日常試験用に設計された計器とともに先端研究に用いられる装置を扱う．執筆者は 200 人余りの科学者，装置開発者，歴史家，社会学者で，各項目には図と文献リストを付した．

■科学装置とは何か

　科学装置は科学の営みにとって中心的存在である．それらはまず当然のものとしてふだん受けとめられている．しかし，望遠鏡や顕微鏡が科学装置であることに誰も異論はないだろうが，いざそれを一般的に定義しようとすると，科学自体の定義と同様，困難であることがわかる．最初に定義を試みた人物の一人は，英国の優れた物理学者ジェームス・クラーク・マックスウェルである．彼は 1876 年，ロンドンのサウスケンジントンで開かれた特別展示会の講演で，装置を特に科学実験のために製作されたものと狭く定義した．一世代後のオックスフォード英語辞典においては，装置 (instruments) はその科学的目的において道具 (tools) と区別されている．今日ではどの辞典でも，測定が強調されている．これらの定義とともに，リスト，カタログ，百科事典，一般的な用語法などによって我々の考え方を整理した．

　本書で取られているアプローチは，功利的だが無原則ではなく，自然の知識形態が歴史的に変化してきたことに鋭敏であるように心がけた．したがって古代以降の数理科学，17・18 世紀の自然哲学，19・20 世紀の物理学・化学ならびに新しく登場した生命科学，近年ますます重要性を増している応用科学と工学などに関する項目が本書には含まれる．

　この歴史的アプローチは重要な帰結をもたらす．例えば，現代的な科学観から

ははみ出てしまうような装置，すなわち近代初期の数学と幾何学に使われた作図道具や分割機，天文学の天球儀やアストロラーブ，航海におけるクロススタッフや六分儀などを項目として取り上げた．その一方で，生物学・生命工学の最近の発展によって，伝統的な装置の概念を混乱させるようなもの，すなわち今日の生物学研究には欠かせない大腸菌，アカパンカビ，ショウジョウバエ，マウスといった生物も項目として取り上げた．応用科学の重要性も反映して，病院，石油精製，飛行機の操縦室などにおける日常試験やモニターのための装置の利用法も探求することにした．

■最近の研究動向

　装置の歴史的重要性は，十年前に比べると格段に理解が行き届くようになってきた．博物館の所蔵品が日々増加していくことで，館員もその意味を探ることに追われてきた．科学の営みについても，同じように歴史，哲学，社会学といった広い領域から詳細な関心を集めてきた[1]．本書は，現場の知識や経験とともに，このような研究努力から大きな恩恵を被っている．

　そのような専門家の協力にもかかわらず，科学の複雑で広範にわたる内容をカバーすることは並大抵ではない．装置によっては詳細な理解とその豊かな知的，社会的，経済的コンテクストを知ることが可能なものと，ほんの概略的な発展を描くことも難しいものとがある．したがって本書は，今日の研究者による理解と提起されている問題とを収めているにすぎない．

　科学は国際的なものである．しかしその営みはしばしば地域的な条件に影響を受けている．装置の利用とその発展の形態は地域ごとに異なるし，製造業者，鍵となる人々，差し迫った問題もまちまちである．本書は国際的な視野をもっているが，十数ヵ国にわたる各執筆者の力点の置きようは，当然のことながら各人の経験と知識を反映することになる．できれば読者自らが，自分の馴染み深い地域的条件を反映するような独自の説明を著し，さらに国際的な概観を発展させていって頂ければ幸いである．

　現代の多くの作業現場において，装置はシステムやネットワークの中にしばしば組み込まれ，天文台，鉱物実験室，自動車の計器盤などの装置体系の一部になっている．本書は個々の装置を五十音順に配列し，それらは個別で独立の装置であるが，研究者が本書では試みられなかったような仕方で個々の装置の説明を総

合していくことを期待するものである．

■装置はいかに重要か

　本書で議論された装置は，科学史の文献，業界のカタログ，博物館のコレクション，現代の科学研究の論考などから選択してきた[2]．選択は必ずしも包括的ではないが，有名な装置はほとんどカバーしており，新しい科学分野を創りだすのに重要であったものや，長期間にわたり広く利用されてきたものが含まれている．また細胞数の計測や製紙用の装置などの実用的な装置とともに教育用に設計された装置も含まれる．

　科学活動にとってすべての装置が同じように重要な訳ではないが，本書ではそのような重要度に従って項目の長さを変えることはしなかった．また，さらに読み進めたい人のために文献リストをつけたが，これらを見ていただければ，よく知られている装置の歴史については本書では十分に説明できなかったことがわかると思う．しかしそうではない装置については，本書は今まで細切れであいまいに記されていた情報を，初めて一つに集めて解説することができた．したがってそれぞれの装置に割り当てられた字数は比較的限られたものになった．ほとんどの項目は長さにして2000～3000字程度である．

　本書は，明らかに広い読者層を念頭に書かれたもので，それ自体さまざまな専門家集団による産物である．したがってほとんどの場合，同時代や過去の単位よりも現代的な測定単位を使用した．さらにメートル法とヤード・ポンド法についても統一することはできず，両者を用いている．

　参考文献は5点以内で各項目末尾にあげた．これらは説明文中や図のキャプションで言及された文献の書誌情報を提供してくれる．多くの写真はロンドン科学博物館の「科学と社会写真ライブラリー」のコレクションか，スミソニアンのアメリカ歴史博物館のコレクションからのものである．

　本書は二つの主要な博物館の協力の成果であり，両者が所蔵する広範な所蔵品，文献，写真のコレクションに基づいている．両博物館からの支援と情報源によって，初めて本書の出版は可能になった．プロジェクトを通じて貴重な指導をいただいた編集顧問の方々にも感謝したい．両博物館の数人の館員は，この国際的な企画を成功へと導くのに苦労を惜しまず働いてくれた．科学博物館の写真の利用に便をとってくれたアンジェラ・マーフィー，著作権の手続きをとってくれたキ

ャサリン・クーパー，引用文献をチェックしてくれたシャーロット・カウリングとティア・スネル，計算を助けてくれたスーザン・ゴードン，各項目についてファックスや電子メールを通じて編集者や著者の間を手際よくしかもユーモアを忘れずに連絡をとり続けてくれたマージョリー・キャッスル，ジュリア・ロウ，ローレン・グレイ，マーガレット・ソーンに謝意を表する．またプロジェクトが最終的に仕上がることを注意深く，粘り強く，忍耐をもって進めてくれたガーランド社のサラ・アングリス，ユーニス・ペトリニと，制作スタッフにも感謝する．

Robert Bud
Deborah Jean Warner
Stephen Johnston

注

1) 例えば以下の科学装置の歴史についての一般的なガイドを参照．
Bennett, *The Divided Circle: A History of Instruments for Astronomy, Navigation and Surveying,* Oxford: Phaidon, 1987; Maurice Daumas, *Scientific Instruments of the Seventeenth and Eighteenth Centuries,* translated by Mary Holbrook, New York: Praeger, 1972; Anthony Turner, *Early Scientific Instruments, Europe 1400–1800,* London: Philip Wilson for Sotheby's, 1987; Gerard L'E. Turner, *Nineteenth-Century Scientific Instruments,* Berkeley: University of California Press; London: Philip Wilson, 1983; Albert Van Helden and Thomas L. Hankins, eds., "Instruments." *Osiris* 9 (1994): 1–250.

2) 適当な項目の選定作業は数年間にわたって続けられた．包括的ではないが読者の便を考え，現代の科学装置に関して以下の一般的著作のリストをあげておくことにする．
W. H. Cubberly, *Comprehensive Dictionary of Instrumentation and Control,* Research Triangle, North Carolina: Instrumentation Society of U. S. A., 1988; L. Finkelstein and K. T. V. Grattan, *Concise Encyclopedia of Measurement and Instrumentation,* Oxford: Pergamon, 1994; B. E. Noltingk, *Jones' Instrument Technology,* 4 th ed., London: Butterworth, 1985; Peter Payne, *Biological and Biomedical Measurement Systems,* Oxford: Pergamon, 1991; and J. G. Webster, ed., *Encyclopedia of Medical Devices and Instrumentation,* New York: Wiley, 1988.

監訳者

橋本　毅彦　　東京大学先端科学技術研究センター
梶　　雅範　　東京工業大学大学院
廣野　喜幸　　東京大学大学院

翻訳者 (50音順)

青野　純子	アムステルダム大学大学院／東北大学大学院	土淵　庄太郎	ソニー
東　　徹	弘前大学	堂前　雅史	和光大学
綾野　博之	東京都立短期大学	徳元　琴代	中央大学
綾部　広則	東京大学大学院	中澤　聡	東京大学大学院
伊藤　憲二	東京大学先端科学技術研究センター	中村　征樹	東京大学先端科学技術研究センター
井山　弘幸	新潟大学	成瀬　尚志	神戸大学大学院
岡本　拓司	東京大学大学院	西澤　博子	前 神戸大学
柿原　泰	東京海洋大学	羽片　俊夫	気象大学校
神崎　夏子	神奈川県立秦野曽屋高等学校	濱田　宗信	東芝
河村　豊	東京工業高等専門学校	林　　真理	工学院大学
菊地　重秋	芝浦工業大学	葉山　雅	東京工業大学大学院
菊池　好行	The Open University, U. K.	肱岡　義人	拓殖大学
北林　雅洋	香川大学	平岡　隆二	九州大学大学院
小林　学	東京工業大学大学院	藤田　康元	産業技術総合研究所
坂野　徹	日本大学	札野　順	金沢工業大学科学技術応用倫理研究所
佐藤　賢一	電気通信大学	松本　栄寿	日本計量史学会
庄司　高太	法政大学	水沢　光	東京大学大学院
鈴木　孝典	東海大学	柳生　江理	(株)グラフィック
隅藏　康一	政策研究大学院大学	山口　真	産業創造研究所
忠平　美幸	翻訳者	吉田　晃	明治大学
田中　陽子	岐阜県教育委員会	吉田　晴代	札幌大学
塚原　東吾	神戸大学	吉本　秀之	東京外国語大学
月澤　美代子	順天堂大学大学院	米川　聡	東京工業大学

編集者

Robert Bud — The Science Museum, London
Deborah Jean Warner — The National Museum of American History Smithsonian Institution

■編集補佐

Stephen Johnston — Museum of History of Science, Oxford

■編集幹事

Bersy Bahr Peterson — The Science Museum, London

■図版編集

Simon Chaplin — The Science Museum, London

■編集顧問

Robert G. W. Anderson
British Museum

Paolo Brenni
CNR Istituto e Museo di Storia della Scienza

Paul Forman
National Museum of American History Smithsonian Institution

John Law
Keele University

Ghislaine M. Lawrence
Science Museum, London

Jeffrey Stine
National Museum of American History Smithsonian Institution

Jeffrey L. Sturchio
Merck & Co., Inc.

Peter H. Sydenham
University of South Australia

Gerard L' E. Turner
Imperial College of Science, Technology and Medicine

執筆者

Agar, Jon   University of Manchester
Amsterdamska, Olga   University of Amsterdam
Anderson, Robert G. W.
Angliss, Sarah
Asaro, Frank   Lawrence Berkeley Laboratory
Azzam, Rasheed M. A.   University of New Orleans
Baker, Roger C.   University of Cambridge
Band, David   United Medical and Dental Schools
Bennett, Jim A.   Museum of the History of Science, U. K.
Bennett, Stuart   Sheffield University
Bertolotti, Mario   University of Rome La Sapienza
Betts, Jonathan   National Maritime Museum and Old Royal Observatory
Bhattacharya, Asitesh
Blume, Stuart S.   University of Amsterdam
Bohning, James J.   American Chemical Society
Boon, Timothy M.   Science Museum, U. K.
Bracegirdle, Brian
Bradbury, Savile   formerly of Oxford University
Bradley, John K.
Brain, Robert   Harvard University
Brashear, Ronald S.   The Huntington Library
Brenni, Paolo
Broelmann, Jobst   Deutsches Museum
Brooks, Randall C.   National Museum of Science and Technology, Canada
Brown, C. N.   Science Museum
Bryden, D. J.   formerly of the National Museums of Scotland
Buchanan, Peta D.
Bunney, Anna   Science Museum
Burchard, Ulrich   Mineral Exquisit
Burgess, Peter   National Radiological Protection Board, U. K.
Burnett, Charles   Warburg Institute
Burnett, John   National Museums of Scotland
Cahan, David   University of Nebraska
Cambrosio, Alberto   McGill University
Campbell, W. A.   University of Newcastle
Carpine, Christian   formerly of the Musée océanographique de Monaco
Carson, John   Cornell University
Carter, Debbie Griggs   National Museum of American History, Smithsonian Institution
Chapman, Allan   Oxford University
Charman, W. Neil   UMIST
Clarke, Barry   University of Newcastle
Collins, Harry M.   University of Southampton
Collins, Jeremy P.   Christie's South Kensington Ltd.
Comes, Mercè   University of Barcelona
Coulter, Wallace H.   Coulter Corporation
Cox, Ronald C.   Trinity College, Ireland
Crawforth-Hitchins, Diana F.
Crompton, H.
Dainty, John C.   Imperial College, U. K.
De Luca, Carlo J.   Boston University
Dennis, Michael Aaron   Cornell University
den Tonkelaar, Isolde
DeVorkin, David   National Air and Space Museum
Dörries, Matthias   Deutsches Museum
Dollimore, David   University of Toledo
Domalski, Eugene S.   National Institute of Standards and Technology, U. S. A.

Draper, Laurence
Dumit, Joseph   Dibner Institute
Duncan, Sophie   Science Museum
Ede, Andrew
Edmonson, James M.   Dittrick Museum of Medical History
Eggert, Arthur A.   University of Wisconsin Hospital
Ehrhardt, George R.
Eklund, Jon   National Museum of American History
Elachi, Charles   Space and Earth Science Programs Directorate
Ellis, Darwin V.   Schlumberger-Doll Research
Elzen, Boelie   University of Twente
Ernsting, John   King's College London
Evans, Hughes   The Children's Hospital of Alabama
Evans, Rand B.   East Carolina University
Evesham, H. Ainsley
Fara, Patricia   University of Cambridge
Feldman, Theodore S.   University of Southern Mississippi
Ferrari, Graziano   Storia Geofisica Ambiente Srl (SGA)
Fisher, Susanna
Fleming, James Rodger   Colby College
Forman, Paul
Gallop, John   National Physical Laboratory, U. K.
Gaudillière, Jean-Paul   Hôpital Necker-Enfants Malades
Genuth, Sara Schechner   University of Maryland
Gökalp, Iskender   LCSR–CNRS
Goldstein, Andrew   Rutgers University
Good, Gregory A.   West Virginia University
Gooday, Graeme J. N.   University of Leeds
Gossel, Patricia L.   National Museum of American History
Griffiths, John   Science Museum
Gundlach, Horst U. K.   Universität Passau
Hackmann, Willem D.   Museum of the History of Science
Hall-Patch, Tony   formerly of the Science Museum
Hankins, M. W.   Imperial College, U. K.
Harden, Victoria A.   National Institutes of Health
Hawkes, Peter   Laboratoire d'Optique Electronique du CNRS
Heckenberg, Norman R.   University of Queensland
Herléa, Alexandre   Institut Polytechnique de Sévanans
Hessenbruch, Arne   University of Cambridge
Hirsh, Richard F.   Virginia Polytechnic Institute and State University
Holmes, Frederic L.   Yale University
Hong, Sungook   University of Toronto
Howell, Joel D.   University of Michigan
Hudson, Giles M.   Museum of the History of Science
Hughes, Jeff   University of Manchester
Hurst, Andrew   University of Aberdeen
Ifland, Peter   Nautica Instrument Co.
Insley, Jane   Science Museum
James, Frank A. J. L.   The Royal Institution
Jami, Catherine   REHSEIS, CNRS
Johnson, Kevin L.   Science Museum
Johnston, Sean F.   York University
Johnston, Stephen
Kay, Lily E.   Massachusetts Institute of Technology
Keating, Peter   Université du Québec à Montréal
Kidd, Cecil   University of Aberdeen
Kidwell, Peggy Aldrich   National Museum of American History
King, David A.   Goethe University
Koch, Ellen B.
Kohler, Robert E.   University of Pennsylvania
Kondratas, Ramunas   National Museum

of American History
Kragh, Helge Aarhus University
Krehbiel, David Krehbiel Engineering, Inc.
Kuhn, Hans Jochen Max–Planck–Institut für Strahlenchemie
Lawler, Ronald G. Brown University
Lawrence, Ghislaine M.
Lederberg, Joshua Rockefeller University
Lewis, Mitchell Royal Postgraduate Medical School
Loebl, Herbert formerly of Loebl and Company Ltd.
Löhnberg, Anne University of Amsterdam
Longhurst, Alan formerly of the Bedford Institute of Oceanography
Lovelock, James E.
Löwy, Ilana Hôpital Necker–Enfants Malades
Lyon, Edwin, III SRI International
Marks, John E. Vintage Restorations
Mauskopf, Seymour H. Duke University
McMullan, Dennis Cavendish Laboratory, University of Cambridge
McWilliam, Robert C. Science Museum
Meidner, Hans University of Stirling
Merrifield, R. B. Rockefeller University
Morris, Peter Science Museum
Morrison-Low, A. D. National Museums of Scotland
Mörzer Bruyns, Willem F. J. Nederlands Scheepvaartmuseum
Moseley, Patrick T. International Lead Zinc Research Organization
Mylott, Anne Indiana University
Neher, Erwin Max–Planck–Institut für biophysikalische Chemie
Newbury, Dale E. National Institute of Standards and Technology, U. S. A.
Newmark, Ann Science Museum
Nicolson, Malcolm Wellcome Unit for the History of Medicine

Nier, Keith A. Rutgers, The State University of New Jersey
Nuttall, Robert H.
Ory, Thomas R. Daedalus Enterprises, Inc.
Owens, Larry University of Massachusetts
Page, James E.
Palmer, Rex A. Birkbeck College
Peterson, John I. National Institutes of Health, U. S. A.
Phillips, Vivian J. University of Wales
Phipps, John Institute of Petroleum
Pinch, Trevor Cornell University
Powell, Cedric J. National Institute of Standards and Technology
Rasmussen, Nicolas University of Sydney
Redfern, John P. Rheometric Scientific Ltd.
Redhead, Paul A. National Research Council, Canada
Regeer, Barbara University of Amsterdam
Reuben, Bryan South Bank University
Roberts, Lissa San Diego State University
Robinson, Derek A. Science Museum
Rothman, Harry University of West of England
Rozwadowski, Helen
Ruddock, K. H. Imperial College
Russell, Iain National Library of Scotland
Ryan, W. F. Warburg Institute
Schaffer, Simon University of Cambridge
Seidel, Robert W. University of Minnesota
Shapiro, Howard M.
Sherman, Roger E. National Museum of American History
Sherratt, Mike Stanhope–Seta
Sibum, H. Otto Max–Plank–Institut für Wissenschafts-geschichte
Skopec, Robert A. University of Aber-

deen
Slavin, Walter Bonaire Technologies
Small, James S.
Smith, Denis
Smithies, Nigel Building Research Establishment
Sokal, Michael M. Worcester Polytechnic Institute
Sorrenson, Richard J. Indiana University
Spies, Brian R. Macquarie University
Staelin, David Massachusetts Institute of Technology
Stanley, Peter University of Manchester
Steele, Brett D. University of California at Los Angeles
Stock, John T. University of Connecticut
Swade, Doron Science Museum
Sweetnam, George
Sydenham, Peter H.
Sykes, Alan H.
Szabadváry, Ferenc National Museum for Science and Technology, Hungary
Taub, Liba Whipple Museum of the History of Science
Thomas, Roger C. University of Cambridge
Thurtle, Phillip Stanford University
Tsong, Tien T. Academia Sinica
Tullis, Terry E. Brown University
Turner, Anthony
Turner, Gerard L'E.
Turner, Steven C. National Museum of American History
Turtle, Alison M. University of Sydney

van Helden, Anne C. Museum Boerhaave
van Leersum, Bert
Vaughan, Peter R. Imperial College
Volkov, Alexeï K. University of Hong Kong
Wakeling, T. R. M.
Walters, Alice University of Massachusetts
Ward, John Science Museum
Warner, Deborah Jean
Warwick, Andrew Imperial College
Watson, Fred G. Anglo–Australian Observatory
Welch, Roy University of Georgia
Wells, David University of New Brunswick
Wess, Jane Science Museum
Westwick, Peter University of California, Berkeley
Wickramasinghe, H. Kumar International Business Machines
Williams, Michael University of Calgary
Wolfschmidt, Gudrun Deutsches Museum
Wolfson, Sidney K., Jr. University of Pittsburgh
Worthington, William E., Jr. National Museum of American History
Wright, Michael Science Museum
Wright, Norman E. Brigham Young University
Wright, Thomas Science Museum
Ziegler, Charles A. Brandeis University

目　次

あ

アカパンカビ	1
アストロラーブ	3
アストロラーブ【航海用】	6
圧度計	8
圧力計	10
圧力ゲージ→ゲージ【圧力測定用】	
圧力容器	12
アトウッドの機械	14
アナログ電子計算機	
→コンピューター【アナログ式】	
アルミッラ天球儀	16
泡　箱	18

い

イオン感知微小電極	22
遺伝子銃	23
イメージアナライザー→画像解析装置	
インジケーター	27

う

ヴァールブルク圧力計	30
ヴィセロトーム	31
うそ発見器	34
宇宙線検出器	36
雨量計	38

え

液性限界測定器具	41
液体比重計	43
液量計→ゲージ【レベル】	
エクアトリウム	45
X線回折	48
X線装置	52
X線マイクロアナライザー	
→マイクロアナライザー【電子線】	
NMR分光計	56
MRI	58
エリプソメーター→偏光解析装置	
遠心機【人体用】	60

お

オシロスコープ	63
オートアナライザー	65
オドメーター	67
オレリー	69
音　叉	70
温度計	72
温度計→パイロメーター	
温度計測→温度計	
示差温度解析器	
音量計→騒音計	

か

ガイガー計数管	77
ガイスラー管	79
回折格子と罫線作成機	81
化学旋光計→旋光計【化学用】	
化学天秤	85
角度の測定	88
火災感知器	90

荷重測定	92
ガス試験装置	95
ガス探知機【固体式】	97
ガス分析計	98
ガスメーター	101
カセトメーター	104
画像解析装置	105
画像用レーダー→レーダー【画像用】	
加速器	108
加速度計	112
紙試験装置	114
カメラ	116
カメラ【航空写真測量】	118
カメラ・オブスクラ	121
カメラ・ルシダ	123
ガルバノメーター→検流計	
眼圧計	124
干渉計	126
慣性誘導装置	128
ガンマ線カメラ→放射線カメラ	
ガンマ線分光計	131

き

気圧計	135
気体計量機【ファン・スライケ式】	138
起電機	140
軌道記録装置	143
キモグラフ	145
吸光光度計【ヒルガー・スペッカー式】	148
吸収計【ブンゼン式】	149
曲率計	150
距離計	151
距離測定【光学式】	154
距離測定【電磁式】	156
霧箱	159
筋電計	161
筋力計→動力計	

く

屈折計	164
クラドニ板	165
グルコースセンサー	167
クルックスのラジオメーター	169
クロススタッフ	171
クロノグラフ	174
クロノスコープ	176
クロノメーター	178
グローマ	182
クロマトグラフ	183

け

経緯儀	188
蛍光活性化セルソーター	189
計算機	191
計算尺	195
計深器→ゲージ【レベル】	
罫線作成機→回折格子と罫線作成機	
ゲージ【圧力測定用】	197
ゲージ【機械用】	199
ゲージ【真空測定用】	201
ゲージ【レベル】	204
血圧計	208
血液ガス分析機	210
血液分析用光学装置	213
ケルダールの窒素定量装置→窒素定量装置【ケルダール式】	
限外顕微鏡	217
検眼鏡	219
検眼用機器	222
原子吸光分光計	224
原子時計→時計【原子時計】	
弦線ガルバノメーター→検流計【弦線式】	
検電器	226
幻灯機	228
検波器→電波検出器	

顕微鏡→限外顕微鏡	
光学顕微鏡【初期】【現代】	
走査型光学顕微鏡	
走査超音波顕微鏡	
走査プローブ顕微鏡	
電界イオン顕微鏡	
電子顕微鏡	
検流計	231
検流計【弦線式】	234

こ

航海用アストロラーブ	
→アストロラーブ【航海用】	
光学顕微鏡【初期】	237
光学顕微鏡【現代】	240
光学測定	
→吸光光度計【ヒルガー・スペッカー式】	
航空計器	244
航空コンパス→コンパス【航空用】	
航空測量→カメラ【航空写真測量】	
光電子増倍管	247
光度計	250
硬度試験器	252
光量計	254
固体ガス探知機→ガス探知機【固体式】	
コールターカウンター	256
ゴールトンの笛	258
コロナ観測器	260
コロニーカウンター	262
コンクリート試験器	265
コンパス【航空用】	267
コンパス【磁気式】	269
コンパス【ジャイロ】	271
コンパス【偏差，偏角】	274
コンパレーター	
→比較測定器【距離測定用】	
【天体観測用】	
【ロヴィボンド式】	

コンピューター【アナログ式】	276
コンピューター【デジタル式】	280

さ

材料強度試験器具	284
算　木	286
三脚分度器	287

し

自記気圧計	290
自記気象計	292
磁気コンパス→コンパス【磁気式】	
自記晴雨計→自記気圧計	
子午環	294
子午儀	296
示差温度解析器	299
地震計	301
湿度計	303
湿度計【熱電対式】	306
質量分析計	307
CT スキャナー	312
自動気圧計→自記気圧計	
GPS	315
四分儀	317
ジャイロコンパス→コンパス【ジャイロ】	
ジャイロスコープ	320
写真機→カメラ	
写真測量→カメラ【航空写真測量】	
重力計	322
重力波検出器	324
酒気検知器	327
瞬間露出器	329
蒸気圧，沸点，融点測定装置	331
衝撃試験用器具	333
ショウジョウバエ	335
蒸　留	337
職業適性テスト【精神工学】	340
植物生長計	342

目　次　xv

磁力計	344
深海温度計	347
真空ゲージ→ゲージ【真空測定用】	
真空ポンプ	349
人工水平儀	352
シンチレーション・カウンター	353
心電計	355
浸透圧計	358
針入度計と貫入試験	360

す

吹　管	363
水質標本採集管	365
水準器	367
彗星儀	369
ずがいけいそくき【頭蓋計測器】　→とうがいけいそくき	
スクイド	370
スピンサリスコープ	372
すべり抵抗試験装置	374

せ

静水秤	377
製図器具	378
静電起電機→起電機	
赤外線探知機	382
石油試験装置	383
セクター	385
絶縁計	387
セルソーター→蛍光活性化セルソーター	
旋光計【化学用】	389
全地球位置把握システム→GPS	
線量計	391

そ

騒音計	394
双眼鏡	396
双曲線航法システム	398
走行距離計→オドメーター	
走査型光学顕微鏡	401
走査超音波顕微鏡	403
走査プローブ顕微鏡	406
測高計→ヒプソメーター	
測　鎖	409
測深器	410
測程儀	412
速度計	414
測量機器→距離測定【光学式】【電磁式】	
測角器	416
ソナー	418
ソノメーター	421
そろばん【西洋】	423
そろばん【東洋】	426

た

大腸菌	429
太陽ニュートリノ検出器	432
タコメーター	434
多スペクトル感応性スキャナー	436
タンパク質シークエンサー	438

ち

地殻ひずみ計	441
地下ゾンデ	443
地球儀・天球儀	445
地球の電気伝導度測定	447
窒素定量装置【ケルダール式】	450
知能テスト	452
地平測角器	456
潮位計	457
潮位予測計	459
超遠心分離機	460
超音波診断	463
聴診器	466
聴力計	468
調和解析機	470

て

DNAシークエンサー	473
デジタル計算機	
→コンピューター【デジタル式】	
電圧計	476
電位計	478
電位差計	480
電界イオン顕微鏡	482
電荷結合素子	484
電気泳動装置	486
電気測定→検流計	
天球儀→地球儀・天球儀	
電子計算機	
→コンピューター【アナログ式】【デジタル式】	
電子顕微鏡	489
電子線マイクロアナライザー	
→マイクロアナライザー【電子線】	
電子プローブマイクロアナライザー	
→マイクロアナライザー【電子線】	
電子捕獲検出器	492
電池	494
電波検出器	496
電波望遠鏡	498
電離箱	501
電流計	502
電量計	505
電力計	507
電力量計	509

と

頭蓋計測器	511
透過率計	513
動態記録器→キモグラフ	
動力計	516
時計【原子時計】	518
時計【標準時計】	521
ドブソン分光光度計	
→分光光度計【ドブソン式】	
トラバース板	525
トルクェートゥム	526

な

内視鏡	530
長さの測定	533

に

日射計	536

ね

ネイピアの棒	539
ねじり秤	541
熱電対(列)	543
熱電対湿度計→湿度計【熱電対式】	
熱天秤	545
熱の仕事当量測定器	547
熱量計	550
熱量計【動物用】	553
熱量計【ボンベ式】	556
ネフェレスコープ	558
粘度計	560

の

濃度計	562
脳波計	564
ノクターナル	566
ノモグラム	568

は

肺活量計	571
パイロメーター	573
秤【一般】	575
秤【化学式】→化学天秤	
秤【静水式】→静水秤	
爆薬衝撃力試験器具	578
八分儀	580

パッチクランプ増幅器	583
波浪記録計	585
パントグラフ	588

ひ

ぴーえいちけい【pH計】	
→ぺーはーけい	
比較測定器【距離測定用】	591
比較測定器【天体観測用】	593
比較測定器【ロヴィボンド式】	594
比色計	596
微震計	599
ひずみ計【一般】	600
ひずみ計【電気抵抗】	604
日時計	606
ヒプソメーター	609
微分解析機【ブッシュ式】	610
ビュレット	613
表面構造の測定	614
表面分析装置	615
微量分析機	
→マイクロアナライザー【電子線】	
ヒルガー・スペッカー吸光光度計	
→吸光光度計【ヒルガー・スペッカー式】	
疲労試験装置	618

ふ

ファン・スライケ気体計量機	
→気体計量機【ファン・スライケ式】	
風速計	622
フォトンカウンター	624
伏角計	626
ブッシュの微分解析機	
→微分解析機【ブッシュ式】	
沸点気圧計→ヒプソメーター	
プラニメーター	629
プラネタリウム	631
プランクトン記録装置	633

振り子	636
プレチスモグラフ	638
フローサイトメーター	641
プロセス制御装置	644
分割機	646
分光器【初期】	649
分光器【天文用】	650
分光計	
→NMR分光計	
ガンマ線分光計	
原子吸光分光計	
分光蛍光計	654
分光光度計	656
分光光度計【ドブソン式】	660
ブンゼン式吸収計→吸収計【ブンゼン式】	

へ

平板	663
pH計	664
ペプチド合成機	666
ヘモグロビン計	668
ヘリオスタット	671
ヘルムホルツ共鳴器	673
偏角コンパス→コンパス【偏差，偏角】	
偏光解析装置	675
偏光計	677
偏差コンパス→コンパス【偏差，偏角】	

ほ

ホイートストン・ブリッジ	681
望遠鏡→電波望遠鏡	
望遠鏡【初期】	682
望遠鏡【現代】	686
望遠鏡【X線】	689
望遠鏡【新技術】	692
放射計【宇宙空間での使用】	695
放射線カメラ	697
砲術用器具	699

膨張計	701
ポジトロン CT	703
ポトメーター	707
ポーラログラフ	708
ポリメラーゼ連鎖反応法	711
ボロメーター	714
ポロメーター	716
ボンベ熱量計→熱量計【ボンベ式】	

ま 行

マイクロアナライザー【電子線】	719
マイクロデンシトメーター	721
マイクロマニピュレーター	724
マイクロメーター	726
マウス	728
摩擦測定装置	731
マルチスペクトルスキャナー →多スペクトル感応性スキャナー	
万歩計	734
ミクロトーム	736
無線機→電波検出器	
メーザー→レーザー，メーザー	
網膜電図	739

や 行

融点測定器	741
誘導コイル	742
ユージオメーター	745
容量ブリッジ	748

ら 行

ライデン瓶	750
ラジオゾンデ	752
ラジオメーター →クルックスのラジオメーター	
羅針儀→コンパス【磁気式】	
立体鏡	755
流速計	757
流量計	759
レーザー，メーザー	763
レーザー診断機器	767
レーダー	769
レーダー【画像用】	772
レベルゲージ→ゲージ【レベル】	
炉	775
ロヴィボンドの比較測定器 →比較測定器【ロヴィボンド式】	
六分儀	777
六分儀【航空機用】	779
露出計	781
ロックイン検波器/増幅器	784

和文索引	795
欧文索引	810
人名索引	815

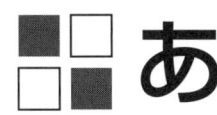

◆アカパンカビ

Neurospora

アカパンカビ（*Neurospora crassa*）は，1940年代に，ある遺伝子はある単一の酵素の働きを支配していること（1遺伝子1酵素説）を証明するのに役立った．1遺伝子1酵素説は，分子生物学が発展する有力な手がかりとなった．アカパンカビは子嚢菌綱・核菌亜綱に属し，最も研究されている菌類である．自然状態では熱帯のような状況で繁殖する（オーブンの中でも繁殖する）．研究室では，単純な炭素源（ショ糖またはグリセロール），ビタミンであるビオチン，無機塩類を含む培地上で繁殖させることができる．アカパンカビは，無性生長が速い，世代期間が短い，自家不稔性であるという理由から，研究にたいへん有効であり，交配もしやすい．

オランダの植物学者F. ウェント（Friedrich Went, 1863-1935）が，1890年代にジャワ島とオランダでアカパンカビを研究した．1920年代にはブルックリン植物園で植物病理学者B. O. ドッジ（Bernard O. Dodge, 1872-1960）がアカパンカビを室内繁殖できるようにし，有性生殖と生活環を解明し，遺伝研究の優れた対象であることを予見した．トウモロコシ（*Zea mays*）とキイロショウジョウバエ（*Drosophila melanogater*）の実験が模範とされた頃，ドッジはコロンビア大学の遺伝学者 T. H. モーガン（Thomas Hunt Morgan, 1866-1945）にアカパンカビを使って遺伝の研究をするよう説得に努めた．そこでモーガンの研究グループは，1928年にドッジのアカパンカビで研究するためにカリフォルニア工科大学へ移ったのである．1931年には，C. C. リンデグレン（Carl Clarence Lindegren, 1896-）が学位論文でアカパンカビの細胞遺伝学について解明するまでになった．ドッジとリンデグレンの研究は，連鎖の測定と同一もしくは異なった対立遺伝子における突然変異の発生を決める標準的方法をもたらした．1930年代中頃には，アカパンカビの遺伝について研究成果がまとめられ，研究対象としての可能性が広く認められるようになった．

G. W. ビードル（George Wells Beadle, 1903-1989）は，1940年代にスタンフォード大学で，E. L. テータム（Edward Lawrie Tatum, 1909-1975）とともに研究し，生命科学のめざましく効果のある実験系へとアカパンカビを高めたのである．ビードルは，コーネル大学におけるトウモロコシ遺伝学から，カリフォルニア工科大学でのショウジョウバエ遺伝学へと移行したとき，遺伝学の要諦となる問題に興味を抱いた．それは，遺伝子が酵素をつくっているのか，それとも遺伝子自体が酵素なのかという問題である．ビードルとB. エフルッ

シ（Boris Ephrussi, 1901-1979）は，1930年代半ばに，ショウジョウバエの移植実験をし，眼の色が発現する際，酵素が触媒となっている生化学反応を遺伝子が制御する可能性（遺伝子と酵素の対応）を指摘していた．しかし，そうした生化学的研究に，ショウジョウバエは必ずしも適していなかった．

ビードルは対象をアカパンカビに変え，また実験方針を逆転させた．既知の突然変異から始め，生化学的産物を目指すのではなく，生合成から始め，そこから遺伝子にさかのぼる方針をとったのである．もし，遺伝子のある突然変異が，ある合成段階の欠如を表現するとしたら，アカパンカビの突然変異体は何らかの必要物質を合成できないだろう．とすると，それは最小培地（正常なアカパンカビが生育するのに必要最小限の栄養分が与えられた培地）では生育できないだろう．この系を用いて，生育に必要な栄養分を見出すことができれば，代謝経路中で阻害される個所と突然変異遺伝子の相関関係が確立される．突然変異を無作為に生み出すには，まず，無性的な繁殖を

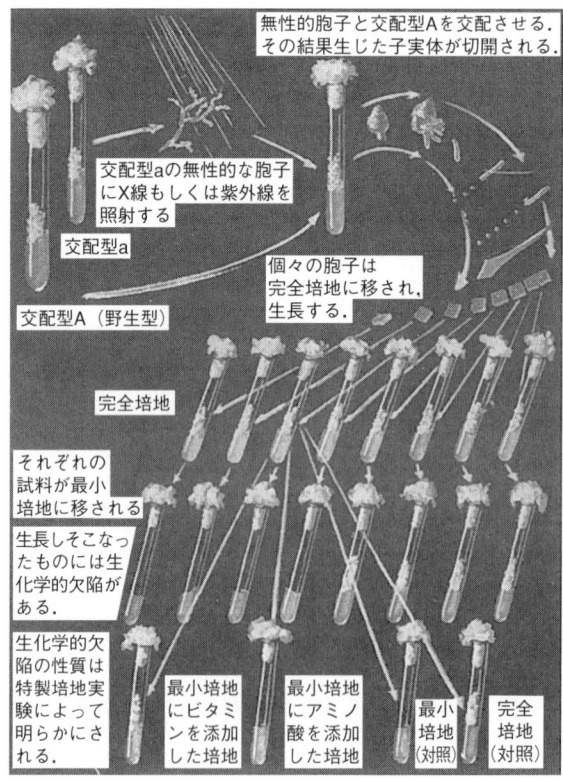

アカパンカビの単一欠失遺伝子を決定する実験の説明．G.W.Beadle.「ヒトとカビの遺伝子」"The Genes of Men and Molds." Scientific American 179 (September 1948)：33. Copyright © 1948 Scientific American, Inc. All rights reserved.

するアカパンカビ胞子にX線を照射し，その後，X線照射された胞子を，適切な交配型の胞子と交配させる．そして，新しくできた胞子を取り出し，適切な栄養分が供給された培地上で育て，それから，ある栄養分が欠如している培地で実験する．

　ビードルの研究グループは，1940〜1945年にアカパンカビの胞子をおよそ8万個使って実験した．そのうち，500個ほどの胞子が，栄養素を合成できない突然変異であった．そして，100以上の突然変異が，生合成の制御に関係していることがわかった．突然変異体の大部分は，ビタミン・アミノ酸・核酸の何らかの構成成分を合成することができないという特徴をもつ．7種類のビタミンB複合体と12種類のアミノ酸の合成に関する突然変異が特定され，このほとんどがラット・イヌ・ヒトの代謝に不可欠であることも判明した．最終産物（ビタミンであれ，アミノ酸であれ）の合成に至る生化学的経路は，すべて例外なく，一連の生化学的反応に他ならないことが証明された．どの例でも，ある個所の突然変異は，生化学反応のたった一個所の阻害であり，それはある酵素が不足するためだと推測された．この研究は，生化学遺伝学や分子生物学の基礎となった．ビードルらはまた，アカパンカビの突然変異体を使って，コリン・パラアミノ安息香酸・イノシトール・ピリドキシン・ロイシンの生物学的検定についても研究した．事実，アカパンカビの実験系は遺伝研究のためだけではなく，食品や薬品の検査にも役立つことがわかり，いくつかの商業事業にも利用された．

　ビードルとテータムは1958年度ノーベル医学生理学賞を受賞した．遺伝の仕組みを大腸菌（E. coli）で解明したJ. レーダーバーグ（Joshua Lederberg, 1925-）もこのとき同時受賞している．皮肉なことにこのときまでに，大腸菌のほうが大いに単純であり，かつ生活環が短いため，遺伝研究により適しているとされ，アカパンカビの遺伝研究は，大腸菌による遺伝研究にかなり置き換わってしまっていたのである．

　　　　　　　　［Lily E. Kay／田中陽子・廣野喜幸 訳］

■文　献

Fincham, J. R. S., and P. R. Day. *Fungal Genetics*. Oxford：Blackwell Scientific, 1963.

Kay, Lily E. *The Molecular Vision of Life：Caltech, the Rockefeller Foundation, and the Rise of New Biology*. New York：Oxford University Press, 1993.

Kay, Lily E. "Selling Pure Science in Wartime：The Biological Genetics of G. W. Beadle." *Journal of the History of Biology* 22（1989）：73-101.

Kohler, Robert E. "Systems of Production：*Drosophila, Neurospora*, and Biochemical Genetics." *Historical Studies in the Physical and Biological Sciences* 22, part 1（1991）：87-130.

Perkin, D. "*Neurospora*：The Organism behind the Molecular Revolution" *Genetics* 130（1992）：163-174.

◆アストロラーブ

　　　　　　　　　　　　　　　　Astrolabe

　アストロラーブは，中世およびルネサンスの天文学者たちが好んで使った器具である．これは，本質的には手にもつことができる宇宙の模型であり，天文・計時・占星・測量において多くの用途で役立った．イスラーム教やキリスト教の僧侶が祈りの時刻を決めるのに実際にアストロラーブを使ったという証拠はほとんどないが，アストロラーブはヨーロッパのさまざまな大聖

堂に見られるアストロラーブ時計の発展に寄与した．

中世アラビアに気のきいた小話があり，こんなことを言っている．「プトレマイオスがロバに乗っているとき，天球儀を落としてしまった．ロバがそれを踏んづけた．アストロラーブのできあがり」．ここで架空のものはロバだけである．アストロラーブの原理はプトレマイオス (Ptolemaios, 2世紀) も知っていた．アストロラーブは天球の二次元モデルであり，立体投影法として知られる数学の方法で変換されている．投影面は天の赤道である．

アストロラーブは2つの主要部分からできている．回転できる透かし彫り盤が，さまざまな明るい星と黄道を示している．これが天の部分である．一方，固定された円盤が，特定の緯度に対する地平線や子午線を投影したもの，および地平線から上の等高度円を投影したものを示している．天球上の諸円を投影したものも円であり，それらの円の間の角度も保存されることは，立体投影法が保証してくれる．アストロラーブの裏側には高度をあらわす目盛りがあり，さらに，その目盛りで高さを測るための照準装置であるアリダード (照準尺) が備えられている．

アストロラーブを使うには，最初に太陽あるいは与えられた星の高さをアリダードで測定し，次に透かし彫り盤の適切なマーカー［太陽のある黄道位置や，その星を示す針先］を，問題になっている土地の緯度に対応する円盤上の，適切な等高度円の上にセットする．この組合せが，その土地の地平線に即して見た，その時刻の天の配置を示している．さて，透かし彫り盤の1回転は24時間に対応するから，どんな回転をさせてもそれを時間に換算することができる．そこで，［透かし彫り盤を回転させて］太陽を東の地平線上に戻してみると，日の出からの経過時間を計ることができる．あるいは，太陽を地平線下の子午線に動かしてみると，夜半までに残っている時間を計ることができる．また，その土地の地平線と子午線に即した黄道の配置も知ることができる．黄道とこれらの交点は，上昇点・下降点・上の中天・下の中天と呼ばれるが，数学的占星術において第一に重要なものである．アストロラーブの円盤には占星術の「家」に対する印が入っているものもある．これは任意の時刻での12家の位置を読み取ることを可能にし，したがってホロスコープを作成する基礎を与えるものである．アストロラーブはまた，測量というより世俗的な使い方もある．

立体投影法はヒッパルコス (Hipparchos, 前150年頃) がすでに知っていたようだが，球面天文学の必要に適用することはプトレマイオスの『平面球法 (*Planisphaerium*)』(後125年頃) に述べられている．プトレマイオスの『アルマゲスト (*Almagest*)』に述べられている「アストロラーブ」は三次元の環状天球儀である．ここでわれわれが扱っている「平面球アストロラーブ」はアレクサンドリアのテオン (Theon, 300年頃) の失われた著作に述べられていたらしいが，何らかの記録が残っている最古の実物は，7～8世紀にアレクサンドリアとハッラーン (現在のトルコ南東部) でつくられた．現存する最古のアストロラーブと考えられているもの (現在はバグダードの博物館に保存されている) は，西暦800年に対応する星の位置が設定されている．このアストロラーブには3個の円盤があり，その両面と本体の表の基盤面 ("*mater*" [ラテン語で「母」の意］と呼ばれる) を合わ

せて，古典古代の7気候帯［地球上の人が住める地域を緯度によって7つに分けたもの］の緯度に対応できるようになっている．本体の裏面には高度目盛りの他には何もない．透かし彫り盤のデザインは，ただ1つ現存しているギリシャ文字の刻まれた1062年のアストロラーブ（現在はブレシャ［イタリア北部］にある）とよく似ている．

バグダードやイランで9～10世紀につくられたアストロラーブと，それに関連して製作法や使用法が書かれたテキストは，初期のイスラーム天文学者たちの科学的活動の成果を立証するものである．革新的なことがらとしては，円盤上の方位円，本体裏側の三角関数の格子線［四分円内に引かれた縦横の線で，sinやcosに相当する］などがあり，一部には，月と太陽をギヤで動かして月の満ち欠けを表示する仕組みもあった．本体裏側の一連の巧妙な目盛りは，照準尺を利用して，1日のうちの時刻を，1年の任意の時刻の太陽の緯度および地球上の任意の緯度の関数として求めることを可能にしている．この時刻目盛りはほとんどすべてのヨーロッパのアストロラーブにあらわれているが，その基礎になっている計算式は必然的に近似のもので，北ヨーロッパの緯度ではうまく機能しないはずのものであった．10～13世紀の間には，イスラーム教徒の職人たちによって，非常に美しいアストロラーブが数多くつくられた．

球形アストロラーブもまた，この時代にイラクやイランで発達した．完全に残っている唯一の例は14世紀のエジプトあるいはシリアのものである．直線アストロラーブは，12世紀のイランで開発された．1つだけの緯度に対して，球面天文学の標準的な問題のすべてが解けるものである（これは中世の計算尺というに最もふさわしいものである）．1枚の円盤だけですべての緯度に対応するという万能アストロラーブは，11世紀のアンダルシアで発明された．これまでつくられたすべての中で最も精巧なものは，アレッポ［シリア］のイブン・サッラージュ（Ibn al-Sarraj, 1400年頃）によって考案され，製作された．そのさまざまな部品は，任意の緯度に対して5つの異なった方法で用いることができる．17世紀には，特にイランで多くの美しい，きわめて正確なアストロラーブが製造された．およそ1,000個が現存するイスラームのアストロラーブの多くは，後期のインド・ペルシャを起源とするものである．現在でも，インドや北アフリカでは，観光客用にまがい物のアストロラーブがつくられている．

ヨーロッパの最古のアストロラーブは，10世紀のカタロニアのものである（現在はパリの博物館にある）．これは初期アンダルシアのアストロラーブを模倣したもので，もとのアラビア語の刻印がラテン文字に転写されたり，ラテン語に翻訳されたりしている．ヨーロッパのアストロラーブのいくつかは12～13世紀の，さらにいくつかは14世紀のものであるが，これらのほとんどは，署名も日付もない．14世紀までには，いくつかの地域的なアストロラーブの流派が，北イタリアやフランスやイギリスで形成されていた．

15世紀になると，初めてヨーロッパのアストロラーブを特定の個人に結びつけることができる．パリのJ.フソリス（Johannes Fusoris, 1365頃-1436）の工房からの約20個，ウィーンのプールバッハ（Peuerbach, 1423-1461）とレギオモンタヌス（Regiomontanus, 1436-1476）の工房からの

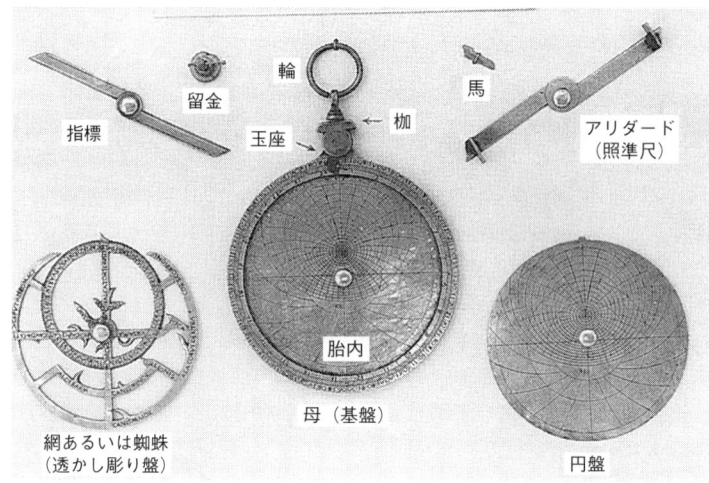

標準的なアストロラーブの部品．SSPL 提供．

ほぼ1ダースのアストロラーブが現存している．16世紀初期には，ニュルンベルクのG. ハルトマン（Georg Hartmann, 1489–1564）が，レギオモンタヌスのモデルに倣って，数百のアストロラーブを製作した．彼が署名している30近いアストロラーブが現存し，多くは部品に製造記号が刻まれている．16世紀後期のヨーロッパの主要な工房はルヴァンにあり，また，同程度に優秀なものがエリザベス朝のイギリスでも製造された．17世紀フランドルの天文学者たちは，イスラームの天文学者たちが9〜10世紀に考案していた特異な形態のアストロラーブのほとんどを独立に再発明した．　　　　　[David A. King／鈴木孝典 訳]

■文　献

Gunther, Robert W. T. *The Astrolabes of the World*. Oxford：Oxford University Press, 1932. London：Holland, 1976.

King, David A. "Astronomical Instruments between East and West." In *Kommunikation zwischen Orient und Okzident*, edited by H. Kühnel, 143–198. Vienna：Austrian Academy of Sciences, 1994.

King, David A. *Islamic Astronomical Instruments*. London：Variorum, 1987.

North, John D. "The Astrolabe." *Scientific American* 230（January 1974）：96–106.

The Planispheric Astrolabe. London：National Maritime Museum, 1979.

◆アストロラーブ【航海用】

Mariner's Astrolabe

航海用アストロラーブは，水平線の上の太陽や星の高度を測定する器具で，観測者のいる地点の緯度を測定するために，天文表とともに用いられる．航海用アストロラーブはポルトガル人航海者たちが15世紀末，アフリカの西海岸以南を探検するようになるにつれ，彼らのために開発され，彼らによって初めて使用された．

航海用アストロラーブは平面球形アスト

ロラーブを単純化したものである．初期の航海用アストロラーブは蝶番式のリングから垂直につるされた円形のディスクからなり，度数目盛りが刻まれた縁の上を動く指方規がついているものであった．その後，航海中の不安定な船の上という困難な観測条件に適合させるための改良が試みられた．例えば風が吹いている中での観測では，器具を垂直につるし続けることは困難であるため，風の影響を減らすために，16世紀の初頭には完全な円盤ではなく，穴をくり抜いた，車輪のような形の円盤が導入された．また海上での観測を容易にするため，平面球形アストロラーブに比べ，指方規の両照準を互いに距離を近づけて取り付けるようにした．また器具を実用可能な範囲内でできるだけ重くつくることによって安定性がさらに増し，本体は鋳造によってつくられ，16世紀にはポルトガルやスペインの器具の底に安定用おもりがつけ加えられた．

航海用アストロラーブは，太陽を観測するか星を観測するかによって2通りの使い方がされた．太陽の観測は，太陽がその地方の子午線を通過する正午に行われた．器具をぶら下げ，その指方規の両端に空いている小さな穴を太陽光線が通るように調整する．すると，そのとき指方規が指す度数目盛りは太陽の高度を示していることになる．そして1年のそれぞれの日の太陽の赤緯が載った天文表を用いることにより，観測された高度から，観測者の緯度を計算することが可能になる．また星に関しては，指方規を目の高さまで持ち上げてのぞき，その目盛りから高度を読み取ることによって直接観測された．また星の観測のために，より大きなのぞき穴を用いることもあったが，クロススタッフ（cross-staff）が海上での星の高さを知るためにしだいに用いられるようになると，アストロラーブは16世紀中にはあまり使用されなくなっていった．

スペインでは，航海用アストロラーブやその他の天文学的航海術器具の使用に先立って専門家の認可を受けることが義務づけられ，そうすることで品質の確保に努めようとした．16世紀初頭に制定された法律によると，すべてのそのような器具は，セビリアの取引約定所のチーフパイロットによる審査に従わなければならなかった．いくつかの現存する器具にはそれらが正式に承認されたことを示すしるしが残っている．

スペインやポルトガルの航海士たちは，18世紀になっても16世紀以降ほとんど形が変化しないままの航海用アストロラーブを使い続けた．しかし北ヨーロッパにおいて航海用アストロラーブは，特にオランダ人たちによってさらなる発展を遂げた．オランダの東インド会社は航海士たちに，安定用おもりがつり下げ環のちょうど真下のクラウンの部分に移されたアストロラーブを支給した．もう1つのオランダでの革新は，航海用アストロラーブを半円形，すなわちもとの完全な円形の下半分を切り取った形にしたことであり，それは完全な円形だったときと全く同じように用いることができ，かつ重量を変化させることなく，より大きな直径を得ることができる（それゆえ，より精度が上がる）ものであった．しかしこれらの変化にもかかわらず，航海用アストロラーブはその他の観測器具に取って代わられることとなり，18世紀のJ. ハドレー（John Hadley, 1682–1744）の八分儀（octant）の導入の前には，クロススタッフやバックスタッフ（back-staff）が

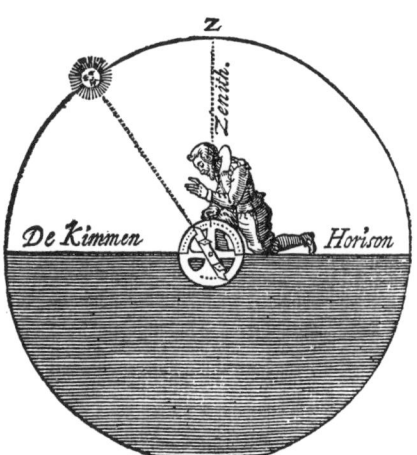

航海用アストロラーブの操作の図. Adriaan Metius. De genuino usu utriusque globi tractatus. Amstelodami：Fronecker, 1624. オックスフォードの科学史博物館提供.

北ヨーロッパの航海士たちの標準的な観測器具になった. またオランダ東インド会社は 1675 年には航海用アストロラーブを支給することをやめてしまった.

実用的な道具として使われていた他の諸器具と同じように, 航海用アストロラーブは個人蔵や博物館のコレクションとしてほとんど残っておらず, 1957 年にはただ 10 基の存在のみが知られていた. しかしその後の水中考古学の急速な進歩や難破船の探索によって状況は変わってきており, 1988 年までには 60 を越える航海用アストロラーブの存在が報告, 記録されている.

[Stephen Johnston／平岡隆二 訳]

■文 献

Stimson, Alan. *The Mariner's Astrolabe. A Survey of Known, Surviving Sea Astrolabes.* Utrecht：HES. 1988.

Waters, Davis. "The Sea- or Mariner's Astrolabe." *Agrupamento de Estudos de Cartografia Antiga*, 15 Seção de Coimbra. Coimbra：Junta de Investigaçōs do Ultramar, 1966.

◆圧 度 計

Piezometer

圧度計（ピエゾメーター）は, 土や岩の中の空隙内部の流体の圧力（孔圧, pore pressure）を計る装置である. 1920 年代にテルツァギ（K. Terzaghi）は, 土や岩の動きは「実効圧力（effective stress）」つまり通常の圧力と孔圧の差によって制御されることを示した. この考え方を実際に活かすためには孔圧を計る必要がある. 米国再開発局（USBR）は 1935 年に, 堤防ダムにおける内部浸潤圧（internal seepage pressure）の重要性を理解し, 孔圧の野外計測を開始した. 彼らはいくつかの最初の実験の後で静水圧表示器を用いた. この器具は, カーボランダムの多孔性ろ過円盤を通して土と接触している, 水を含んだ漕である. 水は電気的に接触する金メッキした隔壁を通じて作用する. 隔壁のもう一方の側面は小さい内径の銅製の管を通じて観測点につながれており, 圧力測定は隔壁がもち上がって電気的接触が切れるまで, 空気圧をかけることによって行われる.

最初の現代的な水力圧度計は 1939 年に登場する. この器具では, 漕の中の水は堤防の外の観測点に 2 本の内径の小さい銅管を通じて直接つながれる. これらの管を通じて水の循環が可能になることから, 銅管が水で満たされることが保証され, 圧度計と観測点との間の圧力差がわかる. 1946 年には 15 基のダムにこの装置が取り付けられた. その際の計測によれば, 増大する負荷によって, 土が水を排出するよりも早く孔に入った流体が絞り出されることか

ら，ダム建設時には不透水性であった盛り土の中にも高い孔圧が生じる可能性があることが明らかとなった．

イギリスのいくつかの堤防が1937年から1941年にかけて建設中に地滑りを起こした．これは，地固めが不十分であったこと，建築孔圧が高すぎたことが（正しくも）その要因とされた．スコットランドのミュアヘッドダムが1941年に崩落し，類似のノッケンドダムが近くで建設中であったので，直立管を打ち込んで建築孔圧を計ったところ，直立管の水位が盛り土の高さを上回った．そこで建設が終了する前に設計が修正されたのである．

イギリスの建築物研究所は1950年に，USBRが使ったものと類似の圧度計（ただし管はプラスチック製）をダムに取り付け始めた．高い建築孔圧がアスク堤防で観測されたので，再び完成前に設計の修正が行われた．1950年代には堤防に圧度計を取り付けることは世界中の建築に広まった標準的な慣行となった．同じような器具が，土台の動きを表示するためにダムの下の掘削孔やその他の場所に取り付けられた．水力圧度計は目盛りづけを必要とせず，テストをすれば働いているかどうかがわかる．取付け方さえ正しければ長期間にわたって使用できる．最も初期に取り付けられた器具がいまだに機能しているほどである．

ヨーロッパ大陸のほうでは，ダムの孔圧は水で満たされた内径の細い管ではなく，電気的な変換器で計測される．この器具では振動する針金のひずみ計が隔壁のずれを計測するのである．これらの圧度計はドイツ，イタリア，フランス，ノルウェーで生産され，1950年頃からダムに取り付けられ始めた．それらの装置は寿命と安定性に優れているが，時おりゼロ点偏流（zero drift）が観測される．これらの器具は原位置で（in situ）較正することはできない．高価ではあるが取付けが簡単で，コンパクトな携帯装置で示度を読むことができる．水力圧度計とは違い，圧度計と観測点の相対的な高さから影響を受けることはない．電気圧度計は2本管の水力圧度計よりも広く用いられている．

圧力を感知する第三のタイプの器具はアメリカで1960年代に開発され，広く採用されている．この機種では建築孔圧はネオプレンの隔膜の一方の側面に作用し，もう一方の面で2本のプラスチック管の一方の端が閉じられる．使用時には，一方の管には徐々に増大する気圧がかけられる．これが孔圧と等しくなるときに隔膜がもち上げられ，気体が2本目の管を通じて戻ってくる．表示は管の相対的な高さの影響は受けないが，管が長いと示度が遅くなる．空気式圧度計は長期の使用の場合，電気式の圧度計と比べて信頼性で劣っていることが明らかになっている．

圧度計は，土や岩石の原位置での孔圧を計測するために掘削孔に取り付けなければならない．A. カサグランデ（Arthur Casagrande, 1902-1981）によって1944年に開発された単純なボアホール（掘削孔）圧度計は，柔らかい粘土の圧密度（rate of consolidation）を表示する．掘削孔は沈められ，装置のケースは徐々に引き出され，0.5インチ（1.3cm）のプラスチック管の先端の砂と多孔性の壺は内側に置かれる．ケースの底はベントナイト粘土でできた球と砂を交互に敷いた層で密閉され，管の中の水の深さが電気式の下降計（dip-meter）で計測される．孔圧の変化に反応する細い管の中の水位の変化のために必要な水の流れがわずかであることから，圧密

度を表示するのに十分反応が速いのである．カサグランデ圧度計は以来広く使われるようになるが，現在ではケースは完全に引き出され，穴は先端に埋め戻されている．この機種は安価で，信頼性が高く，寿命が長い．透過性の低い粘土では，掘削孔に沿った浸透による誤差を防ぐために密閉材が不浸透性でなければならない．電気圧度計，空気式圧度計も掘削孔に取り付けることができ，これによって離れたところで示度を見ることが可能になる．

部分的に飽和した盛り土に取り付けられた初期の水力圧度計，電気圧度計で大気圧に近い孔圧を計ると，異常な測定値を示してしまう．部分的に飽和した浅い農業用の土壌での大気圧より低い孔圧を計る際は，1930年代には野外張力計（field tensiometer）が使われた．孔圧によって植物が取り入れることのできる土壌の水分を調節することができる．張力計は水力圧度計と似ているが，計測管が短く，微細なセラミックのフィルターがついている．部分的に飽和した土壌の圧力を直接計りたければ，器具のフィルターは土壌の中に存在す るよりも大きい毛管作用力によって水圧あるいは空気圧の差を支えることができるように，微細な孔をもっている必要がある．さもなければフィルターと器具の中にある水分は吸い出され，空気に置き換わってしまう．張力計で使われたものと類似したセラミック圧度計フィルターは1959年に使われ始めている．

[Peter R. Vaughan／菊池好行 訳]
➡ 圧力計も見よ

■文 献

British Geotechnical Society. *Proceedings of the Symposium on Field Instrumentation in Geotechnical Engineering*. London：Butterworths, 1973.

British National Society Soil Mechanics and Foundation Engineering. *Proceedings of the Conference on Pore Pressure and Suction in Soils*. London：Butterworths, 1961.

Dunnicliff, John. *Geotechnical Instrumentation for Monitoring Field Performance*. New York：Wiley, 1988.

Kulhawy, Fred H., ed. *Recent Developments in Geotechnical Engineering for Hydro Projects：Embankment Dam Instrumentation Performance, Engineering Geology Aspects, Rock Mechanics Studies*. New York：American Society of Civil Engineers, 1981.

◆圧 力 計

Pressuremeter

圧力計は，土壌や岩石の硬さや強さを自然の状態において測定するものである．それは剛体の上に締めつけられた円筒の柔軟な膜からなっており，膜は剛体によってすべての長さにわたって支えられている．圧力計はふつう，直径40～100 mm, 長さ2 m以下であり，試験用に特別につくられた地面の穴に設置された．それはあらかじ

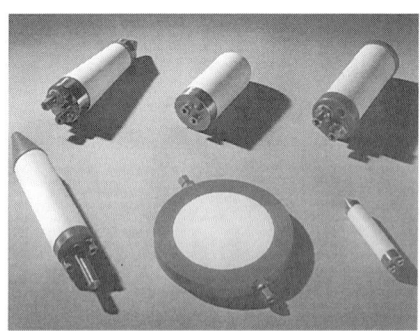

圧度計の先端部一式（1995年，ソイル・インスツルメンツ社製）．（左上から時計回りで）ビショップ型，だんご鼻型，円筒型，小型，円盤型，押し込み型．ソイル・インスツルメンツ社提供．

め空けられた穴を進むか (PBP)，自分で空けるか (SBP)，押し入れられるか (PIP) する．3つのタイプはすべて土壌に利用される．ある種のPBPやSBPは，岩石の中で操作されるが，それらはしばしば膨張計と呼ばれる．

PBPは回転式の鑿岩機(さしがんき)を用いてえぐり貫かれた試験用の穴に沈められる．通常，穴の直径は圧力計の直径よりも1割程度大きい．したがって，その場での応力は，設置の過程によって減少される．SBPは試験用の穴を自分で掘り進んでいくので，穴の直径は圧力計の直径と等しい．その際，土は圧力計によって置き換えられ，その場の応力は同じままである．PIPは土壌に押し込まれることで試験用の穴がつくられる．すなわち，土が押し分けられるので，その場の応力は増大する．設置の過程は得られる土の応答曲線に影響し，したがって試験結果を読むことで得られるパラメーターに影響する．

いったん圧力計がその穴に設置されると，ガス，油，水を使って膜を内的に圧することで試験が遂行される．膜は圧力が高まるにつれて膨張する．この膨張は，拡張する断面の中心に置かれた変位変換器を利用して計測されるか，油や水が使われる場合には液体が膜の中に入り込む量によって計測される．多くの試験方法によって土壌の性質をいろいろと決定することが可能である．すべての手続きは圧力を徐々に高めることでなされるが，増加の度合いと回数を変化させて圧力や膨張の増加率を一定にすることも可能である．

加えられた圧力を膜の膨張に対してプロットした曲線は，圧力計曲線あるいは土壌応答曲線として知られており，この曲線は設計のパラメーターやその場の土地の性質を導き出すのに利用される．これらの性質は，地質工学的設計，例えばベアリング能力や基礎固めなどを予測するのに利用される．

歴 史

1933年，F. ケグラー (Franz Kögler) は，圧力計の測定法の記述と試験の解釈について発表した．現代の圧力計は，フランスのL. メナール (Louis Ménard) と日本のフコワによって開発された計器から発展してきた．メナール圧力計 (1958年に特許) と日本の水平載荷試験装置 (1966年に最初に紹介された) はともにPBPである．それらはいまでも使用されており，現在に至るまで最も広範に利用されているものである．

1968年にF. ジェゼクエル (François Jézéquel) らによって，設置法を改良すると，実際の土地の性質をよく表現するような試験曲線が得られることが認識された．フランスの土木学校の研究所では，自動穿孔圧力計が開発された．ケンブリッジ大学のP. ロース (Peter Wroth) は，ケンブリッジSBP試験機を開発した．それは現場の水平方向の応力であるK_0を測定するように設計されたため「ケンコメーター」としても知られた．ケンブリッジ試験機は1978年に商用化され，フランスの試験機よりも広く利用された．

1960年代末には北海油田の開発に続いて，ケンブリッジSBPから発展した押し入れ式の圧力計がつくられた．これは，試験ポケットを予備的に掘削したり自動掘削したりする必要がなく，掘削の穴の底から押し入れることができたので，設置時間が短縮された．このタイプの試験機は今では円錐貫入計として改良され，陸上用として商品化されている．

解 釈

圧力計の試験は単純に膨張する空洞とし

て見なすことが可能で，弾性と可塑性の理論を用いて解釈される．実際には，この単純な仮定が設置の過程において成り立たなくなる．メナールと彼の共同研究者は，一連の経験則を発展させることでこの問題を克服した．それはベアリングの空洞や基礎の設定を，圧力計の曲線から直接予測することを可能にするものであった．これらの規則は圧力計の試験から得られたデータと他の研究所と現場の試験，あるいは基礎の特質からの結果との相関関係に基づくものである．それらはフランスにおける建築技術の基礎となるものであり，彼らの設計標準に組み込まれた．この設計法，試験における特定の方法は，他の国々でも使われるが，とりわけフランス語圏の国々で多く使われてきている．圧力計の技術と分析における改良によって，圧力計の曲線を直接解釈し，設計規則に用いられたり地質工学の数値分析に利用されるような土地の性質を示したりすることができるようになった．この間接的な設計方法は，最初1960年代にイギリスで火力発電所の設計に利用された．この理論的方法は，圧力計の曲線を積分することで土地の性質を導出するか，土地の性質を微分することで圧力計の曲線を導出するか，どちらかのモデルを利用している．後者のモデルは線形の弾性，完全に可塑的，双曲,放物などの関数を含んでいる．

まとめ

PBPは，すべての土壌や岩石の中で利用される最も精密で頑丈な計器である．PBP試験曲線の解釈は設置の仕方に左右されるため，しばしば経験則に依存している．SBPはその土地の現場の性質を最もよくあらわす試験曲線を導出する．圧力計の曲線は土地のせん断応力曲線を導出するように解釈されう．PIPは設置のための

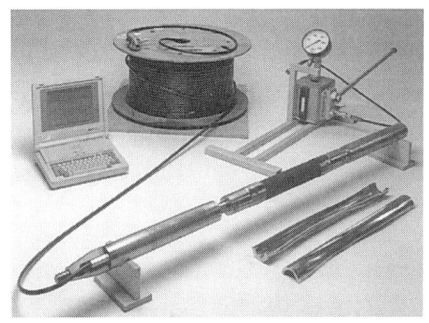

圧力計．プローブ，保護金属線，試験装置が示されている（1990年）．ケンブリッジ・インシチュ社提供．

時間を短縮し，再現可能な擾乱を生み出すが，この擾乱のために試験曲線は準経験則を利用して解釈されなければならない．

[Barry Clarke／橋本毅彦 訳]
➡ 圧度計も見よ

■文　献

Baguelin, François, François Jézéquel, and Donald Shields. *The Pressuremeter and Foundation Engineering*. Clausthal：Trans Tech, 1978.

Clarke, Barry. *Pressuremeters in Geotechnical Design*. London：Blackie, 1995.

Mair, Robert, and David Wood. *Pressuremeter Testing：Methods and Interpretation*. London：Butterworth, 1987.

◆圧力ゲージ
　➡ ゲージ【圧力測定用】

◆圧力容器

Pressure Bomb

圧力容器は，植物試料の水のポテンシャ

ル（水の自由エネルギー）を測定するものである．十分に水を吸い込んだ植物試料の水ポテンシャルはゼロである．水の含有量が減ると，水ポテンシャルは減少し，負の値をとる．植物学者たちは，この測定値を用いて，圧力/体積のグラフにプロットして曲線を描く．この曲線は，膨圧（この力は，細胞壁が十分に強力な支持力を与えないとき，非木質の植物組織の形状を保つ力である）の大きさ，および植物組織の中の水分の運動を決定する水のポテンシャルの変化率に関する情報を与える．

薬草学において，医療目的で力学的な力を加えて樹液を採取することは，すでに紀元前600年には言及されていた．それに対して，近代的な圧力容器は，イギリスの植物学者 A. C. チブナル（Albert Charles Chibnall, 1894-1988）が細胞質から分離した樹液をしぼり出すために圧縮空気を用いた1926年にさかのぼることができる．その後，圧力容器は系統的な研究のために開発を続けられ，1960年代にはアメリカの植物学者 P. ショランダー（Per Fredrick Scholander, 1905-1980）によって設計された装置が標準的な研究室の装置となった．1997年には，数千ドルで販売されている．

圧力容器は強固な材質からできており，500万パスカル（50バール）まで耐えることができる．圧力ゲージは，2万パスカル（0.2バール）まで測れなければならない．ネジ蓋，および植物の茎や葉柄のまわりの栓は密封されていなければならない．使用するときは，切り取られた枝，葉をすばやく容器に差し込み，容器の圧力を少しずつ上昇させていく．樹液の最初の一滴が切断面からのぞいたとき，圧力計器が示しているのが，試料の水ポテンシャルと

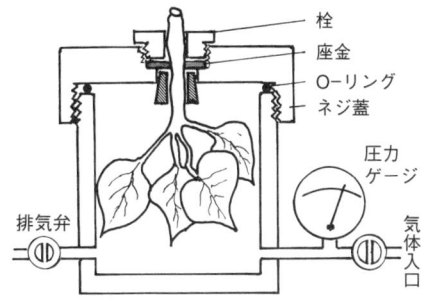

ショランダー型の圧力容器の断面図.

平衡をとるのに必要な圧力である．十分に膨張した植物からとられた試料の場合には，水ポテンシャルはほぼゼロであり，わずかに圧力をかけるだけで切断された端から樹液が滲み出してくる．

圧力と体積のグラフを描くためには，試料は初め，その切断面を水につけ，プラスチック製の覆いをかぶせて，十分に水を吸わせておかなければならない．10～15分おいて，圧力をほんの少しずつ上昇させる．圧力を増やすごとに，しぼり出された樹液の体積を測定する．最高の圧力をかけた後，容器内の試料を切り取って，乾燥させ，残っている含有水の量を測定する．この量としぼり出された樹液の総体積の和が，十分な膨圧での水の含有量の100%である．

[Hans Meidner／林　真理訳]

■文　献

Meidner, Hans. *Class Experiments in Plant Physiology*. London：Allen and Unwin, 1984.

Scholander, P. F., Edda B. Bradstreet, and A. Hemmingsen. "Sap Pressure in Vascular Plants." *Science* 148（1965）：339-346.

Tyree, M. T., and H. T. Hamel. "The Measurement of Turgor Pressure and the Water Relations of Plants by the Pressure Bomb Technique."

Journal of Experimental Botany 23 (1972): 267-282.

◆アトウッドの機械

Atwood's Machine

1770年代にケンブリッジ大学の数学者G.アトウッド（George Atwood, 1745-1807）によって設計された，一定の作用力のもとでの物体の運動を示すための装置．ロンドンの職人G.アダムス（子）（George Adams, 1750-1795）によって製作されたこの装置は，2mの支持棒によって支えられた台の上に円錐の軸をもち，それにより摩擦を最小にするように2つの青銅の車輪がベアリングの働きをする．長い絹ひもが青銅の滑車を通り，これらのベアリングに載せられている．絹ひもの両端には，木製か青銅製の円筒形のおもりが重なり合ってつけられている．小さな穴のあいた円盤か薄い棒からなる追加用のおもりは，どちらかのおもりに載せられる．木の柱には30分用のおもりによる振り子時計が取り付けられており，台とひも背後のスタンドの間には，物差しとともに2つの動かすことのできる小さな止まり台があり，そのうち低いほうはおもりの落下を止め，もう一方は穴の開いた輪がついており，落下するおもりがこの輪を通過する瞬間におもりの上に載せられた棒状のおもりを取り除く仕掛けになっている．

アトウッドは最初にこの機械を1776年からのケンブリッジのトリニティー・カレッジにおける講義で利用し，1784年に詳細な解説を出版した．「力学の著作には運動の原理を決定的で満足できるように試験する方法はどこにも解説されていない」が，ひもの重さ，空気抵抗，滑車の摩擦などはすべて無視できるため，この機械はそのようなテストを可能にするものであった．おもりの数を変えることで加速度を変えることができ，落下運動は制御棒によって始動させることができた．「振り子の音に注意をこらし，1拍の長さを心に刻んでおくことが適切な方法である．それから任意の音が聞こえる瞬間に，棒の端を［円筒の］底から直接下方に取り除くことで，同じ瞬間に落下が開始する」．十数回の試験により，経過時間，落下距離，最終速度，加速度の関係が証明された．最終速度は，落下する円筒が輪を抜けるときに補助棒を取り除くことで，左右の円筒の質量が等しくなることによって測定される．差し引きの力がゼロの状態で一定の時間に円筒が移動する距離を測ることで，計算により輪に到着した時点での速度を求めることができる．この実験の重要な応用として，落下する円筒からおもりを取り去り上昇する円筒より軽くすることで，遅延力が働くときの落下物体の振舞いを示す実験装置にすることができる．

「運動において観察される法則について適切な観念を得るために，加速された物体は重力がない自由空間に存在すると考えられるべきである」．これはアトウッドの機械がつくり出そうとする状況に他ならない．ケンブリッジの数学者たちは，運動が外部の力によっていることを証明し，活力の教義を論駁できるとしばしば考えた．18世紀初期には落下物体を何らかの抵抗をもつ物質の上に落とした跡の大きさで落下力を測ろうとしていたが，抵抗の大きさを正確に測定することは到底できず，アトウッドは自分の装置はこのような実験よりも優

れていると宣伝した．アトウッドの機械はしばしばニュートン力学を試験するのに用いられたが，18世紀末のケンブリッジの数学者たちは往々にしてこの教義の真理を前提にし，この装置を単に教義が依存する概念を明確化するものとして使った．

　この装置の普及に伴い，ニュートン力学に対する前述したような見解が広まった．1780年代には，ポルトガルの企業家J. マジェラン（Jean Hyacinthe de Magellan, 1723-1790）の仲介で，アダムスの機械はヨーロッパの学者や貴族の手にわたった．その1人パヴィア大学自然哲学教授のA. ヴォルタ（Alessandro Volta, 1745-1827）は，「結果はいつもそれ以上は望めないほどの正確さで理論と合致した」と，驚きを記している．ウィリアム（William）ならびにS. ジョーンズ（Samuel Jones）は，1795年にこの機械の生産を引き継ぎ，4年後にハーバード大学が彼らに機械を注文している．ロンドンのJ. ニューマン（John Newman, 1816-1860）やパリのN. ピクシ（Nicolas Pixii, 1776-1861）とN. フォルタン（Nicolas Fortin, 1750-1831）らの製作職人によって，この機械は世界中に供給されるようになった．1840年からはフィラデルフィアのA. メイソン（Alva Mason, 1834頃-1857）やニューヨークのW. ウェルチ（William Welch, 1838頃-1943）によって，アメリカでもその機械が製造されるようになった．設計に関しては，落下するおもりの落ちる瞬間を教えるベルをつけたり，おもりの落下と同時に動き出す時計を備えるなど，もともとのアトウッドの機械にいろいろな改良が加えられた．19世紀になされた安価だが重要な改良は，電磁石でつられたおもりがスイッチを切ることで落下するもので，その後の物体の運動は滑車に取

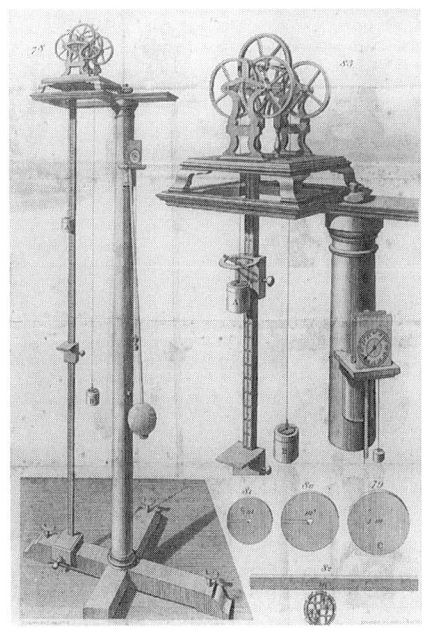

ジョージ・アトウッドの機械．時計，滑車，車輪式ベアリング，物差し，おもりを取り外した輪の詳細図．Atwood（1784）：図78〜83．ケンブリッジのウィップル図書館提供．

り付けられた煤のついた円筒に振動板がつける跡を観測することで測ることができた．これらの装置が物理教育に使われるようになるにつれて，この機械はニュートン力学の第二法則を前提にして重力による加速度を測定する手段として，また法則の経験的適切性の厳密なテストというよりも法則の意味を例示する手段として受けとめられるようになっていった．

　　　　　　　　［Simon Schaffer／橋本毅彦 訳］

■文　献

Atwood, George. *A Treatise on the Rectilinear Motion and Rotation of Bodies*：*With a Description of the Original Experiments Relevant to the Subject*. Cambridge, England, 1784.

Greenslade, Thomas B. "Atwood's Machine." *Phys-

ics Teacher 23 (1985): 24–28.
Magellan, Jean Hyacinthe de. *Description d'une nouvelle machine de dynamique inventee par Mr. G. Atwood*, London, 1780.
Schaffer, Simon. "Machine Philosophy: Demonstration Devices in Georgian Mechanics." *Osiris* 10 (1994): 157–182.
Wheatland, David P. *The Apparatus of Science at Harvard* 1765–1800. Cambridge: Harvard University Press, 1968.

◆アナログ電子計算機
➡ コンピューター【アナログ式】

◆アルミッラ天球儀

Armillary Sphere

アルミッラ天球儀は,観測器具としてつくられたものも,天文学の原理を実演するための道具としてつくられたものもある.そのどちらの形式のものも,いくつかの環(ラテン語のアルミッラ(*armilla*,腕輪)という名で知られる)からできており,そこからこの器具の名前がついた.これらの環は天球の大円[天の赤道や黄道など]をあらわしている.観測用アルミッラでは,空を塞いでしまわないように環の数はできるだけ少なくなっており,1つあるいは2つの環には可動の照準器がついている.これらの環は,黄道基準の黄経・黄緯,あるいは赤道基準の赤経・赤緯の度数を測ることができるように調整されていた.実演用アルミッラでは,分至経線や黄道,赤道に加えて,南北極圏の線や南北回帰線が描かれていた.中央の球は地球の位置,あるいは時には太陽の位置を示していた.

観測用アルミッラ天球儀

最古のアルミッラ天球儀はもっぱら観測用のもので,プトレマイオス(Ptolemaios, 2世紀)が『アルマゲスト(*Almagest*)』で述べた「アストロラボン(astrolabon)」に由来するものであった.プトレマイオスのアストロラボンは観測者の地理的緯度に合わせて調整できるようになっており,恒星や惑星の位置を—プトレマイオスの惑星理論が要求する形式である—黄道座標で直接に求めることができた.高度と方位による観測を黄道座標の形式に変換するという数学的な面倒が避けられたのである.このタイプのアルミッラ天球儀は獣帯[黄道]アルミッラとして知られていた.後の形のものでは,星の位置を赤道座標で直接与えるものもあり,これは赤道アルミッラとして知られた.どちらのタイプも中世イスラームの天文台で使われていた.

観測器具の知識は,クレモーナのゲラルドゥス(Gerardus Cremonensis, 1114頃–1187)が『アルマゲスト』をアラビア語からラテン語に翻訳した12世紀の後期に,東方から西方へと伝えられたのであろう.アルミッラ天球儀の記述は,13世紀中頃にカスティーリャ王国のアルフォンソ10世(Alfonso X el Sabio, 1221–1284, 在位 1252–1284)の求めによって編纂された『天文学知識叢書(*Libros del saber de astronomia*)』にも含まれている.15~16世紀には,B. ヴァルター(Bernhard Walther, 1430–1504),N. コペルニクス(Nicolaus Copernicus, 1473–1543),T. ブラーエ(Tycho Brahe, 1546–1601)が黄道アルミッラを使用した.ヴァルターは1488年から1504年の間に惑星の観測をしたが,彼の器具で角度の10分以内という精度に達すること

ができた．

ブラーエは黄道アルミッラに満足しなかった．対称的ではなく，しかも重いので，不均等な力がかかって歪みを引き起こすというのであった．彼は赤道アルミッラのほうがよいとし，それを3つつくった．最初の2つは，設計は全く伝統的なものであったが，鉄・真鍮・木でできていて，ネジ止めされているという点で注目すべきものであった（「というのも，天文学者は世界市民でなければならないのだから」とブラーエは述べている．天文学者たちはしばしば，彼らの仕事をよりよく支持してくれるであろう土地を求めて，「固定された」器具を移動させねばならなかった．そのような政治的状況に，前向きに対処しようとしたのである）．これらのアルミッラは直径1.5 mで，分の間隔に分割されていた．3番目の赤道アルミッラは，より革新的な設計になっている．それは，赤道面に固定された半円の弧，その内部に据えられた極軸，そのまわりに回転する大きな赤緯円（直径2.72 mで，梁で補強されていた）からなっている．ブラーエの観測精度は実際には角度の40秒以内であったが，このアルミッラは15秒を読み取れるものであった．ブラーエの天文台は大型の観測用アルミッラ天球儀が使用された最後のものとなった．

観測用のアルミッラは中国でも独立に発展し［観測用の「渾天儀」］，中国では天文台の装備の要ともなるものであった．

実演用アルミッラ天球儀

天球をあらわす連結された諸環をもって，アルミッラ天球儀は宇宙の模型としても役立った．そして，大きな観測用アルミッラを小型にしたものが，天文学の初歩的な原理を教えたり，天文学の基本的な問題を解いたり，天球儀と同じような方法で概略

の計算をしたりするのに使われた．この理由で，天球儀の使用に関する手引き書に，アルミッラの教育的機能がしばしば言及されている．

教育用の器具としてつくられたアルミッラは，脚の上に据えられたものもあったが，天球儀のように架台の中に組み込まれ，回転する球が任意の緯度から見た天をあらわすように調整できるものも多かった．地球中心の体系を表示するために，小さな地球儀が外球中央の黄道極軸に固定され，一方，入れ子になった一連の可動環（あるいは骨組みだけの球）が月・太陽・惑星の軌道をあらわした．変わったものでは，春分点移動や春分点振動を実演するために，内外の天球を歯車装置で動かすというものもあった．また，プトレマイオスの導円や周転円の理論を実演するために，惑星環を離心円盤で置き換えたものもあった．恒星天をあらわす最外球に，各恒星を示す指標が接着されることもあった．

惑星環がアルミッラ天球儀につけられたのは4世紀頃からかもしれないが，イスラーム世界での実演用アルミッラの記録は，これまでのところ見つかっていない．教育用のプトレマイオス式のアルミッラがキリスト教世界のヨーロッパにあらわれたのは，おそらく10世紀の後半からであろう（というのもオリヤックのゲルベルトゥス（Gerbertus Aureliacensis, 教皇シルウェステル2世，950頃-1003，在位999-1003）がそれを所有していたと思われるからである）．これは天球の考え方を教えるために，19世紀に至ってもまだ使われた．

17世紀には，教育用の器具として，コペルニクス式のアルミッラ天球儀がプトレマイオス式のものと相並ぶようになった．この太陽中心のアルミッラでは，太陽をあ

らわす小さな球がアルミッラ天球儀の中心軸に固定され，惑星環がそのまわりを回転した．後に，天王星(1781年)，海王星(1846年)，比較的大きな小惑星ウェスタ・ユーノー・ケレース・パッラス(1801〜1807年)の発見に合わせて，新しい環がつけ加えられた．コペルニクス式のアルミッラでは，惑星環をプラネタリウム(惑星儀)で置き換えたものもある．

実演用のアルミッラの多くは真鍮などの金属でできていたが，木や紙やボール紙も，特に15〜16世紀の中央ヨーロッパの職人たちや，18世紀末から19世紀初頭のフランスの多くの工人たちによって使われた．

アルミッラ天球儀は長い間，天文学者・教師・学者の代表的な道具と見なされてきたので，狭くは天文学，広くは学問一般の象徴となった．写本，大聖堂の彫像，書籍，絵画において，天文学者たち(および彼らを司る女神たち)はアルミッラ天球儀をもった姿で描かれることが多かったし，学者たちはアルミッラを手元に置いて研究しているように描写された．今日でも，アルミッラは学識や教養を示すものとして機能し，大学のパンフレットや，学会や講演会を知らせるポスターなどにあらわれている．[Sara Schechner Genuth／鈴木孝典 訳]

■文 献

Brahe, Tycho. *Tycho Brahe's Description of His Instruments and Scientific Work* as given in *Astronomiae Instauratae Mechanica* (Wandesburgi 1598). Translated and edited by Hans Ræder, Elis Strömgren, and Bengt Strömgren. Copenhagen：Ejnar Munksgaard, 1946.

Needham, Joseph. *Science and Civilisation in China*. Vol. 3. Cambridge：Cambridge University Press, 1959.

Nolte, Friedrich. *Die Armillarsphäre*. Erlangen：M. Mencke, 1922.

Poulle, Emmanuel. *Les sources astronomiques* (*textes, tables, instruments*). Typologie des sources du Moyen Âge Occidental, no. 39. Turnhout, Belgium：Brepols, 1981.

Price, Derek J. "A Collection of Armillary Spheres and Other Antique Scientific Instruments." *Annals of Science* 10 (1954)：172-187.

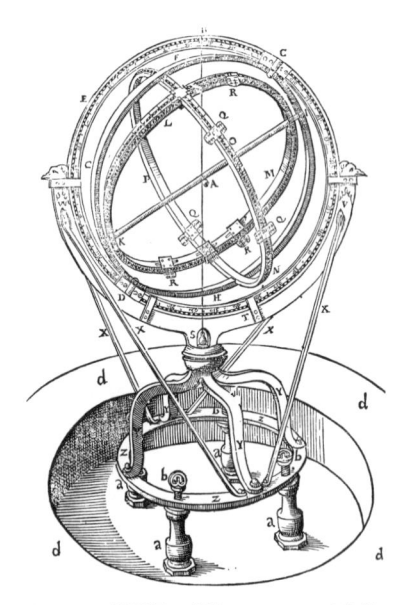

ブラーエの観測用の黄道アルミッラ天球儀．Tycho Brahe. Astronomiae Instauratae Mechanica. Wandesburgi, 1598. SSPL 提供．

◆泡 箱

Bubble Chamber

泡箱は，過熱液体中で素粒子の飛跡を記録する装置である．液体が沸騰しないように箱に圧力をかけて保ち，次に箱を膨張させて急激に圧力を下げる．箱を通過した荷電粒子は液体をさらに熱するので，粒子の飛跡には蒸気の泡の線が残る．この泡の軌跡の写真から粒子の軌跡の半永久的な記録

が得られる．

　泡箱は1952年，ミシガン大学の物理学者であったD. グレーザー（Donald Arthur Glaser, 1926-）によって宇宙線検出のために考案された．当時の検出装置は大部分が泡箱のように熱力学的不安定さに頼っていた．霧箱は箱の容積を急激に広げることで気体を過飽和させ，イオンの通過によってできた小滴を記録していた．膨張霧箱は1回の実験に時間がかかるという欠点をもっていた．もっともこの問題は連続的に感度の高い検出が可能な拡散霧箱の登場によって解決されたものの，一般的に霧箱は，気体が拡散しているため相互作用が不足するという欠点をもっていた．写真用の感光乳剤は固体を用いていたため相互作用という点では申し分なかったのであるが，常に軌跡を記録していたがゆえ，発生時点の分析が複雑なものになっていた．グレーザーの泡箱は，これらとは異なる液体を用いており，おびただしい数の相互作用に十分な密度と，1回あたりの実験時間が短いという特長をもっていた．

　グレーザーはまず初めにジエチルエーテルで満たされた直径0.75インチ（1.9 cm）のガラス玉を用いた．1952年10月18日，高速カメラは最初の軌跡をとらえた．翌53年5月2日に開かれたアメリカ物理学会の会合で報告された，グレーザーの結果は，加速器物理学者たちの関心を引くところとなった．とりわけ彼らの関心を引くことになったのは，液体水素を充填した泡箱の可能性であった．というのも，単純な原子核である液体水素は，すでに加速器における相互作用実験の標的粒子として用いられており，水素泡箱は1つの装置で標的粒子と検出器の双方の役割を果たすことができるからであった．

　グレーザーはシカゴ大学のグループと協力して，加速器の中間子ビームに使用するための水素泡箱の設計に取り組んだ．またグレーザーはブルックヘブンのコスモトロンで泡箱を使用した．しかし水素泡箱における最初のそして最も偉大な成功は，カリフォルニア大学バークレー校の L. アルヴァレス（Luis Walter Alvarez, 1911-1988）率いるグループによってなされた．1953年末，アルヴァレスのグループの一員であったJ. ウッド（John Wood）は水素泡箱で最初の飛跡を生成した．重要な点は，ウッドの泡箱（直径1.5インチ）のような不完全な箱壁でも液体に接する金属部分からの沸騰が飛跡に損傷を与えないことを示した点である．この発見によってグレーザー推奨の滑らかで清潔なガラス壁でつくられた泡箱（きれいな泡箱）ではなくとも，金属壁の「汚い泡箱」でもよいことがわかった．ガラス製容器である必要がなくなったことで，まもなくバークレーのグループは箱の直径を2.5インチ，4インチ，10インチへと増大させた．1955年，アルヴァレスは重核子や他の珍しい粒子をより長く相互作用させるために，大胆にも72×20×15インチ規模の水素泡箱をつくることを提案した．

　1959年に完成した72インチ泡箱では，グレーザーが当初直面した技術的問題を超える問題が明らかになった．液体水素は揮発性が高いため，安全に注意する必要があり，また超低温技術の専門家が必要とされた．金属壁は低温下で非常に大きな圧力に耐える必要があった．箱の内部を照らし出し，撮影したのは複雑な光学システムであり，それはただ1つの窓を通じて行われた．膨大な量の事象は，データ整理および解析のコンピューター化を促すことになった．

こうしたさまざまな仕事を運営する物理学者，エンジニア，技師の共同態勢は実験室というよりはむしろ企業に近い組織構造を生み出すこととなった．

バークレーの泡箱は，加速器実験における検出器としての重要性の増大を示すものとなった．それはまた宇宙線物理用につくったグレーザーのテーブルサイズの装置から高エネルギー物理学という巨大科学へ決定的に移ってしまったことを示していた．2つの道具のコストを比較すると，この変化の大きさがわかる．グレーザーの最初の泡箱にかかった費用は，2,000ドルであったのに，バークレーの泡箱は210万ドルとなったのである．

泡箱はまた媒体としての水素に代わるものとしてプロパン，キセノン，ハロゲン化合物のような重液（heavy liquid）を用いた．重液の密度が大きくなればなるほど，ますます相互作用が大きくなるとともに制止力も大きくなる．特に電子対生成やニュートリノを通じた光子の検出に効果的であった．また，重液を用いた泡箱は水素泡箱に比べて費用もかからない．

泡箱は素粒子物理学分野を進展させた．バークレーの検出器から得られたデータによってL重核子に関するリー＝ヤン（Lee-Yang）のパリティ非保存（parity violation）理論が確証された．また新粒子であるX°が発見された．またストレンジネスを含む共鳴粒子 Y*（1385），K*（890），Y*（1405）に関する証拠が得られた．こうした発見は，アルゴンヌやブルックヘブン，欧州合同原子核研究所（CERN）の泡箱によって得られた成果とともに，SU(3)粒子に関する分類を支持することとなった．ニュートリノ相互作用研究についていえば，泡箱は弱い中性カレントを検出し電弱相互作用論を確

ローレンス・バークレー研究所の72インチ液体水素泡箱（1959年）．ローレンス・バークレー国立研究所提供．

証するのに寄与した．

1960年，グレーザーはバークレーの泡箱研究グループに参加した．同年，泡箱の発明によってグレーザーにノーベル物理学賞が与えられた．アルヴァレスには1968年，水素泡箱を用いた実験結果によってノーベル物理学賞が与えられた．だがグレーザーもアルヴァレスもともに，泡箱が引き起こすことになったルーチン化，専門化，自動化した実験室仕事への幻滅を述べつつ，結局は原子核実験物理学から離れていった．

[Peter Westwick／綾部広則 訳]

■文 献

Alvarez, Luis W. *Alvaretz : Adventures of a Physicists*. New York : Basic, 1987.

Galison, Peter. "Bubble Chambers and the Experimental Work Place." In *Observation, Experiments, and Hypothesis in Modern Physical Science*, edited by Peter Achinstein and Owen Hannaway, 309–373. Cambridge : MIT Press, 1885.

Glaser, Donald A. "Elementary Particles and Bubble Chambers." In *Les Prix Nobel en 1960*, edited by M. G. Liljestrand, 79–94. Stockholm :

Norstedt, 1961.

Heilbron, J. L., Robert W. Seidel, and Bruce R. Wheaton. *Lawrence and His Laboratory：Nuclear Science at Berkley Laboratory and Office for History of Science and Technology*, University of California, 1981.

Shutt, R. P., ed. *Bubble and Spark Chambers：Principles and Use*. New York：Academic, 1967.

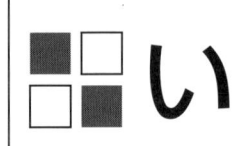

◆イオン感知微小電極

Ion-Sensitive Microelectrode

　イオン感知微小電極は，生きている細胞や組織中のイオン濃度を測定する装置である．それは，およそ直径 $1\mu m$ の繊細で鋭い先端をもつガラスの針でできている．先端部の後には，電解液が満たされている．先端はイオン感受性のある材質を含んでいて，それは接触している電解質のイオンの濃度や活動に応じて電圧をつくり出す性質をもっている．この電圧を測定し，イオン濃度を算定するためには，イオンに感受性のない第二の参照用微小電極を溶液に接触させていなければならない．イオン感知微小電極は，神経，筋，他の動物細胞におけるナトリウム，水素イオン濃度（pH），その他細胞内イオン調節の研究，および脳などの組織における細胞外イオンの研究に広く用いられてきた．イオン感知微小電極は市販されておらず，通常，使用を計画する実験家によってつくられている．

先駆者

　研究室用微小電極として用いられた最初の信頼できるイオンセンサーである pH 感知ガラスは，1950年代にイギリスの P. コールドウェル（Peter Caldwell）によって巨大な動物細胞における測定で用いられた．ナトリウムおよびカリウムを感知するガラスは1957年に記述されているが，すぐに応用されて，J. ヒンケ（Joseph Hinke）によって微小電極として記述されるものがつくられた．図に示したようなこの先端のデザインは，最大の細胞以外で使うにはまだ大きすぎた．後に多少小さくなったが，センサーの先端が $10\mu m$ より小さくなると非常に大きな電気抵抗をもっていて実用的ではなかった．

ガラスセンサー微小電極

　イオン感知ガラスの電気抵抗はもともと高いため，$1\mu m^2$ より十分大きな面積が測定される試料に接していなければならない．そうしなければ，電極の抵抗のために測定結果が不安定になる．$10^9 \sim 10^{11} \Omega$ という実用になる電気抵抗は，1970年代に完成した設計で達成された．それは，絶縁体ガラスの外鞘の開いた先端の中に，細長い感知ガラスをもぐりこませたものである．外鞘のまさに先端にあたる部分だけが，細胞膜を突き抜ける必要がある．このデザインはつくりにくいもので，反応時間もどうしても長くなった．

液体センサー微小電極

　研究室用電極のための有機液体イオンセンサーは1960年代後半に発達したが，その後は細胞内で使用するためのガラス微小電極にそれを備えつける試みが続いた．ガラスは普通親水性がある．したがって，液体の有機物は，処理されていない微小電極のチップから追い出される傾向がある．

1971年に，ソルトレイクシティのJ. L. Jr. ウオーカー（John Lawrence Jr. Walker, 1931-）は，微小電極チップを疎水性にすることに初めて成功した．そして，最初の信頼できる，カリウムと塩素を感知する，限外顕微鏡的な大きさの微小電極を製作した．彼はマイクロピペットをクロロナフタレン中でシラン処理し，250℃で1時間熱した．この基本的な手続きのバリエーションは，多数公表されている．最後に，マイクロピペットは水溶液と，先端に吸い上げられた細長いセンサーで満たされる．

現在液体イオンセンサーは，生物学的に興味深い多くのイオンに対して開発されている．微小電極は，固体より液体でつくるほうがたやすく，液体センサーは先端にあるのでそもそも反応が速い．どちらのタイプの微小電極も測定は簡単で，電気的な信号は記録，解析も簡単にできる．

カルシウムイオンとpHの測定のための新しい蛍光染色法は，たしかに，必要な装置はよりずっと精巧なものでなければならず，測定も困難になるかもしれないのではあるが，微小電極よりも多くの点で損傷が少なく反応も速い．また，小さい細胞でずっと使いやすいために，微小電極よりも蛍光染色技術がすでにより広く使われるようになっている．

[Roger C. Thomas／林　真理 訳]

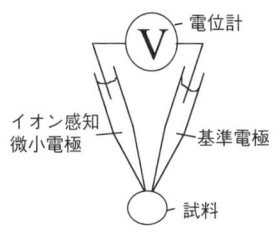

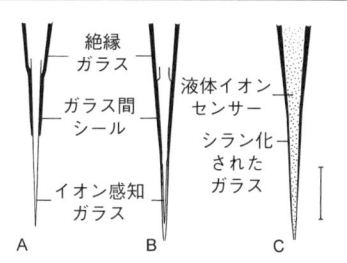

微小電極チップの詳細．A：ガラスの感知電極，B：チップが引っ込んだガラスの感知電極，C：液体センサーのシラン化されたガラスの微小電極．右端のスケールは50 μm を示す．

イオン感知電極と基準となるもう1つの電極の配置を示す模式図．

■文　献

Ammann, D. *Ion-selective Microelectrodes*：*Principles, Design and Application*. Berlin：Springer, 1986.

Hinke, J. A. M. "Glass Micro-Electrodes for Measuring Intracellular Activities of Sodium and Potassium." *Nature* 184（1959）：1257-158.

Thomas, R. C. *Ion-sensitive Intracellular Microelectrodes*：*How to Make and Use Them*. London：Academic, 1978.

Walker, J. L. "Ion Specific Liquid Ion Exchanger Microelectrodes." *Analytical Chemistry* 43（1971）：89-92 A.

◆遺 伝 子 銃

Gene Gun

遺伝子銃（バイオリスティック装置，biolistic apparatus）は，高速の微小投射体を用いて，デオキシリボ核酸（DNA）やその他の物質を細胞や組織に運ぶものである．発明者たちは，「生物的弾道学（biological ballistics）」にちなんで「バイオリスティック（biolistic）」と名づけたという．この装置は「遺伝子銃」あるいは「パーティクル・ガン」としても知られており，ここ

で用いる技術は「バイオリスティック過程」,「微粒子砲撃」,あるいは「微小投射体砲撃」と呼ばれている.

1970年代の遺伝子工学の進歩に伴い,外来DNAをさまざまな組織に導入する方法の探索が行われるようになった.植物に対しては,堅固な細胞壁が障害となるために既存のDNA運搬法の多くが使えないという特殊な問題が生じていた.そこで,ほとんどの系においては,遺伝子導入の際にはプロトプラスト(細胞壁を取り除いた植物細胞)が用いられた.しかし,ほとんどの植物はたった1つの細胞からはうまく再生されなかった.コーネル大学の植物遺伝学者であるJ.サンフォード(John C. Sanford)は,もし外来DNAを花粉粒に入れる方法を見つけることができれば,遺伝的改変を施した花粉を用いて,外来DNAを自然状態の植物に運び込むことができるだろうと考えた.1980年から83年にかけて彼はいくつかの既存の方法(X線照射,DNA直接取込み,エレクトロポレーション,アグロバクテリウムのような感染性ベクターの使用,マイクロインジェクション,マイクロレーザーによる穿孔)を試してみたが,すべてことごとく使えなかった.花粉粒の細胞壁が効率のよいDNA運搬を妨げるか,孔から細胞質が漏れ出すかのいずれかが生じてしまうのであった.

試作品

細胞壁に孔を開けかつ細胞に効率よくDNAを運ぶために,小さな粒子(直径1〜4μm)を使用するという考えは,サンフォードとコーネルの国立ナノ製作施設の所長であるE.ウォルフ(Edward D. Wolf, 1935-)との議論の中で1983年に生まれた.彼らはコーネル大学電気工学科の熟練機械工N.アレン(Nelson K. Allen)に,一連の試作品をつくらせた.アレンはふつうの空気銃を改良し,タングステン粒子をタマネギの上皮細胞に打ち込むことができるかどうか確かめた.これらの細胞では細胞質の流れが目で見えるため,砲撃された細胞はその後も生き続けており,打ち込まれた粒子がその細胞の細胞質とともに動いている,ということが明らかであった.発明者たちは,この他に2種類のより精巧な,火薬の作用で動く試作品をつくり上げ,タマネギ上皮の系を用いて,遺伝子銃のアイデアが妥当なものであることをより一層明確に示した.

遺伝子銃に関する最初の研究は,革新的な共同研究を促進するためにつくられたコーネル・バイオテクノロジー・プログラム助成金による資金援助を受けていた.この助成金によってT.クライン(Theodore M. Klein)という博士研究員が雇われ,彼はサンフォードの研究室で2年間にわたって遺伝子銃の改良に取り組んだ.クラインはタングステン粒子にRNAやDNAを結びつけることに成功し,さまざまな標的細胞に運ばれた後もそれらの分子は生物活性を保持しているということを示した.

十分な機能をもつ試作品は,火薬を用いて,高密度ポリスチレン・プランジャー(マクロ投射体)を,銃身中を毎秒250mの速度で動かすことができる.DNAでコートされたタングステン粒子あるいは金粒子(ミクロ投射体)の層が,プランジャーの正面に位置している.プランジャーがその進行を妨げる特殊集合体にぶつかるようになっており,そうすると,ミクロ投射体が加速されて小さな開口部を通り抜け,部分真空状態の部屋に入って標的細胞と衝突する.部分真空状態は,粒子速度が一定に保たれるのを助けている.爆発で生じた気体

や火薬のくずは，サージタンクに吐き出される．この方法と装置は，米国特許第4,945,050号（1990年7月31日）および第5,036,006号（1991年7月30日）を取得している．

火薬式パーティクル・ガン

1986年10月に，サンフォードとウォルフは，彼らの発明した装置を売るために，ニューヨーク州イサカでバイオリスティクス社という会社を設立した．コーネル大学はその会社に対し，特許のライセンス契約という形で当該技術を移転した．バイオリスティクス社は，その装置を研究目的で貸し出した．当初，10年間の貸し出し費用は産業界に対して5万ドル，大学に対して3万ドルであったが，価格はすぐに下がった．1989年までに，バイオリスティクス社は全世界に約30台の装置を供給していたが，それぞれの装置はニューヨーク州イサカのラムジー・ルーミス社の注文に従ってつくられていた．1989年に，デラウェア州ウィルミントンのデュポン社がこの技術に関するすべての権利を買い取り，サンフォードとウォルフをコンサルタントとして雇い入れた．バイオリスティクス社は翌年解散した．デュポン社は，この火薬式の装置を「デュポン Biolistic™ PDS-1000 粒子デリバリーシステム」として売り出すことになった．

ヘリウム式パーティクル・ガン

1990年に，サンフォードとデューク大学のS. ジョンストン（Stephen A. Johnston）との共同研究によって，高圧ヘリウムガスの衝撃で粒子を投射する改良型バイオリスティック装置が開発され，火薬式の装置に取って代わった．彼らは，医療応用のための，手にもって扱えるハンディーモデルのヘリウム式装置も開発した．ラムジー・ルーミス社がこれら両方のモデルの試作品をつくった．1991年に，デュポン社がカリフォルニア州ハーキュリーズのバイオラッド・ラボラトリーズに対し，ヘリウム式装置に関する技術の独占的ライセンスを与えた．バイオラッド・ラボラトリーズは，1995年現在，Biolistic™ PDS-1000/He という名のヘリウム式パーティクル・ガンの製造，販売と貸与を行っている．ヘリウムを用いると，火薬の場合よりも粒子の速度が速く，粒子の分布もよく，また標的組織に対する損傷が少ない．

電気式パーティクル・ガン

ウィスコンシン州ミドルタウンのアグラシータス社のD. マッケイブ（Dennis E. McCabe）のチームは，1987年に電気式のパーティクル・ガンを開発した．アグラシータス社は，W. R. グレース社の子会社であり，生物医薬業界や繊維業界向けの遺伝子組換え製品を開発している．Accell™ 遺伝子デリバリーシステムは，2つの電極間の水滴を高電圧を用いて気化する際に生じる衝撃波で，キャリヤーシート上のDNAでコーティングされた金粒子を加速し，保持スクリーンへと向かわせる．保持スクリーンのところでキャリヤーシートは止まるが，DNAでコーティングされた粒子はスクリーンを通過し，反対側の標的組織に突き刺さる．アグラシータス社は，特に哺乳類組織や哺乳類自体に対して使用するために，Accell™ 遺伝子銃のハンディーモデルを開発した．Accell™ 遺伝子銃を用いてワクチンやその他の治療薬を直接標的組織に接種するための研究が，1992年に始まった．Accell™ システムならびにハンディータイプの電気式遺伝子銃は，米国特許第5,120,657号および第5,149,655号（1992年9月22日）を取得している．

アグラシータス社は，Accell™ を生産して研究者社会に普及させるために，1994年にバイオラッド・ラボラトリーズとの協力関係を打ち出した。アグラシータス社は，臨床用の装置の生産に関しては，単独で独占権を保持している。

結論

ここ10年の間に，DNA パーティクル・ガンは遺伝子導入のための標準的な実験装置の1つになった。この装置は，その物理的性質によって，まれに見るほど多用途なものとなっている。パーティクル・ガンは，他の DNA 導入技術に必要とされる，標的導入後に細胞を再生させるための洗練されたシステムをほとんど必要としない方法である。この装置は，花粉，藻類，真菌，細菌，細胞内小器官だけでなく，植物や昆虫や動物組織に対する遺伝的な改変を行うためにも用いることができ，また培養細胞および自然のままのいずれの状態に対しても適用できるものである。遺伝子銃は，トウモロコシ，コメ，ムギ，サトウキビ，ダイズ，綿花，パパイヤ，タバコなどの主要作物の遺伝子組換え体をつくるために用いることができることから，経済的にきわめて大きな重要性をもつ実験装置になっている。ハンディータイプの遺伝子銃を用いた遺伝子免疫の研究は，今後にたいへん期待がもてるものであるが，このことは，遺伝子銃が医学に対しても重要な応用可能性をもっているということを示唆している。

[Patricia L. Gossel／隅藏康一 訳]

■文献

Christou, Paul, Dennis E. McCabe, and William F. Swain. "Stable Transformation of Soybean Callus by DNA-Coated Gold Particles." *Plant Physiology* 87（1988）：671-674.

Sanford, John C. "The Biolistic Process." *Trends in Biotechnology* 6（December 1988）：299-302.

Sanford, John C. et al. "Delivery of Substances into Cells and Tissues Using a Particle Bombardment Process." *Particulate Science and Technology* 5（1987）：27-37.

Sanford, John C. et al. "An Improved, Helium-Driven Biolistic Device." *Technique—A Journal of Methods in Cell and Molecular Biology* 3（February 1991）：3-16.

Yang, Ning-Sun, and Paul Christou, eds. *Particle Bombardment Technology for Gene Transfer*. Oxford：Oxford University Press, 1994.

サンフォード，ウォルフ，アレンによって1985年につくられたバイオリスティック粒子デリバリー・システム試作3号機．NMAH提供．

◆イメージアナライザー
➡ 画像解析装置

◆インジケーター

Indicator

インジケーター（指圧計）は，エンジン内部の蒸気圧・ガス圧を測定，記録し，そうすることで，仕事率や仕事，速度，加速度などの機械量を測定する装置である．インジケーターは，圧力ピックアップ（機械信号を電気信号に転換する装置），増幅系統，記録装置からなり，ほぼ19世紀を通して完全に機械的な装置だった．近年のものには，光学的要素や電気的要素，電子的要素が組み込まれている．

インジケーターの品質は，圧力の微小変化に対する感度によって定義されるが，旋回速度が速くなると感度を維持するのは難しくなる．したがって，装置自体の慣性や圧力を受ける部品の慣性をできるだけ低くする必要がある．インジケーターの歴史は性能の改善の歴史であり，それは自己周波数の発展という点から記述される．ワット＝サザン・インジケーターは6 Hz，機械的増幅を利用したインジケーターが150 Hz，マイクロ・インジケーター400 Hz，マノグラフ25,000 Hz，ピエゾ型（圧電型）インジケーターは第二次世界大戦以前には50,000 Hzで，1970年代には150,000 Hzにまでなった．

用途

インジケーターは，熱機関（蒸気機関，往復ピストン式内燃機関，ジェットエンジン），空気圧装置，大砲，小銃など，圧力下でガスや蒸気が機械的エネルギーを発生・運搬するあらゆるエンジンで利用することができる．インジケーターを利用することで，運動サイクルにおける圧力変化を追跡し，記録することができるが，これは仕事率・効率・力学的強度・熱力学的計算に関わるあらゆる研究に欠かせないものである．圧力と時間・体積との関係を図示することによって，インジケーター線図が得られる．同線図の面積は，作用流体によって図示された仕事に比例する（ただし，ブレーキ動力計によりクランク軸上で測定される仕事とは異なる）．イギリス人技術者サーストン（R. H. Thurston）は19世紀終盤に，インジケーターは技術者の聴診器であると言明した．

インジケーターは熱機関理論の確立・台頭にも大きな役割を担った．例えばE. クラペーロン（Emile Clapeyron, 1799-1864）は，蒸気機関のインジケーター線図に着想を得て，1834年，カルノー・サイクルを圧力-体積対応線図によって描いた．

インジケーターの歴史と種類

インジケーターの発展は，1782年にJ. ワット（James Watt, 1736-1819）が特許を取得した蒸気膨張を利用する新式蒸気機関の利用と関連してきた．1790年前後，ワットは，蒸気圧とバネの間で平衡状態を保ちながら運動するピストンを内蔵したシリンダーを備えた装置を製造した．ポインターがピストンに連結されていたが，それはすぐにペンと平面記録紙に置き換えられた．ポインターやペンの運動はピストン運動によって生成される体積に比例した．この改良された「仕事測定機」あるいは「作業計」を開発したのは，ワットの協力者J. サザン（John Southern）だった．彼の装置はブルトン・ワット工場で秘匿扱いにされ，1822年に初めてイギリスの出版物で言及された．

1830年頃，J. マクノート（John McNaught）は平面記録紙を回転ドラムに置

き換えた．フランスの A. モラン（Arthur Morin）と P. ガルニエ（Paul Garnier）は，連続密閉線図を記録できるインジケーターや単位時間周期になされた仕事を測定できるインジケーターを導入した．

機械式増幅インジケーター： 1862 年，アメリカ人のリチャード（C. B. Richard）は，運動部品の慣性とバネ振動を減少するよう設計された初めての機械インジケーターを発明した．この種の器具は，ピストンが短行程しか移動できないようにする低たわみ性バネと，運動を増幅し記録尺度を増加させる機械的連結具を備えている．他にもバネの自己周波数を増加させようと努力した発明家たちがいたものの，300 Hz を超えることはできなかった．

ストロボスコープ・インジケーター： 1870 年頃，ドイツの技術者ヒルン（G. A. Hirn）とフランス人 M. ドプレ（Marcel Deprez, 1843–1918）は「ストロボスコープ線図」を作図する方法を開発し，運動部品の慣性を，除去するとはいわないまでも減少することを可能とした．同方法では，クランク軸が往復するごとに線図の 1 点だけを記録し，多数のサイクルから得られる点の軌跡として線図が与えられる．この方法を開発するにあたって，事前に圧力を選択した上でピストンの位置を測定するものと，ピストンの位置は固定した上で圧力を測定するものの，2 種類のインジケーターが製造された．ドプレは 1875 年に前者のタイプのものを，A. ド・ディオン（Alphonse de Dion）と G. ブタン（George Bouton）は 1904 年に後者を製造した．ストロボスコープ・インジケーターは 1930 年代には見捨てられた．

高周波機械式インジケーターとマイクロインジケーター（指針測微器）： これらの装置は，バネとして容器入りステムを利用することで自己周波数を 1,200 Hz まで増加させるもので，線図が非常に小さい点が特徴的である．マイクロインジケーターは装置寸法を大幅に縮小し，増幅装置を取り除いたものである．最初のマイクロインジケーターはおそらく，マイデル（O. Maider）が 1912 年に製造したものである．これらのインジケーターは 1930 年代に見捨てられた．

光学式インジケーター，マノグラフ： マノグラフ（manograph）は光学式増幅システムによって特徴づけられる．圧力素子が 1, 2 枚の小さな鏡と連結しており，そこで光線が焦点を結ぶようになっている．また，機械式インジケーターにおけるドラムの代わりにスクリーンや写真感光板が使われている．ドプレは 1877 年に最初のマノグラフを製造したが，これは二鏡型装置だった．商業的に成功した最初のマノグラフは，1890 年にイギリス人教授 J. ペリー（John Perry, 1850–1920）が製造したもので，一鏡型で自己周波数 500 Hz のものだった．マノグラフは第二次世界大戦に至るまで着実に改良を遂げた．最も性能のよいものはフランス人教授 M. セリュイ（Max Serruys）が 1932 年に製造したもので，その自己周波数は 25,000 Hz だった．

電気式・電子式インジケーター： 最初の電気式インジケーターは 1920 年代終盤にアメリカでつくられ，瞬く間にあらゆる競合相手を駆逐した．圧力ピックアップ（変換器）が組み込まれており，電気信号が電子装置を使って増幅した後に，ガルバノメーターやカソード管記録装置へと送られた．1950 年以降のトランジスターの使用，そして 1980 年以降のマイクロプロセッサーの使用は，増幅器の効率を大きく引

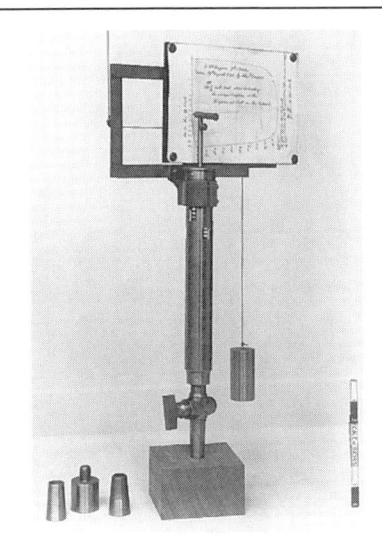

ジェームズ・ワットの蒸気機関インジケーター(1796年頃). SM 1890-83. SSPL 提供.

上げた.

ゴム・ダイヤフラム(弾性薄膜)の変形を利用した圧力変換器にはいくつかのタイプがある.その1つが磁気変換器で,圧力を受けているダイヤフラムに固定された鉄心が,コイルの中で電流を発生しながら動く.他に容量変動式変換器があり,電流を制御するのに,可動プレートとコンデンサー容量を利用する.この種のインジケーターにはたいてい,ストロボスコピック方式が使われている.

その他の主要な圧力変換器に,圧力感受部材の固有特性の変化を利用するものがある.その主なものとして,圧力にさらされた小型カーボン・ディスクの電気変化を利用する電気抵抗変化式変換器や,水晶のピエゾ電気的特性(つまり,水晶が特定の条件において圧力を加えられたときに電荷を発するという特性)に基づいた水晶圧力式変換器がある.この現象は1880年にジャック・キュリー(Jacques Currie, 1856-1941)とピエール・キュリー(Pierre Curie, 1859-1906)が発見したもので,1930年代半ばにドイツ人教授カム(Kamm),リヒケルト(Richkert),キールン(Kieln)によってインジケーターに応用された.今日では水晶圧力式変換器が最も効率的で最も広く使われている.

[Alexandre Herléa／中村征樹 訳]

■文 献

De Juhasz, Kalman John. *The Engine Indicator : It's Design, Theory and Special Applications*. New York Instruments, 1934.

Herléa Alexandre. "Les indicateurs de pression : Leur évolution en France au 19e siècle." In *Studies in the History of Scientific Instruments : Papers Presented at the 7th Symposium of the Scientific Instruments Commission of the Union Internationale d'Histoire et de Philosophie des Sciences*, edited by Christine Blondel, et al., 193-234. London : Rogers Turner, 1989.

Labarthe, André. *Nouvelles méthodes de mesure mécanique*. Paris : Ministère de l'Air, 1936.

Roberts, Howard Creighton. *Mechanical Measurements by Electrical Methods*. Pittsburg, Pa. : Instruments, 1946.

Zelbstein, Uri. *La piezo-electricité appliquée à l'etude des moteurs*. Paris : Ministère de l'Air, 1947.

◆ヴァールブルク圧力計

Warburg Manometer

　ホールデン-バークロフトの装置を血中ガス分析に適用したヴァールブルク圧力計は，1920年にはよく用いられる機器となった．そして，1930年代には動植物の組織におけるガスの吸収や放出と関連する呼吸その他の過程を測定するために用いられた（血液ガス分析器，気体計量機（ファン・スライケ式）の項を参照）．

　圧力計は，18世紀から空気の濃度を測るために用いる装置とされたが，一般に気体状態が発見されて以降は，（水）蒸気圧を測るものとされてきた．簡単な圧力計はしばしば，部分的に液体を満たしたU字型の管で，一方の端を圧力のわかっている気体につなぎ，他方の端を大気にさらしたものである．管の両側における液体の高さの違いから，基準となる圧力との違いを知ることができ，したがって大気圧を測ることができる．ボイルの法則で圧力と体積の関係がわかっているので，閉じ込められた気体の体積の変化から圧力の変化を計算することができる．

　1902年に2人のイギリスの生理学者，J. S. ホールデン（John Scott Haldane, 1860-1936）とJ. バークロフト（Joseph Barcroft, 1872-1947）が，「少量の血液中の酸素と炭酸の量を知る方法」を開発した．彼らの装置は，普通の圧力計に対して，単純だが巧妙な改良を施したもので，2つの管を，管の体積を変えることができるようなネジの止め金をつけたゴム片を用いて下部で結びつけたものである．彼らは，まず血液中の酸素をフェリシアン化合物で置換する．すると，ガスの体積が増えて閉じた管の側の水面が降下し，反対側の管の水面が上がる．止め金を調整して，閉じた管の液の高さをもとのところまで戻す．2つの水面の差が圧力の違いの尺度になって，そこから放出された気体の体積がわかる．二酸化炭素は酒石酸で置き換えられ，同様にして測定がなされた．大気圧と温度に関わる補正を行うため，実験装置の側に基準となる管を含む別の装置が用意された．

　バークロフトは，この装置を特にある個別の器官を通った血液のガス成分の変化を測定するために用いた．こういった場合には，どんな変化が起こったかを確かめるためのものなので，血中の気体の絶対量を決定することではなく，2種の血液試料の比較をすることが重要になる．このために，彼は差分圧力計を開発した．これは，1つの装置に2本のアームがあって，それに2本の管がつけられているものである．

　1910年にドイツの生化学者 O. ヴァールブルク（Otto Warburg, 1883-1970）は，ホールデン-バークロフトのもとの方法を用いて，ウニ卵の酸素消費量を測定した．

酸素の量の変化だけを知ることが必要だったので,フェリシアン化合物なしですませ,圧力計の圧力の変化から間接的に吸収量を計算した.1920年代の間に,ヴァールブルクは圧力計の設計を単純化し,これを組織呼吸に関連した幅広い問題に適用した.彼の方法の最大の利点は,短い時間間隔で圧力計の液面の変化を読むことができるため,呼吸過程の進行中に起こる変化を簡単に追うことができる点である.

直接測定ができるのは気体の体積全体の変化にすぎない.したがって,吸収された酸素量が測定できるのは,水酸化カリウム等に二酸化炭素を吸収させた場合に限られる.また,嫌気的に生成した二酸化炭素量も測定可能である.しかし,ヴァールブルクは異なった体積の液体を入れて二重の管を用い,一度の実験で両方の気体の測定ができるようにした.酸素と二酸化炭素の溶解度の違いをもとに両者の濃度を計算するものである.1923年に,ヴァールブルクは,数時間の間,細胞の活動が維持できる液体培地に置かれた,哺乳類の組織の薄い切片の呼吸研究を行う方法を開発した.

1930年代に,組織切片づくりと圧力測定の組合せは改良を重ね,中間的代謝の研究における強力な道具となった.それは,呼吸におけるガス交換の研究だけではなく,ガスを生成,吸収する反応と関連する他の多くの中間的な反応の研究に適用された.ヴァールブルクの圧力計と,バークロフトの差分圧力計は,ともにこういった目的に用いられたが,単純さと融通がきく点で,結局前者が代謝生化学における標準的な装置となった.第二次世界大戦後,さまざまな改良が施されて感度が上昇し,徐々により新しい方法に取って代わられてはいるものの,生化学実験において今日まで重要な役割を占めてきた.

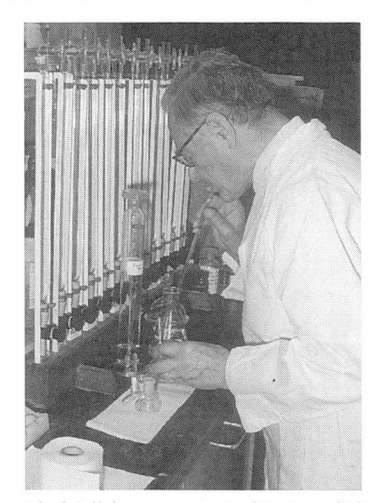

圧力計を使うH. A.クレブス卿. SSPL提供.

[Frederic L. Holmes／林 真理 訳]

■文 献

Barcroft, Joseph. "Differential Method of Blood–Gas Analysis." *Journal of Physiology* 37 (1908): 12–24.

Barcroft, Joseph and J. S. Haldane. "A Method of Estimating the Oxygen and Carbonic Acid in Small Quantities of Blood." *Journal of Physiology* 28 (1902): 232–240.

Dixon, Malcolm. *Manometric Methods as Applied to the Measurement of Cell Respiration and Other Processes*. 2nd ed. Cambridge: Cambridge University Press, 1943.

Warburg, Otto. *The Metabolism of Tumors*. Translated by Frank Dickens. London: Constable, 1930.

◆ヴィセロトーム

Viscerotome

ヴィセロトーム(死体肝組織採集装置)とは,スライドする蓋とステンレス・ス

チール製の刀身からなる筒状の機器であり，これによって，死体からの肝組織採集を迅速に行うことが可能になる．ヴィセロトームは，ある地方で黄熱病の流行による死亡の疑いがあった場合，死因が黄熱病か否かを確認するために使用された．黄熱病の疫学的研究に重要な役割を果たした機器といえよう．だが，この機器ならびに関連技術（死体肝組織採集術）は，死体肝組織剖検を義務化した諸法令や，これらの諸法令の実行を可能にした死体肝組織剖検所のネットワーク，死体肝組織剖検所の制度的監視から切り離して論じることはできない．このように，ヴィセロトームは，複雑な社会関係網において，鍵となった要素である．

1912年，ブラジルの医師R. リマ（Rocha Lima）は，黄熱病で死んだ患者の肝臓が，特徴的な縮退変化（「霜降り壊死」）を示すことに気づいた．この観察は，1920年代を通じて，トレス（C. M. Torres）やホフマン（W. H. Hoffman），クロッツ（O. Klotz）によって再確認され，1930年には，黄熱病の疫学的研究に応用されるようになったのである．ロックフェラー財団国際健康局の専門家たちは，1920年代に，媒介者であるネッタイシマカ（*Aedes aegypti*）を撲滅することで，ブラジル北部諸都市の黄熱病流行地から黄熱病を一掃することを願っていた．しかし，ネッタイシマカ自体を撲滅することには成功したが，それでも黄熱病はなくなりはしなかったのである．彼らは，この失敗から，ブラジル内部に隠れた流行源地域があるに違いないという結論に至った．「熱病」で死んだ可能性のある全患者の剖検を慣例化すれば，この隠れた流行源地域を発見できるし，そうすればネッタイシマカ撲滅キャンペーンの指針も得られるだろうと，ロックフェラー財団やブラジルの医学者たちは信じたのであった．だが，あの広大な，そして発展途上の国で，剖検を組織的に実施するのは，たやすい作業ではない．そこで，医療施設の空白地帯である田園地方で，死体肝組織を採集するために，ヴィセロトームが考案されたのである．

最初のヴィセロトーム（もともとは「肝臓穴あけ器」と呼ばれた）は，1930年に，2人の医学者，ロックフェラー財団のE. リカード（Elmer Rickard）とブラジル国立公衆衛生部のD. パレイラス（Decio Pareiras）によって開発された．パレイラスは一儲けすべく特許を得ようとしたが，ロックフェラー財団のブラジル事務所長だったF. ソーパー（Fred Soper）はそれに対抗し，何とかパレイラスの試みを阻止しようと，リカードの機器で特許が取れないものかと思案した．しかし，ロックフェラー財団国際健康局長のW. ソーヤー（Wilbur Sawyer）は，医療機器に特許を取ること自体に反対であった．最終的には，競合者を排除するため特許自体は取得しておくものの，機器の使用は誰にでも認めることで決着が着いたのである．かくして，ヴィセロトームがブラジルで大量につくられ，使用され，その後中南米全域で製作・使用されるようになった．

ブラジルでヴィセロトームが広く使用されるようになったことは，死体肝組織剖検所の整備や，「熱病」と思しき死亡者の埋葬に関する諸規制と密接な関係がある．最初の諸規制は地方の衛生所から出されたが，G. ヴァーガス（Getulio Vargas）の独裁政権（1930年以降ブラジルの政権を握っていた）が，ロックフェラー財団の専門家たちを支援したため，全国的な死体肝組織

剖検の義務化が可能になった．1932年5月24日発令の行政命令は，死体肝組織剖検所の査証なき埋葬を禁じ，諸規制違反者の罰則を定めたものである．こうした法規制は，ロックフェラー財団の専門家たちが組織の効率化を押し進めたことと相まって，ブラジル内に死体肝組織剖検所網を急速に拡大整備することを可能にした．死体肝組織剖検の実施によって，田園部に黄熱病の隠れた流行源地域があることが示され，また，この疾病に新たな疫学形態，すなわち密林型黄熱病が記載されるようになった．また，ネッタイシマカ撲滅の指針が立ち，黄熱病ワクチンのキャンペーンの指針が得られるようになったのである．

死体肝組織剖検は，患者の家族から敵視されることがとても多かった．組織採集をめぐって争いになり，死体肝組織剖検所の職員が何人か殺されている．ロックフェラー財団国際健康局長のソーヤーは，これらの揉め事や，さらには，ロックフェラー財団の諸活動に悪しき印象が生じることをおそれ，1937年，死体肝組織剖検所の大幅な縮小を提案した．ロックフェラー財団ブラジル事務所長ソーパーはこの提案には賛成しなかった．ソーパーは，死体肝組織剖検は疫学的研究にとって，他に替わりがない手段であると主張した．ロックフェラー財団の専門家たちは，地方の政治家や公務員から，死体肝組織剖検に対する支持を得ることに努めた．彼らはまた，死体肝組織剖検所の査証のない埋葬や，「秘密共同墓地」，肝組織剖検せずに埋葬許可を得るための職員に対する賄賂などと闘わねばならなかった．また，中央研究所に肝試料を送るとお金がもらえたので，そうした試みが数多くなされたが，それにも抗さなければならなかったのである．死体肝組織剖

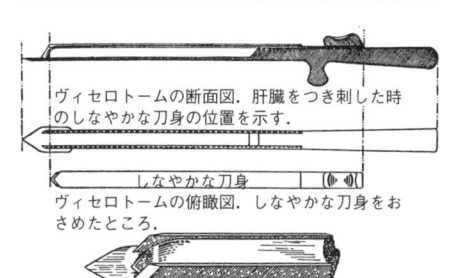

ヴィセロトームの断面図．肝臓をつき刺した時のしなやかな刀身の位置を示す．

ヴィセロトームの俯瞰図．しなやかな刀身をおさめたところ．

ヴィセロトームの切端．体部腹壁をしなやかな刀身が貫いたところ．

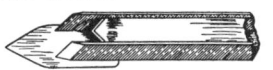

同じくヴィセロトームの切端．しなやかな刀身が肝臓に入ったところ．

ヴィセロトーム．刀身をさまざまな角度から見た図．Rickard（1937）：図2．

検の信頼性を確保するために，人や処方に対する複雑な支配システムが導入整備されたのであった．1940〜50年代に，中南米の黄熱病件数が減少するにつれ，こうしたシステムは徐々になくなっていった．

[Ilana Löwey／廣野喜幸 訳]

■文 献
Ribeiro, Leonido. *Brazilian Medical Contributions*, 106-107. Rio de Janeiro：J. Olympio, 1939.
Rickard, Elmer R. "The Organization of Viscероctome Service of the Brazilian Cooperative Yellow Fever Service." *American Journal of Tropical Medicine* 17（1937）：163-190.
Soper, Fred L. "Present Day Methods for the Study and Control of Yellow Fever." *American Journal of Tropical Medicine* 17（1937）：655-676.
Soper, Fred L., E. R. Rickards, and P. J. Crawford. "The Routine Post-Mortem Removal of Liver Tissue from Rapidly Fatal Cases for the Discovery of Silent Yellow Fever Foci." *American Journal of Hygiene* 19（1934）：549-566.

◆うそ発見器

Polygraph

フランスの生理学者 E.-J. マレー（Etienne-Jules Marey, 1830-1904）は，あらゆる生理的変化をグラフ上に写し取り，生体に同時発生する諸変化の機能上の相互関係を調べるために，ポリグラフ（ギリシャ語で「複数の書き手」を意味する）を考案した．20世紀にポリグラフはもっぱらうそ発見器として，法廷や工場，軍隊，さらには政治的な場で使われてきた．だからこそ，この機器は認識論的，倫理的，法的議論の対象であり続けたのである．

1840年代後半に，呼吸，動脈拍，筋収縮における神経インパルスといった現象を二次元座標上に図示する道具を生理学者らがつくり始めた．1860年代にはマレーと共同研究者の A. シャヴォー（Auguste Chaveau, 1827-1917）が，心拍によって生ずる個別の反応を3つ同時に記録するカルジオグラフ（心拍記録器）を使った実験を行った．この機器は空気を詰めた3本のゴム管が身体からの信号を伝え，脈波を記録する3本の独立したテコと1個の回転ドラムによって，3本の曲線が互いに重ね合わされる．

マレーは，空気を詰めた管を使って少し離れた地点まで信号を伝達するという原理を応用して，ありとあらゆる現象を記録しようとした．身体上にあらわれる反応はそれぞれ強度や持続時間が異なる．これに対応するため，彼はタンブール［浅い金属カップに弾性膜を張り，膜中央の金属片の微動を書퍋で拡大し内圧の動きを記録する．脈波図などに応用］についているテコに改良を加えて振動をもっと吸収できるようにし，（モールス電信機にならった）長いロール紙を取り付けてゆっくりと進行する現象を扱えるようにした．ベルやカップを使って信号を拾うようにしたので，彼のポリグラフで身体のあらゆる部位における反応を記録することが可能となった．これらを最初に製造したのは，パリの L. ブルゲ（Louis Breguet, 1803?-1883）である．

マレーの機器をきっかけに，持ち運べるポリグラフが何種類も生産され，臨床診断に用いられた．なかでもよく知られているのが，1908年に J. マッケンジー（James Mackenzie, 1853-1925）が設計したインク・ポリグラフである．ニッケル板の箱に収められたこの機器は，紙リボンをゼンマイ仕掛けで巻き取るようになっていて，さらに 1/5 秒ごとの印を紙リボンにつける道具がついている．タンブールの動きを記録するための突き出たアームは，ゴム管で受信器とつながっている．心拍と静脈拍にはアルミニウムのカップが受信器として用いられ，動脈拍には革ひもでアームにくくりつけた小球が用いられる．マッケンジーのポリグラフ初期型を製造したのは，ロンドンのクローン（Krohne）とセスマン（Seseman）である．次の型はロンドンのダウン兄弟とケンブリッジ科学機器会社によって製造された．

法廷への適用

1921年，カリフォルニア州バークレーの警察局で働いていた医学生の J. A. ラーソン（John A. Larson, 1892-1983）が，自ら設計したポリグラフで法廷証言中の被疑者の血圧，脈拍，呼吸を同時に記録した．感情，情動，種々の心理状態が生理に及ぼす影響についてはすでに何十年間も研究が続けられており，その成果をふまえてラー

ソンはこの仕事に着手したのである．例えば，マレーと近しい友人だったイタリアの生理学者 A. モッソー（Angello Mosso, 1846-1910）は，恐怖を感じたときの血圧と呼吸の変化をグラフ上で計測していた．この研究を法廷に適用しようと試みたのが，彼と同郷で，犯罪人類学者として名高い C. ロンブローゾ（Caesare Lombroso, 1836-1910）である．偽証には必ずそれを見破られているのではないかとの恐怖がつきまとうと彼は考えたのである．そしてさらに，ポリグラフをうそ発見器として使うというラーソンの発想の背景には，H. ミュンスターベルグ（Hugo Muensterberg, 1863-1916）と W. M. マーストン（William Moulton Marston, 1893-1947）がハーバード大学で行った，偽証と脈波記録に関する有名な研究があった．

ラーソンの研究によって，アメリカではポリグラフでうそを発見する技術がまさしく新しい産業として成立するに至った．この産業では 2 つの派が競争していて，それぞれに公認の機器があり，同じような検査規則があった．キーラー・ポリグラフはラーソンの助手をしていた L. キーラー（Leonarde Keeler, 1904-1949）が開発したもので，ノースウェスタン大学の犯罪探知科学研究室が使用した．この機器の特色は，ニューモグラフ（呼吸曲線記録器）の管を被験者の胸部に巻きつけるようになっていることと，金属のタンブールの内圧曲線で血圧の変化がわかるようになっていることである．レイド偽証発見専門学校の J. E. レイド（John E. Reid, 1910-1982）が開発したポリグラフは，従来のものとそれほど変わっていたわけではないが，精神電気皮膚反射（psychogalvanic skin reflex）あるいは皮膚電気反応を記録する装置がつ

いていた．これは被験者の手に 2 つの電極を取り付けて知覚されない程度の電流を流し，その電流量の変化を検流計で測定するというものである．

アメリカではポリグラフが，科学的な機器の権威と国家や私企業の制度の権威とを結びつける強力なシンボルとなっている．『ノースサイド 777』で映画デビューを果たしてからは（この映画の中で，キーラー自身がうそ発見機を使って，ジョリエット監獄に収容されていたリチャード・コントを調べ，記者のジミー・スチュワートが考えていたとおり彼が無実であることを立証した），ポリグラフはハリウッドや大衆文化の中で流通するイメージとしても確固たる地位を築いた．しかしここ数十年間，うそ発見器としてのポリグラフの信用性については科学的な見地から批判がなされ，法的な場での使用はかなり厳しい条件下でしか許可されないようになっている．R. ニクソン（Richard Nixon, 1913-1994）による「私はポリグラフについて何も知らないし，それがどのくらい正確なのかも知らないが，人をひどくこわがらせる機械だということは知っている」という 1971 年の発

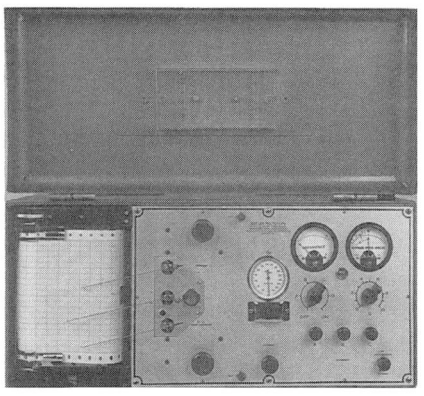

キーラー・ポリグラフ 302 G 型（1950 年頃）．NMAH 321,642.01．NMAH 提供．

言を皮切りに，うそ発見器は社会的な抗議にさらされ続けることになった．ポリグラフは，真実を明らかにする道具というよりは，折檻と脅迫の手段だという告発である．

[Robert Brain／坂野　徹 訳]

■文　献

Lykken, David Thoreson. *A Tremor in the Blood*： *Uses and Abuses of the Lie Detector*. New York： McGraw-Hill, 1981.

Mackenzie, James. "The Ink Polygraph." *British Medical Journal* 1 (1908)：1411.

Marey, Etienne-Jules. *Du Mouvement dans les fonctions de la vie ； lecon faites au College de France*, 147-151. Paris：Germer Bailliere, 1868.

Trovillo, Paul V. "A History of Lie Detection." *Journal of the American Institute of Criminal Law and Criminology* 29 (1938-1939)：848-881；30 (1939-1940)：104-119.

◆宇宙線検出器

Cosmic Ray Detector

　宇宙線検出器は1つの確立した測定機器ではなかった．というより電位計，気球(ラジオゾンデ)，ガイガー計数管や霧箱などの測定機器を組み合わせたものであった．宇宙線検出器は，地球の大気圏外から透過放射線が通過するのを記録するために使用されてきた．

　宇宙線検出器は，放射線の起源や性質に関わる論争を通して形成されてきた．透過放射線の構成要素が大気圏外からくる（文字どおり，宇宙線：Höhenstrahlung）という論争を呼ぶ主張がなされた．この主張は，測定が地上からのさまざまな高さで行われることで検証された．気球は測定機器を空高く上げるのにたいして費用のかから

ない方法であった．気球を使う研究者たちが選んだ装置は，ウルフ電位計であった．これはT. ウルフ（Theodor Wulf）によって開発され，グンター＆テーゲットマイヤー社によって，正確で持ち運びもできる頑丈な野外用の測定機器として製造された．従来の電位計の金箔は，衝撃に耐える2枚の電導性の繊維に代替されていた．ウルフ電位計は1910年以降の数年間，気球技術とともに進化した．この時期にV. ヘス（Victor Hess, 1886-1964）やW. コルヘルスター（Werner Kolhörster, 1887-1946）のような研究者たちが，放射線は地球外に起源があることを主張して，その測定機器の設計構造に向けられた批判に応じた．電位計（「電離箱」とも呼ばれる）に対する温度や圧力の影響を最小化することは，気球の設計を革新するのと同時に行われた．例えば，スイスのA. ピカール（Auguste Piccard, 1884-1962）の気密室（airtight cabin）や，後にR. ミリカン（Robert Millikan, 1868-1953）とE. レーゲナー（Erich Regener, 1881-1955）の探査気球に搭載された自動記録機器がある．

　ミリカンは後になって，透過放射線が地球大気圏外に起源があるという考えに転換した．しかも彼はすぐにこの解釈を固めて，1925年に「宇宙線」という言葉をつくって公表した．ミリカンは，宇宙線をきわめて高いエネルギーをもった光子で，光の要素が空間で合体したときに生み出される「原子の産声」であると解釈した．こうした解釈は，科学と宗教とを広く統合しようとする彼の研究プログラムの一部をなすものであった．このような解釈をとっていたために，彼は1920年代と30年代の宇宙線研究と測定機器の発展，すなわち，非常に大規模な地理的調査と核物理学からの粒

子計数管の開発をめぐり，他の科学者と対立することになった．

宇宙線に含まれる成分が荷電粒子であれば，その強度は，地磁気の強さによっていろいろと変わるはずだった．カーネギー財団が，ミリカンとその競争相手である A. コンプトン (Arthur Compton, 1892-1962) の両者に研究資金を提供して，宇宙線の強度が地磁気によって地理的に変化するかどうかを研究させた．こうした実地測量と探検研究は，世界中の科学者たちの共同作業に基づいて行われた．コンプトンの 1932 年の実地測量研究では，研究者グループはそれぞれ，同じ持ち運びのできる記録用電位計を与えられ，データ補正の方法についても指示を受けた．コンプトンと彼の共同研究者たちが宇宙線の強度に対する緯度の影響が実験的に確証されたと表明すると，ミリカンは彼らの方法とデータを攻撃した．

宇宙線を高エネルギーの光子とするミリカンの解釈がさらに挑戦を受けることになったのは，核物理学の新しい測定機器を採用した物理学者たちによってであった．同時計数装置では，一対のガイガー計数管がほぼ同時に放電するときに，荷電粒子の軌跡と方向が記録される．D. スコベルツィン (Dimitry Skobeltzyn, 1892-1982) は 1927 年に，霧箱の軌跡の写真を高エネルギーの宇宙線粒子に帰した．それを受けて W. ボーテ (Walter W. G. Bothe, 1891-1957) とコルヘルスターが 1929 年に用いた同時計数装置は，5 cm の鉄と 6 cm の銅で囲まれている一対のガイガー計数管からなり，宇宙線の粒子的な性質とエネルギーの高さを直接証明することを目的としていた．ガイガー計数管の技術はさらに，イタリアの B. ロッシ (Bruno Rossi, 1905-1993) の宇宙線研究に採用された．

G. オキャリーニ (Guiseppe Occhialini, 1907-1993) は 1931 年，ロッシの同時計数装置技術の経験をケンブリッジ大学キャヴェンディッシュ研究所に持ち込んだ．P. ブラケット (Patrick Blackett, 1897-1974) とオキャリーニは，キャヴェンディッシュの宇宙線検出器に霧箱という新しい別の装置を組み込んだ．ガイガー計数管の放電によって霧箱の容積が断熱膨張させられ，カメラを作動させて，宇宙線粒子の軌跡がその電荷とエネルギーに従い磁場によって偏向される様子が写真として記録された．

同時計数管と霧箱は，高エネルギー粒子を研究する粒子加速器のより小さなスケールの代替手段であった．宇宙線研究の過程で 1932 年に陽電子が C. アンダーソン (Carl Anderson, 1905-) によって発見され，1940 年代に V 粒子がマンチェスターで発見された．これらの新しい粒子は，シャ

宇宙線研究に使われる遠隔測定装置を囲む C. アンダーソン (右) と H. V. ネー (1953 年)．電離箱はラジオ装置の上にある黒い部分．カリフォルニア工科大学の文書館提供．

ワー［宇宙線が大気中の原子核にぶつかって分裂過程をくり返し，多数の粒子を放射状に発生させる現象］と呼ばれる強烈な物理現象でつくり出されることがわかった．1つの現象は複数の宇宙線検出器のネットワークを使って研究された．宇宙線研究は，イギリス，イタリア，日本，ドイツやアメリカ，ソ連など多数の国で成長した．戦後には，加速器に使うために開発された別の測定機器が宇宙線研究に使われた．例えば，高エネルギー粒子であるチェレンコフ放射線を増幅させる光電子増倍管からなる計数管である．その他戦後に発達したものは，宇宙線検出器を，高エネルギー天文台3号（HEAO-3）やエアリエル6号（Ariel 6）といった衛星や探測機に乗せて地球の大気圏外で測定を行うものがある．

[Jon Agar／綾野博之 訳]

■文 献

De Maria, M., M. G. Ianniello, and A. Russo. "The Discovery of Cosmic Rays：Rivalries and Controversies between Europe and the United States", *Historical Studies in the Physical Sciences* 22 (1991)：165-192.

De Maria, M., and A. Russo. "Cosmic Ray Romancing：The Discovery of the Latitude Effect and the Compton–Millikan Contriversy", *Historical Studies in the Physical Sciences* 19 (1989)：211-266.

Galison, Peter. *How Experiments End*. Chicago and London：University of Chicago Press, 1987.

Sekido, Yataro, and Harry Elliot, eds. *Early History of Cosmic Ray Studies：Personal Reminiscences with Old Photographs*. Dordrecht：D. Reidel, 1985.

Ziegler, Charles A. "Technology and the Process of Scientific Discovery：The Case of Cosmic Rays", *Technology and Culture* 30 (1989)：939-963.

◆雨 量 計

Rain Gauge

　雨量計は降水量を測定する装置である．［英語では］ハイトメーター（hyetometer, ギリシャ語の「雨」*hyetos* と「測定」*metron* の合成語），オンブロメーター（ombrometer, ギリシャ語の「にわか雨」*ombros*），プルヴィオメーター（pluviometer, ラテン語の「雨」*pluvia*）とも呼ばれる．降水量の測定（記録の中で最も古いもの）は，紀元前4世紀にさかのぼるサンスクリット語の著作『政治学（*Science of Politics*）』［カウティリヤ実利論］の中の，インドの地域別降水量とその農業への影響を概説した個所にある．おそらく何らかの基準量の容器が，雨を受けるために用いられたのであろう．1世紀から2世紀に，パレスチナの観測者は降水量を水の深さによって測ったが，これもやはり農業のためであった．15世紀に朝鮮の人々は，降水量観測網全体に青銅の壺を配備した．

　これら初期の雨量計の間におそらく影響関係はない．記録に残っているヨーロッパの最初の雨量計は，B. カステッリ（Benedetto Castelli, 1578-1643）が1639年のガリレオ（Galileo Galilei, 1564-1642）宛書簡で言及したガラス製の円筒容器であるが，これに対しても影響はないだろう．カステッリはこの装置を，ペルージャのトラジメーノ湖からの流出量に対する暴風雨の寄与を見積もるために利用した．1663年頃 C. レン（Christopher Wren, 1675-1711）は，風，気温，降水量を自動的に観測記録する「気象時計」のために，2種類の異なる雨量計を考案した．一方の案では，雨を

集めるろうとの下に四角い容器が時計仕掛けで次々とたぐり寄せられた．しかしながら，レンも認識していたとおり，水は観測者が訪れる前に容器から蒸発してしまう可能性があった．第二案では「転倒ます」が用いられた．これは中世においてアラビア人に知られていた容器で，水が満たされるにつれ重心が移動して転倒し，中身を空にした後で，もとの鉛直位置に復帰するような形とバランスを備えていた．レンの協力者R. フック（Robert Hooke, 1635-1703）は，ますに円筒をつり合わせ，ますが満たされるにつれてこの円筒が徐々に液体の入った容器から引き出され，ますが空になるともとのレベルまで沈むようにした．こうすることで，雨の量は満たされたますで検量され，満たされた回数は，ますが空になるときに作動する打印機によって数えられた．

17世紀末にP. ペロー（Pierre Perrault, 1608-1680）は単純な雨量計を用いて定期的な観測を行い，セーヌ川の源流付近の降水量が，実際にその流れを維持するのに十分な量であることをつき止め，古くからの問題に決着をつけた．E. マリオット（Edme Mariotte, 1620-1684）は同様の実験をディジョンにおいて行い，P. ド・ラ・イール（Philippe de la Hire, 1640-1718）はパリの観測所で定期的な観測を始めた．イギリスではR. タウンリー（Richard Townley）が月ごとの総降水量を公表した．

18世紀末には誤差の原因を取り除くことに対する関心が高まった．自然哲学の他の装置に対しても同様であった．誤差の原因の1つは，装置の横に吹きつける風による渦や気流で雨滴（雨量計中に落下したものまでも）が運び去られることによる損失である．J. シックス（James Six, ?-1793）

は地表から離れた雨量計によって集められた雨のほうが少ないことを見出したが，これが高度とともに強くなる風の影響であるという考えがすぐに示された．1つの解決策は，雨量計をできるだけ地表近くに設置することであった．誤差の第二の原因は，雨量計の内外への雨滴の跳ね返りであった．この影響は，収集容器の頂上にあるろうとの形を改良することで緩和することができた．『ロンドンの気候（The Climate of London）』（1818～1820年）の著者L. ハワード（Luke Howard, 1772-1864）は，装置を地面に埋め，旋削加工した真鍮の縁をもつろうとの口がほぼ芝生の面に位置するようにした．灯台技師であったT. スティーブンソン（Thomas Stevenson）は，埋めた雨量計のまわりを，丸く毛を植えたブラシ状のもので囲み，跳ね返った雨が入り込むことを防いだ．しかしながらこれらのような「穴雨量計」はあまり人気がなかった．その一因は設置に要する費用にあり，また，ある観測者が報告しているように，しばしば「虫集めに最も効果をあげた」からである．1878年，セントルイスのナイファー（F. E. Nipher）は，彼の名前をつけた遮蔽装置を発明した．これはろうとを囲む円錐を逆さにした形の金網で，その縁は，ろうとの頂上の高さで帽子のつばのように環状に外側に広がっていた．この遮蔽装置はほぼ完全に跳ね返りを防ぎ，気流や渦を絶った．

自記雨量計の発明には，相当な工夫が要求された．最も単純な方式は，雨がたまるにつれて貯水容器内で上昇する浮子を用い，それにペンを取り付けたものだった．最初のものは1827年に製作されたようである．別の浮子雨量計では，浮子に取り付けられた棒が一組の傾斜板を動かした．ペ

ネグレッティ&ザンブラ製転倒ます自記雨量計。Negretti & Zambra. Standard Meteorological Instruments, London, 1931, 54. Maggit plc 提供.

ンのアームを動かすテコは，それぞれの板に沿って滑り，端に達すると落ちて次の板に移るが，このときペンはゼロに戻る．第三のタイプの浮子雨量計では，雨がある深さに達すると，サイフォンが容器を空にする．このタイプの最初のものは1869年の記述に残っている．ダインズ（W. H. Dines, 1855-1927）の「傾倒サイフォン」雨量計（1920年）は，くさび形の支点に載ったアンバランスな容器とサイフォンを，留め金で支えていた．浮子が適当な高さに達すると，それによって留め金がはずれて装置全体が傾き，浮子がゼロに戻るまでサイフォンによって水が排出された．

レンやフックの雨量計に見られるように，転倒ますも自記雨量計で利用された．これは，1本のアームの上に一対のますが背中合わせに置かれ，ますが交互に満たされては転倒するという動作を繰り返すものであったが，1830年に初めて雨量計に用いられた．20世紀初頭に装置製造業者ネグレッティ&ザンブラが販売した型では，ますが交替する際にらせん形のカムが回転し，それがペンのついたアームを持ち上げた．ダインズはおのおののますの底にプラチナ線を取り付け，どちらかが絶縁された水銀溜に接触するようにした．いずれかのますが転倒すると，両方の線が接触し，離れた場所にある記録装置を作動させる回路を閉じた．このタイプの電気雨量計は20世紀前半を通じて広く普及した．長い間，船舶に雨量計を搭載しても，容器の横揺れとマストや索具の干渉のために役に立たないと考えられてきたが，19世紀末に，ジンバル［互いに直交する2つの回転軸をもつ台］に搭載された雨量計が，十分な実用性を備え，海洋気象の測定にとって大きな価値をもつことが明らかになった．

［Theodore S. Feldman／羽片俊夫 訳］

■文　献

Abbe, C. "Meteorology: Apparatus and Methods." In *Encyclopaedia Britannica*, Vol. 18, 273-281. 11th ed. Cambridge: Cambridge University Press, 1910.

Middleton, W. E. Knowles. *Invention of the Meteorological Instruments*. Baltimore: Johns Hopkins University Press, 1969.

え

◆液性限界測定器具

Liquid Limit Apparatus

　液性限界は，土を炉で乾燥させて，液体の状態から可塑性の状態へと移るときの，土の重量に対して土に含有される水の重量比であらわされる．言い換えれば，少し振動させると土壌がちょうど流れ始めるようなときのことをいう．液性限界の土は，非常に小さいある有限の大きさのせん断抵抗力をもつが，小さな力でそれが克服され，粘性が事実上ゼロになる．液性限界は，アッターバーグ（A. Atterberg）によって1905年に，例えば堤防が道路やその交通による負荷に対してもつ抗力を予測するために用いられる土壌特有の性質として同定された．

　液性限界は，汎用装置によって決定されてきた．土壌サンプルが，中心の厚さが1cmほどの滑らかな層にされて蒸発用の小さな磁器の皿に置かれ，規格サイズの溝切り用具で2つの部分に分けられる．皿は1つの手でしっかりともたれ，もう一方の手で角を10回ほど軽く叩く．もし2つの部分の低い端が一緒に流れ落ちなければ，水の保有量は液性限界以下である．もし10回叩き終わる前にそれらが流れ落ちれば，含水量は液性限界以上である．2つの端が正確に10回叩いた後に出合うまで，必要となる水の量を多くしたり少なくしたりして試験が続けられる．

　1932年にA. カサグランデ（Arthur Casagrande, 1902-1981）は，手動の方法による目盛りにいつも一致する結果を出すような機械式の装置を開発した．土壌は水と混ぜ合わされ，真鍮のカップの中に置かれ，滑らかな層の形にされて溝がつくられる．カップは機械の運搬機につけられて，1cmの距離を溝を塞ぐまで十分な回数落とされる．この過程が，水を含ませて何回かくり返される．この手続きでは，溝を塞ぐまでに必要なカップの落下と衝撃の回数が，それぞれ常に25以下と25以上になることが目指される．「流れ曲線」は，半対数目盛りのグラフ上に，含水量を等間隔目盛りの横軸に，衝撃回数を対数目盛りの縦軸にしてプロットされる．流れ曲線と縦軸の25回の線との交点に相当する含水量が，土壌の液性限界に相当する．試験は，ほとんどの国の主要な地質工学の研究所において使われ続けている．ほとんどの手動のモデルはいまでは回転計を備えているが，装置の見かけは1932年以来，全く変わっていない．駆動式のモデルが，積分式のブローカウンターとともに生産されている．

　1989年にはカサグランデの装置は，地質工学的な試験標準の異同を決定するために，欧州委員会のイノベーション移転戦略プログラム（SPRINT）の1つとして，国際的な評価に値するものと認められた．カ

サグランデのチャートは，ヨーロッパとアメリカのシステム（後者については米国試験材料協会）に対して整合的であり，広範な地域で調和していることが見出された．しかし，試験法におけるわずかの差を詳細に吟味してみると，それらは試験結果に影響を及ぼすことがわかった．

カサグランデは 1958 年に次のように述べている．「アッターバーグによって定義され，機械的に（カサグランデ）液性装置によってなされる液性限界の試験は，現実には動的なせん断試験になっている．これには深刻な弱点がある．というのは細かな粒子の土壌に対しては，それが振動試験に対して異なる反応をするので，一様な結果を出すことができないからである．単純で直接的なせん断試験か間接的なせん断試験，例えば静的な浸透試験は，液性限界装置を利用する際の多くの困難を除いてくれる．残念ながら，いまのところこのような試験のどれもが，単純さとコストの上で現在の方式の液性限界試験に匹敵していない．」

この発言が，代替的な方法の探求への関心を喚起した．第一の代替方法は，実験室で準備された土壌サンプルの貫入試験である（針入度計と貫入試験の項を参照）．スウェーデンでは，「円錐落下試験」が 1922 年以来，「細かさ数（fineness number）」を見出すために利用されてきた．その数は，カサグランデ液性限界計と 40% の領域で一致するものである．それより高い液性限界の値に対しては，「細かさ数」はカサグランデ液性限界計よりは低い値を示す傾向がある．1949 年にモスクワのヴァシレフ（A. M. Vasilev）は，「ロシア式円錐法」を導入した．その結果は正確にはカサグランデの値には一致しなかったが，ロシア式円錐は 1958 年にニュージーランドで満足のいくように利用されたことが報告されている．同じ時期，ニューデリーのウッパール（H. L. Uppal）とアガルワル（H. R. Aggarwal）がより重い「インド式円錐法」を開発し，1960 年代にアメリカとスカンジナビアでなされた数々の試験で，インドの結果ともともとのカサグランデの結果とが整合的に一致することが示された．後者は，ジョージア工科大学の円錐法に対しても成り立った．この方法はロシア式円錐法と似ているが，ロシア式の円錐が自由落下するのに対してジョージア工科大学のほうは円錐が 10 秒かけてゆっくりと落下するようにしてある．

1966 年には，パリの中央橋梁土木研究所（LCPC）で円錐貫入計の装置が開発された．この方法は他の円錐試験，すなわち土壌のせん断力に依存する静的な試験に似ている．それは制御された条件下における含水量と土壌サンプルへの円錐の貫入との関係に基づいている．保湿度と貫入の線形のグラフがプロットされ，最良の直線がプロットの点の間で引かれる．保湿度は，5

液性限界試験のための装置．円錐貫入計（右）とカサグランデ装置（左）．両方とも 1967 年頃のもの．SSPL 提供．

秒あたり 20 mm の円錐の貫入に相当し，土壌の液性限界と見なされる．1970 年代以降は，アイルランドとイギリスをはじめとして，国によっては同研究所の LCPC 法がカサグランデ法に取って代わり始めている．

[Robert C. McWilliam／橋本毅彦 訳]

■文　献

Allen, Harold. "Classification of Soils and Control Procedures Used in Construction of Embankments." *Public Roads* 22（February 1942）：263-282.

Casagrande, Arthur. "Notes on the Design of the Liquid Limit Device." *Géotechnique* 8（June 1958）：84-91.

Casagrande, Arthur. "Research on the Atterburg Limits of Soils." *Public Roads* 13（October 1932）：121-130, 136.

Sherwood, P. T., and M. D. Ryley. *An Examination of Cone-Penetrometer Methods for Determining the Liquid Limit of Soils*. Crowthorne, Berkshire, U. K.：Road Research Laboratory, 1968.

SPRINT RA bis, Comprehensive Report. Lyngby, Denmark：Danish Geotechnical Institute, 1993.

Van Alboom, G. "Report from Task Group 1：Soil Identification Tests. Atterberg Limits：Liquid Limit." In *Quality Assurance in Geotechnical Engineering. Phase 2, Recommended Practice in Geotechnical Laboratory Testing*, edited by Per Bjerregaard Hansen, Appendix B（1993-02-26）, 40-55.

◆液体比重計

Hydrometer

　液体比重計は液体の比重，つまり液体の濃度を計る器具である．液体比重計については 400 年頃にヒュパティア（Hypatia, 370 頃-415）が，そしてその 3 世紀前には詩人のレムニウス（Rhemnius）が言及している．ドイツの塩職人は中世後期には塩水の濃度を調べるために液体比重計を使用していた．R. ボイル（Robert Boyle, 1627-1691）は，1675 年に液体比重計をイギリスの科学論文に紹介した．おそらく彼は，オックスフォードの地主で薬屋を営んでいた J. クロス（John Cross）から液体比重計について学んだのであろう．18 世紀には，液体比重計は主に鉱水分析のために用いられ，またアルコール飲料の強度によって税額を定めるためにも用いられた．

　現存する最も古い液体比重計は，鉛玉のおもりのついた曲がった象牙でできており，17 世紀のものである．1725 年頃にロンドンの旋盤工で機械工の J. クラーク（John Clarke）は，アルコール強度の目盛りがついた銅製の液体比重計を製作した．クラークの初期の器具には，異なる濃度の液体を測れるように球の下におもりがネジで取り付けられていた．後に彼は温度変化にも対応できるように別のおもりを加えた．1762 年にクラークの液体比重計は英国間接税務局で採用され，1787 年には法令によって課税対象になるアルコール標準強度が法的に定められた．この 1787 年の法令によって，アルコール強度の検定作業はさらに拡張され，王立協会の書記 C. ブラグデン（Charles Blagden）と G. ギルピン（George Gilpin）は，異なる温度で水とアルコールのさまざまな比率での混合液の比重を法定する非常に精密な測定に着手した．

　1802 年に間接税務局は，収益のためクラークの液体比重計よりも性能のよい器具を募る競技会を開催し，19 種の器具が審査にかけられた．第一位はロンドンの税務局委員の行商人 B. サイクス（Bartholomew

Sikes) のものに与えられた．サイクスの液体比重計は1816年に法的認証を受け，1907年まで正式規格として使用された．また，サイクスの液体比重計は，彼の義理の息子 R. B. ベイト（Robert Brettell Bate）によって徴税目的で使用され，一方ベイトの下で働いていた E. ラッド（Edward Ladd）と T. ストリートフィールド（Thomas Streatfield）は内国税歳入庁との契約を勝ちえることになった．

クラークの他にも多くのイギリス人発明家が，その後新しい液体比重計を次々に考案していった．例えば，M. クイン（Matthew Quin）が発明した器具は1781年に技芸協会で銀賞をとった．1790年に特許をとったリバプールのJ. ディカス（John Dicas）の器具は，輸入アルコール飲料の強度を測定するために米国政府に採用され，約60年間アメリカの基準として定められた．

他のヨーロッパ諸国でも状況は同じようなものだった．1768年に A. ラヴォワジエ（Antoine-Laurent Lavoisier, 1743-1794）は，徴税目的のための液体比重計をつくったが，それほど名の知られていないカルティエ（Cartier）の液体比重計のほうが成功をおさめる結果となった．パリの薬剤師 A. ボーメ（Antoine Baume, 1728-1804）は，科学や薬学用の液体比重計をいくつか考案し，水との比重を示す彼の尺度は長い間使用された．ベルリンの物理学者 J. G. トラレス（Johann Georg Tralles）は1805年にアルコール強度と比重の関係についての研究に着手し，その後，液体比重度を導入しドイツ語圏の国々で広く使用された．1822年に J. L. ゲイ=リュサック（Joseph Louis Gay-Lussac, 1778-1850）もまたアルコール強度と比重の関係について研究し，それに基づいて100進法の目盛りをもつ液体比重計を考え出した．

醸造過程での液体比重計の重要性は，財政面よりは需要の面から認識された．醸造業者にとっては喉の渇いた消費者に一定の品質の酒を供給していくことが重要だった．ロンドンの5つの醸造会社は1760年には年間5万バレル以上の酒を生産しており，そのためモルトとホップの購入に3万ポンド以上を費やしていた．大切なことは過失によって生産を中断しないことであった．そのために，ウワート，すなわち砂糖溶液の比重を計る糖液比重計が開発された．ヨークのJ. リチャードソン（John Richardson）が設計した糖液比重計（サッカロメーター）は，1790年代にロンドンのトラフトンズ社によって製作された．ベイトの糖液比重計は1822年に特許が取得され，アイルランドで採用された．一方，アラン（Allan）の糖液比重計は，グラスゴー大学のT. トムソン（Thomas Thomson, 1773-1852）が改良し，19世紀にスコットランドで使用され続けた．

他の目的の液体比重計もいくつか考え出された．牛乳の脂肪分を計る乳比重計（ラクトメーター），油の比重を計る油脂比重計（オレオメーター），尿中の糖を検出する尿比重計（ユリノメーター）などがそれである．これらの器具はほとんどが非腐食性のガラスでできており，おもりとして鉛玉を使用し基本的には同じ構造であるが，異なった目盛りが使われていた．

比重を測定する全く別の方法として，17世紀中頃にイタリアのアカデミア・デル・チメントの会員によって発見されたものがある．それは，異なる浮力をもつガラス玉を液体の中に1つ1つ落としていき，ちょうど沈むぐらいのガラス玉を見つけること

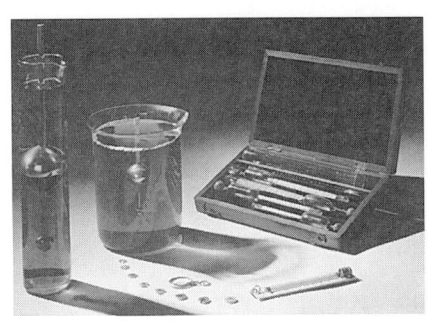

19世紀の液体比重計．左から順に，ドリング&フェイジによる油脂比重計（1870年頃），ドリング&フェイジによるサイクスの持ち運び可能な液体比重計（1873年頃），箱に入った4つのガラス製液体比重計（1830年頃），SM1954-384, 1954-377, 1954-390. SSPL提供．

で比重を測定するというものである．1750年代にグラスゴーの A. ウィルソン（Alexander Wilson, 1766-1813）によっても再発明され，この水力学的なガラス玉は「泡」という呼び名で，特にスコットランドで広く使われた．これらの比重計は主にイタリア人移民のガラス吹き工によって製造され，製酪業や漂白工業でも使用されたが，醸造や蒸留においての使用のほうが一般的であった．

[A. D. Morrison-Low／田中陽子 訳]

■文献
Burnett, John. "William Prout and the Urinometer : Some Interpretations." In *Making Instruments Count*, edited by R. G. W. Anderson, J. A. Bennett, and W. F. Ryan, 242-254. Aldershot and Brookfield, Hampshire : Variorum, 1993.
"Hydrometer." In *Encyclopedia Britannica*, Vol. 4, 161-165. 11th ed. Cambridge : Cambridge University Press, 1910.
McConnell, Anita. *R. B. Bate of the Poultry, 1782-1847 : The Life and Times of a Scientific Instrument-Maker*. London : Scientific Instrument Society, 1993.
Matthias, Peter. *The Brewing Industry in England 1700-1830*. Cambridge : Cambridge University Press, 1959.
Tate, Francis G. H., and George H. Gabb. *Alcoholometry : An Account of the British Method of Alcoholic Strength Determination*. London : His Majesty's Stationery Office, 1930.

◆液 量 計
➡ ゲージ【レベル】

◆エクアトリウム

Equatorium

エクアトリウムという名前は，ラテン語の動詞 "equare" に由来するものである．中世における動詞 "equare" の意味の1つには「惑星の均差を計算すること」，すなわち惑星の真の黄経を決定するために角座標に加えられねばならない補正値を計算すること，があった．すなわちエクアトリウムとは，天文学者が主にそれほど厳密な正確性が必要でない場合に，煩雑な数値計算をすることなしに，ある時間のある惑星の黄経を計算するための計算機器である．

エクアトリウムは3つの異なるグループ，すなわち幾何学的エクアトリウム，数学的エクアトリウム，機械式エクアトリウム，に分類される．幾何学的エクアトリウムとは諸惑星モデルの幾何学的な構成を忠実に再現するものである．数学的エクアトリウムとは諸惑星の位置計算のプロセスを示し，天文表の構成要素を得るためのものである．また機械式エクアトリウムには，歯車やその他の装置がついていて，それが

フランス製のエクアトリウム（1600年頃）．マージーサイド国立博物館・美術館評議会提供．

諸惑星の真の運動と符合する速度を示し，それが図示されるような仕掛けになっている．

エクアトリウムに関する最も古い著述は，イスラム期のスペインにおいてアラビア語で書かれたもので，イブン・アッ=サムフ (Ibn al-Samḥ)，アッ=ザルカーッル (al-Zarqālluh)，アブル=サルト (Abū-l-Ṣalt)（いずれも11～12世紀）によるものである．しかしアル=ジャズィーン (al-Jazīn)（バグダッド，10世紀）も，最近発見された彼の著作『天文表盤 (zīj al-ṣafāʾih)』において，一種のアストロラーブエクアトリウムについて書いている．しかし現存するエクアトリウムに関する著作は，アル=カーシー (al-Kāshī)（サマルカンド，15世紀）によるもの以外，ほとんどが13世紀から17世紀にかけて西洋ラテン世界で書かれたものである．

ほとんどのエクアトリウムはプトレマイオス (Ptolemaios，2世紀）の周転円理論に基づいてつくられており，諸惑星は黄道面を移動するものとしてつくられている．黄道面と惑星の軌道面との間の角度はどの惑星の場合でも小さいので，この角度をゼロとしても，黄経の計算においては正確さが損なわれることはほとんどなく，かつ大幅な単純化が可能となるからである．

プトレマイオスの理論によると，諸惑星は周転円と呼ばれる小さな円の上を一様な角速度で動き，さらにその周転円の中心は，導円と呼ばれる，宇宙の中心に対して離心

的で，より大きな円の円周上を回転する．その角速度は宇宙の中心や導円の中心に対してではなく，「エカント」と呼ばれる第三の点—導円の中心と宇宙の中心との間に置かれた仮想的な点—に対して一様である．これらの3つの点はアプセ・ライン（apse-line）—遠地点の方向に向かってのびる線で，諸惑星によりその向きは異なる—に沿って位置している．惑星の真の黄経は，2つの独立変数，すなわち平均黄経（導円上での周転円の中心の運動）とアノーマリー（周転円上での惑星の運動）の関数としてあらわされる．惑星運動のモデルは惑星によって若干の違いがあり，金星，火星，木星，土星のモデルは前出の決まりに従うが，太陽のモデルに関しては，周転円やエカントがないのでかなり単純なものであり，水星と月のモデルに関しては，導円の中心が固定されておらず，小さな円に沿って動くため，より複雑なものとなっている．

エクアトリウムの作製とその使用に関しては，2つのことを考慮に入れる必要がある．1つはそれぞれの惑星のパラメーター（離心率，導円と周転円の半径，遠地点の位置）であり，もう1つはそれらの角座標（遠地点の運動，導円上での周転円の中心の運動，惑星自身の周転円上での運動）である．

エクアトリウムを使用するためには諸惑星の平均運動の表と，諸惑星の遠地点の知識が必要とされる．惑星の周転円上での運動と，周転円中心の導円上での位置がわかると，あとはそれに従って周転円を正しい位置に定め，周転円上に惑星の位置を記してやればよい．指方規（alidade）を用いることによって，惑星の真の黄経を直接読み取ることが可能となる．

ヘブライ語の著作の中にはアラビアのエクアトリウムに関する著述があるが，それらがラテン・ヨーロッパ世界に知られていたかどうかはわかっていない．それにもかかわらず，ヨーロッパ初期のエクアトリウムに見られるいくつかの特徴から示唆されることは，ヘブライの学者と同じように，ラテン世界の学者もアラブの先駆者たちの著作に対する知識があり，それを基礎として新しい改良を加える努力をしていたという可能性である．

エクアトリウムに関するアラビア語，ヘブライ語の著作，あるいはラテン語で書かれた最古の記述が示唆しているのは，それが真鍮でつくられていたということである．しかしほとんどのラテン世界のエクアトリウム作製者は紙か，あるいは厚紙を用いてつくっていた．科学史家の E. プッル（Emmanuel Poulle，参考文献参照）が記録している 136 機のラテン世界のエクアトリウムのうちで，唯一 9 つのものだけが真鍮の使用を示唆している．

エクアトリウムに関する最古のラテン語の著作は，ノヴァラのカンパヌス（Campanus of Novara，?-1296）によるもので，彼はエクアトリウムを彼の惑星理論に関する著作の教育上の助けとなるもの，と考えていた．エクアトリウムは 12 世紀末には大学教育にも取り入れられ，また印刷術の出現とともに，より広く知られるようになった．エクアトリウムについて書かれた著作のほとんどには紙製の持ち運びのできるエクアトリウムがついていた．その中でも最も美しく名高いものの1つに，P. アピアヌス（Petrus Apianus，1495-1552）の『天文学（*Astronomicum Caesareum*）』（1540年）がある．

幾何学的エクアトリウムについて書いた

人物には，マリーヌのH. ベイツ (Henry Bates of Malines)，リニエレのジャン (Jean of Linieres, 14 C 後半)，G. チョーサー (Geoffrey Chaucer, 1343?-1400)，J. フソリス (Jean Fusoris)，G. ギリスツーン (Guillaume Gilliszoon) らがいる．

数学的エクアトリウムや，手動あるいは自動機械エクアトリウムの進歩は15世紀に始まった．数学的エクアトリウムに関しては，S. ミュンスター (Sebastian Münster, 1489-1552)，J. シェーナー (Johann Schöner, 1477-1547)，J. ヴェルナー (Johann Werner, 1468-1552) らによる「オルガーナ (Organa)」や，ウォリングフォードのリチャード (Richard of Wallingford, 1292?-1336) によるアルビオン天象儀 (Albion) が特に重要である．また最も複雑で優れた機械式エクアトリウムに，G. デ・ドンディ (Giovannni de Dondi, 1318-1389) のアストラリウム (Astrarium) があり，またその他にも O. フィヌ (Oronce Fine, 1494-1555) のものとされている惑星時計や，バルデヴァイン (Baldewein) によってつくられたものなどがある．

[Mercè Comes／平岡隆二 訳]

■文 献

Benjamin, Francis S., and Gerald J. Toomer, eds., trans., and authors of commentary. *Campanus of Novara and Medieval Planetary Theory. Theorica planetarum.* Madison：University of Wisconsin Press, 1971.

Comes, Mercè. *Equatorios andalusies：Ibn al-Samḥ, al-Zarqālluh y Abū-l-Ṣalt.* Barcelona：Universidad de Barcelona, 1990-1991.

Kennedy, Edward S. *The Planetary Equatorium of Jamshīd Ghiyāth al-Dīn al-Kāshī.* Princeton：Princeton University Press, 1960.

North, John D., trans., author of introduction, and commentary. *Richard of Wallingford.* Oxford：Clarendon, 1976.

Poulle, Emmanuel. *Les instruments de la théorie des planètes selon Ptolémée：équatoires et horlogerie planétaire du XIIIe au XVIe siècle.* Paris：H. Champion, 1980.

◆X 線 回 折

X-ray Diffraction

結晶は，対称性をもった外形を示す傾向があるという点で，他の固体物質と区別される．この傾向は，結晶を構成する原子あるいは分子の内的な配列がもつ規則性に由来する．結晶の単位胞（単位格子）は，結晶構造の基本要素であり，理論的には，三次元方向に無限にくり返される（1 mm^3 の典型的な結晶は，約 10^{20} 個の単位胞を含んでいる）．このくり返しの結果，結晶構造の中には，あたかもよく計画された果樹園の並木のような，原子あるいは分子が直線に並んだ無数の列や面が存在する．結晶構造解析では，結晶のもつこの性質を利用し，結晶に照射した X 線ビームがそれぞれの結晶面で散乱される強度 $I(hkl)$ を測定する．ここでの3つの整数 h, k, l は，面指数あるいはミラー指数と呼ばれ，各結晶格子面をあらわし，格子面が単位胞の軸（結晶軸）上を切る点を定義する．

X 線回折により，大小さまざまな分子量をもった，いろいろな種類の結晶の原子および分子構造を，現在可能な方法の中で最も正確に調べることができる．ペニシリンのような有機分子から，岩塩のような無機物，さらには複雑な生物分子まで解析することが可能である．例えば，生物学や医学において非常に重要なヘモグロビンやインシュリンなどの分子構造と活動特性の関係は，X 線回折を使って発見された．X 線回

折により達成される解析の正確さは，結晶内の三次元的な分子配列に依存するが，あまり整然と配列されていない分子構造をもつ物質に関して，きわめて重要な発見がなされてきた．毛髪，コラーゲン，筋肉組織などに加え，最も注目すべきものは，遺伝物質 DNA の構造解析であろう．X 線回折法により結晶構造を決定するには，結晶格子がもつ何千もの hkl 面により散乱された，弱い X 線を計測し，定量化する装置が必要である．この目的のために使われる X 線は，通常の実験室用の発生器によるものも，またより強力なシンクロトロンから発生するものも，波長は 0.5～2.5Å（1Å $= 10^{-8}$ cm）程度である．ラウエ法の場合を除き，散乱強度 $I(hkl)$ の測定は単色 X 線ビームを使うことを前提としている．1912 年に，X 線回折現象がミュンヘン大学の M. フォン・ラウエ（Max Theodor Felix von Laue, 1879-1960）の実験室で発見されて以来，さまざまな測定装置が開発されてきた（当時，ラウエはミュンヘン大学の講師で，X 線の本質を探るための実験を行っていた）．

X 線を測定するためには，主に 2 つの方法が用いられる．その 1 つである写真法では，回折斑点の位置（これが結晶格子面 hkl を決定する）と濃度（これが強度 $I(hkl)$ を決定する）が，光学的な方法で測定される．この方法は現在，回折を定性的に計測したり，結晶体の単位胞と対称性に関する情報を得るために使われる．電子回折計と二次元 X 線検出器は，X 線が気体や固体を電離する作用や結晶内に蛍光を発生させる性質を利用したものである．これらの装置は結晶幾何学的なパラメーターや散乱強度 $I(hkl)$ を正確に測定するために使われる．

単結晶の X 線回折幾何学

1912 年，ケンブリッジ大学の物理学者 W. L. ブラッグ（William Lawrence Bragg, 1890-1970）が，与えられた X 線の波長 λ について，X 線フィルム上の回折斑点の位置と，反射角 θ（X 線ビームと結晶面 hkl との間の角度）および結晶面間の面間隔 d (hkl) の関係について，簡単ではあるが非常に効果的なモデルを見出した．P. P. エヴァルト（Paul Petér Ewald, 1888-1985）は，1921 年に，hkl 回折斑点は，結晶格子とは逆の格子（概念上の格子で「逆格子」と呼ばれる）上にあることを示し，ブラッグの方程式とともに，X 線回折写真を分析するための基礎を築いた．

X 線カメラ

ラウエ・カメラは，X 線回折を記録するために使われた，最も初期の方法である．この装置では，結晶は連続 X 線ビーム内でフィルムの後ろに固定される（ブラッグの条件を満たすような波長の X 線が存在する中で，偶然ある hkl 面が揃うことにより，フィルム上に生じる多数の回折斑点のうちの 1 つを生じさせる）．この方法は X 線回折を記録する最初の方法であり，長い間，結晶の対称性を決定するためだけに使われてきた．しかし，最近では強力なシンクロトロン放射を使うことにより，タンパク質結晶のように回折の度合いが低い試料から，散乱強度に関するデータを得るための効果的で迅速な方法として認められるようになってきた．ラウエ法の最大の欠点は，入射する X 線に含まれるさまざまな波長の中から，hkl 面によって選び出される適切な波長を，各回折斑点について決定する必要がある点である．以下に述べる他の測定法ではすべて，波長の知られた単色 X 線を使う．

振動カメラは試料の結晶を小さい角度範囲で回転させ，*hkl* 面をブラッグの位置を通るように動かすことで，X線回折斑点をつくる．この種のカメラは1920年代に作製され，写真を解釈するための理論は，ロンドンの王立研究所で活躍したX線結晶学の先駆者 J. D. バナール（John Desmond Bernal, 1901-1971）が中心となって，1926年頃確立した．フィルムは円筒状のカセットに収められ，このカセットの軸は，結晶の回転あるいは振動の軸と同心であった．構造生物学あるいは分子生物学と呼ばれる分野の先駆者である，バナール，D. クロフット（Dorothy Crowfoot, 後の D. ホジキン（Dorothy Hodgkin）），M. ペルツ（Max Perutz）らは，大きな単位胞をもつタンパク質結晶の研究に，この方法を活用し優れた成果を上げた．イギリス，ケンブリッジにある MRC 研究所で仕事をしていた分子生物学者 U. W. アルント（Ultrich Wolfgang Arndt）と A. J. ウォナコット（Alan John Wonnacott）が設計し，1970年代中頃オランダのエンラフ・ノニウス社が製作した改良型は，異なった振動幅で一連の照射を自動的に行う機能をもっていた．この装置は，特にタンパク質のような大きな生物分子の結晶の散乱強度データを集めることを目的として設計された．

最も一般的で，特に教育用としてよく使われるX線カメラは，1924年頃 K. ワイセンベルグ（Karl Weissenberg）により開発された．この方法では，結晶の回転軸に中心軸を一致させた円筒フィルムカセットが回転軸方向に往復運動し，結晶とフィルムの間に入れたスクリーンで，ある層線に属するものだけが選び出される．こうすることにより，逆格子の一部がゆがんで二次元に投影され，記録される．この設計は，ロンドンのバークベック・カレッジの結晶学者 C. H. カーライル（Charles Harold Carlisle）によって，タンパク質のデータを記録するために採用された．また，最近のイメージング・プレート・ディフラクトメーターでも同じ原理が使われている．

1938年に W. F. デ・ヨング（Wieger Fokke de Jong）と J. ボウマン（Johannes Bouman）は，もし結晶とフィルムに同じ（あるいは平行した）運動をさせることができれば，理論的には逆格子の，幾何学的にゆがみのない層を記録できることを示した．これらのアイデアをもとに，マサチューセッツ工科大学にいた有能なアメリカ人結晶学者 M. J. ブルジャー（Martin James Beurger）は1940年代の中頃に精密カメラを開発した．この装置は，結晶の格子および対称性の性質について研究するには理想的なものである．この方法により得られた像は解釈が非常に容易である．しかし，その撮影には，振動法やワイセンベルグ法による写真に比べると，はるかに高度な技能が必要とされている．

X線カメラはほとんどディフラクトメーターやイメージプレート装置に取って代わられたが，科学者の中には，教育や研究の基礎的な局面で，X線カメラを使用することを支持している人々もいる．ワイセンベルグ・カメラや精密カメラを製作している会社には，ストー社（ドイツ・ダルムシュタット）やエンラフ・ノニウス社（オランダ・デルフト）がある．

ディフラクトメーター

回折されたX線を検出するために計数装置（ガイガー計数管，比例計数管，シンチレーション検出器，半導体検出器）を使う最大の利点は，おそらく，得られた情報を容易に定量化できることであろう．これ

らの装置の基本概念は，W. H. ブラッグ (William Henry Bragg, 1862–1942) が1915年頃に開発したX線分光器から生まれた（ブラッグはW. L. ブラッグの父で，リーズ大学の物理学者であった．ブラッグの装置では，電離箱/検電器が使われていた）．X線の反射は，事前に設定されたブラッグの条件を満たす位置を結晶が通過するたびに記録される．現在のディフラクトメーター（diffractometer）を使って，試料の結晶（しばしば何千ものhklをもつ）に関する完全なデータを得るプロセスは非常に時間がかかるが，その結果は，特に安定した試料については非常に正確である．

最初に商品化されたモデルの1つは，線形ディフラクトメーターで，アルントと1960年頃ロンドンの王立研究所で仕事をしていた構造分子生物学者 D. C. フィリップス（David Chilton Phillips）が設計し，ロンドンのヒルガー&ワッツ社が販売した．この装置は，タンパク質結晶からの強度データを高速で計測するためのコンピューター制御逆格子アナログ装置であった．後にデータ集録をより高速化するために三連計数管が使われるようになり，デジタル化された出力は紙テープに打ち出された．ちょうど同じ頃，ニューヨークのチャールズ・サパー社は，本質的にはワイセンベルグ幾何学に基づき，強度データはパンチカードに出力される，半自動ディフラクトメーターを製作した．何種類かの4軸ディフラクトメーターが，1965年から1975年にかけて登場した．これらの装置は，結晶の向きのための軸を3本もち，4番目の軸は計数管を運ぶ軸である．構造解析に必要な強度データを自動的に計測する前に，コンピューター自動制御により，結晶の特性が見出され，方向づけがなされる．

通常，計測の速度は，1格子面あたり30〜60秒程度である．しかし，この速度では，X線照射により質が低下するタンパク質などの結晶から完全なデータを得るには遅すぎる．これらの装置には，フィリップス社（オランダ・エイントホーフェン）のPW1100，ジーメンス・ホッペ社（ドイツ・カールスルーエ）のAED，ストー社（ドイツ・ダルムシュタット）のSTAD 14，ヒルガー&ワッツ社のY 290/A 328などがある．

エンラフ・ノニウス社のCAD 4 ディフラクトメーターは，現在使われている4軸単結晶回折装置の中で最も人気の高い機種で，そのκゴニオメーター（測角器計）が特徴である．結晶はκブロックの上に固定され，θ, κ, ω軸のまわりの回転により方向づけられる．計数管は水平2θブロック上に固定されている．したがって，強度$I(hkl)$を記録するときは，hkl格子面は垂直に方向づけられている．

二次元X線検出器

例えば，不安定な生体物質などの場合のように，高速でデータを収集する必要性から，写真フィルムに記録する機能とディフラクトメーターの電子的計測機能を合わせもつ装置の設計が1980年代に進められた．そのような装置は二次元X線検出器（area detector）の概念あるいは電子フィルムを採用している．現在すでに使用されている装置も何種類かある．

エンラフ・ノニウス社のFAST 二次元X線検出器は，アルントの設計に基づくものであるが，同社のCAD 4 ディフラクトメーターの基本ゴニオメーターを採用している．結晶をわずかな角度で回転させることにより，多くのX線回折線が得られる．これらの回折線は，平面光ファイバーのフェース・プレート面上に配置され，画像

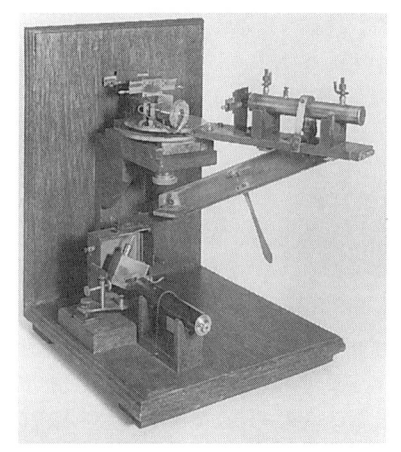

ブラッグのX線回折装置．SM 1926-1021．SSPL提供．

強化装置を経由してカメラの管に接続された，$Gd_2O_2S:Tb$層によって感知される．デジタル化された後に，画像は特別なソフトウェアによって処理される．このプロセスは，完全なデータ群が得られるまでくり返される（通常，24～48時間）．もともとは大きな分子の計測のために考案されたものであるが，マイケル・ブライアン・ハーストハウス（イギリス・カーディフ）が運営するSERCサービスで1993年頃から使われている，この装置の改良モデルはいろいろな種類の物質の計測に適している．

J. ヘンドリックス（Joules Hendrix）とA. レントファー（Arnold Lentfer）による設計から発展した，MAR・イメージ・プレートIPは再利用可能な感光$BaFBr:Eu^{2+}$フィルムをもつ．X線光子はプレート上に隠れたイメージをつくり出し，6,330 ÅのHe-Neレーザー光でスキャンすることにより，3,900Åの蛍光という形で顕在化される．この蛍光像は，読取りヘッド内のフォトマルチプライヤーで計測され，画像処理のためにデジタル出力に変換される．プレートは，消去ランプを照射することにより，再利用可能な状態に戻る．完全なデータ群は高強度回転陽極X線源を使うと通常24～48時間で得られる．シンクロトロンX線を使えば計測時間ははるかに短縮される．このような手法により，X線ビームに当たると限られた生存時間しかない貴重な結晶試料から最善の強度データを収集することが可能になる．イメージング・プレート・ディフラクトメーターの中には，ラウエ回折像を記録できるものもある． [Rex A. Palmer／札野 順訳]

■文 献

Ewald, Paul Philip, ed. *Fifty Years of X-Ray Diffraction*. Utrecht：Oosthoek, 1962.

Helliwell, John Richard. *Macromolecular Crystallography with Synchrotron Radiation*. Cambridge：Cambridge University Press, 1992.

Ladd, Marcus Frederick Charles, and Rex Alfred Palmer. *Structure Determination by X-Ray Crystallography*. 3rd ed. New York：Plenum, 1993.

Lonsdale, Kathleen. *Crystals and X-Rays*. London：G. Bell, 1948.

◆X線装置

X-ray Machine

1895年にレントゲン（W. C. Röntgen, 1845-1923）は，X線の性質に関する研究成果を初めて報告した．彼の論文の中に述べられていた初期の発見は，誘電コイル，ガス放電管，蛍光スクリーンといった，当時どこの物理学研究施設にもある一般的な装置によってなされたものであった．X線を放った管は，ガラス壁に埋め込まれた電極をもつガラス管で，管の中の空気は抜かれ，電極間を電気が通るガス放電管であっ

た．このような装置は，電気放電現象に関する実験を行っていた，19世紀後半の科学者たちにはよく知られていた．管の中につくり出される高い電圧差のため，管内のガス原子はイオン化され，陽イオンは陰極に引きつけられる．陽イオンが陰極に当たることにより，陰極線（電子の流れ）が陰極から放出される．この陰極線が，ターゲット（レントゲンの場合は，管のガラス壁）に当たると，そこからX線が放射される．

レントゲンの報告の後，すぐさまガス放電管はさまざまな形で改良された．例えば，ジャクソン管のように，陰極をカップ状にすることにより，電子線の焦点をターゲットに絞りやすくする工夫がなされた．こうすることにより，鮮明なレントゲン写真を得るために不可欠な，小さいX線源をつくることができるようになった．また，ガラス壁をX線源とする代わりに，金属のターゲットを使うことが一般的になり，最終的にはタングステンが好まれるようになった．放電管内の真空度をコントロールすることとともに，ターゲットからの熱の散逸が重大な問題点として研究者を悩ませていた．初期のレントゲン技師たちは，放電管とX線プレートを，検査しようとする対象物（あるいは人体の部分）から必要な距離を置いて固定するために，実験用のクランプを使っていた．しかし，このような設定では，発生するX線の透過力はその時々で変わり，コントロールが非常に難しかった．例えば，管の真空度により透過力は変化した．患者は，映像を得るために，数分間も動きを止めてX線を照射されねばならなかった．X線発見の直後から，骨折や体内の異物を示した，人体のさまざまな部分のレントゲン写真が撮影された．しかし，医学への応用は，第一次世界大戦頃まで，実験的なものにすぎなかった．

その後のX線「装置」は，主要な部分が丈夫なケースに収められ，操作室からの操作が可能となった．また，可動式の患者用寝台（しばしばフィルム・カセットを装着する機能を備えていた）をもち，X線源と患者，それにフィルムを一直線上に並べ，調整できるような機構があった．診察室に恒常的に設置するタイプの装置だけではなく，往診や軍用の可動式の装置も開発された．多くの医師が初めてX線装置の使用に慣れることができたのは，おそらく第一次世界大戦中の戦場での経験のおかげであろう．

第一次世界大戦と第二次世界大戦の間の時期に，X線装置は徐々に病院の中でも専門部署に設置されるようになり，その操作は訓練を受けた専門家に限られるようになった．しかし，X線写真をどう解釈するかは，X線技師ではなく，医師の職域とされた．X線技師の医療補助員としての役割がはっきりと決められたのである．X線装置は，より高度な自動化を伴いながら，しだいに技術的に洗練されていった．技術的発展の1つは，旧来のガス管よりも制御しやすい，熱イオン管（あるいはクーリッジ管）の使用である（このタイプの管はしだいにガス管に取って代わるものとなる）．熱イオン管内の真空度はほぼ完璧に近く，陰極のタングステン・フィラメントを白熱するまで熱することにより電子を発生させた．誘電コイルに代わって変圧器が使われるようになり，X線の透過力と放射線量をより容易にコントロールできるようになった．1920年代に入ると，金属製のチェインバーをガラス管に封印した，メタリックス管が使われるようになり，目標からはず

れて放射されるX線から使用者を保護した．しかしながら，一般的には，技師や患者の被曝を最小限にするという安全性の問題は，最大の関心を払うべきことがらとは考えられていなかった．例えば，写真の代わりに，シアン化プラチナバリウムを塗った蛍光スクリーンを使う，「スクリーニング」と呼ばれる手法はまだ，特に胸部の診断のためには，頻繁に使われていた．この方法では，瞬間的に，リアルタイムで動く画像を得ることができたが，必然的に高い放射線量を伴った．その後，X線管は，ユーザーを電気的なショックから守るために，金属製ハウジングで覆われるようになり，放射線からの保護のために鉛のコーティングが施されるようになった．

1924年以降は，ポッター-バッキー（Potter-Bucky）型絞りの採用により，検査部位により生じる，放射線の散乱に起因するX線写真のぼやけを最小にすることができた．鉛片からなる細かいグリッドにより，X線源から直接の放射線のみが確実に感光板に届くようになった．この頃までには，初期のガラス製X線感光板は，フィルムに取って代わられていた．当時のニトロセルロース製フィルムは，ガラス製感光板よりは軽くて壊れにくかったが，可燃性の危険物であった．1920年代には，アセチルセルロース製の安全フィルムがこれに代わるようになった．その後のフィルムと関連技術の進歩には，感光乳剤の改善や蛍光強化スクリーンの間にフィルムを挟む手法などが含まれる．また，暗室での技術の標準化および自動化も進んだ．

診断用レントゲン写真撮影における2つの大きな発展には，他分野の技術が関わっていた．戦時中の経験をもとに，G. N. ハウンスフィールド（Godfrey N. Hounsfield, 1919-2004）は1967年に計算機を使ってコンピューター断層写真（CT：コンピューター・トモグラフィー）を開発した．この革新的な技術により，1つの軸に沿って撮影された多数のX線画像が電子的に組み合わされて，脳や身体の「断面図」が得られる．

テレビと画像強調の技術も，診断用レントゲン写真撮影の分野においてなくてはならない役割を果たした．X線技術に携わる人々は長い間，動くX線画像を恒久的に記録する方法を探し続けていた．R. レイノルズ（Russell Reynolds）は1920～1930年代に，シネ放射線法である程度の成功を収めたが，彼の装置は大変扱いにくく普及には至らなかった．最大の技術的課題は，記録に適する程度のはっきりした画像を得ることであった．画像強化装置の内部では，患者の身体を透過したX線が，ヨウ化セシウムの蛍光スクリーンを反応させる．スクリーンから発生した光は，光電子に変換される．この光電子は，電場により焦点を絞られ，エネルギーを増幅された後で，再びより強い光に変換される．結果として得られる，オリジナルよりも小さいが，輝度

初期のX線装置と患者．1900年頃のダートマス・カレッジにて．NMAH提供．

の高い画像は，テレビや映画用のカメラで記録される．

　画像強調装置は，バリウムを飲む検査などでは一般的に使われるようになった［バリウム（X線に対して不透過性の造影剤）検査では，バリウムの移動の様子をリアルタイムで観察することができる］．また，画像強化装置は，現在X線技師が使うさまざまな侵襲的な手法にとって不可欠なものとなっている．このような技術を使うと，例えば，直接観察しながら，X線に対して不透過性のカテーテルを心臓や他の臓器に侵襲させることができる．

　映像のデジタル化は，現在X線診断学で主流となっている，電子的な画像強調処理の方法を促進させてきた．細い血管の中に造影剤を入れても，より大きな臓器によって隠されてしまう場合がある．事前に撮影された画像を電子的に取り除くことにより，これらを取り去ることができる．この技術により，造影剤の投薬量を大幅に減らすことができ，危険な検査手法はほとんど使われなくなった．

　フィルムを使わないX線システムに関する研究が盛んに行われてきた．デジタルX線変換器を使うことにより，イメージ・キャプチャーはデジタル化され，フィルムやそれを保存する手段の必要性はなくなってきた．CTの場合と同様に，デジタル・イメージをフィルムに変換してハード・コピーをつくることは可能であるが，費用の面で効率的ではない．画像は通常，適当なVDUシステム（多くの場合ラインスキャン型のTVモニター）上で診断され，例えば，光ディスク上に保存される．生のデータを取り込む場合においても，その後の過程においても，画像の電子的処理は，X線による診断を改善する大きな潜在的可能性を秘めている．

　X線装置は，初期から，主に癌（それだけとは限らないが）に対する治療を目的に放射線治療の分野でも使われてきた．高電圧（1,000 kV 以下）で作動する装置が，癌治療のために，2つの大戦の間につくられていた．第二次世界大戦以降はバン・デ・グラーフ型加速器，サイクロトロン，線形加速器といった，超高電圧の装置が開発された．

[**Ghislaine M. Lawrence**／札野　順訳]

■文　献
Brecher, R., and E. Brecher. *The Rays*：*A History of Radiology in the United States and Canada*. Baltimore：Williams and Wilkins, 1969.

Glasser, Otto. *Wilhelm Conrad Röntgen und die Geschichte der Röntgenstrahlen*，Berlin：Springer, 1931/1958.

Mould, R. F. *A History of X-rays and Radium with a Chapter on Radiation Units*：*1895-1937*. Sutton：I. P. C. Building and Contract Journals, 1980.

Pallardy, Guy, Marie-Jose Pallardy, and Auguste Wackenheim. *Histoire Illustrée de la Radiologie*. Paris：R. Dacosta, 1989.

Pasveer, Bernike. "Knowledge of Shadows：The Introduction of X-Rays into Medicine." *Sociology of Health and Illness* 11（1989）：360-381.

◆X線マイクロアナライザー
　➡ マイクロアナライザー【電子線】

◆NMR 分光計

Nuclear Magnetic Resonance Spectrometer

戦争関連のプロジェクトにより開発されたエレクトロニクス技術に基づき，第二次世界大戦の直後にいくつかのラジオ波分光法が登場した．その中でも最も広く用いられているものが核磁気共鳴（NMR）である．NMR スペクトルは，高磁場において磁気双極子モーメントの配向が決定される際に，原子核のスピンによって電磁波の共鳴吸収が起こることから生じる．NMR に関与するエネルギー準位は，核のゼーマン効果によって生じるものである．核によって吸収されるラジオ波の周波数は，核の化学的環境によって影響され，NMR の化学シフトを生み出す．近隣に他の磁化した核が存在することにより，核のスピン-スピン結合の現象によってシグナルが多数に分裂すると同時に，NMR シグナルの生じる周波数も変化する．

すべての NMR 分光計は，次のような構成要素を含む．(a) 数 cm^3 の体積の範囲に強くて非常に均一な磁場を生成することのできる磁石，(b) 安定でノイズの少ないラジオ波の送受信機と，ラジオ波を試料に送るためのプローブ（探針）に含まれる適切なアンテナ，コイルないし空洞［共振器］，(c) さまざまな周波数において試料に吸収されたラジオ波を処理して，表示するためのデータ解析システム．初期の NMR 分光計は約 1 テスラ（10,000 G）の電磁場を用いており，これはプロトンに対しては 40 MHz の共鳴周波数に対応していた．現在の NMR 分光計は，10 テスラを超える電磁場を用いて 750 MHz までの周波数に対して観測を行うことができる．低周波数の分光計は永久磁石か通常の電磁石を用いていたが，現在の装置のほとんどは超電導磁石を用いている．何年もかけて，チャート記録紙へのデータの記録は，コンピューターを用いた包括的なデータの蓄積，処理，表示，保存に取って代わられた．1970 年代前半までは，販売されているほぼすべての NMR 分光計は，周波数を固定して磁場を変化させることによって NMR スペクトルを生み出すものであった．現在の NMR 分光計は，磁場と送信周波数の両方を固定して，短く強いラジオ波パルスの刺激を核に対して与え，それによって得られる周波数スペクトルを検出する．この場合，NMR スペクトルはパルス刺激後の遷移的な応答をフーリエ変換することによって得られる．

核スピンと磁気モーメントの存在は，1930 年代前半には，原子および分子スペクトルにおける超微細線の観察から推測されていた．同じ頃に，核のゼーマン状態の間の共鳴遷移が原子線を用いて検出された．しかし，凝縮体（固体と液体）における核磁気共鳴は，1946 年になってハーバード大学の E. パーセル（Edward Purcell, 1912-1997）とスタンフォード大学の F. ブロッホ（Felix Bloch, 1905-1983）によってやっと報告されたにすぎなかった．商用の NMR 分光計の開発は，レーダーのためのマイクロ波発生装置の領域で初期の専門的知見を蓄積していたカリフォルニア州パロアルトのヴァリアン・アソシエーツ社が道を切り開いた．ドイツのカールスルーエにあるブルカー・インスツルメンツ社などの他の会社も分光計の開発に貢献しているものの，現代の高解像度の NMR を商業的に可能にした設計上の改良のほとんどは，

ヴァリアン社によって開発されたものである．1966年に，W. アンダーソン（Weston Anderson, 1928-）と当時ヴァリアン社にいたR. エルンスト（Richard Ernst, 1933-）がフーリエ変換型NMRの技術を完成した．この方法はそれから10年以内に商用の分光計に取り入れられたが，これは化学者が最も関心をもつタイプの試料に対してほぼ100倍もNMRの感度を高めるものであった．NMR装置は，超電導磁石から得られる磁場の上昇とコンピューターの計算やグラフィック表示の能力の進歩と歩調を合わせてさらに発展していった．

自然界に存在するすべての元素は，アルゴンとセリウムを除いては，原理的にはNMR解析に適した同位体を少なくとも1つはもっている．NMRで検出できる原子核数の下限は，磁場の強度を上げたり核磁気モーメントの強度を上げたりすることにより低下する．しかし，つくりうる最大の磁場をもってしても，またプロトンのような，大きな磁気モーメントをもち，かつ天然に存在する元素の同位体のうちほぼ100%を占める原子核で解析を行ったとしても，10^{17}個（$1 cm^3$の試料に$10^{-4} mol/dm^3$の濃度で溶質が含まれているのに相当）より少ない数の原子核を検出することはほとんど不可能である．NMRシグナルは気体状態でも検出されてはきたものの，本質的にこの技術の感度が低いため，解析対象は凝縮体にほぼ限られてきた．液体試料は，固体の場合よりも高解像度のスペクトルを示す．固体でそうした高解像度を得るには，スペクトル線を細くする特殊な方法を探る必要がある．さらに，^1H, ^{13}C, ^{15}N, ^{19}F, ^{31}Pのようなスピン量子数が$1/2$の原子核は，^{17}O, ^{14}Nのようなスピン量子数が$1/2$より大きな四極子の原子核よりもずっと細

オックスフォード大学物理化学研究室で1950年にR.リチャーズによってつくられた，初期のNMR装置．オックスフォード大学理論物理化学研究室写真部提供．

い吸収線を示す．

NMRはいまや，スピン量子数が$1/2$の原子核をもつほとんどの物質に対しても，その適度に濃縮した溶液を化学的に分析するための標準的な技術となっている．1950年代中頃以来，NMRは有機化学においてもしだいに重要な役割を果たすようになってきている．化学シフトとスピン-スピン結合は分子構造の微細な変化を検出することができるため，医薬用途などの社会的に価値のある特性をもつ複雑な化学物質をつくるために設計された反応の進行をモニターすることが可能になった．さらに，1980年代初頭以降に開発されたパルスNMRの技術により，NMRはタンパク質，核酸，その他の生物的マクロ分子が溶液中でとる構造を研究するための主要な方法になった．医療イメージング技術を革新した磁気共鳴映像法（MRI）の技術は，化学的分析に用いたNMRの技術を直接応用して

開発されたものである.

1997年現在,商業的に入手可能なNMR分光計の価格は5万ドルから100万ドル以上までの幅がある.低価格の装置は小さな磁石を用いて低周波で作動するものであり,教育現場や,水分分析などの高い解像度や感度が要求されない特定の用途に主として用いられている.最も高価な装置は,最先端の磁石とコンピューター技術を組み込んでいる.価格を対数目盛りにのせてみると,NMR装置は,ほとんどあらゆる科学実験室でも手に入れることができる低価格の装置と,粒子加速器,人工衛星,大型望遠鏡といった,国家あるいは国際レベルで導入する設備との中間に位置する.NMR装置の平均価格はまだ1つの研究所のみでも購入が可能な範囲に収まっているが,ほとんどの個人の研究者にとっては高価すぎるものである.最も高価なNMR装置は,現在複数の研究所で共有されており,他の共同利用設備と同様な方法で管理されている.　　　[Ronald G. Lawler／隅藏康一 訳]

■文　献

Freeman, Ray. *A Handbook of Nuclear Magnetic Resonance*. New York：Wiley, 1988.

Jonas, Jiri, and Herbert S. Gutowsky. "NMR in Chemistry–An Evergreen." *Annual Review of Physical Chemistry* 31 (1980)：1-27.

Wehrli, Felix W. "The Origins and Future of Nuclear Magnetic Resonance Imaging." *Physics Today* 45 (June 1992)：34-42.

◆MRI

Magnetic Resonance Imaging

磁気共鳴映像法(MRI,MR,核磁気共鳴イメージング)は人体を侵襲せずに,非常に高い解像度(1mm以下)で人体の解剖断面の像を生み出す技術である.MRスキャナーでは,患者が磁気コイルの中に寝かされ,無線周波数の電磁波をかけることで陽子(水素原子核)が励起され,それが発したエネルギーを検知することで組織の性質の精密な地図を作成するのである.組織の密度をイメージ(画像化)するCTスキャナー(コンピューター断層写真)と異なり,MRは組織の特定の生化学的特徴—水分,血流,組織の萎縮と膨張,癌の転移といった病理—の弁別ができる.またCTは骨に囲まれた組織のイメージをつくりにくかったが,MRは骨とは無関係に組織を明確にイメージすることが可能である.MRの欠点としては,非常に高価なことと,強い磁場をつくるためペースメーカーや他の磁石的な物体をもつ患者を検査することができないことがあげられる.

原　理

MRは,核磁気共鳴,傾斜場分離,コンピューターによる再構成という3つの科学的原理に基づいている.MRスキャナーは,核磁気共鳴効果を起こす程度に大きい磁石を要する.巨大な永久磁石(125t以上),抵抗的(電)磁石,超伝導磁石がそれぞれ使われてきたが,1990年代には超伝導磁石が最も一般的になった.これらの磁石は人体より大きく,人を寝かせる中空管の上ないし下に置かれる.

傾斜場分離では,被験者の特定の部位を調べることができる.傾斜コイルはMRスキャナーの内部の磁場の一部を変化させ,特定の断面を独立させることで電磁波のパルスがその断面内の原子核だけを励起する.進んだスキャナーでは,勾配コイルを適当に配置することで複数の断面を分離し,検査時間を短縮することができる.無

線周波数のトランシーバーでパルスを発生させ，無線周波数の受信機が共鳴パルスをとらえる．発信機が発するパルスのプログラムを変えることで，3つのパラメーター（陽子密度，T1，T2）を選択的に強調する．これらのプログラムはMRの操作員によってコントロールされる．

パルスの情報を陽子の密度や組織のコントラストの地図に変換することは，コンピューターの再構成を必要とする．これはCTと同様，典型的に二次元のフーリエ変換を用いて達成される．結果のイメージは選択されたパラメーターを反映する．T1とT2の重みの置き方で，転移といった病状の異なる種類を強調することになる．このようにMRのイメージを読むことは，異なるイメージングの条件下で組織のさまざまなあらわれ方についての経験と知識を必要とする．

MRのイメージングは，トレーサーとして機能する反磁性や超磁性の化学物質をコントラストをつけるために利用することで，生理的過程をイメージさせることも可能である（ポジトロンCTの項を参照）．

歴　史

異なる組織の性質を測定するために磁気共鳴を利用する際の原理は，2つのグループの物理学者によって独立に開発された．それぞれ，スタンフォード大学のF. ブロッホ（Felix Bloch, 1905-1983）とハーバード大学のE. パーセル（Edward Purcell, 1912-1997）によって率いられたグループである．その業績により，2人は1952年にノーベル物理学賞を受賞した．癌性の組織を特定し分類するためにNMRを利用することは，1970年に医者で生物物理学者のR. ダマディアン（Raymond V. Damadian, 1936-）によって考案され，1971年に公表された．NMRをイメージングに応用することは，1973年に化学者P. C. ロータバー（Paul C. Lauterbur, 1929-）によって発明された．彼は磁気傾斜を用いることで，対象の1つの断面だけを特定し研究できることを認識した．ロータバーの"zeugmatography"という語は結局採用されず，代わりに「核磁気共鳴イメージング」が1980年代初頭まで使われ，その後は放射能の負のイメージにより「核」の語が落ちた．

1974年には，イギリスの2つのグループ，アバディーン大学のグループ（J. マラード（John Mallard），ハッチンソン（J. Hutchinson），ゴールド（C. Gold）ら）とノッティンガム大学のグループ（アンドリュー（E. Andrew），マンスフィールド（P. Mansfield），ヒンショー（W. Hinshaw）ら）がより大きいMRスキャナーを製作した．ハッチンソンらは死んだネズミにより動物の最初のMRイメージを公表し，ヒンショーらはイメージの構成を大幅に改良し，スキャンの時間を大きく短縮した．1976年には私企業，特にそのときまでに最初のCTスキャナーを開発したEMI社がMRの研究に着手した．ダマディアンらは，1976年に最初の生きた動物，ネズミの腹の画像を公表した．

両グループ間の競争は激しかった．ヒンショーは1977年に人間の手首の非常に鮮明なイメージを公表し，ダマディアンらは人間用の最初のMRスキャナーをつくった．1981年には商業的関心が中心になりMRの開発が進められた．ダマディアンは自分でFONAR社を創立し，4台のプロトタイプ「QE 80」をアメリカ，日本，メキシコ，イタリアに設置した．EMI社の「ネプチューン」型スキャナーは，イギリスのDHSSの支援のもとでハマースミス病院に

設置された．フィリップス社には全身用のプロトタイプがあり，アバディーンのグループは，日本のアサヒ社の協力を得てイギリスに M&D テクノロジー社を設立した．ゼネラル・エレクトリック社，テクニケア社，ピッカー社も活発に開発を進めた．1982 年には MR イメージングに投資する会社は 20 あり，15 の MR スキャナーが設置された．1983 年には，カリフォルニア大学サンフランシスコ校のカウフマン (L. Kaufman) とクルックス (L. Crooks) が最初の多層断面 MR を生み出した．同年，ルンゲ (V. Runge) らは MR のための実用的なコントラスト造影剤の利用を示唆し，装置の用途を大幅に拡大させた．

アメリカでは，食品医薬品局（FDA）の医療機器の認可制度が 1984 年まで MR の発展を遅らせた．その年から FDA は MR の病院での臨床利用を認可するようになり，社会保険局も医療保険が MR 診療をカバーすることを認可するようになった．病院に MR を設置することは多大な資本と構造上の投資を必要とした．超伝導磁石を冷却する液体ヘリウムとともに，磁気遮蔽を開発しなければならず，さらに巨大磁石の副次効果を避けるため独立の建物を必要とした．スキャナーを購入し設置するコストの高さ（300 万ドル以下）のため，スキャンごとの費用も高く（1,200～3,000 ドル以下），診療用のイメージング（CT と PET を含めて）の相対評価や，そのような高価な技術の利用の会社的公平性に関心がもたれている．

[Joseph Dumit／橋本毅彦 訳]

■文　献

Andrew, E. R. "A Historical Review of NMR and Its Clinical Applications." *British Medical Bulletin* 40 (1984): 115-119.

Blume, S. *Insight and Industry*: *On the Dynamics of Technological Change in Medicine*. Cambridge: MIT Press, 1992.

Damadian, R. "Tumor Detection by Nuclear Magnetic Resonance." *Science* 117 (1971): 1151-1153.

Eisenberg, R. L. *Radiology*: *An Illustrated History*. St. Louis, Mo: Mosby Year Book, 1992.

Lauterbur, P. C. "Image Formation by Induced Local Interactions: Examples Employing Nuclear Magnetic Resonance." *Nature* 242 (1973): 190-191.

J. マラードと彼のプロトタイプの MR（1970 年代にアバディーンにて）．ジョン・マラード提供．

◆エリプソメーター
　➡ 偏光解析装置

◆遠心機【人体用】

Human Centrifuge

　人体用遠心機は，制御された条件で数秒間から数時間に至るまで，人体を大きな加速力にさらす装置である．それらは航空機やロケットの飛行時に人体にかかる加速度を，可能なかぎり正確に地上で再現させる

ためのものである．人体用遠心機は主として，大きな加速度のもたらす生理学的効果の研究，人体のこの効果に対する抵抗力を増すための方法の開発や評価，防御的な操作や装置の使用についての飛行士に対する教育などのために利用される．

人体の遠心加速は，19世紀初頭に神経攪乱の治療のために初めて用いられた．この初期の装置については，1814年から1818年までベルリンの慈善病院で使用されたものがよく記述されている．この遠心加速機は，直径13フィート（約4 m）で，ひもと滑車で回転させた．病人は遠心機の長い回転軸（アーム）上に寝かされ，回転により頭か足の方向へ加速度がかけられた．多くの同様の装置が，精神病を治療するために使われた．世紀末には手動ではなくガソリン・エンジンが利用されるようになった．後には，垂直の柱の上からつられた「船」に客を乗せ回転させる回転飛行機が遊園地で人気をとった．加速による失神（GLOC）の記録された最初の事例は，1903年にイギリスでサーストン（A. P. Thurston）が「回転飛行機」の試験中に，6.87 Gの加速力を受けたときに生じた．この装置は，イギリスの発明家で航空ファンであったH.マキシム（Hiram Maxim, 1840-1916）によってつくられたもので，その後40年あまり南ロンドンのクリスタル・パレス公園で回り続けた．

最初の現代的な人体用遠心機は，1935年にアメリカのライト基地におけるH. アームストロング（Harry G. Armstrong, 1899-1983）とハイム（J. W. Heim）と，ベルリンのH.フォン・ディリングスホーフェン（Heinz von Diringshofen, 1900-1967）とB.フォン・ディリングスホーフェン（B. von Diringshofen）によってつくられた．これらの機械のアームの長さは，それぞれ2.6 mと2.4 mで，20 Gまでの大きさの加速度をつくり出すことができた．

第二次世界大戦中に，カナダ（1941年トロント），アメリカ（1942年メイヨー病院，1943年ライト基地，1944年南カリフォルニア大学，1945年ペンサコーラ），日本（1942年立川），オーストラリア（1942年シドニー）などで人体用遠心機が製作された．戦後はさらに，フランス（1956年），スウェーデン（1954年），イギリス（1954年），アメリカ（1950〜62年）などでも，人体用遠心機がつくられた．これらの機械は，典型的なものでアームの長さが2.6 mから3.9 mあり，15 Gから20 Gの加速ができ，加速開始時に0.5〜2 G/秒で加速回転された．それらは航空医学の研究と開発に広範に利用された．

人体用遠心機は，基本的にアームをもつ構造になっている．アームは固定された垂直軸のまわりを水平に回転し，一般に電動機が動力に利用される．人体を載せるゴン

1955年にファーンボロの英空軍航空医学研究所に設置された人体用遠心機．英空軍航空医学校提供．

ドラは，アームの末端に置かれる．人体を支える席や椅子は，人体軸の必要な方向に加速度がかかるように配置されている（進行方向では g_z，横方向では g_x，垂直方向では g_y）．ゴンドラは通常支持台の上に置かれ，その進行方向のまわりに回転できるようになっており，アームの回転と地球の重力場によって生み出される加速力のベクトルの和の方向に合わせることができるようになっている．機械によっては，ジンバルの支持と駆動モーターによってゴンドラを方向に合わせる制御装置をもっているものもある．加速装置のアームの軸のまわりの回転の能動的制御装置は，アームの回転速度の変化による方向感覚の喪失を防ぐことができる．

1970年代半ばに登場した戦闘機は，7～8Gの加速と10～15G/秒の初期加速率の性能をもったが，失神が起こることで死亡事故が発生した．これにより，加速の研究への関心が再び高まり，より高性能の人体用遠心機が必要とされるようになった．1980年代には，戦闘機のパイロットを人体用遠心機でG防御的な操縦や装置で訓練することが必要とされた．

いくつかの国々では，新しい遠心機や既存の遠心機を改良して，新型戦闘機の高加速度を研究用ないしはパイロット訓練用に再現できるようにしている．これらの機械の性能は通常，最大加速度15～20G，最大加速率は訓練用で3.5～6.0G/秒，研究用で10～12G/秒である．研究用遠心機には，被験者の能力と生理機能をモニターし記録する装置が備わっている．

[John Ernsting／橋本毅彦 訳]

■文 献

AGARD, *High G Physiological Protection Training AGARDograph no*：322, Advisoty Group for Aerospace Research and Development. Neuilly sur Seine, France, 1990.

Howard, Peter. "Introduction to Accelerations." In *A Textbook of Aviation Physiology*, edited by J. A. Gillies, 517-550. Oxford：Pergamon, 1965.

White, William Joseph. *A History of the Centrifuge in Aerospace Medicine* Santa Monica, Calif.：Biotechnology Branch, Douglas Aircraft, 1964.

お

◆オシロスコープ

Oscilloscope

　オシロスコープは，電気の波形を表示する．1890年代まで，交流電源などからの波形を決定する唯一の実用的方法は，波形上の点に一定の時間間隔でストロボを当てて観測するジュベール（Joubert）の「ポイント・ツー・ポイント」の技法であった．それは機械的な回転接触器を用いており，観測は手でプロットされ，最終的な形が与えられた．これは非常に手間がかかり，波長も測定終了以前に変わってしまうことがあった．この過程を自動化しようと，多くの試みがなされた．最も成功したものの1つは，1903年にÉ.オスピタリエ（Édouard Hospitalier, 1852-1907）によって発明された「オンドグラフ（波グラフ）」であった．この装置は商品化されると，フランスとイギリスで生産された．

　可動コイルの測定器は，19世紀末から20世紀初頭にかけて発展したが，それは平均自乗根の値などの長時間平均を測定するのに有用であった．コイルの慣性が大きいので，商用の周波数（すなわち50ないし60サイクル）の交流電流の瞬間的な変化を追うことはできなかった．1893年にA. E. ブロンデル（André Eugène Blondel, 1863-1938）は，コイルを強い張力のもとでの単一の電線のループにすることで，各サイクルで波形を追いかけることを可能にした．コイルの運動は，コイルの支持線の間の小さな鏡に焦点の合った光線を，別の回転する鏡によって反射してスクリーンに投影させることで観測された．第二の鏡は小さな鏡の運動に垂直に光のスポットを動かし，電圧や電流を時間の関数として表示することができた．

　このアイデアはW. デュボア・ダッデル（William Du Bois Duddell, 1869-1942）によって取り上げられたが，当初は交流の電気アークを研究するために，この種の装置が製作された．彼の1899年の電気工学会での実験の披露は，ジュベールの方法への不満がこのオシログラフで一挙に解消するということで大評判になった．ケンブリッジ科学機器会社と関係をもつダッデルは，機械式のオシログラフを発展させ，実用品として商品化することに成功した．その後約30年間生産が続き，多くの改良版が出現した．それは回転あるいは振動する鏡によってすぐに見える像を投影したり，写真装置により恒久的に記録することもできた．それはまた，チャンネル間の分割をよくすることで多重チャンネルの装置を可能にしたこと，そして地面からの絶縁が要求される高電圧装置に適していたという2つの利点をもっていた．実際，第二次世界大戦終了後も，そのような応用に長く利用された．

長い間，他のさまざまな種類のオシログラフも提案された．ブロンデルは可動な鉄心を運動させる方式を好み，それらをフランスで開発した．可動コイルのシステムはまた H. アブラハム（Henri Abraham）によって非常に独創的な形で開発され，その装置はレオグラフとして知られている．

陰極線管の登場は，機械的装置の終わりを告げているように思える．もっとも実際は，その後も長い間使われ続けたのであるが（ガイスラー管の項を参照）．フランス人 A. エス（Albert Hess）は，1894年にすでに波形の表示に陰極線管を利用することを示唆しており，ドイツの F. ブラウン（Ferdinand Braun, 1850-1918）はこの装置を1897年に実用化した．電圧をかけると陰極線が磁気によって曲がり，蛍光板の上に当たるようになっている．回転鏡は表示の時間軸を提供した．

20世紀の最初の20年間，取外し可能で常時排気されるような管をもち，高い加速電圧をかける冷陰極線管が大きく発展した．A. デュフ（Alexandre Dufour）は，その指導的専門家の1人である．気体封入型にしろ高真空型にしろ，ガラスの覆いをもつ小さい管が1930年代に出回るようになった．第二次世界大戦中に電子工学が大きく進歩したことによって，オシロスコープ（当時にはもうその名で知れわたっていた）は今日のように広く普及するようになった．陰極線オシロスコープは次のような本質的特徴をもっている．

1. 表示管とその電源
2. 垂直の偏曲板にかけて測定する電圧の増幅器．これはしばしば高インピーダンスのプローブを備え，観測する回路との干渉を最小限にする．
3. 水平板にのこぎり波を与える時間ベース．これには定常的な掃引線を生み出すように同期するようになっている．

1950年代には，管はしばしば2つのビームをもち，2つの掃引線が同時に観測できるようになっていた．多重追跡表示は，信号の間に単一のビームを交換することで今日では普通に達成されている．過渡的な信号は反復的信号よりも観測が難しい．これを行う1つの方法は，信号発生時にスクリーンを横切って1つの水平なスウィープを与え，掃引線を写真によって記録する，いわゆる「単発（シングルショット）法」であった．もう1つの技法は，時間ベースを完全に切ってしまい，点の垂直運動を動くフィルムの上に記録することであった．これは音声の信号などの波形に有用であった．1960年代には，像の痕跡を静電的に数分間保持するリン・ストーレッジ管が開発された．

オシロスコープの技術は最近10年間，デジタル式記憶技術の導入によって飛躍的に発展した．過渡的ないし反復的信号をとらえ，管上にくり返し表示するよう保つことができる．必要ならデジタル式コンピューターとの接続も可能で，掃引線のコピーの印刷も容易である．現在では波形だけでな

アレン・B・デュモン研究所によるオシロスコープ（1945年頃）．SM 1985-63. SSPL 提供．

く，高速フーリエ技術を使うスペクトル分析のようにさまざまな付属機能をこなせるオシロスコープを製造する傾向がある．

[Vivian J. Phillips／橋本毅彦 訳]

■文　献
Czech, J. *The Cathode Ray Oscilloscope*. Eindhoven, Netherlands：Philips Technical Library, 1957.
Keller, Peter A. *The Cathode Ray Tube：Technology, History and Applications*, New York：Palisades, 1991.
MacGregor-Morris, J. T., and J. A. Henley. *Cathode Ray Oscillography*. London：Chapman and Hall, 1936.
Phillips, V. J. *Waveforms：A History of Early Oscillography*, Bristol：Hilger, 1987.

◆オートアナライザー

AutoAnalyzer™

オートアナライザーは，臨床検査において血液，尿，その他の体液中の1つまたは複数の化学物質の量を測定するために用いられている．L. スケッグス (Leonard Skeggs, 1918-1997) は，1950年代に気泡により分断された液体の流れの特性を調べた研究者であるが，オートアナライザーも彼の仕事から生まれたものである．この機器は，連続した試料を一定量ずつとって適量の試薬と混ぜ合わせるという操作を自動的に行い，それぞれの混合液に生じた色の変化を測定するものであった．

オートアナライザーの発明以前は，患者から採取した試料は手作業で処理されていた．それぞれの試料が試験管に入れられ，決まった手順で試薬が加えられて，一定時間にわたって反応が行われた．結果は直接目で見るか，あるいは光度検出器を用いて決定された．この方法は，精密さと正確さに欠けていた．

オートアナライザーは，ターンテーブル，ポンプ，多岐管，ウォーターバス，光度計，およびチャート記録装置の6つの基本的な要素からなっている．較正のための標準溶液，較正をチェックする対照溶液および試料がターンテーブルにのせられる．一定間隔でターンテーブルが一方向に動き，サンプリング針が次の試料に入っていき，その試料を分析のために採取する．試料間の持ち込みを最小限に抑えるため，ある試料から次の試料に移る間に，針が洗浄溶液を吸引する．サンプリング針はギヤとレバーで持ち上げられ，ターンテーブルが次の位置へと回転する際の衝撃を避けることができるようになっている．

ターンテーブルを離れた試料は，一定の外壁の厚さと何らかの内径をもったチューブに入り込む．蠕動ポンプの働きにより，試料はチューブ内を前へと進む．それと同じ外壁厚をもつさまざまな内径のチューブもまた，蠕動ポンプの中を通っている．これらのチューブの一端は試薬瓶につながっている．以上の仕組みにより，試薬と試料は一定速度で前に進むが，試薬と試料の相対的な速度比は，用いられているチューブの内径の2乗の比で決まってくる．

さまざまなチューブの中身は，多岐管の部位で混合される．チューブの外壁を引っ張ることから生じる試料の縦方向の拡散を減少させるため，試料の流れには気泡が加えられている．さまざまなチューブの中の液体は，Y字型連結部位で一緒になり，小さなガラスコイルの中で混合される．血液中のいくつかの分析対象は，血中の天然化合物が除かれた場合にのみ測定されうるため，混合前に透析装置によって低分子化合

物が大きな分子から分離される．試料の流れが半透膜の一方を通過し，膜のもう一方の側にはピックアップ溶液が流される．低分子化合物は，試料中の濃度に比例した量だけ膜を通り抜け，ピックアップ溶液に吸収される．透析後の溶液は試薬と混合され，分析が行われる．

試薬と試料の混合液は，反応混合液を一定温度に保つためにウォーターバスに浸された大きなガラスコイルに入る．コイルの長さにより，反応が一定程度まで進むのに必要な時間が決まってくる．溶液の流れは次に光度計に入る．光度計は，生成した反応産物や消費された試薬の量から試料中の目的化合物の濃度を計算できるような波長の光を用いて，測定を行う．後に，数種のイオン電極も，いくつかの化合物に対して反応検出器として用いられた．

検出器からのアナログの電気信号は，必要に応じて増幅され，チャート記録装置に表示される．試料はごくわずかな間隔で順に同じチューブへと吸引されるので，記録装置の出力結果はピークと谷の連続したものとなる．このピークの高さは，目的化合物の存在量と関係がある．試料間の持ち込みが多すぎると，試料によるピークの間に不適切な谷があらわれる可能性がある．

ニューヨーク州タリータウンのテクニコン社は，オートアナライザーを製造販売するために設立された．この装置は，手作業につきものの溶液採取と時間調節のエラーを克服し，手作業による従来の方法よりも再現性の高い結果を出すことのできるものであった．製造の機械化によって生産性が向上し，コストも低下した．

初期のオートアナライザーは，比較的大量の試料と試薬を用いていた．したがって，血塊の生成やチューブの劣化が生じやすかった．オートアナライザー本体は実験机上でかなりの空間を必要とし，検査項目をカバーするためにはさらに多くの装置が必要であった．検量線を書く作業は，間違いが生じやすく時間のかかるものであった．

それに続くモデルでは，同じサンプリング針を用いて多くの試験が一度に行えるようになり，これらの操作上の問題のほとんどが克服された．また装置全体のサイズも徐々に小さくなっていった．SMA（連続的多サンプル分析装置，Sequential Multiple Analyzer）シリーズとSMAC（コンピューター制御連続的多サンプル分析装置，Sequential Multiple Analyzer with Computer）シリーズは，1分間，1試料あたり1試験という技術状態を，24秒ごとに1試

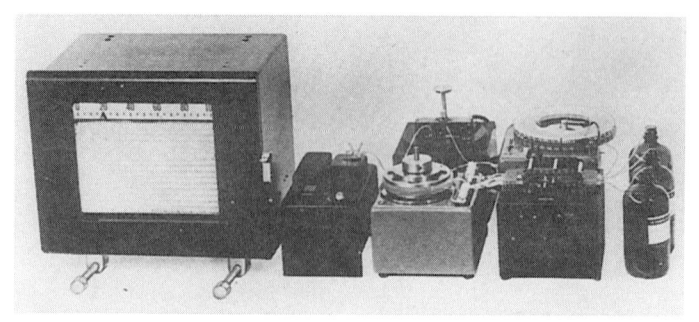

1950年代のテクニコン社のオートアナライザー．バイエル・ビジネス・グループ診断社提供．

料あたり20以上の試験を行えるまでに高めた．SMACは自動で較正と自己診断を行い，コンピューターに直接結果を出力するものである．

[Arthur A. Eggert／隅藏康一 訳]

■文　献

Eggert, Arthur A. *Electronics and Instrumentation for the Clinical Laboratory*. New York：Wiley, 1983.

Programmed Instruction for the Basic Auto-Analyzer™. Tarrytown, N. Y.：Technicon Instruments Corporation, 1969.

Skeggs, Leonard T. "An Automated Method of Colorimetric Analysis." *American Journal of Clinical Pathology* 28（1957）：311-322.

Skeggs, Leonard T., and Harry Hochstrasser. "Multiple Automatic Sequential Analysis." *Clinical Chemistry* 10（1964）：918-936.

◆オドメーター

Odometer

オドメーター（走行距離計）とは，車輪のついた車を走らせ，その車輪の回転数によって距離を測定する器具である．距離は車輪の回転数と円周から算出される．距離を数える機能は，一般的には車輪の回転により直接作動する一連の歯車によって，あるいは現代の器具においては，車輪の回転数に比例して動力を伝達する機構によって遂行される．

オドメーターという名称は，「測る方法」という意味のギリシャ語 "hodometron" に由来している．イギリスでは，オドメーターは，ヴァイアメーター，ウェイワイザー，ミロメーター，ロードメーター，スレッジメーター，サイクロメーターとしても知られている．オドメーターの変形のペドメーター（万歩計）は，人が歩くときの歩数を数える．距離は，歩数に歩幅をかけることによって算出される．

ローマの建築家であり工学者であった M. V. ポリオ（Marcus Vitruvius Pollio）は，「旅行するときの距離を測る器械は，古代文明人の手によって発展し，現在でもなお非常に有用である」と述べた．しかしながら，そのような古代の距離を測る器具の詳細は失われてしまっている．オドメーターに対する関心はレオナルド・ダ・ヴィンチ（Leonardo da Vinci, 1452-1519）とともに再浮上し，ヨーロッパ人が道路地図を作成しようとしたり，民事あるいは軍事目的のために境界線を引こうとし始めたりするにつれて増大した．オドメーターの発明を求めるたくさんの重要な要求がなされたが，これらの要求が適用されたのは特定のデザインにのみで，全体の概念には適用されなかった．オドメーターに関わった人物としては，C. シスラー（Christopher Schissler, ドイツの器械製造者），J. ニューウェル（John Newell, イギリスの測量技士），M. マイニエー（M. Meynier, フランスの発明家），ホルフェルド（Holhfeld, ドイツの発明家），T. ジェファーソン（Thomas Jefferson, アメリカの政治家），C. コレス（Christopher Colles, アメリカの技師で地図製作者），G. エベレスト（George Everest, イギリスの測量技士）らがいる．

イギリスでのウェイワイザーの最初の特許は，1765年にI. フェン（Isaac Fenn）に与えられた．これは直径31.5インチ（約80 cm）の測定用車輪を備え，測定した距離をポール（約5 m），ファーロン（約201 m），マイル（約1.6 km）の3つの単位でダイヤル表示するものであった．1767年

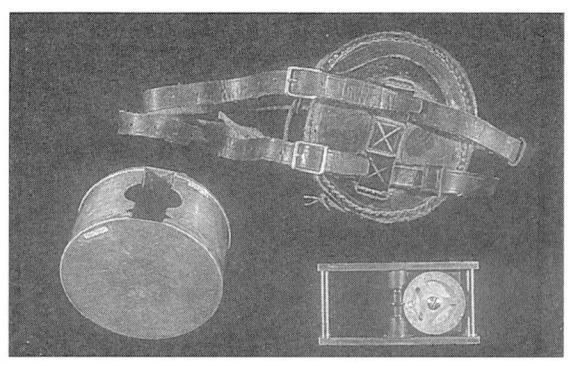

19世紀北米の振り子オドメーターとケース．ロッキー博物館提供．

には，R. L. エッジワース (Richard L. Edgworth) の外輪なしのウェイワイザーがロンドンで特許を認可された．J. クラーク (James Clark) は 1818 年に，アメリカでの最初のオドメーターの特許を取得した．また，スコットランドの J. ハンター (James Hunter) も 1821 年に特許を取得した．1995 年までに，米国特許局は 500 件以上の特許を与えている．

オドメーターは種々さまざまに考案されつくられてきた．19 世紀に一般的であった 1 つの型は，振り子オドメーターである．操作時の動きが振り子に似ているところからこう呼ばれた．振り子オドメーターには，縦 2 インチ，横 4 インチの金属の中で自由に回転する真鍮のプレートがついていた．中心軸に沿った糸がプレートについている歯車式のダイヤルとかみ合っていて，オドメーターが動き出すと，この糸が皮製あるいは金属製の円形のケースに挿入され，車輪のスポークに縛りつけられる．車輪が回転すると，その糸が 1 回転につき 1 かみ合わずつ，2 つのダイヤルを動かす．2 つのダイヤルについている歯車の歯数は，普通 100 個と 99 個のように異なっているので，ダイヤルが 1 周するごとに 1 個分の歯の進みが生じる．このような仕組みで，この器具では車輪の回転を 9,900 回まで数えることができる．車輪の直径によって，20 マイルから 30 マイルまで測定可能である．振り子オドメーターの起源は不明だが，ほとんどの振り子オドメーターの特徴は，1678 年に，J. ハウウェル (John Howell) が考案した測定車輪に似ている．

20 世紀初頭に自動車が出現し，オドメーターの役割は，自動車の車種の細分化に対応して拡大していった．自動車整備の目安，自動車の保証期限，中古車を売ろうとするときのその車両の市場価値や売買の意思決定など，すべてはオドメーターによって表示される総走行距離に影響される．そして，オドメーターの表示を書き換えることは，重大な犯罪と見なされる．それぞれがボードに取り付けられた専用のオドメーターをもつ自動車類が，世界中で激増したため，オドメーターは，史上まれにみるほど使用度の高い測定器の 1 つとなった．

[Norman E. Wright, Jane Insley／西澤博子 訳]

■文 献

Bechmann, John. "Odometer." In *A History of Inven-*

tions, Discoveries and Origins, Vol. 1, 5–11. Translated by William Johnston. London: H. G. Bohn, 1846.

Howell, John. "The Description of the Wheel by Which Roads Are Measured." In *A Sure Guide to the Practical Surveyor*, 191. London, 1678.

Pade, Erling. *Milevognen: Og andre oeldre opmalingssystemer*. Copenhagen: Host and Sons, 1976.

Singer, Charles, ed. *A. History of Technology*. Vol. 3, 512–513, 628. New York: Oxford University Press, 1957.

Strandh, Sigvard. *A History of the Machine*. New York: A and W, 1979.

◆オレリー

Orrery

オレリーは，地球・月・太陽の運動をあらわす模型で，昼夜や季節，日食・月食，月の満ち欠けのような現象を示して見せるものである．大きなものでは他の惑星や衛星を含んでいるものもある．他の惑星運動模型（プラネタリウム［惑星儀］の項を参照）と違って，オレリーは太陽中心のコペルニクス的宇宙像を示して見せるものであった．18世紀の初頭に，ロンドンの時計および器具製造者であったG. グレアム（George Graham, 1674–1751）が，T. トンピオン（Thomas Tompion, 1639–1713）とともに，いくつかの精巧な「オレリーの原型」を創作した．しかし，「オレリー」と呼ばれるようになった最初のものは，1713年頃にロンドンの器具製造者J. ロウリー（John Rowley, 1665頃–1728）によって，「オレリー第4伯爵」の称号をもつC. ボイル（Charles Boyle, the fourth Earl of Orrery, 1676–1731）のためにつくられたものである．

18世紀のイギリスでは，天文学は理性的思考や宗教的敬虔さを養うものとして，上流階級に属する人々にふさわしいたしなみと見なされていた．一般向けのさまざまな種類の天文学書や，天文現象を扱ったゲームや記念品が生産され流通した．オレリーそのものや，その使用に付随した書物や講演は，この文脈で考えられるべきであろう．巨大なオレリーは大型の家具であり，しばしば高価で豪華な飾りがつけられていた．小さなものは各地を遍歴する講演師が使うことができた．いずれの場合も，オレリーは多数の人が同時に見物する場合が多く，娯楽的，霊感的，教育的な目的の活動を合わせて行うものであった．公衆の面前でオレリーを見せるときには，宇宙の荘厳さに対する訴えかけを伴うことがあった．一部の講演師たちは，宗教的な説教の雰囲気をもち，それに合った霊感的・祈祷的な音楽を伴っていた．

講演師A. ウォーカー（Adam Walker, 1731頃–1821）は，1770年代に，「エイドゥーリアン（Eidourian）」［エイドゥーラニオン（Eidouranion），「天の似姿」の意］と呼ばれる，大きな透明のオレリーをつくった．直径およそ20フィート（約6m）で

J. ロウリーによって1716年につくられたオリジナルのオレリー．SM 1952-73．SSPL提供．

あったが，ウォーカーとその子どもたちによってさらに改良され，巨大なオレリーを使うよりももっと多くの聴衆に対して，実演してみせることができた．オレリーへの関心はイギリスに留まらなかった．例えばアメリカでは，D. リッテンハウス（David Rittenhouse，1732-1796）が，いくつかの大学のためにオレリーをつくった．

[Liba Taub／鈴木孝典 訳]

■文　献

Bedini, Silvio. "In Pursuit of Provenance：The George Graham Proto-Orreries." In *Learning, Language and Invention：Essays Presented to Francis Maddison*, edited by W. D. Hackmann and A. J. Turner, 54-77. Aldershot：Variorum, 1994.

King, Henry C., and John R. Millburn. *Geared to the Stars：The Evolution of Planetariums, Orreries, and Astronomical Clocks*. Toronto：University of Toronto Press, 1978.

Martin, Benjamin. *The Description and Use of Both the Globes, Armillary Sphere, and Orrery*. London, 1762.

Millburn, John R. "Nomenclature of Astronomical Models." *Bullentin of the Scientific Instrument Society* 34（1992）：7-9.

Walters, Alice Nell. "Tools of Enlightenment：The Material Culture of Science in Eighteenth-Century England." Ph. D. dissertation. University of California at Berkeley, 1992.

◆音　叉

Tuning Fork

音叉とは，U字形の鋼鉄製の棒からなる単純な単音階発振装置である．棒の部分を振動させるとほぼ純粋で永続的な音が発生する．1711年の音楽用の音叉の発明は，トランペットとリュートの奏者であったイギリス人 J. ショア（John Shore）によるとされている．しかし音楽用音叉の振動数を標準化する努力がいろいろとなされるようになるのは 1850 年以降のことで，それまでその振動数は，だいたい 435～455 Hz の間で国ごとに異なっていた．1939 年に a' = 440 Hz という標準が定められたが，それ以前と同様に，この標準振動数はだんだんと増加していってしまう傾向があった．

P. ファン・ミュッセンブルーク（Petrus Van Musschenbroek，1692-1761）と J. W. スフラーフェサンデ（Jacob Willem 'sGravesande）が，彼らの自然哲学に関する著書の中で，柄がないただの折れ曲がった棒ではあったが，音叉について解説している．しかし，これらの装置は，18 世紀の物理学関係のコレクションの中ではたいへんまれであった．音叉が貴重な科学器具となり，また，周波数の標準となったのは，実験音響学が大きな関心を呼ぶようになる 19 世紀のことであった．実験室で使用された音叉は，通常一面が取り外され，寸法が定まった直方体の木箱に取り付けられた．この共鳴箱が，音叉の基準音を増幅し，高い不協和な部分音を減衰させる．19 世紀における音響振動数の単位は，「単純振動」（2 VS = 1 Hz）であった．

1834 年に J. H. シャイブラー（Johann Heinrich Scheibler）によって考案された最初のトノメーター（tonometer）は，220 ～440 Hz まで，4 Hz 間隔で計 56 個の音叉からなっていた．このトノメーターは，音と 56 個の音叉のうちの 1 つがつくり出す振動のうなりを数えることによって，その音の振動数を正確に測定する目的で使用された．J. A. リサージュ（Jules Antoine Lessajous）が基準となる音叉を提案し，1855 年には，2 つの音叉の振動数を比較する光

学的方法を記した．彼は，直交する2つの面内で振動する2つの音叉の棒の先端に取り付けられた小さな鏡によって交互に反射した光の点が描く曲線を研究した．この曲線はリサージュの図形と呼ばれ，2つの音叉の振動の振動数と振幅と位相に依存する．振動システムが標準音叉と描き出す曲線を分析することで，その振動数の測定が可能である．さらに，リサージュは，音叉の棒の一方の先端に対物レンズを取り付けた振動マイクロスコープを発明した．これを使用することで，振幅の小さい振動によって描き出されるリサージュの図形の観測が可能になった．

音叉は，19世紀後半に，パリの音響器械製造者であったR.ケーニッヒ（Rudolph Koenig）の研究によって，精密機器にまで発展した．1876年の独立百年を祝うフィラデルフィア博覧会の会場に，ケーニッヒは，650個の音叉からなる驚くべきトノメーターを展示した（それは現在も国立米国歴史博物館（NMAH）に残っている）．さらに彼は，伝説的なクロノグラフの音叉を使って，きわめて正確に絶対振動数を測定することができた．この装置は，64 Hzの正確な音叉によって機械時計が調節され，音叉の振動運動はその時計によって維持される．音叉の棒の1つの端に取り付けた接眼レンズと対物レンズが振動マイクロスコープとなり，リサージュの図形によって振動系の振動数の測定が可能となる．音叉時計が未知の振動数に合わせられている場合，標準時計と音叉時計との進みや遅れを測定することによって，その振動数を求めることができる．

1889年のケーニッヒのカタログにはいくつかの音叉が載っているが，その値段は，最も簡単な数十フランのものから，67個の音叉からなるきわめて正確な3,000フランのトノメーターまでさまざまである．多くの器械製造者がケーニッヒの音響機器を模倣した．

1850年以降になると，電気によって振動が維持される音叉が登場した．音叉の棒の先端の振動が一種のハンマーブレーカーとなり，音叉の棒の間についている電磁石を周期的に励起するというものである．

H. フォン・ヘルムホルツ（Hermann von Helmholtz, 1821-1894）は，1862年に発表した基礎的な音響研究のために，それぞれ共鳴器を備えたいくつかの電磁式音叉からなる巧妙なシンセサイザーを考案した．2つの音叉が電磁石の開閉器により，電磁石が他の音叉を振動させるキーボードを取り付けることで，共鳴装置の開閉の制御を可能にした．ヘルムホルツは，彼が唱えた母音の振動数に関する理論を実証するためにこの器械を用いた．

レイリー卿（J. W. ストラット，John William Strutt, 1842-1919）とP. ラクール（Paul La Cour）は，電磁式音叉によって動く電動機である最初のホニック車を独立

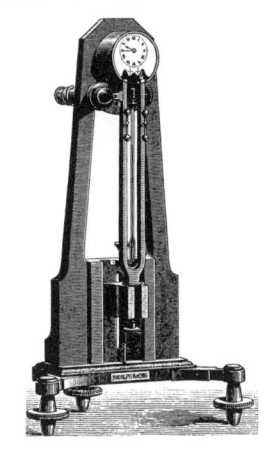

音叉制御のあるケーニヒクロック（1889年）．SSPL提供．

に発明した．19世紀後半から，さまざまな種類のホニック車が，クロノグラフやストロボスコープ装置に使用された．また，振動数の測定やより強力なモーターのスピードを制御するためにも使用された．

1920年頃，電子真空管によって振動される音叉によって，標準超音波やラジオ周波数がつくり出された．電気機械式テレビの最初の実験では，電磁式音叉とホニック車の実験も一緒に行われた．

現在では，音叉は精巧な電子式のピッチキャリヤーや発振器に取って代わられている．　　　　　[Paolo Brenni／西澤博子 訳]

■文献

Brenni, Paolo. *Gli Strumenti del Gabinetto di Fisica dell'Istituto Tecnico Toscano, I. Acustica.* Firenze：Provincia di Firenze, 1986.

Koenig, Rudolph. *Catalogue des Appareils d'Acoustique* Paris：Koenig, 1889.

Tyndall, John. *Sound*：*A Course of Eight Lectures Delivered at the Royal Institution of Great Britain*, 140-150. 2nd ed. London：Longmans, 1869.

Wood, Albert Beaumont. *A Textbook of Sound*：*Being an Account of the Physics of Vibrations with Special Reference to Recent Theoretical and Technical Developments*, 117-133. London：G. Bell, 1930.

◆温度計

Thermometer

温度を計る器具はすべて温度計と呼ばれる．最も一般的なのがアルコール-水銀ガラス温度計と，金属と気体を用いた他の膨張温度計である．物質の電気的性質や異なった種類の金属の接合部での熱電効果によっても温度の計測が可能である．高温用の温度計は通常，高温計（pyrometer）と呼ばれている．

初期の歴史

空気温度計は，サントリオ（Santorio Santorio, 1561-1636）が人体の熱に関する研究を発表した1612年までには使われるようになったといってよい．彼かガリレオ（Galileo Galilei）が発明したというのが蓋然性の高い説である．R. フラッド（Robert Fludd, 1574-1637）とC. ドレッベル（Cornelis Drebbel, 1572-1633）の主張は説得力が弱いといわざるをえない．G. ビアンコーニ（Giuseppe Bianconi）は1617年に"thermoscopium"という言葉を，J.ルレション（Jean Leuréchon, 1591頃-1670）は1626年に"thermomètre"という言葉を使っている．この（後者の）言葉がW. オートリッド（William Oughtred, 1575-1660）によるルレションの翻訳を通じてイギリスに入り込んだのである．

ガラスの中に液体が入れられた最初の温度計は，トスカーナ大公フェルディナンド・デ・メディチ（Ferdinando de' Medici）によって（遅くとも）1654年には設計され，アカデミア・デル・チメントのためにA. アラマンニ（Antonio Alamanni）によってつくられた．これらの温度計は酒精によって満たされ，おそらく1つの（2つもっていたと想像することも可能であるが）定点をもっており，当時の自然哲学者たちにきわめて高く評価された．それらの温度計は互いにつじつまのあった計測を与えていたらしいが，温度計をどのように規格化していたのかは定かでない．フィレンツェ科学史博物館にはこれらの温度計が多数保存されている．フィレンツェの温度計はヨーロッパ中に広まり，各地でさまざまな出来映えの模造品がつくられた．ロンドンのR. フック（Robert Hooke, 1635-1703）は「確

実で精度の高い」温度計をつくったのである.

18世紀

デンマークの天文学者 O. レーマー (Ole Rømer, 1644-1710) は2つの定点, つまり氷の融点と水の沸点によって温度計の目盛りづけをした最初 (1702年) の人物である. D. G. ファーレンハイト (Daniel Gabriel Fahrenheit, 1686-1736) はレーマーから温度計の目盛りづけの方法を学び, かつ注意深い職人技と誤差を取り除く堅い決意をもって温度計製作に取り組んだ. 彼はアムステルダムに定住し, 1717年までには彼の最も優れた温度計の中に入れる液体として水銀を採用した上で商業的に販売するようになっていた. 彼は後に人体の血温を94度としてより高いほうの定点としたが, 彼の死後, 他の製作者, 特にロンドンの J. バード (John Bird, 1709-1776) によって水の沸点が採用された. バードの温度計のうちのいくつかは「バードによるファーレンハイト」度の目盛りをもっていたといわれた. ファーレンハイトの温度計と, 彼の目盛りを用いた模造品は, オランダ, イギリス, ドイツで広く使われ, そのうちの2つがレイデンのブールハーフェ博物館に保存されている.

R. ド・レオミュール (Réne de Réaumur, 1683-1757) の温度計ほどねじ曲がった歴史をもった道具はまれであろう. 彼のもともとのアイデアは, 1つの定点 (水の凝固点) と酒精の膨張についての知識に基づいていた. 学者としてのレオミュールの名声によって彼の温度計はフランスに広く行きわたるところとなり, その欠点は改良を誘発した. 18世紀末にはレオミュールの目盛りは, J.-A. ドリュック (Jean-André Deluc, 1727-1817) と A.-L. ラヴォワジエ (Antoine-Laurent Lavoisier, 1743-1794) による精密な研究に基づいて, ファーレンハイト温度計と同じ2定点によって一般的に定義されるようになっていた. 現在, A. セルシウス (Anders Celsius, 1701-1744) の名が冠されている100度目盛りは, おそらく彼の同国人 C. フォン・リンネ (Carl von Linne, 1707-1778) によって (いまとは逆に氷点を100度, 沸点を0度として) 1740年頃に初めて用いられたと思われるが, 同じ主張をする人もスウェーデン, スイス, オランダに何人かいる.

18世紀前半にさまざまな学者によってつくられた温度計は, 異なった目盛りをもっている (基本的には同じ) 温度計としてではなく, それぞれ全く独自の道具と見なされていた. というのは, それらの個々の温度計が異なった原理からつくられていることが当時からよく知られていたからである. G. マータイン (George Martine) の『医学的・哲学的論文集 (*Essays Medical and Philosophical*)』(1740年) には, ある温度計から他の温度計の示度に換算するための表が掲載されている. 換算表の決定版は J. H. ファン・スフィンデン (Jan Hendrik Van Swinden, 1746-1823) によって『種々の温度計の比較についての論考 (*Dissertation sur la Comparison des Thermomètres*)』(1778年) において発表された. 同時に, ドリュック, ラヴォワジエ, H. キャヴェンディッシュ (Henry Cavendish, 1731-1810) など主導的な学者は温度計の正確性の向上に取り組んでいた. 1770年代までにはいくつかの温度計は $1/10°F$ ずつ目盛られていたが, これらの精度の高い温度計は温度の小さな変化を計測するのに用いられていたのであり, 常に全体の温度の正確な値を与えていたわけではないらしい. 最

初の金属温度計は1730年代にロンドンで考案され，質の高いものがヴィッテンベルク郊外に住むH. レーザー（Hans Loeser）によって1746年から1747年にかけてつくられている．18世紀末にはJ. シックス（James Six, ?-1793）とJ. ラザフォード（John Rutherford）によって最高最低温度計が考案されている．

18世紀中頃までには温度計は，科学のさまざまな分野で使われるようになった．温度計はJ. ブラック（Joseph Black, 1728-1799）とJ. C. ウィルケ（Johan Carl Wilcke, 1732-1796）による比熱・潜熱概念形成に不可欠な役割を果たしている．温度計は医学，気象学，海洋学，化学，自然哲学でも使われるようになった．ロンドンには1750年代に産業用に温度計を使う醸造業者もあらわれている．

19～20世紀

科学が発展し，その適用範囲が広がるにつれて，温度計はその使用目的がより特化され，それぞれ独特の形態をもつようになった．サイズ，精度，測定できる温度範囲，形はすべて，当該の温度計を必要とする測定の性質によるわけで，（例えば）実験室で使う温度計は，ジャムをつくるときに使われる温度計，あるいは乳児の入浴で使われる温度計とは全く異なるのである．大量につくられた最も精度の高い温度計は，おそらく1888年にE. ベックマン（Ernst Otto Beckmann, 1853-1923）によってつくられた，温度範囲が調節できる温度計であろう．この温度計はきわめて細い内径をもったガラス管でできていて，水銀球の上のほうに水銀受けがあって，水銀球から水銀を移すことができるようになっている．したがって測定温度範囲は使用者が決めることができる．通常は5℃の範囲を0.01℃の間隔で計ることができ，化学実験室で使われた．

温度計は17～18世紀に生理学の目的で使われ，1840年頃にパリで診療に使われ始めた．C. A. ヴンダーリッヒ（Carl August Wunderlich）は『病気の際の体温の振舞い（*Das Verhalten der Eigenwarme in Krankheiten*）』（1868年）の中で温度計の医療での使用について徹底的に論じており，それから20年以内に温度計は診療所ではありふれた道具になっていて，20世紀には医療用の温度計が最も多くつくられる温度計となっている．当時のある大規模メーカーによれば「われわれのビジネスは臨床での不手際によってもっているのだ」とのことである．一定の内径のガラス管が手に入るようになる1970年代までは1つ1つ温度計をつくる必要があった．

温度計の国ごとの特徴は19世紀にできあがった．目盛りをエッチングした胴はイギリスで最も一般的なスタイルであり，一方封じ込められた目盛りはヨーロッパ大陸で最もよく見られるものである．これらの二重管温度計は薄いガラス壁の毛細管にガラス管で覆われた「ミルク色」あるいは「オパール色」の（つまり白い）ガラスの目盛りがつけられたものである．このスタイルはより頑丈ではあるが，目盛りがガラス管とともに動いてしまう可能性がある．非常に重要だったのが，1840年代における温度計の球の「経年変化」の発見であり，約2年間の間に球が収縮してしまい，温度計の示度が目盛り付けのときよりも何度か上がってしまうのである．1880年代以後になって経年変化が出ないガラスの開発が，最初は光学ガラスに関する実験で有名なO. F. ショット（Otto Friedrich Schott, 1851-1935）によって行われた．彼の酸化

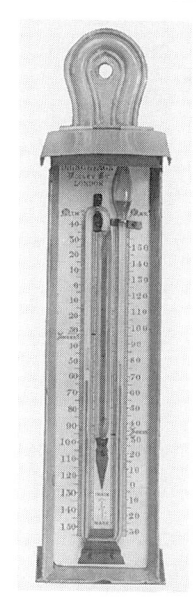

シックスの最高最低温度計（1876年ドリング＆フェイジ製）SM 1876-856. SSPL 提供.

亜鉛を含む，16ⅲの番号がついたソーダ石灰ガラスは「標準的な温度計用のガラス」を意味するようになったのである.

電気的な温度計測は19世紀末にその重要性が増している．2種類の異なった金属でできた閉じた輪で，金属の接合部が異なった温度のときに流れる電流を計る熱電対（thermocouple）は，1822年のT. J. ゼーベック（Thomas Johann Seebeck, 1770-1831）による熱電効果の発見に基づいている（熱電対（列）の項を参照）．2つのタングステン-レニウム合金を用いた熱電対は3,000℃まで計ることができる．それまで温度計とは無縁であった素材の最も重要な使用例はプラチナ抵抗温度計で，1871年のC. W. シーメンス（Charles William Siemens）の示唆による．この型の最初の実用可能な温度計は1887年にH. L. カレンダー（Hugh Longbourne Callendar, 1863-1930）によってつくられ，現在ではプラチナ抵抗温度計は-260℃から1,000℃の温度範囲で広く用いられている.

温度計の規格化の歴史は1880年代に，P. シャピュイ（Pierre Chappuis）が国際度量衡局のためにパリのトヌロ（Tonnelot）がつくった優れた水銀温度計を定積空気温度計と比較した研究に始まる．国際度量衡委員会は1887年に，氷点から沸点までの定積水素目盛りを基準として採用した．1927年には-193℃から650℃まではプラチナ抵抗温度計，それから1,100℃までは熱電対を用い，国際目盛りが取って代わった．この目盛りは1948年と1968年に修正され，1990年には，0.65Kから始まり，13.8033Kから961.78℃までのプラチナ抵抗温度計が続く，4つの互いに重なり合う目盛りからなるITS-90に変更された.

20世紀では水銀とアルコールがこれまでのところ温度計に入れられる流体として最もよく使用され，アルコールは-80℃の低温まで使われている．-100℃まではトルエン，-200℃まではペンタンが使われている． ［John Burnett／菊池好行 訳］

→ パイロメーターも見よ

■文 献

Chaldecott, J. A. *Catalogue of the Collections in the Science Museum*：*Temperature Measurement and Control*. Part 2. London：Her Majesty's Stationery Office, 1976.

Higgins, William F. "Thermometry." In *A Dictionary of Applied Physics*, edited by Sir Rochard Glazebrook, Vol. 1, 988-1022. London：Macmillan, 1922.

Michalski, L., K. Eckersdorf, and J. McGhee. *Temperature Measurement*. Chichester：Wiley, 1991.

Middleton, W. E. Knowles. *A History of the Thermometer and Its Use in Meteorology*. Baltimore：Johns Hopkins Press, 1966.

◆温度計測
　➡ 温度計
　　示差温度解析器

◆音量計
　➡ 騒音計

か

◆ガイガー計数管

Geiger Counters

　ガイガー計数管（ガイガー-ミュラー計数管，Geiger-Müller Counter）は，電離作用のある放射線を検知する．適切な補助機器とともに用いれば，荷電粒子を1つずつとらえて数えることもできる．第二次世界大戦以前は，これらの計数管は主として放射能を研究する機器として用いられていたが，原子力産業の成長とともに，20世紀の後半にはより広く普及するようになった．研究用，医療用，産業用など広い用途に応じて，さまざまな形態の機器がつくられている．

　ガイガー計数管，ガイガー-ミュラー計数管は1900年代初頭の，放射線を定量的に検知しようとする試みから生まれた．その原形は，シンチレーション法によるα粒子の計数を別途に確認する方法を探していたH. ガイガー（Hans Geiger，1882–1945）とE. ラザフォード（Ernest Rutherford，1871–1937）によって，1908年にマンチェスター大学で考案された．この機器は，高い負の電圧（約1,300 V）をかけた細い同軸の導線を，長さ15 cmから25 cm，内径1.7 cmで低圧の二酸化炭素で満たされた真鍮の円筒の中に配置するというものである．荷電粒子が一端の窓から内部に入ると，他の粒子に衝突して電離を起こし，中央の導線に電圧の変化をもたらす．これは敏感な電位計の針によって弾撃として記録される．この装置によって1分あたり5から10の粒子を計数することが可能であった．

　ラザフォードとガイガーは，1910年に，低圧のヘリウムで満たされた金属の半球と，その中で止め具に固定された金属棒と球状の電極からなる，改良型の計数管を開発した．この機器では，荷電粒子の通過によって生じた電離電流は増幅され，レービー線電位計に跳ねをもたらすようになっていた．このような跳ねの集まりは，直接数えられるか，動いている写真のフィルムのリボンに記録される．後者の場合には，荷電粒子の計数管通過の結果が後まで保存できるので，これを装置から取り外して時間のあるときに分析することが可能である．この方法により，1分間に1,000個までのα粒子を記録することができた．

　それから3年間，電極の形や大きさ，管の中の気体の種類や圧力をさまざまに試みた後で，当時ベルリンの物理工学研究所に勤務していたガイガーは，1908年型の別の改良版をつくり上げた．「点計数管」と呼ばれるこの機器は，直径2 cm，長さ4 cmで，鋭く尖らせた鋼鉄の針を陽極として用い，大気圧に設定した管を備えていた．これによって，α粒子やβ粒子，その他の放射線も測定することができた．

　点計数管は，放射能関連の問題に直接利

用できたので，いくつかの研究室ではすぐに使われるようになった．ガイガー自身が計数管を提供した場合もあった．初期の装置の多くは，「自然雑音」やその他の「偽の」現象（後に地球大気から透過してくる放射線，つまり「宇宙線」であると解釈された）に煩され，また機器の調子もきまぐれであったので，うまく使うには高度な技術か幸運かが必要であった．

機器があまりにも不安定であったため，1920 年代にはその作動様式自体が多くの研究の対象となった．1928 年には，ガイガーと彼の学生であった W. ミュラー（Walther Maria Max Müller）は，電気計数管が粒子を定常的に，また正確に計測するようにできる条件を見つけた．新しい機器では，初期の機器とは違って中央の導線をより微細にし，また電気的性質も変化させたために，前のものよりもはるかに敏感であった．また，通常は鉛の板によって雑音の放射線から遮蔽されねばならなかった．発明者たちによって「電気計数管（Elektronenzählrohr）」と名づけられたこの機器は，英語圏ではガイガー–ミュラー計数管としてよりよく知られるようになった（しばしば G–M と略され，また混乱をまねきやすいが，単にガイガー計数管とも呼ばれる）．以前の機器と同様，ガイガー–ミュラー計数管も，荷電粒子の通過を記録するために，電位計などを必要とした．しかし，ラジオ産業の発達とともに利用できるようになった真空管や，しだいに洗練されていく電気回路を使って電気的な増幅を行うことにより，粒子の通過は拡声器から出る音となって記録されるようになり，放射線の存在はじかに聞こえるものとなった．また，電気機械式の計数管で放射線の通過を記録することも可能になった．

初期の機器と同様，ガイガー–ミュラー計数管は研究室で利用されていたが，実験道具であると同時にそれ自体が科学的な関心の対象でもあった．はじめは，この機器を用いる少数の研究室は，自分たちでそれをつくるか，ガイガーから直接手に入れて，補助的な記録機器を付加して用いた．1930 年頃になると，アメリカでガイガー–ミュラー計数管の販売を目指した製作が行われ始め，ハーバック＆レードマン，エック・クレブズ，ヴィクトリーン・インスツルメントなどの会社が，急速に拡大する原子核物理学，粒子物理学，および（というよりとりわけ）医療物理学の分野を狙った専売品を売り出すようになった．

ガイガー–ミュラー計数管は，新しい原子核物理学の分野で急速に広まり，昔ながらのシンチレーション法に取って代わっていった．この機器は，宇宙線の研究でも，しばしば霧箱と組み合わせて利用されるようになった．適切な電気回路を用いれば，2 つ以上の計数管を同時に使って，ほぼ同時に 2 つの計数管を通過する粒子を記録することができた（同時計数法）．

計数管が物理学の研究室やその他の場所でより広く使われるようになるにつれて，さまざまな種類の放射線を検知するための最適条件を見つけるために，さらに実験研究に力が注がれていった．機器の耐久性を高め，より多くの目的のために使用できるようにするために，金属の円筒と中央の電極はガラス管の中に封入されることが多くなった．1930 年代には，密閉された管の中の気体（通常，アルゴン）に，電離を消し去る物質（エチルアルコールがよく使われたが，後にはハロゲンも用いられた）を加えることで，回復時間（機器が，粒子を記録してからもとの状態に戻るまでの時

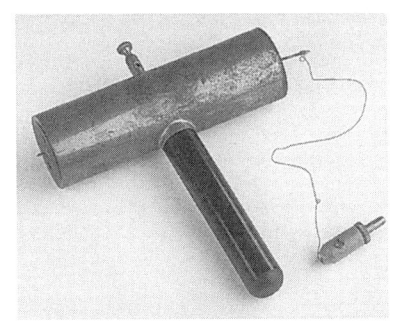

H. ガイガーによって J. チャドウィックのためにつくられたガイガー計数管（1932年）. SM 1982-1707. SSPL 提供.

間）が大幅に短縮された．同時期に電子的な回路素子も改良されており，1930年代末には，ガイガー–ミュラー計数管を用いれば1分に1万の粒子を数えることが可能になった．

第二次世界大戦中とその後の核兵器と原子力の開発のために，丈夫で信頼性が高く，個別の用途に向けてより特殊化した，放射能の検知・測定用の機器が，大量にかつ緊急に求められるようになった．こうして，実用に適したガイガー計数管とガイガー–ミュラー計数管の数，型，設計は爆発的に増えていった．同じ傾向は戦後も続き，これに応じて，人気の集中した原子核工学の分野では，製造業者（政府が設立したものも民間でできたものもある）も販売業者も急速に増加した．計数管は，現在では原子核工業やその他の放射性物質を利用する分野のために設計・販売されているが，より多様化していく特殊な用途と測定される放射線の種類に応じて，さまざまな大きさや特徴をもつものが生み出されている．専用の機器の間では，数ドルの簡単な個別の計数管から，それ以上手を加える必要がなく，バッテリーを電源とする数百ドルの計数管に至るまでの値段の開きがあることも普通である．

1950年代からは在庫が十分に揃うようになり（同時期からさまざまな用途で固体素子に取って代わられるようにもなったが），ガイガー–ミュラー計数管も，他の機器と同様,操作の困難な研究用の装置から，丈夫で持ち運びに便利で比較的問題の少ない測定器へという歴史的な道筋を辿っていった．この機器はまた，他のいくつかの機器のように，単に研究室で用いられるということに留まらない文化的な意味をもつようになった．報道やその他の文献，映像にあらわれることによって，ガリガリと音を立てるガイガー計数管は，核時代への楽観と不安を象徴する存在となっている．

[Jeff Hughes／岡本拓司 訳]

■文　献
Korff, Serge A. *Electron and Nuclear Counters: Theory and Use*. New York：Van Nostrand, 1946.
Nucleonics (1947-1969), passim.
Rheingans, Friedrich G. *Hans Geiger und die elektrischen Zählmethoden 1908 – 1928*. Berlin: D. A. V. I. D., 1988.
Trenn, Thaddeus J. "The Geiger–Müller Counter of 1928." *Annals of Science* 43 (1986): 111-135.

◆ガイスラー管

Geissler Tube

ガイスラー管（放電管）は，ガラス壁に埋め込まれた2つの（あるいはそれ以上の）電極をもつガラス管で，管の中の空気は抜かれ，電極間を電気が流れるガス放電管であった．この種の管は，ボンのガラス吹き職人 H. W. ガイスラー（Heinrich Wilhelm Geissler, 1815-1879）にちなんで名づけら

れた．ガイスラーは，ボン大学の数学および物理学教授であったJ．プリュッカー (Julius Plüker, 1801-1868)のために，1850年代からガラス管を製作し始めた．この種の管は19世紀後半に広く使われ，例えば，プリュッカー管，ヒットルフ管，クルックス管などのように，しばしばその管を使って実験を行った，最も卓越した研究者の名前で呼ばれた．「陰極線管」という呼び方も，1880年代以降一般的になった．ほとんどの管は，直径3～4 cm以内であったが，講演などでの展示用のものには直径15 cmに至る大型のものもあった．このような初期の真空放電管は，後に，電球，X線管（X線装置の項を参照），オシロスコープへとつながっていった．これらの管での現象は，すべて空気を抜いたガラス管の中を電気が流れることによる．「ガイスラー管」という呼び方は，初期のX線管の呼称としてよく使われる．

製　作

ガイスラー管はガラスを手吹きしてつくられ，電極をガラス壁に取り付ける際には特別の技術を必要とする．簡単なやり方は，細いプラチナ線をガラス壁に開けた穴に入れた後，穴を溶かし，その後全体を均等に吹き出すという手法である．しかし，ガラスとプラチナの膨張係数の違いにより，しばしばひびが入ることがあった．そこで，間を埋める素材を使うことが一般的であった．

ガラスの手吹きは，実験室ではしばしば必要とされる技能であったので，簡単な構造の管はほとんど現場でつくられた．しかし，放電管は，華麗な色彩効果をつくり出したので，科学実験用以外に商品としても製作された．この目的のために，新しいタイプの管が次々と開発されていった．これらの管の製作は，専門的なガラス吹きの技能と付随する技術（特に電源と真空をつくる技術）に依存したので，その価格はしだいに高価なものとなっていった．信頼でき制御可能な効果を得るためには，高電圧で比較的強く安定した電流が必要であった．この点では，電気モーターと蓄電池の発展は重要であった．短時間かつ効率的に空気を抜くテクニックもまた重要で，1880年代の電球の登場は真空技術を革命的に進歩させた．図に示してある管は，ガイスラーの後継者により，おそらく1890年代から広告されたものである．これらの管は，普通のガラス吹き職人には製作不可能なものであったと考えられる．

1924年当時の市販のガイスラー管の種類．John J. Griffin & Sons Ltd. Scientific Handicraft : An Illustrated and Descriptive Catalogue of Scientific Apparatus. London, 1914 : 948, Figure 3-7950/2. フィッシャー・サイエンティフィック U.K. 社提供．

使　用

ガイスラー管は，特に1860年代から1870年代にかけて，それを見る人々を魅了した．ウラニウムガラスを管内に置くことにより，衝撃的で美しい効果を得ることができた．管内のガスの種類を変えることにより，虹に含まれるすべての色彩をつくり出すことができた．また，光は管内の一部に偏在させることができたし，ガラスのつくり出すカーブにそって光を出させるこ

ともできた.

科学的研究におけるガイスラー管の使用は，物理学と化学の諸分野をはじめとして，多岐にわたった．なぜ管内の電気放電により発光が生じるのかという最も基本的な問題は，電気，物質，そして（時には）エーテルの間の相互作用に関わる大問題であった．このより大きな理論的枠組みの中で，3つの分野を特に強調しておく必要があろう．それらは，層化現象，分光学，そして陰極線の本質に関する問題である．

管内には明部と暗部が交互につくり出され，この現象は一般に層化（ストラティフィケーション）と呼ばれる．管の形と大きさ，真空度，電圧などの間の関係は，A. ド・ラリーブ（Auguste de La Rive, 1801–1873），J. P. ガショット（John Peter Gassiot, 1797–1877），プリュッカー，W. スポティスウッド（William Spottiswoode, 1825–1883）らによって研究された．

ガイスラー管放電（あるいは放電が当たる点）から発せられる光の分光学的構成は，研究者たちを精密な研究へと駆り立てた．圧力，温度，放電の電気的条件などが変化すると，スペクトルの特性はしばしば大きく変化し，輝線の強さの違い，幅の拡大，逆転などが起こった．この分野の研究者の中には，W. クルックス（William Crookes, 1832–1919），E. ゴルトシュタイン（Eugen Goldstein, 1850–1930），F. パッシェン（Friedrich Paschen, 1865–1947），W. ラムゼー（William Ramsay, 1852–1916），A. シュスター（Arthur Schuster, 1851–1934）など有名な科学者たちが含まれていた．

1880年代に達成された高い真空度の中では，放電は直線の「輻射線」になった．この線は，「陰極線」と呼ばれ，その本質に関する研究は，電磁場の利用を含み3番目に大きな研究領域であった．陰極線を発生させるために必要とされる安定した真空を達成することは，特に困難をきわめた．したがって，安定した実験結果を得ることが難しかったため，ドイツでは陰極線の本質は電磁波であると考えられ，イギリスでは物質であると解釈されたのも無理からぬことであった．J. J. トムソン（Joseph John Thomson, 1856–1940）のいわゆる「電子の発見」（1897年）は，比較的高い真空度が得られるようになった時代に，陰極線の本質に関する論争に結論を出した．ドイツでは，W. ヒットルフ（Wilhelm Hittorf, 1824–1914），ゴルトシュタイン，H. ヘルムホルツ（Hermann von Helmholtz, 1821–1894），H. ヘルツ（Heinrich Rudolf Hertz, 1857–1894）らが，またイギリスではクルックス，G. ストークス（George Stokes, 1819–1903），そしてトムソンらが，この方面の研究を行っていた．

［Arne Hessenbruch／札野　順訳］

■文　献

Harvey, E. Newton. *A History of Luminescence from the Earliest Times until 1900*. Philadelphia：American Philosophical Society, 1957.

Lehmann, O. *Die elektrischen Lichterscheinungen oder Entladungen in freier Luft und in Vacuumrohren zum Theil auf Grund eigener Experimentaluntersuchungen*. Halle a. S.：Wilhelm Kapp, 1898.

Waran, H. P. *Elements of Glass–Blowing*. London：G. Bell, 1923.

◆回折格子と罫線作成機

Diffraction Grating and Ruling Engine

現代的な回折格子は，1インチあたり数千の平行な線が引かれた反射面で，光を干

渉の現象によって1つか数個のスペクトルに分解するものである．回折格子を製造する機械は，歴史的に罫線作成機と呼ばれた．格子が中に置かれスペクトルを記録する大きな装置は，分光写真機と呼ばれた（分光光度計，分光器（初期），分光器（天文用）の項を参照）．

使 用

回折格子とプリズムは光を構成要素の色に分散させる2つの基本的な装置である．17世紀におけるI. ニュートン（Isaac Newton, 1642-1727）の光の分析以来，20世紀に至るまで，研究道具としてプリズムが支配的であったが，今日では波長の精密な決定に回折格子のほうが好まれている．また，反射型の格子は，光がプリズムを通過するときに起こる吸収を除くことができる．

分光写真機に使われる格子とプリズムは，特定の原子や分子からの光の放出を利用した鋭敏な実験化学分析を可能にした．望遠鏡に取り付けられた天文学用分光器がもたらす生のデータによって，天文学者は光る天体の元素の構成や温度などの諸性質を決定することができる．原子の量子力学的なモデルが1920年代に登場するまで，実験室のスペクトルは物理学者にとって大きな問題であり，半世紀以上にわたって原子の何らかの力学的なモデルに基づき元素のスペクトルを説明しようとしてきた．

起 源

イタリアの物理学者F. M. グリマルディ（Francesco Maria Grimaldi, 1618-1663）は，17世紀に影の端が完全にくっきりとはせず，縁に回折縞をもつことを見つけた．アメリカ人D. リッテンハウス（David Littenhouse）は，1785年に最初に多数のエッジを並べることで，小穴からの光が穴と眼の間に置かれたエッジの集まりによって多数の色のついた線に分解することを観測した．彼の装置は0.5インチ平方の透過格子であり，2つの平行で精密なネジの間に置かれた50本の髪の毛から成り立っていた．

回折分光学の生みの親は，ミュンヘンの眼鏡職人で色消しレンズなどを製作していたJ. フォン・フラウンホーファー（Joseph von Fraunhofer, 1787-1826）である．彼は太陽光のスペクトルを観測して350本の輝線の位置を示し，その中の特に明るい線に，現在よく知られるようにアルファベット文字を割り当て，いくつかの線の波長を測定した．フラウンホーファーは1820年に髪の毛の代わりに細い金属線を使うことでより大きな格子をつくり出した．また，ガラスなどの基板の上に線を引いた現代的なタイプの格子も開発した．ガラス板の上のグリースの層や金箔の上に細い平行線を引いたり，ダイヤモンドのエッジを利用して，ガラスに直接線を引いたりした．また黒い樹脂で覆ったガラスの表面に線を引くことで，反射格子を作成したりした．イギリスのT. ヤング（Thomas Young, 1773-1829）は，1802年にすでに同様の格子を使っていたが，フラウンホーファーは彼の装置とともに多くの実験的，理論的知識を生み出した．

線引を自動化するために，フラウンホーファーは最初の罫線作成機も製作した．それは，1インチあたり数千本の線の密度をもつものであった．彼は線引の際の周期的な誤差が，生み出されるスペクトルにもたらす影響（それは1900年頃には重大な問題になった）や，線の溝の形の影響も議論しているが，自分の罫線作成機についての詳細は公表しなかった．

1859年にG. キルヒホッフ(Gustave Kirchhoff, 1824-1887)とR. ブンゼン(Robert Bunsen, 1811-1899)は，太陽光の吸収暗線が実験室における特定の化学元素から放出される輝線に対応することを見出した．この発見が契機となり，分光学は新たな発展を遂げる．1860年代にポメラニアの器具製作職人であるF. ノベルト(Friedrich Adolph Nobert, 1806-1881)によってつくられた透過格子を用いて，スウェーデンのA. オングストローム(Anders Jonas Ångström, 1814-1874)は1,000本あまりの暗線を示す太陽スペクトルを描いた．今日波長の単位として最もよく知られる10^{-10} mの単位は，オングストロームにちなんで名づけられたものである．

アメリカの製造業者

アメリカの法律家でアマチュア天文観測家であるL. M. ラザフォード(Louis Morris Rutherford, 1816-1892)は，1860年代と70年代に彼自身の罫線作成機を開発した．彼の反射格子によるスペクトルは，それまで生産されたいかなる回折格子よりも明るく，解像度もよいと評価された．ラザフォードの最大の格子は約2インチ(5 cm)の幅であった．ハーバード大学の天文学者W. A. ロジャーズ(William A. Rodgers)は，ラザフォードの成果をさらに改良しようとしたが，彼の改良はすぐにジョンズ・ホプキンス大学の最初の物理学教授であるH. A. ローランド(Henry Augustus Rowland, 1848-1901)によって乗り越えられた．

ローランドの格子

機械工と協力し，ローランドはラザフォードのものよりも大きくかつ細密に引かれた格子を生み出す罫線作成機をつくり上げた．その格子は明るく尖鋭なスペクトルを生み出した．これらの格子は金属の鏡に引かれたもので，6インチの幅のものまであった．もともと技術者として教育を受けたローランドによれば，その罫線作成機のポイントは，溝の間隔を調節する高度に均一なネジにあった．通常の格子では，光線を平行にしたり集中させたりするレンズが必要で，一定の光線が吸収されてしまっていたが，彼は凹面に罫線を引くことで，レンズを使わずにスペクトルを焦点に集めることを可能にした．

ローランドやジョンズ・ホプキンス大学出身の物理学者たちによってつくられた凹面格子と平面格子は，その後50年以上にわたって標準になった．これらの線引の作業は数日にわたって昼夜を通じてなされた．それらはコスト分かそれ以下の価格で世界中に販売されたが，需要は常に供給を上回った．ジョンズ・ホプキンス大学の代理販売店の1911年のカタログには，サイズや品質によって格子は20ドルから400ドルまでの価格がつけられている．分光学はまだ物理学の主要な分野で，元素についての多くの根本的な観測がこれらの装置によって成し遂げられた．ローランド自身は太陽光スペクトルの写真を撮り，それまでにない正確さで2万本もの吸収線を記録した．しかし太陽以外の恒星の天文観測では，1930年代に平面格子が技術的進歩によりさらに明るいスペクトルを生み出すまで，格子は活用されなかった．

ジョンズ・ホプキンス大学への最初の挑戦者は，シカゴ大学のA. A. マイケルソン(Albert Abraham Michelson, 1852-1931)であったが，シカゴ大学の罫線の作業では少数の格子しか製造されなかった．1916年に，G. E. ヘイル(George Ellery Hale, 1868-1938)は，ジョンズ・ホプキンスの罫線操作の責任者であるJ. アンダーソン(John

Anderson)を雇い入れ,ウィルソン山天文台の格子をつくらせた.1940年代まで多くのショップで小さい格子がつくり出されたが,大型格子の生産は,ジョンズ・ホプキンス大学とシカゴ大学とウィルソン山に限られた.作成機の所有者は秘密主義的で,技能の普及を妨げた.

現代の装置

1940年代には,格子をつくる材料として,アルミニウムをコーティングして反射率を高めたガラスが,金属鏡よりも罫線用のダイヤモンド針の減りが小さいために最も好まれるようになった.「ブレイジング」,すなわち溝の形状の制御により,より多くの光を望ましいスペクトルに集光させることができた.1940年代末までには,マサチューセッツ工科大学(MIT)とボシュロム社が,シカゴ大学の罫線作成機を入手し,罫線作成の作業を開始した.他の機関や企業もすぐに生産を開始した.MITでは,G.ハリソン(George Harrison)がこの分野の戦後の指導的存在で,マイケルソンのアイデアをもとに正確な溝の配置を保証する干渉制御式の罫線作製法を開発し

ラザフォードの回折格子の罫線作成機.The American Cyclopedia, vol. 15. New York: D. Appleton, 1881: 243. NMAH 提供.

た.溝の間隔が不規則になると「ゴースト」と呼ばれる予期せぬスペクトル線が生じてしまうが,そのことはフラウンホーファーにとっては好奇な現象となったが,後の製作者にとっては悩みの種となった.明るさと明晰さが向上するにつれて,精密な機械的制御によって,ゴーストはほぼ解消した.1960年代には回折の幅は10インチかそれ以上にも達した.

1940年代末には,機械で製作された格子に樹脂を注ぐことで,格子が化学的に複製されるようになった.格子から取り外すと樹脂自体が使用可能な格子となる.本物より必ずしも優れているわけではなかったが,製造が安価ですんだ.1960年代末には,感光性の物質に記録されたレーザー干渉縞がさらに別の格子の非機械的生産手段を提供した.かつては物理学の謎の源泉であった分光学は,いまでは化学と天文学の日常的な道具になった.

[George Sweetnam／橋本毅彦 訳]

■文　献

Fraunhofer, Joseph. *Prismatic and Diffraction Spectra*, edited and translated by J. S. Ames. New York: American Book, 1900. Reprint. *The Wave Theory, Light and Spectra*. New York: Arno, 1981.

Harrison, George R. "The Production of Diffraction Gratings. I. Development of the Ruling Art." *Journal of the Optical Society of America* 39 (1949): 413-426.

Sweetnam, George. "Precision Implemented: Henry Rowland, the Concave Diffraction Grating, and the Analysis of Light." In *The Values of Precision*, edited by M. Norton Wise, 283-331. Princeton: Princeton University Press, 1995.

Warner, Deborah Jean. "Lewis M. Rutherfurd: Pioneer Astronomical Photographer and Spectroscopist." *Technology and Culture* 12 (1971): 190-216.

Warner, Deborah Jean, "Rowland's Gratings: Contemporary Technology." *Vistas in Astronomy* 29 (1986)：125-130.

◆化学旋光計
➡ 旋光計【化学用】

◆化 学 天 秤

Chemical Balance

　エジプトのパピルスに，天秤の絵があることが知られている．そこでは，死者の心臓が「真理」にあい対して天秤に掛けられている．天秤の竿がどのようにしてつり下げられているのかははっきりしないが，天秤皿は，竿の両端からつり下げられ，おもりはつり合わせるために竿に沿って移動させるようになっていたようである．そのような図像の例は，大英博物館所蔵『死者の書（*Book of the Dead*）』（紀元前 1320-1290 頃）の写本に見られる．ローマ時代の天秤竿や竿秤がいくつか現存している．こうしたことから，古代において重さを計るということが，一般的に行われていたことは確かである（秤（一般）の項を参照）．
　化学的な用途のために改良された最も初期の天秤は，おそらく試金のために使われていたものであろう．試金の際には，小さな金の粒の重さを計る必要があったのである．15 世紀末頃の T. ノートン（Thomas Norton）による『錬金術の処方（*Ordinall of Alchimy*）』の手稿には，飾りに実験室の絵が描かれている．その実験室では蒸留が行われており，頑丈なテーブルの上には，ガラスのケースとおぼしきものの中に入った天秤が据えられている．
　試金用，調剤用，硬貨鋳造用の天秤は，化学天秤が精度向上を目指してたどったのとは異なる方向に発展したようである．なぜなら，これら 3 つの天秤においては，中空になっていない棒状の竿が使われ，その両端は S 字状に曲げられているといったように，旧態依然のデザインが使われ続けていたからである．それに対し，化学天秤は，そのような古い伝統を捨て，より丈夫な竿とより精度の高い支持メカニズムを採用していった．
　化学天秤は，18 世紀初めの静水秤から発展してきたという説もある．この静水秤は，まず水に入れた金属塊の重さを計り，ついで対象とする液体の中に入れたときの重さを計ることにより，液体の比重を求めるために使われた．1710 年の J. ハリス（John Harris）による『技術の事典（*Lexicon Technicum*）』にその記述がある．少なくとも 2 台が現存しており，そのうちの 1 台は，スコットランド王立博物館にある．これは，エディンバラ大学の化学の教授であった A. プラマー（Andrew Plummer）により，スコットランド南部のモファットの鉱泉に関する研究に使われたものである．
　出版された一連の論文に載った化学実験で使われ，現在もなお残っている天秤の中で最古のものとされているのは，エディンバラでのプラマーの後継者であった J. ブラック（Joseph Black, 1728-1799）が使ったものといわれている．ブラックは，1754 年の博士論文で，マグネシア・アルバ（炭酸マグネシウム）のもつアルカリの性質を研究した．これは，化学的に同定された最初の気体である固定空気（二酸化炭素）の

発見につながったという意味で，重要な実験であった．この天秤は，尖ったナイフエッジの上で竿がつり合わせてあるだけの粗雑なつくりで，竿の両端はS字状になっており，そこから直接天秤皿が糸でつるしてある．テストしてみると，確かにブラックが得たような結果をもたらす程度の精度はあることがわかった．それでも，1876年，L. プレイフェア（Lyon Playfair, 1818-1898）はこの天秤を評して，「雑貨屋の秤程度でしかないしろもの」と言ってはいるが．

化学者たちがより高い精度の天秤を求めていたにもかかわらず，天秤製作者たちは保守的になりがちであった．A.-L. ラヴォワジエ（Antoine-Laurent Lavoisier, 1743-1794）の天秤は，N. フォルタン（Nicolas Fortin, 1750-1831）やP. B. メニエ（Pierre Bernard Mégnié, 1751-1807）により，最高レベルの職人芸をもって製作されたのであるが，革新的なものはほとんどなかった．めぼしい改良は，英国政府から委託され，王立協会の指導のもとに行われた研究において導入された．これは，英国政府が，科学的なやり方で課税するために，アルコールと水の混合物の正確な比重測定を必要としたのである．優れた機器製作者，J. ラムスデン（Jesse Ramsden, 1735-1800）がその仕事を請け負った．その際，彼は，これまでの天秤が不正確である原因は，負荷がかかったとき竿がたわむことにあるということに気がついた．彼はこの問題を，次のようにして解決しようとした．すなわち，空洞である2つの真鍮製円錐を底面でつなぎ合わせて，はるかに丈夫な竿をつくったのである．中央には鋼鉄製のナイフエッジがついていて，めのう板上で振れるようになっている．天秤皿のハンガーは，「スライド面とナイフ（slide and knives)」として知られるサスペンションを使っている．これら2つの工夫により，これまでの天秤に見られた正しいつり下げ位置からのずれは減り，ラムスデンの天秤は，要求された精度を得ることができた．しかしながら，長く重たい竿の振れは非常にゆっくりとしていたので，1回の秤量に大変長い時間がかかった．

軽くて頑丈な天秤の竿をつくるという課題の解決は，ロンドンの製作者T. C. ロビンソン（Thomas Charles Robinson）によりなされた．彼は，最初の精密天秤製作者として記録されている．1820年頃，彼は，化学者W. H. ウォラストン（William Hyde Wollaston, 1766-1828）に，竿（アーム）の短い天秤を供給した．その天秤のアームは，穴のあいた三角形をしたデザインであった．竿の両端で調節ができるようにしてあり，またゼロ点が決まるように，短い垂直な指針が目盛りに沿って動くようになっていた．こういったアームのデザインは，すぐに広く採用され，分析化学者たちは似たような装置を精密機器製作者に注文した．例えば，A. ユーア（Andrew Ure, 1778-1857）は，カッセル（ドイツ）のブライトハウプト（F. W. Breithaupt, 1780-1855）に発注したし，J. F. J. ベルセリウス（J. F. Jacob Berzelius, 1779-1848）はストックホルムのリットマン（C. E. Littman）に注文するといった具合である．ベルリンの製作者，L. エルトリング（Ludwig Oertling）は1850年代初めにロンドンに定住し，彼の商会は，19世紀だけでなく，さらに後までもイギリスを代表するメーカーであった．ドイツにおいては，ハンブルグのP. ブンゲ（Paul Bunge）が1866年から短いアームの分析用天秤を製作した．この天秤

は，非常に優れた設計に従って，ナイフエッジと刃受け面がつくられていた．1870年にゲッティンゲンに商会を創立したF. サルトリウス（Florenz Sartorius）は，アームの製作に最初にアルミニウムを使用した人である．

多くの改良が施されたのは，化学者集団が急速に膨張する時期であった．それは，活気のある市場をメーカーに提供することになったからである．例えば，ライダーのシステム（目盛りのついたアームの上に，細い針金のおもりを乗せるもの）により精度が増したが，これは1851年に導入されたものである．天秤ケースを開くことなくおもりを足したり取り除いたりする半自動システムは，1880年頃から，とりわけウィーンのA. リュプレヒト（A. Rueprecht）により採用された．C. A. ベッカー（Christian A. Becker）は，1915年に，アームにおもりを加えるための細い鎖の特許をとり，「チェインマティック（chainomatic）」と呼んだ．

天秤製作における大きな進歩は，置換秤量法といわれるものの導入である．アームの一方は常に加重されていて，秤量物は，1つしかない皿に載せられる．そこで，皿の上で過重となっているおもりは，つり合いがとれるまで1つずつ取り除かれていく．秤量物の質量に関係なく，天秤にはいつも同じ荷重がかかっていることになる．このシステムに基づいた天秤を普及させたのは，スイスのE. メトラー社であり，モデルの生産は1947年から始まった．ダイヤル操作により，種々の組合せのおもりの加除を可能にするカムのシステムが制御できたため，秤量は，以前よりずっとスピードアップした．こうして，超過となっていたおもりのすべてが取り除かれた後は，秤量

サルトリウスによる短アームの分析用天秤（1876年）．SM 1876-380．SSPL 提供．

物に対する差は1g以内であった．正確な平衡点に達するのにまだ必要な重さは，光学的システムによりスクリーンに投影された目盛りを読み取ることで，見積もることができる．このような天秤は，総称して「片ひじ天秤」と呼ばれた．

非常に小さな質量を計るために，種々の微量天秤が発達した．これらは多くの場合，石英棒の竿を使用している．石英繊維が竿の中心位置に通っていて，竿が傾いたら，石英繊維をねじることによりつり合いを取り戻し，そのねじれから質量の値が得られる．別の方法として，電磁気学的に竿を復元させることもでき，そのときの電流の変化を測定すれば質量がわかる．このような電子天秤（electrobalance）の原理は，1956年に初めて紹介された．

年を経るにつれて，化学天秤はより一層簡便かつ迅速に扱えるようなものになった．技術上の理解や鍛錬はますます必要とされなくなるのに反して，精度のほうは大変高いものが得られるようになった．

[Robert G. W. Anderson／吉田　晃訳]

■文 献

Child, Ernest. *The Tools of the Chemist*. New York：Reinhold, 1940.

Jenemann, Hans R. *Die Waage des Chemikers*. Frankfurt am Main：Dechema, 1979.

Jenemann, Hans R. "Zur Geschichte der Waage in der Wissenschaft." In *Beitrage zur Geschichte der Laboratoriumstechnik und deren Randgebiete*, edited by E. H. W. Giebeler and K. A. Rosenbauer, 97-119. Darmstadt：G-I-T Verlag Ernst Giebeler, 1982.

Stock, John T. *Development of the Chemical Balance*. London：Her Majesty's Stationery Office, 1969.

◆角度の測定

Measurement of Angle

　角度は，目盛りのついた道具を用いて，あるいは測量と三角法を使って，またはこれらの方法ですでに実証された原器と比較して測定される．

　三角法は，度量衡学でよく使われる．ふつう，斜辺をサインバーによって精密に定義された直角三角形が準備され，もう1つの辺の長さをブロックゲージや同様の精密な道具によって測定する．その他に，三角法を用いて，小さな角度を簡易的にあるいは精密に設定したり，測定したりする方法がある．

　角度を測定する道具の大部分は，目盛りを包含している．この測定具の多くには副尺と顕微鏡が備わり，顕微鏡には接眼マイクロメーターが備わったりしている．これらは，読取りを促進したり，目盛りを細分化したりするのに貢献する．しかし，大事なのは，目盛り自体である．目盛りが全円を占めるか，円弧を占めるかにかかわらず，それは究極的にはもともとの円周分割の原器に由来する．そのような原器の作製は，本来的に職人の特別な仕事であると，ふつう見なされている．

　1850年頃まで，大きな半径をもつ最も精密な目盛りは，高度な技術をもつ技師によって，単純な道具を用いてつくられた．こうした技術をもつ典型的な著名人，J. バード（John Bird, 1709-1776）は，1767年に，その方法の詳細についての著作を出版している．

　円周分割の原器の製作は，精密さを要し，退屈で，またそれゆえに高価な仕事だった．そのため，機械によって同様の成果を達成することが目指されていた．最初の本当に役に立つ分割機は，1774年のJ. ラムスデン（Jesse Ramsden, 1735-1800）の2回目の試みから生まれた．1777年には，この試みに関する彼自身による著作が出版されている．

　ラムスデンの分割機は，固定された土台上で回転する円盤からなる．円盤の縁には，2,160の歯が切り込まれており，土台に設置されたウォームにかみ合っている．円盤を少しずつ回すと，ウォームが回転し，土台に設置されたカッターが，目盛りを刻む．ラムスデンの分割機や，初期の同じような分割機の性能は，大きな半径をもつ最も精密な円周分割の原器にはかなわなかったが，六分儀などの小さな道具の目盛りに対する手軽な代替品としては十分だった．多くの目盛りの精度は10秒以内だった．1843年に製作されたW. シムズ（William Simms）の分割機は，1850年に，大きな重要な道具を割り出すために使われた初めての分割機となった．その道具とは，グリニッジ天文台のエアリー（G. B. Airy, 1801-1892）の子午環である．より近代的な道具は，補正カムによって，1秒以内の精度に

なった．補正カムは，歯の割出しにおける誤差を修正する働きをした．つまり，カム従動子が，誤差を補正する運動をウォームに与え，円盤のゆがんだ部分を補正する．この機構は，1826 年に B. ドンキン（Bryan Donkin, 1768-1855）による線形分割機で，初めて採用された．

しかし，円周の目盛りが精密に割り出されても，それを取りつける際に中心がわずかにずれただけで，測定値の無視できない誤差につながる．直径 100 mm の円盤では，わずか 0.001 mm 中心がずれただけで，測定値の誤差は，最大 8 秒程度にもなる．目盛りが全円にわたる場合，この誤差は，180 度ずれた 2 つの目盛りの測定値を平均することによって，かなり除去することができる．より多くの目盛りの測定値を合成することで，目盛り自体のゆがみに由来する誤差を減らすことができる．

R. フック（Robert Hooke, 1635-1703）によって発明された気泡水準器が，精密な道具になったのは，後のことである．水準器は，多くの場合，角度を測定する他の装置と合わせて使用された．精密な気泡水準器は，数秒単位の測定を手軽に行う際に有用で，精度 1 秒以内での評価を可能にした．振り子が誘導振動子の一部になっている現代の電子水準器は，もっと精密である．クリノメーターは，水平線に対する傾きの程度を測定するために，水準器と円形の目盛りを組み合わせている．

オートコリメーターは，角度の小さな違いを検出する．ここでは，収束レンズの焦点面上の明るい物体からの光が，平行光線になる．平行光線は，鏡（観測対象）によって反射され，オートコリメーターに戻り，焦点面に像をつくる．この像が，単式あるいは複式顕微鏡を通して観測される．鏡の角度のずれは，像の横向きの動きによって示される．この動きは，オートコリメーターと鏡の距離に依存しない．顕微鏡には，観測者が 4 分の 1 秒のくり返し精度で測定値を得るために，接眼マイクロメーターが備わっていることもある．同様に，オートコリメーターには，光電子顕微鏡が取りつけられていることがある．光電子顕微鏡は，視覚による観測と比べ，より高い精度と整合性をもたらす．

度量衡学や，機械や器具の検査の際には，オートコリメーターは，アラインメント，真直度，平面度における誤差を計測するのに役立つ道具である．

精密にラッピングされた複数の平面を用いる角度計は，G. トムリンソン（George A. Tomlinson）によって 1941 年に開発された．この角度計は，直線測定におけるブロックゲージと同様に，複数の平面を組み合わせて使用する．しかし，実際には，役に立たないことも多かった．それどころか，測定数値は，他の計測方法で検証しなければならなかった．複数の平面を組み合わせて使用するときには，誤差はよりひどくなった．このため，この角度計の用途は限られていた．

続いて，高い光学的品質をもつ多角形（ポリゴンミラー）が，C. テイラーソン（Cecil O. Taylerson）によって開発され，口径測定や目盛りの調節に有用であることが立証された．多角形は，1 つの，あるいは独立した複数の反射面をもつガラスや鉄からできていた．反射面は，1 つあるいは複数のオートコリメーターの測定面として用いられた．多角形は，必ずしも正多角形である必要はないのだが，多くの場合は正多角形になっている．自動試験機能により，角度は精度 2 分の 1 秒で測定される．オートコ

割出テーブルを検査するために使用される，ポリゴンミラーとワットのオートコリメーター（1930年代）．Hume（1980）：171頁，図59．ランク・テイラー・ホブソン社提供．

リメーターとともに使われるとき，この多角形は，精密で再現性のある結果を与える．この多角形は，中心に置く必要がないからである．

1953年に開発されたインデックステーブル「ウルトラデックス」は，輪の表面に同一の歯の刻み目をもつ2つの部分からなる．この刻み目を互いにかみ合わせることで，弾力性の変形によってセレーションの誤差が減少し，非常に高い精度の角度が得られる．4分の1度の間隔で1,440の刻み目をもつより最近の型では，くり返し精度0.02秒，インデックス精度0.1秒であるとされている．マイクロメーターに微動ネジを取りつければ，同様の精度で，中間値を得ることができる．

[Michael Wright／水沢　光訳]

■文　献

Brooks, John. "The Circular Dividing Engine : Development in England, 1739-1843." *Annals of Science* 49（1992）：101-135.

Evans, J. C., and C. O. Taylerson. *Measurement of Angle in Engineering*. London : Her Majesty's Stationery Office, 1986.

Hume, Kenneth J. *A History of Engineering Metrology*. London : Mechanical Engineering, 1980.

Moore, Wayne R. *Foundations of Mechanical Accuracy*. Bridgeport, Conn. : Moore Special Tool, 1970.

Rolt, Frederick Henry. "The Development of Engineering Metrology." *The Sir Alfred Herbert Paper*, 1952. London : Institution of Production Engineers, 1952.

◆火災感知器

Fire Detector

火災感知器とは，熱や煙，または赤外線や紫外線の放射に応答することで，火災の発生を自動的に感知する器具である．火災感知器は，中に入っている感知要素の種類によって分類され，普通は火災報知器や自動消火システムなど他の装置とつながっている．科学や産業の他の分野における新しいテクノロジーの発達に伴い，火災感知器の新タイプや応用品が誕生した．そして，多くの特許が取得されたが，火災感知器の歴史的な発展についてはあまり語られていない．

初期の火災報知器においては，消防団を呼ぶ際には電気通信技術を使用したが，火

災の発見自体は人間に頼っていた．この種の報知器が，1849年にベルリンに，1852年にボストンに設置された．そして，熱センサーを用いた自動感知器は，その約20年後に開発された．

熱感知器

初期のセンサーは熱のみに反応し，一般に「サーモスタット」と呼ばれていた．30種以上の異なった型が1873年から1900年の間に市場にあらわれた．電気接点の開閉をするために，バイメタルの金属片の熱膨張の差を利用するものや，ふいごを膨張させるために空気やエーテルなどの流体の膨張を利用するものがある．ガラス温度計の中の水銀を変形させて，熱に敏感に反応するスイッチに用いられることもあった．

サーモスタットは，55℃から70℃の間で事前に設定された温度になると作動するようにセットされるが，温暖な気候において，この温度領域はかなり高い温度上昇を意味した．しかし，設定温度を下げることは誤報につながるので，感知器は2段階方式をとるようになった．フォックス-ピーターソン感知器（1901年）には，2つの別々の電気接点があり，低い設定温度で注意警報が鳴った後，高いほうの設定温度を超えるとアラームが鳴るように設計された．

温度上昇の割合に反応する熱感知器は，設定された温度に反応するものよりも敏感であった．このタイプの8種の異なる感知器が，イギリスの消防庁の委員会によって，1913年に承認された．1地点の状態のみを感知するものもあれば，天井に取り付けてあたり一帯の平均温度を監視できる，小さな穴あきの管を用いたものもあった．管の中の流体はふつう空気で，それが熱のため膨張したとき，管の一方の口に取り付

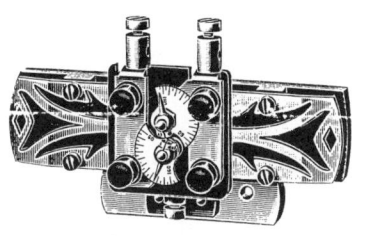

フォックス-ピーターソンの火災感知器（1901年）．Harold G. Holt（1913）：162頁，図93．SSPL提供．

けられたふいごの内側へ力がかかる．そして，ふいご側の管の壁には小さな穴が開いており，コントロールされながら空気がもれる．このような仕組みにより，温度が緩やかに上昇したときには作動せず，急激に上昇したときにのみ電気接点が閉じるようになっている．

メイ-オートウェイ（May-Oatway）式感知器は，端が銅線のセンサーとつながっている，天井に固定された短い鋼鉄製の補償装置を用いたもので，その大きさと単純さに特徴があった．急激な温度上昇では銅の膨張で，銀製の円錐が電気接点の上におりるか，水銀のスイッチが傾く．緩やかな温度上昇のときは，銅線と鋼鉄製の導管両方が同時にゆっくりと膨張するので，銅線は導管ほどには下に下がらない．ところが，銅線の膨張係数は，鋼鉄の約1.5倍であるから，過剰に高温になる前に感知器は正しく作動する．

煙感知器

煙感知器は，船や飛行機のように，温度上昇の兆候があらわれる前に大量の煙が発生する場合があるような場所で使用される感知器として開発された．煙感知器は，1950年代に建物の中で使用されていたが，イギリスでは1960年代初頭まで正式には認められていなかった．煙感知器は2タイプに

分けられる．光電式は，光線が暗くされたり散乱されたりすることを感知し，電離箱は，α粒子を衝突させたときの空気の伝導性の変化をとらえるものである．

初期の光電式煙感知器は，光線が空間に放射され，煙によって光源が部分的に覆い隠されることによる明るさの変化を受信器が感知するものであった．このようなシステムは，ポイント型の装置にも組み入れられた．ポイント型の装置では，発信器と受信器とともに短い光線の経路が1つのユニットにまとまっている．他のポイント型では，光源とセンサーが搭載された機械の中に煙が入ったとき生じる散乱光を感知する．普段はセンサーが光を感知しないようにセットされていて，器械の中に入った煙に含まれている微粒子が光を反射させることによってのみセンサーがはたらき，感知器が作動するのである．

初期の光電式煙感知器は，寿命が約5,000時間のタングステン-フィラメント管と，比較的感度の悪いセンサーを用いていた．1980年代の光電式煙感知器は，赤外線パルス発振の二極真空管と，低電流光ダイオード高速センサーを用いていた．最近のポイント型装置のセンサーの消費量は，一般的に5秒かそれ以上の間隔で，瞬間最大 $100\mu A$ の電流が流れるようになっている．

電離箱式煙感知器は1960年代に発達し，1つか2つの電離箱と，それにつながり電流を感知して開閉する回路からなっていた．箱内の空気に，小さな放射線源からα粒子を照射する．箱にかけられた約200Vの直流電圧によってイオンが移動し，小さな電流を生み出す．煙粒子が箱の1つに入るとイオンと衝突し，イオンの移動率を減少させるので，わずかだが電流の減少が感知される．初期の装置では，出力信号を出すのに，冷陰極トリガー管を用いた．

電界効果トランジスターの誕生と，それによるナノアンペア単位の電流の増幅，さらに低コストの電子式増幅器の出現とによって，ずっと低い電圧下で作動するより小さい電離箱の使用が可能となり，商品として成り立つ電離箱式煙感知器の生産が可能となった．これらの技術と，高能率ピエゾ電気測探機と，長寿命バッテリーとを組み合わせることで，今日の家庭用のシングルポイント型煙警報器が生産されるようになった．

[Nigel Smithies／西澤博子・橋本毅彦 訳]

■文 献

Crosby, Everett U., and Henry A. Fiske. *Hand-book of Fire Protection for Improved Risks*. Boston：Standard, 1904.

Holt, Harold G. *Fire Protection in Buildings*. London：Crosby Lockwood, 1913.

Tryton, George H., and Gordon P. McKinnon, eds. *Fire Protection Handbook*. 13th ed. Boston：National Fire Protection Association International, 1969.

Underwood, G. W. *Electrical Fire Alarm Systems*. London：Lomax, Erskin, 1946.

◆荷重測定

Load Measurement

荷重の正確な測定は，新しい材料と装置の開発や試験，また設計と建築に使用される材料の品質管理に必要である．実験用の試験機類は，試料に荷重を加える手段と，加わった荷重を測定する手段を併用する．それらの特色を兼ね備えている機械もあれば，完全に別個の機械もある．試験機はさまざまな補機も特色としている．例えば試

験片をつかんだり固定したりする器具，電力装置，制御装置，記録装置，速度計，反動や衝撃の吸収装置など．自己充足型の荷重測定装置は，試験装置や試作品の装置に，また近頃では，監視つきの工業設備にも組み込まれている．

最も単純な荷重測定法は，目方がわかっているおもりを負荷荷重としてじかに使う方法である．一般に知られる最初期の，ガリレオ（Galileo Galilei, 1564-1642）による材料強度試験は，死荷重を使って銅の棒の強度を確定した．死荷重はいまでも複雑な構造体の非破壊検査に使われている．

1729年より前に，ライデン大学のP. ファン・ミュッセンブルーク（Petrus van Musschenbroek, 1692-1761）は，水平を維持する手段もない未熟な竿秤で，木製と金属製の試料を試験した．1760年以降，数々の試験法がフランスの土木学校で開発された．その1つでJ. B. ロンドゥレ（Jean Baptiste Rondelet）が考え出したのは，竿秤を水平に保つための支え刃とネジの使用だった．これは「ひずみ補正」の名で知られた．

J. ブラマー（Joseph Bramah, 1748-1814）が1795年に特許を取得した液圧プレス機は，静荷重を加えるもう1つの手段となった．その初期の応用例の1つは，1813年，スコットランドのマッセルバラにあるブラントンの鎖工場に見られるが，つり合いおもりをつけた液量計を使って荷重を示したようである．1829年頃，南ウェールズのマーサーティドヴィルでは，リベットで締められた継ぎ目が，水圧機械で試験されていた．その機械は，支え刃の支点をもつ荷重測定用テコを介して作用する自重によって130 tの負荷をかけることができた．テコ装置は，同時期に発表された他の型の動力荷重機—すなわち，S. ブラウン（Samuel Brown, 1776-1852）が設計したケーブル実験機のようなネジ歯車機械—による荷重を測定するのにも使われた．

19世紀を通じて，より大型で正確，かつ精密な動力荷重機が徐々に出現した．テコ装置は進化して，振り子式荷重装置はもとより，複式テコと可動おもりも仲間入りした．水圧機械が開発され，負荷をかけているラム内の圧力をブルドン管圧力計で測定できるようになった．これの初期の形態は，マンチェスターのダン（Dunn）によるポーツマス海軍工廠用1866年型機に使われていた．

1868年にパリでデゴフ（Desgoffe）とオリヴィエ（Ollivier）が開発した水圧機械は，試験片の一端を液圧ラムの端に固定し，もう一端を支え刃のついたテコの短い腕に固定するようになっていた．この装置の第二のテコの長い腕が，補助計量シリンダーに固定されたゴム隔膜を圧した．圧力計が補助シリンダー内の圧力，つまり試験片にかかる荷重を測り，テコをつり合わせる必要なしに継続的に数値を表示した．

1872年，パリのトマセ（M. H. Thomasset）は，この着想をさらに発展させて独自の器械に活かした．次にそれを完成させたのが，アメリカのA. H. エメリー（Albert Hamilton Emery, 1834-1926）だった．ウォータータウン兵器廠用にエイムズ・マニュファクチャリング社が製作し，「米国試験機」の名で知られる500 tの器械を開発していたさなかのことである．このウォータータウン機は，可撓性のある油圧カプセルを備えており，実際の荷重を，油圧シリンダーやピストンに見られるような損失もなく計器に伝えることができた．ウォータータウン機の操作中に学んだ教訓に

は，リングと計測円柱との隙間をつなぐ隔膜を補助の支えなしで維持することの難しさもあった．その結果として生まれ，現在も製造されている「エメリーカプセル」は，リングと円柱をつなぐブリッジリングをもっていた．試験装置に取り付けられた油圧カプセルは，一種の動力計―自己充足型の荷重測定器―である．

自己充足型計測機械の多くは，フックの法則―つまりバネ，レバー，枠，あるいはリングの弾性偏向―に依拠している．それらは荷重軸（loading axis）の方面にじかに適用されるかもしれないし，より大きな荷重用の複式テコと結びつけて使われるかもしれない．精巧さに関しては，1904年にシャフハウゼンのアムスラー（M. Amsler）が世に出した振り子式動力計から，きっちり巻いたらせんバネがついたバネ秤をじかに読み取るものまでさまざまである．これらの開発と同時に起こったのが，例えば D. カーコルディ（David Kirkaldy, 1820–1897）などが先鞭をつけた，試験の標準化だった．

標準検定リング［試験機の較正用のリング］と荷重検定枠の進化は，ダイヤルゲージの大量生産によって促進された．ダイヤルゲージは1890年にエイムズ（D. C. Ames）が発表し，当初は，正確さに劣る新種のマイクロメーターと見なされた．生産技術の向上により，検定リングに固定され，荷重軸上に正確に位置調整されたダイヤルゲージは，計器に示された荷重の0.2%以内の反復可能性をもち，荷重が加えられるたびに±0.02%の較正荷重という精度が確実になった．

1930年代，最も大型の精度試験機（2,000 tまで）には，まだ可動おもりのついたテコに基づく計量が含まれていた．しかし

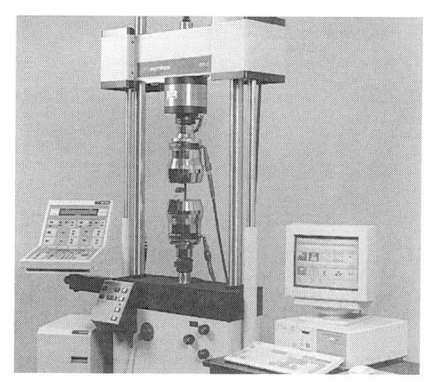

インストロン8501型荷重試験装置（1994年）．インストロン社提供．

1930年代は，後の直流電気荷重測定装置につながる開発が始まった時代でもある．これらの「ロードセル」は，電気抵抗ひずみゲージが永久に取り付けられる弾性装置を内包している（ひずみ計（電気抵抗），およびひずみ計（一般）の項を参照）．最初期の適用例の1つは，1940年代にマサチューセッツ工科大学で開発されたインストロン試験器である．ロードセルには，疲労試験に必要な高周波の動荷重を測定できるという付加的な利点もある．ひずみ計の進歩とともに，ロードセルはしだいに精巧になった．

[Robert C. McWilliam／忠平美幸 訳]

■文　献

Davis, Harmer E., George Earl Troxwell, and George F. W. Hauck. *The Testing of Engineering Materials*. 4th ed. New York：McGraw-Hill, 1982.

Gibbons, Chester H. "Load-Weighing and Load Indicating Systems." *ASTM Bulletin* 100 (October 1939)：7–13.

Hindman, H., and G. S. Burr. "The Instron Tensile Tester." *Transactions of the American Society of Mechanical Engineers* 71 (1949)：789–796.

Kennedy, Alexander Blackie William. "The Use and

Equipment of Engineering Laboratories." *Minutes of Proceedings of the Institution of Civil Engineers* 88 (1887): 1-80.

Smith, Denis. "David Kirkaldy (1820-1897) and Engineering Materials Testing." *Transactions of the Newcomen Society* (London) 52 (1982): 49-65.

◆ガス試験装置

Gas Testing Instruments

炭化水素ガスを無灯芯の照明装置に利用することが18世紀末に検討された．それはビクトリア朝時代に主要産業の1つになったが，ガス試験は1860年の首都（ロンドン）ガス条例から始まった．照明効果の強さは測光計（測光器）を用いて管理された．測光計は，標準バーナーで燃焼するガス試料の輝度を，標準光と比較した．標準光として，一定直径の鯨蝋のロウソクが一定の速度で燃焼しているもの，一定の条件のもとでブタンガスを燃焼させるヴァーノン=ハーコート灯（Augustus George Vernon-Harcourt, 1834-1919），そして20世紀初頭には標準電灯が使われた．ブンゼン測光計（Robert Wilhelm Bunsen, 1811-1899），ラムフォード測光計（Rumford, 本名 Benjamin Thompson, 1753-1814），そしてジョリー測光計（John Joly, 1857-1933）が，ガス試験用に開発された．最も正確な光学式測光計は，ルンマー–ブロードゥン測光計（Otto Richard Lummer, 1860-1925, Eugen Heinrich Eduard Ernst Brodhun, 1860-1938）で，プリズム装置により，一方の光源からきた円形の光と，それを環状に囲む他方の光源からの光を，接眼レンズに導くものだった．それはやがて，さまざまな色の光源をよりよく調和できるフリッカー測光計に置き換えられた．

19世紀末に，ガス自体よりむしろマントル（火災覆い）が光を発する白熱ガス・マントルが発明され，さらに，競合する白熱フィラメント電球が発明されると，ガスは加熱目的で販売されるようになり，発熱量を計測するため熱量計（カロリーメーター）が使われた．流水熱量計では，連続的に供給されるガスが一定速度で燃やされ，燃焼熱が水の定常流によって吸収される．一定量のガスが燃焼する間に，流入口と流出口で水温を記録し，流水量を測ることにより，発熱量が見積もられる．

最初の成功した流水熱量計は，1893年にH. ユンカース（Hugo Junkers, 1859-1935）が導入したもので，ドイツで生産された．その改良型が，アメリカ・ガス協会と米国国立標準局（NBS, 現在は国立標準技術研究所：NIST）によって開発され，アメリカで広く使用された．ユンカースの機器の別の改良型が，C. V. ボーイズ（Charles Vernon Boys, 1855-1944）によって設計され，イギリスで普及した．シマンス-アバディ熱量計として知られるもう1つの改良型が，カナダとアメリカで使われた．これらの基本的な計器は抽出検査ができるだけだったが，ボーイズ熱量計を改良したフェアブラザー熱量計のような［継続的な検査と］記録のできる装置がまもなく市場に登場し，広範な利用者の必要を満たした．

記録式熱量計の多くが旧来の設計の単なる改良だったのに対し，シグマ熱量計は，ほぼ大気圧で供給される小さなガス流が，2種類の金属から構成される排気筒の内部で燃焼させられる［新設計の］推算装置の一種であった．発熱量の変化に伴って生じる膨張の違いが，記録計のペンを作動させた．

もう1つの型の計器は，燃焼熱を吸収するため，空気圧で動かされる水を使った．その1つを，アメリカのC. トーマス（Carl Thomas）が1920年に設計した．改良型のカトラー–ハマー熱量計は1980年代にかなり重要になった．

世界中で製造ガス（都市ガス）から天然ガスへの切り替えが進んだのに伴って，熱量計に対する需要は劇的に低下した．以前は各ガス工場が自家用の計器を必要としたのに対し，いまでは1つのガス田に1つの計器で十分となった．さらに，燃焼性の変化のため，たいていの流水熱量計は新たに開発する必要があった．新しい条件のもとでは，トーマス計器とカトラー–ハマー計器が好まれたため，結局，市場に出ていた他の型の大部分は置き換えられた．

新型の計器の1つにハネウェル熱量計があった．それは推算装置の一種で，流量を調節できる空気流の中で天然ガスを燃焼させた．排気筒に設置された監視装置は，排出ガスが余分な酸素を含まなくなるまで，給気を調整した．この給気量を発熱量の測度とした．

1955年にフェアウェザー熱量計とその付属装置の経費は約2,500ポンドで，イギリスの平均的労働者の年収の2倍以上であった．トーマス型の計器の経費は1985年に約4万ポンドだった．このように装置の経費は，これら機械式熱量計が利用されている期間中ずっと，労働賃金で換算すれば一定であった．

機械式熱量計は結局のところ，ガス分析に置き換えられた．ガスの発熱量はガス成分の発熱量の重みつき総和（加重和）として計算できるという考えは，M. ベルトロ（Marcelin Pierre Eugène Berthelot, 1827–1907）が認めていた．伝統的なガス分析法は湿式分析の化学に依拠したが，それは発熱量の評価のためにはあまりにも不正確だった．ガスクロマトグラフィーが発展したおかげで，全く新しい測定法が開拓された．

ダニエルズ（Daniels）の「ダナライザー（Danalyser）」のような最新の熱量計は，3つの部分から構成されている．バルブ操作によりかなりの頻度間隔でガス管中の試料が取り出され，一定の時間間隔で参照試料が挿入される．ガス試料はクロマトグラフ（クロマトグラフィーの装置）により分析される．それからコンピューターが，試料を基準と比較し，発熱量を計算する．印刷出力は，ガス密度，燃焼用の空気，あるいはウォッベ指標（Wobbe index）のような，分析から得られる他のデータを含む場合もある．ウォッベ指標は，ガスの総発熱量をガスの密度の平方根で除したもので，あるガスと他のガスとの互換性のある測度である．典型的なクロマトグラフは，取って替

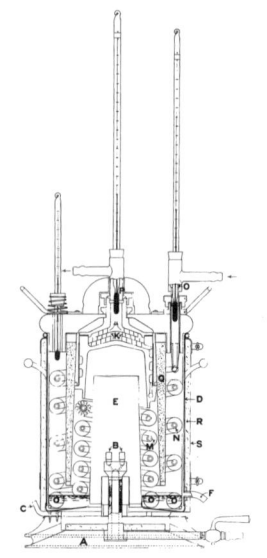

ボーイズ・ガス熱量計（カロリメーター）の断面図．SM 1932-533. SSPL提供．

わられた機械式装置より信頼性が高い．経費は2万ポンドより少なく，設置面積もきわめて小さいので，はるかに経済的である．

[H. Crompton／菊地重秋 訳]

■文　献

Coe, A. *The Science and Practice of Gas Supply, Including the Economics of Gas Supply*. Vol. 2. Halifax：Gas College, 1934.

Hyde, C. G., and M. W. Jones. *Gas Calorimetry*：*The Determination of the Calorific Value of Gaseous Fuels*. London：Benn, 1932.

Ministry of Fuel and Power, Great Britain. *Gas Act, 1948*：*Gas Examiners General Directions*. London：His Majesty's Stationery Office, 1948.

Starling, S. G., and A. J. Woodall. *Physics*. 3rd ed. London：Longmans, 1964.

◆ガス探知機【固体式】

Solid-State Gas Sensor

気体を検知する技術は，20世紀における社会の工業化とともに進展してきた．有機燃料やその他の化学薬品が，家庭や産業において主要な役割を果たすようになり，また，環境保護の必要が高まるにつれて，気体の検知とモニタリングの必要性が生じてきた．

ガスセンサーには3つの種類がある．酸素センサーは，呼吸可能な空気の確保に関連して，また，燃焼過程（ボイラーや内燃機関）の制御のために用いられる．酸素濃度は，上の2つの目的のためには，それぞれ，20%および0〜5%の領域でモニターされねばならない．可燃ガスセンサーは，火災や爆発の防止のために利用される．この場合，測定されるべき濃度は，爆発が生ずる最低限度までで，たいていの気体では空気中に数%程度である．有毒ガスセンサーは，被曝限度付近までの濃度をモニターするが，これは多くの場合，空気中に数ppm程度である．

よく利用されてきたセンサーの大半は固体機器であり，つくりは丈夫で低価格であるため，幅広く装備できるようになっている．これには3つの主要な型がある．

固体電解センサー

固体における電気的な測定を，大気の構成に関する情報を得るために用いるようになったのは，世紀の変わり目頃の，固体電解に関するW. ネルンスト（Walther Hermann Nernst, 1864-1941）の先駆的な研究からであった．欠陥構造をもつ酸化物，例えば安定処理を施したジルコニウムなどは，1,000℃以下で，電子伝導性はないまま著しいイオン伝導性を示すが，ネルンストがこの事実を発見したことにより，電気化学電池の生産の端緒が開かれ，現在自動車の排気機構に利用されている酸素センサーの基礎が築かれた．安定化ジルコニウムのセラミック膜（閉端をもつ管の形状をしていることが多い）の両面にある電極の間の電位差によって，それぞれの部分の酸素分圧の比率を測定することができる．

触媒センサー

メタンのような可燃ガスを含む，爆発する可能性のある混合気体は，触媒活性をもつ固体センサーによってモニターすることができる．このような機器は，1959年にシェフィールドの健康安全行政局研究所のベーカー（A. Baker）によって開発された（イギリスの特許番号は892,530）．この機器は「ペリスター」と呼ばれることが多いが，本質的には，触媒を用いた微小熱量計である．触媒センサーは，温度センサーのまわりに触媒活性をもつ表面が取り付けら

れたものと，気体中にあるあらゆる可燃ガスの分子を急速に燃焼させるのに十分な高い温度に触媒を保つヒーターからなる．ヒーターと温度センサーは通常組み合わされており，白金コイルを耐熱性のアルミニウムの球に埋め込み，線に電流を流して500℃に保ったものが使われる．センサーは，燃焼で生じた温度上昇が線の抵抗を変化させるのを測定して，気体の濃度を検知する．

触媒センサーは気体の種類を見分けることはできず，可燃ガスの濃度とその燃焼による熱の積に測定結果が依存する．したがって，体積あたりの％で示される濃度が一定でも，気体の種類が異なれば異なった値が測定されるが，触媒センサーを用いれば，あらゆる可燃ガスに共通の基準，つまり，爆発を起こす下限の比率が得られる．大気のこの「爆発性」の測定は，大気の個々の構成要素の同定よりも重要であることが多い．

酸化物半導体ガスセンサー

この機器は気体に対する感受性をもつ抵抗器で，検知を行う部分（通常，高い表面対バルク率を示す酸化物半導体である）が，2つの金属電極の間にある熱せられた不導体の基盤に取り付けられている．気体分子の関係する反応が，酸化物の表面で起こるようになっており，これにより酸化物の電荷のキャリヤーの密度が変化する．こうして，機器の伝導性が，大気の組成が変わるにつれて変化していく．半導体ガスセンサーが最初に商品化されたのは日本においてであった（田口尚義の1970年のイギリスの特許1,280,809を見よ）が，スズの酸化物を唯一の検知物質として利用していたために，気体の特質の識別を行うことができず，応用は限られていた．今日では，

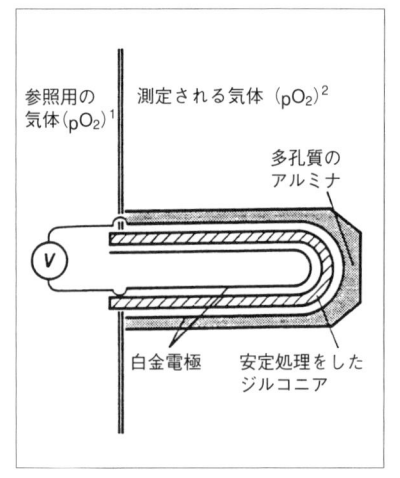

ネルンストの原理を用いた酸素センサー．

反応の特性から気体の種類を判別できるさまざまな物質が利用されており，酸素，可燃ガス，有毒ガスをモニターすることが可能である．この仕組みが現在最も急速に発展している気体センサーの型である．

[Patrick T. Moseley／岡本拓司 訳]

■文　献

Moseley, P. T., and B. C. Tofield, eds. *Solid-State Gas Sensors* Bristol: Adam Hilger, 1987.

Moseley, P. T., J. O. W. Norris, and D. E. Williams, eds. *Techniques and Mechanisms in Gas Sensing*. Bristol: Adam Hilger, 1991.

◆ガス分析計

Gas Analyzer

1774年に酸素が発見されると，気体の化学反応の研究が盛んになった．酸素と可燃性ガスの混合物を爆発させればある種の知見が得られた．例えば可燃性ガスとして水素を用いて，H. キャヴェンディッシュ

(Henry Cavendish, 1731-1810) は水の組成を確立した. J. ドルトン (John Dalton, 1766-1844) は，メタンとエチレンを用いて倍数比例の法則を確立した．

技術に関するガス分析は，1850 年代に R. ブンゼン (Robert Wilhelm Bunsen, 1811-1899) が固体吸収剤を使って炉頂ガスを調べたことに始まる．1870 年代に，W. ヘンペル (Walther Mathias Hempel, 1851-1916) が液体吸収剤を用いるピペットを考案し，C. ヴィンクラー (Clemens Alexander Winkler, 1838-1904) が定性的ガス分析を体系化した．これらがもとになって，小型の携帯用ガス分析計が発展していった．

煙道ガスモニター（監視装置）

炉内に空気が少ないと不完全燃焼になるが（つまりもくもくと煙を出す煙突となる），空気が多すぎると燃料が無駄になる．石炭炉を制御する方法として，煙道ガス中の二酸化炭素が測定された．最も初期の装置は，ドイツで開発されて 1893 年にアルント (M. Arndt) が特許を取得したもので，空気よりも二酸化炭素の密度が大きいことに基づいていた．1898 年にアルントは吸収式モニターの特許を取得した．この装置では気体は，まず体積が測定され，次に二酸化炭素を吸収する水酸化カリウム溶液と混合された．その体積の減少量が，試料中の二酸化炭素の量をあらわした．完全に機械化された機器は，時計駆動のドラム上に二酸化炭素の有効な百分率を記録するもので，1900 年頃にあらわれ，まもなく広く普及した．

いくつかの分析計は，煙道ガスがアルカリ性の水酸化物溶液を通過して泡立つことで生じる電解質の導電率の変化に反応するもので，最初のものは 1918 年のショパン (M. Chopin) による．炉頂ガス中の一酸化炭素を測定するため，まず二酸化炭素を吸収して除去し，ついで一酸化炭素を接触酸化により二酸化炭素に変える方法もまた，1919 年に E. リディール (Eric Keightley Rideal, 1890-1974) と H. テーラー (Hugh Scott Taylor, 1890-1974) により使用された．

最新のモニター技術は，酸素の常磁性の測定に基づくもので，事実上酸素に固有の方法である．その原理は 1950 年に，ドイツの都市ルートヴィヒスハーフェンの E. レーラー (Erwin Lehrer) と E. エビングハウス (Edgar Ebbinghaus) が提唱した．その一つに窒素を充填したダンベル状容器が酸素の百分率に反応する形式のものがある．また，煙道ガスがヒーター内蔵の磁場を通過して流れるという形式のものもある．この磁場に引かれる酸素は，加熱されると常磁性が弱まるので，より強く引かれる冷たい酸素によって追い出される．こうしてつくり出された「磁気の風」は，実際のセンサーである温度に敏感な素子の上を通過する．

熱伝導率（熱伝導度）**測定装置**

これは 1880 年頃に L. ザムゼー (Leon Samzee) が提唱したと思われる．それは，空気より熱伝導率が小さい二酸化炭素，二酸化硫黄，あるいは塩素のようなガスに使われてきている．水素の熱伝導率が高いことは，ニュルンベルクの機械製造工場連合社に 1904 年に認可された特許，つまり，水性ガス（本質的には水素と一酸化炭素の混合物）に含まれる水素を測定する方法の特許の基礎だった．熱的方法は依然として混合ガス中の水素の測定に使われている．カサロメーター(熱伝導度検出器)とは，1918 年にイギリスの科学者 G. シェークスピア

(Gilbert Shakespear)が提唱した用語だが,その装置では,気体は加熱された金属フィラメント上を一定速度で流れる.フィラメントの温度(したがってその電気抵抗)は,気体の熱伝導率が大きくなればなるほど低下し,逆に小さくなれば上昇する.標準ガスが流れている第二フィラメントの不変抵抗を基準に測定が行われる.時に2つの分析用フィラメントと2つの標準フィラメントが使われる.接触式分析計では,ガス流に含まれる水素,一酸化炭素,あるいは種々の炭化水素のような可燃物を測定できる.白金フィラメントは,触媒作用により可燃物の酸化を促進するようなコーティングが施されているが,そのため,フィラメントの温度が上昇することになる.

赤外分析計

特定の赤外スペクトルをもつ気体は分光計で分析できる(分光光度計の項を参照).分散型の分光計は,非常に複雑な光学装置を用いて望むスペクトル範囲を走査するもので,主に研究室で使われている.比較的単純で堅固な非分散型の機器は,工業界で数多く使われている.これはガス混合物の特定成分だけに反応するものだが,しかし,プロセスのガス流の一般的な組成が知られているときは,一成分の監視で十分に制御に足ることがある.

非分散型の分光計は赤外線源の全スペクトル範囲を使用する.しかしながら,スペクトルの不用部分をフィルターで除くと,かなりの分散度が得られる.輻射は,絶え間なく明滅する2条の光線に分けられ,2つのセルをすばやく交互に照明する.対照セルの光路長は,試料気体が通過するセル長と等しい.透過光は交互に検出器に到達する.この検出器は,ドイツで第二次世界大戦中に K. F. ルフト(Karl Friedrich Luft)が開発したもので,測定すべき純粋成分で満たされている.可動の仕切り板(隣接する固定板とともにコンデンサーを形成する)は,検出器を2つの区画に分けている.試料気体に一酸化炭素が含まれない場合を除いて,試料セルの下方の区画は他方の区画より受けとる輻射は少ない.検出器ガスが不均等に加熱されると仕切り板がゆがむ.そのため静電容量が変化し,したがってそれに接続する電子的な応答も変化する.出力に差をつけることのできる固体温度センサー対をルフト式検出器の代わりに使うこともできる.

必要があれば,幅を狭めた光学式フィルターかガスフィルターを挿入できる.例えば,二酸化炭素中に含まれる他の低濃度ガスの測定では,二酸化炭素を含むフィルターを使うことで,二酸化炭素の応答を覆い隠すこと(マスキング)ができる.紫外線ないし可視域光や化学発光(化学ルミネセンス,化学的につくられた発光)を用い

ベアードとタトロックによるヘンペル水素ピペット(20世紀初頭).Baird & Tatlock Ltd. Standard Catalogue of Scientific Apparatus. Vol. 1 Chemistry. London, 1923:712. SSPL 提供.

た光学式分析計は，赤外線を用いた装置ほど一般的ではない．クーロメトリー（電量分析）あるいは他の電気化学的手法に基づく分光計もある．大気汚染への関心が増すにつれて，可能性がある汚染物質を広範に低濃度領域で測定することに注意が向けられてきている．オゾンないし二酸化窒素は，化学発光の手法により，ppb単位（10億分の1単位）で測定できる．特にいくつかの汚染物資を同時に監視するため，ガスクロマトグラフィーが盛んに使われている．

[John T. Stock／菊地重秋 訳]

■ 文　献

Colthup, N. B., L. H. Daly, and S. E. Wilberly. *Chemical, Biological and Industrial Applications of Infrared Spectroscopy*. 2nd ed. New York：Academic, 1975.

Miller, B. "Methods Available for the Measurement of Toxic Substances in the Workplace Atmosphere：An Overview." *Analytical Proceedings* 27（1990）：267-268.

Stock, John T. "Flue Gas Monitoring：An Early Application of Mechanized Analysis." *Trends in Analytical Chemistry* 2（1983）：14-17.

Verdin, A. *Gas Analysis Instrumentation*. New York：Wiley, 1973.

◆ガスメーター

Gas Meter

ガスメーターは物質中に供給されたガスの量を測り，記録し，いかなるときでもガスの流れの割合を計測することができる．

推算式流量計は，以下のような計測でガスの流量を測定している．タービンの回転速度，オリフィスにおける圧力降下，静的圧力と動的圧力の差，熱したワイヤーにおける温度変化，テーパー管内の回転フロートの高さ，気流中の双方向の超音波の伝播時間などである．直接変位流量計のガスの体積は次のうちの1つによる変位により測定される．ふいごあるいは膜，液体中の区画部分，羽根車間の空間などである．

イギリスでは，19世紀初頭に，石炭の乾留によってつくられるガスを照明に利用するようになった．使用量は，設定された照明の数，供給された時間の長さに基づいた．このシステムがしばしば悪用されたこと，また日中にもガスを使用したいという要望から，使用料金が供給体積に基づくようガスメーターの開発が促された．アメリカでは，そのような使用料金システムは1885年まで言及されなかった．

最初の湿式容積流量計はS. クレッグ（Samuel Clegg）によって1825年に考案された．4つの部分に分けられた中空のドラムが，円筒タンク内の心棒を軸に回転し，各部分は水で満たされる．ガスが各部分に入ることで水が外に押し出され，押し出された水は再び各部分に戻りガスを外部に押し出す．クレッグの1817年の改良版とJ. マラム（John Malam）1819年に技芸協会のアイシス金メダルを受賞した代替デザインから，効率的な湿式メーターの原型が確立し，その修正版は20世紀後半まで使用され続けている．

メーター供給は, M. ベリー（Miles Berry）による膜メーターの開発（1833年）とN. ドフリース（Nathan Defries）（1838年），T. ペクストン（Thomas Peckston）（1841年），A. ライト（Alexander Wright）（1844年）による改良によって，1840年代には普及するようになった．乾式メーターの膜はガスの圧力に応じて膨らんだり凹んだりする．膜の運動は移動式バルブに伝達され，ガスの計測室への流入ならびに流出の経路

G. グローバーのデモンストレーション用の湿式ガスメーター（1885年頃）．ガラス箱の内部に膜，バルブ，連結器，計測表示器とそのギヤが見える．SM 1887-113. SSPL 提供．

をコントロールする．これらの機構は，デモンストレーション用メーターに見て取ることができる（図参照）．膜メーターは19世紀に新しい家庭用メーターとして好まれるようになり，現在でもほとんどの家庭で使用されている．

開発の努力は，より大きなガス容積を最小の圧力損失によって通過させるような小型でコンパクトなメーターの開発に集中した．メーターのケースはスズ製から，高圧用に鋼板をプレスしたユニットやダイカストによるアルミ製品へと進歩した．内部にはフェノールのバルブ，アセタール樹脂のベアリング，合成膜が導入された．デジタル式表示器が読取りを容易かつ正確にし，さまざまな遠隔読取り法も工夫された．

規　制

1859年のガス販売法はイギリスにおけるガス測定の最初の法的基準を与えた．これは，供給者側は2％以上，消費者側は3％以上の利益になるような誤差をもつメーターの販売と使用を禁じるものであった．同法はまた，ガスメーターの政府検査官による試験と認証を要求した．同様の規制は1861年にマサチューセッツ州で導入された．

家庭外のメーター

イギリスでは1967～1977年の時期に天然ガスに転換するまで，膜メーターはほとんどの負荷に対応することができた．産業用ガスの大きな負荷は回転式容積計で計測され，中規模の負荷であれば1929年にウィーンで特許が取得された湿式膜メーターであるBMメーターで計測された．

高圧の敷設網で全国に配給される天然ガスの利用が可能になり，比較的高く均一な負荷を消費する産業と商業の顧客層が増大したことで回転式容積計とタービン計が広く設置されるようになった．補正技術は家庭用に対しては経済的とは考えられなかったが，必要な付属品になった．

回転式容積計は，2つの主要な種類に分けられる．1920年代に導入されたルーツ型は，一定の体積を2枚の互いにかみ合う羽根車とケースの間に入れる．このメーターは容積の移動でガスを計測するが，小体積の通過の際に精度が保持されていないので推算式に分類されている．羽根と口，あるいは回転羽根メーターは，ケースと中心の静止円筒の間に形成される環状の計測室をもつ．羽根が計測室のまわりを回転し，それらの間に一定の体積のガスを閉じ込め，入口から出口へとガスを通過させる．羽根とギヤでつながる回転子の働きで，羽根が入り口に戻りガスが測定室をすり抜けるのを防ぐ．

この項目で記したタイプはすべて推算式である．タービン計は，2つの種類に分かれる．1936年にH. ゲーレ（Hans Gehre）

が設計した軸流計では，ガスの流れはタービンの羽根に当たり，ケースの形によって流線形にされる．タービンの速度は通過するガスの速度に比例する．メーターの断面積は知られているので，通過体積はタービンの速度によって計算され，タービンはガスの体積を直接読めるように目盛られた表示器を動かす．第二のタイプにおいては，タービンは垂直に設置されたアネモメーター（anemometer）となっている．1902年にT. ソープ（Thomas Thorp）によって特許取得された回転計では，ガスが既知の断面積をもつ一連の円形ポートの中を通過してから，垂直アネモメーターの羽根に向かう．

3種類のメーターが差圧式計測でガスの流れを表示する．単純で安価なオリフィス計は最初 T. ウェイマス（Thomas Weymouth）によって1904年に実験されたもので，最もよく使われている．高圧で作動可能であり，送配管のネットワークで流量計測のためにしばしば使われている．それは非触性の薄い金属板をもち，そこに管の断面と正確に同心になるように小さい穴（オリフィス）が空けられ，板の前後の圧力降下を計測する機構が備わっている．ベンチュリ計は同じ原理に基づいているが，低圧のシステムに利用され，圧力損失は小さい．というのはガス流が首部分を通過して遅くなると，かなりの静気圧が回復されるからである．ピトー管計は1891年に登場し，一般には主配管のスポットチェック用の携帯装置として利用される．それは，気流の流れに正対する管への衝撃圧力と管の側面の静止圧力との差である動圧を計測するものである．

他の推算計

熱線アネモメーターでは，ガスは2つの抵抗温度計の間に張られた電熱線の上を流れる．一定の温度上昇がガスの流れを生み出すように電熱器をコントロールする．これに要するエネルギーはワット時メーターによって電気的に計測される．

ローターメーターは，研究室やガス器具の試験機でよく使われるもので，透明な先細の垂直管の中のフロートからなっている．フロートのまわりの環状の間隙をガスが通り抜けることで，圧力差を生じさせる．ガスの上昇流に支えられ，フロートは外縁の小さなスロットの働きで回転する．管内のフロートの高さはガスの流率に比例し，計測器によって管に目盛りが引かれる．

商用の音波計は1977年に発売され，高圧パイプラインの天然ガスの流れを計測する．これは管内には何も固定させず，一個所から別の個所へと部品を移動させる．同じ原理が1994年に認可を受け発売された家庭用の超音波計の心臓部にも使われている．2つの変換器をもつ計測管の中で，超音波の衝撃が流れの方向と逆方向に伝えられる．伝播時間の差から気流の速度が計算され，消費されたガスの体積が正確に表示される．装置は初めのバッテリーで10年間動作し，内部の欠陥や外部からの影響を感知することができる．

[Derek A. Robinson／橋本毅彦 訳]

■文 献

Bonner, Joseph A., and Lee, Winston, F. Z. "The History of the Gas Turbine Meter." Paper presented at the 1992 American Gas Association Distribution/Transmission Conference, Kansas City, Mo., May. 3–6. 1992.

Jasper, George, ed. *Gas. Service Technology*. London : Benn in association with the British Gas Corp., 1979–1980.

Smyth, Ormond Kenneth. "Meters—The Gas Man's Secret Weapon." *Gas Engineering &*

Management 24 (1984):363-371.
Tweddle, Robert. "Metering—Past, Present and Future Considerations." *Gas Engineering and Management* 17 (1977):307-315.

◆カセトメーター

Cathetometer

カセトメーター(垂直・水平距離測定器)とは,2点間の高低差を測定する機械である.物理学が,定性的な科学から,主として正確な測定に基づく厳密な学問分野へと変化する19世紀初頭に,フランスで誕生した.正確さの追求が激化するにつれ,アメリカのワシントンからロシアのサンクトペテルブルクまでのいくつかの国立研究所で,非常に精巧なカセトメーターが発達した.また,講義での説明や実験室での実験に用いられた,教育用のカセトメーターも発達した.しかし20世紀になり,原子物理学や核物理学への関心が増大し,正確さの追求が脇に追いやられるようになるにつれて,カセトメーターは研究室から博物館へと移されるようになった.

F.アラゴ(François Arago, 1786-1853)によれば,カセトメーターはJ. L. ゲイ=リュサック(Joseph Louis Gay-Lussac, 1778-1850)が,さまざまな状態のもとでの毛管作用を測定するために発明した.しかしながら,多くの資料には,P. L. デュロン(Pierre Louis Dulong, 1785-1838)とA. T. プティ(Alexis Thérèse Petit, 1791-1820)が,0℃~300℃の間のさまざまな温度下での水銀の絶対膨張を測定するために,すでにカセトメーターのような機械を発明したとされている.この2人の若い物理学者による研究に,フランス学士院は賞金3,000フランを与えた.この研究は,実験方法のモデルとして広く賞賛され,19世紀の物理学の教科書の多くに掲載された.カセトメーターは,1830年代にF.サバール(Felix Savart, 1791-1841)が行ったように,金属線の弾性や,振動時の節間の距離を測定するのにも使用された.しかし,カセトメーターの最も重要な支持者とは,正確さのイデオロギーに執着していた気象学者たちだったろう.彼らは,気圧計における水銀柱の高さの差の測定に,カセトメーターを使用した.

「カセトメーター」という用語は,1840年代半ば頃に用いられ始めた.それ以前は,このような機械は単にマイクロメーターの一種として記されていた.カセトメーターが標準的な実験用器具になるにつれて,エディンバラ大学の自然哲学の教授であったJ. D. フォーブス(James David Forbes, 1809-1868)が1857年に,カセトメーターはフランスで発明されたのではないと主張した.実際,カセトメーターは[原理としては]イギリスの植物学者S.グレイ(Stephen Gray, 1666-1736)によって1698年に発明されていた.フォーブスの言い分は技術的には正しかったが,グレイがフランスの物理学者たちに影響を与えたとは考えられない.カセトメーターはやはりフランス生まれの装置なのである.ナポレオン後のフランスにおける,最も卓越した精密機械のつくり手であったH.-P.ガンベイ(Henri-Prudence Gambey, 1787-1847)は,デュロンとプティが考案した最初のカセトメーターを製作した.そして,ドイツが統合され,ドイツの製作職人たちが精密機械市場を独占し始める1870年代まで,ガンベイとその後継者たちがカセトメーター市場を支配した.19世紀終わりまで,精密機械

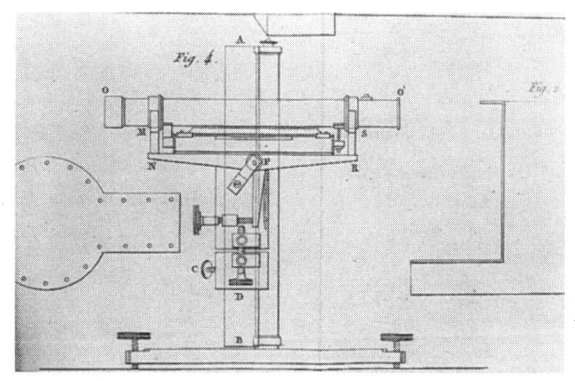

デュロンとプティのカセトメーター．Pierre Louis Dulong and Alexis Thérèse Petit. "Recherches sur la mesure des températures et sur les lois de la communication de la chaleur." Annales de chimie et de physique 7（1817）：Figure 4. NMAH 提供．

全般，特にカセトメーターの主要な製造業者は，スイスのジュネーブにあるジュネーブ物理機器製作協会であった．

[Deborah Jean Warner／
西澤博子・橋本毅彦 訳]

■文　献

Warner, Deborah Jean. "Cathetometers and Precision Measurement：The History of an Upright Ruler." Rittenhouse 7（1993）：65-75.

◆画像解析装置

Image Analyzer

標準的な顕微鏡が与える像は，観察者によって形態学的な用語で解釈される．色や形や関係は主観的に理解されうるが，量的なデータはほとんど獲得されえない．例外は直線的な次元についてのものであり，それはA．ファン・レーウェンフック（Antoni van Leeuwenhoek, 1632-1723）の時代から測定されてきた．数，面積，周囲，形といったそれ以外のパラメーターは最近まで主観的に見積もられ，述べられうるだけであった．

画像解析は，像の特定の部分におけるこのようなパラメーターを量化し，さらに分類する．画像解析に先立つのは画像処理，すなわち像の性質を測定にふさわしいものにするために，その像に関して行われる操作である．それには，コントラストを増し，対象の境界線をはっきりさせ，触知できる物体を他から分けることが含まれる．こうして画像解析が像をとらえる際に伴うのは，いまでは通常，デジタル方式，画像処理，当該領域の確定，部分の書割やセグメンテーションとして知られている背景からの切り出し，そして関連のある要素の測定，分析，分類などのプロセスである．

19世紀中頃から試みられてきたのは，像に重ねられた格子を使って，面積の断片のような要素を測ったり，ヘモエイトメーター・スライド（hemoeytometer slides）を使って，極微のサンプルの物体の数を数えることである．サンプルが統計的に意味

をもつ大きさを測定したいのなら，こうした技術はすべて骨が折れるものであり，その結果は不正確になりやすい．ここ40年で費やされてきた多くの努力は，顕微鏡の像を自動的に分析することに関するものである．その手段は，限界のある装置の助けを借りて手動で行うか，半分自動で行うか，完全に自動で行うかのどれかである．手動のインタラクティブな技術以外は，対象となっている試料の面，物体の面もしくはイメージされている像の面であろうと，すべて走査を必要とするものである．

画像解析装置（イメージアナライザー）の第一世代が由来しているのは，1951年にヤング（J. Z. Young）とロバーツ（F. Roberts）によって紹介された「飛点（flying spot）」顕微鏡である．これに用いられているテレビラスターは顕微鏡の接眼レンズの前面に置かれた陰極線管上にあり，その結果，物体はステージ上の標本を走査した非常に小さな光の点を生み出した．（標本の密度によって決められる）透過光は光電子増倍管で測定され，その出力は二次陰極線管上でラスターを調整する．その3年後クック=ヤーボロー（Cooke-Yarborough）とワイヤード（Whyard）が紹介したステージスキャンシステムでは，赤血球を自動的に数えるために光電子増倍管が顕微鏡の接眼レンズに取り付けられていた．いまでは一般的な画像平面のテレビカメラによるスキャンを使った最初の画像解析装置が，1963年にメタル・リサーチ社によってつくられた．計量可能なテレビ顕微鏡（QTM）のA型のこうした原型には計算記憶装置がなく，アナログで，視界から個々の対象を分けることはできなかった．結果が表示される可動コイル計が交互にあらわすのは，白黒で見られるフィールドの割合か，あるいはフィールド内で黒から白へと変化する数である．QTMのB型はその2年後に紹介され，1970年まで販売された．これはアナログ式の遅延線を用いた小さな容量の記憶装置をもっており，連続的な走査線上の生起を比較することで，個々の対象を測定することができた．メーターに出力をあらわす装置もあったが，その後のモデルは結果をデジタル読み出しとしてあらわした．1968年までにツァイス社は同じような装置であるMicro-Videomatを導入し，ライツ社はClaassimatでそれに続いた．

1969年，画像解析装置の第二世代は，ボシュロム社によって売り出されたデジタルPMCの導入から始まった．ここに装塡されている小型の記憶装置では，完全な白黒画像を蓄積することはできないが，ライン・スキャンが黒から白へあるいは白から黒へと変化した座標だけは蓄積することができた．同年にQuantimet 720がメタル・リサーチ社から発売され，後者はケンブリッジ科学機器会社に引き継がれた．ここで水晶制御スキャンは，別々の画像の点，すなわち画素に分かれ，そのやり方はその後の画像解析装置にも受け継がれた．QTM 720スキャンのアナログ出力は6ビットにデジタル化され，それぞれ見分けがつくグレーの64段階になっていた．10フレーム/秒のスキャン率は，当時では注目すべき空間の解像度であったが，その代わりにディスプレイの画像はちらついていた．画像を形成している大量の画素が検討されたとき，計算記憶装置は画像を記憶するのに不十分であった．画像解析の機能のほとんどは，こうした初期の装置においては専用に接続されたモジュールで遂行された．

1970年代の主要な改良点は記憶量の増

大で，それにより装置は1つのフィールドで個々の対象の測定を蓄え，それを別々にしておき，扱うことができるようになった．これにより同一の対象に関してさまざまな測定が可能となり，したがって対象の認識や分類ができるようになった．1974年にライツ社が出した構造分析機（TAS）は，侵食と膨張の技術を取り入れていた．1977年に紹介されたジョイス=ルーベル（Joyce-Loebl）のMagiscan I は画像解析装置の第三世代の最初のものと見なされ，その装置では画像分類のためのハード・ワイヤード・モジュールの代わりに，特定のソフトウェアを動かすコンピューターが用いられていた．1980年までに，ソフトウェアをもとにした画像解析装置が標準となった．コントロンIBASのイメージアレイプロセッサーは，大きな記憶装置とともに機能し，マイクロプロセッサーがシステム動作を制御していた．同様の変化を取り入れたのはケンブリッジ科学機器会社のQuantimet シリーズと1981年のジョイス=ルーベルのMagiscan II であった．

画像解析装置の第四世代があらわれ始めたのは，1980年代の後半であった．こうした装置のメモリーやハードディスクの容量は増え続けたので，画像をフルカラーの8ビットのレベルでデジタル化することができた．データ処理はグラフィックオーバーレイを用いてかなり進歩し，走査のシーケンス制御はかなり簡単になった．1988年に紹介されたコントロンKICSと，その翌年に紹介されたコントロンIMCO 1000では，利用者が画像記憶を定めることができたので，64×64画素から4096×4096画素までの大きさと解像度で画像をとらえ，蓄え，分析することができた．

大容量の記憶装置をもった小さなデスクトップコンピューターが普及したおかげで，多くの研究者たち（例えば1988年のジャービス（Jarvis）や1990年のラス（Russ））は自宅で入力したソフトウェアとともに，小さな画像解析装置としてそれらを用いることができるようになった．現在の流行（1990年代中頃）は，より小さな商業用の装置（例えばQTM 500, 576, 600）であり，それは大きな画像記憶装置，蓄積装置，高速処理装置を備えており，普及している「ウィンドウズ」環境で操作できる．1997年現在では，標準的なパソコンで作動する，商業用の画像解析プログラムはかなり多くある．カメラや他のソースからフレームグラバーボードを通じて得られた画像は，コンピューターのハードディスクに貯えられる．その次の段階である，分析結果の画像操作，測定，統計分析のすべては，ソフトウェアによって遂行される．こうした方法が将来の画像解析においておそらく一般的となるだろう．

[Savile Bradbury／成瀬尚志 訳]

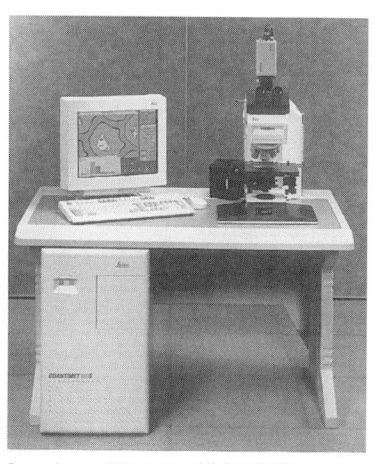

Quantimet QTM 600 画像処理解析システム（1994年, ライカ社製）．ライカU.K.社提供．

■文　献

Beadle, C. "The Quantimet Image Analysing Computer and Its Applications." *Advances in Optical and Electron Microscopy* 4（1971）：361-383.

Jarvis, L. R. "Microcomputer Video Image Analysis." *Journal of the Royal Microscopical Society* 150（1988）：83-97.

Moss, V. A. "Image Processing and Image Analysis." *Proceedings of the Royla Microscopical Society* 23, pt. 2（1988）：83-88.

Russ, John C. *Computer-Assisted Microscopy : The Measurement and Analysis of Images*. New York：Plenum, 1990.

Young J. Z., and F. Roberts. "A Flying Spot Microscope." *Nature* 167（1951）：231.

◆画像用レーダー
➡ レーダー【画像用】

◆加　速　器

Accelerator

　加速器は電磁力を用いて，荷電粒子と陽子や電子などの原子を構成する粒子を加速させ，衝突させることによって新粒子や新しい現象を生み出す装置で，その大部分は20世紀に開発された．最大規模の加速器はきわめて高価であり，建設のために複数国からの協力態勢がとられてきた．

　最初の粒子加速器では，電子の加速が行われた．1895年，W. K. フォン・レントゲン（Wilhelm Konrad von Röntgen, 1845-1923）は，陰極線管がX線を発生することを発見した．まもなく，J. J. トムソン（Joseph John Thomson, 1856-1940）は，陰極線が電子であることを発見し，電子加速器開発の根拠を与えた．1924年，ストックホルムのG. イジング（Gustaf Adolf Ising, 1883-1960）は，電子加速のための進行波加速器を提唱した．これは1928年にR. ウィドロー（Rolf Wideroe, 1902-1996）によって実現された．

高電圧競争

　E. ラザフォード（Ernest Rutherford, 1871-1937）は1919年に陽子を発見したことで，人工的な粒子源を開発したいと考えるようになった．そこで欧米の物理学者たちは，原子核変換を可能にするため，競って1 MVに及ぶ電圧を生み出そうとした．ケンブリッジにあるラザフォードのキャヴェンディッシュ研究所では，J. D. コックロフト（John Douglas Cockcroft, 1897-1967）とE. T. S. ウォルトン（Ernest Thomas Sinton Walton, 1903-1995）が陽子加速管に，800 kVをかけるために電圧増倍装置を用いた．そして1932年，彼らはリチウム原子をα粒子に変換する原子核反応の生成に成功した．

　1933年には，R. J. ヴァン・デ・グラーフ（Robert Jemison Van de Graaff, 1901-1967）の静電起電器が数MVにまで達したことで，ヴァン・デ・グラーフ起電器は1930年代，原子核物理学の牽引車となった．しかし，そのエネルギーはコロナ放電のため10 MV以下という限界があった．

　こうした直接的に電圧をかける加速方式の欠点を知っていたE. ローレンス（Ernest Orlando Lawrence, 1901-1958）は，磁場を利用することでイオンを円軌道にし，無線周波数の電磁場をかけることでイオンを次々と加速した．カリフォルニア大学バークレー校にあった彼のサイクロトロンは，粒子加速のために高電圧を要するという問題を克服し，第二次世界大戦前に最も成功

した粒子加速器となった．サイクロトロンの成功により 1939 年，ローレンスにノーベル物理学賞が授与された．

1932 年の J. チャドウィック（James Chadwick, 1891-1974）による中性子の発見，H. ユーレー（Harold Clayton Urey, 1893-1981）による重水素の発見，それに 1934 年のフレデリック・ジョリオ＝キュリー（Frédéric Joliot-Curie, 1900-1958）とイレーヌ・ジョリオ＝キュリー（Irène Joliot-Curie, 1897-1956）夫妻による人工放射能の発見により，これら初期のサイクロトロンは，特に医学研究や臨床用のラジオ・アイソトープや治療用の高エネルギー中性子ビームの製造に利用された．

1930 年代後期になると，イリノイ大学で D. カースト（Donald William Kerst, 1911-1993）と R. サーバー（Robert Serber, 1909-1997）によってベータトロンが開発された．ベータトロンは電子を加速するために，共鳴（磁気ないしは線形）方式を使用する代わりに，磁気誘導を用いていた．

しかし，サイクロトロンには，粒子の速度が光速に近づくにつれて相対質量が増大するという限界があった．ローレンスらは，1 MV の電圧を 184 インチサイクロトロンの D 字形に加えるか，またはトーマスのセクター集束法のいずれかを利用することでこの問題を克服したいと考えていたものの，いずれにしろ，第二次世界大戦が勃発するとサイクロトロンは，ウラン 235 の電磁分離に利用された．加速器はまた最初の核兵器の設計につながる測定において重要な役割を果たしたのである．

戦後の加速器

ローレンス，L. アルヴァレス（Luis Walter Alvarez, 1911-1988），E. マクミラン（Edwin Matison McMillan, 1907-1991），W. ブローベック（William Brobeck）らは戦後，加速器の設計に位相安定性という新しい概念を持ち込んだ．1946 年に改造された 184 インチサイクロトロンでは，設定されたエネルギーよりも 1 桁高いエネルギーレベルが達成された．マクミランの電子シンクロトロン，ブローベックのギガ電子ボルト級のベバトロン，それにアルヴァレスの陽子線型加速器（リニアコライダー）のすべてがカリフォルニア大学放射線研究所で建設され，他の多くの機関でも模倣された．1952 年，ニューヨーク州アプトンに新設されたブルックヘブン国立研究所にアメリカで最初の大規模な陽子シンクロトロンであるコスモトロン（2.5 GeV）が完成した．

2 年後に利用が開始されたコスモトロンとベバトロンは宇宙線に取って代わって，パイオン，ミューオン，K 中間子，ストレンジ中間子といった素粒子の世界に出現しはじめた高エネルギー粒子の主要源となった．ベバトロンはさらに一歩進んで，1955 年に反陽子，56 年に反中性子を生成させた．

1952 年，ブルックヘブンの M. S. リヴィングストン（Milton Stanley Livingston, 1905-1986），E. O. クーラント（Ernest O. Courant），H. スナイダー（Hartland Snyder）らは強収束の原理を発見した．これによって陽子シンクロトロンで粒子を加速する際，粒子ビームを安定かつ強固な束にすることができ，また，より高いエネルギーレベルの装置をつくることが可能となった．

加速器建設における戦後最大のパトロンは，原子力委員会（AEC）と海軍研究局（ONR）であり，原子核・高エネルギー物

理学の主たるツールとなるようなマシンを新しい国立研究所や数多くの大学に与えた．1955年までにAECは，国立研究所に加えて全米32大学の62の加速器に資金を供給した．

1955年，ソ連が10 GeVの陽子シンクロトロンを建設すると発表すると，アメリカはアルゴンヌ国立研究所に「無勾配（Zero-Gradient）シンクロトロン」（12 GeV）を建設することで対応した．ナショナルレベルでは列強に対抗できないことから欧州各国は，ジュネーブ郊外に欧州合同原子核研究機関（CERN）を設置し，強収束の原理を用いて「交番勾配（強収束）シンクロトロン（AGS）」（25 GeV）を建設した．1961年には，ブルックヘブンで32 GeVのマシンが完成した．強収束の原理を用いた陽子シンクロトロンはイギリス，ロシア，日本でも建設された．

バークレーの放射線研究所では，1960年代初頭，200 GeV陽子シンクロトロンが計画され，後にニューヨーク研究所でも1,000 GeVのマシンの建設が計画された．

しかし中西部の物理学者たちが200 GeVマシン建設地の誘致合戦で勝ったため，200 GeVマシンはR. ウィルソン（Robert R. Wilson）のリーダーシップのもとシカゴ近郊（イリノイ州ウェストン）に設置された．ウィルソンはフェルミ国立加速器研究所の大規模加速器施設（地下の周長2マイル（3.2 km）のリングに陽子コライダーが埋設されている）を設計する際，設備の多くを拒んだ．このマシンは，1983年にTeV領域を達成するために超伝導マグネットに改造され，テバトロンとして知られるようになった．一方，CERNは1976年に400 GeVのシンクロトロン（SPS）を建設した．

そのうちに，バークレーやオークリッジなどで開発されたサイクロトロンにトーマスのセクター収束法を適用することで，既存のサイクロトロンで得られるエネルギー，電流レベルを超えることが可能な「セクター収束型加速器」がつくられた．またイエール大学や放射光研究所では重イオン加速のために線形加速器が開発された．

1931年にバークレーでつくられた最初の27インチサイクロトロンに使用されたフェデラル・テレグラフ社の磁石と一緒に立つローレンスとリヴィングストン．ローレンス・バークレー国立研究所提供．

1973年には放射光研究所の重イオン線形加速器（HILAC）とベバトロンが統合されてベバラック（Bevalac）となった．スタンフォード大学の高エネルギー電子加速器はONRの支援によるものだったが，1957年にW. パノフスキー（Wolfgang K. H. Panofsky, 1919–）は長さ0.5マイルの線形加速器の建設を提案した．このスタンフォード線形加速器センター（SLAC）建設案はAECによって1959年に了承された．

1960年代には，中西部大学研究協会（MURA）が提唱した衝突型ビームマシン（コライダー）によってきわめて高いエネルギー反応の研究が可能となった．コライダーは従来型のマシンが用いていた固定標的の代わりに，主ビームに移す前に，粒子ないしは反粒子をリングに推計的に冷却し貯蔵する．これらは1967年にイタリアのADONE加速器やケンブリッジの電子加速器で発明されたものであるが，1980年代までにはCERNでもこの方式を用いた陽子交叉貯蔵リングが1971年に建設された．また，SLACでも1970年代にSPEARとPEPが完成した．ヨーロッパでは，ドイツのDORIS, PETRAやロシアのVEPP，それに日本ではTRISTANなどがある．CERNのLEPとスタンフォードのSLCは100 GeVを達成した．

加速器はまた，国防という観点からの応用を見出された．ソ連が1949年に最初の核兵器をつくった際，ローレンス研究所と放射光研究所はカリフォルニア州リバモアに材料試験用加速器を建設することで，核兵器原料の需要の高まりに対応した．プロトタイプのマシンは，バークレーのアルヴァレス加速器と類似した線形加速器だったが，それは高純度核物質の生産を目的としていた．ウラン鉱の発見によってこのマシンは不要となったものの，強集束の原理の発見は後に戦略防衛構想（SDI）のために開発された型の粒子ビーム兵器についての推測を生むことになった．ロスアラモス研究所の「中間子工場」（0.5マイルの長さをもつライナック）のような加速器は，防衛と研究を念頭に置いて設計されており，中性子を使った材料研究のための強力な粒子ビームを生成した．高周波四重極と呼ばれるロシアの加速器空洞を用いることでロスアラモス研究所は，1989年に中性子ビーム加速器を建設した．これは宇宙空間での実験に成功した．

冷戦の終結により研究，防衛双方のための加速器に対する関心が低下するという現象が生じた．テキサス州ワクサハチの地下に110億ドルで建設予定であった超電導超大型粒子加速器（SSC）は1993年に中止となった．SDIも縮減され，このための加速器開発も中止となった．いまや高エネルギー物理学者たちの期待はCERNのさらなる展開に向けられている．CERNでは，欧州の物理学者たちが30億ドルで大型ハドロンコライダー（LHC）を建設しようとしている．一方，フェルミ研究所ではテバトロンが1994年に標準モデルで予言された最後のクォーク（トップ・クォーク）を発見したが，ビーム強度の増加も計画されている．またSLACではB中間子工場計画が1993年に議会で承認された．

[Robert W. Seidel／綾部広則 訳]

■文 献

Galison, Peter, and Bruce Hevly, eds. *Big Science*: *The Growth of Large-Scale Research*. Stanford: Stanford University Press, 1992.

Heilbron, John L., and Robert W. Seidel. *Lawrence and His Laboratory*. Vol. 1, *A History of the Law-*

rence Berkeley Laboratory. Berkeley：University of California Press, 1989.
Hermann, Armin N., et al. *History of CERN*. Amsterdam：North-Holland Physics, 1987, 1990.
Livingston, M. Stanley. *Particle Accelerators：A Brief History*. Cambridge：Harvard University Press, 1969［山田作衛訳：『加速器の歴史』, みすず書房, 1972 年］.

◆加速度計

Accelerometer

　加速中ないし減速中の物体にかかる力は荷重計に使われるのと同じ原理に基づく装置によって測定することができる．すなわち，加速度計はある種のダイナモメーターである．多くの運動測定装置は，とりわけ自動車エンジンの出力向上に伴って安全性や快適性への関心が高まる 1930 年代に出現した．

　多くの場合，必要となるのは加速度の最大値である．1 つの単純な例として，カンチレバーの先端への荷重が超過したときに電気が切れるような接触式加速度計がある．信頼性に欠けるがもっと単純な装置として，一定の加速がなされると脆いプラグが壊れるようなおもりとプラグの加速度計がある．

　通常のブレーキによる減速の測定では，単一のピークを測定すれば十分である．そのような試験はふつう時速 50 km 以下でなされる．さまざまなブレーキ試験用の機械的装置が 1930 年頃に開発された．タプリー計，ジェームス減速計，チャーチル・ブレーキ計は振り子の動作を使っており，最後のものは磁気的減衰を用いている．より単純な装置は U 型管や斜めの管を用いて最大減速度を測定する．U 型管はミンテックス・ブレーキ効率計に使われている．管の両方の腕にある液体は定速の時は同じ高さにある．減速とともに高さが異なるようになる．一方の腕の管径を狭めることで感度を高め，腕と腕の間がくびれていることで減衰がしやすくなっている．フェロドメーターは，管内に一定の角度で置かれたボールベアリングがあり，ある減速度に達すると，ボールがころがり上がり，色つきのマーカーをつける．

　加速度と時間の曲線を記録する，より複雑な装置はケンブリッジ科学機器会社などで開発された．ここでは物体がバネによって支えられ，バネはセルロイドのフィルムに連続的に記録を刻む針をもつナイフエッジに支えられた部品につながっている．その非常に精巧な例は，1933 年にパーデュー大学のジャクリン（H. M. Jacklin）とリッデル（G. J. Liddell）によって開発されたジャクリン加速度計である．これは機械的，光学的「レバー」を使うものである．鏡が二重のリードの機械式レバーの接合部に取り付けられ，その運動が光線とレンズの系によって増幅されるのである．結果は写真に記録される．

　1920 年代末には，さまざまな電気負荷の測定装置からの信号を，オシログラフで増幅し記録できるようになることで，高感度の装置が出現した．米国国立標準局［NBS，現在は，国立標準技術研究所：NIST］で開発されたテレメーターは，圧縮力に従って抵抗が変化するような，炭素を詰めたディスクを利用している．1929 年にイギリスの国立物理学研究所では，固定された層状の鉄心に対する電機子の振れを二次コイルの電圧の変位によって計測するような加速度計を開発した．1930 年代には，ステイサム加速度計（バネとして働

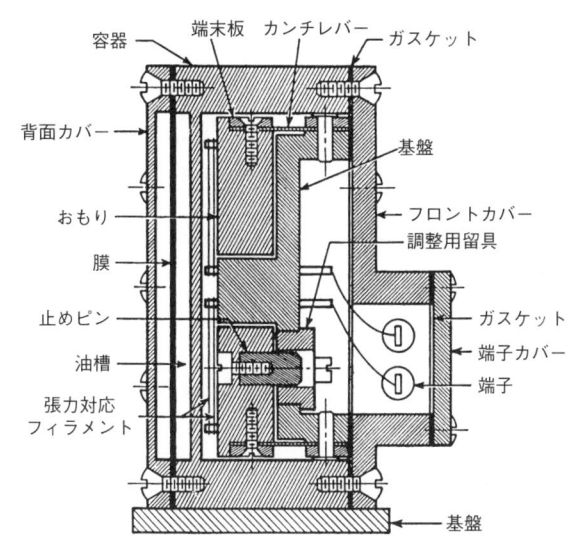

ステイサム加速度計の機構図．Ormondroyd (1950)：320 頁．実験機械学協会提供．

く応力に感度をもつフィラメントの支持をもつ），ブラッシュ結晶加速度計（ピエゾ電気を生むロシェル塩結晶を折れ曲がりに反応させる），ウェスチングハウス結晶加速度計（ピエゾ電気式クオーツ結晶を圧縮に反応させる）といったものが見受けられる．

1940 年代に普及した負荷セルは，電気抵抗式応力ゲージを使った弾性装置が備わっていた．加速度計は，応力ゲージをカンチレバーの棒に載せ，おもりをその端につけることで，装置の加速に比例して起こるカンチレバーの曲がりが測定されるのである．負荷セルは，振動試験で必要な高周波数の動的負荷を計測することもできる．

1960 年代初期に開発された他の電気的装置としては，電位差計に基づいて車両の減速を測定する装置がある．これは，油で運動が減衰するおもりが 2 つのワイパーの腕とともに葉状のバネによって支えられているものである．減速によって物体が動き，ワイパーの腕を電位差計の導線にそって動かすのである．減速がかからないときには，おもりとワイパーの腕は中心に位置する．バネは横方向には剛性があるので，横方向の加速にはあまり反応しない特性をもつ．出力は抵抗ブリッジを通じて記録計に接続される．試験の間しばしば加速度計は 90 度の角度まで曲げられ，1 G の加速に対応するよう垂直にされ，そのように記録紙には目盛りがつけられる．

1970 年代半ばになると加速度計は，物理量を電圧など他の物理量に変換する電子部品としての変換器の一種となった．例えば容量を感知する変換機は，試験物体の位置の変化を記録する．出力信号を出す小さい試験用物体の振動の減衰が，加速度計本体に対して動きを止めるようなフィードバックを用いることによって達成されるが，このフィードバックの力が加速度計の出力

信号になるのである．1980年にはそのような加速度計は他の実装変換器に似たものになった．例えば，5×3×3 cmの大きさの線形可変変位変換機（LVDT）があり，その頃までに自動車産業や機械産業で広く使われている．

［Robert C. McWilliam／橋本毅彦 訳］

■文献

Alexander, A. L. "Vehicle Performance Recording." *Automobile Engineer* 53（December 1963）：526–531.

Ormondroyd, J., et al. "Motion Measurements." In *Handbook of Experimental Stress Analysis*, edited by M. Hetényi, 301–389. New York：Wiley, 1950.

Road Research Laboratory. *Research on Road Safety*, edited by J. B. Behr. London：Her Majesty's Stationery Office, 1963.

Roads Department, Ministry of Transport. *Technical Advisory Committee on Experimental Work：First Annual. Report, Year 1930*. London：His Majesty's Stationery Office, 1931.

Wilson, Ernest E. "Deceleration Distance for High-Speed Vehicles." *Proceedings of the Highway Research Board* 20（1940）：393–398.

◆紙試験装置

Paper Testing Equipment

紙の試験を日常的に行うようになったのは，20世紀初頭，アメリカのいくつかの紙パルプ生産者が品質管理と業界内の共通用語の必要性を感じ，TAPPI（米国紙パルプ技術協会）を結成したときだった．最初の試験法は1917年に公表され，その数年後にTAPPI紙試験法の初版が出版された．この種の規格は今日まで一般に受け入れられ，認められている．BSI（英国規格協会）試験の多くも，日常の主な試験に適している．

最も一般的な紙試験は破裂強さの試験であり，BSIはこれを「紙または板紙の試験片の表面に垂直かつ均等に，破れるまで加えた圧力に対して，その試験片が示す極限の耐久性」と定義している．マレン［日本では「ミューレン」で通っている］試験器は，紙にゴム隔膜を押しつけたとき，後者が前者を突き破るのに必要な圧力を測定する．開発したのは，製紙業者でクロッカー・マニュファクチャリング社の指導監督者J. マレン（John Mullen）である．1887年にパーソン・ペア社に売りわたされた最初のマレン試験器は，現在ヘンリー・フォード博物館に収蔵されている．1920年代までに，他にも同等の結果を出す試験器がいくつか売り出された．例えばアッシュクロフト・マニュファクチャリング社（ニューヨーク）やW. D. エドワーズ＆サンズ（ロンドン）で製造されたものなどである．1920年代後半に考案されたショッパー–ダレーン試験器は，圧力装置に圧縮空気を使った．これらの基本的な方法は，さまざまに形を変えて今日でも使われている．

引張強さは，細い紙片を縦方向に引っ張ったとき，その紙片を破るのに必要な力を測定することで決まる．1920年代にはマーシャル試験器（ロンドンのストークニューイントンのT. J. マーシャル社による）が一般に使われていた．この器械は，幅が一様な細長い紙片を2つの顎部で挟み，の紙片が裂けるまで一定の力で頭部を回転させる．もっと正確な測定値を出せる器械としては，19世紀後半に考案されたショッパー試験器があった．この試験器では，2つのネジ式締め具の間に固定された試験片

が，支柱下端のギヤボックスに差し込まれたらせん状の心棒と，振り子の腕の上端をつなぐ「連結部」となる．心棒の下向きの動きはすべて紙片を経由して伝えられ，目盛り板の上で振り子の腕を動かす．振り子の重さをもち上げるのに必要な力が，紙の引張強さの尺度となる．現代の（例えばインストロン試験器を使って行うような）試験では，紙の応力-ひずみ曲線が作成される．これによって，試料の引張エネルギー吸収（TEA）すなわち「靭性（粘り強さ）」と，引張荷重を受けたその試料のひずみが概算できる．

紙の厚さは，副尺つき，もしくはネジ式のマイクロメーター（micrometer）で測定される．ショッパー・ダイヤル・マイクロメーターは1,000分の1 mmの精度をもち，20世紀初頭によく使われていた．1970年代にH. E. メスマー社（イギリス）が製造したものなど，近年設計されたマイクロメーターは自重型で，頑丈な同期電動機が取り付けられているため，試験材料に対するハンマリング効果が取り除かれ，したがって全体的な精度が増している．

紙の色と白色度は，分光光度計（spectrophotometer）を用いて，決められた波長の光に対するその紙の表面の反射率を，白色の標準板の反射率と比較することで決まる．現在イギリスでは，ツァイス社のエレフロという器械が広く使われている．不透明度は，色や白色度の試験と同様の器械を用いて，無反射の真っ暗な中空を背にした1枚の紙の反射率を，それと同じ紙をたくさん重ね合わせたものの反射率と比較することで測定される．

1910年以降，T. J. マーシャル社は（吸い取り紙の）吸水性を測定するビブリオメーターを生産していた．蒸留水の入った水槽の上に細長い紙片をつるすと，ある限度までの時間内の水の上昇率が示される．ケンリー試験器は，1960年代に英国紙および板紙業研究協会が設計し，シャーリー・ディベロップメンツ社が製造したもので，標準サイズの試験片に標準的なたわみを引き起こすのに必要な力を測ることによって，紙の剛性（スチフネス）を測定した．20世紀初頭には，ショッパーが耐折強度の試験器を売り出している．

[John Griffiths／忠平美幸 訳]

マレン紙試験器（20世紀初頭）．Cross and bevan (1916)：図15, 376頁の向かい頁．SSPL提供．

■文　献

Cross, Charles Frederick, and Edward John Bevan. *A Text–Book of Paper–Making*. 4th ed. London：Spon, 1916.

Grant, Julius, James H. Young, and Barry G. Watson, eds. *Paper and Board Manufacture*：*A General Account of Its History, Processes and Applications*. London：British Paper and Board Industry Federation, 1978.

McGill, Robert J. *Measurement and Control in Papermaking*. Bristol：Adam Hilger, 1980.

Mark, Richard E., ed. *Handbook of Physical and Mechanical Testing of Paper and Paperboard*. Vol. 1. New York：Marcel Dekker, 1983.

Rance, H. F., ed. *Handbook of Paper Science*. Vol. 2, *The Structure and Physical Properties of Paper*. Amsterdam : Elsevier Scientific, 1982.

◆カ　メ　ラ

Photographic Camera

カメラ（写真機）は18世紀から19世紀の初頭にかけて芸術家たちが用いた携帯型のカメラ・オブスクラ（camera obscura）［小孔またはレンズのついた暗箱］に由来するものである．カメラはたいてい，光を遮断する箱の一方にレンズを，もう一方に感光性のフィルムもしくは板を備えたものによって構成される．W. H. F. トールボット（William Henry Fox Talbot, 1800-1877）の初期のカメラ（1835～1839年）は，世評によれば大工によって製作され，顕微鏡のレンズが使われていた．商業的なカメラ製造は1839年に銀板写真が公開されたことによってもたらされた．ダゲール（L. J. M. Daguerre, 1787-1851. フランスの写真術の発明者）は，パリのA. ジルー（Alphonse Giroux）にこれらの道具を製造し販売する権利を与えた．ジルーのカメラは，2つの箱からなり，後部のものは焦点を合わせるためのもので，一眼の色消しレンズを備えた前部の箱は後部の木箱の中を自由に滑るようになっている（sliding-box camera）．銀板写真の画像は8×6インチ（約0.20m×0.15m）の板の上に写った．それはプレート全体の大きさからくる固有のものであり，最新のプレートサイズもそこから派生したものである．カメラの製造者はすぐにこの種類のカメラを製造することになった．しかしながら，景色の撮影用にウォラストンレンズ［Wollaston-type, 色消し凹凸レンズ］（William Hyde Wollaston, 1766-1828）を用いたカメラや，J. ペッツヴァール（Joseph Petzval, 1807-1891）によって先鞭をつけられた肖像画撮影用の二重レンズをもつカメラがいくつか使用された．

スライドボックス式カメラは19世紀から20世紀を通して広まった．しかし内側に折りたたむように側面を蝶番で接続した携帯型カメラと縦に折りたたむ蛇腹がついたカメラもまたよく知られている．最初の有名な蛇腹つきカメラは，1851年にルイス一家（J. J., W., W. H. Lewis）によってアメリカで取得された設計特許に基づいて製造された．イギリスにおける最も影響がある蛇腹カメラの1つは，スコットランドの写真家キンナー（C. G. H. Kinner）によって1857年に紹介された．

初期のカメラは長い露出時間が必要であったために，三脚か台の上に据えつけなければならなかった．シャッターは必要なく，焦点を合わせて結像させる焦点ガラスによりファインダーや距離測定器は不要であった．一般的に持ち運びに適した大きさの感光性のよい銀塩は，それぞれの露出の前に，カメラ内部にある板を乗せる入れ物によって支えられる，個別の板の上にコーティングされた．乾板によってつくられるより感光性のよい商業的なものは1870年代に導入された．そしてすぐ後に巻取り式のフィルムが導入された．フィルムの巻取り速度が速くなったので，シャッターとファインダーを備えた携帯用カメラが大量生産されるようになった．1888年にE. アッベ（Ernst Abbe, 1840-1905）とF. O. ショット（Friedrich Otto Schott, 1851-1935）による新しい光学レンズの導入により，非点収差を補正し適度に平滑な視野をもつレン

ズの製造が可能になった．非点収差を補正した最初のレンズは1890年代に登場した．

カメラ開発における小型化への傾向は，偽装カメラや隠しカメラ（探偵カメラ）の流行を導いた．その多くは限られた用途の珍しいものであった．しかしこれらのモデルの製造における経験は，製造技術の改良をもたらし，新材料の扱いにおいて有益な経験となった．最も影響が大きかった探偵カメラは1888年のコダック社製のもので，カメラ界において数百万人の愛好家をもたらすことになった．コダック社のものは，100枚を露出するのに十分な量のフィルムを供給し，そのすべてを撮り終えた後で，顧客はカメラを現像とプリントのために工場へ送った．

動画撮影用のカメラの開発は，主に動物と人間の動作を研究するための科学者らの努力により開始された．1878年に電磁石で動かすシャッターを備えた乾板カメラの一組の装置を使うことでE. マイブリッジ（Eadweard Muybridge, 1830-1904）は，動物の動きの連続した動画をつくり出した．1882年にE.-J. マレー（Etienne-Jules Marey, 1830-1904）は銃型のカメラを用い，鳥の飛行を記録した．この銃型カメラは，天文学者であるP.-J.-C. ジャンサン（Pierre-Jules-Cesa Janssen, 1824-1907）の設計に由来しており，マルタ十字機構を使うことによって円形の板を回転させる時計仕掛けのモーターを合体させたものであった．マレーは当時最新の回転するディスクシャッターをもつ乾板カメラを開発した．彼のフィルムカメラ（1888〜1890年）は映画用カメラに不可欠な要素をすべて備えた最初の機器であった．

1896年以降の感光剤の相つぐ改良と35mmフィルムの広範囲な利用は，より小さいカメラへの傾向を加速した．35mmライカカメラは，1913年にO. バーナック（Oskar Barnack）によって設計され，1925年に市場へ投入された．このカメラは高品質レンズを備えた初めて精密加工に成功した小型カメラであり，現在に至るまでカメラ設計に影響を与えた．

その次の技術革新は交換可能なレンズであった．ペンタプリズム［一眼レフカメラのファインダー系に用いられる屋根型の反射面をもつ五角形のプリズム．これをピントグラス上に置くと目の高さで左右正しい正立像が見える］の反射を用いた一眼レフレンズ（the single lens reflex：SLR）である．これは動いている物体の高精度の焦点調節を露出する瞬間に行うことができるものであった．商業的な一眼レフカメラは1900年頃，大量販売が開始された．しかし，それらは重く大きすぎて扱いにくいものであった．最初の35mm一眼レフカメラは1936年のイハゲー社のキネエキザクタ（Kine Exakta）である．レンズを通した測定，自動焦点合わせ，その他のさまざまな電子的特徴を備えた現在の近代的なカメラは，以前は写真家の判断に委ねられていた多くの機能を引き継いでいる．

二眼レフカメラは，本質的に2つの同一ボックスカメラからなり，一方を他方の上に取り付け，共通フォーカス機構で連結されている．上の箱はファインダーの役割を果たす．二眼レフカメラは一眼レフカメラと同時期に発売され，当初は一眼レフカメラよりも人気があった．しかし，非常に重く扱いにくかったため，その人気もしだいに薄れた．二眼レフコンパクトカメラの導入は，1928年に精密に組み立てられたローライフレックスカメラが二眼レフカメラに対する興味を再び起こした．二眼レフカメ

ラは1960年代まで新聞カメラマンたちの間で人気を保ち続けた．

カメラは近代科学にとって最も有用な記録機器の1つとなった．写真業界の黎明期から，カメラ本体は顕微鏡，望遠鏡，偏光器などの光学測定器に取り付けられた．航空カメラは航空機または宇宙船から地球を観測するものである．

特化されたカメラは，人間の目で認識するには速すぎる，もしくは遅すぎる現象を記録するのに向いている．1851年トールボットは，通常のカメラを使用しながらも，ライデン瓶から放電された10万分の1秒の電気火花によって被写体を照らすことで，高速写真を撮影した．同じような技術は，E.マッハ (Ernst Mach, 1838-1916) やサルヒャー (P. Salcher) (1885年) やボーイズ (C. V. Boys) (1892年) によって，発射された弾丸を撮影するために用いられた．1903年にはL. G. ブル (Lucien G. Bull) は，ドラムが回転して電気火花を起こさせるカメラを設計し，これは毎秒2,000回の速度で54の立体像を撮影することができた．これは昆虫の羽ばたきを解析するために用いられた．現代の超高速カメラはさらに高速になっている．イギリスにおける最初の原子爆弾の火球を撮影するために

つくられたカメラ (1952年) は，回転する鏡をもったカメラで，80枚を毎秒50万枚の速度で撮影した．

[John Ward／小林　学 訳]

■文 献

Coe, Brian. *Cameras*. London：Marshall Cavendish, 1978.

The Focal Encyclopedia of Photography. Rev. ed. London：Focal, 1965.

Gernsheim, Helmut, and Alison Gernsheim. *The History of Photography from the Camera Obscura to the Beginning of the Modern Era*. London：Thames and Hudson, 1969.

Hicks, Roger. A. *History of the 35 mm Still Camera*. London：Focal, 1984.

Thomas, D. B. *The Science Museum Photography Collection*. London：Her Majesty's Stationery Office, 1969.

◆カメラ【航空写真測量】

Aerial Camera and Photogrammetry

航空カメラは飛行機，人工衛星，気球から写真を撮影し，その写真は写真測量の技術によって非常に正確な測定や地図の製作に使われる．これらの技術は軍事偵察や地図測量の方法を改良するために必要とされ開発されたものである．

別名「ナダール」としても知られるフランスの気球飛行士 F. トゥルナション (Félix Tournachon) は，1856年の飛行観測においてカメラを使用した．他のフランス人 A. ロスダ (Aimé Laussedat, 1819-1907) は1858年に引き綱のついた気球でガラス板のカメラを用い，写真から地図を作成した．

写真測量の原理は，1860年から第一次世界大戦が始まるまでに，オーストリアの

1925年に導入されたE.ライツによるライカI（モデルA）35 mmカメラ．SSPL提供．

E. ドレザル (Eduard Dolezal, 1862–1955), ドイツの C. プルフリッヒ (Carl Pulfrich, 1858–1927), イギリスの H. フルケード (Henry Fourcade, 1865–1948), カナダの E. G. デヴィル (Edouard G. Deville), アメリカの C. B. アダムス (Cornele B. Adams, 1849–1924) などの科学者や発明家によって開発された. 最初の航空カメラの設計は, アメリカのフェアマン (J. Fairman) (1887年) とオーストリアの T. シャインプルーク (Theodor Scheimpflug, 1865–1911) (1906年) らによっている. 最初の飛行機からの写真撮影は, 1909年にアメリカの W. ライト (Wilbur Wright, 1867–1912) とフランスのムリス (M. Meurisse) によってなされた.

第一次世界大戦中に偵察目的と情報収集に飛行機が使用されることでカメラも改良された. ドイツの O. ミースター (Oscar Meester) による自動フィルム・カメラは, フランス, ベルギー, ロシアの国土の撮影に利用され, 1917年にはツァイス社によって効率的な一眼の航空用カメラが生産された. アメリカの J. バグリー (James Bagley) は3つのレンズからなる地図製作用のカメラを開発し, 携帯式や回転台式のK1フォルマー・シュヴィング・フィルムカメラとともに, 第一次世界大戦中に米国陸軍によって利用された.

第一次世界大戦後にも開発が進み普及した. アメリカにおいては民間用の航空用カメラが, アエロ・サービス社, マーク・ハード社, アブラムス航空測量社によって生産された. 戦場においては, フェアチャイルド社, フォルマー・グラフレックス社, ボシュロム社, シカゴ航空測量社などが有名であった. ヨーロッパにおいてはジョルジュ・ポワピリエ (George Poivilliers, 1892–1967, フランス), エルメネジルド・サントーニ (Ermenegildo Santoni, 1896–1970, イタリア), ハインリッヒ・ヴィルト (Heinrich Wild, 1877–1951, スイス), カール・ツァイス (Carl Zeiss, 1816–1888, ドイツ) などの名が, 航空用カメラの設計製造と結びついていた.

現代の地図製作用カメラの先駆は1930年代半ばから末にかけて登場した. これらのフレーム・カメラは, 解像度がよく収差補正のある広角の一眼レンズ (焦点距離15cmのメトロゴンなど) とレンズ間シャッターのメカニズムを備えていた. 18×18 cm と 23×23 cm のサイズの写真が, カメラ本体についた容器の中のフィルムに記録された. これらのカメラは追跡方向に重なり合って写真が撮られるように設計されており, 立体視や三次元的な地図づくりが可能だった. 第二次世界大戦中は, 航空カメラによって地球の陸地表面のほとんどが地図用写真として撮影された.

第二次世界大戦中には偵察用カメラも発展した. その中には焦点距離が120cm, あるいはそれを超えるレンズをもつフレーム・カメラも含まれた. 焦点距離が長いほど倍率が増大し, 1万mを越える高空から軍用の撮影のために解像度を上げることができた. 可能なかぎり高速のシャッタースピードによって像の運動を最小にして, 認識可能な地上の画像を得るために, これらのカメラの中には地図用カメラで用いられるレンズ間シャッターではなく焦平面シャッターを備えていた.

連続ストリップ・カメラもまた戦時の軍事作戦のために精密化され, 低空の高速度の偵察に利用された. 地上の連続撮影は, フィルムをレンズの焦平面内の静止スリットの上を, 焦平面を横切る地上の像の速度

1995年に使用されている航空カメラ．ライカU.K.社提供．

に合わせて通過させることによって得られた．

　冷戦期には鉄のカーテンの両側で，軍事諜報機関は高速高空の航空機から，そして1960年以降は地球を周回する人工衛星から，飛行禁止領域の高解像度の写真を記録することができるカメラの開発を重視した．そのようなカメラにとっての主要な要求項目は，長い焦点距離（一般的に60 cm以上），速いシャッター機構，緻密で高解像のフィルムを感光するのに十分な光を取り込む大きな口径，そして像運動の補正機構であった．1950年代におけるアメリカのフェアチャイルド，イテク，パーキン・エルマー，ヴェクトロンの各社，イギリスのウィリアムソン・マニュファクチャリング社などの努力により，広角で高解像のパノラマ用カメラができあがった．それらの狭い視野角と精密なレンズ設計により，パノラマ用カメラ100 lpr/mmを優に越える解像度を生み出した．パノラマ写真の欠点は，写真の中心から航跡に直行する（cross track）方向に外向きに起こる幾何学的な歪みである．パノラマ式カメラは1960年から1972年にかけてソ連の大陸弾道弾ミサイル（ICBM）システムの現状の正確な評価を得るために軍事偵察用として利用された．アポロ計画ではパノラマ用カメラは月面の高解像の写真を生み出した．

　民生用の地図作成用カメラの設計はレンズの品質向上，直径方向の歪みの削減，解像度の増大が重視された．解像度の増大は，フィルム製造業者が速い微粒子で，低コントラストのターゲットに対して50 lpr/mmを越える解像力をもつ白黒・カラー・カラー赤外のエマルジョンをつくり出したことによっている．ヨーロッパの2社が民生用の地図用航空カメラの製造で業界を支配した．スイスのヴィルト・ヘールブルック社（後にライカ社に吸収）とドイツのオーバーコッヘンのカール・ツァイス社である．これらのカメラは優れた「無歪（distortion free）」レンズを備え，明るさの減少度が少なかった．またカメラの台が改良され，フィルム計測器，感光前のフィルムの伸ばし，（重複を調整する）間隔計測器，レンズ間の回転式シャッター機構，写真の縁に必要な情報を記録する装置などもつけられた．1980年代中葉から末にかけて，多くの測量用カメラは，画像運動の補正装置と自動感光制御装置を備え，測量用飛行機はGPS（全地球位置把握システム）を搭載し，航路を正確に飛行し，あらかじめ定められた座標地点で自動的にシャッターを切ることができるようになった．現代の測量カメラとコンピューターに基づくソフトコピー式の写真測量技術によって，飛行高度の2万分の1以下の距離に至るまで正確に測定ができるようになった．このようにして，それ以前は現場の測量技師たちによ

ってなされていた多くの測量と地図作成の作業が，高解像の航空写真を利用した写真測量技師によってなされるようになっている． [Roy Welch／橋本毅彦 訳]

■文献

American Society of Photogrammetry. *Manual of Photogrammetry*. 4th ed. Falls Church, Va.： American Society of Photogrammetry, 1980.

Babington-Smith, Constance. *Air Spy. Evidence in Camera：The Story of Photographic Intelligence in World War II*. London：Chatto and Windus, 1957.

Goddard, George W. *Overview：A Life-long Adventure in Aerial Photography*. Garden City, N. Y.： Doubleday, 1969.

McDonald, R. A. "CORONA：Success for Space Reconnaissance, A Look into the Cold War, and a Revolution for Intelligence." *Photogrammetric Engineering and Remote Sensing* 61（1995）：689-720.

Odle, J. E. "Aspects of Airborne Camera Development from 1945 to 1966." *Photogrammetric Record* 5（1967）：351-365.

◆カメラ・オブスクラ

Camera Obscura

カメラ・オブスクラ（文字どおり「暗い部屋」）とは，暗くした部屋，または箱などの壁やスクリーンの上に，外の光景を写し出す光学上の装置である．現代の写真撮影用カメラの直接の起源は，18世紀と19世紀の前半にアマチュア画家がスケッチの際に役立てた携帯用カメラ・オブスクラにある．

中国の文献では，早くも紀元前5世紀に，針穴でスクリーン上に投影された逆向きの像について記録がある．このような効果はアリストテレス（Aristoteles，紀元前384-322）の知るところでもあり，彼はさらに，穴が小さいほど像が鮮明になることに気づいていた．機器それ自体は，10世紀アラビアの学者，アルハゼン（Alhazan, 965頃-1039）によって記述されている．おそらく16世紀までには，カメラ・オブスクラはヨーロッパの哲学者たちに広く知られており，さして珍しいものではなかったようである．その発明は，R. ベーコン（Roger Bacon, 1219？-1292？），L. アルベルティ（Leon Battista Alberti, 1404-1472），レオナルド・ダ・ヴィンチ（Leonardo da Vinci, 1452-1519）といったさまざまな人物に帰せられてきたが，最も頻繁に名前があがるのは，G. B. デッラ・ポルタ（Giovanni Battista della Porta, 1535-1615）である．ポルタは，1558年にこの機器をきわめて詳細に記述しており，おそらく，この機器をデッサンの手助けに用いるよう提案した最初の人物であろう．

ほどなく，カメラ・オブスクラには次々と改良が加えられた．例えば，小さな穴にはめる収束レンズ，像を鮮明にするためのレンズの絞りなどである．また，逆向きの像については，鏡を45度の角度に置き，像を反射させて修正できることがわかった．同様の目的に，凹面鏡を使うことが提案されたが，結果は満足のいかないものだった．A. キルヒャー（Athanasius Kircher, 1601-1680）は，その著作『光と影の偉術（*Ars Magna*）』（1646年）において，携帯用カメラ・オブスクラは，椅子駕籠のように水平な棒を用いて2人で運ぶことができたと述べている．また，キルヒャーの弟子の1人，G. ショット（Gaspar Schott）は，『世界の魔術（*Magina Universalis*）』（1657年）の中で，携帯用の小さな箱型カメラ・オブスクラについて記述し，一方，R. ボイル

ジョーンズによってつくられた「芸術家」使用の携帯用カメラ・オブスクラ（1790年頃）．スクリーンが失われて斜めにおかれた鏡が見えている．SM 1918-270．SSPL提供．

(Robert Boyle, 1627-1691) は，自分で製作した同様の機器について書き残している．携帯用のリフレックス式カメラ・オブスクラに最初に言及したのは，1676年，J.C.シュトルム（Johann Christoph Sturm）であった．1685年には，J.ツァーン（Johann Zahn）が，数種類のリフレックス型ボックスカメラを図解しているが，これらは，専門的には，19世紀のボックスカメラやリフレックスカメラの原型と説明されてきたものである．それ以後，カメラの発展は19世紀半ばに至るまでほとんど見られなかった．

17世紀では，J.ヘヴェリウス（Johannes Hevelius, 1611-1687）やJ.ケプラー（Johannes Kepler, 1571-1630）といった天文学者が，太陽の研究のために，部屋ほどの大きさのあるカメラ・オブスクラを使用し，また，秘術師やいかさま師は，視覚的な幻影と「魔術的」効果を生み出すためにそれらを用いた．芸術家は，形態把握と遠近法の手引きとして携帯用のものを用いた．18世紀になると，カメラ・オブスクラはきわめて広範に普及し，その記述は，多くの百科事典や，光学，絵画，大衆娯楽に関する書物に見出される．携帯型のカメラ・オブスクラは，芸術を愛好するあらゆる旅行者の荷物に欠かせない品となった．

1799年，T.ウェッジウッド（Thomas Wedgewood, 1771-1805）は，カメラ・オブスクラによる写真撮影の実験を初めて行った．ウェッジウッドの実験は失敗に終わる．しかし，N.ニエプス（Nicephore Niepce, 1765-1833），L.J.M.ダゲール（Louis Jacques Mande Daguerre, 1787-1851），W.H.F.トールボット（William Henry Fox Talbot, 1800-1877）らが，最初の実用的な写真製版法につながる研究を始める前に，カメラ・オブスクラに精通していたことは偶然ではない．彼らによるカメラでの最初の写真は，同時代の標準的なカメラ・オブスクラと見分けがつかないような機器で撮影されたのだった．

第一次，第二次世界大戦中には，英国空軍が，爆撃演習の観察のために部屋型カメラ・オブスクラを使用している．このうちいくつかの部屋型カメラ・オブスクラは観光名所として残っており，おそらく最も有名なのは，エディンバラのキャッスル・ヒルと，マン島のダグラスにあるものであろう．しかしながら，カメラ・オブスクラは，まず何よりも，世界中のいたるところで見られる多種多様な写真撮影用カメラとして，いまも生き続けているのである．

[John Ward／柳生江理・青野純子 訳]

■文献

"Camera Obscura." In *The Cyclopaedia ; or, Universal Dictionary of Arts, Sciences, and Literature*, edited by Abraham Rees, Vol.6. London: Longman, 1819.

Gernsheim, Helmut, and Alison Gernsheim. *The History of Photography from the Camera Obscura to the Beginning of the Modern Era*. London: Thames and Hudson, 1969.

Hammond, John H. *The Camera Obscura : A Chronicle*. Bristol: Hilger, 1981.

◆カメラ・ルシダ

Camera Lucida

カメラ・ルシダ（自然物写生装置）はW. H. ウォラストン（William Hyde Wollaston, 1766-1828）によって「誰もが透視画法で描いたり，印刷物や絵画を写したり縮小したりすることのできる道具」として考案された．ウォラストンは1806年に英国特許を申請し，翌年の6月に発明を記述した論文を発表している．それから数カ月のうちに，P. ドロンド（Peter Dollond, 1730-1820）やニューマン（Newman）などの器具制作者が，適切な使用説明書をつけてカメラ・ルシダを売り出した．

1807年になってウォラストンは「カメラ・ルシダ」（明るい箱という意味である）という言葉を用いた．おそらく数百年以上も知られている画家の補助器具であるカメラ・オブスクラ（camera obscura）と区別することを願って名づけたのだろう．彼はまた，1668年にR. フック（Robert Hooke, 1635-1703）により発明された，カメラ・ルシダとは関係のない「明るい部屋」を引用したのかもしれない．フックの言葉は18世紀にカメラ・ルシダとしてラテン語に翻訳され，後の辞典や参考図書にあらわれている．

ウォラストンのカメラ・ルシダは通常，支持棒の端に取り付けられた4つの面をもつ反射プリズムからなっている．水平な紙の上に設置されると，前方の風景の反射像を見ることができる．プリズムを通して見ることにより，使用者は下に置かれた紙に像を書き写すことができた．実際には，熟達するには困難な道具であった．W. H. F. トールボット（William Henry Fox Talbot, 1800-1877）は，「向こうにすばらしい像が見えたプリズムから目を離すと，頼りない鉛筆が，憂鬱になるような線しか紙に残してないことに気づくのだ」と記している．

トールボットの，この道具を使って満足のいく素描を書こうとするむなしい試みはカメラ・オブスクラを用いた実験の再開へと導いた．そして，結果的に，陰画-陽画方式の写真（カロタイプ）の考案へとつながった．しかしながら，トールボットの友人のJ. ハーシェル（John Frederick Herschel, 1792-1871）は，もっと成功した．実際に，ハーシェルが彼の写真の実験をさらに進めなかったのは，まわりの風景をカメラ・ルシダを用いて書いた素描で満足したためだと示唆されている．

多くの英国紳士が海外旅行中にカメラ・ルシダを使用した．また，ヨーロッパ大陸でも熱狂的に迎えられ，改良型が考案された．1812年のウォラストンの記述のドイツ語訳を見た後にルディケ教授（Ludicke）によって修正型が描かれている．だが，カメラ・ルシダを改良する最も顕著な試みは，モデナ大学の数学教授であるイタリア人物理学者G. B. アミチ（Giovanni Battista Amici, 1786-1863）によってなされた．アミチは1815年にパリでカメラ・ルシダを購入し，改良を記した論文を1819年に公表した．この論文は，もともとイタリア語で書かれたが1823年にフランス語に翻訳されたもので，フランスのN. M. P. リーブル機器製作所製のカメラ・ルシダが描かれていた．アミチの名声にもかかわらず，彼が改良した機器はカメラ・ルシダが大量に生産，販売されたフランスにおいても商業的には成功しなかったのである．

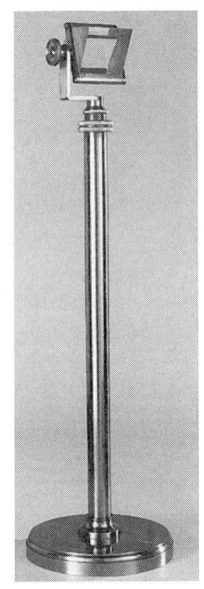

ラド社によるウォラストン型カメラ・ルシダ (1872年頃, ロンドン). SM 1876-16. SSPL 提供.

カメラ・ルシダは, 写真愛好ブームと広範な社会変革が, 余暇の娯楽としての素描画を衰退させる一因となった19世紀末まで, 画家の補助道具として人気を博した. 20世紀以降も, 主に製図工が透視図を書く補助用具としてわずかではあるが生産されつづけた. 子供用の玩具としてカメラ・ルシダの原理に基づいた数種類の小物も販売されている. [John Ward／土淵庄太郎 訳]

■ 文 献

Gernsheim, Helmut, and Alison Gernsheim. *The History of Photography from the Camera Obscura to the Beginning of the Modern Era.* London: Thamas and Hudson, 1969.

Hammond, John, and Jill Austin. *The Camera Lucida in Art and Science.* Bristol: Adam Hilger, 1987.

Schaaf, Larry J. *Tracings of Light: Sir John Herschel and the Camera Lucida: Drawings from the Graham Nash Collection.* San Francisco: Friends of Photography, 1989.

Wollaston, W. H. "Description of the Camera Lucida." *Philosophical Magazine* 27 (1807): 343-347.

Wollaston, W. H. "An Instrument Whereby Any Person May Draw in Perspective, or May Copy or Reduce Any Print or Drawing." British patent no. 2993.

◆ガルバノメーター
➡ 検 流 計

◆眼 圧 計

Ophthalmotonometer

眼圧計は眼内の圧力を測定する. 眼圧があがると失明することがあるので, この測定は重要である. いくつかのタイプの失明と眼圧の上昇の関係が明らかになったのは, ここ数百年のことである. ヒポクラテス (Hippocrates) は, 瞳孔内部に原因があり, 特に治療に対し反応しないものをひとまとめにグラウコマ (glaucoma) と呼んだ. 1622年, 眼圧の上昇はグラウコマに必ず伴う兆候であることをR. バニスター (Richard Bunister) は指摘した. 1830年, グラウコマの臨床像のほとんどは, ただ1つの異常に由来することを説明してみせたのが, イギリスの眼科医W. マッケンジー (William Mackenzie) である. ただ1つの異常とは, もちろん眼圧の上昇である. こうして状態に対する理解が進むにつれて, グラウコマの意味は変遷し, 今日でいう緑

内障を意味することでほぼ画定されるようになったのである．

1857年，急性の緑内障は虹彩切除術によって治癒する場合があることを，ドイツの眼科医 A. フォン・グレーフェ（Albrecht von Graefe, 1828-1879）が見出した．この手術では，虹彩基部の小片を摘出すると，排水系の障害物が除去され，平常の眼圧に戻ることが可能になる．虹彩切除術によって急性緑内障が完治される見通しが立ったことにより，眼圧測定用器具の発達が促されることになった．これらの機器を眼圧計と名づけたのは，オランダの生理学者・眼科学者 F. C. ドンデルス（Franciscus Cornelis Donders）である．彼はオランダ初の眼科病院の院長であり，眼圧計という言葉が誕生したのは1863年のことであった．

眼圧計には主に2タイプある．圧入式眼圧計は，プランジャーが眼に加える力と，それによって眼に生じた陥入の深さの関係を測定する．圧平眼圧計は，ある力で板を眼に押しつけたとき，力と平らになった領域の大きさの関係を測定する．今日一般的に用いられているのは圧平眼圧計である．というのも，この機器を使うと，角膜の歪みと剛性が計測の障害にならないからである．かつては，圧入式眼圧計を用いると剛性によって値が大きく影響された．

ドンデルスと H. スネーレン（Herman Snellen）が率いていた眼科学のユトレヒト学派は，19世紀の眼圧計の発達に，輝かしい足跡を残した．1862年，グレーフェとドンデルスは，同時にしかし独立に，圧入式眼圧計をつくり上げる決意を固めた．

グレーフェの眼圧計は，2本の支柱がついたフレーム，目盛り，おもりつき指示器，さまざまな直径と曲率の圧力板がネジで取

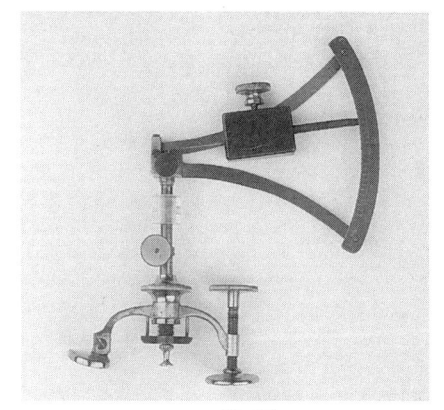

フォン・グレーフェの眼圧計．ユトレヒトのオランダ王立眼科病院提供．

り付けられるようになっているプランジャーからできていた．これらの圧力板には鋭利なスパイクがあり，強膜に付着するようになっていた．患者は指示により横たわり，頬骨には固定式の，眉には可変式の支えが当てられる．プランジャーにより強膜が加重され，刻み目の深さを目盛りから読み取ることができる．この機器を用いるためには，眼の運動を押さえなければならなかった．つまり，クロロホルムで患者を完全に麻酔しなければならないことが判明した．このため，グレーフェの眼圧計は実際には一度も眼圧測定に用いられることはなかった．

1862年から1904年まで，20あまりの眼圧計が開発されたが，どれもそれほどの成功を収めることはなかったようだ．眼圧計が一般に使用されるようになったのは1905年のことであり，それはノルウェーの眼科医 H. ショッツ（Hjalmar Schøtz）の設計によるものであった．数十年間，この眼圧計は広く眼科界で受け入れられたが，ゴールドマン（H. Goldman）が1954年に設計した圧平眼圧計が，一般に受け入

られるようになった．

[Bert van Leersum, Isolde den Tonkelaar／
濱田宗信・廣野喜幸 訳]

■文　献

Donders, Franciscus Cornelis. *Annual Report of the Netherlands Eye Hospital* 4（1863）：11.

Donders, Franciscus Cornelis. "Ueber einen Spannungsmesser des Auges（Ophthalmotonometer）（Aus einem Schreiben von F. C. Donders am, A. von Graefe）." *Archiv für Ophthalmologie* 9（1863）：215-221.

Draeger, Jörg. *Geschichte der Tonometrie.* Basel：Karger, 1961.

Haffmans, J. H. A. "Bijdrage tot de kennis van het glaucoma." *Annual Report of the Netherlands Eye Hospital* 2, Scientific Supplement（1861）：333.

Tonkelaar, Isolde den, Harold Henkes, and Bert van Leersum. "The Utrecht Ophthalmic Hospital and the Development of Tonometry in the 19th Century." *Documenta Ophthalmologica* 68（1988）：57-63.

◆干　渉　計

Interferometer

干渉計は，次のような光の波の特性を利用する．点光源からの光線を2本の光線に分け，それらを再び重ねると，その光線は干渉縞を見せるようになる．分かれた光線の1つが，重ね合わされる前にその光学的距離を変えると，干渉パターン（干渉像とも知られる）の移動が生じる．干渉像を生み出す光の波長は大変短いので，光路の長さや屈折率のわずかな変化も測定にかかる効果をもたらす．

干渉計はもとの光線を分裂させる方法別によって分類される．1802年にT. ヤング（Thomas Young）は2つの離れた口径に光線を落下させる方法を採用し，光の干渉について記したが，この方法は口径分割または波面分割として知られている．次に，光線の一部が透過し，一部が反射するような部分反射面に光線を落下させる方法は，振幅分割と呼ばれている．第三の方法は，偏光分割として知られているもので，偏光フィルターもしくは偏光プリズムを用いて，偏光した光をそのまま2つの光線に分割させるものである．

初期の器具とその利用

光学干渉を用いる最初期の実用的な器具の1つは，1856年にフランス人のJ. ジャマン（Jules Jamin）によってつくられたものであり，屈折率を計測するために考案された．この装置は，2つのガラス板を用いて振幅分割を行う．分かれた光のうち1本が試料を通過し，他の光は標準の経路を通るが，縞模様の変化により試料の屈折率を間接的に測定することができる．ジャマン干渉計は19世紀後半に発達し改良された．1862年，H. フィゾー（Hippolyte Fizeau, 1819-1896）は光点源から真の平行光線をつくり出すためにコリメーターを導入した．またレンズやプリズムの精度の試験に干渉計が有効であることを示した．1891年，E. マッハ（Ernst Mach, 1838-1916）とL. ツェーンダー（Ludwig Zehnder, 1854-1949）は風洞内の気流を測定するためにジャマン干渉計を利用した．1896年，レイリー卿（Lord Rayleigh, 1842-1919, 本名J. W. ストラット, John William Strutt）は気体の屈折率を測定するために改良された口径分割干渉計を考案した．これらの器具のほとんどは，形を変えて現在でもよく使われている．

19世紀後半に干渉計の発達に最も大きく貢献したのは，アメリカの物理学者A. マイケルソン（Albert Michelson, 1852-

1931)であった.当時,光が全宇宙の媒体すなわちエーテルの波動であると広く信じられていた.このエーテル中を通過する地球の運動を観測しようとして,マイケルソンは彼の名が冠されることになる新型の干渉計を考案した.彼は半分銀メッキした鏡を用いて光線を振幅分割させ,分割された光線が再び重なり合い干渉縞をつくり出すまでは,2つの光線は互いに直角をなすように進行させた.マイケルソンは干渉計の向きをゆっくりと変えると地球が軌道上を動くことにより生じる「エーテルの風」の影響で干渉縞が変化することを期待した.結局この効果を検知できなかったことは,電磁気理論の重要な発展をもたらし,A.アインシュタイン(Albert Einstein, 1879-1955)の特殊相対性理論の誕生を準備した.

マイケルソン干渉計は非常に感度がよく,本来の実験の範囲を超え,多くの重要な用途に応用された.彼は例えば,干渉縞の模様がどのようにして光源のスペクトル特性についての情報を与えるかを示した.また,メートル原器の長さを光の波動によって非常に正確に測定できることを示し,度量衡にとっての干渉計の重要性を説いた.修正されたマイケルソン干渉計は,広範囲にわたる応用性を備えた.例えば1916年,F.トワイマン(Frank Twyman, 1876-1959)とA.グリーン(Arthur Green)は,フィゾー型コリメーターと接眼レンズをつけたマイケルソン干渉計を製作したが,これはレンズとプリズムの精度を測るのに特に優れていた.レンズとプリズムが十分に調節されると,トワイマン-グリーン干渉計では干渉縞は光学面の「等高線図」のような模様をあらわした.

もう1つ広く用いられた干渉計は多光束干渉計であり,その最も一般的なタイプはもともと1897年にC.ファブリー(Charles Fabry, 1867-1945)とA.ペロー(Alfred Perot, 1863-1925)らが考案したデザインに基づいている.ファブリー-ペロー干渉計は点光源からの平行な光線によって照らされる部分的に銀メッキされた2枚の平行なガラス板でできている.光線はガラス板の間を後と前に部分的に反射するので,振幅分割をくり返し受けることとなり,その結果コントラストや鮮明度が非常に高い干渉縞が生まれる.この多目的器具は光の1波長の数百分の1の長さも測定することができ,上に述べた領域のすべての面にわたり応用された.

恒星干渉計

1920年,マイケルソンはフィゾーが最初に提案した干渉技術を用いて恒星の直径を測定した.口径分割干渉計の場合,干渉縞の模様は鏡径の分割と光源の大きさの限度によって決まる.つまり干渉縞を見える状態にするには,口径を離せば離すほど光源を小さくしなければならない.マイケルソン恒星干渉計では2つの反射鏡は(3〜4m離れていた)恒星の像を2つ与えたが,それらは視覚的に結合され大きな望遠鏡を通して観測された.そして干渉縞が消えるまで反射鏡を離すことにより,彼は恒星の視直径を見積もることができた.恒星干渉計での測定は,R.H.ブラウン(Robert Hanbury Brown, 1916-2002)とR.トゥイス(Richard Twiss)らが改良した強度干渉計を用いて第二次世界大戦後まで続けられた.

現代における発達

電磁放射の光束間の干渉の利用により,可視光スペクトル領域を越えることができる.第二次世界大戦以来,赤外線から電波までの振動数の低い放射線もまた利用され

1920年代のマイケルソン干渉計（イリノイ大学）．NMAH 334,757. NMAH 提供．

ている．実際，干渉現象は電波天文学の分野で特に研究されているが，この分野においては，電波の波長が長いと光源の細部にわたって鮮明な写真がつくられにくくなる．それゆえ干渉技術によりスペクトルの情報を得るためには，電波望遠鏡を2つずつ組にして，もしくはより大きな配列でこれを使用するのが便利である．光源の像の鮮明さは数理解析を行うことによって高めることができる．

多くの新しい装置の登場はまた，より幅広い応用性を生み，そして干渉計の改良を促している．現在では多くの器具の設計と操作を簡単にする単色光の強力な光線がレーザーによってつくられる．干渉計を用いて実験を行うために，赤外線や他の放射線を導くことが光ファイバーによって可能になり，また，長い光路長を小さな物理空間に巻きつけることも可能になった．局所的な物理環境における変化に対してのそれらのファイバーの光学的感度のよさにより干渉計は非常に有効なセンサー装置となった．最終的に，自動記録技術と電子計算機の発達により干渉計は幅広い範囲に適用し，干渉縞の数理解析を実用可能なものにしている．

[Andrew Warwick／濱田宗信・橋本毅彦 訳]

■文 献

Candler, C. *Modern Interferometers*, London：Hilger and Watts, 1951.

Haubold, B., H. J. Haubold, and L. Pyenson. "Michelson's First Ether-Drift Experiment in Berlin and Potsdam." In *The Michelson Era in American Science 1870-1930*, edited by S. Goldberg and R. H. Stuewer, 42-54. New York：American Institute of Physics, 1988.

Steel, W. H. *Interferometry*. 2nd ed. Cambridge：Cambridge University Press, 1983.

◆慣性誘導装置

Inertial Guidance

冷戦時代にアメリカとソ連で開発された慣性誘導装置は，新しい航法の形態であるばかりか，特にアメリカにおいては，知識生産の新しいあり方の結果でもあった．慣性誘導装置によって移動体は，いかなる外部データを参照せずとも自らの位置を決定することが可能となる．必要な入力データは，正確な出発地点と時間のみである．これらがあれば，誘導装置は移動体の加速度を計測し，速度と移動距離を導き出す．航法士たちは，慣性誘導装置のことを「押入の天文学」としばしば呼ぶが，それは彼らが天を案内役としてしばしば利用するというような基本的な航法業務を実行しようとしており，あたかも密室から星を観測しているかのようにみえるからである．慣性誘導装置は，自立的な性格をもっていて敵の対抗手段に対して屈強であるがゆえ，もともとは航空機，誘導ミサイル，潜水艦といった軍事的応用のため開発された．慣性誘

導技術の民生市場が展開したのは唯一1970年代初頭のみである．

　古典的な慣性システムは，ジャイロスコープの原理により安定した基盤の上に設置された「加速度計」と呼ばれる洗練された道具で加速度を測定している．加速度計で得られた加速度は二度，積分される．最初の積分で速度が得られ，次に移動距離が得られる．乗り物が動く場合には，ジャイロスコープは複雑なサーボ機構によって土台の安定性を維持する．慣性誘導装置の根本的な問題が発生するのは，システムをひとたび動体の中に置いた場合である．すなわち，どうやって移動体の加速度と重力加速度を分けるのかという問題である．飛行機の垂直方向の線を想像していただきたい．飛行機が止まっているか，または一定の速度で飛行している場合は，その線は「真の」垂直方向を示すことになる．しかし飛行機が加速すれば，この線はもはや垂直方向を示すものとはならない．この問題の解決には，航行の初めから終わりまで方向が一定であり続けるような土台が必要となる．この方向からのずれは飛行中に蓄積され，誤差を発生することになる．このような要求に応えるジャイロスコープと加速度計の開発は，慣性誘導装置の歴史と一致するものである．最近では，リングレーザージャイロ（RLG）といった非機械式のジャイロスコープと強力なデジタルコンピューターの利用によって，そうした精度の高い計器の設計と製造にまつわる一定の問題は取り除かれている．

　H. アンシュッツ＝ケンプフェ（Hermann Anschütz-Kaempfe, 1872-1931）は，1902年，潜水艦による北極点への航海のために半自立誘導システムを開発しようと試みた．彼は，潜水艦の胴体によって引き起こされる方位磁石の狂いという問題に対処するためにジャイロスコープを利用しようとした．ところがそれだけの長い期間，特に加速が続いている間，方位を維持するようなジャイロスコープを設計することは不可能であることがわかった．結局アンシュッツ＝ケンプフェは，この方法で誘導装置をつくることをやめ，ドイツ海軍向けにジャイロコンパスを開発した．アメリカでは，スペリー・ジャイロスコープ社が，1930年代の終わりに自律誘導型システムの開発に関心を示したものの，同社の研究陣は，移動体の加速度と重力加速度の分離は不可能だと考えていた．

　第二次世界大戦中，ペーネミュンデのドイツのロケット設計陣は，V-2ロケットの安定性を図り飛行経路を修正する2つのジャイロスコープと，ミサイルの速度を測りロケットのエンジンを止める加速度計から構成される「疑似慣性装置」を開発した．エンジンが切り放された後，兵器はその弾道軌道上を飛び続けた．V-2ロケットの制御システムは，ターゲットであった首都ロンドンを撃つのに適していたものの，それは詳細にわかっている軌道を飛ぶものであったため，慣性誘導システムということはできない．V-2システムは，長時間にわたって複雑な飛行経路を飛ぶ航空機を誘導することはできないのであった．

　連合国軍の勝利によってドイツの技術がソ連とアメリカに分裂してから，慣性誘導装置の開発も本格化するようになった．アメリカではまったく異なる2つの機関—マサチューセッツ工科大学（MIT）のC. S. ドレイパー（Charles Stark Draper, 1901-1987）の機械研究室とノースアメリカン・アビエーション（North American Aviation）のオートネティックス部門（Autonetics Division)——が慣性誘導装置の技術的な実現に貢献した．両機関の存在と繁栄が可能であったのは軍がソ連への対抗手段として自律航法システムの開発に関心を示したからであった．戦後のアメリカとソ連だけがこの急進的テクノロジーを発展させるのに必要な莫大な資金源をもっていたのである．

ドレイパーはアメリカで慣性誘導装置の発明者として広く認識されている．彼の機械研究室は，「1自由度浮動型積分ジャイロ（the Single Degree-of-Freedom Floted Integration Gyroscope）」のような重要な技術革新に関する責任を担っていた．1自由度浮動型積分ジャイロは，ミニットマンからトライデントIIに至るほとんどすべてのアメリカの主要な核ミサイル誘導システムの重要な要素として利用された．しかし，技術革新だけがこの技術の受容と発展を保証するものではなかった．慣性誘導装置は，もともとソ連領内の標的へアメリカの航空機と巡航ミサイルを誘導するための技術の1つとして見られていた．無線航法システムは，設計と運用が簡単であり，加えてレーダーとマイクロ波着陸装置（MLS）は戦時中，最もインパクトのあった技術的成果であった．慣性誘導装置の究極的な利用は，技術的要因と政治的要因の複雑な相互作用に依存していたのである．

航空用の慣性誘導装置の開発は，戦後ドレイパーと彼の弟子たちにとって根元的な問題であった．長距離にわたって，とりわけ敵の領空にまで航空機を誘導するためには，戦後直後のジャイロよりも数オーダー低い「ドリフト率」（ジャイロがもとの方位からずれる割合）のジャイロが必要であった．ジャイロにおけるベアリングの摩擦低減を促進する粘度の高い液体を利用した浮動型ジャイロは，ベリリウムなどの新素材を利用しており，ジャイロのドリフト率低減競争におけるドレイパーの主要な発明の1つであった．同様に重要な点は，熱核兵器の輸送のための主たる技術的手段が，航空機から弾道ミサイルに移った点であった．弾道ミサイルは航空機に比べて飛行時間が短かいため，精度の高いジャイロが必要であったが，ジャイロは飛行時間が何時間もある航空機に比べて，ほんの数分作動すればよかった．ドレイパーらは，新しいより精度の高い加速度計の開発へと方針転換した．慣性誘導装置がアメリカの国防のバックボーンになったのは，技術的側面のみによるわけではなかった．ドレイパーはまた MIT 航空工学科の兵器システムプログラムを通じて慣性誘導システムに通じた消費者グループを養成した．ドレイパーの学生たちがアメリカのほとんどすべてのミサイルプロジェクトの要職に従事していたことは単なる偶然の一致ではなかった．

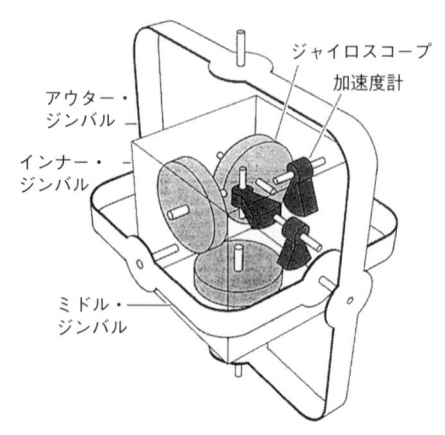

三組のジャイロスコープと加速度計が示された慣性誘導装置の構造．Kosta Tsipis. The Accuracy of Strategic Missiles. Scientific American 233（July 1975）: 18. Copyright ⓒ1975 Scientific American, Inc. All rights reserved.

慣性誘導装置は，単に高度に洗練され，技術的に自律した航法システムということ以上のものをあらわしていた．それは，科学と近代国家が根本的に新たな方法で結びついたことを示すものであった．もはや企業が独自に慣性誘導技術の開発を行い，それを軍に売ることを軍は認めなかった．その代わりに，軍はドレイパーの研究室で早い時期から慣性誘導装置の設計と開発に深く関わったのである．今日，民間航空機は長距離飛行用の慣性誘導システムを利用しているものの，静止軌道衛星のネットワークである GPS（全地球位置把握システム）が位置測定にとってふさわしい手段として機能し始めるにつれて，慣性誘導装置を中心にしたシステムに変化が現れている．唯一，最も機密性の高い核兵器の利用に関する任務においてのみ，慣性誘導装置は適切に生き残るであろう．世界戦争を闘いぬくという戦後の国家的要請の産物である慣性誘導装置は，依然としてそれが立案されたような状況で利用されることはないだろう．

[Michael Aaron Dennis／綾部広則 訳]

■文　献

Draper, C. S. "The Evolution of Aerospace Guidance Technology at the Massachusetts Institute of Technology, 1935-1951 : A Memoir" In *Essays on the History of Rocketry and Astronautics : Proceedings of the Third through the Sixth History Symposia of the International Academy of Astronautics*, edited by R. Cargill Hall, 219-252. Washington D. C. : NASA, Scientific and Technical Information Office, 1977.

Draper, C. S., W. Wrigley, and J. Hovorka. *Inertial Guidance*. New York : Pergamon, 1960.

Hughes, Thomas Parke. *Elmer Sperry : Inventor and Engineer*. Baltimore : Johns Hopkins University Press, 1971.

MacKenzie, Donald A. *Inventing Accuracy : An Historical Sociology of Nuclear Missile Guidance*. Cambridge, Mass. : MIT Press, 1990.

Wrigley, Walter. "History of Inertial Navigation." *Navigation* 24（1977）: 1-6.

◆ガンマ線カメラ
➡ 放射線カメラ

◆ガンマ線分光計

Gamma Ray Spectrometer

ガンマ線分光計とは，ガンマ線のエネルギーを測定する装置である．透過力の強いガンマ線は，フランスの物理学者 P. ヴィラール（Paul Villard, 1860-1934）によって，1900 年に発見され，命名された．当時の測定方法では，発生したガンマ線を確認することはできても，そのエネルギーの違いを識別することはできなかった．その後開発された性能のよい測定方法には，次のようなものがある．その1つは，X 線や低エネルギーのガンマ線が，そのエネルギーの大きさに依存した角度で回折することを利用した，いわゆる集中法の原理による結晶分光計である．注意深く制御された幾何学的な配置のもとで角度を変えて，逐次，測定していく方法により，種々の異なるエネルギーをもつガンマ線の識別とその強度の測定がなされた．もう1つの方法は，（放射体と呼ばれる）薄い箔にガンマ線を照射し，ガンマ線のエネルギーから箔の原子の結合エネルギーを引いたエネルギーをもつ放出された（二次）電子のエネルギーを磁気分光計で測るものである．さらに，気体を封入した比例計数管で X 線や低エ

ネルギーのガンマ線を測る方法もあった．しかし，以上のいずれの方法においても，より高いエネルギーをもつガンマ線の測定は，効果的に行うことはできなかった．

1948年，ガンマ線がタリウムで活性化されたヨウ化ナトリウム（NaI）と相互作用して検出可能な閃光が発生すること，この閃光の強さはガンマ線のエネルギーの大きさに比例していることが見出された．この閃光は光電子増倍管を使って電気信号に変換され，増幅された後，波高分析装置によってガンマ線のエネルギーと強度が決定された．多くのガンマ線を同時に，かつ効率的に測ることができる検出器の製作は，原子核の構造に関する研究の賜であるとともに，逆に，原子核のエネルギーや崩壊についての，より明確な理解を可能にした．

この新しい検出器はまた，中性子や荷電粒子，X線，ガンマ線の照射により生ずる放射性核種からの放射線の測定によって，被照射体に存在する元素の存在度を決定するという放射化分析の分野における急速な成長をもたらした．これらの粒子線の照射は，放射能や蛍光を生み出す．特に，蛍光により，被照射体に存在する多くの元素が識別され，その存在度が測られた．第二次世界大戦以来，大きな中性子線束密度の中性子（10^{13}〜10^{14}中性子・$cm^{-2} \cdot s^{-1}$）を発生する原子炉が一般的に利用できるようになったことから，中性子による放射化分析は最もよく使われる技術となった．%からppmのオーダー，ないしはそれ以下の広い範囲にわたる元素の存在度の正確なデータが必要なとき，この技術は特に有効である．また，産業においては高純度の物質の中の不純物の検出のために，考古学においては陶器や黒曜石，石，金属などの遺品のもともと存在した場所を決定するために，地質学においては岩石の起源を決定するために，また犯罪の捜査や医学研究にも用いられる．

1960年代になって，ゲルマニウム（Ge）の結晶にリチウムを表面にドリフトさせてつくった固体検出器を，真空中で液体窒素温度に保った状態で使用すると，NaIで可能であったよりもよりよい分解能で（より小さいピーク幅で）ガンマ線のエネルギーが測れることを，科学者たちは見出した．NaIによる検出器を使って放射性同位体からのガンマ線放射を測定した以前の多くの研究は，このゲルマニウムを備えた検出器を使ってやり直され有益な結果が得られた．

NaI，さらにはGeを用いた検出器を使い，いわゆる同時計数法によって，物理学者たちは原子核から次々に放出されるガンマ線を容易に測定できるようになった．このような手法による測定は，原子核研究にはかりしれない影響を与え，放射化分析における著しい発展を引き起こした．

放射化分析の分野における最近の成果の1つは，ノーベル物理学賞受賞者のL. W. アルヴァレス（Luis Walter Alvarez, 1911-1988）の手になる「イリジウム同時計数分光計」である．これは，地球化学的に意味のある試料に対する中性子照射で放射化されたイリジウム（Ir 192）からのガンマ線を同時計数法を使ってカウントすることにより，微量のイリジウム元素を測定する装置である．高エネルギーガンマ線のコンプトン散乱による妨害放射線は，Ge検出器のまわりをほぼ完全に囲んでいる2つの鉱油のシールドによって監視される．鉱油はシンチレーターとしてはたらき，放射線が鉱油によって検出されたときは，光電子増倍管と付属する電子回路はGe系での同時

計数としてのカウントを差し止められる.
この分光計は，シールドとしてより効率的なNaIないしはゲルマニウム酸ビスマスではなく，コスト削減のため鉱油をシンチレーターとして使ったために，最低限の予算（20万ドル）でつくることができた.

Irの測定は，6500万年前に恐竜を含む大量の種の絶滅が，直径10kmほどの小惑星ないし彗星の地球への衝突によることを示すのに中心的な役割を果たすので近年，大きな興味がもたれている．1987年から1989年の間，この分野におけるIrの存在度の測定の半分以上が，上述の分光計で行われた．

主として荷電粒子加速器からのビームにより励起される被照射体を備え，（2つないし3つの同時計数回路を備えた）多くのガンマ線を測ることのできるGe分光計を並べた装置が，原子核研究のためにつくられた．これらの装置は超変形核の発見を導いた．すなわち，非常に変形され，高度に励起された高スピンの原子核状態の発見である．その核状態から，連続したガンマ線放射により低いエネルギー状態へと崩壊していく．この業績は，原子核物理学のルネサンスをもたらした．

1995年の初めの段階で，ガンマ線を同時計数法によって効率的に測定することのできる装置があるのは，3個所であった．1つめは，カリフォルニア州バークレーにある（カリフォルニア大学の）ローレンス・バークレー国立研究所の「ガンマ・スフェア」，2つめは，イタリアのパドヴァのレニャーロ国立研究所の「GASPアレイ」，3つめは，最初，イギリスのダレスベリイにあり，その後，フランスのストラスブール原子核研究所に移った「ユーログラム・アレイ」である．このような分光装置においては，コンプトン散乱によるバックグラウンド放射を打ち消すために，Ge検出器のまわりをゲルマニウム酸ビスマス（BGOと略される）で取り囲み，同時計数法によって，Ge検出器で発生するパルスからBGOで発生するパルスを差し引くことにより測定が行われた．

その後，2つのより強力なガンマ線分光計がつくられた．その1つは，移動させることのできるガンマ・スフェアで，1997年4月の終わりには，計画された110の検出器のうち，100ができ上がり稼動している．もう1つの，デンマーク，フランス，ドイツ，イタリア，スウェーデン，イギリスによって建設された「ユーロボールIII」は，1997年には稼動できるはずである．この「ユーロボールIII」は，最初は，レニャーロ国立研究所が，その次にはストラスブールの原子核研究所が使うことになっている［イタリアのレニャーロにおけるユーロボールIIIの運転は，1997年の初めに開始され，1998年の11月に終了した．その後，ユーロボールはフランスのストラスブール原子核研究所に移され，1999年からユーロボールIVとして2002年末まで稼動し

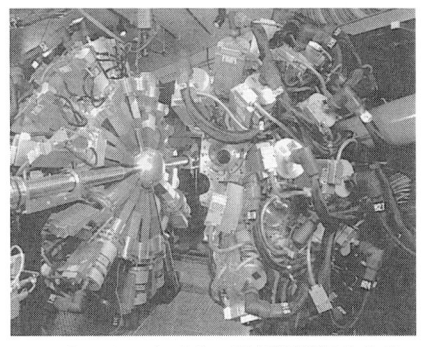

ローレンス・バークレー国立研究所にあるガンマ線分光計「ガンマ・スフェア」(1995年)．ローレンス・バークレー国立研究所提供．

た]．これらの装置は複雑であり，かつ高価でもある(「ガンマ・スフェア」で約2,000万ドル)．その運転と建設のためには，研究所を越えて，さらには国をも越えた協力が必要である．[Frank Asaro／東　徹 訳]

■文　献

Alvarez, L. W., W. Alvarez, F. Asaro, and H. V. Michel. "Extraterrestrial Cause for the Cretaceous–Tertiary Extinction : Experimental Results and Theoretical Interpretation." *Science* 208 (1980) : 1095–1108.

Hofstadter, Robert. "Alkali Halide Scintillation Counter Studies." *Physical Revue* 74 (1948) : 100–101.

Lee, I–Yang. "Gammasphere." In *Exotic Nuclear Spectroscopy*, edited by William C. McHarris, 245–258. New York : Plenum, 1990.

Lieder, Ranier M. "New Generation of Gamma–Detector Arrays." In *Experimental Techniques in Nuclear Physics*, edited by D. N. Poenaru and W. Greiner, 1–56. Berlin : Walter de Gruyster, 1995.

Michel, H. V., F. Asaro, W. Alvarez, and L. W. Alvarez. "Geochemical Studies of the Cretaceous–Tertiary Boundary in ODP Holes 689 B and 690 C." *Proceedings of the Ocean Drilling Program, Scientific Results* 113 (1990) : 159–168.

き

◆気 圧 計

Barometer

　気圧計（barometer, ギリシャ語で baros は「重さ」, metron は「量る」を意味する）は, 大気の圧力を測定する機械である（この語がつくられた当時は, 気体の重さと混同されがちであった）. 約 860 mm のガラス管で, 一方の端が閉じられているのが最も一般的である. 中には水銀が満たされ, 逆さにして開いているほうの端を水銀の中へ垂直になるように浸す. 気体とつり合う圧力を水銀柱によってつくり出し, その高さを測定することによって水銀柱の圧力, すなわち気圧を算出することができる. アネロイド気圧計（ギリシャ語で a は「～がない」, neros は「湿った」, すなわち「液体を用いない」という意味である）は, 液体柱の代わりに空の金属製小箱を用い, 小箱の上面の金属板に直接気圧を受ける計器である.

　気圧計の前史は, 17 世紀初頭の実用的な水力学にさかのぼる. 井戸掘り職人や鉱山技師は, 揚水器やサイフォンがおよそ 10 m 以上は水を吸い上げることができないことに気づいており, このことに基づいて哲学者の間でポンプの実験が行われるようになった. ガリレオ（Galileo Galilei, 1564-1642）は管内の「真空の力」が水柱を引き上げているのではないかと考えた. 一方, I. ベークマン（Isaac Beeckman, 1588-1637）, G. バリアーニ（Giovanni Baliani, 1582-1666）などは, 管の外の空気の重さが管内の水柱とつり合っているのだと考えた. この議論は 1641 年頃まで続き, G. ベルティ（Gasparo Berti）は「40 掌尺（手の長さの 40 倍）」ほどの鉛管を, ローマにある自分の家の壁に取り付け, 上部をフラスコで閉じ底を水のたるの中に立たせた. 止めコックを使って水が満たされ, 管内の水柱はたるの水かさより約 18 腕尺押し上げられていた.

　V. ヴィヴィアーニ（Vincenzio Viviani, 1622-1703）とおそらくガリレオ自身も, このような実験では異なる液体を使えば, 押し上げられる高さも異なると予想した. そして 1644 年に E. トリチェリ（Evangelista Torricelli, 1608-1647）の提案で, ついにヴィヴィアーニが水銀柱を用いての有名な実験を行った. トリチェリは, 管の外の空気は水銀柱とつり合っており, その高さは水銀と水という特殊な重さの比によって, ベルティの水柱実験のときよりも小さな値で比例していると考えた.

　この実験は多くの自然哲学者にとって研究の課題であり, この段階ではまだ気圧計ではなかった. トリチェリは自分の実験を「空気の変化を示すことができる道具」だと記したが, その後 20 年間はトリチェリとその後継者の間では真空状態や, 空気と

水銀の静流体力学的平衡についての論戦に費やされた.「トリチェリの管」や単に「管」,「水銀実験」,「トリチェリの実験」または「真空の実験」などとさまざまに呼ばれるこの装置は, 気圧を測る道具ではなくデモンストレーション用実験にとどまった. パスカルはその管に紙製の目盛りを入れ,「天気の曇り具合に応じて水銀が上下に動く」ようにさせたが, 彼はそれを「望めば観測が連続的にできる」がゆえに「連続実験」と呼んだ. 彼の言葉は証明実験から測定器具への移行を反映している. 1663年に R. ボイル (Robert Boyle, 1627–1691) は測定器具としてのその装置を「気圧計」と名づけた.

1660 年から約 10 年間は, 特にイギリスにおいて発明が多くなされた時期で, 数多くの気圧計が考案された. その多くは R. フック (Robert Hooke, 1635–1703) の手によるものである. その中には, 水銀をためておく容器に代わって管の下部を上に U 字に曲げたサイフォン気圧計もある. また, フックの円盤目盛気圧計は, サイフォンの短いほうの管の水銀面上の浮きからの糸を滑車に渡し, その軸に長い針をつけることで気圧計の動きを増幅させた (図参照). 二重三重気圧計は水銀柱の上に異なる液柱を加え, 水銀の動きをよくしている. また斜行気圧計は, 管の端末部の数インチが曲げられており, 同様の効果がある. フックはこのとき顕微鏡の研究, 液体静力学に関わっており, 気圧計の設計もその脈絡でなされた. 彼の言葉使いは, 彼が気圧計をいわば大気の顕微鏡, つまり感知できないような空気の微弱な変化を拡大するものとしてとらえていたことがあらわれている.

このように多くの発明がなされたのだが, 気圧計の精度は全く上がらなかった. フックと同時代の発明家たちが精度に関心を払った形跡はない. しかし, 地図製作者や測量者は不正確な気圧計に不満を感じていた. なぜなら, その器具が高さの測定に役立ち, 海抜高度の測定の手間を省いてくれるからである. 七年戦争の後, 軍事測量や国土調査の必要性が増し, またアルプス登山が流行することで, 精密な気圧計の需要が急増した. ジュネーブの登山家で自然哲学者であった J.-A. ドリュック (Jean-André Deluc, 1727–1817) は, 1770 年頃に 0.01 インチの精度をもつ携帯用気圧計を考案した. ドリュックは水銀中に溶けている空気を取り除くために水銀を沸騰させることや, 気圧計に目盛りをつけたり水銀面の曲がりを読み取る方法, また水銀, ガラス, 周囲の空気の温度膨張による補正などの工夫を行った. またドリュックは体系的継続的観測法と観測誤差の補正法を導入したが, それは同時代の人々に革命的とみなされた.

ドリュックの方法は急速に広まり, 特にイギリスでは J. ラムスデン (Jesse Rams-

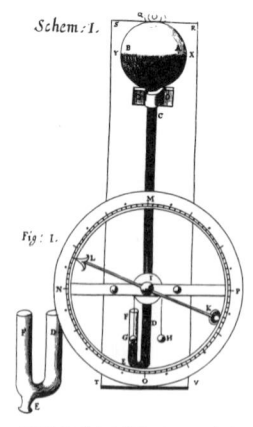

フックの円盤目盛気圧計 (1665 年). Robert Hooke. Micrographia. London, 1665 : Plate 1, Figure 1. SSPL 提供.

den, 1735-1800) が, 0.001 インチの精度の気圧計を製作した. ラムスデンやその他イギリスの職人は多くの資本を蓄え, 初期の工場生産的手段を用いることでフランスをはるかにしのぐようになった. その頃のフランスでは器具製造の職人的な組織は中世と変わらなかった. しかし, フランス政府が科学器具の取引きを奨励したことや革命でギルドが廃止されたこと, 軍事的理由やメートル法の導入のために器具の需要が急激に増えたことにより, フランスでは旧体制末期から革命期やナポレオンの時代に器具職人は近代化の道へと歩み出すことになった. N. フォルタン (Nicolas Fortin, 1750-1831) の気圧計がその1つである. フォルタンは, 水銀槽の底を革の袋で閉じ, 気圧計の目盛りのゼロ点を示す象牙の指針に水銀が触れるまでネジで革袋を押し上げることができるようにした. また, ガラスの窓がつけられ操作の様子がわかるようになっていた. 0.002インチまたは0.1 mmまで読み取れるこの気圧計は, 19世紀において標準とされた.

ドリュック, ラムスデン, フォルタンらの気圧計は, 本質的に現代の器具と変わりはない. 19世紀にできた他の気圧計には, 海洋気圧計, 高精度の「一次」気圧計, アネロイド気圧計などがある. フックは海洋気圧計を発明し, すぼめた管を用いることで船の上で水銀がゆれたりガラス管が割れてしまうのを防いだ. この器具はその後忘れられたが, 1770年頃, E. ネルン (Edward Nairne) によって再び考え出された. イギリスの帝国拡張や英国科学振興協会キュー委員会の努力により1845年から1860年頃にかけて, 海洋気圧計は現代のかたちへと発展し, いわゆるキュー気圧計が船の上では一般的となった. 同じ頃, R. フィッツォロイ (Robert Fitzroy, 1805-1865) 提督は「銃」気圧計を発展させた. これは, 軍艦の発砲による振動を妨げるために管が加硫ゴムで閉じられている気圧計である.

19世紀中期以降, 国家支援のもとで気象観測網が拡大したため, 観測器具の目盛づけの基準となる高性能な精密「一次」気圧計の需要が高まった. これらの気圧計は, 管を磨いたり満たしたりするのに精巧な手法を要した. 水銀の上に真空状態をつくったり (スプレンゲル・ポンプは1880年代に最初に使用された), 水銀の目盛りを読み取るために顕微鏡・望遠鏡・マイクロメーター・カセトメーターなどの視力補助器具や画像投影が使用された. 初期の気圧計はまた, 物理学や物理化学の分野での精密測定に使用された.

G. W. ライプニッツ (Gottfried Wilhelm Leibniz, 1646-1716) はアネロイド気圧計と実現時に呼ばれることになるもののアイデアを示唆した. 1698年に彼は「空気の重さによってひとりでに圧縮したり膨張したりする小さなふいご」を提案した. 空気の圧力は, 内部の鋼のバネでつり合わされる. 1844年にL. ビディ (Lucien Vidi, 1805-1866) が設計した最初のアネロイド気圧計は, 33のらせん状バネで支えられた波板膜をもつ真鍮性の箱であった. アネロイド気圧計は登山家や旅行者の間でよく使われるようになった. 晴雨計や海洋気圧計としても使われた. 20世紀には冶金術の進歩と, 航空の要求に伴い, アネロイド気圧計は多くの気象観測所で水銀気圧計に取って代わる正確で信頼性の高いものとなった.

[Theodore S. Feldman／田中陽子・橋本毅彦 訳]

➡ 自記気圧計も見よ

■文 献

Bennett, J. A. *Le Cityen Lenoir : Scientific Instrument Making in Revolutionary France*. Cambridge : Whipple Museum of the History of Science, 1989.

Feldman, Theodore. "Late Enlightenment Meteorology." In *The Quantifying Spirit in the 18th Century*, edited by Tore Frängsmyr, J. L. Heilbron, and Robin E. Rider, 143-178. Berkeley : University of California Press, 1990.

Middleton, W. E. Knowles. *The History of the Barometer*. Baltimore : Johns Hopkins University Press, 1964.

Turner, Anthony J. *From Pleasure and Profit to Science and Security : Etienne Lenoir and the Transformation of Precision Instrument-Making in France*, 1760-1830. Cambridge : Whipple Museum of the History of Science, 1989.

Turner, Gerard L'E. *Nineteenth-Century Scientific Instruments*. Berkeley : University of California Press/Loncon : Philip Wilson, 1983.

◆気体計量機【ファン・スライケ式】

Van Slyke Gasometric Apparatus

1917年，ロックフェラー研究所病院のD. D. ファン・スライケ（Donald Dexter Van Slyke, 1883-1971）の研究グループは，血中二酸化炭素濃度を測るため，気体計量装置を考案した．この機器はすぐに，酸素，一酸化炭素，全窒素量，アミノ酸，乳酸，糖分，カルシウムなどを測定するためにも用いられるようになった．

最初の機器では，溶液から排出室へと気体が遊離され，大気圧のもとにおかれ，その容積が測定される仕組みになっていた．ファン・スライケとJ. M. ニール（James M. Neill）によって，1924年，より精密な測定が可能な装置が開発された．この装置では，解放された気体は体積一定の容器に導かれ，そこに装着された気圧計によって圧力が測定され，そこから気体の現存量が決められるようになっていた．

「装置は両端が栓で密閉された50 cc ピペットから構成されている．ピペットの下端は重い壁付きゴム管に，ゴム管は水銀の水平調節球につながっている．上端には血液試料および試薬を入れる．分析は，装置に水銀を注入し，試薬によって気体を遊離させる前後の血液試料を測定することによってなされる．ピペット内が真空になるまで水銀のレベルを下げて，溶液から気体を抽出する．その際ピペットを1〜3分間揺する．その後液体成分は下端に密閉され取り付けられた小球へと流され，また水銀は，大気圧レベルに戻るまで再注入される．ピペットにつけられた目盛りによって気体の体積を読み取る．」（Peters and Van Slyke (1932)：230頁）

前史

気体を化学的に分析する初期の方法は，R. ブンゼン（Robert Bunsen, 1811-1899）の『気体測定法（*Gasometrische Methoden*）』（1857年）によって体系化された．これより19世紀末までの間に，生理学者はさまざまな気体測定法・装置を用い，とりわけ，動植物の呼吸と血中気体を探求していった．これらの機器の詳細については，アブデルハルデン（Emil Abderhalden, 1877-1950）の『便覧（*Handbuch*）』（1910年）に載っている．

生理学的研究では，気体は血液のような溶液から抽出されることが多かった．しかし，完璧な抽出は難しく，血液ポンプ中を減圧下で暖めなければならなかった．また，分析は時間がかかり，血液が泡立つため，正確な測定も難しかった．

1901年，J. バークロフト（Joseph Barcroft, 1872-1947）と J. S. ホールデン（John Scott Haldane, 1860-1936）は，血中の気体の新しい測定法を開発した．大気圧下で空気を密閉した測定室に血液試料を入れ，酸素（フェリシアン化物の添加によって）もしくは二酸化炭素（酒石酸の添加によって）を遊離させ，圧力変化から気体の体積増加を測定するのである（血液ガス分析機の項を参照）．ファン・スライケの装置は，これと血液ポンプの方法からいくつかの要素を組み込んだ．つまり，気体の抽出は試薬による化学的方法へと変わったのである（ただし，大気圧下ではなく，真空状態で行われる点は変わりなかった）．また，気体の再吸収を避けるため，液体を下に流し込んだ後に気体の体積を測定するように変更された．

原型と発展

ファン・スライケの装置は二種類存在した．1つは大型のもので，これはおよそ1 cc の血液もしくは血漿中の気体を測定するために用いられた．もう1つは小型で，少量の溶液（0.2 cc）用であった．1921年になると，W. スタディ（William Stadie）によって機械的振とう装置がつけ加えられることになった．また，測定精度がさらに高まるように，目盛りつきピペットの内径が狭められた．1924年には気圧計がつけ加えられ，測定の精度がさらに向上した．

この機器は最初，ニューヨークのE. グレイナー（Emil Greiner）によって工場生産されたが，機器のつくりが比較的単純であったため，たいていの研究室で組立可能であり，多くの会社で生産可能であった．1920年代の初期には，いろいろな体積測定機器が販売された．例えば，ニューヨークのアイマー＆アメンド社では，10ドルの基本的なガラス製機器から，スタ

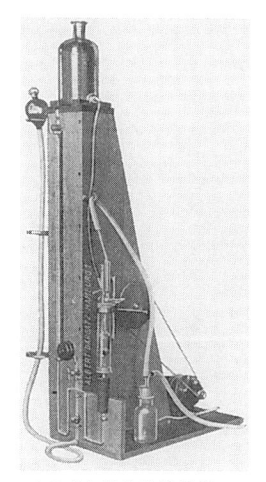

ファン・スライケ気体計量装置. Handbuch der biologischen Arbeitsmethoden : Methoden der allgemeinen vergleichenden Physiologie, Vol. 3, edited by Emil Abderhalden, Berlin, 1938 : 141. アーバン＆シュワンツェンベルグ社提供.

ドに取り付けられ，過熱冷却器・振とう用モーターまでついた60ドルの製品まで，各種製品が売られていた．

使用

ファン・スライケの装置は，以前のものより，取扱いが容易だった．また，測定のたびに調整したり機器を清掃したりする必要がなく，くり返し測定することが可能で，それもすばやくできた（一連の測定は，3～4分に1回の割合で可能だった）．これらの事実により，確実に臨床系研究室の日常業務に使うのに適していた．だが，そのためにはかなりの技術的な熟練を要したし，やや煩雑な計算が必要ではあった．

ファン・スライケは自らの装置を，糖尿病性の酸血症（アシドーシス）が検知できるように考案していた．アシドーシス状態では，血中の重炭酸塩が欠乏する．アルカリ性物質の保有量の状態が，あるいはより

一般的にいうと，血中の酸性物質に基づく平衡状態がわかることによって，他の多くの病理学的状態（例えば，腎炎や循環器系疾患）についても有意義な情報が得られるとし，そして，この装置によって他の気体や物質の測定ができるとすると，この装置は，臨床診断をする研究室や生理学的・生化学的探求にとって，広範な応用が可能であった．ファン・スライケ自身は血液を物理化学系とみなした研究を遂行したが，それはこの気体測定装置によって得られた結果に大いに依存していた．

後の発展

ファン・スライケの装置は，徐々に血中気体測定用電気機器に置き換えられていったが，1970年代に至るまで，血中酸素測定の標準的方法であり，1980年代でも，科学機器のカタログに掲載され続けた．

[Olga Amsterdamska, Anne Lohnberg／廣野喜幸 訳]

■文 献

Amsterdamska, Olga. "Chemistry in the Clinic: The Research Carrer of Donald Dexter Van Slyke." In *Molecularizing Biology and Medicine: New Practices and Alliances 1930s–1970s*. edited by Soraya de Chaderevian and Harke Kamminga. Reading, England: Harwood Academic, 1997.

Büttner, Johannes, ed. *History of Clinical Chemistry*. Berlin: Van de Gruyter, 1983.

Peters, John P., and Donald D. Van Slyke. *Quantitative Clinical Chemistry*, Vol. 2, *Methods*. Baltimore: Williams and Wilkins, 1932.

Van Slyke, Donald D. "Studies of Acidosis. II. A Method for the Determination of Carbon Dioxide and Carbonates in Solution." *Journal of Biological Chemistry* 30 (1917): 347–368.

Van Slyke and James M. Neill. "The Determination of Gases in Blood and Other Solutions by Vacuum Extraction and Manometric Measurement. I." *Journal of Biological Chemistry* 61 (1924): 523–573.

◆起 電 機

Electrostatic Machine

起電機（静電起電機）は静電荷を生み出す．近代の電気研究を始めた『磁石論（*De magnete*）』（1600年）の著者であるW. ギルバート（William Gilbert, 1544-1603）は，磁石の引力の性質と，琥珀やガラスや硫黄のような摩擦「電気」の引力の性質を区別しようとした．その60年ほど後，マグデブルクのO. フォン・ゲーリケ（Otto von Guericke, 1602-1686）が考案したのは，後世の学者たちが最初の静電起電機であると理解したものであり，それは電気起電機としてより一般的に知られている．それを構成していたのは子どもの頭ほどの大きさの硫黄球であり，手で回転させられこすられた．ゲーリケは静電気の多くの性質を観察したけれども，彼のねらいは自身の宇宙論を論証することであったので，静電気をそれ自体で認めはしなかった．彼によると，自然界にはいくつかの力が存在しており，そこには彼が重力と同一視した引力も含まれている．彼の装置は地球の模型，すなわちギルバートの磁石球に対する電気球であり，手による摩擦は，自転している地球にすれる空気が，引力すなわち重力を生み出すことであった．

多くの典拠によると，I. ニュートン（Isaac Newton, 1642-1727）が硫黄球の代わりにガラス球にすることによって電気起電機を改善したことになっているが，それは誤りである．しかしながらニュートンは，ガラスはこすられると強い引力の性質

をもつよい「起電物体（electric）」であることを，実際に説明している．

摩擦静電起電機の発達の次の段階は，1706年にロンドンの王立協会で非公式の「実験室長」であったF. ホークスビー（Francis Hauksbee, 1666-1713）によってもたらされた．その30年ほど前，フランスの天文学者J. ピカール（Jean Picard, 1620-1682）はパリにある彼の観測所で気圧計を動かしたとき，振動している水銀の円柱の上に不思議な白熱がときどきあらわれるのを観察していた．ホークスビーによるとその白熱は気圧計のガラス管と水銀の摩擦によって起こり，そして電気を生み出すものであり，また同じ現象はガラス球を羊毛の布地や素手で回転させることによっても生み出されうるのである．

ホークスビーの起電機はすぐには広まらなかった．その代わりにそれは，彼の電気的な白熱の実験をくり返すために使われ続け（それゆえC. ヴォルフ（Christian Wolff, 1679-1754）によってドイツでは「発光器」と呼ばれている），一方，ふつうの電気実験は摩擦球や樹脂性の棒（あるいは管）によって行われた．

起電機の発達をもたらした，電荷の振舞いに関するいくつかの重要な発見によって，電気的物質と非電気的物質，すなわち伝導体と絶縁体とを区別することが可能となった．少なくとも次にあげるライプツィヒの2人は1730年代に電気実験にホークスビーの球の起電機を使っていた．それは，当時ライプツィヒ大学でそして後にヴィッテンベルク大学で数学と物理学の助講師であったG. M. ボーゼ（Georg Matthias Bose, 1710-1761）と，ライプツィヒ大学の数学の教授であったC. A. ハウゼン（Christian A. Hausen）であった．ボーゼの起電機は球形のランビキ（蒸留器）からなっていた．まだ手でこすられていた球からの電荷は，絹のひも（青く染められたひもが最もよい絶縁体であると考えられていた）からつるされるか，または樹脂あるいは封蠟の厚い固まりの上に立つことによって絶縁された人間に集められていた．1743年ボーゼはその人間を，同じ方法でつるされた望遠鏡のブリキの管に取り替えた．彼は球から管への電荷の移動を促進するために，ガラスに最も近い管の端に糸の束を入れることを最初に試みた人だったかもしれない．彼は電荷を増やすために複数の球の起電機も使った．1743年に遺作として出版された，ハウゼンの『電気についての新たな知見（*Novi profectur in historia electricitatis*）』の口絵にある電気起電機の挿し絵は，科学者たちの伝統的な考えを正確に描写している．

しかしながらボーゼとハウゼンの粗野な発電機を発展させ，起電機を一般的に広めたのは，ライプツィヒ大学の古典の教授であるJ. H. ヴィンクラー（Johann Heinrich Winckler）であった．地元の施盤工であるJ. F. ギーシンク（Johann Friedrich Giessing）と共同で作業をしていたときに，彼らはクランクを手で回すのではなく，フットペダルによって動かされる電気起電機を採用し，回転しているガラス球をこするために柔らかい素材を詰め込んだ皮革やリンネルのクッションを導入した．彼らの伝導体は青い絹のひもによって調節台の上に支えられている，長い金属の管でできていた．1744年，ヴィンクラーは真空の中で電気を起こすという進んだ計画を展開し，その次の年には『哲学紀要（*Philosophical Transaction*）』の中で複数の球の起電機を説明した．それとほぼ同時にヴィンクラー

かスコットランドの僧 A. ゴードン（Andreas Gordon）のいずれかが，ガラス球をガラスのシリンダーに取り替えた．

ヴィンクラーの電気起電機は1745年にロンドンの王立協会に進呈された．その5年後宮廷画家 B. ウィルソン（Benjamin Wilson, 1721-1788）が描写した「コンパクトな」シリンダー起電機においては，すべての要素が，たった1つの台の上で結合していた．彼が導入した「集電櫛」は，以前使われていたひもや鎖の代わりに電気を集める働きをするために，回転しているシリンダーの近くから遠くまでいたるところに置くことができた金属の針金の櫛のような配置からなっていた．

18世紀後半に電気起電機はその基本的な形を確立したが，多くのバリエーションがあった．ガラスをこする皮製のクッションの圧力は調整することができ，電荷は「最良の伝導体」と呼ばれた絶縁された金属の管によって集められた．唯一の根本的な刷新は1750年代に開発されたプレート式の電気起電機であり，そこでは球やシリンダーが1つあるいはそれ以上の厚いガラスの円板に代えられていた．これによってさらにコンパクトな配置が可能となった．ただ1人の発明者をあげることはできないが，その競争者たちには M. プランタ（Martin Planta），シガー（Sigaud de la Fond, 1730-1810），J. インヘンハウス（Johann Ingenhousz, 1730-1799），そして J. ラムスデン（Jesse Ramsden, 1735-1800）が含まれる．ラムスデンと P. ドロンド（Peter Dollond）の両者は1760年代にプレート式の起電機を商い始めた．イギリス式はさらにコンパクトであった．そこでは，ネジで調節できる4つのクッションが2つの木製の支柱の間で支えられているガラスにこすれ，最良の伝導体はガラスの支柱あるいはライデン瓶の上で支えられている真鍮の管であり，その腕は，1点あるいは複数の点で集電装置に集まっていた．大陸式は，しばしば誤ってラムスデンが引き合いに出されるが，ずっと大きいものである．最も重要なのは1783年に当時アムステルダムに住んでいたイギリスの器械製造業者の J. カスバートソン（John Cuthbertson）によって M. ファン・マールム（Martinus Van Marum, 1750-1837）のためにつくられたプレート式の起電機である．その巨大で対をなすガラス板が生み出す長さ2フィート（60 cm）にわたる放電は，およそ50万 V もあった．この起電機はハーレムにあるタイラー博物館でいまだに見ることができ，現代の複製品はユトレヒト大学博物館で見ることができる．1800年に A. ヴォルタ（Alessandro Volta, 1745-1827）が発明したボルタ電池によって，静電気から電流へ

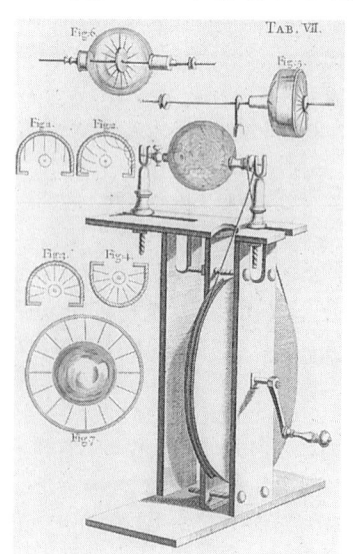

F. ホークスビーの起電機．Francis Hauksbee. Physico-Mechanical Experiments. Second Edition. London, 1719：Plate VII． SSPL 提供．

と関心が移っていった(電池の項を参照).

起電機の初期の発達は主に経験的であった.その絶縁された最良の伝導体と集電点は未熟な設備でなされた発見に基づいていたとはいえ,実験は概念的な枠組みの中で行われていた.18世紀の後半にそのデザインのさらなる進歩に多大な影響を与えたのは,理論的な考察,特にフランクリン(Franklin)の電気の振舞いに関する一流体理論であった.

[Willem D. Hackmann／成瀬尚志 訳]

■文　献

Hackmann, Willem D. *Catalogue of the Pneumatic, Magnetic, Electrostatic, and Electromagnetic Instruments in the Museo di Storia della Scienza.* Florence：Giunti, 1995.

Hackmann, Willem D. *Electricity from Glass：The Development of the Frictional Electrical Machine 1600-1850.* Alphen aan den Rijn：Sijthoff and Noordhoff, 1978.

Hackmann, Willem D. "The Relationship between Concept and Instrument Design in Eighteenth-Century Experimental Science." *Annals of Science* 36 (1979)：205-224.

◆軌道記録装置

Rail Track Recording Device

軌道記録装置は,列車を運行させるための一定の水準を満たすよう,鉄道線路の保守を補助する.これらの水準に合った線路の保守管理は,安全を保証し,線路とその上を走る車両の両方の維持費を最小にし,適切であれば乗客の快適さを最大にする.

背　景

記録装置が導入されたのはいまから50年ほど前だが,それまでは一団の人々が線路の検査と保守に専従していた.この方式の効果を確認するために,線路上の走行状態を記録する特殊な車両が開発された.その車両は,イギリスでは軌道試験車(track testing cars),アメリカでは軌道検測車(track geometry cars)の名で知られていた.ハレード・レコーダーのような器械がグラフを作成し,振り子で動くペンが,時計仕掛けのモーターで動く巻き紙に線を描くことによって線路の欠陥や不完全なところを示した.指摘された欠陥は,自動的に放出される白色塗料の飛沫によって,その場でしるしがつけられた.

イギリスでは旅客交通がきわめて重要であり,今日の軌道記録客車は,高速で普通客車の乗り心地を評価し,どこに線路の欠点が生じるかを指摘する.アメリカでは鉄道を貨物輸送に利用するほうがはるかに多く,AAR(アメリカ鉄道協会)は独自の車両を使って,例えば,基準に満たない線路が車体のスプリングに与える影響,つまり保守の経費を評価し,より大きい車輪負荷に耐える線路の能力,つまり将来のより大きな有効荷重を見きわめる.

軌道記録客車の情報を補足するために,BR(英国国有鉄道)はマティサー軌道記録トロリーを導入し,クロスレベル,路線の平面図,線路の傷を測定した.コンピューターをつけ加えたことによって,これらのトロリーは性能が向上し,「ネプチューン」のコード名をつけられた車両軍団が1960年代初頭から20年あまりにわたって使われた.それらは低速で運転され,自重による荷重のもと,ほとんど静止した状態でしか線路の形状寸法を記録できなかった.イギリスにおける最も新しい開発は高速軌道記録客車で,これは時速15〜125マイル(24〜200 km)で運転できる.アメリカでそ

れに当たるのは，AAR の一部としての軌道荷重車である．アメリカでは軌道車両力学計画によって，その主要目的である軌道保守法の改良版の開発と，脱線を減らすための車両設計基準の向上がなされた．

高速軌道記録客車と超音波試験列車（BR）

BR での車軸荷重はおよそ 25 t に増え，時速 100～125 マイルの運転速度は普通に出せる．高速軌道記録客車が開発されたのは，その荷重と高速のもとでの列車の振舞いと線路の形状に関するデータを提供するためである．どちらの条件も，ネプチューン車ではかなえられない．

導入後，高速客車は 2 カ月間で 1 万 2500 マイルを超える線路の形状を検査，記録するのに使われた．1 年あたり 8 万マイルの線路の検査が，この車両の計画使用量である．この客車は標準的な 2 f 型客車をもとに開発された．計器を装備したコンパートメントが 1 つと，座席内装つきコンパートメントが 1 つ，それに乗務員用の二段ベッドつきコンパートメントが 1 つある．独自のディーゼル発電機をもち，真空ブレーキと空気ブレーキの両方が備わっている．この客車は全体を貫くように制御ケーブルが取り付けられているので，先導車の運転手による制御のもと，高速列車セット（一番前と後ろに動力車をつけて）の中で走行できる．

器具類は，ダービーの鉄道技術センターで開発されたものであり，非接触センサーを使って 6 つの基本パラメーター，すなわち垂直断面形（左右のレール），水平断面形（路線平面図），クロスレベル，湾曲の程度，勾配の変化を測定する．このデータから，例えばクロスレベルとねじれの程度など，多数の二次統計が生み出される．車軸箱と車枠の間の垂直方向の動きは転位変換器で測定され，レールの内縁から作動する光学式走査装置は，水平方向の移動に関するデータを提供する．

高速で作動しているときに収集される情報は，1 秒間あたりおよそ 5,000 件の測定にのぼる．搭載されたコンピューターがこの情報を処理し，標準偏差をはじき出し，超過数を表の形で示す．標準偏差の平均効果が，不都合な孤立した欠陥を隠蔽してしまわないように，限界水準が設けられ，その水準を上回る記録（超過）は別々に記録される．優先的に注目すべきはなはだしい欠陥は図示され，欠陥の位置を探しやすくするため，その場所の地面にペンキが吹きかけられる．

超音波試験列車は，超音波技術を使って，線路の目に見えない傷を検査する．それらの傷は，英国原子力公社の非破壊検査センターの協力により記録され，自動的に分析される．この車両も，線路にしるしをつけるペンキ噴霧装置を備えている．

軌道荷重車（AAR）

フランジ［レールの端に出ている補強用の広い縁］の立ち上がり，標準軌間の拡張，軌道パネルの移動は，原因が明らかになりにくい脱線を引き起こすおそれがある．問題は明確に規定できないが，横方向に働く力と（車輪がレールから浮いてはずれ得るときは）弱い垂直方向の力に関係し，それが脱線につながるのである．軌道荷重車は，制御された脱線状態をシミュレートし，車両がかける荷重に対する軌道の動力学的反応を確認するために設計されている．

この車両は SD45-X 型機関車の台枠の上に建造される．上部構造は厚さ 4 分の 1 インチの鋼板で組み立てられる．この鋼板は重さが 26 万 3,000 ポンド（11 万 8,350 kg）で，構造体に剛性と質量を与える．機関車

AAR輸送技術センターで使われる軌道荷重客車（1990年就役）．AAR鉄道技術部提供．

本来の台車に加え，車両中央の下に5組目の車輪がある．これは液圧ラムを通じて軌道に荷重を加えるのに使われるほか，静止中と移動中の両方の軌道の反応を測定するのにも使われる．特別設計の車輪セットには，独立した車輪とその支持部分が含まれる．もっと一般的な，普通の車軸に固定された2つの車輪という配列も，試験の条件がそれを必要とするなら取り付けられる．

荷重を誘導する液圧ラムの働きはコンピューター制御されており，それぞれの車輪への荷重を自動的に調整し，カーブでの車体の転位などの影響に順応しなければならない．その転位は，よくあるカーブで6インチ（15 cm）に達することもあり，カーブにさしかかったり脱したりする間，絶え間なく変化する．この車両は5万ポンドを上回る垂直方向と水平方向の荷重を加えることができる．軌道荷重車を使えば，車輪とレールの相互作用に起因して脱線を招く条件はすべて調査できるだろう．

[Tony Hall-Patch／忠平美幸 訳]

■文 献

Coster, Peter J. "Maintaining the Permanent Way 3: Inspection and Day-to-Day Maintenance by Machine." *Modern Railways* 39 (1982): 501–505.

Coster, Peter J. "The Railway Civil Engineer 2: Permanent Way Structure and Design." *Railway World* 38 (1977): 58–62.

"Recent Developments in Track Recording and Rail Inspection." *Modern Railways* 34 (1977): 174–175.

◆キモグラフ

Kymograph

19世紀のドイツの生理学者C. ルートヴィッヒ（Carl Friedrich Wilhelm Ludwig, 1816-1895）は，心臓の収縮拡張リズムと呼吸の関係を研究するため，キモグラフ（動態記録器）を考案した．そして，自らの考案によるこの機器が，生物医学の諸研究に本質的に重要な道具になるのを見ることになった．キモグラフ登場時に，ベルリンの医学生だったW. ブント（Wilhelm Max Wundt, 1832-1920）が記すところによると，「旧学派」の生理学者たちでさえ，キモグラフは生理学的諸機能間の関係をよくとらえることができるので，「生理学のあらゆる諸発展の道程において，生理学者の伴侶となる運命にある」だろうと賞賛し

たという．キモグラフは侵襲的なので，ヒトの生理学的研究に用いられたことは一度もない．しかし，ルードヴィッヒの研究に誘われて，他の生理学者たち，例えばよく名の知られたところをあげれば，ヘルムホルツ（Hermann von Helmholtz, 1821–1894），フィアロート（Karl Vierordt, 1818–1884），E.-J. マレー（Etienne-Jules Marey, 1830–1904）といった人たちが，筋運動記録計（ミオグラフ）・脈波計・心拍動記録器（カルジオグラフ）などの似たような機器をつくり，他の生理学的諸機能が記録されていくようになったのである．キモグラフは「波形記録器」を意味するギリシャ語に由来する．

前史

伝統的なガレノス流の医師たちは，手首や足首の脈の質的特徴，特に動脈の拡張やその率に関する特徴を診ていた．17～18世紀は，多くの医師たちが，臨床家にとって利用可能な幅広い質的徴候をなんとか診ることができ，計測することができるようにならないかと追求していた．例えば，S. ヘイルズ（Stephen Hales, 1677–1761）は，脈管の側面に長いガラス管を固定し，管内を上っていく血液の高さを測ることによって，血圧を計測しようとした．ヘイルズの管の下端には銅製の短い管がはめ込まれていて，心臓方向への正しい角度をとれるようになっていた．

1820年代になると，E. H. ヴェーバー（Ernst Heinrich Weber, 1795–1878）は，外頸動脈が脈打つときと足背動脈のそれの違いを測定し，脈動は大動脈から周辺部のあらゆる動脈へと伝わっていくことを示した．ヴェーバーはまた，ゴム管に水を流し，どう脈打つかを調べ，それと動脈とを比較し，「脈は，短波が動脈にそって伝わっていくのではない．それはたいそう長波なのであって，大動脈の基部から足の爪先の動脈まですべてを探しても，単一のパルス波など見つかる余地がない」と見なされるべきだとした．1828年，エンジニアのJ.-L.-M. ポワゼイユ（Jean-Leonard-Marie Poiseuille, 1799–1869）は，以上のような探求を，呼吸と血液循環の相互作用の問題へと拡張し，医師たちの関心を誘った．彼はU字型をした血圧計を使用し，それを側方から管壁へとしっかりした連結用部品によって固定した．彼は血動態計（hemodynamometer）と名づけたこの機器で，頸動脈と末梢動脈中の血液にかかる力を測定した．

現代的な諸道具

ルートヴィッヒのもともとの機器は，圧力計を動脈に結びつける管およびカニューレ，圧力計と記録用の針，時計仕掛けの記録用円筒から構成されていた．カニューレには，側部に開口部がある真鍮管が使用され，開口部は止め栓によってしっかりと閉じられるようになっていた．管は重炭酸ナトリウム（重曹）溶液で満たされ，適切な角度で動物の動脈に挿入された．カニューレは生ゴム製接合部によって圧力計に適切にはめ込まれた．圧力計には，一様な内径のガラス管をU字型に成形し，水銀で満たしたものが使われた．これにさらにごく小さな象牙製の円筒からできた浮球を加えた．小さな，堅材からなる三面の連結棒が浮球に，そして連結棒には支持部と鵞ペンがつけられた．真鍮製の円筒は一定の速度で回転し，そこになめらかな模造皮紙が巻きつけられ，鵞ペンによる記録がそこに書きつけられるような仕組みになっていた．円筒は時計仕掛けで回転し，おもりによって駆動され，回転軸によって制御されていた．ワットには蒸気機関の円筒内の圧力変

移が記された線図があるのだが，ルートヴィッヒは，自ら考案したこの機器の自動記録装置について，「イギリスの機械技術者ワットによって設計された画像表示原理に従った」と主張している．時計仕掛けの部位についていうと，当時1840年代には動力計に同様な装置がつけられていることが多かったので，そこからアイデアを得たのかもしれない．

ルートヴィッヒは最初のキモグラフを製作するとき，機器製造者であったバルツァー（Baltzar）に相談した．バルツァーは記録装置を少しばかり改善してくれた．そして，20年間，ライプツィヒのバルツァー＆シュミット社は，ルートヴィッヒ－バルツァーキモグラフを製作し続けた．ブルドンによる窪みゼンマイ型圧力計の原理は，アネロイド気圧計や蒸気機関の指示器に長く使われていたが，1864年，ルートヴィッヒの学生であるA. フィック（Adolf Fick, 1829-1901）は，この原理に基づくキモグラフを考案した．ルートヴィッヒの設計の問題点とみなされることの多かったのは，「適切な動き」でないとうまく記録できないことであったが，ゼンマイ式のキモグラフは，この欠点をほぼ免れていた．それゆえ，各々の脈の間における動脈圧の細かな変動まで測定することができるようになったのである．

1883年，ハーバード生理学機器社は，キモグラフその他の生理学的測定装置の大量生産にのりだし，それまで個々別々に作製されていたときの10分の1のコストで製作するようになった．この手頃な値段の新たなキモグラフは，前例のない規模で広がり，現代のあらゆる実験室ならびに医療教育機関に欠かせない備品となった．

[Robert Brain／廣野喜幸 訳]

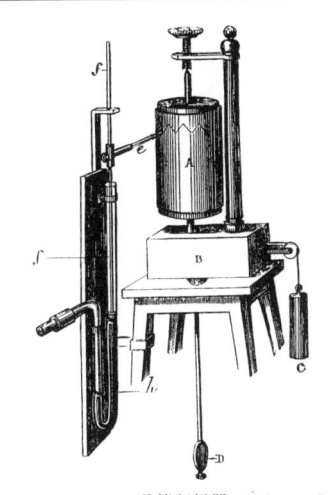

ルートヴィッヒの動態記録器．Étienne Jules Marey. Du Mouvement dans les Fonctions de la Vie. Paris：Balliere, 1868：132. SSPL 提供．

■文　献

De Chadevarian, Soraya. "Graphical Method and Discipline：Self-Recording Instruments and Nineteenth-Century Physiology." *Studies in the History and Philosophy of Science* 24（1993）：267-291.

Ludwig, Carl. "Beiträge für Kenntnis des Einflusses der Respirationbewegungen auf den Blutlauf im Aortensysteme." *Archiv fuer Anatomie, Physiologie und wissenschaftliche Medizin* [1847], 242-302. Reprinted in *Classics in Arterial Hypertension*, edited and translated by Authur Ruskin, 61-73. Springfield, Ill.：Charles C. Thomas, 1956.

Reiser, Stanley Joel. *Medicine and the Reign of Technology*. Cambridge：Cambridge University Press, 1978.

Schroer, Heinz. *Carl Ludwig：Begründer der messenden Experimentalphysiologie 1816-1895*. Stuttgart：Wissenschaftliche Verlagsgesellschaft, 1967.

◆吸光光度計【ヒルガー・スペッカー式】

Hilger-Spekker Absorptiometer

ヒルガー・スペッカー吸光光度計は光電比色計である．原形はロンドンのアダム・ヒルガー社で製造され1936年に登場した（スペッカーという言葉はヒルガー社の商標である）．この機器は当初は病理学，pH測定，食物や水質測定調査用として考えられていたが，冶金分析にも役立つことがすぐにわかった．第二次世界大戦下，特にシェフィールドの海軍調査研究所でのヴォーン（E. J. Vaughan）の業績によりスペッカーの利用は急激に広がった．R. ミュラー（Ralf Mueller）が広範囲にわたり収集した科学機器（1941年）に含まれていた数少ないイギリスの機器の1つでもあった．続く20年あまりで，この機器は鉄冶金業ならびに非鉄冶金業と結びついて，イギリスのほとんどあらゆる研究室に見られるようになった．

スペッカーの製造はイギリスで可能な機器生産力のほとんどが軍用の機材や光学部品の製造に向けられた大戦中にも進められた．戦争下では鋼や他の金属の量を統制することが重要であると考えられるのは明らかなことだが，ビタミン分析用の蛍光光度計も戦時下での導入，製造がその申請から見て正当なものだと認められたようである．これらヒルガーの2製品は1945年までには市場で支配的地位を獲得し，新型の吸光光度計もまもなく導入された．最新式の蛍光光度計も1966年には手に入るようになった．生産はほぼ1968年まで続けられ全部で約1万2,000台のスペッカー計が製造された．

1943年頃のヒルガー・スペッカーH560吸光光度計. Copyright © The Trustees of the National Museums of Scotland, 1997.

操作方法

導入時には，スペッカーはデュボスク（Duboscq）型の肉眼による比色計に代わる役割を担うものと見なされていた．ヒルガーは新しく開発したバリヤーのある光電管を2つ使って，ゼロモードで操作すれば，かなりの技術的効果が得られると考えた．スペッカーの細かい物理的な構成やいろいろな制御形態は，長年にわたってかなりの変遷を遂げたが，操作の基本原理は変わらなかった．どのスペッカーの吸光光度計においても，操作の基本の要点は両側面に装備されている光電管のある光源にある．ランプからの一方向への放射光は試料を通過，吸光度の目盛りがつけてある可変絞りを通り，試料用の光電管に達する．一方，反対方向ではアイリス（虹彩）絞り [iris diaphram, 輪が回ると，中央の穴の大きさが変化するようにした絞り] を横切っていき補償用の光電管に向かう．操縦法は測定する溶液を試料用の光線に当てるように機器に据えて，ガルバノメーター（検流計（ガルバノメーター）の項を参照）で光電管のEMF（起電力）出力がゼロになるよ

うに調節する．試料を対照用セル（一般的には溶媒の水が入れてある）に変え，目盛りのついている可変絞りを閉じていき，試料用光電管に入射する光を減少させて再びゼロになるところを見つける．このようにして，色のついた溶液の光吸収，したがって溶解している物質の濃度が光電気的に測定できる．

スペッカーの呼称はダブルビーム光度計と石英分光写真機（スペクトログラフ）を連結させた戦前の紫外分光光度計や，スパークの原因を視覚で調査する直視スチールスコープを含めて，他のヒルガー社の機器にも使われた．

[Robert H. Nuttall／神崎夏子 訳]

■文献

Haywood, F. W., and A. A. R. Wood. *Metallurgical Analysis by Means of the Spekker Photoelectric Absorptiometer*. London：Hilger, 1944.

Hilger, Adam. "Photoelectric Absorptiometer." *Journal of Scientific Instruments* 13（1936）：268-269.

Hilger, Adam. Hilger material HILG 1/7 and 2/8. London：Science Museum Library Archives.

Mueller, Ralph H. "Instrumental Methods of Chemical Analysis." *Industrial and Engineering Chemistry Analytical Edition* 13（1941）：667-754.

Vaughan, E. J. *The Use of the Spekker Photoelectric Absorptiometer in Metallurgical Analysis*. London：Institute of Chemistry of Great Britain and Ireland, 1941.

◆吸収計【ブンゼン式】

Bunsen Absorptiometer

吸収計は気体の溶解度に関する吸収係数（absorption coefficient）を測定するものである．これはドイツの化学者R. ブンゼン（Robert Bunsen, 1811-1899）が 1855 年に初めて述べたものである．彼は J. ドルトン（John Dalton, 1766-1844）と W. ヘンリー（William Henry, 1774-1836）が提唱した気体溶解度に対する圧力効果に関する法則を検証するためにこれを用いた．ブンゼンは気体の吸収係数を，温度 0℃，水銀柱 0.76 m の圧力のもとで，1 単位の容積の液体に吸収される気体の容積と定義した．

吸収計は，底が開口している目盛りのついたガラス製の吸収管で，小さな鉄の台に取り付けられ，上下に移動できるようになっている．下部と頭部がゴムの環で固定されている別のガラスの筒がこの管を取り囲む．頭部の蓋を閉じて吸収管の頭頂を固定すると，気体の吸収を速めるために装置全体を振り混ぜることができる．筒のおかげで，小さな温度計が取り付けられた吸収管を水で覆うことができる．水銀の添加と排出は，止栓つきのろうとと排出用栓を使って行う．

吸収測定に用いる水は，首長の瓶の中で，長時間沸騰させて完全に脱気し，最後に首を吹管の火炎で溶封しておかなければならない．必要時に水銀の中でこの首の先を割れば，脱気された水が直接に吸収管に上昇する．

操作は，まず吸収管に水銀を満たして水銀溜めに立てることから始まる．次に，気体を導入し，通常の気体計量の時と同様に，慎重にその容積を読む．ついで，脱気された一定容積の水を入れる．水銀溜中の吸収管の底を閉じ，吸収管をガラス筒に戻す．ガラス筒は少量の水銀とその上を覆う水が入っている．内外の圧力を等しくするために吸収管の底を一寸開けた後，すぐに閉じ，頭部の蓋をきつく締め，装置を 1 分間，激しく振り混ぜる．残留している気体の容積

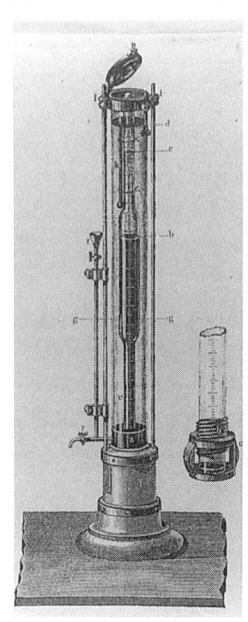

ブンゼンの吸収計（1855年）．Bunsen（1857）：138頁．

が一定になるまで，開き，閉じ，振り混ぜる作業をくり返す．ついで管を開け，4カ所の読取りを行い記録する．すなわち吸収管中の水銀と水の上面の位置，そして外側のガラス筒中の水銀面とその上にある水の上面の位置の4つである．これらの読みと温度および気圧の値から，吸収係数が計算される．

ブンゼンと彼の学生たちは，水とアルコールに対する多数の気体の吸収係数を測定した．彼らは，低溶解度の気体は一般にドルトン−ヘンリーの法則に従うが，高溶解度の気体はそうではないと結論した．

[John T. Stock／肱岡義人 訳]

■文 献

Bunsen, R. *Gasometry*. Translated by Henry Roscoe, 128-197. London：Walton and Maberly, 1857.

Bunsen, R. "Ueber das Gesetz der Gasabsorption." *Annalen der Chemie und Pharmacie* 93（1855）：1-50.

◆曲 率 計

Spherometer

曲率計は，面の曲がりや薄い板の厚さを測定する装置である．J. ハーシェル（John Herschel, 1792-1871）は，それを「微小な物体の測定にあたって，触覚を視覚によって置き換え，その大きさの決定を科学的探求にふさわしい精度で成し遂げる優雅な発明品」と呼んでいる．曲率計はフランスのメガネ職人ラルー（Laroue）によって発明されたともされるが，われわれにとって明らかな最初の曲率計は1810年頃にフランスのメガネ職人R.-A. ショーショワ（Robert-Aglaé Chauchoix）によって設計と命名がなされ，フランスの機械職人N. フォルタン（Nicolas Fortin, 1750-1831）によって製作された．ショーショワの設計は，三脚台で中央のマイクロメーター・スクリューを支えるものであるが，これは今日まで利用されている．パリの国立技芸学校にはフォルタンによってつくられた曲率計がある．また同校所蔵のショーショワによってつくられ，J.-B. ビオ（Jean-Baptiste Biot, 1774-1862）によって使われた他の曲率計は，1/1,000 mmの精度で測ることができる．またフランス人機械職人のペルー（Perreux）によるものは，1/4,000 mmの精度で測れる．

ドイツの器具製作職人たちは，1820年代に曲率計を製造するようになった．特に注目すべきは，G. ライヘンバッハ（Georg Reichenbach, 1771-1826）によって製作

された装置で，それは接触テコによってかなり精度を向上させており，おそらくJ. フォン・フラウンホーファー（Josef von Fraunhofer, 1787-1826）によって利用された．イギリス人で最初に曲率計を製作したのはA.ロス（Andrew Ross）であり，彼は1841年にそれにより王立技芸協会から銀賞を受けた．

曲率計はサイズが小さく，高さは時に5インチ（12.7 cm）以下，目盛りづけられた輪は直径4インチ以下である．精密な装置は比較的高価である．例えば1874年にフィラデルフィアのJ・W・クイーン社は50ドルの価格のものを販売した．しかし世紀転換期には，多くの業者が5ドル以下で十分に使える装置を提供するようになった．

曲率計は，もともとメガネの製作のために設計されたが，頻繁に物理学の実験室にも備えられるようになった．それはビオ（1811），ハーシェル（1820），E. ミッチャーリッヒ（Eilhard Mitscherlich, 1794-1863）といった物理学者によって採用され，透明物体の薄板によってつくられる色の研究のために不可欠な道具となった．19世紀もさらに降ると，物理学の教授は精密測定の重要性を強調するようになり，曲率計は教育用機器の標準的な装置になった．それはほとんどの精密機械メーカーによって製作され，科学機器販売店で購入できるようになっている．

[Deborah Jean Warner／橋本毅彦 訳]

■文 献

Biot, Jean-Baptiste. *Traité de Physique*, Vol. 4, 343-345. Paris：Deterville, 1816.

Conservatoire National des Arts et Métiers. *Catalogue des Collections*. 397-398. Paris：Dunod, 1882.

Herschel, John Frederick. *Preliminary Discourse on the Study of Natural Philosophy*, 355. London：Longman, 1830.

Ross, Andrew. "Spherometer." *Transactions, Royal Society of Arts* 53（1839-1841）：74-78.

◆距 離 計

Rangefinder

距離計あるいは測距儀は，三角測量によって距離を測定する器具であり，もともとは軍事用に設計された．「底辺の長さがわかっている直角三角形は，第二底角の大きさを計算することによって解ける」という原理によって作動する．

初めて商業的に成功した距離計，例えば1870年代にイギリスで売り出されたワトキン・メコメーターは，頂点を標的にした直角三角形を設定するのに2人の観測者が必要だった．2人目の観測者が，箱型の六分儀に似た器械を使って第二底角を測り，距離を割り出したのである．このような複

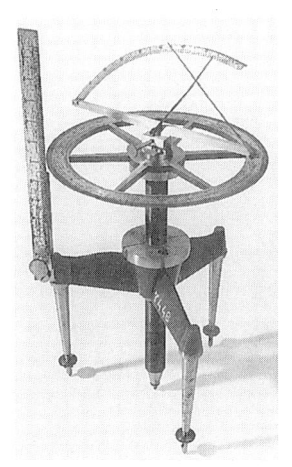

ペルーの曲率計（1866年）．国立技術博物館（パリ国立工芸院）提供．

数の操作員を要する器械は，戦闘中に効果的に利用するにはあまりにも扱いにくかった．陸海軍で使われる大砲が強力になるにつれて，長距離を迅速かつ効果的に計測する必要性にますます迫られるようになった．

観測者が1人で使える初の実用的な器械は，1860年，エディンバラの科学機器製造者 P. エイディー（Patrick Adie）によって特許が取られた．これは金属管の両端に望遠鏡を取り付けたもので，それぞれの望遠鏡が標的の像を中央の接眼レンズに送った．観測者はマイクロメーターのネジを回し，接眼レンズで標的の2つの像が重なり合うまで，一方の端反射鏡の角度を変えていった．マイクロメーターについている目盛りが，端反射鏡の設置角度—すなわち狙いを定めた三角形の第二底角—を標的の距離に換算した．

他の発明家，例えば A. マロック（Amulf Mallock）やイギリスの王室天文学者 W. H. M. クリスティー（William Henry Mahoney Christie, 1845-1922）は，エイディーの設計を改良したものの，精密な光学用部品や機械部品の酷使による損傷は防げなかった．1888年，これらの問題は，ほどなくグラスゴー大学の欽定工学教授となる A. バー（Archibald Barr, 1855-1931）と，ヨークシャー科学大学の物理学教授 W. ストラウド（William Stroud, 1860-1938）によってほぼ克服された．バーとストラウドの距離計の試作品は英国砲兵連隊に拒絶されたが，改良型は1892年，海洋での試用の後，英国海軍に採用された．この器械が以前のものより優れている点は，主として，第二底角を測定するための新しい装置にあった．固定されたそれぞれの端反射鏡からの部分像が，中央の接眼レンズに伝えられ，

観測者は，わずかに角度がついた色消しの屈折プリズムを，一方の反射鏡から出る光線の通り道に沿って動かすことによって，2つの像の合致に至るのだった．合致したときに移動式プリズムの位置を距離の示度に換算するための目盛りがつけられた．その目盛りがプリズムについていて，プリズムと一緒に移動したため，そして示度が，光学および機械の精密部品での微調整に左右されなかったため，この合致式距離計は，先行あるいは競合する器械よりはるかに信頼でき，頑丈だった．

バーとストラウドは会社を設立し，グラスゴーに工場を建ててこの発明品を開発・製造し，海軍用の販売で大いに成功した．自分たちの器械の設計に絶えず修正と改善をほどこし，積極的に特許を守ることによって，彼らは合致式距離計の市場のほぼ独占状態を維持することに成功した．

立体距離計はアルザスの技師 A. H. デ・グルジリエ（A. Hector de Grousilliers）が発明し，1893年にイギリスで特許を取得した．ツァイス社がその発明に関心を寄せ，1906年にドイツで商業的な生産を始めた．立体距離計の2つの端反射鏡からの像は，接眼レンズの正面に固定されたスライド上に集められた．スライドには一連の目盛りが示され，これらの矢印は後ろまでのびて立体的視野にあらわれた．観測者の仕事は，標的の最も近くにあると思われる矢印を選び，距離を読むことだった．

ツァイス社は世界の一流光学技術会社として認められており，同社のレンズその他の部品の質は，総じてバー＆ストラウド器より優れていた．しかし多くの人々は真の立体視力をもっていないし，もっているにしても病気や精神的緊張で弱められている．合致式距離計は使いやすく，観測者の一

生理的特質ではなく—純粋に機械的な動きを頼りにした。したがって、立体距離計より高い比率で観測者にうまく使えたのである。

合致式距離計は、1905年に対馬海戦での交戦中に試され、ロシアのバルチック艦隊の決定的敗北の間中、日本の海軍将校は自分たちのバー＆ストラウド器の性能を賞賛した。第一次世界大戦が勃発する頃には、単独観測者の距離計は、世界中の軍艦の射撃指揮法に不可欠の要素となっていた。しかし、その大戦最大の海戦、すなわち1916年のユトランドの戦いは、合致式距離計（英国海軍は長さ最大30フィート（9m）のバー＆ストラウド器を配備していた）と立体距離計（ドイツ艦は最大3mのツァイス距離計を配備していた）との比較上の長所を確かめる決定的な機会にはならなかった。

携帯型の野戦距離計は1914年より前に、世界のほとんどの陸軍に、とりわけ大砲、迫撃砲、マシンガンの各部隊での軍務のために採用された。戦争中、バー＆ストラウ

ドとツァイスは野戦距離計の二大供給者だった。1913年から1918年まで、バー＆ストラウドは1万6,000基を超える距離計を英国陸軍に、そして3,300基をフランスに供給したのである。ドイツのC. P. ゲルツやアメリカのボシュロムのような会社は、独自の立体式および合致式の距離計を販売し、ある程度の成功を収めた。

戦後、バー＆ストラウドの特許の多くが期限満了になったこと、ドイツの経済不安、そして国際間の貿易障壁の増大によって、他の光学技術会社は独自の距離計を開発する機会を得た。両大戦間における設計の最大の改善は、基部をより長くできるようになったことである。1919年、基部の長さが100フィートという過去最大の距離計がバー＆ストラウドによって製造され、1930年代にシンガポールの港湾防衛施設に設置された。この器械は3万1,000ヤード（28 km）の距離で誤差は17ヤード（0.055％）以内だった。ちなみにバー＆ストラウドが最初に製作した距離計は、基部の長さが4.5フィートであり、3,000ヤードの距離で誤差は3％だった。

第二次世界大戦中、海軍の光学距離計はレーダーに取って代わられた。陸軍用は1950年代にほぼ廃止され、1960年代のレーザー距離計の開発によってどうやらその運命は決まったらしい（距離測定（電磁式）の項を参照）。けれども距離確認の「受け身の」システムとしては、低レベルのゲリラ戦にまだ将来の見込みがあるかもしれない。　　　　　　　[Iain Russell／忠平美幸 訳]

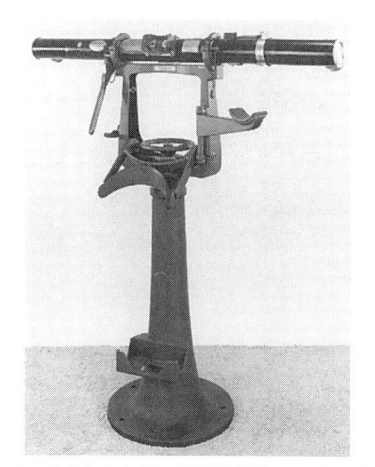

バー＆ストラウドの海軍距離計、42インチの基部つき（1900年）。SM 1914-179. SSPL 提供。

■文　献

Barr, Archibold, and William Stroud. "On some new Telemeters on Rangefinders." *Report of the Six-tieth Meeting of the British Association for the Ad-*

vancement of Science（1890）：499–512.

Callwell, Charles, and John Headlam. *History of the Royal Artillery, from the Indian Mutiny to the Great War*. London：Royal Artillery Institution, 1931–1940.

Gleichen, Alexander Wilhelm. *The Theory of Modern Optical Instruments*. 2nd ed. London：His Majesty's Stationery Office, 1921.

Moss, Michael S., and Iain Russell. *Range and Vision：The First Hundred Years of Barr & Stroud*. Edinburgh：Mainstream, 1988.

◆距離測定【光学式】

Optical Distance-Measurement

　光学的な距離測定とは，2つあるいはそれ以上の点の間の水平的，鉛直的距離を光学的な方法で測定する技術である．それは理論的には，光学的な方法をとっており，基本的には観測点と離れた点によってつくられる平面三角形の解法に基づいている．さまざまな解法が，タケオメトリー（tacheometry，ギリシャ語で「速い」を意味する *tacheos* と「測る」を意味する *metron* に由来する）として，知られている．

背　景

　第一次産業革命の結果，いくつかの影響がみられたが，そのうちここで関係のあることの1つは，土地の価値が上がったことであり，そしてそのために，正確で速い土地測量の技術の必要性が発生したことである．また運河や鉄道や道路といった，産業によって必要とされる輸送システムの建設は，測量士や技師たちに大きな需要をもたらした．目盛がついたロープやチェーンで直接距離を測ることは，時間がかかり面倒だったので，その代わりとなる光学的な方法が考慮され始めた．19世紀末までに，測量用の望遠鏡には，視線と，いわゆるスタジア線と呼ばれるいくつかの水平な平行線を定める交わった直線を組み合わせているダイヤフレーム（十字線枠）が備えられていた．200年近くにもわたる光学的な距離測定装置の継続的な開発は，主にイギリス，ドイツ，スイス，フランスそしてイタリアにおいて，光学的で機械的な装置の設計が改良されることとともに，進歩したのである．

スタジアタケオメーター

　観測機から，鉛直にあるいは，離れた点への視線に対して垂直に保たれている目盛りがついた標尺への斜距離は，その装置の中のダイヤフレーム中の一対の平行線（スタジア線）によってつくられる一定の角に対する，標尺上の高度の長さに比例する．斜距離は傾斜角のコサインの2乗によって水平距離に還元されうる．ブランダー（G. F. Brander, 1713–1783）は1764年に，アウグスブルグでこの技術を用い，W. グリーン（William Green）は，1778年にそれを説明した．両者とも線が一定の，あるいは可変の距離をもつように，マイクロメーターに備えつけられている屈折望遠鏡を接眼レンズの中心に組み入れた装置を使っていたが，測量距離を調整するために，装置の加定数が必要とされるということを認めてはいなかった．1805年ミュンヘンのG. ライヘンバッハ（Georg Reichenbach, 1771–1826）がこの項を含んだ公式を明らかにした．

　1823年イタリア人のI. ポロ（Ignazio Porro, 1801–1875）が対物レンズと接眼レンズとの間に置いた第三の（あるいはアナラチックの）レンズの焦点は，対物レンズの焦点と一致するようになっていたので，こうしてやっかいな加定数が取り除かれる

こととなった．20世紀の初めに，H. ヴィルト（Heinrich Wild, 1877-1951）がつくり出した鉛直的内部焦点式測量望遠鏡では，加定数は無視できるものとなった．

スタジア法は細部測量には標準的なやり方となったが，斜距離の還元は面倒で表を使わざるをえなかった．H. H. ジェフコット（Henry Homan Jeffcott）は，[1912年に]直読計器においてスタジアの間隔を変えた．その際1つのスタジア線は固定しておき，他の2つのスタジア線が，望遠鏡の水平軸に合わせられたカムにより動くようにしたことによって，彼は自動還元の形を与えた．こうした考えは後にカーンの会社が1955年と1963年に取り入れたデザインの中で実現した．

正接タケオメーターは測量棒の高度差を測定するために望遠鏡の2つのポインティングを必要とした．こうした方法は多くの計算を必要とし，得られた精度はしばしば低かった．

還元タケオメーター

スタジア法で必要とされる計算量を減らすために，タケオメーターとして知られている装置が自動還元装置，例えばJ. L. サングエット（J. L. Sanguet）とC. A. エックホルド（C. A. Eckhold）による正接・接触タキオメーターの形の変化とともに発達した．転換・投影タケオメーターは1870年頃に紹介された．基本的な観測機（セオドライト）からなるこうした装置は，水平距離や高低差を余分な計算をせずに直接測定することができる，ある種の機械式還元装置を取り入れるために修正された．しかしながらその装置は重く扱いにくかった．

中心となる望遠鏡の視界に，還元表を光学的に投影しようという考えは普通1890年のイタリア人技師ロンカリ（G. Roncagli）とウルバーニ（E. Urbani）によるものだと考えられている．シュトゥットガルトのE. フォン・ハンマー（Ernst von Hammer）は距離曲線と2つの高低曲線をもった表を明らかにし，A. フェネル（Adolf Fennel）は1900年に最初の表つきタケオメーターをつくり出した．すべての表つきタケオメーターはゼロ曲線だけでなく，スタジア還元式に関連した距離曲線や高低曲線を使用している．それぞれの装置の間で違ってきたのは視界におけるその曲線の実際の見た目と，還元式に対応する曲線や測定線の動かし方であった．後の例はヴィルトのRDS機とツァイスのRTa 4機である．

光学的ウェッジ

1890年頃，鉛直標尺に光学的な測量ウェッジを使用するという考えが，アメリカやヨーロッパで展開していた．ガラスのウェッジは望遠鏡の中，あるいは前に置かれ

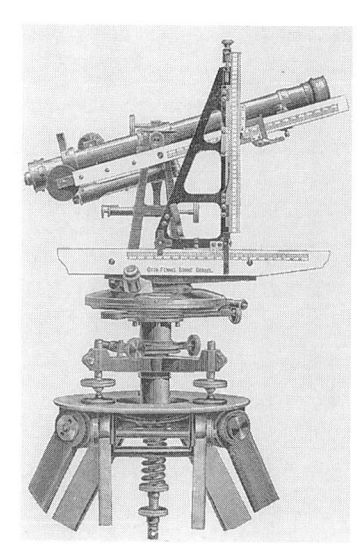

ワーグナー–フェネル式シフトタケオメーター（1901年）．Otto Fennel Söhne, Export-Catalog Ⅰ: Gruben-Theodolite. Cassel. 1900 : 35. SSPL提供．

ていたので，光線は既知の分だけそらされることとなるのであるが，普通はウェッジからの距離が100単位ごとに標尺に1単位の偏差になるように調整されている．1888年イギリスのA.バー（Archibald Barr）とW.ストラウド（William Stroud, 1860-1938）が設計した最初の単独観測用の距離計では，離れた対象の2つに別れた像が，低く取り付けられた台の両端に置かれたウェッジあるいはプリズムから反射され，同じ場所にもたらされる．2つの像の相互の動きが距離の測量の基準なのである．

1924年，R.ボスハルト（Rondolphe Bosshardt）が設計した二重像のタケオメーターは望遠鏡の対物レンズの前に置かれた一対の二重反転ウェッジを利用していた．そのウェッジは鉛直角の変化に伴って回転し，そして斜距離は水平に置かれた測量棹の2つの部分が相互に入れ代わるのと関連している．残りの距離は平行平面板のマイクロメーターで測られる．斜距離はウェッジの回転によって水平距離に還元される．ツァイスは1929年にそのアイデアに注目し，ケルンは1947年のDK-RT機で，そしてヴィルトは1950年のRDHでそのアイデアを利用した．

サブテンスタケオメーター

水平距離の正確な測定は，離れた点に位置し，セオドライトからの視線に垂直に向けられている，一定の長さの水平標尺による正確なセオドライトが対している，水平角のくり返しの測量によって行われうる．こうした方法は鋼巻尺で得られるのと同じ正確さで，距離概測に用いられていた．

光学的な距離測定技術は，1960年代に電磁的距離測定によって取って代わられ始めた（距離測定（電磁式）の項を参照）．

[Ronald C. Cox／成瀬尚志 訳]

■文　献

Cox, Ronald C. "The Development of Survey Instrumentation 1780-1980." *Survey Review* 28 (January 1986)：247-255.

Deumlich, Fritz. *Surveying Instruments*. Translated by Wolfgang Faig. Berlin：Walter de Gruyter, 1982.

Hodges, D. J., and J. B. Greenwood. *Optical Distance Measurement*. London：Butterworths, 1971.

◆距離測定【電磁式】

Electromagnetic Distance-Measurement

電磁距離測定（EDM）装置は，非変調パルス，あるいは連続的に変調する電磁波を発信し，信号は測定する線の離れた他端からの反射（受動式）か再発信（能動式）によってもとの装置に戻ってくる．その距離は，パルスが2倍の距離を進むのにかかった時間を測定するか（パルスエコー方式），あるいは送信信号と反射信号との間の位相角の違いを測定し，波長の周期の完全な回数を数えること（位相差方式）によって得られる．EDM装置は，それが利用している波の本性によって分類することができる．精度は，利用している信号の特性と測定技術の精度に依存している．

位相測定技術

返信信号が進む光の進路の長さは，測定している波長の単位によって変わりうる．位相差は長さで直接測定され，ゼロ・インジケーターをゼロにするために必要な可動プリズムの移動を記録する．アナログ方式では，送信信号と同じ特性をもった参照信号を遅らせて，返信信号とともにゼロ相の遅れを得る．デジタル方式では，送信信号は返信信号と比較される．その際，もとの正弦信号は方形信号に変えられる．ゲート

は参照信号が新しい周期を始めたときに開き，返信信号がそれと同じ周期を始めたときに閉じる．ゲートが開いている間に，高周波発振器からのパルスがカウンターに集められる．ほとんどの現代的な装置はこの方式を用いている．

こうした光学機械的方式を生み出したのはA. フィゾー（Armand Fizeau, 1819-1896) の歯車(1849年)，L. フーコー(Leon Foucault, 1819-1868)の回転鏡(1862年)，A. マイケルソン(Albert Michelson, 1852-1931) の回転プリズム（1926年），および光の速度を測定しようとしていた他の人々の努力によっていた．光を変調させる機械的な方法を用いて，おおよその方形波形を与えたり，送信信号と返信信号との位相差を肉眼で概算するといった実験によって示唆されたのは，電磁波の計時による距離測定という方式であった．

電気光学方式では，光シャッター（カーセル，1929年）によって，かなり速い割合で光が遮断される．スウェーデンのE. ベリストランド（Erik Bergstrand）は光速を測定する際に，そして後には彼の電気光学的測量装置の原型であるジオディメーター（Geodimeter）において，この方式を用いた．最初の商業用のものはスウェーデンのAGAによって製造され，1953年に登場した．測地調査を引きつけたのは，国土の地図をつくるときの測量基準としての大きな三角網の辺や基線を正確に測定することに，その原理を適用する可能性であった．初期の装置は重くて大きく，かなり大きな外部電力源を必要とした．

ビェルハンマー（A. Bjerhammer）はより低周波で正確な位相を測定するために，スーパーヘテロダインを電気光学的距離計に適用した．同軸光学と電気機械的分解器を備えたAGAジオディメーター6Aは，1967年に紹介された．この装置はまだ非常に重かったとはいえ，背負って運ぶことができた．電子シャッター，すなわちKDP（2水素リン酸カリウム）結晶がカーセルに取って代わった．

それと平行したラジオレンジの発達は，1954年の南アフリカのワドリー（T. L. Wadley）によるマイクロ波距離計の発達を導いた．これらの最初のものであるテルロメーター MRA1 は1957年に商業用として紹介された．

1960年代のヒ化ガリウム発光ダイオードに関する研究によって，それらが短距離電気光学的EDM装置に組み入れられることとなった．こうした装置は現在では，調査や土木建設光学，または工業度量衡学などで広く利用されている．

マイクロ波装置

周波数変調搬送波はホスト局から離れたところにある同様の装置へ発信される．その離れたところにあるゲスト局はその信号を増幅させて，ホスト局へと返信し，そしてそのホスト局で発信信号と返信信号との位相差が測定され表示される．効果的な変調測定波長は主に10 mであり，0.1%までの位相解像度なら基本精度は誤差約10 mmとなる．

MAR 101 テルロメーター（1970年）はクライストロン共振器，あるいは空洞共振器を用いて周波数変調マイクロ波発射を生み出した．固体ガンダイオードがクライストロンに取って代わった．最初の計量マイクロ波距離計（テルロメーター CA 1000）が利用されるようになったのは1972年であった．ごく新しいマイクロ波装置であるテルマット CMW 20 は，射程距離が25 kmで，アンテナが組み込まれており，ビーム

幅はたった3°であった．同様の装置は，スイスのヴィルト社やアメリカのキュービック社によって開発された．

光電装置

発信された振幅変調光線はゲスト局の受動型レトロプリズム反射器によって反射される．返信信号の強さの変化が検出され，さまざまな電流へ変えられる．短距離EDMではふつう，シリコンアバランシェダイオードが利用され，長距離EDMでは，光電子増倍管が利用される．

1968年にスイスのヴィルト社が紹介したワイルド・セーセル（Wild/Sercel）DI-10ディストマート（Distomat）は，発光ダイオードを利用した，多くの短距離電気光学的距離計の最初のものであった．続いて1969年にテルロメーターMA 100が，そして1970年にツァイスSM 11があらわれた．ヒ化ガリウムダイオードの最も重要な特徴は，放射を直接変調することができるという点であり，それによりカーセルのような変調装置の必要性がなくなった．

それまでの装置よりも進歩したランドマークEDM装置にはケルンDM 500（1974年），AGAジオディメーター12（1975年），測機社SDM-1 C（1976年），トプコンGTS-1（1980年）などがある．短距離電気光学的装置の精度は主に，誤差10 mmである．

電気光学的距離計は光学セオドライトに取り付けられたり，あるいは電子セオドライトと組み合わされて，電子タケオメーター，すなわち総合システムを構成するものがある．

パルス距離計

短い間だけ強さをもつ信号（しばしばパルスレーザー）が反射する標的まで進み，そして戻ってくる．そのときのいわゆる往復の時間は約0.1 nsまで測定され，それは誤差約15 mmの精度に相当する．パルス距離計の先駆けとなったのは，工業用のオイミッヒ（Eumig）であり，その方式を用いた最初の調査用の装置はジオ・フェンネル（Geo-Fennel）FEN 2000（1983年）であった．続いてプリズム反射器を用いた長距離ヴィルト・ディストマート（Wild Distomat）DI 3000（1985年）と射程距離約350 mの反射器のないヴィルト（Wild）DIOR 3002 Sがあらわれた．その他にも，IBEOパルサー100や手のひらサイズのライカDISTOがある．

精密距離計

最初の高精度EDM装置であるメコメーター（Mekometer）はイギリスの国立物理学研究室で1961年にフローム（K. D. Froome）とブラッドセル（R. M. Bradsell）によってつくられ，カーン・メコメーター（Kern Mekometer）ME 3000として1973年に商業用に紹介された．メコメーターでは搬送信号はキセノンフラッシュランプ（後にME 5000ではHeNeレーザーに代わ

テルロメーターMRA 1（1960年頃）．SM 1967-34．SSPL提供．

った）によって生み出され，KDP 結晶で変調される．0.6 m の変調波長は，軟かい風袋を通して大気と接触している，水晶空洞共振器によるものである．位相の比較は光学機械的に行われる．ジオメンサー（Geomensor）CR 204（アメリカ）は同様の原理で作動する．その他の装置には，長距離レーザー，ジオドライト（Geodolite）3 G やジェオラン（Georan）1，さらにテラメーター（Terrameter）LDM 2 があり，それらは大気屈折の影響を取り除くために，2 色の異なった色の光を用いている．

[Ronald C. Cox／成瀬尚志 訳]

■文　献

Burnside, C. D. *Electromagnetic Distance Measurement*. 3rd ed. Oxford：BSP Professional, 1991.

Deumlich, Fritz. *Surveying Instruments*. Translated by Wolfgang Faig. Berlin：Walter de Gruyter, 1982.

Rueger, J. M. *Electronic Distance Measurement*：*An Introduction*. 3rd rev. ed. Birlin：Springer, 1990.

◆霧　箱

Cloud Chamber

19 世紀末に気象学や光学研究の実験室で，雲を発生させる手段として発明された霧箱（ネフェレスコープ（雲実験器）の項も参照）は，20 世紀には電離放射線の軌跡を可視的に撮影する道具として知られるようになった．E. ラザフォード（Ernest Rutherford, 1871-1937）が「科学史上最も革新的でかつすばらしい道具」と書いたように，それは物理学において陽子や電子などの原子を構成する粒子を引き出し，観測し性質を探るための中心的役割を演じた．

霧箱の起源は，C. ウィルソン（Charles Thomson Rees Wilson, 1869-1959）が 1894 年に見た，ベンネビス観測所の峰を囲んでいた雲を通過した太陽光がもたらす効果を実験室内で再現しようとしたことである．ケンブリッジのキャヴェンディッシュ研究所に勤めていたウィルソンは，飽和状態にある気体を急激に膨張させることで密閉容器中で凝縮を起こさせる装置をつくるために J. クーリエ（Jean Paul Coulier）と J. エイトケン（John Aitken）の仕事に頼った．一連の修正の結果，3 つ程度の実用可能な膨張箱がつくられ，自然現象の再現に成功した．

1910 年，ウィルソンは直径 7.5 cm の円筒形の膨張箱を新たに作成した．これは高速で飛来する荷電粒子をその飛跡に沿って凝縮した水滴を撮影することで「眼に見えるもの」にできるかどうかを調べるためであった．そして最初の写真は 1911 年に登場した．霧箱が個々の原子と電子の飛跡および原子間衝突に関する強力な視覚的証拠，さらにいえば，それは霧箱自体を離れてゆっくり分析することが可能な物的証拠となったため，これ以降霧箱と写真術は切り離せないものとなった．

電離放射線研究のために霧箱が有用であることが明らかになるにつれ，より精細な写真の撮影が可能となるように，ややスケールの大きい霧箱（直径 16.5 cm，高さ 3.4 cm）がつくられた．なお，この装置は現在キャヴェンディッシュ研究所博物館に所蔵されている．1913 年，ケンブリッジ科学機器会社は「ウィルソン膨張装置」の製造を開始した．価格は 20 ポンドだった．1913 年に 10 台ほど製造されたが，それらはまもなくヨーロッパや北アメリカの研究所で使用された．また同社は，ウィルソン自身が撮影した粒子の飛跡を記した

15枚のスライドの販売も行った（1ポンド10シリング）.

1910年型ウィルソン霧箱は，1回の膨張に比較的時間のかかるものであったため，撮影はいくぶん退屈なものであった．1921年，キャヴェンディッシュ研究所でラザフォードの学生であった清水武雄（1890-1976）は，往復運動のメカニズムを備え膨張比率が可変で，かつ1分間に50から200回の膨張が可能な霧箱を設計した（英国特許番号177,353）．手動ないしは電動モーターで動く比較的小さい霧箱（直径5.5cm，高さ1cm）は，ポイントライトランプで照らされ，高速で数多くくり返される膨張の撮影が可能だった．動画像フィルムおよび距離測定器で使用されるのと類似のミラーシステムによって立体映像が可能となっていた．整流器によって霧発生中の静電気を防ぐことが可能となり，また回転する鉛薄板によって放射線の進入を箱の操作と同期させることが可能となっていた．

ケンブリッジ科学機器双眼鏡社はこの装置を「ウィルソン-清水放射線飛跡装置」として製造・販売を行った．立体カメラはオプションとなっていた．同社は1926年，学校や大学，技術学校用に清水型の簡易型を製作した．簡易型では，膨張比率は可変ではなく手動で，内部の照明には金属フィラメントの白熱灯が使用されていた．これはもっぱらデモンストレーション用で，撮影に適したものではなかった．双方のタイプとも広く普及し，1922年から27年までに50台以上が製造された．デモンストレーション用型の2台は，1951年開催の英国博覧会の科学部門で最も人気の高い展示品の1つとなった．

1920年代から30年代にかけて，霧箱は放射能および原子核物理学研究における最も重要な研究手段となった．これらの目的のためにはしばしば特別に仕立てられた霧箱が用いられ，実験家たちは通常こうした特殊な霧箱の使用に通じていた．例えばキャヴェンディッシュ研究所では，霧箱技術の大家であるP.ブラケット（Patrick Maynard Stuart Blackett, 1897-1974）はカメラのシャッターと膨張機構とを連動させた装置をつくったが，これによって膨張が終わるのと同時に自動的に原子の飛跡の写真が撮れるようになった．13秒ごとに写真を撮ることが可能なこの装置を用いて，ブラケットらは，原子および原子核プロセスに関する大量のデータを得た．

1920年代後半から霧箱は地球大気を貫通する放射線（宇宙線）研究にも活用が見出され始めた．霧箱は高度の違いによる宇宙線放射の構成に関するデータ収集のために，気球で高く上げられたり，高山に設置されたり，また地下深くの坑道の中に置かれたりした．1930年代初頭には，箱の上下に複数のガイガーカウンターがつけられた自動式霧箱がつくられたが，これは粒子

ケンブリッジ科学機器会社製ウィルソン霧箱（1913年）．SM 1981-2175．SSPL提供．

がガイガーカウンターを通過すると膨張が始まり，同時に，カメラのシャッターが開く仕掛けとなっていた．強力な磁場と併用することによって，自動式霧箱で亜原子に関する有益なデータが得られたが，それは特に箱の内部で二次的プロセスとして発生する粒子の「シャワー」の生成によるものであった．

1930年代を通じてますます複雑化する撮影装置，電子機器，磁場装置群に囲まれた霧箱は，陽電子やメソンなどの高エネルギー粒子の発見において中心的役割を演じた．素粒子・原子核物理学研究がますます要素的なものになるにつれて，ラザフォードの言葉を借りれば，霧箱は「われわれの説明の真価が諮られる最高控訴院」となった．箱のサイズはますます増加し，1940年代までには，一辺がそれぞれ $25 \times 25 \times 7$ cmから $80 \times 60 \times 30$ cm のものが典型的となった．高圧式霧箱は，観察可能な相互作用の数を増加させたが，1回の膨張から次の膨張までにそれだけ時間を要するという欠点もあった．

1950年代初頭になって大規模な粒子加速器の展開が始まるにつれて，霧箱は粒子生成の比率についていけなくなり，しだいに泡箱に取って代わられるようになった．しかしながら，霧箱は泡箱では計測できない領域の低エネルギー粒子ないしは高い電荷をもつ重粒子などの応用に利用されている．　　　　　[Jeff Hughes／綾部広則 訳]

■文　献
Barron, S. L. *C. T. R. Wilson and the Cloud Chamber*. London：Cambridge Scientific Instrument, 1952.
Cattermole, M. J. G., and A. F. Wolfe. *Horace Darwin's Shop. A History of the Cambridge Scientific Instrument Company, 1878–1968*. Bristol：Hilger, 1987.
Galison, Peter, and Alexi Assmus."Artificial Clouds, Real Particles." In *The Uses of Experiment：Studies in the Natural Sciences*, edited by David Gooding, Trevor Pinch and Simon Schaffer, 225–274. Cambridge：Cambridge University Press, 1989.
Gentner, Wolfgang, H. Maier–Leibnitz, and W. Bothe. *An Atlas of Typical Expansion Chamber Photographs*. New York：Interscience, 1954.
Henderson, Cyril. *Cloud and Bubble Chambers*. London：Methuen, 1970.

◆筋　電　計

Electromyograph

筋電計は，体内からの信号や外部からの電気刺激によって筋肉や神経組織に引き起こされた信号を計測するものである．関連する語句としては，E.-J. マレー（Etienne-Jules Marey, 1830–1904）が『運動の生理学：鳥の飛翔（*Physiologie du mouvement：Les vols des oiseaux*）』（1890年）で初めて，「筋電図」という言葉を使った．

筋電計は2つの方向に発展してきた．1つは，（およそ20以下の）少数の筋繊維の束から発せられる個々のパルスを測定するもの，もう1つは，筋肉全体を貫くような巨大な筋繊維群の電気的活動を測定するものである．個々のパルスの波形からは，筋疾患や神経疾患に関わる情報がもたらされる．また信号の振幅は，筋収縮によって引き起こされる力の大きさを示すものである．周波数スペクトルの諸特徴が，筋肉が収縮している間に蓄積した疲れの指標となる．臨床用筋電計は，神経方向の信号伝達速度も測定する．

概　略

現在の筋電計は，信号検出用電極（振幅

0～10000μV（実効値）），増幅器，信号整流用フィルターと，信号のディスプレイ装置か記録装置からできている．

電極には，針型，表面［皿］型，ワイヤー型の3種類がある．針電極は，小さくて比較的不活性な金属検知表面（一般的には，プラチナ-イリジウム化合物かタングステン）からできており，それは，計測している間，筋肉に刺し入れたままにしておく針の先端に，差し込んで露出した状態になっている．この種の電極は，神経科医が神経疾患や筋疾患を診断するときによく使われる．表面電極は導電性表面（一般的には，銀，塩化銀か高炭素ステンレス鋼）からできており，皮膚の上に置いた際，筋肉の大きさに合うようにさまざまな面積や形のものがある．ここ10年の動向として，増幅回路の初期段階を検知表面に組み込むようになっており，それを「活性電極」と呼ぶ．そのような回路によって，記録される筋電図信号の信頼性がかなり改善される．この種の電極は，収縮筋の動き，力，疲れに関する計測によく使われる．ワイヤー電極は，先端を露出させた直径25～100μmの電気絶縁性ワイヤーからできている．ワイヤーは針とともに筋肉内に刺し込んだ上で，針を引き抜いて使う．この種の電極は，どの筋が選択されるかが関心の対象となるような運動の研究に応用される．

信号増幅

差動増幅回路は，電源供給ラインのようなかなり大きな電気信号が周囲にある中で，比較的小さな筋電図信号を増幅するために使われる．2つの検知表面からの入力は，その電位差を取った上で増幅される．差動増幅器には，5pFに対して$10^{12}Ω$以上の平衡入力インピーダンスが必要とされる．信号対ノイズ比を最大化するために，信号は表面電極で20～500Hz，針電極で10～10000Hz，ワイヤー電極で20～2000Hzの間の周波数成分がフィルターにかけられる．技術的詳細については，J. V. バスマジャン（John V. Basmajian, 1921-）とC. J. デ・ルーカ（Carlo J. De Luca, 1943-）による『生きている筋肉（*Muscles Alive*）』を参照のこと．

歴史

筋肉内で発生する電流についての言及は，F. レディ（Francesco Redi, 1626-1697）が1666年に行った実験について1671年に記述したのが最初のものである．「私の目には，シビレエイが痛み苦しんだ動きをみせるのが，他のいかなる場所よりも，鎌形の胴体かあるいは筋肉にあたかも限定されているかのように映った」．「動物電気」という概念が初めて科学的な対象として意識されるようになったのは，L. ガルヴァーニ（Luigi Galvani, 1737-1798）による．彼は，大きな影響を及ぼした著作『筋運動における電気の効果に関する覚え書き（*De viribus electricitaits in motu musculari commentarius*）』（1791年）でカエルの筋肉についての研究成果を報告した．さらにC. マッテウッチ（Carlo Matteucci, 1811-1868）は，1844年，電流が筋繊維に由来するものであることを証明した．またE. デュ・ボワ=レーモン（Emil Du Bois-Reymond, 1818-1896）は，生理食塩水に浸した吸取り紙からなる電極をつないだ感度のよい検流計（ガルバノメーター）を開発した．彼は人間の筋肉の収縮時の電気活動について，『動物の電気現象についての研究（*Untersuchungen über thierische Elektritität*）』（1849年）で報告した．

H. ピーパー（Hans Piper）は金属表面電極の使用について『人間の筋肉の電気生

理学（*Elektrophysiologie menschlicher Muskeln*）』（1912年）で説明した．ディスプレイ媒体は，K. ブラウン（Karl Ferdinand Braun, 1850–1918）による 1897 年の陰極線管の発明によって飛躍的に改良された．H. ガッサー（Herbert Spencer Gasser, 1888–1963）と J. アーランガー（Joseph Erlanger, 1874–1965）は，神経組織からの個々のインパルスを「見る」ための陰極線管と増幅器からできたオシロスコープを使い，1944 年にはその業績に対してノーベル賞を獲得した．以上の技術的発展は，E. エイドリアン（Edgar Douglas Adrian, 1889–1977）と D. ブロンク（Detlev Bronk, 1897–1975）による針電極の導入（1929 年）とあいまって，現代の筋電計の下地をつくっている．

1940 年代初頭に至るまで，筋電計はもっぱら研究用の器具だと考えられており，わずかな例外を除けば，臨床医はそれに注意を向けることも，ましてや利用することもなかった．1948 年，メディトロン社が初めて，一体型臨床用筋電計を市場に売り出した．1950 年代後半までには，ほとんどの理学療法士やより多くの神経科医が，筋電計を欠かすことのできない機器と考えるようになった．60 年代初頭には，バスマジャンが数々の身体運動学研究を通してワイヤー電極の普及に貢献した．

過去 30 年間の電子工学の進歩によって，汎用化，小型化，使いやすさがもたらされてきた．表面電極の改良によって，筋電計は患者と臨床医に筋収縮の度合いを知らせるためのバイオフィードバック装置として使えるようになり，それゆえ現代のリハビリ技術にとって重要な道具となっている．人間工学では筋疲労を計測するための利用という形で，筋電計が影響を及ぼし始めて

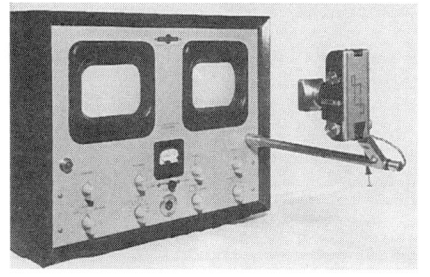

メディトロン・モデル 200 型筋電計（1948年）．Randall L. Braddom. "1991 Presidential Address. AAEM : The First Five Years." Muscle and Nerve 15 (January 1992) : 118–123, Figure 3. Copyright © 1992 John Wiley & Sons Inc.

いる．　　［Carlo J. De Luca／中村征樹 訳］

■文　献

Adrian, Douglas Edgar, and Detlev W. Bronk. "The Discharge of Impulses in Motor Nerve Fibers. Part II. The Frequency of Discharge in Reflex and Voluntary Contractions." *Journal of Physiology* 67 (1929) : 19–151.

Basmajian, John V., and Carlo J. De Luca. *Muscles Alive : Their Functions Revealed by Electromyography*. 5th ed. Baltimore : Williams & Wilkins, 1985.

Gasser, H. S., and J. Erlanger. "A Study of the Action Currents of Nerve with a Cathode-Ray Oscillograph." *American Journal of Physiology* 62 (1922) : 496–524.

Matteucci, Carlo. *Traité des phenomènes electrophysiologiques des animaux*. Paris : Fortin Masson, 1844.

Redi, Francesco. *Esperienze intorno a diverse cose naturali, e particolarmente a quell, che ci son portate dall'Indie…scritte in una lettera al …Atanasio Chircher*. Florence, 1671.

◆筋　力　計
➡ 動　力　計

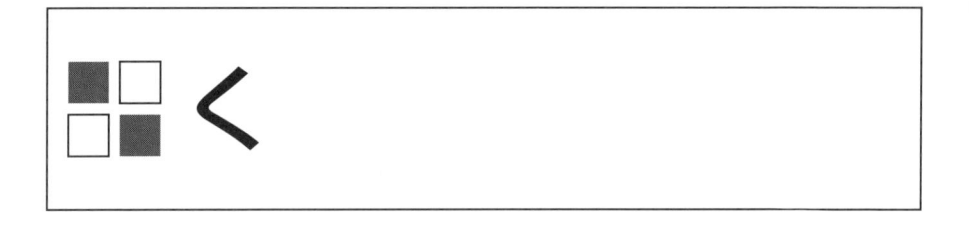

◆屈 折 計

Refractometer

屈折計は試料の屈折率を測定し,それを標準と比較するのに使用される.試料は,液体,固体,気体の場合があり,水中の砂糖含有量や光学ガラスなどの透明物質の屈折率を測定するのに使われる.屈折計は,試料の根本的な性質を特定するために,偏光計などの他の技術と合わせて利用される.

I. ニュートン(Isaac Newton, 1642–1727)は屈折,すなわち透明物質を透過する光線の変位をその物質の密度に関係させた.19世紀に数人の研究者が,屈折が温度と分子量に依存することをつきとめた.「屈折計」という名称とその標準的用法は,1870年代にあらわれた.19世紀末には,豊富な実験データが特に有機化学の液状の化合物に対して蓄積された.その技術は,アルコールと水,水と牛乳といった2成分の混合物の濃縮度を決定するのに特に有効であった.

屈折計はさまざまな光学原理を採用してきた.その最初のものは,プリズムの形状をした試料に光線を通し,その屈折角を測るものである.屈折計の一形態は,このような中空のプリズムに液体試料を満たした分光計である.このプリズムの最小の変位の角度が決定され,屈折率が計算される.この原理を利用したツァイス社の「ディッピング」屈折計は,液体試料の中に入った観測望遠鏡で容器のガラス壁の外の光源からの光線の屈折を観測するものである(分光光度計の項を参照).

採用される第二の物理的原理は,全反射の原理である.低い屈折率の媒体から高い屈折率の媒体に透過する際に,光線は,入射角のタンジェントが2つの媒体の屈折率の比よりも大きくなると,境界面で完全に反射されることになる.E. アッベ(Ernst Abbe, 1840–1905)の屈折計では液体試料は2つのプリズムの間に挟まれるか,単一のプリズムの上にのせられる.目盛りのついた輪が全反射の線を観測するのに用いられる.屈折率は温度によってかなり変わるので,装置は試料の温度を測定し調整できるようになっている.プリズムを通った屈折光は分散し色のついたふちをもつようになる.これは,単色光を使ったり,2つのアミチ・プリズムからなる補正装置を挿入することで解決する.C. プルフリッヒ(Carl Pulfrich, 1858–1927)の屈折計は全反射の角度を測定するものだが,直角プリズムの上に液体試料が置かれる仕組みになっている.固体試料はそれを屈折率対応溶液(全反射を消す働きをする)と混合し,屈折計の液体を測定することで測定される.

ニコルズ微小屈折計は,顕微鏡による測

定によって液体の屈折率を決定するものである．それは逆方向を向き，液体試料で覆われた2つのプリズムを通じて観測された光線の屈曲を観測するものである．屈曲は，段階的な屈折率をもつ参照すべき液体に対して目盛りがふられている．

他の方法は，固体の透明な物体が，その屈折率と合致する屈折率をもつ液体の中に入ると消えることを利用するものである．顕微鏡が観測に利用される際には，粉末，単一物質，繊維などのさまざまな参照用固体が使われる．逆に，参照用の液体が得られるならば，この形の未知の固体試料の屈折率を測定できる．顕微鏡を沈める方法は，滑らかな屈折面を手に入れることが難しい固体に対して，頻繁に用いられる．

屈折はまた，透明物体の見かけの厚さと実際の厚さの比によっても測定され，見かけの厚さは干渉計によって測られる．ジャミン屈折計では，干渉計の一方の腕の中にある排気された光学容器に気体を徐々に封入していきながら気体の屈折率を測定する．干渉縞を数えることで，光路差と屈折率が決定されうる．

屈折計の製造業者には，イギリスのヒルガー＆ワッツ社，アメリカのボシュロム社，ドイツのツァイス社など，多くの主要光学機器企業がある．広く使われている視覚的モデルは第二次世界大戦以降，特に波長に依存する研究に対して，光電記録装置によって補助されている．

[Seon F. Johnson／橋本毅彦 訳]

■文 献

Allen, Roy Morris. *Practical Refractometry by Means of the Microscope*：*With Listings of Index Liquids, and Other Aids for Mineralogists*. New York：R. P. Cargille Laboratories, 1954.

Batsanov, S. S. *Refractometry and Chemical Structure*. Translated by Paul Porter Sutton. New York：Consultants Bureau, 1961.

Lewin, S. Z. "Refractometry and Dispersometry." In *Treatise on Analytical Chemistry*, edited by I. M. Kolthoff, Philip J. Elving, and Ernest B. Sandell. Vol. 6. New York：Wiley, 1965.

Longhurst, R. S. *Geometrical and Physical Optics*, 3rd ed. London：Longman, 1973.

◆クラドニ板

Chladni Plate

クラドニ板の名前は，ドイツの科学者でアマチュア音楽家であったE.クラドニ（Ernst Florens Friedrich Chladni, 1756–1827）に由来している．彼は1787年に，二次元の力学的振動を可視化する単純で効果的な方法を発見し公表した．それまで弦，オルガンのパイプ，棒，膜などの振動についてはかなりの研究がされていたが，固体の板の振動についてはほとんど何も知られていなかった．

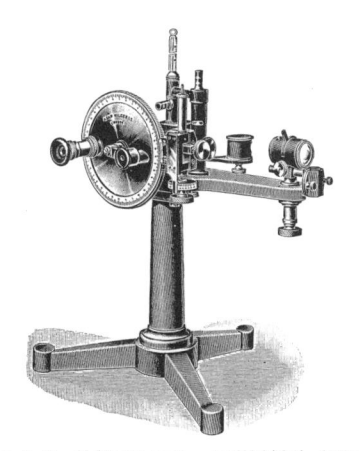

ヒルガー社製プルフリッヒ型屈折計（1921年）．Arthur H. Thomas Company. Laboratory Apparatus and Reagents. Philadelphia, 1921：522, Figure 8660. SSPL 提供．

1850年頃のイタリア製のクラドニ板．フィレンツェの科学技術財団提供．

クラドニは研究のために，ガラスか金属の板を木の柱に固定させ，板を薄い砂の層で覆い，端をバイオリンの弓でこすった．板が振動するにつれて，砂は振動が起こらない節の線に沿って集まった．砂の模様は板の振動のモードに依存することにクラドニは気づいた．単純な図形は一般的に低い振動数の音に対応しており，高い音の場合はより複雑な図形が出現する．クラドニ図形の理論的説明はまだ完全にはなされていない．1931年に砂は正確には節の線に沿って集まるのではなく，大きな振幅の振動の節の線に近づいていく曲線の上に集まることが示された．

クラドニの研究は1777年にG. C. リヒテンベルク（Georg Christoph Lichtenberg, 1742-1799）によって発見された電気的図形によって触発されたものであった．検電用の粉（ふつうは黄色い硫黄とオレンジ色の酸化鉛の混合物）を帯電した表面にまぶすことによって，リヒテンベルクは電荷の分布を再現する美しい枝状の模様を生み出すことができた．

クラドニは円形，方形，正方形の板で実験し，後にはより複雑な形状（楕円形，六角形，三角形）の板で実験を進め，240以上のさまざまな砂の模様を描写するに至った．彼はヨーロッパ中を旅し，この実験を当時の指導的な科学者たちに披露するとともに，自分が発明した楽器（グラス・ハーモニカを改良したユーフォニウムとクラヴィシリンダー）を演奏してみせた．クラドニは空気以外の気体における音の速度を測定することもできた．彼の研究はF. サヴァール（Félix Savart, 1791-1841），M. ファラデー（Michael Faraday, 1791-1867），レイリー卿（Lord Rayleigh, 本名J. W. ストラット，John William Strutt, 1842-1919）といった物理学者たちによって継承された．

19世紀の間，クラドニ板は人気の実験装置となった．それは音響学の授業で広く使われ，R. ケーニッヒ（Rudolph Koenig, 1832-1901）らの多くの器具製作職人によって製造された．多くの場合，それは膜で覆われた音叉の形をした管とともに用いられた．それは1835年にW. ホプキンス（William Hopkins, 1793-1866）によって発明されたもので，板の2つの異なる個所の振動を合わせたときに起こる干渉を示すためのものである．最近ではクラドニ図形は，バイオリンやギターといった楽器の振動モードを調べるために利用されている．

[Paolo Brenni／橋本毅彦 訳]

■文 献

Brenni, Paolo. *Gli Strumenti del Gabinetto di Fisica dell'Istituto Tecnico Toscano, I. Acustica*. Firenze：Provincia di Firenze, 1986.

Chladni, Ernst Florens Friedrich. *Entdeckungen über die Theorie des Klanges*. Leipzig：Weidmanns Erben und Reich, 1787.

Tyndall, John. *Sound：A Course of Eight Lectures Delivered at the Royal Institution of Great Britain*, 140-150. 2nd ed. London：Longmans, 1869.

Ullmann, Dieter. "Chladni und die Entwicklung der experimentellen Akustik um 1800." *Archive for the History of Exact Sciences* 31 (1984)：35-52.

◆グルコースセンサー

Glucose Sensor

糖尿病の診断の目的で内科医が初めて患者の尿をなめたとき,最初のグルコースセンサーが登場した.それは,人間の舌である.真性糖尿病については,5世紀に,当時のヒンズー教のテキスト『スルータ(Suruta)』にかなり正確に記述されている.糖尿病患者の尿が甘いということは,少なくとも11世紀までにはすでにいわれていたが,それが糖によるということは18世紀になるまで証明されなかった.F.バンティング(Frederick G. Banting, 1891-1941)とC.ベスト(Charles H. Best, 1899-1978)によって1921年にインシュリンが発見されるまで,糖尿病の病因と治療法の十分な理解は存在しなかったのである.真性糖尿病を診断し治療することができるようになるとともに,血液,尿などのグルコースレベルを正確に測定する方法が必要とされるようになった.その後1962年になって,L.クラーク(Leland Clark, 1918-)が,彼の電流測定型酸素センサーに基づいて,グルコースセンサーを含む一群のセンサーを提案した.

グルコースセンサーは,いまや環境モニタリング,食品科学,発酵学,臨床検査,その他分析化学の諸分野で用いられており,また実験動物や患者の体内でも用いられている.後二者のように生体内で用いられる場合には,「バイオセンサー」という用語が適しているかもしれないが,この用語についてはいまもなお議論のあるところである.応用対象の必要性に応じて,用いられる素材ばかりかセンサーの形や設計ま でもが決定されることになる.

血中グルコースについての情報を連続的に得ることは,不安定型(タイプI)糖尿病に対して食餌療法を行う際や,インシュリンの過剰投与によりアシドーシス昏睡や低血糖反応を起こしている患者を治療する際に,きわめて重要であろう.完全体内埋め込み型のセンサーは,閉回路の人工膵臓装置の一部として組み込まれて測定データがインシュリン注入ポンプの制御にフィードバックされる際に,その真価を発揮すると考えられる.人工膵臓の技術的構成要素の多くはいまでも手に入り,実際に用いられているが,トランスデューサーとセンサーはまだ開発途上である.

すべてのグルコースセンサーは電気信号を生み出し,この信号が直接読まれたり,記録されたり,あるいはインシュリン投与システムのフィードバック制御に用いられたりする.したがって,遠隔測定法のような技術を用いれば,それらのグルコースセンサーを他の装置の中に組み込んだり,完全に体内に埋め込んだりすることができる.グルコースセンサーの中には,化学反応や電気化学反応を利用するものもあるし,温度や光学的現象といった物理的手段を用いるものもある.また皮下注射針の中に入るほど小さいものもある.以下の例は,包括的なものとは考えられないし,必ずしも同種のもののうち最良のものを示しているわけではないことをあらかじめお断りしておく.

電気化学センサー

これは主に2つの範疇に分けられる.第一のものは,電極(アノード:通常は貴金属かメタルブラック)を用いて直接グルコースを酸化してグルコン酸といった産物に変え,この過程で移動する電子を捕捉す

るというものである.電流値で示される反応速度は,グルコース濃度の関数である.例として,初期のものでは1970年代のK.チャン(Kuo W. Chang, 1938–)らの研究や,もっと最近のものではJ.パッツァー(John F. Patzer II)らの研究があげられる.これらのグルコース測定は,電極に対してある一定の分極電位をかけて電流を測定する方法,あるいは電極にかけられる電圧が一定の範囲で変化するときの電流値の変化をスキャンするサイクリック・ボルトアンメトリーと呼ばれる方法を用いている.いずれの方法も,電位を適正に設定しないと電流値が得られないが,そのような適正電位のもとで生じる反応を測定に用いている.サイクルを用いる方法には,電極に一定の電位幅を与えるものと,パルスを与えるものとがある.

　第二の範疇は,最も広範なものであり,グルコースオキシダーゼといった酵素によって特異性を付与されたセンサーからなる.酵素の触媒反応による電子を直接捕捉するか,酵素反応産物(グルコースオキシダーゼの場合は過酸化水素)の酸化を行うか,あるいは酸素消費量を測ることにより,測定が行われる.これはクラークによって提唱されたタイプのものである.グルコースオキシダーゼ電極は,多くの研究者によってつくられ,生体外,動物やヒトの生体内のいずれにおいても試験されている.いくつかのものは短期間はうまく動作したし,インシュリン投与システムと組み合わされて実際に炭水化物代謝を短期間制御したものもあった.グルコースを直接酸化する電極は,選択された電位で酸化反応を行うことのできるあらゆる物質から妨害を受けると考えられ,したがって特異性が問題となる.一方,酵素電極は酵素の不安定性が問題であり,短い時間しか機能することができない.

光学的グルコースセンサー

　光学異性は,グルコースのような,鎖の中に非対称の炭素原子をもつ糖の特性である.光学異性体の濃度は,平面偏光の回転角から決定することができる.W.マーチ(Wayne F. March)は,眼鏡フレームに取り付けられ目の前室に焦点が合わされる,極小型の「偏光計(polarimeter)」を提案した.このシステムは非侵襲的なものだが,生理的なグルコースによってもわずかに回転角が生じると考えられ,さらには光学異性を示す他の代謝物の妨害を受ける可能性があるという問題がある.また,光ファイバーを用いた蛍光法が,いくつかのグルコース測定法で用いられてきた.D.リュッバース(Dietrich W. Lübbers)らは,グルコースオキシダーゼを含む系においては酸素によって蛍光の消滅が生じるという原理を応用した.J.シュルツ(Jerome S. Schultz)らは,フルオレセインでラベルしたデキストランのConA[コンカナバリンA:糖結合タンパク質の一種]への結合が,グルコースとの結合部位をめぐる競争によって変化するという現象を利用した.この可逆反応は,適切なグルコース・モニタリング部位に埋め込まれた透析性中空ファイバーの中で生じる.ペルオキシダーゼ・ルミノール・過酸化水素系の化学ルミネセンスが碇山義人(1949–)によってグルコース測定に応用された.これは実験室で試験されたものの,実際に光ファイバーのサイズに小型化されるには至らなかった.

熱量測定法

　K.モスバッハ(Klaus Mosbach, 1932–)は,グルコースオキシダーゼあるいはヘキ

ソキナーゼの反応によって生じる熱をサーミスターを用いて測定した．彼の仕事は生体外のフローシステムにおけるものだったが，体内埋め込み型の装置にも応用が可能である．

要　約

長時間使え，信頼性が高く，安定で，容易に較正できる装置であり，しかも体内埋め込みや長期間のベッドサイドでの使用に適している，というものはまだ存在しないが，真性糖尿病に対するよりよい代謝制御への需要はたいへん大きいため，いまもなおグルコースセンサーの研究が続いている．最近終結した糖尿病制御と合併症裁判（DCCT）は，われわれの多くが抱いていた次のような考えを明確に示した．血漿中グルコースの精密な制御は，糖尿病によるほとんどの体調悪化と死亡の原因となっている合併症の大幅な減少につながる，ということである．精密な制御は，精密なモニタリングを必要とし，これが信頼性の高いセンサーを生もうという新たな駆動力になっている．ほぼ完全にグルコース制御を実現する最良の方法は，埋め込み型の閉回路インシュリン投与システム（人工膵臓）であろう．一方，この病気による経済的・人的コストもまた，センサー開発のより一層の駆動力となっている．1992 年には，入院患者に対して合併症も含めた糖尿病のケアを行うために直接かかったコストは，アメリカだけで 390 億ドルに上ったと見積もられている．外来患者に対するケアには，さらに 62 億ドルがかかった．これら 450 億ドルの直接のコストに加えて，466 億ドルの間接的なコスト（失われた生産性と若年での死亡によるもの）がさらにかかり，全体で 1992 年の 1 年間に 918 億ドルのコストがかかっていることになる．

[Sidney K. Wolfson, Jr.／隅藏康一 訳]

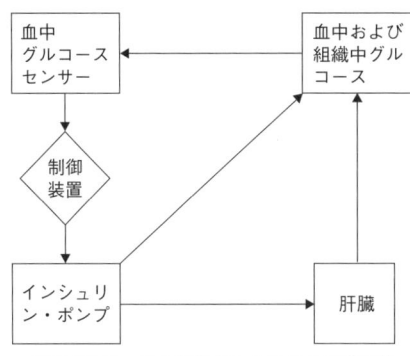

血中グルコースを制御するための人工膵臓装置の制御ループを示す模式図．ピッツバーグ大学医学部提供．

■文　献

Chang, K. W., et al. "Validation and Bioengineering Aspects of an Implantable Glucose Sensor." *Transactions of the American Society for Artificial Internal Organs* 19 (1973)：352-360.

Clark, L. C., Jr., and C. Lyons. "Electrode Systems for Continuous Monitoring in Cardiovascular Surgery." *Annals of the New York Academy of Sciences* 102 (1962)：29-45.

Fischer, U. "Fundamentals of Glucose Sensors." *Diabetic Medicine* 8 (1991)：309-321.

Patzer, J. F., II, et al. "A Microchip Glucose Sensor." *ASAIO Journal* 41 (1995)：M 409-M 413.

Wolfson, S. K. "Glucose Sensors, Blood and Tissue, Implantable." In *Encyclopedia of Medical Devices and Instrumentation*, edited by J. G. Webster, 1410-1428. New York：Wiley, 1987.

◆クルックスのラジオメーター

Crookes' Radiometer

ラジオメーターは光などの電磁波に感応する機器である．クルックスのラジオメーターは，50 mTorr 程度までに真空をひいた直径数 cm のガラス管の中に，針の先端を軸とした 4 枚羽の羽根車を入れたもので

ある．通常，それぞれの羽根の片面は黒く塗られており，もう一方の面は白く，光を反射するようになっている．可視光や赤外線に照らされると，羽根車は回転する．これは，測定機器というよりは演示用機器であるが，この密閉された容器の中の羽根車の運動は，永久運動や遠隔作用を思わせることもあって，J. C. マックスウェル（James Clerk Maxwell, 1831-1879）や A. アインシュタイン（Albert Einstein, 1879-1955）のような偉大な科学者たちの注目と想像力をとらえた．

W. クルックス（William Crookes, 1832-1919）は，1873年にラジオメーターを発明し，1897年に化学と物理学での業績が認められてナイトの称号を与えられたときも，これを腕に抱えていた．クルックスのラジオメーターに関する研究は，熱い試料の重量を真空のもとで測定したときに観測された「ずれ」の研究に起源がある．彼が最初につくったラジオメーターは，両端に羽根のついた天秤の形をしていたが，すぐに彼は軸のついた羽根車を使うようになった．

ラジオメーターは簡単につくることができるが，これが動く原理については当初からさまざまな議論があり，現在では大変複雑なものであることがわかっている．最初，クルックスは熱と重力の間に何らかの関係があるものと考えた．彼はマックスウェルの電磁波の理論（1873年）に影響され，入射する電磁波が，これを吸収する元素に圧力を与えていると信じるようになった．しかし，電磁波の圧力は実は反射面のほうが大きくなるはずであり，黒い面の向きに回転が起こらなければならない．実際には，その反対が観測されたが，このことは，電磁波によって熱せられた表面と残留気体の

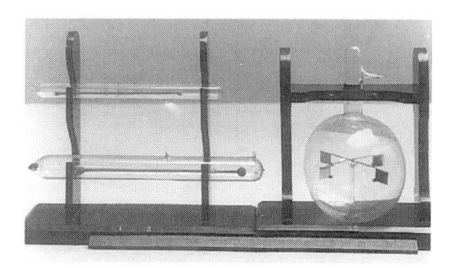

クルックスの天秤型（左）と羽根車タイプ（右）のラジオメーター管（1873年）．SM 1888-166. SSPL 提供．

間に相互作用があると考えるとうまく説明できた．実際，1876年に A. シュスター（Arthur Schuster, 1851-1934）と A. リギ（Augusto Righi, 1850-1920）によって行われた実験によって，容器の壁面には羽根の回転とは逆の反発力があることが示され，力が気体を通して伝わることが明らかになった．

1874年に O. レイノルズ（Osborne Reynolds, 1842-1912）によってもたらされた簡単な説明は，今日学生が習うところとなっているが，これは，気体分子が黒い表面から高温に応じた高い速度で跳ね返るため，反跳力の総和が冷たい側よりも大きくなるというものである．この単純な説明は，分子の平均自由行程が大きく，分子どうしの衝突が無視できる場合にのみ有効である．実際には，現実のラジオメーター力は，そのような状態よりも圧力が高く，平均自由行程が1 mm以下のときに最大になる．このような場合には事情ははるかに複雑で，マックスウェルの「熱匍匐（thermal creep）」という言葉による説明，つまり，表面の冷たい部分から温かい部分へと気体が流れる現象による説明がより適切となる．

「熱匍匐」によれば，羽根の代わりに，金属のコップ，半円柱，円錐などを用いた別

種のラジオメーターの仕組みが説明できる．光をあてられると，羽根車はコップの冷たい開口部の向きに回転する．熱匍匐によって，吸収はあるが固定された部分（例えば黒く塗った雲母盤）に生じた分子の一定の流れは，近くに置かれた吸収はないが可動な部分（例えば角度をつけた雲母の羽根でできた羽根車）をも動かす．クルックスはこのような機器を「オセオスコープ」と呼んだ．細部の多くは未解決であったが，1879年までに，レイノルズとマックスウェルは基本的な機構を説明した．しかし，クルックスは，「増大した分子圧の線」を追跡して，自分の得た結果を説明することができると信じていた．彼は，この考えを，よく知られた気体放電に関する研究の中にももち込み，いくつもの重要な発見を行った．いくつかの「クルックス管」の中で，彼が使ったのは，「電気ラジオメーター」と呼ばれるもので，この機器では，羽根車が電極として作動し，放電の影響によって回転する．

世紀の変わり目には，ほとんどの主要な機器販売業者は，設計を発表した論文の著者の名前をとった同様の管をカタログに載せていた．「ツェルナーラジオメーター」では，角度をつけた羽根を電熱線の環の上に据えている．「プルイラジオメーター」は放電によって作動するので電気的な接合部をもっており，また羽根には蛍光のコーティングが施されていることが多い．この頃には，基本的なラジオメーターは1ドル50セントほどで，変種はその2倍から3倍の値段であった．

ラジオメーターという名前はついているが，この機器は輻射の強度を定量的に測定するのには適していない．しかし，クルックスの初期の機器に似て，羽根にはたらくラジオメーター力によって生じる糸のねじれを角度で測定するものは，1880年から1900年までの間，赤外線の測定に用いられた．同様の発想は，P. N. レーベジェフ（Pyotr Nicolayevich Lebedev, 1866-1912）（1899年）や，E. F. ニコルズ（Ernest F. Nichols, 1869-1924）とハル（G. F. Hull）（1901年）によって，極低圧においても残っている，はるかに小さな真の輻射圧の測定に採用された．

[Norman R. Heckenberg／岡本拓司 訳]

■文 献

Brock, W. H. "Crookes, William." In *Dictionary of Scientific Biography*. edited by C. C. Gillispie, Vol.3, pp. 474-482. New York: Scribner, 1970.

Brush, S. G., and Everitt, C. W. F. "Maxwell, Osborne Reynolds, and the Radiometer." *Historical Studies in the Physical Sciences* 1 (1969): 105-125.

Crookes, W. "On Attraction and Repulsion Resulting from Radiation Part II." *Proceedings of the Royal Society* 23 (1875): 373-378.

Puluj, J. "Radiant Electrode Matter and the So-called Fourth State." *Memoirs of the Physical Society of London* 1 (1889): 233-331.

Woodruff, A. E. "The Radiometer and How It Does Not Work." *Physics Teacher* (October 1968): 358-363.

◆クロススタッフ

Cross-Staff

クロススタッフは航海中，水平線上の天体の高度を測定するために用いられた．ある天体の高度を測定し，さらにその天体の天球上での赤緯の知識があれば，航海者は船がいる地点の緯度を知ることができる．またクロススタッフはヤコブズスタッフ

(Jacob's staff), あるいはフォアスタッフ (fore-staff) とも呼ばれていた. T. フッド (Thomas Hood, 1799-1845) は, ヤコブズスタッフという名は創世記32章10節に由来していると示唆しており, そこではヤコブは1本の杖 (staff) をもってヨルダン川を渡った, といわれている. もう1つの説明は創世記28章12節に言及するもので, そこではヤコブは天と地の間に架かる梯子の夢を見た, といわれている. またクロススタッフはバックスタッフが用いられるようになってからは, それに対して, しばしばフォアスタッフと呼ばれた.

クロススタッフは1本の四角柱の縦棒と, 1本か, あるいはそれ以上の本数の視準横棒から構成され, すべて木でつくられている. 縦棒は黒檀かユソウボクでつくられ, 長さは平均約800 mmであり, その側面には目盛りが刻まれており, 約16 mmの幅をもつ. 視準横棒は普通梨の木でつくられ, 縦棒よりも短く平たいもので約40 mmの幅である. 視準横棒の中心には縦棒を通すための穴が空いており, 観測者は視準横棒を縦棒に沿ってスライドすることができるようになっている.

使用に際しては, まず観測者の目の高さまで縦棒ののぞく側の端をもってきて, もう片方の端を水平線と目標の天体の真ん中あたりに大まかに向ける. そして地面と垂直方向に立てた状態の視準横棒を縦棒に沿ってスライドさせ, その上端が目標の天体に, その下端が水平線にちょうど重なるようにする. その状態で視準横棒を縦棒に締めつけて固定し, 目盛りから天体の高さを読み取る.

クロススタッフは1515年頃, ポルトガル人によって航海中の観測に用いられるようになった. 当時はただ北極星の高度のみを観測するのに用いる, 0°~90°までの目盛りがただ1つ目盛られているだけだった. クロススタッフは, それ以前の天文観測用のアストロノマーズスタッフ (ラディウス・アストロノミクス, radius astronomicus) や測量用のサーヴェイヤーズスタッフ (ラディウス・ゲオメトリクス, radius geometricus) とは区別されるべきである. しかしそれを船上での観測に用いるというアイデアは, おそらくアラブ人たちが当時航海で用いており, 1498年にはヴァスコ・ダ・ガマ (Vasco da Gama, 1469?-1524) も見た「カマル (kamal)」という名の海上での天体高度測定器具の影響を受けたのではないかと思われる. 地中海から航海に関する知識が広まるにつれて, クロススタッフは北ヨーロッパでも手に入るようになり, 1571年にはイギリスにおいてW. ボーン (William Bourne) が, いかにしてクロススタッフを用いて太陽の高度を測定するか, についての初めての手記を出版している. 彼はまた, まぶしい太陽の光から目を守るために視準横棒の端に取り付ける色ガラスのことについてだけでなく, この器具固有の誤差である, 左右両眼の視差の問題についても論じている.

1580年にはフラマン人学者のM. コワニ (Michiel Coignet) は, 3つの目盛りを縦棒に刻み, その1つ1つが0°~90°までの間の一部分を読み取るのに用いるクロススタッフについて論じており, こうすると目盛りを大きくとることができるので, 角度も読みやすくなった. またオランダ人舵手のL. J. ワーヘナール (Lucas Janszoon Waghenaer) は1584年に水平線高度の補完となる天頂距離の目盛りを出版した. この目盛りを用いることによって, 太陽高度から緯度を測定することがより容易になっ

た．1595年にはイギリス人船乗りのJ. デイヴィス（John Davis, 1550 ? -1605）が両眼の視差を消去する方法を提示した．彼はまた太陽に背を向けて観測する方法について記述し，この方法によって，2つの問題点，すなわちまぶしい太陽をのぞき込まねばならなかったことと，視準横棒の両端を何度も往復して見なければならなかったことから回避された．オランダ人はデイヴィスの後ろ向きの観測とは異なる方法をあみ出し，それはイギリスで「オランダ流」として知られるようになった．1633年にはオランダ人J. A. コロム（Jacob Aertszoon Colom）は，目盛りは縦棒の3面に水平線高度と天頂距離の両方を組み合わせたものを刻むべきだと論じ，1650年代までには縦棒の4面すべてにそのように目盛りが刻まれるようになった．またこの頃には，オランダ人は後ろ向きの観測に2つの改良を加えた．1つはイギリス人に「オランダ靴」と名づけられた真鍮のアパーチャーディスクであり，もう1つは可能なかぎり小さくしたボーン横棒あるいは水平横棒であった．

これらの革新が意味するところのものは，17世紀の後半において，クロススタッフは海上での高度観測については最も正確な器具であった，ということである．この状況は，1731年にハドレーの四分儀（八分儀，octant）が発明されるまで続いた．1750年までには八分儀が広く受け入れられ，クロススタッフの使用は減少した．クロススタッフが航海法の手引きに最後に言及されたのは1768年のことであった．19世紀の初頭につくられたクロススタッフが現存しているため，当時もまだ生産は続いていたようであるが，文献資料によると，そのときまでに東インド会社や海軍のような大きな組織の役人がクロススタッフを使用しなくなったことは明白である．

もともとクロススタッフはそれらを使う船乗りたちによってつくられていたものであったが，16世紀末以降は，それらをつくる専門の職人の名前が知られている．そのような職人は，その他の科学器具の生産には関与していないのがしばしばであった．1994年の段階で知られている95機のクロススタッフのうち65機はオランダでつくられたものであり，さらにあと11機もおそらくオランダに由来するものである．その他のものはイングランド，スカンジナビア，ドイツ，フランス，スペイン，

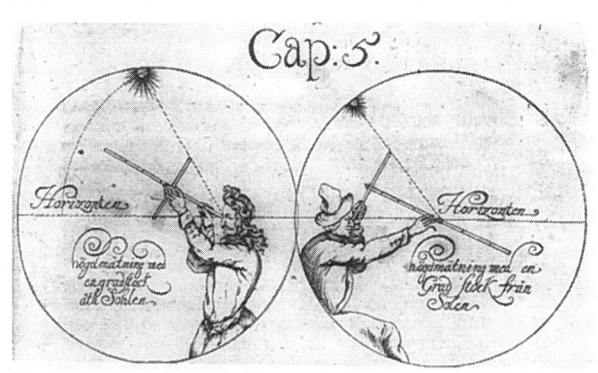

クロススタッフの操作の図（アムステルダム，1690年代）．オランダ海洋博物館提供．

北アメリカなどで作成された．アムステルダムのファンケーレン商会 (1680-1885) は現存するクロススタッフの過半数を作成した．その他の現存するクロススタッフをつくった 18 世紀のオランダ人職人たちには，J. ルーツ (Johannes Loots), J. ハセブリュック (Joachim Hasebroek), L. ダンクバール (Lambertus Dankbaar) がいて，全員アムステルダム出身である．しかしながら公文書などの記録によると，かつて生産されたクロススタッフのうちの，ほんのわずかの量しか現存していないということはたしかである．例えばファンケーレン商会は 1731 年から 1748 年の間にオランダ東インド会社に 1148 機を売却している．この数字は他の貿易業者への売却や，それ以外の職人たちが作成した数を含んでいない．オランダ人職人の作成数，現存するオランダ式のクロススタッフの数，そしてオランダのクロススタッフ開発における影響などを見ると，結論として，17・18 世紀にはオランダが航海用クロススタッフの生産と普及に主要な役割を果たした，ということがいえるであろう．

[Willem F. J. Mörzer Bruyns／平岡隆二 訳]

■文 献

Mörzer Bruyns, Willem F. J. *The Cross-Staff*：*History and Development of a Navigational Instrument*. Zutphen：De Walburg Pers. 1994.

◆クロノグラフ

Chronograph

クロノグラフは時間を記録する器械である．天文台では星の通過時間を測定する場合に，心理学実験室では人間の反応時間を測定する場合に，そして生理学実験室では神経伝達の速度を測定する場合に用いられる．また他の計時器械を補正したり，事象を記録するときにも用いられる．

ドラム式クロノグラフは基本的には円筒形であり，手動のものも機械あるいは電気装置によって動くものもあり，紙で覆われていてその上に必要な情報が記録されるようになっている．

外部時間補正つきのクロノグラフ

初期のドラム式クロノグラフは天文学者のために考案され，時間目盛りをつけるために観測用時計の電気パルスを用いた．オハイオ州シンシナティの J. ロック (John Locke) は，米国海軍観測所用に 1849 年に作製した天文時計の一部に，この種の装置を開発して用いた．その器械には多くのペンが装備されていて，そのうち 1 本は時計によって制御されていた．ドラムが 1 回転するごとにペンは 1 インチ (2.54 cm) ほど上方に移動するため，1 枚の記録紙上に多くの情報を記録することが可能であった．ドラムは規則正しい時計仕掛けによって回転するようになっていた．

アメリカの時計製作者の G. ボンド (George Bond) が考案した器械も，これと類似したものであり，ハーバード天文台に装備され，1851 年にはイギリスでも公開された．このボンドのクロノグラフは 1854 年にグリニッジ天文台で採用され，後に経度測定のために米国沿岸測量局で採用された．

クリル (C. Krill) のドラム式クロノグラフは，経度決定のためにヨーロッパの天文台で広く用いられた．

内部時間源つきのドラム式クロノグラフ

オランダの生理学者ドンデルス (F. C.

Donders）は1868年にネモタコグラフ（Noemotachograph）を考案した．これは人間の反応時間を測定するために用いる単純なクロノグラフであった．水平に据えられたドラムを手動で回転させるものであり，1回転するごとに上方に移動し，記録用トラックがドラム上でらせんを描くように工夫されていた．このドラム上に毎秒250回振動する回転フォークが載っていて，小さなバネで記録紙上に振動の跡を残すようになっていた．この印跡のためドラムの回転速度は厳密には一定となりえなかった．

スイスの時計製作者 M. ヒップ（Matthäus Hipp）はこれと似てはいるが，パルスを与えて時間線を描く，非常に正確な計時機構を備えたクロノグラフを開発した．ドラムの溝は二重になっていて，1本のペンは時間線を描き，もう1本のペンは時間間隔を記録できるようになっていた．ペンはそれぞれ別個に電磁石で制御されていた．

19世紀後半までに，精度が非常に高いさまざまなドラム式クロノグラフが市場に普及していた．ドイツの心理学者 W. M. ヴント（Wilhelm May Wundt, 1832–1920）は，ライプツィヒ心理学研究所で，多くの心理学実験室にとって標準的となるクロノグラフを製作した．この器械は電気的に回転するフォークを装備し，時間補正のできる溝が刻まれていた．1万分の1秒まで測定できるほど正確である，と宣伝された．

連続記録紙クロノグラフ

これはドラム式クロノグラフと似ているが，ローラーがついていて記録紙を連続的に巻き取るようになっている．記録紙の補給装置はかなり精密にできていて，紙の補給速度は十分に一定となる．多くの場合時間記録用の溝があるが，記録紙補給の速度が，事象の時間を計算する，あらかじめ印字された補正用紙の動きに連動するようになっているものも多い．

振り子式クロノグラフ

クロノグラフのもう1つの主要な種類は，振り子を用いるものである．振り子式クロノスコープとも似ているが，異なる点は，振り子が装置底部の金属板をすれすれに通過するため，高電圧のスパークが出るようになっている点である．振り子と金属板の間には四角か帯状の紙片が置かれている．振り子が放たれると同時に時間計測が始まり，一定の時間間隔の最後に，金属板と紙片ごしに接触して電気スパークを生じ，記録紙に跡を残すようになっている．振り子の周期がわかれば，そこから時間差を計測することができる．ベルクストレーム・クロノスコープは，このような電気スパーク式クロノグラフの付加機能をもつものとして，商業的に広く用いられた．

特定の用途のために作製された振り子式

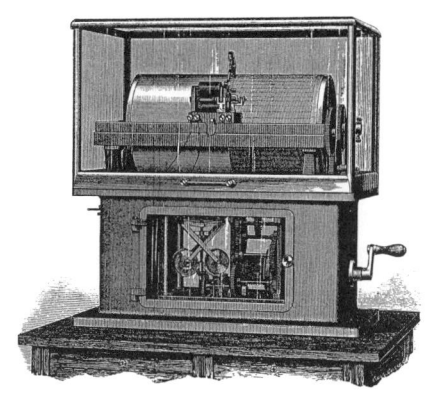

アメリカの天文学用クロノグラフ（1890年）．George Chambers. A Handbook of Descriptive and Practical Astronomy. Volume 2, Fourth Edition, Oxford：Clarendon Press. 1890：facing page 215. SSPL 提供．

クロノグラフは，他にも数多く存在する．ハサウェイ・振り子式クロノグラフやシーショア・電気スパーク式クロノグラフは，いずれもベルクストレームの設計に基づいたもので，1940年には製造されていた．

[Rand B. Evans／井山弘幸 訳]

■文　献

Bond, G. P., and R. F. Bond. "Description of an Apparatus for Making Astronomical Observations by Means of Electromagnetism". *Report of the British Association for the Advancement of Science* (1851), Transactions of the Sections, pp. 21-22.

Donders, F. C. "Twee Werktuigen, tot Bepaling van den Tijd, voor Psychische Processen Benoodigd" ("Two Instruments for Determining the Time Required for Mental Processes"). In *Attention and Performance* II, edited and translated by W. G. Koster, 432-435. Amsterdam : North Holland, 1969.

Favarger, A. *L'Électricité et ses applications à la chronométrie*, 515-519. 3rd ed. Paris : Girardot, 1924.

Locke, John. *Report of Profesor John Locke, of Cincinnati, Ohio, on the Invention and Construction of His Electro-Chronograph for the National Observatory in Pursuance of the Act of Congress, Approved March 3*, 1849. Cincinnati, Ohio : Wright, Ferris, 1850.

Stoelting, C. H., Co. *Apparatus, Tests and Supplies for Psychology, Psychometry, Psychotechnology, Psychiatry, Neurology, Anthropology, Phonetics, Physiology, and Pharmacology*, 74-75. 4th ed. Chicago : C. H. Stoelting, 1940.

◆クロノスコープ

Chronoscope

クロノスコープは短い時間間隔を自動的に計測する一群の器械のことである．クロノスコープという名称はクロノグラフの代わりに用いられることも多い．クロノグラフの場合は計測された時間間隔の筆記記録が残るが，クロノスコープのほうは，時間間隔を直接ダイヤルの目盛りから読み取るか，装置の動き（振り子の振れ，検流計の針の振れ角）から計算する点で異なる．クロノスコープは，元来，銃器から発射された投射体の速度を測定するために考案された．砲口から発射された砲弾が，（細いひもでできた）回路を断ち切るのを利用して測定した．砲弾が標的に当たると，回路は再びつながるようになっている．後にこの装置は物理学で用いられるようになった．短い時間の測定，とりわけさまざまな高度から落下する物体の速度を測定するときに用いられた．しかしながら，1880年代以降，クロノスコープを用いたのは主に実験心理学であった．刺激に対する被験者の反応時間の測定に用いられたのである．「反応時間測定実験」でクロノスコープが用いられたことは，心理学が実験分野として発展してゆく過程に重要な役割を果たした．

時計仕掛けと電気機械的に結合したクロノスコープ

C. ホイートストン（Charles Wheatstone）は1840年に正確な時計仕掛けの機構を利用したクロノスコープを考案した．電磁石の開閉の間の時間間隔を測定するものである．電磁石は，活性化すると，動いている時計仕掛けの機構に指針をかみ合わせるが，不活性になると，指針をはずし動きを止めるようになっている．経過した時間は，目盛りのついたダイヤルで読み取る．スイスの時計製作者M. ヒップ（Matthäus Hipp）は，ホイートストンの設計を改良した．1840年代にヒップ・クロノスコープとして商品化されたもので，1000分の1秒の精度をもち，1920年代まで短い持続

時間を測定する装置として多用された．

振り子式クロノスコープ

振り子式クロノスコープには，直接読取り型と間接読取り型の2つの型がある．

直接読取り型振り子式クロノスコープ：1895年，ハーバード大学の生理学者フィッツ（F. W. Fitz）は振り子運動を用いて経過時間を測定するクロノスコープを考案した．測定する時間間隔の開始時に，固体金属製の振り子が放たれると，振り子は円弧を描いて振動し始める．緩く取り付けられた指針も振り子とともに振動する．時間間隔の終了時に電磁石の力で振り子から指針がはずれ，指針目盛りにしっかりと固定される．経過時間はその目盛りから読み取られる．1900年にベルクストレーム（J. A. Bergström）が改良したこの設計の器械は，100分の1秒の測定精度をもち，1920年代を通じて，この型のクロノメーターの標準となった．

間接読取り型振り子式クロノスコープ：1890年に，クラーク大学の生理学者サンフォード（E. C. Sanford）は，バーニヤ（副尺）の原理を用いて，2本の振り子のついたクロノスコープを導入した．ホイートストンも1840年にはすでに同じような装置を開発していたが，先駆型以上の段階には達していなかったと思われる．サンフォードのバーニヤ・クロノスコープは，1898年に市場に出回ると，1930年代に入るまでの間，学生教育のための実験室などで，人間の反応時間を測定するため頻繁に用いられた．台枠の上から2本の振り子をつるし，それぞれに重錘をつけたもので，振り子の長さは異なっている．測定する時間間隔の開始時に，長いほうの振り子が放たれ，終了時に短いほうの振り子が放たれる．腕の長さがわかっているから，長い振り子に短い振り子が追いつくまでに必要な振動数を数えることによって，数式を使って経過時間の計算ができる．この装置の精度は，およそ100分の1秒である．

電気クロノスコープ

このクロノスコープは，経過時間を測定するために，単に電気的な装置のみを用いる．

プイレのクロノスコープ：この器械はフランスの生理学者C. プイレ（Claude Pouillet）が1830年代に考案したものであり，しばしば弾道学の検流計と呼ばれている．検流計のコイルに電気が送られると，その電荷の量に比例してコイルが変位するようになっている．電荷の量が一定のまま保たれるとすれば，瞬時の電気パルスによって生じる変位は，そのパルスの持続時間に比例することになる．かくして適切な目盛りを付せば，検流計は非常に短い時間間隔を測定するクロノスコープとしての働きをもつ．このプイレのクロノスコープを，ノースウエスト大学のP. クロップステグ（Paul Klopsteg）が改良した型は，1939年まで用いられていた．

エヴァルトのクロノスコープ：1889年にドイツの生理学者エヴァルト（J. R. Ewald）は小さな電磁石を用いた電気クロノスコープを考案した．電動子が，電気音叉が生み出す交流に同調して，前後に揺れるような構造になっているものである．一定方向に動くよう調整された百歯歯車の歯の間を，電動子が動くようにできている．その歯車には指針が直接つけられていて，電動子が1往復するごとに1目盛り動くようになっていて，1目盛りで100分の1秒を計測した．

同期式電気クロノスコープ

同期電動機は1920年代のクロノスコー

プの製造に革命的変化をもたらした．

ダンラップのクロノスコープ： 1917年にジョンズ・ホプキンス大学の心理学者N. ダンラップ（Knight Dunlap）は，同期電動機の形態を利用したクロノスコープを製作した．円周上に10個の電磁石が配置され，円の内側をクロノスコープの電導子が回転するようになっている．電動機は補正された交流電気で回転し，その速度は一定である．電気回路が通じたり，切れたりすることで励起される電気クラッチによって，指針ダイヤルは電導子とかみ合ったり，離れたりする仕掛けをもつ．精度は1200分の1秒までであり，開発されるとすぐにもヒップ・クロノスコープの代わりに使われるようになった．

標準ストップクロック： 1920年代までにマサチューセッツ州アッシュランドにあるウォーレン・テレクロン社により，小型の同期電動機が普及した．テレクロン電動機は，タイマーの針を動かしたり止めたりできるよう，電気的に制御されるクラッチと連結していて，1930年代半ばにマサチューセッツ州スプリングフィールドにある，スタンフォード・クロック社によって標準ストップクロック（Standard Stopclock）の名で市場に出された．その精度は100分の1秒だが，使いやすかったため，1950年代に電気的経過時間カウンターが開発されるまで，実験室のストップクロックの「標準」となった．

[Rand B. Evans／井山弘幸 訳]

■文 献

Dallenbach, K. M. "Two New A. C. Chronoscopes." *American Journal of Psychology* 48（1936）：145-151.

Fitz, G. W. "A Location Reaction Apparatus." *Psychological Review* 2（1895）：37-42.

Stoelting, C. H., Co. *Apparatus, Tests and Supplies for Psychology, Psychometry, Psychotechnology, Psychiatry, Neurology, Anthropology, Phonetics, Physiology, and Pharmacology*. Chicago：C. H. Stoelting, 1939.

Titchener, E. B. *Experimental Psychology：A Manual of Laboratory Practice*. Vol. 2, Part 2. New York：Macmillan, 1905.

Wheatstone, Charles. "Le chronoscope electromagnétique." *Comtes rendus de l'Académie des Sciences* 20（1845）：1554-1561. Reprinted in *The Scientific Papers of Sir Charles Wheatstone*, 143-151. London：Physical Society of London, 1879.

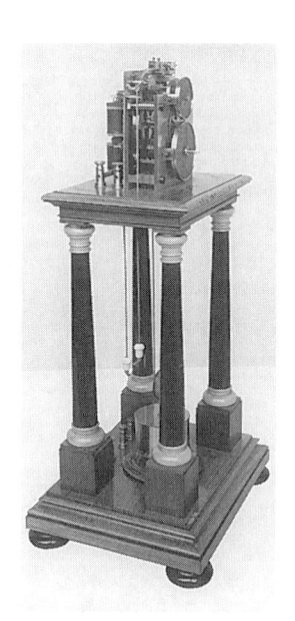

ヒップのクロノスコープ（1889年頃）．SM 1889-38. SSPL提供．

◆クロノメーター

Chronometer

クロノメーターは持ち運び可能な高精度の時計である．その英語の原義から，クロ

ノメーターには，イギリス人の定義ではバネ仕掛けの脱進機がついていなければならないが，スイス人の定義では単に精度の高い持ち運び可能な時計ということになっている．したがってこの定義では，特定の水準の性能をもったクオーツ時計もクロノメーターと見なされることにある．

起源と機能

携帯可能な時計は，15世紀末にゼンマイが発明されて以来存在していた．懐中時計は16世紀初頭に南ドイツでつくられていたが，それらは非常に不正確で，よくても1日に誤差およそ15分の精度であった．よりよい携帯時計の発明を刺激したのは，主として航海だった．

17世紀半ばから，失われる船員の命や船荷の数が年々増加してきたのに伴い，海洋を安全に航海し，海岸線を海図に記す方法が探し求められた．地球上のどの位置にいるかを知るには，その位置の赤道からの南北の緯度，また本初子午線からの東西の経度を知る必要がある．地球は地軸のまわりに自転しているので，時刻は経度の関数になる．もしどの位置にいるかわからないときに，本国での時刻が携帯時計に正確に表示されているなら，その位置の現地時間と比べることによって，本国からどれくらい離れているのかがわかるはずである．

こうして，船の動きや温度の大きな変化に対応できる正確な携帯時計への必要性が高まった．多くのヨーロッパの科学者はいくつかの解決策を探し求めたが，置き時計型のデザインを試みたのは，イギリスのR. フック（Robert Hooke, 1635-1703），オランダのC. ホイヘンス（Christiaan Huygens, 1629-1695），ドイツのG. ライプニッツ（Gottfried Leibniz, 1646-1716）であった．

ヨーロッパ各国は問題解決に高額の賞金を出した．例えばイギリス政府は1714年に，経度局によって管理される2万ポンドの賞を設定した．完全な受賞の条件は，1日に誤差が3秒以内であることとされた．

絶大な関心を引き寄せたにもかかわらず，独学で学んだイギリス人時計技師J. ハリソン（John Harrison, 1693-1776）によって，その賞が（1773年に）受賞されるまでに半世紀以上かかった．彼が1730年に最初に設計し組み立てたのは，実にすばらしい海洋時計（いまでは「H1」として知られている）であった．それは，2つの補正ランプが温度の補正を行い，ネジを巻いている間も機械を動かし続けるための自動維持動力を備えており，その装置は（全体の仕組みとして）潤滑油を必要としなかった．この時計は非常に刺激的であったにもかかわらず，賞金を獲得しなかった．ハリソンのさらなる2つの試作器であるH2とH3もまた賞金を獲得しなかった．H3（1740年）には彼が発明した，バイメタル式の金属板と，箱に収納されたローラーベアリング（ころ軸受け）が組み入れられていた．ハリソンが賞を得ることとなった作品（「H4」，1759年に完成）は大きな腕時計程度のものだった．H4は非常に複雑で高価であった（L. ケンドール（Larcum Kendall）がそのコピーをつくるのに経度局は500ポンドを要した）けれども，それは事実上すべての高精度の懐中時計の先駆けとなった．それによって明らかになったのは，携帯用の高精度の時計に必要なのは比較的軽くて，多くのエネルギーを貯えた振動数の大きな振動子であるということである．H4は動力を維持するのに十分に発達した装置を備えており，それに利用された2つの金属からなる補整器は，後のほとんどす

べての補正ランプの基礎となった.

フランスでは P. ルロワ (Pierre Le Roy, 1717-1785) がハリソンの仕事に続いており (彼は1738年にハリソンを訪れたといわれている), 1770年に彼が出版した回顧録には, 実用的なクロノメーターには3つのものが必要であると述べられている. すなわち, 補正ランプと独立した脱進機と等時性のひげゼンマイである. しかしながら, 彼が実際に設計したものは実用的ではなく, すでに発達していたクロノメーターにはほとんど影響を与えなかった. イギリスでは T. マッジ (Thomas Mudge, 1715-1794) が, 1770年代にさらに複雑なものを導入することによってハリソンの作品を改良しようとし, 彼の機械のうちの1つはグリニッジ天文台で試験的には非常にうまくいったが, その設計は実際に使用できるものではなかった.

「クロノメーター」という言葉は, W. デーハム (William Derham, 1657-1735) と J. サッカー (Jeremy Thacker) の両者によって1714年につくり出されたのであるが, 18世紀後半に正確な時計をあらわすのに, それが時折用いられていたのに対し, ハリソンは自分の機械をタイムキーパーあるいは海洋時計と呼んだ. クロノメーターという言葉が初めて適切に用いられたのは, 1780年に J. アーノルド (John Arnold, 1736-1799) と A. ダルリンプル (Alexander Dalrymple, 1737-1808) によってであり, アーノルドのポケットクロノメーター No.36 は, その前年の試験のときにグリニッジで非常にすばらしい成績をおさめた.

ハリソンのモデルを事実上独力で単純化したのはアーノルドであった. アーノルドが導入した自身の平衡おもりのデザインは, 2つの金属でできた動輪を使っておもりの慣性モーメントを減らすことによって, 熱くなると弱まりつつあるバネと膨張しつつあるおもりを自動的に調整するものであった. ルロワもこうしたおもりを独自で発明していたが, 両者とも明らかにハリソンの仕事に鼓舞されていた. アーノルドがさらに発明したのは, 振動が実質的に等時間になるような, 端が曲線になったらせん状のひげゼンマイと, 時計の動く部分からの衝撃干渉をできるだけ小さく受けるようにしたある種の独立した脱進機であった. アーノルドがそのとき製作したのは, 実用的で比較的安価な航海用の小型のクロノメーターであり, その費用は60～80ギニーであった.

アーノルドの仕事に続いて, T. アーンショウ (Thomas Earnshaw, 1749-1829) が航海用クロノメーターの設計と製造を標準化した. 彼はランカシャーで自分のためにつくった, 荒れた海用のクロノメーターを手にした最初の人物だったといってよい. 彼は時計の製造業者たちよりも何年も前から営業に従事しており, そのことはクロノメーターの製造業者たちにとって一般的な習慣となった. 彼は単純なバネ式の脱進機を導入し, その装置を真鍮の入れ物に入れて, 普通のマホガニーの立方体の箱の中にあるジンバルにつるした. 1800年までに, 彼の改良のおかげでイギリスのクロノメーターはほぼ近代の形にまで発達し, その後1世紀半にわたって世界中で生産されるクロノメーターの基礎となった.

普 及

18世紀末にグニリッジ天文台はクロノメーターをより定期的に経度局の試験にかけ始めた. 1770年代に J. クック (James Cook, 1728-1779) の航海をはじめとする

探検航海が始められると，クロノメーターは海岸線や内陸での位置の経度をはっきりさせるために徐々に用いられてきていた．しかしながら，英国海軍は懐疑的であり，クロノメーターを初めて定期的に導入したのは海運業の者たちであった．とはいえ，それらはまだ船長が個人的に購入しなければならなかったのである．

　ハリソンとアーノルドがこれだけ小型の携帯クロノメーターをつくり上げると，そのより広い利用可能性が気づかれるようになった．小型のクロノメーターは個人用の正確な時計として，海軍の艦長たちだけでなく天文学者や科学に興味のある人たちの間で人気を博した．電信が発明されるまで，クロノメーターは2つの場所を経度にして何度も移動することによって生じる天文台間の経度の違いを定めるために用いられていた．天文学者によって使われたクロノメーターはたいてい恒星時間とみなされていた．それゆえふつうその文字盤には12ではなくて24の数字があり，ローマ字ではなくアラビア文字が使われていた．このタイプのクロノメーターの特別版は19世紀の後半からつくられ，測量のために設計された．テープクロノグラフとともに用いられることによって速く，そして正確に目印の経度を知ることができるようになった．

改　良

　19世紀中頃までに，クロノメーターの製造と販売は大きな市場となり，デント社，フロッドスハム，マーセル，クルベルグのようなロンドンの会社は，世界中にクロノメーターを輸出していた．需要と製造が増加するにつれて，価格は低下した．例えば19世紀後半につくられた典型的な二日巻きの海洋時計は約20ポンドであった．技

ハリソンのクロノメーター1号機（1735年）．SSPL提供．0340．グリニッジの国立海事博物館の展示より．

術的な改良が補正ランプに集中したのは主に，中間の温度での誤差を調整するためであり，その誤差は不規則な温度の変化のために変化する鉄鋼性のひげゼンマイの伸縮性が原因である．フランスの冶金学者であるインヴァーのC.-E. ギローム（Charles-Edouard Guillaume, 1861-1938）による1898年の発明（温度の変化にほとんど影響を受けない合金）により，クロノメーターの製造は，状況を変えても1日の誤差が0.5秒以内に収まるほどの精度が可能となった．

　たいていのクロノメーターは非常にうまくつくられていたので，1900年までには丈夫で長持ちするものが十分に供給されていたが，多くの人は使用後100年たっても十分なメンテナンスをしていた．しかしながら，2つの世界大戦が新しい需要を引き起こした．アメリカ人が1940年代に生み出したすばらしい新しいデザインは，ハミルトンモデル21といい，1900年頃のU.ナールディン（Ulysse Nardin）によるスイス製のオリジナルに基づいていた．

理論的にはマルコーニ（Marconi, 1874-1937）の無線電信が20世紀にあらわれるとすぐに，海洋クロノメーターの時代は終焉に向かっていった．しかし実際には，本国での時刻を示してくれる代用品は存在しなかったし，また西欧諸国の海軍は，1970年代までそれらを軍艦に支給し続けていた．機械的なクロノメーターのほとんどすべての形が，現在では安価で信頼できるクオーツ時計に取って代わられている．

[Jonatham Betts／成瀬尚志 訳]

■文　献

"Chronometer." In *The Cyclopaedia ; or, Universal Dictionary of Arts, Sciences, and Literature*, edited by Abraham Rees, Vol. 8. London： Longman, 1819.

Gould, Rupert T. *The Marine Chronometer：Its History and Development*. Reprint. Woodbridge, Suffolk：Antique Collectors' Club, 1989.

Howse, Derek. *Greenwich Time and the Discovery of the Longitude*. Oxford：Oxford University Press, 1980.

Mercer, Tony. *Chronometer Makers of the World*. Colchester, U. K.：N. A. G., 1991.

Whitney, Marvin. *The Ship's Chronometer*. Cincinnati, Ohio：A. W. I., 1985.

◆グローマ

Groma

グローマ（測量用直角器）は，ローマ時代の主な測量器具であった．グローマは文献（用語の煩雑さのために，それらの中には曖昧なものも少なくない）と考古学的な証拠（しばしば解釈が困難である）によって知られるものである．

グローマの，一般的に唯一の周知の例としてみなされているものは，1912年にポンペイで発掘されたが，金属の部品を残すのみのものである．この道具が（現在はナポリの考古学博物館にあり，復元品がロンドンの科学博物館にある），ベルス（Verus）と呼ばれていたであろう測量師の作業場でつくられたことは明らかである．グローマは，旋回する腕木に据えつけられたX字型の腕をもち，さらに，その旋回する腕木はまっすぐな棒に取り付けられている．グローマで，交差している腕からつるされた重錘の組みを一直線上にそろえることによって，直線と直角を測ることができた．旋回する腕木は，グローマの（X字型の）腕が支える棒に対して中心をずらせるようにしており，照準が視覚的障害を生じうる棒に遮られないようにする，という利点をもっていた．重錘をもっていることは，しばしばグローマの定義となる性質であると解されている．また，測量に使われていたであろう初期の交差型の器具は，グローマの前身であるとみなされている．しかしながら，「測量師の」と称されるX字型の道具が実際にその意図で使用されたかどうかについては，議論がなされてきている．例えば，ドイツのアイヒシュタットから出た発掘品は，グローマ，グローマの前身，穀物の計量器などとしてさまざまに述べられている．

ポンペイでの発掘より前に，グローマは文献から，また古代都市エポレディア（現在，北イタリアのイヴレア）で発見され，イヴレア市立博物館に保存されている墓石の彫られたグローマらしきもののレリーフ像から知られていた．これは紀元前1世紀の測量師 L. A. ファウストゥス（Lucius Aebutius Faustus）によって彼自身と彼の家族のために建てられたものであり，さまざまな仕事場のシンボルが描かれている．

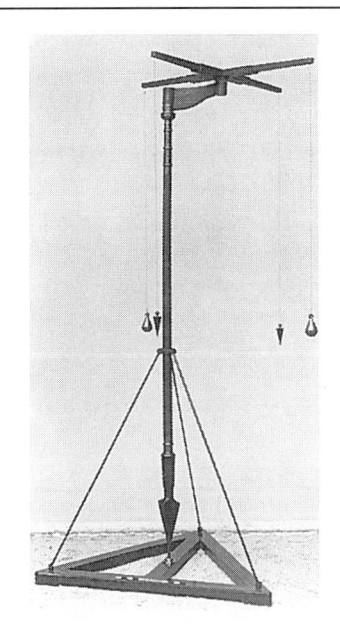

ローマのグローマの復元品（1世紀）．ポンペイで発掘された断片に基づく．SM 1923-395．SSPL提供．

グローマによって直線と長方形を測量することができた．またグローマは民間と軍事の双方において使用され，その用途には寺院を東向きに建てたり軍隊の野営を仕切るために欠かせなかったカルド（kardo）（南北線）やデクマヌス（decumanus）（東西線）の決定も含まれていた．グローマは，他の道具（方向を定めるために使われた日時計など）と組み合わせて使われたものと推察されている．折りたたみ定規や青銅のコンパス，物差しの末端部，携帯用日時計など，他の測量道具がベルスの仕事場から発掘されているという点は重要である．

[Liba Taub／葉山　雅訳]

■文　献
Della Corte, Matteo. "Groma." *Monumenti Antichi* 28 (1922): 5-100.

Dilke, O. A. W. *The Roman Land Surveyors*: An Introduction to the Agrimensores. Newton Abbot: David and Charles, 1971.

Dilke, O. A. W. "Roman Large-Scale Mapping in the Early Empire." In *The History of Cartography*, edited by J. B. Harley and David Woodward, Vol. 1, 212-233. Chicago: University of Chicago Press, 1987.

Kelsey, Francis W. "Groma." *Classical Philology* 21 (1926): 259-262.

Turner, A. J. *Mathematical Instruments in Antiquity and the Middle Ages*: An Introduction, 299. London: Vade-Mecum, 1994.

◆クロマトグラフ

Chromatograph

クロマトグラフは混合物の化学的成分を分離するものである．多くのクロマトグラフは，混合物が液体や気体に添加される移動相用の貯め，続く固定相用の「コラム」（現在はしばしばコイルになっている），それと，各成分がコラムから出るときに検出するための機器を含む．分離が起こるのは，各成分が移動相に対する固定相の相対的な親和力が異なっているためである．いまやほとんどすべての市販のクロマトグラフィーのシステムは，専用のコンピューターを使用しており，他の分析機器，特に質量分析計やフーリエ変換赤外分光光度計とつながって一体化されている．

クロマトグラフィーは液体クロマトグラフィー（LC）とガスクロマトグラフィー（GC）に分けられる．さらにクロマトグラフィーは液固，液液，気固，気液のクロマトグラフィーに下位区分される．液固と気固のクロマトグラフィーは，粉末状の活性物質のコラムを用い，固体は直接，移動相の混合物と相互作用する．液液と気液クロ

マトグラフィーでは活性液体や活性層でコーティングされた非活性粉末のコラムを用いる．これらのクロマトグラフィーは，混合物が移動相と不活性固体上の混和しない液体との間に分配されるので分配クロマトグラフィーといえる．

他の種類のクロマトグラフィーには，薄層クロマトグラフィー（TLC），ろ紙クロマトグラフィー，HPLC（これはもともとは high pressure liquid chromatography, 高圧液体クロマトグラフィーの略とされていたが，現在は high performance liquid chromatography, 高性能液体クロマトグラフィーを意味するとみなされている），イオン交換クロマトグラフィー（IEC），ゲル浸透（ゲルろ過）クロマトグラフィー（GPC）がある．

発展

イタリア生まれの（ロシアの）植物学者 M. S. ツヴェート（Mikhail Semenovich Tsvett, 1872–1919）は 1903 年，植物色素を分離するため液体‐固体クロマトグラフィーを使用した．その 3 年後，詳細な 2 つの論文で自分の方法について記述した．さらに 1907 年 6 月，ドイツの植物学会の席上で，彼はコラムの中の石油エーテルに溶かした植物色素によってコラム内に生じた着色バンドを展示した．彼はその着色バンドをクロマトグラム（「色」と「文字」を意味するギリシャ語に由来する．また，クロマトグラフィーは「色」と「記述」を意味する）と名づけた．この新しい技術はなかなか広まらなかったが，1930 年代にカロテノイドの精製用に E. レーダラー（Edgar Lederer, 1908–）と L. ツェヒマイスター（László Zechmeister, 1889–1972）が独立に復活させた．この技術は現在でも使われている．着色バンドが複数生じたときや，バンドが目に見えないとき，多数の容器がついた回転台を使って，異なる分画を分けとることができる．

液体‐液体コラムクロマトグラフィーは，A. J. P. マーティン（Acher John Porter Martin, 1910–2002）が羊毛の構造の研究の過程において，アセチル化したアミノ酸の混合物を分離しようとして考え出した．2 つの互いに逆方向に流した混和しない液体で分配しようとしたが，不十分な結果しか得られなかったので，マーティンは R. L. M. シング（Richard Lawrence Millington Synge, 1914–1994）とともに 1940 年にクロロホルムとアルコールの混合液をシリカゲル上に通すというアイデアを発案した．1941 年に出版された彼らの重要な論文は，この方法が液体ばかりでなく気体にも同じように使用できると予言した．

ガスクロマトグラフィーは，1940 年代の終わりにインスブルックの E. クレマー（Erika Cremer, 1900–1996）とオックスフォードの C. フィリップス（Courtenay Phillips）によって開発され，気液クロマトグラフィーの先駆的研究は（ほとんど認められていないが）1943 年，ダムケーラー（G. Damköhler）とタイレ（H. Theile）によってなされた．しかしながら，1951 年にマーティン（Martin）と T. ジェームズ（Tony James）の気液クロマトグラフィーについての研究が発表されてから，この技法の爆発的な発展が始まった．1960 年代半ばまでに市販のガスクロマトグラフィーがクロマトグラフィーの主流となった．だが，この状況は HPLC の導入により変わり始めた．

1941 年にマーティンとシングが微細粒子粉末と高圧を用いた高速度液体クロマトグラフィーの発展を予言していたが，

HPLCシステムが機器として成立するにはガスクロマトグラフィーに負うところが大きい。高圧液体クロマトグラフィーを使って最初の分離がなされたのは，1960年，ハミルトン（P. B. Hamilton）によってであり，1963年にカー（C. Karr）がこれに続いた。最初の市販のHPLCクロマトグラフは，1961年にアメリカのネブラスカ州のIsco（イスコ）社が売り出した。同社は後にライセンスをウォーターズ・アソシエーツ社とヴァリアン・アソシエーツ社に与えた。

ペーパークロマトグラフィーは，染料の分析に1850年代にルンゲ（Friedlieb Ferdinand Runge, 1795-1867）が使っており，まもなく，ゴッペルスレーダー（F. Gopelsröder）が「毛細管分析」として発展させた。マーティンがコンスデン（R. Consden）とゴルドン（A. H. Gordon）と共同で，近代的なペーパークロマトグラフィーをアミノ酸検出薬のニンヒドリンのスプレーとともに導入した。ペーパークロマトグラフィーでは，特製のろ紙と溶媒を入れる外気から遮断した展開槽が使われる。

薄層クロマトグラフィー（TLC）の歴史は，19世紀末のベイアーインク（M. W. Beyerinck）とヴェイスマン（H. P. Wijsman）の研究までさかのぼることができる。1938年にキエフ大学のイズマイロフ（N. A. Izmailov）とシュライバー（M. S. Schraiber）が薬剤の迅速な分析方法として円形のTLCを用いた。1945年から54年にかけてアメリカ農務省のカークナー（J. G. Kirchner）が果汁の分析用にTLCを発展させた。TLCは，ろ紙の代わりに，液固クロマトグラフィーで用いられるような活性固体を塗布した小さなプラスチック板（以前はガラス板）を用いる。

イオン交換クロマトグラフィーは，第二次世界大戦中マンハッタン計画で希土類イオンを分離する必要が生じて開発されたものである。もっともニューヨークのコロンビア大学のH. ユーリー（Harold Urey, 893-1981）は，すでに1938年にリチウム6とリチウム7を分離するために130フィート（40 m）のコラムを使ってはいるが。イオン交換クロマトグラフィーは，イオン交換樹脂（市販の水の軟化剤であるパーミュティト（Permutit）のような）をベースに操作される。

ゲル浸透クロマトグラフィーは，架橋デキストリン・ゲルが大きな分子のその大きさに従っての分離に使えることを，1959年にウプサラのポラト（J. Porath）とフロディン（P. Flodin）が発見したことに始まる。同法は，モーア（J. C. Moore）がまもなくポリスチレン・ゲルを導入して改良し，そのゲルはスティラゲル社が売り出した。

応　用

クロマトグラフィーは，20世紀化学において最も重要な道具の1つになり，産業界でも広範な応用が見出された。ガスクロマトグラフィーとHPLCは，これまでのところ今日使われている最も重要なクロマトグラフィーの形式であり，他の科学機器とセットでよく使われるクロマトグラフィー（他の形式はセットではあまり使われない）といえる。

ガスクロマトグラフィー（GC）は揮発性の炭化水素の分析に有用である。石油産業は，1950年代初頭からGCの発展に密接に関わってきた。BPリサーチ社のD. デスティー（Denis Desty）は，この技法の指導的な先駆者の1人である。HPLCは，燃料や潤滑油，原油，化学原料，添加剤，

ガスなどの分析に使用されている．典型的な例でいえば，ガソリン混合物から揮発成分を分離する際には，緊密にコイル状に巻いた100 mのコラム（ただし，太さは1 mmの4分の1しかない）を用いる．このコイルの内壁には（いったん）融解させたシリカがコーティングしてあり，これが分離を行う．コラムの温度はゆっくりと170℃まで加熱される．キャリヤーガスはヘリウムで，流出ガスは炎イオン化検出器に導入される．検出器は，外部化合物が入ると起こる水素・空気炎中の電導度の増加で成分の検出を行う．

HPLCは，製薬産業にとっては不可欠なあらゆる場所で見られる分析器具となり，過去20年間の薬剤治療の急速な発展に多大な貢献をなした．典型的なHPLCは，4つの基本部分から構成される．すなわち，溶媒送り出し装置，溶媒貯め，ポンプ・ユニット，勾配混合機で，それらがキャリヤーとなる溶媒を正確に一定の速度で送り出す．自動化されたサンプリングシステムが，液体試料をコラムにくり返し注入する．コラムには，非常に細かい粒子の懸濁液が緊密に充填されている．分離された成分は，コラムから検出器に溶出される．検出器には，紫外線吸収や蛍光，屈折率，質量分析，電気化学的方法などがよく用いられる．市販の溶媒送り出しシステムは，毎分マイクロリットルからリットルのオーダーまでの溶媒体積をカバーしており，痕跡量の分析から生産工程までの範囲で分析ができる．最近の最も顕著な発展は，半導体を配列したものなど多次元検出器の開発である．この新発明によって個々の分離から大量の情報を得ることができるようになったのである．

[Peter Morris／梶　雅範 訳]

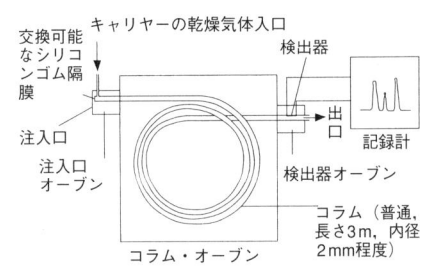

ガスクロマトグラフの模式図．Faust (1992)：132頁，図17. Copyright©The Royal Society of Chemistry.

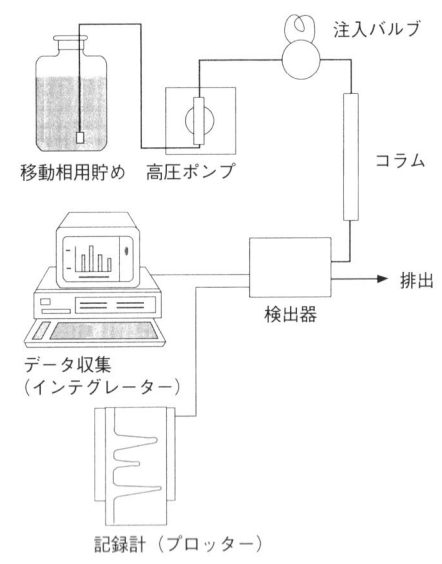

HPLCの模式図．Faust (1992)：124頁，図9. Copyright © The Royal Society of Chemistry.

■文　献

Braithwaite, A., and F. J. Smith. *Chromato-graphic Methods.* 4th ed. London：Chapman and Hall, 1985.

Ettre, L. S., and A. Zlatkis, eds. *75 Years of Chromatography：A Historical Dialogue.* Oxford：Elsevier Scientific, 1979.

Faust, C. B. *Modern Chemical Techniques.* London：

Royal Society of Chemistry, Education Division, 1992.

Laitinen, Herbert A., and Galen W. Ewing, eds. *A History of Analytical Chemistry*. Chapter 5, "Analytical Separations." Washington, D. C.: Division of Analytical Chemistry of the American Chemical Society, 1977.

Opheild, Milk. "Separated for Thirty Years." *Laboratory Practice* 37 (1988): 19–23.

け

◆経 緯 儀

Theodolite

　経緯儀は，2つの座標における角度を測定するように設計された方位角の測定機器である．そこには垂直と水平の円弧または円と望遠照尺が備えられ，一目で高度と方位角とが測定できるようになっている．こうした器具の設計は16世紀に提案されたが，当時は「経緯儀（theodolite）」という言葉で，方位や方角を測定する水平の円環をもつ器具として一般的に理解されていた．一次文献にあらわれる語句に注意深くなかった歴史家は，早期の設計から現在まで偽物の発展の跡もたどってしまった．「経緯儀」の現代的な意味が使われるようになったことで，スタンリー（W. F. Stanley）が，方位測定機器については「単純な経緯儀」と呼ぶことにしたが，誤解を避けるためにはそのような用語法が採用されるべきである．

　単純な経緯儀は，縄と棒による直線的な測定法で角度を測定する素朴な方法に取って代わり，16世紀に導入された新しい測量法の道具である．三角測量の技術がR. ゲンマ・フリシウス（Reiner Gemma Frisius, 1508-1555）によって1533年に最初に説明されたときに，基線の双方の端点で必要な角度はアストロラーベ背後の指方規と分度器（ならびにそこに付加された方角を示す小さな磁気コンパス）によって測られた．しかし，主アストロラーベの目盛りや投射像の複雑さは不用であったので，測量に必要な部品だけをもつ単純化された機器が登場した．そのような設計の1つが，1571年に最初に印刷物に記されたL. ディッゲス（Leonard Digges, 1520頃-1599頃）の「経緯儀（theodelitus）」であった．ディッゲスは，「地形学的道具」と呼ぶもっと複雑な方位角測定器も説明している．これらのうちのいくつかは実際に製作されたが，日常的な測量には利用されなかった．

　18世紀になると，測量士に経緯儀（altazimuth theodolite）を使ってもらう試みがなされるようになった．J. シッソン（Jonathan Sisson）と息子のジェレミヤ（Jeremiah）は，単純な経緯儀に垂直の円弧を加えたさまざまな器具をつくり出した．T. ヒース（Thomas Heath）やB. コール（Benjamin Cole）らのイギリスの製作者は，望遠照尺のある着脱可能な垂直の円弧が単純な経緯儀の一般的な指方規に取り付けられた機器をつくったが，それは測量士がどちらの選択もできるようにするためであった．イギリスのJ. ラムスデン（Jesse Ramsden, 1735-1800）とドイツのG. ブランダー（Georg F. Brander）によって，より洗練された設計のものが導入された．しかし，G. アダムス（George Adams）の

イギリスとアイルランドで主要な三角測量に使われたラムスデンの三本足の経緯儀（1792年）．SM 1876-1203．SSPL 提供．

『幾何学と製図法』（1791 年）では，単純な経緯儀はいまだに「一般的な経緯儀」と言及された．

19 世紀になると，経緯儀は標準的なデザインと認められるようになる．多くの変種があらわれるが，3 つの一般的なタイプが注目に値する．最も早く受け入れられたものは平板経緯儀で，しばしばラムスデンに帰せられる器具である．ここで水平板の上の 2 つの A 型の支持が，垂直の半円と望遠照尺のための水平軸を支える．半円は 2 つの支持の間に置かれ，その上の望遠鏡を動かす．シムス（F.W.Simms）は 1834 年に，このモデルを模範的な経緯儀として引用している．シムスはまた，天文学者の子午儀の様式にならって望遠鏡を水平軸の中心に置いたエベレスト経緯儀についても述べている．その軸自体はフォーク状の支持によって支えられ，望遠鏡の方向を示す 2 つの短い弧は，水平の指標アームの端点によって読み取られた．

子午経緯儀において水平軸の支持は，望遠鏡が子午線を通過し，どちらの方向にも向けるよう十分な高さをもっている．そこには垂直の円環が取り付けられ，普通，水平指標アームのどちらかの端点で読み取られる．子午経緯儀は，実質的に平面型とエベレスト型の最もよい機能を融合したもので，20 世紀の標準のデザインとなった．目盛りは保護のために収納されるようになり，マイクロメーター顕微鏡を用いて開口部から読み取られるようになった．読取りのための光学技術がさらに洗練され，垂直と水平の測定が対象の同一の照準においてなされるだけでなく，同一の視野で一緒に測量士に提示された．

[Jim A. Bennett／橋本毅彦 訳]

■文　献

Bennett, J. A. *The Divided Circle*：*A History of Instruments for Astronomy, Navigation and Surveying*. Oxford：Phaidon, 1987.

◆蛍光活性化セルソーター

Fluorescence-Activated Cell Sorter (FACS)

蛍光活性化セルソーターはフローサイトメーター（細胞計測器）の 1 つのタイプである．フローサイトメーターは，毎秒何千もの細胞を数え，それらを明確に区分される各集団に分けるために用いられる．フローサイトメーターでは，細胞流（流れくる細胞集団）が，振動するフロー室を通過する際，滴状になり（細胞滴），そこに蛍光抗体が標識としてつけられる．細胞はこのとき同定される．滴中に含まれる細胞にレーザー光を当てると，光が散乱し蛍光を発する．これに基づいて細胞が弁別される．

そして，細胞滴が電場中を通るようにすることで，目的とする細胞群を個々別々に集め，探求をさらに深めることができる．

この機器は1960年代後半に生まれたが，このとき以来，この装置は幾多の変遷を重ねてきた．例えば，初期のものはただ1つの蛍光試薬しか検知できなかったが，現在では5つの染料を同時に探知できる．したがって，多くのパラメーターを測定できる．装置にはコンピューターがつながれている．ますます高度化するソフトウェアの採用によって，とりわけデータ解析の領域で，コンピューターの性能もまた高まっている．頭字語FACSはベクトン・ディッキンソン社によって市販された装置の商標である．同様の細胞分離装置がさまざまな会社からいろいろな商標のもとで市販されている．

原　型

蛍光活性化セルソーター装置を発展させたのは，スタンフォード大学の研究陣であった．このチームは多くの分野の出身者からなる混成チームで，最初はE. レヴィンタール（Elliot Levinthal）によって，次にL. ハーゼンバーグ（Leonard Herzenberg）によって率いられた．この装置を発展させた推進力は2つあった．1つは臨床的診断であり，他の1つは生物学的機器の自動化である．子宮頸管癌を診断するためのパパニコラテスト（Papテスト）［子宮頸管部から細胞を採取し癌か否かを判断する方法］のような臨床学的診断を的確に下すことや，無人宇宙飛行のために生物学的機器を自動化することがよい目標となったのである．

1965年までにすでに2つの装置が開発されていたのだが，スタンフォード大学研究チームはこれらの装置を開発の基礎とすることができた．1つはコロンビア大学IBMワトソン研究所のL. A. カメンツキー（Louis A. Kamentsky）率いる研究グループに，スローン・ケタリング癌センターのM. メラムド（Mike Melamed）とL. キャス（Leo Kass）が加わったチームによる共同研究の成果であった．2つの細胞分離システムが開発された．初めのものは静電場を用い，目的の細胞群を含む滴の軌道を反らす仕様であり，これは1963年12月に試作品がつくられた．しかし，この方法は断念された．目的とする細胞が大きすぎてノズル（管先）を塞ぐおそれがあると予測されたためである．より大きな理由として，IBM社が，モリブデン板上に鋳造された流体スイッチ装置が装備された新しいタイプライターの技術をもつに至っていたことがあげられよう．こうして，1963年までには，目標とする細胞のみを細胞流の経路から反らせて拾い上げる流体スイッチ装置が開発され，特許が取得された．

第二の原型は，ロス・アラモス国立研究所での技術移転という流れで出現した．1960年，物理学者M. ヴァン・ディラ（Marvin Van Dilla）が病理学者C. ラッシュボー（Clarence C. Lushbaugh）と共同研究を始め，ヴァン・ディラがガンマ線分光で用いていたパルス高分析器と，赤血球の計測に使われていたコールター計数器を結びつけようとする試みが行われた．1965年までには，ヴァン・ディラの学生M. J. フルウィラー（Mack J. Fulwyler）が，スタンフォード大学のエンジニアR. G. スウィート（Richard G. Sweet）の発明による振動ノズルを装置につけ加えることで，体積に基づいて細胞を識別分離できるようにした．

1966年，無人宇宙飛行のため，生物学

初期の商用フローサイトメーターの1つであるベクトン・ディッキンソン社製FACSIIを前にしたB.ショーア（左）とL.A.ハーゼンバーグ（右）. E.W.ソーサ/スタンフォード大学提供.

的装置が必要とされるようになり，スタンフォード大学に機器調査研究所がつくられ，研究所は医学部の遺伝学教室と協力し，NASAの基金に申請した．そして実際，膨大な研究資金を得て，宇宙空間で使用するための諸機器が開発されていったのである．その後，米国国立衛生研究所（NIH）が資金援助を引き継ぎ，レヴィンタールとハーゼンバーグの研究チームが，カメンツキーによる原型とスウィート＆フルウィラー型ノズルを出発点として，蛍光による装置を開発したのであった．その装置では，細胞がノズルを通り，空気中に懸濁されると，蛍光が読み取られるようになっていた．これが1974年に特許が取得された蛍光活性化セルソーターである．

現代の用法

本装置の成功は，1975年に開発されたモノクローナル抗体と密接な関係がある．モノクローナル抗体は機器中で標識用試薬の役割を果たす．FACSという名称は，かつて細胞の識別分離という活動を述べるのに過不足のない適切な名前であったが，現在のFACSはフロー細胞計測という広範な分野における多くの装置の1つでしかない．調査目的の広範な多様性に加え，多くの臨床的応用も発展している．そのうち最も有望なのは，エイズや癌の診断などにおける細胞計測や，臓器移植の監視であろう．

[Peter Keating, Alberto Cambrosio／廣野喜幸 訳]

■文 献

Herzenberg, Leonard A., Richard G. Sweet, and Leonore A. Herzenberg. "Fluorescence-Activated Cell Sorting." *Scientific American* 234 (March 1976): 108-117.

Keating, Peter, and Alberto Cambrosio. "'Ours Is an Engineering Approach': Flow Cytometry and the Constitution of Human T-Cell Subsets." *Journal of the History of Biology* 27 (1994): 449-479.

Longobardi Givan, Alice. *Flow Cytometry: First Principles*. New York: Wiley, 1992.

Shapiro, Howard M. *Practical Flow Cytometry*. 3rd ed. New York: Alan Liss, 1994.

◆計 算 機

Calculating Machine

　計算機とは，広くとらえるならば，加減乗除を行う機械である．数値は，連続量によって示される「計算尺」とは異なり，離散的に表現される．この語はさらに狭義にも使われてきた．すなわち，完全に加法をくり返すこと以外の方法によって乗法を可能とするような，可動式のキャリッジや他の機構をもつ機械のことである．この用法に基づけば，加法（あるいは減法）のみのためにつくられた機械は「加算機」と呼ばれることとなる．

　人類は古代以来，計算の痕跡を留める手助けとなるような手段を用いてきた．計算とその機構についての魅惑がドイツの自然

哲学者，W. シッカルト（Wilhelm Schikard, 1592-1635）をして，2つの数を加えることを実行するメカニズムを構想させるに至る．シッカルトはその機械を1623年にJ. ケプラー（Johannes Kepler, 1571-1630）への手紙に記したけれども，ケプラーの書簡が20世紀初頭に出版されるまで知られてはいなかった．シッカルトの機械では，鋸歯状のシャフトを引っ張ることによって数値を入力し，くり上がりの仕組みは，歯車の歯1つ分を巻き込むことでなされた．1642年にフランスの数学者B. パスカル（Blaise Pascal, 1623-1662）はより実効性のある加算機を発明した．それらのいくつかは現存している．この機械に数値を入力するには，盤上から飛び出たピンで車を回転させる．ピンにかかった力がくり上がりを引き起こす．

17世紀末に，数学者で自然哲学者でもあったG. ライプニッツ（Gottfried Leibniz, 1646-1716）は，段のついた円筒という形の計算器具によって，数を表現する新たな方法を導入した．これは円筒形の歯車で，その側面に沿って9つの長さの違う歯が備えられていた．この機械に数値を設定するには，適当な歯車に対応する数値の歯をかみ合わせる．次に，円筒を回転させることによって，すでに計算された総和にこの数を加える．ライプニッツの段つき円筒計算器はほとんど同時代に影響を与えなかったけれども，この段つき円筒は後の機械で重要な役割を果たす．18世紀に2, 3の計算器がつくられたけれども，いまだ「機械の驚異」を示すに留まっていた．1つは1725年にフランス王室の時計師，J. ルピヌ（Jean Lepine）がパスカルの機構に基づいてつくった加算機である．この世紀の後に，ドイツの時計・日時計師P. M. ハーン（Philip Matthäus Hahn）が少数ではあるが段付き円筒計算機をつくった．

実用的な装置は，コルマール（フランス北東部の都市）の保険会社役員，C. X. トマ（Charles Xavier Thomas）がフランス国立産業振興協会に計数機（arithmometer）を提示した，1820年にさかのぼる．この機械では，数値はレバーを引くことで入力される．このレバーは，順番に，段つき円筒状の適切な数値をあらわす歯車とかみ合っていた．工業製品化されたモデルでは，ひもを引っ張ったりクランクを回転するなどして数値が入力された．トマの計数機の最初の売行きは鈍かったが，彼は常に改良を続けた．1878年までに，約1,500台ほどが売りさばかれた．後に段つき円筒計算機は，ブルクハルト，レイトン，マダス，ムルディボ，ピアレス，サクソニア，テイト，ティム，ユニタスの各社に採用された．携帯可能な段つき円筒計算機は，スイスの企業家C. ハートスターク（Curt Hertstark）によって開発され，第二次世界大戦後にかなり販売された．

1870年代，ロシア在住のスウェーデン人，W. オドナー（Witgold Odhner）と，F. S. ボールドウィン（Frank S. Baldwin）（セント・ルイス，後にフィラディルフィアへ移住）の2人が，ピンつき歯車を用いた計算機を導入した．彼らの機械の歯車には可倒式のピンがつけられていた．レバーやキーによって数値をセットすると，歯車の縁からその数値の本数だけのピンが突き出されるようになっていた．ピンつき歯車式計算機はコンパクトで，比較的耐久性のあることが知られていた．この型はオドナーがロシアの後，スウェーデンにおいて，ドイツではブルンスヴィガが採用し，後にはブリタニク，ルシド，ダクタイル，マーチ

ャント,ムルディボ社のような例が続いた.

初期の加算機や計算機では,数値は一般的に,棒または可動式レバーのついた歯車を回すことで設定された.1850年にパルマリー(D. D. Parmalee)はキー操作による加算機によって,アメリカの特許を取得した.そしてスイスの時計師,V. シルト(Victor Shilt)は1851年のロンドンでの博覧会において,テンキーを備えたキー操作式計算機を出品した.しかしながら,このような装置は,1887年にD. E. フェルト(Dorr E. Felt)が特許を取ったキー操作式の加算機によって,初めて実用可能なものとなった.フェルトの「コンプトメーター(Comptometer)」には,8列から10列以上ものキーがあり,各列が各桁の数値をあらわすようになっていた.この「フル・キーボード」は,多くの20世紀の計算機に採用された.例えば,W. S. バロウズ(William S. Burroughs)は,数値をキーによって設定し,ついでクランクの回転によって入力するようなフル・キーボード加算機を導入した.バロウズの加算機は,計算の結果を印刷できた.これは現在の言葉ならば「リスティング」加算機と呼ばれるものであった.この特性は,商取引きを記録したいという要望の高かった,銀行その他の顧客の関心を大いにひいた.信頼度の高かったバロウズの計算機は,ミズーリ州セント・ルイスのアメリカン・アリスモメーター社によって1895年から売り出された.この会社は後にミシガン州のデトロイトに移り,バローズ・アディング・マシーン社となった.

これまで述べてきたいずれの機械も,直接に2つの数を乗じることはできなかった.初期の計算機は,被乗数を入力した後,キャリッジを動かしながら,乗数と同じ回数分だけ加算を行うという操作をくり返していた.直接的に乗法ができる機械は1888年から1892年の間に,フランスのL. ボレ(Léon Bollée)によって開発された.しかし,成功品として工業化されることはなかった.1895年に,スタイガー(O. Steiger)は直接的に乗法のできる機械の特許を取得した.この大がかりな道具は「ミリオネア(Millionaire)」という名前でチューリッヒのH. W. エグリ(Hans W. Egli)によって生産化され,広範に乗法を行う保険数理士や天文学者によって特に用いられた.このタイプの2番目の機械は,特に簿記のためにデザインされていたが,1903年にH. ホプキンス(Hubert Hopkins)によって発明された.そしてバロウズ・ムーン・ホプキンス社より販売された.

これらのフル・キーボード式加算機の導入は,シルトの方式に見られるような9あるいは10のキーを備えた装置の開発には太刀打ちできなかった.ミズーリ州のポプラー・ブラフから,後にオハイオ州のシンシナティに移ったJ. L. ダルトン(James L. Dalton)は,世紀の変わり目にダルトン式加算機を工業化し始めた.1927年にドルトン・アディング・マシーン社はレミントン・タイプライター社,ランド・カルデックス・ビューロー社と合併し,レミントン・ランド社となった.テンキー式加算機は2,30年の間はこの新会社の製品であり続けた.他のテンキー式加算機は,イギリスのサミット社,ドイツのラインメタル社,そしてまた別の形式をアメリカのヴィクター社の採り入れるところとなった.1950年代には,イタリアのオリベッティ社のような企業が乗法と除法を直接行えるテンキー式機械を工業化し始めた.計算機にキーボードを用いる仕様は1970年代を通じて継承され,計算機が携帯式や卓上の電

子計算機に取って代わられた後にも使われ続けている.

他のいくつかのデジタル式計算装置の発達もまた，計算器の発達と密接な関わりをもっている．1820年代以降，イギリスのC. バベッジ (Charles Babbage, 1792-1871) は階差機関，すなわち関数の逐次的な値をその級数展開から計算しようとする機械について実験をした．バベッジはその機構を完成できなかったけれども，スウェーデンのゲオルグ (Georg) と E. シュッツ (Edvard Scheutz)，そしてアメリカの G. グラント (George Grant) によって階差機関が構築された．1870年代の後半に，オハイオ州デイトンのジェームス (James) と，J. リッティー (John Ritty) は，商取引で受け取った現金の記録を残す機械についての特許を取った．これはすなわち，キャッシュ・レジスターであった．彼らの特許は，1884年に設立されたナショナル・キャッシュ・レジスター (NCR) 社の基礎となった．NCR社，レミントン・ランド社，アンダーウッド・サンストランド社はまた，ムーン・ホプキンス社のように，簿記用の機械としてタイプライターといくつかの機能を結合させたものを工業製品化していった．1890年，ついに，H. ホレリス (Herman Hollerith, 1860-1929) が連邦国勢調査局にパンチカード式の国勢調査計算器を供給し始め，ホレリスの会社を引き継いだインターナショナル・ビジネス・マシーンズ社 [現，IBM社] によって販売された，改良型作表装置は1930年代と40年代に発展しつつあった天文学において，顕著な利便性を発揮した．

1920年代には，微分解析機として知られるアナログ式の装置がマサチューセッツ工科大学 (MIT) の V. ブッシュ (Vannevar

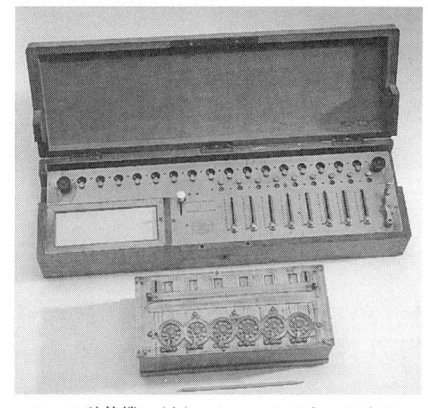

2つの計算機.（上）コルマールのトマによるアリスモメーター（19世紀後半）．（下）ブレイズ・パスカルによる加算機のレプリカ．SM 1926-192, 1967-69. SSPL提供.

Bush) によって導入され，従来の計算機よりも格段に迅速に，複雑な方程式を解くに至った．微分解析機は，ついで，世紀の半ば頃に電子計算機，コンピューターへと道を譲る．計算機産業は1950年代と60年代を通じて，トランジスター搭載のデスクトップ型電子計算機をめぐって競争が続いた．マイクロチップと廉価な電子計算機が1970年代に登場したことは，[単純な] 計算機時代の終焉を示すものとなった．

[Peggy Aldrich Kidwell／佐藤賢一 訳]

➡ コンピューター【アナログ式】【デジタル式】も見よ

■文献

Cortada, James. *Before the Computer：IBM, NCR, Burroughs. and Remington Rand and the Industry They Created, 1865-1956*. Princeton：Princeton University. Press, 1993.

Kidwell, Peggy A., and Paul E. Ceruzzi. *Landmarks in Digital Computing：A Smithsonian Pictorial History*. Washington, D. C.：Smithsonian Institution Press, 1994.

Martin, Ernst. *Die Rechenmaschinen und ihre Entwicklungsgeschichte*. Pappen-heim：J. Meyer, 1925. English translation, *The Calculating Machines：Their History and Development*, edited by Peggy A. Kidwell and Michael R. Williams, MIT Press, 1992.

Turck, J. A. V. *Origin of Modern Calculating Machines：A Chronicle of the Evolution of the Principles That Form the Generic Make-up of the Modern Calculating Machine*. Chicago：Western Society of Engineers, 1921.

Williams, Michael R. *A History of Computing Technology* Englewood Cliffs, N. J.：Prentice-Hall, 1985.

◆計　算　尺

Slide Rule

　計算尺によれば，[筆算のような] 記述的操作をほとんど介在させることなしに，一定の精度でかなり複雑な計算を，迅速に機械的に実行しうる．その計算は機械的に習得可能な標準的手続に従って，目盛りをうった定規を操作することで実行される．目盛りは通常対数目盛りで，計算は一方のものさしをもう一方のものさしに沿って移動させることで行われる．計算尺は17世紀の初期にイギリスで発明された．これは科学，工学，商業などの広い分野の実践家にとって必需品となり，実に1970年代に小型電子計算機が広範に普及するまで，その地位を保っていた (計算機の項を参照).

　J. ネイピア（John Napier, 1550-1617）は1614年に彼の発明した対数を公表した．1623年までにE. ギュンター（Edmund Gunter）は，H. ブリッグス（Henry Briggs）によって再定式された対数に基づいて，それが航海の実践における計算に応用されることを示唆した．すなわち，対数目盛りを

ガリレイ-コンパス（sector）のアームやクロススタッフ（cross-staff）の横木につけることによって示した．そして問題の解法にはディバイダーが用いられた．数学者で，かつ英国国教会の聖職者でもあったW. オートレッド（William Oughtred, 1575-1660）は計算尺の事実上の発明者であった．しかしながら，彼は理論的な原理の理解が実用への応用に先立つこと，特に初心者に対して機械的な方法による問題の解決を教えることは，学者ではなく「奇術師のごとく，小手先だけの技に長けた者」を生み出すと主張した．それゆえに，彼はその発明の公表を渋ったのである．オートレッドのもとで学んだR. デラマン（Richard Delamain）は師のような抵抗感はもっておらず，数学の技能に未熟な者が難問の答えを得られるような製品を喜んでつくった．

　デラマンの1631年に出された円形計算尺の解説はオートレッドを刺激して，円形と直線形の計算尺の解説を出版させた．ロンドンの数理器具メーカーであるエリアス・アレン社にその完成体である「比例の円（circles of proportion）」を一任して満足していたことは，オートレッドの実践家に対する見下した意識を示すものといえよう．この器具には整数，サイン，タンジェントの対数目盛りがいくつかの円盤に配置されていた．滑動する機能は，蝶番で固定された，放射状に伸びる軸によって担われていた．オートレッドはまた直線定規をも新しく開発した．その定規には航海計算や容量計算，すなわち酒樽内の残量を計測するための特別な目盛りが備えられていた（ゲージ（レベル）の項を参照）．T. ブラウン（Thomas Brown）はらせん上に目盛りを刻むことによって，[計算可能な] 数値の大きさを拡大させた．

オートレッドの直線型計算尺は同種の対数目盛りを備えた2本の定規を隣り合わせにしたものであった．この様式は特殊な取引の目的のために18世紀の初期に至るまで用いられ，「ガラス屋の定規」として知られていた．現在一般的となっている計算尺，すなわち中央の尺にいくつかの目盛りが打たれ，他の尺にはその溝に備えられたランナーをもったものは17世紀の半ばに出現した．S. パートリッジ(Seth Partridge)による1662年の本はそれについての最も早い解説であるが，そのデザインが自らの独創であるとは主張していない．パートリッジによって記された型は，他の型の定規とともに，1654年の日付をもつロンドン製の定規にあらわれており，それらはロンドンの科学博物館に保存されている．

17世紀と18世紀におけるほとんどのイギリス製の計算尺は，特定の取引きや専門職のためにデザインされていた．例えば建築業，収税業務，ガラス細工業，航海士などがその大多数であった．1778年に発表されたJ. ロバートソン (John Robertson) の航海士用計算尺には真鍮のカーソルと目盛りの読取り精度を上げるための滑り止めネジがつけられていた．ほぼ同時期に，技術者であるJ. ワット (James Watt, 1736-1819) は工学的問題に迅速な解答を与えるために1単位，2単位，3単位の対数目盛りを備えた簡単な道具を考案した．この「ソーホー (Soho)」定規［Sohoはワットの工場のあったバーミンガム近郊の地名］によって，ボールトン・ワット社の数理に明るい従業員たちは，自乗や平方根，立方や立方根などの計算を実行できたのである．対照的に，汎用的な計算尺という初期の要求は，多様な尺を併用するという方向へ進み［それぞれの用途において］必需品の地位を得るに至った．19世紀末までには，酒屋の在庫管理や，肉屋の食肉重量の計算，砲兵の射出方向計算，写真焼付けの現像時間計測，教師の成績評定などの特殊な用途のための型が存在した．

特殊な取引の用途以外に，18世紀の記載において計算尺のことが言及されることはほとんどなかった．イギリス国外では，この道具は取引においてすらそれほど広くは用いられていなかったようである．19世紀になって状況は変化した．相変わらず特殊な需要と用途のための定規がつくり続けられる一方で，一般的な定規がつくられ，迅速かつ近似的な数学計算のために用いられていた．1815年にロジェ (P. M. Roget, 1779-1869)—彼は最初の英語のシソーラス，すなわち類語辞典を編纂した人物だが—は「ロゴメトリック (logometric)」定規，つまり対数の対数を用いた定規の解説を発表した．ロジェはこの定規が人口増加や確率に関する計算に有用であろうことを示唆した．彼の提案した対数の対数目盛りは一般的に無用と見えたけれども，その世紀の後になって，例えば熱力学の計算において高く評価されることとなった．世紀を超えて何世代もの科学者や技術者に愛用されることとなった，基本的な計算尺のデザインとレイアウトは，フランスの工兵技師である V. マンハイム (Victor Mayer Amédée Manheim, 1831-1906)によって，1851年と53年に発表されたものによっている．パリのグラベ・ルノー社で製造されたマンハイム計算尺はまもなく標準仕様となった．19世紀の終わりには，ドイツとアメリカの企業が白いセルロイドを用いて目盛りの読取りを容易にした計算尺をつくり出した．

数学者向けではなく，小型で取扱いに便

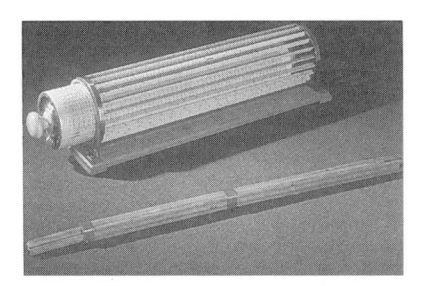

2つの計算尺．（上）サッチャーの円筒型計算尺．ニューヨークのキューフェル＆エサー社による1884年製．（下）ロンドンのロバート・ビサカーによる1654年製．SM 1898-30, 1914-579. SSPL 提供．

利な計算尺は，特殊な用途には有益であるように見えたが，一方でこれによって得られる解は近似的なものでしかないという事実は，ある計算家にとっては致命的であった．19世紀初頭の2, 3のメーカー，パリのルノー社などは特に，対数計算尺の製造において，その正確さを知られていたけれども，多くの企画者はその目盛りを拡張することによって正確さを増していく努力をした．J. エヴレット（Joseph Everett）とJ. C. ハニントン（John C. Hannyngton）の格子目盛り計算尺，G. フラー（George Fuller）による円筒上に配置されたらせん状目盛りなど，そしてE. サッチャー（Edwin Thacher）による円筒上に直線定規が縦に配列されたものなどは，4桁ないしは5桁の対数表と同程度の精度が得られると謳っていた．[**D. J. Bryden**／佐藤賢一 訳]

■文　献

Bryden, D. J. "A Patchery and Confusion of Disjointed Stuffe: Richard Delamain's *Grammelogia* of 1631/3." *Transactions of the Cambridge Bibliographical Society* 6 (1974): 158-166.

Cajori, Florian. *A History of the Logarithmic Slide Rule and Allied Instruments*. New York: Engineering News, 1909.

Cajori, Florian. "On the History of the Gunter's Scale and the Slide Rule during the 17th Century." *University of California Publications in Mathematics* 1 (1912-1920): 187-209.

Delehar, P. "Notes on Slide Rules." *Bulletin of the Scientific Instrument Society* 3 (1984): 3-10.

Williams, W. D. "Some Early Chemical Slide Rules." *Bulletin of the History of Chemistry* 12 (1992): 24-29.

◆計　深　器
➡ ゲージ【レベル】

◆罫線作成機
➡ 回析格子と罫線作成機

◆ゲージ【圧力測定用】

Pressure Gauge

標準気圧は，気体の体積のように圧力によって変化する物理量を比較する際に用いられるが，760 mmの高さの水銀の圧力，すなわち大気圧の平均値として定義されている．工業用の圧力計では，平方インチあたりのポンド数（psi）が単位としてよく用いられる．圧縮ガスシリンダー中の圧力のような高圧は，気圧（atm）によって表現される（1 atm＝14.7 psi）．低圧はトール（Torr）であらわされる（1 Torr＝1 mmの水銀柱．この単位は圧力測定の創始者で

あるE. トリチェリ (Evangelista Torricelli, 1608-1647) の名に由来する. ミリバール (1 mb = 0.750 Torr) や, パスカル (Pa), キロパスカル (kPa) も用いられることがある (1 Torr = 133.3 Pa).

気圧計は17世紀初めにつくられたが, これは大気圧の測定器であった. 圧力の測定器としては, 他に圧力計 (manometer) がある. これは, 液体で満たされたU型の管で, 一方は大気圧の下にある. 1777年, W. ロイ (William Roy) は古代から知られていたこの機器の一種を用いて, 空気の熱による膨張を測定した. 管口が閉じられ, 水銀で満たされたU型管は, 1808年にボールトン・ワット社で用いられ, ロンドンのビール醸造所のために製作されたボイラーの蒸気圧が, 5 psi を保っていることを見るのに使われた.

蒸気機関, 特に機関車の利用が進むと, 圧力を直接示す計器の必要性が高まり, 1850年までには, 主として2つの型が発達した. ドイツのE. シェファー (Ernst Schäffer) のものに代表される隔膜真空計では, 圧力下にある隔膜が上向きに曲がると, 針が回転する. 隔膜を, 互いにつながったカプセルの層や, 蛇腹状の管に代えれば, 曲がり方はより大きくなる.

フランスとドイツでは, ほぼ同時期に, 平らな管を曲げたものを圧力の変化を伝える部分として利用するようになった. しかし, この形を十分に利用することに気づいたのは, フランスの機械製造業者のE. ブルドン (Eugène Bourdon, 1808-1884) であった. ブルドンの1849年の特許には, 彼の発明に関する70以上の図が示されている. ブルドンは, 1851年に, 土木工学協会において, 彼の測定器の起源を説明している. 管をらせん状に曲げると, 一部は平らになる. これを直すために, ブルドンはらせん状の管の口の1つを閉じ, もう片方から水を注ぎ込んだ. すると巻きの一部がほどけたが, ブルドンはこの効果を圧力の測定に利用しようと考えたのである.

ブルドン圧力計に変化を加えたり改良したりしたものは多くあらわれたが, 平らな管の原理が用いられることには変わりがない. 管の硬度をさまざまに変化させ, 約10 psi から 80,000 psi までの幅の測定が可能になるように工夫されている.

ある種の結晶や陶磁器は, 圧力が加えられると電気を発生させるが, このピエゾ電気効果も中程度の圧力から高圧までを直接測定するのに用いられる. 間接的な測定の方法としては, 膜など, 圧力下で変形する要素に, ひずみゲージを取り付けるといったものがある. ひずみゲージとは, 本質的には細密な導線で, 変形が加えられるとその電気抵抗が大きくなる.

[John T. Stock／岡本拓司 訳]

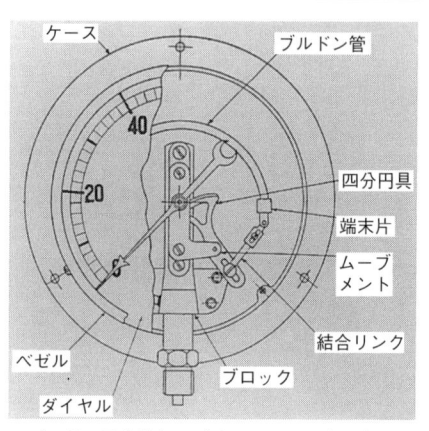

ブルドン圧力計 (1956年). Budenberg (1956):
図1. 測定制御協会提供.

■文 献

Budenberg, C. F. "The Bourdon Pressure Gauge."

Transactions of the Society of Instrument Technology 8（1956）：75-88.
Hunt, L. B. "The History of Pressure Responsive Elements." *Journal of Scientific Instruments* 21（1944）：37-42.
Lambert, L. B. "A History of Pressure Measurement." *Transactions of the Society of Instrument Technology* 15（1963）：169-180.

◆ゲージ【機械用】

Mechanical Gauge

　機械ゲージは，製造された部品の種々の寸法を迅速に測定するのに利用されている．それは，産業革命以来，互換性部品の大量生産において精密管理を保証するのに広く利用されてきた．機械ゲージが広範な領域で利用されるのにあわせて，さまざまな種類・サイズのものがつくられてきた．

　機械的に最も単純なゲージは，部品を確認する際の形状を規定するものである．そのようなゲージは職人仕事に長い伝統があり，はめあいが上手くいくかどうかを判断する職工の技能に依存している．より精巧なものに通り/止まりゲージがあり，物体の関連寸法が一定範囲の公差（許容限界寸法）に収まっていることを確認するものである．ゲージは2つの部品からなり，各部品は，試験部品の形に対して適切な形状をしたギャップ，軸，シリンダーからなっている．一方は最大限界値を，もう一方は最小限界値を定めるようになっており，前者を通過するが後者は通過しない部品が受理されるのである．ゲージの2つの部品は1つの道具に組み込むことができる．

　イギリス人技術者 J. ウィットワース（Joseph Whitworth, 1803-1887）は 1876 年の論文で通り/止まりゲージについて記述しているが，それに類似したもっと初期のそれほど精巧ではないものが知られている．例えば，大砲用砲丸の製造では，砲丸が砲身にうまく収まるものの，発射時に詰まるほどにはきつくなっていないことを確認するのにゲージが利用された．

　通り/止まりゲージは，寸法が所定の間隔に収まるかどうかを裁定する．直線ゲージは，実際の寸法が理想値からどの程度かけ離れているかを指し示す．今日知られている最も初期のタイプは，すべりはさみ尺で，ゲージのジョー（あご部）間の距離をさまざまにとれるように L 型のフレーム上をスライダーが動くようになっている．測定しようとする物体のまわりにはさみ尺が置かれ，ジョーと物体がしっかり接触するように内側へとスライダーが動かされる．その上で，ゲージ目盛りを利用して寸法の測定値を読み取ることができる．その代わりに，手や止めネジでスライダーを固定し，2つの部品を比較することもできる．これらの測定器具が作業場で利用されるのは 19 世紀になるまで一般的ではなかったものの，このようなタイプの装置が早くも 9 世紀の中国に存在していた形跡がある．

　すべりはさみ尺は直接測定に利用されるが，人間の目は，高水準な精度まで目盛りを読み取れるわけではない．17 世紀に P. ヴェルニエ（Pierre Vernier, 1580 頃-1637）は，目盛りを効果的に拡大する機械的な方法を発明した．彼は，主測定尺の目盛りとは微妙に間隔が異なる第二小目盛りを導入した．この第二目盛りは主尺に沿って動き，主目盛りと小目盛り（バーニヤ目盛り）の線を一致させることで精度の高い測定がなされる．この原理は以降，数多くの器具で使われてきた．ノギスは今日でも，20 μm までの精度で測定をする際の最も低廉な方

法として使われている.しかし,近年使われているはさみ尺ではたいてい,バーニヤ原理を使う代わりに摩擦駆動ローラを利用し,簡易読取りポインターや電気式デジタル読み出しインジケーターを回転させることによって測定を行っている.

　工学測定で最も一般的な器具はマイクロメーターで,2つのジョー間の可変ギャップにおかれた物体を測定する.ジョー間の距離の調整は高精度のネジ山によって制御する.ネジ山のピッチを適当に選択すれば,ネジを回転するごとに例えば0.5 mmといった適当な量だけギャップが変化する.ネジ山には,固定基準線により値を読み取るようになっている目盛り入りシンブルがついており,ごく微細な変化を読み取ることが可能になっている.マイクロメーターの原理は17世紀イギリスで天文機器に導入され,J.ワット(James Watt, 1736-1819)が自分自身で利用するために,1772年にネジマイクロメーターを製造した.しかし,工学的な利用のための商業的生産は1867年に,ブラウン/シャープのアメリカ工場で始まったにすぎない.現代の電気式マイクロメーターは,ネジの回転をデジタル化することで,測定値が数字で表示されるようになっている.

　典型的な産業マイクロメーターは携帯用の装置であるが,もっと大きなサイズのものもつくられている.しかし,ノギスの大きさが0.5 mを超えると問題が起こる.フレームが極端に頑丈でないかぎり歪んでしまい,また,気温変化により金属が膨張し,基準長さが変化してしまうため,測定に影響が出てしまうのである.これらの問題は,あまり変形を被ることがなく,また温度にもそれほど依存しない強化樹脂炭素繊維を使ってフレームをつくることで,1960年

ワットが1772年頃,製作し利用したと考えられているマイクロメーター.SM 1876-1370. SSPL提供.

代には克服された.

　19世紀後半にゲージや測定が工学分野で広く利用されるようになると,ゲージそれ自体をいかに測定するのかという問題が大きく浮上してきた.用途ごとに各サイズの点検用ゲージブロックを用意する代わりに,スウェーデンの技術者C. E. ヨハンソン(Carl Edvard Johansson, 1864-1943)はより小型のブロックゲージ・システムを開発した.1908年に導入されると,ヨハンソンのブロックゲージは瞬く間に実用工学計測に必須のものとなった.そのセットは,非常に精度が高くて滑らかに機械加工されており,異なったサイズの安定した金属からなる102のブロックから構成されている.ブロックどうしを単に密着させるだけで,表面どうしが吸着する.かくして,測定過程で特定の長さが必要とされるときには,いくつかのブロックを組み合わせることでそのような長さをつくり出すことができるのである.典型的なブロックの厚さは,1000分の50インチ(約1.3 mm)から数インチ(10 cm前後)である.メートル法にのっとったものもある.

あらゆる種類のゲージが，いまだ製造工程において欠くことのできない器具である．目盛り度数を拡大するのに光学技術を組み込んだタイプのものもあるが，電気技術を利用したものが増加している．ゲージと測定センサーとを区別するのは今日では難しいものの，特に1960年代以降，コンピューターに電気信号を送る変位センサーへとゲージが取って代わられる傾向にある．　［Peter H. Sydenham／中村征樹 訳］

■文　献

Burstall, Aubrey F. *A History of Mechanical Engineering*. London：Faber and Faber, 1963.
Gordon, Robert B. "Gaging, Measurement and the Control of Artificer's Work in Manufacturing." *Polhem* 6（1988）：159-172.
Needham, Joseph. *Science and Civilisation in China*. Vol. 4, part 1, section 26. Cambridge：Cambridge University Press, 1962［橋本万平他訳：『中国の科学と文明』第7巻, 思索社, 1977年］.
Rolt, Frederic Henry. *Gauges and Fine Measurements*, edited by Richard Glazebrook. London：Macmillan, 1929.
Uselding, Paul. "Measuring Techniques and Manufacturing Practice." In *Yankee Enterprise：The Rise of the American System of Manufactures*, edited by Otto Mayr and Robert C. Post, 103-126. Washington, D. C.：Smithsonian Institution, 1981［小林達也訳：『計測技術と製造方式』, 大量生産の社会史（オットー・マイヤ, ロバート・C・ポスト編）, 113～136頁, 東洋経済新報社, 1984年］.

◆ゲージ【真空測定用】

Vacuum Gauge

真空ゲージは，大気圧（1.013×10^5 Paまたは760 Torr）よりも小さな圧力を測定する．実際に大気圧以下で測定の必要がある圧力の幅はきわめて大きく（760 Torrから10^{-13} Torr以下まで），真空計にはいくつもの型がある．大気圧以下の圧力に関しては，さまざまな単位も用いられる．SI単位系のパスカルとトール，ミリバールの間には次のような関係がある．1 Pa（N/m^2）= 7.5×10^{-3} Torr（mmHg）= 10^{-2} mbar．真空計は，真空を利用する研究・産業用のすべての装置において，到達できた真空の程度を知るために必須の計器である．

機械的圧力計

機械的な圧力計は気体の性質にかかわらず真の圧力値を測定する．これ以外の計器は気体別の物理量を測定し，それを較正して圧力の値を得る．その場合には常に，測定される値は実際に測定される気体の性質に依存したものとなる．

真空に近い領域で圧力を最初に測定したのはR. ボイル（Robert Boyle, 1627-1691）であり，彼は液体圧力計を用いている．ボイルは，1650年代末に真空を引いた鐘状のガラス容器に水銀圧力計を入れた．1874年には，H. G. マクラウド（Herbert G. McLeod, 1841-1932）が，水銀柱で気体を圧縮して測定の容易な高圧を得，ついでボイルの法則を用いてもとの低い圧力を計算した．このマクラウド・ゲージは，現在では10^{-2} Torrから10^{-7} Torrまで測定できるが，利用は他の真空計の較正用に限られている．使うのが難しく，冷却トラップ（液体窒素）が必要だからである．

その他の機械的圧力計には，圧力で変形する金属の隔膜や管を針につなぎ，目盛盤で圧力を指し示すようにしたものがある．この型で最も広く使われているものには，ウォレス・ティアーナン絶対圧力計があり，0.2 Torrから760 Torrまで測定できる．

静電容量真空計では，固定された電極と隔膜との間の静電容量が，隔膜のひずみによって変化するのが測定される．隔膜は通常，電気力によってひずみのない位置に保たれている．この計器では，隔膜の一方の空間は，測定される最も低い圧力よりも低い圧力まで，真空がひかれていなければならない．この型の真空計を初めて開発したのはオルセン（A. R. Olsen）とハースト（L. L. Hirst）であった．現在では，大気圧から 10^{-5} Torr まで測定可能なさまざまな種類のものが販売されている．

粘性真空計

粘性を利用した最初の真空管は，W. サザーランド（William Sutherland, 1859-1911）によって 1887 年に開発された．石英の繊維でつるされた円盤を真空中で振動するようにし，振幅の減衰によって圧力の測定値を得ようというものである．1913 年には，I. ラングミュア（Irving Lamgmuir, 1881-1957）が，高速で回転する円盤の近くに，別の円盤を石英の繊維でつるすという，回転円盤式の測定器を開発した．繊維に取り付けられた鏡による光線の反射で，つるされた円盤のひずみが測定される．この測定器は，イオン化ゲージが登場するまで，10^{-7} Torr に至るまでの圧力が測定できる唯一の真空計であった．

粘性真空計は，1950 年代に J. W. ビームズ（Jesse W. Beams）が復活させた．彼は，磁場によって浮かせた鋼鉄球に，1 秒に 100 万程度の回転を与えて真空中を運動させ，回転数の減衰を測定すれば，真空計として利用できることを示した．フレメリー（J. K. Fremery）は，精緻化された電子工学を用いてこの機器をさらに発展させ，圧力を直接示すようにした．現在では，この回転子真空計は製品化されており，

10^{-2} Torr から 10^{-7} Torr の領域で他の種類の真空計を較正するための，二次的な標準として用いられている．

熱伝導真空計（ピラニ・ゲージ，熱電対真空計）

これらの計器は，気体の熱伝導率が圧力の関数であることに基づくものである．熱せられたフィラメントには，気体による熱損失で温度変化が生ずるが，これによって圧力の度合いを知ることができる．1906 年に M. ピラニ（Marcello Pirani）が最初の熱伝導真空計を発明したが，この装置では熱せられたフィラメントの温度は電気抵抗を測定することによって知られた．後に開発された熱伝導真空計には，熱電対やサーミスターを用いたものがある．これらは単純で，またあまり敏感ではない．圧力の表示は気体の性質に依存し，較正曲線は非線形である．販売されているものにはきわめて多くの種類があり，多くの用途によく利用されるものは大気圧から 10^{-4} Torr 程度を測定する．

クヌーセン・ゲージ，またはラジオメーター・ゲージ

1910 年，M. クヌーセン（Martin Hans Christian Knudsen, 1871-1949）は，ラジオメーター力が真空計の原理として利用できることを示した．この力は，圧力に比例しており，気体分子の重さにはよらない．クヌーセン・ゲージは，他の実験家たちの改良により，10^{-8} から 10 Torr の測定を行えるようになり，30 年にわたって実験室で用いられた．1950 年代までは一般販売用のものもあった．

熱陰極電離真空計

熱陰極から放出された電子は，約 100 eV のエネルギーで気体分子に衝突する．このとき生ずる陽イオンは圧力の測定に利用で

きる．O. フォン・バイヤー（Otto von Baeyer）がこの方法を考え出し，バックリー（O. E. Buckley）が実用的な真空計を1916年に開発した．バックリーの設計に基づく三極真空管を用いた測定器では，10^{-3} から 10^{-8} Torr を測定することができ，この圧力の領域でそれまで使われていたすべての計器に代わって，1955年に至るまで広く利用された．感度は一定していたが，気体の性質への依存性があった．

1940年代には，イオンを集めるための大きな管状の電極をもつ三極管真空計では，およそ 10^{-8} Torr 以下の圧力は測定できないことが知られていた．W. B. ノッティンガム（Wayne B. Nottingham）は，1947年に，グリッドに電子が衝突して生ずる軟X線が，光電子による電流を起こし，そのためにこの制限が起こることを指摘した．測定用の回路の中では，光電子による電流を，陽イオンによる電流と区別できないのである．1950年には，ベアード（R. T. Bayard）と D. アルパート（Daniel Alpert）が，微小なワイヤーをグリッドの軸に取り付けてイオンを集めるための電極とすることで，軟X線に曝されている電極の面積を小さくした計器の開発に成功した．ベアード・アルパート・ゲージは，適切な修正を行い，変調法を利用することで，約 10^{-12} Torr までの測定を行うことができるので，三極管真空計に完全に取って代わった．ベアード・アルパート・ゲージは，高真空（10^{-3} から 10^{-8} Torr）・超高真空（10^{-8} Torr 以下）で最も広く利用されている．

超高真空の領域での利用のために，これ以外の熱陰極真空計もいくつか開発されている．販売されているエクストラクター・ゲージは，1966年に開発されたもので，約 10^{-12} Torr まで測定できる．さらに改良された型のものでは，実験室で 10^{-16} Torr まで測定されたこともある．

冷陰極電離真空計

冷陰極電離真空計の中には互いに直交する磁場と電場があり，自立した放電を保つことができる．放電電流の強さは圧力の関数である（通常非線形である）．磁場中の冷陰極放電は，1898年にフィリップス（C. E. S. Phillips）によって示されたが，真空管への利用は1937年にペニング（F. M. Penning）によって初めて行われた．ペニング計またはフィリップス計は，丈夫で簡単であり，10^{-3} から 10^{-6} Torr の範囲での測定が可能であったが，非線形な電流-圧力特性をもっていた．1960年代に至るまでこの機器は広く利用されている．

1950年代末に，超高真空領域での真空計が求められるようになると，P. A. レッドヘッド（Paul A. Redhead）が逆マグネトロンゲージと冷陰極マグネトロンゲージを開発した．マグネトロンゲージは円筒形のマグネトロンの構造をもつ．逆マグネトロンでは陽極と陰極が交互に入れ換えられる．これらの真空計では，放電がよく捕捉されるために電子の漏れが防がれ，測定できる真空の下限は 10^{-12} Torr まで広がった．熱陰極真空計と異なり，冷陰極真空計には，X線によって生ずる測定の下限がない．販売されている逆マグネトロンゲージには，さまざまな形のものがある．

分圧計

実用上，多くの場合に，真空計の中に存在するさまざまな気体を同定することが必要になる．これには，目的に合わせて調整された質量分析計が用いられるが，これらの機器は分圧計または残留ガス分析器（RGA）として知られる．オメガトロン，飛行時間型質量分析計，磁場偏向型質量分

Redhead, P. A. "History of Ultrahigh Vacuum Pressure Measurements." *Journal of Vacuum Science and Technology A* 12（1994）：904-914.

Redhead, P. A. "The Measurement of Vacuum Pressures." *Journal of Vacuum Science and Technology A* 12（1984）：132-138.

◆ゲージ【レベル】

Level Gauge

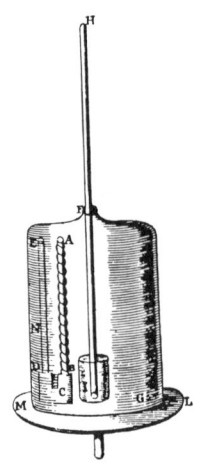

ボイルの水銀圧力計．Robert Boyle. New Experiments Physico-Mechanicall, Touching the Spring of the Air and Its Effects. London, 1660.

ゲージ（レベルゲージ，液量計，計深器）は，液体や固体の高さを測定する器具である．一般的なものには，容器内に固定された棒や，容器の側面につけられた目盛りなどがある．不透明な容器には計量棒や，中身の量を見るための「のぞき窓」をつけるのが適切だろう．タンク側面のU字管に入った濃い液体は，のぞき窓の中の移動量を減らし，測定値を一層読みやすくするのに役立つ．測鉛線は海洋の深度を示し，スキー場のポールは雪の深さを示すのに使われる．

液面の浮子の動きを頼りにする方法もあり，それらの浮子は，ひもと滑車，電位差計と加減抵抗器，トルク管などの装置につながっていることが多い．浮子のある水時計（クレプシドラ）は，バビロニアとエジプトと中国でつくられた．ステンレス管の中にリードスイッチがあり，外部の液面にドーナツ形の磁石を浮かべるといった近年の技術は，発酵槽用の滅菌装置になる．

圧力法には主に2つの種類がある．静圧式では，液体の高さによる圧力，あるいは液体の表面と底の圧力差を測定する．気泡式では，液体の底まで届いた1本の管から気泡を追い出すのに必要な圧力を測る．自動洗濯機の登場がきっかけで，水位が適切

析計など，さまざまな型の質量分析計が残留ガス分析器として用いられてきているが，いずれも広く利用されているわけではない．四極子型質量分析計は，ポール（W. Paul）によって1953年に発明され，1960年頃までに残留ガス分析に用いられるよう改良されたが，これが現在のところ事実上唯一の，広く利用されている残留ガス分析器である．四極子型残留ガス分析器には，信号を増幅する電子増倍管をもつものがあり，さまざまな気体の分圧を10^{-16} Torrに至るまで測定することができる．四極子型残留ガス分析器は，10^{-13} Torrという低い総圧力下での残留ガス分析にも用いられている． [Paul A. Redhead／岡本拓司 訳]

■文 献

Berman, A. *Total Pressure Measurements in Vacuum Technology*. New York：Academic, 1985.

Leck, J. M. *Total and Partial Pressure Measurement in Vacuum Systems*. Glasgow：Blackie, 1989.

な高さに達すると次の機械処理段階へと移行するような，プラスチック膜で操作される圧力スイッチが開発された．

相界面からの音波，超音波，赤外線，あるいはマイクロ波の反射の走行時間によって，深度と距離の両方がわかる．ソナーは第一次・第二次世界大戦に，レーダーは第二次世界大戦に利用された．1960年代以降は，写真撮影や高さの測定に使えるほど正確に10億分の1秒単位の赤外線走行時間を測定できる．

容器の重さは，そこに入っている材料の高さで決まるため，ロードセル［抵抗線ひずみゲージなどを利用した荷重測定装置の受感部］を利用して高さを測ることができる．また，タンク内で一部が液体に浸っている電極間の抵抗あるいは静電容量や，放射線源からの放射の阻害によっても測定できる．流量の測定法は，現在たいへん精度が高くなっているので，タンクの流出量から流入量を差し引けば高さが測れるだろう．

オートフォーカスカメラに使われているものと同じような位相コントラスト装置は，とりわけ固体には使えるかもしれない．ラスター上の光電池に画像の焦点が合っているとき，その出力は最小量になる．単一の画像に焦点を当て，その範囲を定めることができる．そうではなくて，別々のファインダーからのぞいた2つの画像を光電池上に重ね合わせ，そのファインダーどうしの角度を定めることもできる．後者の方法の異型は，昔から航海に利用され（六分儀で正午の太陽高度を測って緯度を知る），木や山や建物の高さを推定するのに利用されている．

現在開発中の方法は，干渉計の使用に基づくものである．正弦波状に強さを調節された干渉光線が界面から反射され，放射光と反射光の間の調整信号の位相差が測定される．

アレージロッド

樽の中身が満杯になっていないときを「アレージの状態にある」という．そして液体の深さをウェットアレージ，その上にできた空間をドライアレージと称する．ある容器の内容量を計量棒で測るのは，原理上は簡単だが，実際は往々にして複雑である．樽は腹の部分が縦横に湾曲しているので，直立させているときか横に寝かせているときに内容量を測定しなければならないだろう．

計量に関する学術論文については1347年に言及があり，1450年から1650年までには60を超える手稿や印刷物が知られている．計量の秘訣，唄，言い伝えも存在した．計量係が村に雇われ，製造業者と船積み会社に，そしてとりわけ関税や物品税や歳入の収税吏に雇われた．収税吏は何よりも酒類に関心を寄せたが，計量係はモルト，生糊，乾燥糊，石けんといった商品の目方も計った．

樽の計量に欠かせないきわめて重要な寸法は，注ぎ口部分の直径（いちばん太いところの直径），蓋の直径（末端の直径），そして高さである．これらは，外側はパスを使い，内側はロッドと垂球糸を使って測定できた．アレージロッドは，注ぎ口部分での内径や，液体の深さ，注ぎ口から樽板が樽蓋と接合している点までの対角線の長さを測るのに使われた．対角ロッドには立方尺がついていて，ある特定の形の樽の総量を見積もるのに使われた．その他のロッドまたは同じロッドの他の目盛りには平方尺があり，垂直にあてがわれ，直径の2乗に関わる最終計算に適用された．

「平方ロッド」と「立方ロッド」はおそ

らく，それぞれ南ドイツとオーストリアが発祥地であろう．初期のロッドと，後世の一部のロッドは，分量のわかっている液体を，ほぼ標準的な形の樽に注ぎ込むことによって目盛りづけされた．この方法の幾何学的構造は，1615〜1616 年に J. ケプラー（Johannes Kepler, 1571-1630）によって解明された．天文学で楕円の知識を得たおかげで，彼は樽を構成する切頭円錐の部分（円錐台）の容積を計算することができたのである．

1643 年，イギリスがビールへの課税を始めたとき，ガロンの容積にはいくつか種類があり，しかもビール（36 ガロン），ブランデー（60），クラレット（45），ポートワイン（57），シェリー（54），マデイラワイン（46）など，酒ごとに標準の樽が異なっていた．1825 年，イギリスに英ガロン（277.274 立方インチ；4.546 リットル；1.201 アン女王ワインガロン）が導入されたが，アメリカはあらゆる用途にアン女王ワインガロンを使い続けているので，「フィフス（5 分の 1 ガロン）」のバーボンは，現在のヨーロッパの標準的な 750 ml のワイン瓶や 700 ml のスピリッツ瓶に対し，容量が 742 ml である．

計算を簡単にできるように多種類の目盛りをつけた計算尺は，1683 年に T. エヴェラード（Thomas Everard, 1680 年頃活躍）によって考案され，ヴェロ（J. Vero），C. リードベター（Charles Leadbetter, 1728 年頃活躍）らによって改良された．それらはインチ尺，平方尺，立方尺，（現代の計算尺のように）対数尺に加え，樽を特定の深さまで満たすのに必要な容積を反映して，漸減のあと漸増する目盛りを備えていることが多かった．

燃料計

内燃機関の開発に伴い，走行中の車の密閉タンク内のガソリンの高さを測る計器類が生まれた．これらは現在おそらく最も広く使われている液量計だろう．

燃料を測る計量棒は，しばしば圧力法や電気法に代わる信頼できる方法として，1930 年代まで使われていた．ガソリンは瞬く間に液量棒から蒸発してしまうので，（1926 年のボイス万能石油計のように）鮮明な線が残るよう，特殊な塗装が施された．

ガソリンタンクを開けるのは汚れ仕事で，面倒で引火の危険性があるし，液量棒はタンク内に汚れをもち込み，それによって気化器の目詰まりを起こしかねなかった．1904 年型 MMC には，ガソリンタンクの側面にガラスののぞき管がついていた．計器盤に据えられたコソー計（1904 年）は，栓をひねると，ガソリンの高低ばかりか濃さまで一目で読み取れる計器だった．1922 年型モリス・オックスフォード・ツアラーには液量棒があったが，1923 年型ブルノーズ・モリスは，ガソリンタンクが計器盤の向こうの，同じ高さのスカットル［ボンネットと車室をつなぐ部分］に納まっていて，計基盤にのぞき窓がついていた．

1904 年，スミス（G. P. B. Smith）が，揺れ動く腕の先端につけたフロート（浮子）でタンク外の指針の軸を動かす方法を考え出し，グレゴリー（G. W. Gregory）は，ネジポンプが浮子で回転し，それによって針を回す装置を提案した．2 人の着想は改良され，1912 年にアメリカで M. マーティン（Morris Martin）が考案したシムス磁気式燃料計に採り入れられた．そのうちの一種類は，らせん状の溝をもつ垂直な管でできていた．管には磁石つきの浮子が入ってい

て，その磁石と対をなすもう1つの磁石が，タンクの外側にある目盛り板上の針を回した．ガソリンの高さが上がったり下がったりするにつれて浮子が上下し，浮いている磁石が回転し，もう一方の磁石と針を回転させた．

もう1つのタイプのシムス計は，浮子が連動装置につながっている腕を上下させる構造だった．そして連動装置は浮子の動きを，これまた外部の指針つき磁石と連動する磁石に伝えた．シムス計は1920年代に高級車に取り付けられ，ほどなく一般に利用されるようになった．管を基本とするこの計器は，バッフル［液体の流れを強制的に方向転換させるための板］が多数入っているタンクにはとりわけ有用であり，いまでも小型ボートや，トラックのタンクに取り付けられた計器に使われている．この装置は気密，防塵，耐火性で，電力を必要としないが，計器盤に取り付けられないという欠点があった．

初期の遠隔表示型計器の大半は，静水圧に依存していた．タンク内の1本の垂直管が底から約1cmのところに達していて，そこから細い管が計器盤上の圧力指示器までのびていた．この装置はおそらく，液柱計（タンクと計器盤の高さの差を埋め合わせるために一方が部分真空になっている）あるいは気圧計に見られるのと同様な，アネロイド/ブルドン管型の圧力計だったと思われる．それは，特にタンクがすっかり空になって空気が管から漏れ出たり入ったりしている場合，当てにならなかった．閉じた管を用いた同様の装置は，自動車のラジエーター内の温度を測るのに使われた．その別型が，スミス・インダストリーズによって開発された気泡型計器だった．運転者が計器のつまみを操作し，垂直管を通じてタンクに空気を注入すると，圧力測定装置が，管の底から気泡を追い出すのに必要な圧力を測るのだった．

1920年代の後半には電気を用いる方法が導入された．センサーは，銅かスズでメッキされた鉄の浮子で，円形可変抵抗器のアームにつけられたり，垂直の抵抗器に接触しながら上下運動した．浮子の動きは，可変抵抗器の抵抗を変化させた．この計深器は，電流計と可変抵抗器を含む電気回路からなり，後者はスパークを防ぐためにアースされている．電流は可変抵抗器の抵抗によって決まる．垂直可変抵抗器を用いた初期の例が，1932年型アルヴィスである．

問題は，自動車の走行中の急激な示度の変動をさけることだった．ガソリンタンクにはバッフルが入っていた．1930年代の電流計は可動鉄片型の検流計で，電流の変化にはゆっくりとしか応答せず，軸受と制動バネのせいでいっそう反応が鈍くなった．

1961年，バイメタルの抵抗装置が開発された．指針に連結されたバイメタル片は，抵抗線で熱せられ，電流は，燃料タンク内の浮子制御された可変抵抗によって決まる．これには独立した電圧安定装置が必要だったが，可動鉄片型計器よりは値段も張らず，不安定でもなかった．これはいまでも普通に使用されている．

1970年代になると，減衰空芯可動コイル検流計が導入された．可動鉄片検流計より安定で，バイメタル方式より正確だった．これらも現在生産されている．

浮子/可変抵抗器のセンサーは，1950年以来ほとんど変わっていない．唯一の例外は，金属製の浮子が，ガソリンに耐久性のあるナイロンなどのプラスチックに取って代わられたことである．これは確かに1964

18世紀ロンドン港にて，アレージロッドで酒樽を検査する物品税収税吏たち．SSPL 提供．

年型アルヴィスに見てとれるが，おそらくそれ以前に生まれていたのだろう．1994年当時の燃料計の値段は約 70 ドルだった．

[Bryan Reuben／忠平美幸 訳]

■文　献

Bolton, W. *Instrumentation and Process Measurements*. Rickmansworth：Longman, 1991.

Day, John. *The Bosch Book of the Motor Car*. London：Collins, 1975.

Everard, Thomas. *Stereometrie Made Easie*. London：Playford, 1864.

Judge, A. W., ed. *Modern Motor Cars*. London：Coxton, 1924.

Yeo, William. *The Method of Ullaging and Inching All Sorts of Casks and Other Utensils Used by Common Brewers*, Victuallers, Distillers&c. London, 1749.

◆血 圧 計

Sphygmomanometer

血圧計は，動脈の血圧を測定する器具である．この用語は，ギリシャ語の sphygmos（脈拍）と，フランス語の manometre（圧力計）からきている．基本単位は，水銀ミリメートル（mmHg）である．

古代から，治療者は，脈拍の速さと質が患者の健康状態の鍵を与えるとして，脈拍に心ひかれてきた．古代文明の多くは，脈の診断について洗練された体系を確立しており，不整脈がしばしば病的状態の前兆となることを認識していた．

1733 年，S. ヘイルズ（Stephen Hales, 1677-1761）は，ウマの血圧の測定経験を記録した．これよりおよそ 15 年前，ウマの動脈に，ガラス管につないだ真鍮の管を差し込み，動脈の血圧を初めて測定したという．これから 100 年以上の時が経ち，ドイツの生理学者，C. ルートヴィッヒ（Carl Ludwig, 1625-1680）が，1847 年にキモグラフ（動態記録器）を発達させ，グラフを用いた人体生理学探究の扉を開いた．キモグラフを用いて，ルートヴィッヒと彼の同僚たちはカテーテルを実験動物の動脈に差し込み，血圧の数的，かつ，グラフ的計測を行った．しかしながら，動脈にカニューレを挿入する技術は，侵襲的であって危険であり，実践的な臨床医学には応用できなかった．

多数の生理学者は，動脈を切開せずに動脈の血圧を計測するための装置を用いて実験していた．1855 年，K. フィアロート（Karl Vierordt, 1818-1884）は，動脈の脈拍が振れなくするのに必要とされる圧力を計測する脈波計を開発した．1860 年，フランスの生理学者，E.-J. マレー（Etienne-Jules Marey, 1830-1904）は，改良された，臨床でより使いやすい脈波計を開発した．こうした器具は，脈拍の速さと規則性を正確に描き出したが，血圧を確定することはできなかった．

1881 年，S. フォン・バッシュ（Samuel Siegfried Karl Ritter von Basch, 1837-

1905）は，水を満たした袋を血圧計に連結した単純な装置である彼の血圧計を考案した．この圧力計は，橈骨動脈の拍動を振れなくさせるのに必要な血圧を計測するために用いられた．彼の血圧決定は，動脈への直接的なカテーテル挿入，すなわち，間接的な計測が頼ることのできる証拠によって，確かなものとされた．フォン・バッシュの装置は，臨床的には広く採用されなかった．医師たちが診断の昔ながらの方法に置き換わるいかなる技術にも慎重であったことにその理由の一部はあり，さらには，器具から集められた情報が実践に適用できることに，まだ，確信がもてなかったためであった．多数の生理学者，医師たちは，フォン・バッシュの考案を採用―ある者は，血量計の原理を用い，他の者はバネ圧力計を用いて―したが，こうした器具は広くは使用されなかった．批判する者たちは，これらの大きさ，測定のための頻繁な使用，壊れやすさ，急性の患者における不正確さに注目した．

1896年，イタリアの医師，S. リヴァ＝ロッチ（Scipione Riva-Rocci, 1863-1937）は，近代的な血圧計の原型となる発明を公表した．彼の装置は，腕の周囲に膨張させたゴム製の筒を巻きつけて，腕の動脈を圧迫する．圧力が減じたとき，水銀の圧力計は脈が戻った点，すなわち，収縮期圧を計測する．リヴァ＝ロッチのテクニックは，処置の間，医師が橈骨動脈拍動を触診することを必要とする．アメリカの神経外科医 H. クッシング（Harvey Cushing, 1869-1939）は，1901年，イタリアへの旅行中に，リヴァ＝ロッチの装置を見出し，ジョンズ・ホプキンス大学に持ち帰り，病院で使いやすいようにわずかな改良を加えた．クッシングと，ショックに関心をもっていたクリーヴランドの外科医の G. W. クリル（George Washington Crile, 1864-1943）は，アメリカにおける血圧計の最も有名な推進者になり，手術室での使用と診断，治療，予後の器具として唱道した．

1905年，ロシアの外科医，N. S. コロトコフ（Nikolai S. Korotkoff, 1874-1920）は，医師が脈を触診する代わりに，聴診器で聴診すれば収縮期圧と拡張期圧の両方が決定できることを発見した．彼の聴診法を受容することによって，医師たちは血圧の決定において，象徴的に脈の触診に「暇を出した」のである．コロトコフのテクニックは，病態生理学の基礎となる一層正確，かつ，信頼できる情報を提供し，今日最も広く用いられている方法である．

重要性

血圧計は，疾病と健康とが，計測され定量化できる実体となった19世紀から20世紀初頭の医学に生じた変化を象徴している．血圧計，および，他の多数の生理学的器具は臨床的用途に応用され，身体的な過程への新しいアクセスを提供し，これらに数的，あるいは，しばしば，グラフ化できる用語で表現することを許した．数量的なデータは，19世紀後半まで医学において優勢であった質的な記述より優れたものとして盛んに宣伝された．「グラフ化」という力で武装した指導的な医師たちは，疾病を計測できる過程として考えるよう強調した．情報を表示するこうした新しい方法は，医師たちが相互に情報伝達するやり方に基本的な変化をもたらした．記述的な言い回しを，一層正確な用語に大きく置き換えたのである．これに従って，医学教育は，計測でき，再現できる知識を強く強調する形に変わった．1920年までには，血圧計は医師の必需品一式において基本的な道具に

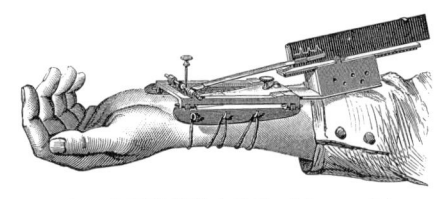

マレー自記記録型血圧計．Étienne Jules Marey. La Méthode Graphique. Paris：Libraire de l' Académie de Médecine, 1878：281, Figure 142. SSPL 提供．

なっていた．

血圧計の情報が使えるようになるには，正常と異常の数値を研究者が確立する必要があった．血圧計の熱心な推進者のT. ジャネウェイ（Theodore Janeway, 1841-1911）は，時間を費やして何百人もの患者の血圧の数値を調べ，「本態性高血圧」，すなわち，将来の疾病の標識となる血圧上昇を発見した．血圧計は，それまでただ単に記述されてきた身体機能を定量化したばかりでなく，主として無症候性の病的状態を医師たちが発見するのを可能にした．

医師-患者関係に対して血圧計の与えた衝撃は深遠なものであった．こうした器具は，人体が機械であり，医師は機械工であるという感情が生まれるのにあずかった．批判する者たちは，こうした精密器械が，患者と医師の距離を遠ざけたと論じた．一方，推進者は，器械を用いて集められた情報によって，医師は患者を実際に一層密接に知るということを強調してきたのである．

[Hughes Evans／月澤美代子 訳]

■文　献

Booth, Jeremy. "A Short History of Blood Pressure Measurement." *Proceedings of the Royal Society of Medicine* 70（1977）：793-799.

Davis, Audrey B. *Medicine and Its Technology*：*An Introduction to the History of Medical Instrumentation*. Westport, Conn.：Greenwood, 1981.

Evans, Hughes. "Losing Touch：The Controversy over the Introduction of Blood Pressure Instruments into Medicine." *Technology and Culture* 34（1993）：784-807.

Janeway, Theodore. *The Clinical Study of the Blood-Pressure*：*A Guide to the Use of the Sphygmomanometer in Medical, Surgical, and Obstetrical Practice, with a Summary of the Experimental and Clinical Facts Relating to the Blood-Pressure in Health and Disease*. New York：Appleton, 1904.

Reiser, Stanley Joel. *Medicine and the Reign of Technology*. Cambridge：Cambridge University Press, 1978.

◆血液ガス分析機

Blood Gas Analyzer

血液ガス分析機は，血中の酸素分圧（PO_2）と二酸化炭素分圧（PCO_2），ならびに血液試料の水素イオン濃度（pH）を測定する．代表的な装置は，自動洗浄と自動較正の機能を備え，通常は体温と同じ温度で測定を行う．装置自体が二酸化炭素と室内の空気から標準気体を生成し，内部のアネロイド気圧計により気圧の値を補正するというものもある．気体の分圧は，mmHg または Kp_a であらわされ，pH の値は通常，米国国立標準局［NBS，現在は NIST：国立標準技術研究所］の pH 目盛りのことを指す．ポリマーでできたイオン選択性のカリウム電極を組み込んだ分析機や，PO_2 だけでなくヘモグロビンの測定を行う分析機もある．

血液ガス分析機は，1960 年代にいくつかの専門機関に備えられていた自家製の装置に端を発するが，その後この産業は急激に拡大していった．1993 年には，米国国内でおよそ1億5千万サンプルの測定が行

われるまでになっている．この革命的な変化は，センサー技術の大きな進歩によるというよりはむしろ，装置の開発の積重ねにより特別な技能をもたない人にも迅速な測定が可能になったことによってもたらされた．実際，最新の機器で測定に用いられている電極は，最初に分析機が開発された頃のものと大して変わっていないのである．

血液ガス分析機は，少なくとも3つの電気化学センサーを用いている．pH電極とPCO$_2$電極はガラスpH電極を改良したものであり，酸素電極はポーラログラフ方式である．前二者は電位測定に基づくものであり，電位の値が出力されて，それにより測定しようとする値を知ることができる．酸素電極に対しては外部電圧がかけられ，そのときに流れる電流が出力値となる．

1880年代に，ドイツの化学者W.ネルンスト（Walter H. Nernst, 1864-1941）は，S.アレニウス（Svante Arrhenius, 1859-1927），J.ファントホッフ（Jacobs van't Hoff, 1852-1911），ならびにJ.ギッブス（J. Willard Gibbs, 1839-1903）によって生み出された概念をまとめて，測定しようとする値とpH電極およびPCO$_2$電極の電位変化とを関係づける式を考案した．ネルンストは，これ以外にも塩橋の概念をつくり出し，また高濃度塩化カリウムの利用法も考案した．高濃度塩化カリウムは，血液測定の際の参照電極用溶液として，あるいは較正緩衝溶液として，現在も広く用いられている．彼の助手のH.ダンネール（Heinrich Danneel）は，マイナスに荷電した白金電極を流れる電流の大きさが溶存酸素の量に依存することを最初に示したが，事実上これが酸素電極の発明となった．

生物学者のM.クリーマー（Max Cremer）は，酸性度の異なる2つの溶液を隔てる薄いガラス膜に電位が生じるということを発見した．1925年に生化学者のP.カーリッジ（Phylis T. Kerridge）が血液pH測定用のガラス電極を初めてつくり，それに続いていくつかの精巧な電極がつくられた．測定の際に，試料から気体が失われたり余計に添加されたりすることは避けなければならなかった．また，血液のpHは温度に影響されるため，正確な温度制御が必要であった．試料の体積は，少ないほうが有利であった．血液のpH範囲は狭いため，検出電極の電位測定に用いる再現性の高い参照電極と，pH較正を行うための正確な標準緩衝液が必要であった．

1958年に，デンマークの臨床化学者O.ジガード=アンダーセン（Ole Siggaard-Andersen）とP.アストラップ（Poul Astrup, 1915-2000）は，ベッドサイドで使えて0.002までpHの再現性がある，ラジオメーター・マイクロpH電極を発表した．多くの人が，いまでもこの電極を血液pH測定の標準的な装置と考えている．この電極では，ガラスの検出部分がキャピラリー管の形になっており，分析対象がその中に吸い込まれる仕組みになっている．特別に成形されたプラスチックのキャピラリーの先端に位置する血液試料と，飽和塩化カリウム溶液を含む参照電極とがつながれて，電位が測定される．最近の分析機のほとんどは，取り替えと修理が可能であってなおかつ参照電極に高濃度塩化カリウム溶液を保持しておけるよう，これよりも旧式の電極へと回帰している．

1952年に，膜を通って拡散し離れた位置にある溶液のpHに影響を与えるというCO$_2$の性質を利用して，オハイオ州立大学の医用物理学者R.ストー（Richard Stow）が，PCO$_2$の変化に応答するようにガラス

pH電極を改良した．ガラス表面に電解質溶液が接触し，この溶液がさらにプラスチック膜を介して血液試料と接触している．CO_2 がこの膜を通って，ガラス表面の側に平衡に達するまで拡散してくる．麻酔医のJ. シバーリングハウス (John W. Severinghaus, 1922–) は，電解質溶液に重炭酸ナトリウムを加えるという重要な改良を行った．過剰量の重炭酸ナトリウムは常に一定量と見なすことができるため，電解質フィルムの水素イオン濃度はおおむね PCO_2 の線形関数と見なすことができた．これは今日使われている電極と本質的には変わりなく，今日のものは特定の分析用途に合うよう多少の構造上の変更が加えられているにすぎない．

1950 年代以前にも，ポーラログラフィーによる溶存酸素の測定は行われていたが，カソード（還元反応が生じる電極）が血液によって汚染されてしまうという問題があった．1954 年にオハイオ州フェルス研究所のL. クラーク (Leland Clark, 1918–)が，酸素透過性のプラスチック膜を用いて血液をカソードから遠ざけることに成功した．適切な酸素透過性をもつプラスチックを選ぶこと，ならびにカソードの直径を減らすことにより，膜が拡散を制限する主要な要素となり，流れる電流は，血液中の酸素分圧の関数となった．このような電極から生じる電流は，平衡溶液で較正された場合，気相における指示値と比べて2%以下しか減少しなかった．

典型的なpH電極の電気抵抗は 100 MΩ より大きく，また PO_2 電極からの信号は1 nA 未満であるため，測定には高品質の絶縁体と特別な電気回路が必要である．これらの測定は，漏電流が小さく入力インピーダンスが高い固体デバイスの進歩と信号のデジタル処理により大きく簡易化されている．

pH, PCO_2 ならびに PO_2 をまとめて測定することの重要性を認識するためには，血液は次の2つの全く独立の原因によって異常に酸性化することがある，ということを考慮する必要がある．

1. 低換気（減呼吸）により，動脈血と平衡状態にある肺胞ガス中の二酸化炭素濃度が上昇する．この上昇は，呼吸量が回復して，二酸化炭素が呼気として排出される速度が組織で生産される速度と再び一致するようになるまで続く．二酸化炭素濃度の上昇に伴って P_aCO_2 が上昇し，また血漿中の溶存二酸化炭素量も上昇する．溶存二酸化炭素の一部は水和されてカルボン酸を生じ，その結果水素イオンができてpHが下がる．水素イオンの大部分に対しては，血液の緩衝作用が働く．水和されずに残った二酸化炭素から重炭酸イオンが生じ，重炭酸濃度が上昇すると同時にpHが下がる．この一連の現象は，呼吸性アシドーシスと呼ばれる．

2. 体内に存在する酸は，血中にあらわれてpHを低下させる可能性がある．健常人は激しい運動をすれば乳酸を生じるが，代謝性アシドーシスと呼ばれる疾病が原因で生じる場合もある．$CO_2/NaHCO_3$ 系はこれらの酸に対して緩衝作用を及ぼし, pHが低下すると重炭酸濃度が低下して CO_2 が肺から出てゆく．健常人では, pHの低下は激しい呼吸によって緩和され, $PaCO_2$ が低下する．つまり，重炭酸濃度を下げながら呼吸による補正を行っているのである．

臨床においては，アシドーシスとアルカローシスの考えうるあらゆる組合せに直面することとなる．最新の分析機では，これまでの知見を総動員して，臨床医が症状の背景にある問題を認識できるようパラメー

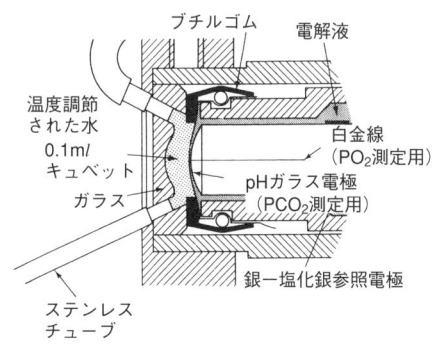

PCO_2 あるいは PO_2 電極を装備するためのキュベットのデザイン．Leslie Cromwell et al. Biomedical Instrumentation and Measurements. New Jersey：Prentice-Hall, 1973：59, Figure 4.21. シバーリングハウス提供．

ターを算出している．

　健常人では，P_aCO_2 が低いときは P_aO_2 が高く，その逆もいえる．しかし，疾患によってはこれが当てはまらないことも多い．例えば，肺における血流とガスの流れとは，必ずしも一致するわけではない．通常の P_aO_2 において血液はほとんど酸素で飽和しているが，血液が適切に酸素化されないまま肺から出ていってしまうと，最終的な血液の P_aO_2 が低下し，激しく呼吸してもこれを補正することはできない．結果として，P_aCO_2 も P_aO_2 もともに低くなってしまう．

　血液ガス分析機によって出される測定値や，導かれるパラメーターは，どちらもたいへん速く変化する．結果が迅速かつ容易に得られるようになったことが，この40年間の血液ガス分析機の最も大きな進歩の1つといえるだろう．

[David Band／隅藏康一 訳]

■文　献

Cremer, M. "Ueber die Ursache der electro-motorischen Eigenschaften Der Gewebe, zugleigh ein Beitrag zur Lehre von den polyphasischen Electrolytketten." *Zeitschrift für Biologie* 47 (1906)：562.

Danneel, H. L. "Ueber den durch diffundierende Gase hervorgerufenen Reststrom." *Zeitschrift für Electrochemie* 4 (1897-1898)：227-242.

Kerridge, P. T. "The Use of the Glass Electrode in Biochemistry." *Biochemical Journal* 19 (1925)：611-617.

Nernst, W. H. "Die electromotorische Wirksamkeit der Ionen." *Zeitschrift für physikalische Chemie* 4 (1889)：129-181.

Severinghaus, J. W., and P. B. Astrup. *History of Blood Gas Analysis*. Boston：Little, Brown, 1987.

◆血液分析用光学装置

Optical Devices for Blood Analysis

　血液分析に用いられる光学装置の多くは，特に，比色計，分光光度計，蛍光光度計，濁度計，比濁計，炎光光度計，といった装置は，化学実験に用いるのと類似のものである．しかし，これらとは別に，次のような3種類の光学機器による測定法が血液分析に用いられている．これらの特徴は，血液を採取して検査するのではなく，血液成分を直接測定するという点である．酸素測定法，水素イオン濃度（pH）・二酸化炭素分圧（PCO_2）・酸素分圧（PO_2）モニタリング用の光学センサー，および非侵襲的分光光度法の3つがある．

　酸素測定法による血液の酸素飽和度の決定は，迅速かつ連続的に行うことができるため，重篤患者の治療，救急医療，ならびに麻酔の際に呼吸能を知るための，最も重要な臨床測定法の1つとなっている．また，血中ガス濃度，すなわちpH，PCO_2，PO_2 の測定により，呼吸器系の作用に関するよ

り詳細な情報を得ることができる．

酸素測定法

酸素測定法は，最も古くから，また最も頻繁に用いられている手法であり，血中における酸素化したヘモグロビン量の全ヘモグロビン量に対する比率を評価するものである．1933年に，イギリスの生理学者ミリカン（G. A. Millikan）が，酸素測定を目的とした最初の臨床用比色計を考案した．この装置は，2色フィルターとスペクトル選択性をもつ水銀アーク灯とを組み合わせたものであり，検流計につながれた銅・酸化銅光電池に対して異なった作用をすることを利用して，酸化したヘモグロビンとそうでないヘモグロビンとを区別した．これ以前の測定法は，光学的手法といっても目で見て比較しなくてはならなかった．ドイツの生理学者K. クラーマー（Kurt Kramer）とK. マティス（Karl Matthes）も，1930年代前半に，血中の光学濃度を測定して酸素測定を行うための光電装置を開発した．これに続く開発は，次の2つの経路をたどっている．1つは，皮膚に当てて隣接する組織の変化を測定する経皮的なセンサーであり，もう1つは，静脈カテーテルにより直接測定を行う装置である．

第一の臨床用の経皮的な装置は，ミリカンが1942年につくり出した耳用酸素濃度計であり，これはランプと光電池を用いて耳たぶの光透過性を測定するものであった．これをはじめとする初期の装置は，赤色光の透過性（ヘモグロビンの酸素化の度合いに関連する）と緑色光の透過性（酸素飽和度の影響を受けにくい）とを比較するものであった．これ以後の検査では，緑色光よりも近赤外光のほうが好まれた．光電池が近赤外領域でよい感度を示すこと，ならびに血液は光学濃度が高すぎて緑色光を効率よく透過させられないことがその理由である．この方法で測定するためには，センサーとなる体の部位を温めるか血流が増すよう処理するかして，動脈血が大部分を占める状態にしなくてはならなかった．光の散乱や組織中の減衰を補正するため，一時的に組織から血を除く（例えば耳たぶを締めつける）ことが必要でもあった．

これらの難点を克服するための努力によって，光減衰のパルス状の成分が動脈血の体積をあらわし，定常成分が組織での散乱と静脈血の吸光として差し引かれるべき補正値をあらわすような装置が生まれた．この研究は，1975年に日本の医用生体工学者のS. ナカジマ（Susumu Nakajima）らのグループが，血流パルスの頂点と基点において組織を透過する光を測定する耳用酸素濃度計を開発したことに端を発する．1980年には，日本の医用生体工学者のI. ヨシヤ（I. Yoshiya）らが，指と装置の間を光ファイバーで結んだ指先用酸素濃度計を発表した．パルス酸素濃度計は，なかでも特に指先用のものは，いまでは広く使われており，多くの装置が販売されている．

カテーテル型のセンサーは，肺動脈といった正確な場所において，精密な測定を可能にしている．最初の装置は，カテーテルの端に小型の光電池をつけたものであったが，1962年に生理学者のM. ポランニー（Michael Polanyi，1891-1976）とR. ヒーヒア（Robert Hehir）は，血液のような光学濃度の高い媒体の中では光ファイバーの端の反射率測定を用いるとよいということを明らかにした．光ファイバー装置は，酸素飽和度の測定と，標識色素の希釈曲線の作成の両方に用いることができる．後者は，注入した色素の希釈率を観察し，局所灌流を測定するためのものである．こうしたカ

テーテル型の光ファイバー・センサーも，酸素測定の目的で販売されるようになっている．

pH，PCO_2，PO_2 用の光学センサー

酸素測定法によって酸素化されたヘモグロビンの比率を測定することができるが，呼吸の状態を血液から正確に評価するためには，総酸素濃度，総二酸化炭素濃度，ならびに pH を決定する必要がある．長年の間，血液試料の電極測定しか可能な方法がなかったが，光学的測定法を用いることにより，動脈カテーテル型，体外型のいずれによっても，迅速で連続的な測定を行うことができるようになった．

1970年代に，ドイツの生理学者 D. リュッバース (Dietrich Lübbers) と N. オーピッツ (Norbert Opitz) は，これらの成分の光学的測定という概念を生み出した．その方法は，これらの成分を血液から膜を通して色素を含む溶液へと拡散させ，分光光度法あるいは蛍光光度法で測定するというものであった．これと同時に，アメリカの化学者 J. ピーターソン (John Peterson, 1929–) と医用生体工学者 S. ゴールドシュタイン (Seth Goldstein, 1939–) は，光ファイバーの先端に標識色素を固定した，生理測定用の光ファイバー・センサーを考案した．これらのアプローチは，光学センサーのさらなる開発へとつながっていった．

光ファイバー・センサーの原理に基づいて，フローセルの中に置かれた円盤状オプトード（光ファイバー化学センサー）の形をとった体外型センサーが開発された．代表的な例が，オーストラリアの化学者 M. ライナー (Mark Leiner) の最近の研究である．この装置の pH センサーは，粘着層，透明の支持体，固定化した蛍光標識色素を含むセンサー層，ならびに分析対象の血液成分を透過させる膜をもつ不透明な光分離層からなっている．PCO_2 センサーは，同じような構成だが外膜が気体 CO_2 のみを透過させるブラックシリコンであり，色素層には重炭酸ナトリウム溶液が含まれている．PO_2 センサーも酸素を透過させるブラックシリコン外膜をもつが，こちらの場合は標識色素がシリコン基質の中のシリカ粒子に吸着されている．このセンサーは，標識蛍光の消滅によって酸素を検知する．

これら3種のオプトードのいずれの場合も，測定される成分が外膜を通って拡散し，センサー部位における濃度とその血中濃度とが平衡に達する．濃度を示す蛍光色素は，取り付けられた光学装置によって測定される．この装置は，温度制御可能な使い捨てフローセル，タングステン光源，波長選択フィルター，光ダイオード検出器，ならびに個々のオプトードを光源や測定システムとつなぐ光ファイバーから構成されている．光強度は，適正な較正を行ったデジタル信号処理システムによってモニターされる．

血管内の pH，PCO_2，PO_2 を測定するために開発された光ファイバー・センサーは，後に小型化され，対照電極を必要としないものとなった．最近では，商品化を目指し，これら3種の測定が行える光ファイバー・カテーテルも開発されている．カテーテル型，体外型のいずれの光学センサーも，商品化に向けた研究開発が行われている．

初期の光ファイバーは，pH 測定のためのイオン透過性膜，あるいは PCO_2，PO_2 測定のためのガス透過性膜を端に備えた，自由に曲がるプラスチック光ファイバーであった．pH 検出用の色素は，吸光標識の

フェノール・レッドであり，これがポリアクリルアミド微小球を支持体として固定していた．このポリアクリルアミド微小球は，光散乱のためのより小さいポリスチレン微小球を内包するものであった．他のタイプのセンサーには，鏡面を用いるものや，U字型に曲がったファイバーを用いて標識を通過して戻ってきた光により吸光の測定を行うものがあった．

標識色素には，酸性と塩基性の2つの形があり，これらの平衡状態における存在比はpHによって異なる．これら2つの形はそれぞれ異なる吸光あるいは蛍光スペクトルをもっているので，その存在比は光学的に測定され，pHへと翻訳されうる．1つの標識のみでは狭いpH領域しかカバーできないが，ピーターソンとイタリアの生理学者F. バルディーニ（Francesco Baldini）の最近の研究により，複数の標識を用いれば，広い領域をカバーできることが示された．

初期のPO_2センサーは，酸素によって蛍光色素の消滅が生じることに基づくものであった．この効果は色素に共通してみられるものだが，ある芳香族化合物と金属有機化合物は，特に強い効果を示すことが知られている．光ファイバー装置は，タングステンあるいはダイオードの光源，波長選択フィルター，光強度検出器，ならびにデジタル信号処理システムから構成されている．これに加えて，光をファイバーに入れて回収するために，多様な光学器具が用いられている．

酸素による蛍光の消滅も，蛍光寿命，すなわち蛍光の平均崩壊速度を決定することにより測定されうる．ほとんどの色素に関しては，寿命がナノ秒の範囲であるため，平均崩壊速度を測定するためには精巧な装

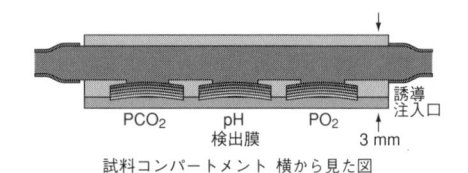

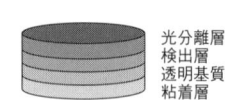

血液中ガスの生体外測定のためのオプトード・セルの模式図．ライナー/エルゼヴィアー・サイエンス社提供．

置が必要である．白金とパラジウムのいくつかの金属有機化合物は，マイクロ秒の範囲の寿命であるため，単純な装置で容易に測定することができる．これは，ブラジルの医用生体工学者P. ゲヴェール（Pedro Gewehr）とイギリスの医療物理学者D. デルピー（David Delpy）によって発表されたものである．

非侵襲的分光光度法

光学的に直接測定を行う手法としてパルス酸素測定法が成功したことにより，その他の非侵襲的血液測定，特にグルコース測定の可能性に対する関心が高まった．侵襲的な針を用いて血液成分を生理的条件下で検出することには，応用上の難点が多数あったが，中でも特に材料の生体適合性のなさが問題であった．近赤外光による非侵襲的な測定は，そのスペクトル領域における血液と組織の相対的透過性に基づいて行われるが，比較的高くかつ変化しやすいバックグラウンドのもとでは，血液成分による吸光が弱いという難点があり，これはいまだに克服されていない．しかし，化学者M. アーノルド（Mark Arnold）のグループによる血液試料を用いた実験で，見込みのある結果が得られているし，指先用の装

置で実験をしている研究者もある．ここ数年研究されているもう1つの有望なアイデアは，光子が組織を移動するピコ秒スケールの時間を計測して光学濃度を算出することにより，血液成分の測定を行うというものである．この方法は，B. チャンス (Britton Chance, 1913-) 他の生理学者によって血液成分の測定に応用されている．

[John I. Peterson／隅藏康一 訳]

■文献

Leiner, Marc J. P. "Optical Sensors for In-Vitro Blood Gas Analysis." *Sensors and Actuators B-Chemical* 29 (1995): 169-173.

Lübbers, Dietrich W. "Blood Gas Analysis with Fluorescent Dyes as an Example of Their Usefulness as Quantitative Chemical Sensors." In *Chemical Sensors, Proceedings of the International Meeting on Chemical Sensors, Fukuoka, Japan, September 19-22, 1983*, edited by T. Seiyama et al., 609-619. New York：Elsevier, 1983.

Millikan, G. A. "The Oximeter, an Instrument for Measuring Continuously the Oxygen Saturation of Arterial Blood in Man." *Review of Scientific Instruments* 13 (1942): 434-445.

Peterson, John I., et al. "Fiber Optic pH Probe for Physiological Use." *Analytical Chemistry* 52 (1980): 864-869.

Wolfbeis, Otto S., ed. *Fiber Optic Chemical Sensors and Biosensors*. Boca Raton, Fla.：CRC, 1991.

◆ケルダールの窒素定量装置
➡ 窒素定量装置【ケルダール式】

◆限外顕微鏡

Ultramicroscope

限外顕微鏡は可視光線の解像度の限界で，物質の粒子を調べるために用いられる．それは5 nm (5×10^{-6} mm) の大きさの粒子を検出できるが，その機能上の検出範囲は普通15～200 nmである．限外顕微鏡の構造は原理的には非常に単純である．一般的な顕微鏡が試料を見るのに視角と平行に進む光を用いるのに対し，限外顕微鏡は視角に対し直角の隙間から照らされた強力な光を用いる．照源に対して垂直に暗い背景に試料を見ることで，チンダル効果（液体に浮かんでいる粒子が細い光線に照らされたときに，円錐形の光があらわれること）によって，粒子の存在を確認することができる．個々の粒子は暗い背景に，光の点としてあらわれる．

R. ツィグモンディー (Richard Zsigmondy, 1865-1929) とジーデントプフ (H. Siedentopf, 1872-1940) は，コロイドに関する関心，そして原子や分子の存在についての新たな議論に関する関心が高まってきたことに応じて，1903年に最初の限外顕微鏡をつくり出した．ツィグモンディーとジーデントプフはドイツのイエナにあるツァイス光学工場のC. ツァイス (Carl Zeiss, 1816-1888) とともに研究して，当時では最も進んだ光学器具を利用することができた．ジーデントプフはその装置の組立てを担当し，ツィグモンディーは標準的な試料である金のゾルを用いてその装置をテストした．その金のゾル（液体，主に水か油に分散した個体）はロシアのゾンブコヴィッチェにあるJ. L. シュリーバー・ガ

ラス工場で彼のためにつくられたものであった．両者とも粒子の大きさを測定する方法に取り組み，そして限外顕微鏡は多くの研究室，特にコロイド研究を行っている研究室ですぐに標準的な装置となった．

　暗視野の問題に関することも研究された．もともとのスリット限外顕微鏡では，試料の細胞は比較的大きく，照明が背景に散乱していたので，暗視野は照らされてしまい，解像度は下がった．焦点合わせもまた問題であり，注意深く操作しなければならなかった．A. コットン（Aimé Cotton, 1869-1951）と H. ムートン（Henri Mouton）が1903年に提案した別の方法は，暗視野コンデンサーの最初のものであり，プリズマティック効果に基づいた全反射を利用していた．かなり少量のコロイド状の物質が用いられたので，感知可能な円錐形の光はどれも観察を邪魔してしまうことになったが，光源からのどの光も直接顕微鏡に入ってこないかぎり，照明はどの角度からのものであっても差し支えなかった．1906年，ツィグモンディーは照明用極微レンズと観察用極微レンズとの両方のための，より大きな絞りを備えた新しい垂直システムを開発し，照明度を上げた．しかしながら液侵限外顕微鏡は当初扱いにくかった．というのもレンズどうしが極端に近くなければならなかったからであり，そのため試料の細胞の大きさは制限されていた．続けてジーデントプフが1907年にパラボロイド暗視野コンデンサーをつくり，暗視野コンデンサーの利点を侵すことなく細胞の大きさを改良しようとした．

　こうした暗視野コンデンサーの欠点は，試料が小さく，試料の細胞壁が粒子の振舞いに影響を与えることがある，という点であった．ジーデントプフのカーディオイド暗視野コンデンサーは1910年に開発され，そのコンデンサーの利点を活かしたまま細胞の大きさをできるかぎり大きくした．こうした暗視野コンデンサーの中で最も完全な装置の1つは，ジーデントプフによって考案されたツァイス・カーディオイド・コンデンサーであるとスヴェドベリ（Svedberg）は1923年に書いている．

　限外顕微鏡が開発されたのは，H. フォン・ヘルムホルツ（Hermann von Helmholtz, 1821-1894）と E. アッベ（Ernst Abbe, 1840-1905）が理論的に定めたような，顕微鏡の解像可能度の限界を実験するためであり，また物質の動力学的な本性を探るためであ

カール・ツァイスによるジーデントプフ式カーディオイド限外顕微鏡（1930年代，イエナ）．カール・ツァイス社提供．

った．1908年，J. ペラン（Jean Perrin, 1870-1942）は限外顕微鏡を使って，水中のコロイド状の乳香樹脂の垂直分布を観察し，粒子に作用する力を計算した．1905年 A. アインシュタイン（Albert Einstein, 1879-1955）によって得られた，分子の物理学的本性についての理論的な結論を，ペランはそれとは別に証明したが，彼の著作は決定的なものとは見なされなかった．1909年，ペランは個々の粒子の動きを入念に調べて，それらを動かしている力を計算することができた．これによりブラウン運動の動力学的な理論が確証され，原子論が支持された． [Andrew Ede／成瀬尚志 訳]

■文　献

Zsigmondy, Richard. *Colloids and the Ultra-microscope*. Translated by Jerome Alexander. New York：Wiley, 1909.

◆検　眼　鏡

Ophthalmoscope

　検眼鏡は眼底を診察するために用いられる診断用器具であり，体のさまざまな病理の発生と同様に，眼の解剖学的・生理学的状態（失明の原因も含め）を明らかにするのに役立っている．

　18世紀後半以降，瞳がときおり光ってみえることに気がつき，何人かが調査にあたったが，1818年，B. プルヴォ（Bénédict Prevost）によって，それは眼に入った光の反射に他ならないことが示された．医師の中には，瞳が光るのは病気や異常の兆候だと信じる者もいた．しかし，W. カミング（William Cumming, 1822-1855）と E. ブリュッケ（Ernst Brücke）がそれぞれ 1846年と1847年に独立に，瞳が光る現象は全健常者に見られることを明らかにした．だが，カミングもブリュッケも，あるいは他のどんな医師や科学者も，説明はできなかった．

　1850年代後半に入ると，瞳が光る理由の理解が進み，それに伴い機器が発達していった．その立役者となったのが，ケーニヒスベルク大学の生理学（助）教授であった H. フォン・ヘルムホルツ（Hermann von Helmholtz, 1821-1894）である．彼は検眼鏡を発明し，まもなくその仕組み，操作方法，使用法について報告すると同時に，彼を新しい器具をつくるに至らせた，まさに適切な幾何光学・物理光学的説明を与えることにも成功した．彼自身は後に次のようにいっている．「検眼鏡の根本的な着想は単純明快であり，原理上，他の多くの人にも作製可能だっただろう」．しかし，もしヘルムホルツが他の人と異なり決定的に優位な点があったとしたら，彼が物理学精神にも習熟していた医師・生理学者であったことがあげられるだろう．

　ヘルムホルツの発明は，瞳が光るのは反射光のためだというブリュッケが以前になした指摘を，何とか講義で演示したいという欲望に触発されたものであった（ブリュッケはヘルムホルツの学生であった）．彼の中心的洞察は，眼に入ってきた光線は，同じ経路をたどり直して出ていくという理解にあった．彼が発明したのは，反射光線によって観察者の眼に鮮明な像を映し出す機器であった．43頁からなる小冊子『生きている状態下で眼底網膜を研究するための検眼鏡の記載（*Beschreibung eines Augen-Spiegels zur Untersuchung der Netzhaut im lebenden Auge*）』（1851年）の中で，観察される眼から出てくる光を観察者は直接見る

ことはできないことを，屈折の法則を用いて説明している．つまり直接見ようと，観察者の眼が観察される眼を直接のぞきこもうとすると，必然的に観察されるべき眼に入るべき光を遮断することになるのである．このような事態を避けるために，ヘルムホルツは，ランプもしくは日光を，小型の平面ガラス板からの反射光にして，間接光として被験者の眼に送り込む装置を用いた．そうすると被験者は鏡像のみを見ることとなり，同時に観察者は被験者の眼を見ることが可能となる．

　ヘルムホルツは，網膜を観察するための自分のこの器具を，検眼鏡（ドイツ語ではAugenspiegel）と呼んだ．最初の試作品は，厚紙と眼鏡のレンズ，顕微鏡のカバーガラスでできた粗雑なものであった．図2，3に示されているように，反射板hhが56°の角度（入射角に対する最適な角度）で円盤aaに取り付けられている．これらが真鍮製の部品であるggとともに三角プリズムを形成する．aa板はf字型の開口部を4つもち，シリンダーbbccの上に置かれる．これらは凹レンズnnからの着脱が容易にでき，1個以上の他のレンズに交換可能である．このプリズム状構造物全体が把手mに取り付けられている．観察者は，唯一の直接光源のみによって照らされる暗室内に座り，ヒトの網膜を生きている状態で細部にわたり観察することができるようになったのである．

　検眼鏡の発明は，眼科学に革命をもたらした．眼科医（この分野に携わる新たな専門家たちはまもなくこう呼ばれた）は，検眼鏡が診断に力を発揮することを即座に認め，2ヵ月と経たないうちに，ヘルムホルツの粗雑な器具の改良が企てられ，その営みは際限なく続けられることとなった．検眼鏡の発明50年後に，ある指導的眼科学者は，140を越える検眼鏡を展示したほどである．1971年までには，数百の新たな検眼鏡が報告され，多くが売買された．それらは，以前の検眼鏡にほんの少し手を加えただけのものが多かったが，ヘルムホルツの原型に重要な改良と変化をもたらしたものも，以下のように多数見受けられた．エプケンス（Epkens）の平面銀鏡式検眼鏡によって，光量が大いに増すようになった（1851年）．C. G. T. リュテ（Christian Georg Theodor Ruete）はレンズ系を発達させ，倒立像を与え（いわゆる間接法），網膜をより明るく照らす方式を考案した（1852年）．レコス（E. Rekoss）は，円盤（ここに凹レンズがいくつかはめこまれている）を検眼鏡につけ加え，レンズの交換を著しく容易にした（1852年）．リュテのレンズ系とレコスの工夫の物理光学的説明はヘルムホルツが与えた．W. フロベリウス（Wilhelm Frobelius）は，眼に光を照射するのに，ガラス製のプリズムを用いた（1852年）．E. A. コッキウス（Ernst Adolf Coccius）とW. フォン・ツェーエンダー（Wilhelm von Zehender）は，フロベリウス型検眼鏡に改良を重ねた．こうしたさまざまな検眼鏡の最も優れた点を結びつけたのがE. イェーガー（Eduard Jaeger）であった（1854年）．R. リープライヒ（Richard Liebreich）は管状の検眼鏡を考案し，これによって網膜像の撮影が可能になった．管状検眼鏡は単純明快な形態をしていたため好まれ，20世紀になっても標準の位置を占め続けた．E. ローリング（Edward Loring）は，レコスの円盤を着脱可能なように改めた（1869年）．これは1878年には16枚のレンズを備えるようになり，レコスの円盤に置き換わっていった（ローリングの

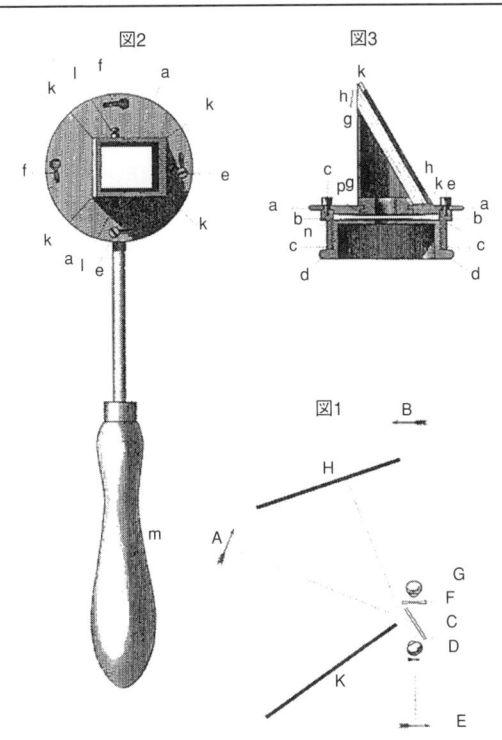

ヘルムホルツの検眼鏡．図1のように，フレームAから発射される光線はガラス製の鏡板Cに当たって角度が変わり，フレームBから直接光が当たっているかのように目Dに反射する．反射した光は網膜に当たり倒立像を生み出す．光はその結果網膜を反射し，目Dにとっては見かけ上の光源であるBに戻る．するとDからの光の一部は反射してAに戻ったり，ガラス板Cを通って送られたりする．ガラス板Cの裏側には凹レンズFがあり，これは網膜を反射することにより，収斂性の光線を発散性のもとに変換させ，いわゆる検眼鏡の直接方法によって，正立像を与えながら近くにある目Gに直接光を送り込む．Helmholtz (1851)：第2巻，図4．SSPL提供．

検眼鏡は長い間，最も人気のあるタイプの1つであった）．

1878～79年に電球が発明され，自動照明検眼鏡の可能性が開けた．1885年には，デネット（W. S. Dennett）が実際に電気検眼鏡をつくってみせ，1886年には，T. リード（Thomas Reid）は電気による光源を検眼鏡の把手に備えつけた．しかし，電気検眼鏡の実用化は，とりわけH. L. デゼング（Henry L. DeZeng）による電気検眼鏡と，C. H. メイ（Charles H. May）の電気検眼鏡がつくられた1914年前後まで待たなければならなかった．

検眼鏡の大きな進歩が次に見られたのは1940年代である．このとき，C. シェペンス（Charles Schepens）が自光間接双眼検眼鏡を完成させた．双眼検眼鏡自体はすでに1860年代にはあらわれていたのだが，シェペンス型検眼鏡は何にもまして第二次世界大戦後に，眼科学に大きな進歩をもたら

した．テレビ検眼鏡とレーザー走査検眼鏡は網膜像を改善し，コンピューター化され，受像装置がつき，定量分析ができるようになるなど，機能が高度化した検眼鏡は，現在の眼科学研究の発展の最先端の姿である．

　検眼鏡が発明されてからの最初の 20 年あまりは，眼科医のみが使っていたが，1870 年代以降は，一般医たちも眼の健康診断や検査に普通に使うようになった．検眼鏡は白内障や緑内障といった眼疾や，それに伴う失明の診断・立証・予知を可能にし，また患者に適した眼鏡を調整するのに役立つ．さらに眼科医と他の分野の医師たちは，眼底状態の観察が，他の身体諸器官の状態についても情報をもたらすことをすぐに認識した．その後，内科医の守備範囲である多くの疾病（例えば，腎臓病や心臓病）や脳腫瘍，テイ・サックス病，多発性硬化症といった神経障害を発見するためにも，検眼鏡は使用されるようになっている．

[David Cahan／濱田宗信・廣野喜幸 訳]

■文　献

Friedenwald, Harry. "The History of the Invention and of the Development of the Ophtalmoscope." *Journal of the American Medical Association* 38 (1902)：549-552；appendix, 566-569.

Helmholtz, Hermann von. *Beschreibung eines Augen-Spiegels zur Untersuchung der Netzhaut im lebenden Auge*. Berlin：Förstner, 1851. Reprinted in *Wissenschaftliche Abhandlungen*, Vol. 2, 229-260. Leipzig：Barth, 1882-1895.

Hirschberg, Julius. "Die Reform der Augenheilkunde I." In *Handbuch der Gesamten Augenheilkunde*, edited by A. Graefe, T. Saemisch, C. von Hess, and T. Axenfeld, Vol. 15. 2nd rev. ed. Berlin：Springer, 1918.

Rucker, C. Wilbur. *A History of the Ophtalmoscope*. Rochester, Minn.：Whiting, 1971.

Tuchman, Arleen. "Helmholtz and the German Medical Community." In *Hermann von Helmholtz and the Foundations of Nineteenth Century Science*, editied by David Cahan, 17-49. Berkeley：University of California Press, 1993.

◆検眼用機器

Ocular Refraction Instruments

　人によって目が遠い物体の像を明確に結ぶことができないことは，古代から知られていた．しかし屈折の誤差の完全な分類とそれらの測定のための適切な機器の開発は，比較的最近のことである．近視では，目の屈折力が強すぎるために凹レンズによって矯正することができる．遠視では，光に反応する網膜よりも後ろで結像してしまうため，収束する矯正が必要となる．そして乱視においては，眼球は方向によって異なる屈折力をもっているため，適切な軸方向と屈折力をもつ円筒形のレンズによって矯正される．近視については，J. ケプラー（Johannes Kepler, 1571-1630）(1604 年) が光学的に研究した．だが，年齢とともに眼の焦点を合わせる能力が減退していく老眼が，遠視と明確に区別されるようになるのは，J. ウェア（James Ware, 1756-1815）(1813 年) と F. ドンダース（Frans Donders, 1818-1899）(1858 年) の研究による．乱視は T. ヤング（Thomas Young, 1773-1829）(1801 年) によって初めて記された．

　屈折力のエラーを測定するには 2 つのアプローチがある．主観的なアプローチは患者の判断を伴い，客観的アプローチは検定者や光電子感知システムによってなされる判断を伴う．

主観的方法

　どのようなレンズとその組合せが，遠くの物体の最もシャープな像を患者に与える

かということは，おそらく13世紀後期に最初の眼鏡用凸レンズが製作されて以来，試行錯誤の過程を経て決められてきたことだろう．だが効果的な矯正用レンズの屈折力を分類する最初の標準システムが登場するのは，1875年になってからのことである．このシステムにおいては，レンズの空気中の屈折力はメートル単位での焦点距離の逆数になる．そのような屈折力は薄いレンズを接触させる場合には加法的になるので，どのような球や円筒の屈折力も，比較的少ない種類の球面や円筒面の試験レンズの組合せで再現することができる．

通常の主観的屈折技術のほとんどは現在でも，各人の眼の前で適当な距離だけ離れた対象が最も明晰に見えるように順序よく変化させるという方法がとられる．レンズは手によって試験枠の中に挿入され，入れ替えられる．あるいは，それらはいくつかの共軸上にマウントされ，眼の前で独立に回転することができる平らな円盤のまわりに固定される．最近の装置では，コンピューター制御によりすばやく調節と結果の記録ができるものもある．他の興味深い方法では，屈折力が連続的かつスムースに変化できるレンズが利用されている．

もう1つの方法は，矯正していない眼の遠点，すなわち対象の焦点がはっきりと合う位置を直接確定することである．要求される矯正レンズの屈折力は，メートル単位の遠点の距離の単に逆数となる(その際に適当なゆとりをもたせてある)．この種の装置で最初に成功したものは，1759年にW．ポータフィールド（William Porterfield, 1696？-1771）によって開発されたオプトメーターで，眼の近くに置かれた2本のスリットを通して垂直な線を観測するようになっている．一般的に線は最初は二重に見えるが，眼の近くに動かされるにつれて，2つの像は遠点に到達すると重なり合う．1801年にヤングは，オプトメーターの棒に沿って彫られた1つの線を利用した．二重のスリットを通すと，線は引き伸ばされたX字のように見え，その交差点が患者の遠点を指し示した．適切な物差しによって，必要な矯正レンズの屈折力を示すことができた．彼は，装置を逆転させ1つの端に+10Dのレンズを加えることで，遠視を測定する問題を解決するとともに，装置を縦軸のまわりに回転させてスリットを水平か垂直にすることによって，彼自身の規則に反していた乱視を明示することができるようになった．J．バダル（Jules Badal, 1840-1929）は1876年に，屈折光学のスケールを線形にするような改良をさらに示唆した．

他の主観的オプトメーターは，ガリレオ式ならびに天文用望遠鏡を用いており，対物レンズと接眼レンズを離すことで望遠鏡から出てくる光の発散具合が調節できることを利用している．このように遠くの物体が観測されるとき，近視では接眼レンズからの光が分散する際に焦点に合い，遠視では収束する際に焦点に合う．したがって，適当なスケールをつけることによって，球状の屈折異常は望遠鏡の焦点距離から導出される．1934年の「ルカ・バリエーター」は，この原理に基づいている．それは乱視の矯正を決定する，可変式の円筒屈折力をもつレンズをもっている．他の主観的屈折法は，眼の色収差を利用したり，レーザーの斑点模様を観測したりする．

客観的方法

検影法（retinoscopy），網膜像分析，合致という3つの客観的方法の技術は，眼の後ろの網膜表面からの反射光を利用する．

ルカ・バリエーター (1912年). 2つの調節可能な望遠鏡が,可変式矯正レンズとして働き,各々の眼で最も明晰になるように調節される.

検影法は1873年にF. キュイネ (Ferdinand Cuignet, 1823-1890) によって導入された.この方法では光線が患者の眼の瞳孔を横切るように動いていき,網膜からの反射光が瞳孔の平面内を動く見かけの速度と方向が試験者によって求められる.自動検影法は1970年に導入された.

視力測定器あるいは屈折計は,検眼鏡と同様の原理を用いている.外部の対象は網膜に像を結ぶが,網膜の分散反射光を眼のレンズを通すことで,適当な光学システムによって外から網膜像を観測することができる.網膜像が最もよく結像するまで,眼に入る光が調節される.最初の光電子式屈折計は,1936年にG. コリンズ (Geoffrey Collins) によって特許がとられ,後の多くの完全に自動化された装置の先駆者となった.

合致式視力測定器は,C. シャイナー (Christoph Scheiner, 1573-1650) (1619年) のアイデアにさかのぼる.それは,もし2つの小さな穴が患者の眼の前に置かれたら,網膜像はちょうど焦点に合っていないかぎり二重にあらわれるというものである.網膜像は再び,視力測定器によって視覚的ないしは光電子的に観測される.

多くの現代のマイクロプロセッサーによって制御される装置(自動屈折計)は,屈折の端点を決定するために,光電子式の検知技術を用いている.試験者がすべきことは,装置を患者の眼に添えることだけである.赤外光の利用により,新しい装置の測定光は患者には見えなくなったので,目に見える物体を同時に提示しても患者は乱れずに観察することができるようになった.

眼の屈折を決定する古い可視的方法は,いまでも広く使われている.新しい自動化された客観的装置では,特に瞳孔が小さかったり眼球の透明度が低い場合に,しばしば患者の屈折力のエラーの決定ができず,いまだに多くの限界をもっているためである.

[W. Neil Charman／橋本毅彦 訳]

■文 献
Bennett, Arthur G., and Ronald B. Rabbetts. *Clinical Visual Optics*. 2nd ed. London：Butterworths, 1989.
Henson, D. B. *Optometric Instrumentation*. London：Butterworths, 1983.
Levene, John R. *Clinical Refraction and Visual Science*. London：Butterworths, 1977.
Marg, Elwin. *Computer-assisted Eye Examination*. San Francisco：San Francisco Press, 1980.

◆原子吸光分光計

Atomic Absorption Spectrometer

原子吸光分光計は,原子蒸気によって吸収される光の量を測定する.その際,原子蒸気には,その元素に固有の波長の光線を照射する.原子吸光分光計は,紫外線および可視光のスペクトル領域用に設計された他の分光計(分光光度計の項を参照)とは,

パーキン・エルマー 303 型原子吸光分光計（1967 年頃）．パーキン・エルマー社提供．

以下の点で異なる．すなわち，定量される元素ごとに交換される専用の光源があり，炎か電気炉かに応じた形のサンプル（試料）導入部があり，電気回路は全く異なる信号を扱う．測定しようとする元素で光源をつくり，分光計で特定の波長を分離して，測定がなされる．サンプルが気化する前の光の強さと原子蒸気が発生したときの光の強さとの比（すなわち，吸収される光の割合）は，サンプル中の元素の量に比例する．

19 世紀半ばに，G. R. キルヒホフ (Gustav Robert Kirchhoff, 1824–1887) と R. W. ブンゼン (Robert Wilhelm Bunsen, 1811–1899) は，天文学上および分析化学上の目的で吸光測定を行った．しかし，彼らの先駆的な仕事の後には，分析分光学では発光法だけがもっぱら使われた．1955 年に，同時にそして独立に，オーストラリアの A. ウォルシュ (Alan Walsh) とオランダのアルケマーデ (C. T. J. Alkemade) が，原子吸光分光法 (AAS) を再発見した．

ウォルシュらは，サンプルを原子蒸気にするために炎を用いた．彼らは，アセチレン混合空気を，後にはアセチレン-亜酸化窒素 [N_2O] 混合ガスを用いることによって，ブンゼンのときよりもはるかに高温の燃焼混合物を得た．彼らはまた，測定しようとする元素を陰極に使った放電ランプも開発した．これらの中空陰極ランプは，当時，分子分光測光用に商業的に用いられて

いたものと同種の分光光度計にたいへん類似したものだった．このときまでには，分散装置は格子に，そして検出器は光電子増倍管になっていた．

1950 年代の終わりには，大部分の元素分析は，アーク（電弧）または火花を用いた発光分光法か，あるいは測定しようとする元素の化合物を用いた比色分析か，電気化学によって行われていた．商業的に成功した最初の原子吸光分光計は，ウォルシュの論文から 8 年後の 1963 年に導入された．それから 10 年の間に，この技術は，金属元素の定量の方法として多くの場合には取って代わった．何千ものこの機器が毎年売られている．

ソ連の B. リヴォーフ (Boris L'vov) は，大学院生として博士論文の基礎となる研究課題を探しているときに，ウォルシュの最初の論文を読んだ．彼の指導教官の反対や多くの障害にもかかわらず，リヴォーフは，サンプルを気化させるための電気炉を開発した．この改良によって，炎を利用する分光計の数十倍から数百倍の感度が可能になり，サンプルの量もわずか百万分の 1 g で十分であることを彼は示した．この改良は，商業的には 1970 年に導入された．しかし，実際には，その機器上の条件が炎式のものとは全く異なるので，1980 年代になって初めて，適切に設計された炉式の分光計がつくられるようになった．

炉式装置の操作は炎式よりも複雑で費用もかかる．20世紀末の現在では，単純で比較的費用のかからない炎式分光計は，その程度で間に合う目的用に，炉式分光計はより精密な測定に利用されている．

[Walter Slavin／北林雅洋 訳]

■文　献

L'vov, Boris V. "A Personal View of the Evolution of Graphite Furnace Atomic Absorption Spectrometry." *Analytical Chemistry* 63 (1991): 924 A-931 A.

Mavrodineanu, Radu, and Henri Boiteux. *Flame Spectroscopy*. New York: Wiley, 1965.

Slavin, Walter. *Atomic Absorption Spectroscopy*. New York: Interscience, 1968.

Slavin, Walter. "Atomic Absorption Spectroscopy: Why Has It Become Successful?" *Analytical Chemistry* 63 (1991): 1033 A-1038 A.

Welz, Bernhard. *Atomic Absorption Spectrometry*. Weinheim: VCH, 1985.

◆原子時計
　➡ 時計【原子時計】

◆弦線ガルバノメーター
　➡ 検流計【弦線式】

◆検電器

Electroscope

最も初期の電気表示器はW. ギルバート（William Gilbert, 1544-1603）の「ヴェルソリウム」である．その中身は1600年の『磁石論（*De magnete*）』に記述されているが，要するに水平にピボットで支えられた針である．40年後には，初代F. ホークスビー（Francis Hauksbee, 1666-1713）が，ガラス容器に閉じ込めた数本の糸をもった表示器を提案した．1730年代には電気の活力は，棒からつり下げられた1本の糸で示されるようになった．G. ホイーラー（Granville Wheler）は2本の反発する電気を帯びた糸が，反対方向に開くことを示した――自然界の対称性の今日の考えに合う見方である．J. T. デザギュリエ（Jean Theophile Desaguliers, 1683-1744）は1741年に異なった形の導体でも，電荷が対称分布となることをこの手法を使って示した．この両者の結論とも，電気の度合いをはかるのに表示器が使えるかもしれないことを意味していたが，フォン・ウェイツ（J. H. von Waits）の1745年の観察でも確認された．これは表示器の2本の糸の開き度合いは，その端につるしたおもりの大きさに反比例することである．

1747年にJ.-A. ノレ（Jean-Antoine Nollet, 1700-1770）はB. フランクリン（Benjamin Franklin）への手紙の中で，そのような糸の開き度合いは，「電気のはかり」として使えるかもしれないと示唆している．彼はその装置を「電位計」と呼んでいるが，むしろ「検電器」といったほうがよいかもしれない．というのは，電気の大きさと開き度合いは正確に比例しないからである．「電位計」という用語は，1747年の初めにD. グララス（Daniel Gralath）が，改良型「はかり」で電気力をはかろうとしたときにも使われた．その前年に，J. エリコット（John Ellicot）が，同様な計器を報告している．P. ダルシー（P. Le Chevalier d'Arcy）と

J. B. ルロワ (Jean Baptiste LeRoy) のフローティング・反発型電位計は, 静電的な反発力を重量の単位ではかった.

18世紀の検電器の多くは, 静電気の反発と吸引によって動くもの, 火花放電力をはかるもの, 火花の長さではかるもの, 火花放電の熱効果ではかるものの4つのグループに分けられる. 最初の放電型電位計は, 薬剤師 T. レーン (Timothy Lane) によって1766年に電気治療を目的に工夫されたが, 後には静電気機械の出力を比較するのにしばしば使われた. 放電の熱効果を使った最初の道具は, 1761年の E. キナズリ (Ebenezer Kinersley, 1711-1778) の「電気式空気温度計 (electrical air thermometer)」であった.

1753年の J. カントン (John Canton, 1718-1772) の電位計は, ニワトコの髄からつくった2つの小球をもっていた. それらの球は細いリネン糸でつるされ, 小さな木製箱の中に収納された. キナズリ, W. ヘンリ (William Henley, 1774-1836) と E. ネアン (Edward Nairne) らのつくった後のモデルでは, ガラス容器に封じ込められ, まわりの風から隔離されていた. T. カバロ (Tiberius Cavallo, 1749-1809) の有名な1779年の「携帯用電位計」では, 木髄が銀線でつるされ電荷をはかるべき大きな真鍮蓋と電気的に接触していたと伝えられている. カバロはまた, ガラス容器の中に2本のスズ箔片を接着して, 分岐した線で過剰な電荷を地面に伝え, 余分な電荷がガラスにたまって読みに影響することを避けた.

カバロの電位計はド・ソシュール (H. B. de Saussure, 1740-1799), A. ヴォルタ (Alessandro Volta, 1745-1827), A. ベネット (Abraham Bennet, 1750-1799) によって改良された. ベネットの金箔検電器は, カバロの「アース・ストリップ」とヴォルタの平行平板蓄電器 (コンデンサー) に基づいた倍増手順を採用した. 電位計の平らなキャップに置かれた2枚のワニスを塗った円盤を, 交互にチャージしたり接地したりして, 弱い電荷を増やすことができた. 倍圧器 (ダブラー) は機械的な誘導機の先駆である. そのよく知られている例は, 1880年代初めのウイムズハースト (J. Wimshurst, 1832-1903) 機である.

カバロの銀線を軽いストローに置き換えることによって, ヴォルタは測定する強度とほぼ比例する読みを与える計器をつくった. 何等級かのストロー電位計を使うことによって, ヴォルタは接触電位差を研究することができたし, このことが1800年の電気化学的パイル (電堆) の発見につながり, 予期しない電気現象の主役を務めることができた.

1770年の W. ヘンリ (William Henley) の「象限電位計」は, 木製か真鍮軸にしっかり止められた半円形の角度目盛りから構成されている. 開き度合いは, 目盛りと, 小さな木髄かコルク球を端につけた, 中央に取り付けられた軽い木製棒によって示される. これを, 1860年代のより複雑な W. トムソン (William Thomson, 1824-1907) のものと混同してはならない (電位計の項を参照).

初期の電位計は, 主として大気の電位やますます複雑化する静電気機械の出力を研究するのに使われた. しかし, 18世紀の第4四半世紀には, 大規模な現象から極端に小さな電荷の現象の研究に変わった. これはヴォルタの1775年の電気盆と, 1780年の平行平板蓄電器 (コンデンサー) によって可能になった.

ヴォルタの電堆は最初, 静電気現象で説

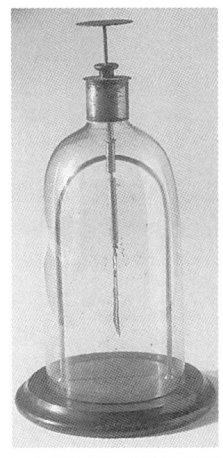

エアトンによる改良型金箔検電器（1890年頃）．SM 1975-284，SSPL 提供．

明されていた．そして，初期の電流測定器は金箔検電器に基づいていた．1801年のビショッフ（Bischoff）の「ガルバノメーター」は，1枚の金箔とマイクロメーターネジで動く真鍮の球からできていた．さらに感度の高い計器は，ベーレン（T. G. B. Behren）の乾式パイル金箔検電器である．1枚の金箔が反対電荷のパイルの極のほうに振れるとき，電流の極性と強度の両方をあらわした．この方式は特にドイツでさらに開発された．1814年にフォン・ボーネンベルガー（J. G. F. von Bohnenberger），1829年頃にフェヒナー（G. T. Fechner, 1801-1887）がおり，W. G. ハンケル（Wilhelm Gottlieb Hankel）は顕微鏡の接眼部を取り付けて，1850年に結晶のピエゾ電気と熱電気の研究に使った．1827年には，J. カミング（James Cumming, 1777-1861）は乾式パイルを馬蹄型磁石に置き換えた．上下の固定部に弱く張られた金箔リボンに電流が流れるとき，電流の向きによって磁石の磁極に引っ張られたり，反発したりする．これは W. アイントホーフェン（Willem Einthoven）の弦線ガルバノメーターの前身である．

金箔検電器はまた，初期の放射線作業に使われた．放射線強度は空気のイオン化によって電荷の放電が加速されるので，充電された検電器の開き具合の減少を観察して測定できる．1903年の「傾斜」検電器で，ウィルソン（C. T. R. Wilson, 1869-1959）は，ある範囲で1Vあたり200の接眼部目盛りをつけることができた．

[Willem D. Hackmann／松本栄寿 訳]

■文　献
Hackmann, Willem D. "Eighteenth-Century Electrostatic Measuring Devices." *Annali dell'Istituto e Museo di Storia della Scienza di Firenze* 3 (1978)：3-58.

Hackmann, Willem D. "Leopoldo Nobili and the Beginnings of Galvanometry." In *Leopoldo Nobili e la cultura scientifica del suo tempo*, edited by G. Tarozzi, 203-234. Bologna：Nuova alfa editoriale, 1985.

Heilbron, John L. *Electricity in the Seventeenth and Eighteenth Centuries；A Study of Early Modern Physics*. Berkeley：University of California Press, 1979.

◆幻 灯 機

Magic Lantern

幻灯機は個体像をガラス製スライドから壁やスクリーンに投影する装置で，現代のスライド投影機，OHP，映写機の先駆けとなったものである．300年以上の間，大衆娯楽としてだけでなく科学や芸術の教育に用いられた．基本部分は金属もしくは木製の胴体，光源，集光レンズ，オペラグラス（焦点レンズ）からなっている．

像の照明と映写に関して最初に出版され

た記事は，A. キルヒャー（Athanasius Kircher）の『光の闇の偉術（Ars Magna Lucis et Umbrae）』(1646年）の初版に見つけることができる．C. ホイヘンス（Christiaan Huygens, 1629-1695）はおそらくキルヒャーの研究に刺激を受けたと考えられるが，1659年に日光に代わって人工光によって照らされた像を映写した．彼は修正を加えて完成した装置を「幻灯機」と名づけた．『光の闇の偉術』第二版（1671年）で，キルヒャーはガラス角灯スライドとともに，1664～1670年の間，幻灯機を実演しながらヨーロッパ中を旅行した T. ヴァルヘンステン（Thomas Walgensten）が使用した装置の図解を出版した．

これらを含む数々の発達にもかかわらず，É. G. ロバートソン（Étienne Gaspar Robertson）が1799年にパリで「魔術幻灯（Phatasmagoria）」を上演するまで，幻灯機は単なる新奇な商品のままであった．悪霊，霊魂，雷雨が登場するこのゴシック式ホラーショーの影響により，幻灯機の人気は急速に上がったが，この装置の扱いにくさにより，その使用は限定された．人々は美術館や娯楽劇場での幻灯機の実演に足を運び，学生たちは大学でこの装置を通して科学にふれた．ドイツの教育者たちが幻灯機の改良に成功したことから，イギリスやアメリカでは科学装置を映写するために設計された角灯を「ドイツ灯」と呼ぶようになった．

幻灯機は，19世紀後半，照明と構造の発達によって安全性が上がり，持ち運びやすくなり，そして値段が下がった後に特に広く用いられた．一般的に用いられた最初の光源は，酸素と水素の混合気体にふれたときに明るく光る円柱状の石灰を使用する石灰光（limelight）であり，これは1826年にT. ドルモント（Thomas Drummond）によって始められ，演劇場の舞台を照らすのに用いられた．ガス袋は，内容物が可燃性であるので危険であり，気体をゆっくりと外部に出すためにおもりを使用しているため重かった．幻灯展覧会では爆発事故はしばしば起こった．酸素と水素のシリンダーは1878年まで使用されたが，10年も経たないうちにガス袋のほうが主流になった．フィラデルフィアの眼鏡職人 L. J. マーシー（Lorenzo J. Marcy）が1869年に特許を得たサイオプティコンは灯油によって燃料を供給する物であるが，20年経った後も照明の発達において本当の第一歩であったと考えられていた．パリのラベルヌ社は，透明あるいは不透明な物体に光を当てて見せることができる3個から5個の芯のついた幻灯を製造した．

幻灯機は光学上のシステムにおいてもかなりの発達を遂げた．1851年のロンドン国際展示会でセント・ヴィンセント・ビーチー師（St. Vincent Beechey）が出品したトリウニアル幻灯機などのように授業もしくは大きな人寄せ程度の規模で用いられるのに適していた，2, 3組のレンズと光源を1つしかもたない幻灯機や，1878年に J. B. ダンサー（John Benjamin Dancer）が製作したような同心円を映写する2つのレンズからなるもの，1872～1874年に A. G. バズビー（Albert G. Buzby）が特許を獲得した複式幻灯のように1つの視界が消えると同時に次の視界が重なってあらわれてくるもの，そしてパリの J. ドゥボスク（Jules Duboscq）とニュージャージーのホボケン出身の H. モートン（Henry Morton）らによって開発された，垂直像や垂直物体だけでなく水平像も映写することができる幻灯などがあった．1893年，ニューヨー

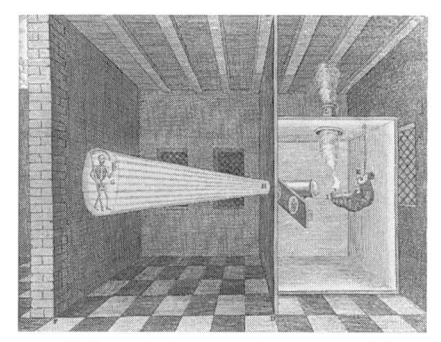

17世紀のアタナシウス・キルヒャーの幻灯機. Athanasius Kircher. Ars Magna Lucis et Umbrae. Second edition, Rome, 1671：768. SSPL提供.

クのJ. B. コルト社はタリテリオン幻灯を創案したが，この装置は炭素アーク照明器具によって照らされ，ふいごやレンズが裸出した状態で備えつけられていた．この装置の形状は照明器具が収められているだけというシンプルなものであったので，部品を容易に調節または取り除くことができ，科学実験を行うために台や装置を追加することができた．1866年にニュルンベルクで設立されたアーネスト・プランク社は，本格的な幻灯機の生産だけでなく玩具においても有数の生産を誇っていた．

初期の幻灯機用のスライドはガラスに手で塗装されたものだった．手回し式クランクの機械装置は，惑星が太陽のまわりを運行したり，太陽が地表に出たり沈んだり，または幽霊があらわれたり視界から消えるなどといった精巧な特殊効果を生んだ．フィラデルフィアのランゲンハイム (Langenheim) 兄弟は1850年に写真による幻灯スライドを発表し，イギリスのL. ライト (Lewis Wright) は顕微鏡用スライドを映写することができる幻灯を設計した．

幻灯機と近い関係にある太陽顕微鏡も，17世紀に発明されたものであるが，顕微鏡で得た物体の拡大像を映写するために日光を用いた．19世紀半ばに人気が低下するまでの間，ヨーロッパやアメリカの大学が主な買い手であった．

[Debbie Griggs Carter／濱田宗信 訳]

■文　献

Carter, Debbie Griggs. "Projection Apparatus for Science in Late Nineteenth Century America." *Rittenhouse* 7（1992）：9-15.

Chadwick, W. J. *The Magic Lantern Manual*. London：[N. p.], 1878.

Warner, Deborah J. "Projection Apparatus for Science in Antebellum America." *Rittenhouse* 6 (1992)：87-94.

Wright, Lewis. *Optical Projection：A Treatise on the Use of the Lantern in Exhibition and Scientific Demonstration*. London：[N. p.], 1891.

◆検　波　器
➡ 電波検出器

◆顕　微　鏡
➡ 限外顕微鏡
　光学顕微鏡【初期】【現代】
　走査型光学顕微鏡
　走査超音波顕微鏡
　走査プローブ顕微鏡
　電界イオン顕微鏡
　電子顕微鏡

◆検 流 計

Galvanometer

18世紀末の電位測定法(エレクトロメトリー)と、19世紀初頭の電流測定法(ガルバノメトリー)には、多くの類似点がある。どの場合もいろいろな種類の電気現象が測定技術として使用された。「ガルバノスコープ」や「ガルバノメーター」なる用語は、最初1800年代の初めに発見された「ガルバーニ電気」、または電流を計るよう工夫された高感度の金箔検電器に使われた(イタリアの生理学者ガルヴァーニ(L. Galvani, 1737-1798)にちなんで名づけられた)。1820年のエールステズ(H. C. Oersted, 1777-1851)による、電流を運ぶ電線でコンパスの磁針が振れる現象の発見の直後に、ハーレ大学の化学教授であったシュバイガー(J. S. C. Schweigger, 1779-1857)は、これをどうすれば微小電流の検出する高感度素子になるかを明らかにした。彼はいろいろなコイルの組合せを試み、その装置を倍率器(verdoppenrung-appratat)と呼んだ。後に「マルチプライヤー」として知られる名前は、おそらく、熱電気の発見者であるT. J. ゼーベック(Thomas Johann Seebeck, 1770-1831)によってつくられたものである。

J. C. ポッゲンドルフ(Johann Christian Poggendorff, 1796-1877)はコイル・ガルバノメーター(無定位の前身)を1821年に設計した。彼はそれをA. ヴォルタ(Alessandro Volta, 1745-1827)の静電現象を増幅する静電コンデンサーの現象になぞらえて「コンデンサー」と呼んだ。ポッゲンドルフは彼の計器の測定能力を細かに観察して、感度を上げてコイルの巻き数と線径の関係を明らかにしたが、電流の強さと針の振れとの法則を確立するには至らなかった。

このような初期のコイル・ガルバノメーターで最も精巧なものが、イギリスのJ. カミング(James Cumming, 1777-1861)によって設計された。カミングは1821年の4月と5月に、それを「ガルバノメーター(測定の)」と「ガルバノスコープ(高感度の検出器)」と記している。カミングは磁針の振れ角そのものは使わなかった。コイルの代わりに1本の電線を使って、標準の振れ角が得られるまで、磁針により近づくか、より離れるかで行った。目盛り上の1本の電線の位置から、電流の相対的な強度が得られた。彼は指針の振れの正接が、磁針からの移動距離に反比例することを発見した。ここではカミングは、水平磁場方向のガルバノメーター指針の振れと、長く直線状の電線の磁力とを結びつけたことになる。実は、後者はフランスでJ.-B. ビオ(Jean-Baptiste Biot, 1774-1862)とF. サヴァール(Felix Savart, 1791-1841)によって、つり磁石の振動を計る際にすでに実験的に求められていた。カミングはまた、ゼーベックの発見した熱起電力を調べるのに、彼の高感度の計器を使って、独立にこの効果を発見していたかもしれない。

カミングは彼のガルバノメーターで、地球磁場の影響を避けるため複雑な永久磁石方式を使った。この方法は19世紀第3四半世紀に、W. トムソン(William Thomson, 1824-1907)によって開発されていた。しかし、「ガルバノメーター」の名前を電磁式指示計と関連づけたのはA. M. アンペール(André Marie Ampère, 1775-1836)で、彼は地球磁場の影響を逃れる方法を開発した。アンペールは1820年の「無定位

磁針」の中で述べているが，磁針は地球磁気の傾斜と平行に回り，傾くように取り付けられた．彼の2番目の方法は，翌年に明らかにされた無定位システム（アンペールはこの用語をこの中で使っていないが）として知られるものである．ほぼ等しい強さの2本の平行磁針を反対方向に向けて，上部を曲げた真鍮線に取り付け，上の磁針が電流を通す線のすぐ上にくるように鋼鉄先端の上につるす．磁針はそれぞれの方向を指すが，地磁気に影響されることはない．この組合せは，アンペールの電線中の電流特性についての一連の実験の一部となった（教室での実演に具合がよかった）．磁針の無定位の効果についてのそれ以前の研究者にはトリノ大学の物理学教授A. M. ヴァサリ＝オーディ（Antonio Maria Vassalli-Eandi）とフランス人鉱山技術者のJ. L. トレメリ（Jean Louis Tremery）がいた．

イタリアの物理学者L. ノビリ（Leopoldo Nobili, 1784-1835）の無定位の原理は，ガルバノメーターに広く使われた．彼の計器はシュバイガー（Schweigger）らの多数巻きコイル，静電ねじり秤に使われたC. A. クーロン（Charles Augustin Coulomb, 1736-1806）のつり糸方式，アンペールの無定位指針を取り入れている．もう1人の先駆者であるトリノ大学の数理物理学教授A. アヴォガドロ（Amedeo Avogadro, 1776-1856）は，彼の1821年から1822年の「電圧倍率器」に無定位指針を除いて，すべての要素を取り込んだ．

ノビリは蛙の救世主であったといわれている．彼の無定位ガルバノメーター以前の最も感度の高い電流指示計は，生きた蛙の脚であったからである．1825年から1830年までの間に，ノビリは一連の無定位ガルバノメーターをつくった．また彼の携帯用のモデルは，ヨーロッパ中の計器メーカーによってもつくられた．C. ホイートストン（Charles Wheatstone, 1802-1875）は，電気の速度の実験の際に1845年頃にロンドンのワトキンス・ヒル社でつくられたものを使った．多くのメーカーは，フランスのH. D. リュームコルフ（Heinrich Daniel Ruhmkorff）によってつくられたノビリ式無定位ガルバノメーターの後を追っている．

1837年頃までは，磁針の振れはガルバノメーター・コイルの磁気効果に単に比例すると考えられていた．さらに，電気の性質の議論から離れて，何が実際に計られているか，電気の量なのか，電気の強さなのか，多くの論争があった．M. ファラデー（Michael Faraday, 1791-1867）は1833年に，指針の振れは電流の量に比例するのであって，電気の強さ（電位）ではないと結論づけたが，彼のガルバノメーターが直読型でなかったこともあって多くの議論をよんだ．標準電池がないため，大変解決が難しかった．そういったことから前進する重要な段階には，カミングとL. F. ケムツ（Ludwig Friedrich Kaemtz）による実験が役立った．磁針への電流の電磁効果は，コイルの巻き数に比例するといったことである．ケムツはまた，指針が互いに直角である2つの一様磁界によって動くときの正確な数学的公式を与えた．

電磁的な測定技術には3種あった．すなわち（a）ビオとサバールの1811年の磁界のもとで磁針の振動を計る方法，(b) W. リチー（William Richie, 1790-1837）の1830年のねじりガルバノメーターの零位法，(c) 1837年にS. M. プイエ（Servas Mathias Pouillet）が発明したタンジェント・ガルバノメーターとサイン・ガルバノメーターによる直読法である．W. E. ヴェーバー

(William Eduard Weber, 1804-1891) の可動コイルガルバノメーターや 1845 年のダイナモメーターは，地球磁場の水平成分の影響なしに，電流絶対値を計れる最初の計器であった．いまでは電流の絶対電磁単位と，標準電池の起電力を定義することが可能となった．

ガルバノメーターの発展は 1840 年代には驚くほど早まった．いまやその原理はよりよく解明され，急速に膨張しつつある電気工業，特に電信工業から大量の需要があった．1863 年にトムソンの高感度ミラー・ガルバノメーターでは，磁針は小さなつりさげミラーの裏側の小型磁石に置き換えられた．そして，振れは光点の反射によって拡大された．この計器はF. パッシェン（Friedrich Paschen, 1865-1947）とA. C. ダウニング（Arthur Charles Downing）によってさらに改良された．

その他にも，重要なガルバノメーターには多くの開発がなされた．初期の永久磁石をもつ可動コイル型ガルバノメーターは，おそらく W. スタージョン（William Sturgeon, 1783-1850）の 1824 年の発明であろう．この型の最初の市販計器は 1867 年のトムソンのサイフォン・レコーダーで，大西洋海底電信のために開発されたものである．なかでも，ある特別な計器が M. ドプレ（Marcel Deprez, 1843-1918）と J. A. ダルソンバル（Jacques Arsene d'Arsonval, 1851-1949）によって開発された．コイルは環状の永久磁石のギャップに取り付けられた．この計器は，C. F. ヴァーリー（Cromwell Fleetwood Varley, 1828-1883）と E. ウェストン（Edward Weston, 1850-1936）の手で，頑丈な携帯用の，直読型の計器に変わった．1903 年，R. ポー（Robert Pau）は「ユニピボット」メーターをつくった．

ホイートストンが使用した無定位ガルバノメーター（1840 年代）．SM 1884-87．SSPL 提供．

この計器は，正確に水平でなくても動くような方法でコイルが支持されている．W. E. エアトン（William Edward Ayrton, 1847-1908）と J. ペリー（John Perry, 1850-1920）は，最初の直読型電流計と電圧計を 1881 年につくった．トムソンの電流計は，可動鉄片が重力とバランスする方式で，1888 年に特許をとった．この種の計器類は，さらに低消費電力型の設計に取って代わられていく．

H. フォン・ヘルムホルツ（Hermann von Helmholtz, 1821-1894）の開発した差動ガルバノメーターは，2 組のコイルをもち 2 種の電流の比較にも使えた．カミングは（振動型）弦線ガルバノメーター（弦線は金線）を 1827 年に提案した．この計器は W. アイントホーフェン（Willem Einthoven, 1860-1927）によって心電計用に改造され，

さらに W. デュボア・ダッデル（William DuBois Duddel, 1872–1917）によって改良された．彼は1897年に弦線に細いリン青銅を採用している．その「オシログラフ」（写真印画紙とともに使用した）は電子式オシログラフの先駆者となった．

電流の発熱作用（熱線か熱電対を使用する）で動作するガルバノメーターは，直流・交流両用に使われたが，それらは特に丈夫でもなかったし，消費電力も大きかった．電流を秤で計ろうとした最初の人物は，1837年のベクレル（A. C. Becquerel）だったかもしれないが，ヴォルタがすでに静電気の電荷を計るのに同種の技術を使っていた．トムソンは0.01から2,500 Aまでの電流天秤を設計した．この計器には二組の可動コイルがあり，棹秤の先端につけられていて，二組の固定コイル間につるされている．電流は一方の可動コイルが吸引され，他方は反発するような方向に流される．棹秤についているおもりを動かして天秤の平衡をとる．おもりの変位は電流の平方根に比例し，直接アンペアの値を読むこともできた．これは研究所の計器として長く使われた．

最近は「ガルバノメーター」という用語は，感度の高い研究所用の計器の象徴であるが，「アンメーター」という言葉は，もっと一般的な用途の$1\mu A$以上の電流を計る比較的低感度の携帯用計器に使われる．

［Willem D. Hachmann／松本栄寿 訳］

■文　献

Chipman, R. A. "The Earliest Electromagnetic Instruments." *Contributions from the Museum of History and Technology*. United States National Museum Bulletin 240, paper 38. Washington, D. C.：Smithsonian Institution Press, 1966.

Gooday, Graeme J. N. "The Morals of Energy Metering：Constructing and Deconstructing the Precision of the Victorian Electrical Engineer's Ammeter and Voltmeter." In *The Values of Precision*, edited by M. Norton Wise, 239–282, Princeton N. J.：Princeton University Press, 1995.

Hackman, Willem D. "Leopoldo Nobili and the Beginning of Galvanometry." In *Leopoldo Nobili e la cultura scientifica del suo tempo*, edited by Gino Tarozzi, 203–234. Bologna：Nuova alfa editoriale, 1985.

Vaughan, Denys, and John T. Stock. *The Development of Instruments to Measure Electric Current*. London：Science Museum, 1983.

◆検流計【弦線式】

String Galvanometer

弦線検流計（弦線ガルバノメーター）は高感度のガルバノメーターで，コイルは最小限の構造，すなわち1本の線である．最も感度の鋭敏なものは，心電計の部品であるが，弦線は金属コーティングされた水晶の細いフィラメントである．弦線の振動は点光源で照らされ，その影が写真フィルムに記録される．

磁石の磁極間に張られた1本のフィラメントの動きを使うアイデアは1827年にJ. カミング（James Cumming, 1777–1861）が提案した．この計器は，C. アダー（Clement Ader）によって1897年に実現されたが，フィラメントを通る電流の変化を測るというよりは，その動きを示すようなものであった．弦線ガルバノメーターにとってさらに重要なことは，A. E. ブロンデル（André Eugène Blondel）の1892年のオシログラフの設計に関する論文である．そこでは計器はできるかぎりのダンピングを施しておくこと，最小の自己インダクタンスで

H. B. ウイリアムス設計，C. ヒンデル製作の心電計用弦線ガルバノメーター．最初の装置はアルフレッド・E・コーン博士へ1915年に出荷された．NMAH所蔵．NMAH M 6773-6776, NMAH提供．

ヒステリシスと渦電流は無視できること，固有周期は少なくとも交流周波数の12分の1以下の周波数であることが述べられている．これらが弦線ガルバノメーターに求められる性能である．

心電計（ECG）の原型

弦線ガルバノメーターは，ライデン大学の生理学教授W. アイントホーフェン（Willem Einthoven, 1860-1927）によって考案された．彼の最初の計器は1900年から1903年の間に開発されたが，二部屋もの面積を占領し電磁石は水冷しなければならなかったし，操作には5人を必要とした．それが極端に高感度であることはわかったが，すぐに実用的にはならなかった．10年ほどにわたってアイントホーフェンは改良を続けたが，彼のとった最も適切な処置は，ケンブリッジ科学機器会社（CSI）に手紙を送り，同社が製造できるかを問い合わせたことであった．彼はまたECGの医学的な価値を実演する重要な仕事をした．アイントホーフェンは1924年にノーベル医学賞を受賞している．

実用機器

CSIは初めての実用弦線ガルバノメーターを1905年につくり，最初の完全な形の心電計を3年後に完成した．57台の弦線ガルバノメーターが1912年までに売れ，1914年まで140台が売れた．多くは心電計としてであったが，数台は無線電信企業が購入した．アイントホーフェンは特許をとることを拒んだので，CSIは競争相手をもつようになった．ミュンヘンのM. エーデルマン（Max Edelmann），パリのブリット（Boulitte），リックスドルフのクンシュ（Kunsh）とイェガー（Jaeger）であった．アメリカでの最初のECGはエーデルマン機で，まもなくC. ヒンデル（Charles Hindel）によってつくられた．アメリカの医師たちはこの装置を使うことに大変関心をもち，市場は急速に拡大した．ECGを使った心臓学の研究は大西洋を挟んでアメリカ・イギリスで同時になされたのである．

その後の開発

1920年代には心電計はまだ，長さ5フィート（150cm），重量200ポンド（90kg）もあった．次の10年間に寸法は小さくなったが，1929年の最初の真空管を採用した装置が製造され始めてからは，その設計は全く変わった．心電計は，もはや高感度の弦線ガルバノメーターや，複雑な動画カメラを必要としなくなった．

[John Burnett／松本栄寿 訳]

■文 献

Barron, S. L. *The Development of the Electrocardiograph with Some Biographical Notes on Professor W. Einthoven*. London：Cambridge Instrument, 1952.

Burch, George E., and Nicholas P. DePasquale. *A History of Electrocardiography*. Chicago：Year

Book Medical, 1964.
Burnett, John. "The Origins of the Electrocardiograph as a Clinical Instrument." In *The Emergence of Modern Cardiology*, edited by W. F. Bynum, C. Lawrence, and V. Nutton, 53–76. London：Wellcome Institute for the History of Medicine, 1985.
Einthoven, Willem. "Un Nouveau Galvanomètre." *Archives Néerlandaises des sciences exactes et naturelles*. Série 2（1901）：625–633.

こ

◆航海用アストロラーブ
→ アストロラーブ【航海用】

◆光学顕微鏡【初期】

Optical Microscope (Early)

　顕微鏡はどこで誰によって発明されたかは知られていない．いつ発明されたかはより明確である．それはほぼ間違いなく17世紀，1611年からの10年間に発明された．というのも，C. ホイヘンス（Constantijn Huygens）が1621年のロンドン訪問の際に，そのような器具を見たと報告しているからである．そして顕微鏡の最も初期のものとして知られている描写は1631年のI. ベックマン（Isaac Beeckman）による素描である．その器具は1625年にローマのアカデミア・デイ・リンチェイの会員たちによって「顕微鏡」と名づけられた．

　微細な物を見ようとして視力を上げるために，1枚のレンズ，あるいは2枚または3枚のレンズの組合せが使われる．望遠鏡が顕微鏡の直接の先駆としてすでにあったので，複式顕微鏡をつくるために複数のレンズの組合せを用いるという考えが生ずることは予期されうることだった．しかし17世紀においては，複式顕微鏡の使用について重大な難点が存在し，それゆえ，単式顕微鏡の1枚レンズでよりよい結果に達することができた．

　利用できたガラスの質は現代の基準からみると不十分であり，色がついたり気泡で損なわれたりしていた．像の明瞭さも2種類の収差，色収差と球面収差によって損なわれた．色収差は色によって屈折率が異なることによって引き起こされ，像に色のついた縁をつくり出した．球面収差はレンズの球面曲率に起因し，焦点がくっきりとせず広がる原因となり，ぼんやりした像を引き起こした．顕微鏡の発達の歴史は，これらの欠点を払拭する試みの歴史である．

　単式顕微鏡は複式顕微鏡に比べれば，これらの収差の影響が少なかったので顕微鏡の歴史の最初の2世紀の間，科学的により重要であった．1枚のレンズでは，目は重ねられた色をもつ虚像を見るので，色収差は最小限度に抑えられ，球面収差はレンズの口径を狭めて強い光源（通常は天空光）を用いることにより小さくすることができた．

　最初の大きな光学的改良はJ. ドロンド（John Dollond）により着手された．彼は1758年に望遠鏡における色収差を，クラウンガラスとフリントガラスを組み合わせたレンズを用いることで補正した．複式顕微鏡のより一層小さいレンズで同じ補正を達成させるという，困難な技術的問題は，アムステルダムの器具製作者デイル（Harmanus van Deijl) により，18世紀末に解決された．球面収差は，1830年のJ. J. リスター（Joseph Jackson Lister, 1786-1869）によって解決されるまで待たなければならなかった．この200年を通して着実に進歩したのは顕微鏡のスタンドのデザインで，常により大きな安定性と，より微妙な調節と，より満足のいく照度が目指された．

単式顕微鏡（The Simple Microscope）
高い分解能を達成する単式顕微鏡の能力は，裸眼視力がよいことはもちろん，観察者の集中力に依存した．単式顕微鏡は，目のすぐ近くに焦点があるので，透過光によって透明な物体を見るのに最も適していた．腕の立つ17世紀の単式顕微鏡使用者たちの内のごく数人が注目すべき結果に達した．

デルフトの織物商人であったA. レーウェンフック（Antoni van Leeuwenhoek, 1632-1723）は，金属板にはめ込まれた小さなレンズを利用した．そのレンズにはレンズの近くに標本を維持する鋲がついている．そしてその器具は目の前のすぐ近くで手に持たれた．レーウェンフックはレンズをガラス玉あるいは息を吹き込んでつくったガラス球からつくった．そして熟練した技術と忍耐で彼は約$2\mu m$の分解能に達した．彼の，特に生殖システムの研究は，ロンドンの王立協会に提出された一連の書簡において発表された．魚の尾における血の循環を観察するために，レーウェンフックは別の器具を考案した．それは小型のガラス瓶を維持する構造を有していた．

J. ミュッセンブルーク（Johan van Musschenbroek）は，ライデンの器具製作者で，このタイプの単式顕微鏡を製造販売した．また，彼はコンパス顕微鏡として知られるようになったものを考案した．倍率の小さい観察のための柔軟性のある標本ホルダーが，2本のアームとともにミュッセンブルーク・ネジとして知られるボールジョイントを使ってとめられた．彼の器具は，J. スワンメルダム（Jan Swammerdam, 1637-1680）によって用いられた．このアムステルダムの生物学者の観察によって，昆虫の変態という概念が反駁された．単式顕微鏡の他の注目に値する使用者はM. マルピーギ（Marcello Malpighi, 1628-1694）だった．彼は植物の細胞構造を明らかにした．

顕微鏡の使用が一般に普及していったが，単式顕微鏡は相変わらず用いられた．それは難なく持ち運びができ，屋外の観察に非常に適していた．コンパスのデザインは存続し，回転筒（スクリューバレル）に接合された．その回転筒はオランダ人N. ハルトスーカー（Nicolaas Hartsoeker, 1656-1725）によって発明され，1702年にJ. ウィルソン（James Wilson）によってイギリスに伝えられた．スクリューアクションは標本を含んでいるスライドグラスを保持し，焦点を合わせるために使われた．そして単式筒の形は使用に対して高い順応性があり，ハンドルと折りたたみ式の足がついていた．そして複式顕微鏡にさえ転用されえた．最も有名な組立て式台のバージョンはロンドンの器具製作者E. カルペパー（Edmund Culpeper）によって製作された．

18世紀の自然哲学者やビクトリア朝時代の博物学者たちは，さまざまな形で単式顕微鏡を使い続けた．水中生物を観察するためにウォッチグラスを組み込んだエリスの水中顕微鏡，小さな箱の中に入っていて箱が開かれると，使用のため起き上がるように設計されたウィザリングの植物単式顕微鏡，そしてジョーンズの円筒形の博物学者用単式顕微鏡などがあった．

複式顕微鏡（The Compound Microscope）

複式顕微鏡は，望遠鏡の近い親戚で，R. フック（Robert Hooke，1635-1703）の『ミクログラフィア（*Micrographia*）』（1665年）の出版を通じて人気を博した．最も初期の複式顕微鏡は単式筒で，足があるものもあれば，ないものもあり，使用する際には，光源のほうに持ち上げられた．フックは，机の上で使用できる硬い土台の上にサイドピラー（側柱）顕微鏡を考案し，ユーザーの便を考慮した．彼はそのデザインを，ランプと半球レンズの照明配置を添えて，記述し図解した．

サイドピラー顕微鏡は透過光による使用上の適応性があった．その性能は1700年頃にロンドンの製作者 J. マーシャル（John Marshall）によって実現された．彼は魚あるいは蛙が入るガラスでできた水槽と置き換えられるような，ピラー（柱）の土台に取り付けられた載物台プレートを与えた．それによって，ハーヴェイ（William Harvey，1578-1657）が発見した血液循環も確認できた．フィッシュ・プレートはほぼ200年間，標準的な顕微鏡の付属品であり続けた．

H. ベーカー（Henry Baker，1698-1774）の『簡単な顕微鏡（*Microscope Made Easy*）』（1742年）は顕微鏡検査への別の新しい勢いを与えた．ベーカーは結晶構造を研究した熟練の顕微鏡使用者であった．そして彼は器具製作者 J. カフ（John Cuff）に，彼の設計どおりに総真鍮製の顕微鏡をつくるよう依頼した．それは使用の際に，そしてより微妙な焦点合わせの際により一層便利であった．カフ型の顕微鏡は，付属品として引き出しのついた箱型の台の上にサイド・ピラーがあるが，ヨーロッパ大陸で模造され，ケースの中にたたんでしまい込めるようにつくり変えられた．それは収納型

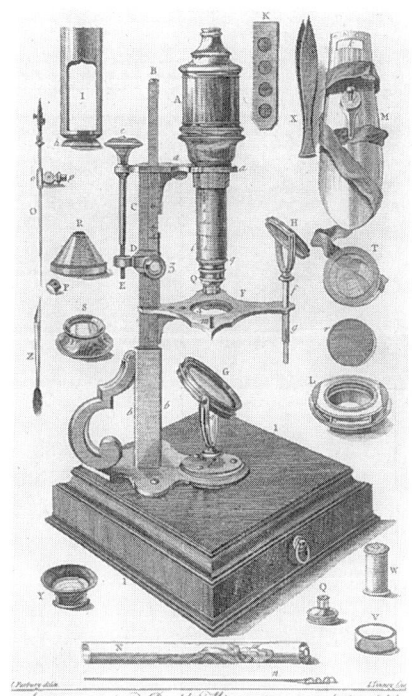

カフの，1744年9月20日と日付が入った複式顕微鏡の12ページのパンフレットにある口絵．SSPL提供．

顕微鏡として知られている．

さらに後のサイド・ピラー型に対する改良は G. アダムス（George Adams）父子，B. マーティン（Benjamin Martin）といった著名なロンドンの製作者たちや18世紀後半の器具の小売商人たちによってなされた．諸変化はより一層軽い器具を生み出した．それはしばしば折りたたみ式の足と，ピラーの先端に筒を維持するためのボールジョイントを有していた．ますます精巧な付属品が，形に合うように精細につくられたケースに与えられた．

複式顕微鏡は1830年代まで，博物学者，植物学者，そして鉱物学者に人気のある道

具だった．彼らの大多数は標準的な標本を検査し，他の熱狂者たちと意見を交換することで満足した．いく人かの本格的な研究をしている人々は器具の光学的改良を試みていた．色収差は18世紀末に取り除かれた．19世紀の初期は球面収差を解決する試みがたくさんあった．その中には，ガラスの代わりに宝石レンズを使うという試みもあった．その打開は1830年のリスターによる発見とともにやってきた．それは光学顕微鏡の華々しい時代の到来を予告していた．[Gerard L'E. Turner／庄司高太 訳]

■文　献

Bracegirdle, B., ed. *Beads of Glass : Leeuwenhoek and the Early Microscope*. London : Science Museum, 1983.

Fournier, Marian. "Huygens' Design for a Simple Microscope." *Annals of Science* 46 (1989) : 575-596.

Turner, G. L'E. *Collecting Microscopes* London : Studio Vista, 1981.

Turner, G. L'E. *Essays on the History of the Microscope*. Oxford : Senecio, 1980.

Turner, G. L'E. *The Great Age of the Microscope : The Collection of the Royal Microscopical Society through 150 Years*. Bristol : Adam Hilger, 1989.

◆光学顕微鏡【現代】

Optical Microscope (Modern)

光学顕微鏡は今日，至る所に存在する科学・技術の道具である．しかしそうなるためには，1830年に出版された無収差レンズについてのJ. J. リスター (Joseph Jackson Lister, 1786-1869) の独創的な研究の後から，さらに長い年月を要した．例えば，真鍮製のカルペパー顕微鏡は，旧式の光学系であったが，1840年代においてもまだ売り出されていた．そして色消しの光学系は1850年代まで標準にならなかった．その後は，そのような光学系が徐々にイギリス，ヨーロッパ大陸，そしてアメリカにおいて発展した．2つの主なスタンドのタイプは大陸型とイギリス型であった．大陸型はシンプルなデザインで，比較的安価，そして組織学と病理学という急速に発展してきた科学における利用が意図されていた．それは後に細菌学と細胞学，そして頻度は低いが材料科学において使われた．イギリス型スタンドは複雑で高価，そして興味ある物なら何でも見たがる裕福なアマチュアのためにデザインされた．

20世紀の技術革新としては，改善されコーティングされた光学部分，ラッカーをかけられた真鍮ではなく黒とクロムで仕上げられたスタンド，そして1950年代からはコントラストを与える新技術があげられる．需要は伸び，そして現代の生産技術により多くの器具がより安価に製造されるようになった．

光　学 (Optics)

リスターの無収差の焦点の発見で，それまで存在していたほとんどの収差を補正する対物レンズの製作が可能になった．高倍率レンズに対しても補正できるようになったことは注目に値する．色消し無収差レンズは異なる波長光のほとんどを1つの焦点に集める．それらのレンズはその中心を通る光線と同様に，縁を通る光線のほとんどを1つの焦点に集める．同時にコマ収差が補正される．これはすべてリスターによって実験に基づいて決定された，注目すべき功績であった．彼は数年間イギリスの対物レンズ製作者たちとともに作業し，他所でつくられるものよりはるかによい品質のレンズをつくり出した．

19世紀末頃の3つの主なイギリスのメーカーはスミス&ベック商会，ポーウェル&リーランド商会そしてアンドリュー・ロス社であった．そして各社とも優秀な1/4インチ対物レンズを発売した．1850年代末までには標準は現代の1/6インチに同等なものになった．フランスにおける主なメーカーはシュヴァリエ社とナシェ社であり（1840年代より），ドイツではケルナー社（1869年にライツ社になった）とカール・ツァイス社，そしてアメリカではC. A. スペンサー社とR. B. トーレス社であった．

油浸レンズで，物体から対物レンズまで光は空気ではなく液体を通る．水液浸レンズは1840年代に使われた．それは生きている池の生命体を直接見るときに有利であった．同種の液浸レンズが1878年にツァイス社のE. アッベ（Ernst Abbe, 1840–1905）によって導入された．それはイギリスのJ. W. スティーブンソン（John Ware Stephenson）によるアイデアに基づいていた．これはガラスと同じ屈折率と分散をもつ油浸を使い，液浸でないシステムの1.5倍の分解能を提供するシステムを与える．アッベは1873年に結像の理論を公表した．1877年に彼は開口数の概念を支持し，開口数を客観的に計測するために，アパトメーター（開口計）を製造した．1880年代の初期に彼はF. O. ショット（Friedrich Otto Schott）とともにある種の光学ガラスをつくった．そしてこれらのガラスはホタル石とともに，高度の光学的補正のなされたアポクロマート対物レンズを製造するために使われた．アポクロマート対物レンズは色消しレンズ以上によい補正が得られる．それらは実際すべての波長（色）を1つの共通の焦点に集め，そしてほぼ完全に球面収差の補正を行う．これは分解能に関して可能なかぎり最も高い質の像を与える．2番目の光学的改良が引き続き起こった．そして19世紀末までには，理論上のそれに近づく分解能をもった対物レンズがツァイス社から，そして他社からも同様に入手可能になった．

1933年にF. ゼルニケ（Frits Zernike）によって気づかれていた位相差を強度の差に変える仕組みが，本来低いコントラストをもつ生物や他の物質を研究するために1940年代末から広く利用されるようになった．コーティングされたレンズは1960年代に標準になった．それらのレンズはまぶしさを弱め，以前にもまして多くの部品を使用することができた．同じくその10年間に示差干渉コントラスト（ノマルスキ（G. X. Nomarski）による）が広く利用された．これはコントラスト（これに対して目は敏感でない）において差を際立たせるため，対物レンズの最大限の分解能を与え

ポーウェル&リーランド商会の色消し複式顕微鏡（1846年）．SM 1913-291. SSPL 提供．

つつ，色のついた像（目はこれに対して非常に敏感である）をつくり出した．1970年代にテレビカメラで顕微鏡の像をとらえ，それらの像をデジタル化することが可能になった．これは像が巧みに処理され，さまざまな方法で計測されることを可能にした．像の分析は1980年代に一層発達した．

19世紀の初めに，各メーカーはスタンドに対物レンズを取り付けるための独自の方法をもっていた．ロンドン顕微鏡学会は1858年に標準的な形を明確に記した．これはほとんどのイギリスのメーカーによって急速に取り上げられた．そしてそれ以外のところではもっと緩やかに取り上げられた．

スタンド（Stand）

典型的な大陸型スタンドは，イギリスやアメリカにおいてもありふれた器具に役立ったが，比較的単純であった．それは通常シンプルな載物台のついた蹄鉄型の足，ラックとピニオン歯車（直交する歯は1881年にスウィフトによって導入され，急速に一般に広まった）による粗い焦点調節装置のついたラッカーのかかった真鍮の鏡筒，そしてネジ操作レバーによる繊細な焦点調節を有した．付属品取付け台の照明器はせいぜい焦点調節装置のついた単純なアッベ式の2枚レンズ装置であった．それはしばしば等しく3つの口径のサブステージ［取付け台］サークルがついた凹面鏡であった．機械加工された互換部品をもった器具は1870年代に導入され，1910年頃に標準となり価格もかなり下がった．

ツァイス社の「ジャグ＝ハンドル」スタンドは，1898年に導入され特に顕微鏡写真術向けであったが，その後約50年のスタンドの先駆であった．そのようなスタンドへの主なイギリスの寄与は「ジャクソン」リムで，1851年に取り入れられ，1世紀以上にわたって使われた．このことは粗いスライドに対する溝とサブステージがまっすぐに機械加工されることを可能にした．

イギリスのアマチュアのための特別な需要は，高価で豪華なスタンドを産み出した．ほとんどは大きく，双眼（1860年以降ウェンハム・プリズムを有する）で，アクセサリーに精巧な紋章がついていた．そのスタイルの典型はポーウェル＆リーランド NO.1 スタンドであり，1869年に導入された．これはサブステージに繊細な調節装置を有することができた．そしてさらに後の時代には正真正銘のアポクロマティックなサブステージ・コンデンサー［集光器］を有することができた．そのデザインは，事実，それがあらわれたときは多少流行遅れで，例えば，ロス社の大型スタンドほど本来は精密ではなく，よくつくられていない．1人の職人が，作業台で未加工の鋳物からP&Lスタンド全体を組み立て，ポーウェルが，死ぬまですべての対物レンズを

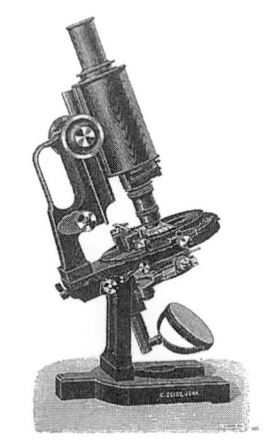

ツァイス式「ジャグ＝ハンドル」スタンドIB，機械載物台つき(1906年)．Carl Zeiss. Microscopes and Microscopical Accessories. 33rd edition, Jena, 1906：47, Figure 20. SSPL提供．

自分で独力で全く秘密の状況でつくったことは知られている。そのように不経済な商売を支えるに足る裕福な熱狂者たちが存在したことは驚くべきことである。いくつかの注目に値するスタンドは、イギリスとアメリカにおいて、照明の角度を大きくすることを目的として、特にケイ藻植物への影響を研究するためにつくられた。これはロス社の「ラジアル」において最高潮に達した。これは機械的精密さと構造の傑作であり、いまでは正しくない原理に基づいていたことが知られている。

生物学用の器具が発達してくるに従って、いまでは物質科学と呼ばれるもののための器具も用いられるようになった。主に2種類が用いられた。どちらも偏光を必要としたため、偏光をつくり出すためにニコル・プリズムを、付加のレンズと他の部品がはめ込まれることが可能な鏡筒の中に、付属部品として有していた。岩石片を調べるための岩石学の道具は比較的少ない数量しか提供されておらず、これはいまでもそうである。鉄のような不透明な物質に使用のための他の顕微鏡は、投射照明器と呼ばれる、上方から標本の上に照明を当てる手段を必要とした。これらは1930年代まではほとんど満足できるものではなかった。それらは、たくさんの光と、それが跳ね返って再び像を結ぶ前に対物レンズを実際に通過するように光をコントロールする手段を必要とした。

19世紀末に向かって、世界各地の科学者たちが基本的な顕微鏡を日常の医療検査や進んだ研究に使用し始めるにつれ、イギリスのメーカーはより実用的な手法を採用した。例えば、ウィリアム・ワトソン社は1887年に伝統的な外観(「エディンバラ」)の機械製スタンドを導入した。これは第二次世界大戦まで売れ、客の依頼によってかなり修正することができた。ワトソンの「サービス」スタンドは、1919年に売り出されたが、1970年まで売られ続けた。ベック社、ベーカー社、そしてスウィフト社も徐々に現代的なデザインを売り出した。

1900年までにはツァイス社は4万台のスタンドを生産していたし、ライツ社は5万台以上生産していた。イギリスのメーカーにとって生産高は企業秘密であったが、アメリカのボシュロム社は1908年までに6万台以上のスタンドを生産していた。その頃までには、スタンドとレンズに関して世界中至る所で同様の生産技術が使われるようになった。可能なかぎり難渋な作業を避けるため、メーカーによる違いはデザインの細部についてだけであった。

20世紀の間、各領域において生産はだんだんオートメーション化され、きわめて多量の器具が売られた。精巧な調節装置と他の部品における精密な改良が多くのメーカーによって採用され、双眼式の器具が1930年代の初めに標準になった。大きなスタンドが、特に顕微鏡撮影のためにつくられた。1960年代および1970年代には、かつてのユニバーサル・スタンドという概念に近づくために、これらのスタンドはさらに発達した。押ボタンであらゆる照明が使用でき、像の記録装置も内蔵されている。1980年代にはこれらのスタンドは光学部分を調節するエレクトロニクスと内蔵されたズーム拡大変換器がついて、オートメーション化されるようになった。

フラットフィールド光学は1960年代から発達し、光学曲面のコーティングの出現により、各企業は高度に精巧な光学系をつくることができるようになった。コンピューターの発達と、その光学デザイン(そ

して後には光学的,機械的製品)への応用により,非球面曲面などの以前には思いもよらない光学系がつくられた.

20世紀の後半頃には,3つの異なる市場がつくり出された.1つは,教育用,日常用の基本的な器具の市場である.これらの器具も初期のバージョンと比べてかなり改善された光学部分を備えている.2番目は上述したような研究のための,総合的で非常に高価な器具の市場である.3番目は工場,特にエレクトロニクス製品をつくる工場で使用するための立体顕微鏡である.品質は一様に高く,またコストも高い.そしてかつてプライドを誇っていたイギリスのメーカーは事実上すべて消えてしまった.いまの市場では事実上2つの日本企業と2つのドイツ企業が残っており,そこでは顕微鏡は生産品全体の一部をなしているにすぎない.

照 明(Illumination)

自然光が利用できない場合(ヘリオスタットの項を参照),19世紀における通常の照明光源は石油ランプであった.1885年にウェルズバッハ(Welsbach)が特許を取得した,白熱ガスマントルは,顕微鏡の背景に陰影がついてしまう.一方でネルンスト灯は,1899年に導入されたが,使用が煩雑だった.炭素アーク灯は1880年頃から使われたが,1900年頃までにゼンマイ仕掛けで働くモデルが利用できるようになるまでは使用の際にかなりの注意を必要とした.ライムライトは,硫酸カルシウムの棒に発射される,酸素と水素または都市ガスのジェットを用いるが,しばしば顕微鏡写真術に用いられた.しかし,実際に写真を撮るよりも多くの注意を必要とした.ポイントライト・ランプは,1915年に導入され,操作はより単純で,強い光を与える

が,高価だった.電気フィラメント灯は,炭素,そして後にはタングステンでつくられ,1930年代までに顕微鏡使用にとってかなり有用になるまでに発達し,コンパクトなフィラメントを備え,低電圧だがかなり明るかった.光学顕微鏡使用は1960年代に,連続するスペクトル輝線を与える小さくて低電圧のタングステンハロゲンランプの採用で革命的に変化した.これらは現在の標準であり,特別な目的のため封入された高圧の水銀アークまたはキセノンランプを備えている.

[Brian Bracegirdle/庄司高太 訳]

■文 献

Bracegirdle, Brian. "Light Microscopy 1865-1985." *Journal of the Quekett Microscopical Club* 36 (1989) : 193-209.

Hartley, Walter Gilbert. *The Light Microscope, Its Use & Development*. Oxford : Senecio, 1993.

Turner, Gerard L'E. *The Great Age of the Microscope : The Collection of the Royal Microscopical Society through 150 Years*. Bristol : Adam Hilger, 1989.

◆光 学 測 定
➡ 吸光光度計【ヒルガー・スペッカー式】

◆航 空 計 器

Aircraft Instruments

航空計器は航空機の飛行性能やエンジンなどの機器をモニターするものである.計器のパネル上の配置は,パイロットの操作や動作の体験や,事故調査がもたらす安全

性の規則や基準によって決定されている．計器パネルは，それぞれの飛行機の姿そのものと同じくらい機のアイデンティティを示すものである．第一次世界大戦の戦闘機のいくつかの機械的計器から，民間機と軍用機の複雑なアナログ式計器パネル，さらに近年のマイクロプロセッサーによる視覚スクリーンと頭上のディスプレイに至るまでさまざまある．

すべての航空機に共通の基本的な飛行性能の測定対象は，飛行速度（飛行速度計やマッハ計），高度（高度計と上昇率計），姿勢（人工水平儀，旋回・バンク指示器，トリム指示器），方向（ジャイロと磁気コンパス）である．

飛行速度（大気に対する速度）はピトー管と静止管との圧力差によって測られ，高度は変化する気圧によって測られる．姿勢と方向はジャイロスコープを用いた装置によって測られるが，大きなターンはそれぞれ重力レベルと磁気コンパスによって測られる．温度，圧力，位置などを測定する他の機器は，エンジンと燃料の管理，燃焼の様子，電源や油圧の状態，自動操縦，操縦翼面と着陸装置，航行と環境の状態などに関する情報を提供し，いずれも機能不全のときにはパイロットに警告を与えるシステムになっている．同様のシステムは他の輸送機関にも見出されるが，航空機用のシステムは高速度と高高度という厳しい加速や環境の条件下でも作動しなければならない．

飛行計器の数は，航空機の速度，高度，航続距離が増えるにつれて増大し，パイロットが2人になればその数は2倍になる．エンジンの計器はエンジンの数によって倍増し，エンジンの性能が高かったり，ピストン・エンジンの代わりにジェット・エンジンが使われればさらに増加する．計器は乗員の任務の変化に応じて異なる場所に配置されている．エンジン，電気，油圧の計器は飛行技師に，航行用計器は航空技師に，通信機器は無線オペレーターの前に配置される．後には装置が信頼性をもって自動化され，それらを監視するための乗員が不要になり，すべてパイロットの前に配置されることになった．航空事故での犠牲者の平均数が増大し，重大事件として扱われるようになると警報機の数も増えていった．いまではいかなる異状もパイロットに知らされ，パイロットの注意だけに任されるようなものは何もない．

航空機用計器は，もともと油圧，遠心力，ジャイロ的作用力，磁気力，熱膨張力などで直接作動するような自己完結的な自動装置として誕生した．しかし，航空機が大型化し測定結果が長い距離を経て操縦パネルまで伝えられなければならなくなるにつれ，これらの器具は電気機械式の装置に変わっていくようになる．サーボ式伝動装置によって精度が増し，関連する測定も表示することで判断も改善されるようになった．最近では器具はコンピューター・スクリーンの上に映されるようになった．精度，読みやすさ，信頼性，軽量，低消費電力などが，この発展において重要な設計規準になっている．

初期には，低出力で信頼性の低いエンジンによって長距離の飛行をしなければならないため，エンジンの回転速度計が関心を集めた．次に飛行速度計が重要視され，失速してしまう低速の限界と構造を破壊してしまう高速の限界との間の狭い領域の速度を指示した．飛行機が高空を飛ぶようになり，高度計が加わったが，当初は地上に安全に帰還するためというよりも，達成した

高度の記録計の役割を果たすものであった．飛行距離が増すにつれて，航行用コンパスが加えられた．

初期の航空計器の設計者が直面した最大の問題は，機体から伝わってくるエンジンの振動で，それにより計器の指針がぶれてしまい，コンパスの指針面が回転し続けてしまうことであった．エンジンの回転速度計は自動車用に設計されていたため，振動にも強くほとんど変更する必要はなかったが，高度計と飛行速度計については困難が残った．気球や登山用の高度計は手でもつのでなければ役に立たないことが判明し，よりよいバランスのとれた機構が設計されなければならなかった．液体のU型管マノメーターは，ピトー静止飛行速度計のために使われ成功したが，数年後にはダイヤル式の器具が設計され実用化された．コンパスはピボット（軸）とカップの配置を逆転しピボットをカップの上に置くことで単純な解決法になった．

第一次世界大戦中には，雲の中を飛行する必要が生じてきた．初期の試みにおいては，回転エンジンの偵察機の場合，いったん地平線がパイロットに見えなくなるとすぐにスピンが始まってしまい，当時はそこからの平衡回復は不可能であった．パイロットを支援する唯一の計器はコンパスであったが，少しでも旋回するとコンパスが地磁気の垂直成分に反応することで誤った方向を示してしまい，方向を回復しようとするパイロットを混乱させるだけであった．計器設計者たちは，ジャイロスコープによって解決できることを知っていたが，小型で信頼性のある機構のジャイロは当時存在せず，実用化は戦後のことであった．暫定的な解決法は，両翼端の水圧差の測定による静水力学的な旋回指示器によってもたら

デ・ハヴィランド・コメット1A型ジェット機のコックピット内の計器パネル（1952年）．SM 1994-222. SSPL 提供．

された．

1920年には基本的な航空機計器の機械設計が確立された．この初期の発展はヨーロッパでなされ，アメリカの計器は主として成功したヨーロッパの計器の模倣であった．しかしその後，アメリカの製作者がすぐにリードをとるようになった．航空計器の開発と飛行テストのコストの上昇，ならびに比較的小さい市場のために，ほんの少数の計器製作者がその製造分野を専門とし，計器システムが電子的になるにつれてその数もさらに減少していった．

[John K. Bradley／橋本毅彦 訳]

■文　献

Bradley, John K. "The History and Development of Aircraft Instruments—1909 to 1919." Ph. D. dissetation. Imperial College London, 1994.

Chorley, R. A. "Seventy Years of Flight Instruments and Displays." *Aeronautical Journal* 70 (1976)：313-342.

Coombs, L. F. E. *The Aircraft Cockpit：From Stick and String to Fly by Wire*. Welling-borough,

U. K.：Stevens, 1990.
Pallett, E. H. J. *Aircraft Instruments : Principles and Applications*. London：Pitman, 1972.
Stewart, C. J. "Modern Developments in Aircraft Instruments." *Journal of the Royal Aeronautical Society* 32 (1928)：425-481.

◆航空コンパス
　→ コンパス【航空用】

◆航空測量
　→ カメラ【航空写真測量】

◆光電子増倍管

Photomultiplier

　光電子増倍管は光エネルギー（光子）を電気エネルギー（電流）へと変え，その電流を増幅する．光電陰極には2つの機能がある．その1つは，その表面や一続きの帯電した板，つまりダイノードに光がついたときに，次々に高い電位に電子を放つ機能であり，もう1つは，陰極からの電子の流れを集めて倍増し，陽陰極，または検流計や電流増幅器といった測定装置へ向けるという機能であった．光電子増倍管が使われたのは，放射線を検出するためである．というのも陽極で生み出された，倍増された電流は，光電陰極に集められた光子の量と全く同じになるからである．

光電管

　1873年，イギリスの電信技師であるW. スミス（Willoughby Smith, 1828-1891）はセレニウムが光にさらされたとき，その伝導率は増すということに気づいた．H. ヘルツ（Heinrich Hertz, 1857-1894）が1887年に外部光電効果を発見した後，ドイツのブルンスヴィックの近くにあるギムナジウムの数学と物理学の教師であった，J. エルスター（Johann Elster, 1854-1920）とH. ガイテル（Hans Geitel, 1855-1923）は，ナトリウム，カリウム，ルビジウムのような陽電性の金属は，光感度が高いということに気づいた．1890年代までに彼らは，可視光線や紫外線に鋭敏な，ナトリウムと水銀のアマルガムからなるアルカリ陰極を開発し，水素ガスのグロー放電を通って，それらの光線のそばを通ると，アルカリ陰極は光感度が増す，ということが後にわかった．光伝導管と光電管はその後30年間にわたって一般的に使われていた．真空管内の光電管は純粋な電子放電を考慮に入れてはいるが，不活性ガスで満たされたその光電管は，衝突電離による電流を増幅する．

　1930年までに光電管は，科学や工業において広く使われていた．光電管がその中心部をなしたのは，生物学，大気圏物理学，天文学といったさまざまな分野における精密光度測定器（光度計の項を参照）や分光光度測定器（分光光度計の項を参照）であり，記録型マイクロフォトメーター，光線治療器，音響フィルム再生機の中にも同様に光電管は見られる．新しい物質を利用した光電面の構成部分も，多く開発され，可視部分のスペクトルに対応する選択的な光線への反応性をもつセシウム銀の薄膜などや，赤外線を感知するセレン・テルルおよびタリウムの硫化物のセルなどがあげられ

る．後者のセルはゼネラルエレクトリック社（オスラムラインを市場としていた）やイギリスのトムソン・ハウストン社（マツダ光電管のメーカー）のような商業メーカーに役立てられた．

しかしながら光電管は，精密光度測定に関して問題がつきまとっていた．それがしばしば機能する際に生み出す器材誤差には次のようなものがあった．高い暗電流，照射量によって反応が変わること，色によって感度が変わること，陰極表面の不均一性，光電流における漏電あるいはアースの問題などであった．別の問題が生じたのは，天文学のような低光量へ応用するときのように，出力電流を増幅しなければならなかったときであった．増幅器には擬似的な暗電流とノイズが入り込み，光電流と陰極に衝突する照度量との間のきわめて重要な比例関係を歪めてしまうことがあったのだ．しかしながら，セルの外側の増幅器——リンデマン単線電位計，あるいはゼネラルエレクトリック社のFP-54プリオトロン（Pliotron）電位計管に基づいた，直流熱電子器のどちらかの形を改良したもの——はガスで満たされた光電管の内側での歪みほどは問題はなかった．

二次電子放出増倍管

1930年代中頃，イアムス（H. E. Iams）とザルツベルグ（B. Salzberg）が二次電子放出は制御可能な技術であると明らかにした後，さまざまなメーカーがガス状の媒体を必要としない，増倍管の中で増幅された信号を生み出すための1段増幅器をつくった．くり返し増幅させるダイノードステージを使った，最初の本当の増幅器もまたこの時期にあらわれた．V. K. ツヴォリキン（Vladimir K. Zworykin, 1889-1982）によって率いられたRCA研究室グループは，100万の単位で，陰極からの電子の流れを増幅することができる，9段式倍増の静電気の円状ダイノードの配列を開発した．同じ構造のデザインはすぐに，さまざまな部分の分光を扱うために3点陰極構成で利用された．

この新しい増倍管（RCA 931と呼ばれ，後に931Aと呼ばれた）は1940年までに商業的に通用し，価格は12ドルから15ドルの間であった．しかしながらその増倍管をドライアイスの温度にまで冷やしたとしても，低ノイズ（高いS/N比）の性能をもつものを手に入れるのは困難であった．低ノイズが必要とされたとはいえ，931A管を工業に，あるいは弱い放射源をとらえる必要のない科学の分野に導入することが懸念されることはなかった．しかし天文学へ適用するのにふさわしいレベルの低ノイズを有していたのは，概して50個中たった1個の増倍管であった．このため天文学者がこの増倍管を利用するのには，かなりの費用がかかり，初期の潜在的な利用者たちはよい見本やそれらをうまく機能させる方法についてのヒントを得るために，電子管に関する詳しい知識を必要とし，ツヴォリキンのようなグループに直接近づこうとした．

RCAが開発した生産ラインは，少数の増倍管に例外的な性能特性を与える要素を分離する手順を試すものであり，1943年までにツヴォリキンのグループは，そうした要素を増したRCA 1P21管をつくり出した．戦時中の生産需要によって931Aと1P21は，終戦に至るまでに豊富で，信頼でき，安価なものになった．RCA光電子増倍管とそのイギリス版は，低光量検出から，診断解析まで，またレーダー妨害のための白色ノイズ発生器としてさえ広範囲

RCA 社の初期商用増倍管．10段階の増倍を利用し，産業に広く応用された．SM 1936-37．SSPL 提供．

に利用された．1945年に1P21管は，47ドル50セントの価格であり，そのタイプの増倍管は，それとは別の陰極の組合せと，ダイノードの連鎖が9から14のステージに配列されている，別のタイプのものとともに，カラーデンシトメトリーや分光光度測定だけでなく，信号発生器，継電器やその他の光電サーボ機構，光露出制御システム，ファクシミリ電送技術，そして紫外線，X線，シンチレーションのカウンターなどに広く利用された．

RCAのグループが最初の頃に取り組んだのは，高い収集率とコンパクトなデザインのためのダイノードの設計であったが，その増倍管は外側の磁場の干渉や，不均一な陰極の感度に苦しんでいた．1950年代までにイギリスのEMI社（ミドルセックス電気社）が出した別のデザインには，小さな板すだれのような形状をもったダイノードがあった．しかし，あまり注目を集めず，こうした光電子増倍管は主に収集率が低かったとはいえ，外側の磁場に影響されずかなり信頼できるものであった．ニュージャージーのパッサイクにあるアレン・B・デュモン研究所が開発した箱型のダイノードの連鎖デザインは，優れた収集率と陰極の均一性とを組み合わせたものだった．

1950年代までに光電子増倍管はメーカー間では成長株であったので，同期整流を用いた交流増幅器にすぐに適用される必要があり，その最初の見本はマサチューセッツ工科大学の放射線研究所によるものであった．さらに改良されたものには，個々の電子を数えるためにパルスを数える回路がある．EMI社が出した6094Aや6685モデルのような改良された光電子増倍管には，10^9までの乗法因数がある．感度が高まるにつれ，スペクトル感度も紫外線から赤外線まで広がった．2〜4μmの感度の硫化鉛陰極をもつ赤外線セルの軍事偵察の可能性が，科学や産業での発達を遅らせたが，1950年代や1960年代までにそれらの陰極を用いたそうしたセルは，ITTラボラトリーズや，ファーンズワースのような製造業者たちから手に入るようになったものの，単に冷やすだけでは解決できない熱電子放射の増加によって引き起こされる技術的な問題のために，低照度では使えなかった．　　　[David De Vorkin／成瀬尚志 訳]

■文　献
Anderson, John S., ed. *Photo-Electric Cells and Their Applications*. London：The Physical and Optical Societies, 1930.
DeVorkin, David H. "Electronics in Astronomy：Early Applications of the Photoelectric Cell and Photomultiplier for Studies of Point Source Celestial Phenomena." *Proceedings of the IEEE* 73（July 1985）：1205-1220.
Schure, Alexander. *Phototubes*. New York：John F. Rider, 1959.
Whitford, Albert E. "Photoelectric Techniques." In vol. 54 of *Handbuch der physik*, edited by S.

Flügge, 240-288. Berlin : Springer, 1962.
Zworykin, Vladimir K., and E. G. Ramberg. *Photoelectricity and Its Application*. New York : Wiley, 1949.

◆光度計

Photometer

光度計（露出計）は，光の強度そのものや照明を受けた表面の輝度を測定する．光度を測る最初の大規模な研究は，P. ブゲ（Pierre Bouguer, 1698-1758）によって1729年と1760年に公表された．彼は，絶対的な輝度の測定では肉眼は頼りにできず，眼は2つの光源の比較だけに使うべきと結論づけた．彼の「照度計（lucimètre）」は，2つの光源に向いた2つの管からなり，紙のスクリーンに光を収束させて眼で見られるようになっていた．一方の管を通る光は，2つの光のスポットが同じに見えるまで，その口径を覆ったり，管を長くすることで弱められるようになっていた．2つの光の強度の比は，口径の比，あるいは管の長さの2乗の比とされる（逆2乗の法則）．

「光度計」という言葉は，ドイツの博識の学者 J. ランベルト（Johann Lambert, 1728-1777）によってつくられた．彼は主に数学に関心を集中させた研究を1760年に公表した．18世紀の研究者で最も注意を払わなければならない人物は，アメリカ人 B. トンプソン（Benjamin Thompson, 1753-1814）である．彼は1790年代に，影をつくる棒とスクリーンからなる簡素な機器を用いた．1つの光源の距離が，影の密度と同じになるように調整され，明度の比が，逆2乗の法則によって決定される．トンプソンは，観察者による不注意な偏りや実験上の別の変数の影響を避けるための予防措置をとった．

19世紀前半においては光度計の応用はほとんどなく，その技術は基本的には研究者それぞれによって再発明される状態にあった．主なものは，視覚の鋭さに頼るものであった．輝度は，大きさを順に変えた文字や，眼からの距離を変えたときの文章の読みやすさから推測された．規準とされる光の強度の調整方法は洗練されていったが，一般に用いられた肉眼による比較という原理はほとんど変わらなかった．1834年イギリスの写真家の草分けである W. トールボット（William Henry Fox Talbot, 1800-1877）が，光の通過を弱めるために，回転する扇形ディスクを使うことを提案した．その他には，2つの偏向プリズムを用いたもの（マリュスの法則），段階的な透明度をもつ光学くさび［光の強度を連続的・段階的に弱くする光学素子］を用いたものがあった．

光度計の光ヘッドも改良された．油スポット光度計は，ドイツの研究者 R. ブンゼン（Robert Bunsen, 1811-1899）が1843年までに考案したものであった．その光度計は，中央部に油かワックスのスポットによって半透明になった紙のスクリーンを用いるものであった．スポットが消えたときか，最小のコントラストとなったとき，つまり伝播された光と反射された光の強度が同じになったとき，片方の光源と合致したと判断される．固定プリズムと接眼レンズに基づくより正確な光度計は，1889年ドイツの帝国物理工学研究所（PTR）のO. ルンマー（Otto Lummer, 1860-1925）とE. ブロードゥン（Eugen Brodhun）によって開発された．彼らの測定機器は，ドイツの照明ガス産業で広く採用され，彼らの研

究もそれに刺激を受けてさらに進められた.

ガス検査官は,光度計の最初の重要なユーザーであった.19世紀中頃にこの産業の規制が厳しくなると特にそうなった.1893年のシカゴ博覧会で光度計の設計で受賞した際,ルンマーは大学の同僚たちが光度計を「軽んじて」扱ったことを非難した.彼は,照明産業と一般大衆の需要がその重要性を示すまで,同僚たちがその主題を無視してきたことを強調した.輝度の標準光源の確立が動機づけられたのも,同じ照明産業と一般大衆の需要への関心からであった.1880年代前半に始まった照明システムとしてのガスと電気の技術競争によって,光度計や光度計測の実践活動についての出版物が爆発的に増えた.照明工学の学会が,ニューヨーク(1905年),ロンドン(1909年),ドイツ(1912年)で設立され,光度を計測する方法の組織化と合理化とを押し進めることに一役買った.

19世紀後半には天文学者たちも,光度計を用いて星の等級を決定した.主な2人の提案者は,ハーバードのE. C. ピッカリング(Edward C. Pickering, 1846-1919)と,ポツダムのJ. ツェルナー(Johann Zöllner)であった.ピッカリングの子午線光度計(それは,光を弱めるために光学くさびを使い,標準光源として北極星を用いた)とツェルナーの光度計(交差偏光プリズムと石油を燃やすランプを用いた)である.これらを用いて1860年から1910年の間に,文字どおり数百万の観測が行われた.

天文学者たちのほうも,写真記録を用いた実験によって光度を測定する技術を改善していった.星の輝度は,写真画像における星の直径や不明瞭さを検討することで推測された.小さな画像の測定は,マイクロ光度計(マイクロフォトメーター)の設計

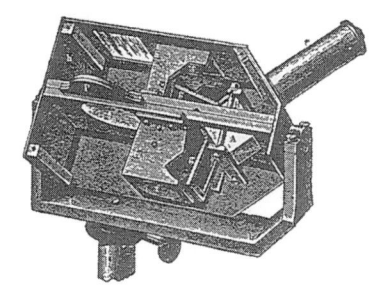

ルンマーとブロードゥンの光度計ヘッド.John J. Griffin and Sons Ltd. Scientific Handicraft: An Illustrated and Descriptive Catalogue of Scientific Apparatus, 563, Figure 2-6016. London, 1914. フィッシャー・サイエンティフィック U.K. 社提供.

を必要とした.これは最初は,標準光源と写真版を視覚的に比較するものであった.マイクロ光度計(あるいは濃度計)は,機器技術における次世代への移行,つまり輝度を光電子によって測定することを促した.光電子真空管は,1890年代にJ. エルスター(Johann Elster, 1854-1920)とH. ガイテル(Hans Geitel, 1855-1923)によって発明され,濃度計の設計に応用され,ほぼ同時期に望遠鏡による光電子の測定に利用された.直接,光電子を測定する光度計は第一次世界大戦までいくつか問題点を残していた.信号が過度に弱く不安定であることや,光電管がさまざまで一定の特性を発揮しないこと,電気的な専門知識が草分けの天文学者たちに欠けていたこと,といった問題点であった.

戦後,イギリスのゼネラル・エレクトリック社とアメリカのウェスティングハウス社によって信頼できる光電管が開発され,光電子による光度計の研究開発とそれを配備する動きが急速に進められた.光電管は最初,紙押さえを数えることや喫煙モニターに用いられた.しかし1930年代前半

までには,視感による光度計に取って代わり始めた.セレンを用いた安価な光電セルが1932年ウィートン・インスツルメント社(すぐ後にはエヴェレット・エッジカム社などの競争相手)によって出荷されると,新しい形態の光度計,比色計,分光光度計の市場を開拓した.第二次世界大戦までに,そうした測定機器のほとんどは光電子技術に基づいたものとなり,写真の露光計や照度計という形で消費者市場に入っていった.戦中と戦後に開発された,この新しい光電子検出計は生理的にではなく物理的に,光に対する測定機器の能力をさらに拡大させた.

[Sean F. Johnston/綾野博之 訳]

■文 献

Dibdin, William Joseph. *Practical Photometry : A Guide to the Study of the Measurement of Light*. London : Walter King, 1889.

Harrison, George B. "Instruments and Methods Used for Measuring Spectral Light Intensities by Photography." *Journal of the Optical Society of America* 19 (1929): 267-307.

Huffer, C. M. "The Development of Photo-Electric Photometry." *Vistas in Astronomy*, 1 (1955): 491-498.

Johnston, Sean F. "A Notion or a Measure : The Quantification of Light to 1939." Ph. D. dissertation. University of Leeds, 1994.

Walsh, John W. T. *Photometry*. London : Constable, 1926.

◆硬度試験器

Hardness Testing Instruments

工学関連の分野では,金属の硬度は一般に,表面の摩耗や貫通に対するその耐久性と定義されているが,正確な用語と標準的な試験法を規定するのは,実のところ難しかった.金属の硬度を測定するには,管理された状況下で表面を変形させてから,その変形を計測しなければならない.伝統的に職人は,おおよその硬度を見きわめるのに,表面をやすりで引っかいたものである.この種の引っかき硬度試験は,傷つきやすい材料には最適だった.

延性のある金属用に19世紀末に開発された押込み法は,この作業のための最初の科学装置だった.押込み法は,ある標準的な硬い物体を,試験片の表面に一定の荷重で押し込み,結果として生じた変形(くぼみ)を計測する.くぼみをつけるのに,初期のいくつかの試験ではおもりを落下させたが,結局は徐々に荷重を加えるほうが好ましいということが判明した.イギリスにおける草分け的な硬度試験装置の1つは,1897年にサウスケンジントンのセントラル・テクニカル・カレッジ(現インペリアル・カレッジ)の土木工学教授 W. C. アンウィン(William Cawthorne Unwin, 1838-1933)が開発したものである.

アンウィンの硬度試験器の本体は,幅4インチ(10 cm),高さ8インチ(20 cm)ほどの鋳鉄製の誘導台だった.くぼみをつける器具(圧子)は,工具鋼製の方形の短い棒で,その一端がナイフエッジの役目を果たし,くぼみの深さを測るための副尺も備わっていた.試験片は0.375インチ平方,長さ約2.5インチの棒だった.この装置は従来の荷重負荷試験器の中に置かれた.その設計によって,装置自体の圧縮を考慮に入れることができた.

1900年,スウェーデンのJ. A. ブリネル(Johan August Brinell, 1849-1925)は,台の上に据えつけて用いる自己充足型の硬度試験器を発表した.一般に普及したこの装

置では，焼き入れした小さな鋼球を試料に当てて，その試料が軟らかい金属なら500 kg，また硬い金属なら3,000 kgの荷重をかけてくぼみをつけた．ブリネル試験用の器械は，荷重をじかにレバー，ネジ歯車，または油圧で加えるといった，さまざまな種類が考案された．ブリネル硬度数は，荷重（kg）を，湾曲したくぼみの表面積（mm^2）で割った値である．くぼみの湾曲部分は通常，頂点を横切る直径から算出されるが，その直径は顕微鏡の助けを借りて測定される．

ヴィッカース硬度試験器は，1930年代に，日常的な工業試験を迅速化するために設計された．この床置き型器械の場合，圧子はピラミッド形のダイヤモンドだった．機枠は，試料台と比率20：1のレバーを備えている．押し棒を介して荷重が加えられ，管の下端にはダイヤモンドの圧子がついている．カムと接しているプランジャー［ピストン状の部分］が，試験荷重を加えたり解除したりする制御を行う．始動ハンドルが押し下げられると，一連の操作が始まり，おもりによって作動される．くぼみの幅は，0.001 mmまで測れる顕微鏡で読み取る．大量の試験を処理するので，最初にすべての荷重試験を済ませ，次に台上の試料の代わりに治具を置き，それから顕微鏡で測定値を読むのが普通である．この全工程は自動なので，有能な操作者がその気になれば，1時間で最高200回の試験を実行できる．

ロックウェル硬度試験器は，アメリカで広く利用された静電器械である．この装置は，球圧子かダイヤモンド圧子のどちらかを使う．ハンドスクリューで荷重を加え，硬度数は，球圧子用とダイヤモンド圧子用の2種類の目盛りがついたダイヤルゲージ

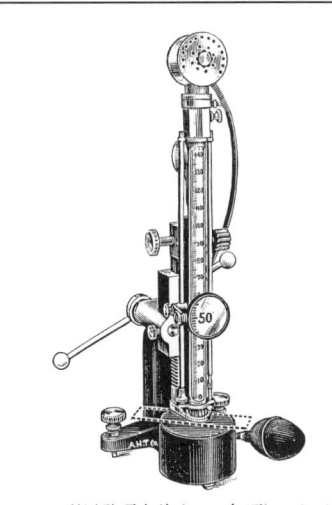

ショアC型反発硬度計（1912年頃）．Arthur H. Thomas Company. Laboratory Apparatues and Reagents. Philadelphia, 1921：339, Figure 6124. SSPL 提供．

からじかに読み取る．この器械は高速で，1時間に最高250回の試験ができる．ロックウェルの球圧子の読みをブリネル硬度数と関連づけるためのグラフが用意された．

ショア反発硬度試験器は，落下するおもりを使った動力学的試験を行うものである．この器械には高さ10インチ，直径0.5インチほどの垂直なガラス管がある．先端にダイヤモンドを取り付けた約40グレイン（2.6 g）のおもりが管の中を落下し，被験材料の表面に衝突する．この管には140の目盛りがついていて，跳ね返りの高さが材料の硬度の測定値と見なされる．その結果は，衝突の瞬間に生じた永久的な変形で決まる．試験片を変形させるという働きによって，跳ね返りが弱められるからである．1つの試料に関して何回か連続した記録を取り，その平均値を硬度の測定値とするのが普通だった．この場合，局部的な加工硬化効果が示度に影響を与えないよう，試験ごとに試料を動かさなければならなか

った． [Denis Smith／忠平美幸 訳]

■文 献
Popplewell, William Charles. *Experimental Engineering*, Vol. 2. Manchester：Scientific, 1901.
Unwin, W. C. *The Testing of the Materials of Construction*. 2nd ed. London：Longmans, 1899.
Walker, E. G. *The Life and Work of William Cawthorne Unwin*. London：Unwin Memorial Committee, 1938.

◆光　量　計

Actinometer

　光量計は，可視光あるいは紫外線の強度を測定する．光量計はまた，光化学反応の量子収量をも決定する．化学的光量計，あるいは総量計は，光反応における量子収量Φを正確に知るための化学的な装置である．反応率の計測により，入射した光の強度の計算が可能になる．化学的転化量の測定により，試料によって吸収された光子の総数を知ることができる．

　太陽光線が物質に変化を起こすことはずっと以前から知られていたが，この現象は18世紀に入ってからようやく測定装置に利用された．最初の化学的光量計（「露光された塩素水における酸素塩化物ならびに水素塩化物」，C. L. de ベルトレ（Claude Louis de Berthollet, 1748-1822），1785年）の使用は，ソシュール（Horace Bénédict de Saussure, 1740-1799）に帰される．彼は，1790年にスイスの山岳地帯で酸素ガスの放出の速度が光の強度に比例することを見出した．他の初期の光度計や測光計は，塩素と水素という危険な混合物を利用していた．19世紀中葉までに研究者たちは，鉄とウランのシュウ酸塩の光反応を解明しよ うと努力していた．この反応は今日，最も重要な光量計（の反応）になっている．しかしながら，信頼できる光量計は，1930年まで出現しなかった．1930年にレイトン（W. G. Leighton）とフォーブズ（G. S. Forbes）がシュウ酸ウラニル系を使った装置で定量的に再現可能な結果を発表したのである．

　化学的光量計の進歩における重要な理論的発展には，T. フォン・グロットフス（Theodor von Grotthuβ）（1817年）と J. W. ドレイパー（John W. Draper）（1843年）による吸収された照射のみが化学反応を生じる（グロットフス-ドレイパー吸収法則）という点の解明，光は量子的に分散的光子として吸収されることを述べたシュタルク-アインシュタインの法則，さらに光の照度と照射時間の積が光化学反応の量を決するというブンゼン-ロスコーの相反則などがある．

化学的光量測定

　光化学反応における量子収量（Φ）を測定するため，試料（S）と標準的な化学光量計（CA）には，通常メリーゴーラウンド状の装置において，あるいは入射する光線を既知の比で分解する分光器を通して，単色光が同一条件下で照射される．CAにおける化学変化から試料に吸収された光子の数を計算することができる．その数とSにおける化学変化とからΦを計算することができる（光化学反応における量子収率は，Φ＝事象の数/吸収された光子の数，として定義される．事象の数とは，例えば形成された分子の数，あるいは破壊された分子の数などを指す）．

　理想的なCAは，波長，媒体，濃度，温度とは無関係に，直線的に敏感に（高い吸収率 ε と高いΦ）反応し，低い ε でも安定

した結果を出し，暗闇中でも，また熱や酸素に対しても安定していて，調合し純化するのに無毒・容易・安価であって，単純・正確・直接的な分析と評価を可能にするものである．今日使われているほとんどのシステムは，この要求のすべてを満たすものではない．

今日最も広く使われている標準的なCAは，ハッチャード-パーカーシステム，すなわちトリス（オキサラト）鉄（Ⅲ）酸カリウム3水和物 $K_3[Fe(C_2O_4)_3]\cdot 3H_2O$ を用いたもので，これは250〜500 nmの光と $\Phi=1.25\cdots 0.9$ で鉄（Ⅲ）を光化学的に還元するものである．分析は，非常に濃い色の鉄（Ⅱ）の1,10-フェナントロリン錯塩の510 nmにおける吸収率を測定することによりなされる．

電気光量計

化学的光量計は，薬品の不適切な取扱いや光束の変異，あるいは試料の不十分な吸収や分析方法の精緻さそのものに由来する実験誤差を受けやすい．こうした難点を最小にするために，ジュネーブ大学の光化学研究グループは，1974年に電気的装置を設計した(アムライン（W. Amrein），グルーア（J. Gloor），シャフナー（K. Schaffner))．この装置は，化学的量子カウンター，光電管，数値表示計/総数表示ユニットを含み，その多くを電子工学と蛍光分光計の進歩に負っている．そのアイデアは，マックス・プランク研究所（MPI）放射線化学部門で取り上げられ，シャフナーがその研究所の所長としてミュルハイムに移動した年に，一連の小さな装置として実現された(キュパー（W. Küpper），1976年)．今日およそ10台から15台のこの装置がヨーロッパ・日本・アメリカの光化学実験室で使われていると思われる．

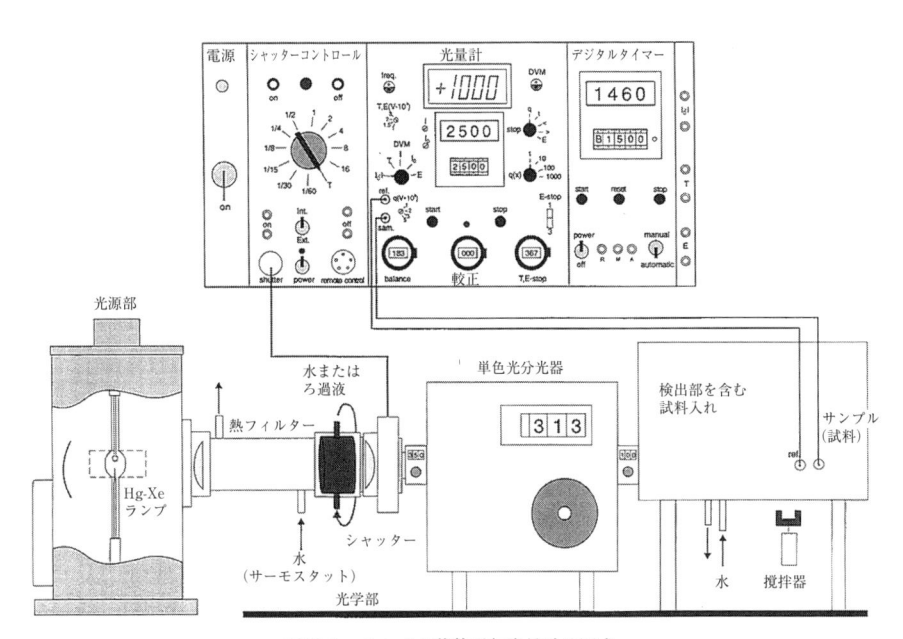

MPIミュルハイム積算電気光量計の図式．

MPI ミュルハイム・モデルの積算電気光量計は，ほとんど吸収率とは無関係に照射中の試料が吸収した光の総量を測定し，計算するものである．入射する単色光は，試料光線と基準光線に分けられる．試料コンポーネントの裏側で光線は，量子カウンターセル（1, 2-エチレングリコールに溶かしたローダミンB［鮮紅色をした塩基性染料］）にあたるが，これは感光性半導体素子と組み合わされており，それに相当する電位差を生じるのである．光を吸収する試料に照射している間，試料の前後における光の強度の差異は，基準光線との比較で連続的に計算されており，それが周波数に変換されて積算され，カウントされ表示される．この装置では，吸収されている光子の流量を連続的に読み取ることができるし，また試料に対してあらかじめ決められた量の光子を照射することもできる．この装置は，光源の変異や試料の吸収率の変異に対応している．完全な光学的かつ電気的最終設定は，使われる波長に対する1カウントあたりの光子の数を決定する化学的あるいは物理的方法によって較正される．吸収率ならびにコンピューター利用の操作の連続的モニタリングは，光学的になされる．

[Hans Jochen Kuhn／吉本秀之 訳]

■文　献

Amrein, W., J. Gloor, and K. Schaffner. "An Electronically Integrating Actinometer for Quantum Yield Determinations of Photochemical Reactions." *Chimia* 28 (1974)：185-188.

Eder, Josef Maria. *Ausführliches Handbuch der Photographie*. Halle (Saale)：Wilhelm Knapp, 1892-1903.

Kuhn, H. J., S. E. Braslavsky, and R. Schmidt. "Chemical Actinometry." *Pure & Applied Chemistry* 61 (1989)：187-210.

Sheppard, S. E. *Photochemistry*. London, 1914.

Wightman, E. P. *Photographic Science and Engineering* 3 (1959)：64-87.

◆固体ガス探知機
➡ ガス探知機【固体式】

◆コールターカウンター

Coulter Counter

コールターカウンターは，試料の細胞の数を1つずつ数え，同時にその大きさごとの数の分布も計測する装置である．数えることのできる1試料あたりの細胞数は，通常顕微鏡を用いて肉眼で数えられる数のおおよそ100倍である．統計的誤差も小さくなり，約10分の1に削減される．非光学的走査システムが，15秒間隔で，1秒に6,000を超える細胞の計測を行う．その仕組みは次のようなものである．電流を流しながら，血液中の浮遊物である血球細胞を小さな孔に通過させる．個々の血球細胞は，孔を通過する際に孔の電気抵抗を変化させるが，その変化の仕方は細胞の大きさに応じて変わってくる．

1948年にW. H. コールター（Wallace H. Coulter, 1913-1998）によって発見され，特許を認められた電気抵抗による体積測定のコールターの原理は，体積測定のための置き換えの原理に基づくものである．血球細胞は，電極の差し込まれた電導液中に懸濁されている．細胞が電極の間の溝を通り抜けると，細胞が電解質に置き換わるので，電気抵抗が変化する．この変化が細胞の体積の正確な尺度となり，三次元的な評価が

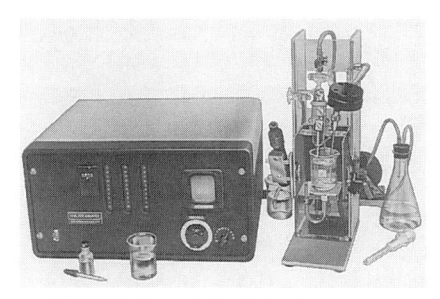

A型モデルのコールターカウンター．コールター社提供．

可能になる．

シカゴの基地で電気部品の企画と実験を行っていたコールターは，最初の実験をゴムバンド，セロファン，縫い針を用いて行った．彼の発見によって，細胞や微小な物質の数を正確に速く数え，さらに細胞の大きさと大きさごとの数についての詳しい情報を得る方法を，医学・工業研究者たちは手に入れた．

それから数年のうちに，コールターの原理は細胞や微小な物質の計数と大きさの決定に関して最もよく用いられる方法になり，粒子測定の分野での画期的な貢献として広く認知されるようになっていた．それは，細胞の体積と大きさごとの数を正しく測定できる最初の自動化されたシステムであり，最初の実用になるフローサイトメーター（細胞計測器）の基礎となった．

器具

コールターは簡単なモデルを組み立てて，ONR（海軍研究局）の研究員たちの前で彼の原理がうまくいくことを実演して見せた．これには，ONRとNIH（国立保健局）で試験用の原型となる装置を製作するための補助金を得ようという目的があった．その補助金で，W. H. コールターとJ. R. コールター（Joseph R. Coulter Jr., 1924–1995）の兄弟は，さまざまなところから部品を調達して2台の原型となる装置をつくり，W. H. コールターの考える仕様に合わせてそれを改造していった．

1953年につくられたA型は，コールター兄弟にとって初めての診断医学における商業的な挑戦であった．それは，生物の細胞や他の微粒子の研究に革命を引き起こし，新しい科学的発見の世界への扉を開いた．産業界の研究所から多数の要請を受けて，コールター兄弟は広い範囲の微粒子の測定に適するように，A型の工業用のタイプを開発した．測定にかかる粒子は，例えば，粘土の粉，チョコレートパウダー，カラーテレビのブラウン管上の蛍光物質，固形燃料，ロケット燃料，ミサイルの円錐形頭部（ノーズコーン）の材料などであった．改良型のB型の産業用粒子分析器は，1958年から1960年の間に開発されたものである．

1958年にW. H. コールターとJ. R. コールターの兄弟は，コールター電気社を立ちあげた．この会社は1995年に，世界20以上の国で，5,000人を超える従業員を製造販売，サービス，教育業務に配置している．

他社の多くがコールターの原理を用いた装置を開発しており，今日世界に存在する自動化された血液の計数器の少なくとも95％は，コールターの装置かその同等品を用いたものである．

[Wallace H. Coulter／林　真理 訳]

■文　献

Breitmeyer, M. O., and M. K. Sambandam. "Holography of Red Cells Moving Toward an Orifice : Verification of a Model." *Journal of the Association of Advanced Medicine* 6 (1972) : 365.

Coulter, W. H. "High Speed Automatic Blood Cell Counter and Cell Size Analyzer." In *Proceed-*

ings of the National Electronics Conference, Hotel Sherman, Chicago, Illinois. October 1-2, 1956, edited by George W. Swenson, Jr., et al. Chicago：National Electronics Conference, 1957.

Jones, A. R. "Determination of Hematocrit：Macroscopic Examination of Centrifuged Blood." In *A Syllabus of Laboratory Examinations in Clinical Diagnosis；Critical Evaluation of Laboratory Procedures in the Study of the Patient*, edited by Thomas Hale Ham. Cambridge：Harvard University Press, 1950.

Price-Jones, C. *Blood Pictures：An Introduction to Clinical Hematology*. 2nd ed. London：J. S. Wright, 1920.

Waterman, C. S., et al. "Improved Measurement of Erythrocyte Volume Distribution by Aperture-Counter Signal Analysis." *Clinical Chemistry* 21（1975）：1201-1211.

◆ゴールトンの笛

Galton Whitsle

　この小さな笛は，イギリスでF. ゴールトン（Francis Galton，1822-1911）によって設計された．それは，非常に高い波長の音の出る笛で，人間や動物が聞き取れる一番高い音を調べるために使用された．ゴールトンは進化論者，改革主義者として幅広くさまざまな事柄に関心を寄せており，その一環としてこのような問題にも取り組んだのである．後には心理学者がこの笛を使って音の高低の知覚に関する諸理論をテストし，また医学の分野でも，学童の身体検査などで，聴力検査にこの笛が使われた．

　ゴールトンは働かなくても暮らしていけるだけの財産と驚くべき創造力をもっていた．彼は1876年に，この笛について述べている．真鍮の管の下の端にはピストン栓がついていて，この位置をネジで調節することによって，出る音の高さを変えることができる．ピストン栓を管に深く挿入すればするほど音は高くなる．ネジは笛の本体を覆っているキャップとくっついていて，ネジを1回転させるとピストン栓が1/25インチ動く．笛本体とピストン栓の表面には目盛りがついているので，この目盛りを読み，表と照らし合わせれば，音の正確な高さがわかる．直径と長さの比を保つことで，高音を出すという目的を達成するには，口径をとても細くしなくてはならない（内径1/16インチ）ことに彼は気づいた．また，力強くて純粋な高音を出すという問題が残っていた．より鋭い音を求めて彼は空気よりも軽いガスを使った実験を行い，水素が好ましいという結果を得た．同時にインド産のゴムでできたボールとパイプを使うことにした．

　ゴールトン以前に，W. ウォラストン（William Wollaston，1766-1828）が，音の高低の知覚の上限はヒトの成人の場合，条件の違いによってかなり変わると述べていた．彼は，小さなパイプを使ってその個人差を示したが，さらにゴールトンは，加齢とともに音の高低を知覚する能力が低下することを発見した．彼はさまざまな種の動物に対しても実験を行っている．彼は先端が笛になっているステッキをつくった．このステッキは中が空洞になっていて，インド産のゴムでできたパイプが取り付けられており，把手でガスを押し入れる．この道具を携帯して，彼はロンドン動物園やヨーロッパを歩き回った．少なくともロンドンの2つの機器メーカー，ホークスレー社とチズリー社，その後ライプツィヒのストーリング社がこの笛を製造し，さらに新型（A. エーデルマン（Adolf Edelmann，1885-1939）のもの）がゲッティンゲンのスピンドラー-ホイヤー社によって製造さ

れた．

　後半生のゴールトンは，人体計測データの収集・分析技術，およびそのデータの公共福祉への応用可能性というテーマに夢中になった．この研究を支えた哲学は優生学あるいは「人種改良」，すなわち人類の自然淘汰の過程を加速させる計画である．彼に煽動されて，英国科学振興協会の生物部は，1875年に人体測定学部会を発足させ，イギリス中の何千人もの人々を対象とした大規模な調査に着手した．ゴールトンは身体的特徴だけでなく精神的特徴も調査すべきだと訴え，1882年に「人体測定研究所」構想を記した書物を出版した．そこでは知覚の鋭敏さや弁別能力の計測を含む簡単な生理学・心理学的検査を応用する計画だった．1884年にはサウスケンジントンで開かれた国際健康博覧会で，実際に実験室を開設した．そこで使われた機器のほとんどが彼自身の設計である．測定値の用途は，個人（成長度をチェックする）と統計（英国人口全体の動向を明らかにし，何らかの変化があればその方向を見定める）だと述べられている．1885年に彼は自分の装置をサウスケンジントン博物館の科学展示室に移し，1894年までそこにあったが，その間9,000人以上の来訪者のデータが集まった．ゴールトンによれば，単純な心理学的過程の調査に専念したのは，知的に優れたものはそうでないものよりも感覚が鋭敏であるがためだった．

　人体測定技術をアメリカに導入したのはJ. M. キャッテル（James McKeen Cattell, 1860–1944）である．彼は1890年に「メンタルテスト」という言葉をつくって，ゴールトンの笛を吹いて高音の知覚を調べるといった単独の項目のセットによる精神の把握を試みた．しかし，この検査で得た

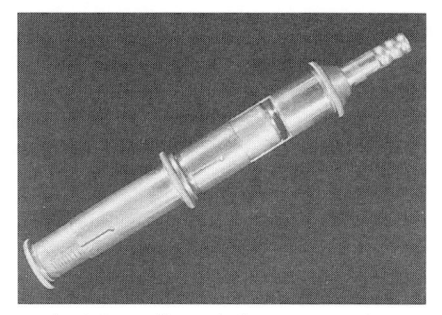

ゴールトンの笛．ライプツィヒのメーカー，ストーリング社が19世紀末につくったもの．シドニー大学心理学博物館提供．

結果をより複雑な諸能力の指標として一般化することが可能であるという考え方は，観察データによって，10年後には否定された．徐々に20世紀的な知能テスト，すなわち複雑な諸能力に直接接近することを意図する複合的な項目からなる検査が，人体測定の調査でも能力を測定するときには用いられるようになっていった．

　とはいえ，心理学者は実験室でこの笛を使い続けた．実験室で被験者は実験者から1mほど離れたところに座らされ，音が聞こえたら合図するよう指示される．実験者はまずかなり低い音が出るよう笛をセットし，被験者に音が聞こえなくなるまで徐々にピストンを押し込んでいく．次に実験者は逆の過程をたどる．つまり今度は被験者が音を感じるまでピストンを引いていく．さまざまな改良はなされたが，1つとしてこの笛の主たる難点を克服できたものはなかった．つまりこの笛では常に一定の高さの音を出すことができず，吹き込まれるガスの風圧の変化によって，高さがかなり変わってしまうのである．音叉のセット，もっと最近では聴覚閾測定器などを使ったほうがよいことがわかってきた．

[Alison M. Turtle／坂野　徹 訳]

■文献

Galton, Francis. "Hydrogen Whistles." *Nature* 27 (1882–1883) : 491–492.
Galton, Francis. *Inquiries into Human Faculty and Its Development*. New York : Macmillan, 1883.
Myers, C. S. *A Text-book of Experimental Psychology with Laboratory Exercises*. 2nd ed. Cambridge : Cambridge University Press, 1911.
Turtle, Alison M. "Anthropometry in Britain and Australia : Technology, Ideology and Imperial Connection." *Storia della Psicologia e delle Scienze del Comportamento* 2 (1990) : 118–143.
Wollaston, William Hyde. "On Sounds Inaudible by Certain Ears." *Philosophical Transactions of the Royal Society of London*. Part 1 (1820) : 306–314.

◆コロナ観測器

Instruments for Observing the Corona

コロナグラフ

コロナグラフ(coronagraph)は人工的に日食を発生させ,太陽の温度が高く最外層であるコロナの写真を天文学者が撮影することを可能にする.フランスの天体物理学者であるB.リヨ(Bernard Lyot, 1897–1952)により1930年にコロナグラフが発明されるまで,コロナは皆既日食の間しか観測することができず,それを撮影しようとするすべての努力が失敗に終わっていた.リヨの最初のコロナグラフは,口径8cmの屈折望遠鏡を3cmに絞り,太陽光を遮る小円盤とほとんどの太陽光を片方の側面に反射させる傾けられた平面鏡が取り付けられていた.この円盤は後に焦点に置かれた高度に反射する金属円錐と換えられる.1931年に使用された彼の2番目のコロナグラフには撮影レンズの前に2つ目の絞りが存在した.リヨはこれらの装置をピレネー山脈のピク・デュ・ミディに建設し,コロナおよびコロナスペクトルの写真を撮影することに成功した.

続く2つのコロナグラフは,スイスアルプスのアロサとコロラド州クライマックスの高地観測所に制作された.リヨのコロナグラフの2倍の大きさのものが後にニューメキシコ州サクラメント・ピーク天文台とコロラド州クライマックスに建設された.ロシア科学アカデミーはコーカサス山脈とシベリアに,口径54 cm,焦点距離8 mの巨大なコロナグラフをそれぞれ建造した.

コロナを観察するためには迷光を防ぐことが絶対条件となる.したがって,対物レンズには,傷やむら,気泡などがあってはならず,非常によく磨かれている必要があり,観察の期間中もしばしば清掃されなければならない.また,コロナグラフは空気の清澄な高所に位置する観測所において最もよく機能する.大気による散乱光をさらに減らすために,G. ニューカーク(Gordon A. Newkirk, Jr.)は成層圏を飛ぶ気球にコロナグラフを導入した.宇宙飛行の場合にさらに上手くいくと判明し,スカイラブによりすばらしい写真が撮影された(1974年).

Hα フィルター

コロナは通常,白色光では観測されない.したがって,単色光フィルターの発達が重要であった.1933年に,リヨは紅炎とコロナを観測するための偏光干渉単色光分光器(赤 Hα フィルター,6563Å)について記述している.これは,複屈折する方解石または水晶結晶板と,偏光フィルターの交互の組合せで構成されている(1/4波長板という).それらの結晶は2つの異なる屈折率を有し,光を対立する2つの偏光光線に分解し,結晶の厚みに依存する位相の差異をつくり出す.干渉によって,目的の輻射は増強され,他の輻射は薄れていく.干

渉の極小値は結晶の厚みによって変化する．水晶のプレートと偏光フィルターの対が多ければ多いほど，単色光分光器の効率は上昇する．

複屈折は温度に依存するため，フィルターは一定の温度に保たれなくてはならない．1937年に，Y. オーマン（Yngve Ohman）は4つの水晶板を使用した帯域幅50Åのフィルターを製作した．1950年代に，ルヴァロワ光学精密機器会社は透過帯域幅0.75Åのフィルターをつくり出した．太陽の紅炎を観測するためには帯域幅1Åから100Åで十分だが，今日，コロナフィルターは1.0Åから0.1Åの帯域幅を有している．$H\alpha$フィルターが役に立つのは，水素がエネルギーを放出する波長を含む，スペクトルの赤い部分に位置する狭い帯域を分離するためである．

$H\alpha$フィルターを使用することによって，リヨは1939年に太陽紅炎の動きをおさめた最初の動画を撮影することに成功した．この業績はアロサで観測しているチューリッヒの天文学者M. ヴァルトマイヤー（Max Waldmeier）とクライマックスで観測しているD. メンツェル（Donald H. Menzel）とハーバード大学の天文学者たちによって発展させられた．今日，これらのフィルターは活発な太陽を自動的に撮影する太陽写真機に組み込まれている．サクラメント・ピーク天文台の，透過帯域を速やかに変えることが可能な極度に狭い干渉フィルターである「万能複屈折フィルター（UBF）」はさまざまな波長での観測を実現している．それによって得られる「合成フィルター像」はさまざまな現象や太陽表面からの高さにより異なった動態を明らかにし，太陽外層の三次元的構造をとらえる機会を与えている．

コロナ輝線の分光観測

明るい緑色のコロナ輝線（5303Å）は1869年に発見され未知の元素「コロニウム」によるとされたものの，W. グロトリアン（Walter Grotrian）とB. エドレン（Bengt Edlén, 1906-1993）が高度にイオン化された鉄原子（Fe XIV）により発生すると説明した1939年まで，その解釈は謎であった．その見解は当時の認識と異なり，コロナが非常に高い温度であることを示唆していた．リヨは1930年に彼の最初のコロナグラフを用いて他の輝線を観測している．

コロナ研究のための分光器は，輝線が淡く広がっているために中程度の分光を使用する．例えば，クライマックスにある12.5cmコロナグラフは，焦点距離210cmで600本/mmの回折格子のある7.5cm口径のリテロー分光器をもつ．曲線状のスリットはどの角度にも調整することができ，1回で120度の角度を観測することが可能である．

コロナ分光器を使用すると，1943年にイエナのカール・ツァイス社で製造され，バイエルンアルプスのヴェンデルシュタインにあるフラウンホーファー研究所の太陽観測所で使用されたもののように，黒点の周期により著しく異なるコロナ線の強度の変化を観測することができた．そこでは，比較光源としてタングステン電球が使用された．これと異なり，クライマックスとサクラメント・ピークにおける観測では，写

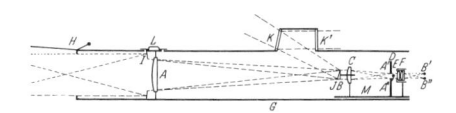

ピク・デュ・ミディで使用されたリヨのコロナグラフの光路図（1931年）．ドイツ博物館提供．

真によりなされた．1950年代以来，光電子コロナ測光器は発展した．しかし今日でも，外側のコロナの構造，明るさ，スペクトルの詳しい研究は日食のときにしか行うことができない．

X線光学によるコロナ観測

最初の軟X線による太陽の写真は，宇宙船に搭載されたピンホールカメラを使用して1960年に撮影された．これにより太陽表面のコロナの激しい放出部分を観測することが可能になった．フィルターを適切に組み合わせることによって，硬X線は吸収され，軟X線（10～100Å）のみが通過するため，フレネル同心円回析板はより鮮明なコロナの画像を生み出す．

ロケット飛行中に標準投射X線望遠鏡を使い，L. ゴルブ（Leon Golub）が撮影した写真（1989年）は，高温の太陽コロナの非常に精緻な様子をあらわしている．コロナの活発な部分は500 kmの空間的分解能で観測された．その画像は，200～300Kの熱で高度に励起状態にされた鉄の輝線である63.5Åの波長によってとらえられた．X線光学により，コロナの激しい放出部分の濃度と熱に関する情報を得ることが可能となったのである．

［Gudrun Wolfschmidt／土淵庄太郎 訳］

■文献

Evans, J. W. "The Coronagraph." In *The Solar System*, edited by Gerard P. Kuiper, Vol. 1, 635-644. Chicago：University of Chicago Press, 1953.

Hufbauer, Karl. "Artificial Eclipses：Bernard Lyot and the Coronagraph." *Historical Studies in the Physical and Biological Sciences* 24 (1994)：337-394.

Lyot, Bernard. "Étude de la couronne solaire en dehors des éclipses." *Zeitschrift für Astrophysik* 5 (1932)：73-95.

Lyot, Bernard. "Le filtre monochromatique polarisant et ses applications en physique solaire." *Annales d'astrophysique* 7 (1994)：31-49.

McMath, Robert R., and O. C. Mohler. "Solar Instruments." In *Encyclopedia of Physics*, edited by S. Flügge, Vol. 54, 1-41. Berlin：Springer, 1962.

◆コロニーカウンター

Colony Counter

コロニーカウンターは，細菌（バクテリア）のコロニーを大きくし，照明をあて，その数を目で見て数えられるようにしたものである．最も普通に用いられているのは，ケベックコロニーカウンターといわれる上部の傾斜した金属の箱と，計数用の格子つきの円形の透明のガラスからなるものである．ガラスの表面には，細菌の培地の入ったペトリ皿を取り付ける．下に40ワットの電球一個をつけて，いくつかの鏡を使ってコロニーに間接光があたるようになっている．1.5倍の拡大鏡をのぞき，拡大鏡を取り付けたアームを調節して焦点を合わせ，コロニーの数を数える．

その後，瞬時にコロニーを記録して表にする付属電子機器が発達した．完全に自動化されたコロニーカウンターは，拡大鏡つきのテレビ画像スキャナーと電子計数器を用いるものである．

歴史

1880年代の公衆衛生学の研究室では，食物，ミルク，水の病原菌汚染検査の一部として，細菌の数を数えることを始めた．コロニー計数の技術が発達したのは，ベルリンのR. コッホ（Robert Koch, 1843-1910）の研究室だった．顕微鏡では，生きている細菌を死んだ細菌から区別できない．そこ

で，固形のゼラチンか寒天の培地で1つ1つの細菌が生長，分裂増殖してできた集合体である「コロニー」(これは目で見える)の数を数えることで，生きている細菌を計数した．一定の基準に従ってつくった試料から生長したコロニーの数は，細菌混入の程度の量的な尺度となる．コロニー計数は，殺菌されているかどうかを確かめるために，酪農業で広く用いられている．

コロニー計数は，退屈で，誤りを起こしやすい作業である．小さな「点」コロニーは簡単に見逃されるし，培地に含まれる残渣や気泡と間違えられる．培地で培養した時間のばらつきや，コロニーを見るときの状態によって，さらに誤りの可能性が増える．コロニーカウンターの発展は，そういった計数の誤りを減らしていくことであった．

初期のコロニーカウンター

最初期のコロニー計数装置は，分裂増殖を促すだけで，照明をあてる工夫はなかった．1886年にコッホの同僚であったE. フォン・エスマルヒ (Ervin von Esmarch, 1823–1908) は，「筒型」培養されたコロニーを数えるための手動で調整可能な試験管留めを製作した．細菌のコロニーは，試験管の内側表面上で丸くなった薄い1枚の培地の上で生長し，試験管留めについたスライドする隙間の拡大レンズを通して数えられる．アメリカでは，ボシュロム光学機器会社が1900年にこれらの機器を4ドルで売り出した．多くの研究室が，ペトリ皿ホルダーの上に拡大鏡をつけた間に合わせの計数台をつくった．皿の下に備えつけた鏡で光を通すと，透明な培地の中で，不透明なコロニーが目立って見えるようになった．

計数を容易にするための格子は，1900年までには入手可能になっていた．この格子によって，円いペトリ皿は $1\,cm^2$ ごとの区域に分割される．R. コッホのもう1人の同僚であったG. ヴォルフホイゲル (Gustav Wolffheugel)，コーネル大学のニューヨーク州立獣医コレッジのジェファーズ (H. W. Jeffers)，フィラデルフィアのスチュワート (A. H. Stewart) による格子が市販された．ヴォルフホイゲルのものが，今日の手動コロニーカウンターに備えられる標準格子になっている．

小さな信頼のおける電球が入手可能になると，微生物学者たちは，計数用の格子を支える，上部に拡大鏡のついた照明つきの箱を開発した．その最初の1つである，スチュワートが1906年に発明したものは，箱の下部の一方の側面に16キャンドルパワーの明るさの電球1個を置いたものであった．それはペトリ皿に斜めに光を当てるもので，コントラストをつけるためにペトリ皿は暗い青色の背景の上に置かれた．このような配置によって，反射光が直接観察者の眼に入るのと，コロニーがまぎれてしまうのを防いだ．

例えばバック (T. C. Buck) の1928年のもののように，後の改良されたものでは，ライトの位置を変えるか，鏡を増やして，上下両方からペトリ皿に光があたるようになっている．

ケベックコロニーカウンター

1930年代には，コロニー計数の正確さを高める努力は，照明の標準化に集中した．アメリカ公衆衛生協会のミルク分析方法基準委員会の審査員であったニューヨーク州食品研究所のA. H. ロバートソン (Archie Hunt Robertson) は，いくつかの簡単に利用できるコロニーカウンターを製作して，それを比較試験のためにいくつかの研究室に配った．モントリオールのケベック

州保健省研究所の M. H. マクレディ (Mac H. McCrady) とその同僚が 1937 年に設計した暗視野のコロニーカウンターは，最も高い評判を得た．ロバートソンとマクレディは，売り物になる計数器をつくるため，そのときまでにはアメリカンオプティカル社の機器部門であった，ニューヨーク州バッファローのスペンサーレンズ社に入った．この会社の O. W. リチャーズ (Oscar White Richards, 1901-) は，1943 年に改良型暗視野ケベックコロニーカウンターの特許を取った．この販売価格は 30 ドルであった．標準的なコロニーカウンターは，40 ワットの電球の上方の円形の反射鏡と，暗い地の上に細菌のコロニーを浮き上がらせる一様な間接光を提供するための一連の鏡を備えている．アメリカンオプティカル社は，今日でもケベックコロニーカウンターをつくり続けている．ヨーロッパではライヘルト社が製造している．

電気的にコロニーをマークし記録する補助装置は，1935 年にミズーリ州セントルイスの P. L. ヴァーニー (Philip L. Varney) が設計したようなものが，一般に用いられている．検査者が金属製の電極で各コロニーに触れると，電流が流れて，磁気カウンターが始動する仕組みになっている．今日ニューヨーク市のマノスタット会社が，持ち運びできるバッテリー電源の計数器を製造している．それは，デジタル液晶画面がついたフェルトペンといった外見をしている．

自動化されたコロニーカウンター

ニュージャージー州のクリフトンの A・B・デュモン研究室は，十分に自動化されたコロニーカウンターを開発することを，1953 年に米国陸軍化学協会から委託された．「飛点光電変換装置」は，テレビ

スペンサー社製ケベックコロニーカウンターの初期の商用版 (1943 年)．NHAH 提供．

受像器に使われているものと同様のブラウン管と光学装置を用いて，ペトリ皿を走査するものである．ただし，解像度を高めるために走査のスピードは遅い．走査する点からの光が不透明なコロニーに遮られるたびに，光電管から電気信号が出るというものである．こういった装置は 1970 年代までには入手可能になっていたが，高額であったため，食品・酪農分野以外で用いられることは少なかった．1973 年にオハイオ州シンシナティの食品医薬品局のジルクライスト (J. E. Gilchrist) とその同僚たちが，アルキメデスのらせん型に回転するペトリ皿の上に一定の大きさの試料を置いていくというバクテリア植えつけの自動装置を発明した．

1980 年代になると，細菌，酵母菌，カビなどの微生物の試験のために，その代謝の生化学的・生物物理学的な性質を利用した新しい手法が開発された．新しい手法には，生物発光を用いて ATP (アデノシン三リン酸) の量を測定する方法，微生物の生長によってつくり出される熱の形で，微生物が基質を分子量の小さな分子に分解する際に起こる電流の変化を測定する微量熱

量測定法，放射性同位体で標識をつけた基質の代謝を測定するための放射能測定法がある．コンピューターを用いたこれらの高価な装置は，ほとんどの場合，食品および薬品産業での製造過程の監視のためや，医学的な診断を大規模に行う研究室のために使われた．これらが1943年につくられたケベックコロニーカウンターに完全に取って代わることはなかった．

[Patricia L. Gossel／林　真理 訳]

■文　献

Archambault, Jacques, J. Curot, and Mac H. Mc-Crady. "The Need of Uniformity of Conditions for Counting Plates." *American Journal of Public Health* 27 (1937): 809-812.

Dziezak, Judie D. "Rapid Methods of Microbiological Analysis of Food." *Food Technology* (July 1987): 56-73.

Esmarch, E. "Ueber eine Modification des Koch'schen Plattenverfahrens zur Isolirung und zum quantitativen Nachweis von Mikroorganismen." *Zeitschrift für Hygiene* 1 (1886): 293-301.

Mansberg, H. P. "Automatic Particle and Bacterial Colony Counter." *Science* 126(1957): 823-827.

Richards, Oscar W., and Paul C. Heijin. "An Improved Darkfield Quebec Colony Counter." *Journal of Milk Technology* 8 (1945): 253-256.

◆コンクリート試験器

Concrete Testing Instruments

コンクリートは，その品質が現場の技量に大きく左右される点で，他のほとんどの構造材と異なる．たとえ管理の行きとどいた練り混ぜ工場から，適切なレディーミクスト（調合済み）コンクリートが現場にもち込まれたとしても，現場での取扱いがその後のコンクリートの特性に影響を及ぼすかもしれない．そういった特性は時間が経つにつれて変化し，特にコンクリートが固まる間は，温度と湿度から多大な影響を受けることがある．

コンクリートとその成分を試験するのに使われる装置の多くは，例えばプロセス制御や素材の強度試験，荷重測定などに使われるものと同種である．振動弦型ひずみ計は，コンクリートに投入するか埋め込むかして変形，収縮，変形応力の分布を測定するのにとりわけ適している．

コンクリートは主にセメントと水，そして砂や砂利のような骨材でできている．セメントが主要な有効成分であり，その反応性は水と混ぜ合わせることによって生じる．J.アスプディン（Joseph Aspdin, 1779-1855）が1824年に特許をとった「普通ポルトランドセメント」は，現在最も広く使われているセメントである．しかし，これがようやく世に知られるようになったのは，1851年のロンドン万国博覧会に見本が陳列されてからだった．J.グラント（John Grant, 1819-1888）はポルトランドセメントを科学的に試験した最初の技師であり，彼の結果は，1859年にセメントがロンドンの下水道に採用されるきっかけとなった．

セメントが導入されるはるか以前，コンクリートをつくるのには石灰が使われており，1859年以前に用いられていた石灰の試験装置，例えばヴィカの針（ビカー針）などは，後にセメントを試験するのに使われた．やがて大規模建造物にコンクリートが使われるようになると，硬化したコンクリートの強度を立証するための試験の開発が必要になった．もっと近年になってからの試験は，コンクリートが打ち込まれている最中，すなわち「フレッシュな（まだ固

まらない)」ときの特徴を監視するために考案された．

セメント試験

セメント試験には3つの基本的な方法がある．すなわちヴィカの針，グラントの引張強さの試験，そして H. L. ルシャトリエ (Henry Louis Le Chatelier, 1850-1936) の安定性の試験である．凝結時間は，ヴィカ (L. J. Vicat, 1786-1861) が 1818 年に水硬性石灰を扱うために考案した針装置を使うことで初めて測定された．直径 0.1 インチ（約 2.5 mm）の平たい先端をもち，通常 3 ポンド（約 1.4 kg）の重さにした針を，10 分おきにセメント試料に置き，1 分間そのままにしておく．目で見てそれとわかる針跡が残っていなければ，試料は固まったものと考えられた．この試験は今日でも世界各国で使われている．

グラントの試験は，セメントの引張強さを測定するために考え出されたもので，純セメントを真鍮またはガンメタル製の型枠に入れて外気に 24 時間さらし，小さな練炭状に固めた後，水中に置いたものについて行われる．その練炭状のセメントは，水に浸してから 7 日後，小さなテコのような試験機械で破壊することによって試験される．20 世紀初頭までにはさまざまな形の機械が生まれ，いずれも試料に衝撃を与えることなく一定の割合で荷重をかけるとされていた．その仕組みには，水槽を満たす水，転がるおもり，バネ秤に作用するウォームスクリュー，弾丸投下器から発射される鉛玉の受け器などもあった．これとほぼ同一の試験は，つい最近，産業での利用が段階的に廃止されたばかりである（ASTM C 190 は 1991 年に中止された）．

セメントは，硬化したセメントペーストの水和［化学的結合］の間に過度の膨張が生じ，亀裂や強度低下を引き起こすとき，不安定だとされる．ルシャトリエが 1870 年代に開発した単純な安定性試験では，2 つに分かれる真鍮のシリンダーに 2 本の指針を取り付けたもの（ルシャトリエ型枠と呼ばれる）にセメントペーストを流し込み，20℃ の水の中で 24 時間かけて固める．その後指針と指針の間隔を測る．次に型枠を水に漬けて 30 分間沸騰させ，そのまま 1 時間置き，冷めてから再び指針と指針の間隔を測る．その変化がセメントの膨張を示す．この試験は現在も世界各国で使われている．

圧縮強さ試験

ほとんどのコンクリートの構造は，コンクリートは圧縮応力に強いが引張応力には強くない，という前提のもとに設計されている．したがって構造計画のためには，圧縮強さが品質の判断基準となる．セメントとコンクリートに関する昔の論文，例えば 1851 年のホワイト (White) の『ポルトランドセメント概論 (Introduction to Portland Cement)』などは，圧縮強さにふれているものの，モルタルブロックの試験しか論じていない．1880 年代にもなると，重要な大規模建造物の品質検査として，コンクリート試料が技師によって取り上げられ，固められ，試験された．しかし産業界規模の標準試験がようやく登場し始めたのは 1920 年代のことである（例えば 1920 年の ASTM C 31）

フレッシュコンクリートの試験

コンクリートに鋼の補強（鉄筋）を入れる方法が広まると，フレッシュコンクリートを適切な場所にすばやく流し込む必要が生じた．「ワーカビリティ」という用語は，コンクリート混合物の，ミキサーから最終的な固形に至るまでの扱いやすさをあらわすためにつくられた言葉である．ワーカビ

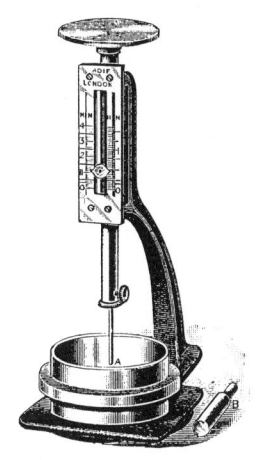

ビカー針（1923年）．Baird & Tatlock Ltd. Standard Catalogue of Scientific Apparatus：Vol. 1, Chemistry. London, 1923：654. SSPL 提供．

リティの試験で，粘稠性，流動性，あるいは凝縮性のような個々の流動学的特性を測定するものは皆無である．

　ワーカビリティの測定には4つの一般的な方法がある．1913年にアメリカのC. M. チャップマン（Cloyd M. Chapman, 1876？-1944）が開発した単純なスランプ試験は，もっぱら品質管理に有効である．締固め係数試験は，そもそも実験室試験として1947年に英国道路調査研究所が開発したもの．ヴェービー（Vee-bee）試験は1940年に始まり，その考案者ベールナー（V. Bährner）の頭文字を取ってそう呼ばれている．他のどの方法よりも費用がかかるし，電力が必要となる．ヴェービーの装置は，プレキャスト（成型済み）コンクリートとレディーミクストコンクリートの工場にしか見当たらない．ケリーボールは，スランプ試験に代わる単純な方法として1955年にアメリカのケリー（J. W. Kelly）が考案したものである．

　1918年，シカゴのルイス研究所のダフ・アブラムズ（Duff Andrew Abrams, 1880-？）が次のような「法則」を定式化した．「同じ素材，同じ条件のもとでの試験なら，完全に硬化し，ある一定の年数を経たコンクリートの強度は，その混合物に使われた水とセメントの割合のみによって決まる」．混ぜ合わせたばかりのコンクリートのセメント含有量をできるだけ迅速に測定する必要から，数々の技術が開発された．なかでも最も興味深いのは，1974年に英国セメント・コンクリート協会が初めて発表した高速分析機（RAM）である．その最新型は，8 kgのフレッシュコンクリート試料のセメント含有量を1回15分間で測定する総合装置である．

[Robert C. McWilliam／忠平美幸 訳]

■文　献

Dhir, Ravindra K., and Neil Jackson. "Concrete."In *Civil Engineering Materials*, edited by Neil Jackson, 107-209. 3rd ed. London：Macmillan. 1983.

Dhir, Ravindra K., John G. L. Munday, and Nyok Yong Ho. "Analysis of Fresh Concrete：Determination of Cement Content by the Rapid Analysis Machine." *Magazine of Concrete Research* 34 （June 1982）：59-73.

Grant, John. "Portland Cement：Its Nature, Tests and Uses." *Minutes of Proceedings of the Institution of Civil Engineers* 62 （1880）：98-179.

Hadley, Earl J. *The Magic Powder*：*History of the Universal Atlas Cement Company and the Cement Industry*. New York：Putnam, 1945.

Troxell, George Earl, and Harmer Elmer Davis. *Composition and Properties of Concrete*. New York：McGraw-Hill, 1956.

◆コンパス【航空用】

Aeronautical Compass

陸上や海上で使われるコンパスと同様

に，航空コンパスは方角を測定するための固定座標系を提供する．それは主として南北の方角を示し，伏角，歳差運動，旋回，東西の速度の効果などに由来する誤差を最小にするものである．

航空コンパスの発展は，19世紀後半の気球の使用とその後の飛行船と飛行機の発明によってもたらされた．S. コーディー（Samuel Cody）は1909年に，液体の入った海上コンパスを使って野原の上を飛行している．

初期の試み

最初の満足のゆく航空機用コンパスは第一次世界大戦中に発達し，それはP4ないしP5アペリオディック・アエロ・コンパスとして知られるようになった．1915年頃につくられたP250型のコンパスでは，外側ケースの底の馬蹄形の台の上にコンパスの半球が置かれた．ヘンリー・ヒューズ＆サン社は，1915年にP259型を生産し始めた．このモデルは指針盤の支持に問題があり，製造が困難であった．

P2型（1922年）は方向指示にグリッド・ワイヤー法を用いていた．4層の磁石を用いて振動を減衰させ，密封された計器がスポンジゴムのパックによって支えられた．A. コバム（Alan Cobham, 1894-1973）はこのタイプをケープとオーストラリアへの飛行で用いた．P3型（1926年）は計器盤で利用できるよう垂直の指針盤とガラス窓をもっていた．P7型（1938年）では，磁石のシステムは鏡を通して下から見ることができた．

これらのコンパスは，方角を知るのに海上コンパスで用いられるのと同様の適切な照準装置が備えられていた．あるものは電気的な照明が施されていた．1942年にはN型系が進路確認用コンパスとして導入された．これは計器盤上の装置で操縦士や航行士のパネルに配備された．それはいまでもE型系として利用され，多くの軍用，民間用航空機の基本的な進路確認の装置となっている．

さらなる発展

ジャイロ安定器を備えた遠隔表示コンパスは1920年代末に考案され，第二次世界大戦前にその利用試験がなされた．これは水平方向のジャイロの動きをとらえる旋回軸上の敏感な磁気システムを用いるもので，ジャイロは方位角の計測を安定化する．磁気的な方位は主制御装置で得られ，乗組員のいる中継装置に伝達される．

ドイツのカール・バンベルク社は最初の航空機用の遠隔指示コンパスを生産した．この時期の他のドイツのコンパスは，アスカニア・セレニウム・DRコンパスで，それはセレニウム電池を利用した複雑な装置である．

イギリスでは，ヘンリー・ヒューズ＆サン社がホームズ・テレコンパスを1929年に生産した．主制御装置は通常の液体の入ったコンパスからなり，半球部は磁気的要

1919年頃の5/17型「速周期」航空コンパス．SM 1919-513．SSPL 提供．

素と支援モーターによって連動するようになっている．液体は電導性で，2つの電極が半球部と指針盤に取り付けられている．これらの電極はホイートストン・ブリッジとして用いられる．ブリッジがつり合っていないときには，電流が支援モーターに流れる仕組みになっている．

最初のアメリカの遠隔指示コンパスは，パイオニア・マグネシンと呼ばれ，1940年に登場した．鋭敏な個所は液体の入った半球の上に浮きによって支えられている．この磁石はドーナツ状に巻かれたコイルに機首の方角に依存するような強さの電流を引き起こす．電気的効果はこのようにして遠隔指示を与える．他のアメリカでの例は，パイオニア・ジャイロ・フラックスゲート・コンパスで，磁気システムの代わりにジャイロで安定化されたフラックスゲートを使っている．このシステムは，ジャイロを備えたフラックスゲートが機体の翼部分に置かれ，遠隔指示器が操縦士の計器盤に置かれている．

ドイツのパティン・コンパスは，さらにもう1つの大戦中の開発品である．液体で減衰される磁気部品がジンバル・システムに収められ，不用な磁気効果から保護されるようになっている．中継器は通常のジャイロか自動操縦装置につながっている．

第二次世界大戦後，遠隔表示コンパスに取って代わって，地球の磁場方向に固定されたジャイロを用いたパワー・セルシン伝達システムが登場した．G4型系のコンパスは旧式のコンパスのすべての利点を保ちつつ，さまざまな種類の航空機に適合するようになっている．例えば，G4Bシステムはジャイロ部分，主指示器，フラックス・バルブ検知器，増幅器，制御装置から成り立っている．この普及したコンパスは非常に正確で利用しやすく，コンピューター技術が到来する以前におけるおそらく究極の飛行用コンパス・システムであった．

[Jeremy P. Collins／橋本毅彦 訳]

■文　献

Davidson, Martin. *The Gyroscope and Its Applications*. London：Hutchinsons Scientific and Technical, 1946.

McMinnies, W. G. *Practical Flying：A Complete Course of Flying Instruction*. London：Temple, 1918.

Molloy, E. *Air Navigation*. London：George Newnes, 1942.

Weems, P. V. H., and Charles A. Zweng. *Instrument Flying*. Annapolis, Md.：n. p., 1957.

◆コンパス【磁気式】

Magnetic Compass

磁気コンパスは磁極の方向を示す．その主な構成要素は，目盛りのあるコンパスカード（羅牌）に取り付けられた回転する1ないし数本の磁針である．回転軸は盤上に留められており，その盤（羅盆）は今度はいくつかのジンバル（支持枠）の中に据えられていて，コンパスを船の動きから切り離すようになっている．盤の縁には船体の前後方向の縦線と平行になるように方位基線が記されている．方位基線と，カードによって示される北点との角度の差から船の針路あるいは航路がわかる．コンパスの中には，目標の方位がカードから読み取れるように，方位鏡を備えているものもある．地磁気による偏差と船内機器に由来する自差が知られていれば，船の正しい針路ないし方位がわかる．

天然磁石の方向特性は長いこと知られて

いたにもかかわらず，ヨーロッパと中国において，コンパスについて実際に言及されるのは，最も早くてそれぞれ1187年と1111年である．これらのコンパスは単に磁化された針を葦に刺して水盤に浮くようにしたものであったようだが，これは穏やかな天候でのみ働きうる仕組みであった．1700年代半ばまで，コンパスの針は軟鉄からつくられ，天然磁石でこすって磁化された．

水ではなく回転軸を用いた乾式コンパスについての知られるかぎり最初の言及は1269年のものであり，コンパスカードについては1380年，ジンバルについては1537年のものが知られている．現存する最も初期のコンパスは1545年に沈んだ英国船メアリーローズから発掘されたものである．この沈没船からの最も完全な見本は，ジンバルに収められた，回転軸をもつ羅盆である．残念ながら，磁針とコンパスカードはどちらも長いこと水に浸かっていたため朽ちてしまった．1550年までにはコンパスカードに32の等角の目盛りをつけることは標準的な慣行になっていて，18世紀における方位コンパス (azimuth compass) の受容に伴って，さらにカードを360度に分割するようになった．

磁気偏差（地表面上任意の点での，磁北と本当の北との間の方向の不一致）は1400年代半ば頃から知られ始め，その効果を打ち消すため，カードの北点は，近似的に正しい北を示すように，しばしば磁針の軸から補正された．この慣行は航海がより長くなり，場所によって大きさが変わるという偏差の性質が知られるようになるにつれ廃れた．最初の偏差表は1500年代半ばにつくられたといわれているが，認めうるような世界偏差表はE. ハレー (Edmund Halley, 1656-1742) によって1701年に初めて発表された．

コンパスは徐々により複雑になったが，1837年には，英国海軍に支給されたコンパスの性能に関する不満がきっかけとなって，初めて英国海軍コンパス委員会が設立された．このときから磁気コンパスは系統的に開発され，その働きが分析されるようになり，とりわけエヴァンス (F. Evans) 英国海軍大佐とスコットランドの法律家で数学者であるA. スミス (Archibald Smith, 1813-1872) が大きく貢献した．

19世紀の間に船舶にますます多量の鉄が導入されたことで，自差と呼ばれるさらなる誤差がコンパスに影響するようになった．1801年のオーストラリアへの調査航海において，フリンダース (M. Flinders) はコンパスの船尾側に垂直の軟鉄棒を置くことでこの影響を相殺した．1824年にはフランスの数学者で物理学者のS. D. ポアソン (Siméon Denis Poisson, 1781-1840) が自差問題の厳密な解析を発表したが，これは後にスミスによって発展させられる数学的手法の基礎を提供した．1835年に英国海軍省は，鉄製蒸気外輪船ギャリーオーウェンの上で，船首をコンパスの全方位点に向けたときの自差を計測した．この結果は王立天文台長G. B. エアリー (George Biddell Airy, 1801-1892) によって分析され，彼は補正磁石を使ったコンパス修正システムを提唱した．このシステムは，永続的な船の磁気を相殺するさまざまな「硬い」（永久）磁石と，船の向きと位置のために誘導される一時的な磁気を相殺する「軟らかい」鉄の塊とからなっていた．エアリーのアイデアは後にスミスとエヴァンスの協同研究によって改良された．

19世紀の終わり頃には，乾式カードコ

1870年代のW. トムソンの10インチコンパスと方位誤差の修正機構をもつ架台. SM 1879-33. SSPL提供.

ンパスは徐々に（とりわけ海軍での使用に関しては）液体を封入したコンパスに取って代わられた．液体コンパスのカードは半浮揚式で，液体（普通はアルコールの一種）の効果で船の動きや振動，砲撃により誘発される誤差を減じた．これらの成果にはリッチー（E. S. Ritchie），ハンマースレイ（W. R. Hammersley）とW. トムソン（William Thomson, 1824-1907）の研究が関わっている．

海事用磁気コンパスは20世紀初頭から比較的変化していない．潜水艦用に磁気コンパスを改造する問題はコンパスを船体外に設置し，潜望鏡を使ってカードを読むことで乗り越えられた．初歩的な海事用磁気コンパスは戦車のような陸上の乗り物での使用のためにも発達させられた．

第二次世界大戦中には，北アフリカにおいて作戦を展開した連合軍によって，一連の太陽コンパスが開発され，使用された．これらのコンパスは日時計を逆に働かせたものであった．その場所の太陽時（乗り物が位置している地点の経度とグリニッジ平均時，そして時差を知っていれば割り出せる）がわかれば，日時計の針の影がコンパスの文字盤に書き込まれているその場所の太陽時を指すように，コンパスプレートの向きを変えることができる．北は1200時と記されている方向と等しい．

戦後，さらに小型でより頑丈なジャイロコンパスが広範に導入されたのに伴って，海事用磁気コンパスは，最も小型の船舶の場合を除いて，非常時のための予備的計器とみなされるようになった．海事用磁気コンパスの最大の利用者は商船であるが，それらには磁気コンパスを取り付けることが法律で義務づけられている．

[Thomas Wright／橋本毅彦 訳]

■文 献

Bagnold, R. A. "Navigating Ashore." *Journal of the Institute of Navigation* 6（1953）: 185-193.

Fanning, A. E. *Steady as She Goes*: *A History of the Compass Department of the Admiralty*. London: Her Majesty's Stationery Office, 1986.

Hine, A. *Magnetic Compasses and Magnetometers*. London: Hilger, 1968.

May, W. E. *A History of Marine Navigation*. Henley on Thames, U. K.: Foulis, 1973.

◆コンパス【ジャイロ】

Gyrocompass

ジャイロコンパスは，磁針の代わりに回転する円盤を使い，磁気コンパスの代わりの働きをする．それは，発明家と科学者の

相互協力により発展してきた，機械的技能と数学的分析の融合体である．ジャイロは，ドイツの J. フォン・ボーネンベルガー（Johann von Bohnenberger, 1765-1831）によって 1817 年に開発された「地球の自転の法則を証明する機械」，アメリカ人 W. ジョンソン（Walter Johnson）による回転スコープ（1831 年），フランス人 L. フーコー（Léon Foucault, 1819-1868）によるジャイロスコープなどのように，実演の機械として登場した．フーコーのジャイロスコープは機械的に精密であったので，水平に自由に動くことができる回転ジャイロは，その軸を地球の回転軸に合わせる傾向があり，北の方角を指すコンパスとして役立つと，フーコーは主張した．

W. トムソン（William Thomson, 1824-1907）が弾性体のジャイロ安定的なモデルをつくったり，運動物体の安定化や誘導に使われたりすることで，ジャイロスコープは科学者や発明家に大きな影響を及ぼした．船舶に鉄や鋼が利用されることで，伝統的な進路指示器である磁気コンパスの作動が妨害されるようになった．トムソンの 1884 年における「磁気コンパスのジャイロ安定的なモデル」の提案は，オランダ人 M. ファン・デン・ボス（Martinus van den Bos）による同年の特許に実現を見た．それはコンパスの磁針と指針盤を電気駆動の円盤に置き換えるものであった．E. W. ジーメンス（Ernst Werner Siemens, 1816-1892）は新しい装置の商業的な可能性を見込んでこの特許を購入したが，1889 年につくられた試作機は失敗に終わり，その後は手をつけようとしなかった．

専門家には機械的な困難が明らかであったので，独立の発明家たちが挑戦した．ドイツ人 H. アンシュッツ゠ケンプフェ（Hermann Anschütz-Kaempfe）は潜水艦で北極点を目指すことを計画し，適当な方向指示器を開発しようとし，1904 年にジャイロ装置により特許を申請した．そのときには，ジーメンス社は物理学者 O. マルティーンセン（Oscar Martienssen）と契約し，実用化と数学的分析の検討にあたらせていた．彼はジャイロコンパスは，船の運動に影響されるので船舶用には不適であると結論した．これは実際，ジャイロコンパスの設計における主要な問題であることが後に判明した．

アンシュッツ゠ケンプフェは，いとこで学生技師であった M. シューラー（Max Schuler）の助けを得て，1908 年に試作機を実演し海軍に売り込むことに成功した．1910 年からは，この装置はイギリスでもエリオット・ブラザース社が認可を得て製造した．

アンシュッツ・ジャイロコンパスにおいては，ジャイロの回転軸が交流によって毎分 2 万回転の速度で回される．容器は水銀上に浮いているので，水平と垂直軸のまわりに自由に運動できる．ジャイロは，歳差運動の力によってその軸が地球の南北の軸と合致するように支持されている．ジャイロ的な慣性に由来するこの方向のまわりでの振動は，特殊な装置により減衰させられる．

振り子による支持は，弾道変位として知られる搭載機の加速による誤差を受けやすい．84 分の周期（地球の半径の振り子の振動周期に等しい）の振動装置が，船舶の加速による攪乱を自動的に補正することを，シューラーは見出した．後にシューラー同調と呼ばれるこの重要な効果は，ジャイロ航行システムにとって根本的なものであった．

20世紀初頭の4インチのジャイロ回転盤を備えたブラウン・ジャイロコンパス．SM 1948-345．SSPL提供．

アメリカ人発明家のE．スペリー（Elmer Sperry, 1860-1930）は1909年にドイツのアンシュッツを訪れ，その後イギリス人発明家のS．ブラウン（Sidney Brown）を訪れた．1911年にスペリー・ジャイロスコープ社が発売した最初のジャイロコンパスも振り子式であったが，フーコーのものと同様につり下げワイヤーを使うものであった．

ドイツ海軍による海上試験やJ．ヘンダーソン（James Henderson）が英海軍のために行った試験によって，どちらのジャイロコンパスも，船が基本方位の方向を取ったときの進行方向を軸とする回転振動である横揺れによる，横揺れ誤差あるいは方位誤差（quadrantal error）を示すことが判明した．どちらもジャイロを付加することで設計が変更された．1912年には，3つのジャイロを備えたアンシュッツ・トリ・ジャイロコンパスが，単一ジャイロのコンパスのこれらの誤差を克服した．スペリーは2年後に単一の補助ジャイロを導入した．

1916年にイギリスの教授J．ペリー（John Perry）は，S．ブラウンとともに，振動する油のクッションの上のほとんど抵抗のない垂直軸をもつコンパスの特許を取った．これはつながった容器を用いて液体のレベルを調節し，調節用の対の容器を単一のジャイロに適用するものであった．これは航行中の船の運動に影響を受けないことが判明した．同様の水銀弾道と呼ばれる装置が，既存のスペリーのコンパスを改良するために用いられた．

これらの装置の設計上の類似性から，先取権の主張や特許の係争に非常に多くのエネルギーが費やされることになった．1914年にアンシュッツ社はスペリー社に対する特許訴訟を開始した．当時特許専門家であった物理学者A．アインシュタイン（Albert Einstein, 1879-1955）は，その係争を審議し，その結果スペリー社が敗訴した．1927年に英国海軍は，水準の制御に関して，スペリー社とブラウン社のコンパスの関係を調査する委員会を設けた．委員会はブラウンとヘンダーソンがそれぞれ独自に概念をつくり上げたことを見出した．

第一次世界大戦はジャイロコンパスにとって試験の場を提供し，装置のさまざまな欠陥を露呈させた．アンシュッツ＝ケンプフェは，ジャイロを取り囲む摩擦のない球状のケースにジャイロシステムを入れようとした．浮かぶ球体の中心を磁気コイルで設置させるという答は，アインシュタインによって与えられた．

ジャイロコンパスの利点は，伝達装置によって遠隔の中継器や航路記録装置につなぐことができることである．また1920年

代に商業船にしだいに導入された自動操縦装置とも使用することが可能であった．

[Jobst Broelmann／橋本毅彦 訳]

■文　献

Fanning, A. E. *Steady as She Goes. A History of the Compass Department of the Admiralty*. London：Her Majesty's Stationery Office, 1986.

Hughes, T. P. *Elmer Sperry：Inventor and Engineer*. Baltimore：Johns Hopkins University Press, 1971.

Lohmeier, D., and B. Schell, eds. *Einstein, Anschütz und der Kieler Kreiselkompaβ*. Heide：Westholstein, 1992.

Rawlings, A. L. *The Theory of Gyroscopic Compass and Its Deviations*. London：Macmillan, 1929.

◆コンパス【偏差，偏角】

Variation Compass

　磁気偏差（または偏角）とは，磁気的子午線と地理的子午線との間の角度である．言い換えれば，コンパスの針の方向と地理上の北を指す線との間の角度のことである．偏差は所在地と時間の双方に応じて不規則に変化するが，ヨーロッパの航海者たちは，遅くとも15世紀までにはこのことがもたらす問題に気づいていた．実用上の目的のためにコンパスを用いる人々が，偏差を修正するのを助ける調整法を発展させたのに対し，地磁気に興味をもつ自然哲学者と科学者は正確に偏差を測るための器具を設計した．

　初期の年代については議論があるものの，15世紀中には，ドイツの職人たちは偏差を考慮に入れるための補正線（offset line）を彼らのコンパス日時計に記していた．16世紀には，ポルトガルの航海者たち，とりわけP. ヌネシュ（Pedro Nuñez, 1492-1577）とJ. デカストロ（João de Castro, 1500-1548）は，太陽が1日のうちの異なる時刻において，磁気の方向に向けられた文字盤上に投げかける影を比べることで偏差を計算する器具を説明し，またそれを使用した．イングランドではW. バラ（William Borough, 1536-1599）が1581年にこの等高度法（double altitude method）を論じた．

　船乗りたちは，磁針と相関的にいつもカードを回したり，2つの同心の文字盤で偏差が直接読み取れるようにする修正器を用いたりといった，偏差に対して彼らのコンパスを補正するさまざまな技法を発展させた．17世紀末まで，偏差を測るための最も重要な航海器具は方位コンパスであった．これは丸い，木枠のついた操舵コンパスで，木箱の中につるされ，頂部には太陽または位置のわかる星の方位を観察するための円形の観測機構—1つか2つの垂直観測機とひも—が取り付けられていた．コンパスカードの円周は360度に分割されていて，ひもの影の位置の角度から偏差が記録できるようになっていた．この時代のすべての海事用コンパスと同様に，これらの器具は不正確で出来が悪かった．またこれらは，特に夜や嵐の天気では，使用するのが困難だった．

　18世紀の半ばには，G. ナイト（Gowin Knight, 1713-1772）とJ. スミートン（John Smeaton, 1724-1792）が方位コンパスをより正確で信頼できるものにしようとする数々の変更を導入した．これらの変更には，繊細な懸架点上で平衡を保たれている高品質の細い鋼鉄の針，頑丈で磁性のない真鍮の覆い，半径に沿って位置を調節できるおもりのついた軽いコンパスカード，そして

1度の半分まで正確な外側の真鍮の方位環などが含まれていた．このようなコンパスの値段は5ポンドほどだった．この世紀の終わりまでに，より複雑なモデルがK. マクロック（Kenneth McCulloch）とR. ウォーカー（Ralph Walker）によって発明されたが，最も重要だったのはマクロックがひもを複式レンズシステムに取り替えたことだった．これらのコンパスは10.5〜15.75ポンドで売られ，手のこんだ観測装置を備え，安定しており，海で使うのもより容易であるといわれた．しかしながら，付近にある鉄の影響に気づかない利用者からは表示が一定しないという苦情が相つぎ，多くの航海者たちはそのような精密な器具を使うことの価値に疑問を投げかけた．

19世紀の間に鉄製船舶と地球計測の国際協同プロジェクトの時代が到来したのに伴って，英国海軍は士官らに対してコンパスを使用し，整備し，修正し，そして定期的に偏差を計測するよう指導することに多大の注意を払うようになった．多くの新設計がテストされ，1840年代には海軍省標準コンパスが主要なコンパスとなったが，これはその後50年間にわたってその地位を保ち，また他の多くの国々の政府によっても採用された．最終的な形式のものは4本の磁針，異なる条件に応じて交換可能な複数のコンパスカード，そして円弧の角度を分単位まで正確に表示する2つの副尺のついた方位環を備えていた．その世紀の最後の四半世紀には，トムソンが離れた目標の像をコンパスカードの拡大された部分に映し出す方位鏡を導入した．同様の器具は表示の読取りをすばやくするために今日でも用いられている．

海では航海者たちが，あらゆる偏差の値

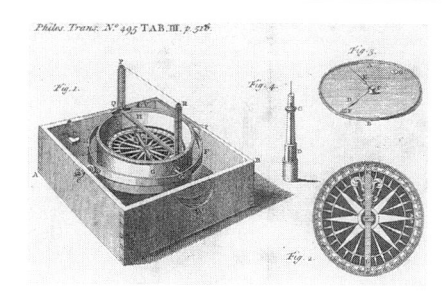

ナイトとスミートンの方位コンパス（1750年）．Knight（1750）：115頁に面する図．SSPL提供．

をおおよそ正確に測れる，頑丈で持ち運び可能なコンパスを必要としたのに対し，陸の上の自然哲学者たちは，小さな範囲でのきわめて正確な表示を与える器具を要求した．バラとW. ギルバート（William Gilbert, 1544-1603）は半円形で等高度法を用いる類似の器具を説明しており，17世紀の間では，H. ゲリブランド（Henry Gellibrand, 1597-1636）とE. ガンター（Edmund Gunter, 1581-1626）の両者が磁気偏差の変化を系統的に調査した．

航海者たちとは異なり，自然哲学者たちはコンパスの周囲から鉄を取り除いておくことの重要性を強調した．器具製造者たちと協力して，彼らはより正確な表示を得られるよう偏差コンパスを改良することに成功した．1720年代に，時計職人のG. グレアム（George Graham, 1674-1751）は，鋼鉄の切先の上に，水晶のキャップで平衡になるよう支えられた薄い磁針で偏差を測ったが，その針は家屋を横切って張られたひもによって決められた零度線の両側へ，20度回転することができた．18世紀の半ばまでには，G. アダムス（George Adams, 1704-1772）が偏差コンパス（おそらくナイトが設計した）を売り出していたが，それには約30 cmの長さの細い鋼鉄の磁針

と，その位置を正確に記録するための一体式の顕微鏡および副尺がついていた．そうしたコンパスは時間に伴う狭い範囲での偏差の変化を記録することと，世界の異なる場所での偏差を測ることに用いられた．1770年代には，H. キャヴェンディッシュ (Henry Cavendish, 1731-1810) がその器具をより便利で正確に使えるようにするためのさらなる改良点を説明したが，その中にはコンパスを地理的子午線と合わせるための望遠鏡が含まれていた．彼はまた計器誤差を調べ，減少させる方法についても論じた．フランスでは1780年代にJ. J. カッシーニ (Jean Jacques Cassini) が，支点で下から支えられるのではなく，上から懸架された約30 cmの長さの非対称的な磁針で偏差を測った．

19世紀の間に，世界中の科学者たちは繊細な器具が造りつけになっている無鉄の磁気観測所を建て，後にはそれらの表示を記録するための写真技術を発展させた．測量士や探検家たちはより小型で持ち運び可能な偏差コンパスを使ったが，その典型的なものは長さ20 cmくらいで，平らで先端が四角い磁針を備えており，その針はガラスと真鍮でできたケースで保護され，零度線の両側に15度振れるようになっていた．

1820年代あたりから，科学者たちは徐々に1本づりの (unifilar) 磁力計を使うようになったが，これは最初にC. ハンスティーン (Christopher Hansteen, 1784-1873) によって導入されたもので，偏差と同様に磁力の強度も測ることができた．これらの器具は重く短い円筒形の磁針を使っていて，これらの針は両端が尖っており，長い絹糸でつられていた．強度は振動率を数えることでわかり，偏差に関しては，器具を地理的子午線と正確に合わせ，その後で磁石の静止位置を観測した．

[Patricia Fara／橋本毅彦 訳]

■文献
Cavendish, Henry. "An Account of the Meteorological Instruments Used at the Royal Society's House." *Philosophical Transactions of the Royal Society of London* 66 (1776): 375-401.
Chapman, Sydney, and Julius Bartels. *Geomagnetism*, Vol. 2, 898-937. Oxford: Clarendon, 1940.
Hewson, J. B. *A History of the Practice of Navigation*, 47-72, 120-154. Glasgow: Brown, Son and Ferguson, 1983.
Knight, Gowin. "A Description of a Mariner's Compass Contrived by Gowin Knight, MB FRS." *Philosophical Transactions of the Royal Society of London* 46 (1750): 505-517.
McConnell, Anita. "Nineteenth-Century Geomagnetic Instruments and Their Makers." In *Nineteenth Century Scientific Instruments and Their Makers*, edited by P. R. de Clercq, 29-52. Amsterdam: Rodopi, 1985. Atlantic Highlands, N. J.: Humanities Press, 1985.

◆コンパレーター
→ 比較測定器【距離測定用】【天体観測用】【ロヴィボンド式】

◆コンピューター【アナログ式】

Electronic Analog Computer

汎用直流アナログ式コンピューター (アナログ式電子計算機) は，問題変数が連続的に変動するボルト数によってあらわされる計算装置である．一般的には，微分方程式の解を自動化する数学的道具として，あるいは物理的・抽象的システム (機械的，化学的，空気力学的，経済的，生物学的の

いずれであろうとも）のダイナミクスをモデル化し，シミュレートする装置として使用される．標準的な商業用システムは，直流演算増幅器，電位差計，乗算器，関数発生器という4つの基本的な構成部品をもつ．鍵となる部分は演算増幅器で，加算，積分，微分，反転，スケーリングの演算を実行するようつくられている．コンピューターのシステムをセットアップ（あるいはプログラム）するために，個々の演算装置は中央パッチベイを経由してケーブルで連結されている．計算が始められると，すべての部品は一斉に作動し，計算はほとんど瞬間的になされる．

競合するデジタル式コンピューターよりもアナログ式コンピューターの方が優れている主な利点は，速い計算速度と人間と機械の利用者との双方向的な関係である．コンピューターの並列構造と電子部品によって，実際的でリアルタイムの計算よりも速い計算が可能になった．問題を組み立てたり，変更することが比較的容易であり，媒介変数（パラメーター）の値はつまみをひねることによって変えることができ，計算結果は陰極線管あるいはプロッター（作図装置）の上で直接観察することができる．「ハンズ・オン」（直接手で触れる）のアナログ式計算環境では，利用者が調べている問題を見通すことができ，それに対する感触を得ることができた．したがって，アナログ式コンピューターは，特に調査研究に有用であった．

1945年以前，科学や工学において主要でかつ最も用途の広いアナログ式計算補助器には，1920年代から1930年代の間にアメリカなどで開発された機械式の微分解析機や電気ネットワーク・アナライザーがある．しかし，機能的には同じでも，アナログ式コンピューターは，これらの確立した計算技術に電子工学を応用する試みから始まったわけではない．そうではなく，第二次世界大戦後のアナログ式コンピューターは，真空管を基にした通信用増幅器や，電子部品，サーボ機構，レーダー，専用制御適用に関する戦時研究についての20年以上の研究開発に起源がある．

計算目的に電子増幅器を採用し適応させることは，アメリカのフォックスボロ・インスツルメント社のG. フィルブリック（George A. Philbrick）によって1938～39年に開発された専用アナログ式電子シミュレーターである「自動制御アナライザー」で始まった．これは，制御ループの研究をシミュレートし，単純化するために設計されていて，技術者が産業用プロセス制御装置の設計において問題を解くのを助けた．

1940年にフィルブリックの仕事とは全く独立に，ラヴェル（C. A. Lovell）とパーキンソン（D. B. Parkinson）は，対航空機銃制御装置の機械式アナログ計算部品を電子デバイスに取って代えるためにベル研究所で開発計画を始めた．これは，直流演算増幅器の設計，開発，応用を含み，アナログ式コンピューターの戦後の発展にとって技術的な基礎の多くを築いた．それにもかかわらず，演算増幅器を数学的分析やシミュレーションのための一般化された計算システムに体系化する具体的な行動は，ニューヨークのコロンビア大学での国防研究評議会プロジェクトの中で始まった．そのプロジェクトの主要な目標は，空挺爆弾航行装置や砲撃制御装置のための新たな設計の評価であった．現場でよりもむしろ実験室でのそうした手段を開発するために，研究者はベル研究所で開発された計算用増幅器を採用し，修正した．1947年，ラガツ

ィニ（J. R. Ragazzini），ランドール（R. H. Randall），ラッセル（F. A. Russell）はコロンビア大学での戦時研究の詳細を刊行し，「演算増幅器」という用語を導入した．

戦後，アナログ式コンピューターは，増大する技術システムの複雑さや既存の分析的・経験的設計方法の非実用性や不正確さに応えて開発された．顕著な計算需要は，誘導ミサイルと航空機の開発に関連している．政府と軍部によって資金援助されたプロジェクトは，アナログ式コンピューターの技術的基盤を据えることだけでなく，その商業化とさらなる開発においても決定的な役割を果たした．アメリカでは，海軍研究局がサイクロンプロジェクトとタイフーンプロジェクトに資金提供した．サイクロンプロジェクトは1946年に開始され，ニューヨークのリーブズ・インスツルメント社によって実行された．それは1947年に最初の商用汎用直流アナログ式コンピューターシステムであるREAC（リーブズ・アナログ式コンピューター）の導入に至った．タイフーンプロジェクトは，プリンストンのアメリカ・ラジオ社で1947年に開始され，直流演算増幅器の全体的な性能について重要な技術的改良を進めた．

1950年代半ばまでに十数社ものアメリカの企業は，汎用直流アナログ式コンピューターシステムを商業ベースで製造していた．加えて，多くの私企業，大学，研究所が決して商業化されない「インハウス」（組織内）システムを開発した．商用アナログ式コンピューターシステムは，デスクトップサイズからルームサイズまであり，価格は1,000ドルから数10万ドルまであった．最も影響力があり成功したアメリカの汎用アナログ式ハイブリッド型コンピューター製造業者の一つは，EAI（エレクトロニック・アソシエーツ社）である．1950年代にEAIの最も成功したアナログ式コンピューターシステムは，PACE 231-R（精密アナログ式コンピューター装置）である．1950年代アメリカの汎用アナログ式コンピューター製造業者の中でその他の主なものには，GEDA（グッドイヤー電子微分解析機）のグッドイヤー航空会社，EASE（アナログ式電子シミュレーション装置）のベックマン・インスツルメンツ社，ボーイング航空会社，リーヴズ・インスツルメント社，ジョージ・A・フィルブリック・

エレクトリック・アソシエーツ社によるアナログ式コンピューター設備（1962年頃）．マンチェスターの国立コンピューター歴史文書館提供．

リサーチズ社，GPSインスツルメンツ社，アプライド・ダイナミクス社があった．

1960年代の間に，製造業者は，アナログ技術とデジタル技術を結合したハイブリッド型コンピューターシステムの開発，および真空管増幅器のトランジスターへの取替えにしだいに注目するようになった．コムコール社によって1964年に導入されたCi 5000は，汎用デジタル式コンピューターに連結され制御されるように特に設計された，トランジスターをまるまる使った汎用アナログ式コンピューターの最初のものである．1960年代末までに，いくつかの企業は全トランジスターのハイブリッド型コンピューターシステムを製造していた．

イギリスでは，ハードウェアの開発と商業化は，アメリカの数年後を進んだ．1950年代の半ばから末にかけて，イギリスの汎用アナログ式コンピューター製造業者の主なものは，エリオット・ブラザーズ社（ロンドン），EMIエレクトロニクス社，イギリス電気会社，フェアリー航空機会社，ソーンダーズ=ロー社，ショート・ブラザーズ＆ハーランド社，ソラートロン社である．最初の商用コンピューターシステムは，1953年にショート・ブラザーズ＆ハーランド社によって導入された．イギリスのアナログ式コンピューター会社で最も成功したのは，ソラートロン社である．1960年代初頭，ソラートロン社の主なアナログ式/ハイブリッド型コンピューター製品範囲は，247シリーズのアナログ式コンピューターとHS 7シリーズのハイブリッド型コンピューターであった．

1950年代末，アナログ式コンピューターは，化学工学，機械工学，電気工学の応用に広く使用されていた．にもかかわらず，主な応用領域は航空工学と航空宇宙科学であった．実際，1960年までに，アメリカとイギリスにおけるあらゆる主要な航空機・航空宇宙企業，軍用航空機・ミサイル開発，試験施設は，汎用アナログ式コンピューターをもっていた．1960年代および1970年代のアメリカでは，アナログ式コンピューターとハイブリッド型コンピューターは，アポロを含むアメリカの有人宇宙計画期間中，NASAとその請負業者によって使用された．イギリスでは，コンコルドの開発，原子力工学，電力・エレクトロニクス産業で使われた．アナログ式コンピューターの開発と利用は，フランス，ドイツ，日本，旧ソ連でも広く行われていた．

軍部の支援，経済的問題や高速の計算速度は，戦後のアナログ式コンピューターの成功における重要な要因ではあったが，それらは工学設計の道具としてのコンピューターシステムの魅力を説明しない．この魅力の多くは，経験主義，試行錯誤，パラメーター変動設計方法を強調する工学教育とアナログ式コンピューターが共振し，それによって形成されたという事実にある．この伝統は，分析的方法や数学公式として表現される理論よりも，視覚化と技術の暗黙知の価値を強調する．スケールモデル建設技法を再評価し，ダイナミックシステムをリアルタイムでシミュレート可能にすることによって，アナログ式コンピューターは，伝統的な工学設計実践を向上させた．それは，技術者が理論と既存の経験的方法の限界と，まさに構築しようとしている複雑な現実世界のシステムとの間にあるギャップを乗り越えるのに役立つ．

[James S. Small／柿原　泰訳]

■文　献
Bekey, G. A., and Karplus, W. J. *Hybrid Computation*.

New York: Wiley, 1968.

Holst, P. A. "George A. Philbrick and Polyphemus—The First Electronic Training Simulator." *Annals of the History of Computing* 4（1982）: 143-156.

Korn, G. A., and T. M. Korn. *Electronic Analogue Computers*. New York: McGraw-Hill, 1952.

Ragazzini, J. R., R. H. Randall, and F. A. Russell. "Analysis of Problems in Dynamics by Electronic Circuits." *Proceedings of the IRE* 35（1947）: 444-452.

Small, J. S. "General-Purpose Electronic Analog Computing: 1945-1965." *Annals of the History of Computing* 15（1993）: 8-18.

◆コンピューター【デジタル式】

Digital Computer

デジタル式コンピューター（電子計算機）は，基本的な演算に不連続に変動する物理的実体を使う．アナログ式コンピューターは連続的に変動する量を使う．

自動デジタル計算は，1821年に発案されたC. バベッジ（Charles Babbage, 1792-1871）の「階差機関」にさかのぼることができる．「階差機関」の目的は，出版される数表，とりわけ航海表の製作において，人為ミスを取り除くことであった．「階差機関」は，有限差分法を使って多項式の関数を表にするように設計されていた．この方法では，比較的機械化しやすい加法のくり返しによって，連続した表の値がもたらされ，1つの多項式における各項の数値を求めるのに普通必要な乗除算の必要性を取り除いた．いくつかの不完全な部品を別にすれば，バベッジは彼の機関を現物ではどれも完成できなかった．スウェーデンのゲオルク・ショイツ（Georg Scheutz, 1785-1873）とエドファルト・ショイツ（Edvard Scheutz, 1821-1881）の親子は3台の階差機関をつくった．原型は1843年に完成する．最初の生産機（1853年）は，天文学研究のためにニューヨーク州オールバニーのダドリー天文台によって購入された．2番目（1859年）は，ロンドンの登記所のためにつくられ，1864年のイギリス生命表の準備に使用された．M. ヴィベリ（Martin Wiberg, 1826-1905）の小型の階差機関（1860年頃）は，スウェーデン語，ドイツ語，フランス語，英語で出版される何巻もの表を準備するために使用された．G. グラント（George Grant, 1849-1917）による原動機つき階差機関は，1876年にフィラデルフィアで出品された．

バベッジの「階差機関」は，その使用が歯車仕掛けで決定される，固定された演算に限定されるという意味で計算機である．それは自動で，つまり機構の中に数学的規則を組み込むのに最初に成功した機械であるので，デジタル式コンピューターの出発点としての地位を獲得している．それ以前の手動式のものと違って，有用な計算結果を出すのにオペレーターの介在に頼らずにすんだ．しかし，それは汎用機ではなかった．1834年に発案されたバベッジの「解析機関」は，汎用自動計算機に関する最初の構想をあらわしている．これはどんな順序でも四則演算を実行するためにパンチカードでプログラムすることができた．反復と条件分岐が可能で，その内部構造は，情報と結果が保存される「ストア（記憶装置）」と「ストア」から引き出された情報を処理する「ミル」との機能分化を特徴とする．「ストア」と「ミル」の分離は，1945年にJ. フォン・ノイマン（John von Neumann, 1903-1957）によって示された現代的なデジタル式コンピューターの基本的な

特徴である.バベッジはほとんどすべての代数式の値を求めることを可能にする普遍的な計算機として「機関」を見ていた.

バベッジは彼の着想を高度な段階にまで発展させたが,彼の生存中には小さな実験的モデルがつくられたにすぎないし,「解析機関」は後の設計に直接的な影響をほとんど与えなかった.もう1つの孤立した着想としては,機械式の汎用デジタル式プログラム制御計算機に関するP. ラドゲイト (Percy Ludgate, 1883-1922) の1909年の計画案がある.

多くの過渡期の機械は,機械式から電子式の機械への変遷を示している.ドイツではK. ツーゼ (Konrad Zuse, 1910-1995) が,交換素子として移動する機械式極板と電気機械式継電器(リレー)を使って,一連の汎用デジタル式自動機械をつくった.機械式の原型Z1 (1938年) は,後の彼の機械がそうであったように,10進法よりもむしろ2進法を使った.Z2は機械的記憶装置と電気機械的算術装置をもつ.Z3 (1941年) は完全に電気機械的で,最初の成功した汎用プログラム制御計算機とされる.ツーゼの仕事に刺激を与えたのは,航空機設計のために連立一次方程式を解くのにかかる労力と時間を減らす必要性であった.アメリカではH. エイケン (Howard Aiken, 1900-1973) の電気駆動装置つき巨大機械式計算機,ハーバード・マークI (Mark I) が,IBM社とアメリカ海軍の共同出資で1943年に完成した.マークIは,数学的計算および印刷される数表の製作のために使われた.エイケンに刺激を与えたのは,微分方程式の解に必要な数値計算の量を減らすことであった.

最初期の電子機械は,能動素子として熱電子管あるいは真空管を使用した.真空管は高速の交換速度と摩耗のない演算を可能にした.アイオワ州立大学物理学教授のJ. アタナソフ (John Atanasoff, 1904-1995) と,彼の助手のC. ベリー (Clifford Berry, 1918-1963) は,1939年に実験的電子計算装置をつくった.戦時の状況は電子計算装置の開発を活気づけた.ドイツでは,ツーゼの同僚であるH. シュライヤー (Helmut Schreyer) が,実験的真空管回路を開発した.イギリスのブレッチリーパークでは,通信技術者のT. フラワーズ (Thomas H. Flowers, 1905-1998) が,算術計算のためではなく,傍受した敵の無線を解読するための暗号鍵を高速度で試行錯誤的に試験するためにコロッサス初号機をつくった.電子信号は簡単な数値よりもアルファベットや数字をあらわし,その機械は直接の数値計算よりも記号処理機として使われる計算装置の初期の見本を示している.最初の完全な関数型電子計算機は,J. モークリー (John Mauchly, 1907-1980) とP. エッカート (Presper Eckert, 1919-1995) によってペンシルベニア大学電気工学部ムーア校で1945年につくられたENIAC (電子式数値積分計算機) である.ENIACは,砲弾の軌道表の迅速な製作のために開発された.戦時には実現できなかったが,すぐ後で水爆の設計に関連した複雑な計算に使用された.ENIACプロジェクトに関係したフォン・ノイマンは,1945年に書かれた未完成の論文で,汎用プログラム内蔵型デジタル式コンピューターであるEDVACについて説明していた.フォン・ノイマンによって定式化された原理が,次の40年間コンピューター・デザインを支配した.

戦後の発展はコンピューターを技術者の実験室からオフィスに移動させた.イングランドのマンチェスターで,F. ウィリア

ムズ（Frederick Williams, 1911-1977）と T. キルバーン（Tom Kilburn, 1921-2001）を含むチームは1948年にSSEM（小規模実験機）上に最初の電子記憶プログラムを走らせた．続いて，マンチェスター・グループとフェランティ社の共同で，ペガサス（1956年），マーキュリー（1957年），アトラス（1962年）を含む数台の商用コンピューターを製造した．これらは商業的使用も科学的使用も想定していた．

イングランドのケンブリッジの数理研究所で，M. ウィルクス（Maurice Wilkes, 1913-）が率いるチームは，1949年に初めて作動したEDSAC（電子式遅延記憶自動計算機）をつくった．それ以前のたいていの実験機とは違い，EDSACは特に学術研究のための計算業務を提供するために設計された．EDSAC 1は，惑星軌道，化学分子の波動関数，タンパク質ミオグロビンの構造を決定するための計算を行った．EDSAC 2はキャヴェンディッシュ研究所での電波天文学研究において中心的な役割を担った．それに続くJ・ライアン社（大きな配膳業会社）との共同によって，LEO（ライアン電子オフィス）と呼ばれる一連の商用コンピューターがつくられた．1951年に初めてテスト・プログラムを起動させたLEO Iは，特に商業利用のために設計された最初のコンピューターである．

イングランドの国立物理研究所で，数学者であり元ブレッチリーパークの暗号解読者でもあったA. チューリング（Alan Turing, 1912-1954）は，1946年にACE（自動計算機関）を設計した．実験機は1950年に作動し，十分に工学的に設計されたもの（デウス）は1955年にイギリス電気会社によって製造された．アメリカでは，エッカートとモークリーが1951年に国勢調査局のために最初のUNIVAC（普遍自動計算機）を製作した．IBM社は1953年に最初のIBM 701コンピューターをロスアラモスに納品する．製造された19台の701コンピューターのうち，8台が航空会社に，7台が政府機関や大企業に，3台が大学に売れた．IBM社は大型コンピューター市場を支配し，その製品は科学的利用にも商業的利用にもうまく広がった．

ニュージャージーのベル研究所でのW. ショックレー（William Shockley, 1910-1989），J. バーディーン（John Bardeen,

1940年代末のペンシルベニア大学のENIACコンピューター．前面にいるのはプレスパー・エッカートとジョン・モークリー．ペンシルベニア大学文書館提供．

1908–1991) と W. ブラッタン (Walter Brattan, 1902–1987) による 1947 年のトランジスタの発明は，1960 年代初頭により小型で比較的電力効率のよい新世代コンピューターにつながった．テキサス・インスツルメント社の J. キルビー (Jack Kilby, 1923–) は，異なる電子部品が半導体物質の同じブロックで製造できることを 1958 年に立証し，1959 年には，フェアチャイルド・セミコンダクターズというライバル企業で，R. ノイス (Robert Noyce, 1927–1990) がそのような部品を相互に連結させ，統合する手段を考案した．議論の余地はあるが，集積回路 (IC) の発明の名誉は，ノイスとキルビーの双方に帰されている．集積回路あるいはマイクロチップは，マイクロエレクトロニクス革命の基礎を築き，次の世代のより速くより大きい機械は主要な製造業者によって大量生産された．

インテル社のホフ (M. E. Ted Hoff, 1937–) は，1 枚のマイクロチップにコンピューターの基本的な論理素子のほとんどを据えることを発案し，マイクロプロセッサーが 1971 年に発表された．これは 1970 年代初頭にポケット型電子計算機ブームをもたらし，アップル II やコモドール・ペットで知られる，1977 年の最初のデスクトップ (卓上) 型コンピューターの生産につながるパーソナルコンピューターのブームをもたらした．そのとき以来のコンピューターのハードウェア (計算機構) の歴史は，おおむね小型化を進め，対応する部品密度の増加を可能にしたマイクロエレクトロニクスの歴史である．マイクロエレクトロニクスとコンピューター産業の急速な成長のため，個人の貢献は企業の研究開発チームの匿名性の陰に隠れるようになった．

[Doron Swade／柿原　泰訳]

■文　献

Aspray, William, ed. *Computing before Computers*. Ames：Iowa State University Press, 1990.

Augarten, Stan. *Bit by Bit：An Illustrated History of Computers*. London：Allen and Unwin, 1985.

Lavington, Simon. *Early British Computers：The Story of Vintage Computers and the People That Built Them*. Manchester：Manchester University Press, 1980.

Lindgren, Michael. *Glory and Failure：The Difference Engines of Johann Müller, Charles Babbage and Georg and Edvard Scheutz*. Translated by Craig G. McKay. 2nd ed. Cambridge：MIT Press, 1990.

Williams, Michael. *A History of Computing Technology*. Englewood Cliffs, N. J.：Prentice-Hall, 1985.

さ

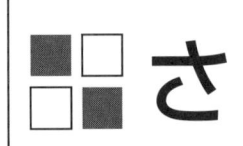

◆材料強度試験器具

Strength of Materials-Testing Instruments

材木や石材,金属の性質に関する知識は,伝統的に,大工・石工・鍛冶屋・鋳鉄製造者といった職人が身をもって体得しており,徒弟見習いを通して伝承されていた.17世紀になると,荷重に対する完全弾力反応という仮定に基づいて,材料の力学的振舞いに関する知的な関心がわき起こった.

19世紀初頭には,厳密な意味での材料試験装置が登場して,材料の張力だけを試験するものとして設計された.著名なものにウーリッチ海軍工廠に設置された機械があり,P. バーロー(Peter Barlow, 1776-1862)はそれを使って先駆的な実験を行い,その結果を1817年に出版したのだった.

初期の張力試験装置では一般的に試験片は水平方向に置かれたが,現在はむしろ試験片を垂直方向に据え付ける方法がとられている.シャックル(連結金具)をネジ山につけて試験片を把捉し,ホイール・ナットを使って荷重を与えることにより,臨界状態に至るまで荷重を徐々に増していくことができる.シリンダー内のラムに液圧を加えることによっても,安定して制御可能な荷重を試験片に加えることができる.液体媒体として当初は水が使われていたが,今日では油が広く利用されている.

最も古い方法は死重(静荷重)を利用するもので,天秤に乗せた分銅を使って測定し,それに天秤の長さの比をかけ合わせる.液圧を利用するときには,試験片上の荷重を液圧ゲージで測定し,ラムの横断面積とかけ合わせる.しかし,皮シールと水圧ラムの間の摩擦損失を無視しているという理由から,この技術は信頼性を失った.代わって好まれた方法は,硬化鋼製ナイフエッジとテコ,荷重を測定するための棹秤を使うもので,今日でも多くの場面で利用されている.

19世紀中葉以降に製造された多くの巨大試験装置は,多目的用装置として設計された.20世紀になると,一種類の試験を実行するための小型試験装置が設計されるようになり,汎用機械で他の種類の試験を実行するための再調整に必要であった運転停止時間が省かれるようになった.

D. カーコルディ(David Kirkaldy, 1820-1897)の汎用試験装置は,リーズのグリーンウッド(Greenwood)とバトレイ(Batley)の手によってつくられ,1866年にロンドンに設置された.カーコルディは材料試験官として独立・開業し,同事業は1974年に至るまでその子息・孫によって受け継がれた.その機械は,利用されていたときの状態のまま,ロンドンのサザーク通り99番地にあるカーコルディ試験博物館の呼び物として保存されている.それは47フィー

ト (14 m) の長さの水平の鋳鉄製土台の上に，水圧ラムを利用して最高446 tの荷重をかけられるよう設計されており，棹秤を使って測定するようになっている．元来，引張り・圧縮・曲げ・ねじれ・せん断・押しぬき・湾曲の試験を行うために利用されたものだった．

1872年，アメリカ技術者委員会は米国政府に対して，アメリカ製の鉄鋼に関する一連の試験を行うことを支援するよう要請した．その結果，総額7万5000ドルが拠出され，1875年，400 tの荷重を課すことができ，長さ28フィート，幅30インチまでの大きさの試験片の張力や，長さ30フィート以下の円柱状の試験片の圧縮を試験することのできる機械を設計することがエメリー (A.H.Emery) に委ねられた．その機械は1879年にウォータータウン造兵廠に設置され，おそらく当時において世界最大の試験装置だった．続いて，小さなタイプのものが，ニューイングランドのコネチカット州スタンフォードのイェール＆タウン製造会社によって建設された．

政府，民間試験所，工場，大学（研究や教育のため）や大規模な建設現場で試験装置は利用されてきた．19世紀末以降，広範な設計者や製造者たちが，非常に多岐にわたる装置や測定器具を製造してきた．主要な名前をあげると，アメリカでは，フェアバンクス（ニューヨーク），イェール＆タウン（スタンフォード），タイニアス・オルセン（フィラデルフィア），リール・ブラザーズ（フィラデルフィア）．イギリスでは，J．バクトン社．（リーズ），W．＆T．エイヴリー（バーミンガム），グリーンウッド＆バトレイ（リーズ），タンジー・ブラザーズ（バーミンガム），S．デニソン＆サンズ（リーズ），エドワード・G・ハー

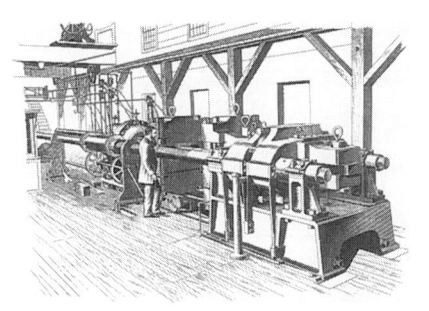

ウォータータウン造兵廠に1879年に設立されたエメリー試験装置．Report of the United States Board Appointed to Test Iron, Steel, and Other Metals, Vol. 2. Washington, D. C.: Government Printing Office 1881. NMAH提供．

バート（マンチェスター），ダニエル・アダムソン（マンチェスター）．そして，アルフレッド・J・アムスラー（シャフウーズ，スイス），グラフンスタドゥン（ミュルーズ，フランス），ルートヴィヒ・ヴェルダー（ドイツ）．

装置や技術が大きく発達するに伴って，試験する側がその結果を比較することを望むようになり，何らかの形の国際的な標準化が必要なものと考えられるようになった．1870年代，ドイツのポルトランドセメント（人造セメント）製造業者や鉄道行政は，国際標準化に向けた試みに取り組んだ．1884年には，ミュンヘン工科大学のJ．バウシンガー (Johann Bauschinger, 1833-1893) が「構造材料試験に一貫した方法を適用するという目的」に向けた協定を呼びかけ，その呼びかけは最終的に，材料試験国際協会の設立へと結実した．

[Denis Smith／中村征樹 訳]

■文献

Kirkaldy, William G. *Illustrations of David Kirkaldy's System of Mechanical Testing*. London: Samp-

son Low, 1891.
Popplewell, William Charles. *Experimental Engineering*. Vol. 2. Manchester：Scientific, 1901.
Unwin, William Cawthorne. *The Testing of the Materials of Construction*. 2nd ed. London：Longmans, 1899.

◆算　木

Counting Rods

　算木は古代・中世の中国，中世の朝鮮，そして日本において算術的，代数的計算を行うために用いられた．中国においてこの道具には異なった名称がいくつかあった．すなわち，「策」，「算」，「籌」，「籌算」，「籌策」，「算籌」，「算子」などである．最後のものは宋王朝期（960-1279）から呼び始められた，最も一般的な名称である．
　最古の算木の遺物は，最近中国の墳墓から発掘された紀元前2～1世紀にさかのぼるものである．それらのいくつかは竹でつくられ，また骨製のものもあった．最初の詳細な算木についての記述は，班固（32-92）の『漢書』に見られる．各算木は丸い竹の棒で，長さは6寸，太さは0.1寸である（当時の1寸は約2.3cmである）．標準としては271本の算木を一組とする．後の記録では色つきの円形算木について言及している．白と黒（または赤と黒）の算木は，順に正と負の数を記すのに用いられた．他の記録によれば，数値の符号は異なった断面の算木によって示されることもあったという（三角の断面の算木は正の数を，四角の断面のものは負の数を示していた）．
　算木によって操作される算術的な計算の一部は，現存最古の算術書の1つである『九章算術』（紀元後1世紀頃編纂）に記され

ており，最近発掘された算術書である『算数書』（紀元前2世紀初期にさかのぼる）にも算木の使用された証拠が記されている．この道具によって操作された算法は，整数，小数，分数の四則（加減乗除），平方根，立方根の算出，一般的に有効なアルゴリズムによる連立［一次］方程式の解法である．当時，二次方程式についての一般的な数値解法が確立されていた証拠はある．高次（十次程度まで）の方程式の数値解法や，高次の連立方程式の表記法と数値解法も後の中国において，11世紀から14世紀の間に発展した．
　算木による計算は十進法的な位取りに基づき，平らな盤上，おそらくは特別な布の敷かれたテーブルの上で，実行された．その位取りの位置が正方形または長方形の格子で区別されていたのか，あるいはその境界を頭の中だけで想像していたのかどうかは知られていない．算木の操作が特殊な盤（格子の描かれていた盤）の上で行われていたと信じている論者もいるが，古代，中世の中国の史料によっても，そのような道具の存在はいまだ実証されてはいない．日本においては紙製のものも用いられていた．
　算木による数値の表し方は次のようになる．計算を行う盤上に1つの位置を決め，そこを1の位と定める．その位置の左隣を10の位とする．さらにその左を100の位とし，以下同様に設定する．1の位の右側は，それぞれ順に10^{-1}, 10^{-2}の位とする．1から5までの数字nは，n本の算木によって示される．6から9までの数字nは，$n-5$本の算木を［1から5までの］算木と同一方向に置き，単位としての5を指示する1本の算木をそれらと直交する向きに置くことによって示される．0の場合，その位置は空白となる．与えられた位取りの

1971（上）と 1976（下）と記した中国の算木．An hui Sheng bo Wu Shan. "He fei xi jiao sui mo." Kao Gu 2（1976）：Figure facing page 140．ケンブリッジ大学図書館特別評議会提供．

位置における算木の向き（水平的か垂直的かということ）は，その位取りが示すところの 10 の累乗による．すなわち，10^{2n} の位取りならば算木を垂直的に縦に置き，10^{2n+1} の位取りならば水平的に横に置く．分数は整数値の組として表現された．

中国の数学者たち，賈憲（1050 年頃活躍），劉益（12 世紀中頃以降の人），秦九韶（1202-1261），李治（しばしば李冶とも記される，1192-1279），楊輝（1257 年頃活躍），朱世傑（1299 年頃活躍）などは，算木による高次代数方程式の数値解法に関するアルゴリズムを発展させた．現代の代数的な記法で示すならば，そのアルゴリズムはいわゆるルフィニ-ホーナー（Ruffini-Horner）法に類似したものである．すなわち，多項式 $a_0 x^n + \cdots + a_{n-1} x + a_n$ を $x - x_0$（x_0 は解の近似値）によって連続的に割っていく操作を含む一連の計算である．多項式は算木を用いて，その係数のみが柱状に配置される．すなわち，ある列が定数項と定められると，その上の列（あるいはその下の列，その決定は各著者たちにより定められた規則による）には算木によって示された $x, x^2, x^3, \cdots$ の項の数係数が配置される．朱世傑は多項式の加，減，乗法，そして前述したような特殊な除法についての操作法を紹介している．彼はまた，複数の未知数（ただし 4 個まで）に関する多項式の表現法をも開発した．すなわち，計算盤の上にある位置を定数項として定め，［上下左右の］4 方向へと向かう配列を逐次，4 つの未知数それぞれの累乗の係数の配列として用いる．例えば未知数 u と v について見れば，i 番目の列と j 番目の行が交わった位置は $u^i v^j$ の数係数が置かれることとなる．

中国においては，14 世紀の後半に算木は徐々にそろばんに取って代わられ，まもなく消滅した．朝鮮と日本においては，算木とその数学的な操作は 19 世紀に至るまで用いられていた．

[Alexeï K. Volkov／佐藤賢一 訳]

■文　献

Hoe, John. *Les systèmes d'équations polynômes dans le Siyuan Yujian* (1303). Paris：Collège de France (*Mémoires de l'Institut des Hautes Études Chinoises* 6), 1977.

Horiuchi, Annick. *Les mathématiques japonaises à l'époque d'Edo*. Paris：Vrin, 1994.

Jami, Catherine. "History of Mathematics in Mei Wending's (1633-1721) Work." *Historia Scientiarum* 4, no. 2 (1994)：159-174.

Martzloff, Jean-Claude. *Histoire des mathématiques chinoises*. Paris：Masson, 1987.

Needham, Joseph. *Science and Civilisation in China*. Vol. 3. Cambridge：Cambridge University Press, 1959.

◆三脚分度器

Station Pointer

三脚分度器は，既知の位置にある 3 つの

物体間の水平角を測ることによって決まる位置を記すために使われる．それは主に，海洋での測量において海図に水深を書き入れる際に用いられる．水平角の測定による位置決定は，後方交会法（resection fixes）として知られている．後方交会法の理論は，1674年にJ. コリンズ（John Collins, 1625-1683），また1701年にE. ハレー（Edmund Halley, 1656-1742）によって記述された．この2人は海洋の測量においてその能力を発揮した人々であった．しかし観察地点を数学的に計算する過程は時間のかかるものであり，非実用的であった．

この問題の器械的な解決は測量技師M. マッケンジー卿（Murdoch Mackenzie, 1712-1797）によって1774年に示された．彼は次のように述べている．「目盛りのついた真鍮製の半円，直径約6インチ（約15.2 cm）のものを用意し，溝をつけたへりをもつ3つの半径，各々の長さ約20インチ（約50.8 cm）をつけ…それらの半径のうちの1つは直径の延長で，半円上の最初の目盛りを通るが動かないようにそれに固定されており，他の2つの半径は中心のまわりを自由に動き，半円に対していかなる角度にも合わせられ，またネジできつく留められるようになっている．中心には小さな軸受けか穴をとりつけ，ピンで中心の点を図に記入できるようにする」．

観察される角度は可動の腕と固定された腕との間に設定されるものであり，器具は海図の上に置かれ，その位置は3つの腕の指針の各々が3つの地点のいずれかを通るまで調整される．すると観察者の位置は器具の中心にあたり，海図上にその点をつけることができる．マッケンジーは「このような器具は三脚分度器と呼ばれるべきものであり，測点を容易に正確に求めるのに便利であることが知られよう」と結論づけている．

マッケンジーは，これらを書いたときにはすでに，現役としての測量からは引退していた．しかしその発想は，彼の甥でありイギリス海軍の測量技師として成功したM. マッケンジー大尉（Murdoch Mackenzie, 1743-1829）と，その補佐であったG. スペンス（Graeme Spence）によって取り上げられた．自分たちが行う水深測量の回数を突然増やすことができた．彼らはすでに三脚分度器の原型をもっていたのかもしれないし，あるいは，老マッケンジーによって示されたもう1つの解決方法，すなわち角度を書き込んだトレーシングペーパーを使っていたのかもしれない．後の報告は，スペンスが1784年頃に新しい三脚分度器を開発したことを認めている．そして確かに1788年までには海軍省では，スペンスに測量用として出した2つの三脚分度器を所有するようになっていた．

三脚分度器はその後の三十年にわたって一般に用いられ，広範囲の世界の海図をつくったイギリスの水路測量学者らに，多くの位置の水深を書き入れることを可能にした．適切な六分儀と観察に適した3つの固定点をもつならば，測量者は迅速に，そしてコンパスによる位置確認の間違いとは無関係に，位置決定をすることができた．だが，やがて三脚分度器は，電子工学による位置決定法の導入によって，だんだん使われなくなっていった．

1804年に出版された三脚分度器の最初の図解はその仕組みを示しているが，それはその後ほとんど変わっていない．マッケンジーによって計画された器具との唯一の重要な相違は，定規が全円であるということである．副尺が，初期の段階で可動の腕に加えられた．それはたいてい1度ごとの

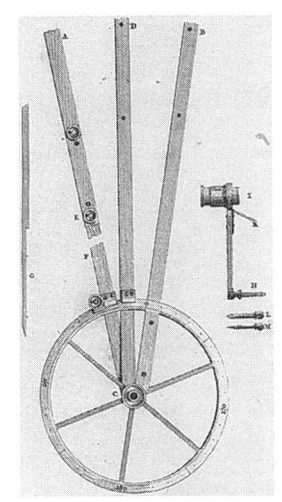

J. ハッダートによる三脚分度器. Nichelson (1804):図1 (80頁の向かい頁). SSPL 提供.

表示のものであった．定規は20度ないし30度ごとに目盛りがついており，ボートでの作業では読みやすいと好まれた真鍮製であったり，大型の船での作業ではより正確に目盛りを区切ることのできる銀製であったりした．腕を長くするための延長用の部品，定規を読むための拡大レンズ，海図に点を入れるためのピンが器具に加えられた．器具の大きさは，定規の直径2.5インチ（約6.4cm）に腕10インチ（約25.4cm）から，直径12インチ（約30.5cm）に延長用の片を装着して腕6フィート（約1.8m）まであった．トルートン商会が特に初期の器具を扱ったが，三脚分度器の使用が一般的になってからは，それらは大手の器具メーカーによって供給されるようになった． [Susanna Fisher／葉山　雅訳]

■文　献

Fisher, Susanna. "The Origins of the Station Pointer." *International Hydrographic Review* 68, no. 2 (1991): 119-126.

Mackenzie, Murdoch. *A Treatise of Maritim* [sic] *Surveying*. London, 1774.

Nichelson, William. "Description and Use of the Station Pointer." *Journal of Natural Philosophy* 7 (1804): 1-5.

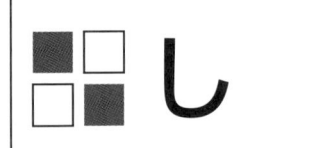

◆自記気圧計

Barograph

　自記気圧計は自動的に大気圧の変化を記録する装置で，定期的に気圧計の示度を読み転写するという単調な機械的作業を不要にする．さらに，自記気圧計のグラフ（線図，ダイアグラム）は，気圧の経時的な変化に関して，明白かつ直接的な視覚的表示を提供する．17世紀末以降，さまざまな仕組みが提案されてきたが，近代的な気象学上の必要性からこれらの装置が不可欠になったのは，19世紀に入ってからであった．自記気圧計のいくつかは，複合的な自記気象計に組み込まれた．

　おそらく最初の自記気圧計は，R. フック（Robert Hooke, 1635-1703）の円盤目盛気圧計を改造したものであろう．これはC. レン（Christopher Wren, 1675-1711）の自記気象計を改良した際にフック自身の手で開発された．この装置では，サイフォン気圧計の浮子とペンが機械的につながれており，それが気圧の変化をグラフ用紙に記録した．この用紙は，時計仕掛けで動くディスク，ドラム，あるいは台上に固定されていた．他にも同種の装置が18世紀に開発された．時計工 A. カミング（Alexander Cumming, 1733-1814）は，1765年，ジョージ3世のために見事なサイフォン気圧計を作製した．フランスでは A. アシエ=ペリカ（Antoine Assier-Perricat）と P. シャンジュー（Pierre Changeux）が類似の装置を考案した．フィレンツェでは，F. フォンタナ（Felice Fontana, 1730-1805）によって，浮子が自記ペンの代わりに帯状の記録紙を動かす自記気圧計がつくられた．サイフォン自記気圧計は1850年代まで非常に人気があったが，その後の半世紀は別の自記気圧計が好まれた．20世紀初頭には再び改良を加え，実用性の高いサイフォン自記気圧計がいくつか提案された．

　天秤気圧計は17世紀後半に S. モーランド（Samuel Morland, 1625-1695）により考案されたが，1726年の J. ロイポルト（Jacob Leupold, 1674-1727）による記述を除けば，1857年の P. A. セッキ（Pietro Angelo Secchi, 1818-1878）による再発明まで，自記気圧計に利用されることはなかった．これらの装置では水銀管が天秤の棹によってつり下げられているが，水銀柱の高さと重さの変化により棹の動きが生じ，この棹が記録装置につながれていた．少数ながら，A. クローヴァ（André Crova）の装置のように，水銀管が固定され水銀槽がつるされた型のものもあった．

　19世紀に発明された多数の天秤自記気圧計のうちで特に興味深いのは，H. ウィルト（Heinrich Wild, 1833-1902），R. フース（Rudolf Fuess, 1838-1917），A. キング（Alfred King），F. チェッキ（Filippo Cecchi, 1822-1887), P. シュライバー (Paul Schreiber, 1848-1924) によって提案されたものであった. それらの安定性の条件はその構造 (棹のアームの長さが等しいか否か) に左右された. 多くの場合これらの装置は非常に正確だったが, 同時に重く複雑で高価でもあった. A. スプルング (Adolph Sprung, 1848-1909) は1870年代後半に転がりおもり自記気圧計を導入した. この型の装置では, 自記ペンの取り付けられた送りおもりが (水銀管をつり下げている) 天秤の棹にそって移動し, それが常に平衡位置付近で小さく振動するようになっていた [つまり, 天秤のバランスがとれるようにおもりを動かし, そのおもりの位置によって気圧を読み取る仕組みになっている]. 同じ頃 D. ドレイパー (Daniel Draper) が発明した自記気圧計では, 管が固定され, ペンを取り付けた水銀槽が一対のバネで支えられていたが, これは成功を収めた.

自記気圧計の中には, 気圧を点で記録することによって, 紙の上のペンが絶えず受ける摩擦を回避したものがあった. G. W. ハフ (George W. Hough, 1836-1909) と F. C. ミュラー (Friedrich C. Müller) の自記気圧計は, 複雑な電気的サーボ機構によって摩擦を取り除いた. 1850年以降の自記気圧計のほとんどは, 気圧の読みを気温に対して自動的に補正するさまざまな技術を用いていた. この他に, 珍しい解決策を用いた自記気圧計も提案された. あるものは, 特殊な形状の浮遊管や回転管 [水銀の移動による重心の変化で管が動く仕組み] をもち, フースは風変わりな磁気自記気圧計 (magnetic barograph) さえ記述している.

写真技術が自記気圧計に応用されたのは驚くほど早かった. 水銀柱を照らすために光線を用い, その影を可動式の帯状印画紙

20世紀初頭のイギリス製リシャール型アネロイド自記気圧計. フィレンツェの科学技術財団提供.

に記録する方法は, 1839年から提案されている. このデザインの究極がキュー自記気圧計であったが, イギリスの観測所以外ではあまり支持されなかった.

効率のよいアネロイド [ギリシャ語の *aneros* (液体を用いないの意) に由来] 気圧計の導入が, 安く携帯可能で単純な新しいジャンルの自記気圧計の発展を可能にした. この気圧計は, 1つもしくは複数の金属製の空盒 [皿状の薄い金属板2枚を張り合わせ内部を真空状態にしたもので, 大気圧によって弾性変形する] からできている. 1867年に, ブレゲ社が最初のアネロイド自記気圧計を発表したが, この装置が人気を得たのは, フランスの製造者 J. リシャール (Jules Richard, 1848-1930) と彼の兄弟 (リシャール兄弟, Richard Frères という商標を用いた) による設計と技術的改良を経た1880年頃であった. この設計では, アネロイドの空盒は1つで, これにペンを取り付けた軽いアルミニウム製のアームが機械的につながれていた. 時計仕掛けで駆動されるドラムに等時曲線をもつグラフ用紙をかぶせ, その上にこのペンが気圧変化を記録する. この世紀の終わりには, リシャール型の自記気圧計 (および他の気象用記録装置) が欧米の多くの装置製造業者によって販売され, それらはわずか

な変更を加えただけでいまも用いられている．これらの装置は，しばしば上品なガラスのキャビネットに納められ，一般家庭向けの科学的な家具としても人気を博した．軽量のアネロイド自記気圧計は，探測気球や凧に載せる自記気象計にしばしば組み込まれた．自記微気圧計，スタトスコープ（微気圧計），自記昇降計は，アネロイド気圧計をもとにした特殊なタイプの装置で，主に気圧の微小もしくは急速な変化を記録するために用いられる．

[Paolo Brenni／羽片俊夫 訳]
➡ 気圧計も見よ

■文 献

Middleton, W. E. Knowles. *Catalog of Meteorological Instruments in the Museum of History and Technology*. Smithsonian Studies in History and Technology 2. Washington, D. C.：Smithsonian Institution Press, 1969.

Middleton, W. E. Knowles. *The History of the Barometer*. Baltimore：Johns Hopkins University Press, 1964.

Multhauf, Robert P. "The Introduction of Self-Registering Meteorological Instruments." *Contributions from the Museum of History and Technology*. United States National Museum Bulletin 228, paper 23. Washington, D. C.：Smithsonian Institution Press, 1961.

Richard Frères. *Notice sur les instruments enregistreurs construits par Richard Frères, comprenant le rapport de M. le Colonel Sebert à la Société d'encouragement pour l'industrie nationale et l'exposé des perfectionnemente et applications nouvelles*. Paris, 1889.

◆自記気象計

Meteorograph

自記気象計とは，複合的な自動記録式の気象測器である．これは定期的にさまざまな装置の示度を読み転写する単調な作業を自動化するために開発された．さらにそのグラフによって，種々の気象要素の図を直接比較することができる．気圧と気温のみを記録する自記気象計は，自記温圧計と呼ばれる．

おそらく最初の真の自記気象計は「気象時計」であった．これは 1650 年頃 C. レン（Christopher Wren, 1675-1711）によって提案され，後にレン自身が手を加え，さらに R. フック（Robert Hooke, 1635-1703）の手で大きく改良されたものである．18世紀中にいくつかの気象学用の記録装置が提案されたが，それらを一台の自記気象計に統合しようとする試みはほとんどなかった．19 世紀に入って，科学と航海のために，気象要素を体系的かつ広範囲に記録する必要が生じると，多くの気象観測所が建てられ体系的な気象通報の数も増した．以前からあった多くのアイデアが発展させられ，何人かの科学者，発明家，装置製作者らが複雑な自記気象計を考案し，また実際に製作した．

1851 年のロンドン大博覧会において，G. ドロンド（George Dollond, 1774-1852）は，大気電気をも含む 8 種の異なる気象要素を記録することができる純粋に機械式の自記気象計を展示した．1843 年頃，C. ホイートストン（Charles Wheatstone, 1802-1875）は，気象測器における電気の利用を提唱した．1850 年頃を境に，摩擦を克服したり，風車や風向計のような外部のセンサーを記録装置から遠方に設置することを可能にするために，（時として電信技術を取り入れた）電気機械式の装置がしばしば使われるようになった．

1867 年のパリの博覧会では，スイスの

M. ヒップ (Matthäus Hipp, 1813-1893) やハスラーとエッシャー (Hasler & Escher), フランスのJ. サルロン (Joules Salleron) らによって数種類の自記気象計が展示された. 電気機械式の自記気象計を展示していたスウェーデンのA. G. テオレル (Axel G. Theorell) は, 後にこの装置を改良し, 結果を図として記録する優れた印刷機構を加えた. しかしパリにおいて展示された自記気象計の中で最も強い印象を与えたのは, イタリアのイエズス会士 A. セッキ (Angelo Secchi, 1818-1878) によって開発されたものであった. この巨大な装置 (幅1.5m, 奥行き0.6m, 高さ2.7m) には, 天秤型気圧計, 金属製温度計, 電気風向計と風杯型風速計, 電気乾湿計, そして時刻と降水量を記録する特殊な雨量計が含まれていた. これらの気象要素は12本のペンによって, 時計仕掛けで駆動される2枚のボード上に記録された. セッキの装置は非常に高価であり (18,000フランフラン), 数台しか作製されなかった.

この他にも, P. シュライバー (Paul Schreiber, 1848-1924), P. スティーブンソン (Peter Stevenson), G. W. ハフ (George W. Hough, 1836-1909) が自記気象計を売り出した. しかしながら, これらの大型で複雑な装置は高価であり, 一般に重要な観測所にだけ設置された.

大型自記気象計の時代は, フランスの装置製作者 J. リシャール (Jules Richard, 1848-1930) と彼の兄弟が, 単純で携帯可能な効率のよい一連の自記気象測器を売り出した1880年代初頭に突然幕を閉じた. これらの装置は, 作製者リシャール兄弟の商標をもっていたが, テコを組み合わせた小型で軽量な機構を用い, これが各種のセンサー (アネロイド気圧計, ブルドン管温度

1867年のパリ博覧会で最初に公開されたセッキの大型自記気象計. これは自動的に7種の異なる気象要素を記録することができた. ローマ・コペルニクス天文台提供.

計, 湿度計など) によって作動し, 時計仕掛けで回転する小さなドラム上にグラフを描いた. 互換性のある部品で作製されたために, それらは従来の自記気象計に比べてはるかに低価格で (数百フランにすぎない), 何千台もが販売された. 他の重要な装置製作者たちもリシャール兄弟の装置を模倣し, 時に改良した.

19世紀末以降, 非常に軽量で単純な自記気象計 (多くの場合アルミニウム製) が凧や係留および探測気球, さらに後には飛行機に積まれた. 第一次世界大戦後, これらの装置は徐々に, 気象情報を電磁信号によって送るラジオゾンデによって置き換えられた. しかし, リシャール型の記録装置は今日でも広く利用されており, 気象用途のみならず, 常に室内の湿度, 気圧, 気温を制御する必要があるあらゆる場所で, これらの気象要素の記録に使われている.

[Paolo Brenni／羽片俊夫 訳]

■文献

Brenni, Paolo. "Il meteorografo di Padre Angelo Secchi." *Nuncius* 1 (1993)：197-247.

Middleton, W. E. Knowles. *Invention of the Meteorological Instruments*, 245-263. Baltimore：Johns Hopkins Press, 1969.

Multhauf, Robert P. "The Introduction of Self-Registering Meteorological Instruments." *Contributions from the Museum of History and Technology*. United States National Museum Bulletin 228, paper 23. Washington, D. C.：Smithsonian Institution Press, 1961.

Radau, Rodolph. "Die Meteorographische Apparate, Mitteilungen über auf der Pariser Austellung Befindlichen Physikalischen, Mathematischen and Astronomischen Instrumente una Apparate." *Carl's Repertorium für physikalische Technik* 3 (1867)：281-362.

◆磁気コンパス
　➡ コンパス【磁気式】

◆自記晴雨計
　➡ 自記気圧計

◆子　午　環

Transit Circle

　子午環は，子午儀の機能と壁面四分儀あるいは壁環の機能を1つの測定器に融合させたもので，これにより天文学者は星の赤緯と赤経（天体における地球上の緯度経度に相当）を同時に測定できる．それは，星の子午線通過の時刻を測定しそれらの天頂からの角度を測定するために，精密な時計とともに使用される．

　P. ホールボー（Peter Horrebow）は著書『天文学基礎（*Basis Astronomiae*）』（1735年）において，デンマークの天文学者O. レーマー（Ole Christensen Rømer, 1644-1710）が1704年にコペンハーゲンの彼の新しい天文台のために設計した「子午環（Rota Meridiana）」なるものを記している．レーマーの子午環は，丈夫な木の脚をもち直径1.5 mの目盛られた円環を備えた子午儀からなっていた．この装置はレーマーのほとんどの観測記録とともにコペンハーゲンを焼き尽くした1728年の大火で焼失した．

　18世紀の間，天文学者は子午環について顧みず，代わりに四分儀と子午儀を使って天体の位置を計測した．イギリスにおける最初の子午環の成功例は，1806年にE. トルートン（Edward Troughton, 1753-1836）が優秀なアマチュア天文家S. グルーンブリッジ（Stephen Groombridge）のために製作したものである．それは口径3.5インチ（8.9 cm），焦点距離5フィート（1.52 m）の望遠鏡を収めた2つの直径4フィートの目盛られた円環からなっていた．子午環を支える円錐形のシャフトは，2つの石台上で支えられた（図参照）．装置の水平化は子午儀と同様になされた．円環の目盛りは，おもりか垂直視準器で焦点を合わせる4台のマイクロメーター顕微鏡によって読み取られた．後者の道具は，水銀漕に浮かぶ環に垂直に設置された小さな望遠鏡からなっている．子午環はその望遠鏡を天底に向けることで検査される．両方の望遠鏡で照準用十字線の反射像が一致すると垂直性が確認される．グルーンブリッジ

はこの測定器を使って，北極星のまわりの4,000の天体の価値の高いカタログを作成した．この装置によっていかに観測が容易になるかは，1799年から1807年までグリニッジ王立天文台の助手を務めたT.ファーミンガー（Thomas Firminger）によって説明されている．彼の回想によれば，グルーンブリッジの天文台は家とつながっており，グルーンブリッジはしばしば家族や友人との食事の最中に，その場を離れ観測に行った．測定結果を石版に書きつけると食事に戻り，後で暇なときにそれを整理した．

19世紀前半，ピストール，ライヘンバッハ，マーティンス，レスポルトなどのドイツの会社によって，大陸の天文台のほとんどに子午環が設置された．その後，セクレタンやガンベイなどのフランスの会社が子午環器具の有力な製造業者になった．大きな分割円が装置の支持軸につけられ，それは後に標準形になった．T.ジョーンズ（Thomas Jones）は1836年にオックスフォードのラドクリフ天文台に子午環を設置した．それは妥協の産物で，多くの壁環の性質をもち，2つの異なる石台に支えられた．

イギリスにおける子午環の最初の設置は1850年のことである．この装置は王室天文学者のG.B.エアリー（George Biddell Airy, 1801-1892）によって設計され，グリニッジ王立天文台の2つの壁環と1つの子午儀に取って代わった．子午環の据え付け作業はイプスウィッチのランサムとメイによってなされ，光学機器や分割円などの機器はトルートンとシムズによって製作された．子午環の望遠鏡は，口径8.1インチ，焦点距離11フィート7インチであった．子午環は，その西側に直径6フィートの円環

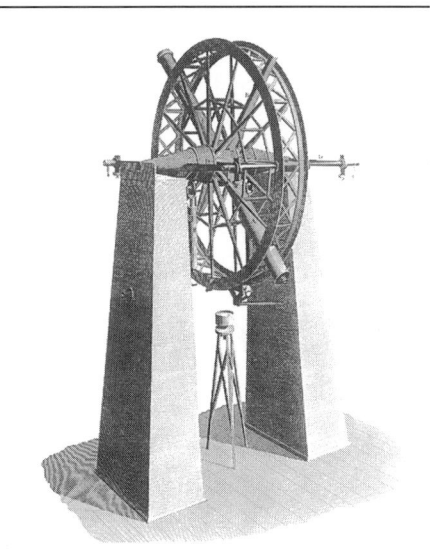

グルーンブリッジのためにトルートンが作製した4本足の子午環（1806年）．Abraham Rees. The Cyclopedia；or, Universal Dictionary of Arts, Sciences, and Literature, Vol. 1. London：Longman, 1820：Plate X. SSPL提供．

状の物差しが取り付けられ，その分割された円は6台のマイクロメーター顕微鏡によって数分の1秒の精度まで読み取られた．後には改良により，観測者の接眼鏡マイクロメーターのワイヤーにつなげてクロノグラフが利用されるようになった．接眼鏡マイクロメーターの移動する金属ワイヤーの電気接触により，通過の観測の時刻が紙テープに記録された．それは，傍らの調整時計を使いながら目と耳による通過観測の従前の方法に取って代わった．新しい子午環は，グリニッジの経度，それゆえグリニッジ標準時を定義するものであった．1884年にワシントンで開かれた国際会議において，グリニッジの子午線を世界の本初子午線，すなわち経度零度とすることを採用した．世界の経度と時刻表示のシステムは，

このように現在エアリー子午儀として知られる唯一の子午環に依存することになったのである．

20世紀における子午環の設計上の変化は，主に精度と自動化の改良に関わっている．後の装置はガラスエッチングされた円環目盛りとダイアモンド軸のベアリングを使用し，熱による動きを打ち消すために鉄製の空洞の柱に不凍剤が用いられた．子午線通過の観測に使われる接眼鏡マイクロメーターは，測定におけるすべての人的要因を排除するために自動化された．同様に肉眼による円環物差しの読み取りは写真に置き換えられた．完全に自動化された子午環では，人間の観測者はコンピューターと電子検知器に置き換えられる．よい例は，カナリア諸島のラパルマ天文台に設置されたデンマーク製のカールスバーグ望遠鏡である．この装置は一晩で数百の測定が可能であり，人間の観測者の能力をはるかに超えた速さをもっている．天体測定の精度向上は，他にも欧州宇宙開発機構によってつくられたヒッパルコスなどの宇宙船の利用によって達成されている．精度をさらにあげていくことは，われわれの宇宙の物差しである視差を使ってより遠くの星までの正確な距離を得るために必要とされている．

[Kevin L. Johnson／橋本毅彦 訳]

■文　献

"Astronomical Instruments." In *The Cyclopedia ; or, Universal Dictionary of Arts, Sciences, and Literature*, edited by Abraham Rees, Vol. 1. London：Longman, 1820.

Bennett, J. A. *The Divided Circle：A History of Instruments for Astronomy, Navigation and Surveying*. 174-177. Oxford：Phaidon, 1987.

Howse, Derek. *Greenwich Observatory：The Buildings and Instruments*. Vol. 3, 43-48. London：Taylor and Francis, 1975.

King, Henry C. *The History of the Telescope*, 103-104, 172, 234-235, 393-394. New York：Dover, 1979.

◆子　午　儀

Transit Instrument

子午儀とは，屈折望遠鏡をその光軸に直角な一対の筒耳横軸によって，あたかも大砲のように支えたものであり，望遠鏡は子午面内を自由に回転できるようになっている．子午線は望遠鏡の視野内に垂直に張られた基準糸によって示されており，その基準糸を天体が通過する時間が，正確な時計によって計測される．この計測によって平均時の計算に必要な太陽の南中時刻を定めることができる．またさらに，恒星や惑星の赤経あるいは時角を測定するのにも使われる．子午儀には目盛りはついておらず，天体の東西の位置を，水平面360度の円周角を時間に読み替えることで，計測する．

1580年頃，ティコ・ブラーエ（Tycho Brahe, 1546-1601）は天体の位置を子午線上で観測することの容易さと正確さとを示した．しかし，ブラーエが使ったような巨大半径の壁面四分儀は，その壁が振動に対して弱いため，よい状態に保っておくことが難しかった．その上1670年までには標準的な天文観測器になっていた望遠鏡により，ブラーエの肉眼による観測をはるかにしのぐ正確さがもたらされるようになり，また一方では同時に，天文観測器具がより専門的な用途のために特殊化されるようになってきた．子午儀はこのような方向に技術が発展するという傾向性を示した典型的な例であり，装置は子午面内に固定されて左右に動かすことができなかったし，

望遠鏡も正確な測定のために他に余分な機能をもたなかった.

初期の歴史

初めての子午望遠鏡は 1675 年デンマークのコペンハーゲンにある O. レーマー (Ole Rømer, 1644-1710) の天文台で設計され, そこに設置された. それは南向きの開き窓に向かって設置され, 振り子時計とともに用いられていた. 1721 年, イギリスの時計職人 G. グレアム (George Graham, 1674-1751) は, E. ハレー (Edmund Halley, 1656-1742) がグリニッジ天文台台長になったあと, この天文台が新しい観測器具を導入したときに, そのうちの1つとして焦点距離5フィート (1.5 m) の望遠鏡を備えた子午儀を作製した. グレアムとハレーが, 約 50 年前のレーマーの子午儀の影響をどの程度まで受けていたのかを確定することは難しいが, その間の50年間には, グレアム自身がハレーの同僚である J. パウンド (James Pound, 1689-1768) の私的な観測所のために 1710 年以降につくった小型の子午儀が知られている以外, 他に重要な子午儀がつくられたかどうかは知られていない. しかし 18 世紀のヨーロッパやアメリカの天文台に影響を与えたのは, グリニッジ型の子午儀であった. グリニッジの子午儀については R. スミス (Robert Smith) の『光学大系 (*Compleat System of Opticks*)』(1738 年) や D. ディドロ (Denis Diderot, 1713-1784) の『百科全書 (*Encyclopédie*)』(1765 年) に詳しく書かれており, また他のたくさんの人々の出版物の中にも子午儀に関するものがあった.

レーマーとグレアムの子午儀には, 筒耳横軸の中心に子午線確定用の望遠鏡が備えられていなかったので, 望遠鏡を旋回軸に対して反転させ, それが正しく子午線の方向を向いているかどうかをチェックすることができなかった. 1750 年, J. バード (John Bird, 1709-1776) は, グリニッジ天文台のハレーの後継者であった J. ブラッドリー (James Bradley, 1693-1762) のために新しく子午儀をつくった. 子午儀はバードの設計したものによって, その完全な形態が確立された. 望遠鏡は8フィートの長さのものが横軸の中央に置かれていた. 横軸はたわみを防ぐために, 一対の大きな円錐型の真鍮によってつくられており, その円錐の底部が望遠鏡の鏡筒を挟み込むようにつけられ, その反対の先端のほうが, 全体のバランスを取るように精密につくられた軸受けに取り付けられていた. 1760 年までには, ヨーロッパ式の観測器具を子午線と正午の正確な確定のための最良の手段として使用するすべての天文台において, 子午儀は標準的に備えつけられるようになった. 標準平均時の時報が出されるようになるまで, 時計職人たちは自分たちの時計を小さな子午儀を用いて合わせていた. 例えば D. リッテンハウス (David Rittenhouse, 1732-1796) は 1770 年代のフィラデルフィアでそのように時計の時刻を合わせていた.

子午儀はまた, 大型壁面四分儀の 90° の目盛り環が正しく垂直に保たれているかをチェックするのにも用いることができた. 助手と共同作業をしていたブラッドリーやその他の天文学者たちは, 壁面四分儀平面の東西へのゆがみを認識し, それを表にして示すために, 子午儀とそれに隣接した壁面四分儀を同時に用いて, 同じ星の子午線通過を同時に観測していた.

調整法

望遠鏡を支えている筒耳横軸は, 一対の

石あるいは鉄の支柱に固定されたＶ字型の軸受け（それは望遠鏡に対して，正確に東西の方向に向いている）の谷間の部分にセットされる．このＶ字軸受けは，子午儀の正確な調整のため，ネジ型ビスを用いて微調整できるようになっている．さらに東西方向への正確さを期するため，特別のアルコール水準器が筒耳軸受けからぶら下げられ，また一方で周極星の東西方向への等しい弧角を使って子午線自体を決定する．1742年にはブラッドリーが，明るい周極星であるカペラを使ってグリニッジ天文台のグレアム–ハレーの子午儀の調整をしている．彼は正確な振り子時計を用いて，カペラがきっちり2分の1恒星日で極のまわりを描く東西の半円を進むようにＶ字軸受けを調整している．

子午儀を水平にセットし，子午面を描けるようにしたら，次に望遠鏡を地平線低くに向け，遠くに見えるものを南北の目印として記録しておき，後になってズレが生じていないかチェックできるようにしておく．1750年頃に，望遠鏡を筒耳横軸の正確な中心に置くようになると，子午儀をＶ字軸受けから持ち上げて外し，逆向きに入れ替えて左右を反転させ，さらにそれをローテーションでくり返すことが簡単にできるようになった．すなわち，もし望遠鏡の十字照準が，子午儀を反転させても同じ地平線上の目標を指しているならば，その正確性は確かなものであることが保証されるのである．

子午儀の使用

首尾よく発展させられるまでの子午儀は，子午儀と同じく1670年代に手に入るようになった新しい振り子時計の正確性を必要とした．時計を合わせたり，四分儀の平面をチェックしたりするのに加えて，子

子午儀による金星子午線通過の観測（1874年）．
J. Norman Lockyer. Stargazing Past and Present. London：Macmillan, 1878：236, Figure 113. SSPL 提供．

午儀は恒星の赤経を測定するのに用いられた．恒星の赤経は，時計によって計測される恒星日のどの時刻に，どの星が子午線上にあるかを記録することにより求められた．すなわち，ある恒星が東から西へ動き子午線を通過して，さらに次の恒星が子午線を通過するまでの時間，分，秒の差は，その恒星間の赤経の相対関係，すなわち時角でいうところの度，分，秒角の差に対応するからである．

19世紀になってE. トルートン（Edward Troughton, 1753-1836），ライヘンバッハ（G. Reichenbach, 1771-1826），アーテル（Ertel），シムズ（Simms）やその他の器具設計者たちが，子午儀における子午線確定のための入れ替えローテーションの原理を，目盛り環を用いた新しい原理と併用し，その結果，子午環（transit circle）が生み出されてからは，子午儀の研究上の重要性は減退した．しかし時計の時刻を合わせるために子午儀を使っていた少数の天文台や，アマチュアの天文台においては，依然として人気を博し続けたのである．また持ち運び式の子午儀は，20世紀末の電子工学と人工衛星に基づく位置測量の技術に取って代わられるまで，測地学的な測量の遠

徴に使われていた．現在世界中の博物館にたくさんの子午儀が残っている．

[Allan Chapman／平岡隆二 訳]

■文　献

Bradley, James. *Miscellaneous Works and Correspondence of the Rev. James Bradley*. Edited by S. P. Rigaud. Oxford：Oxford University Press, 1832.

Chapman, Allan. *Dividing the Circle：The Development of Critical Angular Measurement in Astronomy 1500–1850*. 2nd ed. New York：Horwood, 1995.

Howse, Derek. *Greenwich Observatory*, Vol. 3, *The Buildings and Instruments*. London：Taylor and Francis, 1975.

Pearson, William. *An Introduction to Practical Astronomy*. Vol. 2. London：Privately printed, 1829.

Smith, Robert. *A Compleat System of Opticks in Four Books*. Cambridge, 1738.

◆示差温度解析器

Differential Thermal Analyzer

示差温度解析器（DTA）は，試料と不活性の基準物質を同一の制御された温度環境に置いて，制御された割合で加熱したり冷却したりすることによって両者の間に生じる温度差を温度の関数として計測する装置である．温度差（ΔT）は時間あるいは温度に対してプロットされる．DTAは加熱や冷却に際して起こるエネルギー変化を計測し，これによって反応エンタルピー，相変化エンタルピーの算出が可能となる．

1830年代にルートベルク（F. Rudberg）は，先端が試料の中に入れられた温度計と蓋が取り付けられた大きな鉄製の容器の中で，4本のプラチナの針金によってつるされた鉄のるつぼを用いている．るつぼの中には融解した試料が入れられ，外側の容器は蓋と同様，雪によって満たされている．このようにして制御された冷却曲線が得られるのであり，ルートベルクはこの装置を用いて鉛，スズ，亜鉛といくつかの合金について研究している．試料の温度効果を計測する能力においてはるかに精度が高いDTAは，熱電対（thermocouple）の信頼性と再現性に関するルシャトリエ（H. L. Le Châtelier, 1850–1936）の先駆的な研究によって可能になった．1890年代になって，W. ロバーツ=オースティン（William Roberts-Austen, 1843–1902）は助手のスタンスフィールド（A. Stansfield）とともに，いくつかの元素を少量添加することが鉄，銅，鉛に与える影響を研究する装置を完成させた．彼らは試料と基準物質（プラチナ）を同一の熱的環境の中に並べて置いて，両者の温度差を計測する方法を考案したのである．最初に発表されたDTAの曲線は鉄の冷却曲線であった．続いて行われた電気炉の改良によって，より正確な温度調節が可能となり，DTAが広く使われるようになった．

ロバーツ=オースティンは示差起電力を自記させるために，ゼンマイ仕掛けによって垂直方向に動く感光板に当たるようになっている垂直線の光を使った自動撮影システムを用いたのであるが，電位差記録器（potentiometric recorder）が導入されるまでは手書きのプロットが広く用いられた．

1950年代までは，DTAは研究者個人によってつくられていた．1948年にエーバーバッハ社によって初めてつくられた商業用器具は，野外での採鉱で使われる携帯用の装置であった．ついで他の商業用の器具がさまざまな国でつくられるようになり，いまでは市場は7，8社のよく知られ

た製造会社によって占められていて,装置の価格は約2万～3万ドルとなっている.

初期のDTA装置は,空気中で作動させる際,熱操作を行う小室のまわりの大気を全く制御していなかったのであるが,R.ストーン (Robert Stone) による研究と,彼が製作した小室の中の大気を徹底的に制御した商業用装置が1962年に登場することによって,大気が非常に大きな役割を果たしていることが強調された.現在では大気の制御はDTAの実験に不可欠と見なされている.

周囲よりも低い温度でのDTA装置の作動を記述した最初の論文は,おそらくテイラー (T. I. Taylor) とクラッグ (H. P. Klug) によって1936年に書かれたものだろう.彼らは硫酸銅五水和物の中の分子回転を研究するために,DTAを$-75℃$から$160℃$の範囲で用いている.DTA室の2つのくぼみはドライアイスで冷却された.しかし$10℃$より低い温度での曲線は発表されなかった.最初に発表された周囲よりも低い温度でのDTA曲線はイェンセン (A. T. Jensen) とベーヴァーズ (C. A. Beevers) に帰せられる.彼らの装置ではDTA室の底に取り付けられた銅箔のくちばしは,線形の温度–時間曲線が得られるように,電気モーターによって液体空気になるまで冷却された.高温でのDTAは1950年代末に導入されたタングステン加熱素子を使うことによって,$2,400℃$以上まで行われている.

DTA装置の歴史における他の画期的な出来事をあげると次のとおりである.(1)小型化.中に穴を空けた熱電対測定システムのビーズをるつぼとして使うことによって,メイジャーズ (C. Mazieres) は$1\mu g$の微量のサンプルを調査した.1968年にはボリン (E. M. Bollin) は惑星の表面からロボットによってこすり取られたサンプルを調査するために火星探査に持ち込まれたDTA装置について述べている.その際の装置は一辺1インチ (2.54 cm) の金の立方体に取り付けられていた.(2)パウリク (F. Paulik) らは1955年に,温度に対する重量変化 (TG),その導関数 (DTG),エンタルピーの変化率 (DTA) を同時に計って記録する複雑な熱解析装置 (デリヴァトグラフ (derivatograph) と名づけられた) を発表した.商業的な同時計測TG/DTA (あるいはDSC) 装置は,別々に計るよりもより完全な情報を与えるので,現在広く入手可能になっている.(3)1964年に電力を節約できる示差走査熱量計

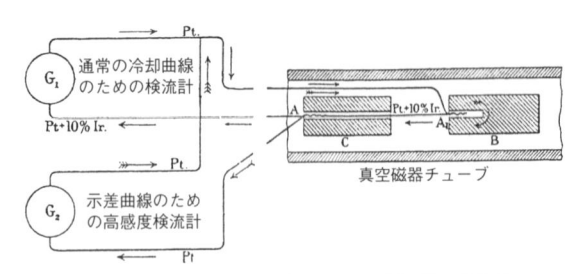

ロバーツ=オースティンによって1899年に用いられた,プラチナを基準物質とする示差熱電対の配置図.
Roberts-Austen (1899):38頁.

(differential scanning calorimeter；DSC) が登場した．これはオニール（M. J. O'Neill）によって展開された理論に基づくもので，分離した2つの加熱器をそれぞれサンプルるつぼと基準物質るつぼに接するように置くことによって，発生する熱を電気的に補償し合うようになっている．熱流 DSC は 1968 年に導入された．これはブールスマ（S. L. Boersma）によって 1955 年に発表された研究に基づいており，まもなく主要な製作会社が追随することになる．現在では，1,700℃ を越える高温での研究を除いて，DSC が主要な分析手段となっている．(4)最後に，コンピューターによって DTA と DSC の使用が大いに容易になっている．現在では研究，開発に広範にわたって用いられており，また多くの産業で品質管理に使われている．

DTA の初期の用途としては鉱物の研究とその同定であり，X 線結晶学に代わる選択肢を提供した．これらの初期の研究によって，注意深い実験手続きの重要性が強調されることにもなった．応用範囲は初めの数年で金属と合金，無機化合物，セメント，セラミックへと広げられた．商業用の装置の精度が向上し，必要となるサンプル量が小さくなり，基線（base line）がより正確になるとともに応用範囲はますます広がり，DSC（および DTA）が用いられる最も大きな分野は（医薬品，石油，油脂，食品など他の分野と並んで）高分子化学となっているほどである．現在では強力なソフトウェアが手に入るようになっており，エンタルピーの評価，結晶化の程度，純度，反応速度，熱容量，ガラス転移温度など，入手可能な情報はかなりの量になっているのである．[**John P. Redfern／菊池好行 訳**]

■文 献
Mackenzie, Robert C. "Origin and Development of Differential Thermal Analysis." *Thermochimica Acta* 73（1984）：307-367.
Paulik, F., J. Paulik, and L. Erdey. Hungarian patent no. 145, 332, 1955.
Redfern, John P. "Low Temperature Studies." In *Differential Thermal Analysis*, edited by Robert C. Mackenzie, Vol. 2, 119-145. London：Academic, 1972.
Roberts-Austen, William. "Fifth Report to the Alloys Research Committee：Steel." *Proceedings of the Institution of Mechanical Engineers* 35（1899）：35-107.
Smothers, W. J. and Y. Chiang. *Differential Thermal Analysis：Theory and Practice*. New York：Chemical, 1958.

◆地 震 計

Seismograph

地震計は，地面の変位，速度，加速度を地球上の特定の地点で記録するものである．それは通常，バネからつるされているおもりからなるセンサーと，直接あるいは遠隔からのレコーダーからなっている．センサーは，地震の信号を2つの水平成分と1つの垂直成分，計3つの直交成分に分解する．現代的な地震装置は地面の動きを数百万倍増幅することができ，コンピューターがセンサーとレコーダーの間で重要な役割を果たしている．

短周期の計測装置はその周囲数百 km 以内の地震を検知し，長周期の装置は数千 km 離れた地震の記録に適している．最近の計器は広帯域のセンサーを備えており，広い領域の地震波の周期と振幅に感応し，大局的にも局所的にも応用可能である．

中国では 132 年に，張衡（78-139）が地

震の運動の大きさは示さないが方向は示す装置(「候風地動儀」)を発明した．千年以上後に，地震計はイランのマラガにおいて利用された．J. ド・オートフーユ(Jean De Haute-Feuille, 1647-1724)の1703年の水銀地震計は広い刃をもつ容器で，その下で8つの空洞が管を通じて水銀を満たす中央の容器と結ばれている．地震が起こると水銀が衝撃の強さに応じて下の容器の1つに移っていく．振動の方向は水銀が見出される容器の位置によって示される．この設計は，N. カッチャトーレ(Niccolò Cacciatore, 1780-1841)によって修正されたが，彼の1818年と1827年の地震計はまだ保存されている．

18世紀のイタリアにおいていくつかの地震計が設計され利用された．例えば1731年3月20日の大地震の後，ナポリの自然学者N. チリッロ(Nicola Cirillo, 1671-1735)は砂に書き記す2つの振り子装置によって，震源地域から離れた場所における余震の効果を測定した．さらに19世紀のヨーロッパ，特にイタリアにおいて装置が発展した．その多くは，地震の理論的モデルとは独立になされた．最初の真の地震計の製作は，専門分野としての地震学の誕生とほぼ同時になされた．L. パルミエリ(Luigi Palmieri, 1807-1896)は1856年に最初の電磁式地震計を製作し，12月16日の地震の後にアイルランドの技師R. マレット(Robert Mallet, 1810-1881)は最初の地震の科学の理論的枠組みの概略を述べた．彼はそれを「地震学(seismology)」と呼んだ．

パルミエリの装置はヴェスヴィオス山の地震活動を調べるために設計されたもので，J. D. フォーブス(James D. Forbes, 1809-1868)の1844年製の逆振り子などの

グラスゴーのJ. ホワイトによるグレイ-ミルン型地震計(1885年)．SSPL提供．

以前の装置を改善し，特に感度を向上させたものであった．管内の水銀の振動あるいは容器からの注入と，バネあるいは振り子の振動が，電磁装置によって電信用印字紙に記録された．複雑で製造費も高かったため4つの試作機だけがつくられた．そのうち3つがナポリに存在し，もう1つは1874年に日本政府によって注文された．

初期の地震装置の多くは，実際には地震感知器(seismoscope)，すなわち地震の効果を示すが，せいぜい砂の上や煤のついたガラスの上にしか記録できない装置であった．地球の運動をグラフとして記録した最初の装置は，1875年にフィレンツェのクシメニアノ天文台のF. チェッキ(Filippo Cecchi, 1822-1887)によって設計されたものである．これは煤で黒くさせた紙を利用した電気式の地震計であった．1880年代には地震計はイタリア，日本，ドイツで製作され，装置を利用した地震の研究が本格化した．地震学者は彼らの装置の特徴だけでなく，その地域的分布や計測網の組織などにも関心を払い始めた．標準装置の国

際ネットワークが世紀転換期に導入された.

単振り子の自由周期は,地震における地面の動きを再現するためには,地震波の主たる周期よりは長くなければならない.この条件は垂直成分よりも水平成分についての地震計のほうが容易に達成される.1880年にJ. A. ユーイング(James Alfred Ewing, 1855-1935)は地震を検知する最初の水平振り子と3成分の地震表示器を作成した.20世紀の転換期にはJ. ミルン(John Milne, 1850-1913)が彼の標準地震計からなる世界的なネットワークの確立を進めようとした.

検知器による実験によって,センサーの固有振動の周期と減衰とがその機能を特徴づける重要な要素であることが確認された.20世紀初頭にゲッティンゲンのE. ヴィーヒェルト(Emil Wiechert, 1861-1928)とプルコヴァのB. B. ガリツィン(Boris B. Galitzin, 1862-1916)が,彼らの設計した計器に粘性の減衰システムとともに無定位装置を備えつけた.ヴィーヒェルトは最初に空気式,後に油式の減衰システムを利用したが,ガリツィンは電磁式の減衰を好んだ.無定位化によって自然周期が十分長くなり地面の運動が検知できるようになった一方で,減衰によってより信頼性のある記録ができるようになった.機械式の記録計に22tにのぼるおもりを利用したり,電気的に印画紙に記録することで計器の感度が非常に高まり,当時では考えも及ばなかった千倍から2千倍もの増幅ができるようになった.

最後に,2つの文化—ナチスドイツから逃れた人々のヨーロッパ文化と20年代のカリフォルニアの文化—の出会いにより,2つの重要な地震計が開発された.1つは水平式のウッド-アンダーソン型計器であり,もう1つは垂直式のベニオフ型計器である.

さまざまな特徴をもつ地震計が,微小地震から巨大地震まで震源地の特定に利用され,震源の研究(seismogenesis),防災対策(地震災害や地震予知),地球物理学研究(地震地理学)に利用されている.1935年にH. ベニオフ(Hugo Benioff, 1899-1968?)は地球表面の2点間の距離の変位を記録するひずみ計(strainmeter)を導入した.傾斜計はかなり長い期間にわたっての遅い角度変位を測定する.ここ20年間の間に海底地震計(OBS)が開発された.加速時計は破壊的な地震が起こる最中の地面の加速度を測定する際,技術者によって使われている.これは耐震建築の設計に有用な情報を提供する.

[Graziano Ferrari／橋本毅彦 訳]

■文　献

Bullen, K. E., and Bruce A. Bolt. *An Introduction to the Theory of Seismology*. 4th ed. Cambridge：Cambridge University Press, 1985.

Dewey, James W., and Perry Byerly. "The Early History of Seismometry (to 1900)." *Bulletin of the Seismological Society of America* 59 (1969)：183-277.

Ferrari, Graziano. "Seismic Instruments." In *Sciences of the Earth：An Encyclopedia of Events, People and Phenomena*, edited by Gregory A. Good. New York：Garland, 1977.

Ferrari, Graziano. *Two Hundred Years of Seismic Instruments in Italy, 1731-1940*. ING-SGA Bologna：Storia Geofisica Ambiente, 1992.

◆湿　度　計

Hygrometer

湿度計とは,湿気を測る装置である(ギ

リシャ語で, hygros は「湿気」, metron は「測定する」を意味する). 15世紀半ば, L. B. アルベルティ (Leon Battista Alberti, 1404-1472) と N. クザーヌス (Nicholas Cusanus, 1401-1464) は湿度計について記述しているが, その仕組みは, 湿度計内のスポンジや毛糸が湿気を吸収することで増加した重量を天秤で示すというものであった. また, レオナルド・ダ・ヴィンチ (Leonardo da Vinci, 1452-1519) はスポンジ湿度計を描写した. 17世紀初期には, サントリオ (Santorio Santorio, 1561-1636) は, 天秤湿度計にみょうばん, または酒石を使った. そして彼はまた, ひもと木材でできており, その中に備えられた検湿用の物質が水蒸気を吸収することによって体積が変わるような湿度計も描写した. 野生のカラスムギやその他の種子の芒(のぎ), つまりあごひげ状のものが, 湿気によってねじれることは「子どもにも手品師にも」昔から知られていた.

R. フック (Robert Hooke, 1635-1703) によると, 「この手品師と呼ばれる人々」の中には, それらを人差し指や薬指につけて, 「アラビア蜘蛛の足とか魔法をかけられたエジプト蠅の足」などとして披露したりした. 17世紀半ば頃につくられたフックの有名なカラスムギの芒を使った湿度計は, これらの仕掛けとともに E. メニャン (Emmanuel Maignan, 1601-1676), ジョバンニ・デ・メディチ枢機卿 (Giovanni de Medici), E. トリチェリ (Evangelista Torricelli, 1608-1647) による湿度計を先駆としている.

温度計や気圧計のように湿度計も, 17世紀後半から18世紀初頭の間に多くの種類が開発された. しかし, ねじれたひもや膨張する板などのさまざまな検湿用物質を利用し, 指標への接続法もいろいろであった新型の湿度計は, 湿気を測るということに関してはほとんど寄与しなかった. 1769年, J. H. ランベルト (Johann Heinrich Lambert, 1728-1777) は, 湿度計がまだ発明されたときと全く変わっていないと指摘した.「いままでの努力は, 湿度計の示すところをより正確に理解し, それをわかりやすいものにするための綿密な研究というよりも, 装飾や変化をつけることに向けられているように思える」.

ランベルト自身は J.-A. ドリュック (Jean-André Deluc, 1727-1817) や H. B. ド・ソシュール (Horace Benedict de Saussure, 1740-1799) と協力して, 1770年頃にこの問題に取り組んだ. またランベルトとドリュックは, その器具を使用するための基本的な原理に対する注意深い陳述から共同研究に着手した. なかでも特筆すべきは, 基準点を定めることによる計測器具の指標の間の比較可能性であり, 器具の示す数値と測定される量とに既知で線形の関係があることである. ランベルトは器具職人であるアウグスブルクの G. F. ブランダー (Georg Friedrich Brander, 1713-1783) と協力し, 完全な乾燥状態と完全な湿潤状態すなわち飽和状態をあらわす定点をガット式湿度計上に示すことに成功し, その湿度計の示度に対応して実際の空気中の湿気の量を決定しようとした. しかし, ランベルトの実験は粗雑で, ガットは検湿用の物質としては適していなかった. 一方ドリュックは自分の湿度計に, 目盛り鯨骨を採用したが, それは体系的な目盛り方とあいまって有利に働いたが, 飽和の点を決めるためにそれを水の中に浸したのは愚かであった. またソシュールは自然な変化を反映できるよう, 検湿用の天然物質の中では勝るもののない

繊細さと敏感さを保つ人間の毛髪を使うことにした．彼はドリュックのような18世紀後半の特徴ともいえる保証と，誤差要因の排除のために，その器具を体系的で徹底的な実験にかけた．彼の研究は理論的成果を生み出した．それによって彼は，蒸発する水が空気中に溶けるとするそれまで好まれていた蒸発の「溶解」理論を捨て，水蒸気の存在を独立の「弾性流体」(すなわちガス)とする見方をとるようになったのである．彼は，水蒸気と，水分が混在している空気の圧力とはそれぞれ独立している，つまり空気と水蒸気という特別な場合に対するドルトンの分圧の法則を陳述するに至った．ソシュールの湿度計は20世紀に入るまで，使用され続けることになる．それは，他の型の湿度計ならば壊れてしまう，氷点に近い温度でも作動することができた．

検湿用物質の重さや大きさの変化による差以外としては，主として2つのタイプの湿度計がある．凝結湿度計(condensation hygrometer)と乾湿球湿度計(psychrometer)である．1655年に凝結湿度計を初めて発明したのは，アカデミア・デル・チメントのパトロンであったトスカナ大公フェルディナンド2世(FerdinandⅡ)である．その湿度計は，底の尖ったガラスの容器に氷が満たされているもので，凝結した水滴がその外側の表面から，下の器へとしたたり落ちる割合によって湿気を測定するというものであった．その後に発明されたタイプでは，水滴を数える代わりに，凝結した水分の重さを測定するようになった．1750年，モンペリエにおける医学教授であったC.ルロワ(Charles LeRoy)は，湿気を測定する単位として，いわゆる露点を使用することを提唱した．露点とは，水分が空気中から表面に凝結する最も高い温度のことである．19世紀初頭にJ.F.ダニエル(John Frederic Daniell, 1790-1845)，H.-V.ルニョー(Henri-Victor Regnault, 1810-1878)らが，露点湿度計を発達させた．それは，エーテルの気化によって冷やされた水が表面上に凝結する温度を示す仕組みとなっている．

乾湿球湿度計(ギリシャ語の接頭辞で Psychrは「低温の」を意味する．1825年 E.F.アウグスト(Ernst Ferdinand August)によって命名された)は，水の気化によって起こる冷却を利用した器具である．この現象自体はよく知られており，熱帯の国々における冷蔵法として長い間使用されていた．ヨーロッパの自然哲学者たちは1681年にはすでにこの現象に気づいており，1755年頃，W.カレン(William Cullen, 1710-1790)，R.A.F.ド・レオミュール(René Antoine Ferchauld de Reaumur, 1683-1757)，M.C.ハーノウ(Michael Cristoph Hanow, 1695-1773)によって，気化によるものであると正しく示された．J.ハットン(James Hutton, 1726-1797)は，彼の伝記の作者であるJ.プレイフェア(John Playfair, 1748-1819)によれば，湿気を測定するために気化冷却を使うというアイデアを思いついた．そして，「冷却の度合いは，他の条件が等しければ，空気の乾燥具合と比例するだろう」と考えた．1795年 J.レスリー(John Leslie, 1766-1832)は，示差温度計を考案した．それは，湿った温度計の球と乾いた温度計の球の温度差によって気化の割合を測定するものであった．問題は，この場合の温度差と湿気，正確にいえば，周囲の空気中にある水分の蒸気圧との関係をつけることであった．J.アイボリー(James Ivory, 1765-1842)は

1950年代のカセラ社製アスマン式乾湿球湿度計. C. F. Casella & Co. Ltd. Meteorological and Scientific Instruments Catalogue 684 A. London, 1952:105. カセラ社提供.

1822年おおむね正しい理論的な考察に基づき, $e = e' - b(t-t')/1200$ という公式にたどりついた. ここで e は空気中の蒸気圧を示し, e' は湿った球の温度における飽和圧力, b は水銀のインチ単位の高さで測られた気圧, そして t と t' は乾, 湿球の温度をそれぞれ示している. アウグストやルニョーら他の数人の科学者が乾湿球湿度計の理論を発展させた. しかし, 気象学者が乾湿球湿度計を信頼するようになるのは R. アスマン (Richard Assman, 1845-1918) によって通風式乾湿球湿度計 (1829年) が開発されてからのことである. それは, 攪乱要因である熱放射から隔離された温度計に送風機が一定の割合で通風させる仕掛けになっている. 一方, アメリカ人はアラゴ (Arago) の開発した温度計のシェルターの中に設置されている回転式の乾湿球湿度計を好んだ. 2つの温度計をつり革の中に収めて観測者が振り回すつり革式乾湿球湿度計は, 旅行者や探検家の間で愛用された. 乾湿球湿度計は理論的に理解されているが, これらの器具はそれぞれ一定の通風率に応じた特別の表を必要とする.

[Theodore S. Feldman／橋本毅彦 訳]

■文 献

Archinard, Margareta. "L'apport Génevois à l'hygrométrie." *Gesnerus* 34 (1977): 362–382.

De Saussure, Horace Bénédict. *Essais sur l'hygométrie*, Neuchâtel, 1783.

Feldman, Theodore S. "The History of Meteorology, 1750–1800: A Case Study of the Quantification of Experimental Physics." Ph. D. dissertation. University of California, Berkeley, 1983.

Middleton, W. E. Knowles. *Invention of the Meteorological Instruments*. Baltimore: Johns Hopkins University Press, 1969.

◆湿度計【熱電対式】

Thermocouple Psychrometer

熱電対湿度計（ギリシャ語で「冷たい」を意味する *psychros* からつくられた言葉である）は, 土や植物の組織のサンプルの水ポテンシャルを計測する. 標準的な湿度計と類似しているが, 水銀温度計の代わりに細い導線による熱電対を用いている. 熱電対湿度計は, 溢液, 樹液の上昇, 膨張の維持と回復など, 植物内の水分のあらゆる運動を可能にしている, 植物がもっている力を, 植物生理学者たちが見積もろうとしていた1950年から1970年にかけて, イギリス, オーストラリア, アメリカで開発された.

基本的な器具は, サンプルを入れておく密閉された室と, 細いクロメル－コンスタンタン導線でできている熱電対からなっている. 水ポテンシャル単位で目盛られたミクロ電圧計も使用可能でなければならない. サンプル室の水蒸気圧が平衡状態になるようにした後に, 電流を約15秒間流して露点以下になるまで熱電対を冷却して, 水の薄膜が凝縮して熱電対の検出接合部

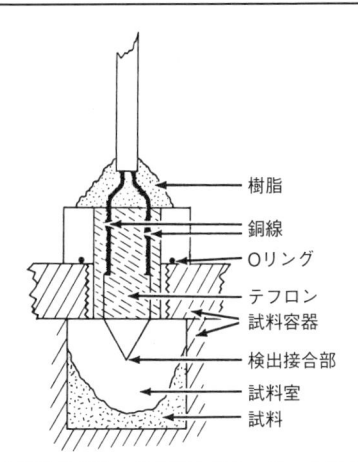

熱電対湿度計の検出接合部ホルダーの模式図．ハンス・マイドゥナー／ウェスコー社提供．

(sensing junction) を包むようにする．冷却電流を切ると，接合部に結露した水分はサンプル室の水蒸気圧によって変化する割合で蒸発する．蒸気圧が低いほど速く蒸発し，ミクロ電圧計で表示される熱電対の出力も大きくなるわけである．

初期の熱電対湿度計は，システム内を一様の温度に保つために水の入った恒温漕に漬けておかなければならなかったため，扱いにくい装置であった．電気回路の変化によって，いまでは通常の条件や野外でこの器具を使うことができるようになっている．1997 年に商業用の器具（ウェスコー (Wescor) 露点ミクロ電圧計）が数千ドルの値段で手に入れられるようになった．

[Hans Meidner／菊池好行 訳]

■文　献

Brown, Ray W. *Measurement of Water Potential with Thermocouple Psychrometers*：*Construction and Applications*. USDA Forest Service Research Paper. Intermountain Forest and Range Experiment Station, Ogden, Utah：1970.

Spanner, D. C."The Peltier Effect and Its Use in the Measurement of Suction Pressure." *Journal of Experimental Botany* 1（1951）：145-168.

◆質量分析計

Mass Spectrometer

質量分析計というのは，多岐にわたり，広範に使われ製造されている非常に大きなグループをなす装置である．20 世紀において，科学のこれほどさまざまな分野で重要な位置を占めている複雑な機器の種類は，おそらく他になかろう．この膨大な範囲の装置の特徴づけは，実質的で構造的なものにはなりえず，便宜的（操作的）かつ仮説的な性格のものになろう．R. G. クックス (R. Graham Cooks) と K. L. ブッシュ (Kenneth L. Busch)，グリッシュ (G. L. Glish) が，1983 年に次のように言ったのは正しい．すなわち「質量分析計の名称で流通している装置は，驚くほど広範な用途でますます多様な形であらわれている」．質量分析計とは，マススペクトルをつくることができるのであれば，どのような過程で動作してもよく，他の質量分析計とどのように設計や行程が異なっていてもよい．任意の物質ないし混合物のマススペクトルとは，試料をイオン化したときに見出される，異なる質量の材料の分布記録をいう．この機器は，20 世紀初頭に，実験装置として最初につくられ，20 世紀中頃までに，科学的にも技術的にもきわめて重要なものとなり，世紀最後の 30 年間に，開発された新型の多さからいっても，使われている機器の数の多さからいっても，劇的な普及を見せた．

どんな質量分析計であっても，分析計がその核心部分である．この部分は，高真空

になっていて，試料物質から抽出されたイオンが，1種類または他種類の一定の電磁場ないし振動する電磁場中を移動させられる．質量や速度，電荷の異なるイオンは，電磁場によって異なった移動をする．速度や電荷の効果を考慮することによって，電磁場を注意して制御するなら，特定の質量のイオンを別々に収集することが可能であり，イオンの数と質量を正確に決定できる．したがって質量分析計には，次のような部分がある．すなわち，真空系と分析計の電磁場を生成させ制御し変化させる装置，および試料の挿入部，試料からイオンを発生させる装置，イオンを分析計に送り出す装置，分析計で分けられたイオンを収集する装置，結果を表示して記録する装置である．こうした共通の要求の枠内で，分析計の型や配置，使用法が異なることや，試料源の違い，イオン化法の差によって，実にさまざまな型の質量分析器が生じ，それぞれ，別々の項目にしてもよいほどである．

Mass spectrometry (MS) というと，そうした機器も指すし，そうした機器についての情報や自然科学や産業のなかのいくつかの分野におけるそうした機器を用いた技術の発展も指す．またそうした機器とともに著しい化学のさまざまな分野における研究全体をそう名づけることもある．イオンを採集するのに感光板を用いた20世紀初頭の重要な機器を分光写真機 (mass spectrographs) と呼んで，mass spectrometers から区別し，その両者を包括する名称として mass spectroscope および mass spectroscopy と呼んだこともあったが，いまではそうした区別や用語は便覧のような本以外では使われることはなくなった．

すべての質量分析計の起源は，世紀の変わり目に行われたカナール線 (kanalstrahlen) の研究である．カナール線というのは，陰極管中の残余ガスから生じた陽イオンの粒子線で，当初，陰極板での電流の切れ目 (channels cut) から発生することが発見された．局所的な磁場や静電場は，そうした陽粒子線を，その質量に応じてさまざまに偏向させた．写真板状に陽粒子線の曲った跡を残した．トムソン (J. J. Thomson, 1856-1940) は重要な実験家だが，彼が安定な（非放射性の）同位体の存在の最初の証拠をとらえたことは，［質量分析計の初期の歴史において］最も画期的な結果であろう．

第一次世界大戦以来，質量分析計の発展では，おおよそ5つの反復サイクル（お互いに重なり合う過程（層ないし段階））を認めることができる．それらを便宜的に，実証，知名化，日常化，適応放散，多様化と呼ぶことにしよう．第一段階では，質量分析計は実験であった．つまり，質量分析以外の作業に使われる機器の組み込まれた一単位をなすのではなく，その機器の配列そのものが実験全体を構成していた段階である．実験が成功すれば，ある特定の結果を与えることになるが，それは同時に，そうした設計の機器が仕事に使えることを実証したわけである．成功した実験のための配列は，さらなる研究のために模倣され（そして命名され），より多くの研究者がその潜在能力を知るようになる．設計が標準化され，より多くの人たちが，よりさまざまな場面で，信頼性あるものとして扱うようになると，質量分析計は日常的な機器となる．機器は普及して，広範な領域で利用され，そこではそれが基本的に使えるか使えないかということが問われることはない．必然的にある限界に突き当たるが，そのために別の部品や別の設計が試される．

その結果，多様な型の機器が生み出され，それは使えるか実証される必要があり，機器の新たな発展系列が見出されることになる．

質量分析計の明快な実証は，第一次世界大戦後，ケンブリッジのF. W. アストン（Francis W. Aston, 1877-1945）（彼がトムソンの装置の設計を助け，その装置を使えるようにした）と，シカゴのA. J. デンプスター（Arthur J. Dempster）によってなされた．デンプスターは，磁場分析計を用いてイオンを絞り込み荷電コレクターに集めた．一方，アストンは，電場と磁場の両方を用いて，写真板状にイオンを収束させた．彼らは研究を続け，原子物理学や核物理学での主要な発見を生み出した．同様に，J. H. E. マッタウチ（Joseph H. E. Mattauch），ヘルツォーク（R. F. K. Herzog），K. T. ベインブリッジ（Kenneth T. Bainbridge），A. O. C. ニーア（Alfred O. C. Nier, 1911-1994）らが研究した．例えば，数多くの同位体の存在の発見，その存在度と質量の測定，その核の安定性とエネルギーの決定などの研究である．そうした研究のおかげで，アストンはノーベル賞（化学賞，1922年）を得て，1930年代には，そうした機器がある程度知られるようになった．

難解で「敏感な」実験器具を安定させ，日常的な器具に変え，それを新たな用途に使うことは，たいへんな努力を要する．この第一段階において，最も影響力があったのは，1930年代末から50年代初めにかけてのニーア（しばしば多方面の人々の協力を得て）の諸論文，発明品と弟子たちである．ニーアは，真空技術や電力供給，イオン検出などのための電子工学の最新の発展を取り入れた．同時に，彼は，地球の年齢測定の基礎を据えた．彼の研究によって，磁場収束装置が改良された．また，これまでの標準的なやり方であった，分析計中の半円イオン行路を巨大な磁石の両極間に囲い込むのに代わって，イオンほど強力でないV字の円の一部の形をなす磁場の中を通過させるだけでもよい結果が得られることを実証した．より実用的な電子衝撃型イオン源など，いくつかの構造や技法の決定的な改良で，機能や使い勝手，コスト面で改善が進んだ．二重収束質量分析計でも，静電分析計を加えて精度を上げ，大きな改良がなされた．この間に，質量分析計とその技術は，2, 3の物理実験室から，広範な普及を見た．それは，地球や宇宙の正確な年代学の基礎を提供し，同位体トレーサー研究を容易にし，マンハッタン計画でのウラン濃縮施設の稼動を可能にする分析技術と真空技術を提供した．また石油産業では質量分析計はごくふつうに使われるものとなった．質量分析計の商業生産は，1940年代に始まった．

1953年までに設計と実用のための便利な便覧が，アメリカやイギリス，ドイツ，ロシアで著され，質量分析の年次会議が始まった．同位体分析用につくられた装置設計が，まもなく複雑な有機分子にも応用された．一方で，非常に異なる型の機器の実証が進められた．異なる加速イオンが一定の経路を異なる時間で飛行することに基づく分析計［飛行時間型質量分析計］や，さまざまな型の電磁場やそれらの組合せの利用は，ある程度の成功をみた．1953年にW. パウル（Wolfgang Paul, 1913-1993）とその協力者たちが，磁場をもたない質量分析計としては最も普及することになる型の開発を主導した．それは，ラジオ周波数の静電重畳場を用いた，四重極質量分析計（およびイオン・トラップ）である．この開発

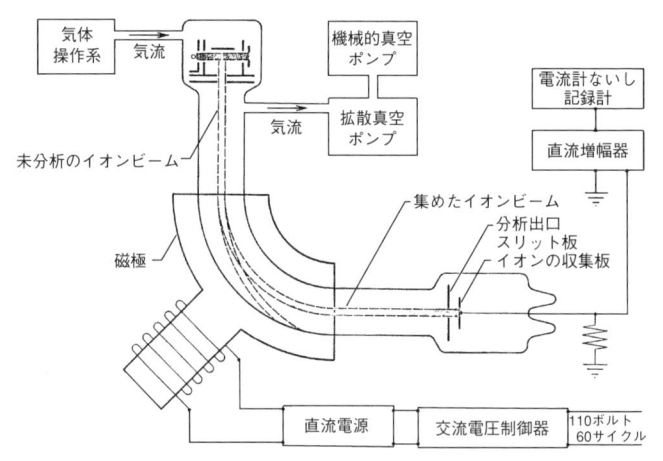

一焦点磁気扇形質量分析計の横式図. Alfred O. Nier. "The Mass Spectrometer." Scientific American 188 (March 1953): 68.

は結局,パウルにノーベル賞(物理学賞,1989年)をもたらした.1950年代半ばから末にかけて,質量分析計を他の主要な機器と組み合わせる試みの最初の流行があらわれた.特に各種のガスクロマトグラフ質量分析計がつくられた.これは,質量分析計の中でも最も広範に売れた機種である.

それらや他の種類の質量分析計が知られるようになってきたとはいえ,1960年代に入ってから稼動し始めたものの大部分は,主として電子衝撃によってイオンを発生させる,扇形磁場すなわち二重収束質量分析計であった.20ばかりの企業が,数千ドルから数万ドルの値段の,標準型の質量分析計を商品化した.質量分析計が,物理学から地質学,化学,生理学や他の産業に普及していく過程は続いた.病院の手術室から大気上層におけるロケットまでというように,たいへんに異なる場所でガス分析がなされた.初期の何十年間から見れば,分析計の数とその影響は,きわめて急速に増加しているように見えた.しかし,後年のものと比べるなら,数,使用法,型の増加はまだほとんど始まっていなかったのである.

それ以来,多数の研究者が,質量分析計を改造し,特にイオン生成を違ったアプローチで行い,また異なる分析方法に基づく,対象域や精度を著しく高めた新たな一群の機器をつくり出した.クックスとブッシュ,グリッシュが,正しく指摘したように,「方法論の幅の広さや,器具と相互作用するハードウェアの特徴によって,多数の分光学者が機器を修正し,全く新しい機器を開発した」.各々の新種の機器は,多大のコストがかかるにもかかわらず,順に商品化され,1950年代の成長全体を凌ぐ成長を遂げた.1990年代初頭には,市場には60あまりの企業が存在した.

1960年代には,化学イオン化質量分析(CIMS)とフィールド脱着(field desorption)質量分析(FDMS)が出現し,いくつかの質量分析の雑誌が発行され始めた.1970年代には,二次イオン質量分析,フーリエ変換質量分析,プラズマ脱着質量分析,電気水力学質量分析,レーザー脱着質量分析,熱脱着質量分析,スパーク・

ソース質量分析，グロー放電質量分析などが発明されたり発展させられ，さらにいくつかの雑誌が発刊された．同時に，機器のスケールでいえば，両極端の方向に進んでいった．一方では，高機能性とタンデム質量分析（機器が組み合わされて，1つの機器が次の機器のソースになる）から巨大な「グランド・スケール」機器に成長し，粒子加速器を新たな質量分析器として使うに至った．他方では，機器は医療用に小さくポータブル化され，火星や金星，ハレー彗星などの探査のために超小型化された．

1980年代の明確に特徴的な発展としては，さらに雑誌が新規発行された他に，レーザー共鳴イオン化質量分析，マトリックス補助レーザー脱着質量分析，高速原子衝撃質量分析とその連続フロー変換，イオン・トラップ質量分析のめざましい急速な発展，電子スプレー質量分析の劇的な進歩，液体クロマトグラフィー質量分析の注目すべき発展などがある．こうしたリストは完全にはほど遠いものであるし，それらの組合せは含まれない．ある総説によれば，1990年代が始まって以来，文献には，毎年10以上の新型の機器が登場している．以前の型の機器も退場したわけではない．いわゆる「ニーア機」といわれる四重極質量分析計も依然としてたいへんな数が健在で［データを］生産している．そして，それらはすべて，イオンを質量でより分けるという，根本的な機能を共有しているという決定的な意味で，1つの大系をなしている．それらのデータから得られる解釈はきわめて多岐にわたるが，同一の基本情報をきわめてさまざまな方法で生産している．

質量分析計は，もともとは，原子の同位体ないし比較的軽い気体を扱うために設計されたものだったが，いまや，ほとんど無制限なほど広範な物質を扱うことができる．1960年代初めまでに，同位体質量と存在度の測定がますます正確になるに伴い，物理学者と化学者は新たな原子量の国際標準を立てることになった．原子の質量について10億分の1の精度が得られる一方，巨大分子を扱ってもきわめて精密な測定ができるようになった．その測定では，ほんのわずかな試料に基づいて，大量の構造情報が得られる．1980年代初頭には，質量分析計が1万以上の分子量のイオンを扱えることが驚くべきことのように見えたものだったが，1990年代には，その範囲は数十万の分子量まで実証済みであるし，すべての技術的な可能性を越えて非揮発性であったり不安定であったりする物質は存在しないように思われる．

質量分析計の若干の応用例についてはすでにふれた．質量分析計が使用され，結果が得られる例を包括的に扱おうとするなら，非常に表面的なレベルであっても，20世紀のすべての自然科学上の仕事を通覧する必要があろうし，医学，産業，政府に関わる広範囲のものもある程度必要となろう．部分的なリストを提示するのがここではふさわしいだろう．

質量分析計による分析は，太陽系の成分の天文学研究や，地球年代学全体（気候史や生命の進化を含む），同位体考古学のため，さらには地球物理学・地球化学にも必須である．地質学分野でもそうであるし，化学は質量分析で「あふれて」おり，質量分析の利用は最も正確な実験法であり最も強力な化学分析法である．生物学的，生物化学的，医学的な利用についても同様なことがますますあてはまるようになっている．質量分析は，複雑な天然物や代謝経路の同定に用いられている．少量の試料中の

痕跡の存在を検出して同定できることから,質量分析は,毒物学,薬物濫用の診断,環境汚染監視などに利用される.質量分析器は,石油工業,化学工業,製薬産業では,原料分析や工程監視で長く重要な役割を果たしてきたが,食品加工や電子産業でも使われるようになってきた.また質量分析は,国際組織が核施設に入ることなく監視する(したがって政治的に現実的な)かなめの役割を果たしている.物理学では,安定核種,不安定核種の質量を決定して以来,質量分析は中心的位置から退いていたが,いまそこでもある程度かつての重要性を取り戻しつつある.質量分析は,界面現象や数原子の厚さの固体状態の研究の重要な道具となりつつある.したがって質量分析はさらに産業的応用に使われよう.最後に,質量分析は,「ほとんど無」を扱う基本になっている.というのもそれが,漏れの検出や現在可能な最高度の真空の最も感度が高い検出用に,真空技術にとってなくてはならないものであるからだ.

こうした重要性にもかかわらず,質量分析は,科学史家や技術史家が注目するものにはほとんどなっていないし,教養ある一般人には全く知られていないといってよい.注目に値する年代記述は存在するが,質量分析の歴史はほとんど研究されていないに等しい.C. アレグル (Claude Allègre) の総説『石から星まで (From Stone to Star)』のような,太陽系,地球,大気,生物圏がどのように発展してきたかについてのわれわれの理解が進んだのは正確な質量分析のためだと述べて,質量分析を讃える書であっても,機器そのものは賞賛はされても,具体的に述べられておらず隠れたものとされている.

[Keith A. Nier／梶 雅範訳]

■文 献

Cooks, R. Graham, Kenneth L. Busch, and G. L. Glish. "Mass Spectrometry: Analytical Capabilities and Potentials." *Science* 222 (1983): 273-291.

Cornides, I. "Mass Spectrometric Analysis of Inorganic Solids—The Historical Background." In *Inorganic Mass Spectrometry*, edited by F. Adams, R. Gijbels, and R. Van Grieken, 1-15, New York: Wiley, 1988.

Falconer, Isobel. "J. J. Thomson's Work on Positive Rays, 1905-1914." *Historical Studies in the Physical and Biological Sciences* 18 (1988): 265-310.

Remane, Horst. "Zur Entwicklung der Massenspektroskopie von den Anfängen bis zur Strukturaufklärung organischer Verbindungen." *NTM –Schriftenreihe Geschichte der Naturwissenschaft, Technik, und Medizin* 24 (1987): 93-106.

Svec, Harry J. "Mass Spectroscopy—Ways and Means: A Historical Prospectus." *Internaional Journal of Mas Spectrometry and Ion Processes* 66 (1987): 3-29.

◆CT スキャナー

Computer Tomography Scanner

1896年のX線の発見以来,医者は人体内の物体のよりよいイメージ(画像)を生み出す方法を探してきた.伝統的なレントゲン写真術には2つの基本的な問題がある.1つは,三次元の物体を二次元の画像に還元することによって,必然的に組織や骨などの構造が重なり合ってしまうこと,もう1つは,X線は透過する物質の量と密度に比例して弱まったり止まったりするが,筋肉や脂肪などの組織の密度のわずかな差を十分満足に識別しないことである.

1900年から1920年にかけて,多くの研究者がこれらの問題を解決するために,ドイツの物理学者G. グロスマン (Gustav Grossman) がトモグラフィー(断層X線

写真法）と呼んだ技術を使うようになった．トモグラフィーの「トモ」はギリシャ語で切片を意味する．イタリアの科学者 A. ヴァレボナ（Alessandro Vallebona）とオランダの科学者 B. G. ズィーセス・デ・プラント（Bernard George Zieses des Plantes, 1902-）は，X線源を動かしながらフィルムを逆方向に動かすことで，身体の特定の横断面（パンの一切れのスライス）だけが焦点に当たり，身体の他の部分がぼやけるようにさせた．この技術による画像は，対象によっては解像する手助けとなったが，まだコントラストが非常に弱く，何よりも大量の放射線の照射を必要とした．

コンピューター断層法は，断面のスライスの画像化という問題を投影からの像の再構成という問題に帰着させる．断層を二次元の密度のマトリックス（減衰係数）として扱うことによって，断層のまわりの異なる角度からの多重のイメージが撮影され，コンピューターを利用してマトリックスの各点での減衰度が計算される．

この過程は多くのステップを含んでいる．例えばスキャニングの際のファンビームの方法では，X線源が視準（フィルター）され問題の断面だけにファンを照射することになる．このX線は身体を通り，透過線上の対象の全密度に応じて減衰する．身体を貫くX線が塩化ナトリウムなどのシンチレーション結晶によって検知され，それが光子を放射する．これらの光子は光電子増倍管に入り，そこで強く荷電された電極板が光子の量を電気信号に変換し，それがコンピューターで計測される．この信号はその投影（角度）からの断面の放射線イメージを構成する．このような初期の方式においては，X線源と検知装置が続いて回転させられて次の投影イメージが得られ

た．その当時の方式としては，静止した環状の検知器と回転するX線源からなる技術的要求が単純化された装置もあった．

満足する妥当なイメージをつくるのに十分な投影が得られると，コンピューターはアルゴリズム（代数的，反復的，フィルター，フーリエ変換など）を用いて計測から断面を数学的に再構成する．その結果，断面の全体にわたって近似的な密度のマトリックスが得られる．このマトリックスは数字の表として，あるいは数字の色やグレーの濃淡のレベルに変換することでおなじみのCT画像として表示される．

CTスキャナーの最も価値あることの1つは，密度のわずかの差を色の大きな違いに増幅させることで，例えば筋肉と脂肪などもはっきりと目に見えるようにさせることである．これらの画像はコンピューター画面に映し出したり，X線写真に変換したり，磁気テープに保存したりできる．

歴　史

コンピューター断層法の医療への応用は，1956年に技術者の R. Q. エドワーズ（Roy Q. Edwards）と医者の D. E. クール（David E. Kuhl）によって最初に示唆された．彼らは放射スキャナー（ポジトロン CT の項を参照）を操作している際に，背景投影アルゴリズムを利用するトランスミッション・トモグラフィー・イメージングの方法を開発した．そのプロセスは，脳のよりよい画像を探し求めていたアメリカの神経外科医 W. H. オルデンドーフ（William H. Oldendorf, 1925-）によって発展させられた．オルデンドーフの方法は，脳の1点を除くすべての場所を次々にぼやかしていき，その上で各点をプロットするというものであった．

投影から画像を再構成する方式は，最初に数学者 J. H. ラドン（Johann H. Radon,

1887-1956)によって1917年に公表された.1956年に物理学者 A. M. コーマック(Allan MacLeod Cormack, 1924-1998)は南アフリカの放射治療チームで働きながら,身体の密度のマトリックスを計算する問題を解決し,彼の助手を務めていた学部生 D. ヘネジ(David Hennage)とともに CT スキャナーの原型をつくり,試験した.

最初の実用的な CT スキャナーは,G. N. ハウンスフィールド(Godfrey N. Hounsfield, 1919-2004)によって構想され,1967年にエレクトリカル&ミュージカル・インダストリーズ(EMI)社で作業が着手された.ハウンスフィールドは投影からのイメージのコンピューターによる再構成に,パターン認識のアイデアを適用した.彼はEMI の援助を得て,一断面を再構成するのに十分なデータを9時間で収集できる試作品をつくることに成功した.彼は脳放射線医師の J. アンブローズ(James Ambrose)とも秘密裡に協力し,医療診断用の装置をつくり上げた.最初の EMI スキャナーは,頭部の断層画像だけを生み出すものだったが,1971年にイギリス,ウィンブルドンのアトキンソン・モアリー病院に設置され,1972年に公表された.翌年には,3つの EMI 装置が北アメリカに設置された.ハウンスフィールドとコーマックは CT の功績により,1979年ノーベル医学生理学賞を受賞した.

1973年にジョージタウン大学の医者で物理学者であった R. S. レドリー(Robert S. Ledley, 1926-)は,最初の全身用「ACA」スキャナーを製作した.これはファイザー社によって発売された.1976年には,20社が CT スキャナーの製造に関わり,世界中で約600のスキャナーが装備された.

1990年代初頭になると,これらのスキ

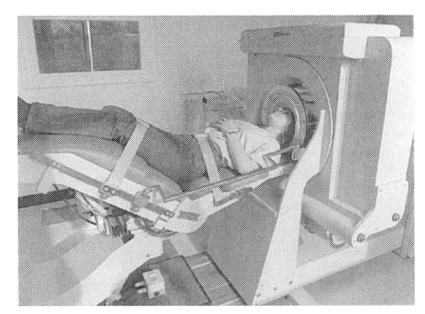

1970年代のアトキンソン・モーレー病院における EMI スキャナー.SM 1980-811.SSPL 提供.

ャナーが非常に高価であったため(装備に10万ドル,保守に毎年10万ドル),特に英米両国でハイテク医療の受診の不平等に対する強い憂慮と,医療費の高騰に対する再検討が促された.CT スキャナーのコストは,米国食品医薬品局(FDA)内の「医療装置法」の改革を促すことになった.

1980年代半ばには,CT は必要な診断用画像法としての地位を確立した.磁気共鳴映像法(MRI)は全体的により鮮明な画像を生み出すが,CT はより一般的でより安価である.また,MRI では画像化できない骨や金属のよりよいイメージを生み出すことができる.

[Joseph Dumit/橋本毅彦 訳]

■文 献

Kaplan, Bonnie. "Computers in Medicine." Ph. D. dissertation. University of Chicago, 1983.

Seeram, Euclid. *Computed Tomography Technology*. Philadelphia:Saunders, 1982.

Stocking, Barbara, and Stuart L. Morrison. *The Image and the Reality:A Case-study of Medical Technology*. Oxford:Oxford University Press for the Nuffield Provincial Hospitals Trust, 1978.

Susskind, Charles. "The Invention of Computed Tomography." *History of Technology* 6 (1981): 40-80.

Webb, Steve. *From the Watching of Shadows : The Origins of Radiological Tomography*, Bristol : Hilger, 1990.

◆自動気圧計
　➡ 自記気圧計

◆GPS

Global Positioning System

　GPS（全地球位置把握システム）は，24個の人工衛星，監視および情報伝送のための地上局からなり，これらの間の位置関係の測定・予測を行う．マイクロプロセッサー制御の無線受信機をもつシステム使用者は，正確な位置，速度および時間を測定することができる．

　継続利用が可能な全地球規模の位置・速度測定システムの必要性は，1968年にアメリカ（軍）統合参謀本部によって明らかにされた．そして，人工衛星を基礎とした航法システムの技術的実現可能性，実用性，発展性を検討するための航法衛星計画と4軍航法衛星運用グループが設けられた．1969年から1974年までの間，政府研究機関，その他の研究組織，工業界からなる共同体は，GPSのための基本概念，システムの構成，使用周波数，信号方式，性能，費用，実用性の研究を行った．GPSの設計の初期段階においては，トランシット・システムおよび海軍時間・航法システムと空軍621B型システムの2つの研究の貢献があった．また，トランシット・システムに類似したCicadaシステム，GPSに類似した GLONASS は，アメリカと同時期にソ連で開発されたものである．これらすべてのシステムは，軌道の情報も含む信号を伝送するラジオ・ビーコンとしての航法衛星を使用した．トランシット・システムは，1958年から1964年の間にジョンズ・ホプキンス大学の応用物理学研究所で開発され，衛星による位置把握，特にGPSの開発に多くの不朽の貢献をした（システムは1996年まで稼働し続けた）．

　安定かつ予測可能な軌道をもつ人工衛星は，何年間も機能する正確な時計と信頼性のある信号送信機能をもつよう設計された．人工衛星の軌道予測は，地球重力場の不均一性に関するモデルのより詳しい研究（これはトランシット衛星と他の衛星の軌道運動が予測できなかったことに端を発した）によって大きな発達を遂げた．また，人工衛星からの信号に対する地球大気の影響の計算方法も発達した．そして，人工衛星の正確な位置情報は，衛星内部に記録され，変調信号として読み出され，利用者に提供される．しかしながら，利用者は，1日に数十回だけあるトランシット・フィックスに要する10〜15分間は独自に衛星の高度と軌道を測定しなければならなかった．

　1964年，海軍研究局（NRL）は，速度，時間はもちろん継続的な三次元的位置情報提供の可能性を探るための時間・航法プログラムを立ち上げた．この概念は，1960年にNRLが，擬似距離測定法（または，受動的距離測定法，単一方向距離測定法）をもとに提唱したものである．航法信号の送信は，人工衛星内部の時計に制御され，受信は，使用者のもつ受信機の別の時計に制御される．これらの時計の不一致は，（緯度，経度，高度に加えて）測定される四番目の未知の量として扱われる．そのため

GPS 受信機は,最低4基の人工衛星を追跡しなければならないし,すべての衛星の時計は,正確に同調していなければならない.時間・航法プログラムは,最低限4基の人工衛星と正確な原子時計による,継続的な全地球規模通信を提供する衛星の配置を立案し,GPS では,擬似距離測定法,時間・航法システムと原子時計に関係する人工衛星の配列を採用した.

アメリカ空軍 621 B 型システム開発計画でも,最低4基の人工衛星からなる配置を含み,位置,速度,時間を測定するための人工衛星システムに関する研究は行われていた.空軍 621 B 型システムの GPS に対する最も重要な寄与は,ノイズに似た性質をもつ0と1からなる2進数情報のシーケンスをくり返す擬似ランダム・ノイズ方式 (pseudo-random noise:以下 PRN とする) の開発と採用である.PRN 変調方式は,正確かつ安全であり,通信妨害にも耐えうる.PRN コードは,発生させるのは容易だがコードを知らないと決定は難しく,それは実際には衛星の時計の読みになっている.GPS は2種類の PRN コードを使用している.1つは,「粗捕捉 (coarse-acquisition:以下 C/A)」コード,2つめは「精密捕捉 (precision:以下 P)」コードである.そして,使用者のもつ受信機は,追跡している人工衛星の PRN コードを発生させなければならない.基本的な GPS 擬似範囲測定は,人工衛星と受信機の共通コードの送受信によって得られる時間差の測定によって行われる.これらの測定法と人工衛星から使用者に送信される正確な人工衛星の位置情報は,受信機をもつ使用者の位置,速度,時間の測定を可能にする.

GPS 開発計画は,1970年代初めに承認され,軍用 GPS 受信機,地上基幹施設,複

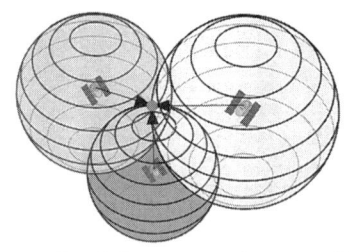

GPS の位置特定にはマルチプル・レンジ方式が用いられている.各々の人工衛星の測定範囲は球状の形態をとり,これらの重なった部分の座標から位置を特定する.ニューブランズウィック大学測地地理情報工学科提供.

数の人工衛星集合体の設計および開発に責任をもつ GPS 総合計画機関が設立された.そして,10基の人工衛星からなる第一集合体は,1978年から1985年の間に,24基の人工衛星からなる第二および第二 A 集合体は,1989年から1994年の間に,それぞれ打ち上げられ,1985年4月には運用開始が公式に宣言された.21世紀には,58基の衛星が打ち上げられ,そのうちの24基は常時使用可能な状態に保たれるであろう.

GPS は,民間,軍事を問わずすべての使用者にとって有用であるが,1991年からは国家安全保障のために民間利用においては人工衛星の時計と軌道情報の精度を意図的に低くするようになった.さらに,1994年からは P コードが暗号化され,民間用受信機は C/A コードしか使用できなくなった.

また,GPS の三次元位置測定の正確さは (軍用は誤差16 m,全体の95%を占める民間用は誤差150 m),同一の衛星の信号で2またはそれ以上の位置測定を同時に行うことによって従来の限界を超えた.民間では GPS 地上局で誤差の修正を行うディファレンシャル GPS (DGPS) 計画が持ち上がり,誤差を10 m 以内にするために,

一定範囲内のすべて（あくまでも12基まで）の人工衛星を追跡し，位置測定にPRNコードを使用しつつも従来のもの以上の測定精度を有する受信機が開発されている．このDGPSによる数cm単位の測定も実現可能である．また，静止している測量の基準線の数mm単位での測定や，無限の長さをもつ基準線のいくつかも測定できるであろう．

民間用GPSは，輸送機関，「高性能な」乗物，農業，海および空における航法術，そして「電子海（航空）図」，資源の管理および調査，大陸移動の調査を例とした地球科学に多大な影響を与えた．1995年時点で100万機以上のGPS受信機が使用され，自動車産業だけで月に6万台もの受信機が生産されている．また，価格も数ドルにまで下がり，月刊誌"*GPS World*"は，システムの応用性を明らかにすることに貢献している．　[David Wells／米川　聡訳]

■文　献

Langley, Richard. Moderator, Canadian Space Geodesy Forum (CANSPACE). Uniform Resource Locator (URL)：http://degaulle.hil.unb.ca/Geodesy/CANSPACE.html

Parkinson, Bradford W., et al. "A History of Satellite Navigation." *Navigation* 42 (1995)：109-164.

Wells, D. E., et al. *Guide to GPS Positioning*. Fredericton, New Brunswick：Canadian GPS, 1986, 1987.

◆四　分　儀

Quadrant

クワドラント（quadrant）とはもともと「四分円」のことを指し，また四分円の弧の長さをもついくつかの異なった器具のことを指す．すなわちこれが，「四分儀」である．

最も初期のものでは，プトレマイオス（Ptolemaios, 2世紀）の『アルマゲスト（*Almagest*）』に描かれている「プリント（plinth）」があり，これは太陽の子午線高度を測定するために用いられた．この器具は，子午面に置かれ，また地面に垂直になるよう調整され，さらに地面に平行に突き出た杭が90度の目盛りを切った弧にその影を落とすのを見ることによって測定された．イスラムの天文学者，アル＝バッターニー（al-Battani, 858?-929）は子午面の壁に固定された四分儀，すなわち壁面四分儀をもっていた．マラーガのアッ＝トゥースィー（ナスィールッ＝ディーン，Nasir al-Din, 1201-1274）は2つの経緯四分儀をもっていた．それらは垂直に組み合わされた四分儀で，どんな方向にでも回転でき，高度と方位角を同時に測れるようにつくられていた．

四分儀はルネッサンス西洋の天文学者たちによって取り入れられた．その最も有名な例は1582年にティコ・ブラーエ（Tycho Brahe, 1546-1601）によってつくられた半径2mの壁面四分儀である．イスラムにおいては，頂部に固定され目盛り弧まで延びる照準尺，あるいは指方規が組み込まれたのに対して，ティコは可動部を最小限にするように努め，照星は子午面に対して垂直な壁の開口部分に固定し，照準は子午面の壁につけた真鍮の目盛りに取り付け，目盛りは対角線で分割した．これは彼が考案したたくさんの観測器具の中で最も正確なもので，彼のすばらしい成功の基礎をなした．

四分儀は天文観測器具の第一のものとしての役割を担い続け，17～18世紀のすべ

ての主要な天文台で使用された．他の形の架台も考案されはしたが，最も正確な測定はたいてい，動き，摩耗，たわみを最小限に押さえた壁面四分儀によるものであり，このことは広範な観測プログラムにとって重要であった．観測は子午線に限定されていたが，それは赤緯（天の赤道からの角距離）の測定には役立ったし，子午線部以外の観測に伴う単調で退屈な計算を回避することができた．また時計の導入によって，子午線通過の時間を測定し，赤経を測定することが期待されたが，要求される精密な調整を実行することはできなかった．またきわめて重要な改良として，従来の平らでむき出しの照準に変わる，望遠鏡型の照準の導入があげられる．この新しい照準の価値をめぐって，特にJ. ヘヴェリウス(Johannes Hevelius, 1611-1687)とフック(Robert Hooke, 1635-1703)の論争があったが，17世紀の終わりまでに望遠鏡は天体観測用四分儀に標準的に装備されるようになった．

1725年，ロンドンの天体観測器具制作者G. グレアム（George Graham, 1674-1751）は，グリニッジ天文台におけるE. ハレー（Edmond Haley, 1656-1743）の月の観測のプログラムのために，すばらしい成果をもたらした壁面四分儀を作成した．半径8フィート（2.4m）の円弧は鉄製の棒によって補強され，目盛り縁につけられた望遠鏡式照準はクランプと正接マイクロメーター式スクリューによって調整されるものであった．J. バード（John Bird, 1709-1776）はそれと似た，真鍮のフレームのものを1750年グリニッジ天文台のためにつくり，それに関する記述がイギリス経度委員会によって出版された．さらにいくつかの類似品がシッソン（J. Sisson）やバードやJ. ラムスデン（Jesse Ramsden,

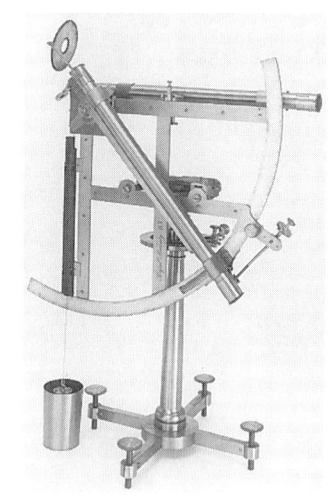

バードによる天体観測用12インチ四分儀（1767年頃）．SM 1900-138．SSPL提供．

1735-1800）といったロンドンの器具制作者によってつくられ，ヨーロッパ中の天文台に輸出された．グレアムによって設計された上記の，あるいはその他の観測器具の成功は，18世紀初頭にかけて，この分野におけるロンドンの器具制作者の支配的地位を確立した．しかしその頃までに四分儀は，天文学における基本的測定のための主要な観測器具の座を取って代わられるようになっていた．

成功した四分儀のデザインは，すべて大型のものであったわけではなかった．18世紀には，比較的持ち運びのきく台座に乗ったタイプのものが，ランロワ（Langlois, 1700頃-1756頃），シッソン，バードといったフランス・イギリス両国の器具制作者によって作成された．フランスでは，望遠鏡は旋回するフレームに固定され，インデックスアームが地面に垂直になるようにぶら下げられたタイプのものが好まれ，一方イギリスでは，フレームは測鉛線によって水平に保たれ，望遠鏡のほうが固定された

ままのフレームの頭部を中心に旋回するタイプのものが好まれた．バードはこの英国式タイプのものを1760年代の金星の太陽面通過観測の遠征のために提供した．

また「クワドラント」という名前はいくぶん異なる別の器具にも用いられてきた．例えばバックスタッフ（back-staff）としても知られるデービス四分儀（Davis quadrant）や，より一般的には八分儀（octant）として知られるハドレー四分儀（Hadley quadrant）などである．また，単純な測量・航海用器具の多くは四分儀のデザインに基づいている．最も一般的な小型四分儀にホラリー四分儀（horary quadrant）がある．一般的には時間を知るために用いられる持ち運び用の器具であるが，時には天文学的な計算をするのにも用いられる．

ホラリー四分儀を用いて行われる基本的な測量は太陽の高度の測定である．もちろんどんなものの高度も測定することができるし，何らかの天体の高度の測定に関連した特徴を備えているものもある．また一般的には，高度の測定には減光用のフィルターが用いられた．しかし太陽はさまざまな方法で時間の測定に転換することができるので，その測定法に従って異なる投射図がホラリー四分儀の表面に描かれている．初期のタイプのうちで最もよく知られているものの１つに中世の「オールド・クワドラント（old quadrant）」がある．これは万能な，すなわち地球上のどこでも用いることのできる四分儀である．太陽の高度は，時間だけではなく，緯度と日付に左右されるので，万能ホラリー四分儀を用いる際には，測定地の緯度と日付を設定しておかなければならない．オールド・クワドラントの場合その設定は，中心角の部分からつる

した下げ振り線についている照準ビードを，緯度の目盛りと赤緯（あるいは日付）調整用のスライドカーソルに従って調整することによって行う．観測を行う際は，扇形の一辺に固定された一組の照準を太陽の方向に向け，下げ振り線が時間線の投射図を横切るようにする．この時間線の投射図をビードが横切るところがそのときの時間を示している．なおこの場合の時間とは，中世における不均等な時間体系のもので，日の出から日の入りまでを12等分したものである．その後広く普及することになるE．グンター（Edmund Gunter, 1581-1626）が設計したホラリー四分儀は，単一の緯度においてしか使用できないものであったが，さまざまな，より進歩した天文学的機能を備えるものであった．

[Jim A. Bennett／平岡隆二 訳]

■文 献

Bennett, J. A. *The Divided Circle : A History of Instruments for Astronomy, Navigation and Surveying*. Oxford : Phaidon, 1987.

Bennett, J. A. "The English Quadrant in Europe : Instruments and the Growth of Consensus in Practical Astronomy." *Journal for the History of Astronomy* 23（1992）: 1-14.

Chapman, Allan. *Dividing the Circle : The Development of Critical Angular Measurement in Astronomy 1500-1850*. New York : Horwood, 1990.

Turner, Anthony J. *Early Scientific Instruments : Europe 1400-1800*. London : Philip Wilson for Sotheby's, 1987.

◆ジャイロコンパス
➡ コンパス【ジャイロ】

◆ジャイロスコープ

Gyroscope

J. B. L. フーコー (Jean Bernard Léon Foucault, 1819–1868) によって1852年に地球の回転を証明する独立の方法として発明されたジャイロスコープは, 役に立つ科学装置である. 発明以来1世紀半, ジャイロスコープは世界の列強の高まる軍事的商業的利用の歴史と不可分に発展した. 冷戦の最中, アメリカとソ連のジャイロスコープは, 相互確証破壊 (MAD) の報復破壊を保証する, 潜水艦・ミサイル・航空機の慣性誘導システムの中枢的な構成部品となった. ある意味で, ジャイロスコープは長い, 冷たい平和を維持する助けをした.

フーコーは, 彼の振り子とそれによる地球の回転の証明で最もよく知られているが, 彼自身はジャイロスコープのほうがこの現象のより明らかな証明を与えるものと信じていた. それは, 頑丈な回転盤 (ローター) とその中心を通りジンバルの枠に載せられた同様に頑丈な軸からなっており, その枠は全方向に自由に運動できるようになっている. そしてローターは別の歯車機構によって高速回転がかけられる. 固定された光学照準装置がローターに合わされている. ジャイロスコープが空間中における方角を維持しつつも, 固定された観測台と動かないジャイロスコープの回転盤の間にずれが生じてくる. そのずれは地球の回転とそれに伴う観測機器の運動によって引き起こされるものである. こうして, 文字どおり「回転を見る」ことを意味する「ジャイロスコープ」という名前がつけられたのである. フーコーの実演は三次元の自由度をもったジャイロスコープを利用してなされた. すなわち自転とともに水平と垂直方向の軸の回転の自由度が与えられた. フーコーは, 一定の速度で長い時間にわたって回転するローターをつくることはできなかったが, 二次元の自由度をもったジャイロスコープ (すなわち2つのジンバルだけが完全に自由に動くもの) は重力から影響を受け, 地球の回転軸に自分の軸を合わせるだろうと彼は論じた. かくして, 二次元の自由度をもつジャイロスコープが真北の指示器, ジャイロコンパスとして機能することになった.

フーコーはジャイロスコープをつくり, 名づけた最初の人であったとしても, 彼は自転する物体が一定の方向を維持することに気づいた最初の人物ではなかった. 1740年代初めに, イギリスの航海家J. サーソン (John Serson, 1735頃–1750) 船長は, 「回転鏡」と呼ばれる鏡のコマを発明した. それは水平線が見えないときにも, 人工的な水平線として六分儀の観測を補助するものであった. サーソンの装置の例は, ロンドンの科学博物館のコレクションに保存されている. 不幸にもサーソンは1750年のHMS (英国海軍軍艦) ビクトリー号の難破とともに世を去り, 彼の装置は航海士の間で普及することはなかった. サーソンはジャイロスコープを航海の補助に利用することを試みた多くの人物の中の最初の人物であった. フーコーが発明にあたって, この実用的な伝統にどの程度依拠していたかは明らかではない.

その後19世紀には, ジャイロスコープは学問と商業の2つの相互に影響し合う世界で存在した. 自然哲学の中心的問題として, J. C. マックスウェル (James Clerk Maxwell, 1831–1879) と W. トムソン (William

1880年頃のフーコーのジャイロスコープ装置。SM 1883-10. SSPL提供。

Thomson, 1842-1907) を含む多くの人物が,ジャイロスコープを教育用の器具として完成しようとした.その一方でジャイロスコープの数学はますます複雑になっていった.その数学的詳細にはここでは立ち入らないが,ジャイロスコープが作用する力に対して直角の方向に動くという単純な性質だけを確認しておこう.この基本的原理が,次世紀における一連の重要な発明の中でジャイロスコープを中心に据えるものであった.同じように重要なことは,アメリカとフランスの科学者たちによって一定の自転を維持する電気的ジャイロスコープが完成されたことである.トムソンもジャイロスコープについて記述し,それを作製した.トムソンは彼の装置を英国海軍に売ることはできなかったが,彼の試みは20世紀におけるジャイロスコープと国家の密接な関係を予兆するものであった.

フーコーと19世紀のジャイロスコープの研究者たちは,装置の規則を検討したが,ジャイロスコープの安定性と方位性の威力を利用するには個人の力では限界があった.社会学者D. マッケンジー (Donald MacKenzie) が呼ぶところの「ジャイロ文化」が,第一次世界大戦の前夜においてドイツ,イギリス,アメリカで登場することになった.ジャイロ文化は,個人発明家,私企業,利害関心をもつ軍官僚の役割など,いくつかの重要な特徴を備えている.第一次世界大戦以前における英独の軍拡競争の間に,HMSドレッドノート号といった弩級戦艦が登場することで,軍官僚にとって解決すべき重要な技術的問題があらわれてきた.金属性の竜骨の使用が普及することで,伝統的な磁気コンパスによる航海は不適切になった.ドイツのH. アンシュッツ=ケンプフェ (Hermann Anschütz-Kaempfe, 1872-1931) やアメリカのE. スペリー (Elmer Sperry, 1860-1930) は,実用的なジャイロコンパスを開発し,各国の海軍に売り込んだ.イギリスではA. ポレン (Arthur Pollen) が,弩級戦艦のためにジャイロで安定させた砲塔を開発した.連合国側の勝利の波に乗り,スペリー・ジャイロスコープ社は軍用と民間用のジャイロスコープを組み込んだ装置の市場を独占した.戦間期にスペリー社は,ジャイロスコープを活用した航空計器を開発し,さらに市場を拡大した.ジャイロスコープは新しい三次元空

間の領域で安定な座標を提供したのである．スペリー社などの企業は政府と協力して標準的な航空計器を開発し，視界が悪いときにも操縦を可能にする計器を製造した．さらに，海軍艦船のために耐火性の装置も開発され，スペリー社が米国海軍のその主たる発注企業になり，ヴィッカー社が英国海軍のその発注企業になった．

　第二次世界大戦とともに，ジャイロ文化は根本的な変化を受けていく．戦前には企業が研究開発を行い，その成果を軍などの関係機関が買い上げた．第二次世界大戦中と戦後には，軍が最終製品とともに研究開発にも費用を払うようになった．ジャイロスコープは，超大国が侵入を妨害できないような航行手段を開発することで，戦後の軍事戦略の中心にすわるようになった．この新しい社会的，政治的，技術的文脈において，新しい種類の研究者たちがあらわれた．民生と軍，学術と産業とを分ける境界を横断できるような研究者たちである．それとともに，新しいタイプのジャイロスコープも登場した．レーザー環ジャイロスコープや，ジャイロスコープの動作のコンピューター・シミュレーションである．後者は究極的にフーコーの応用性の高い装置とその後継機に取って代わることになるかもしれない．

[Michael Aaron Dennis／橋本毅彦 訳]

■文　献
Foucault, Léon. *Recueil des travaux scientifiques de Léon Foucault*. Paris：Gauthier-Villar, 1878.
Hughes, Thomas Parke. *Elmer Sperry, Inventor and Engineer*. Baltimore：Johns Hopkins University Press, 1971.
MacKenzie, Donald A. *Inventing Accuracy：A Historical Sociology of Nuclear Missile Guidance*. Cambridge：MIT Press, 1990.
Moskowitz, Saul."The Development of the Artifical Horizon for Celestial Navigation." *Navigation* 20（1973）：1-16.
Sumida, Jon Tetsuro. *In Defence of Naval Supremacy：Finance, Technology, and British Naval Policy 1889-1914*. Boston：Unwin Hyman, 1989.

◆写　真　機
➡ カ　メ　ラ

◆写　真　測　量
➡ カメラ【航空写真測量】

◆重　力　計

Gravity Meter

　重力計は主天体（a host heavenly body）（通常は地球）とその近くの質量との間の引力に由来する重力加速度 g を計測する．計測は絶対的な意味において行われることもあれば，近くにある特定の地点での計測に相対的な場合もある．

　絶対計測は世界の重力地図のための基準線を与える計測である．絶対計測には通常，ある定位置に据えつけられた実験室型の機器が用いられ，精度の許すかぎり最高の桁数まで測定される．絶対計測によって確立されたグリッド内において，相対重力を測る機器が用いられる．それらの機器はより感度が高く，持ち運びしやすいが，時間の経過とともに動作が不安定になる．最も感

度が高く安定している相対計測機器は，地殻潮汐を測るのに用いられる地球潮汐計である．

最近まで絶対的な重力測定のための主要な手段は振り子であった．振り子法は今ではレーザー干渉測定法により落下速度を測る落球装置に取って代わられてしまった．この装置では，最初に既知の大きさの質量が真空の部屋の中で上方に投げ上げられ，そしてその落下速度が計測される．質量を上方に投げ上げることで，最初に余計な力の成分を加えずに球を放すという難しい問題を克服することができる．

相対計測のための機器は，実質的に地球上のあらゆる地点に持ち込めるよう，持ち運びしやすく使い方が簡単でなくてはならない．これらの機器は地球の性質に関する地球物理学調査や，天然資源，特に石油の探査に用いられる．gの値のわずかな変化を地図に書き込むことで，当該地域の重力地図におけるあらゆる異常が明らかにされる．他の知識と組み合わせることで，これらの異常から，例えば塩のドームのような，石油がよく見つかる地質学的特徴の存在を推測することができる．

飛行機やヘリコプター，潜水艦，試掘坑，荒れた地形を進むトラックの中などで使用するため，相対計測のための重力計にはさまざまな形と大きさのものがある．永らく振り子に基づく装置が使われてきたが，相対計測機器の最大のグループはバネ-質量式装置である．

重力の牽引作用は，地球の質量と小さいテスト質量との間に小さな力を発生させる．テスト質量がバネにつるされると，重力偏差はバネの変位として観測することができる．有意な結果を得るためには，バネは探知されるべき微小な偏差に応じて十分変形しなければならないが，時間や気温の変化に対しては安定していなければならない．19世紀以来ねじり秤がスプリング式重力計として使われてきた．

弾性繊維をねじり秤として使用することは，17世紀にR．フック (Robert Hooke, 1635-1703) が物質の弾性を説明したときにまでさかのぼれる．18, 19世紀には，G. S. オーム (Georg Simon Ohm, 1789-1854)，C. A. クーロン (Charles Augustin Coulomb, 1736-1806)，H. C. エールステズ (Hans Christian Oersted, 1777-1851)，W．トムソン (William Thomson, 1824-1907) ら著名な人物たちが彼ら自身の歴史的な装置にねじり秤を使用した．しかしながら，ねじり秤を重力の牽引作用の微小な変化を探知するために用いることは，1888年ハンガリーの物理学者R．エトヴェシュ男爵 (Baron Roland von Eötvös, 1848-1919) が初めて行った．エトヴェシュの秤では，両端に等しい質量の小さな金のおもりをつけたアームをねじりワイヤーがつり下げている．これら金のおもりの1つはさらに腕の端から0.6 mの長さの糸でつり下げられている．[60度ごとに] 6つの異なる方位のそれぞれについて測定されたアームの回転角を用いて，gを計算することができる．この秤は10^{-13}g力の変化を検出できるが，使用するには根気が必要である．観測の速度を上げるため，[反対向きの] 2つのアームを組み合わせた方式のものもある．1900年から1930年までの間に何種類かのエトヴェシュ型秤が使用された．ズス (Suss) のものや実験機器メーカーのアスカニアおよびエトリングが独占的に販売していたモデルがよく知られた例である．これらの機器を油田探査に用いることを始めたのはE. D. ドゴリエ (Everett

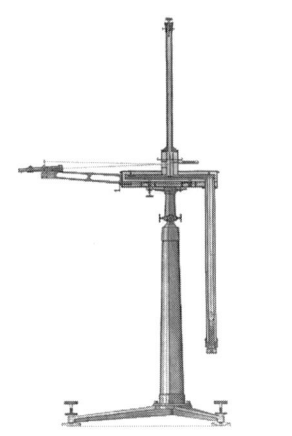

エトヴェシュ型ねじり秤の断面図（ズス作製，ブダペスト，1888 年頃）．SSPL 提供．

Lee DeGolyer, 1886-1956）だとされている．

しかし，エトヴェシュ型ねじり秤は，1つのテスト質量しか使わない，より単純で容易に操作できる装置に道を譲ってしまった．単一質量式の装置はオーストラリアの R. スレルフォール（Richard Threlfall, 1861-1932）と J. A. ポロック（James Arthur Pollock, 1865-1922）が 1898 年に考案した．石英繊維に関する C. V. ボーイズ（Charles Vernon Boys, 1855-1944）の研究に基づき，彼らはねじりバネに水平の石英の糸を用いた．取りつけた質量に対する重力の牽引作用は石英の糸の微小な回転を引き起こし，回転角が精密な測角器の目盛りから読み取られる．

エトヴェシュの方法と同時期に考案されたものの，このより単純な装置の有効性は，変位を拡大して感度を向上させる機械的な手段が工夫されるにつれ，ようやく徐々に認知されていった．1970 年代には電気的な検出法が付け加えられ，素材の改良によって金属バネも採り入れられた．光学的に表示を拡大する装置を使って読み取る単純な石英バネ方式は繊細なことで評判が悪かったが，今では頑丈な金属バネを用い，電気的にねじれを測定するタイプのものに取って代わられてしまった．スプリング式重力計は世界各地で製作されているが，重要なメーカーとしては，アメリカのラコストとロンバーグ，カナダのシントレックスおよびドイツのアスカニアがあげられる．

[Peter H. Sydenham/中澤　聡訳]

■文　献
Bonner, Joseph A., and Lee, Winston, F. Z. "The History of the Gas Turbine Meter." Paper presented at the 1992 American Gas Association Distribution/Transmission Conference, Kansas City, Mo., May 3-6, 1992.
Jasper, George, ed. *Gas Service Technology*. London：Benn in association with the British Gas Corp., 1979-1980.
Smyth, Ormond Kenneth. "Meters—The Gas Man's Secret Weapon." *Gas Engineering & Management* 24（1984）：363-371.
Tweddle, Robert. "Metering—Past, Present and Future Considerations." *Gas Engineering and Management* 17（1977）：307-315.

◆重力波検出器

Gravitational Radiation Detector

一般相対性理論に関する諸解釈の多くによれば，運動している質量は，ちょうど運動している電荷が電磁波を生じるのと同じく重力波を生じる．しかし運動している質量と結びついたエネルギーはごく微小なので，地球上で発生した重力波の検出を試みる計画はない．しかし超新星など将来起こりうる刺激的な宇宙の出来事は，十分感度の高い重力「アンテナ」によって検出可能

な量の波を発生するはずである.

アンテナには大まかに 3 つの世代がある.最初の装置は,1960 年代後期にメリーランド大学にいた J. ヴェーバー(Joseph Weber, 1919-2000)によってつくられた.「ウェーバー・バー」とはアルミニウム合金でできた円柱のことで,その長さと直径はおよそ 2 m と 1 m である.バーは金属製の真空室内で 1 本の細いワイヤーによって宙づりにされており,ワイヤーの支柱は鉛板とゴムシートを交互に重ねたもので支えられている.これによりバーへの電気,磁気,熱,音,地震の影響を遮断することが期待されている.バーはひずみゲージなどの変換器と結びついており,それにより,重力波パルスの通過によって生じたと考えられる振動が検出される.

変換器が示すのは,バーの熱的揺動など,完全に排除することができなかったあらゆる影響の結果である.それゆえ,存在が推測されている重力「波」の信号を,雑音の中から探り出す必要がある.主要な方法は,何千マイルも離れた複数のバーの間で同時に振動を見つけることである.この第一世代の常温検出器の全盛期は 1975 年頃まで続いた.1970 年代の最初の頃は,見かけ上はさまざまな信号の一致が見られた.しかし計算によれば,ウェーバー・バーの第一世代は,宇宙論研究者が存在を確信する微弱な波を検出するにはあまりに感度が悪かった.1975 年までには,R. ガーウィン(Richard Garwin, 1928-)が強力なかたちで示してみせたデータ分析の助けもあり,ウェーバー以外のすべての検出器製作者たちが,いかなる信号の一致も見出されないと述べるまでになっていた.

第二世代の重力波アンテナは,ウェーバー・バーと同じ原理に基づきつつも,感度を向上させるために進んだ技術を用いた.サファイアの単結晶を使うか,あるいは,バーを液体ヘリウムで冷却するのである.1990 年代中頃の時点で「オンエアー中」の液体ヘリウム低温バーは,ルイジアナ,イタリア,オーストラリアに 1 台ずつ計 3 台ある.スタンフォード大学の W. フェアバンク(William Fairbank, 1917-1989)によって製作された同様の装置はもう使用されていない.ルイジアナ・グループによれば,彼らは,3 m のバーの末端で生じる,原子核の直径よりもずっと小さな振幅の振動を検出できるという.これらのバーは常温アンテナよりも何桁も感度がよいと考えられるが,これを用いて重力波を見つけたと主張する者はいまだ 1 人もいない.

1990 年代中頃から,第三世代の検出器が建設中である.いまや重きは,基線長数 km のレーザー干渉計(レーザー干渉計重力波天文台または LIGO)に置かれている.この新たな重力波天文学の「ビッグサイエンス」(数億ドルはかかる)の目的は,初期のウェーバー・バーが検出できるパルスの,控えめにいっても 10^9 分の 1 以下の微小なパルスを検出することにある.その上,レーザー干渉計はパルスの波形の解析という点でも優れている.一方,バーはその共鳴周波数付近の信号に対して最もよく反応する.幅広い周波数帯をもつ干渉計は,ひとまとまりの重力波からより多くの情報を引き出すことができるかもしれないが,それだけ分離は困難になるであろう.それらの装置が,10 年あるいはそれ以上信号を出し続けるとは期待できない.LIGO に費やされる総額の何割かをより洗練された共鳴振動型バーの開発に用いたほうがよいという議論もあったが,論争は,2 つのタイプの検出器の間で信号の一致を協力して探

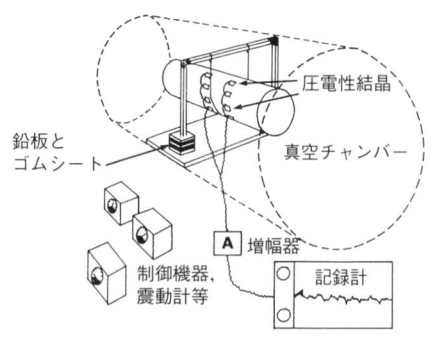

ウェーバー型重力波アンテナ．Harry Collins and Trevor Pinch. The Golem：What Everyone Should Know about Science. Collins and Pinch. (1993)：93.

すという，最も適当な結果に落ち着いた．

多くの物語と同じく，歴史上の区分は，決して最初に見えたほど適切なものではない．ごく初期の検出器の1つは，カリフォルニアのヒューズ航空研究所にいた（ウェーバーの学生である）R. フォワード（Robert Forward, 1932-2002）が製作した小型のレーザー干渉計であった．J. ウェーバーは重力波を検出したという初期の主張を報告し続けてきた．ウェーバーは，彼の装置と他の装置との違いによって，信号の一致が見出せないことは説明されると主張する．例えば，彼の装置と液体ヘリウム低温検出器との決定的な違いは，振動を識別する手段にあると彼は言う．その手段とはそれぞれ，中心に搭載されたひずみゲージと末端に搭載された加速度計である．さらに，1982年には，フェラーリ（Ferrari），ピッツェラ（Pizzella），リー（Lee），ウェーバーによる論文が，ローマとメリーランドの検出器は，偶然以上の標準偏差3.6の統計上有意な信号の一致を見出したと主張した．ウェーバーとピッツェラは，1987年の超新星に対応する信号を見

出したとも信じている．低温グループにとって困るのは，当時作動していたアンテナはローマとメリーランドの2台だけだということである．1984年，イタリアの理論家 G. プレパラタ（Giuliano Preparata, 1942-2000）の支持を得てウェーバーが主張したのは，バー型装置の感度に関する以前の計算は誤っていたこと，バーを原子の対のコヒーレントな集団として扱うことで得られる正しい計算によって，より大きな断面積が与えられること，このことは彼による信号の一致の発見と矛盾しないこと，であった．彼以外の科学者で，1982年の結果，1987年の超新星による重力波の検出，バーの断面積の再計算，といった事柄の妥当性を受け入れたものはほとんどいなかった．しかしウェーバーはくじけなかった．

最初に低温検出器を製作したグループの1つであるルイジアナ州立大学グループは，切子面をもつ直径3 mの球形の共鳴振動型装置を設計した．それは優れた感度，方向上のバイアスの排除に加えて，パルス源の方向の解析も可能なように考えられている．10の切子面ごとに加速度計をもつこの球は，中心で交差する5つのバーに等しい．もしこれが完成すれば，狭い周波数帯であるにせよ，LIGO よりも優れた感度になるであろうと彼らは信じている．この新たなデザインは，切頭20面体重力波アンテナ-TIGA-として知られている（ルイジアナ州立大のマスコットはタイガーである）．

数人を除けばほとんどの物理学者にとって，ウェーバーの物語は，科学者が事象に対する好みの解釈に強く固執しすぎれば，いかに失敗するかを示すものである．他方で，ほぼ誰もが認めるのは，ウェーバーは，

「不可能」な実験を創始することで,いつの日か天文学の重要な一分野になるかもしれない研究を推進した独創的で意志の固い科学者であることである.
　　　　　　[Harry M. Collins／藤田康元 訳]

■文　献
Blair, David G., ed. *The Detection of Gravitational Waves*. Cambridge：Cambridge University Press, 1991.
Collins, Harry M., and Trevor J. Pinch. *The Golem：What Everyone Should Know about Science*. Cambridge：Cambridge University Press, 1993.〔福岡伸一訳：『七つの科学事件ファイル 科学論争の顛末』,化学同人, 1997 年〕.
Saulson, Peter R. *Fundamentals of Interfenometric Gravitational Wave Detectors*. Singapore：World Scientific, 1994.

◆酒気検知器

Breathalyzer

ブレサライザー(酒気検知器)は,呼気のアルコール含量を測定し,ヒトの酩酊の度合いを測定する.ブレサライザーという呼称は,アメリカ人化学者のR. ブロークンシュタイン(Robert F. Brokenstein)が1954年に設計した装置に対してつけられたものである.その装置は,かなり正確な酒気検出を可能にした最初のものであり,アメリカやカナダやオーストラリアで広く用いられるようになった.ブレサライザーは後に,袋に息を吹き込むタイプの酒気検出装置に対する一般名称となった.一般大衆の間では,この呼称の範囲はすべての酒気検出装置を含むまでに拡張されている.
　アメリカ人化学者のR. ハージャー(Rolla Neil Harger)らは,呼気サンプル中のアルコール量が血中アルコール量と比例関係にあるということを明らかにした.ハージャーのドランコメーターなる酒気検知器は,1931年にアイデアが発表され1938年に売り出されたが,これは道路で実際に呼気のアルコール量を測定することができるアメリカで最初の装置であった.この装置には,硫酸に過マンガン酸カリウムを溶かした紫色の溶液が用いられた.この溶液がアルコールを酸化すると,溶液の色がうす茶色に変化するのである.ブレサライザーは,重クロム酸カリウムによって引き起こされるこれと似た酸化反応を利用したものである.標準量の呼気が金属製のシリンダーに集められた後,45〜50℃に加熱され,重クロム酸カリウム溶液と銀塩の触媒を含むアンプルに通される.重クロム酸はオレンジがかった黄色であるが,これの退色の度合いが比色計で測定され,アルコール含量が割り出される.ブレサライザーは,被験者の血中アルコール量の分析結果と比べて,常に低い値しか示さない.それにもかかわらず,ブレサライザーは広範に使用されるようになり,酒酔いが原因の交通事故の減少に大きな効果をもたらした.後の1970年代に開発されたブレサライザー1000といったモデルは,示度の低さの問題を克服し,またデジタル化された測定値をその場で印刷できるという便利なものとなっている.この種の装置の最大の難点は,測定に用いる酸性溶液が腐食しやすいということである.
　1960年代および70年代の,袋に息を吹き込むタイプのブレサライザーには,アルコライザーあるいはアルコテストといったものがあったが,これらは飽和量の硫酸を含む重クロム酸の黄色結晶の入った密閉ガラスアンプルを用いる装置であった.被験

者は、蓋を開けたアンプルを通して袋に息を吹き込む。呼気中にアルコールが存在すると、アンプル中の結晶が緑色の硫酸クロムに変化する。呼気中のアルコール量に応じて、緑色の斑点の大きさが変わってくるというものである。

　道路で警官が用いる携帯用の酒気検出装置が売り出されたのは、1960年代前半である。これらの1つが、日本製のキタガワ検出管であった。これにおいては、風船に吹き込まれた呼気がポンプによって検出管に移され、試薬の色の変化を対照図と比較することでアルコール量が測られる。ゴム製の風船は少量のアルコールを通過させるし、また色の同定の際に人為的ミスが生じる可能性があるため、これはあまり正確とはいえない方法である。

　1970年代以来、信頼性が高く迅速に検出を行える装置が数多く売り出され、ここまでに述べたような化学反応を用いる方法に取って代わるようになっている。アルコアナライザーやガスクロマトグラフィー・イントキシメーターといった装置では、ガスクロマトグラフィーが用いられている。これらの装置の主な欠点は、装置を動かすために不活性のキャリヤーガスを供給しなくてはならないことである。この方法を用いる場合は、試料を直接分析することもできるし、採取した試料を後でまとめて順番に分析することもできる。

　アルコール分子には、赤外エネルギーの吸収特性があり、CMIイントキシライザーはこの性質を利用している。赤外線とガスクロマトグラフィーを用いる装置はたいへん正確であるため、アメリカの法廷で証拠能力のある検査法として採用されるようになった。赤外線を用いるライオン・イントキシメーター3000は、イギリスで1983年

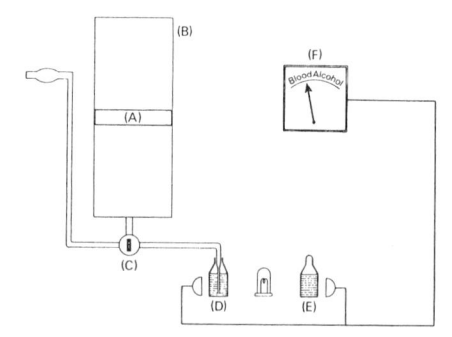

ブレサライザーの原理。呼気が貯蔵器（B）に吹き込まれ、一定の体積が重クロム酸カリウムと硫酸の加熱溶液（D）を通過する。アルコールが存在すると、緑色の硫酸クロムがつくられ、コントロール溶液（E）との比較によりアルコールが検出される。Denney (1979)：86頁、図9。ロバート・ヘイル社とR.デニー提供。

に売り出されるとすぐに警察の標準装備品となり、法執行の目的でそれまで用いられていた血液検査や尿検査に取って代わった。

　1970年代後半に、電気化学的な燃料電池型の検出器を搭載した装置が開発され、道路で使用できる携帯タイプ、大型で印刷設備を備えた証拠能力のあるタイプの両方がつくられた。これらの中では、ライオン・アルコメーターという装置が最もよく知られている。これらは、アルコールが白金電極表面で酸化される際に生じる電流を測定することにより、アルコールを検出するものである。これらはより一層洗練され、同じ原理で動作する、息を吹き込む必要のない受動的な検出器が開発された。ウェールズのライオン・ラボラトリーズ社はワシントンD.C.の高速道路安全保険協会と共同で、燃料電池型の検出器を懐中電灯に組み込んだ装置をつくり出した。懐中電灯で被験者の顔を照らす際に、ポンプが分析用の呼気を採取するのである。これにより、酒を飲んでいない人々を煩わせ当惑させることな

く，警察官が運転者をふるいにかけることができる．それまでは，自ら刑事訴追を招く証拠を与えなくてもよいことを規定した憲法修正第4条を引き合いに出して，運転者が酒気検出試験を拒む可能性があったが，この装置が1980年代に売り出され受動的にアルコール検出が行えるようになってからは，そうした拒絶も回避できるようになった．[**Ann Newmark**／隅藏康一 訳]

■文 献

Borkenstein, Robert F. "A New Method for Analysis of Alcohol in the Breath：The Breathalyzer." United States patent no. 2,824,789, 1958.
Denney, Ronald C. *Drinking and Driving*. London：Hale, 1979.
Jain, Naresh C., and Robert H. Cravey. "A Review of Breath Alcohol Methods." *Journal of Chromatographic Science* 12（1974）：214-218.
Jones, A. W. "Physiological Aspects of Breath Alcohol Measurement." *Alcohol, Drugs and Driving* 6（1990）：2-25.

◆瞬間露出器

Tachistoscope

タキストスコープ（瞬間露出器）は一瞬だけ文字や絵があらわれる機械で，主に読書や視覚的な注意力を研究するために使われる．タキストスコープ（Tスコープと省略されることもある）という名前は，ギリシャ語で「とても速い」を意味する *tachitos* と「見ること」を意味する *skopein* からきている．この機械には1枚の板が取り付けられていて，被験者がこれに注意を集中させていると，ほんの一瞬だけ，検査の材料である文字や絵が書かれたもう1枚の板と入れ替わる．つまり，露出前用の板（ここを凝視しなさいという印がついている），露出用の板，そして露出後用の板の3枚で構成されている．露出用の板，あるいは刺激用の板といってもよいが，これは実験目的に応じて変わる．初期型では種々の機械工学的な装置を使って露出を行っていたが，今日では電子工学的手法が用いられている．

19世紀後半に登場した実験心理学で用いる装置や技術の多くは，それまであった生理学実験室から引き継いだものである．実験心理学という新しい学問領域を最初に定義したのは，W. ヴント（Wilhelm Wundt, 1832-1920）の『生理学的心理学綱要（*Principles of Physiological Psychology*）』（1873年）である．ここで「生理学と心理学という2つの科学の同盟」が宣言された．タキストスコープはもっぱら心理学者によって使用されてきたが，A. W. フォークマン（Alfred W. Volkmann）が開発した最初の露出装置は重力を用いたもので，板が落下するとき一瞬だけ文字や絵が見える仕掛けになっている．H. フォン・ヘルムホルツ（Hermann von Helmholtz, 1821-1894）の『生理学的光学に関する論文（*Treatise on Physiological Optics*）』（1896年にドイツで出版された）が，この機械について述べている．彼は，誘導コイルを使って電気の火花を飛ばし，これを明かりとして使うことを勧めている．電気の火花なら持続時間が短く，視線が動いてしまうのを防げるという理由からである．その場合，被験者は，内側が黒く塗られた箱についている穴から中をのぞき込むことになる．初期につくられたさまざまな装置について，G. M. ウィップル（Guy Montrose Whipple, 1876-1941）は1910年の著作で述べている．初期の心理学者たちの多くは，重力を使う形

式のものを好んで使った．ギロチンのように，水平の切れ込みが入れられた板が，実験用の絵や文字の書かれたカードの前を滑り落ちていくのである．ヴントはデモンストレーション用として大きな装置をこの形式で設計する一方，振り子を用いた露出装置も開発した．重力を使う方式には，輪ゴムとシャッターを使ったものや，カメラのシャッターを使ったものもある．ヴントの振り子型はライプツィヒの機器製造メーカー，ツィンマールマン社の 1897 年の商品目録に掲載された．

1899 年にヴントは，優れたタキストスコープが満たすべき 10 の基準について述べている．この装置の最初の半世紀の歴史においてくり広げられた技術論争は，装置の有効性と実験結果の解釈をめぐるものだった．ウィップルの整理に従うと，次のようになる．(a) 文字や絵全体が純粋に同時に露出される必要はどれくらいあるのか．(b) 何に注意すれば，被験者が視線を凝視点に集中させ，ここに焦点を合わせるよう誘導できるか．(c) 露出によって網膜に与えられる刺激は実際にはどのくらいの間，持続するのか，持続させるべきなのか．(d) 全般的および局所的な順応に際しての最適条件とは何か．

現在では，刺激となる図形が普通はカードの上に一定時間あらわれる．露出時間は電子工学的に管理され，被験者の視野を照らす照明も調節できる．装置にはたいがい覆いがついていて，被験者の視野を制限する．被験者は，直接ではなく，刺激となる図形を鏡に映したものを見る．この鏡は乱反射を防ぐために，表面に銀メッキを施してある．照明は一般的に小型の蛍光灯を用い，ちらつきを防止するため直流電流を流す．鏡を使い，異なる視野をスイッチするようにすれば，複数の視野のタキストスコープがつくれる．あるいは，電気機械的なシャッターのついた，どこにでもあるスライド映写機とスクリーンを使って，集団をいっぺんに調査することもできる．単独の視野しか使わない場合に重要なのは，眼を順応させる（もしくは凝視）視野と刺激が与えられる（もしくは露出）視野とで，光の強度やスペクトルなどを一致させることである．複数の視野を使う場合，このことは決定的に重要となる．

タキストスコープはまず反応実験に使われたが，これは草創期の心理学者が特に好んだ実験であった．この場合，実験に用いる文字や絵などの素材は，単純に弁別能力を計る実験であれば被験者の反応を引き起こすようなものでなくてはならないし，そうでなければ反応した上で弁別することが可能なものでなくてはならない．このことは E. B. ティチナー（Edward Bradford Titchener, 1867-1927）の古典的著作『実験心理学―実験用マニュアル（*Experimental Psychology：A Manual of Laboratory Practice*)』(1905 年）に述べられている．その後すぐに教育心理学者の間では，タキストスコープを使って読書に関する実験調査を行うことが流行した．この場合，実験の素材には印刷された文章，単語，無意味な音節，単なる文字などが含まれる．タキストスコープはまた，線，図形，物体，色その他これに類似するものが複数でひとかたまりになっているのを見て，これを視覚的に理解する際に注意が及ぶ範囲を明らかにするという実験にも用いられた．さらに，共通点のない物体が並んでいるのを見て，そこにある物体の数を短い時間で数えるという視覚の実験にもタキストスコープが使われた．この場合，それまでの実験と比較し

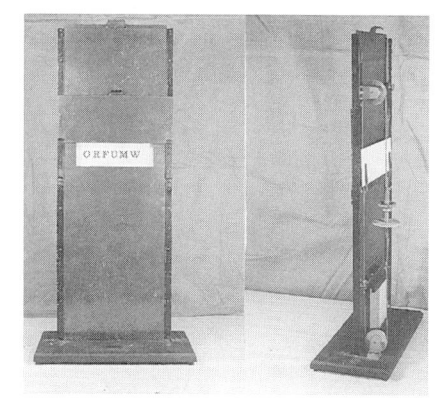

ヴントのデモンストレーション型重力タキストスコープを正面から見たところ（左の写真），側面から見たところ（右の写真）．シドニー大学心理学博物館提供．

て，被験者に与えられる刺激はより複雑になり，露出時間も長い．タキストスコープの型はいくつかあるが，なかには記憶の研究用に改良されたものもある．ここでは被験者が対象を観察する時間を調節することが重要とされる．いわゆるメモリードラム，すなわちゼンマイ仕掛けのキモグラフ（動態記録器）と露出用の穴が開いた板からなる装置がその一例である．個人の能力や認知タイプを調べるテストを開発する，あるいは読書スタイルが一生のうちでどう変化するのかを明らかにするといった用途にタキストスコープを用いることができる．このようなタキストスコープの潜在的可能性を，20世紀初頭の心理学者たちは認めていた．しかし現在のところ，人間の認知と知覚の基礎的な過程を研究する分野でもっぱら用いられている．

[Alison, M. Turtle／坂野　徹訳]

■文　献

Cleary, Alan. *Instrumentation for Psychology*. Chichester：Wiley, 1977.

Schulze, R. *Experimental Psychology and Pedagogy for Teachers*. Translated by Rudolf Pintner. New York：Macmillan, 1912.

Titchener, Edward Bradford. *Experimental Psychology：A Manual of Laboratory Practice*. New York：Macmillan, 1901–1905.

Whipple, Guy Montrose. *Manual of Mental and Physical Tests*. Baltimore：Warwick and York, 1910.

Wundt, Wilhelm. "Zur Kritik tachistosckopischer Versuche." *Philosophische Studien* 15（1899）：287–317.

◆蒸気圧，沸点，融点測定装置

Vapor Density, Boiling Point, and Freezing Point Apparatus

F. M. ラウール（François Marie Raoult, 1830–1901）はグルノーブルでワインのアルコール含有量を研究していた1882年に，現在自らの名が冠されている法則，すなわち溶液の蒸気圧は純粋溶媒の蒸気圧よりも低く，蒸気圧の相対的降下は溶液中の溶質の分子数に依存している，というラウールの法則を発表した．

この法則からは3つの結論が導かれる．第一に，溶液の融点は純粋溶媒よりも低くなる（1771年にR. ワトソン（Richard Watson, 1737–1816）がこの点に気づき，定量的表現はC. ブラグデン（Charles Blagden, 1748–1820）によって1788年に行われている）．第二に，溶液の沸点は純粋溶媒よりも高くなる．第三に，溶液と純粋溶媒の間を（溶媒分子は通すが溶質分子は通さない）半透膜で仕切ると，浸透圧が生じる．沸点上昇，凝固点降下，浸透圧の三者をW. オストヴァルト（Wilhelm Ostwald, 1853–1932）は「束一的性質（colligative properties）」と呼んだが，この用語はこれらの性質が一定量の溶媒中の溶

分子数のみに依存し,化学的性質にはよらないことからきている. もし溶質と溶媒の質量と束一的性質のうちの1つの値が知られていれば, 相対的な分子の質量, つまり分子量が算出できる.

いずれの場合でも温度変化はわずかであるため, 計測するのに特殊な温度計が必要となる. 最も成功した温度計はO.ベックマン (Ernst Otto Beckmann, 1853-1923) によって1889年に発明されたもので, 6～7℃だけの範囲を100分の1℃ずつ, 目盛られている. 管のてっぺんにある水銀受けによって, 選択した溶媒の沸点付近に水銀の高さを合わせることができるようになっている. ベックマン温度計の調整は熱したり, 軽くたたいたり, 振ったりする操作からなる熟練を要するもので, 実験の過程で非常にしばしば高価な温度計が割れた.

沸点を決定する通常の手続きは分子量測定には不適当であり, そのための特別な設備が設計された. よく用いられたのは, ベックマンの装置とランツベルガー (W. Landsberger) による装置の2つで, 双方ともJ.ウォーカー (James Walker, 1863-1935) によって改良された.

ベックマンの装置では, 溶液は内側の管に入れられ, そのまわりは外側の筒で沸騰している溶媒から発生する蒸気に囲まれている. 溶液と溶媒の双方がブンゼン・バーナーによって熱せられる. 装置の中心部分は, 内側と外側のガラス管を両方に熱を分配する石綿箱形ヒーターであるが, その後の改良によって電気ヒーターで直接熱する方式に変えられた. 内側の管には, むらのない加熱を保証するために, ガラスのビーズや四面体状の白金が入れられ, 白金の針金の破片が管の底に封じ込められている.

ランツベルガー-ウォーカー装置では, 沸騰している溶媒の蒸気を通すことによって溶液が暖められる. 溶液の温度が沸点よりも低い間は蒸気が凝縮し, 潜熱が放出される. 球状の内側の管は10分の1ccずつ目盛られている. この管はコルクでふさがれ, コルクを通して温度計が差し込まれる. てっぺんの穴は蒸気が外側の筒に逃げられるように空けられ, 蒸気は外側の筒を通って凝縮器へと移動する. 溶媒は別のフラスコで沸騰し, ガラス管を通じて内側の管に導入される.

ベックマンは凝固点降下を通じて分子量を計測する装置, つまり凝固点降下法も考案している. この装置は, ある角度だけ折り曲げられた把手がついた頑丈な管からなっている. ベックマン温度計と針金の攪拌棒がコルクの蓋を通して差し込まれる. この管の下の部分をより太い管で包むようにして, 全体を氷と水を混ぜて入れた (攪拌棒入りの) ビーカーに浸す. 氷浴の温度は溶液の融点より約5℃低くなっている.

凝固点降下法を取り入れた便利な方法が1922年にK.ラスト (Karl Rast) によって考案された. 樟脳は非常に高いモル凝固点定数をもっているので, 溶質1に対して樟脳10を一緒に融解させて十分混合すれば, 凝固点を通常の融点測定管で観察することができるのである.

沸点上昇法や凝固点降下法によって算出された分子量は5～10%の誤差をもつが, 化学分析によって溶質の組成式が求められていれば, 組成式を何倍すれば分子式になるのかを知るためには大体の分子量がわかっていればよく, 求めた分子式から正確な分子量が算出できるのである.

J.-B.-A.デュマ (Jean-Baptiste-André Dumas, 1800-1884) は1826年に蒸気密度から分子量を決定する方法を発明した.

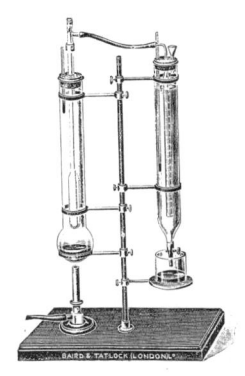

マイヤーの蒸気密度測定装置．Baird & Tatlock Ltd. Price List of Apparatus for Experiments in Practical Physics. London, 1912: 334. SSPL 提供．

この装置は薄いガラスの球からなり，容積は約 200 cc，くびれの部分は引き延ばされて毛細管になっている．少量の揮発性の液体が，計量された球の内部に入れられ，次に沸騰した水浴に浸される．液体がすべて蒸発してガラス球が蒸気で満たされたら，くびれの先を炎で焼き留めて封をする．蒸気の体積は，ガラス球を水の中に入れて，くびれの先の封をこわしたときに球内部に流れ込む水の重量から算出された．

V. マイヤー（Viktor Meyer, 1848-1897）による 1889 年の蒸気密度測定装置は細くて長い，コルクで栓をしたガラス管からなっており，下端は円柱状のバルブ形で，上端から約 5 cm 下に枝分かれ管が取り付けられている．このガラス管は外側のガラス（あるいは銅）製の覆い（その中で水が沸騰する）によって支えられている．サンプルは小さい重量のガラス管のほうに入れられ，コルクがただちにつけられる．沸騰域に到達するや否や，サンプルは沸騰し，枝分かれ管を通じて，同体積の空気を体積計測管に押し出すことになる．有用な結果を得るためにはかなりの技量が必要となる．

本項で解説した器具は，質量分析（mass spectrometry）によって正確な分子量を得る道が開かれるようになる 1950 年代末まで使われ続けた．

[W. A. Campbell／菊池好行 訳]

■文 献

Beckmann, Ernst O. "Bestimmung des molekulargewichts aus Siedpunktserhöhungen" *Zeitschrift für physikalische Chemie* 3（1889）: 603-604.

Landsberger, W. "Ein neues Verfahren der Molekelgewichtsbestimmung nach der Siedemethode," *Berichte der deutschen chemischen Gesellschaft* 31（1898）: 458-473.

Demuth, Robert and Victor Meyer. "Verfahren zur Bestimmung der Dampfdichte von Körpern unterhalb ihre Siedetemperatur," *Berichte der deutschen chemischen Gesellschaft* 23（1890）: 311-316.

Walker, James. *Introduction to Physical Chemisty*, 197-217. London: Macmillan, 1919.

◆衝撃試験用器具

Impact Testing Instruments

19 世紀における鉄道建設の出現によって新しい種類の負荷が生み出され，構造物の設計者たちは振動と衝撃の効果を考慮しなければならなくなった．蒸気機関のピストンの往復運動は，駆動輪に取り付けられた回転おもりによっては完全にはつり合いがとられず，この不つり合いの力がレールに垂直で周期的な「ハンマーブロウ」の負荷を与えた．第一世代の鋳鉄製レールは，重量が増す機関車に打ちつけられしばしば損傷した．設計者は通常の張力試験では衝撃負荷のかかる金属の振舞いを予測できないと感じるようになった．この種の負荷へ

の抵抗の最初の研究は，単純なおもりの落下試験によってなされた．一定の大きさの金属に一定の重さのおもりが一定の高さから落とされて衝撃を与える．この技術は徐々に洗練され標準化されたが，特定の試験器のデザインをもたらさなかった．

19世紀末には，衝撃試験は標準的な3フィート長（約90 cm）の試験用レールを用いてなされ，落下の高さとおもりの重さはレール断面のサイズに応じて調節された．鉄道車両の車輪の輪金と軸については，一定の高さから落とされる一定重のおもりの定まった回数の衝撃に問題なく耐えることが要求された．

20世紀初期には，特別に準備された小さな金属試料に衝撃負荷をもたらす機械が設計された．さまざまな形の動的負荷試験の中で，普遍的に使われるようになった種類が1つある．それはノッチバー式の衝撃試験器で，試料は振り子ハンマーの作用を受ける棒として試験される．ノッチバー試験の意義と価値については意見が分かれるところだが，ノッチを鋭くすることで試験はより鋭敏になることが明らかになった．さらに，結果は使われる機械の種類に大きく依存し，打つ速度には大きな影響を受けなかった．「衝撃試験」という言葉はミスリーディングであるとする者もいる．試験結果は材料の衝撃への抵抗力を示すというよりは，他の試験では明らかにされない材料の条件の差を明らかにするからである．実際，試験の本当の価値は，金属の熱処理の効果を明らかにするところにあると考えられている．

チャーピー衝撃試験器では，振り子が垂直のナイフを運び，試料の切片（ノッチ）が水平に両端を支えられる．試験を行うには振り子がウォームギヤで持ち上げられ，

イゾド衝撃試験器具. Frederick V. Warnock. Strength of Materials. London：Pitman, 1941：329. Figure 136.

その後自由落下され，試験片を傷つける．振り子が持ち上げられる際に指針が半円の分度器上を指示する．標本を破壊するのに吸収されるエネルギーは表によって角度に変換表示され，その角度を指針が指すよう振り子があげられるのである．

イゾド機は同様の原理からなるが，定置式で，より大きい．それは約4フィートの長さの振り子をもち，約120度の角度のスイングが可能である．同機の底部に固定された小さな万力は試料を垂直にカンチレバー状に立て，そのノッチをハンマーに対面させる．ハンマーのナイフエッジは試料を打ち，それを打ち砕く．試料を打つ前にハンマーは60度の高さから振り下ろされ，その後60度より小さい高さから最低の位置まで変えられる．角度の差はスケールに記録され，試料を打つ際に吸収されるエネルギーの指標になる．試料には通常少なくとも3回の試験がなされるので，イゾド試験片には3つの面がノッチに与えられる．チャーピーとイゾドの試験器で得られた結果の比較を容易にするためにはグラフが利

用される． [Denis Smith／橋本毅彦 訳]

■文　献
Carrington, Herbert. *Experimental Mechanics of Materials*. London：Pitman, 1930.
Popplewell, William Charles. *Experimental Engineering*. Vol. 2. Manchester：Scientific, 1901.
Unwin, William Cawthorne. *The Testing of Materials of Construction* 2nd ed. London：Longmans, 1899.

◆ショウジョウバエ

Drosophila

キイロショウジョウバエ（*Drosophila melanogaster*）はありふれたハエであり,「標準的」な実験生物の筆頭といえよう．そうした生物としては他に, ラット・マウス・アカパンカビ・大腸菌・トウモロコシ（*Zea mays*）をあげることができる．生物を物理学的な道具と同列に扱うのはいささか違和感があるかもしれない．しかし, 実際のところ, こうした生物たちは少なくとも部分的には人為の産物である．交配と遺伝子操作によってつくり直され, 実験目的のため, 全個体が全く同一なのだ．標準生物の利点は, どこで実験されても, 比較可能な結果が得られることにある．

酵母を食べて生きるショウジョウバエ属（*Drosophila*）のハエは 1000 種以上存在する．キイロショウジョウバエはそのうちの 1 種であり, 全世界にあまねく分布する汎存種であり, ヒトとは片利共生の関係にある．ヒトもまた汎存種である．ヒトという生物は植物を浪費し, 大量に発酵させ, ショウジョウバエに一方的に利益を与えるだけで, ショウジョウバエからは何の利益も得ていない．要するにショウジョウバエは長い間ヒトの厄介な取巻きであり,「鞄生物」［人間の鞄に潜んで各地に分布域を広げる生物群］の 1 つであった．実験室の仕事に参加するのは, そうした長いつきあいの後のことである．

もともとは東南アジアに分布していた昆虫で, 農業関係者の移動とともに世界中に広がっていった．ボストンやニューヨークにあらわれたのは 1870 年代であり, その後, 数十年で生物学の実験室において新たな地位を確立した．

ショウジョウバエが最初に実験室で使われたのは 1900 年前後であった．そうした実験室のうち最も著名なのは, ハーバード大学の W. キャッスル（William Castle, 1867-1962）とコロンビア大学の T. H. モーガン（Thomas Hunt Morgan, 1866-1925）の研究室である．ショウジョウバエははじめから遺伝学の実験に使われたのだという話があるが, これは伝説にすぎない．実際は, 一連の奇妙な実験に使われていた．学生の計画や, 教室における昆虫行動の演示とか, モーガンの研究室でも実験的進化に関するまだ試みられていない研究などに使われていた．このような状況が劇的に変化したのは, 1910 年に有名な白眼の突然変異が見つかったことによる．この突然変異は性に連鎖していたため, 遺伝の単位が個々の染色体に物理的に局在している可能性が示唆された．さらに多くの突然変異が生じるにつれ, 遺伝子地図を作成できることがますます明白になっていった．因子, すなわち「遺伝子」が一定の秩序で配置されていて, 遺伝的交叉において連鎖している程度を測定することによって, 遺伝子を配置することができるのである．最初の遺伝子地図は, モーガンの若き学生 A. スタートヴァント（Alfred Sturtevant, 1891-

1970) によって1912年に作成された. 同年, スタートヴァントと, やはり遺伝学の学生であったC. ブリッジズ (Calvin Bridges, 1889-1938) は, キイロショウジョウバエのすでに知られていた3本の染色体の地図を系統的に作成する計画を立てた (キイロショウジョウバエの染色体は4本あり, 4番目の染色体もまもなく発見されることになる). 学生によるこの計画が, 現代の細胞遺伝学の膨大な試みを進化させることとなった.

ショウジョウバエを野生生物から実験室の道具へと変えたのは, まさにこの体系的な地図づくりであった. 遺伝子地図の作成において決定的に重要なのは標準化である. メンデル遺伝学の他の様式とは異なり, 地図づくりは定量的でなければならないのはもちろんのこと, 信頼性をもつためには, 正確さと再現性が要求される. 野生のショウジョウバエは, 遺伝的に実に多様である. 変更遺伝子 [主遺伝子の表現型の発現様式を変更させるような遺伝子] がショウジョウバエの染色体には含まれる. 地図作製の結果が変更遺伝子によって左右されるし, 遺伝的な多様性は地図の信頼性を低下させる. これは初期において論争をもたらす問題であった. モーガンの研究グループは以下の方法でこの問題を解決した. まず, ハエの飼育を標準化する. そして, メンデル遺伝学の予想から逸脱させるような現実の結果をもたらす隠れた変更遺伝子を交配によってすべてあらわにし, 遺伝子プールから取り除いていったのである. 10年を越す歳月と多大な労苦により, ブリッジズとスタートヴァント, H. J. マラー (Herman J. Muller, 1890-1967) たちは, 遺伝子と遺伝子地図に関する彼らの新理論に適合的な, 一群の標準的突然変異バエを生み出していった. この「標準的」なハエは, 新しい細胞遺伝学の道具であり, 具体化であった.

もちろん, 道具が標準化された話は, 物語全体の半分を占めるにすぎない. すべての人がそれを「標準」として使うようにならなければならない. ショウジョウバエ学者の実践の特質は, 突然変異のストックを洗練されたシステムで交換する点にある. 最善の道具を誰もが自由に使え, 利益を享受できるのが望ましいという前提から, 突然変異のストックとノウハウを自由に共有することが, ショウジョウバエ学者の習慣になっている. 突然変異のストックの交換をめぐって, 洗練された習慣と道徳律が育っていった. 例えば, 受け取る側は, それで何をするつもりなのかを包み隠さず明らかにすることが期待されるし, 自分たちのストックとノウハウも喜んで与える構えがなければならない. ショウジョウバエ学者はまた, 特別な道具や課題を私蔵する習慣を悪しきものとして排除してきた. そして, 最初によき発想を得た者にではなく, 現に実験をして結果を出した者に栄誉を与えてきた. 「まず結果を出せ」. これがショウジョウバエ学者の黄金律である. 秘密なし, 独占なし, 盗用なし, 策略なし. こうした交換の習慣はとても効果的であって, ショウジョウバエと遺伝子地図をどこでも通用する標準とし, その分野で有能な生物を生み出し, 優れた研究者の行動様式を築くにあたって, 大いに力を発揮したのである.

ショウジョウバエはとりわけ多目的な用途に向く実験室道具であることが判明した. 最初それは主として遺伝地図作成と遺伝現象 (分離・組換え・交叉) の物理的機構の研究に用いられた. しかし, しだいにこうしたあり方は視野が狭いと批判されるようになった. 批判派の印象からすると,

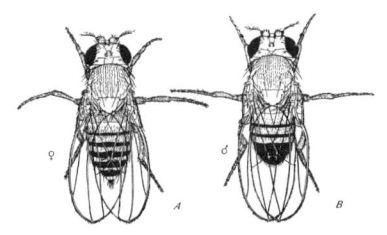

ショウジョウバエの野生型の雌（左）と雄（右）．Thomas Hunt Morgan, Calvin B. Bridges, and Alfred H. Sturtevant, The Genetics of Drosophila. The Hague：Nijhoff, 1925：Figure 1.

モーガン学派は，発生や進化という，より根本的な生物学的問題にあえて目をふさいでいるように感じられたからである．モーガン学派も 1910～30 年代にかけ，標準バエを用いて，そうした問題に取り組んではいたのだが，成功に至らなかったのである．だが，ショウジョウバエの守備範囲を広げる新方法が考案された．T. ドブジャンスキー（Theodosius Dobzhansky, 1900-1975）が，地域個体群の動態と，亜種や種が形成される際の個体群動態の役割に光を当てる分野で，ショウジョウバエ属のうちでも野生種，とりわけウスグロショウジョウバエ（*D. pseudoobscura*）をいかにして研究すればよいかを示すことに成功した．第二次世界大戦後は，こうした研究が主たる成長分野となった．形態形成の過程を明らかにし始めうるような，発生に関する突然変異を見つける者もあらわれるようになった．細菌を対象とした分子遺伝学が 1950～60 年代に発展し，人々の注目を引きつけたため，その陰にかくれがちではあったが，こうした発生に関する研究はゆっくりとではあるが着実に進展した．そして，1970 年代になると，ショウジョウバエは再び人気のある研究対象になり，発生生物学者の間で広く用いられるようになった．いま一度「豊饒の角」に返り咲いたのであった．

[Robert E. Kohler／廣野喜幸 訳]

■文 献

Allen, Garland E. *Thomas Hunt Morgan*：*The Man and His Science*. Princeton：Princeton University Press, 1978.

Carlson, Elof Axel. *Genes, Radiation, and Society*：*The Life and Work of H. J. Muller*. Ithaca, N. Y.：Cornell University Press, 1981．

Kohler, Robert E. *Lords of the Fly*：*Drosophila Genetics and the Experimental Life*. Chicago：University of Chicago Press, 1994.

◆蒸 留

Distillation

19 世紀になっても，化学者の中には，ワイングラスといったような一般の家庭用品を使って実験を行う者もまだいた．しかしながら，蒸留というのは，特別な器具を使うか，または一般的な器具だったら複雑な組合せを行わなくてはできない操作である．蒸留に際しては，混合液を沸騰するまで加熱し，発生した蒸気を凝縮することにより，濃縮したり，混ざっている液を完全に分けたりすることができる．

考古学者によると，かなり古い時代から蒸留が行われていたという．その証拠として，変わった形をした容器を，蒸留器として使われていたものだとしている．チグリス川のほとりテーペ・ゴーラで見つかった二重の縁のある陶器製の椀（紀元前 3500 年頃）は，アルコールの蒸留に使われたのではないかといわれてきた．こうして得られたアルコールを植物に注ぎかけ，生薬成分を抽出したのだという．インダス川流域タクシラで見つかった注ぎ口のついた半球形の容器（紀元前 90 年から紀元後 25 年）

蒸留装置のある18世紀の化学実験室. Universal Magazine December 1747: Plate 23, facing page 331. NMAH 提供.

は，蒸留器の頭の部分であるに違いないとされている．しかし，この両例とも，憶測でしかない．

ランビキ (alembic) と呼ばれる蒸留容器は，2世紀にはヘレニズム文化圏のアレクサンドリアで発達していたようだ．ランビキとは，ドームの形をした半球形の容器で，縁の部分の内側に溝がある．分離したい液は，ランビキの下の容器で沸騰させられ，蒸気はドームの中で凝縮する．液滴は溝の中に流れ，側壁に取り付けられた管に入っていく．このような容器は，アレクサンドリアの器具を示した2つのギリシャ手稿（後世の写本）に描かれている．蒸留方法は，アラビア世界に伝えられた．ランビキの最も古い物的証拠は，おそらく8世紀から10世紀にさかのぼる．1000年も前の物と区別のつかない形のランビキが，1970年代というごく最近までイランの錬金術師によって使われていたし，おそらくいま

もあちこちの国で使われ続けていることであろう．

中国においては，蒸留は独自の発達を遂げたようである．中国の蒸留器は，西洋で使われていたものとは，本質的に異なっている．中国では，ランビキや後の蒸留器（レトルト）における凸面とは逆に，凹面状のもので凝縮をした．中国における初期の蒸留器の歴史は，近東やヨーロッパにおけるのと同様，不確定である．それというのも，実質的に，考古学上確かな証拠が何も残っていないからである．西洋においては，14，15世紀において蒸留が行われたという物的証拠がある．多くの中世の史跡——主に城や修道院であるが——において，ランビキやそれに付随した容器，例えば，ひょうたん型蒸留瓶（液体を沸騰させるためのひょうたん型容器），アリュデル（昇華用，特に塩化アンモニウムの精製）といったものが最近，見出された．カーブした口をもっ

た球状の容器であるレトルトは，ランビキよりも後に発達したが，ランビキに取って代わることはなかった．レトルトは，ガラス製，陶器製，金属製といったものが広く使われた．18世紀末，イギリスの陶器製作者J. ウェッジウッド（Josiah Wedgewood, 1730–1795）は，友人科学者たちのためにレトルトを作成した．

ここまで説明した蒸留容器は，効率の悪いものばかりである．その原因の1つは，蒸気の漏れである．水冷式凝縮管が18世紀末に発達したのは，この不都合を減らすためであった．それは，次の3人が独立に見出したもののようである．すなわち，ゲッティンゲンのC. E. ヴァイゲル（Christian Ehrenfeld Weigel）（出版したのは1771年），フランス海軍大臣のために行ったポワッソニエ（P. I. Poissonnier, 1720–1798）（1779年出版），そしてスウェーデンのJ. ガドリン（Johann Gadolin, 1760–1852）（1791年出版）である．このタイプの冷却管（コンデンサー）は，一般には逆流型，あるいはリービッヒ冷却管と呼ばれている．もっともJ. リービッヒ（Justus von Liebig, 1803–1873）が生まれるのは，ずっと後の1803年であるが．この冷却管は，同心の管からなっていて，蒸留液は内側の管内を流れるのに対し，冷却水は外側の管内を反対方向に流れるようになっている．リービッヒは，この装置を『化学事典（Handwörterbuch der Chemie）』（1842年）などの本を通じて普及させていった．また，低沸点溶媒が頻繁に使用された有機化学の発展により，この冷却管の有用性と普遍性が実証されたといえる．簡単な実験室での操作においては，基本的なデザインは今日でも変わらずに使われ続けている．

19世紀を通して，特にフランスの化学者たちにより，蒸留器の効率の点で改良がなされた．大部分の新しいモデルは，工業目的のためにつくられたが，実験室規模において採用しうるような，いくつかの一般的な原理の発展もあった．最も重要なのは，真空蒸留技術であり，1796年にP. ルボナン（Philippe Lebonin）により発案され，後の1818年にH. トリットン（Henry Tritton），1821年にJ. バリー（John Barry）により装置の解説がなされた．これにより，液体をより低い温度で沸騰させることができ，分子が分解するおそれは減った．同様の利点は，水蒸気蒸留によっても得ることができる．このやり方では，水に溶けにくい化合物を，水とともに熱するか，あるいは混合物に水蒸気を吹きつけることで蒸留することができる．

もし蒸留管が，斜めではなく垂直に立てられたとしたら，沸点が異なる液の混合物を分けることが可能となる．C. マンスフィールド（Charles Mansfield）が初めてこれを実行し，1800年代中頃，コールタールを分留した．蒸留管は何百という異なった形や大きさに変化発展した．1854年，H. シャンプノワ（Hugues Champenois）はバブル・キャップ（bubble-cap）棚段の原理を導入した．それによると，蒸留管は何段階にも分割され，各階においては，液体と気体が平衡状態にある．1880年，W. ヘンペル（Walter Hempel）は，蒸留管にガラスのビーズを詰めれば，効率が増すであろうと考えた．それ以来，さまざまな材料を使ったたくさんの種類・形の充填物が考え出された．1950年代からは，蒸留装置を構成している部品を取り替えることが非常に楽になった．それというのも，規格化された擦りガラスのジョイントが一般に導入され始めたからである．

20世紀の中頃から，実験室用蒸留装置はますます自動化が進んだ．加熱の強度は，接触温度計により調節され，気化の度合いは差動気圧計により決定され，低圧が維持される．種々の測定データは，自動的に記録される．そして，蒸留に必要な構成要素は，すべて単一のユニットの中に完全に納められてしまっているのである．

[Robert G. W. Anderson／吉田　晃訳]

■文　献

Forbes, R. J. *A Short History of the Art of Distillation*. Leiden：Brill, 1970.

Krell, Erich. *Handbook of Laboratory Distillation*. 2nd ed. Oxford：Elsevier, 1982.

Krell, Erich."Zur Geschichte der Labordestillation." In *Historia Scientiae naturalis：Beiträge zur Geschichte der Laboratoriumstechnik und deren Randgebiete*, edited by E. H. W. Giebeler and K. A. Rosenbauer, 51-78. Darmstadt：G-I-T Verlag, 1982.

Moorhouse, Stephen."Medieval Distilling Apparatus of Glass and Pottery." *Medieval Archaeology* 16（1972）：79-121.

Sifalakis, George. *A Century of Distillation*. Den Haage：Privately published, 1967.

◆職業適性テスト【精神工学】

Vocational Aptitude Tests
(Psychotechnics)

職業適性テストはある職業でどれくらいの業績をあげられるのかを前もって予測するために設計されたもので，ふつうは職業訓練のコースを選択する前に実施される．「精神工学」という言葉は，もともとは応用心理学を意味していたのだが，この語が英語圏で広く受け入れられることはなかったし，ヨーロッパ大陸でも使われなくなっている．今日この言葉は，戦間期に使われた適性テスト用の大型装置を意味する歴史学の用語である．

精神工学による大規模なテストは，戦間期に初めて行われた．H. ミュンスターベルグ (Hugo Münsterberg, 1863-1916) は，1912年にボストンの路面電車の運転手を対象に行われたテストについて，それがどのような準備のもとでなされたのかを述べている．しかし，W. メーデ (Walther Moede, 1888-1958) と C. ピョルコフスキー (Curt Piorkowski) が1951年にドイツ陸軍の要請を受けて，自動車運転手志願者をテストする目的で開発した装置こそ，精神工学の原型として重要だろう．この装置は，実際に車を運転する状況をシミュレートしつつ，そこに反応時間と注意を測定するための設備を配置したもので，心理学実験室から持ち込まれたこの設備は，刺激をつくり出し，反応を記録し，時間を記録するための諸機器で構成されている．志願者はハンドル，ペダル，ギヤなどがついた運転席に座らされる．ハンドルなどはすべて記録装置とつながっている．反対側の壁には，種々の運転状況をシミュレートするための光や信号が映し出される．さまざまな機器が刺激と反応を，制御・記録する．

これと匹敵する設備が軍用飛行機操縦士の志願者や，軍事専門技術職（例えば無線電信士，水中聴音器操縦士，対空監視員あるいは砲撃観測班員，音響測定班員など）の選考に導入された．こうした設備では特定の感覚の適性を調べる．また，たいてい彼らが実際に操作する機器をシミュレートする．ただ，被験者に与えられる刺激と記録技術は，設備によって異なる．

メーデとピョルコフスキーの装置は改良を加えられて，1917年にサクソン鉄道での技術職志望者の選考に使われた．また

1918年にはベルリン路面電車会社も，運転手志望者の選考に使った．これが精神工学の民生化への道を開き，戦後は多くの国に普及した．とはいえ，こうした設備は高価で工場生産ができなかったので，相当数の運転手を抱えていたり，事故が深刻な金銭的危機につながるような一部の企業だけが購入した．

精神工学の適性テストの人気が高まるにつれて，さらにさまざまな職業用のテストが登場していった．その主要な分野は，電車，路面電車，バス，自動車の運転手，製造工業の徒弟や従業員，鉄道作業員，電話交換手，事務員，ステノタイプのタイピストなどである．こうした場面で実施されたテストにおいては，特定の感覚運動能力を調べることもあった．例えば，重量弁別テスト，関節テスト，触覚テスト，落ちてくる棒をつかむテスト，振動測定といったものがある．器用さのテストと運動能力のテストはもっと一般的な能力を調べるもので，例えば，種々のタッピングテスト，なぞるテスト，点を打つテスト，指や棒で迷路を辿るテスト，釘打ちテスト，照準装置，鏡像描写装置，追跡装置などがあった．なかでも特筆すべきは手足の協調テストと，メーデが開発した両手の協調テスト用の機器（旋盤レール車をシミュレートしたもの）だろう．認知−運動テストには，メーデのハンマーミルやW. シュルツ（Walther Schulz）のポンプなど，機械に対する適性テストが含まれる．ハンマーミルもポンプも，おもちゃの機械に似ていて，被験者は部品を組み立てて完成品をつくるのである．その他に，記憶テスト，注意テストなど特定の認知技能を調べるテストもあったし，F. ハイダー（Fritz Heider）の機械パズル，R. クーヴ（Richard Couvé）の分類テストなど，もっと一般的な認知能力を調べるテストもあった．もう1つ，情緒の安定性といった感情の性質や無謀さといった人格特性を評価するテストもあった．これはA. J. スノー（Adolf Judah Snow）が自動車の運転手を調べるのに使った．

大企業が社内に心理学の実験室や実験部署をつくり，その会社の業務をシミュレートした特別な装置を開発した事例がいくつかある．ここで特筆すべき業種は鉄道，郵便，電信，警察，軍隊である．

精神工学は複雑な装置を使って個人のパフォーマンスをテストする技術として出発したのだが，それにもかかわらずより単純な装置，集団テスト，非パフォーマンス（紙と鉛筆）へと向かう傾向が顕著だった．これはいうまでもなく経済的な理由によるもので，科学的な理由からではない．

こうした傾向に沿ったテストの多くは実際の状況や活動をシミュレートせず，単に一般的な能力を測定して，そこから適性を推測した．そこで用いられる機器はどれも単純なもので，これらをひとまとめにしてさまざまな分析に対応したテスト機器のセットがつくれるぐらいである．しかも持ち運びができ安価で，工場生産できる．パフォーマンス型の大型装置はふつう注文生産だったので，異なる使い手どうしが実験データを比較できないという問題があったのだが，安価で工場生産できる装置なら，容易に標準化できる．

1920年代にヨーロッパで精神工学が爆発的に流行し，本当に優れているのかよくわからない機器がたくさん発明され，特許登録された．人々は適当な機器をつくれば金儲けができると考えていたのである．ライプツィヒのツィンマーマン社，ベルリンの組織研究所，パリのヴェルダン・ブーリ

W. メーデの両手の協調テスト用の機器，旋盤レール車をシミュレートしたもの（1919年）．ドイツのパッサウ大学近代心理学史研究所提供．

ット社，シカゴのストーリング社といった製造メーカーは過剰なほど多種の機器を製造したので，その多くが早晩消えていった．とはいえ大企業はたいてい自社の作業場で，高級な装置も生産していた．

パフォーマンス型の精神工学装置は，1920年代にヨーロッパとソ連に紹介された．一方アメリカでは，紙と鉛筆を使った方法が優れているとみなされた．今日，実験室風のパフォーマンス型は，高価な，あるいは危険な機械設備を操作する難しい仕事に携わる従業員を評価・選考しなくてはならない業界では依然として優勢である．その例をあげると，宇宙航行，航空，航海，鉄道，路上交通機関，そしてこれらすべてを合わせた軍事となる．

精神工学の機器が有する価値は，心理テスト理論に照らして判定されなくてはならない．特に客観性，信頼性，妥当性の基準が重要である．初期の心理テストでは検査の質の基準について，曖昧にしか考えていなかったのだとしても，精神工学の設備の客観性は，客観性の判定の通例に従って，高いと判断できる．瞬時に目盛りを読んだり数えたりするときの間違いは，どんなときにでも生じうるからである．信頼性を判定するのは妥当性を判定するより難しい．将来の職業をシミュレートする場合，内容的妥当性に強く依存する．実際の仕事を忠実にシミュレートしていないのなら，その妥当性に関していえることはほとんどない．初期の精神工学は，基準関連妥当性（併存的妥当性であれ予測的妥当性であれ）についてはほとんど研究しなかったし，構成概念妥当性についての定式化が行われることもなかった．

[Horst U. K. Gundlach／坂野　徹 訳]

■文　献
Sokal, Michael M., ed. *Psychological Testing and American Society 1890-1930*. New Brunswick：Rutgers University Press, 1987.
Walsh, W. Bruce, and Samuel Osipow, eds. *Handbook of Vocational Psychology*：Theory, Research, and Practice. Hillsdale, N. J.：Lawrence Erlbaum, 1983.

◆**植物生長計**

Auxanometer

植物生長計は，植物の大きさの微妙な変化を増幅して，植物の生長速度を測定する装置である．最初に植物生長計という言葉を現代的な意味で使い，実際にそれを広範に活用したのは，ドイツのJ. ザックス（Julius Sachs, 1832-1897）であった．1860年代のことである．しかし，それ以前にも植物生理学者と機器製作者たちが，非常に短い時間のたいへん微小な生長も見逃さないような方法を探究してきた長い歴史がある．

イギリス人のS. ヘイルズ（Stephan Hales, 1677-1761）は，1727年の著書『植物静力学（*Vegetable Staticks*）』において，若い芽

や葉に複数の印をつけて，生長してからそれらの間隔がどのくらい広がっているかを調べて，植物の生長を測る方法を記述している．1843年にドイツ人のA. グリーゼバッハ（August Grisebach, 1814-1879）は，生長の観察のために印をつけるのに用いた小さな歯のついた輪を，生長計と名づけた．その後，水平に備えつけられた顕微鏡が，長さと太さの生長を測定するために用いられ，植物生長計の正確さが確かめられた．植物生長計は，教室での模範実験でも用いられた．ドイツ人のW. プフェッファー（Wilhelm Pfeffer, 1845-1920）は，植物が小さくて植物生長計に固定できないか，植物生長計の張力が生長に影響してしまうときには，顕微鏡を用いるのがよいとしている．1870年代の初めに，カリパス，球面計，「触棒」が，太さの生長を測るのに用いられた．20世紀には，低速度撮影フィルムも用いられるようになった．

1818年に，P. ピコ（Pierre Picot）の示唆を受けたA. ド・カンドル（Auguste-Pyramus de Candolle, 1778-1841）が，枝の伸びを拡大して裸眼で観察できる変化をつくり出す装置を植物に用いた．ザックスは，こういった装置を3種類記述している．1868年に彼は糸のついた指針を用いている．この糸の一方の端は植物に，そして他方の端は滑車を通しておもりに結びつけられている．植物が成長すると，おもりが下がって，針が目盛りの上を動くという仕掛けである．

図の左の装置は，テコの原理を利用して，指針を扇形の弧の上で動かすようにしたものである．糸は，植物から伸びて，滑車を通っておもりにつながる．おもりの少し上の滑車の縁の1箇所で糸を固定する．長い指針の一端を滑車に固定し，他方の端が目

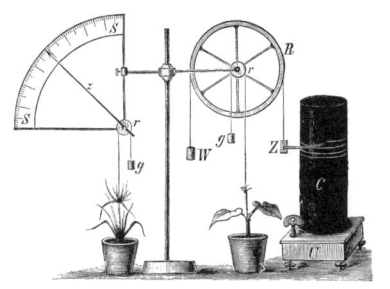

滑車式生長計と自動記録生長計．Eduard Strasburger et al. Lehrbuch der Botanik für Hochschulen. Jena：G. Fischer, 1898：Figure 190. SSPL提供．

盛りのついた弧の上を動くようにしておく．植物が生長するとおもりが糸を下げ，滑車が動いて，針も動く．植物がほんの少しだけ生長しても，長い針のおかげで，弧の目盛りの上では目に見える大きな変化が見られるようになっている．ザックスの学生であったJ. ラインケ（Johannes Reinke, 1849-1931）は，1876年に物理学の手法を借りて，この装置での測定の正確さに改良をもたらした．生理学の他の分野でも同様であるが，測定の正確さは新たな装置の評価において常に重要なテーマであった．植物学者たちは，注意深く制作を行って，誤差の源泉を排除し，どんな小さな成長でも見逃さず記録することを重要視してきた．

1871年のザックスの自動記録生長計は，キモグラフ（動態記録器）を応用したものである．単純なつくりの弧形の指針は，ランプブラックを塗った回転円柱面に跡を残す．この軌跡はほぼ水平である．しかし，円柱が1回転する間に，植物はいくらか生長しているので，多少上がった線を描くようになる．この線の間隔は，円柱が1回転する間の生長を示している．ザックスの装置では，円柱は1時間で1周し，22時間で紙を取り替えた．この装置であれば，1

時間あたり2mm程度の生長でもとらえることができる．後にザックスは，植物と糸の間に球面計を置くことで，精密さを向上させた．

インドのJ. C. ボース（Jagadis Chandra Bose, 1858-1937）も，1919年に生長計（クレスコグラフ）を製作した．この装置では，まず植物の生長がテコによって増幅され，その運動もまた別のテコによって増幅されて，結果として1万倍の大きさになる．同じ年に，イギリスの物理学者のH. R. A. マロック（H. R. Arnulph Mallock）は，干渉計を用いて太さの増加を測定した．マイン川沿いのフランクフルト大学の植物学教授F. ライバッハ（Fritz Laibach, 1885-?）は，植物生理学に干渉計を導入したが，M. メビウス（Martin Möbius）（1937年）は「この非常に洗練された方法から注目すべき新しい結果が得られるのか」と疑問視している．干渉計は非常に高価であった．また使用法がとても複雑なので，それを用いて植物学者が作業できるようになるためには長期の研究が必要であった．

アメリカのW. T. ボヴィ（William T. Bovie）の表示装置を改良して，ユトレヒト大学のV. J. コニヒスベルガー（Victor Jacob Koningsberger）は，完全な暗闇でも使える植物の生長測定の方法，すなわち植物回転器を用いる方法を考え出した．植物が生長すると，まず微妙な間隔に配置された回路がつながって電流が流れ，それによって決まった長さだけ接触面が持ち上がるという仕組みである（回路を流れる弱い電流が電磁石をつくって，その電機子がツメ車を回転させ，それについているネジが接触部を持ち上げるのである）．もう一度電流を流すには，植物がさらにその持ち上げられた長さ（数十 μm）だけ生長しなけれ ばならない．この装置の別の部分には，ある決まった長さだけ植物が生長するのに何秒かかったかを測るラインがある（それまでの装置が，決まった時間で植物が生長する長さを記録するものだったので，これは発想の逆転といえる）．

[Anne Mylott／林 真理訳]

■文 献

Koningsberger, Victor Jacob. "Tropismus und Wachstum." Doctoral dissertation. University of Utrecht, 1922.

Metner, Helmut. *Pflanzenphysiologische Versuche*. Stuttgart：Gustav Fischer Verlag, 1982.

Möbius, Martin. A. J. *Geschichte der Botanik von den ersten Anfängen bis zur Gegenwart*. Jena：Fischer, 1937.

Pfeffer, Wilhelm. *Pflanzenphysiologie*：*Ein Handbuch der Lehre vom Stoffwechsel und Kraftwechsel in der Pflanze*. Vol. 2. Leipzig：Engelmann, 1897-1904.

Sachs, Julius. "Ueber den Einfluss der Lufttemperatur und des Tageslichtes auf die stündlichen und täglichen Aenderungen des Längenwachsthums (Streckung) der Internodien." *Arbeiten des Botanischen Instituts Würzburg* 2 (1872)：100. Reprinted in Sachs, Julius. *Gesammelte Abhandlungen über Pflanzen-Physiologie*. Vol. 2, pp. 677-772. Leipzig：Engelmann, 1892.

◆磁 力 計

Magnetometer

磁力計は地磁気の強さを測定するもので，地磁気の伏角を測定することもある．それは磁気コンパスから発展し，18世紀末に糸でつるす実験装置を用いた革新的な器具設計から生み出され，19世紀に入り広範に利用されるようになった．

ロンドンの時計職人G. グレアム（George Graham, 1674-1751) は 1723 年に, 伏角計の磁針の振動を観測することで地磁気の強さを測定した. F. マレット (Frederick Mallet) は 1762 年に, 一般的な軸受けをもつコンパスの磁針の振動を観測することで, 地磁気の水平方向の強さを測定しようとした. しかし軸受けの針の摩擦のために, 強さは測定できなかった. 糸でつるすほうがより適していた. C. クーロン (Charles-Augustin Coulomb, 1736-1806) は, 1776 年に, 糸で磁針をつるした磁気コンパスを製作した. 彼の装置はおそらくパリの E. ルノワール (Jean Joseph Etienne Lenoir, 1822-1900) によって製作されたものであったろう.

クーロンや A. フォン・フンボルト (Friedrich Wilhelm Heinrich Alexander von Humboldt, 1769-1859) などの科学者が地磁気に関心をもつようになることで, この新しい磁気装置に関心が集まるようになった. ノルウェーの C. ハンステーン (Chistopher Hansteen, 1784-1873) は, 磁気の強さを測定する計器の設計と改良にとりわけ熱心であった. 彼はその装置を「磁力計 (magnetometer)」と呼んだが, それがこの語の利用の始まりである. 彼は任意の地点での地磁気の強さを測定するために, つるされた磁針を 300 回振動させるなど時間をかけて測定することで, 計測技術の標準化をはかった.

ハンステーンは, 彼の磁針をロンドンの器具製作職人である G. ドロンド (George Dollond, 1774-1852) に発注したところ, ドロンドはすぐにハンステーンの装置の模造品を販売するようになった. パリの H.-P. ガンベイ (Henri-Prudence Gambey) も, 磁力計を自分の製作する器具の中の1つとしていた. 彼は, 強さを測るためにつるされた磁針を顕微鏡やトランジット望遠鏡で読むことで, 伏角とその変化を正確に測定できるようになった. これらは, 偏差トランジット, 伏角計, 伏角コンパスなどの名前で呼ばれた.

磁力計の設計と利用法の大きな変化は, 1830 年代に C. F. ガウス (Carl Friedrich Gauss, 1777-1855) と W. ヴェーバー (Wilhelm Eduard Weber, 1804-1891) によってもたらされた. それまで強さの大きさを測る伏角計であれ, その水平成分を測るハンステーンの磁力計であれ, すべての地磁気の強さの測定は磁針の振動に依存していた. 例えばパリにおける強さは, 同一の磁針をその場所とそことは別の場所の2地点で振動させ, 2つの値を比較することで初めて知ることができた. フンボルトは, 地磁気の強さが最大になると考える地磁気の赤道が通るペルー内の1地点の値を 1.0 とした. そこから地球の極に向けて移動するにつれて磁気の強さは減少し, 磁針の振動の周期は増大することになる.

ガウスとヴェーバーは磁気の強さを, 質量・距離・時間の単位であらわすことができるような「絶対」測定系を提案した. これは以前と同様に振動を利用するのであるが, もう1つのステップとして振動に使われた針でコンパスの針を動かすこともなされた. これらの2つの測定から導出される方程式を合わせることで, ガウスとヴェーバーは「絶対」的な値を導出した.

ガウスとヴェーバーはまた, 新しい種類の磁力計として2本糸の磁力計を開発した. 磁針 (実際は重い棒) は磁気コンパスの通常の方向にほぼ垂直になるよう2本のねじれる糸によって支えられた. 強さの水平成分が棒の位置の変化によって直接指示された. 2本糸の磁力計はバリオメーター

とも呼ばれた．

H. ロイド(Humphrey Lloyd, 1800-1881)によって1840年代初頭に設計された別の装置は，地磁気の強さの垂直成分の変化を表示した．基本的にはつり合いを用いる伏角計であるこの装置は，ロイド秤，秤磁力計，あるいは垂直磁力計などと呼ばれた．この装置と2本づり磁力計はその後発展し，1840年代末に最初の自記写真式磁力計となり，第二次世界大戦頃まで地磁気観測にとって不可欠な計器となった．これらの装置で携帯用の磁力計の最良のものは，20世紀初頭にドイツのA. シュミット(Adolf Schmidt, 1860-1944)，ワシントンのカーネギー研究所の研究員，デンマークのラクール(D. Lacour)らによって設計されたものである．

第二次世界大戦とともに，電子工学が実験装置に応用されるようになり，古典的実験の時代は幕を閉じる．最初の革新は，可飽和磁針式あるいはフラックスゲート式磁力計であった．これらの磁力計の磁心は高い磁気透過力をもち，そのために地磁気場の小さな変位を検知することが可能であった．これらは最初に潜水艦の探知と空中からの地磁気測量のために利用された．1950年代には陽子歳差式磁力計が開発された．これは，例えば水などの陽子を多く含む物質の容器を包むコイルを流れる電流が陽子を歳差運動させる．電流が止まると，歳差運動がまわりの地磁気場に比例して起こる．陽子歳差式磁力計は海底の磁気の強さや高空の磁場を測定するのに使われている．

1960年代以降開発された最後の磁力計は，超伝導量子干渉装置(SQUID)である．それは液体ヘリウムの温度で使用されなければならないため，測量用ではなく実験室用として適している．

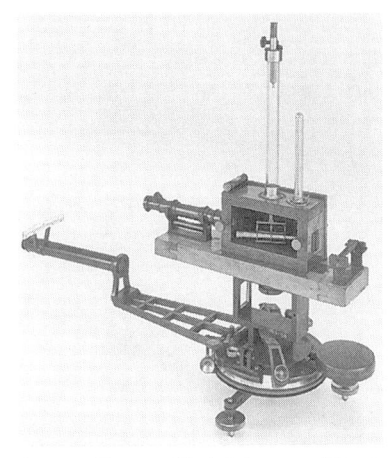

トマス・ジョーンズによるキュー・パターン単一線磁気計（1836年頃）．SM 1915-144. SSPL提供．

どの時期の磁力計の開発に関しても歴史的調査はほとんどなされてこなかった．多くの文献があり，古い装置も比較的よく揃っているので，歴史家は研究のしがいがあるだろう．器具製作職人と研究者の関係，器具製作の職人組合の発展，器具の開発における科学者の役割などの問題がトピックとして考えられる．

[**Gregory A. Good**／橋本毅彦 訳]

■文　献

Forbes, A. J. "General Instrumentation." In *Geomagnetism*, edited by J. A. Jacobs, Vol. 1, 51-142, London：Academic, 1987.

McConnell, Anita, *Geomagnetic Instruments before 1900, an Account of Their Construction and Use*. London：Harriet Wynter, 1980.

Multhauf, Robert P., and Gregory A. Good. *A Brief History of Geomagnetism and A Catalog of the Collections of the National Museum of American History*. Smithsonian Studies in History and Technology 48. Washington, D. C. Smithsonian Institution Press, 1987.

Parkinson, W. D. "Geomagnetic Instruments." In

Sciences of the Earth：An Encyclopedia of Events, People, and Phenomena, edited by Gregory A. Good. New York：Garland, 1997.

Smith, Julian."Precursors to Peregrinus：The Early History of Magnetism and the Mariner's Compass in Europe." Journal of Medieval History 18 (1992)：21-74.

◆深海温度計

Bathythermograph

深海温度計（BT）は，海洋の水温と水圧を同時に測定し，それらを自動記録針で安価な煤塗りガラスのスライドに記入する．スライドは計器から容易に取りはずせるので，目盛り表に照らし合わせて数値を読み取ることができる．静止または移動している船の後部からこの計器を海中に沈め，引き上げの際に継続的に測定値をとる．1930年代後半にこの計器が開発されたことで，初めて世界の海洋が総観できるようになった．

BT が考案される前，海洋学者は，静止している水上艦艇から，転倒温度計つきのナンセン採水器を海中に沈め，いったん測定が済んだら回収するという方法によって（水質標本採集管の項を参照），別々の地点でしか水面下の温度を測れなかった．それぞれの測定値は非常に正確だったが，観測点が垂直方向に大きくずれ，水平方向にはさらにずれていた．MIT（マサチューセッツ工科大学）の気象学者 C.-G. ロスビー（Carl-Gustaf Arvid Rossby, 1898-1957）にとって，これはとりわけ深刻な問題だった．彼は大気中の渦度に関する自らの研究を海洋学にまで広げようとしていたのである．ナンセン採水器のひもが海中におろされてから引き上げられるまでに，渦は移動

してしまい，それがどんな構造になっているかを完全に把握することができなかった．1934 年の夏，ロスビーは水深数百フィートまでの水温を迅速かつ継続的に測定するために，海洋記録計を設計し製作した．この計器が扱いにくいと判明すると，彼は，南アフリカ出身の気象学専攻の若い学生で機械工学と航空工学の素養がある A. F. スピルハウス（Athelstan Frederick Spilhaus）に設計の変更を課した．

スピルハウスは，南アフリカへの一時帰国後，1936 年に戻ってきてロスビーの研究を手伝った．1937 年の夏までに，彼は独自の BT の第 1 号を設計し，試験していた．圧力測定部分は申し分ないことがはっきりしたので，当初の設計からほとんど変更が加えられず，必要な圧力の変動幅を与えるための誘導装置と圧縮バネをもつ密閉型シルフォン（アコーディオンに似た形の金属製ベローズ）で構成されていた．外側に取り付けてあったのは，自動記録針のついたバイメタル板である．そして長方形をした囲いの内部に固定された小さな，オイルコーティングされた煤塗りガラスのスライドに，この自動記録針が曲線を刻みつけた．ベローズの動きは，温度変化で生じるバイメタルの膨張に対して垂直なので，針は圧力に対応する温度を測定しながらスライド上に曲線を記録した．その際，水圧は読取り値の水深を示した．読取り値の精度を確かめるには，海中に沈める際に針がたどった跡と，引き上げる際に針がたどった跡を比較すればよかった—この 2 つはほぼ一致するはずなのである．

ウッズホール海洋学研究所の船，アトランティス号で実施された初期の試験で，一般に深さ 150 m までは測定値が正確であることが明らかになった．しかし，温度測

温度測定要素　　　　　　　　　　　圧力測定要素

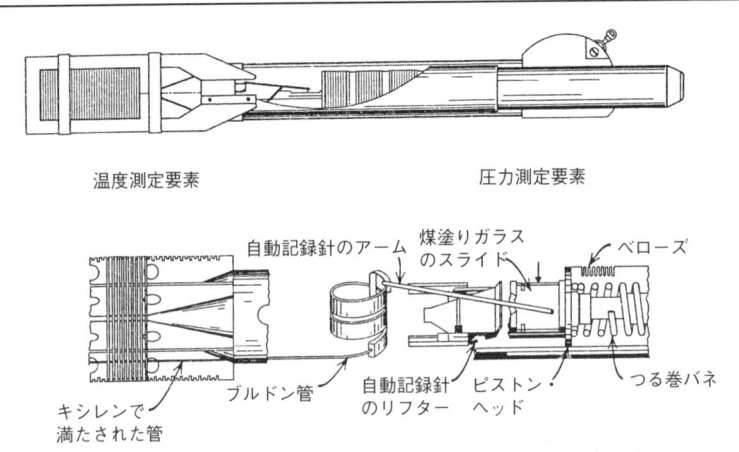

自動記録針のアーム　煤塗りガラス　　　　ベローズ
　　　　　　　　　のスライド

キシレンで　　ブルドン管　自動記録針　ピストン・　つる巻バネ
満たされた管　　　　　　　のリフター　ヘッド

深海温度計の全体的な外形（上）と構成要素（下）の図．Weyl（1970）：171頁，図11.13．Copyright © 1970 John Wiley & Sons. 許可により転載．

定部分は，海水の動きの影響をまともに受けることで生じる振動に敏感すぎた．スピルハウスは，バイメタル・モデルの代わりにブルドン管温度計を使ってその問題を解消した．この新しい型では，温度計の水銀球を激しく動く海水にさらすことができたが，水銀のような膨張性の液体が詰まっているらせん管は計器の枠内で保護できた．温度計はもはや圧力測定部分と物理的につながっていなかったので，スライドの架台は圧力測定部分のベローズに，そして自動記録針はブルドンらせん管の末端に取り付けられた．移動している船舶用には，最降下点で針がスライドから取り去られるよう，はずれる仕組みをもつナンセン採水器用締め具が取り付けられた．ブルドン型で振動が完全に取り除かれたため，BTは最大11ノット（時速約20km）の速度で航行する船でも使用できた．スピルハウスは1937年にBTの特許を取得，ついでそれをボストンのサブマリーン・シグナル社に委託し，同社が初期の科学調査研究用モデルを生産した．

ヨーロッパで戦争が勃発したのち，スピルハウスとウッズホールの所長C. O. イズリン（Columbus O'Donnell Iselin, 1904–1971）は，ドイツの潜水艦に撃沈された船舶の数に関心を寄せるようになった．2人はその理由を推測し，ドイツ人が水温躍層―表層水と深海とを分ける層であり，水温が急激に変化する―に隠れるすべを身につけたからだと考えた．水温躍層ではソナーの発する音波がみごとに分散され，事実上シャドーゾーン［音波の届かない領域］ができるのである．BTならこの水温躍層を実地調査し，ソナーの読取り値を調整できるから，敵の潜水艦の居所をつきとめるのに役立つだろう，と彼らは考えた．スピルハウスはこの考えをワシントンに駐在する英国海軍武官にもちかけ，ほどなくイギリスは200個のBTを発注した．それらを生産したウッズホールでは，イズリンがすでに米国海軍のある研究プログラムを開始していた．他ならぬこの研究所で，リーハイ大学のW. M. ユーイング（William Maurice Ewing, 1906–1974）とその教え

子の大学院生 A. ヴァイン (Allyn Collins Vine, 1914-) が BT の改良に乗り出して、その設計を簡素化し、温度変化に対する反応性を高め、高速の軍艦から降ろしたり引き上げたりできるようにしたのである。アメリカが参戦した後は、すべての米国駆逐艦に BT が装備された。さっそくウッズホールの研究者たちは、太平洋の戦域で活動中の連合軍の潜水艦で使うための改良型 BT の設計と製造に取り組んだ。戦争終結までに、北大西洋だけでも 6,000 枚ほどのスライドが収集された。

戦後、BT は科学の分野で広く利用されるようになり、アメリカ、イギリス、日本、アルゼンチンをはじめ、数多くの国で製造された。現在の BT は、スピルハウスの特許のおおよその設計からの変更部分が驚くほど少ない。ブルドン管温度計には、温度変化に対する反応をより迅速に引き起こすために、水銀などの液体の代わりに、いまではキシレンが使われている。いくつかの型の BT は、海洋のさまざまな深度で使うためにつくられた。しかし主に、300 m ほどの深さまで、あるいはもっと一般的には水温躍層の底までの測定にしか利用されない。高速で航行中の船から使う場合、非常に深いところでの有用性を邪魔するのは、ひどく長いワイヤーが必要になることである。約 460 m までの深さを測定するために、1960 年代に XBT (電子式投げ捨て深海温度計、投下式水温計) が開発された。爆弾型の XBT は、細い銅線のコイルに取り付けられたサーミスター (感熱性のビード) を使っており、そのコイルは船 (あるいは航空機) の電子監視装置につながっている。深度は、投入後の一定の降下速度と経過時間から算出される。

[George R. Ehrhardt／忠平美幸 訳]

■文 献
Baxter, James Phinney, III. *Scientists against Time*. Boston：Little Brown, 1952.
Revelle, Roger. "The Oceanographic and How It Grew." In *Oceanography：The Past*, edited by M. Sears and D. Meriman, 10-24. New York：Springer-Verlag, 1980.
Schlee, Susan. *The Edge of an Unfamiliar World：A History of Oceanography*. New York：E. P. Dutton, 1973.
Spilhaus, Athelstan. "A Bathythermograph." *Journal of Marine Research* 1 (1937-1938)：95-100.
Spilhaus, Athelstan. "A Detailed Study of the Surface Layers of the Ocean in the Neighborhood of the Gulf Stream with the Aid of Rapid Measuring Hydrographic Instruments." *Journal of Marine Research* 3 (1940)：51-75.
Weyl, Peter K. *Oceanography：An Introduction to the Marine Environment*. New York：Wiley, 1970.

◆真空ゲージ
➡ ゲージ【真空測定用】

◆真空ポンプ

Air Pump

圧縮機というものは古くから知られており、空気 (または真空) ポンプは一般には 1647 年にマグデブルクの市議会議員 O. フォン・ゲーリケ (Otto von Guericke, 1602-1686) が発明したとされているが、真空状態をつくることができる器具はトリチェリの管 (気圧計の項を参照) が最初の功績だとされていて、ゲーリケのポンプではない。しかし、ゲーリケのポンプのおかげで真空実験はより簡単に行えるようになった。イギリス人科学者 R. ボイル (Robert Boyle,

1627–1691) は1660年代に真空ポンプを単なる真空の空間をつくり出すものから実用的な実験器具へと発展させ，ついには新実験科学の象徴にまでなった．

空気ポンプは当時の器具としては高価で扱うのが難しかったため先端技術の1つであった．最大の問題点は漏出であり，それを軽減させるため，まっすぐで内面が平らなシリンダーが必要であった．1670年以前に存在していた空気ポンプは，おそらく15種程度にすぎなかったであろう．これらのほとんどがゲーリケ，ボイルの助手R.フック（Robert Hooke, 1635–1703）またはパリのC.ホイヘンス（Christiaan Huygens, 1629–1695）によってつくられたものである．

1670年代にパリでは空気ポンプの商業用生産が始まった．1675年，ライデンのミュッセンブルークの工房でポンプの生産が始まり，わずか数年後にはヨーロッパ大陸で第一の供給者となった．顧客は175ギルダーから500ギルダー（大学教授の年俸の約半分）以上もするポンプの中から型を選んだ（1711年の時点では5種類あった）．早くも18世紀初頭にライプツィヒのJ.ロイポルド（Jacob Leupold, 1674–1727）とロンドンのF.ホークスビー（Francis Hauksbee）が台頭してきて，ライデンの工房と激しく競争することになった．

これらの器具の顧客は主に科学者や上流階級の者たちで，しだいに大学でも購入されるようになった．これらのポンプのほとんどがボイルやゲーリケの実験を真似たり，証明したりするために使用された．ホークスビー（起電機の項を参照）とホイヘンスは例外であったが，空気ポンプを使って新たな研究をした科学者は決して多くなかった．

1670年代には使用しやすいポンプをつくるため改良が重ねられた．D.パパン（Denis Papin, 1647–1712？）は二重バレルの空気ポンプを発明し，一重のものより力を使わず倍の速さで動かせるようになった．また，ライデン大学物理学教授W.センゲルド（Wolferd Senguerd）は真空排気と圧縮の両方ができるポンプを生み出した．18世紀の初めには，ホークスビーがパパンの型とは異なるポンプを考案し，商業的成功をおさめた．机の上でも使用できるこのポンプは約200年間市場に出回り続けた．

18世紀中頃からは，より低圧で使用できるポンプをつくることに重点が置かれた．そのようなポンプをつくるために障害となっていたのは次の3点である．1つ目はシリンダーの底にある空所，2つ目はバルブ，3つ目は減摩剤の蒸気圧である．1750年頃に，イギリス人技術者J.スミートン（John Smeaton, 1724–1792）は2段式空気ポンプを設計した．そのポンプは第一段階の空所を第二段階によって真空排気することができた．つまり，圧縮の後にシリンダーに残っている空気は気圧ではなく，そのため限定要因ではなくなった．1855年にはガラス吹き工であり機械工のH.W.ガイスラー（Heinrich Wilhelm Geissler, 1815–1879）が全く異なる改良をした．彼は気体の中での放電を研究するために真空管を用いた（ガイスラー管の項を参照）．彼は，水銀ピストンを使うことを考え，水銀をシリンダーの穴と角に満たし空所をつくらないようにした．トリチェリの管をもとに，より大量に真空排気するために水銀の上の空間を利用することを考えた．このような案は何度か考え出されたのだが，実際に応用されたのはガイスラーの考えた型が最初で

あった．これがきっかけとなり空気ポンプは新たな発展をとげた．1905 年に W. ゲーデ（Wolfgang Gaede, 1878-1945）が考案した回転式水銀ポンプが 1 つの例であり，低圧でも大きな効果を発揮した．

バルブの問題は使いやすさに関わることであり，18 世紀初頭には次の 2 つの型があった．1 つは手動式の止めコックであり，もう 1 つは気流の力で開閉する空気袋からできているバルブであった．後者のほうが使いやすいが，開けるためには常に最小限の圧力の差が必要だった．結果として，真空状態を制限することとなってしまった．さまざまなバルブの改造が試みられたが，結局 1787 年にアムステルダムの器具職人 J. カスバートソン（John Cuthbertson）が考案した機械操縦のできるバルブが最も使いやすいであろうとされた．

初期の空気ポンプは，たいてい水と油の混合液を指し，そのため真空度は最低でも 10^3 Pa（0.01 バール）程度であった．18 世紀中に水の混入はやめられたが，まだ油に水分が含まれていた．19 世紀の終わりになり，ようやく低蒸気圧の鉱油の研究が始まった．さらに大胆な発想は全く注油をしないという方法であった．1865 年に，パリの器具職人デルーユ（L. J. Deleuil）は減摩剤を必要としないピストンを考え出した．もちろんガイスラーの水銀ポンプも注油を必要としなかったので，このポンプの限界は水銀の蒸気圧（10^{-1} Pa）であった．ガイスラーの型では真空度がそこまで到達できなかったが，その後改良を重ねた結果，19 世紀末までには水銀の水蒸気圧以下の気圧にまで達するポンプが生み出された．

これまで述べてきたすべてのポンプは排気式のポンプであった．20 世紀前半に，ド

18 世紀後半の G. アダムスによる二重バレルの卓上ポンプ．SM 1927-1310．SSPL 提供．

イツ人物理学者ゲーデが 2 つのポンプを発明した．それは個々の分子がポンプの出口に向かって衝突する仕組みのものであった．ゲーデの水銀拡散ポンプでは，これらの分子が水銀分子の流れの中へと拡散していった．水銀分子の 1 つが衝突すると，分子は出口へ向かい速度を増し，伝統的な真空ポンプによってはじき出される．これと同様な分子の衝突を応用したものが，いわゆる分子吸収ポンプである．この場合，衝突するのは非常に高速で運転する壁である．最近のポンプでは，気体を真空房から取り除かない．物理的・科学的結合により分子は気体中から取り除かれるが，容器の内側には残っている．これらのポンプは低圧を排除するために伝統的なポンプを必要とするが，最適真空度は 10^{-9} Pa 以下まで達した．

17 世紀後半から，空気ポンプは一般的な物理実験器具であったが，しばしば研究というよりは証明のために使われてきた．ガイスラーの研究は真空ポンプの最初の産業応用を促した．ガイスラー管の生産を産業的だと呼ぶことができれば，産業におい

て初めて真空技術が一般的に利用されたのは1900年頃の電球の生産においてである．

[Anne C. van Helden／田中陽子 訳]

■文献

Shapin, Steven, and Simon Schaffer. *Leviathan and the Air-pump*：Hobbes, Boyle and the Experimental Life. Princeton：Princeton University Press, 1985.

Turner, Gerard L'E. *Nineteenth-Century Scientific Instruments*. Berkeley：University of California Press/London：Philip Wilson, 1983.

van Helden, Anne C. "The Age of the Air-pump." *Tractrix, Yearbook for the History of Science, Medicine, Technology & Mathematics* 3（1991）：149-172.

Westcott, G. F. *Handbook of the Collections Illustrating Pumping Machinery*. Part Ⅰ and Ⅱ. London：Science Museum, 1932, 1933.

◆人工水平儀

Artificial Horizon

人工水平儀は霧，暗闇，地形などのせいで視地平が不明瞭である場合に，その代用として使われる装置であり，地平線上の天体の高度を測定する器具とともに使用される．高度を測定する初期の器具，つまり航海用の四分儀やアストロラーブは，鉛直線を基準にしていた．これらの器具は正確に地面と垂直になるようにつり下げられ，観測中は静止状態を保たねばならなかった．

人工水平儀は，2つの基本的なタイプに分類される．第一のタイプは，観測者の目の高さの位置に高度を測定する器具を手で持って合わせるか，その近くに置くなどして使用する．この種の人工水平儀はいくつかの異なった形が開発され，そのうち泡水準器やジャイロ型のものは広く普及し，船と航空機のどちらでも使用された．第二のタイプは，表面にものを映すことができるようになっており，それによって天体像を見ることができる仕組みになっている．表面はガラス製であるか，油，水，水銀などで成り立っており，なかには糖蜜でできているものもあった．だが，油，水，糖蜜は多量の光を吸収してしまうため，19世紀では測定器中に主として水銀が使用されており，風防ガラスで覆われた．そして天体とそれとがなす反射角が測定された．このタイプのものは，静止していない船や航空機には実用的でなく，主として地上の測量で用いられた．

歴史と発展

人工水平儀については，P. デ・メディナ（Pedro de Medina, 1493頃-1567）の『航海の技法（Arte de Navegar）』（1545年）の中で言及されている．この本はスペイン語で書かれた権威ある航海手引書であり，フランス語，イタリア語，ドイツ語，英語に翻訳された．メディナはクロススタッフによって観測するときに不明瞭な水平線の代わりに観測者のいる船に固定した水平棒を使うという妙案を記している．R. フック（Robert Hooke, 1635-1703）はオックスフォードにおいて，人工水平儀として水銀槽を使用したといわれており，G. アダムス（George Adams）は18世紀の中期にガラスのカバーのついた水銀盆を発明したと考えられている．

1728年，イギリス人のJ. エルトン（John Elton）は2つの泡水準儀をはめ込んだバックスタッフの特許を申請した．また1731, 1757年の八分儀と六分儀の発明は，新しくより洗練されたタイプの人工水平儀の発明へとつながった．八分儀の発明者であるJ. ハドレー（John Hadley, 1682-1744）

六分儀につけられたフルリエ人工水平儀（1890年代）．SSPL提供．

は，1733年に自分の発明した器具に泡水準儀を組み合わせた．1740年頃にはJ. サーソン（John Serson）はジャイロ反射鏡式人工水平儀を発明したが，それは成功しなかったようである．

1834年，英国海軍のベッチャー（A. B. Becher）中尉は油によって動きを鈍らされた小さな振り子からなる六分儀を組み合わせた人工水平儀を設計した．イギリスのC. ジョージ（Christopher George）船長は1868年，水銀槽があり，そこから流れる水銀によってガラスに覆われた空間が満たされるといった仕組みをもつ人工水平儀の特許を申請した．カイザー（P. J. Kaiser）は1880年頃に，ドイツ海軍のために水平測定器を開発した．それは，水銀で満たされた皮製の容器で成り立っており，その容器の上には雲母でできた蓋をかぶせられた空の盆が置かれている．そして容器を締めつけると，水銀が盆へと流れ込む仕組みになっている．フランスの海軍将校であるフルリエ（G. E. Fleuriais）は1890年，ジャイロ式人工水平儀を発明した．ジャイロスコープとは特別な仕組みで回転する装置であり，六分儀に結びつけられれば，数回ほど回転するのである．

20世紀初頭には，航空機の発達に伴って，泡水準儀はさらに完全なものとなった．イギリスにおいて飛行士たちによってそのように名づけられた泡六分儀や泡八分儀（六分儀（航空機用）の項を参照）はロンドンのヒース社やH. ヒューズ＆サン商会によって開発・製造され，主として航空機において使用された．それらの器具は，天文学のための飛行というものが時代遅れになり始めた，1960年頃まで使われ続けた．1935年頃，ドイツではハンブルクのC. ピアット商会が，空気ポンプによって動かすジャイロ式人工水平儀を組み入れた六分儀を開発し製造した．それは，第二次世界大戦中に安全のため暗闇の中でだけ浮上できるUボートで使用された．

[Willem F. J. Mörzer Bruyns／
柳生江理・橋本毅彦 訳]

■文 献
Cotter, C. H. *A History of the Navigator's Sextant*. Glasgow：Brown, 1983. *An Inventory of the Navigation and Astronomical Collections*, Vol. 1, *Artificial Horizons*. London：National Maritime Museum, 1970.

Mörzer Bruyns, W. F. J. "Historische Kunstkimmen." *NTT De Zee* 1（1972）：214-218.

Williams, J. E. D. *From Sails to Satellites：The Origin and Development of Navigational Science*. Oxford：Oxford University Press, 1992.

◆シンチレーション・カウンター

Scintillation Counter

伝統的なシンチレーション・カウンターでは，蛍光を発する結晶—蛍光体—が原子核から粒子が入射することによって発光し，その光を目で見て記録するという方式がとられていた．目で見るシンチレーショ

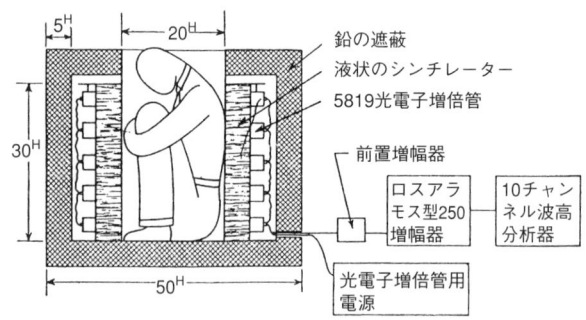

最初の人体シンチレーション・カウンターの模式図.
Carlos G. Bell, Jr., and F. Newton Hayes, eds. Liquid Scintillation Counting. London：Pergamon Press, 1958：249, Figure 8. カリフォルニア大学提供.

ン・カウンターで核内粒子や素粒子を検知するのは，1930年代には時代遅れになり，電子的な増幅器を用いたガイガー-ミュラー（GM）計数管が使われるようになった．戦後すぐにシンチレーション法は急速に改良され，物理学者たちはやがて（光電式）シンチレーション・カウンターとして言及するようになった．新たな工夫は，蛍光体を光電子増倍管につなげたことであった．つまり，蛍光の検知器としての人間の眼を，光信号を増幅して電気パルスに変換する光電子増倍管と取り替えたのである．このような組合せは，1944年から1947年にかけて，アメリカとイギリスの物理学者たちによって開発された．現代版のシンチレーション・カウンターの発明は，ドイツの物理学者H. カルマン（Hartmut Kallman）に帰せられることがある．彼は，1947年に，光電子増倍管を用いたβ線とγ線を検知する方法を開発した．

蛍光体が発光すると，光（光子）は管の感光性の陰極線に当たり，電子が放出される．これらは2番目の電極（ダイノード）に集められ，そこに向かってより高い電圧で加速される．最初のダイノードは，「二次」電子のシャワーを放出し，これらはより高い電位にある2番目のダイノードに衝突する．これがさらにくり返され，最後に電子のなだれが検出器に到達する．このように電子の増幅がくり返されることにより，管はきわめて効率のよい増幅器として作用し，最初のたった1つの電子によって最後には電流が生み出されることになる．光電子増倍管の起源は，1936年頃，ドイツの物理学者G. ヴァイス（Georg Weiss）が，テレフンケン社のつくった機器を利用したことにある．

早くも1953年には，14の光電面をもつ光電子増倍管が売り出されており，これによって最初の電子を100万倍にまで増幅することができた．光電子増倍管は，アメリカのRCA，イギリスのEMI，オランダのフィリップスなど真空管の製造を行う大会社によってつくられた．最初に販売されたシンチレーション・カウンターは，1947年から売り出されたRCAの931Aであったが，これは直径3.3cm，長さ9.2cmであった．この機器には9つのダイノードがついており，100万倍の増幅が可能で，最大1.0mAの電流を生むことができた．

新しいシンチレーション・カウンターの成功は、管のエレクトロニクスの発達のみならず、他の素子の進歩、特に蛍光体の進歩にもよっていた。視覚に依存するほとんどすべてのシンチレーション・カウンターは硫化亜鉛を用いていたが、光電子増倍管技術によって刺激され、新しくより効率的な蛍光体の一群が開発された。1949年、アメリカの物理学者、R. ホフスタッター（Robert Hofstadter）は、ヨウ化ナトリウムの検知器を発明したが、これは素粒子物理学できわめて重要な機器となった。有機物の蛍光体の利用は、1947年、カルマンが、ナフタレンの結晶が β 線と γ 線の効率的な蛍光体となることを発見してから始まった。2, 3年のうちに多くの有機結晶の蛍光体が開発され、なかでもアントラセンが最も効率のよいことが明らかになった。従来利用されてきた結晶の蛍光体に加え、1950年代初めには、溶液やプラスチックとの混合体というかたちの有機物が利用されるようになった。

1950年頃にあらわれたシンチレーション・カウンターの新世代には、伝統的なガイガー－ミュラー計数管に比べて大きな利点があった。シンチレーション・カウンターは解像力が高く、1秒間に1億のシンチレーションを検知することができた。また、出力が光の強度に比例しているので、入射粒子のエネルギーの測定にも利用できた。さらに、シンチレーション・カウンターは、さまざまな用途に適していながら比較的単純な装置で、ほとんどあらゆる形や大きさの設計が可能であり、中性子や γ 線を含むすべての種類の粒子の検知に対応することができた。1950年代半ばまでには、シンチレーション・カウンターは、原子核・素粒子物理学における主要な検知器としての座を、ガイガー－ミュラー計数管から奪い取っていた。

販売用につくられるシンチレーション・カウンターは、工業、生物学、環境調査に広く利用されていたが、この機器が最も大きな影響を与えたのは高エネルギー物理学の分野であった。1950年から1970年までに行われたほとんどすべての主要な実験において、さまざまな形のシンチレーション・カウンターは本質的な役割を果たした。1960年からは、シンチレーション・カウンターは、強力な検知器——シンチレーション・チェインバー——へと発展した。この機器では高エネルギー粒子の発光の軌跡を直接観測することができる。

[Helge Kragh／岡本拓司 訳]

■文献

Birks, John B. *Scintillation Counters*. Oxford：Pergamon, 1953.

Birks, John B. *The Theory and Practice of Scintillation Counting*. Oxford：Pergamon, 1964.

Brown, Laurie, Max Dresden, and Lillian Hoddeson, eds. *Pions to Quarks：Particle Physics in the 1950s*. Cambridge：Cambridge University Press, 1989.

Collins, George. "Scintillation Counters." *Scientific American* 189（November 1953）：36-41.

Glasstone, Samuel. *Sourcebook on Atomic Energy*. 2nd ed. Princeton, N. J.：Van Nostrand, 1958.

◆心　電　計

Electrocardiograph

心電計（electrocardiograph あるいは cardiograph）は、心臓の鼓動とつながる電流を記録するものである。アメリカではこの装置は ECG あるいは EKG と略称されるが、後者はドイツ語名が略称されたも

のである．装置が生み出す線描グラフは心電図と呼ばれる．

線は身体の特定の部位で記録された信号をあらわす．記録ができる場所の異なる組合せは，リードとして知られている．心電計の描く線で最も重要な波形は，心臓の上部の部屋「心房」の脱分極（depolarization）を反映するP波，下部の部屋「心室」の脱分極を反映するQRS複合，そして心室の再分極（repolarization）を反映するT波である．これらの波は異なるリードで異なるあらわれ方をする．

起　源

19世紀における心臓の電気作用を記録する試みのほとんどは，心臓の表面から直接記録を読み取ろうとしていた．この技術的アプローチは，明らかに人体の診療への応用を制限するものであった．1887年5月にA. ワラー（Augustus Waller, 1816-1870）はロンドンのセントメリー病院で毛細電気計として知られる装置を使って，身体の外部から人の心臓からのグラフを記録できることを示した．しかしその装置にはいくつかの重要な技術的問題があり，利用は困難だった．

そのため心電計の発明者は通常，オランダの医者で生理学者であるW. アイントホーフェン（Willem Einthoven, 1860-1927）とされている．彼はワラーが披露した実験を目撃し，数年かけて毛細電気計に改良を加えた．器具固有の問題があったにもかかわらず，アイントホーフェンは意味のある描画を生み出すことができた．彼は心電図の波に名をつけたが，その名は20世紀末でもまだ使われている．彼はアルファベットの中ほどの順番にあるPQRSTの文字を使い，後に他の波にも名をつけられるようにしておいた．

毛細電気計の限界を乗り越えるために，アイントホーフェンはしだいに心臓からの微弱な電気信号を記録するための異なるタイプの装置に目を向けるようになった．新しい装置の要となる「糸電流計」は，大西洋横断ケーブルを通ってきた電信信号を測定するために1897年に開発された装置に似たものだったが，アイントホーフェンがどの程度電信装置に基づいて記述していたかは議論の余地が残っている．アイントホーフェンは糸電流計に基づく心電計の機械を1901年の予備的論文において述べた．この成果により，彼は1924年のノーベル医学・生理学賞を受賞した．

ドイツの製造会社との交渉が不調に終わったことで，アイントホーフェンはケンブリッジ科学機器会社（CSI）に目を向け，同社は1908年に最初の心電図装置を発売した．同社は装置の販売だけでなく，その耐久性と精度を向上させる役割も果たし，それが実験用装置から信頼のおける医療器具になることに貢献した．

医療への応用

異常な心臓のリズムを検知するためには，動脈と静脈の脈拍をグラフとして記録するのに使われていた初期の装置であるポリグラフと似た仕組みの機械が使われた．この研究は1920年代半ばまでロンドンの医者T. ルイス（Thomas Lewis）によってなされた．イギリスではこの機械はもっぱら不整脈を診断するために用いられたが，医師は自分の感覚を訓練するために装置器具を必要としたものの，そのような機械が日常的な診療作業の一部になることは望まなかった．

医療研究の次の段階は，心臓の電気作用によって生み出される波形を測定する装置としてその機械を利用することであった．

装置の助けがなければ感覚できないような使用法である．これらの応用は主としてアメリカでなされたが，それによって装置は，心筋梗塞あるいは「心臓発作」などのようにしばしば明白な冠状動脈の病気の診断に利用されるようになった．

1900年代には，リードの数は増やされた．アイントホーフェンは，人間の四肢の異なる組合せによってつくられる3つのリード（リードI，II，III）を用いた．他の3つのリード（VR，VL，VF）は，四肢からの信号を接続する方式を変化させることによってつくられた．6つの追加的なリード（V1からV6まで）は，電極を人の胸に置くことで人体の平面に垂直な信号を測定した．心電図はこのようにして電気的活動を2つの平面で測定することができた．1920年代から40年代のこの時期の研究で鍵となる人物が，ミシガン大学アナーバー校で働く医師F. ウィルソン（Frank Wilson）であった．

装置と応用

最初の型の心電計機械は，使用するのが煩雑で困難であった．鍵となる発展はベッド脇や，外にも持ち運べるような小型機の開発であった．最初人々は手足をバケツ何杯もの塩化物に浸して心電図の記録を得なければならなかった．後には電極を単に手足につけるよう改良された．記録は最初に写真乾板の上に置かれた糸電流計の動きを記録することによって得られ，乾板は線描が見えるようになる以前に現像される必要があった．心電図は1950年代に，グラフを直接書く装置が開発され，その後同時に3つ以上の記録を取ることができる装置が発明され，利用しやすくなった．

20世紀後半には，心電計を基本的に応用した装置が多くの医療機関で使われてい

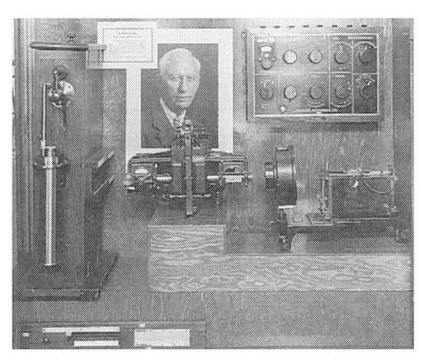

ウィルソンの心電計装置．NMAH 提供．

る．心電図モニターは冠状動脈の診療，産科の分娩室，手術室で使われている．コンピューター内蔵の携帯用心電図は，速さ，リズム，心臓軸を正確に読み取ることができる．心臓に埋め込まれた人工ペースメーカーは，心臓のリズムを読み取り，それ自身の出力を調節することができる．24時間あるいはそれ以上にわたる心電図の連続的記録は，異常なリズムや虚血性心疾患の診察を助けている．しかしながら20世紀末においては，心電計を日常で使用することにはコストがかかり，患者の健康や延命に必ずしも重要な貢献をしていないことが憂慮されている．

[**Joel D. Howell**／橋本毅彦 訳]

■文　献

Burch, George E., and Nicholas P. DePasquale. *A History of Electrocardiography* [1964]. Reprint, with a new introduction by Joel D. Howell. San Francisco：Norman, 1990.

Burnett, John. "The Origins of the Electrocardiograph as a Clinical Instrument." *Medical History* Supplement No. 5（1985）：53-76.

Frank, Robert G. "The Telltale Heart：Physiological Instruments, Graphic Methods, and Clinical Hopes：1854-1914." In *The Investigative Enterprise：Experimental Physiology in Nineteenth-Century Medicine*, edited by William Coleman and Frederic L. Holmes, 211-290. Berkeley：

University of California Press, 1988.

Howell, Joel D. "Early Perceptions of the Electrocardiogram: From Arrhythmia to Infarction." *Bulletin of the History of Medicine* 58 (1984): 83-98.

Katz, Louis N., and Herman K. Hellerstein. "Electrocardiography." In *Circulation of the Blood: Men and Ideas*, edited by Alfred P. Fishman and Dickinson W. Richards, 265-351. New York: Oxford University Press, 1964.

◆浸透圧計

Osmometer

膜があり,それが領域を2つに分割し,各領域のイオン量に差があるとしよう.浸透圧計は,このとき膜にかかる圧力を測定することができる.浸透現象の理解は,生理学および細胞生物学の多くの研究にとって,決定的に重要である.また,核物質の分離から,水の純化,血液の分画化に至るまで,多くの産業化過程においても重要である.

浸透圧計の基本設計は,選択的に透過させる膜か半透膜で2つの領域に分かれた測定用小室(チェインバー)からなる.浸透圧は,浸透現象の過程(膜を通した拡散)を示す流体混合物なら何であれ測定可能だが,主たる対象は液体中のイオン輸送である.流体置換や水銀柱上昇,気圧計による圧力測定など,いくつかの圧力測定法が発展させられてきた.浸透圧はまた,輸送される物質がもはや膜を通らなくなるまでチェインバーの一部を圧縮して平衡点を確立することによっても測定することができる.

浸透現象は,動植物の細胞などの流体系における物質輸送の要諦なので,物理学者から植物学者まで,幅広い研究者が研究してきた.浸透現象は,1748年にパリの自然哲学者J.-A.ノレ(Jean-Antoine Nollet, 1700-1770)が記載したことに端を発する.初めての定量的解析は,フランスの生理学者R. J. H. ドゥトロシュ(Rene Joachim Henri Dutrochet, 1776-1847)とドイツの医学者K. フィアロート(Karl Vierordt, 1818-1884)によって独立になされた.1826年から1846年までの間,ブタの膀胱膜を使って,塩溶液の浸透現象が探求された.水は塩類より早く拡散し,膜の一方のレベルを上げ,静水圧を形成する.彼らは,塩の種類だけでなく濃度によっても圧力が変わることを見出した.

浸透現象に興味を抱いた初期の研究者の関心は細胞の挙動にあったが,ドゥトロシュはそうした人々の典型であって,特に細胞の挙動の機械的基盤を確立することに興味を抱いていた.彼は簡易型浸透圧計のチェインバーを垂直方向にセットし,浸透圧は重力より大きいことを示して見せた.この重要な演示によって細胞内の物質運動に関する洞察が深まり,これは動物生理学・植物生理学の基礎となったのである.

浸透現象は,1850年にイギリスの化学者T. グレアム(Thomas Graham, 1805-1869)が考案した透析器の核心でもある.グレアムの装置は,水槽に置かれた一葉のパーチメント紙からなっていて,彼はこれを使って,クリスタロイド(晶質;塩類のように容易に結晶化する物質)とコロイド(膠質)を分離した.クリスタロイドはすばやく膜を通過するのだが,コロイドは通過しないか,通過するとしてもとてもゆっくりと膜を通る.グレアムは,膜の物理的特性までは探求しなかったけれども,物質の構造と挙動が広範に調べられるにあたって,浸透圧計と透析器による検討は確かに

その一角を占めることになったのである.

ドイツの生理学的化学者M.トラオベ(Moritz Traube, 1826-1894)は,透析器と植物細胞の間の類似性を見抜き,もしクリスタロイド(細胞中に存在することが知られていた)とコロイドの混合物における浸透現象がある決まった方向性しかもたないとしたら,クリスタロイドの混合物で同じ現象が見られるとすると,そこには膜があるのではないかと推測した.彼は1867年に,2成分のクリスタロイドからなる溶液で選択的透過性を示す膜をいくつかつくるのに成功した.タンニン酸,鉛ケイ酸塩,銅ケイ酸塩のようなさまざまな溶液に無調整の膠を一滴垂らしてこの膜をつくったのである.タンニン酸はその滴に皮膜を形成し,あたかも細胞のようになった.彼はこの膜に選択的透過性があることを見出した.彼の1867年の論文は,細胞膜とその透過性のさまざまな組合せについて概観している.

トラオベが選択的透過を示すのに成功したにもかかわらず,彼の研究は浸透圧の研究につながることはなかった.というのも,細胞というものは非常に繊細なものだからである.トラオベは,薄い溶液で,しかも少量の場合でしか,研究できなかった.1877年,ドイツの化学者であり植物学者でもあったW.プフェッファー(Wilhelm Pfeffer, 1845-1920)は,多孔性陶器の壁に膜を形成する方法を導入した.これによって,トラオベ考案の選択性を失うことなく,数気圧にまで及ぶ浸透圧を測定することが可能になった.

1885年,オランダの化学者J.ファント・ホッフ(Jacobus Van't Hoff, 1860-1911)は,気体の振舞いと浸透圧を結びつける希薄溶液の理論を発展させた.溶液の浸透圧は,溶解した物質が気体状態となって溶液の体積と等しい体積を占めた場合の圧力に等しいことを示して,アボガドロの原理は希薄溶液の場合も適用可能であることを例証してみせたのだった.これは理想気体の法則および溶液の静力学的性質に関する実験分析ならびに理論的考察にとって重要な派生効果をもった.なぜなら,アボガドロの原理が希薄溶液でも成り立つとしたら,気体定数(R)は,浸透圧方程式 $PV = KT$ の K と同じ値をもつことになるからである.溶液中のイオンの静力学的性質を示すために浸透圧を使うことによって,物質の分子モデル,原子モデルがさらに発展することになった.

さらにもう1つ重要な浸透圧の実験が,アメリカの物理学者J.W.ギッブス(Josiah Willard Gibbs, 1839-1903)とF.ドナン(Frederick Donnan, 1870-1956)によってなされた.そして,この実験はドナン平衡あるいはギッブス-ドナン平衡の概念に結実した.ギッブスとドナンは,混合溶液(例えば塩化ナトリウムとアルブミン)中のイオン流の単純なモデルを用いて,一方の物質が障壁を自由に通過し,他方が全く通過できない場合でさえ,膜の両側でイオンの平衡が必然的に成り立っていなければならないことを示した.

たいていの浸透圧計は,さまざまな膜と溶質の振舞いと関係を研究するための特殊な実験機器として発達してきた.顕微鏡や気圧計は標準化されたが,浸透圧計はそのようなことは決してなかった.その唯一の例外が膜の商業的生産であり,これは1900年前後,特別に洗浄されたパーチメント紙,セルロース,コロイドイオンとともに始まり,それ以降,特殊な透過性をもった何百というフィルムと膜が開発されてきた.浸

グレアムが拡散実験に使った浸透圧計（1850年頃）．SM 1894-188/5．SSPL 提供．

透現象は，産業界においては通常，流量計や圧力計といった装置によって研究されている（ゲージ（圧力測定用）の項を参照）．

[Andrew Ede／廣野喜幸 訳]

■文献

Graham, Thomas. "On the Diffusion of Liquids." *Philosophical Transaction of the Royal Society of London* 76 (1850)：1-46, 805-836；77 (1851)：483-494.

Morse, H. N. *The Osmotic Pressure of Aqueous Solutions*. Washington, D. C.：Carnegie Institutions, 1914.

Traube, Moritz. "Experimente zur Theorie der Zellenbildung und Endosmose." *Archiv für Anatomie, Physiologie und Wissenschaftliche Medicin* 87 (1867)：87-102.

◆針入度計と貫入試験

Penetrometer and Penetration Test

針入度計は，物質に探針を挿入する器具の一大グループを成している．貫入に対する抵抗がその特性の示度となる．針入度計は多くの分野で利用されているが，わけても土木工学で土壌の特性の調査によく使われる．

建設業者は昔から，単純な針入度計を使って土質を評価し，建物の基礎を築く深さを決定してきた．この試験は，単純な鉄の棒をハンマーで地面に打ち込む作業と，貫入に対する抵抗を記録する作業から成り立っていた．軟らかい地面は抵抗が小さいが，抵抗の増大はより強固な，したがってより適切な地面のしるしとなる．大規模な試験には木杭を使い，誘導枠内で働く落下重量によってそれを地面に打ち込んだものだった．こうした初期の，1 個所の現場のための試験結果は，別の現場から得た結果と容易に比較できなかった．しかも理論的な裏づけが全くなかったので，試験結果の解釈は，個人の経験ひとつにかかっていた．

現代の貫入試験の発達

地質工学あるいは土質力学は，土木工学に関連するものとして土壌の振舞いと特性を研究する．さらに，基礎やその他の構造物の設計を土壌の特質と関連づける理論も練り上げる．20 世紀前半までに，地質工学は土木工学の設計の実際的な諸問題に応用されうるようになっていた．広範にわたる研究開発の結果，標準針入度計と試験の手順の他，貫入試験の結果から実際の土壌の特質を推論できる相関関係も確立された．

最初の標準のいくつかは，1917 年にスウェーデンにおいて，1927 年にデンマークで生まれた．1930 年代の後半には 2 つの主要な試験法が存在し，どちらも今日広く利用されている．動的貫入試験は，針入度計をハンマーでくり返し地面に叩き込むもので，静的貫入試験は，機械もしくは油圧で操作されるジャッキで針入度計を継続

的に押しつけて地面にめり込ませる．

動的貫入試験

基本的な方法は，下端が錐状に尖っている一連のロッド（棒）を，標準的な動的作用力で地面に打ち込むことである．表面摩擦を最小にするため，ロッドは一定の深度ごとに回転され，加えられたねじりモーメントが計測される．円錐部分をある一定の距離だけ貫入させるための打撃数とねじりモーメントが，深さに対して記録される．調査中の特定の土壌の特質との相関関係は，試錐孔から採取した資料に関する実験室試験によって決定される．その相関関係はふつう現場に固有のものなので，新しい現場ごとに試験をしなければならない．

手で操作する計量装置にはさまざまな設計があり，それらは浅い深度に適している．もっと深いところに達するための重い装置は，その目的で特につくられた器具によって操作されるが，この器具は通常，自動車の後ろにつけて牽引できる．ほとんどの国は国内の標準をもっていて，一般に国家間で互換性がある．例えば英国規格の BS 1377：1990 は，90 度の円錐と延長ロッドを用いる 2 つの試験を規定している．「重試験」用の円錐は，底面の直径が 4.37 cm で，50 kg のおもりを 50 cm 落下させる推力を要する．「超重試験」用の円錐は底面の直径が 5.05 cm で，63.5 kg のおもりを 75 cm 落下させる推力を要する．

標準貫入試験（SPT）

これは試錐孔の底で行われる一種の動的貫入試験である．アメリカにおいて，地層を確認して簡単な実験室試験をするため，試錐孔から小さな土壌試料を採取する行為から発展した．試料採取装置の本体は外径 2 インチ（5.1 cm）の 1 本の重い管で，その下端に刃がついており，ドリルロッドを通じて作用する落下重量によって地中に押し込まれた．打ち込みに対する抵抗が，地面の強度の目安として役立った．アメリカでは 1947 年，現代の土質力学の先駆者である K. ターザギー（Karl Terzaghi）によって 1 つの標準が提唱され，1958 年にはアメリカ国内の標準が発表された．現在この試験は世界規模で利用され，各国の互換性のある標準で規定されている．例えば英国規格の BS 1377：1990 が条件として指定しているのは，外径 5.1 cm の試料管と，76 cm（30 インチ）落下する 63.5 kg（140 ポンド）の落下重量である．この推進作用力は「超重」動的貫入試験のそれに匹敵する．土壌やもろい岩石での SPT の使用を包含する幅広い試験データが存在し，多くの有効な相関関係が展開されている．

静的円錐貫入試験（CPT）

継続的な推力で押し込まれるこの針入度計は，円錐部分での抵抗を，全体の抵抗とは別個に測定できる装置を含む．おそらく CPT が最初に開発されたのは，ベルギーやオランダのデルタ地帯の軟弱な沖積土で用いるためだったのだろう．最初期の針入度計の 1 つが，1934 年にオランダで報告されている．その針入度計とロッドは外径が 3.6 cm で，円錐部分の抵抗は，中空のロッドの内側に入れられた一連のロッドによって測定された．外側のロッドを押して，針入度計を必要な深さまで進める．次に内側のロッドを押して，円錐部分での抵抗を測定するのである．その後，さまざまな改良が加えられた．1953 年の一例は，円錐部のすぐ上に摩擦スリーブをかぶせ，局部の表面摩擦を測定できるようにしたものである．電気変換器を使って抵抗を測る針入度計が初めて登場したのは 1948 年で，1960 年代までに電気針入度計は一般

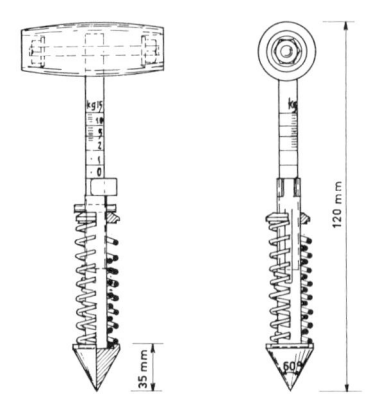

ポケット針入度計（デンマーク製，1931年頃）．Sanglerat（1972）：3頁，図2．エルゼヴィアー科学社提供．

に使われるようになった．国内標準は，おおむねオランダの慣例に従っている．例えば英国規格 BS 1377：1990 は，円錐部の抵抗と局部的な摩擦を測定するための電気針入度計を指定している．その直径は 3.57 cm，円錐の角度は 60 度，摩擦スリーブの長さは 13.37 cm，そして標準貫入速度は毎秒 2 cm である．CPT は事実上，地面のせん断力の直接的な測定値を出し，他の多くの特性についても相関関係が存在する．

針入度計は，軽い 2 t 推力の器具から，試験データの処理と蓄積のためのコンピューター装置を搭載し，車両に取り付けられた 20 t 推力の器具まで多岐にわたる．

最近開発された電気針入度計には，土中の間隙水圧も測定するピエゾコーンもある．他に地震波の速度を測ったり，土壌と地下水のさまざまな化学的要素を測ったりするための針入度計などがある．

[T. R. M. Wakeling／忠平美幸 訳]

■文　献

British Standard BS 5930：1981. "Code of Practice for Site Investigations." London：British Standards Institution.

British Standard BS 1377：1990. "Method of Test for Soils for Civil Engineering Purposes：Part 9. In Situ Methods." London：British Standards Institution.

Clayton, C. R. I. *The Standard Peneration Test (SPT)：Methods and Use*. London：Construction Industry Research and Information Association, 1995.

Meigh, A. C. *Cone Penetration Testing, Methods and Interpretation*. London：Butterworths with Construction Industry Research and Information Association, 1987.

Sanglerat, G. *The Penetrometer and Soil Exploration*. London：Elsevier, 1972.

す

◆吹　管

Blowpipe

　吹管とは，片方の端に開口部がついていて，操作する人が空気を吹き込むことができるようになっている湾曲した管のことである．吹き込まれた空気をろうそくやバーナーの炎に通してコショウ粒の大きさの試料に向けることによって，普通ならば溶鉱炉でしか得られないような高温が得られる．酸化炎，還元炎での反応は，木炭，粘土，ガラス，白金を支持材として用いることによって容易に観察することができる．試料は吹管を使ったさまざまな分析の対象となり，溶剤や試薬を加えて実験される．塩の金属成分は一般に炎色で，反応の結果生じる酸化物のコーティングや溶けたガラス玉によってその存在が検出される．吹管を用いて効率よく仕事をするためには多くの経験と才能が必要となる．より安定で継続的な空気の流れを得るために吹管にゴムのふいごを取り付けることも可能である．

　吹管の古代における起源は不詳であるが，おそらく古代エジプト人が発明したものであろう．金属製の吹管を使う金細工師の描写が，紀元前2400年頃のものとされるサッカラ［エジプトのカイロ南郊にある遺跡］の墳墓の壁画にある．化学的研究で吹管が使われ始めたのは17, 18世紀のことで，G. E. シュタール (Georg Ernst Stahl, 1660-1734)．J. A. クラーマー (Johann Andreas Cramer, 1710-1777)，A. S. マルクグラーフ (Andreas Sigismund Marggraf, 1709-1782) らドイツの科学者によってであった．スウェーデンの鉱物学者，冶金学者たちは鉱物や精錬によって得られる生産物の簡易定性検査に吹管を用い，T. ベリマン (Torbern Bergman, 1735-1784)，A. F. クロンステット (Axel Frederik Cronstedt, 1722-1765)，J. G. ガーン (Johan Gottlieb Gahn, 1745-1818) らの化学者は吹管用の分析法，分析用具を発展させた．1805年から1828年の間に3種の新元素を発見した化学者 J. J. ベルセリウス (Jöns Jakob Berzelius, 1779-1848) の努力によって，吹管は「化学者の聴診器」となったのである．これらの方法はザクセンのフライベルク鉱山アカデミーにおいてさらに改良されることとなる．この地で E. ハルコルト (Eduard Harkort) は灰吹法による銀の定量吹管分析のための器具を1826年に導入し，C. F. プラットナー (Carl Friedrich Plattner, 1800-1858) はハルコルトの考え方をさらに発展させ，彼が出版した『吹管を用いた定性・定量分析便覧 (*Manual of Qualitative and Quantitative Analysis with the Blowpipe*)』はこの分野の知識を集大成した著作である．

　吹管は通常，真鍮あるいは銀製である．長さは，標準的なものではサンプルが楽に

見えるように 20〜24 cm の間で調節できるようになっている．ほとんどの吹き口は銀メッキか象牙，角，木からつくられる．ある金属細工師による吹管は徐々に細くなっている円錐状の管で，細いほうの先端が直角に曲げられているが，ここで唾液が集められ，空気の噴出口がブロックされるのである．クロンステットの吹管では管の真ん中あたりに中空の球が取り付けられ，ここに唾液がたまるようになっている．ガーンの非常に人気のあったデザインでは，円柱状の湿室が吹管の下のほうに取り付けられており，さまざまな大きさの噴出口をもった白金製の先端が必要に応じて取り替えられるようになっている．

J. ヒルシュヴァルト（Julius Hirschwald）は炎色が観察できるようにコバルト・ガラスフィルターを固定させる金具を設計した．主にイギリスで使用された J. ブラック（Joseph Black, 1728-1799）の吹管は，先に行くほど広がったまっすぐの管であり，湿室がついておらず，先端は脇のほうにねじられている．S. テナント（Smithson Tennant, 1761-1815）の吹管も同じようなつくりであるが，下端のすぐ上に 360 度回転可能な曲がった先端がついている．W. H. ウォラストン（William Hyde Wollaston, 1766-1828）の吹管は 3 つの円錐状の部品からなり，ある部品を他の部品の内側に入れることによって，鉛筆程度の長さにたためるようになっている．F. W. フォイクト（Friedrich Wilhelm Voight）の吹管（ペピー（Peppy）の吹管としても知られている）は，湿室の機能を果たす平べったい円盤が取り付けられていて，先端は中心軸のまわりに動かすことができる．

初期の鉱物学の携帯用実験セットは最低限の吹管分析に必要な道具が含まれてい

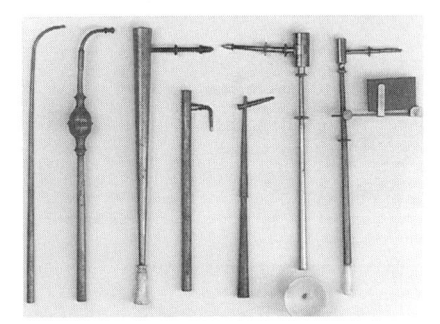

（左から）単純型，クロンステット型，ブラック型，テナント型，ウォラストン型，ガーン型，ヒルシュヴァルト型の吹管．

た．その中には 3 種の主要な溶剤であるホウ砂，リン酸塩，ソーダの入ったビンも入っていた．フライベルクのリンケ（Lingke）が製作した「プラットナー（あるいはフライベルク）装置」と呼ばれるセットは，完全な携帯実験器具一式であり，試料をつくるための器具・用具，燃料，薬品，折りたたみ式天秤が含まれている．（イギリスの）コーンウォール地方のトゥルーロのレッチャー（Letscher）は他と比較して単純で安価な吹管キットをつくり，広く出回った．参照用の砕かれた鉱物試料が入った引き出しがついたモデルもあった．これらのレッチャー・キットは現在でも専門店で手に入れることができる．

吹管は 1860 年代にブンゼンバーナーとスペクトル分析に取って代わられた．しかしながら吹管は 1760 年頃から科学史上重要な役割を果たし，15 種以上の元素の発見手段となったのである．

[Ulrich Burchard／菊池好行 訳]

■文 献

Berzelius, Jöns Jakob. *The Use of the Blowpipe in Chemical Analysis and in the Examination of Minerals*. Translated by J. G. Children. London：

Baldwin, 1821.

Burchard, Ulrich. "The History and Apparatus of Blowpipe Analysis." *Mineralogical Record* 25 (1994): 251-277.

Jensen, W. B. "Development of Blowpipe Analysis." In *The History and Preservation of Chemical Instrumentation*, edited by J. T. Stock and R. Oma, 123-148. Dordrecht: Reidel, 1986.

Plattner, Karl Friedrich. *Probierkunst mit dem Löthrohr*, 4th ed. Leipzig: Van Nostrand, 1865.

◆水質標本採集管

Water Sample Bottle

　海水の標本をとるためには所定の深さに容器を沈め，指令によって蓋を開け閉めし，採取した場所以外からの水が混ざらないようにその水を海面に引き上げるという作業を伴う．科学者や道具職人たちがまだあまりよく知られていない環境における温度，化学成分そして塩分の調査研究に取り組むにつれ，多くのボトルの形状が案出された．

　17世紀後半にR. フック（Robert Hooke, 1635-1703）は上面と下面に弁となる蓋がつき，沈められるときは開き，海面まで引き上げられるときは閉じるようなおもりつきの木製のバケツについて記している．フックの装置は浅海では成功を収めたが，深海では水が浸み込み正確な測定をすることができなかった．化学者A. マーセット（Alexander Marcet）は海水の組成に興味をもち，1818年に水管の比較を多数行い彼独自の形状のものをいくつかつくった．綱を一定の調子で引き上げ続けることは不可能であり，船に戻ってくると蓋が開いていることがあったので，マーセットは海底にぶつかるまでは蓋を開けた状態で沈み，上に引っ張られると閉まるスプリング機構を考案し，後に彼はどの深さでも蓋を閉じることのできるさらに頑丈なものを発明した．この器具の人気の高さを示すものとして，1825年の『エディンバラ哲学ジャーナル（*Edinburgh Philosophical Journal*）』があり，そこには上下に蓋のついた水管を十数名の科学者が使用していることが記されている．数年後アルジェリア海岸を調査したG. エメ（George Aimé）は「メッセンジャー（使錐）」を発明した．この装置はロープを伝って落ちるおもりの衝撃によって蓋が開閉することで採水するというものである．彼がつくった器具のいくつかはモナス海洋学博物館に保存されている．

　初期の水深温度の計測は，温度計と水質標本採集管を一緒に停止させることによって達成された．1821年にC. R. ウォショップ（Captain R. Wauchope）は五重のスズ製容器の中に温度計を入れ，一番外側は沈められると蓋と底が開き，引き上げられると閉じる仕組みになっている木製容器で取り囲んだ．荷重したロープはこの装置を約1,000尋（1尋＝約183 cm）運んだが，海水とロープの摩擦がたいへん大きいので，温度計を海から引き上げるのに100人の力をもってしても1時間20分かかった．チャレンジャー探検隊が活躍する1872~1876年には，蒸気式の巻き上げ機が登場し深海調査の作業はかなり軽減した．

　最も優れた温度計の形状についてはいつも議論され，1820年代にはW. ラザフォード（William Rutherford）が考案した最小温度計が好まれたが，持ち運びができず目盛りを真正面から読まなければならないという欠点があった．科学者のF. ワルフェルダン（François Walferdin）は1836年，新しい形状の温度計を発明した．

J.-B. ビオ (Jean-Baptiste Biot, 1774-1862) が紹介した逆転びんは 1830 年代に注目を集めた．これは両端のうち片方は開けられ，もう一方は金属板で閉じられている空洞のガラス管であった．シリンダーが必要な深さまで達すると，下端についているひもを引きシリンダーをひっくり返すのである．びんの重さがピストンにかかることで，引き上げられる間にピストンは水で一杯になる．小型の弁がびんを水面まで引き上げる間，空気漏れや水漏れを防ぐ役割をした．ビオのびんは，水面に返ってくる装置が破裂する危険を防ぐために，その原因となる圧搾空気をすべてガスの浮き袋に押し込むという巧みな方法を用いた．そして集められた気体もまた船に上げて分析することができた．びんがきちんと閉じ，水質標本が確実に採集されるために，びんをひっくり返すという手順が使われた．またこの装置は採水びんの横に取り付けられている温度計が，各水深での温度をあらわすという仕組みになっている．

1890 年，V. W. エークマン (Vagn Walfrid Ekman, 1874-1954) と O. ペテルソン (Otto Petersson) は水路調査を行うためにバルト海と北海を一通り潜航した．ペテルソンは海面へ向かってあがり始めるとプロペラ機構により絶縁し，切り離される採水びんを考案した．この採水びんは横全面が真鍮製あるいはセルロイド製の同心シリンダーを組み立てたもので，蓋と底はゴム製であるので自動的に海水から絶縁される．F. ナンセン (Fridtiof Nansen) は時に温度計をシリンダー内に取り込んだりすることで，この設計を修正し，何年もの間国際基準として用いられた．

エクマンはまたびんの設計をいくつも手がけ，その中で最も長い間活躍したのはゴム製ガスケットが蓋と天井の板に取り付けられたものであった．作動部分が枠内につるされており，びん全体が水中に沈められると水はシリンダーを自由に通過することができる．歯止めがメッセンジャー（使錘）によってはずされるとシリンダーは 180 度回転し，シリンダーに対して板の端をしっかりと固定するので標本の安全は守られる．エクマン型貯水びんはまた倒立温度計を兼ね備えていた．1910 年頃には，使錘式はプロペラ機構に完全に置き換わった．1900 年以後，ナンセンは上下逆につけた枠に採水びんと温度計を組み入れる実験を行った．ナンセンはこれを「倒立採水びん」と記した．

水温を計測する装置としては 1938 年以降，深度と水温をあらわす図表を絶え間なく製作し続けることができる深海サーモグラフが倒立温度計に取って代わった．この装置の発達には，対潜防衛の必要という背景があった．

1942 年に H. スヴェルドルップ (Harald Sverdrup, 1888-1957), M. ジョンソン (Martin Johnson), R. フレミング (Richard Fleming) は教科書の中にどの水質標本管にも必要とされる基礎条件を述べた．例えば，汚濁を最小限に抑えるために腐食しない金属を使うこと，標本管を移動させるため排水栓と通風孔を取り付けること，そして海水に沈めるときよく見えるように白く塗装することなどが書かれている．ワイヤーをぴんと張った状態に保ち，角度がつかないように海水に繰り出すには，手順としてまず 50～100 ポンドのものを使う．最下部のびんがつけられたり離されたりする際におもりが船に衝突するのを避けるために，ワイヤーを余分に船の外に出しておく．採水びんを所定の位置に合わせ，温度計を調節し，

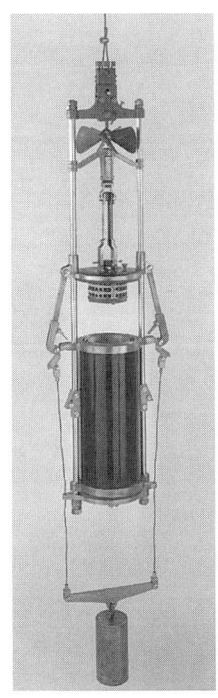

ナンセンとペテルソンの水質標本管（1905年頃）SM 1975-26. SSPL 提供.

メーターをゼロにセットしておく．ワイヤーが一定の間隔で沈められると，採水びんとメッセンジャーがそれに取り付けられ，完全な形になるまで次々と海中に沈めていく．必要な深さまでくると，水温を記録するために採水びんは10分間そのままの状態で置かれ，メッセンジャーはワイヤーによってはずされる．500 m の深度に達するまでは，指をワイヤーにかけておくことにより，採水びんにメッセンジャーがぶつかったことを感知することができるが，深度が500 m を超えるとメッセンジャーが採水びんにぶつかっても引かれる感覚がなくなってしまう．さらに深くなれば，「メッセンジャー」が最後のびんに達して，留め金をはずすまでさらなる時間を要す

る．このとき，海面に対し垂直に落下しなければ「メッセンジャー」はゆっくりとしか進むことができないのである．

　もし通信ケーブルをワイヤーのそばにつるすことができれば，船上から電子制御装置を用いるシステムが機能する．採水びんと温度計の選択によって，びんが回転するか温度計を支える枠が回転するかが決まる．ロゼット型標本管はデッキから出される電気信号によって制御され，電気伝導・温度・水深の測定センサーとともに用いられる装置であり，12 から 20 の採水びんを備えている．この装置の CTD（電気伝導・温度・水深）の読みが比較され，水中の興味ある特徴に関する標本を入手するのに用いられる．　　　　［Jane Insley／濱田宗信 訳］

■文　献

Carpine, C. *Catalogue des appareils d'océanographie en collection au Musée Océanographique de Monaco*. 4：*Bouteilles de prélevement d'eau*. Monaco：Musée Océanographique, 1994.

Deacon, Margaret. *Scientists and the Sea 1650-1900*. London：Academic, 1971.

Lenz, W., and M. Deacon, eds. *Ocean Sciences, Their History and Relation to Man*. Hamburg：Bundesant für Seeschiffart und Hydrographie, 1990.

McConnell, Anita. "The Development of Apparatus for Physical Oceanography, 1800-1914." Ph. D. dissertation. University of Leicester, 1978.

Ponko, Vincent. *Ships, Seas and Scientists*：*U. S. Naval Exploration and Discovery in the 19th Century*. Annapolis：Naval Institute, 1974.

◆水　準　器

Level

水準器は水平線を決定する．すなわち，すべての場所で重力方向に直角に交わる地

平線を決定する．また，2点間の高度の違いを測るためにも使われる．

大工仕事や建築の際に使われる「下げ振り」の起源は古代エジプトまでさかのぼる．本質的には同じ物が，19世紀まで使われていた．ローマの土地測量者は日常の仕事には下げ振りを使い，水源や水路の設計にはもっと洗練された道具を使用した．ウィトルウィウス（Vitruvius）の著作には，厚板を縦長に切った大きな溝に水を満たした水準（みずばかり）の記述がある．ここでは水の表面が水準器になっている．アレクサンドリアのヘロン（Hero, 活躍期1世紀）は，水を満たした水平の筒について記述している．筒の両端には薄いガラスが垂直についている．それぞれのガラスには，照準を合わせるために，水面と一致する可動式スリットがつくられていた．

17世紀後半の大規模な水資源供給計画により再び水準器が注目された．ヴェルサイユやマリーで働いていたJ．ピカール（Jean Picard, 1620-1682）は，1684年に下げ振りについて述べている．同じ頃，C．ホイヘンス（Christiaan Huygens, 1629-1695）やO．レーマー（Ole Christensen Rømer, 1644-1710）も下げ振りについて記述している．F．ド・ライール（Philippe de La Hire）は改良した水準器を設計した．これらの道具の最も重要な進展は，望遠照準器との結合である．

1661年，M．テヴノー（Melchisedech Thevenot, 1620-1692）は，アルコールのつまったガラスびんの中に気泡を密封した気泡水準器を考案した．封をする際の問題がついに克服され，1725年には調査に使われる気泡水準器がロンドンのJ．シッソン（Jonathan Sisson）とT．ヒース（Thomas Heath, 1861-1940）によって制作された．ヒースは続いて，ダブル水準器を考案した．これは，180度ずらした2つの望遠鏡をもっていて，設置し直すことなく前後を観測することができた．シッソンは1734年，Y型水準器でこれに対抗した．この水準器では，望遠鏡がY型のベアリングに支えられ，軸を中心に回転したり逆転したりする．気泡部分は下につるされていた．シッソンのデザインは1世紀の間，標準だった．さらに改良されたものに，排水型水準器がある．この水準器には調整のための小さな円弧が垂直についていた．

次の世代の水準器は，18世紀末から19世紀の最初の20年間までのJ．ラムスデン（Jesse Ramsden, 1735-1800）とE．トルートン（Edward Troughton, 1753-1836）のものに始まる．トルートンの水準器には独立した調整部分はなく，望遠鏡の中に埋め込まれた気泡部分をもつ．この水準器は，Y型水準器より簡単に使えたため，鉄道時代の需要を満たしたが，1850年には主要なライバルであったW．グラバット（William Gravatt）の水準器が，明らかに主流になっていた．

1830年代に開発されたグラバットの水準器は，短焦点距離の大口径対物レンズを使っており，レンズの焦点がよく合っているので，別の調整部分なしで装着することができた．望遠鏡の筒の部分が短く，観測者は直接，標尺を読み取ることができた．また，十字型の気泡部分と，照準を合わせると同時に気泡を読み取ることができるように斜めに傾いた鏡をもっていた．グラバットの水準器は，その見た目から「ずんぐり」水準器として知られるようになった．

19世紀中頃までに，気泡水準器は，建築や大工仕事のために使われる携帯用道具として下げ振りに置き換わった．より小さ

アブニーの水準器とクリノメーター(傾斜計)
(1880年頃). SM 1887-62. SSPL提供.

い携帯用測量装置も開発された. 1829年にはブレル(Burel)大佐の反射水準器, 1856年には W. バリー(William Barrie)のハンドレベル, 1870年には W. アブニー(William de Wiveleslie Abney, 1843-1920)の水準器が開発された. アブニーの水準器は半角分度器, 気泡部分, 照準望遠鏡からできていた.

19世紀後半と20世紀初頭にも, 水準器のための多くの改良が提案された. 最も有名なのは, スイスの J. カーン社によって製造された精密水準器と, 1910年に設計されたツァイス-ヴィルトの水準器である. これらはプリズムを使って気泡を見る方法を用いていた. この頃, スタジア測量器が, 最も精密な水準器の接眼レンズに使われ始めた. しかし, グラバットの水準器の改良型である傾斜水準器が導入される1950年代までは, グラバットの水準器は Y 型水準器に取って代わることはなかった. 傾斜水準器は, 調整のために垂直に置かれた小さな円弧をもっていた. つまり Y 型水準器の長所がグラバットの水準器に組み込まれたのである. もっと基本的な変化は, 1960年代半ばにツァイス社によって導入された自動調整機能である. 望遠鏡の筒の中に組み込まれた光学システムが, 平行光線だけ

を通過させる. 1980年代半ば以降, 一般に普及した最近の改良は, 電子水準器である. この水準器は, 望遠鏡によってバーコードのついた棒を計量する, 画像デジタル処理を利用している. 得られた画像は, 機械に記憶された画像と比較され, その結果がディスプレイに表示され, 記憶される.

[Jane Wess／水沢　光 訳]

■文　献

Bennett, J. A., and O. Brown. *The Compleat Surveyor*. Cambridge, U. K.: Whipple Museum of the History of Science, 1982.

Dilke, O. A. W. *The Roman Land Surveyors : An Introduction to the Agrimensores*. Newton Abbott : David and Charles, 1971.

Simms, Frederic W. *Treatise on the Principal Mathematical Instruments Employed in Surveying, Levelling and Astronomy*. 6th ed. London : Troughton and Simms, 1844.

Stanley, William Ford Robinson. *Surveying and Levelling Instruments, Theoretically and Practically Described, for Construction, Qualities, Selection, Preservation, Adjustments and Uses ; With Other Apparatus and Appliances Used by Civil Engineers and Surveyors in the Field*. London : Spon, 1890.

◆彗　星　儀

Cometarium

彗星儀は, 太陽周回軌道上の彗星の運動を示す模型のことである. 最も初期のものは天体運動のさまざまな模型がだんだんと一般的になってきた18世紀につくられた. これらの太陽系儀のほとんどは, 諸惑星の楕円(ケプラー)運動の表現は試みなかった. これは小さい比率の模型では楕円運動をあらわすのは難しかったためである. 惑星軌道はほとんど円に近いので, このこと

W. & S. ジョーンズ製彗星儀. 19 世紀初期. SM 1909-202. SSPL 提供.

は太陽系儀の有用性には大きな障害とならなかった. しかし, 理にかなった彗星の模型であれば楕円軌道を示さなければならない.

J. ファーガソン (James Ferguson, 1710-1776) によって彗星儀と命名された物の発明は, J. T. デザギュリエ (John Theophilus Desaguliers) に帰された. デザギュリエの記述によれば, 彼の装置は J. ケプラー (Johannes Kepler, 1571-1630) の最初の 2 つの法則, すなわち惑星軌道が楕円形であり, 惑星から太陽に引いた想像上の直線が等しい時間に等しい面積を掃くことを示した. ハレー彗星が 1758 年に戻ってくるという予言への一般大衆の関心を利用して, ロンドンの器具製作者 B. マーティン (Benjamin Martin) は「改良」版を宣伝した. マーティンは彼の器具を「彗星儀」と名づけ, それを彼の本『彗星理論図説 (*The Theory of Comets Illustrated*)』(1757 年) とともに販売した. 器具製作者 W. ジョーンズ (William Jones) は 19 世紀初頭に新しいデザインを発表した. W. ピアソン (William Pearson) は, 惑星の模型について詳細に著述した. またおそらく, ロンドンの器具メーカーの R. フィドラー (Robert Fidler, 1810 頃-1822) によってつくられた楕円形のギヤ・ホイールで彗星儀の設計に関わっていた.

[Liba Taub／庄司高太 訳]

■文　献

Desaguliers, J. T. *A Course of Experimental Philosophy*. Vol. 1, 451-466. London, 1734.

Ferguson, James. *Astronomy Explained upon Sir Isaac Newton's Principles*, 254-256. London, 1756.

King, Henry C., and John R. Millburn. *Geared to the Stars : The Evolution of Planetariums, Orreries, and Astronomical Clocks*. Toronto : University of Toronto Press, 1978.

Macdonald, Angus, and A. D. Morrison-Low. *A Heavenly Library : Treasures from the Royal Observatory's Crawford Collection*. Edinburgh : Royal Observatory, 1994.

Millburn, John R., and Henry C. King. *Wheelwright of the Heavens : The Life and Work of James Ferguson*, FRS, 64, 299. London : Vade-Mecum, 1988.

◆ずがいけいそくき【頭蓋計測器】
➡　とうがいけいそくき

◆スクイド

SQUID

スクイド (Superconducting Quantum Interferece Device, 超伝導量子干渉計) は, 本質的には磁束の変化を測定する機器であるが, 電位, 変位, 生物磁気的な信号, 微視的磁気など, 広い範囲の物理量を厳密に測定できるように開発されてきた. この機

器の作動原理は，磁束の量子化とジョセフソン効果という，超伝導の2つの主要な特性を組み合わせたものを基礎としている．2つの現象は，ともに1960年代に発見された．

歴　史

超伝導は，電気抵抗がゼロになり，磁場が金属に侵入できなくなる現象（マイスナー効果）であり，ある種の金属試料が物質に特異的な転移温度以下に冷却されると発生する．ほとんど理解されていなかったこの現象は，1950年代半ばに，量子力学によって説明された．その理論において重要であったのは，一片の超伝導体は，1つの巨視的な量子系，1つの巨大原子にやや似たものとして扱いうるという発見であった．これによって，磁場が侵入できないという現象が説明できるのみならず，一片の超伝導体によって取り囲まれた穴を貫く磁束は量子化されねばならない，つまり$\Phi_0=h/2e$（hはプランク定数，eは電子の電荷）の整数倍の値のみをとる，ということも説明された．スクイドの発明をもたらすに至った重要な出来事のうち，2つめは，1962年にイギリスの物理学者B. ジョセフソン（Brian David Josephson, 1940–）が，緩く組み合わされた2つの超伝導体の間に，電子対の微小な超電流（通常1 mA未満である）が存在すると発表したことである．これは，超伝導体の間の量子力学的なトンネル効果，または，古典的な輸送によって生ずる現象である．これらの効果，そして直感には反するが，直流の電位差によって交流の超電流が生ずるという事実も，超伝導がもつ巨視的な量子現象という性格によって最もよく理解されうる．

最初のスクイドは，ジョセフソン効果の予言があってから約4年後につくられた．この機器は，薄いフィルム状の構造の中の2つのトンネル接合からなっていた．予想されたすべての効果が示されたが，断面積が極端に小さかったために，実用上有効な磁場に対する感度を得ることはできなかった．2年のうちに，高周波スクイドと呼ばれる，単一接合からなるスクイドが完成したが，これは，ニオブの結晶片からなり，数mm^2の断面積をもっていた．この2孔のスクイドは，超伝導磁束トランスと組み合わされて外に信号を伝える．超伝導磁束トランスは，両端の接合された超伝導コイルを流れ続ける超電流を用いて，磁束を伝える回路である．この初期の機器が示した磁気への感度によって，スクイドが最も敏感な磁気測定器であることが確立された．はるかにかさばる磁気共鳴を用いた測定器よりも，2桁高い感度が得られたのである．

応　用

スクイドの初期の利用は，主として物理学の研究室内にとどまっており，その特異性は多くの基礎的な測定に活かされていた．早くにアハロノフ-ボーム効果を用いて磁気ベクトルポテンシャルの存在が示されたことに続き，後にはクォーク，磁気モノポール，重力波の検知や，一般相対論の等価原理の非常に精度の高い検証にも用いられた．

スクイドは，再現性と信頼性が改良されると，より広い分野に用いられるようになった．いくつかの国で，1970年代，1980年代にジョセフソン接合コンピューターの計画が行われ，ニオブ-絶縁体-ニオブの3層の薄いフィルムに関する研究が発展すると，スクイドの応用も広がった．その結果，数％の誤差のうちに入るさまざまな特質をもった数千の回路が複製できるようになった．新しい薄いフィルムの接合コイルと，

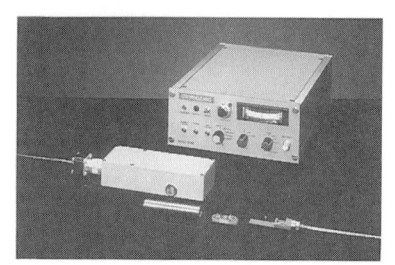

クリオジェネティックコンサルタンツ社製 SQS 6/SCU 500 スクイド装置（1991年頃）．クリオジェネティックコンサルタンツ社提供．

より改良された効率をもつ構造もつくり出され，スクイドは多様な物理量の測定に用いられるようになった．冷戦終了後には，潜航している潜水艦の磁気的な信号を遠方で検知するという軍事的利用が，最も初期に発達した応用であったことが明らかになった．現在この項目が書かれている段階では，256 ものスクイドを用いて，人間の脳の電気的な信号から生ずる磁場の像［脳磁図］（通常わずか数十フェムトテスラの大きさである）を外部から得るというのが，おそらく最も印象深いスクイド技術の利用法であろう．

高温超伝導体

J. G. ベドノルツ（Johannes G. Bednorz, 1950-）と K. A. ミュラー（Karl A. Müller, 1927-）が 1986 年に二次元の酸化銅ペロブスカイト化合物の超伝導を発見して以来，超伝導体の転移温度の上昇にはめざましいものがある．これにより，スクイドの開発も急速に進み，液体窒素の沸点（77 K）をはるかに越える 110 K で利用できるものもあらわれた．6 年のうちに，高温スクイド利用機器が販売されるようになり，元来ヘリウム冷却型のはずであったスクイドの応用機器は，少なくとも試用品のかたちでは，より高温で利用できる型に改められた．ジョセフソン接合技術には，低温スクイドほどの発展はみられない．真のトンネル接合はいまだに示されていない．しかし，エピタキシャルな薄膜の超伝導体が用いられるような場合でも，必要とされるどのような個所にでも粒界をつくりうるのであれば，十分に複製可能な粒界接合が利用される．こうしてでき上がった機器は，1970 年代のヘリウム冷却型のスクイドのうち最良のもの程度には感度がよく，冷却の困難ははるかに小さいため，研究用以外の目的でより広く利用されることが期待されている．

[John Gallop／岡本拓司 訳]

■文　献

Clarke, J. "SQUIDs." *Scientific American* 271 (February 1994): 46–53.

Gallop, J. C. *SQUIDs, the Josephson Effects and Superconducting Electronics*. Bristol: Adam Hilger. 1991.

◆スピンサリスコープ

Spinthariscope

スピンサリスコープは，粒子が適切な燐光性物質のスクリーンに衝突したときに生ずるシンチレーション光を利用して，個々のアルファ粒子を視覚でとらえられるようにした，単純な機器である．スピンサリスコープ自体には科学的な価値はほとんどないが，この機器はすぐに，このようなシンチレーションを利用して放射性物質が発する放射線を定量的に決定する方法へと発展していった．今日では，計数が視覚的に行われるかぎり，シンチレーション・カウンターもスピンサリスコープと呼ばれる．

ロンドン王立協会で 1903 年 3 月 19 日に

行われた講演において，W. クルックス (William Crooks, 1832-1919) は，燐光性の硫化亜鉛で覆われたスクリーンが，アルファ線を発する放射性物質（クルックスは硝酸ラジウムを使った）からの放射線に曝されれば，明るい発光があらわれるであろうと報告した．彼は，拡大鏡を用いて，この発光がアルファ粒子が結晶と衝突して生じたと考えられる多くの蛍光点からなることを示した．18 日後，ドイツの物理学者 J. エルスター (Julius Elster, 1854-1920) と H. ガイテル (Hans Geitel, 1855-1923) は，この現象を「以前から」知っていたと発表し，クルックスのものと似た実験を示した．

クルックスは彼がスピンサリスコープと名づけた機器を考え出した．この言葉は，発光や閃光を意味するギリシャ語の "*spintharis*" からとられたものである．この機器は，短い真鍮管の一端に取り付けられた小さな硫化亜鉛のスクリーンから，1 mm 離して微量のラジウム塩を固定したものからなる．管のもう一端には凸レンズが取り付けられ，暗い部屋の中で，ここからスクリーン上のシンチレーションを観測できるようになっている．クルックスのスピンサリスコープはすぐに広まった．1903 年の夏には，スピンサリスコープは，いくつかの機器製造業者によって，チョッキのポケットに収まる機器としてつくられていた．1904 年，ロンドンの機器製造業者，グリュー (F. H. Glew) は「シンチロスコープ」を発明した．これは，取り替え可能な二重のガラス板を使ったもので，板の 1 つは放射性の塩で，もう 1 つは蛍光体で覆われている．しばらくの間，放射能には一般からの関心も高かったので，スピンサリスコープとシンチロスコープは，科学に関心があることを見せたい人々の間で人気があ

ジェームス・チャドウィックが使用したアダム・ヒルガー社製のスピンサリスコープ（1924 年）．SM 1982-1708．SSPL・リバプール大学提供．

った．

ポケットに入るスピンサリスコープは，実演用機器や玩具として使われた．何年か後に，閃光が数えられるように改良された機器は，放射能の研究において重要になった．1908 年，ベルリン大学の E. レーゲナー (Erich Rudolph Alexander Regener, 1881-1955) は，顕微鏡で観測しながらシンチレーションを数える方法を考え出した．彼は，スクリーンに衝突するほとんどすべてのアルファ粒子がシンチレーションを起こすと結論し，その観測結果からアルファ粒子の電荷を推測することができた．レーゲナーはまた，ベータ線がシアン化白金酸バリウム中でシンチレーションを起こすことも発見したが，この光は弱いので定量的な扱いには向かなかった．その後の 20 年間は，純度の高い硫化亜鉛の結晶に微量の銅を混ぜたものが蛍光体として利用された．純粋な硫化亜鉛はシンチレーションを起こさない．E. ラザフォード (Ernest Rutherford, 1871-1937) と H. ガイガー (Hans Geiger, 1882-1945) がアルファ粒子の性質を明らかにしたのは，シンチレーションを数えるという方法によってのことであっ

た．また，1911年の原子核の発見へと至るアルファ粒子の衝突の観測にも，彼らはこの方法を用いていた．

シンチレーションを眼で見て数えるという方法は，1930年代初めまで広く使われており，放射能の研究や原子核物理学ではきわめて重要なものとなった．この方法が体系的に調べられたのは，1920年代末においてのみであり，特に中心になったのはキャヴェンディッシュ研究所の物理学者たちであった．個々のシンチレーションの時間的な長さは約 10^{-4} 秒であり，アルファ粒子のエネルギーの約4分の1が可視光に変換されていた．これは驚くほど高い効率であった．しかし，シンチレーションが発生する機構は不明なままであった．

視覚シンチレーション法の最後期の成功の1つは，J.コッククロフト（John Douglas Cockcroft, 1897-1967）と E.ウォルトン（Ernest T. S. Walton, 1903-1995）が1932年に行った，リチウムの原子核に人工的に加速した陽子を衝突させて崩壊させる有名な実験において利用されたことである．コッククロフトとウォルトンは，硫化亜鉛のスクリーンと顕微鏡という，20年以上もそれほど変わらずに使われた道具立てでシンチレーションの計数を行った．当時，シンチレーションの計数は時代遅れになりつつあり，エレクトロニクスを用いて改良されたガイガー－ミュラー管が粒子の検知では主流になろうとしていた．新しいエレクトロニクスを利用することができなかったために，シンチレーション法はいずれ博物館行きとなるように見えた．しかし，この方法は，第二次世界大戦後，電子シンチレーション・カウンターが登場すると，劇的な復活を遂げたのであった．

[Helge Kragh／岡本拓司 訳]

■文 献

Chariton, J., and C. A. Lea."Some Experiments Concerning the Counting of Scintillations Produced by Alpha Particles." *Proceedings of the Royal Society* A 122（1929）：304-352.

Crookes, William. "The Emanations of Radium." *Proceedings of the Royal Society* 71（1903）：405-408.

Regener, Erich. "Über Zählung der α-Teilchen durch Szintillation und die Grösse des elektrischen Elementarquantums." *Verhandlungen der Deutschen Physikalischen Gesellschaft* 10（1908）：78-83.

Rutherford, Ernest, James Chadwick, and Charles Ellis. *Radiations from Radioactive Substances*. Cambridge：Cambridge University Press, 1930.

◆すべり抵抗試験装置

Skid Resistance Testing Instruments

すべり抵抗は，車のタイヤと舗装路面の間にはたらき，すべりを防ぐのに利用できる摩擦力である．ハイウェイの舗装路面，空港の滑走路，またそれらの建造に使われる材料のすべり抵抗を測定することは，新しい建造物の設計書や，既存施設の質の維持に必要である．

ハイウェイの路面のすべりやすさは，従来，馬に有効な足がかりに関してしか考察されていなかったが，自動車の発売とともに1つの問題となった．イギリスでは1906年に議会が特別委員会を設置し，すべりの原因と抑制の調査に乗り出した．科学的調査が始まったのは1911年，国立物理学研究所が，すべり抵抗は車の速度と天気によって決まるということを立証したときだった．ハイウェイの状態は，乾いていた表面が濡れた直後が最も危険であると判明し

た．長らく雨が降った後，状態はいくらかよくなった．体系的な標準試験の計画は，スプリンクラーで人工的に撒水された路面で開始された．1927年には，制動荷重係数（BFC）と横向き荷重係数（SFC）という明確に区別された概念が導入された．

BFCは，舗装路面での前向きのすべりに対する一つまり，前方向にだけ運動している車輪にブレーキをかけたときの状態に対する一車輪の抵抗の度合いである．BFCは，いまにもすべりそうになっているときの車輪に加わる荷重に対する，車輪の水平面における水平力の比率としてあらわされる．これは通常，空港滑走路なら時速160 km，ハイウェイなら時速130 kmの速度で牽引されることが可能な，機械を装備したトレーラーで試みられる．典型的なBFC試験では，車輪が約2秒間ロック制動され，関連するブレーキ・トルクが測定されることになる．使われる機械類は，1950年代のロードセルの導入とともにいっそう安価になり，より安定性が高まった．記録装置も，計器をじかに読んで記録する方法から，穿孔テープ，感光性トレース，最近では磁気テープへと進歩した．初期のBFCトレーラーは軽量構造で，時には車輪が1つしかない場合もあり，あらかじめ撒水された試験用路面を自動車が牽引した．1980年代には，もっと大きな2輪のトレーラーが開発された．一方がブレーキ車輪で（もう一方の車輪は回転し続ける），その車軸の中にロードセルがあり，独自のスプレーヘッドを備え，試験車輪の目の前で道を濡らすようになっていた．この重いつくりのトレーラーは，スプレーヘッドに供給する水のタンクを積んだ，馬力のある貨物トラックで牽引される．

SFCは，舗装路面での横すべりに対す

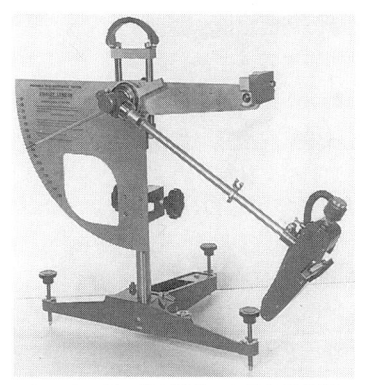

スタンリー製，簡便型すべり抵抗試験機（1970年代）．英国運輸研究所提供．

る車輪の抵抗の度合いであり，車輪は自由に回転しているけれども前向きの動きに加えて横向きの動きもある，という場合に適用される．これは，車輪にかかる荷重に対する，車輪の水平面に対して垂直にはたらく力の比率としてあらわされる．この試験は，1930年代のモーターバイクとサイドカーを用いた試験から進化したものである．そのサイドカーの車輪の向きは，進行方向に対して20度に設定できた．これが1950年代に進歩して，前輪駆動車の中央真下に取り付けられた第5車輪となったのである．

中速度のSFC試験の前にハイウェイの路面を濡らすための別個の車を必要としなくてもよいように，3,000 l の水タンク，試験車輪組立て部品，測定・記録装置を積んだトラックが，英国道路研究所によって指定され，1968年にブリストルで製造され，SCRIM（横向き力係数ルーチン調査機械）車と呼ばれている．この車は，車の行き交う道路を最高時速80 kmで移動し，水タンクの詰め替えが必要になるまで継続して50 kmにわたり，試験用車輪の通る直前に路面に水をまくことができる．撒水距離を

伸ばすために，現在はもっと大きな水タンクが搭載されることも多い．

1930年代には，最高時速50kmで走行する自動車の4つのタイヤすべてが1秒間ロック制動される試験で，タイヤの接地面の様態を調べるのに減速計が使われた．カーブや車の行き交う道路での利用には適していないが，この試験は1950年代にすべり抵抗実験に使われ続けた．

それに代わる簡単な装置が，1960年に英国道路研究所で開発された．そのもとになったのは，床のすべりやすさを調べる米国国立標準局［NBS，現在は国立標準技術研究所：NIST］試験である．タイヤ接地面の天然ゴムのパッドが，振り子の腕の先端に張られる．この腕は標準の高さから，ハイウェイの路面上の標準の長さを振れ動くようにされている．すべり抵抗は，振り子の腕のエネルギー減損によって査定される．これは，特に交通事故後の低速の横すべりの調査には有効であることがわかっている．[Robert C. McWilliam／忠平美幸 訳]

■文 献

Bransford, T. L., ed. *Highway Skid Resistance*. Philadelphia：American Society for Testing and Materials, 1969.

Croney, David. *The Design and Performance of Road Pavements*. London：Her Majesty's Stationery Office, 1977.

Giles, C. G., Barbara E. Sabey, and K. H. F. Cardew. *Development and Performance of the Portable Skid-Resistance Tester*. London：Her Majesty's Stationery Office, 1964.

Hosking, Roger. *Road Aggregates and Skidding*. London：Her Majesty's Stationery Office, 1992.

Salt, George Frederic. *Research on Skid-Resistance at the Transport and Road Research Laboratory (1927-1977)*. Washington, D. C.：Transportation Research Board, National Research Council, 1977.

せ

◆静　水　秤

Hydrostatic Balance

　静水秤によって，液体中に沈められた物体は追い払われた液体の重さに等しい浮力を受けるというアルキメデスの原理が実証される．また，空気中で物体の重さを測定した上で水中での測定を行うことによって，静水秤は比重を測定するのにも用いられる．アルキメデスは，金が他のほとんどの金属よりも重いことを知っており，王冠が実際に金からできていることを確かめるために静水学の原理を利用したといわれている．

　17, 18世紀にヨーロッパ経済の産業化が進展するのに伴って，全硬貨が法定成分どおりのものとなっているかを検査することが社会的に要請されるようになり，多くの携帯用硬貨秤が製造された．その中でも，台脚が秤ケースに固定されたデザインのものが最も優れた性能を示した．それは，秤の片方の天秤皿に短い糸がつけられており，硬貨を空中と水中でつかむためのペンチがその下につり下げられるようになっている．静水秤量の原理は，優れた器具製作者たちによる講義や図解つき手引書，実演装置によって習得することができた．

　18世紀後半には，気体も含んだあらゆる物質の組成に対する関心が高まった．感度が非常に向上し，静水秤量に適した秤がJ. ラムスデン（Jesse Ramsden, 1735-1800）のような製作者たちによってつくられ，各種学会やそのパトロンへと供給された．これらの改善された規格は，アルコール液体に関するより正確な重量・量目や信頼できる租税体系を必要としていた政府によっても利用された．ほとんどの秤は，梁の長さが24インチ（61 cm）やそれ以上になるようにつくられた．中央刃が「結晶」面上に載っており，梁の先端のポインターや，ケースの下につり下げられた気体入りの大きな球を秤量するための設備が備えつけられていた．

　1820年代初頭，T. C. ロビンソン（Thomas Charles Robinson）は，精密で安価な静水秤を製造した．それは，精密で透かし細工のなされた5インチ（13 cm）の梁と3つの皿を用いて，100分の1グレイン（0.0006 g）まで正確に測ることができるものだった．短い糸に3つめの皿を下げることによって，秤は2重の目的をもつことになった．糸はすぐに精巧な白金製の鎖に取って代わられ，続いて，固定弓つきの天秤皿と弓上端につけられた留め金に取って代わられることになった．専門家向けに設計されたものは，蹄鉄型の大きな目盛り入り馬乗り分銅をつるすために，梁の片側半分には均等に目盛りが入れられており，また，水温に対して補正を行うため，おもりの中に温度計が入っていた．

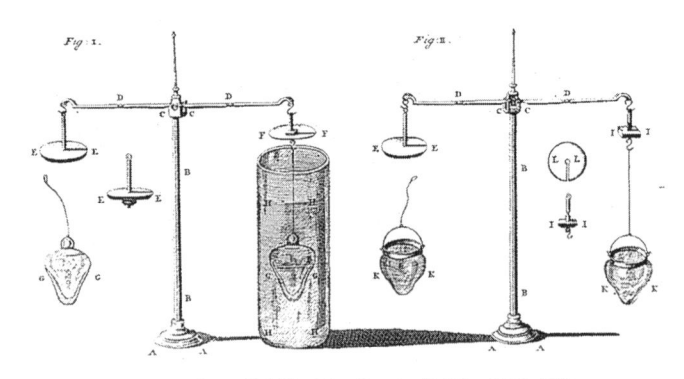

ホークスビーの静水秤．John Harris（1710）．SSPL 提供．

19世紀後半の周期表研究は，元素の原子量や気体の蒸気密度を求めるために，さらに正確な数値を必要とした．イギリスの物理学者レイリー卿（Lord Rayleigh，本名 John William Strutt, 1842-1919）は，長い梁をもつ秤のケースの下に気体の入ったフラスコをつるすことによって，純粋窒素の密度を測定した．19世紀に秤の品質が着実に向上することによって，正確さや感度がより一層向上し，品質管理の向上に使われた技法は診断機具に利用されるようになった．

[P. D. Buchanan／中村征樹 訳]

■文　献

Brande, W. T. "Description of the Balance Represented in Plate V fig 1." *Quarterly Journal of Science Literature and the Arts* 11（1821）：280-281；12（1822）：40-41.

Brauer, E. A. *The Construction of the Balance According to Underlying Scientific Principles and According to Its Special Purpose.* Translated by H.C. Walters. 3rd rev. ed. Edinburgh：Incorporated Society of Inspectors of Weights and Measures, 1909.

Griffin, J. J. *Chemical Handicraft.* London：J. J. Griffen, 1866.

Harris, John. "Hydrostatical Balance." In *Lexicon Technicum ； or, An Universal Dictionary of Arts and Science*, Vol. 2, Art. London, 1710.

Shuckburgh, George Evelyn. "An Account of Some Endevours to Ascertain a Standard of Weight and Measure." *Philosophical Transactions of the Royal Society* 38（1798）：133-182.

◆製 図 器 具

Drawing Instruments

初期の製図器具は，古代に職人たちが線引きや寸法測定に利用していた職人工具から発展したものである．前ローマ文明では，建築物を設計するのに大型割りコンパスや定規が使われており，中世の熟練工たちも利用していた．割りコンパス，直尺や三角定規といった小型の製図器具は，ローマ時代以来のものである．建設作業の現場から技術的設計がしだいに分離されるに伴って，15世紀に入ると，製図器具はより一層重要になった．製図用紙上での縮尺製図が，建築，工学，地理学に導入され，新しい設計家たちは彼らの仕事の基礎として数学に関心を抱いた．16世紀以降，製図器具は数学的器具製造者たちのレパートリーに含まれるようになり，測量器具や航海器具，天文学器具と同じ材料を用い，同じ規

格にのっとって製作された．学識があり裕福な顧客のために製造されたこれらの器具はたいてい精巧に装飾されており，入念につくられたケースに入れられ，公開と展示を目的としていた．

製図部局は，19世紀には鉄道企業や工学系企業の，そして20世紀に入ると航空企業の中の，巨大で複雑な部局となった．それらの分野で必要とされる公差（許容誤差）や細部設計のためには，最高度の精度が製図に要求された．20世紀の最後の四半世紀には従来からの製図法の一部は，コンピューターを利用した設計と，スクリーン上の製図をそのまま出力する作図装置に取って代わった．今日ではレーザープリンターによって，ペンを全く用いることなく製図を作成することも可能となっている．

個々の製図器具のほとんどは，細部における改良や新素材の導入にもかかわらず，慣れ親しんだ形状は古代からそれほど変わっていない．最も古い製図器具は尖筆である．それを使うことによって，もし必要ならばインクを用いて，青色のペン先でフリーハンドで直線を引くことができる．また，罫線ペンを使うことで，インクを紙面に直接塗布して直線を製図することができる．尖筆と同様，実際の罫線ペンのいくつかが古代ローマから残っており，また，同種のものがルネッサンス期に至ってなお利用されていた．初期のタイプには，1枚の金属を折り重ねたものをブレード（翼）として利用するものと，2枚の別々のブレードを使い，ペン軸上をスライドするリングによってブレード間の距離を調整するものがある．18世紀には，後者のタイプに2枚の鋼鉄製ブレード間の距離調整をネジで行えるように改良を加えたものが標準となり，片方のブレードはたいてい，手入れし

やすくするようにヒンジ（蝶番）で取り付けられていた．19世紀には，種類が豊富になった．例えば一組の平行線を製図するために，2枚のブレードからできたロードペンやレールペンが登場したのだった．

製図には古代から木炭が使われてきたが，黒鉛鉛筆が導入されたのはようやく16世紀のことである．黒鉛に粘土を加える試みが18世紀に行われ，さまざまな硬さの鉛筆の開発へと至った．これらの新しい鉛筆は従来のタイプのものより安価で製造でき，また，利用者の要求に応えた品質のものをつくることができた．19世紀に大きく拡大した市場に鉛筆を供給したのは，専門の鉛筆製造業者たちだった．

円を引くには，古代より，針先を装着した二脚コンパスが利用されてきた．16世紀になると，インクやクレヨン，鉛筆のペン先が取り付けられるようになった．それらはコンパスの片方の脚に交換して装着することができた．18世紀には，作図点と模写点のあらゆる組合せを1つの道具でできるようにしようという試みがなされた．折曲げ式コンパスには，各脚に，インクや鉛筆，針先ともう一方の針先とを折曲げて調整するための取付け部品がついている．19世紀のものには，折曲げ式脚つきネイピアコンパスがある．柱コンパスは，上下を取り換えられる取付け部品を収納できるような中空構造の脚になっている．

16世紀以降，数多くの特殊コンパスが登場した．両脚の間の距離調整に高いレベルの精密性を実現することは，翼型コンパスとネジ式コンパスで達成された．前者には，一方の脚がその上で動いたり固定されたりするようなアークが装備されている．後者は，両脚を貫通する水平ネジを利用する．梁式コンパスは半径の大きな円を描く

ために設計されたもので，固定中心用の針先と作図用のペン先がつけられた棒材からできている．針先間の距離，つまり円の半径は，棒材上の針先の位置を調整することで設定される．小円を作図するには，弓形コンパス，バネ状弓形コンパス，ポンプ式コンパスが使われている．

2つの針先のコンパスは割りコンパスとして知られるようになり，主に寸法を写し取るのに利用された．コンパスとして同タイプのものが多数つくられただけでなく，特定用途向けの特殊な型のものも製造された．海図と一緒に使う片手用割りコンパスは，16，17世紀にさかのぼることができる．比例割りコンパスは寸法を一定の比で拡大・縮小して写し取るのに利用されるもので，ヒンジで取り付けられた2本の脚からできており，各脚の両端に1つずつあわせて4つの針先がつけられている．2組の針先間の距離の比は，ジョイント部の位置によって決められる．ポンペイのローマ時代の廃墟からは固定比型器具が発見されており，また，同様の基本的なデザインはルネッサンス期や近代初頭のヨーロッパに一般的なものだった．16世紀後半には，J. ビュルギ（Jost Burgi, 1552-1632）がジョイント部の位置を調整できる溝穴型脚を開発した．その脚には目盛りが記入されており，幾何図形や直線を任意の比で写し取ることができる．同様の器具は，20世紀に入っても製造されていた．

割りコンパスはしばしば，目盛り入り定規と一緒に使われた．目盛り入り定規は，罫線ペンと使うときに直定規の役目を果たすだけでなく，さまざまな精度の目盛りを表示している．18世紀に広く使われていた対角目盛りは，測定単位を高精度で分割するものだった．等分目盛りは，測定単位が幾種にも分割されていて地理学向きであり，特徴的な16世紀の道具である．17世紀になると三角法目盛りと対数目盛りがレパートリーに加わり，ガンター目盛りやプレイン目盛りは19世紀になっても一般的だった．

平行線を描写するための簡易定規は16世紀にさかのぼることができる．連結した2本の定規からなり，間隔の大きな平行線を描くために3本目の定規がつけ加えられることもあった．定規を単につなぎ合わせたものに代わるべきものとして，所定の間隔の維持にすぐれたはさみ型の連結構造が，その後提示された．18世紀後半には新機軸として回転平行定規がもたらされ，ぎざぎざ状の車輪を両端につけた棒材が直角定規に組み込まれた．これによって長さに限界なく平行線を描くことが可能となり，19世紀の製図事務所には大きなサイズのものが標準的に備えつけられるようになった．象牙製のポケットサイズのものにはしばしば，1台でいろいろな用途に利用可能な器具とするためにさまざまな目盛りが刻まれていた．

分度器は，海図と一緒に使う器具として，16世紀に登場して注目を浴びた．底部が直角で半円形をしたものが測量に非常に適していると17世紀イギリスの文書では宣伝されていたが，さまざまな材質でできた単純な半円形のものが標準的な携帯用分度器となった．18世紀の後半には，より精密な作業のために，大型の円形分度器・半円形分度器があらわれた．これらのものは概してバーニヤ目盛りになっており，目盛りの測定を容易にするため，回転アームの端の指示点に沿って，拡大鏡がつけられていた．

ペン，コンパス，割りコンパス，直尺，

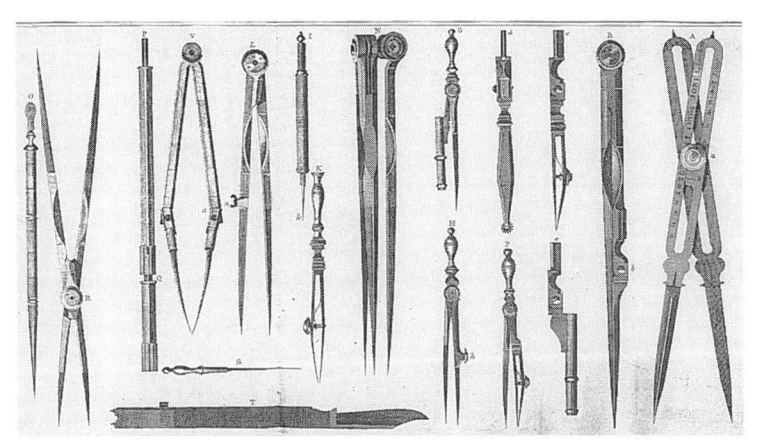

G. アダムスによる，コンパス，割りコンパス，比例割りコンパス（1800年頃）．
George Adams, Geometrical and Graphical Essays, 2nd ed. London：William Jones, 1797：Plate 1．オックスフォード大学科学史博物館提供．

平行線定規，目盛り，分度器，さらに直角定規とセクターが，16世紀以来製造されてきた製図器具セットに含まれていた．最も贅沢な器具は精巧に彫り刻まれた銀製のもので，時に金を部分的に使うこともあった．真鍮はそれほど格式張らない器具に使われ，一方で鋼鉄は針先とブレードに好まれて利用される材質だった．19世紀にはアルミや琥珀金といった新素材が試みられ，また，技術教育の成長に伴って拡大していた学生市場のために，より安価な器具が導入された．

大規模な製図器具セットには，時に曲線作図装置が含まれていた．16世紀以降，楕円コンパスや半楕円コンパスが使われるようになり，楕円を作図する最も簡単な方法を提供した．楕円コンパスでは小さな図は作図できなかったため，グルダン（Gourdin），ファーレイ（Farey），クレマン（Clement）といった18世紀後半から19世紀初期の製作者たちは，そのような問題を克服すべく，新式の楕円コンパスを発明した．今日では，楕円コンパスは旧式・新式とも，標準曲率の入ったプラスチック製テンプレートに取って代わられてしまった．テンプレートは19世紀に，特に線路の曲線部の形状を描くのに利用され，製図作業を行うにあたって標準的な曲率を技術者たちに提供したのだった．貝型コンパスや放物線コンパスのようなその他の曲線作図器具はそれ以上に特殊化しており，原型としてだけつくられるか，あるいはごく少数製造されているにすぎない．

[Stephen Johnston／中村征樹 訳]

■文　献

Dickinson, H. W."A Brief History of Draughtsmen's Instruments." *Transactions of the Newcomen Society* 27（1949–1951）：73–84．

Hambly, Maya. *Drawing Instruments, 1580–1980*. London：Sotheby's Publications, 1988．

Petroski, Henry. *The Pencil*. New York：Knopf, 1990［渡辺　潤・岡田朋之訳：『鉛筆と人間』，晶文社，1993年］．

Scott–Scott, Michael. *Drawing Instruments 1850–1950*. Princes Risborough：Shire Publications, 1986．

◆静電起電機
→ 起　電　機

◆赤外線探知機

Infrared Detector

　赤外線探知機は，電磁スペクトル内の可視でない光線のうち，人間が熱として感じる光線を探知する装置である．赤外線は可視光線と類似の特徴をもってはいるが，波長がより長いために，異なった器具と探知器を必要とする．
　以前にも I. ニュートン（Isaac Newton, 1642-1727）によって，真空中を熱がどのように移動するのかを研究するためにガラス温度計が使われてはいたが，赤外線についての最初の重要な実験は，1800年に W. ハーシェル（William Herschel, 1738-1822）によって行われている．ハーシェルは，太陽光線についての観察の中で，黒色フィルターがすべての放射を遮っているわけではないことに気づいた．彼は太陽光線をプリズムで分散させる実験を開始し，赤色光より大きな角度の領域での放射を検出するために温度計を使ったのである．ハーシェルの温度計では華氏で約0.25度を識別できるにすぎなかったが，彼は各々の測定場所で2つずつ温度計を用い，一方は遮蔽して対照用としたのである．測定技術の改良は1804年に J. レスリー（John Leslie, 1766-1832）によって報告された．彼は，2つの空洞球の温度差によって，2つの球をつないでいる目盛られた管の間を液体柱が移動するようにつくられた温度計を使ったのである．
　実際に感度のよい最初の赤外線探知機は，L. ノビリ（Leopoldo Nobili, 1784-1835）によるとされている熱電対列である．これは1830年頃に，M. メローニ（Macedonio Melloni, 1798-1854）によって0.0005℃の変化が検出できるように改良が加えられた．それに続く19世紀における発展によってボロメーターが誕生することになる．
　1887年に，細い石英ファイバーのつるし線の実験で知られている C. V. ボーイズ（Charles V. Boys, 1855-1944）は，J. A. ダルソンヴァル（Jacques Arsène d'Arsonval, 1851-1940）のデザインによる熱電放射計を考案した．彼の装置は「ろうそくの炎から1,530フィート離れた半ペニー貨に放射される量に満たない熱量」にも反応するといわれていた．言い換えれば，ボーイズの装置は0.000002℃を検出することができるということになる．ボーイズは，1900年に H. L. カレンダー（Hugh Longbourne Callendar, 1863-1930）が電流秤（current balance）を備えた類似の装置を用いて行ったように，月からの熱を計るために装置

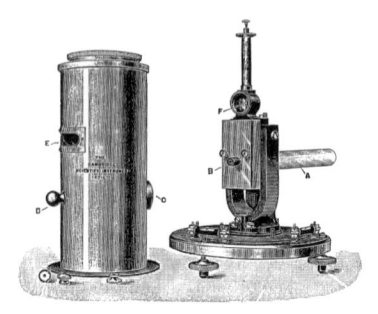

ボーイズの熱電放射計（1912年，ケンブリッジ科学機器会社製）．Baird & Tatlock Ltd. Price List of Apparatus for Experiments in Practical Physics. London, 1912：553．

を組み立てた．1889年にボーイズが行った実験では，3マイル（4.8km）離れたろうそくを検出するために16インチ（40cm）の光線を集める鏡が使われている．彼が用いた精密な検出器は，反応時間の点でこれまでの熱電対列の装置よりもはるかに優れていたのである．

科学・技術の他の多くの分野と同様，赤外線探知機でも20世紀後半には電子機器の役割が増大している．固体電子検出器は，航空探知器として，あるいは何kmも先のロケットのはねやジェットエンジンを「見る」ことのできる，現代の熱追跡ロケットの基礎技術として応用され，重要な役割を果たしているのである．

[Peter H. Sydenham／菊池好行 訳]

■文　献

Allen H.S., and R. S. Maxwell. *A Text Book of Heat.* London：Macmillan, 1944.

Griffiths, Edgar A. "Radiant Heat and Its Spectrum Distribution, Instruments for the Measurement of." In *A Dictionary of Applied Physics*, edited by Richard Glazebrook, Vol. 3, 699–708. London：Macmillan, 1923.

Jones, R. V. "Some Turning Points in Infra-Red History." *Radio & Electronic Engineer* 41 (1972)：117–126.

Jones, R. V. *Most Secret War.* London：Hamilton, 1978.

Sydenham, Peter H. *Measuring Instruments*：*Tools of Knowledge and Control.* London：Peregrinus for the Science Museum, 1979.

◆石油試験装置

Petroleum Testing Equipment

この装置は，研究室や精油所で，石油製品の主たる特性値を測定するため，また，製品が仕様あるいは規制の要求値を満たし，一定の品質であることを保証するため，使用される．仕様書と試験の標準的方法は通常，各国ないし国際的な標準化機関により策定される．イギリスでは，試験の標準的方法はイギリス石油協会（IP）に責任があり，仕様書は英国規格院（BSI）の担当である．アメリカでは，米国材料試験協会（ASTM）が，石油に関わるものも含め，ほとんどの製品の仕様書および試験の標準的方法の維持に責任をもっている．

試験装置への要求は，19世紀に油田が発見されて精油所が建設されるようになると，急速に増加した．最初，そうした要求は安全性に基づくものであった．しかし，石油蒸留製品が広く使われるようになり，洗練された製品が開発されるにつれ，品質管理に重点が移った．1980年代と1990年代に環境への関心が高まると，新しい機器が関連する試験法とともに登場した．

各石油製品には試験に関して固有の要求があるため，何百という試験法や機器の型式が存在する．引火点や銅腐食，鉛含有量，オクタン価やセタン価，酸化作用，蒸気圧，粘度が最もよく知られたその例である．

今日の機器と試験の多くの背後にある原理は，新しいものではない．例えば，毛管の粘性原理に関するI．ニュートン（Isaac Newton, 1642–1727）の1713年のアイデアが動粘性率の測定にいまだに使われているし，液体は依然としてニュートン流体あるいは非ニュートン流体とみなされている．

たいていの標準的試験法は手動の機器向けに書かれているが，1980年代と1990年代に自動化された機器が急増した．そのため1993～1994年にアメリカとイギリスで，結果の有効性を損なうことなく，その種の機器を試験法に指定できるようにするのに

引火点（flash point）

これは，101.3 kPa の標準大気圧に補正された測定試料に，指定の試験条件下で試験炎を近づけたとき，測定試料から発する蒸気が燃焼するための測定試料の最低温度と定義される．国内規制や国際規制は，輸送と安全のため，流体の引火点試験を義務づけている．

動物油や植物油に代えて石油製品を照明と加熱に使用することが増えた結果，事故が多発した．この問題は，1862 年の英国石油業法（U. K. Petroleum Act）で言及され，キーツ（Keates）設計の引火点試験器が 1870 年に採用された．同法によれば，華氏 100 度（摂氏約 38 度）以下で引火する液体を，引火性と分類した．しかしながら，キーツの装置に基づく試験は，実施も再現も困難だった．F. アーベル（Frederick Augustus Abel, 1827-1902）は，この問題の検討を要請されて 1876 年 8 月 12 日に密閉式試験器の設計図を提出した．その後，アーベル計器（アーベルテスター）が石油業法に取り入れられると，引火性と定義される温度は華氏 73 度（摂氏約 28 度）に引き下げられた．それは開放式試験器で華氏 100 度に相当している．

法律制定が世界中で急速に進められ，多くの他の試験器が開発された．次のリストは現在も使用されている試験器について，今日認められる形になった年代と開発された場所を示している．

1876 年　英　アーベル（Abel）式
1880 年　独　ペンスキー-マルテンス
　　　　　　（Pensky-Martens）式
1914 年　米　タグリブー（Tagliabue）式
　　　　　　（タグ（Tag）式）
1915 年　米　クリーヴランド
　　　　　　（Cleveland）式
1966 年　英　セタ・フラッシュ
　　　　　　（Setaflash）式

現在一般に使われている機器には 2 つの基本型がある．1 つは開放式（open cup）で，液体がこぼれた状態を模したものであり，もう 1 つは密閉式（closed cup）で，密閉されていた液体容器を開けることに対応している．密閉式試験では，より制御された条件が用いられるので，よりよい精度，より低い引火点が得られる．そのため，規制機関は一貫してこの型の試験を推奨している．

機器はさまざまな仕方で使用できる．非平衡試験は，一定速度で試料を加熱しながら，周期的に引火点の試験を行う．この試験では蒸気の温度は試料の温度より遅れて上昇する．つまり，それらは平衡状態にない．この試験は一般に 10 分から 20 分で完了する．平衡試験は，試料と蒸気が温度平衡にあるように，非常にゆっくり試料の温度を上昇させる．この試験は，より正確な結果を与えるが，しかし完了まで 60 分以上を要することもある．最近になって開発された高速平衡法（rapid equilibrium method）は，閃光・非閃光（flash-no flash）試験を採用しており，1 分で結果を与える．

1980 年代と 1990 年代に人的資源の効率向上が求められるようになると，温度制御や火炎接触機構（flame dipping mechanisms），引火検出を自動化する機器類が開発され，使用されるようになった．

レッドウッド粘度（Redwood viscosity）

レッドウッド粘度計は粘度計の型式の 1 つで，1885 年に B. レッドウッド（Boverton Redwood）が潤滑油の粘性を測るために設計したものである［粘度計には，細管法，回転法，落体法，振動法，平行平板法など

■文献

Methods for Analysis and Testing：Part 1 of IP Standards for Petroleum and Its Products, 680-691. London：Institute of Petroleum, 1961.

Redwood, Boverton. Petroleum：A Treatise on the Geographical Distribution and Geological Occurence of Petroleum and Natural Gas, Vol. 3, 763-810, 823-826. 4th ed. London：Griffin, 1922.

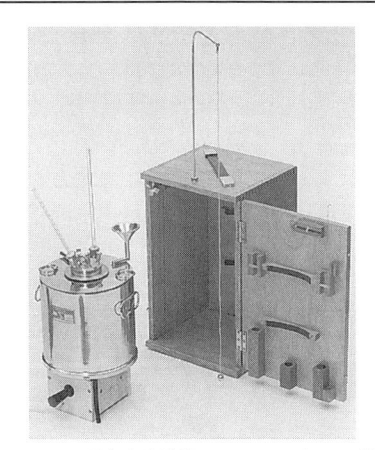

アーベル引火点試験器．スタナップ－セタ社提供．

の型があるが，レッドウッド粘度計は細管法の1つである]．レッドウッドは，油の粘性をレッドウッド秒で定義したが，それは，油 50 m*l* が試験温度で粘度計の噴射孔（細孔）を流下するのに要する時間である．レッドウッドの技術は，石油技術者協会と英国海軍本部に採用された．イギリス国家規格の燃料油仕様は 1960 年代にレッドウッド秒からセンチストークスに単位が変わったが，ボイラー技術者と家庭暖房油の供給元は，まだ燃料油にレッドウッド値を用いており，灯油や軽油を 28 秒油，35 秒油と呼んでいる．

粘度計は，めのう製の噴射孔が取り付けられた銅製シリンダーからできているが，この噴射孔の上端には球形の空孔がある．この空孔に合う除去可能な球形の栓が，測定試料を所定の位置に保持する．レッドウッド粘度番号Ⅰは内径 1.620 mm の噴射孔をもち，レッドウッド粘度番号Ⅱは内径 3.80 mm の噴射孔をもつ．粘度番号Ⅱの流下時間は，粘度番号Ⅰのそれの 10 分の1である．[John Phipps, Mike Sherratt／菊地重秋 訳]

◆セクター

Sector

セクターは，算術の問題を相似関係を利用して解決するものである．それは，任意の角度に調整できるようヒンジでつながれた2本の平板なアームからできている．各アームの表面には，ヒンジの中心から放射状に目盛りが刻み込まれている．この道具は，半円内の各種三角比などに対応している．その英語での名称は，ユークリッドがその領域を指すのに使った言葉に由来している．比例問題は，定規と割りコンパスを使うことによって計算抜きで解くことができる．道具がこのように利用されていたことは，ヨーロッパの他の言語における比例コンパス（compas de proportion（仏），compasso di proporzioni（伊），Proportionalzirkel（独））という名称によっても裏づけられる．

ガリレオ（Galileo Galilei, 1564-1642）が 1598/1599 年に発明したセクターは，当時の実用数学のあらゆる問題を解くことができた．時代背景として，近代初期のヨーロッパでは，数学的操作を計算抜きで実行する方法を探求しようという姿勢が共有されていた．そのような目的で開発されたセクターと関係のある他の道具には，以下のものがある．縮尺コンパス，F. コマンディー

ニ（Frederico Commandini）と S. バロッチョ（Simone Baroccio）によって製造された比例コンパス（1568年），J. ビュルギ（Jost Burgi, 1552-1632），L. オルシニ（Latino Orsini）の比例コンパス（1582年），M. ドゥノロワ（Milles Denorroy）と P. ダンフリ（Philippe Danfrie）の比例コンパス（1587/1588年）などのさまざまな比例コンパス．1580年から1620年にかけて開発された M. コワネ（Michel Coignet）のパントメーター（万測器）．T. フッド（Thomas Hood）のセクター（1598年）．ガリレオの幾何学・軍事コンパス（1595～1597年）などである．ガリレオのセクターが特徴的な点は，等分線と呼ばれる目盛りを導入したことである．この目盛りは非常に重要なもので，E. ガンター（Edmund Gunter, 1581-1626）はその著書『セクターと比例について（de Sectore et Radio）』で，それを「線の線（line of line）」と名づけた．彼は同書によって，イギリスでその後2世紀にわたって利用される万能計算セクターの形状を確立した．

等分線はもともと，フッドの陸地測量用のセクターで1598年に登場した．フッドは，測量地図を作成する際に観測値を紙面上に写し取る手助けとなるよう，この線を導入した．ガリレオはこのようなフッドの仕事について全く知らなかったものの，正多角形を円に内接させるための目盛り（それは，多角形要塞を設計するのに利用できる）のようないくつかの特定目的用の目盛りを導入した．しかし，ガリレオの器具は特に一般的な計算に適合しており，広く利用できたために，17世紀終わりから18世紀にかけて標準化されたセクターの基本となった．

ガリレオは自らのセクターを300個前後，製作・配布したと主張しており，その詳細について，1606年に出版された著作『幾何・軍事コンパスの操作（Le Operazione del compasso geometrico e militare）』で公にした．それは需要に直接的に応えるものだったので急速に普及し，1620年には，その種の自由セクターやそれに関する文献がヨーロッパ中で手に入るようになった．1612年には M. ベルネッガー（Matthias Bernegger, 1582-1640）がガリレオの著作のラテン語版を非公認で作成したが，同書はベルネッガーが有用な説明やコメントをつけ加えることで，ガリレオのセクターのわかりやすく正確な説明書となった．

17世紀の初頭から中葉にかけて製造されたセクターは，サイズや刻印された目盛りが非常に多様だった．イギリス製の器具は，日時計の設計作業用の線などが特に人気だったこともあり，たいてい目盛りが密に詰まっていた．一方で，フランス製のセクターでは対照的に，線分，面，弦，立体図形を作図するのに必要とされる線を描くための最低限の目盛りに限られていた．

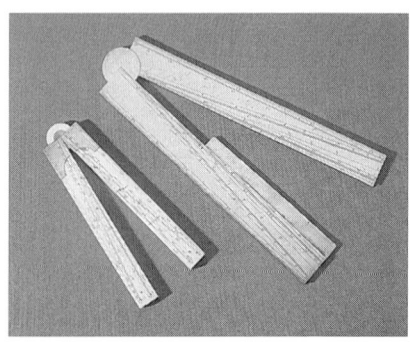

2つのセクター．（左）イサク（ジェイコブ）・カルバーの象牙製セクター（ロンドン，18世紀初頭），（右）ガンター様式の真鍮製セクター（17世紀初頭）．SM 1917-92, 1939-49. SSPL 提供．

セクターは銀，真鍮，象牙，ツゲ材でつくられており，特に巨大なタイプのものでは，アーム間の角度が45度か90度に固定されるよう，たいていは横断支柱がつけられていた．台上に据え付け，照準用の後視準板に取り付けることで，同器具は測量や航海，軍事的用途にも利用された．17世紀の終盤には，小型セクターは数学器具のケースに収められることになった．19世紀に至っても確固たる装飾品の一種として普及し，同時に実用的な性格を完全に失ってしまった．

[Anthony Turner／中村征樹 訳]

■文　献

Galilei, Galileo. *Galileo Galilei, Operations of the Geometric and Military Compass* [1606]. Edited and translated by Stillman Drake. Washington, D. C.：Smithsonian Institution Press, 1978.

Garvan, Anthony N. B. "Slide Rule and Sector, a Study in Science, Technology and Society." *Actes du Xe congrès internationale d'histoire des sciences*, August 26, 1962–September 2, 1962, pp. 397-400. Paris：Hermann, 1964.

Heather, J. F. *Mathematical Instruments, Their Construction, Adjustment and Use*, 42-52. Enl. ed. London：Crosby, Lockwood, 1880.

Rasquin, Victor A. "Les règles à calcul anciennes et leur utilisation en navigation, les compas de proportion, les règles de Gunter." *Académie Royale de Marine de Belgique, A. S. B. I. Communications* 28 (1986-1988)：53-87.

Schneider, Ivo. *Der Proportionalzirkel, ein universelles Analogrecheninstrument der Vergangenheit*. Munich：R. Oldenberg, 1970.

◆絶　縁　計

Insulation Meter

電気照明の導入とそれに続く電力伝送の需要から，絶縁抵抗値を決めることが重要になってきた．最初は安全を確保するためであったが，後にはリーク電流による装置の破壊を防ぐためとなった．

19世紀の中頃は，絶縁抵抗を測定する最も一般的な方法は，可動コイル型ガルバノメーターと電池を使った．これには問題があった．なぜなら，電流の測定には2種の分離できない要素，リーク電流と表面電流があるからである．さらに，この方法は研究所の外では簡単にできなかった．また，電気装置の試験で，製造中に不完全な電線から良品を決める，絶縁の劣化を予測するなどと，絶縁をはかるニーズが急増しつつあった．

1880年代には，携帯用の頑丈な，直読型の絶縁抵抗測定器が開発された．その多くは，ロンドンにあるフィンスベリー工科学校の物理・電気工学教授W.エアトン（William Ayrton, 1847-1908）と，彼の同僚J.ペリー（John Perry, 1850-1920）によって発明された抵抗計（オームメーター）に基礎を置いていた．抵抗計は電流の流れる回路のどの部分でも直接抵抗を計ることができたが，高抵抗は計れなかった．

抵抗計は互いに直角に取り付けられた2つのコイルをもっている．この2つのコイルを軟鉄の棒が支え，指針がつけられている．1つのコイルは計るべき抵抗と直列に接続され同じ電流が流れ，他方は供給電源につながっていて電圧に比例した電流を流す．指針は印加電圧と電流の比に比例する磁界の中におかれる．オームの法則によれば，抵抗は電圧と電流の比に等しい．したがって指針の角度は抵抗の測定値になる．目盛りを正しくつければ，抵抗は計器から直読できる．抵抗計の読みは電圧値に関係がない．というのは電圧が変化すると電流

も同じように変化するからである．

コイルと磁石の位置を交換すると，浮遊磁界の影響は避けられる．2つのコイルは，お互いにある角度をもって固定されてはいるが，大型固定磁石間に支持されている．その結果のコイルの磁界と磁石の磁界によって，コイルはその位置を決める．フランスの科学機器メーカーのカルパンティエ社は，このような装置をはじめて使った．

最初の絶縁計は2人のイギリスの電気技術者，グールデン（W. T. Goolden），エバーシェッド（S. Evershed）が1889年に特許を取った．抵抗計に必要な電圧を供給する手回しの発電機を組み合わせたものである．1890年には外部磁界の影響を最小にする静電型の可動部を使ったが，1894年には磁石指針は軟鉄チューブに代えられた．1905年にエバーシェッド・ヴィニョール社によって売り出されたメガー（Meggar）は，最も広く知られる計器である．この計器は可動コイルを採用し，メーターと発電機は同一筐体に取り付けられている．また発電機の励磁とメーターの駆動には同じ4個の磁石が使われている．

抵抗計は印加電圧には影響されないが，ケーブルの試験には安定な電圧が重要である．一定の電圧を得るには，発電機を駆動するのに小型モーターを使うか，手回しの発電機の場合には駆動ハンドルと発電機関にクラッチをつける．ハンドルがある速度（一般的には100回転/分）を超えると，クラッチが働き，普通1,000 Vの電圧を1000分の1以内の定電圧に保つ．

漏洩磁界を補償するには，電圧コイルに付加コイルを直列に接続して逆方向に巻く．コイルは計器の磁界の外側で回転し，それは漏洩磁界から逆方向の影響を受けるので，必要な補償が得られることになる．

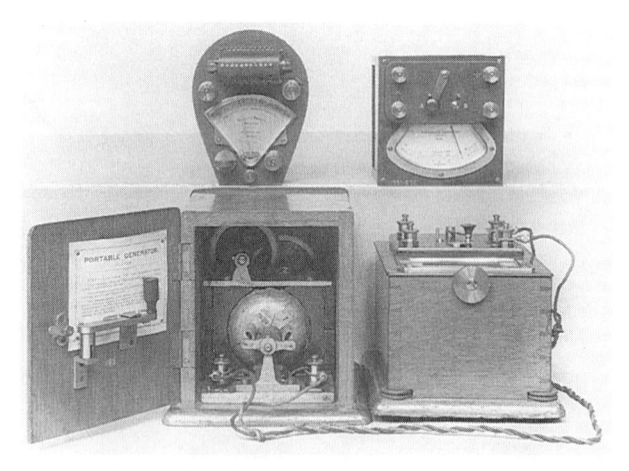

一番上から時計回りに，絶縁試験用の初期の抵抗計（エアトン・ペリー，1881年），エバーシェッドの抵抗計2号機（エバーシェッド・グールデン，1889年），絶縁抵抗用の抵抗計と発電機（エバーシェッド・ヴィニョール，1890年代）．SM 1909-26, SM 1926-1067, SM 1926-1068, SM 1931-670, SSPL提供．

絶縁計はまた接地テスターとしても使われた。地面の抵抗は水分量や他の要素で変化する。メガー・接地抵抗テスターは、発電機と低抵抗を測定する抵抗計が組み合わされており、よく知られた型であった。

ブリッジ・メガーがほどなく発売された。これは、広範囲の抵抗を測定するホイートストン・ブリッジ（発電機が電池に、抵抗計がガルバノメーターに置き換わっている）として、あるいは絶縁抵抗を計るメガーとして使えた。

エベレット・エッジカム社のロンドン工場でつくられたメトローム（Metrohm）は、エバーシェッド社のメガーと同様な原理を使ったがメーターと発電機には異なった磁石を使い、コイルの組合せも異なっていた。ハリス（G.W.Harris）のオメガ（Omega）は、同様に抵抗計の原理に基づいていたが、適当な抵抗を選び二組のコイルの機能を交換して、多レンジ測定をスイッチによって選ぶことができた。測定範囲は 0.01Ω から $100\,M\Omega$ まである。1902年にO. コックス（Osward Cox, 英国人電気技術者）によって発明されたオーマー（Ohmer）は、静電式の原理を採用していて、これまでとは違った方式であった。指示値は発電機の電圧には影響されなかったし、ハンドルの回転速度は重要でなかった。外部磁界にも影響されなかった。しかし、オメガもオーマーも広く使用されたとは思えない。

同種の原理に基づく抵抗計は、いまでも使われている。手回し発電機方式もつくられてはいるが、多くは乾電池で動作する。トランジスター回路が高絶縁試験に必要な高圧を発生する。電圧は精密に制御されるために、メガー型の特殊な可動部分は必要としないし、代わって多くの場合、普通の指示計が使われる。いまでも入手はできる

が、こういった電磁式計器はデジタル処理とディスプレイを使った電子計測器に置き換えられつつある。

[Sophie Duncan／松本栄寿 訳]

■文　献

Drysdale, C. V., and A. C. Jolly. *Electrical Measuring Instruments*, Vol. 2. London：E. Benn, 1924.

Evershed and Vignoles Ltd., and Evershed, S. Patent no. 11, 415. May 1905.

Goolden, W. T., and S. Evershed. Patent no. 2, 694. February 1889.

Melsom, S. W. "Resistance Measurement of Insulation." In *A Dictionary of Applied Physics*, edited by Richard Glazebrook, Vol. 2, 683-692. London：Macmillan, 1923.

◆セルソーター
➡ 蛍光活性化セルソーター

◆旋光計【化学用】

Chemical Polarimeter

化学旋光計は、試料と偏光との相互作用を測定するものである。この装置は、光学活性の（すなわち偏光面を回転させる）液体に対して最もよく使われる。

D. F. アラゴ（Dominique François Arago, 1786-1853）が、石英結晶を使って偏光面の回転の効果を発見してから、J.-B. ビオ（Jean-Baptiste Biot, 1774-1862）は、光学活性に関する広範な研究を行った。1812年から1838年にかけて、ビオは、液体・固体（糖類、精油類、シロップ状物質、結晶）の光学活性に関する5本の論文を出

版している．彼は，旋光能が試料長に比例し，使用した光の波長や試料の温度に依存することを見出した．L. パスツール（Louis Pasteur, 1822–1895）が，1848年以来，見かけ上同一組成の物質が，反対方向に偏光面を回転させるのは，不斉（光学異性すなわち鏡に映した対称分子が存在する）によると提唱した．光学活性は，19世紀後半の有機立体化学の理論に登場し，有機化合物や無機化合物の分析に応用された．もっとも日常的な光学活性材料の1つである糖溶液は，食品・飲料工業で商品価値があった．その分析のために，旋光計の特殊な形態である検糖計（サッカロメーター）が大量に生産された．多くの実用的応用は，化学工業での成分の同定と計量が中心である．そのために，樹脂，樟脳類，精油，その他，何百という炭水化物を含む広範な物質の旋光能が調べられた．

20世紀初頭の数十年間にE.フィッシャー（Emil Fischer, 1852–1919），T. M. ローリー（Thomas Martin Lowry, 1874–1936）といった研究者たちが，旋光度測定技術の発展に並々ならぬ努力を注いだ．赤外線分光学や紫外線分光学が盛んになると，旋光計の使用は衰退した．しかし，第二次世界大戦後，光電子を用いた旋光計（特に分光旋光計）が発明されると，旋光計技術は息を吹き返した．

典型的な旋光計では，光源（しばしば単色光）が，補償板と偏光子および検光子との間に置かれた透明な試料を照らしている．旋光度測定は，試料と測定器とを通過する透過率の極値を測ることで，偏光面の回転を測定しようとしている．E.L.マリュス（Etienne Louis Malus, 1775–1812）は，2つの旋光性の材料を通過する光の強度が，偏光の角度のコサイン（余弦）の2乗に等しいことを示した．1930年代に光電検出器が導入されるまで，目がこの強度変化の検出器を務めていた．

1932年にポラロイド・フィルムが発明されて，精密さを要求しない機器に使える安価な偏光材料が得られるようになった．半影プリズムによって透過度が最小になる角度の位置を正確に決定できるようになり，精度が格段に向上した．この器具によって，視野の半分に光学的な位相のずれを導入できるので，わずかな強度の違いが容易に検出できる．回転角は，普通何らかの形で度目盛り円板（しばしばバーニヤ（副尺）やマイクロメーターネジによる調整がついている）を用いて測定する．そうした補助によって，暗所になれた注意深い操作者が使えば，0.01度から0.002度の間の精度で角度測定をすることができる．

写真法は，露出，現像，そしてマイクロデンシトメーター（微小光学濃度計）を用いての測定など，面倒ではあるが，ある場面では使われることがある．使えるスペクトルの範囲が，目で測定するときに比べ4倍に広がるし，また強度が弱くても積算できるので，高度に光を吸収する試料でも測定することが実用的に可能になる．

光電旋光計が特に簡単に得られる546 nmや589 nmの発光波長以外の波長で測定しようというときに，目視で測定する装置に取って代わるようになった．ルドルフ（H. Rudolf）が，1956年に光電分光旋光計を考案し，まもなく商品化された．記録計のついた分光旋光計も，立体化学研究では広く使われている．光電旋光計では，光学活性のさまざまな測定法が使われている．零点法では，透過強度を表示して最低点の場所を特定し，その最低点を目視測定器と同じように目盛りつきの輪から読み取る．

1874年にパリでレオン・ローランが導入した型の検糖計．図は，19世紀末にベルリンのハンス・ヘーレが作製．フィレンツェの科学技術財団提供．

■文献
Clark, D., and J. F. Grainger. *Polarized Light and Optical Measurement*. New York：Pergamon, 1971.
Gibb, Thomas R. P., Jr. *Optical Methods of Chemical Analysis*. New York：McGraw-Hill, 1942.
Hyde, W. Lewis, and R. M. A. Azzam, eds. *Polarized Light：Instruments, Devices, and Applications*. Palos Verdes Estates：Society of Photo-Optical Instrumentation Engineers, 1976.
Landolt, H., and J. McRae. *Optical Activity and Chemical Composition*. London；Whittaker, 1899.
Lowry, T. M. *Optical Rotatory Power*. London：Longmans, 1935.

◆全地球位置把握システム
➡ GPS

光度計法では，光度を測定しマリュスの法則を使って光学活性を割り出す．位相敏感法では，検光子を機械的に回転させるか偏光面をファラデー電池で回転させ，同等の透過度の位置を特定し，それから最低度の補正をする．

旋光度は通常，用いた波長，試料温度，試料溶媒を明記して報告する．æ旋光分散Æ，すなわち波長の関数としての比旋光度を，未知物質の同定や分子中の立体配置のわずかな変化を推定するために，測定することがある．そのための旋光計は，通常のものとほとんど変わらない．ただ，前者は試料の温度と入射光の波長の制御と測定ができるようになっている．そのため通常，紫外領域まで広がる波長帯を抽出できるモノクロメーター（単色光器）がついている．1970年以降は，分光光度計と同じく，分散器とフーリエ変換器がついているものがある．[Sean F. Johnston／梶 雅範訳]

◆線　量　計

Dosimeter

線量計は，医療，放射線からの防護，産業における放射線照射の調節などの目的のために，電離作用をもつ放射線への被曝の度合いを測る装置である．照射される対象，利用される放射線の種類，測定される線量に応じていくつかの種類がある．

電離箱

電位計に接続された電離箱は，便利で用途が広く，また感度が高く再現性もよいので，1925年以来，医療用の線量測定や治療計画の策定のために利用されてきた．電離箱は，人体中の腫瘍の中心での線量を予測するために，人体の模型とともに用いられる．模型は，本質的には水で満たしたプラスチックの容器であるが，これは，放射線

に対し患者の体と似た散乱と吸収を示す.

X線写真が撮られる際の患者の放射線診断の影響について関心が高まり, 特定の研究のための線量の最適化への要求が強くなっている. X線装置に電離箱を取り付けることで, 特定の診断に使われる放射線のエネルギーの総量を測定することが可能である.

フィルム線量計

1895年の放射能の発見は, 写真フィルムが放射線の電離作用で感光した結果なされたものであったが, フィルムは人体の放射線被曝量を測定するために長く用いられてきた. 1950年以降, 多くの機能をもつ線量計が開発されるようになり, 1963年にはイギリスでAERE/RPSフィルム・バッジが登場した. この機器は, プラスチックのフィルターとさまざまな金属(アルミニウム, スズ・鉛, カドミウム)からなるフィルターを合わせて利用している. それぞれの元素のもとでの光学密度を測定し, ある計算法に従ってそれらの密度を組み合わせることにより, 線量計の位置における許容範囲内での線量測定が可能になる. 測定範囲は, おおよそ, 0.2ミリシーベルト(1年間の放射線量として現在推奨されている最大値の1%)から, 透過性の強いγ線に全身が被曝する場合には致命的となりかねない10シーベルトまでである.

熱ルミネッセンス線量計(TLD)

この技術もやはり1895年当時から知られていたもので, 電離作用のある放射線に曝された後で熱せられると発光するという, ある種の物質の性質が利用される. 放射線の電離作用により自由電子がつくられると, その一部は, 結晶格子の比較的安定なエネルギー準位にとらえられる. 結晶を熱すると, これらの電子はとらえられたエネルギー準位から離れるが, 光を発して基底状態に戻る. この光は通常, 光電子増倍管によって拾い上げられ, 電子の流れに変換された後, 増幅され, 放射線被曝量を表示するように処理される. 放射線からの防護を目的とする場合には, フッ化リチウムが最もよく用いられる. この物質の原子番号の平均値は生体の組織のものに近く, フッ化リチウムが記録する線量は, 同じ状況下で生体組織に影響を与えるであろう線量と, たいてい数量的に近いものだからである. この技術により, 生体における線量の評価は, フィルムを用いた場合よりもはるかに単純になった.

人体用の線量計には, しばしば2体積のフッ化リチウムが利用される. 一方は, 比較的厚いプラスチックの蓋の下になり, β線のように比較的透過性の小さい放射線が取り除かれ, 比較的深い場所にある人体臓器の被曝量を測ることができる. もう一方は, 薄いプラスチックのカバーに覆われた薄い層の形にし, 皮膚の被曝量を測ることができる. 外肢用の線量計は, 通常指サックの形状をしており, 熱ルミネッセンス性の物質の薄い層が薄いカバーに覆われている. 放射性物質を取り扱っている場合, 胴体よりずっと物質に近く, はるかに強く放射線にさらされている手の位置での線量が測定できるので, 便利である.

放射光光ルミネッセンスガラス

多くの物質はTLDと類似の作用を示す. 放射光光ルミネッセンスガラスの場合には, 電子は捕捉された準位から紫外線によって放出され, 可視光を放射して基底状態に戻る. この可視光はやはり光電子増倍管によって検知される. 線量計と光電子増倍管の間に置かれたフィルターが散乱された紫外線を遮っている. 銀で活性化したリン酸を含むガラスは適切な物質であるが,

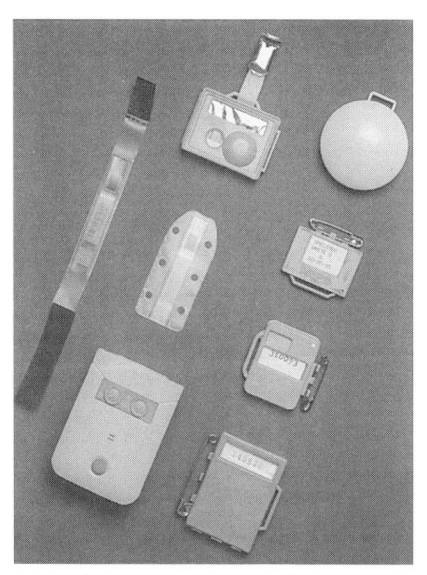

さまざまな線量計（1994年）．米国放射線防護院提供．

生体組織よりもはるかに大きな原子番号をもっているので，広いエネルギーの範囲（50 keVから3 MeV）でX線やγ線が測定される場合には，エネルギーを適正化するフィルターが必要である．

その他の光学的方法

染色したポリメチルメタクリル樹脂は，外科用メスの刃の放射線による殺菌の場合など，高い線量の測定に用いることができる．染色した合成樹脂のレッド・パースペクスも，1951年以来，さまざまな形態で同様の目的に利用されている．放射線に被曝すると，これらの物質は黒化が進む．

中性子線量計

中性子の線量測定には，中性子のエネルギー幅が広いことに由来する困難がある．エネルギー範囲は，熱中性子の0.025 eVから20 MeV以上にも及ぶ．現在利用されている方法には，中性子と水素の衝突で生じた陽子の写真フィルム内の軌跡を計数するものや，ポリアリルジグリコルカーボネートのような合成樹脂を強い電界をかけた水酸化ナトリウムの溶剤中に置くとできる軌跡を用いるものがある．後者では，中性子線量の当量は，放射線に曝露された合成樹脂の上にできた傷の密度に比例している．

ラドン線量計

人々が平均的に被曝する放射線の70%は，ラドンやその放射性崩壊の生成物に由来する．ラドンの線量は予測しがたく，例えば一並びの家々のうちでも，大きな変動を見せる．線量測定は中性子線量の測定と同様の合成樹脂を用いて行われるが，この場合には，水酸化ナトリウムのみを用いて線量測定のための軌跡を得る．ラドン崩壊によって生ずるα粒子により，高密度のエネルギーの検出が可能だからである．

[Peter Burgess／岡本拓司 訳]

■文　献

Attix, Frank H., William C. Roesch, and Eugene Tochlin, eds. *Radiation Dosimetry*. 2nd ed. New York: Academic, 1966.

そ

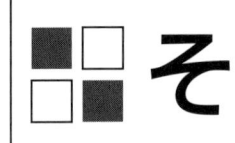

◆騒　音　計

Sound Level Meter

　騒音計（音圧レベル計，音量計）は，空気中における音の振幅を測定する電気音響装置である．現代の騒音計は，マイクロフォンと増幅器，デジタル式かアナログ式のレベル指示計器，そして電力供給装置が，片手で持って操作できるほどの小型機器に一体化されている．音響的環境を瞬時に測定しなければならない音響学者や騒音管理技師には欠かせない器械である．それらは例外なく，音圧レベル（SPL）を計測するために設計されている．ちなみにSPLとは，人間の耳で感知できる最低の音エネルギーに対比した，音エネルギーのデシベル値である．

　騒音計は，常にピストンフォンおよび気圧計とひと揃いで使う．ピストンフォンは音量計のマイクロフォンに装着させて，一定の振幅の純音を生み出す一種の較正装置である．また気圧計は，局地的に気圧が変化する場合，音響学者が音量の読取り値をどう調整したらよいかを決定できるようにする．

　基本の騒音計はたいへん入手しやすい道具で，較正の仕方とデシベル目盛りを基本的に把握している音響学者志望者なら誰でも手軽に使っている．もっと高性能な型には，読取り値を蓄積し，測定値を比較検討し，インパルスを探知し，一定時間にわたる音の平均値を示し，音をろ波してオクターブもしくは部分オクターブにするなど，多くの複雑な機能を果たす回路網が内臓されているか，付加装置として備わっている．これらの機能があるため，騒音計は，どんなに精緻な音響学的分析も可能なたいへん融通のきく道具になっている．

　音の科学的研究は，紀元前6世紀のギリシャのピタゴラス学派の人々に端を発する．ところが19世紀後半まで，音の振幅の定量化に関する研究はないことで有名だった．理論家たちは，現象学的および質的な音響学に興味の的をしぼり，主観的に計測された振動装置の相対音高を用いて実験したのである．フランシスコ会修道士M.メルセンヌ（Marin Mersenne, 1588-1648）をはじめとする17世紀初頭の先駆者たちは，成功の度合いこそさまざまだったが，振動する弦の絶対音高と空気中の音の速度を測定するための実験を行った．同世紀の後半，R.ボイル（Robert Boyle, 1627-1691）は音の大きさの変化と圧力変化との一般的関係を示唆し，「空気のバネ」について議論した．しかし，L.ボルツマン（Ludwig Eduard Boltzmann, 1844-1906）とA.テープラー（August Toepler, 1836-1912）が，音を生み出す圧力の変化を計測するための，記録に残された最初の試みをようやく行ったのは，実に1870年のことである．

　音は空気圧のかすかな変化—振幅にして

2×10^{-5} パスカルという微小なもの——によって生み出されるのだから,音の測定装置の開発に技術上の障害があったのも驚くにはあたらない. これらの圧力の変動を,例えば電流の変化などの,じかに測定できる別の現象へと転換できる変換器が開発されてはじめて,音圧レベルは確実に測定できるようになったのである.

1375年という早い時期に,アラブの学者アル=ジュルジャーニー(Al-Jurjani, 1339-1413)は定量音響学の技術上の諸問題を認識していた. 音について,彼はこう語っている.「人はそれらの原因の値を,同じようにたやすく,量的に測定できるわけではない」.

20世紀まで,音量測定を促す要因はほとんどなかった. 音響学者は主に音楽的調和と調律をもっともらしく説明することに関心を寄せ,彼らの科学はまず第一に,楽器の音質を向上させ,半音階の柔軟性を増すために利用された. けれども20世紀に入り,世界がますます工業化されるようになると,音——とりわけ不要な雑音——の測定がしだいに重要性を帯びてきた.

ボルツマンとテープラーの研究を受けて,レイリー卿(Lord Rayleigh,本名 J. W. ストラット,John William Strutt, 1842-1919)は1877年に音の絶対強度を測定するための回転円盤を開発した. この後に続いたのが,1893年にパリの A. -E. ブロンデル(André-Eugène Brondel, 1863-1938)によって発明されたオシログラフである(オシロスコープの項を参照). これは受話器で音を検波し,写真術によって記録した. オシログラフは,完全な騒音計が初めて製作された1930年代後半まで,なくてはならない実験装置の1つだった.

こうした初期の騒音計には,たいてい直径1インチ(2.5 cm)の大きなマイクロフォンがついていた. この大きさのマイクロフォンは,それが置かれる音場に,かなり低い周波数とはいえ重大な影響を与えたので,装置の有効範囲がひどく制限された. 1950年代以降,騒音計はもっとずっと小型の——時には直径わずか0.25インチしかない——マイクロフォンとともに使われ,装置の有効周波数の限界を押し上げた.

人間がさらされる騒音の量を示すのに使われる器械はいずれも,人間の耳の反応が周波数に比例しないことを考慮に入れて設計されなければならない. 1933年,ベル電話研究所のH. フレッチャー(Harvey Fletcher, 1884-1981)とマンソン(W. A. Munson)は,さまざまな周波数と振幅での人間の聴力を詳細に調査した. 2人の研究の成果は後に,音量計測を感覚音の尺度に変換する一連の標準計量回路網を設計するのに利用された. さまざまな計量回路網は,さまざまな振幅の音に対する人間の反応を模倣するのに使われた.

好ましくない騒音に対する現代の懸念は,1974年に制定されたイギリスの労働衛生安全法に反映されている. この法令には,個人が1日の就労時間を通じてさらされる騒音の上限が厳密に明記された. これに応えて騒音計の製造業者は,法令の指針に従った騒音量の測定ができる回路網をつけ加えた. その他,航空交通の騒音などが悩みの種になると,新たな回路網が設計され,騒音計でそれらの定量化も可能になった.

初期の騒音計の主な製造業者は,ゼネラルラジオ社,ドーズ,そしてデンマークの企業ブリュエル・アンド・ケアーである. 現在ルーカスCELの一部となったドーズと,ブリュエル・アンド・ケアーの両社は

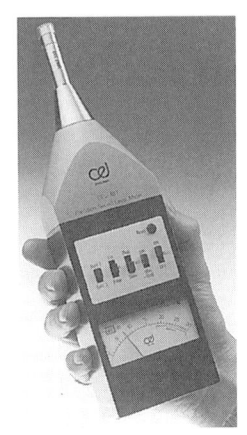

騒音計 CEL-187 (1995 年, CEL 社製). CEL 社提供.

いまでも音響装置を製造している.

現代の騒音計は，ほぼ例外なくデジタル技術を利用している．器械の機能が増すにつれ，音響学者は，おおかたの分析を成し遂げる際に追加の音響装置を必要とすることが少なくなった．1990年代半ばの価格は約1万1,000ドル．音量計は着実に進歩して，入手しやすく多目的に使える手のひらサイズの装置となった．

[Sarah Angliss／忠平美幸 訳]

■文 献

Fletcher, Harvey. *Speech and Hearing in Communication*. 2nd ed. New York：Van Nostrand, 1953.

Hunt, Fredrick Vinton. *Origins in Acoustics：The Science of Sound from Antiquity to the Age of Newton*. New Haven：Yale Universty Press, 1978 [平松幸三訳：『音の科学文化史—ピュタゴラスからニュートンまで』, 海青社, 1984年].

Miller, Dayton Clarence. *Anecdotal History of the Science of Sound to the Beginning of the 20th Century*. New York：Macmillan, 1935.

National Physical Laboratory, Teddington. *Noise Measurement Techniques*. London：Her Majesty's Stationery Office, 1963.

Rayleigh, John William Strutt, Baron. *The Theory of Sound*. London：Macmillan, 1877.

◆双 眼 鏡

Binocular

19世紀の第3四半世紀以降，「両眼の」という形容詞"binocular"は名詞として使用されるようになった．"binocular"は，もともと双眼鏡（顕微鏡を含む）装置を意味する言葉として使用されていたが，それは普通，一般的に「双眼式望遠鏡」もしくは「双眼式観劇鏡」の略語として使用されるようになり，両眼を使って見るための二対の望遠鏡としての定義はすぐにその唯一の意味になった．"binocular"という言葉は，ついに今日では複数の意味で共通に使用される言葉と化した．

双眼鏡の歴史は望遠鏡の歴史そのものである．H. リッペルハイ（Hans Lipperhey, ?-1619）は1608年10月，彼の新しい遠眼鏡に対する特許を求める際に，オランダ政府から両方の目で見るタイプをつくるようにいわれた．彼はこれに成功したようで，特許は認可されなかったが，双眼鏡の発明者としての栄誉を得ることになった．わずか数人の眼鏡職人が，続く2世紀にわたり同じような装置の製作を試みた．C. ドルレアン（Chérubin d'Orleans, 1613-1697）は1670年代に大きなガリレオ式の双眼鏡を製作した．それはフィレンツェにある科学史博物館に保存されている．今日のように接眼レンズの間隔を蝶番によって簡単に調節する最初の双眼鏡は，おそらくベニスの眼鏡職人であるセルバ（Selva）によって製作された．

最初の実用的な双眼鏡は1823年に製造

された．それはオペラグラスである．これは本体を金属の板で接合された一対のガリレオ式望遠鏡からなり，ウィーンのJ. F. フォイクトレンデル（Johann Friedrich Voigtländer, 1779-1859）によってつくられた．数年のうちに，中心の輪によって焦点を合わせる機構が加えられ，おなじみのガリレオ式双眼鏡になった．これらの装置は観劇用と屋外用として相当多くが製造された．それらは視野が限られていたし，典型的に3倍の倍率（5倍以上はまれであった）であった．これらは19世紀の間中，ほとんど変化しなかった．

2つの並列する望遠鏡からなる双眼鏡は19世紀の最後の四半世紀から登場した．これらの「双眼鏡」は長く，ガリレオ式望遠鏡と比べて扱いにくかったが，より広い視野とより高い倍率をもっていた．また，これらの双眼鏡は非常に高価なものであった．例えば1888年にJ. ブラウニング（John Browning）がつくった双眼鏡の価格は5ポンドであったが，当時，屋外用のガリレオ式望遠鏡の価格は1ポンド5シリングであった．

プリズム双眼鏡は1850年代前半に起源を求めることができる．イタリアの砲兵士官I. ポロ（Ignazio Porro, 1801-1875）が，倒立像を得るケプラー式望遠鏡の対物レンズと接眼レンズの間に置くことができるプリズム系の2つの形式を考案した．彼は両方の形式を使った単眼望遠鏡を作製した．しかし，1859年に最初のプリズム双眼鏡の特許を取得したのはフランス人のブーランジェ（A. A. Boulanger）であった．稀少なブーランジェの装置がロンドンの科学博物館に保存されている．これは商業的に成功せず，しだいに忘れ去られた．

正立プリズムを用いた双眼鏡の考えは，1870年代にイエナ大学のE. アッベ（Ernst Abbe, 1840-1905）によって独立に思いつかれた．彼は器具製作者であるC. ツァイス（Carl Zeiss, 1816-1888）とガラス製造業者のF. O. ショット（Friedrich Otto Schott, 1851-1935）と協力し，双眼鏡の製造に必要な技術的進歩をもたらした．1894年，彼はポロタイプのプリズムを使い，対物レンズの間隔を増すことで立体視効果を高めることができる双眼鏡に対してドイツ帝国の特許を取得した．この装置は同年ツァイス光学器械会社によって，4倍，5倍，8倍の倍率をもつ製品として発売され，成功を収めた．

競合企業もまたプリズム双眼鏡の製造を開始した．そして特許の抵触を避けるために，世紀末に豊富な種類の設計がもたらされた．シュッツ（Schutz）は共通点が少ないポロプリズムの2番目の形態を採用した．一方ヘンソルト（Hensoldt）は屋根型プリズムを使用した．アッベの特許が1908年に終了し，また第一次世界大戦の勃発によって，新しい双眼鏡の大多数は現在親しまれているツァイス光学器械会社の「ステレオ・プリズム（stereo-prism）」型になった．ツァイス光学器械会社は技術革新を続け，1910年に7×50倍の夜間用双眼鏡を開発した．また広角のエルフレ接眼レンズを開発し，1917年にその特許を取得した．1933年には軽量の双眼鏡を開発した．イギリスでは，バー＆ストラウド社がロス（Ross）と一緒に，接合されたプリズムを使った夜間用双眼鏡を1929年に導入した．一方，がっしりしたアメリカ型の本体はボシュロム社によって1934年に導入された．

第二次世界大戦により反射防止膜の使用が増大した．それは1930年代後半にツァイス光学器械会社によって開発された．第

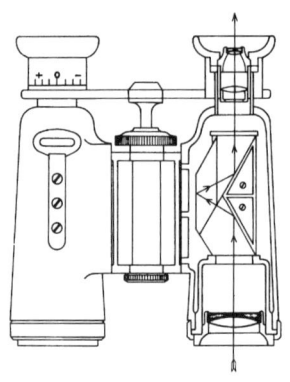

Glasses. Princes Risborough: Shire, 1995.

◆双曲線航法システム

Hyperbolic Navigation System

双曲線航法システムは，座標を構成する多くの同期された無線送信所から発する電波の双曲線の系列を横切ることによって，位置を確認する方法である．同一双曲線上のすべての点においては，2つの焦点からの距離の差が等しくなる．したがって，下図においてAとBを焦点とすると，点 D_1, D_2, D_3 は，距離の差が $AD_1 - BD_1 = AD_2 - BD_2 = AD_3 - BD_3 = k_1$ のように等しくなれば，同じ双曲線上にある．パラメーターを k_1 から k_2 に変えることによって，他の双曲線がつくられる．基線ABの垂直二等分線は対称軸となり，その右側の双曲線と同様の双曲線が同様のkの値で左側につくられる．航法という観点からは，kの値が測定できれば，航行士は焦点AとBに対して定まったある双曲線上に位置することを知ることができる．もし同様の測

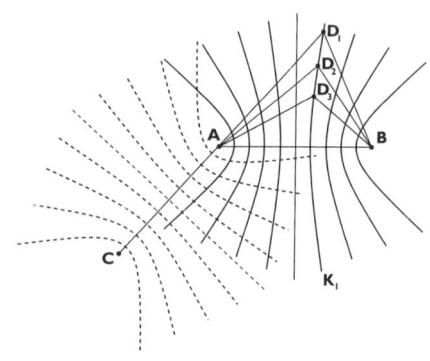

正立像を得るため，屋根型プリズムを用いたヘンソルトの双眼鏡（1905 年頃）．SSPL 提供．

二次世界大戦後，双眼鏡開発はよりゆっくりと進んでいった．しかし 1950 年代にツァイス光学器械会社がもう一度主導権を握ることになった．西ドイツの工場では，革新的モデルのシリーズが生産され，1964 年にはスリムなボディーで 8×30 の倍率をもつ "Dialyt" が発売された．この製品はシュミット (Schmidt) の屋根型プリズムを装備しており，現代においては世界中の双眼鏡生産のほぼ半分が，この "Dialyt" 以降の屋根型プリズムを採用している．その後まもなく，日本からの輸入品が一般的なものになるにつれてイギリスの多くの有名ブランドは消えていった．

現在では驚くべき種類の双眼鏡が世界規模の産業によって活発に生産されている．技術の最先端は，画像の安定化や夜間撮影のような専門家のための機能の開発にある．

[Fred G. Watson／小林　学・橋本毅彦 訳]

■文　献

Seeger, Hans T. *Feldstecher*: *Fernglāser im Wandel der Zeit*. Borken: Bresser Optik, 1989.

Watson, Fred. *Binoculars, Opera Glasses and Field*

A, B, Cの中継基地による双曲線航法システム．SSPL 提供．

定手続きを他の対の焦点，例えば A と C に対して実行すれば，2 つの双曲線の交点として位置が確定できる．

理論的には距離の差の測定はいかなる手段でも構わないが，実際には双曲線航法システムの測定手段には無線送信が利用されている．原理としては，3 つの無線送信所が同期された信号を発する．艦上の受信者は，信号が同期されているならば時間差を測定し，信号が連続波ならば位相差を測定する．無線波は地球の大気中を波長によって異なる仕方で伝播するので，特定のシステムの正確さと射程は，一般的に用いる波長に依存する．

位置の確定は，双曲線が描かれた特別のチャートを用いるか，情報処理によって直接に位置を割り出すか，どちらかによってなされる．

歴　史

双曲線航法システムの歴史は，第一次世界大戦時にイギリス，フランス，ドイツで敵の砲撃の位置を知るために音波探知システムを開発したことにさかのぼる．これらのシステムは，間隔をおいて列をなす聴音施設からなり，各施設は砲撃の爆発音と大きな爆弾の衝撃波とを識別できるような鋭敏なマイクロフォンを備えている．マイクロフォンからの信号は陸上線で中央の司令室に送られ，各信号は同期されたフィルムに記録される．聴音地点間の時間差が双曲線を生み出し，その交点により砲撃の位置が特定される．音が信号の媒体として使われるので，精度は気象条件によって左右されるが，数マイルの距離に対して 100 から 150 ヤード程度の精度があったと報告されている．

戦間期には，無線送信を利用するさまざまなタイプの双曲線システムに対して特許が取られた．しかし最初の実用的な Gee と呼ばれる双曲線システム（最初の G は grid（格子）の G で，交差する双曲線群によって格子模様が形成されることにちなんでいる）が実現するのは，連合国によるドイツへの爆撃飛行の必要性が高まってからのことであった．鍵となった技術は，短い間隔の鋭い無線パルス信号を生成し送信することで，レーダー開発の集中的な研究の成果として生み出された．Gee の開発の多くは，英国政府の科学者としてボーズリー研究施設で働いていたディッピー (R. J. Dippy) によっている．Gee は，50 から 80 マイル（80〜130 km）の間隔の基線をなす 3 つの送信所から構成され，送信所は 20 から 90 Hz の搬送波に 6 μs のパルスが乗せられ送信する．そのシステムは 1941 年 7 月に操業し，ドイツのほとんどの領域をカバーする約 350 マイル（563 km）の射程距離を備えていた．機上の装置はパルスの着信を示す陰極線管で，それにより時間差が読まれた．Gee は，戦後国際的な航行補助のシステムとして提案されたが，その対抗するシステム，とりわけ LORAN に取って代わられた．

1940 年に米国国防研究委員会のマイクロ波部会の責任者であった A. ルーミス (Alfred Loomis, 1887-1975) は，長距離 (long range; LORAN) 双曲線システムをつくり上げた．それは，300 から 500 マイルの射程距離をもち，大西洋上の船舶や航空機をカバーするものであった．パルス送信を使い，基線となる互いに数百マイル離れた送信所から 2 MHz の搬送波を用いた．その波長は到達距離を伸ばしたが，正確さは減じられた．指示信号が不分明にならないように，送信所から送られるパルスの間に一定の時間差がシステムに組み込まれ

た．LORAN はマサチューセッツ工科大学の放射線研究所で開発され，特にピアス（John Alvin Pierce, 1907-1996）の業績によるところが大きい．完全なシステムとしては1943年に実戦配備された．

後にデッカ・ナビゲーターとなる双曲線システムは，英国海軍とデッカ・グラモフォン社の支援のもとで，アメリカ人オブライアン（W. J. O'Brian）とシュワルツ（H. F. Schwalz）によって発明，開発された．開発は1940年から44年までの間にQMというコード名で開発が進められた．QMは連続波の伝播を利用し，位相差を測定するものである．適当な操作波長が与えられれば，位相差の測定は，同等のパルスのシステムに比べても非常に正確なシステムをつくり出す．同一波長の連続波の伝達信号を混合し単一波をつくり出すという問題を解決するために，オブライアンとシュワルツは，伝達信号を基本振動数の倍音にさせた．基本振動数は中央施設から伝達され，その倍音は1つかそれ以上の支所から伝達された．機上の受信機は，2つの異なる信号を共通の振動数に変えた上で位相差を測定し，その値を表示した．Dデーの上陸にあたっては，20ヤードの精度が確保されたと報告されている．

位相の測定では，測定された位相差が20°なのか20°+360°なのか，あるいは20°+720°なのか決定できない．この不確定性を解消し航路の確定がなされるよう，送信波に周期的な変更が加えられる．

その後の発展

戦後Geeは，民間用には全く応用されなかった．QMはデッカ社によって特許が取得され，デッカ・ナビゲーターと名前を変えて，1946年に創業を開始する最初の商業システムになった．

最初のLORANは，LORAN Aとも呼ばれ，その後継機として高精度のLORAN Bの開発が試みられたが結局実現せず，LORAN Aも1980年に利用を終えた．LORAN Cは，もともと米空軍によって開発された同様のシステムに基づいて，1956年以来米国沿岸警備隊によって開発されてきた．最初の3つの送信所の列からなるLORAN Cは1957年に設置され，1990年までにソ連の同様のシステムを除いて，69の送信所からなる23の系列が存在している．短射程の戦術用のLORAN Dもまた開発されたが，使用されなかった．

LORAN Cは地上波によるパルス送信を利用するため，上空波からの干渉を防ぎ，周期的同定の手段を提供する．LORAN Cの精度の向上は，搬送波の位相比較と領域フィルターならびに条件が悪いときの相互確認技術によって達成された．LORAN C送信機はすべて100 kHzで操作され，1,000海里以上をカバーする．1970年代にマイクロプロセッサーが登場することで，性能とともに情報の表示法が改良され，位置が地理的座標であらわせるようになった．1974年以来，LORAN Cはアメリカの沿岸において国家的な無線航行システムとなっている．そのシステムは陸上の車両や携帯通信機に対しても開発され続けている．

デッカ・ナビゲーターは，沿岸航行の目的として常に利用され続け，北欧地域をはじめとして世界中7つの重要な沿岸地域をカバーしている．主周波数は14.0〜14.4 kHzで，到達距離は夜間240海里，昼間500海里であるが，この差は上空波による地上波の混入による．高精度の特殊用携帯用装置も開発されている．

1955年までに低周波数の無線波を利用して，地球上のあらゆる場所で2海里から

4海里の精度で位置を特定できる航海システムが技術的に可能になった．そのシステムは，LORAN を開発したピアスの協力を得て米海軍が開発した．それはオメガと命名され，1966年に最初の基地が運転開始した．このシステムでは，8個所の固定された送信所から10〜14 kHz の周波数帯で連続波が送信され，位相比較により双曲線上の位置が確定される．示差的なオメガは，固定した送信所を用いて，オメガ送信をモニターし，近隣を航行する特定の受信機をもつ利用者に補正信号を送る．この技術によって，固定送信所から半径50海里の領域で 0.5 海里まで精度を向上することが可能である．

[Thomas Wright／橋本毅彦 訳]

■文　献

Colin, R. I. "Pioneer Award to W. J. O'Brien and H. F. Schwarz." *IEEE Transactions on Aerospace and Electronic Systems* (1969)：1014-1020.

Frank, R. L. "History of Loran C." *Navigation* 29 (1982)：1-6.

Pierce, J. A. "Memoirs of John Alvin Pierce：Invention of Omega." *Navigation* 36 (1989)：147-155.

Powell, C. "Hyperbolic Origins." *Journal of Navigation* 34 (1981)：424-436.

◆走行距離計
→ オドメーター

◆走査型光学顕微鏡

Scanning Optical Microscope

走査型光学顕微鏡（SOM）は，テレビシステムのように長方形のラスターパターンで走査する光のスポット［光検出デバイスで，光ビームによって有効に照射されている面積］で試料を1点1点探査することで，試料の像を拡大してつくり出すものである．像が再び1点1点再構成されるのは，試料から伝播した光や反射した光に比例した信号を引き出し，走査するディスプレイ上でその信号を同じ長方形のパターンに変調することによる．拡大率とは，試料の走査領域の大きさと，ディスプレイ上のそれとの比である．

1873年イエナのツァイスに住むE．アッベ（Ernst Abbe, 1840-1905）は，伝統的な光学顕微鏡の分解能が，回折現象により $\lambda/2$ NA に制限されることを示した．ここで，λ は光の波長，NA は対物レンズの開口数［試料から対物レンズに向かう円錐形光線束の頂角の半分の正弦に光路の屈折率をかけた数］である．油侵レンズでは分解能は，200 nm オーダーまで達することができる．

SOM は1928年，ダブリンに住むフリーの科学者E．H．シング（Edward Hutchinson Synge）によって提案された．現在では走査型近接場光学顕微鏡（NSOM）と呼ばれるものによって彼は，アッベが指摘した限界を乗り越えることを目標にしていた．つまり，試料を口径に非常に近いところに置き，光の波長よりも小さい口径を通しての視準整正によって，非常に小さな光の測定探針をつくり出すことにあった．彼

自身次のように言っている.「われわれは次のように想定できるだろう.直径がほぼ10^{-6}cm の小さな口径を不透明な板やフィルムにつくり,これに下から強く照明を当て,それを生物薄片の露光側の真下に置く.そうすると,その薄片と小さな穴との距離が,10^{-6}cm 以下となる.穴からの光は,その薄片を通り抜けた後,顕微鏡を通して光電セルに焦点を結び,その電流によって伝播された光が測定される.その薄片は,その平面上で10^{-6}cm の運動の増分でもって動かされ,一定領域に区画される.…その薄片の基本部分がさまざまに異なった不透明度をもっており,それが次々と穴を通っていき,それに対応して,セル内に異なった電流を生み出すことになる.この電流が増幅されて,望遠写真と同じようにして,その薄片の描像を組み立てる別の光源の強さが決定される…」.

シングはなんら実験を行わず,1989年になるまで彼の研究は認知されなかった.しかし1972年ロンドン大学のE. A. アッシュ(Eric A. Ash, 1928-)とニコルズ(G. Nicholls)はそれぞれ独立に,3 cm マイクロ波放射を用いて近接場の画像化を実演して見せ,$\lambda/60$の解像度を達成した.最初の NSOM は1984年に,IBM のチューリッヒ実験室にいた D. W. ポール(Dieter W. Pohl)らにより説明が与えられた.

最初の SOM は1951年,ロンドン大学のJ. Z. ヤング(John Z. Young, 1907-)とロバーツ(F. Roberts)によって開発された.彼らは,伝統的な光学顕微鏡を用いて,接眼レンズの前部に陰極線管を置き,管のスクリーンを照らすスポットが試料に投射されるようにした.陰極線管は長方形のパターンで走査され,試料から伝播された光は,光電子増倍管で検出された.増幅された出力は,陰極線管モニターの明るさに変調され,画像のコントラストは増幅器の利得を変えることで制御された.ヤングとロバーツは,この「フライングスポット(飛点)顕微鏡」を使って,大きなテレビ・スクリーン上に画像を拡大して見せた.しかし彼らがそうした技術のもつ潜在的な可能性としてさらに指摘したのは,粒子数の計算と大きさの決定,眼に見えない赤外線や紫外線を用いた試料の画像化であった.

現代の機器

レーザーは現在,その高い強度と干渉性のために走査型光学顕微鏡の光源として用いられている.走査型顕微鏡に用いられる場合,レーザー光線が偏向させられるか,あるいは試料が機械的に走査されるかのどちらかである.後者のほうがより単純だが,走査速度の最大値はより小さくなる.

1955年マサチューセッツ工科大学のM. L. ミンスキー(Marvin L. Minsky, 1927-)は,SOM の効率性を向上させるために,走査点の領域からだけ光を検出することで,散乱された光が画像に影響を及ぼさないようにするよう示唆した.これは,光のスポットを固定して,試料が機械的に走査されれば簡単にできることであった.つまり検出器は,集光レンズと口径だけを与えられるだけでよいことになる.この「共焦の」SOM の分解能は,2つの焦点を共有することにより単純な SOM の分解能よりも高くなり,画像のコントラストは強化される.さらに,薄く透明な試料の一片も同一平面上にある対物・集光レンズに焦点を合わせることで画像化できる.こうして,三次元の画像が組み立てられる.その技術は特に,生物学上の試料に対して有効であった.

より単純な共焦の SOM,直列型 SOM

マーヴィン・ミンスキーと彼の共焦点の走査型顕微鏡（1950年代後半）．マーヴィン・ミンスキー提供．

は1966年に，現在のチェコ共和国ピルゼンのカレル大学のM. ペトラン（Mojmir Petran）とM. ハドラフスキー（Milian Hadravsky）によって発明された．光スポットと検出器の両方が，2つの多口径走査ディスクが高速に回転するように機械的に走査され，画像は直接肉眼やテレビ・カメラで見ることができた．典型的には，ディスクのそれぞれに104の穴があり，そのディスクが，高精度に配列された穴と同軸上に乗るように固定されている．こうした方法と異なり光学システムを小さくすることで，ディスクを1枚だけ使うようにすることもできる．

NSOMの開発はいくつかの研究室で続けられている．シングの細かな提案のいくつかは，いまだに実施途中にある．例えば，水晶のテーパーの先端において口径を形成させること，圧電性の作動器を用いて試料を正確に機械的に走査させることである．口径と試料との分離を測定し統御するいくつかの方法によって，最適な試料で，10 nm（λ/50）級の解像度が達成された．生物学への応用が特にうまくいくのは，その技術が電子顕微鏡とは異なり，非侵襲性で

あるためである．「近接場光学」の研究は，NSOMと関連する他の顕微鏡技術へと発展していった．

[Dennis McMullan／綾野博之 訳]

■文　献

McMullan, D. "The Prehistory of Scanned Image Microscopy. Part 1 : Scanned Optical Microscopes", *Proceedings of the Royal Microscopical Society* 25（1990）: 127-131.

Pohl, D. W. "Scanning Near-field Optical Microscopy", in *Advances in Optical and Electron Microscopy*, edited by T. Mulvey and C. J. R. Shepherd, Vol. 12, 242-312. London : Academic, 1991.

Shepherd, C. J. R., "Scanning Optical Microscopy." In *Advances in Optical and Electron Microscopy*, edited by R. Barer and V. E. Cosslett, Vol. 10, 1-98, London : Academic, 1987.

Synge, E. H. "A Suggested Method for Extending Microscopic Resolution into the Ultra-microscopic Region." *Philosophical Magazine* 6 (1928) : 356-362.

Young, J. Z., and F. Roberts. "A Flying-spot Microscope." *Nature* 167 (1951) : 231.

◆走査超音波顕微鏡

Scanning Acoustic Microscope

超音波顕微鏡の基本的な考えはソ連の科学者ソコロフ（S. Y. Sokolov）によるものである．彼は液体中の音波の波長が可視光線のGHzレベル周波数に匹敵することに気がついた．彼の1936年の特許では，この顕微鏡は，超音波を感知する表面が二次元的に配列された圧電気の変換器（圧電振動子）から構成される．この圧電振動子は，影響を及ぼしあう音場を電荷分布に変換するものである．電荷分布は走査電子ビームによって簡単に検波できる．それに伴う電

気信号は，像を形成するために走査同調CRTディスプレイを明度変調するために使われた．GHzレベルの周波数で音波を生成する技術は当時まだ利用不可能であったので，ソコロフはMHzの周波数領域で作動する顕微鏡を制作し，水中の音波を用いた像の分解能は1mmほどであった．ソコロフ形態の超音波顕微鏡は今日利用されていないのだが，MHzレベルの周波数で動作する超音波スキャナーのいろいろな形態の装置は，胎児のモニターなどの医療機器として日常的に使用されている．

GHzレベルの周波数をもつ音波を発生させ，検波するための多くの技術は1960年代の前半にあらわれた．米国ベル研究所のH. E. ボメル（Hans E. Bommel）とK. ドランスフェルド（Klaus Dransfeld）はいくつかのGHzの周波数で動作する装置をつくり，いろいろな媒質中における超音波の吸収と伝播の特徴を測定した．スタンフォード大学のD. K. ウィンスロー（Donald K. Winslow）らは，電気エネルギーをGHzレベルの周波数をもつ音波に50%以上の効率で変換できる，酸化亜鉛を薄いフィルムに用いた圧電振動子技術を開発した．1959年にはドゥン（F. Dunn）とフライ（W. J. Fry）が超音波吸収型顕微鏡を導入した．この装置は，温度に対応する変化量を見つけるための熱電対を用いることで，水中でGHzの周波数をもつ音場の分布図がつくれる道具である．

1970年代初頭における超音波顕微鏡の開発は2つのグループによって始められた．1つのグループはスタンフォード大学のC. クウェイト（Calvin Quate）が中心となり，もう1つのグループはゼニス社のA. コーペル（Art Korpel）が中心となった．高分解能の超音波顕微鏡を達成するための2つの異なる計画は，開発と商業化であった．当初の努力は，光におけるブラッグの回折条件を使って，高周波数での波形を直接視覚化することにあてられた．J. カニンガム（James Cunningham）とクウェイトは，試料の表面に高周波の音波を当て（音で照らして），水中のポリスチレン製の球で分光することによって，興味深い顕微鏡を考案した．その試料は音の波形に従って配列し直されたものである．そして使われる球は光学顕微鏡を使ってGHzの周波数での超音波像を記録するために写真を撮られた．

走査レーザー超音波顕微鏡（SLAM）はコーペルとケスレー（L. Kessler）によって開発された．試料は液体の細室の中に浸され，150 MHzの超音波を照射される．転送された音の波形は，変形できる鏡に向けることで検波される．そして走査レーザービームを使って摂動を監視する．その画像は試料の超音波伝達を記録する．このシステムは，本来150 MHzで動作し$10\mu m$の分解能を保持し，半導体部品から生物標本までの範囲にある試料の超音波顕微鏡写真をリアルタイムで記録することができる．

1973年スタンフォード大学においてR. レモンズ（Ross Lemons）とクウェイトによって開発された走査超音波顕微鏡(SAM)は，一眼の音響レンズ（典型的な$100\mu m$の径の球面部分をサファイアの棒の中に差し込んだもの）をもとにしている．サファイアと水との間に生じる大きな音速比のために，この装置は，水中での回折の限界点に向かって照射された超音波ビーム（それはサファイア棒の後背部の表面上にある圧電気の酸化亜鉛フィルムによって発生されるものなのだが）の焦点を合わせることができ，音響レンズの直径はおおよそ波長と

同じである．その限界点は試料を横切って走査されるラスター［ブラウン管の走査管の交光点の軌跡］であり，そして透過または反射される音の振幅は連続的に画像を形づくるために記録（受信側において同じレンズを逆においてを使うことで）したものである．反射モードにおいて，いまではそれが好まれているのだが，超音波パルスの列は高エネルギー状態にされ，超音波パルスをゲートでコントロールする技術に頼ることによって同じレンズが送信と受信の両方のために使われる．この装置の分解能は1973年100 MHzでの動作での10 μm から1978年には3 GHzでの動作の0.5 μm へと向上した．1973年から毎年2倍の割合で分解能が向上したわけである．

水中での音波の減衰は3 GHzを越える超音波顕微鏡にとっては決定的な障害である．分解能のさらなる改良には，より低い減衰率とより低い音速の両方を合わせもつ媒体が必要であった．2つの解決法が1980年頃に登場した．1つはスタンフォード大学のJ. ハイサーマン（Joseph Heiserman）らによる研究で，アルゴンやヘリウムのような低温の液体を使う方法である．これらの液体は減衰率と音速が著しく低い．この技術は6 GHzの周波数と30 nmの分解能で動作する技術を含んでいた．もう1つの方法はC. ペッツ（Collin Petts）とH. K. ヴィックラマシンギ（H. Kumar Wickramasinghe）によって提案され，高圧ガス（アルゴンもしくはキセノン）を用いるものであった．これらのガスは音速が5倍低い．そして減衰率は700気圧における水のそれに匹敵するものである．これは150 MHz，100気圧で動作可能で，2 μm の分解能をもち，水中において同じ周波数で達成される分解能よりも5倍優れている．

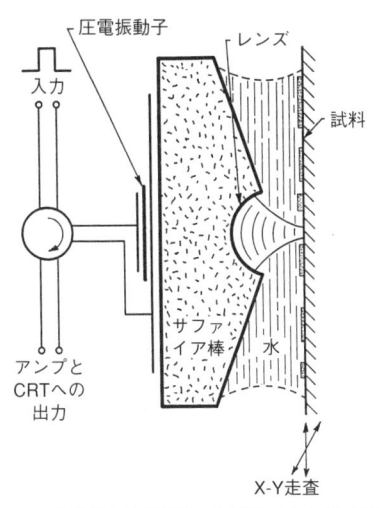

走査型超音波顕微鏡の原理を示した模式図．

GHzレベルの周波数における動作は気体の中で実行することができなかったが，カプラーに空気を用いたMHzの周波数で動作する走査超音波顕微鏡は現在でもいろいろな部品の検査に使われている．

走査超音波顕微鏡の画像における明暗は試料の機械的性質（弾性，密度，粘性）に由来している．レモンズの初期の研究では，生物体の組織において機械的性質の相違が原因と考えられる強い明暗を示すことがわかった．固体内における機械的明暗の最初の証拠は，1977年にウィルソン（R. G. Wilson）とウェグライン（R. D. Weglein）によって観察された．そして確固たる理論的基礎は1978年にスタンフォード大学のアトラー（A. Atlar）とヴィックラマシンギとブルックリン工科大学のH. ベルトニ（Henry Bertoni）によってなされた．明暗はレンズの焦点を合わせる状態とv (z)効果と呼ばれる試料内の表面音波へのカプリングに依存することが明らかにされた．固体における内部の明暗と画像は，表面下の

水をカプラーに使ったレンズを用いて達成することができる．E. アッシュ（Eric Ash）と彼の同僚たちは表面下の画像を撮影するための信号処理技術を連結した非球形で小さい口径のレンズを開発した．これらは拡散結合や層間剥離のような表面下の欠陥の検査に現在使われている．

今日では走査超音波顕微鏡は，内部が見えない材料の画像を撮影することから細胞と組織における生命過程を研究することまで，いろいろな仕事を可能にする強力な武器となっている．

[H. Kumar Wickramasinghe／小林　学訳]

■文　献

Kompfner, R., and C. F. Quate. "Acoustic Radiation and Its Use in Microscopy." *Physics in Technology* 8（1977）：231-237.

Mueller, R. K., and R. L. Rylander."Seeing Acoustically." *IEEE Spectrum* 19, no. 2(1982)：28-32.

Quate, C. F. "The Acoustic Microscope." *Scientific American* 241（October 1979）：62-70.

Wickramasinghe, H. K. "Recent Progress in Scanning Acoustic Microscopy." *Physics in Technology* 12（1981）：111-113.

◆走査プローブ顕微鏡

Scanning Probe Microscope

顕微鏡の解像度の上限を制限しているのは，使用している放射線の波長であるとE. アッベ（Ernst　Abbe, 1840-1905）が1873年に指摘して以来，科学者たちはその限界を超える方法を探し続けてきた．今日使用されている走査プローブ顕微鏡（SPM）は，その限界を明らかに超えた顕微鏡の例である．

超解像の走査プローブ顕微鏡を最初に思いついたのは，1928年，イギリスの科学者E. H. シング（Edward Hutchinson Synge）であった．彼が示唆したところによると，ガラスの先に小さな間隙を穿ち，そこを通過する波長以下の領域を連続的に検知するために，発光するサンプルの表面上を，ラスター・スキャンするものを作成することができるだろうとしている．これによって検知された信号は輝度モジュールであるスキャン統合CRTディスプレイを用いて，画像に合成されるだろうとも述べている．シングは後にピエゾ電子走査，電子倍率走査，コントラストの上昇を提案しているが，彼自身では，どの実験も実際には行わなかった．近接場超解像走査プローブ顕微鏡を最初にあらわしたのは，1972年のE. A. アッシュ（Eric A. Ash, 1928-）とニコルズ（G. Nicholls）であり，彼らはマイクロ波の放射線を3cmの波長で使い，波長の60分の1の解像度に達した．

G. ビニッヒ（Gerd　Binnig, 1947-）とH. ローラー（Heinrich Rohrer, 1933-）によって紹介された走査トンネル顕微鏡（STM）は，超解像走査プローブ顕微鏡の最高の例である．試料を走査する電子の波長はおよそ1nmであり，原子（0.2 nm）解像像は原子1つ分の直径しかない針（すなわち絞り）を使って簡単に獲得された．STMの大きな成功によって明らかとなったのは，電子フィードバック技術と結びついたピエゾ電子走査を使って，三次元でオングストローム単位の精度で，細かい探針を安定させ，走査できるということであった．しかしながら針と試料の間隔をこのように正確に制御するために必要なのは，針と試料の距離が変わるのと同じくらい早く電子フィードバック信号を得ることである．STMにおいてこのことは，針と試料

との間隔を増加させながら，トンネル電流の（かなり急激な）減少をチェックすることによって得られる．STM の前身であるトポグラフィナー（topographiner）は 1966 年に R. ヤング（Russel Young）によって発明され，安定性はやや欠けるものの，視界に放たれた電子を使って，ピエゾ電子走査とフィードバック制御を明らかにした．しかしながら STM の成功と原子レベルで表面構造を改造するその性能に励まされて科学者たちが発明し，開発したのは，高倍率走査プローブ顕微鏡であり，それは走査やフィードバックにおいて同様の原理を用いていたが，像を形成するための針と試料との間のトンネル電流とは異なった，さまざまな相互作用に基づいている．

1984 年，IBM チューリッヒ社の D. W. ポール（Dieter W. Pohl）らと，コーネル大学の A. ルイス（Aaron Lewis）がそれぞれ独立に紹介した走査型近接場光学顕微鏡（NSOM）は 1928 年にシングが提案したのと驚くべきほどよく似ていた．1984 年以来，その技術が改善されてきたのは主に，E. ベツィッヒ（Eric Bezig）およびその他の人々による研究からであり，彼らは絞りと光を効率的に結びつけるために細長い被覆型光ファイバーを導入した．こうした装置によって得られた解像度は，およそ 50 nm すなわち可視光波長の 10 分の 1 程度であり，それは絞りを形成するために使われる金属の厚さによって制限されている．ベツィッヒらはこうした装置を使って，双極子配向や単一分子の蛍光分光を測定することができた．

1985 年メイティ（J. R. Matey）とブランク（J. Blanc）が紹介した走査電気容量顕微鏡（SCM）は，RCA ビデオディスクで使われているセンサーを改造したものであった．500 nm のスケールで 1 GHz の静電容量の変化を測定することができた．これをさらに発達させたのは 1989 年，ニューヨークのヨークタウンハイツにある IBM 社の T. J. ワトソン研究センターであり，その結果 20 nm の解像度を獲得し，半導体のドーパートグラフに利用された．

STM では絶縁表面を画像化できないので，科学者たちはトンネル電流に頼らない，針と試料の相互作用の形式を探そうとした．1985 年ウィリアムズ（C. C. Williams）と H. K. ヴィックラマシンギ（H. Kumar Wickramasinghe）は，走査熱プローブを開発した．これは本質的には探針の端に取り付けられた小さな熱電対であり，その探針はミリ単位の感度および 50 nm のスケールで空間的な温度変化を測定することができた．ウィリアムズとヴィックラマシンギはそれを使って，電子回路のフォトレジストやプローブ・ホット・スポットのような絶縁表面を描き出した．

原子間力顕微鏡（AFM）は 1986 年にビニッヒによって発明され，彼がスタンフォード大学のカルヴィン・クウェイトの研究室にいる間にそれを発達させた．針が試料を走査するときの力を一定に維持するためにフィードバックループが用いられている以外は，この装置はスタイルス・プロフィロメーター（Stylus Profilometer）と似ている．その探針は非常に弱い金箔に取り付けられ，その探針の尖端の原子と試料の原子との間の原子の斥力（一般的には $0.01\,\mu N$）は，カンチレバーの振れの測定を使ってチェックされた．1987 年には，Y. マルティン（Yves Martin）とヴィックラマシンギは極微の集積回路を損傷することなく測定する必要性にかられて，非接触型（あるいは牽引型：アトラクティブ・モー

ド)のAFMを開発した.もとのAFMの拡張版であるこの装置は,金箔と探針との共振やSTMセンサーの代わりにラスタを用いていた.それとは独立にIBMアルマーデン(Almaden)のG.マックリーランド(Gary McCleland)およびその他の人々が提案したのは,針の代わりに試料を振動させることによる,非接触型のものであった.こうした装置は反発型のAFMよりも3段階ほど弱い,ファン・デル・ワールス力のような力を測定することができた.この驚くべきほどの力に関する感受性のおかげで,磁気ディスクのような表面の磁気像を記録するための磁石の針を利用した磁力顕微鏡(MFM)や,電荷やポテンシャルイメージを記録するための,針と試料との間の電圧を利用した,電気力顕微鏡(EFM)が可能になった.

一方でP.ハンスマ(Paul Hansma)らは反発型AFMを大きさごとに改良する際に,針と試料との間に液体の媒体を用い,レーザー感知を利用していたが,それは生物学へ適用するためには重要な前進であった.もう1つの重要な進歩となったのは,1987年にJ.グレッシュナー(Johanne Greschner)らによって導入されたシリコン製の探針と,1988年にクウェイト(Quate)によって導入された窒化シリコン製の探針であった.

最後に,STMとAFMからいくつかの発展形もあらわれてきたことも述べておこう.走査電気化学顕微鏡(A.バード(Allen Bard)らによって1989年に紹介された)はナノメーター規模で電気化学効果を検出し,測定する.逆光電子放射顕微鏡(1988年J.ギムゼウスキー(Jim Gimzewski)らによる)はSTMの針からの光の放射を測定する.弾道電子放射顕微鏡(1988年W.

商業用走査トンネル顕微鏡(1986年,W.A.テクノロジー社製).SM 1989-576.SSPL提供.

カイザー(William Kaiser)らによる)は半導体接合の表面下の情報を測定する.光起電力STM(1900年ハマース(R.J.Hamers)らによる)は光学的な誘導ポテンシャルを,ナノメーター規模で局所的に測定する.AFMは,超可聴周波数での近接場音波顕微鏡(1989年高田啓二らによる)やナノメーター規模での摩擦力顕微鏡(1987年M.メイツ(Mathew Mate)らによる)としてはたらくよう調整される.こうした顕微鏡のすべてが走査プローブ顕微鏡の発展したものであり,生物学や物性物理学に与えた影響はますます大きくなってきている.

[H. Kumar Wickramasinghe/
成瀬尚志・橋本毅彦 訳]

■文 献

Binnig, G., and H.Rohrer."The Scanning Tunneling Microscope." *Scientific American* 253 (August 1985): 40-56.

Quate, C. F. "Vacuum Tunneling: A New Technique for Microscopy." *Physics Today* (August 1986): 26-33.

Rugar, D., and P. Hansma. "Atomic Force Microscopy." *Physics Today* (October 1990) : 23–30.

Wickramasinghe, H. K. "Scanned Probe Microscopes." *Scientific American* 261 (October 1989) : 98–105.

◆ 測 高 計
➡ ヒプソメーター

◆ 測 鎖

Surveyor's Chain

測鎖は，主に測地に使われるものである．それはA.ラスボーン（Aaron Rathborne）によって開発されたが，彼はその著書『測量師（*The Surveyor*）』（1616年）の中で「10進法目盛りの鎖（decimal chayne）の製作と使用は私の独力でなされた」と述べている．ラスボーンの鎖は1ポール（16.5フィート，約5 m）に対して10のリンク［連結して測鎖を構成する等長の金属製の棒］をもち，各々のリンクは10増えるごとに印がつけられている．この測鎖はやがて，測量師らが水平面上の距離を測るために使っていた伝統的な木の棹と縄または綱に取って代わった．

よりよい成功をおさめた測鎖は1620年にイギリスの数学者・天文学者であるE.ガンター（Edmund Gunter, 1581–1626）によってもたらされた．ガンターの測鎖は，測定の誤りの可能性を軽減するものであった．なぜならばそれは，ラスボーンのものとは違って，どちらの端を手前にしても使えるものであったからである．その扱いにくさにもかかわらず，この測鎖は1800年代中頃に鉄製の巻尺が開発されるまでは，測量師の標準的な測定道具であった．

ガンターによるオリジナルの測鎖は66フィート（4ポール）の長さで，各々の長さが7.92インチである100のリンクからなっていた．33フィート（2ポール）の測鎖はより扱いやすいものであり，さらに広く使われた．各々のリンクは一般に，縁に鋸歯状のぎざぎざがあってきつく閉じてある楕円形の2つの輪によって，他のリンクとつながっている．リンクの端は鉤になっており，もつれないようにリンク［の棒状部分］の近くに閉じられ曲げられている．さまざまなデザインの真鍮製の印が10のリンクごとを単位として区別する．測鎖は，把手のところで長さを調節することによってより精度の高いものとなった．この把手によって，使っている間中，測鎖を長くすることの補正ができた．真鍮製のリンクをもつ鎖が，1881年以降のアメリカでの土地測量のために必要とされた．

測鎖は，イギリス，フランス，ドイツ，スウェーデン，アメリカで，手工業によって生産されていたことが知られている．さまざまな種類の鎖があったが，以下に示す記述はその区別に役立つ：

技師の鎖：長さ50ないし100フィート；50ないし100個の12インチのリンク

スペインバラ鎖：長さ10ないし20バラ；50ないし100個のリンク

フランスメーター鎖：長さ10ないし20メートル；50ないし100個のリンク

ペンシルベニア鎖：長さ33ないし66フィート；40ないし80個のリンク

1843年に，測鎖の主な製造元であるイギリスのシェフィールドにあるチェスター

◆測 深 器

Depth Sounder

測深器（depth sounder/finder）は慣例上，ファソム（1ファソム＝6フィート（約1.8 m））単位で水深を測定する．伝統的な測深器は，鉛のおもり（測鉛）に麻の糸（測線）を結びつけたもので，船の舳先から投下して使った．船乗りは舷側ごしにそのおもりと糸を投げ，手で糸を繰り出しながら，おもりが海底に届いた手応えを感じるまで測標［所定の深さにつけた目盛り用の明確なしるし］を数える．測深器は，船員が世界中で使う航海用具だった．19世紀，とりわけアメリカとイギリスでは，水路測量学者が精密な海図をつくる測量技術と結びつけてそれらを利用し始めた．

探検や海図作成，また特に海底電信には，深海を正確に計測し，海底の堆積物を回収できる測深器が必要だった．1840年代，アメリカ海軍の水路測量学者は，重さ32ポンドの金属球に撚糸を取り付けたものを使い始めた．この細い測線が何百ファソムも水に浸かったときでさえ，重い金属球は，浅瀬での場合と同じ「測鉛」対「測線」の重量比率を保った．理論上，これによって水路測量学者は，いつ測線の繰り出しが止まったかを観測できるわけだったが，海底にぶつかった瞬間はかならずしも明確にならなかった．

測深器が海底に届いた瞬間を確定するもっとよい方法があらわれたのは，1850年代後半から1860年代にかけて，水路測量学者が，19世紀初めに北極探検家J. ロス（John Ross, 1777-1856）の提唱した技術を適応させたときだった．測線が100ファ

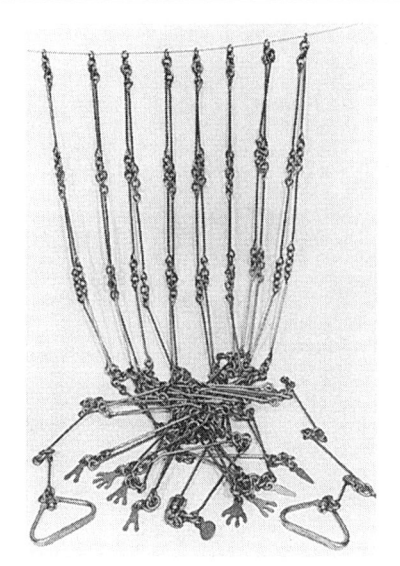

ベイカーによるガンターの鎖，100の環（66フィート）(19世紀中葉)・SM 1872-78. SSPL提供．

マン社が，精製したワイヤーで補強した布の巻尺の特許を取った．鉄製の巻尺のアメリカでの最初の特許は，1867年にブルックリンのエディ社に出された．測鎖は急速に100フィートの鉄製の巻尺に取って代わられ，20世紀の初頭にはほとんど使われなくなった．しかしながら，「測鎖で測ること（chaining）」という言葉は「巻尺で測ること（taping）」と相互に交換可能なものとして使われている．

[David Krehbiel／葉山　雅訳]

■文　献
Rathborne, Aaron. *The Surveyor in Foure Bookes*. Preface, Book 3. London, 1616.

ソム繰り出されるごとに時間を記録し，その間隔を計算するのである．水深が増すにつれて間隔は着実に長くなったが，測深器が海底にぶつかった後は明らかに短くなり，それによって深さが推定できた．その同じ10年間に，蒸気船とデッキエンジンが深海の測深に応用された．

1852年，米国海軍のJ. M. ブルック（John Mercer Brooke, 1826-1906）が，取り外し可能な測鉛のついた測深器と，回収のできる試料採集管を発表した．この装置は，中空の投げ玉に棒が1本はめこまれ，玉はつりひもで固定されていた．装置が海底にぶつかると，測深線がゆるみ，つりひもと玉を支えていたアームがはずれた．その後の20年間で，他にもおびただしい数の測深器がアメリカとイギリスの水路測量学者によって設計，製作され，事実上，海洋のあらゆる深海探測船で試用された．例えば，英国軍艦スピットファイア号に乗船していた鉄工が1856年に発明したボニッチの鉤爪は，ブルックの機械に似ていたが，さらに簡素で確実な脱離機構を備えていた．

この時期には3種類の音響測深器が登場し，いずれも，海洋動物学の先駆者となった博物学者や顕微鏡使用者から熱狂的に迎えられた．英国軍艦タルタロス号の艦長F. スキード（Francis Skead）が開発したスキード測深器は，小さな碗を使って堆積物を集めた．初期の碗状測鉛は，獣脂を利用して海底のわずかな粒子を拾い上げたが，海底電信会社がもっと大きな標本を必要としたとき，より多くの堆積物を取り込むための弁がつけ加えられた．さらに大きな標本は，英国軍艦ブルドッグ号の技師兼博物学者が1860年に開発したつかみ取り測深器によって回収された．このブルドッグ測深器には弾性ゴムのスプリングがはめ込ま

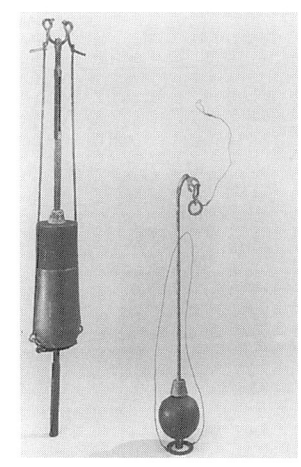

測深器2種．（左）ブルックの測深器の改良版で，英国軍艦サイクロプス号の航海で使われたもの（1857年）．（右）ブルックの測深器（1856年）．SM 1876-833, 1876-832. SSPL提供．

れ，測深線がゆるんだときに2つの碗がパチンと閉じる仕掛けになっていた．第3の型は，1868年に英国軍艦ヒドラ号の鉄工と2人の水夫が考案したコア採取器だった．これにはスプリングがついていて，標本管を海底に送り届けた後，おもりを放出するようになっていた．

1870年代には，麻に代わる鋼製ピアノ線の使用によって劇的な転機が訪れた．1872年，物理学者W. トムソン（William Thomson, 1824-1907）は，電信会社の要望に応えるばかりか，同時により安全な航海のためにもワイヤー測深器を設計した．トムソンは，ワイヤーの繰り出し，測定，ワイヤーのたぐり寄せの仕組みと装置を全部まとめて1つの自己完結した機械にした．この機械の小型版は，300ファソムのワイヤーを装備し，20ポンドで売り出されたが，深海型の値段は127～10ポンドである．アメリカの2人の水路測量学者G.

ベルクナップ（George Eugene Belknap, 1832-1910）と C. D. シグズビー（Charles Dwight Sigsbee, 1845-1923）は，ブレーキとアキュムレーターに手を加えてトムソンの機械を改良した．トムソンとシグズビーの測深器は，1887年にF. ルーカス（Francis Lucas）が発明した機械に取って代わられるまで海底電線調査に採用されていた．ルーカスの測深器は，調整が容易なバネ仕掛けのワイヤー繰り出し車輪をもち，水路測量船や海底電線敷設船の標準装備になった．第一次世界大戦前は，測線なしの測深器が測線と測鉛に取って代わることはなかった．水深の一作用である圧力を測る装置ばかりか，船の測程儀に似た航行距離計測深器を開発する努力もなされたが，どちらも長続きしなかった．1920年代に入ると，音響測深用および側方監視用のソナーが，深さを測るための伝統的な測深器に取って代わったけれども，旧式の測深器は，引き続き海底標本の採集の務めを担った．

[Helen Rozwadowski／忠平美幸 訳]

■文 献
McConnell, Anita. *No Sea Too Deep : The History of Oceanographic Instruments.* Bristol : Adam Hilger, 1982.
Maury, Matthew Fontaine. *The Physical Geography of the Sea.* New York : Harper and Brothers, 1855.
Sigsbee, Charles D. *Deep Sea Sounding and Dredging : A Description and Discussion of the Methods and Appliances Used on Board the Coast and Geodetic Survey Steamer "Blake."* Washington, D. C. : Government Printing Office, 1880.

◆測 程 儀

Log

測程儀は，周囲の水に対する船の航行速度を測定するもので，航行中の各地点の位置を決定するのに用いられる．種々の航路に対して走行距離に基づく航法を，「推測航法（デッド・レコニング）」という．

速度を見積もる単純な方法である手用測程儀（チップ・ログ）は，船員が甲板から浮きや木片（それゆえ，英語で測程儀を「ログ（木片）」という）を投下し，それが船の側面に沿って1つのしるしから次のしるしへと動くのを観測する．この種の目視による測定は，おそらくコロンブスの時代に使われ，大陸発見の航海で活用された．この測程儀では，観測時間が短いために物体の端点通過時の確認が困難だが，18世紀末のオランダ船でも使われ，20世紀の航海マニュアルでも推奨されている．「オランダ人のログ」とともに，船の速度は，計測された距離と時間から，タバコ入れなどの個人の持ち物に記された変換表を通じて計算された．

イギリス人のW. ブーン（William Bourne, 1539-1591）は，1574年に測程儀を記している．その改良された形態は，ひもに結びつけられ，船尾後方に流されることで観測時間を延ばすことができた．この測程儀は，木でできていて鉛のおもりで立って浮かび，ひもと小索でつながっており，最大の抵抗を保つようにされた．ひもは通常150ファソム（1ファソムは6フィート，約1.8 m）の長さであった．航海士がどれだけひもが出ていったかを決定することができるように，ひもには規則的間隔で結び目（ノ

ット）がついており，それが船の速度をあらわす「ノット」の語源になった．

17，18世紀における海洋貿易の発展により，船の速度の正確な測定が必要となり，何人かの発明家が自己記録式の測程儀を開発した．これらは，抵抗のある媒体中をらせんやネジが軸方向に動くときに，軸の回りに回転するという原理に基づいている．もしもネジの回転が船上の車輪や歯車に伝えられ記録されれば，水の中での回転数と進んだ距離を知ることができる．試作品がいくつかつくられたが，どれも船上の車輪のメカニズムの抵抗のため読みが不正確だった．

最初の成功した自己記録式の測程儀は，E. マッシー（Edward Massey）によって開発され1802年に特許が取得された．マッシー測程儀はそれ以前の試作機に似ていたが，いくつかの重要な点で異なっていた．それはより敏感で信頼性のある形の車輪からなるが，進んだ距離は車輪のそばの箱のダイヤルの列に記録され，測程儀とひもを海から取り出した後に読み取られた．マッシーの甥である T. ウォーカー（Thomas Walker）は，ダイヤルを車輪のケースの外側につけた「銘形測程儀」を開発し，1861年に特許を取得した．より便利な形態の回転式測程儀は1879年に導入され，読みやすいように船上の線の他端にダイヤルを置くものであった．通常は船尾の手すり（タフレール）につけられたので「タフレール・ログ（曳航測程儀）」と呼ばれる．

船底測程儀は，後方に流すのではなく，船底から突き出される．ロシア海軍の艦長であった B. チェルニキーフ（Basil Chernikeeff）によって1915年に開発された「チェルニキーフ測程儀」は羽車からなっており，航行中に船尾から下方に15〜18イン

測程儀，測程線，測程盤．Samuel Champlain. Les Voyages de la Nouvelle France Occidentale. Paris, 1632：49–51. SSPL 提供．

チ突き出せるよう昇降させられる管に収められている．羽車の回転は電気的に距離記録器に伝えられる．近年，羽車式の測程儀への関心が高まりつつあるが，それはプレジャー・ボートの流行と羽車，ベアリング，電子機器の技術向上によるものである．だがそれは海洋での摩耗や破損に弱い．

他の種類の船底測程儀は，異なる原理を利用する．ピトーメーター測程儀は，1730年の H. ピトー（Henry Pitot）による発明に基づき，流水の圧力を測定する．すなわち管の前面の開口部で水の動圧を受け，まわりの管の静水圧と比較することで速度を測定する．

電磁式測程儀（EM）は，電磁石によって生み出された磁場の中を水が運動することで生じる電位差を利用する．M. ファラデー（Michael Faraday, 1791–1867）が1831年に水流の測定をする際に，初めてこの原理を応用したが，成功しなかった（流量計

の項を参照）．その後1917年に船の速度感知器として特許が取られた．ファラデーの法則から，この電圧は水流の磁場に対する相対速度に正比例する．EM測程儀は，本質的にロドメーターと同じで，流線形の断面をもち先端近くに感知器を備えている．伝導性の海水は磁場を遮断するので，それは水の速度に比例する信号電圧をつくる．指示送信機が，操舵室の計器に速度を表示する． [Jobst Broelmann／橋本毅彦 訳]

■文　献
Admiralty Manual of Navigation, Vol.1. London：HMSO. 1938.
Griswold, L. W. "Underwater Logs." Navigation 15 (1968) ：127–135.
Hewson, J. B. A History of the Practice of Navigation. Glasgow：Brown, Son and Ferguson, 1963.
Hutchinson, W. A Treatise on Practical Seamanship [1777]. Reprint. London：Scolar, 1979.
Waters, D. W. The Art of Navigation in England in Elizabethan and Early Stuart Times. London：Trustees of the National Maritime Museum, 1958.

◆速　度　計

Speedometer

　速度計は，動く乗り物の速度を示すものである．自動車の初期の時代においては，路上の自動車の数も比較的に少なく，速度表示計も安全な運転にはさして重要ではなく，走行距離計のほうが有用な計器であった．多くの蒸気式配達車は1900年代初頭に，年間平均走行距離が12,000マイル(19,308 km)だった．イギリスでは1937年10月1日以降，常に時速12マイルに制限されていた障害者の車両を除いて，その日以降に登録された全車両に対して速度計を装備することが法的に規定された．
　イギリスの最初の速度計の1つは，国王エドワード7世（Edward VII）の所有したダイムラー車のために1904年にS.スミス（Samuel Smith, 1782–1867）によって製造されたものである．時計職人のスミスは1851年頃にロンドンで商売を始めた．自動車車両の急速な普及とともに，自動車付属品を製造するS.スミス＆サンズ社が1914年に設立された．5万個あまりの速度計が当時使用された．サミュエルの五男のA. G. スミス（Allan Gordon Smith）は，車軸につけて走行距離を記録する単純な装置であるマイレオメーターを発明した．
　さらなる発展と車の速度を知りたいという国王の願いとによって，速度計が生産されるようになった．それは通常車両の隔壁や風よけの柱に走行距離計と一緒に埋め込まれて装備された．
　初期には多くのデザインがあり，その中の1つは電気式速度計で，路上の車輪が小さい磁気発電機を回転させ，電線で電圧計につながり電流に相当する速度の読みを表示するものである．これは壊れやすかったので1911年には姿を消し，代わって厳しい道路条件にも耐える丈夫な計器が登場した．
　イギリスにおける主要な速度計の製造業者は，スミス社，ワトフォード社，エリオット社であった．ヨーロッパにおける初期の製造業者はO. S. 社とイェーガー社が含まれた．A. T.（あるいは自動テンポ計）はドイツで導入され，後にスミス社によってつくられた．アメリカの企業には，ジョーンズ，A. C.，ノース・イースト，スチュワート，ワルサムの各社があった．
　ジョーンズ速度計は，1901年のニューヨークからバッファローまでの耐久レース

で最初に利用されてから急速に普及し，一時には日産千個にまで生産が増大した．ワーナー速度計は 1903 年に特許が取得された．同社は 1912 年に J. K. スチュワート (John K. Stewart) に売却され，スチュワート・ワーナー速度計会社が設立された．

ほぼ同時期に開発された調速式速度計は，蒸気機関を制御するために発明された装置に基づいている．それはバネで負荷を受けたおもりが軸についており，おもりは遠心力とともに開き，指示器の操作をする機構につながるスライドを押し，速度をスライドによってなされる運動に比例する量としてダイヤルに表示する．回転軸に刻まれたウォームギヤが，走行距離計の機構の輪に結合している．この種の装置は，調速機に必要な駆動力を与えるために，通常毎分 3,000 回転の高速で自転するケーブルを必要とする．この高速のために，調速機はボールベアリングに置かれている．

アメリカのウォルサム速度計は，近くに固定された 2 つのカップと，その上にあり 2 つの間隔が約 0.01 インチの二重のアルミ製のカップに基づいている．カップの間の空気摩擦は細いバネで制動される駆動カップを回すのに十分である．外のカップは，ダイヤル内のスロットを通じて示される速度とともに印刷された．

その後磁気式速度計は，車両の速度に比例して回転する柔軟なケーブルによって回転する磁石を用いるようになった．磁石と同心的にアルミのカップあるいはディスクがダイヤルの上に指示器をもち，下に細いバネをもつスピンドルの上につけられた．磁石が回転すると磁界も回転し，アルミのディスクに渦電流を引き起こすことで，ディスクは磁石の回転方向に回り出すことになる．運動の量は，与えられた強さの細い

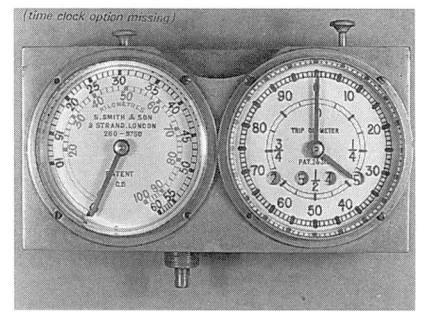

スミスの初期の速度計と走行距離計．ヴィンティジ・レストレーションズ提供．

バネによって調節される．初期の事例では，速度の目盛りはアルミのカップの端に書き込まれ，カバーのダイヤルのスロットを通して見ることができた．磁石の下には，距離計を動かすためにウォームギヤが取り付けられた．これらの装置は単純なつくりをしており，あまり高速のケーブルの回転やスピンドルにボールベアリングを取り付ける必要などがなかった．生産の経済性から，速度の指示と走行距離計の機構について，同じ磁石の原理が，電気機械式ならびに固体式ディスプレイ装置の発展にもかかわらず，現在まで使われている．

時間測定の機構は，腕時計や置時計の機構に類似のギヤ駆動とつり合い式の輪の脱進機から構成されている．脱進機は，カムの軸の回転速度を制御するもので，それによって記録機構が規則的な間隔で駆動を受けるようになる．この間隔の間，機構の回転が数えられ針でダイヤル上に示される．針は一カ所から次の個所へ動くことで，非常に正確な読みを示す．この機構の複雑な性質は，巧妙な部品を繊細につくる必要があり，それは生産コストが高いことを意味する．磁気的装置は製造がそれほど複雑でなく単純なために，より広く好まれている．

他の速度指示器は航空機や船舶用に開発されている．

[John E. Marks／橋本毅彦 訳]

■文　献

Kennedy, Rankin. *The Book of the Motor Car : A Comprehensive and Authoritative Guide on the Care, Management, Maintenance, and Construction of the Motor Car and Motor Cycle*. London：Caxton, 1913.

Kennedy, Rankin. *The Encyclopaedia of Motoring : Containing Full Definitions of Every Term Used in Motoring, with Special Articles on Roadside Troubles, Electric Ignition and Similar Important Subjects*, edited by R. J. Mecredy. 3rd ed. Dublin：Mecredy, Percy, 1909.

◆測　量　機　器
　➡ 距離測定【光学式】【電磁式】

◆測　角　器

Goniometer

　最も基本的な意味において，測角器は角度を測定する．特殊な測角器はいくつかの領域（例えば測量，物理学，骨相学）において使われてきたが，最も一般的で歴史的に重要な測角器は，結晶学者によって結晶面の角度を測定するために使われるものである．

　最初の測角器は手でもつ装置であった．それのもととなっている分度器のように，接触式測角器は2つの可動のアームによって角度を直接計るようになっていた．もし結晶が大きく面が平らなら，それは容易に1度か2度の精度で角度を計ることができた．最良の条件下ではこの種の直接測定の精度は0.5度に及ぶ．

　最初に接触式測角器を組織的に利用したのは，J.-B. ロメ・ド・リル（Jean-Baptiste Romé de l' Isle, 1736-1790）で，彼の『結晶学（*Cristallographie*）』（1783年）はこの問題の最初の科学的な論考と考えられている．その目的のために発明され，助手のカランジョ（Carangeot）によって製作された測定器を使って，彼は体系的に測定を進め，いくつかの単純な結晶の形の角度が不変であることを立証した．

　ロメは結晶学を鉱物の同定の基礎として確立させようとした．この鉱物研究のアプローチは，彼の科学研究に対する見解から影響を受けている．ロメが支持したグループは反対者によって「名づけ屋（nomenclateur）」と揶揄された．ロメらはC. リンネ（Carl Linnaeus, 1707-1778）とともに自然科学の主要な目的は分類であると考えていた．一方の「体系家」は，必ずしも経験的な研究に基づかない仮説に基づく一般的体系の構築に大きな関心をもっていた．

　ロメの経験的研究は，R.-J. アユ（René-Just Haüy, 1743-1822）の研究と好対照をなしている．アユは，すべての結晶が由来する基本的「原形」の存在を前提にした数学的体系によって，結晶を分類しようとした．数学的観念主義者であるアユは，「自然の単純性」の原理に固執し，彼の理論的予測に反するどのような測定も断固として拒否した．より精密な測定器具が登場しても，アユは精密さで劣る接触式測角器を利用し続けたことは特筆すべきだろう．

　おそらくアユの推測を論駁しようとして，イギリスの化学者 W. H. ウォラストン

(William Hyde Wollaston, 1766-1828) は1809年に反射式測角器を発明した。光学テコの原理を利用して、ウォラストンの単純で安価な装置は、それ以前の測角器がもっていた本質的な欠点をうまく解消することができた。それは水平軸の一端に取り付けられた青銅の円盤からなり、円盤の縁には目盛りがふられている。計測される結晶は水平軸のもう一方の端に置かれた。観測者は結晶の位置を調節し、遠くに投影される像が、1つの結晶面から反射されて観測者の目に入るようにし、次の表面が同じ像を反射するまで結晶を回転させる（目は同じ位置のままである）。こうして2つの結晶面の間の角度を、円盤の目盛りから読み取るのである。ウォラストンの初めの装置は、2つの結晶面の間の角度を5分の精度で計ることができ、また結晶面の大きさが50分の1インチ程度でも測定することができた。

ウォラストンは彼の発明を解説した論文でアユの名前を決してあげなかったが、アユの研究を「表面の……想定された位置と単純な比による、見かけ上の調和という誘惑的な状況とから導出された結果」として特徴づけている。彼はまたアユの炭酸カルシウムの結晶の測定には30分以上の誤差があることを指摘し、自分の測角器が「おそらく多くの以前の観測値を修正することになるだろう」と予想した。

反射式測角器は、鉱物学を独立の研究分野として化学から分離させたものとして知られている。J. ハーシェル (John Herschel, 1792-1871) は、1830年に書かれた科学の発展に関するレビューの中で、ウォラストンの「エレガントな発明」を科学装置の模範と位置づけている。「簡単で明確な測定が遂行できるということから、1つの科学的分野がいかに重要な影響を被ることであろうか。そのような測定に適した装置の作成と普及の例として、反射式測角器ほどの好例はない。この単純で安価で携帯可能な装置は、鉱物学を一変させ精密科学のすべての特徴をその分野にもたらした」。

ウォラストンのもともとの装置とほとんど同じ装置が19世紀の間教室で使われ続けたが、より精密な装置も登場した。なかでも成功したのは、フランスの物理学者J. バビネ (Jacques Babinet, 1794-1872) によって1839年に開発されたものと、ベルリン大学の化学教授E. ミッチャーリッヒ (Eilhard Mitscherlich, 1794-1863) によって1843年に開発されたものの2種類である。バビネの反射式測角器は、目盛りのついた水平の円盤をもち、光源に対してコリメーターとして働く望遠鏡と、像を観測するための望遠鏡の2つの望遠鏡を備えていた。バビネは回折格子の仕事で知られているとおり、彼の測角器はとりわけ分光学に適していることが判明した。ソシエテ・ジュヌボワーズ社の1890年のカタログにはバビネの測角器を「変更せずに分光器として利用できる」装置として記している（分光光度計の項を参照）。

鉱物学者にとって、バビネの測角器は大きい結晶や大きな岩石についた結晶を測定する際に優れていた。物理学者にとってはそれを実験室において最も価値のある装置と考えた。測角器としては、それは結晶の角度を測定し、固体や液体の屈折率を測り、分散を研究するのに使うことができた。分光器の形では、波長を測定するのに使うことができた。アメリカで最初に大学の研究室を発展させたE. C. ピッカリング (Edward C. Pickering, 1846-1919) は、それぞれの研究室が「1つの大きく正確な」

ケイリーによるウォラストンの反射式測角器 (1820年頃). SM 1927-116. SSPL 提供.

バビネ式測角器と「精密ではない作業をこなす小さいもの」とを備えるように薦めている.

ミッチャーリッヒの基本設計は,垂直の目盛りのついた円盤と2つの望遠鏡をもっていた.測定は,第一の望遠鏡についた十字線の反射光がそれぞれの結晶面上の観測望遠鏡に重ね合わされることでなされる.年を経るごとに,器具製作職人はさまざまなより複雑なミッチャーリッヒ型の測角器をつくり出していった.これらの精巧な装置は大変正確ではあるが,操作をするのに忍耐と技能を必要とする.

光学的測角器は20世紀に入ると他の種類の測定法に置き換えられたが,鉱物を同定する際に限ってはいまでも使われている.

[Steven C. Turner／橋本毅彦 訳]

■文 献
Turner, Steven C. "The Reflecting Goniometer." *Rittenhouse* 27 (1993): 84-90.
Usselman, Melvyn C. "The Reflective Goniometer and Its Impact on Chemical Theory." In *The History and Preservation of Chemical Instrumentation*, edited by John Stock and Mary Virginia Orna, 33-40. Boston: Reidel, 1986.
Wollaston, William Hyde. "Description of a Reflective Goniometer". *Philosophical Transactions of the Royal Society of London* 99 (1809): 253-258.

◆ソ ナ ー

Sonar

ソナー(SONAR: sound navigation and ranging)は,水面下の物体の位置を探知決定する超音波技術である.それは第一次世界大戦の際にUボートの脅威を封じ込めようとする試みとして誕生した.レーダーと異なり,ソナーは大衆の想像をかき立てることはなかった.

英海軍は潜水艦にほとんど注意を向けず,大戦が始まったときに,この新しい脅威を探知し破壊するために根本的な組織的技術的方法が必要となった.あらゆる方法が検討され,アシカを水面下の耳として利用したり,潜水艦を見つけるようカモメを訓練するといった奇抜な方法が考えられたが実現しなかった.電磁波は水中で非常に早く減衰してしまうので,水面下で音を探知するのが最も実用的な方法であることが判明した.戦争末期には,当時の電話技術に基づいたハイドロフォンあるいは海面下マイクロフォンが広範に利用されたが,効果はたった4隻の撃沈にとどまった.

将来の潜水艦の戦闘にとってより重要であったのは,フランスのP.ランジュヴァン(Paul Langevin, 1872-1946)とロシアの電気工学者C.チロウスキー(Constantin Chilowsky)によって1915年に開始された,高周波の音が潜水艦に反射される超音

波探知の研究であった．同様の研究は，英海軍でカナダ人物理学者ボイル（R. W. Boyle, 1883-1955）によって指揮された民間の科学者たちによってもなされた．この装置は，第一次世界大戦がもう数カ月長引いていたとしたら実戦利用されていたかもしれない．1918年末に，試作機が400ヤード（約365 m）以上の距離で潜水艦を探知した．第二次世界大戦中の平均射程距離も，1,300ヤードにすぎなかった．

イギリスではこのシステムは「アスディクス（asdics）」として知られている．この言葉は1918年7月に登場し，第二次世界大戦の激しい大西洋での戦闘によって有名になった．オックスフォード英語辞典によれば，それは連合国潜水艦探知委員会（Allied Submarine DetectIon Committee）の頭字語ということになっているが，そのような委員会は当時の記録にはなく，それはこの研究を監督し海軍のUボート対策を調整した海軍省の部局，Anti-Submarine Division（対潜部）-ICSによるものと思われる．現在の頭字語sonarはハーバード大学の戦時期の海面下音響研究所の所長F. V. ハント（Frederick V. Hunt, 1905-1972）によって造語されたもので，radarの音声的な類似語になっている．ハントは，音声的にはradarと等価である最初の案のsodar（sound detection and ranging）を，響きが悪いということで取り下げた．sonarという語は，英海軍では1950年代初頭にasdicsに取って代わられたが，このシステムの開発にイギリスが重要な貢献をしたことが忘れられてしまうことを惜しむ海軍士官もいたようである．

音響探知の核心は電気音響変換器で，それは電気信号を音響信号に変えたり逆の変換をしたりして，送信と受信の双方に利用

できるものである．ソナーの変換器におけるエネルギー転換は，磁歪（1846年発見）かピエゾ電気（1880年発見）に基づいている．最初の成功した変換器は，1913年にR. A. フェッセンデン（Reginald Aubrey Fessenden, 1866-1932）が特許を取った，低波長の電気振動機である．最初の超音波変換器は，ランジュヴァンとチロウスキーの水晶と鋼鉄が挟まり合ったもので，第一次世界大戦末期には英海軍が採用し，第二次世界大戦では英海軍のアスディク変換器の基礎となり戦果をあげた．1950年代にもっと強力な磁歪に基づくソナーが開発されるまで使われ続けた．第一次世界大戦の直後には，アメリカ人が水晶を（水溶性の）合成ロシェル塩結晶で置き換えた装置を，1920年代中葉には高出力で磁歪式の変換器をつくり上げた．

戦間期には，戦略家のいう通信海岸線を対潜防衛することに海軍が専念したので，英海軍はイギリスの総合的なソナーシステムを開発した．これは基本的に能動的なソナー「サーチライト」システムであり，機械的に回転する変換器が高周波数の音波を放射し，返ってくるエコーを受信するものである．海軍の科学者たちはこのシステムの3つの構成要素を開発した．水晶変換器，対潜艇を船団についていけるようにする変換器のまわりの流線形のドームあるいは容器，そして攻撃中の潜水艦の進路を記録したり予測したりすることを可能にする科学的距離記録計である．距離記録計は，新聞の写真を伝達する「フルトグラフ」（1929年）に基づいている．この技術は米海軍のリバース・レンド・リースに応用された．ドイツ海軍は1935年まで潜水艦を再軍備することを禁じられたが，精巧な受動的聴音列を開発し，主要艦船が潜水艦の魚雷攻

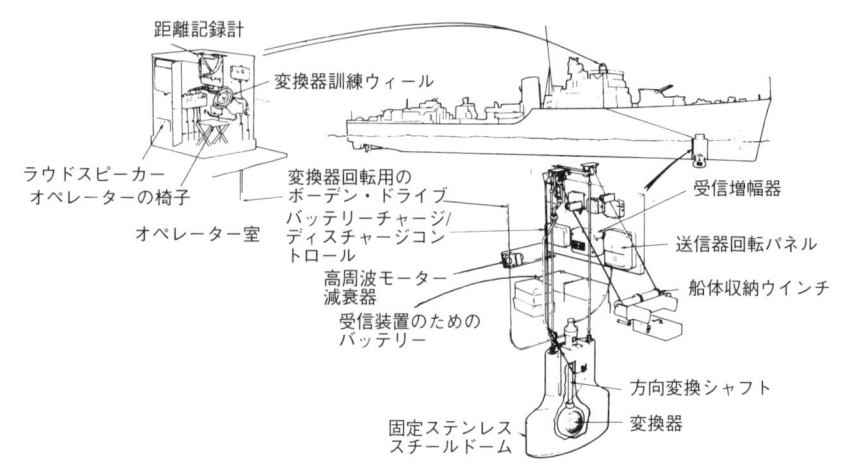

第二次世界大戦中に駆逐艦に搭載された典型的なアスディクスの装備。Hackmann (1984)：28頁，図1. British Crown Copyright ©1984.

撃から逃れられるよう，長距離の探知を可能にした．

第二次世界大戦におけるUボートに対する戦闘は，潜水艦と反撃手段が技術的により精巧になったという点を除けばほとんどの点で，第一次世界大戦のくり返しであった．戦後における高速潜水艦の開発は，米海軍の最初の原子力潜水艦ノーチラス号(1954年)に結実したが，その結果ソナーの技術は実質的に一夜にして時代遅れになった．次世代のソナーの出発点は，戦時期のドイツの受動的な水中聴音器と，レーダーのために開発され，戦後の大型の磁歪型攻撃用ソナーに使われた電子的な走査技術であった．進歩した信号処理技術を備えた現代のソナーは，核戦略潜水艦を封じ込める重要な手段であり続けている．

ソナーという軍事技術は，医療に使われる超音波の洗浄や走査などのように，多くの民生技術への適用が可能である．海洋学は常に軍事的な考慮に支配されてきたが，1920年代から特に重要になり，科学者たちは海の環境条件（温度，塩分度，水圧，空気圧，そして特に温度勾配あるいは「温度躍層」）が水中の音のビームの振舞い（その屈折，反射，分散，伝播，吸収）に影響を及ぼすことに気づくようになった．

海底の地図をつくるのに使われるエコー探査機は，英海軍が攻撃用ソナーのために開発した化学的な距離記録計に強い類似性がある．魚を探知するためのエコー探査機の大規模な利用は第二次世界大戦以降に始まり，その漁業と魚の流通業への影響は甚大なものがあった．高解像度の細いビームのソナーは海底の鉱脈を探知するために設計されたものだったが，他の目的にも利用された．この新世代のソナーの最初の試験は，1951年にイギリス海峡に全乗員とともに行方不明になってしまった英海軍潜水艦アフレー号の場所をつきとめることであった．他の開発は，海底を大規模に探索するための，高解像度の側面走査ソナーであった．GLORIA (geological long-range inclined asdic) は，1960年代末期に国立海洋学研究所によってつくられたもので，観測船の横方向に12マイル (22 km) の距

離,深さ18,000フィート(5.5km)までの海底の地形の音の影のグラフをつくることができた.海軍の海洋学への関わりが研究の優先順位をどれだけ歪めたかを確定することは不可能であるが,他方,海軍の関与が大きな恩恵をもたらしたことは否定しがたいことである.

[Willem D. Hackmann／橋本毅彦 訳]

■文 献

Hackmann, Willem D. *Seek and Strike: Sonar, Anti-Submarine Warfare and the Royal Navy 1915-1954*. London: Her Majesty's Stationery Office, 1984.

Hackmann, Willem D. "Underwater Acoustics and the Royal Navy, 1893-1930." *Annals of Science* 36 (1979): 255-278.

◆ソノメーター

Sonometer

ソノメーター(弦振動測定装置)は,振動している弦の振舞いを調べる単純な器械装置である.この器械は共鳴箱と1本以上の弦でできている.それぞれの弦は2本の釘の間に張られ,自由に振動できるようになっている.共鳴箱は,この装置から出る音量を最大限に増す.1本弦のソノメーターはモノコードの名でも知られる.実験者はソノメーターの弦のどこであれ指で押さえて,発生する音の高さに影響を与えることができる.なかには,固定されていない一端におもりを下げることで弦の張り具合を変えられるソノメーターもある.

ソノメーターは,音の科学的研究に使われた最初期の装置の1つである.紀元前6世紀のギリシャのピタゴラス学派の話を,ピタゴラスの死から約5年後にクロトナのフィロラオス(Philolaus,前5世紀中頃に活躍)が記しているが,そこにはある種の音響学的現象の合理的説明への彼らの強い関心について言及があり,彼らが科学実験用のソノメーターを開発したことが示唆されている.しかしこの学派は,存在していたほとんどの期間,秘密主義を教義にしていたので,その話を裏づける一次資料はない.

この学派は,数学や数理的原理に基づく形而上学にも関心が強く,数こそが世界の基本的な構成要素だと確信していた.ピタゴラス門下のフィロラオスはこう述べている.「知ることのできるすべてのものは数をもっている.数なしで何かを心で理解することや,認識することはできないからである」.

完全4度,5度,オクターブの音楽的協和は,ピタゴラスの時代よりずっと前に知られていた.しかしピタゴラス学派は,ソノメーターもしくは類似の装置を用いて,それらを生み出す弦の長さの比率を明らかにした.音楽的協和に関する彼らの研究は,しばしば「正典学」あるいは「和声学」と呼ばれ,整数比の関係にある長さの弦によって協和の音程が生み出されることを立証した.こうした比率から,彼らは1,2,3,4という数—合体して完全な数10を生む,神聖なテトラクテュス—を引き出すことができた.これらの発見によって,ピタゴラス学派の宇宙成因論の一基本要素としての音楽的協和がしっかりと打ち立てられた.世界は,数を用いて合理的に説明でき,調和しているのだった.

音楽思想が数の研究の中心を占めるようになったので,紀元前4世紀,フィロラオスの弟子であるタラスのアルキュタス(Archytas,前4世紀前半に活躍)は,数学を,天文学,幾何学,数論,音楽という4つの

相関する学問からなる研究分野として論じた．これら4つの相関している学問は発展し，中世の学者の科学カリキュラムである「四学科」になった．

13世紀，アラブの音楽理論家サフィー・アッ=ディーン（Safi al-Din, ?-1294）は，振動弦を用いて実験を行い，弦の太さや長さや張力と，音の高さとを関係づけた．彼と同時代のアル=ジュルジャーニー（Al-Jurjani, 1339-1413）は，サフィー・アッ=ディーンがこれらの研究で直面したであろう無視できない問題を，次のように述べている．「いままでのところわれわれは，弦の太さや細さを測る手段も，その張りやゆるみを測る手段ももっていない」．その300年後，ガリレオ（Galileo Galilei, 1564-1642）はこれらの関係を使って実験をした．そして自ら発見したことを著書『新科学講話（*Discorrsi*）』（1638年）の中で論じ，振動弦の音の高さはその振動の周波数と直接に関係がある，ということを示唆した．

交通の発達によって，音楽家の旅行範囲が一層広くなると，周波数の絶対的尺度の必要性が高まった．ヨーロッパでは19世紀末まで，音の高さがひどくまちまちだった．13世紀から19世紀にかけて演奏されていた教会のオルガンは，275 Hzから500 Hzまでのどの音高に調整されたA音をもっていてもおかしくなかった．

1636年，フランシスコ会修道士M. メルセンヌ（Marin Mersenne, 1588-1648）は音符の絶対周波数を見つけるためのすばらしい実験を考案した．彼は極端に長いソノメーターをつくった．それは長さが100から120フィート（約30～36 m）もあり，非常に低い周波数の振動を起こすことができた．その振動は耳には聞こえなかっただろうが，メルセンヌが数えるには十分なほど

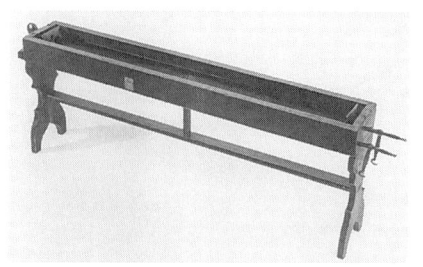

スティーブン・ディメインブレーのコレクション内のソノメーター．おそらく18世紀初頭のもの．SM 1927-1244．SSPL提供．

ゆっくりだった．メルセンヌは弦の長さと周波数の反比例の関係を応用して，音符の周波数を推定した．彼の実験は，測定が極度にずさんなせいで台無しになった．

18世紀初頭に，パリのJ. ソヴー（Joseph Sauveur, 1653-1716）は音高を標準化する手段を考えついた．ソノメーターでの実験を通じて，彼は振動弦の複雑な和声的性質をも明らかにした．1877年，レイリー卿（Lord Rayleigh, 本名 John William Strutt, 1842-1919）は『音の理論（*The Theory of Sound*）』を出版し，その中でソヴーの考えを，J. B. J. フーリエ（Jean Baptiste Joseph Fourier, 1768-1830）による周期運動の複雑な数理理論とみごとに結びつけた．フーリエの解析と総合は，いまなお，現代の多くの音響器械で波形を処理するのに使われている．

20世紀に電気音響学的装置が開発されると，ソノメーターは科学実験の構成要素としてあまり重要ではなくなった．いくつかの周波数探知装置に組み込まれたものの，ほどなく電子帯域フィルターに取って代わられた．今日，ソノメーターは学校や大学の実験室で最もよく見かけ，主に講義の道具として利用されている．科学者の卵たちはそれを使って，メルセンヌ，ガリレ

オ，サフィー・アッ=ディーン，ピタゴラス学派の人々が初めて理解しようと試みた基本的な音響学的現象を体験できる．

[Sarah Angliss／忠平美幸 訳]

■文　献

Hunt, Fredrick V. *Origins in Acoustics*：*The Science of Sound from Antiquity to the Age of Newton.* New Haven：Yale University Press, 1978. ［平松幸三訳：『音の科学文化史―ピュタゴラスからニュートンまで』．海青社, 1984 年］

Lippman, Edward A. *Musical Thought in Ancient Greece.* Columbia：Columbia University Press, 1964.

Miller, Dayton Clarence. *Anecdotal History of the Science of Sound to the Beginning of the 20th Century.* New York：Macmillan, 1935.

Rayleigh, John William Strutt, Baron. *The Theory of Sound.* London：Macmillan, 1877.

◆そろばん【西洋】

Abacus（Western）

そろばんは計算のための道具である．西欧にはいくつかの形式がかつて存在し，なかでも代表的な2つは「計算盤」と「枠つきそろばん」であった．前者は数値としての1を示す単位や，その単位を複数集めた数値を指示する「数取り」［小石，硬貨，ボタンのような小片など］の配置を伴い，それら数取りは一，十，百，など（あるいは他のまとまった個数）を示す列を引いた平板上に置かれる．枠つきそろばんでは，これらの数取りは珠に置き換えられ，この道具に付随する形で，溝の上や針金を貫いて動くようになっている．おそらくこの道具は計算そのものと歴史を共にするのであろう．すなわち，暗算の補助をし，筆算と並行して用いられ，現代の電子計算機やコンピューターの先駆でもあった．

古代バビロニアでは算術的な計算において明らかに，「小石（pebbles）」（ラテン語の *calculi*）が用いられていた．そこではボード・ゲームとしても，計算の用途としても使えるような，罫線を引いた表が見つかっている．古典ギリシャ期やローマ時代になるとわれわれの情報はさらに正確となる．ラテン語の *abacus* という語は「平盤」を意味するギリシャ語の *abax* からきたものである．最も普及したであろう古代のそろばんの形態は，木製あるいは石製の盤の上に線が引かれ，その線上または線の間に数取りの小石が置かれるというものだった．現存する最も良好な例は，サラミスから出土した大理石盤で，その大きさは1.49 × 0.75 m である．それには2組の平行線群が引かれている．その一方には1から1,000までの十進法的単位が記され，もう一方にはギリシャの貨幣単位が，1オボロスの8分の1から6,000ドラクマまでが記されている．この盤には5を基準とする数値（5, 50, 500）の線も含まれているが，これは古典的なそろばんに共通にあらわれているもので，ローマ数字にも反映されており，これらの値を特別に示す記号が存在する．枠つきそろばんもまたローマ人の間で用いられていた．その形態は金属の板に溝が掘られ，その溝の中に珠が置かれていた．大英博物館所蔵の品は，十進法の各位取りのための溝がつけられ，それぞれが順次分割されている．分割された上部には2つの珠が置かれ，「5」の値をその珠の有無によって示し，下部には4つの珠が置かれ，それぞれが「1」を示すようになっている．

この最初の古典的な形のそろばんは，おそらく中世期に至るまで続いて用いられていたようである．古典期，あるいは中世初

期のいくつかの史料において，abacus という語が，幾何学的図形や（後には）数字を書くための埃［あるいは砂］を薄く敷き広げた盤のことをも指すようになったことで，［abacus に関する］混乱が生じた．10世紀中葉以降，この盤に書かれた数字が，インド・アラビア式数字（最初期の史料では「埃数字（dust numerals）」として知られていた）となり始めたとき，この種の計算盤が筆算の先駆形態となったことを知ることができる．しかし，同じ 10 世紀の中頃より，また別の種類のそろばんがあらわれる．それは伝統的なそろばんと筆算の合いの子のようなものである．この器具—「アピケス（apices）つきそろばん」あるいは「ジェルベール式そろばん」（その発明者と比定される，オーリヤックのジェルベール（Gerbert d'Aurillac, 930 年頃）にちなんで名づけられた）として知られる—には，罫線の引かれた盤と数取りが用いられる．しかし［従来のものとは異なり，1 から 9 までの］それぞれの数字には対応する個別の数取りがあった．すなわち，数値としての 9 は，9 つの数取り（または「5」を示す数取りと 4 つの 1 を示す数取り）ではなく，「アペックス」（すなわち「文字」）の「9」が記されている数取りによって表現される．いくつかのそろばんに関する専門書が，10 世紀後半から 12 世紀中頃の間に編纂されたけれども，この種類のそろばんはおそらく教育のための道具として用いられ，インド・アラビア式数字が羊皮紙（市民権を得て，当時一般的な書写材料であった）へ記されていくこととなる準備ともなった．しかしながら実践的な算術にとって，この種のそろばんは煩わしく役に立たなかった．その代わりに，数取りを用いた伝統的な計算盤の変種が用いられていた．

イギリスのヘンリー 2 世の時代（1154-1189），王国の財務はテーブル上に広げられた「チェス・ボード」と呼ばれる黒線を引いた布の上で，計算されていた（ここから "exchequer"［国庫，財務省］という語が由来する）．その線にはペニー，シリング，ポンド，その他高額の単位が記され，線の間に数取りが置かれた．このような計算盤，すなわちテーブルの上に広げた計算布，あるいはテーブルそのものに計算のための線が記されているもの，いずれのタイプも，フランス革命期まで使われ続けた．英語の史料では，数取りは "jettons" として知られるようになり，しばしば非常に凝ったデザインのものが鋳造された．

計算机や計算盤を用いた計算教育は，筆算と並行して行われていた．1543 年にレギウス（H. L. Regius）が出版した教本は重要なタイトルをもっていた．すなわち，『二種の算術についての梗概（*Utriusque arithmeticae epitome*）』である．1503 年の G. ライシュ（Gregor Reisch）による『哲学の真珠（*Margarita Philosophica*）』は適切に 2 つの方法を対照させている．

ロシア式そろばん

中世以後，ヨーロッパにおいて最も早く普及した枠つきそろばんは，ロシア式珠つき計算器，シチェティー（schety：「計算する」を意味する動詞 schitat からきた語）であったようである．これは 17 世紀以来，商業や事務に関する算術についてのロシアの写本において，最初の図と記載が見られる．最古の現存品はオックスフォードのアシュモリアン博物館にある．これはおそらく 1618 年に J. トレイズカント（兄，John Tradescant）によって白海沿いのアルハンゲリスクからイギリスにもたらされたものであろう．しかし彼がそれを得たときに

は，明らかに真新しいものではなかった[通常の道具として出回っていたのである]．これの他にも現存する17～18世紀の遺品，そして写本に記されている図版はともに，すべてが折りたたみ式の枠をもち，その片方には金属，ガラス，象牙，骨，真珠などの珠を刺し通した針金が水平につけられている．針金の本数は一定していない．上方の列には9個または10個の珠がつけられている（おそらくギリシャ式のアルファベットによる記数法，または西欧のインド・アラビア式記数法によるものが用いられていたのであろう．とはいうものの，後者のインド・アラビア式記数法は公式には18世紀の初頭になって初めてロシアに紹介されたのである）．底部の短い列は，5個，4個，3個，2個，1個の異なった個数の珠を備え，分数の計算に用いられる（3つの珠と1つの珠の列は，おそらく，ロシアのかなり複雑な三圃制の地租計算に用いられていたのであろう）．ときたまこのそろばんの中心に，垂直な棒が貫かれているものもある．底部から一番最初の列は1の位の数を示し，次の列は10の位，ついで100の位と続き，時には非常に巨大な数にまで至る．列の真ん中に置かれた2つの珠は，しばしば他の珠とは異なった色をしており，珠の位置の目印となっている．後になるとシチェティーは単一の枠をもつようになり，多くは精密な細工となっていった．比較的最近に至るまでシチェティーは商店，官公庁，学校で常時用いられ，場所によっては現在も使われている．

シチェティーの起源はいまのところ謎である．おそらく16世紀に最初に用いられたとされる．シチェティーに関するロシアの歴史家，スパッスキー（I. G. Spasskii）は，この分野に関しては唯一の研究書にお

中世後期のそろばんと計算盤. Gregor Reisch. Margarita Philosophica. Freiburg im Breisgau：J. Schott, 1535：267. ウェルカム研究所図書館提供.

いて，次のような示唆を与えている．すなわち，このそろばんはロシア国内で数珠に基づいた珠つき計算器具から発展し，1530年代のモスクワ大公国における経済改革が，十進法的な貨幣制度を実質的につくり上げ，この制度がこのそろばんのような計算法を導いた，と．しかしこれは根拠薄弱な仮説で，確たる証拠に裏打ちされているわけではない．しかしながら，[現存する]器具にせよ，17世紀の2，3の写本にかなり精巧に記されているその用法の教本にせよ，いずれの場合も外国にその明確なモデルがあったとはいえない．シチェティーは古代のそろばん，中国や日本のそろばんとも似ていない．その利用はモスクワ大公国内に限られていたと思われる（ウクライナでは用いられていなかったようである）．これは西欧からの訪問者の好奇心の対象となり，いくつかの旅行記でも言及されていた．さらにそろばんは，より広く普及して

◆そろばん【東洋】

Abacus (Eastern)

算術の計算を行うためのそろばんは，今日，主として東アジアと東南アジアで用いられている．この道具は長方形の木の枠組みからなり，2つの長い側面には，いくつかの等長で平行な棒がはめ込まれている．これらの棒は梁によって2つの不等な部分に分けられ，珠が刺し通されている．現行の中国式そろばん（算盤，suanpan）は下部に5つの珠，上部に2つの珠を有している．日本式そろばんは下部に4つの珠，上部に1つの珠を有する．歴史的にはいくつかの変形した形も用いられていた．

そろばんは数値の十進法による位取り表示を可能とする．それぞれの計算において適当に一の位を定めた後，右から左の方向へ10の累乗が大きくなるように表現する．上部にある1つの珠は，その同じ桁の下部にある珠の5つ分の値に相当する．0から9までの各数値は，梁の方向へ弾かれた珠によって表現される．0から4までは下部の珠をその個数だけ［上へ］弾くことによってあらわし，5から9までは上部の珠を1つ［5の値として下へ］弾き，残りの数を下部の一珠で弾く．最も中国で普及しているそろばんは13桁（なかには11桁だけのものも見られる）で，木枠の大体の大きさは15.5×31.5×2.5 cm または，12×24×2.2 cm である．日本のそろばんは21桁を有し，その木枠は大体 6.4×33×1.2 cm の寸法である［実際には，特に桁数に制限はない］．

演算実行の際，数値は左の桁から右の桁のほうへと処理され，その結果は最初の数

いたと考えられる他の計算法と共存していた．その計算法とは，数取り（伝えるところでは深紫色の石）を用い，テーブルあるいは罫線を引いた布の上で行われた．水平に引いた線は十進法的な値のためで，その余白は5を基準とする値のためにある．これによる算法は，それが由来したところのものであろう西欧の計算盤のものと似通っている．J. ペリー船長（John Perry）はピョートル大帝によって1698年から1712年の間に行われた数多くの工学的，測量的な事業のために召し抱えられたが，彼はシチェティーのことをロシア人による発明であると記している．しかしそれについて自分自身は低い評価を下していた．なぜなら，このそろばんは非常に大きな計算をできるけれども，致命的な誤りの原因ともなりうるからであった．

[Charles Burnett, W. F. Ryan／
佐藤賢一 訳]

■文 献

Barnard, Francis Pierrepont. *The Casting Counter and the Counting-Board*. Oxford：Oxford University Press, 1917.Castle Cary：Fox, 1981.

Evans, Gillian R. "Difficillima et Ardua：Theory and Practice in Treatises on the Abacus, 950-1150." *Journal of Medieval History* 3(1977)：21-38.

Pullan, J. M. *The History of the Abacus*. London：Hutchinson, 1969.

Ryan, W. F. "John Tradescant's Russian Abacus." *Oxford Slavonic Papers* 5 (1972)：83-88.

Spasskii, I. G. "Proiskhozhdenie i istoriia russkikh schetov." *Istoriko-matematicheskieissledovaniia* 5 (1965)：269-420.

値の上に順々に書き加えられる．現在，[そろばんによる] 四則演算は筆算のものと同様に記憶された表を用いて実行されるが，伝統的には，特殊な表が四則のそれぞれの演算のために用いられていた．それらの表は，初等的な各操作の結果というよりむしろ，各ステップにおいて今見ている桁の数値がどのように変化するのかということを指示している．それらの表は，13世紀，いまだ算木によって計算することが主流であった頃のテクストに見られ，20世紀の初頭まで教えられていた．例えば，3で割るときの表は「三一三十一，三二六十二，逢三進一十」となる．三で一（または十）を割ると商は三で剰余は一となり，これら2つの数が，[そろばん上の] 連続した2桁にあらわれることとなる．これを「三十一」と読むのである，などなど．

十分な桁数を有するそろばんならば，平方根や立方根の算出，あるいは二次，三次方程式を数値的に解くことも可能である．とはいえ，そろばんのほとんどは会計計算に用いられているので，今日ではこれらの技術をマスターしている人はほとんどいない．最もそろばんの技術に習熟した人は，電子計算機を用いた会計士と同程度のスピードで計算が行える．この計算の迅速さと，そろばんの教育的価値が，子どもたちにそろばんの使い方を教え続けることを [アジア地域の教育界が] 推奨する2つの理由である．

この道具の歴史的な起源はいまだ明らかではない．ローマ式そろばんとの類似が，ある歴史家をして直接的な伝播を仮定させているけれども，その流伝の明確な証拠はない．14世紀以前にさかのぼる中国式そろばんの図像史料は知られておらず，現存最古の数学書でそろばんについて言及し，

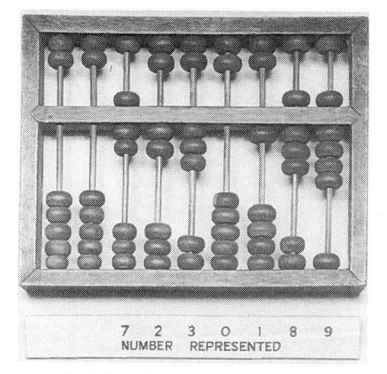

中国式そろばん上に表現された数字 7230189. SM 1863-20. SSPL 提供．

その使い方を述べているのは15世紀のものである．しかしながら6世紀のある本は，あるいはそろばんの起源となっていたかもしれない珠による計算装置について述べている．

中国の算木を用いた数字の表記と運算法は，そろばん上での操作と驚くほど似ている．通説ではそろばんによる計算は，最も普及した計算手段として13世紀から16世紀の間に徐々に算木による計算から置き換わったと考えられている．したがって，2種類の計算道具がある時期には併存し，異なった社会的・専門的な集団によって使い分けられていたようである．算木は数学や他の諸科学の専門家によって使われ，一方のそろばんは民間の算術の計算道具であった．算木が廃滅するに至った事態は，伝統的な中国数学の崩壊を意味していた．そろばんの発達は，民衆の計算力の向上をおそらくは反映しており，道具であるゆえに読み書き能力とはまた別の [発展を遂げた] ものと考えられる．

そろばんは中国から朝鮮，日本へと15世紀頃に広まった．17世紀に筆算がヨーロッパから紹介され，中国の学者によって受

容された後も，そろばんは大衆文化において標準的な計算手段の地位を保っていた．

[Catherine Jami／佐藤賢一 訳]

■文 献

Jami, Catherine. "Rencontre entre arithmétiques chinoise et occidentale au XVIIe siècle." In *Histoire de fractions, fractions d'histoire*, edited by Paul Benoit, Karine Chemla, and Jim Ritter, 351-373. Basel：Birkhäuser, 1992.

Lau, Chung Him. *The Principles and Practice of the Chinese Abacus*. Hong Kong：Lau Chung Him, 1958.

Needham, Joseph. *Science and Civilisation in China*. Vol．3．Cambridge：Cambridge University Press, 1959［芝原　茂，吉沢保枝，中山　茂，山田慶児訳：『中国の科学と文明』第4巻，思索社，1975年］．

Smith, David Eugene, and Yoshio Mikami. *A History of Japanese Mathematics*. Chicago：Open Court, 1914.

Vissière, A. "Recherches sur l'origine de l'abaque chinois et sur sa dérivation des anciennes fiches à calcul." *Bulletin de Géographie* 28（1892）：54-80.

た

◆大　腸　菌

Escherichia coli

　大腸菌（*Escherichia coli*）は小さな細菌であり，鳥や哺乳類（ヒトも含む）の腸管内のどこにでも見られる．たいていの株［大腸菌に限らず細菌はいくつかのタイプを1つの種内にもつが，そのタイプのこと］は，健康な人の正常な微生物相の一部をなす．そしておそらく，他の病原性細菌を追い出し，希少なビタミン類をわずかとはいえ供給してくれるので，いくぶんかはわれわれに便益をもたらす存在でもある．

　大腸菌を道具とみなすのは，いささか奇妙かもしれない．A. クローグ（August Krogh, 1874-1949）は1929年にこう記している．「広範な問題に対し，それを研究する上で最も便利な生物が1ないし数種存在するだろう．それをうまく選んで研究するとよい」．かくして，われわれは，ヒトの細胞を直接実験したり，個々のヒトやヒトの集団を観察したりするのではなく，細菌や酵母・トウモロコシ・ショウジョウバエ・マウスを研究対象とするようになった．いわゆる「動物」からより広い生物へと一般化したのである．本当はどんな生物にも，それを対象にすれば最も解きやすくなるような問題が存在するのかもしれないが，これを確かめるためには，ほぼすべての生物種の飼育培養が実験室で容易にできるようにならなければならない．たいていの生物は実験室の飼育培養には向かず，生物種と生物学的課題の関係の実際は挑戦的な課題となっている．

　大腸菌は，広範な課題に対する研究対象として選ばれ続けてきた．科学情報研究所（ISI）のデータベースによると，1994年には，大腸菌がタイトルに含まれる論文は2,703本あった．ショウジョウバエは1,244本，マウスは9,156本，モルモットは1,575本であり，これらは大腸菌に遜色のない分量であるだろう．だが，赤痢菌やサルモネラ菌をタイトルに含む論文は，それぞれ115本，619本しかない．対処すべき病原菌という観点からすれば，赤痢菌やサルモネラ菌は，大腸菌よりはるかに重視すべき存在なのだが．新薬もしくは新化学物質の毒性検査にはマウスとモルモットが使われる．マウスとモルモットの報告論文の多さはこのことを反映しているのだろう．おそらくこうした生物を対象にした研究は，先の数値の倍以上存在するはずである．論文のタイトル中に生物種名があげられないことも多いので，タイトルをみるだけでは全部の研究を拾いあげることができないからだ．機械仕掛けの道具や電気的な機器では，論文数を知ることによって，その機器の重要性を評価しようとする試みは，さらに問題含みとなるだろう．しかし，数値だけあげておくと，「マススペク」という言葉を

含む論文は1,773本存在する（質量分析計の項を参照）.

エシェリキア属（Escherichia）という属名はエシェリヒ（Theodor Escherich, 1857-1911）の栄誉をたたえて命名された．エシェリヒはドイツの小児科医であり，1885年に，ある細菌を発見し，それをバクテリウム・コリ（Bacterium coli）と名づけ，特徴を明らかにした．それはヒトの腸に広く見られる腐食性の細菌であった．ところが，バクテリウム属（Bacterium）には，1つの属のもとにまとめるには多様すぎる細菌が含められるようになったため，1919年に微生物学の命名法が見直されることになり，そのとき改名されるに至った．このように大腸菌は，現代微生物学のまさに始まりの時点にまでさかのぼることができる研究史をもっている．現代微生物学の始まりの時点では，知られている微生物の大半は，結核菌・肺炎菌・コレラ菌・ジフテリア菌など，危険な病原となる「黴菌」たちであった．それゆえ大腸菌は現代微生物学の開始時から，人工合成培地上で容易に繁殖させることができる安全無害な細菌の代表として用いられるようになった．成長も速く，1時間に倍加が3回可能なほどであり，寒天培地上に一晩ねかせておけば，たやすく肉眼で識別できるコロニーを形成する．液体培地では，混濁した［目的以外の細菌が混入した］成長でもたやすく懸濁を分散化でき，簡単な平板培養手続きを経ることによって，単一の細胞に由来するコロニーもしくはクローンのみを得ることができる．発色酵素基質培地（エオジン・メチレンブルーによるEMB培地，合成酵素基質（X-gal）培地，テトラゾリウム塩培地など）の考案もまた役に立った．コロニーの色のつき方が，さまざまな代謝機能について，い

きいきとした情報を与えてくれる．大腸菌は20世紀前半，基本的生理機能や代謝について，細菌で最も研究された生物だろうが，一般的な生物学の教科書で言及されることは滅多になかった．

大腸菌の人気の転換点は1940年代半ばにある．1つは，バクテリオファージ［細菌を侵襲するウィルス］に関する一連の研究が，大腸菌を用いてなされるようになったからである．また，［無性的繁殖のみをすると思われてきた］大腸菌で，遺伝子の組換えが起こる性的現象が発見されたからだ．管理のしやすさゆえに，大腸菌は好んで研究されるようになった．まもなく，K-12株という1つの株に研究が集中し，それに関する知識が急速に蓄積され，研究をさらに深化させる際の原型となった．K-12株は溶原性のλファージを宿すことが見出された．λファージは1つの「産業」の種を宿していた．また，K-12株には多数のプラスミドが含まれている．プラスミドは細胞質内に存在するDNA粒子であり，接合［プラスミドの1つであるF因子をもつ大腸菌ともたない大腸菌の「交尾」］において伝達される．プラスミドは遺伝子のスプライシング［適切な場所でDNAを切断し，また貼り付けること］や遺伝子工学，現代のバイオテクノロジーの基礎を提供することになった．

K-12株は1922年にヒトの排泄物から単離され，長い間，スタンフォード大学微生物学科でストック株として保管されてきた．まず，C. E. クリフトン（Charles E. Clifton）が1940年代に窒素代謝の研究に用いた．次に，インドールとセリンからトリプトファンがどう生合成されるかを研究していた，クリフトンの同僚 E. L. テータム（Edward L. Tatum, 1909-1975）が，酵

素トリプトファナーゼの研究のために，クリフトンからその株を借り受けた．実験室で長い間培養しているうちに，「滑らかな」表面抗原の多くが失われるようになった．これは無害さの保証がさらに進むことを意味していたので，喜ばしいことであった．1944年に，栄養欠損性突然変異［それまでの培地では生育せず，さらに何らかの栄養源をつけ加えてやらなければならない］がいかにして生じるかについて，テータムが先駆的な研究を行うに及び，K-12株は遺伝学の対象にもなったのである．この研究は筆者（レーダーバーグ）を惹きつけ，共同研究が企てられ，1946年にはテータムとレーダーバーグによって大腸菌の性的遺伝子組換えが発見された．これ以降，1,000を越える研究者が，遺伝学にK-12株を用いるようになった．いまでは全ゲノムもほぼ解明され，遺伝地図とDNA配列の全容がほぼ判明している．現時点でふり返ってみると，K-12株を用いたのはいかに幸運だったのかを理解できる．1946年に使われた方法では，無作為に選ばれた20の株のうち，交叉を成功させるのはただ1つの株にしかすぎなかったのだから．

遺伝子制御の分野における，科学的応用の最も重要な成果のいくつかと，「オペロン」概念の洗練は，パリのパスツール研究所が中心となって成し遂げた業績である．F. ジャコブ（François Jacob, 1920-）とJ. モノー（Jacques Monod, 1910-1976）が得たノーベル賞2つは，筆者が数え上げることのできた，大腸菌に密接に関連する1ダースほどの優れた研究の一部でしかない．オペロンとは，ひとまとまりのDNAの構造で，同じDNA鎖の下流に存在するいくつかの遺伝子の活性を調節するために，抑制されたり，活性化されたりする領域のことを指す．モノーの言葉だとされる「大腸菌の真理はゾウの真理」というモットーは，もちろんヒトにも拡張される．モノーの念頭にあったのは，特に組織の分化理論であったが，これは楽観的すぎる見解であることが後ほど明らかとなり，また，大腸菌（と他の細菌）を一般的な生物モデルとみなすことの限界が指摘されるようになった．真核細胞の染色糸はヒストンというタンパク質とDNAが複雑に折りたたまれた構造をしている．これが染色体となって見えるようになるまでには，より一層折りたたまれなければならない．大腸菌の染色糸の構造は，単純な円環であり，真核生物に比べれば，たたまれ方の程度がはるかに低い．ヒトの塩基対数30億に比べればささやかな数百万塩基対のゲノムサイズをもつすべての細菌に対して，このことは当てはまる．また，高等生物は複雑な分化パターンをもつが，細菌はそのようなことはない．酵母は単細胞であり単純であるが，科学情報研究所のデータベースでは2435本の論文が1994年に生み出されている．この研究の多さは，［大腸菌でわかったことが，そのまま真核生物の酵母にも当てはまるのならこれほどの研究は不要であるはずだから］道具としてのギャップを満たす長い道のりのゆえだといえるであろう．

長い間，道具としての大腸菌の性能を制限してきた深刻なもう1つの問題は，外来性のDNAを大腸菌細胞に導入できないことである．これは電気穿孔法（高圧電気パルスにより細胞膜に孔をあけ，そこからDNA断片を導入する方法）やカルシウム-リン酸塩ゲルへの暴露などの工夫によって克服されつつある．

この道具についてさらに問うべきものがあるとすれば，それは何だろうか．筆者は

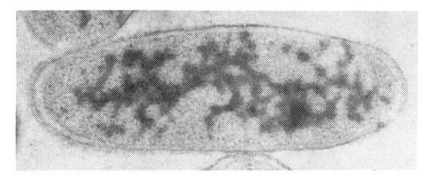

大腸菌の超薄切片の電子顕微鏡写真．免疫学的手法によって，DNAが染色されている．Carl Robinow and Eduard Kellenberger, "The Bacterial Nucleoid Revisited."Microbiological Reviews 58 (1994) : 211-232, Figure 14 (c)．アメリカ微生物学会提供．

以下の4点を示唆したい．
1. より成長速度の高い株を単離選択すること．おそらく，これはより高温において達成されるだろう．しかし，生合成機械の速度に基づく計算をしてみると，すでに理論的最大値に近い．
2. DNA外来性断片の導入の実現．ゲノムサイズを半分以下にできるか．こうした試みの一部を，より速い成長速度のもとで行うこと．
3. 例えば，アシネトバクター属 (Acinetobacter) をエミュレートするために，DNAの自発的取り込み率の改善．
4. 現在，液体窒素温度まで下げることで長期保存が図られている．胞子を形成することができる細菌は胞子となれば過酷な環境でも長期間生き続けることができる．大腸菌にこの性質を導入できれば，長期保管が容易になる．

しかし，以上のような新株が得られたとしても，それのもつこうした利点が，これまでそしていまなお盛んに行われているK-12株を使った探求に取って代わるかどうかは大いに疑わしい．とりわけ，おそらくいまや5万にも達するに違いない一大文献群に蔵されている膨大な知識の備蓄を思うと，その感が強い．K-12株自体を引き続き再操作し，先の利点をもつようにすることを期待するのも，あながち空想のしすぎでもないのかもしれないのだが．

[Joshua Lederberg／廣野喜幸 訳]

■文　献
Krogh, A. "The Progress of Physiology." *American Journal of Physiology* 90 (1929) : 243-251.
Lederberg, J. "Edward Lawrie Tatum." *Biographical Memoirs of the National Academy of Sciences* 59 (1990) : 357-386.
Lederberg, J. "Genetic Recombination in Bacteria : A Discovery Account." *Annual Review of Genetics* 21 (1987) : 23-46.
Miller, Jeffrey. *A Short Course in Bacterial Genetics : A Laboratory Manual and Handbook for Escherichia coli and Related Bacteria*. Cold Spring Harbor, N. Y. : Cold Spring Harbor Laboratory, 1992.
Neidhardt, Frederick C., ed. *Escherichia coli and Salmonella typhimurium : Cellular and Molecular Biology*. Washington, D. C. : American Society for Microbiology, 1987.
Sussman, M. "Theodor Escherich (1857-1911) : A Biographical Note." In *The Virulence of Escherichia coli*, edited by M. Sussman, 1-4. London : Academic, 1985.

◆太陽ニュートリノ検出器

Solar-Neutrino Detector

太陽ニュートリノ検出器は，太陽から到達するニュートリノを測定するものである．このニュートリノは太陽の内部構造を調査する上で有用である．その他の形態の太陽の放射線はいずれも，数百万年以前に太陽の中心部で起こった過程の証拠しか提供できない．これに反して，太陽ニュートリノは，太陽の中心で生成されてから8分後に地球に到達する．太陽ニュートリノは，物質との相互作用をほとんど受けないの

で,太陽をまっすぐに通過する.しかしながら,太陽ニュートリノを検出することは,非常に困難である.

検出器は巨大で,しばしば数百tにもなる標的物質をも含み,宇宙線を岩石で遮断するために深い坑道か山の下に設置されなければならない.このような検出器は非常に高価である.最初の検出器は,1964年にブルックヘヴン国立研究所のR.デイヴィス(Raymond Davis, 1914–)によって60万ドルの費用をかけて建設された.後の1980年代に行われたガリウム実験では,数百万ドルの費用がかけられ,大規模な国際協力体制が必要とされた.今日の太陽ニュートリノ科学は,まさに「ビッグ・サイエンス」であるといえる.

太陽内部の原子核反応において支配的な連鎖である陽子連鎖(pp-chain)が,ニュートリノを生成する.高エネルギーであるニュートリノは,ホウ素(B^8)の崩壊によって生成され,これを検出するのは容易である.またニュートリノは,根本的な陽子(p)+陽子反応,陽子+電子(e^-)+陽子反応,そしてベリリウム(Be^7)の崩壊によっても生成される.デイヴィスによる先駆的な放射化学の検出実験では最初のホウ素ニュートリノの調査を行った.また,デイヴィスは,サウスダコタ州の坑道に設けられたテトラクロロエチレン(C_2Cl_4)入りの大型タンクを使用した実験を行った.デイヴィスが探した反応は,原子量37の塩素(Cl^{37})がニュートリノを捕獲したことによって起こる放射性同位体アルゴン(Ar^{37})への変化である.デイヴィスは,電荷担体のアルゴンを加え,タンクをヘリウムで毎月洗浄することで,蓄積されたアルゴン(Ar^{37})を検出することができた.これは放射性崩壊の特性による.ただし,技術的困難は大きく,デイヴィスは,タンク内の数十億ものさまざまな原子の中から,数個のアルゴン(Ar^{37})原子を探し出した.

1967年,デイヴィスは,初めて実験の結果を公表したが,これは当惑の要因をはらんでいた.なぜなら,彼は一般的な太陽のモデルをもとにした予想より少数のニュートリノしか検出できなかったからである.この「ニュートリノの難問」は実験結果と一般的な太陽理論の不一致から生まれた.多くの案がこの不一致を解決するために提唱された.その中には,ニュートリノはゼロではない質量をもつという急進的な意見も含まれていた.このような中,デイヴィスの実験手続は詳細に検討され,彼はさまざまな換算試験を行った.数年後,彼はたいていの批判者たちを満足させるに至り,大多数の科学者たちは,彼の実験方法の誤りからくる難問について考察しなくなった.

デイヴィスの結果に対する最初の再現実験は,日本の神岡鉱山に建設されたカミオカンデⅡ検出器を用いた日本の物理学者たちによる実験だった.これは,2,140tの純水を使用したチェレンコフ型検出器で,エネルギー測定と電子の反跳方向を追跡することにより,ニュートリノの到達時間・方向・エネルギー・スペクトルに関する情報を入手することが可能である.これにより日本の研究グループは,デイヴィスの実験結果を再確認し,またホウ素ニュートリノの起源は太陽であることを世に示した.

ホウ素ニュートリノは温度変化,太陽のモデルの詳細に非常に敏感であるので,より直接的な太陽内部の原子核反応過程が,根本的な陽子+陽子反応によって生成される低エネルギーのニュートリノの検出によって明らかにされるだろう.後述する2つ

ホームステーク金鉱山にあるデイヴィスの太陽ニュートリノ検出器．ブルックヘブン国立研究所提供．

の放射化学検出器は，これらのニュートリノに対し高い感度をもつ．どちらも，ガリウム（Ga^{71}）＋ニュートリノ（v）＝ゲルマニウム（Ge^{71}）＋電子反応を用いた．

GALLEX計画は，国際協力下，ハイデルベルクのマックスプランク研究所を中心として行われたものである．イタリアのグラン・サソの地下に建設された検出器は，塩化性溶媒に溶かした30tのガリウムからなる．Ge^{71}は，比例検数装置の中で窒素除去により抽出され，検出される．

ロシアとアメリカの共同体制によるSAGE計画は，北コーカサスの地下60tの純粋なガリウム溶解物を使用した．ゲルマニウム担体は，化学的平均値によって加えられ，蓄積されたGe^{71}は抽出される．

両方のガリウム実験の数値結果は予想より低く，全く矛盾がないとはいえなかった．1つの好まれる解釈は，これらの結果は「見えるはず」のppの流れと弱いB^8の流れの存在とBe^7の流れの不在を示していると

いうものである．B^8の流れは太陽中のBe^7の初期の形成に直接依存するので「太陽ニュートリノの難問」は今日ますます深刻になっていると論じられる．ニュートリノがゼロでない静止質量をもつという説は，このジレンマを解消しうるので，さまざまな新型の検出器がこの可能性を調査するために提案されている．

[Trevor Pinch／米川　聡 訳]

■文　献

Bahcall, John. *Neutrino Astrophysics*. Cambridge：Cambridge University Press, 1989.

Pinch, Trevor. *Confronting Nature：The Sociology of Solar Neutrino Detection*. Dordrecht：Kluwer, 1986.

Raghavan, Roger. "Solar Neutrinos—From Puzzle to Paradox." *Science* 267（1995）：45-51.

◆タコメーター

Tachometer

タコメーター（回転速度計）はシャフトと回転体の速度を測定し，毎分回転数（rpm）によって目盛られている．その名称は速度をあらわすギリシャ語の *tacho* と，メーターに由来している．タコメーターは単純な回転記録計と異なり，速度の直接の読みを時間の関数として提供するものである．機械的なものと，電気的なものとがある．接触式タコメーターは，ベルト・チェーン・ギヤ・接触物によって直接に測定されるものに結合されている．一方，非接触式の装置は，分析する装置とは物理的な接触をもっていない．

1810年にイギリスのバーモンゼーの発明家で，機械工で土木技術者でもあったB.ドンキン（Bryan Donkin, 1768-1855）は，

彼が発明した機械の速度を測定する装置を記述し，それに「タコメーター」という名称を与えた．それ以前には，回転体の速度を決定する唯一の手段は，経過した時間を計りながら回転数を観測することであった．ドンキンの遠心力の利用は実用的であると判明し，その後のほとんどすべての機械式タコメーターは同じ原理で作動している．

　毎分回転数の測定は，産業化の進展と製造機械の発達とともに必要とされるようになった．蒸気機関と機械の速度についての正確な情報によって，すばやく正確な調整と運転の効率化が可能になった．タコメーターがないときには，操作者は変化の必要性を感じとるだけであった．タコメーターはとりわけ，一定の速度が均一な製品の製造にとって重要であった繊維と紙の製造業において有用であった．20世紀初頭において，航空機と自動車がタコメーターのユーザーに加わった．航空機には標準装備計器とされたが，自動車にはすべてに装備されたわけではなかった．

　1874年にフィラデルフィアの器具製作職人であるE．ブラウン（Edward Brown）は，蒸気機関用に量産された最初のタコメーターの1つの特許を取得した．それは，回転する管状容器の対とその中心に置かれた垂直の水銀のコラムから成り立っている．容器が回転するにつれて，遠心力によって水銀がコラムから容器の中に移動する．その容器内の体積は速度に正比例した．温度計のように見えるコラムは，毎分回転数で目盛りづけされ，水銀柱の高さが速度を示した．

　ほとんどの遠心式のタコメーターの構成は，蒸気機関の速度の調節に使われる亜鈴式の調速機とほとんど同一である．軸のまわりに回転するおもりが，その動作のための運動量を与える．おもりが回転するにつれて，それらは直線的に外側に動いていくが，それらを支える結合手のために外に円弧をなして広がっていく．この動きは他の作用を与えるために用いられ，タコメーターの場合，速度を指示する針を動かす．これらの装置において，ウォームギヤ・ドライブとボールベアリングを装着したシャフトなどで機械的改良がなされた．

　コネチカット州ハートフォードの機械工C. H. ヴィーダー（Curtis H. Veeder, 1862-1943）は，1903年に非遠心式の液体式タコメーターを発明した．それは部分的に液体で満たされ，小さなポンプで結ばれた2つのコラムからなっている．動き始めると，液体が容器管から外の目盛られた指示管へとポンプで移された．ヴィーダーはその装置が特に自動車に有用だと信じたが，広く受け入れられるには至らなかった．それを維持するには調節を必要とし，蒸発した液体を補充する必要があるため，自動車の所有者は使おうとはしなかった．

　振動リード・タコメーターは回転部分をもたず，その作動は運転する機械に固有な振動によっている．それは一定の波長に振動するよう同調された一連のリードないしは精巧に鍛造された鋼鉄片から成り立っている．その道具は1つの器具についており，機械内の運動がリードに同調振動を引き起こす．機械の振動に最も近く共鳴するリードが最も大きく運動し，目盛りを通じて速度を表示するようになっている．

　最初の電気式タコメーターは20世紀初頭に開発された．回転するシャフトについた小さな発電機が電流を生み出し，発電機によって生み出された電圧が機械の速度に比例するようになっている．

ヴィーダー製造会社の 1920 年代のタコメーター．NMAH 330,328．NMAH 提供．

電気式と遠心式の混合型タコメーターは 1920 年代に登場した．これは部分的に回転する水銀柱に基づいているが，そこに誘導コイルと可動電機子がついている．水銀表面には，電機子を支える浮きが浮かんでいる．電機子のまわりには，誘導コイルがつなげられずに置かれている．遠心力により水銀はコラムから回転容器に移動し，コイルの電場に対する電機子の相対的な位置が変化する．双方の部品が導線で同一の可動電機子とコイルに結ばれる．タコメーターの電機子の位置の変化は，指示器や記録器に同様の変化を引き起こす．その電機子についている針は目盛り上に速度を表示する．水銀と電機子の運動に全く摩擦は存在しないので，速度のわずかな変化もほぼ同時に記録される．

光電式タコメーターは，20 世紀半ばに開発され，作動する機械と直接接続される必要がある．光線が回転部に置かれた反射体のスポットに当てられる．光線の前をスポットが通過することで，光線を光電池へと反射し，光電池は電気インパルスを発す

る．各インパルスは運動体の一回転をあらわし，一連のインパルスが計算によって物体の速度を表現することになる．レーザー光源の導入とともに，その装置はあらゆる明かりの条件下でも使えるようになり，使用できる反射面の数や種類も増加するようになった．

最近のタコメーターは，回転物体に取り付けた小さい永久磁石と，近くに静止させて置かれた電子感知器を利用している．磁石が感知される点を通過するたびに，電気的インパルスは毎分回転数を計算する装置に伝えられる．

[William E. Worthington, Jr./橋本毅彦 訳]

■文 献

Donkin, Bryan. "An Instrument to Ascertain the Velocities of Machines, Called by Him a Tachometer." *Transactions of the Society of Arts, Manufactures, and Commerce* 28 (1811): 185-191.

Drysdale, C. V., and A. C. Jolley. *Electrical Measuring Instruments*. London: Chapman and Hall, 1952.

Moyer, James Ambrose. *Power Plant Testing*. New York: McGraw Hill, 1926.

Pullen, W. W. F. *The Testing of Engines, Boilers, and Auxiliary Machinery*. 2nd ed. Manchester: Scientific Publishing, 1911.

◆多スペクトル感応性スキャナー

Multispectral Scanner

多スペクトル感応性スキャナー（マルチスペクトルスキャナー）はいくつかのスペクトルバンドに電磁放射線を集めて記録する．それが一般的に利用する反射光学装置には主に，70°から 120°の視界を走査する，巡回し振動する鏡がついている．それは走査運動が地上の軌跡を横切るように航空機

や宇宙船に取り付けられており，地上の狭い間隔を走査することによって，その地上の完全な情報範囲を与えるのである．そのスキャナーは別々の製品が組み合わされた一連の検出器，すなわち並んでいる検出器を含んでおり，ダイクロイック・ビームスプリッター，プリズム，回折格子を用いて放射線を分散させ，その結果それぞれの検出器は特定のバンドの波長に関連したエネルギーを受け取ったのである．その検出器は主に，受け取られたエネルギーに比例した電気信号を生み出す半導体である．この信号はデジタル化されて記録され，扱われた範囲の像を与える．多スペクトル感応性スキャナーは主に約 $0.38\,\mu m$ から $14\,\mu m$ のスペクトル域で効果的に作動し，同時に200以上のスペクトルバンドを測定することができる．

1950年代に，光学フィルターを使ってそれぞれのカメラのフィルムに入る光のスペクトルを制限した，いくつかのカメラを使って多スペクトル像がつくり出された．この技術はフィルムが鋭敏な可視スペクトルと，近赤外スペクトルにのみしか用いることができなかったので，科学的に使用するための計量可能なデータは得られなかった．

多スペクトル感応性スキャナーの起源は，軍事用の夜間偵察ができるように，第二次世界大戦中に開発された，空挺用線スキャナーにある．こうした技術を科学的あるいは商業目的で利用し始めたのは，その技術が1960年代初頭に機密解除されてからである．多スペクトル感応性スキャナーはスペクトル測定を紫外線から熱赤外線までの領域（主に約 $0.38\,\mu m$ から $14.0\,\mu m$ まで）に広げ，地形の特徴によって反射されたり，あるいは放射されたエネルギー量を測定できるように目盛られている．1960年代の宇宙計画によって，地球の軌道上をまわる衛星から，地球の表面の特徴を量的に測定できるようになった．

多スペクトル感応性スキャナーの実用可能性に関する初期の研究が行われたのは，ミシガン大学ウィローラン研究室やパーデュー大学農業遠隔測定研究室であった．1968年，NASA（米国航空宇宙局）はベンディックス・エアロスペース社と契約して，地球資源に利用するための大がかりな24スペクトルチャンネルスキャナーを開発した．1970年代の初頭までに，多くの種類の多スペクトル感応性スキャナーが航空機や衛星で使うために開発されており，検出器や光学と電子工学の進歩により，比較的小さな装置で多くのスペクトルバンドのエネルギーを同時に集め，測定できるようになった．

現代的装置

1970年代の終わりから1980年代にかけて，宇宙開発計画が加速したことに伴って必要となったのは，月や他の惑星の特性を測定したり，地球の大気や海洋をより詳細に測定する，さらに進んだ多スペクトル感応性スキャナーであった．これにより超大型の多スペクトル感応性スキャナーによる解像器が開発された．図に示したのは現代的な空中多スペクトル感応性スキャナーであり，空気，土地，水に関する環境的な状態を測定するために多くの国々で使われている．各国がいま開発しているのは，データを分析結果として地球へ送る，各国独自の地球観測宇宙機である．そうした国々には，アメリカ，カナダ，中国，フランス，インド，日本，ロシアが含まれる．研究や環境モニタリング計画に使われる機上多スペクトル感応性スキャナーも非常に多くあ

ダデルス社の強化空中テマティック・マッパー多スペクトル感応性スキャナー（1990年代）．ダデルスエンタープライズ社提供．

る．検出器や光学，電子工学，そして特に膨大な量のデータを扱うためのコンピューター，画像処理や可視化技術における重要な進歩とともにその技術は急速に発達してきた．現代的装置には2ないし3nmの小さな幅のスペクトルバンドが何百もあることがあり，その装置では地球の表面の特定の鉱物や，汚染物質，大気や海洋の水の成分を特定することができる．「超スペクトル」という言葉があらわそうとした装置では，スペクトルバンドが非常に狭く，生み出されるスペクトルはほぼ連続的である．

環境モニタリングは多スペクトル画像を使って，植物や水質の変化を確定し，こうした変化の原因を特定する．センサーは石油流出や，森林火災の位置や広がりを濃い煙の雲によって検出し，地図をつくる．また，湿度ストレスや病気を早期に示すために農作物をチェックし，酸性雨による被害を示すために森林をチェックする．今では地球全体が多スペクトル感応性スキャナーによって18日ごとの頻度でスキャンされている． ［Thomas R. Ory／成瀬尚志 訳］

■文　献

Anon. "Remote Multispectral Sensing in Agriculture." *Research Bulletin*, Vol. 3, 844 (Purdue University Laboratory for Agricultural Remote Sensing), (September 1968)：38, 114.

Lowe, Donald S., John Braithwaite, and Vernon L. Larrowe. "An Investigative Study of a Spectrum-Matching Imaging System." (Contract no. NAS 8-21000). Willow Run Laboratory, University of Michigan, October, 1966.

◆タンパク質シークエンサー

Protein Sequencer

　タンパク質シークエンサーは，ペプチド鎖の端から順にアミノ酸を切り離し，タンパク質のアミノ酸配列を決定するものであり，これまでに多くのタンパク質に対して用いられてきた．1967年に発表された最初のタンパク質シークエンサーは，タンパク質のアミノ酸配列を手作業で決定する技術としてよく知られていた，エドマン分解法を自動化したものであった．タンパク質シークエンサーは，1970年代のタンパク質生化学の急成長に貢献し，タンパク質化学の実験室のほとんどすべてがこれを備えるようになった．

　P. エドマン（Pehr Edman, 1916-1977）は，1950年に，次のようなタンパク質分解法を発表した．精製されたタンパク質とフェニルイソチオシアナート（PTC）を反応させると，この化合物がペプチド鎖の一方の端に結合し，タンパク質を活性化する．このような化学修飾を受けたタンパク質を弱酸で処理すると，PTCと直接結びついているアミノ酸がペプチド鎖から切り離される．この操作を何回もくり返すことにより，ペプチド鎖はアミノ酸へと完全に

分解される.それぞれのアミノ酸を回収し,何回目の分解操作で得られたものであるかを注意深く記録する.PTCを取り除いた後,クロマトグラフィーによってそれぞれのアミノ酸を同定し,ペプチド鎖におけるアミノ酸の配列順序を導き出すのである.1967年には,エドマンおよびオーストラリアのメルボルン大学医学研究科のセント・ヴィンセント病院で彼と同僚であったG.ベッグ（Geoffrey Begg）が,エドマン分解法を自動化した装置を開発した.シークエネーターと呼ばれたこの装置は,最初のタンパク質シークエンサーであり,これによってアミノ酸配列決定に要する労力が低減された.この業績により,エドマンは1971年に英連邦賞およびベルセリウス・ゴールドメダルを獲得し,1974年にはロンドン王立協会の会員に選出されている.

シークエネーターは,反応容器として回転可能な小さいカップを用いていた.精製されたタンパク質は,弱酸に溶かされてこの反応容器に入れられる.ここで反応容器を高速で回転させることにより,タンパク質が反応容器の側壁に均一に広がる.タンパク質は,次にゆっくりと真空乾燥される.タンパク質を反応容器の側壁に広げることで表面積が大きくなり,これによって化学反応の収率が上昇する.理論的には,シークエネーターはタンパク質の端から60番目のアミノ酸までを順に分解することができた.当時,アミノ酸配列を解読する試みのすべてがこのレベルの効率に達していたわけではなく,シークエネーターは比較的効率がよかったといえよう.1975年には,この原理に基づくタンパク質シークエンサー150台以上が研究に用いられていたが,これらのうちの大部分が,ベックマン社の

890シリーズという装置であった.この装置は,反応容器の回転速度が可変である,切り離されたアミノ酸を乾燥させる器具がついている,といった特徴を備え,人気を集めていた.

タンパク質シークエンサーの最も重大な欠点は,30アミノ酸以下の小さなペプチドの配列を決定することができないということであった.この問題を解決するために,R.ロールセン（Richard Laursen）は,1971年に,固相の支持体に結合したタンパク質を端から順に分解していく方式のタンパク質シークエンサーを開発した.小さなペプチドは支持体に結合され,エドマン分解法によって分解された.この型のシークエンサーは,LKBおよびセクエマット各社により販売されたが,小さいペプチド断片の配列を決定する能力があるにもかかわらず,回転可能な反応容器を備えたタイプほど普及しなかった.また,ペプチドを結合させるのに適した支持体が見つからないという問題もあった.試薬と反応せず,浸透性を保ちかつ反応時の機械的ストレスのもとでも安定である,という条件を満たす素材がない上に,すべてのペプチドがそれぞれの支持体によく結合するともかぎらなかったためである.

1981年に,R. M.ヒューウィック（Rodney M. Hewick）,M. W.ハンカピラー（Michael W. Hunkapiller）,L. E.フッド（Leroy E. Hood, 1938–）およびW. J.ドレイヤー（William J. Dreyer, 1928–）は,多様な長さの小ペプチド断片に対して,端から順に分解することによって配列を決定するタンパク質シークエンサーを発表した.この手法では,全反応過程で液体の試薬のみを用いるのではなく,分解を行うに際しては気体状の試薬を用いていた.また,ペプチド

シークエネーターの試作品を前にした，エドマンと彼の技術的アシスタントのベッグ．1960年代中頃の写真．メルボルンのセント・ヴィンセント医学研究所提供．

を化学的に支持体に結合させるのではなく，支持体に埋め込む形でペプチドを固定していた．この手法により，短いペプチドの配列が最後まで解読できるようになっただけでなく，反応開始に必要な試料の量も以前より少なくなった．ヒューウィックらによってもたらされた改良は，タンパク質シークエンサーの速度と効率を著しく高めた．いまや，数 μg の試料を用いるだけで，一晩で数十残基のアミノ酸を順にタンパク質から切り離すことができるようになった．

以上に述べた数種類の自動シークエンサー以外にも，いくつかの機器や手法がタンパク質のアミノ酸配列の決定に用いられている．磁気共鳴映像法（MRI），手作業によるタンパク質分解，タンパク質をコードする核酸配列に基づくアミノ酸配列の決定といったものである．DNA シークエンシングは，その容易さ・単純さにより，タンパク質のアミノ酸配列を決定する最も一般的な方法となっている．タンパク質シークエンサーは，タンパク質の特性分析という研究領域の発展に貢献したにもかかわらず，いまでは DNA シークエンシングを行うことができない場合に用いられるのみである． [Phillip Thurtle／隅藏康一 訳]

■文　献

Alberts, Bruce, et al. *Molecular Biology of the Cell*. 3rd ed. New York：Garland, 1994.

Croft, L. R. *Introduction of Protein Sequence Analysis：A Compilation of Amino Acid Sequences of Proteins with an Introduction to the Methodology*. Chichester：Wiley, 1980.

Edman, P., and G. Begg. "A Protein Sequenator." *European Journal of Biochemistry* 1 (1967)：80–91.

Hewick, Rodney M., Michael W. Hunkapiller, Leroy E. Hood, and William J. Dreyer. "A Gas-Liquid Solid Phase Peptide and Protein Sequenator." *Journal of Biological Chemistry* 256 (August 1991)：7990–7997.

Laursen, Richard A. "Solid-Phase Degradation：An Automatic Peptide Sequencer." *European Journal of Biochemistry* 20 (1971)：89–102.

ち

◆地殻ひずみ計

Earth Strain Meter

　地殻ひずみ計は，地球の固体部分の潮汐現象（地球潮汐）により生じる地殻のひずみを測定する装置である．地球潮汐に対して，海で観測される潮汐（海洋潮汐）のほうがよく知られているが，どちらも同一の原因により生じる．地球がその公転軌道に沿って太陽のまわりをまわると，地球と他の太陽系天体との距離は変化する．距離が変化するにつれて引力が変化し，それら引力の変化により地球が変形する．海洋潮汐と同様，地球潮汐の場合にも月は主要な役割を果たす．

　天体運動により生じる潮汐効果を理解することで，観測結果からそれらの影響を除去することができ，したがって地質学的構造によって生じる異常や，地球によって遮ぎられる重力波（グラビティー・ウェーブ）のために生じる異常を解明することができる．しかし，地球潮汐により生じるひずみの大きさはきわめて小さく，測定するのは難しい．その効果は数年周期から1日の3分の1の周期までさまざまな周期でくり返される．観測は，太陽熱のために生じる熱膨張の日周変化の影響を最小限にするため，普通，地下深部で行われる．そればかりでなく，地殻ひずみの観測は，ローカルな地形や測定装置の設置の仕方に大きく左右される．

　J. B. J. フーリエ（Jean Baptiste Joseph Fourier, 1768-1830）は19世紀半ばに地球潮汐の存在を予言した．しかし最初の観測が行われたのは，20世紀になってからであった．ローカルな効果に妨げられて，フーリエの発見はまだ全面的に検証されたわけではない．H. ベニオフ（Hugo Benioff）は1930年頃，長さ20 m，直径5.08 cmのスチール管を使って，初めて地球潮汐を観測しようとした．スチール管の一端は実験室の床上に設置されたコンクリートの台座に固定された．固定されない管のもう一方の端をセンサーで監視し，地球潮汐から生じる変化を記録した．しかしこの装置は，地震計として設置されたのであって，きわめて長周期の潮汐成分を観測することはできなかった．その上スチール管は熱膨張という不必要な効果の影響を受けたので，まもなくそれに代わって石英（溶融石英）管が使われるようになった．

　装置を構成する長い管やアームの長さ全体で生じる微小な変位を精密に測定するのも容易ではなかった．干渉計により，必要な精度が原理的には得られるはずであったが，実際には時間のかかる面倒で厄介な操作が必要であった．干渉計による地球潮汐の測定に必要な条件が，レーザー光源を利用することで満たされるようになったのは，1960年代半ばのことであった．レーザー

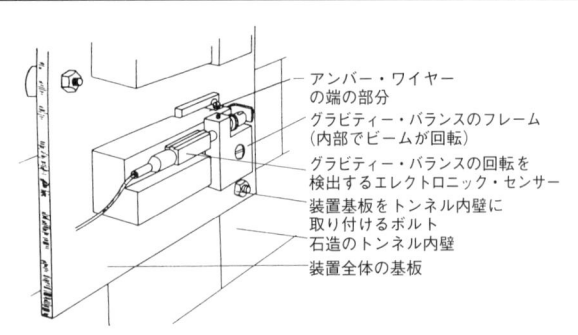

シデナムが最初に考案したカテナリー地殻ひずみ計（1969年）．

干渉計が，アメリカ，イギリスおよびオーストラリアでつくられ，長さ10mの装置に対して約10^{-9}mの変位を測定することができるようになった．しかし，干渉計で安定した測定結果を得るためには，真空中で操作しなければならないため，この装置は複雑であった．

それに比べてより簡単な方法が，1969年にP. H. シデナム（Peter H. Sydenham）によって提案された．高価ではないシデナム考案の地球潮汐測定装置は，長さ100mmのグラビティー・バランス（重力計）と岩盤との間に長さ10mのアンバー［不変鋼，鋼とニッケルの合金で，熱膨張計数がきわめて小さい］製のワイヤーを懸垂線の形に張り渡したものであった．ワイヤーの両端を据えつけた基板間の距離を潮汐が変化させ，そこから生じるグラビティー・バランスの微小な回転は，変位を検知する電子式センサーによって検出された．3組の装置がつくられ，イギリス，ブラッドフォードのクイーンズベリー・トライアングル鉄道トンネル内部に設置された．この場所で，ケンブリッジ大学製作のレーザー干渉計をも利用して，シデナムたちは，初めて2種類の異なるタイプの測定機器による地球潮汐の同時比較観測を行った．

地殻ひずみ計はその後，溶融石英を使用することで，さらに改良された．新しい装置では，溶融石英製の長さ1mの「棒」をつなげてつくった長さ10mの鎖が使われた．短い内径の穴の内部でも使えるように，長さ1mの石英棒を利用した地殻ひずみ計が，1970年代にシデナムによって考案されたが，しかしこの装置は感度と安定性の両方の点で不十分であった．

[Peter H. Sydenham／吉田晴代 訳]

■文　献

Benioff, H. "A Linear Strain Seismograph." *Bulletin of the Seismological Society of America* 25 (1935): 283-309.

Blair, D., and P. H. Sydenham. "A Tidal Strain Model for Hillgrove George, Eastern Australia." *Geophysical Journal of the Royal Astronomical Society* 46 (1976): 141-153.

King, G. C. P., R. G. Bilham, V. B. Gerard, and P. H. Sydenham. "New Strain Meters for Geophysics." *Nature* 223 (1969): 818-819.

Sydenham, Peter H. *Measuring Instruments: Tools of Knowledge and Control*. London: Peter Peregrinus for the Science Museum, 1979.

Sydenham, Peter H. "Where Is Experimental Research on Earth Strain Headed?" *Nature* 252 (1974): 278-280.

◆地下ゾンデ

Down Hole Sonde

　地下ゾンデは，実際にサンプルを採らずに地殻の性質を探査する装置である.「地球物理学的井戸掘り」として知られるこの手続きは，高価で時間のかかる掘削作業をした上で，採掘した岩石の多孔性，透過性，炭化水素の存在などの物理的性質を分析するという従来の方法に取って代わる代替方法として，石油産業のために開発された．井戸掘りは，地下ゾンデを外装ケーブルによって油井に下げる作業などからなる．ゾンデが井戸から引き上げられる際に，地下ゾンデの内外に設置されたセンサーによって，掘られた井戸で断面を見せる岩層の物理的性質が計測される．ケーブルは，ゾンデへ電力を供給するとともに，地上の装置へデータを通信し，引き上げる際の張力に耐える必要がある．

　特にすべての記録式ゾンデは，鑿井(さくせい)という使用環境が同じなため互いに類似している．それらは一般に密封された耐圧性をもつ円筒の装置で，しばしば外径が10 cm程度の長い管のような外見をしている．この管径だと，石油産業で掘られる大部分の油井で操作が可能である．直径が5 cm以下の特殊なゾンデは，小さな直径の試錐孔や，生産管という小口径のパイプによって一定の場所にアクセスされる井戸をつくる際に使われる．ゾンデの中には井戸の中心で操作されるものもある．そのために外部につけられた弓のバネや，もっと複雑な水力式のアームが使われたりする．測定によってはゾンデのパッドといわれる部分が岩層部と接触していることが必要となる．商用のゾンデの長さは，センサーの列の大きさや付属の電子機器の複雑さにもよるが，だいたい数m程度である．多くのゾンデを結び井戸の中に一緒につり下げていくことも可能であり，その際に器具の列は30 mにもなる．

　最初の地下ゾンデは，1927年にフランスのペシェルブロン油田の地下の抵抗率を測定するために，C. シュルンベルガー (Conrad Schlumberger, 1878-1936) と M. シュルンベルガー (Marcel Schlumberger, 1884-1953) によって設計され，H. ドール (Henri Doll) によって利用された．それは3 mの長さのベークライト製の管をしっかりと結びつけたものであった．3つの銅製の電極からなるセンサーが管外につけられた．それぞれの電極には3本のスパーク・プラグの線が結ばれ，鉛のおもりをもつゾンデをつり，岩層の抵抗率の測定手段を提供した．その際，伝導性の液体が鑿井に入れられ，1 m間隔で測定がなされた．現在，現代的な地下ゾンデには50以上の種類が存在し，サービス会社によって操作されている．これらのゾンデは非常に精巧で，掘削周辺の地層の電気抵抗を測定するだけでなく，力学的性質や核物理的性質をも測定する．

　岩層の電気的性質を決定するための地下ゾンデは，最初の1927年のゾンデから直接発展した多極式装置から，数十kHzの低周波数で発振されるコイルからなるセンサーをもつ誘導ゾンデまで多くの種類が存在する．誘導ゾンデは絶縁性で，井戸の穴に電気抵抗をもつ液体が満たされて電極の利用が限られる場合でも岩層の電気伝導性を測定できる．工夫されたパッドの上に置かれたアンテナをもつ高周波（MHz）の装置は，岩層と接触し，鑿井の直径にばら

つきがあっても電気的性質が測定できるようになっている．方向を計る磁力計やジャイロスコープなどのセンサーと，鑿井の表面に押しつける多数の電極をもつ精巧なパッドを備えたゾンデは，地下の岩層の三次元の方向性（傾斜と層向）や鑿井の壁面の電気的イメージ（画像）を与えることができる．その画像は壁面からそのまま掘り出されたコアの写真によく似ている．誘導コイルと特別の形状の磁石（古いゾンデは地磁気場を利用した）を結合させたゾンデは，地層の水素含有量を測定するために陽子の核磁気共鳴を活用するために使われる．

地層の音響的性質ならびに力学的性質を測定するためのゾンデは，一連の送信機と受信機を利用する．それらは磁歪性の物質か圧電性のセラミック物質であり，圧縮性あるいはせん断性の波の速度を測定する．これらの速度は主として岩の空孔性に依存し，ゾンデの材質における速度よりはずっと小さいものである．これから，いわゆる直接の到着を遅らせたり小さくしたりする精巧な手段をもったゾンデが設計されるようになった．それによって岩層からの音響エネルギーが測定される．回転式変換器を備えたゾンデは，井戸から引き上げられる際に，鑿井の壁の音響イメージを生み出すことができる．

放射能測定を行うゾンデは，自然の地層の放射能を測定するガンマ線検知器だけをもつ受動的な装置から，放射能のガンマ線か中性子線の線源をもつゾンデまである．あるものは，地層の放射性を調査するために，高エネルギー中性子を射出できる超小型の加速器をもっている．通常の電気式ゾンデとは異なり，これらのゾンデはセメントの外装や鋼管で覆われた井戸でも地層の性質の測定を可能にした．

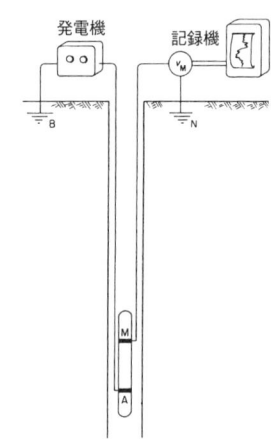

通常の掘削の回路における電極の配置を示す図式的ダイアグラム．図中のAはソースでBはシンクの電極．電位差はMとNで測定される．Edwin S. Robinson, Basic Exploration Geophysics. New York：Wiley, 1988：517, Figure 14-14. Copyright © 1988 John Wiley & Sons Inc.

岩層の密度や光電吸収の性質を測定するのに使用されるゾンデは，ガンマ線源（通常セシウム137）といくつかのシンチレーション検知器を備えている．中性子散乱は地下の岩層の孔質性を決定するために利用される．というのは水か炭化水素によって満たされている多孔質の岩石は，水素含有量に依存して中性子を弱めるからである．商用の中性子孔質ゾンデは，一般的に中性子線源（アメリシウムとベリリウム，プルトニウム-ベリリウムの混合物）といくつかの気体検知器からなっている．

特定の岩層の地質化学的性質の測定は，中性子放射化分析の手法を利用して，中性子によって誘導されたガンマ線の分光分析によってなされうる．この技術は，岩層のほとんどの原子核によって熱中性子が捕獲されることによって，1つ以上の固有ガンマ線がただちに発生することに依存してい

る．ゾンデはパルス状の中性子源とガンマ線検知器を使っている．ガンマ線の分光検知によって原子核の同定が可能になり，その豊富さが量的に把握できる．ガンマ線スペクトルの全体の減衰率は，中性子の吸収断面積を与える．それは石油産業において，孔質の空間で塩性溶液と炭化水素との相対比率を区別する方法として使われる量である．他のより直接的な方法は，炭素と酸素の原子核の非弾性的励起によるガンマ線の測定に依存している．それはしばしば同じゾンデによってなされうる．

[Darwin V. Ellis／橋本毅彦 訳]

■文 献
Allaud, Louis, and Maurice Martin. *Schlumberger, The History of a Technique*. New York：Wiley, 1977.
Ellis, Darwin V. *Well Logging for Earth Scientists*. New York：Elsevier, 1987.
Hearst, Joseph R., and Philip H. Nelson. *Well Logging for Physical Properties*. New York：McGraw-Hill, 1985.
Tittman, Jay. *Geophysical Well Logging*. Orlando：Academic, 1986.

◆地球儀・天球儀

Globe

　地球儀・天球儀はその歴史を通して，科学と教育のための器具とともに，象徴や威光としての装飾品という2つの役割を演じてきた．西洋の製作者たちは，地球の地理的特徴を描写した地球儀，地球を中心とした天球を描いた天球儀，そして月や火星といった天体の特徴を示した天体儀を製作した．地球儀と天球儀からは，緯度・経度といった地理学的座標，もしくは赤道・黄道・極の概念を含んだ伝統的な天文学体系をもとにした恒星の位置が見てとれる．これらの特徴をもった地球儀・天球儀は，地理学および天文学的問題の解決を容易にするアナログ計算機としても使用された．

　地球儀・天球儀は，金属・木材・混凝紙などの材料でつくられた球体，地図（球体に直接描かれたものと，いくつかの三角地に地図を分けて描いた後に球体に貼り付けたもののいずれか），地球儀・天球儀が固定される架台の3つの主要部分から構成される．地球儀・天球儀製作者たちは，パトロン，学問の需要，市場に従ってさまざまな地球儀・天球儀を製作した．ヨーロッパとアメリカで製作された地球儀・天球儀は，大量生産された直径3インチ(7.6 cm)の「ポケット・グローブ」から，ただ1つだけ製作された直径数フィートにも及ぶ古いものまで，その大きさに幅があるが，直径30インチをこえるものはまれである．また，骨董品の地球儀・天球儀の地図部分を製作した彫刻家たちは，優れた芸術作品を創作することと同様に，当時の地理学および天文学の知識を地球儀・天球儀の地図に正確に反映させることに細心の注意を払っており，現代の歴史家はこの点に多大な関心を寄せている．これらの地球儀・天球儀は展示のためのシンプルな架台に固定されていたであろうし，地球儀・天球儀による計算を容易にしたり，計算範囲を広げたりする器具が備わっていたりしたであろう．

　古代の人間たちは，地球儀・天球儀に天球や地勢を描くための科学的原理を知っていたし，古代において地球儀・天球儀が製作されていたことを示す記録も存在する．それにもかかわらず，彼らの製作物そのものについてはほとんど知られていない．唯一現存する古代の地球儀・天球儀であるフ

ァルネーゼ・アトラスは，直径約25インチの天球儀で座標系が引かれている．したがってそれは紀元前150年頃のアレキサンドリアの天文学および地理学者のプトレマイオス（Klaudius Ptolemaios）の座標系確立の後のものだろう．

プトレマイオスの体系は中世世界の天文学および地理学を支配した．そもそも中世に地球儀が少ないのは，プトレマイオスが地球を平面に描くことを好んだせいなのだろう．また，彼はアラビア天文学やそれゆえイスラムの天球儀にまで影響を及ぼした．とはいえ，これらの機器は2つの重要な点でプトレマイオスのモデルとは異なっていた．第一に，特定の時期における星の位置で固定することによって歳差運動に起因した星の位置変化を無視したことがあげられる．この点はその後ヨーロッパの製作者たちに採用された．第二に，星座を地球儀・天球儀の内側の中心に向けてではなく，外側の利用者が見る側に向けて描いたことである．

ヨーロッパでは，15世紀にプトレマイオスの『地理学（*Geography*）』が刊行されるまでは，地球儀は天球儀よりも数多く存在した．また，探検航海は地球の表面の姿を球面上に描くことへの関心を再び喚起した．その結果，15世紀から18世紀まで天球儀と地球儀はセットで製作され販売された．

地球儀・天球儀の製造業は，印刷術の出現で大変革を受けた．印刷技術の発達は，地球儀・天球儀の製作を，天文学者の個人的な研究やエリートのための贅沢品の請負製作から，本，地図，科学機器の各製造販売分野にまたがる1つの産業へと変化させた．

印刷技術を取り入れて地球儀・天球儀を製作するには多くの資本を必要とした．その資本の大部分は，印刷に要する大きな銅版彫刻の支出を賄うためであった．したがって，地球儀・天球儀製作者たちは絶えずより多くの利用者を求めるようになった．16，17世紀には，地球儀・天球儀はしばしば地図作製や航海術の支援目的でつくられた．例としては，1541年にG.メルカトル（Gerhardus Mercator, 1512-1594）が製作した航程線入りの地球儀がある．そして18世紀に入っても，地球儀・天球儀製作者たちは，地球儀や天球儀が航海術に欠くことのできないものであると主張し続けた．とはいえ，17世紀以降，地球儀・天球儀は徐々に船上での居場所を失っていった．航海士たちが地球儀・天球儀を地図や海図と比べ高価で不便で壊れやすいものであると評価していたのは明らかである．

地球儀・天球儀の航海目的の使用が衰退していくとともに，地球儀・天球儀は主に「教材」，「富と威光を示す展示品」，となっていった．だが，これら2つの役割はしばしば矛盾した．17，18世紀の高級家具としての地球儀・天球儀は，高価なため富裕層にしか手が出ないものであった．1740年，ロンドンの地球儀・天球儀製作者のJ.セネックス（John Senex）が「好奇心の自由に光を当てるのにうってつけ」という広告を出した直径28インチの地球儀は25ギニーの値がつけられていたが，同じく彼の9インチのものはわずか3フラン，3インチの「ポケット・グローブ」に至っては10シリングにすぎなかった．だがこの2つの地球儀は，安価ではあったが学生たちが精密な計算を行うには大きさが不十分であると教師には思えたろう．大型の地球儀・天球儀の高すぎる価格への懸念は，18世紀イギリスの学校長たちの間に，地球儀と天球儀両方の安価な代用品の製作と販売への

学，海洋学，そして他の地球物理学における新しい研究成果を反映した新しい型の地球儀が登場し，使用されるようになった．
　　　　　　　［Alice Walters／米川　聡 訳］

■文　献

Dekker, Elly, and Peter van der Krogt. *Globes from the Western World*. London：Zwemmer, 1993.
Der Globusfreund：*Wissenschaftliche Zeitschrift für Globen-und Instrumentenkunde*. Vienna, 1951.
Krogt, P. C. J. van der. *Globi Neerlandici*：*The Production of Globes in the Low Countries*. Utrecht：HES, 1993.
Stevenson, Edward Luther. *Terrestrial and Celestial Globes*：*Their History and Construction*. New Haven：Yale University Press, 1921.

セネックスの2つの地球儀(1740年代). SM 1915-395, 1917-53. SSPL 提供.

◆地球の電気伝導度測定

Earth Conductivity Measurements

気運を高めた．そして19世紀，折りたたみ式地球儀・天球儀の発明，新しい方式の平面天球図の開発，そして何よりも銅板彫刻からリソグラフィーへの転換によって大幅な費用節減がなされ，学生向けの安価な地球儀・天球儀もしくはその代用品の製作が加速した．

19世紀には，印刷術の導入以来，地球儀・天球儀の産業にとって最も大きな革命が起こった．新しい製作方法に加え，ヨーロッパの地球儀・天球儀製造業では，それぞれの国家の需要に応じて，ロシア語，アルメニア語，そしてハンガリー語などのさまざまな言語の地球儀・天球儀がつくられた．その間に大西洋の向こうのアメリカにも地球儀・天球儀製造業は定着し，繁栄した．また19世紀には，位置を測定する方法としての天文学の知識は，有益かつ必要なものではなくなっていったため，天球儀の存在も一般的なものではなくなり衰退した．それと時を同じくして，地理学，気象

地球の電気伝導度測定は，地球の電気的性質を利用した物理探査法として，主として地下の内部構造や地質を調査するために使われている．初期の探査の目的は，地球の電気伝導度を測定することによって，未知の鉱脈を発見したり，既存の鉱床の広がりを確かめることにあった．やがて定量的に精密な測定ができるようになり，探査できる深さが増すと，この方法は，地下水の探査や岩石層の分布の調査など工学的な分野，あるいは地質構造や地殻構造の研究にも利用されるようになった．

地球を構成する物質が電気の伝導体であることを最初に発見したのは，イギリス人のS. グレー（Stephen Gray, 1666-1736）とG. ウィーラー（Granville Wheler）であった．2人は，1729年に岩石と鉱物の電気伝導度のリストを作成した．それとは独立

に1746年に，W. ワトソン（William Watson, 1715-1787）は，地球が電気の伝導体であることを発見した．さらにワトソンは，地中に埋めた長い導線の中を自然に電流が流れ，しかもひとりでに変化すること，すなわち地電流の存在に注目した．

1830年にR. フォックス（Robert Fox, 1789-1877）は，イングランドのコーンウォール地方で，硫化物の鉱床により生じる自然電流の分布を調べた．このときフォックスが用いた装置は，銅板を電極とし，導線を25回巻きつけたコイルの中心に長さ0.75インチ（1.905 cm）の磁針を置いてガルバノメーター（検流計）としたものであった．自然電流により生じる電位差を測定するこの方法［自然電位法］は，1800年代末までに物理探査の標準的な方法として確立した．

鉱床により生じる自然電位の分布を調べる方法は，やがて，人為的に電流を流して地球内部を調べる方法へと発展した．L. ダフト（Leo Daft）とA. ウィリアムズ（Alfred Williams）は1902年に，電話の受話器を導線で電極につないで交流電流を流入させ，地中の伝導度の変化を調べる方法を考案した．1912年には，フランス人のC. シュルンベルガー（Conrad Schlumberger, 1878-1936）がこの方法を改良し，直流電源を利用して非分極式電極に高感度のガルバノメーターをつなぐ方式を開発した．等電位線を引くためには，特定の場所と別の場所との間で電位差がゼロとなる場所をたどっていけばよかった．大地が電気的に一様な物質からできているとする理論値から外れた，等電位線の不規則性は，地下に電気的に異常な物質が存在する場所を示した．

定量的に精密な測定を行おうとする試みは，最初のうちはあまり成功しなかった．

1902年にF. ブラウン（Fred Brown）が，そして1905年にポイスト（Peust）が，各々ホイートストン・ブリッジ回路を利用して，接地した2つの金属製電極間の大地の抵抗を測定しようとした．しかしこれらの試みはいずれも，電極の接地抵抗の影響を大きく受け，さらに電極に生じた分極作用に妨げられて，成功したとはいえなかった．

米国国立標準局［NBS，現在は国立標準技術研究所：NIST］のF. ウェンナー（Frank Wenner）は1915年に，一直線上に4つの電極を配列させる実用的な方法［ウェンナー法］を考案した．この方法のおかげで，接地抵抗の影響を受けずに，大地の比抵抗を測定できるようになった．ウェンナー法の電極配置は，一直線上の外側に2つの電流電極，内側に2つの電圧電極を等間隔に配し，かつ各電極を異なる深さに埋める，というものであった．周波数約300 Hzの交流電流を流すことで，分極作用は除去された．電流の大きさはアンメーター（電流計）で測定された．内側の両電極の電位差は，高感度のガルバノメーターで測定されたが，そのガルバノメーターはポテンショメーター（電位差計）の回路に組み込まれ，その回路には誘導効果による位相の変化を打ち消すため，可変インダクタンス・コイルが取り付けられた．電流と電位差の値から，「実効比抵抗」の値を求める式は単純であった．「実効比抵抗」とは，観測データに適合する一様な物質の比抵抗のことである．四極法による測定結果からは，電極を配列させた直線の付近で，外側にある両電流電極間の距離の半分に等しい深さにまで広がる大地比抵抗の平均値が得られる．

シュルンベルガー兄弟により1921年に，同じ一直線上に4つの電極を別の方法で配

列させ,その測定結果から「見かけの比抵抗」を求める新しい方法[シュルンベルガー法]が考案された.シュルンベルガー法では,外側の両電流電極の中間に2つの電圧電極がウェンナー法の場合より近づけて置かれ,それらの電圧電極間の電位差が測定された.シュルンベルガーの初期のシステムでは,直流電流と非分極式電極が使われ,さらに流入させる電流のドリフトを除去するため,電流の方向は周期的に交互に切り替えられた.シュルンベルガー法は,電極間の距離を大きくとる必要がある深部探査の方法として広く普及した.

装 置

四極法が普及すると,それがきっかけになって,大地比抵抗を測定するための多数の装置が開発された.それらの装置は,野外測定に耐えるものでなければならなかったし,いろいろなノイズや偏りの原因に対処できるものでなければならなかった.そのようなノイズの原因としては,地中の電解質の凝集の仕方が一様でないために生じる自然電位,電極の分極作用,地電位の変動,導線間の電磁カップリングの効果があげられる.アメリカでは,ギッシュ(O. H. Gish,?-1987)とルーニー(W. J. Rooney)とによって1924年にウェンナー法を基礎に新しい測定装置が開発された[ギッシュ-ルーニー法].この装置では,自然電位と電極の分極電圧とを打ち消すために,1秒間に16回も電流の方向を交互に切り替え,さらに二重コミュテーター(整流子)を用いて電位差計内を流れる電流を整流したので,不規則な変動をするノイズが生じたものの,電位差計で読み取られる電位差の値は常に同一方向であった.その後いろいろな改良が加えられた.例えば,電流の整流子として電位差計・整流子を利用すること

で,反転後に電流が平衡値をとるようになったし,さらに補助的な蓄電池回路を加えることで,ガルバノメーターの不安定さを落ち着かせることができるようになった.

シュルンベルガーは,直流を利用する自分の装置を絶えず改良し,野外測定の信頼性と測定精度を向上させた.初期のシステムでは,非分極式電極を使用するとともに,電位差計を組み込んだ回路において投入する電流の方向を周期的に反転させるようにした.それは,漂遊電流[絶縁不良などのため導体外に漏れる電流]および電位差測定用回路への電流の漏れの効果を減らすためであった.1925年にはより一層簡単な銅製の電極が導入され,さらに分極電圧を打ち消すため,補助の蓄電池とレオスタット(可変抵抗器)とが使われるようになった.小さな可変トランスによって,電流を切ったとき誘導効果によって生じる高電圧が打ち消された.この装置は,電極間の距離を大きくしても有効に働き,直流電流の近くでもうまく機能するので,探査の深度は誘導性の表皮効果の制約を受けなくなった.1929年に行われた比抵抗測量では,外側の電極間の距離は200 kmまで延ばされた.

もともと物理探査のために比抵抗測定用の装置が開発されたのに対し,それと並行してメガー(メガオーマー(絶縁抵抗計)の略称)・アース・テスターと呼ばれる小型の装置が発電所や送電線の基盤調査のために開発された.メガーのギッシュ-ルーニー式装置との本質的な相違点は,直読式の抵抗計で電圧と電流との比の値を読み取ることができるので,抵抗をただちに測定できるという点にあり,さらに手動のマグネト発電機が取り付けられ1秒間に約50回の反復運動により測定に必要な電流が供

シュルンベルガーの1927年頃の直流比抵抗計.シュルンベルガー・ドールリサーチ社提供.

給される仕組みになっていた。本来のメガーでは，ウェンナー法に対応して4つの電極を用いたが，その後に改良されたモデルではさらに第三の電圧電極が組み込まれた．メガー法では，ギッシュ-ルーニー法に比べ，一般に比抵抗の測定値が小さくなる傾向があったが，それは電流の一部が測定用コイルの中を流れるからであった．それゆえ，この方法は，高周波の電流が卓越する浅部の探査にのみ適するとみなされた．

今日使われているような直流電流近くで作動する，電極式の比抵抗測定機器は，1920年代に開発された先行の機器と同じような原理に基づいていて，土木工事の基盤調査や地下水探査など数mから数百mに及ぶ中程度の深度の地下探査で重要な役割を果たしている．

電磁誘導の原理に基づいて地球の電気伝導度を測定する方法は，1930年代初期に電磁気探査法から発展した．今日では，周波数変化法（フリクェンシー・ドメイン法）とパルス法（タイム・ドメイン法）の両者による測定機器が，地上の探査にも航空探査にも広く利用されている．現代的な誘導法は，土木工事の基盤調査や環境調査のための急を要する探査に適した（深さ約1mまでの）浅部用の「地面の電気伝導度」測定機器をはじめとして，数百kmもの深部に至る地層の電気伝導率の分布を調べるのに適した高出力の測定機器に至るまで，幅広く応用されている．

[Brian R. Spies／吉田晴代 訳]

■文　献

Ambronn, R. *Elements of Geophysics as Applied to Explorations for Minerals, Oil and Gas*. New York：McGraw-Hill, 1928.

Edge, A. B. Broughton, and T.H.Laby, eds. *The Principles & Practice of Geophysical Prospecting*. Cambridge：Cambridge University Press, 1931.

Gish, O. H., and W.J.Rooney, "Measurement of Resistivity of Large Masses of Undisturbed Earth." *Terrestial Magnetism* 30（1925）：161–188.

Heiland, C. A. *Geophysical Exploration*. New York：Prentice-Hall, 1940.

Van Nostrand, R. G., and K. L. Cook. *Interpretation of Resistivity Data*. Geological Society Professional Paper No. 499. Washington, D. C.：Government Printing Office, 1966.

◆窒素定量装置【ケルダール式】

Nitrogen Determination Apparatus (Kjerdahl)

J. ケルダール（Johann Gustav Christoffer Thorsanger Kjeldahl, 1849–1900）は，コペンハーゲンのカールスバーグビール醸造所付属のカールスバーグ研究所の化学部長であった．そのような地位から，彼は大麦タンパク質の窒素量を定量する，迅速な日常的方法の必要性をよく認識していた．1883年に発表されたケルダール法において，試料は濃硫酸で沸騰させて分解され，窒素を硫酸アンモニウムにした．アルカリを過剰に加えた後，遊離したアンモニ

アを煮沸除去し，既知量の標準酸中に集められる．アンモニアを中和した後に残存する酸の定量（したがってアンモニアの定量も）を，標準アルカリで滴定測定した．もっとも，ケルダールは当初，煩雑なヨード滴定による終点を用いた．

この方法には，いくつかの先行研究がある．1841年頃，H. ウィル (Hans Will, 1812-1890) と F. ファーレントラップ (Franz Varrentrap, 1815-1877) は，試料をソーダ石灰とともに加熱することによって，有機窒素をアンモニアに変換した．アンモニアは酸中に捕集され，塩化白金の添加で生成された沈澱物を計量することによって定量された．

1867年，J. ウォンクリン (James Alfred Wanklyn, 1834-1909) は，アルカリ性過マンガン酸塩と沸騰させることによって，飲料水中のアルブミノイド窒素を定量した．アンモニアを蒸留で留出させて，ネスラー試薬（塩化水銀カリウム）を加えて，比色法で測定された．このことが念頭にあったので，ケルダールは，初期の実験では過マンガン酸塩を使用した．

ケルダールの装置はフラスコや冷却管や連結管のような普通の実験器具から組み立てられた．しかし，アルカリ飛沫が標準酸の中に入り込まないようにする飛沫球 (splash bulb) は，ケルダールが特別に設計した工夫である．洋ナシ型のガラス球と長い首をもつ独特の分解フラスコが，ケルダール・フラスコとして知られているが，それはケルダールによって発明されたものではなかった．

試料を分解する過程は，沸点をあげるために硫酸カリウム塩を硫酸に加えることによって促進された．有機物質は炭化され，混合物は黒く変わった．煮沸はフラスコの内容物が薄い麦わら色を帯びるまで続けられた．その分解を助けるために，酸化剤か触媒が加えられた．選択されることが多いのは，一滴の水銀，一片の硫酸銅結晶，あるいは一摘の二酸化マンガンであった．1931年に，ラウロ (M. F. Lauro) はセレンの使用を提案し，多くの分析家たちは，酸化水銀（II）とセレンの混合物がこれ以上はない最良の組合せだと認めた．

時間のかかる過剰酸の逆滴定を，1913年に，L. ウィンクラー (Lajas Winkler) はアンモニアをホウ酸溶液の中に吸収させることで不要とした．なぜなら，ホウ酸はメチルレッド指示薬に作用しないので，アンモニアを直接に標準の塩酸で滴定することができたためである．しかし，多くの企業実験室では，何十年もの間，逆滴定が使われ続けた．

微量ケルダール装置の原型は1911年に導入されていたが，最も一般的となったのは，1921年に使用されるようになったパルナス (I. K. Parnas) とワグナー (R. Wagner) の装置である．装置中で，アンモニアは，まわりが真空にされたフラスコから水蒸気蒸留で蒸留される．水蒸気は，[飛沫] 球の底まで達した導入管を通して入ってくる．冷却すると球の中の液体は，吸い出されて貯めに戻り，底にある管の口から空にされる．こうして装置は次の分析に使われることになる．微量ケルダール分析では，分解の終点近くになると通常は30%過酸化水素水を加えて，完全に分解する．

このケルダール法を，超微量分析にも拡張しようとする興味深い試みが1939年になされた（1933年の着想に基づいている）．それはコンウェイ (E. J. Conway) の拡散セルである．すなわち中心に低い隔壁がある分室をもつペトリ皿である．分解した試

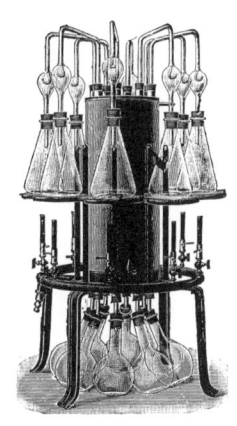

ジョン・J・グリフィン&サンズ社製ケルダール装置(1912年). John J. Griffin & Sons Ltd. Griffin's Chemical Handicraft. London, 1912：156, Figure 1625. フィッシャー・サイエンティフィック U.K. 社提供.

料をアルカリ性にして,中心の分室に置き,ペトリ皿の分室のまわりに酸を浸み込ませておく.蓋をして,数時間するとアンモニアが標準酸に拡散する.拡散したところで水平ビュレットで滴定するのである.

ケルダール法は,生物試料や石炭,コークスに対して実験室で日常的に使うには,好適であるが,ニトロ化合物やニトロソ化合物,アゾ化合物,ヒドラジン誘導体などには使えない.予備的な還元によってそれらを適当な形に変化させることは可能である.しかし,それでは迅速性が損なわれる.確かに1892年にディヴァルダ(A. Devarda)が亜鉛と銅,アルミニウムの合金での還元が有望であることを発見しているが,亜鉛と酸による還元は常にうまくいくとはかぎらない.最適の還元剤は,1933年にA. フリードリッヒ(Alfred Friedrich, 1896-1942)が導入したヨウ化水素酸と赤リンの混合物である.

ケルダール測定法用にいくつもの補助装置が販売されていた.なかでも長期にわたって使われたのは,複数のケルダール・フラスコを同時に装着できるようにした分解用スタンドである.

［W. A. Campbell／徳元琴代・梶　雅範 訳］

■文　献

Ihde, A. *The Development of Modern Chemistry*. 296. New York：Harper and Row, 1964.

Kjeldahl, J. G. C. T. "Neue Methode zur Bestimmung des Stickstoffs in organischen Korpern." *Zeitschrift für analytische Chemie* 22（1883）：366-382.

Pregl, Fritz. *Quantitative Organic Microanalysis Based on the Methods of Fritz Pregl*. 78. 4th ed. London：Churchhill, 1945.

Szabadvary, Ferenc. *History of Analytical Chemistry*. 298. Translated by Gyula Svehla. Oxford：Pergamon, 1966.

Thorpe, Jocelyn Field, and Martha Annie Whitely, eds., *Thorpe's Dictionary of Applied Chemistry*. Vol. 2, 619. 4th ed. London：Longmans, 1938.

◆知能テスト

Intelligence Test

個人の「能力」を判定する科学は,J. C. ラーヴァター(Johann Caspar Lavater, 1741-1801)によって18世紀後半に,観相学と呼ばれる民衆知が学問として純化されたことや,大きな影響力をアカデミズムに及ぼした骨相学などに始まる.これらはしかし,性格や人格といった側面に注目し,知能という非常に曖昧模糊とした概念はあまり扱わなかった.半世紀後に骨相学の権威が失墜した後は,S. G. モートン(Samuel George Morton, 1799-1851)などの自然人類学者が,骨相学の技術と道具をうまく使いながら,人種の特徴を記述するというテーマに取り組んだ.19世紀末には,博

識で知られるイギリスのF. ゴールトン（Francis Galton, 1822-1911）が人体計測学を精神的特性の領域にまで広げようとし，当時ドイツで生まれつつあった実験室を基盤にする「新しい心理学」に期待をかけた．だが，心理学者たちは感覚と知覚こそが精神生活の基礎であると主張してこれに注目し，「より高次の精神過程」と彼らが名づけた事柄はあまり扱わなかったため，人体計測学者も単に被験者の反応時間と線分を二等分する能力を調べるにとどまった．

「知能テスト」と名づけられた最初のテストは，1890年代にコロンビア大学のJ. M. キャッテル（James McKeen Cattell, 1860-1944）によって開発された．彼は精神的特性のうち，異なる条件下で短期記憶と感覚の鋭敏さを計測しようとするゴールトンのプログラムを拡張した．ゴールトンと同じく彼も，もっぱら個人間の差異を明らかにするデータを収集した．彼は自然選択を可能にする変異の問題に関心を寄せていたのである．だから彼には，「人々が生活していくにあたって，このような特性がどう働いているのか」という，何より重要な機能的視点が欠けていた．このテストを用いたところで有意味な結果は得られなかったため，1901年までにほとんどの心理学者が用いなくなった．

キャッテルのテストは失敗だったが，アメリカ人はこれまでになく心理学的な専門技術を欲していた．それは以下の理由による．まず，南部および東部ヨーロッパからの新しい移民の子どもたちが多数おり，教師が彼らを「アメリカ化する」のに役立つ．また，義務教育法によって存在が明るみに出た大勢の「精神薄弱」児を扱う際にも役立つ．新興産業において，企業が労働者を選抜するのに役立つ．そして最後に（優生

学者にとっては）入国許可の基準を決定するために必要である．心理学的な専門知識の確立に最も熱心に取り組んだのは，精神薄弱児のための州立学校に所属していた心理学者たちだった．1905年にフランスでA. ビネ（Alfred Binet, 1857-1911）とT. シモン（Theodre Simon, 1873-1961）がテストを開発したが，ニュージャージーのH. H. ゴダード（Henry H. Goddard, 1866-1957）は，1908年にこれに目をつけた．このテストは彼と同様の問題を抱えたフランスの教師のためにつくられたもので，学童児は「年齢にふさわしい」さまざまな課題をクリアするよう求められる．例えば4歳ではコインの数を数える，8歳では類似点を説明する，12歳では5桁の数字を逆から復唱する，そして「最高」水準ではことわざを説明する．子どもがクリアできたレベルに従って，実験者がいうところの精神年齢が決まり，精神年齢を子どもの実際の年齢で割ったものが知能指数「IQ」となる．

1909年までにゴダードはこのテストをアメリカ向けに修正し，まもなく精神薄弱児の学校の間では，児童の介護プログラムの策定にあたってこのテストはきわめて実用的であると評価された．他のアメリカ人研究者たちもこれと似た個人用テストを開発し，こちらは都市の大規模な学校で，殺到する移民の子どもに対処するのに用いられた．1916年には，スタンフォード大学のL. M. ターマン（Lewis M. Terman, 1877-1956）と共同研究者たちが『スタンフォード大学式ビネ-シモン知能測定尺度の改訂と拡充（*Stanford Revision and Extension of the Binet-Simon Intelligence Scale*）』の初版を出版し，これは以後ながらくこの分野の権威であり続けた．先行する研究者のほとんどがそうであったように，スタン

フォードの心理学者らも，テストが測定する機能上の技能と無関係に知能を定義するやり方を，はっきりと否定している．

アメリカが1917年，第一次世界大戦に参戦したとき，心理学者は戦争に協力して「心理学を有名にする」ために自ら進んで戦争動員に加わった．ミネソタ大学のR.M.ヤーキース（Robert M. Yerkes, 1876-1946）の指揮する研究は，当時最も包括的なもので，そこから2つの知能テストが生み出された．陸軍アルファテストは英語の読み書きができる人用で，被験者は算数の問題を解き，同意語や反意語を答え，順番を入れ替えた文章の正否を判定し，さらに一列に並べられた類似語や数列の空白部分に正しいものを入れる．陸軍ベータテスト（別名非言語性テスト）は，文盲もしくは英語以外の言語しか読み書きできない人用で，被験者は迷路をたどり，複雑な形に積み上げられた立方体の数を数え，数字-符号のコードを解読し，一列に並べられた絵や記号の欠けている部分に正しいものを入れる．それまでの心理学テストとは違い，陸軍テストでは大勢の被験者が一度にテストを受けるようになっており，したがって被験者は複数の答えの中から「正しい」ものを選んでテスト用紙の空白に書き込み，後で心理学者が採点する．

こうした業績は知能テストを取り巻く状況に革命的な変化をもたらした．陸軍テストの有効性を訝しむ声がある一方，このテストは確実に心理学を「有名にした」．1920年代には，集団に対して知能テストを実施することが1つの流行となった．大学入試，学校の「能力」別クラス編成などに心理学テストが用いられ，全米大学入試委員会（College Entrance Examination Board）でも，論文試験の代わりに，SAT（大学進学適性検査）の導入—こちらのほうが「客観的」で採点が簡単だという理由で—が検討された．優生学者らはまた陸軍テストの結果にしばしば言及した．このテストでは，生粋のアメリカ人は移民よりIQが高く，また西ヨーロッパからの移民は南ヨーロッパや東ヨーロッパからの移民よりもIQが高いという結果が出ていたからである．彼らはここから移民制限の必要性を主張した．しかし，1920年代が終わる頃にはコロンビア大学のF. ボアズ（Franz Boas, 1858-1942）をはじめとする文化人類学者，統計学者，心理学者の間からも，知能テストが環境要因を無視しているとの批判が起こり，知能テスト研究者は自らの研究の意義について，控えめに言い直したり前言を撤回しさえするようになった．

1930年代を通じて学校では，依然として知能テストが広く実施され続けた．一方，ラジオ番組「ドクターIQ」やH. ロールシャッハ（Hermann Rorschach, 1884-1922）の人格テスト「インクブロットテスト」などのせいで，知能テストに対する悪い印象が広まった．文化人類学が提唱した環境という観点は影響力を強めつつあった（G. ミュルダール（Gunner Myrdal, 1898-1987）の，広範な影響力をもった研究『アメリカのジレンマ（*The Negro in America*）』（1944年）がその一例である）が，この潮流のもとで，ロンドン大学ユニバーシティーカレッジ，後にクラーク大学のR. B. キャッテル（Reymond B. Cattell, 1905-1998）は，「文化フリー」と名づけられた一連のテストを提唱した．このテストは言語を用いない「作業」を行わせるものである．他の知能テスト研究者は知能をより厳密に定義しようと複雑で時には矛盾だらけの論を展開し，しだいに統計的妥当性や標準化といったテー

絵を完成させるテスト．アメリカ合衆国陸軍心理学テストプログラム（1918年）のベータ集団検査より．NMAH 提供．

マへの関心を強めていった．例えば，1939年にニューヨーク，ベルビュー精神病院のD. ウェクスラー（David Wechsler, 1896-1981）は，言語を用いたテストと言語を用いないテストを組み合わせ，成人用のベルビュー知能検査（1955年にウェクスラー成人知能検査，WAIS と改名）を開発した．彼は3,500人をサンプルとして慎重に選び出した上でテストを実施し，その成績をもとに基準をつくり上げた．1930年代中盤に出版社が，テスト用紙を規格化して機械で採点する方法を編み出した．1938年には O. K. ビュロス（Oscar K. Buros, 1905-1978）の『精神測定年鑑（Mental Measurement Yearbook）』初版が出て（1992年の時点で第11版），知能テスト研究者と彼らの顧客の双方がこの本の読者となった．第二次世界大戦後のベビーブームで，学校はますます多様な子どもたちを教育しなくてはならなくなったので，知能テストのブームが起こった．そこで1949年に心理学会は児童用ウェクスラー知能検査（WISC）を出版した．

1960年代の公民権運動の中で，急進的な教育関係者はあらゆるテストは必然的に階級あるいは人種的偏見を反映していると主張し，テストするという行為がすべからく人種差別や管理社会への欲望を根底にもっているとの研究もあらわれた．大学への進学競争が激しくなるにつれ，SAT に文化やジェンダーによる差別がみられるという議論は広く知れわたっていった．知能テストを擁護する側は，異なる人種に属する個々人の隠れた能力が前もって明らかになるのだから，テストは機会の創出に寄与していると訴えた．また，異なる人種的背景をもつ生徒の間では，確かに精神機能に相違が見出せるので教育者はそれに対応しなければならないとも主張した．イギリスの心理学者 C. バート（Cyril Burt, 1883-1971）が知能の遺伝による違いを主張するにあたって，偽造データを用いていたという告発が批判を後押しした（近年では反論も出ている）．しかし教育関係者の間では，個人用テストが例えば学習障害の診断のように，臨床上の重要な役割を果たしているという議論が続けられている．そしてさらに1990年代に教育における成績責任が叫ばれるようになると，生徒がどのような知識をもっており，それをどのようにして学習したのかを評価するテストが登場した．このテストはコンピューターによって管理されている．

[Michael M. Sokal／坂野　徹 訳]

■文　献

Fancher, Raymond E. *The Intelligence Men：Makers*

of the IQ Controversy. New York：Norton, 1985.
Gould, Stephen Jay. The Mismeasure of Man. New York：Norton, 1981.
Hearnshaw, Leslie S. Cyril Burt, Psychologist. Ithaca, N. Y.：Cornell University Press, 1979.
Kamin, Leon J. The Science and Politics of I. Q. Potomac, Md.：Erlbaum, 1974.
Sokal, Michael M. "Essay Review：Approaches to the History of Psychological Testing." History of Education Quarterly 24（1984）：419-430.
Sokal, Michael M. ed. Psychological Testing and American Society, 1890-1930. New Brunswick, N. J.：Rutgers University Press, 1987.

◆地平測角器

Circumferentor（Surveyor's Compass）

「地平測角器（circumferentor）」の通常用いられる伝統的な意味は，測量用コンパス，すなわち磁気子午線の方向を測定することのできる照準つきの磁気コンパスのことである．しかし測量用コンパスの中には，地平測角器と呼ばれなかったタイプも存在する．例えばプリズム・コンパス，あるいは開閉蓋のついた四角の木製容器に，折りたたみ式照準器や回転式の照準管とともに収納されたコンパスなどである．また最近では，「地平測角器」という言葉が，製造や使用の面では経緯儀と呼ばれてもおかしくない回転式の方向視準器（アリダード）をもつ装置を指すのに使われてしまっている．このことは，一次文献を読む際に混乱の原因となる．

地平測角器は，ガラス窓をもつ円形の青銅製か木製のコンパスの箱，旋回心軸をもつ磁針，箱に備えつけられしばしば延伸式のアームに置かれた2つの照準などからなっている．経緯儀は磁気コンパスを用いて子午線と揃えられるが，方位は静止した分度器の上を動く針によって表示される．一方，地平測角器では，磁針である針が固定され，目盛りのほうが照準器とともに回転する．地平測角器が両方の装置を備えているために，多くの機器が誤ってそのように呼ばれている．その典型例は，G. アダムス（George Adams）によって記された「コモン・セオドライト（常用経緯儀）」であり，針か方向視準器が外側の静止目盛りの上を動き，針と分度目盛りを備えたコンパスの箱を動かすようになっている．しかしこれは当時においては地平測角器と称されず，全く異なる装置であった．

最も早い地平測角器の形は，針が指針盤の下に隠れているような航海用のコンパスに基づいていた．指針盤は目盛りとともに針につけられ，針が垂直のピンの上に置かれた．そのような指針盤は伝統様式に従って北の右側に東が記された．指針盤は固定されているので，照準器を東に回転させると東方向の読みを与えた．しかし指針盤は箱の底面に固定され，針とは異なり照準器とともに動くので，指針盤の上で針を安定させるほうが単純であった．この方式はすぐに採用され，17世紀末からは一般的な形態になった．そのため，伝統的設計による指針盤は，照準器が東を向くと針の下では西に向かう読みを与えてしまう．その結果，地平測角器の指針盤は普通，通常の配置とは逆の東西の方向をもつことになる．

地平測角器は18世紀から19世紀にかけて普及したが，それは測量活動の特定の場面で使われるようになり，それとともに構造も改善され専門化していった．アメリカとアイルランドで流行した1つの特徴は，絶えず変化する地磁気に合わせるために副尺をもたせたことである．経緯儀は建物・境界・道路などの開発された地理環境の人

地平測角器の左右に立つ測量士とチェーンをもつ助手のスズ板写真（1870年頃）．NMAH提供．

工的特徴を再現することができるが，地平測角器は根本的に自然的特徴である地磁気の子午線に対して参照しており，未開発地の地図作製に特に適していて，植民地の測量に利用された．アメリカとアイルランドで地平測角器は好まれるようになり，すぐに両国の製造業者によって最も一般的に製作される測量器具になった．それはアメリカで，中心のコンパスの上のA型枠に支持され望遠鏡照準が動く「アメリカ式トランシット」によって代表される一連の器具の出発点になった．高度を測るために垂直の円が付加され，経緯儀の上に見られるタイプの水平の目盛りがコンパスの箱の外側に置かれるが，磁気コンパスが目立つことがアメリカ製の測量器具の特徴になっている．

地平測角器が適しているもう1つの環境は，周囲に特徴のない地下の鉱山である．「鉱山師のダイヤル」は通常何らかの形態の地平測角器で，傾斜か高度を測定する傾斜計か何かが付加されている．鉱山測量用の装置の多くは，妥協の許されない環境の使用に耐えるよう設計されてきた．地磁気の偏差はすべての測量用コンパスが関わる問題であるが，少なくとも地上では太陽の観測が可能なら真の子午線を見つけることができ，偏差も測定可能である．だが地下においてこの問題は深刻になる．

［Jim Benett／橋本毅彦 訳］

■文　献

Bennett, J. A. *The Divided Circle：A History of Instruments for Astronomy, Navigation and Surveying*. Oxford：Phaidon, 1987.

◆潮　位　計

Tide Gauge

沿岸での海水面の測定には長い歴史がある．その大きな理由は，航海，浅瀬で操業する漁業，ドックや港湾の建設などにおける重要性によっている．何千年もの間垂直に立てられた杭が使われ，多くの港では壁に目盛りが書き込まれてきた．穏やかな日には目盛りを読むのに支障はなかったが，嵐の日や夜間などでは困難であった．

基本的アイデアは1666年にロンドンの王立協会初代会長のR. モレー（Robert Moray, 1608頃-1673）によって記されているが，最初の自動記録式ゲージは，1830年代にH. パーマー（Henry Palmer）によって設計され，テームズ河口のシアネスに設置され，ロンドン王立協会にJ. リュボック（John Lubbock, 1803-1865）が報告した．パーマーのゲージは海と連結された井戸に垂直に設置された浮きによって成り立っている．これはペンとグラフ記録機と時間指示器からなる．後の装置には独立した円

筒がつき，満潮時の 30 分間だけ作動し，毎分しるしがつけられる仕掛けになっていた．

1837 年にブリストルのエイボン川に設置されたバント（T. G. Bunt）がつくった装置は，W. ヒューウェル（William Whewell, 1794-1866）によって記されている．リュボックとヒューウェルは，G. B. エアリー（Georg Biddell Airy, 1801-1892）とともに王室天文学者であり，潮汐の理論に関心があり，1830 年代から 40 年代にかけて英国科学振興協会にその問題で論文を発表した．1850 年代には，浮き型ゲージ記録計はイギリスや他の主要な港湾で設置された．1980 年代にイギリスには 30 余りのゲージからなる観測網があり，アメリカの国立海洋サービスは 150 以上のゲージからなる観測網をもっている．

ゲージは頑強で操作も比較的簡単であるが，その費用，潮位と時間の測定の精度上の限界，井戸自体の物理的な振舞いなどが考慮されて，他の原理に基づく潮位の測定方法の開発が試みられた．1908 年に，水理学者で英国海軍の助手も努めていたフィールド（A. M. Field）とパーレー=カスト（H. E. Purley-Cust）の開発した「潮の満ち引きを示し記録する改良された方法と装置」に対してイギリスの特許が与えられた．これは，圧力のかかった空気を含む密閉容器が管を通じて水面下に沈められた開いたノズルにつながっているときに，空気の圧力がノズルから水面までの高さの水圧に等しくなるまで，空気がノズルを通じて噴出するという原理を利用している．そこで水位の変化は圧力計を用いて測定される．このような空気と泡のシステムは 20 世紀において広範に利用された．それは安価な消耗品の部品を使っており，記録計か

改良型ニューマン潮位計（ネグレッティ＆ザンブラ社製，1886 年）．Negretti & Zambra. Encyclopaedic Illustrated and Descriptive Catalogue. London, ca. 1880：98, Figure 100. SSPL 提供．

ら数百 m 下の海面下の水圧を記すことが可能となった．この種のシステムは，管が波立つ領域を通るときに保護されるならば，実質的にすべての沿岸地域で利用することが可能である．

音響ゲージは，音が音源から反射板に当たり戻ってくるまでの時間で距離を測定する．これはしだいに米国国立海洋サービスの観測網で浮き型に取って代わるようになった．

1980 年代に開発された圧力装置は，作成や設置，取出しに費用がかかったが，水路測量，狭い海峡での船舶や油井掘削機の航行，海洋や大陸棚の水力学の科学的研究に力を発揮した．人工衛星の高度測量も使

われているが，海面レベルの長期的傾向を測定するためには現在以上のデータの安定性が必要である．

[Jane Inslery／橋本毅彦 訳]

■文　献
Darwin, George Howard. *The Tides and Kindred Phenomena in the Solar System*. Boston：Houghton, 1898.
Deacon, Margaret. *Scientists and the Sea, 1650–1900：A Study of Marine Science*. London：Academic, 1971.
Pugh, David T. *Tides, Surges and Mean Sea Level*. Chichester：Wiley, 1987.

◆潮位予測計

Tide Predictor

潮汐の研究は人が魚をとり始めた頃から興味がもたれたが，大型船舶が航行し始めるようになって大きな商業的関心がもたれるようになった．英国科学振興協会は1867年に，潮汐を予測する方法の検討委員会を設置した．W.トムソン(William Thomson, 1842–1907)によって書かれ，1868年に発表された報告書には，潮位測定の記録によってつくられた複雑な波形は三角関数などの周期関数の級数の和によって近似できるというすでに知られていた事実が提言されていた．それはまた潮汐予測の問題を，与えられた位置における潮汐を注意深く測定することで，この手続きを用いて解決することができることを示唆した．このデータを近似するフーリエ級数和を見つけ，この和を評価することで将来の潮汐の変位を予測することができると考えられた．この計画の主たる難点は，潮汐の複雑な性質をシミュレートするには多くの三角関数の項が必要なことであった．この級数の各項の係数を決定し，だいたいの予測をするための級数を評価するために要する計算量の多さにより，潮汐の計算は最重要な地点だけに限られることになった．級数の三角関数の係数を見出す手続きは調和解析として知られており，トムソンがこの作業を援助する機械装置を示唆したが（調和解析機の項を参照），この面の計算を遂行する装置は長年実用化されなかった．

いったん調和解析がなされると，フーリエ級数を評価する装置を作成する作業はずっと単純になる．いくつかの機械がこの目的のために発明されたが，最も有名でまた最も単純なものの1つは，トムソン自身によって考案されたものである．それは，歯車についた棒によって生み出される振動運動が三角関数などの周期関数を追いかけるのに使えることに基づいている．関数の振幅は棒の長さによって制御され，関数の周期は歯車の回転速度（通常，歯の数と歯車の大きさによって制御される）によって制御される．これらの機構が多く直列につながれ，周期と振幅を正しくしておけば，足し合わされた最終的な結果は与えられた領域の潮汐を近似することになる．この設計の機械はイギリスとインドの沿岸周辺の潮汐の変位を計算するために，すぐに利用されるようになった．

この装置の大きな問題点は，構成部品をつなげているひもやワイヤーが，機械の使用中に伸び，最後の値を不正確にしてしまうことであった．この問題を是正するために多くのことが試みられた．その1つは，潮汐予測計を作成するための異なる原理につながるもので，フーリエ係数の計算に使われる装置の基礎をなすものとなった．

アメリカでは沿岸測量局がこれらの問題

トムソンの最初の潮位予測計（レジェ社製，1872年）．SM 1876-1129．SSPL 提供．

の所轄機関で，1882 年にその局員の 1 人である W. フェレル（William Ferrel, 1817-1891）が同様の機械を 17 の機構を合わせてつくり上げたが，それは満潮と干潮の時刻を教えるもので，その間については何の情報も与えないものであった．1905 年に沿岸測量局の数学者 R. A. ハリス (Rolin A. Harris) が，そこの主任器具製作者の E. G. フィッシャー (Ernest G. Fischer) とともに，37 の周期関数の項を用いて，潮汐の連続的な値を与え，潮流を予測評価する，より野心的な機械の設計を開始した．この「偉大な青銅の頭脳」の開発は 5 年の歳月を要したが，1910 年に翌年の米国沿岸の潮汐を予測するために利用された．この機械は長さ 3 m，高さ 2 m，重さ 1,000 kg もあるような立派な代物で，潮汐の高さをその年の各分ごとに約 3 cm の精度でグラフに示すことができた．それは 1960 年代末期まで利用された後，IBM 7090 のコンピューターに取って代わられた．デジタルコンピューターが最終的にアナログ機械に取って代わるようになったときでも，フーリエ級数を的確に評価するために要する計算の量は膨大であったので，再び計算値は特定の地域の満潮と干潮の時刻に限られた．これは，1970 年代になってデジタルコンピューターの計算能力が実質的に限界がなくなっていくことで，この問題を解決していくことになった．

[**Michael Williams**／橋本毅彦 訳]

■文　献

Collins, A. "The Great Brass Brain." *Datamation* (November 15, 1979)：32-36.

Horsburgh, E. F., ed. "Instruments of Calculation." In *Handbook of the Napier Tercentenary Celebration：or, Modern Instruments and Methods of Calculation*, Section G, 181-277. Edinburgh：Royal Society of Edinburgh, 1914.

◆超遠心分離機

Ultracentrifuge

科学機器としては，超遠心分離機は現在主に生化学の研究において物質を溶液から分離するために用いられている．溶液を保持する容器をセットしたローターが高速で回転し，生じた重力場の影響で溶質が容器の周縁部に移動する．しかし歴史的には，超遠心分離機はコロイド粒子のサイズを決定するという分析目的で開発された．

20 世紀初頭に，著名なスウェーデンの化学者 T. スヴェドベリ (Theodor Svedberg, 1884-1971) が溶液中コロイドの粒子サイズの決定に関心を抱いた．彼が用いた方法の 1 つは，重力の存在下でこれらの粒子が徐々に溶液と分離するという現象を利用したものであった．この現象が生じる速度により，粒子サイズに関する情報を知ることができた．より正確さを増すために，

彼はこの方法における定数の1つである重力を変化させた．重力の変化に高速遠心力を用い，最終的にコロイド粒子に 5,000 g（地球重力の 5,000 倍）までの力をかけることができた．彼はこの装置を，ultrafiltration（限外ろ過）や ultramicroscope（限外顕微鏡）というより普及した方法の類推で，ultracentrifuge（超遠心分離機）と名づけた．

スヴェドベリは，この新しい装置を無機コロイドや有機コロイドのサイズを決定するために用いた．彼は，無機コロイドのように，タンパク質粒子も粒子サイズに応じて広い範囲の分布を示すだろうと予想した．しかし，ヘモグロビンを分析したところ，すべての粒子が同じサイズであるかのように見えた．このことは，このタンパク質が一定の粒子の大きさをもつ分子であることを意味する可能性があり，彼と同時代の多くの学者の考え方に反するものであった．しかし，それを確かめるには，10 万 g のオーダーの重力場を用いたさらなる分析が必要であると思われた．

重力場をさらに 20 倍増加させるような改良は容易に達成できるものではなかったが，多額の資金を投資しさまざまな問題を克服した後に，彼は目的の装置を開発することに成功した．ローターはベアリングを潤滑に保つことのできるオイルタービンで動かされた．ローターはベアリングで生じた熱を逃がすが，その一方でローターをオーバーヒートさせないよう，水素ガスの中で回転させられた．分析対象の物質は，いわゆる分離セルの中に置かれ，重力の影響下での粒子の分離が，その過程を特別な光源で照らして一定間隔で写真撮影することにより記録された．これらの写真から粒子サイズを導くには，何時間も計算することが必要であった．

この新しい超遠心分離機を用いた実験に基づき，スヴェドベリは，ヘモグロビンが実際に粒子の大きさが揃った単分散のタンパク質であると結論づけた．この驚くべき結果の後，彼の実験室の研究はほとんどタンパク質のみに焦点が絞られた．

1926 年にスヴェドベリはノーベル化学賞を受賞した．これによって彼の評判は一層高まり，さらなる研究の資金を得ることが可能になった．その大部分は超遠心分離機のさらなる開発を行うため，特に発生させることのできる力を増加させるために使われた．タービンやタービン室の形，オイルの入り口，ベアリング，用いられるオイルのタイプ，ローターのつり合い，ローターのサイズといった，装置のほとんどすべての部分が最適化された．

1937 年にスヴェドベリは，10 年以上の開発の後に，もはやそれ以上の改良は不可能であると結論づけた．彼は 1949 年に引退するまで，40 万 g を生み出すことのできる最終タイプの超遠心分離機を使い続けた．彼の引退後も，タンパク質の研究は彼のかつての同僚たちによって続けられた．オイルタービン型の超遠心分離機は，最初の装置が開発されてから半世紀後の 1970 年代中頃まで用いられた．

別の開発経路

アメリカの光物理学者の J. ビームズ（Jesse Wakefield Beams）は，圧縮空気で駆動される小さな円錐形のコマ（直径およそ 1〜2 cm）に据えつけられた，高速で回転するミラーを開発した．1930 年以降，彼はこれらのコマを中空にする，すなわち小さな遠心分離機をつくる，ということを始めた．たいへん高速だったので，ビームスはこれを超遠心分離機と呼んだ．彼はこの

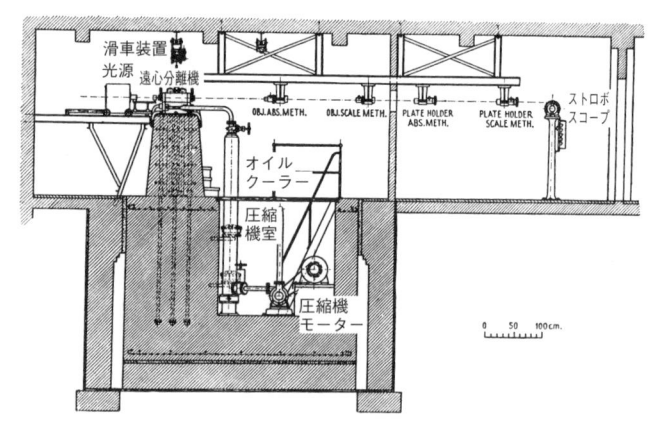

オイルタービン型超遠心分離設備の横立面図. SSPL 提供.

装置のさまざまな応用例を見出した．その中には，スヴェドベリが開発したのと同じ，分子量を決定する手法も含まれていた．

ビームスの学生の1人であった E. ピッケルス（Edward Greydon Pickels）は，この装置のさらなる開発を進めた．高速にするとローターが熱くなり，分離溶液の中で対流が生じるため，開発は困難を極めた．1935年までには，ピッケルスはローターが真空中を回転する装置をつくり出していた．真空で固定されたパッキン押さえを貫く小さなワイヤーが，ローターと駆動力を生むエアタービンとをつないでいた．これにより対流の問題はすべて解決したと思われ，100万 g までの力を出すことが可能になった．

この超遠心分離機は，ニューヨークのロックフェラー医学研究所の科学者たちの注意を引きつけ，彼らはピッケルスを雇って装置をさらに開発させた．ピッケルスは超遠心分離機の2つの別々の利用法を開発した．分析的用途としては，スヴェドベリの方法と同様，粒子サイズを決定するために用いることができた．試料調製用の使い方としては，物質を溶液から分離するために，主としてウイルスを濃縮するために用いられた．

普及

ビームスは，できるかぎり単純なつくりとなるよう，装置の設計を行った．ビームスのところの機械製作工の仕事を通じて超遠心分離機は科学界の一部に普及した．1937年頃，彼の真空超遠心分離装置はあるアメリカの会社が販売したが，商業的には失敗に終わった．

スヴェドベリも彼の装置を自分の機械製作工につくらせ，超遠心分離機を販売しようとしたが，装置が極端に高価で2万ドルほどもした．1940年代前半にあるストックホルムの会社が販売したが，これも商業的には失敗に終わった．

1946年にピッケルスは，彼の設計に基づく超遠心分離機の販売に関心をもつカリフォルニアのセールスマンのアプローチを受けた．彼らは共同でスピンコ社を設立した．ピッケルスは，彼の当初の設計が複雑すぎると考え，より簡単に操作できる「素人でも使える」装置を開発した．しかし，

販売は依然として低調で,スピンコ社はほとんど倒産しそうな状態であった.

ピッケルスはその後,試料調整用の超遠心分離機を販売目的で開発することに力を注いだ.この製品の成功により,スピンコ社は,少数ながら分析用の超遠心分離機の生産をも続けるのに十分な資金力を得ることができた.何年もかけて,分析用の装置の販売台数も徐々に上向いていった.

生化学研究のために超遠心分離機を用いる科学者たちは,グループをつくり,定期的にシンポジウムや会議を開催した.このグループが拡大してより多くの科学者が彼ら自身のアプローチや関心について発言するようになり,この装置のさらなる開発が促進された.多種多様な仕様の装置が開発され,超遠心分離機はさまざまな生化学研究において一般的な装置となった.

[Boelie Elzen／隅藏康一 訳]

■文 献

Beams, Jesse Wakefield. "High Speed Centrifuging." *Reviews of Modern Physics* 10(1938):245-263.

Elzen, Boelie. "The Failure of a Successful Artifact-The Svedberg Ultracentrifuge." In *Center on the Periphery:Historical Aspects of 20th-Century Swedish Physics*, edited by Svante Lindqvist, 347-377. Canton, Mass.:Science History, 1993.

Elzen, Boelie. "Scientists and Rotors-The Development of Biochemical Ultracentrifuges." Ph. D. dissertation. University of Twente, Enschede, 1988.

Pickels, Edward Greydon. "High-speed Centrifugation." In *Colloid Chemistry*, edited by J.Alexander, Vol. 5, 411-434. New York:Chemical Catalog, 1944.

Svedberg, Theodor, and Kai O. Pedersen. *The Ultracentrifuge*. Oxford:Clarendon, 1940. New York:Johnson Reprint, 1959.

◆超音波診断

Diagnostic Ultrasound

超音波は,周波数が 18,000 から 20,000 Hz 以上の音波であり,人間の耳には知覚できない.それは電気の振動を機械的な波動運動にしたり,また逆の作用をする圧電性の物質によって生み出される.超音波のパルスのエコーは,例えば時間ごとのエコーの振幅のプロットとして(A モード),あるいは運動を追跡するために音のエコーのドップラー効果のシフトとして(B モード),オシロスコープ上にさまざまな仕方で表示されうる.

診断用超音波の開発以前には,水中の検知のために高周波数の音の物理的性質が長く研究された.フランスの物理学者 P. ランジュヴァン(Paul Langevin, 1872-1946)は,エコーによる距離測定の研究の過程で,超音波の生物学的効果に気づいたが,超音波の生物への影響を系統的に研究したのは,R. W. ウッド(Robert Williams Wood, 1868-1955)とルーミス(Alfred Lee Loomis, 1887-1975)(1929 年),E. N. ハーヴェイ(Edmund Newton Harvey, 1887-1959)(1930 年)といった数人のアメリカ人であった.彼らの仕事によって,超音波は物理療法における薬剤の調合に利用され始め,それは 1940 年代に頂点に達した.

同じく 1930 年代末には,多くの研究者が超音波を単なるエネルギー源としてではなく,情報源として見るようになった.フランスの A. ドニエ(André Denier)は,牛の脳内の異物の位置を特定する超音波装置を考案したが,その研究を第二次世界大戦後に出版したときに,超音波の生物学的

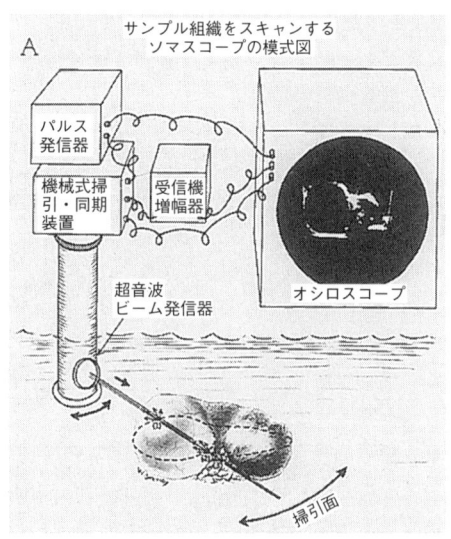

サンプル組織をスキャンする
ソマスコープの模式図

ダグラス・ハウリーと彼の同僚によって1949年と1957年に考案された一連の超音波マッピング装置の最初のモデルの模式図．米国超音波医学会のアーカイブ（メリーランド州ローレル）提供．

性質の研究に関する指導的権威であるドニョン（A. Dognon, 1900–）とグジュロー（L. Gougerot）は，彼の研究を厳しく退け，さらに研究を続けることを妨げた．1937年に，オーストリア人のカールとフリードリッヒの2人のデュシク兄弟（Karl and Friedrich Dussik）が脳から放出される超音波を用いて二次元の画像を生み出した．彼らの画像の医療への応用性は後に，マサチューセッツ工科大学のT. ヒューター（Theodor Hueter）とボルティモア（H. Baltimore）と，ドイツのグットナー（W. Guttner）によって反論されることになる．彼らは独立に，頭蓋骨が妨げとなって脳から出される超音波から有用な画像を生み出せないことを示した．

診断用画像

戦時中にソナーとレーダーによる電子工学の知識が蓄積し，また超音波による材料の欠陥を検知する装置と装置の熟練者が余剰になり，民生産業で使えるようになったので，1948年と1954年の間に数多くの臨床医，物理学者，生体工学者が超音波の臨床応用の研究を始めるようになった．臨床医は，地方の企業や軍事基地から文字どおり車つきの欠陥検知装置を借りてきて直接人体に応用した．異なる診断の用途に適合させるように装置に修正を施した．

診断用超音波は，同時に多くのセンターで非常にさまざまな医療目的のために開発された．RCA社のアルゼンチンにある研究所のマクラフリン（R. P. McLouglin）とグアスタヴィノ（G. N. Guastavino）は，RCAの電子工学の技術の実用化を検討していた1949年に，二次元画像の装置を開発した．コロラド大学の放射線医学者であるD. ハウリー（Douglass Howry, 1920–1969）は，1949年に2 MHzの超音波を利用して，

X線ではきちんとした画像をつくれない柔らかい組織の画像化を試み始めた．ミネソタ大学で外科の奨学生であったイギリス人のJ. ワイルド（John Wild, 1914-）は，15 MHzの超音波を利用して組織が悪性か良性であるかを判断しようとした．

グラスゴー大学の産科教授であるI. ドナルド（Ian Donald, 1910-1987）は，1954年にワイルドに会うとすぐに，グラスゴーで彼自身の研究計画に着手した．彼は，超音波診断の開発にあたって，産業界からの協力や財政支援を受け，ハウリーやワイルドよりも超音波診断の開発で成功し，臨床における信頼性も得るようになった．彼は1955年に，T. ブラウン（Tom Brown, 1933-）が改良したケヴィン＆ヒューズ社の欠陥検査機を女性の患者の腹部に適用した．これが最初の商用の二次元スキャナーとなり，変換器を直接患者の上に置く装置となった．

超音波はすぐに多くの医療分野で用途が見出されるようになった．超音波は，放射線医学，外科，産科，婦人科などに加えて，心臓病科，神経科，眼科，腫瘍学などに応用されるようになった．I. エドラー（Inge Edler, 1911-2001）とC. H. ヘルツ（Carl Hellmuth Hertz, 1920-1990）は，ケヴィン＆ヒューズ社とジーメンス社の装置を改良し，スウェーデンで心臓の診断に利用した．スウェーデンのレクセル（L. Leksell）とロンドンのターナー（R. C. Turner）は，ケヴィン＆ヒューズ社の欠陥検知器を脳傷害の診断に利用することを研究した．また菊池喜充，内田六郎（1892-1974），田中憲二，和賀井敏夫は，癌の診断にそれを応用した．

数多くの臨床研究にもかかわらず，超音波は商用として広く実用化されず，臨床応用もなされなかったが，1970年代末にアメリカ，イギリス，ロシアにおける研究によって，放射能吸収量測定の標準化の方針が確立され，被曝量の制御と異なる医療センターにおける結果の間の有意味な比較ができるようになった．オーストラリアのG. コソフ（George Kossoff）によるグレースケールのスキャニングに関する研究（1969年）も，超音波診断の医療現場での利用に大きく貢献した．グレースケールのスキャンは，それ以前のスキャンに比べてはるかに多くの情報量をもたらしたからである．特にコンピューターの利用によって超音波スキャナーの画像品質が高まるにつれて，保険会社と国民医療保険が超音波の検査費用を支払うようになり，技術の臨床での利用に拍車をかけることになった．

多くの医学の専門分野において発展したために，超音波は多くの異なる医療専門家によってコントロールされ，多くの異なる器具製造業者によって生産されている．もともと異常を見つけるために開発された診療器具は，いまでは皮肉にもほとんどの場合，正常であることを示すために使われている．産科においていまでは大多数の妊婦は，育ちゆく胎児の写真をもち，ドップラー超音波機器によって赤ちゃんの鼓動を聞き，お産の進み具合を超音波胎児モニターによって追跡する．医療工学のそのような日常的で広範な応用が，大きな批判をもたらした． ［Ellen B. Koch／橋本毅彦 訳］

■文 献

Blume, Stuart. *Insight and industry：The Dynamics of Technological Change in Medicine*. Cambridge：MIT Press, 1992.

Goldberg, Barry, and Barbara Kimmelman. *Medical Diagnostic Ultrasound：A Retrospective on Its 40 th Anniversary*. Philadelphia：Jefferson University Hospital, 1988.

Hill C. R. "Medical Ultrasonics: An Historical Review." *British Journal of Radiology* 46 (1973): 899–905.

Kelly, Elizabeth, ed. *Ultrasound in Biology and Medicine*. Washington, D. C.: American Institute of Biological Sciences, 1957.

Koch, Ellen. *In the Image of Science? American Research on Medical Ultrasound*. Cambridge: MIT Press, forthcoming.

◆聴診器

Stethoscope

聴診器は，身体内で生じた音を聴くため，医学的検査をする者の耳と患者の身体表面とをつなぐ器具である．1816年，フランスの医師，R. ラエンネック (Rene Laennec, 1781-1826) により考案されたが，その起源は，少なくとも18世紀半ばまでさかのぼる臨床的な研究上の企てにある．ウィーンの医師，L. アウエンブリュッガー (Leopold Auenbrugger, 1722-1809) は，患者の胸を強く叩くことによって，胸部の病変の存在を明らかにしようとした．1761年，アウエンブリュッガーは，彼の新しいテクニックについての論文を出版した．しかし，当時そう呼ばれていた胸部打診法は，19世紀初頭の数十年間までは，全く一般的にはならなかった．しかしながら，18世紀においても，生体の内部構造に病的変化を見分け，局在化することを試みたのはアウエンブリュッガーだけではなかった．例えば，パドヴァのG. モルガーニ (Giovanni Morgagni, 1682-1771) は，異常を検出するのに，患者の腹部と胸部を触診した．モルガーニが身体的な検査を使用したのは，生きた患者に観察される病徴と，死後剖検における所見とは相互関連するという原則に導かれてのことだった．死後に，解剖刀が彼に見出させるのと同じ膨潤や障害を検出しようと試みたのだ．

臨床的病徴や症候と病理解剖学との間の体系的な関連は，まさに1820年代，あるいは，1830年代のパリ学派のメンバーの「臨床解剖学的」方法の特徴だった．パリ学派の指導的実践家の1人であるN. コルビサール (Nicholas Corvisart, 1755-1821) は，アウエンブリュッガーの胸部打診法という新機軸を復活させ洗練させた．コルビサールはまた，彼の同僚たちに，体腔内部，特に胸部の音を聴くという古代ギリシャの医師たちにはすでに知られ，しかし，廃れていた聴診という古い診断法を用いるように鼓舞した．

コルビサールの弟子であったラエンネックは，胸部の疾病に特に関心をもっていた．あるとき，心臓病の症状をもつ若い婦人を診断することがあった．この患者は，ふくよかであり，ラエンネックは，彼女の胸の音を打診法で聴きとることができなかった．まだ若い医者として，頭を直接，この女性患者の胸にぴったりと押しつけることはためらわれた．そこで，フランスの子どもたちが通りで遊んでいる遊びを思い出して，1枚の紙を取り上げ，丸めて一端を患者の胸に当ててみた．彼女の胸の音と呼吸音が完全にはっきりと聴きとれたことに彼は驚いた．聴診器が発明されたのである．

ラエンネックは，この新しい器具のためにさまざまな材質や形で実験してみた．最終的に，長さ25 cm，直径およそ3.5 cmの単純な木製の中空の筒に落ち着いた．この器具を用いて，ラエンネックは，心臓と肺から発出する音の包括的な研究に着手した．可能なときには，いつでも，彼の発見

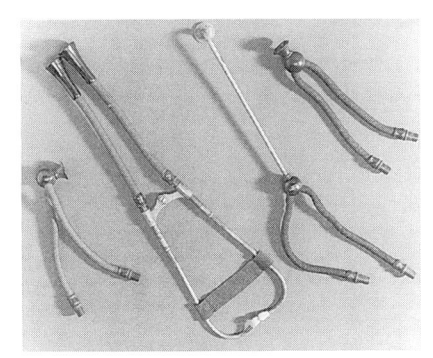

（左から3番目）連結部を変えることのできる変形型両耳用聴診器（20世紀初頭）．SM A 625089. SSPL 提供．

を死後剖検において観察される病理学的変化と詳細に関連づけた．彼の結果は，『間接打診法（De l'auscultation médiate）』(1819年)として出版された．ラエンネックによって導入された胸部の音を記述する専門用語の多くは，いまでも使われている．そして，彼の論文は胸部病理学の近代的理解の基礎となっている．

　テクニックの価値を認識できない，あるいは，器具の助けを借りることが彼らの専門的権威を損なうと感じている，より保守的な医師たちからの若干の反対がある一方，ラエンネックの発明は，きわめて急速に一般的に使用されるようになっていった．病理解剖学の発達がこの基礎を準備した．病院における臨床教育の拡大は，聴診器について学びたいと望む学生を，彼らの耳を教育するための患者の十分な供給とともに用意することになった．1850年代までに聴診器は，実質的に医療者の仕事場の欠くことのできない象徴になった．この広範な採用は，理学診断法の他の方法の展開と応用に大きな刺激を与え，医師に検査されるよう，患者を習慣づけた．

　しかしながら，次のことに注目すべきである．ラエンネックの主張はこの反対だったにもかかわらず，聴診器は，直接，患者の胸に耳を当てることに対して，ほとんど技術的な優位性をもっていなかった．多くの場合，器具は，胸部の音を，直接耳で聴くより大きくしたり，明瞭にしたりはしなかった．ラエンネックの発明が魅力的だったのは，医師たちにとって患者の胸部を，より便利に，なおかつ，より衛生的に診断できる一方，彼の個人的，専門的尊厳を保ち，患者の感受性を尊重することができたことにあった．言葉をかえれば，聴診器が医学実践にもたらした真の進歩は，社会的なものであった．

　こうした専門的利便性を考慮して，一方では，聴診器のデザインの一層の改良が行われた．1828年，エディンバラの医師，コミンス（N. P. Comins）は，2つの管の間に蝶番のついた器具を考案した．彼の主張によれば，検者は「胸部のどこの部位でも，どんな位置でも，どのような疾病のステージでも，患者，あるいは，医師にとって，いかなる圧力も不便さもなく，探究できる」．もし，患者が汚かったり，あるいは，慎み深かったりしたときには，長い管をねじ込むことができる．器具の音響上，あるいは，使用の簡便さを改良するために，この他おびただしいデザイン的改良が試みられた．心臓と肺の音の拡大が試みられた．現在よく見られる，柔軟性のあるゴムの管のついた両耳用の聴診器は，1890年代に一般に用いられるようになった．胸に当てる部分には，開口したベル状のものか閉じた隔膜，あるいは，この両方がついている．肺の異常の診断において，最も権威をもつものとしては，X線画像の導入によって，大部分がその地位を譲ったが，聴診器はいまでも，循環器科や一般の医師にとって欠

くことのできないものである．胸部以外の領域においても，多数の応用が見出されてきた．例えば，妊娠のモニター，腸の機能，血圧の測定，ガス壊疽の診断としての組織内の泡の検出などである．

[Malcolm Nicolson／月澤美代子 訳]

■文 献

Davis, Audrey B. *Medicine and Its Technology : An Introduction to the History of Medical Instrumentation*. Arlingyon : Printer's Devil, 1981.

Nicolson, Malcolm. "The Art of Diagnosis : Medicine and the Five Senses." In *The Companion Encyclopaedia of the History of Medicine*, edited by W. F. Bynum and R. Porter, Vol. 2, 801-825. London : Routledge, 1993.

Nicolson, Malcolm. "The Introduction of Percussion and Stethoscopy to Early Nineteenth-Century Edinburgh." In *Medicine and the Five Senses*, edited by W. F. Bynum and R. Porter, 134-153. Cambridge : Cambridge University Press, 1992.

Reiser, Stanley Joel. *Medicine and the Reign of Technology*. New York : Cambridge University Press, 1978.

Reiser, Stanley. "The Science of Diagnosis : Diagnostic Technology." In *The Companion Encyclopaedia of the History of Medicine*, edited by W. F. Bynum, and R. Porter, Vol. 2, 826-851. London : Routledge, 1993.

◆聴 力 計

Audiometer

聴力計は，聴覚の鋭さを評価し，聴力障害があるかどうかと，障害の種類や重要さを判定するのに使われる．また正常な聴覚に関するデータ（精神物理学）を得たり，音の多様な側面を調査したりするためにも使われる．純音聴力計は，さまざまな周波数や度合いの音を発生させるものであり，難聴の検査に用いられる音叉に取って代わった．語音聴力計は，会話式の音声検査の代わりに使われる．

電気式，誘導コイル式聴力計

この器械は，200まで目盛りが打ってある木製のバー（横棒）の両端に，大きさの異なる2つの一次コイルが固定されている．そして大型の誘導コイルが1つ，電話の受話器に接続されており，それがバーに沿って動く．一次回路を断続的に遮断することによって二次回路に交流電流が誘導され，受話器内に音が生じる．音の強さはバー上の二次コイルの位置によって決まる．

1878年，ドイツのA．ハルトマン（Arthur Hartmann, 1849-1931）が電気式の聴力検査装置を製作した．それに続いたのがハンガリーのE．ホジェシュ（Endre Hogyes）(1879年)と，イギリスのD．ヒューズ（David Hughes, 1831-1900）(1879年)である．イギリスの医師B．リチャードソン（Benjamin Ward Richardson, 1828-1896）は，1879年に「オーディオメーター」という言葉を発案し，ヒューズの装置を説明した．リチャードソンはヒューズの装置を使ってさまざまな実験を行い，その臨床的な利用を提唱したが，ヒューズもリチャードソンもそれを臨床には応用しなかった．初期の器械は大きく，正常に作動させ続けるのが難しかったのである．その上，周波数と強さの範囲が限られていたので，診断に利用する価値がほとんどなかった．それでもT．ホークスリー（Thomas Hawksley）は，1912年までヒューズの聴力計を商業的に生産した．

臨床に役立つ聴力計を初めて開発したのは，1919年，アイオワ州立大学のL．ディーン（Lee Wallace Dean, 1873-1944）とC．バンチ（Cordia C. Bunch, 1885-1942）で

ある．それには，1914年にイタリアのステファニーニ（A. Stefanini）が開発した幅広いサイクル数の交流電流を生み出す発電機がついていた．この聴力計は「あらゆる実用目的にかなう純粋な」30〜10,000 Hzのどんな音でも出したので「音高変動聴力計」と呼ばれた．音の強さは，可聴閾より下から不快を感じるまでと多岐にわたった．この聴力計が商業的に生産されることはなかった．

真空管聴力計

真空管の出現により，ほとんどあらゆる周波数の振動電流を発生させることが可能になった．真空管聴力計は，人間の可聴範囲を初めて正確に測定できた器械であり，商業的な成功が見込まれる初の聴力計だった．この世代の最初の聴力計は，ドイツのオタウディオン（1919年），そしてアメリカのウェスタン・エレクトリック社の1-A型（1922年）である．1-A型（1,500ドルとたいへん高価だった）のすぐ後に登場したのが携帯用の2-A型で，多くの耳科医に一般的に使われるまでになった．1924年には，気導ばかりか骨導も測定できる聴力計が，V. クヌーセン（Vern O. Knudsen, 1893-1974）とジョーンズ（Jones）によって開発され，ソノトーン社で生産された．これには遮蔽雑音源が含まれていた（おそらく，悪いほうの耳を検査している間によいほうの耳を遮蔽する必要性を認めた最初の例だろう）．

語音聴力計

1904年，W. S. ブライアント（William Sohier Bryant, 1861-1956）は，エジソン蓄音機の設計に基づく蓄音機聴力計を発表した．聴診器の管を通じて語音信号が発せられ，その強さはバルブ弁によって制御された．蓄音機を媒介にした記録式語音検査の

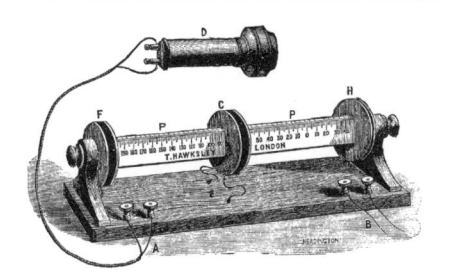

トマス・ホークスリーによるヒューズ聴力計の市販用モデル．William B. Dalby. Diseases and Injuries of the Ear. London：J. and A. Churchill, 1885：65．ロンドンのウェルカム研究所図書館提供．

技術は，1927年のウェスタン・エレクトリック社による4-A型聴力計で頂点をきわめた．20〜40個のイヤフォンで録音を聞くことができたので，まるまる1学級の学童の検査も可能だった．この大規模集団検査の取組みは，1940年代に純音の選別検査に取って代わられた．第二次世界大戦中，語音聴力計は軍の聴覚リハビリテーションセンターで新たな重要性を獲得した．

現代の聴力計

純音聴力計は，ある範囲にわたる，またはそれぞれ独立した一群の周波数（125〜8,000 Hz）を発振器によって発生させ，変換器（ヘッドフォン，ラウドスピーカー，骨導）を介した音として与える．それぞれの周波数の音に関して，検査者が減衰器で（通常は1ないし5 dBごとに）強さを変え，被験者は音が聞こえるようになったら合図をする．聞き取れた瞬間の音の強さが，純音聴力図のその周波数に当たる個所に記入される．この聴力計は，各周波数ごとの正常耳の平均聴閾に対応する聴力低下，という観点から目盛りづけされる．

1947年にG. フォン・ベケーシ（Georg von Békésy, 1899-1972）が開発した自動

純音聴力計では,モーターによって発振器が作動されて周波数を自動的に増すと同時に,被験者が絶えず音の強さを調節し,聞こえている状態を保つようにする.被験者がボタンを押したり放したりして,信号が聞こえないときには音を強め,聞こえている間は弱める結果,可聴閾周辺にジグザグのある曲線ができる.

語音聴力計は,標準的な言語音声データを既知の強さで再現し,日常生活における患者の聴力を測定する.マイクロフォン,テープレコーダー,CDプレイヤー,遮蔽雑音発生器から入力データが与えられる.語音聴力計で作成される聴力図には,音の強さに対する単語得点(正しく聞き分けられた単語の割合)が示される.50%の水準(単語の50%が聞こえる強さ)は,語音聴取閾値(SRT)と呼ばれる.

選別聴力計は,ごく単純で,その多くが携帯用の純音聴力計であり,周波数と強度の数が限られている.一般開業医や診察の受付,会社の診療所,軍隊,学校で聴力障害者をふるい分けするのに使われる.ベケーシ聴力計は,時間効率がよいため,産業労働者の検査に用いられることが多い.診断や臨床に用いられる聴力計はさらに,伝導性の難聴と知覚神経性の難聴とを区別するための骨導聴力検査と,語音聴力検査ができる.そして選別聴力計より広域な周波数と強度を提供する.また白色雑音,話し声の雑音,あるいは狭帯域雑音といった遮蔽手段も提供する.病院や聴力学センターで用いられているような現代の臨床用聴力計の価格は約5,000〜6,000ドルだっただろう.

[Stuart S. Blume, Barbara Regeer/忠平美幸 訳]

■文 献

Glorig, Aram, and Marion Downs. "Introduction to Audiometry." In *Audiometry*: *Principles and Practices*, edited by Aram Glorig, 1-14. Baltimore: Williams and Wilkins, 1965.

Kats, Jack, ed. *Handbook of Clinical Audiology*. 3rd ed. Baltimore: Williams and Wilkins, 1985.

Master, A. F., and S. D. G. Stephens. "Development of the Audiometer and Audiometry." *Audiology* 23 (1984): 206-214.

Stephens, S. D. G. "David Edward Hughs and His Audiometer." *Journal of Laryngology and Otology* 93 (1991): 1-6.

◆調和解析機

Harmonic Analyzer

調和解析機は,潮の高さなど自然現象における複雑な波形を取り上げ,それを三角関数など単純な周期関数の和に分解するものである.現代的用語に従えば,それはもとのデータのフーリエ変換を求めることである.それはまた非常に実用的な過程である.というのは,複雑な波形を初等関数の和に近似できれば,もとのデータ自体では不可能であった当該現象の理論的探求と実用的計算ができるようになるからである.

最初の機械的な調和解析機は1876年にW. トムソン(William Thomson, 1824-1907)によって考案された.それは彼の積分装置を改良したものであったが,実用的な機械ではなく,この種の装置としてはまず使い物にならなかった.三角関数の係数を求める方法はもっぱら手計算によっていた.実用的な問題であるにもかかわらず困難な手作業を要したため,さまざまな積分機を改造して調和解析を支援することが試みられた.

最初の実用機は1894年にチューリッヒ

ケルビン式調和解析機(1879年).大気圧と気温の毎日の変化を記録したグラフを解析するために英国気象庁において利用された.SM 1946-343.SSPL 提供.

のG. コラーディ社によって発売され,長年にわたって同社の製品として販売された.コラーディ機は,枠に置かれた1個から5個の繊細に磨かれたガラス球からなる.各球に接触しているメカニズムは,機械全体が紙を横切る動きと線をなぞる針の機械の側面に沿っての動きを,それぞれガラス球へ伝える.これらの球の動きは,各球の赤道のまわりに配置された小さいダイヤルに記録される.機械の設置には最新の注意が払われる.利用者は,それがなぞるグラフのX軸に平行に配列され,データとなる線をなぞる前にすべての適切なダイヤルなどの調整をなしておく必要がある.いったん複雑な線がなぞられれば,一連の読取りがなされ,正弦と余弦の係数が見つけられ,その和がなぞられた曲線の近似になる.より多くのメカニズムをもつ機械はより多くの正弦と余弦の係数を与え,したがって入力した曲線に対してもよりよい近似を与える.

全く異なる原理が2人のアメリカ人A. A. マイケルソン (Albert Abraham Michelson, 1852-1931)とストラトン (S. W. Stratton) によって利用され,トムソンの潮汐予測計の誤差を正すことが試みられた.マイケルソンとストラトンは新しい考えが

フーリエ級数の評価に利用できるだけでなく,もとのデータを機械に読み込ませることで級数の係数を決定できることに気づいた.微妙な記録装置に回転運動を伝えるのではなく,マイケルソン-ストラトン解析機は装置が曲線をなぞるにつれて伸びたり縮んだりするバネの列から成り立っている.これらのバネは円筒の位置の上で一緒になって動き,最終的に円筒が平衡の位置に達することになる.いったん安定になると,必要な余弦係数が各バネの変位を測定することによって決定される.マイケルソン-ストラトン解析機は大きな装置で,80ものバネとテコのセットからなり,各セットは結果を出すために操作されなければならない.それほど多くのバネを理論どおりに動かすことを考慮すれば,それは驚くほど正確で,実際非常に役に立つ.

これらの装置のどれも普及はしなかった.高い製造費用や取り組まれた問題の複雑さから,重要度の高い課題をもち予算も潤沢な研究者だけがそれらを利用した.そのような装置を常に必要とするわけではない人々は,グラフを注意深く測定し,その上で長く骨の折れる三角関数の係数を求める計算をこなすのが通例であった.調和解析が日常的になされるようになるのは,現

代的なデジタル式コンピューターが登場し,いわゆる高速フーリエ転換のアルゴリズムが考案されてから後のことである.

[Michael Williams／橋本毅彦 訳]

■文　献

Henrici, O. "Calculating Machines." In *Encyclopedia Britannica*, Vol. 4, 972–981. 11th ed. Cambridge：Cambridge University Press, 1910.

Michelson, A. A., and S.W.Stratton. "On a New Harmonic Analyzer." *Philosophical Magazine* 45 (1898)：85–91.

て

◆DNA シークエンサー

Gene Sequencer

DNA シークエンサーは，現代生物学の最も重要な道具である DNA 塩基の配列決定の作業を自動化するのに使われる．遺伝子の制御と機能の研究や，遺伝医学の研究や，30 億塩基対のヒトゲノムを解読し，5 万から 10 万といわれる遺伝子の位置決定を目指すヒトゲノム計画に取り組む科学者にとって，DNA シークエンサーは特に重要なものである．

1953 年に J. ワトソン (James Watson, 1928-) と F. クリック (Francis Crick, 1916-2004) が DNA の構造を発見してからは，生命体の遺伝的特性はアデニン (A)，チミン (T)，シトシン (C)，グアニン (G) という 4 つのヌクレオチドの配列によってコードされているということが認識されるようになった．ここから，遺伝の単位であり，特定の染色体の決まった位置に見出される規則正しいヌクレオチド配列としての遺伝子の概念が生まれ，1960 年代末までには，分子生物学者たちは遺伝暗号の基本的特性の解明を終えた．これにより，遺伝子の物理的な組成は，理論的には配列解読を行うことによって解明されうるものとなった．しかし実際には，塩基配列の解読は技術的に困難であることが明らかになり，1968 年以前は，決定された最も長い DNA 塩基配列はたった 12 塩基対にすぎなかった．

DNA シークエンシングは，概念的には 1950 年代に行われたタンパク質のシークエンシングや 1960 年代に行われた RNA のシークエンシングの延長と見なされるものであった．1970 年代の中頃，F. サンガー (Frederick Sanger, 1918-) をはじめとするケンブリッジ大学のチーム，およびハーバード大学の A. マクサム (Allan Maxam) と W. ギルバート (Walter Gilbert, 1932-) により，効率のよいシークエンシング技術がほとんど同時に発見された．ギルバートとサンガーは，「核酸塩基配列の決定に関する貢献」により，1980 年にノーベル化学賞の一方を共同受賞した．サンガーは，1958 年にタンパク質シークエンシングの研究ですでにノーベル化学賞を受賞していた．

それらの 2 つの方法は，異なった原理を用いていた．サンガーの方法は，DNA ポリメラーゼと，新たな DNA 断片の合成を特定の塩基の部位で止める阻害剤を用いた，酵素的なものであった．マクサムとギルバートの方法は，特定の塩基の部位で DNA を切断することのできる一連の化学反応を用いていた．どちらの方法も，放射性同位体ラベルされたさまざまな長さの断片を生じ，それらの断片をポリアクリルアミドゲル電気泳動 (1 つの塩基に関する反

応の生成物が1つのレーンにのせられ，合計4レーンを用いる）で分離するというものであった．放射性同位体マーカーの使用により，ゲル上の各断片の位置がフィルムにバンドとして写し取られ，それぞれのレーンのバンドの順序（断片のサイズの順序に相当する）を決定することにより，塩基配列が読み取られた．いずれの技術も，広範な分子遺伝学研究の発展につながり，同時期になされたもう1つの大きな技術的進歩である，人工組換え DNA 技術を補完した．人工組換え DNA 技術に関しては，P. バーグ（Paul Berg, 1926-）が1980年にノーベル化学賞のもう一方を共同受賞した．

さまざまな DNA シークエンサー

サンガー法もマクサム-ギルバート法も，どちらも簡潔で効率がよいものの，それでもなお時間と労力のかかるものであった．例えば，オートラジオグラフで得られたバンドのパターンは複雑で，データの解釈や書き写しに熟練が要求された．そこで，1980年代前半に，シークエンシング作業のさまざまな段階を自動化して DNA シークエンサーを開発するという試みが各所で行われた．

最初の成功例は，カリフォルニア工科大学の L. フッド（Leory Hood, 1938-）の研究室のものである．1980年代前半に，この研究室の L. スミス（Lloyd Smith, 1954-）が，蛍光色素とレーザーを用いる方法を開発したのである．その目的は，配列情報の入手，保存，解析を，ゲル電気泳動と同時並行で，コンピューターで直接行うことであった．この仕事は，カリフォルニア工科大学のグループと，やはりカリフォルニアに立地していたアプライド・バイオシステムズ社の間の共同研究への道を開いた．カリフォルニア工科大学の研究チームが1986年6月にシークエンサーの試作品を発表し，続いて1987年の初頭，アプライド・バイオシステムズ社が ABS 370 A という商用機の販売を開始した．

ABS 370 A は，DNA シークエンシングの作業のうち，ゲル電気泳動，生データの入手，および塩基配列解読を自動化した．この装置は，電気泳動モジュールと，データの表示，解釈ならびに保存のための特殊なソフトを動作させるパソコンにつながれた，電気泳動検出ユニットからなっていた．この装置を使うには，最初に実験室で，蛍光色素ラベルされた DNA 断片をつくるためのサンプル調整操作を行う必要がある．DNA 断片はその後ゲルの1つのレーンに乗せられ，数時間にわたって電気泳動にかけられてゲルの中を進み，サイズに従って分離されることになる．検出ユニットの部分では，色素に蛍光を発色させるアルゴンレーザーを用いて，ゲルのスキャンが行われる．色素から放射された光は，4つのフィルターを順に通り抜ける．それぞれのフィルターは，各塩基に対応する4種類の色素のうち1つの，最大放射波長にあたる光を通過させるようになっている．フィルターを通過した光は，光電子増倍管を通り抜け，デジタル信号となってコンピューターに送られる．コンピューター上のソフトウェアが，このデータを変換して塩基配列の解読を行う．この装置は，1レーン分の泳動データで300塩基を処理することができ，1回の電気泳動で16レーン分を同時に流すことができる．したがって ABS 370 A は，理論的には，12時間の泳動を行えば4,800塩基を決定することができる．またその結果の精度は99％である．

同様な開発は他でも行われた．デュポンと EG&G バイオモレキュラー各社は，DNA シークエンサーをアメリカで販売し

た.ヨーロッパでは,ハイデルベルグのヨーロッパ分子生物学研究所(EMBL)のW.アンソージュ(Wilhelm Ansorge, 1944–)のグループが自動レーザー蛍光(AFL)システムを開発した.これは後にファルマシアによって商品化された.日本では,科学技術庁が1981年に,和田昭允(1929–)が率いるシークエンサー開発グループに資金援助を行った.また,日立製作所もシークエンサーの開発と販売を行っている.

EG&Gアキュージェンの機器はDNA断片の放射性同位体標識を続けて採用していたが,他の機器は,さまざまな蛍光色素標識とレーザー光による蛍光検出システムを用い,シークエンス反応の産物がゲルを移動するのと同時並行で,それぞれの分離されたDNA断片の同定を行うという方式をとっていた.商品化されたDNAシークエンサーでは,蛍光色素標識について2つの基本的な方式が用いられてきた.1つは,1レーンに対して4つの蛍光ラベルを用いるものであり,ABS 370 Aやデュポンの開発したジェネシス2000シークエンサーがこれにあたる.もう1つは,1レーン1蛍光色素で4レーンを用いるものであり,EMBLと日立製作所がこの方法の草分けである.

開発の将来像

DNAシークエンサーは高価である(例えば最初のABSのシークエンサーは約9万ドルもした)ため,中小規模のプロジェクトは,いまも安価な従来どおりの手作業のシークエンシング法(サンガー法の場合が多い)をとっている.しかし,メガベース単位でシークエンシングを行うプロジェクトにおいては,手作業の方法は自動化された手法に取って代わられるであろう,というのが共通の認識である.そのような研

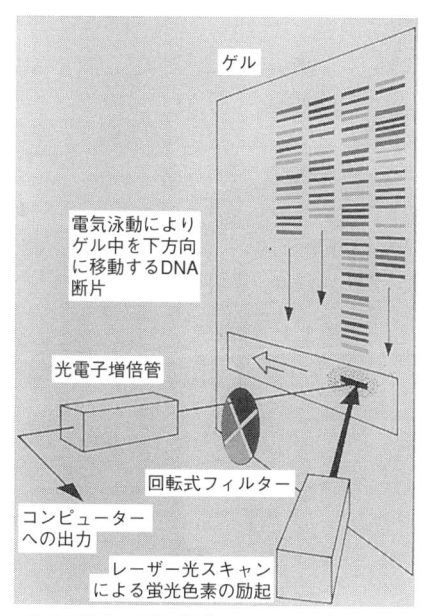

DNA断片の電気泳動における蛍光色素のレーザーによる読み取り.パーキン・エルマー/アプライド・バイオシステムズ社提供.

究プロジェクトは,学術研究のグループというよりはむしろ工場の生産ラインに近い組織構造になじむ.このようなやり方の草分けであり,成功した例としては,パリ近郊のエヴリーに1990年に設立されたジェネトン研究所があげられる.

DNAシークエンサーは,ゲル電気泳動と配列の解読という,シークエンシング全過程のうちのごく一部を自動化したにすぎない.クローニングやDNAサンプルの調整といった過程はいまだ実験室レベルのものであり,これらの前段階を手早く行うための自動化や実験ロボットに関して開発が進められている.シークエンサー自体に関しても,短期間のうちに既存技術に基づく段階的な改良が行われると期待されている.しかしこのことは,DNAシークエンサーに関してはもはや革命的な技術革新が

起こらない,ということを意味するものではない.なぜなら,ヒトゲノム計画を完成するのに必要とされるシークエンシングの経済性,速度,および正確さを達成するために,既存技術に変わる,ひょっとすると大当たりするかもしれないようないくつもの新手法の研究が,現在も行われているからである.[Harry Rothman／隅藏康一 訳]

■文 献
Connell, C., et al. "Automated DNA Sequence Analysis." *Biotechniques* 5 (1987): 42-348.
Hideki Kambara, Tetsuo Nishikawa, Yoshiko Katayama, and Tomoaki Yamaguchi. "Optimization of Parameters in a DNA Sequenator Using Fluorescence Detection." *Biotechnology* 6 (1988): 816-821.
Prober, James M., et al. "A System for Rapid DNA Sequencing with Fluorescent Chain-terminating Dideoxynucleotides." *Science* 238 (1987): 336-341.
Smith, Lloyd M., et al. "Fluorescence Detection in Automated DNA Sequence Analysis." *Nature* 321 (1986): 674-679.
Voss, Hartmund, et al. "Direct Genomic Fluorescent On-line Sequencing and Analysis Using In-vitro Amplification of DNA." *Nucleic Acids Research* 17 (1989): 2517-2527.

◆デジタル計算機
➡ コンピューター【デジタル式】

◆電 圧 計

Voltmeter

電圧計は,電気回路の2点間の電位差または電圧をはかる.これはM.ファラデー(Michael Faraday, 1791-1867)によって発明された,回路を流れる全電荷を計る電気化学的な装置であるボルタメーター(電解電流計)とは異なる.すべての電圧計は,ある特定の電圧範囲内でのみ正確に動作するようにつくられている(例えば10〜100 Vのような大きさ).このレンジはシャント抵抗を付加することで拡大も縮小もできる.電圧計には,動作原理が異なるものがある.すなわち電磁式(可動鉄片,可動コイル,ダイナモメーター),熱電式(熱線,熱電対)や静電式である.これらは融通性,頑丈さ,精度のレベルに応じて異なる用途に使われる.

電圧計の使用や設計には2つの共通点がある.電圧計は回路要素の端子間の電圧降下を計るのであるから,電圧計とこの回路要素は常に並列接続されていることになる.したがって,電圧計は電圧を計る回路要素よりも大きな内部抵抗(交流の場合にはインピーダンス)をもつよう設計される.したがって,電圧計を接続したことで回路要素の実効抵抗が大きく低下したり,測定の際に電位差が変わらないことが保証される.

1870年代の後半まで電信や電気メッキ工業では,電位差を使用したグローブ電池やクラーク電池の数で表現した.さらに細かな測定値が必要なときには,オームの法則を使って,ポテンショメーター(電位差計)とガルバノメーター(検流計)の読みから電位差を求めた.1880年代の電気照明の普及とともに,電圧が測定できる固有計器の要望があがった.新しいエジソン・スワン白熱電球の明るさは,フィラメントに加える電位差に敏感に依存した.そこで,電気技術者は照明電力用の発電機から起こる電位差をより直接・瞬時に観測する方法を探した.

電圧計の初期の歴史は電流計と密接に関連がある．それらの原型は，1881年から1884年に開発されたが，電力照明網の効率と安定性を監視して，電気回路の故障時の原因を調べるのが目的であった．はじめの頃の計器には，発明家 W. エアトン (William Ayrton, 1847-1908) と J. ペリー (John Perry, 1850-1920) によってともに可動鉄片型の設計が採用された．初期の頃の電流計（非直読型）は高抵抗のコイルに巻き直しただけで電圧計に変えられた．しかし1884年から1885年にかけて，電圧計は当時標準化された電位差の単位（ボルト）の目盛りをもつ直読計器として，電流計同様多数製造されるようになった．

1880年代，1890年代はアメリカ，イギリスの計器市場は激しい競争にさらされた．当然ながら，急速に発展しつつある照明・電力工業の需要を満たすよう多様で革新的な設計が生まれた．1つは電流計と電圧計がもつ同様の構造を備えている．C. W. シーメンス (Charles William Siemens, 1823-1883) のダイナモメーターで，二組の電流コイル間の電磁作用によって動作し，巻き線と接続を変えて，電圧と電流双方の測定に使用できた．しかし，P. カーデュー (Philip Cardew) が始めた熱線技術は，電流計より電圧計に適していた．彼の方法は，ピンと張った銀・白金線に電流を流して，生じた熱による線の延びを利用して，電流電圧に比例するダイヤル読みを与える手法である．この計器は高抵抗の電圧計では熱損失が比較的少なかったが，低抵抗の電流計ではそうはいかなかった．熱線電圧計の場合のみ大量生産でも十分正確さが得られた．

現在では熱線電圧計は，高感度ではないが安価で堅牢さが求められる自動車用など

初期の直読可動コイル電圧計（ウェストン電気計器社，1888年）．SM1935-322, SSPL提供．

に使われている．直流でも交流でも電圧を計れることが大きな利点になる場合もある．1890年代以来，大規模な交流系統と小規模な直流装置が共存しているので役に立っている．ダイナモメーター型，静電型，可動鉄片型など他のほとんどの電圧計も両用型である．しかし，可動コイル型電圧計（通常の型）ではそうではない．ごく低い周波数の交流を除くと，可動コイル電圧計は動作しない．それは可動部（コイルと指針）の慣性が大きいため，電圧サイクル，すなわち内部の電磁力がより速く逆転してしまうからである．可動コイル電圧計は整流された交流電圧を計るときのみ使用される．

特殊な用途には，高速サンプリングとデジタル化技術がここ十年来使われ始め，高精度のデジタル電圧計がつくられている．使いやすさと携帯性に重きをおく用途では，電圧計と電流計がアナログ・デジタルのマルチメーターの中に収められている．最近のデジタルマルチメーターは電流・電

圧・抵抗の読みを直接コンピューターに読み込ませることもできる.

[Graeme J. N. Gooday／松本栄寿 訳]

■文　献
Aspinall-Parr, George D. *Electrical Engineering Measuring Instruments for Commercial and Laboratory Purposes.* London：Backie, 1903.
Bolton, William. *Electrical and Electronic Measurement and Testing.* Harlow, U. K.：Longman, 1992.

◆電　位　計

Electrometer

18世紀の間中，電位計は2つの大きな問題に突きあたっていた．すなわち，実際に測定しているのは何であるかを決めること，測定単位を定めることである．それには測定器の操作に影響するすべての要素が解明されなければならなかった．事実，このような問題をまず解決しないで，計器間の読みを比較することも，計器を較正することも，測定をくり返すこともできなかった．

標準や絶対電位計は基本単位を測定する方法がなければならないし，測定結果がいつも再現可能なようにつくられなければならない．実験のみに基づいた曖昧な18世紀の概念は，19世紀には明確に定義され始めていた．それで1830年代の中頃になると，「テンション（電位）」と「インテンシティ（電界の強度）」の差は理解され，曖昧さは消え去っていた．1826年のオームの法則が，その曖昧な概念「抵抗」に初めて明確な表現を与えた．しかし，完全にその重要さが評価されるのは1840年代に，C.ホイートストン（Charles Wheatstone, 1802-1875）がオームの法則を強力に追及したときのことである．

数学者たちは1780年代に実験家のデータを集めて，電気現象を数式化（数学的理想化）する作業を始めた．このプロセスの鍵は，静電力の逆2乗則の確定であった．この法則が存在することは，重力と類似性があったためか，少なくとも40年間は疑問視されていた．これは，J.プリーストリー（Joseph Priestley, 1733-1804）が1767年に予測していたし，H.キャヴェンディッシュ（Henry Cavendish, 1731-1810）の1771年の「球体と半球」の実験によってみごとに表現されていた．その実験はW.トムソン（William Thomson）が「ゼロ位法」とも呼ぶべきものであった．しかし，キャヴェンディッシュはこの実験を公開することはなかった．

最初の完全な実験は，1785年にC.クーロン（Charles Augustin Coulomb, 1736-1806）のねじり秤によって行われた．彼はねじりマイクロメーターで示されたねじり角は，固定球とある電荷を与えた反発レバー間の半分の距離の4倍まで増えるはずであると測定した．ここから逆2乗則を導いた．いま，実験を再現してみると，この道具の操作はきわめて難しいことに気づく．クーロンが大変精密な実験家であったことは確かだが，彼は何を求めていくかを知っていたようだ．ほぼ同一時期に，スコットランドのロビンソン（T. R. Robinson）が，棹秤式反発電位計で同様な結果を得ている．この計器はグレイン単位の重さで静電反発力を測定した．彼は異なった角度から，ある一定電荷の反発力の差に注目して逆2乗則を決めた．クーロンのねじり秤には，デルマン（J. F. G. Dellman）が1842

年に，R. H. A. コールラウシュ（Rudolph Herrman Arndt Kohlraush, 1809-1858）が 1847 年に改良を加えている．それらのサスペンション材料は異なっていた．クーロンは銀と絹のファイバーを両方使い，コールラウシュはガラス・ファイバーを使った．W. ハリス（William Snow Harris）は 1831 年に 2 本づりを開発した．トムソンも自分の電位計に同種の支持機構を使った．

クーロンは 19 世紀後半に出現した，新生の数理物理学者の 1 人であった．彼の経験主義的研究と静電気力の数学的公式化は，1822 年の S.-D. ポワソン（Siméon-Denis Poisson, 1781-1840）の導体表面上の電荷分布の数学的記述に引き継がれた．これはさらに 1823 年に G. グリーン（George Green, 1793-1841）によって敷衍される．標準と絶対計測への改革の基礎を形づくるもので，C. F. ガウス（Carl Friedrich Gauss, 1777-1855），W. E. ヴェーバー（Wilhelm Eduard Weber, 1804-1891），J. C. マックスウェル（James Clerk Maxwell, 1831-1879）とトムソンの研究を通して 1860 年代に実を結んだのである．

電位計の開発の第一段階は，A. ヴォルタ（Allessandro Volta, 1745-1827）のストロー電位計によって終結を迎えた（検電器の項を参照）．それは基本的には表示器であって計器ではない．19 世紀の第 2 四半世紀を通して，これらの計器の電気的動作と同様に機構設計と構造に多くの注目が払われるようになった．どんな電位計も（その他の表示器と同様に）2 つの部分からなる．1 つは固定部で，もう 1 つはその運動が測定すべき量と単純な関係をもつ可動部である．絶対値を直接示す計器は，すべての要素（機械的・電気的）が解明されてから開発される．

特にトムソンは，電位計の構造の理論と実用性に深い関心をもっていた．彼は電位計を実用的な測定器にしようとする開発の中心人物であった．彼の電位計は，1855/1870 年の絶対（広範囲）型を含み，18 世紀に使われていた 2 つの技術から開発された．すなわち，クーロンの無摩擦ファイバー（トーション）支持部と 1787 年のヴォルタの吸引円板型棹秤式電位計である．トムソンの計器設計者としての大変な才能は，多くの電位計によって証明されている．1857/1860 年の有効レンジが 100 V 以下から 500 V の分割リング電位計，1867 年のレンジが約 0.5 から 5,000 V の携帯用電位計，1867 年の大変有名な象限電位計（大型のアルミ指針が，ガラス柱で支えられた 4 枚の真鍮象限翼型の中で動き，感度は 0.01 V），そして静電秤，吸引ディスク型または広範囲の電位計である．改良型では，レンジは 0 から 100,000 V である．彼はまた，1880 年代の急速に拡大する照明・電力工業に使用するため，一連の一般型静電電圧計も設計した．簡易型象限電位計は，ボルト目盛りのある直読型のものである．さらに正確な計器として 1888 年の多房型静電電圧計は，直流・交流両用に設計された．象限電圧計は特に人気を集め，いろいろな型が 1880 年に M. マンサン（George M. Mincin），1897 年に F. ドレレツァレク（Friedrich Dorelezalek），1919 年に A. H. コンプトン（Arthur Holly Compton, 1892-1962）や，1924 年に F. A. リンデマン（Frederick Alexander Lindeman）たちによって設計された．

他の形式の電位計も開発されたが，時には特殊な用途もあった．毛細管電位計の場合は，電位は顕微鏡あるいは写真記録によ

ウイリアム・トムソンの象限電位計（エリオット・ブラザーズ社，1857年）．SM 1926-284. SSPL 提供．

って観測される水銀のわずかな動きで示される．これは1872年にG.リップマン（Gabriel Lippmann, 1845-1921）によって発明されたが，改良・携帯用はドイツの物理学者F. W. オストヴァルド（Friedrich Wilhelm Ostward, 1853-1932）とC. R. ルーサー（C. Robert Luther）にちなんで名づけられた．最初の心電計は1887年にA. D. ウォーラー（August D. Waller）の毛細管電位計によってつくられ，この電位計はW. アイントホーフェン（Willem Einthoven）らによって広く使われた．

トムソンの死後，電気的測定器は開発のピークに達したが，その手法はできるだけ機構部分をなくすことにあった．最初は熱電子管（最初の真空管電圧計は1922年に販売された）の特性を応用すること，ついで1960年代はトランジスターを応用することである．さらに現代はアナログ指針読みは，デジタル数字表示に置き換えられてきている．

　　　　［Willem D. Hackmann／松本栄寿 訳］

■文献

Green, George, and John T. Loyd. *Kelvin's Instruments and the Kelvin Museum.* Glasgow：University of Grasgow, 1970.

Hackmann, Willem D. "Eighteenth-Century Electrostatic Measuring Devices." *Annali dell'Istituto e Museo di Storia della Scienza di Firenze* 3 (1978)：3-58.

Smith, Crosbie, and M. Norton Wise. *Energy and Empire. A Biographical Study of Lord Kelvin.* Cambridge：Cambridge University Press, 1989.

Tunbridge, Paul. *Lord Kelvin：His Influence on Electrical Measurements and Units,* London：Peter Peregrinus for the Institution of Electrical Engineers, 1992.

◆電位差計

Potentiometer

電位差計（ポテンショメーター）は，未知の起電力あるいは電位差の大きさを，既知の起電力とつり合わせることによって計測する装置である．この原理はJ. C. ポッゲンドルフ（Johann Christian Poggendorff, 1796-1877）によって1841年に初めて用いられた．彼のとった方法は，一定の起電力をもつ電池によって埋め合わせることで，ある電池の未知の起電力を計るというものである．このポッゲンドルフの補償法では，2つの電池の起電力は異なった値をもつ抵抗線によってつり合わせられるのであるが，この方法の1つの深刻な問題は，一定の起電力をもつ電池の内部抵抗が前もって知られていなければならず，これは計測困難であったことである．E. デュ・ボア＝レーモン（Emil Du Bois-Reymond, 1818-1896）によってすべり尺（slide-scale, 可変抵抗）が導入されることによってポッ

ゲンドルフ法は著しく改善されたものの，同じ問題を抱えていた．

電信技師であるL. クラーク（Latimer Clark, 1822-1898）による電位差計測法の改良によって，電源の内部抵抗を知る必要がなくなった．図で示したように，導線AB間の電位差は常に標準電池の起電力 V_1 で一定になっている．2つの検流計 G_1, G_2 に偏差がなければ，以下の関係式が成り立つ：$V_2 = V_1 (R_{AC}/R_{AB})$. ここでは C_1 の内部抵抗を知る必要はないのである．電位差計のためにクラークは自分自身で標準電池を考案した．クラーク電池では，ダニエル電池での銅と硫酸銅の代わりに，水銀と硫酸水銀のペーストを硫酸亜鉛とともに用いている．クラークの電位差計では，ABの電位差は常にクラーク電池の電圧に保たれていて，平衡状態は，試験されている電池の電圧が標準クラーク電池のそれよりも小さいときにのみ得られるようになっている．したがって，クラーク電池は外部からの電流の流入の危険にさらされていたのである．

この限界は1885年にJ. A. フレミング（John Ambrose Fleming, 1849-1945）によって克服されることになる．彼の電位差計では目盛りのつけられた導線に沿ってスライドする，2つの導線が用いられている．これによって，試験されている電池の電圧が標準電池のそれよりも大きいか小さいかは問題にならなくなる．フレミングは自らの電位差計に，外部からの電流が流入しないようになっている彼自身の設計によるダニエル電池を採用している．1887年にはフレミングは初めて直示式の電位差計を考案している．

フレミングの電位差計の最も重要で新奇な点は，その使用目的にある．フレミ

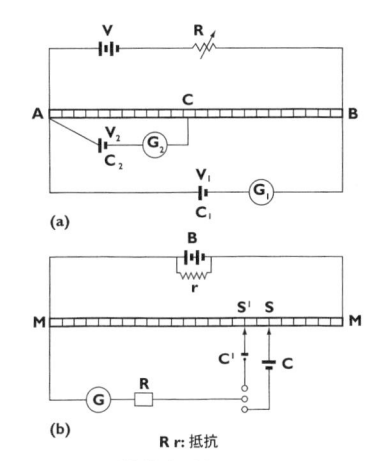

クラークの電位差計（a）とフレミングの改良型電位差計（b）の回路図. SSPL 提供.

ング以前には電位差計は多くの場合，電池の未知の起電力を計測するために用いられていたが，フレミングは初めて，電位差計に高圧電流の電流の値を計測させたのである．電位差計と一連の標準抵抗によって，彼は500 Aまでの高圧電流を計測した．フレミングの意図は，直示式の電流計で使われているような永久磁石や可動鉄なしで作動する計測器具を用いることにあったのである．

1880年代末からは，いくつもの正確な電位差計がドイツのフォイスナー（K. Feussner）や，イギリスのスウィンバーン（J. Swinburne）とコンプトン（R. E. B. Compton）によってつくられた．コンプトンによる1893年の電位差計は電力技師のための電位差計の標準モデルとなった．交流用電位差計はフランケ（A. Franke）によって考案され，ドライスデール（C. V. Drysdale）とキャンベル（A. B. Campbell）が寄与することとなる．

[Sungook Hong／菊池好行 訳]

■文 献

Gall, D. C. *Direct and Alternating Current Potentiometer Measurements*. London, Chapman and Hall, 1938.

Rutenberg, D. "The Early History of the Potentiometer System of Electrical Measurement." *Annals of Science* 4（1936）: 212-243.

◆電界イオン顕微鏡

Field Ion Microscope

電界イオン顕微鏡（FIM）は，電界放射顕微鏡から派生したものであり，原子レベルの分解能にまで到達した最初の顕微鏡である．この顕微鏡は1951年，フリッツ-ハーバー研究所において，E. W. ミューラー（Erwin W. Muller, 1911-1977）によって発明された．そしてその後，彼自身とその同僚によって，ペンシルベニア州立大学において改良された．1956年から1957年に，ミューラーはタングステンの先端表面の原子の画像を得ることで，原子を最初に見た人物となった．その後20年間，電界イオン像の形成のされ方，電界イオン放射現象，そして金属の表面での高電界効果が研究された．これらの問題に対する主な貢献者としては，ミューラー自身とゴマー（R. Gomer），スーソン（M. Southon），ツォン（Tien T. Tsong, 1934-）などがあげられる．また冶金学分野へのFIMの応用は，ドレクスラー（M. Drechsler），ブランドン（D. Brandon），ブレナー（S. Brenner），ラルフ（B. Ralph），中村，西川，サイドマン（D. Seidman），ノルディン（H. Nordin）らによって初期の時代に活発に研究された．

FIMにおいては，標本は鋭い尖端状で尖端半径は $0.15\,\mu m$ 以下でなければならない．通常は，標本は細い線を電気化学的に研磨することで準備される．尖端はヘリウム冷蔵あるいは低温コールド・フィンガーに熱的に接触させることで80K以下まで冷却される．FIM室内は不活性ガスのヘリウムかネオンで満たされ，$10^{-4} \sim 10^{-5}$ トリチェリまで気圧が下げられる．針状標本に数kVから10kV以上の正電圧がかけられることで，ナノメートルあたり数十Vの電界が尖端表面上に形成される．放射表面はまず，低温高電圧において基層原子を脱着させる電界蒸発によって滑らかにされる．ナノメートルあたり数十Vの電界において，より突き出た場所にあるエミッター原子の各先端部には画像用ガス原子が電界吸着する．追加的な画像ガス原子は，分極力によってエミッター表面に引きつけられるが，突き出た表面原子の真上のイオン化された空間を通過する際に，電界イオン化されるまで表面の周囲を飛び回る．いったんイオン化されると，それらは10cmほど離れたスクリーン上まで加速され，そこで表面原子の電界イオン画像を構成する．

ヘリウムとネオンの電界イオン化には，$45\,V/nm$ と $38\,V/nm$ の電界が必要である．さまざまな物質の蒸着電界は，表面原子の凝集・結合エネルギー，表面の仕事関数，これらの物質原子のイオン化エネルギーに依存する．それらは，タングステンで $57\,V/nm$，鉄，ニッケル，コバルト，金で $35\,V/nm$，アルカリ金属で $5 \sim 1\,V/nm$ である．FIMが物質のよい原子画像をつくるには，その蒸着電界は使用される画像ガスの画像電界より大きいかほぼ同じでなければならない．さらによいFIM画像を得るためには，電界イオン放出表面は原子

レベルで滑らかでなければならない．これらの要求から FIM が使える物質は，約 20 の金属とその合金に限られる．

理想的な顕微鏡ならば対象の構造だけでなく，構成元素の分布をも示すだろう．このような FIM の化学分析的機能は，スクリーンにプローブ穴を開け，穴の後ろに飛行時間式質量分析機を接続することによって果たされる．先端をジンバル・システムにマウントすることで，表面原子はプローブ穴を用いて電界イオン画像から選択され，表面から電界蒸発させることで１つ１つ質量分析される．電界蒸発は各段階の表面層で進行するので，各表面層の構成はプローブ穴を適切に設定することで分析が可能である．原子レベルの解像度をもつ顕微鏡にはいくつかの種類があるが，原子プローブ FIM は原子ごと，原子層ごとに物質の化学分析ができる唯一の顕微鏡である．飛行時間質量分析に必要なパルス式電界蒸着は，ミューラーが最初に行ったようにナノセカンド高電圧パルスを使ったり，ツォンとケログ（G. Kellogg）によって導入されたピコセカンド・レーザーパルスを使うことでなされる．レーザーパルスは半導体を電界蒸着させ，鋭敏な質量分析が容易に達成できる利点をもつが，電界蒸着の微調整が難しいという欠点がある．

磁気セクター原子プローブがミューラー，バロフスキー（D. F. Barofsky），桜井敏雄（1927-）によって開発されたが，これは原子プローブに必要とされる単一原子の検知がまだできていない．飛行時間式原子プローブ FIM は，パニッツ（J. Panitz）によって画像原子プローブに，セレーゾ（A. Cerezo），スミス（G. D. W. Smith），ブラベット（D. Blavett）らによって三次元原子プローブに発展させられた．後者を用い

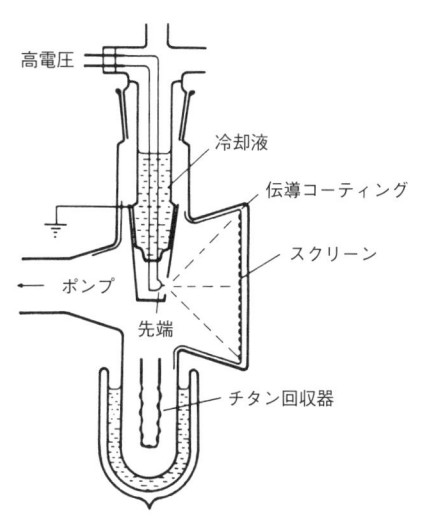

初期の全ガラス電界イオン顕微鏡の模式図．

ると，約 1 nm 以下の空間解像度をもって合金試料の三次元化学元素分布のマップが作成可能であり，物質の原子スケールの分析では最も強力である．

FIM の研究への顕著な応用例は，単一原子と小さな原子集団の表面拡散，金属表面における原子相互作用，金属表面の力学的挙動の他の原子的過程，電界蒸発や電界勾配に誘起された表面拡散などの表面原子への高電圧電界の効果などである．この研究分野の主たる功績者は，エールリッヒ（G. Ehrlich），バセット（D. Bassett），ツォン，グレアム（W. Graham），ケログらである．これらの研究では，単一原子と原子集団の拡散経路のマップがつくられ，拡散のメカニズムとエネルギーとが非常に詳細に分析されている．金属表面の吸着原子間の振動的な弱い相互作用が観測・測定される．FIM はまた，表面と電界による化学反応の促進作用の研究にも利用される．電界イオン化と電界蒸発は，質量分析や走査イオン顕微鏡のイオン源としても発展して

きた．FIM と原子プローブ FIM は適用可能な物質の限界はあるが，原子レベルの表面の研究や物質科学にとっての強力な道具であることは間違いない．

電界放射と電界イオン顕微鏡は個々の原子を見て分析したいという科学者の望みから発達したものであるが，点電子源やイオン源，走査イオン顕微鏡，真空微小電子工学などへの応用がなされている．先端技術の扱う物質構造がますますサイズを小さくしている中で，FIM のような原子革命をもたらす顕微鏡はその発展でさらに重要性を増していくだろう．

[Tien T. Tsong／橋本毅彦・柳生江理 訳]

■文　献

Müller, Erwin W., and Tien T. Tsong. *Field Ion Microscopy, Principles and Applications*. New York：Elsevier, 1969.

Sakurai, T., A. Sakai, and H. W. Pickering. *Atom-Probe Field Ion Microscopy and Its Applications*. Boston：Academic, 1985.

Tsong, Tien T. *Atom-Probe Field Ion Microscopy：Field Ion Emission and Surfaces and Interfaces at Atomic Resolution*. Cambridge：Cambridge University Press, 1990.

◆電荷結合素子

Charge-Coupled Device

電荷結合素子（CCD）とは，内部で電荷の流れを制御することにより情報の蓄積，操作を行う電子部品のことである．それは電荷を蓄積し，それらを別々の部分で制御するために半導体現象を利用する．通常の電線も電荷を制御することができるものの，CCD はそれ以上の制御が可能である．というのも電荷の誘導をコントロールする外部信号を用いることによって，電荷の動きを限られた間加速，減速したり，停止することも可能だからである．CCD によって制御される電荷のひとまとまりはアナログ信号やデジタル情報をあらわすことができるため，CCD は信号処理やコンピューター記憶装置など，幅広い応用可能性をもつ．より重要な点は，CCD は化合物であるため，光にさらされた際，自ら電気信号を発することができるという点である．感光性と電気信号の精密な制御を組み合わせることで，CCD はカメラや光学スキャナーのような撮像装置として威力を発揮することになる．

CCD はバケツリレーの列が水を運ぶように，電気信号を一端から一端へ運ぶ．CCD のボディには，電子が自然に集まる「電位の井戸（potential wells）」と呼ばれる空間層が至る所にある．それぞれの電位の井戸は絶縁膜によって分けられている．電子は絶縁膜を避けながら電位の井戸にとどまる性質があるため，単に電位の井戸の位置を変えるだけで，電子を CCD のボディの下に移動させることができる．これは，装置のてっぺんに備えつけられた電極を通して外部の制御信号から CCD のきわめて限られた領域に電圧をかけることによって行われる．電極に十分な電圧がかかっていれば，CCD の電極の下に電位の井戸ができる．電極の電圧が下がれば，CCD の底面は絶縁層に変わる．電極の並びに沿って電位を周期的に変化させると，絶縁膜の波は一時的に電位の井戸に変化することになる．その一方で，隣接する電位の井戸は，また絶縁膜に戻る．この動作によって電子は古い電位の井戸から取り出されて新しい電位の井戸へと移され，2 つの電位の井戸は一時的に融合する．CCD の上にとりつ

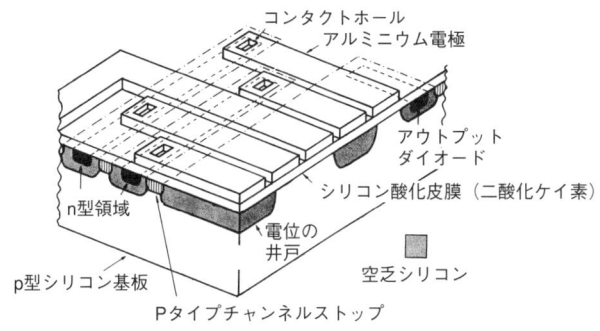

アルミニウムゲートを用いた CCD の断面図. Howes and Morgan (1979)：82頁, 図2.1. Copyright © 1979 John Wiley & Sons Inc.

けられた電極の列に沿って特定のパターンの電圧をかけることで，電子は装置の部分にそって動くことになる．

　CCDは，ベル研究所のW. ボイル（Willard S. Boyle, 1924-）とG. E. スミス（George E. Smith, 1930-）によって1969年に発明された．ベル研究所から磁気バブル技術と類似のデジタル信号の貯蓄，操作のための半導体集積回路の開発という目標を与えられていた2人は，構成要素を個別に取扱うという時代に展開した伝統的な回路概念とは異なった新たなデバイスの開発を模索していた．またAT&Tのピクチャーフォン［商品名］用のシリコン・ダイオード・アレイ撮像管開発プログラムの影響もあって，ボイルとスミスはMOS型トランジスタ技術を用いて，二酸化ケイ素の薄膜層によってドーピングされたシリコンから絶縁された，0.1 mm四方のアルミニウム電極が並んだチップを組み立てた．その原型は成功し，即座に多くの同僚が重要な改良に貢献した．ボイルとスミスは1970年の春に新しいデバイスの誕生を発表した．彼らが提案した，CCDの（コンピューターメモリ機能としての）シリアル・シ

フトレジスターと撮像素子への応用は，磁気バブルとシリコン・ダイオード・アレイの役割が反映されたものであった．その他，遅延線，論理配列，表示機能への応用に関する提案もあった．

　CCDは，すぐに電子デバイスのエンジニアたちの間でセンセーションを引き起こした．高密度記憶装置，シンプルな信号処理回路，頑丈な固体撮像装置への潜在的応用可能性に活気づいた技術者たちは，1970年代を通じてCCDを広範な機能に適合させようと大規模な研究開発に着手した．CCDは，偉大な成功を収めようという技術者たちの想像の中にあった．

　CCDに光が当てられた際，光子からのエネルギーはデバイス本体を形づくる半導体（通常はケイ素だが，時にガリウムヒ素）から電子を遊離させる．放出された電子は，すぐさまCCD内近傍の電位の井戸に流れ込むが，そのときこれらの電子をもとの光情報をもった電気信号の生成という秩序ある形で制御することが可能である．可視光領域の光子はすべて電子の放出を行うため，CCDはすべての色領域に感受性をもつ．CCD製撮像装置は，頑丈で信頼性が

あり，また高い感受性と省電力という特徴をもつ．特定の光子がCCD上のどこに当たるかを正確に指摘することは容易であり，またデバイスの線形的な反応——生成された電子の数が，撮像素子に落ち込んだ光子の数に比例すること——は，光強度の測定を簡単なものにする．こうしたCCDの特徴は，撮像以外の目的へCCDを利用しようという関心の高まりの帰結として開発が加速するであろうという見込みもあって，米国の天文学コミュニティ——特にNASAとジェット推進研究所——に天体観測装置としてのCCDの発展を支援することを確信させることになった．10年も立たないうちに，CCDは宇宙および地上天体観測で使用される重要な天文学の道具となった．撮像用の応用としては，他に産業用ロボット，郵便振り分け器，バーコード読取り器以外にも，ファクシミリ，写真コピー，ビデオカメラ，マシーンビジョンなどがある．

CCDは，撮像への応用以外ではさして顕著な影響を与えなかった．最初は，他の技術の発展とCCDの生産に関わる困難さ（井戸から井戸へ電荷を高い割合で移動させることが可能な欠陥のない半導体基質をつくるといった）という2つの要因が重なって，CCDを応用した製品は限られた数しかつくることができなかった．CCDメモリーチップは，本質的にシリアルな特性をもつという不利な条件があり，70年代に劇的に発展したVLSI（大規模集積）技術によってつくられたRAMチップに比べて魅力の乏しいものであることがわかった．同じ頃，技術者たちの間では，CCDを用いたアナログ信号処理よりもアナログ信号を変換しデジタル的に処理することが好まれた．しかしながら，価格の低下を含む最近の展開は，低電力で複雑なアナログ

信号の処理が可能であるという点が将来CCDにとって重要な役割となることを示唆するものとなっている．デバイス内で短時間信号を貯蔵することによってCCDを遅延線として用いることや，CCDを通じた信号断片の制御によって速度を変化させ信号の暗号化を行うこと，AD変換，多重化（multiplexing）と分離（demultiplexing）などが有望な方向である．

[Andrew Goldstein／綾部広則 訳]

■文 献

Amelio, Gilbert F. "Charge-Coupled Devices." *Scientific American* 230 (February 1974): 22–31.

Boyle, Willard S., and George Elwood Smith. "The Inception of Charge-Coupled Devices." *IEEE Transactions on Electron Devices* ED-23 (July 1976): 661–663.

Howes, M. J. and D. V. Morgan, eds. *Charge-coupled Devices and Systems*. Chichester, U. K.: Wiley, 1979.

Smith, Robert W., and Joseph N. Tatarewicz. "Replacing a Technology: The Large Space Telescope and CCDs." *Proceedings of the IEEE* 73 (July 1985): 1221–1235.

◆電気泳動装置

Electrophoretic Apparatus

電気泳動は，生物学的ないし化学的に興味深い分子の性質を調べたり，精製したりするのに重要な方法である．溶液に電場をかけると，各々の分子は，それらがもつ電荷の大きさに応じて分離される．ロシアの物理学者A.レウス（Alexander Reuss）は1807年に電気泳動の実験を初めて行っている．彼は水で満たされた2本のガラス製の管片を湿った粘土の厚板に置き，各々の管の底に注意深く層状に砂を敷き，ガラス

管にヴォルタの電堆（電池の項を参照）をつないだ．粘土粒子が砂を通して移動するにつれて，電堆の正極につないだ管の端のほうの水は徐々にミルク状になったのである．1879 年には H. ヘルムホルツ（Hermann von Helmholtz, 1821-1894）は，実験の観察データを電気泳動についての方程式へと一般化した．

電気泳動によるタンパク質の分離は不正確で不安定であったが，破壊性は全くなかった．したがって研究者はタンパク質やその他の生物学的に興味深い大きな分子を理解するために電気泳動法を用いた．1900 年には，ハーディー（W. B. Hardy, 1864-1934）が分離されたタンパク質の移動度を定量的に決定し，1908 年には C. ラントシュタイナー（Carl Landsteiner, 1868-1943）が血清からタンパク質を分離した．

1920 年代には，超遠心分離機を発明したスヴェドベリ（Theodor Svedberg, 1884-1971）が自分の学生である A. ティセリウス（Arne Tiselius, 1902-1971）に電気泳動の技術を改良するように促した．ティセリウスによって電気泳動装置は強力な分析器具へと変貌したのである．彼は電気泳動室として U 字型の管を用いた．管は，電極と接続される上部管，溶液が移動する通り道である中部管，2 つの移動室をつなぐ橋渡し部の 3 つの部分からなっている．ティセリウスの貢献としては，電気泳動法の 3 つの大きな技術的改良があげられる．第一に，装置全体を冷却するシステムをつくり出した点である．電流を緩衝液に流すことによって電気泳動装置が熱くなると，サンプル室の中に対流が生じてしまう．その結果，分子が移動する中部管の中にできる界面がぼやけてしまう．ティセリウスは電気泳動装置全体を氷点近くまで冷やした水槽の中に入れて，電気泳動室を 4℃ に冷却することによって対流を減らしたのである．第二に，彼は無色の 2 種の溶液間における屈折界面を視覚化するためにシュリーレン（Schlieren）の光学システムを採用した．適当に調節したレンズを通してみると，2 つの物質層の密度の違いによって影ができる．これらの影は明るい背景の上で暗い帯として撮影することができる．シュリーレン光学システムは，20 フィート（約 6 m）あるティセリウスの装置のほとんどを占めている．最後にティセリウスは，最も速く動く界面を制止させておき，より遅く動く界面が一見逆向きに動いているように見せるために逆流を起こす目的で，ゼンマイ仕掛けによって作動するピストンを導入している．これによって，通常ならば管の先端まで移動してしまう物質の分離が可能となるのである．ティセリウスは血清中の α, β, γ-グロブリンにそれぞれ対応している移動界面の様子を描くためにこの装置を用いていて，この研究によって 1948 年にノーベル化学賞を受賞した．

その高価さ（初期費用として 6,000 ドル，維持および操作のために年 5,000 ドルかかる）にもかかわらず，アメリカには 1939 年末で 14 基のティセリウス装置が存在していた．1945 年には最初の商業用のティセリウス装置がクレット製造会社から 4,000 ドルで売り出された．

着色料が使われるようになったことと，放射性ヌクレオチドによる標識づけの開発によって，無色の物質の視覚化の技術が改善された．例えば，分離されるタンパク質をアミドブラックで着色したり，標識づけしたサンプルの放射能をシンチレーション・カウンターで計ったり，電気泳動生成物が発する放射能をフィルムに照射させる

ことによって容易に視覚化が可能になった．精巧だが場所をとるシュリーレン光学システムはこれによって放棄されることになった．

ゾーン電気泳動によって，ティセリウス装置が人気の点でついに凌駕されることとなる．ゾーン電気泳動では分子は緩衝剤を浸み込ませた固体のマトリックスを通って移動するようになっていて，これによって対流効果がさらに減って移動界面がよりはっきりあらわれるようになった．最も速く移動する構成要素と最も遅く移動する構成要素のみを分離するティセリウス装置と比較して，ゾーン電気泳動は各々の構成要素を別々の帯に分離することができる．しかしながら，問題となったのは適切な支持体を見つけることであった．寒天，片栗粉，セルロース，ガラス，スポンジゴム，ポリウレタン泡などが試用されたが，1940年代にろ紙が使われるようになってゾーン電気泳動が一般の関心を集めるようになる．ろ紙を使うことによって大量の溶質を分離することができるので，精製への電気泳動法の利用が魅力的になるのである．1959年にレイモンド（L. Raymond）とヴァイントラウプ（L. Weintraub）によって初めて用いられた低吸収性のポリアクリルアミド・ゲルによって分離力がさらに増した．1961年にイェルテン（S. Hjértén）によって（寒天から硫黄を含んだ荷電成分を除去してできる）アガロースが支持体として用いられた．

毛管電気泳動法では，電気泳動室の直径が小さいことから対流効果がさらに小さくなる．管が小さくなることによって熱がさらに効果的に散逸し，電気泳動室全体の温度がより均一になる．1967年にイェルテンはゲルなしの電気泳動のために3mmの

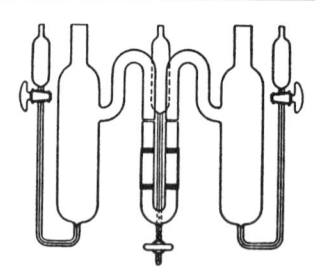

ティセリウスの電気泳動漕（1939年）．Stern (1939): 154頁，図5．ニューヨーク科学アカデミー提供．

内径をもつ管を使った．ヨルゲンソン（J. W. Jorgenson）とルカーチ（K. D. Lukacs）は1981年に直径100μm未満の毛細管が高い分離能を示すことを明らかにした．鋭敏な検出技術を用いることによって，毛管電気泳動で使われる微量のサンプルを視覚化することができるようになった．

現在では，ゾーン電気泳動装置はタンパク質や核酸の研究に関わるほとんどすべての実験室に見ることができ，さまざまに応用できるように設計されている．例えば，染色体やポリアクリルアミドを分離してヌクレオチド数個分の長さにするためにアガロース支持体を用いる．電気泳動装置は現在非常に安価になっていて，最も安いものだと200ドル以下で買うことができる．最も小さいゾーン電気泳動箱は長さ6インチ未満で，分析作業のために必要なサンプル量ははるかに少なくなっている．かつては特別の施設と実験チームが必要になるほど大きかったが，いまでは電気泳動装置は研究者の実験台に控えめに収まるくらい小さくなっている．

[Phillip Thurtle／菊池好行 訳]

■文　献

Kay, Lily. "Laboratory Technology and Biological

Knowledge: The Tiselius Electrophoresis Apparatus, 1930-1945." *History and Philosophy of the Life Sciences* 10 (1988): 51-72.

Morris, C. J. O. R., and P. Morris. "Experimental Methods of Electrophoresis." In their *Separation Methods in Biochemistry*, 664-770. New York: Interscience, 1963.

Shafer-Nielson, C. "Steady-state Gel Electrophoresis Systems." In *Gel Electrophoresis of Proteins*, edited by Michael J. Dunn. Bristol: Wright, 1986.

Stern, Curt. "Method for Studying Electrophoresis." *Annals of the New York Academy of Sciences* 39 (1939): 147-186.

Vesterberg, Olof. "A Short History of Electrophoretic Methods." *Electrophoresis* 14 (1993): 1243-1249.

◆電気測定
→ 検流計

◆天球儀
→ 地球儀・天球儀

◆電子計算機
→ コンピューター【アナログ式】【デジタル式】

◆電子顕微鏡

Electron Microscope

電子顕微鏡とは，50～200 kV 程度の高エネルギー電子ビームと試料が作用し合うことで拡大像をつくり出す装置である．この器具には主として2つのタイプがある．透過型電子顕微鏡（TEM）では，少なくとも像を映し出す部分と同じ広さである電子光線が標本を通りぬけ，蛍光板や写真用フィルムの上に像をつくる．走査型電子顕微鏡（SEM）では，像を映し出す部分と比べると狭い範囲の電子ビームが規則的パターンで試料を通り，試料表面の姿がビデオ画面上に再構成される．像のコントラストはいくつもの方法で形づくられる．TEMでは，電子は試料内の原子によってそらされ，吸収されることはない．そして，電子透過の度合いの違いが影の模様をつくる．一方 SEM は，電子線と試料表面との相互作用によって走査の位置に応じて二次電子の後方散乱が引き起こされる．そしてこれらの像は，試料の近くの適切な位置に設置された検知器によって記録される．X線や蛍光などの現象からの信号も利用される．すべての電子顕微鏡は，光学的法則に従って電子線の軌跡を電磁場の力で変えることができることによっている．すべての電子顕微鏡は，電子銃，直線状の電子線の軌跡を通す筒，筒の長さに沿った磁気レンズ，高真空状態を保つポンプ，電子線の電圧とレンズの電流を一定に保つ電子部品などからなっている．電子顕微鏡は，電子の波長が短いがゆえに光学顕微鏡よりはるかに高い分解能をもつ．

初　期

電子顕微鏡は，陰極線技術，特に陰極線オシログラフ(オシロスコープの項を参照)が自然に発展してきたものとみなされる．この装置の理論と技術，改良された電子管と真空の技術，そして光学理論が電子にもあてはまると示唆したL.ド・ブローイ(Louis de Broglie, 1892-1987)の物質波動論，これらすべてが1930年頃の電子顕微鏡の発達にとってプラスにはたらいた．1928年にH.ブッシュ(Hans Busch, 1884-1973)は，ガラスのレンズが光に作用するのと同様に，円形コイルが電子に作用することを示した．その直後，電気工学者のM.クノール(Max Knoll, 1897-1969)とE.ルスカ(Ernst Ruska, 1906-1988)がベルリンにおいてTEMを設計し始めた．1930年代半ばまでに北米やヨーロッパで，多数の顕微鏡プロジェクトが独立に立ち上がった．1937年，ジーメンス社は商用透過型顕微鏡の製作のためにルスカを採用し，製品は1939年末に市場化された．RCA社もまた同様に実用的なTEMを開発するためトロントの物理学者J.ヒリアー(James Hillier, 1915-)を雇用した．彼が開発した最初のTEMは1940年代末に発売された．ジーメンス社はその後も研究と限定生産を1944年まで続けた．だが，ヨーロッパにおける第二次世界大戦の影響がRCA社の優位をもたらし，同社は戦後の有名な「ユニバーサル」顕微鏡(EMU, 図参照)によって1950年代末までその優位を保った．RCA社やジーメンス社の研究所における戦時中のSEMの開発努力にもかかわらず，それが実用化されるのは1965年であり，ケンブリッジ大学のC.オートレイ(Charles Oatlay)，D.マクミラン(Dennis McMullan)，K.スミス(Ken Smith)の研究を通じてである．今日の電子顕微鏡製造におけるリーダーは日立製作所，フィリップス，ツァイスなどの各社である．

EMU電子顕微鏡を操作するジェームス・ヒリエー博士(1940年代)．デヴィッド・サーノフ研究センター提供．

生命科学への応用

1930年代に，電子顕微鏡は生物医学への応用が期待されていたが，生物標本のもたらす困難が初期の電子顕微鏡開発者の前に立ちはだかった．電子線は真空状態を必要とする．そのため，標本は生存できず，なるべく破壊を抑える状態で乾燥させねばならないのである．電子は物質と強い相互作用をするので電子線は非常に薄い標本しか貫通しえない．さらに電子線は標本を加熱するため揮発性のある生物物質を変化させてしまう．また，電子ビームに対する生物内物質の透過性は物質ごとにほとんど異ならずコントラストがとりにくいことも障害の1つであった．これらの問題点(乾燥し，薄く切断し，化学的に保存し，コントラストを強めること)を解決することで標本を準備するための技術がしだいに開発されていった．

生物学用の電子顕微鏡の技術は最初，ドイツ，アメリカ，ベルギーにおいて探求された．しかし戦争のため，後の開発の基礎は主としてアメリカでなされた．RCA 社は 1940 年に始まり同社のニュージャージー研究所近辺の大学や研究所の著名な生物学者との共同による方法論的研究を支援した．RCA 社によって電子顕微鏡に関わるようになったグループの他に，アメリカのいくつかの大学で戦時中に電子顕微鏡を扱う生物学者もあらわれてきた．だが，十分な薄さをもった組織の切片を切り出すことができなかったため，初期の成功した応用例はウイルス，バクテリア，細く切った筋肉繊維のような離散した形態の標本に限られた．

1940 年代後半，ウルトラマイクロトーム（切断器具）の設計が急速に進み，そして 1949 年にはプラスチックの包埋物質が開発されることで，細胞や組織の構造の研究が TEM によって可能となった．標本は，化学的に固定され（主としてオスミウム四酸化物の中に入れて），水の代わりにエタノールのような溶媒で十分に湿らせ（つまり脱水させ），プラスチック樹脂に浸透させ，固め，そして最終的に TEM で像を写し出すための薄片がつくられる．1950 年代の細胞生物学にとってのこれらの技術の開発は，ニューヨークのロックフェラー研究所の K. ポーター(Keith Porter, 1912–1997) と G. パレード（George Palade, 1912–) そしてまた，ストックホルムのカロリンスカ研究所の F. シューストランド (Fritiof Sjöstrand, 1912–) らの貢献による．1960 年代後半以来，急速冷凍法は，伝統的で化学的な固定法を補うようになった．SEM で使用するためには，湿った生物学的標本は通常どおり固定・脱水され，溶媒の臨界点を越えた（したがって表面張力を除いて）圧力で乾燥させられる．その上で金属でコーティングされることで表面の電子密度を増し伝導性にされる．あるいは，湿った標本の複製が使われることもある．生物学の標本を準備するための技術は，現在も研究が活発な領域である．

物理科学への応用

生物学における顕微鏡の使用を困難にしている多くの問題点は，物理学，化学，冶金学の分野での標本にとってはさほど深刻ではない．これらの標本を，100～200 kV の電子ビームがわずかなエネルギー損失で透過できるよう，薄いフィルム状にすることは容易なことが多い．伝導性の試料では，準備なしでも SEM により画像化できる．真空状態の影響も普通わずかで，コントラストも自然に出る．戦時中，TEM はゴムやプラスチックの製造，兵器やウランの拡散濃縮と関係する冶金技術に利用された．

冶金学の研究にとって重要である結晶標本については，結晶格子の欠陥や，特に重要な半導体の接合面についての情報が直接得られる．主な画期的発見は，1965 年の J. メンター（James Menter）によるプラチナフタロシアニンの格子間隔の観測がある．P. ハーシュ（Peter Hirsch），A. ホーウィ（Archie Howie），M. ウィーラン（Michael Whelan），橋本初次郎（1921–）による結晶内の電子波伝播に関する理論的研究は，得られる画像の解釈に大きく貢献した．結晶性の物質については，TEM は像を生み出すというだけでなく（今日では格子内の原子を見ることが可能である）回折パターンも示すことが重要なのである．このようにして結晶学上の詳細な情報は，平行ではなく収束する電子線が試料に当たるようにすることで得られる．回折データを得

る多くの方法が工夫された．

アモルファスな試料では，コントラストの仕組みが，生物学用標本と材質が似ているため同様の問題が起こりうる．例えば，ポリマーは，電子線自体によって損傷を受ける可能性があり，それは依然として観測するには非常に困難な標本の1つにとどまっている．生物学用標本のように，実物よりも複製を研究するほうが便利なこともある．例えば，1966年H．トロイブル（Hermann Träuble）とU．エスマン（Uwe Essmann）は，超伝導体の鉛の表面に鉄を気化固着させ，顕微鏡内でその配列の結果を研究することで，磁場の分布を観測した．さまざまな温度での磁場のパターンの差異がこうして記録された．

最新の装置では，原子の大きさ程度まで分解能をもっている．それらは，固体物理学において重要な情報を提供し，触媒，半導体，集積回路の設計などの分野での大きな実用的価値をもたらしている．

[Nicolas Rasmussen, Peter Hawkes／橋本毅彦・柳生江理 訳]

■文 献
Hawkes, Peter, ed. "Beginnings of Electron Microscopy." *Advances in Electronics and Electron Physics* 16 (1985)：Supplement.
Newberry, Sterling. P. *EMSA and Its People*：The First Fifty Years, edited by Mary Schumacher. Milwaukee, Wisc.：Electron Microscopy Society of America, 1992.
Rasmussen, Nicolas. "Making a Machine Instrumental." *Studies in the History and Philosophy of Science* 27 (1996)：311-349.
Rasmussen, Nicolas. *Picture Control*：The Electron Microscope and the Transformation of Biology in America, 1940-1960. Stanford：Stanford University Press, 1997.
Reisner, John. "An Early History of the Electron Microscope in the United States." *Advances in Electronics and Electron Physics* 73 (1989)：134-233.

◆電子線マイクロアナライザー
➡ マイクロアナライザー【電子線】

◆電子プローブマイクロアナライザー
➡ マイクロアナライザー【電子線】

◆電子捕獲検出器

Electron Capture Detector

電子捕獲検出器（ECD）は非常に高感度な化学分析装置で，数fg（フェムトグラム，10^{-15}g）の六フッ化イオウのようなハロゲン化合物を検出することができる．ECDを特徴づけているのは，この感度がわずかな範囲の化合物に限定されていることであるが，それらの多くは環境上重要な物質で，いくつかは毒性，発癌性，オゾン層破壊作用を有するものである．

ECDは1957年にJ．ラヴロック（James Lovelock, 1919-）により発明されたが，彼はそのとき生きている細胞が凍結される際に受ける傷害について調べていた．ラヴロックは凍結に対する応答が細胞膜脂質を構成する脂肪酸の組成により異なることを見出したが，これらの脂質を分析する手段がなかった．ロンドンの英国医学研究所でラヴロックの同僚だったA．J．P．マーティン（Archer John Porter Martin, 1910-2002）

とA. T. ジェームス（Anthony Trafford James）は，ラヴロックがより大量のサンプルを提供するか，より高感度な検出器を発明するならば，彼らのガスクロマトグラフで分析を行うつもりであった．

ラヴロックは以前にイオン化風速計を発明しており，これは毎秒5mmという遅い空気の運動を検出することができたが，その実用化に際しては痕跡量の煙や蒸気に妨害されていた．彼はこの欠点がガスや蒸気の高感度な検出器の開発の基礎となるかもしれないと思った．ガスクロマトグラフィー用に試作されていたイオン化検出器は，単純なイオン箱中で放射線源によってイオンを気体から生成させるものであった．それらはマーティンのガス密度秤よりも感度が低いことが知られていたが，風速計での経験はこの装置を高感度にできるかもしれないことを示していた．ラヴロックはこれらの検出器のうちの1つを，7,400万ベクレルの^{90}Srイオン化放射線源を封入した2mlの箱（チェインバー）を用いて作成した．120Vの電池に接続したとき，窒素のイオン電流は5nAで，熱イオン真空管電流計で容易に測定可能であった．彼はこの検出器をジェームズのガスクロマトグラフのカラムの出口の1つに接続し，各種の揮発性化合物に対する応答を試験した．予想されたとおり，検出器感応しなかった．

分極ポテンシャルを10Vに下げたとき，装置はすばらしく高感度になったが，それはクロロホルムなどのハロカーボン類，ニトロメタンなどのニトロ化合物，シクロオクタテトラエンやジアセチルのような変わった化合物など，わずか数種類の化合物に対してのみであった．蒸気の存在はイオン電流をあたかも電子捕獲が起こっているかのように低減させた．異なるキャリヤーガスと異なる電位を用いることで，ラヴロックはほぼすべての有機化合物蒸気を検出することができたが，その中には脂肪酸エステルも含まれていた．「アルゴン」検出器は，水素炎イオン化検出器がそれに置き換わるまでの数年にわたって広く使用された．

ラヴロックはさらに低ポテンシャル検出器が電子捕獲により作動していることを確認した．気相中の自由電子と溶質蒸気との反応は二次反応で，負イオンの解離を含む後続反応のために複雑であった．正イオンは常に存在し，負イオン分子を再結合により消失させている．電流は蒸気濃度に比例して減少するが，非直線的である．現在のECDは1mlのニッケル「試験管」で，その中で蒸気は窒素中の希薄な懸濁状態の自由電子と反応する．電子の存在量はポテンシャルのパルスにより検出される．パルスの周波数と信号は，蒸気濃度に伴い変化する．ECDは通常はガスクロマトグラフの一部を構成している．

ラヴロックは1958年4月にオックスフォードでの講義でECDについて述べ，このテーマについての最初の論文をエール大学のS. R. リプスキー（Sandford R. Lipsky）とともに1960年に発表した．初期のECDは使うのが難しかった．にもかかわらず，米国食品医薬品局のワッツ（J. O. Watts）とクライン（A. K. Klein）は，食品中の残留農薬の分析に使用した．彼らの仕事と，イギリスのグッドウィン（E. S. Goodwin）とその共同研究者の仕事は，彼らが調べたいたるところからハロゲン化合物農薬が検出されたことを明らかにした．その結果はR. カーソン（Rachel Carson, 1907-1964）の『沈黙の春（Silent Spring）』にデータをもたらしたが，この本は大変な影響を及ぼし，緑の運動（green movement）に火を

ラヴロックの電子捕獲検出器の構成図.

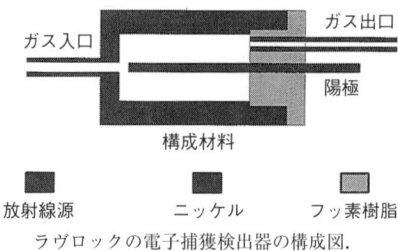

つけたといわれる.ECD は環境破壊の兆しを嗅ぎつけた鼻である.それはクロロフルオロカーボン類,農薬,PCB 類の地球規模の分布を発見し,現在でもそれらの存在量をモニターするために用いられている.ECD の新しい利用法としては,空気および水の移動を測定するトレーサーとしてのペルフルオロカーボン類の検出がある. [James Lovelock／山口 真訳]

■文 献

Lovelock, James E. "Affinity of Organic Compounds for Free Electrons with Thermal Energy: Its Possible Significance in Biology." *Nature* 189 (1961): 729-732.

Lovelock, James E. "The Electron Capture Detector Theory and Practice." *Journal of Chromatography* 99 (1974): 3-12.

Lovelock, James E. "Ionization Methods for the Analysis of Gases and Vapors." *Analytical Chemistry* 33 (1974): 162-178.

Lovelock, James E., and Sandford R. Lipsky. "Electron Affinity Spectroscopy. A New Method for the Identification of Functional Groups in Chemical Compounds Separated by Gas Chromatography." *Journal of the American Chemical Society* 82 (1960): 431-433.

Lovelock, James E., and A. J. Watson. "Electron Capture Detector Theory and Practice. II." *Journal of Chromatography* 158 (1978): 123-138.

◆電 池

Battery

電池とは,電気化学的作用によって電気が発生するセル(一対の電池)の集合体をいう.一次電池は回路の接続と同時に機能するが,二次電池(あるいは蓄電池)は使用する前に充電する必要がある.1990 年までには,世界の電池市場はおそらく 230 億ドル以上にのぼる規模になった.

最初の電池は 1800 年に A. ヴォルタ(Alessandro Volta, 1745-1827)によって「パイル(電堆)」と呼ばれた.これは,円形の亜鉛板と銅あるいは銀板を塩水に浸した布きれを挟んで積み重ねたものである.その後の電池は電解溶液に希硫酸を用い,銅板の正極と表面をアマルガム化した(水銀との合金にした)亜鉛の負極とからなるセルから構成されたが,これらのセルの出力は急速に低下してしまう.初期の研究者は銅電極において水素が発生し,電極の一部分で電解溶液と接触しなくなることがこの欠点の原因であると考えた.もし電解溶液中に濃硝酸のような強い酸化剤があれば水素は発生しないことに,研究者は気づいた.しかし亜鉛も銅もともに硝酸に溶けてしまうので,W. R. グローヴ(William Robert Grove, 1811-1896)は銅の代わりに硝酸に溶けない白金を用いた(1839 年).グローヴの分離セル電池では,多孔性の隔壁によって,亜鉛電極が使っている希硫酸と硝酸とが分離された.J. T. クーパー(John Thomas Cooper)は,高価な白金の代わりに炭素を正極に用いることができることを 1840 年に示した.

この頃,R. W. ブンゼン(Robert Wilhelm

Bunsen, 1811-1899) は，強い電流を必要とする電気アーク灯に電気を供給するために大電流用の炭素-亜鉛電池をつくり上げた．濃硝酸を用いているために，電池を保管する際にはそれぞれのセルを一部分離しておかなければならなかった．

R. ワーリントン（Robert Warington）は1842年にグローヴ型電池の硝酸の代わりに重クロム酸カリウム-硫酸溶液が利用できることを示した．ブンゼンはこのアイデアを試み，保管ができてすぐに利用できる状態に戻せる単一溶液セルの電池を開発した．保管する必要があるときには全部の電極をつり棚でセルからつりあげ，切り離しておいた．

セルをつないだままでも劣化しない電池を開発するためにいくつかの試みがなされた．最もうまくいったものの1つは，1868年に G. ルクランシェ（Georges Leclanché, 1839-1882）によって開発されたセルである．炭素電極をつけた多孔質容器が二酸化マンガンと粉末炭素を包んでいる．この容器と亜鉛の負極が塩化アンモニウム溶液に浸される．現代の「乾電池」はルクランシェの「湿式」電池の改良版である．炭素棒を二酸化マンガン混合物で取り巻く．この混合物と亜鉛筒の内側につけたペースト状の塩化亜鉛または塩化アンモニウムとの間に，薄い紙かゲル状の隔離板を入れてある．このペーストに酸化亜鉛を混ぜた水酸化カリウムを含ませた「アルカリ電池」は，高価ではあるが長時間使用に用いられている．

小型で寿命が長く，しかも安定した出力であるが，電気時計や補聴器用などの電池として要求されている．そのような電池の典型例は，1.35 V の亜鉛-水酸化カリウム-酸化水銀セルである．酸化水銀の代

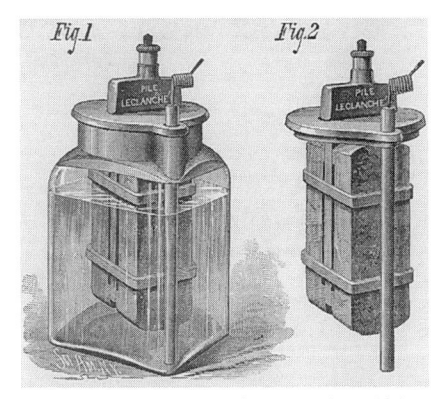

ルクランシェのセル．挿入されたもの（左）および塩化アンモニウム溶液から出したもの（右）．"The New Leclanché Battery." Scientific American 42, no. 13 (1880) : 198. NMAH 提供．

わりに酸化銀を用いると1.6 V を出すことができる．これらの電圧は，亜鉛をリチウムに置き換えることでおよそ倍にできるが，水と反応してしまう．例えば，心臓用ペースメーカーで利用されている電池は，リチウム-ヨウ素セルで，その成分はすべて固体である．

蓄電池

電気を電池（セルシステム）で蓄えることができるかもしれないという考えは，1800年代初期にあらわれた．最初の実用的な蓄電池［鉛蓄電池］は，1860年に G. プランテ（Gaston Planté, 1834-1889）によって発明された．各セルの板は鉛板を巻いたもので，布で隔離されて硫酸に浸されている．蓄電能力は鉛表面の電気化学的な活性化いわゆる「化成」で改良できる．1881年には2つの主要な改良が行われた．ペースト状の二酸化鉛で板を覆うことで，活性化が容易になり，蓄電能力が改善された．ペーストの付着性が悪かったので，鉛板は格子状にされ，ペースト物質が格子の網の

中に押し込められて保持されるようにした．発電機によって生み出された電気をためる必要から，蓄電池の利用が推進された．1900年までには小型の電池が広まり，それ以来，形や性能が着実に改良されつつある．現代の自動車用電池は小さくなり，完全に密閉されている．電池工業は世界の鉛生産量の約40%を消費していると見積もられている．

1901年にはニッケル-イオン蓄電池およびニッケル-カドミウム蓄電池が登場した．それらの数量は1930年頃に減少したが，小型電気機器の普及とともに回復した．

1890年代には電池駆動の自動車が出現し始めたが，鉛蓄電池を交換する必要があるので，走行距離や性能に限界があった．1980年代以降，高性能で軽量の電池の開発に再び関心がもたれるようになった．ナトリウム-イオウ電池が最も有望であると見られているが，この電池を働かせるには300℃から400℃程度に加熱する必要がある．

燃料電池

1839年にグローヴは燃料電池の中で水素を酸化させることができれば熱の代わりに電気が発生することを指摘していた．1950年代半ばに，F. T. ベーコン（Francis Thomas Bacon, 1904-1992）が実用的な水素-酸素電池を開発したときに燃料電池は重要な発明になった．燃料電池は，宇宙船計画で利用されることになり，今日では燃料電池の開発のために多くの研究が行われ，多数のメガワット級の固定電池が公表されつつある．メタノールや軽油のような燃料が利用され，通常は分解して水素を発生させる．普通は空気が酸素代わりに利用される．　　　[John T. Stock／河村　豊訳]

■文　献

Pickett, A. P. "Fuel Cells." In *Encyclopedia of Physical Science and Technology*, edited by R. A. Meyers, 731-744. London : Academic, 1992.

Stock, J. T. "Bunsen's Batteries and the Electric Arc." *Journal of Chemical Education* 72 (1995) : 99-102.

Vinal, G. W. *Storage Batteries*. London : Chapman and Hall, 1955.

Vincent, C. A., and F. Bonino. *Modern Batteries*. London : Arnold, 1984.

◆電波検出器

Radio Wave Detector

電磁波が存在することは，前からJ. C. マックスウェル（James Clark Maxwell, 1831-1879）によって理論的に予言されていたが，それが実際に存在することを実験的に証明したのは，H. R. ヘルツ（Heinrich Rudolf Hertz, 1857-1894）である．彼の古典的実験は1886年から1888年にかけて行われた（その十年前に，D. E. ヒューズ（David Edward Hughes）が電波の存在証明実験を思いついていたが，ロンドンの王立協会会員の間で彼の実験装置が不評だったことに意気消沈して，実験をやり遂げなかった）．ヘルツが考えたのは，スパークの発生によって電磁場が生じることを示すために，人間の感覚にそれを示すような検出器を考案することだった．このために，彼は金属の輪を用意し，それを1点で切断して間隙をつくり，電気によってスパークが生じるようにした．発信機がスパークを起こしたとき，この検出器の間隙に二次的な小スパークが生じたわけである．

すぐにより敏感な電波検出器（検波器，無線器）の必要性が感じられるようになる．

そのためにさまざまな物理現象が利用されるようになった。こうしてできた装置にはいろいろな名称が与えられた。例えば「波動露見器」や「波動感応器」だとか、あるいは古典的な趣味のある者向けには「サイモスコープ」（ギリシャ語の cymo「波」と skopein「見る」に由来する）などといった名前が考え出されたが、結局よく使われるようになったのは検出器（detector）という語だった。

無線電信，つまりヘルツの発見した波を使って，物理的な導線なしにモールス信号を遠くに送るには，信号が受信アンテナに届いているかどうかを示すだけのごく簡単な装置があればよかった。つまり，無線電信とは，電磁波を検出することそのものだったわけである。無線電話では，音声信号が電波の形にされるわけだが，それでも音声信号を受け取る回路はやはり検出器と呼ばれた。それどころか，スーパーヘテロダイン受信機の周波数変調ステージまでも検出器と呼ばれるようになった。実際の機能は大きく異なるにもかかわらず，である。

初期の実験家たちは二次スパーク間隙の感度を高めようと試みたが，さほど成功しなかった。最初の大きな進展が訪れたのは 1891 年のことで，E. ブランリー (Edouard Branly) によってもたらされた。金属屑をゆるく積み上げたものは通常，低い電気的接触では高い抵抗値を示すが，彼は小さな電圧がかかるときには抵抗値が大きく減少することを発見した。そしてそういった小さな電圧は例えばアンテナによっても生じるのである。この抵抗値の変化を外部の装置によって検出すれば，それによってアンテナが信号を受け取ったかどうかわかる。低抵抗状態は金属屑が感応性の状態，つまり高い抵抗状態に引き戻されるまで持続する。多くの実験家がこの現象を使った。彼らの検出器はガラス管とその中の金属のプラグとからなっていた。このような装置に対して，O. ロッジ (Oliver Lodge) は「コヒーラー (検波器)」という用語を発明した。感応状態に戻すのによく使われたのは機械仕掛けのハンマーだった。特に G. マルコーニ (Gulglielmo Marconi) はコヒーラーを商業的に信頼性のある受信機にまで改善した。A. ポポフ (Alexander Popoff) は独立に似たような受信機を組み立て，雷の自動記録に使った（雷には電磁波の放出が伴うのである）。この受信機に基づいて，ロシア人は彼らがラジオを発明したと主張するが，一般的にはポポフは後になるまで発信機を組み立てなかったと考えられている。

世紀の変わり目頃には別のタイプの検出器が使われた。これは，電波の波長域の電磁波のもとで鉄の磁気状態が変化することを利用するものであった。ここでもまた，マルコーニが商業化可能なモデルをつくり出し，第一次世界大戦まで，特に海上で，使われることになる。他に電波検出に使われた現象には，電解質槽における分極効果（アメリカの R. A. フェッセンデン (Reginald Aubrey Fessenden) がこの現象の著名な実験家であった），液状膜に対する毛細効果や，振動する接点器，いわゆる「ティッカー (tickers)」があった。

整流作用による検知という考えが導入されたのは，ある主の金属と水晶のはり合わせに整流作用があることの発見（もともと 1870 年代に F. ブラウン (Ferdinand Braun, 1850-1918) によって発見された）および J. A. フレミング (John Ambrose Fleming, 1849-1945) が 1904 年に発明した熱イオン二極真空管によってであった。

マルコーニによるハンマーつきコヒーラー
(1900 年頃). SM 1923-396. SSPL 提供.

「猫ひげ」検出器はおそらくこれらの初期の検出器の中で最もよく思い出されるものであろう．これは水晶に短い導線を接触させて，感応しやすい部位を探すものである．1907 年になると，L. デフォレスト (Lee De Forest) による三極管の発明によって検出と増幅が可能になった．これは画期的な進歩であった．その後長い間 AM 信号を受信するのに使われた標準的な真空管探知回路は二極の「封筒検出器」といわゆる「屈曲陽極」と「漏れ穴格子」をもった三極回路であった．

1920 年代までには，検知は非線形回路と同義語となり，整流はその極限形態とみなされるようになった．もともとの意味は忘れ去られたが，言葉自体は第二次世界大戦のかなり後になって，より適切な言葉である「検波 (demodulation)」に取って代わられるまで使われ続けた．しかしながら，「封筒検出器」や「電波検出器」といった言葉はいまでもなおわれわれの語彙の中に残っている．

[Vivian J. Phillips／伊藤憲二 訳]

■文　献

Blake, George G. *History of Radio Telegraphy and Telephony*. London：Chapman and Hall, 1928. Reprint. New York：Arno, 1974.

Fleming, J. A. *The Principles of Electric Wave Telegraphy and Telephony*. 1st and 3rd eds. London：Longmans Green, 1906 and 1916.

Phillips, V. J. *Early Radio Wave Detectors*. London：Peter Peregrinus in association with the Science Museum, 1980.

◆電波望遠鏡

Radio Telescope

電波望遠鏡は，地球大気圏外の物体からの電波を収集し記録する．それは，電磁放射線を収集するアンテナもしくはアレイ・アンテナ［多数の素子アンテナを適当に配列したもの］と，信号を増幅し，その波形をペン・レコーディング方式で記録する受信部で構成される．最大規模の電波望遠鏡は，非常に高価で，これによる観測には，天文学者，技術者，その他の支援スタッフからなる観測チームを必要とする．電波天文学は，第二次世界大戦後急速に発達した．この新しい科学分野は，従来の光学天文学とは全く異なる宇宙像を提供してきた．電波天文学があらわす宇宙は，電波星，パルサー，クエーサーなどの激しい宇宙の姿だった．

ベル電話研究所の無線技師 F. K. ジャンスキー (For Karl Jansky, 1905-1950) は，宇宙の電波ノイズを，高性能の無線受信機の開発過程における空電現象の影響の１つであると考えた．1930 年代のアメリカ人無線技師 G. リーバー (Grote Reber, 1911-) は，直径 9.5 m のパラボラ・アンテナで電波ノイズを収集・測定する観測機器を製

作した.とはいえ,戦後の新しい科学分野を具体化したのは,第二次世界大戦中に大学および軍部の科学者によって行われたレーダーの開発や干渉波の研究であった.そのための注目すべき電波天文学の研究グループは,イギリス,オーストラリア,オランダ,アメリカ,フランス,そしてロシアに設立された.

電波望遠鏡の性能は,アンテナの配置と設計によって左右される.電波の波長は光の波長より長く,解像度,電波が広がる角度を比較し,それに応じて電波望遠鏡のアンテナは大型化しなくてはならないし,もしくは,より高い周波数で機能しなければならない.初期の研究においては,以前は軍用であったヴュルツブルグ・レーダーのダイポール・アンテナをもとにしたものが使用されていたが,1950~60年代にかけて,技術者と天文学者たちは,一連の可動式大型パラボラ・アンテナを設計した.これらで有名なものは,イギリスのジョドレル・バンクのマーク・ワン 250 フィート電波望遠鏡,アメリカ電波天文台(NRAO)のグリーン・バンク 140 フィート望遠鏡,そして,オーストラリアの連邦科学工業研究機構(CSIRO)のパークス 210 フィート望遠鏡などがある.国家間の競争は,これらの高価かつ壮観な観測装置の建設ブームを煽り,それはドイツのエフェルスブルクの 100 m 可動式電波望遠鏡の建設によって頂点に達した.しかしながら,ジョドレル・バンクのマーク・フォー 1000 フィート電波望遠鏡,アメリカのシュガー・グローブ 600 フィート望遠鏡といった計画は,初期のパラボラ・アンテナの開発に必要な各種資源を確保するための政治,軍事,科学の各組織間の関係がゆるむにつれて,崩れていった.このような規模の単一アンテナで唯一実現した例は,1960 年代に,可動性を犠牲にして自然の窪地に建造され,コーネル大学の研究チームによって運用されたアレシボ 300 m 電波望遠鏡である.

また,大型のアンテナのみならず,小型のアンテナについても,その設計と建造は天文学者によって推進された.これらの計画の規模,複雑さ,要する時間が増大していくにつれて,天文学者と技術者の間に新しい関係がつくられなければならなかった.大きくて重いパラボラ・アンテナの設計には,機械工学の技術を必要とする.その目標への微妙かつ厳密な誘導は,サーボ機構とコンピューター制御の革新技術を意味する.社会組織の変化を多少ながら反映した現場技術者の登場は,同時期の核物理学における粒子加速器の場合にも見られた.

大型で単体のパラボラ・アンテナだけが,高い解像度を得るための手段ではない.オーストラリアのミルズ・クロスのような小型の素子アンテナからなるアレイ・アンテナもまたペンシル・ビームを検出することが可能だった.この代替策は,複数のアンテナを互いに組み合わせ,干渉計の技術を用い,大型の電波望遠鏡と同等の解像力を得るものである.干渉計において,適切に配列された空間アンテナを通して受信される信号の位相の合致具合に応じて出力が変化する.出力の形は,電波発信源の大きさと強さに関する情報を提供する.

ケンブリッジ大学の研究グループとシドニー大学の CSIRO は,1945 年の直後から独立に干渉計の製作を始めた.双方の研究グループは,電波発信源の一覧を作製するために干渉計を使用したが,1950 年代,この2つの干渉計の違いが論争を引き起こした.M. ライル(Martin Ryle)をはじめとするケンブリッジ・グループは,口径合成

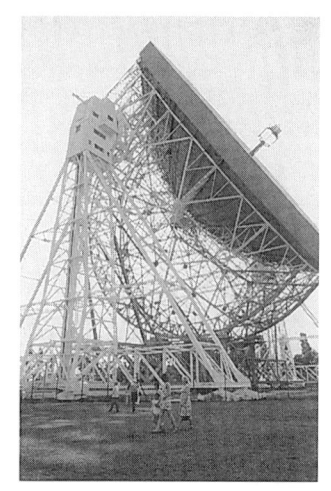

ジョドレル・バンクのマークI電波望遠鏡(イギリス).ナフィールド電波天文学研究所・マンチェスター大学提供.

と呼ばれる干渉計技術を開発した.これは,1マイルおよび5km電波望遠鏡という2つの大型観測装置を組み込んだものである.口径合成は,1970年代にニューメキシコに建造された,それぞれ21kmの3本の支柱に沿って動く電波望遠鏡からなるVLAをもとにしていた.より大きな解像力は,アンテナ間のリンクに無線を使用したLBI,信号を個別に記録し,後に合成するVLBIのように装置の基準線をさらに遠くまで伸ばすことによって得られるようになった.干渉計の技術は,電波天文学者が天体の構造を二次元的に観察することを可能にし,それによって,彼らを光学天文学者に匹敵する存在とした.

また,受信器の重要な変化もあった.1950年代末期から1960年代にかけてのヘリウム冷却メーザーおよびパラメトリック増幅器の導入が,内部発電によるノイズを消去し,感度を向上させた.コンピューターは,アンテナの制御,データの修正と分析のため,電波望遠鏡のシステムと統合された.これは一連の干渉計の事例で,特に優れた点であった.

電波望遠鏡の設計は,使用目的にも依存する.太陽の地図を作成するために1967年に建造されたカルゴーラ電波太陽写真機のような特殊目的のための観測装置は,特殊な設計がなされていた.アンテナの設計はさまざまな用途において重要性をもち,電波望遠鏡の建設,早期警戒管制システム用のアンテナ,商用または軍用衛星通信との間に少なからぬ共通性をもつ.例えば,ブリティッシュ・テレコム社のグーンヒリー欧州通信所のパラボラ・アンテナは,ジョドレル・バンクのマークII望遠鏡を再利用したものである.

電波望遠鏡は,社会的要素をもつ.天文学者は,観測結果を評価し,判断を下し,技術者とともに観測機器を設計し,建設した.いくつかの事例の中で,電波天文学研究グループにおける技術上の選択(そしてグループ内での技術開発)は,研究グループの社会構造,科学研究資金に強く依存する.電波望遠鏡の設計と解釈の説明には,公共社会,政府,軍部の存在が重要となる.

[Jon Agar／米川 聡 訳]

■文 献

Agar, Jon. "Making a Meal of the Big Dish : The Construction of the Jodrell Bank Mark I Radio Telescope as a Stable Edifice, 1946-57." *British Journal for the History of Science* 27(1994):3-21.

Edge, David O., and Michael J. Mulkay. *Astronomy Transformed : The Emergence of Radio Astronomy in Britain*. New York : Wiley, 1976.

Needell, Allan. "Lloyd Berkner, Merle Tuve, and the Federal Role in Radio Astronomy." *Osiris* 3 (1987) : 261-288.

Robertson, Peter. *Beyond Southern Skies : Radio As-*

tronomy and the Parkes Telescope. Cambridge：Cambridge University Press, 1992.

Sullivan, Woody T., Ⅲ, ed. *The Early Years of Radio Astronomy*. Cambridge：Cambridge University Press, 1984.

◆電 離 箱

Ionization Chamber

　電離箱は，電離放射線下に置かれると電流を発生する．その出力は，特定のタイプの放射線の強度，粒子ないしは光子のエネルギー，入射角度にほぼ比例関係をもつ．またそれはある特定のエネルギー領域を超えた粒子ないしは光子のエネルギー，入射角とは独立であるし，例えば照射線量，空気カーマ（air kerma），組織線量率といった特定の量の測定のための粒子または光子のエネルギーと入射角とは独立である．

　電離箱の操作は原理的には単純である．X線，γ線，空気カーマといった近代的な連続量である照射線量の測定に関しては，電離箱には一定体積の空気が含まれるが，この際，空気と等価─空気と原子番号がきわめて近い─で，また空気の相互作用と類似の方法でX線，γ線および二次電子と相互作用するような物質でつくられた箱となっている．放射によって陽イオンと電子が発生するが，それらはほとんどすぐに酸素原子と結びつき負電荷となる．これらのイオンは電場によって分離されるとともにそれぞれ電極に集積され，増幅されて適当な方法で表示される．発生する電流は大変小さく，10^{-15}Åから10^{-9}Å程度であるため，電極部分と他の回路部分との間に高い絶縁が保たれるよう特別の注意が払われなくてはならない．装置は本質的に単純なもので

あり，グラファイトで伝導性をもたされたポリスチレン製コーヒーカップや普通の同軸ケーブルがよい見本である．

　電離箱の歴史は，放射線測定の発展と密接な関連がある．初期の放射線測定では検電器が使用されていたものの，1908年にP.ヴィラール（Paul Villard, 1860-1934）は電位計と接続した電離箱の使用を提唱した．電離箱は放射線を精密に測定し基準を定める原理的な手段となったが，それは放射線の透過力を過大に（ないしは過小に）測っていた放射線測定を修正するものであった．電離箱の変種としては，非閉鎖型流入口と流出窓をもつ自由空気電離箱（free air chamber）があり，低エネルギーの比較的透過力をもたない放射線の測定に用いられている．

　電離箱の初期の展開は，もっぱらラジウム放射能とX線照射率用であり，いずれも医療用として重要であった．レントゲン技師の中には自分の放射線被曝量を測るために指輪型の非常に小さな電離箱をつける者もあった．電離箱は医療用としていまだ重要である．

　現在使用されている電離箱の典型的なタイプは，X線，γ線それぞれのエネルギーと強度を測れるような検出器となっており，ディスプレイに表示するため直流電流をデジタル信号に変換するためのプリアンプに接続されている．医療用測定器は通常，よりきわめて限られた条件のもとで使用されるため，放射線防護のための測定器よりも精度が高い．初期の頃は，表示のためのミラースケールをもった正確な電流計を使用していた．デジタル方式が導入されたのは1977年頃のことである．

　放射線防護用電離箱は，核兵器や原子力発電の発展，それに産業・研究面における

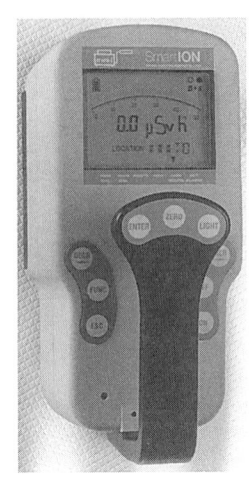

ミニ・インスツルメント社製スマートイオン電離箱メーター（1995年）．ミニ・インスツルメント社提供．

放射線利用の高まりに伴って重要性を増してきた．一般に使用されるものの中には，数百 cm^3 もある規模の大きい電離箱もあるが，それは，低い放射線量率でも電位計で電位を計測可能なだけの十分な電流を生む必要があるためである．1965年頃まで，ほとんどの電離箱は入力増幅器として電位計用真空管を用いていた．これは，入力素子として電流の流れに応じて交流電位を発生するように極板が振動するコンデンサーを用いた振動容量電位計が出現するまでの短期間，利用された．交流信号は直流信号よりも増幅が容易なのである．しかしながら 1975 年までには，大部分の装置では入力素子として MOS 型電界効果トランジスターが用いられるようになった．

初期のタイプは増幅された電流の表示に可動コイル式電流計を用いており，0 から 5 までを 0.1 刻みで表示し，求める線量率ないしは線量領域をカバーするために 1 倍，10 倍，100 倍という可変レンジ用のスイッチがついているのが普通であった．最近のものは，液晶ディスプレイを使用したものが増えており，相対的に高い精度の読取りが可能なデジタル表示と全体的な傾向を表すアナログ表示の双方の表示がついたものが多い．放射線防護用の測定は，医療用に比べて精度が粗く，25% 程度の高い誤差があるのが普通である．放射場は時間と場所によって急速に変化するものであるがゆえ，人間の眼と頭がアナログディスプレイでの測定値の変化から容易に平均値を推論できることに比べると，デジタルディスプレイの高い読取り精度はしばしば不要で，実際あだになることがある．最近の典型的な装置のスタイルは，戦後直後のものとはほとんど大差ないものの，ディスプレイは改良され，また5本もあったバッテリーからの軽量化が図られた．すべての装置が同じというわけではなく，中には 30 V の出力を出すものもあったが，使いやすい 2 本になっているものもある．またバッテリーの寿命も長くなっている．

[Peter Burgess／綾部広則 訳]

■文　献

Attix, F. H., W. C. Roesch, and E. Tochlin, eds. *Radiation Dosimetry*. 2nd ed. New York：Academic, 1966.

◆電　流　計

Ammeter

電流計は交流（ac）あるいは直流（dc）の電流を測定する．その名前は「アンペア・メーター」が短縮されたもので，アンペアは電流の標準単位である．商業的にはさまざまな形態のものが利用されており，商用

発電所における何千アンペアもの電流を扱う頑丈な装置から少なくとも 10^{-6} アンペアを読み取れる精巧な実験室用微小電流計（マイクロアンメーター）まである．検流計はそれよりも小さい電流のために必要とされる．数値表示は，電磁気的あるいは電熱的機構への電流の効果によってもたらされる．

操作上の原理や構造がどんなものであれ，すべての電流計はできるだけ抵抗が小さくなるようにつくられている．この特徴は，電流計がある回路と直列に接続されるとき，測ろうとする電流をあまり減少させないことを保証する．これは，電位差を測るとき，いつも装置と並列に結びつけられる高抵抗の電圧計と対照をなす．とはいえ，電流計と電圧計は，その発展の初期において，密接に関連する器具であった．

前史

1878年以前，欧米の主な電気産業は電信であったが，電信はかすかに変動する信号電流を検知するためだけに器具を必要とした．しかし，1878年頃の電灯と送電の出現は，新たな装置をもたらした．経済性，安全性，制御への商業的関心は，大きな電流や電圧を測るための速く精密な手段を必要とした．パリの電気技術者M. ドプレ（Marcel Deprez, 1843-1918）によって1880年に製作された「魚骨」型検流計は，振動する電気機械と接して大きな電流を測ることができる，頑丈で携帯可能な「速示性の指針を備えた」器具として普及していた．それは，たしかに精巧な実験装置にはできない芸当であった．

ドプレの器具は，「可動鉄片」型の電磁器具に属する．コイルを通って流れる電流が，一組16本の「魚骨」型鉄針を磁化する．それから，U字型磁石の影響で，この磁化された鉄は回転し，コイルとそれに接続された指針は電流の大きさによって振れる．同時代の他の可動鉄片型の産業機器と同様に，それは電流の単位で直接目盛りを定めることができなかった．これは，鉄磁石の復元力が一定でないことと，電流と角度で示される文字盤の示度との関係が標準化されていないことによる．角度による示度を電流の値に翻訳するためには，技術者は経験的な度盛りに頼らなければならず，磁石の質が変化するのに従ってたびたび描き直された．

原型

1881年初めに，ロンドンを拠点にする学者で実践的技術者でもあったW. エアトン（William Edward Ayrton, 1847-1908）とJ. ペリー（John Perry, 1850-1920）の2人は，「強力な電流のための携帯用絶対検流計」を協力して製造した．これはドプレの機器に基づいていたが，電流に比例して直接文字盤の示度を得るために楕円形の可動軟鉄片型に変更されていた．エアトンとペリーは，独創的な原理（スプレイグ（J. T. Sprague），イギリス特許番号1558）（1873年）を創造していないとしても，一貫して商業的実用に耐えるものを実現したという点で独自だった．この機器の比例「定数」は，磁石の強度がまちまちであるため，毎日計算し直されなければならなかったけれども，技術者はこの機器を使って，文字盤の示度を単にかけ算することにより容易に電流を算定することができた．この手ごろな装置は電灯技術者の間ですぐに普及した．それは「アン・メーター」という新しい名前で広く売れた．その名前はエアトンとペリーが1881年の夏につけたもので，ちょうど「アンペア」が国際的な電流の単位として認められてきた頃だった．同時に高

抵抗のものは「ボルトメーター」と命名された.

エアトンとペリーは1882年にジーメンスの電流力計との激しい競争に直面して,彼らの機器の乗法定数への依存を克服しようと努め,その代わりに「直接示度」のモデルに取り組んだ.ついに1883年末に,アンペア単位で区分された,不変で信頼できる尺度を刻み込むことができる電流計を製造した.機器の利用者が磁石の強度による偏向と手製でつくられたための欠陥を補正することができるネジ調節装置をつけることで,これを成し遂げた（エアトン,ペリー,イギリス特許番号2156 (1883年)).また同じ特許では,新しいソレノイド可動鉄片型電流計を基礎づける,比例して拡大するらせん状バネが発表された.この機器では,電流を通すコイルは鉄芯を下方へ「吸い込み」,それによって取り付けられたバネを伸ばし,振れをつくるためにバネを回転させる.このバネ電流計・電圧計は,熟練の手で1%までの精度をもたらすことができ,1884年以降エアトンとペリーの最も普及したモデルになった.

近現代の機器

エアトンとペリーの機器は,「アンメーター」と「ボルトメーター」という分類をしだいに採用するようになったライバルに頑丈さと精密さという難しい基準を示し,初期の市場を支配した.しかし,1888年には,イギリスからの移民であるE. ウェストン (Edward Weston, 1850-1936) によりニュージャージーで製造された可動コイル計に取って代わられた.この機器は,エアトンとペリーの装置にしばしば不正確さをもたらした面倒なヒステリシスの傾向がある軟鉄片なしで済ませた.ウェストンは,その代わりに,永久磁石の場で電流を通すコイルを巻き揚げ,固定する手段を開発した (1888年11月6日のアメリカ特許392,386).それは,それだけで振れを発生させることができるようにしたものである.

ウェストン電気会社の計器は,ますますあちこちに遍在するようになった交流を測定するという困難な仕事を処理することができなかったが,それにもかかわらず電気技術者にとって直流の仕事に役に立つ最も精密なもの,また最も高価なものとすぐに見なされるようになった.エリートの専門家はウェストンの電流計を使用したが,電力産業では交流・直流両方の用途でライバル製造業者の安く,たいてい精巧な代替品の急増によって補った.これらの中で卓越していたのは,C. W. シーメンス (Charles William Siemens, 1823-1883) の動力電流計であり,精密な標準化のためにW. トムソン (William Thomson, 1824-1907) によって開発された電流計天秤であった. 20世紀の間,ウェストンの可動コイル電流計とエアトンとペリーの可動鉄片型電流計は,磁石を人工的に「古くする」ことによって特に機器の堅実さが向上しうることがわかったので,技術者と科学者の間でともに普及し続けた.

1920年代にいくつかの電気計測機器は熱電子管を使っていたが,連続した目盛りの上で振れる指針のついた伝統的な装置が電子技術に取って代わられたのは1960年代以降のことにすぎない.アナログからデジタルへの変換器を使用することによって,進んだモデルでは別々の数字で8桁まで示度を与える機器の構造が可能になった.このディスプレイ(表示)技術の発展によって,視差を除去し,非熟練の観測者でさえずっと速くより精密な測定ができる

1883年に特許を与えられた，ラティマー・クラーク・ミュアヘッド会社製エアトンとペリーの直接示度バネ電流計．NMAH 315, 363. NMAH 提供．

ようになった．マルチメーターは，交流および直流の電流，電圧，抵抗のデジタル化された測定のためには特に便利な器具である．

使用法の考え方

電流計と電圧計は，もともと電気産業での使用のために発明され，機械技術者にとっての圧力計に似た機能をもっていた．対照的に，正接検流計のようなヴィクトリア期の典型的な電気機器は，普通，直接には目盛りを定められなかった．これらは，示度を出すために標準公式で計算した上で質量や長さや時間を入念に決定する必要があった．したがって物理学者は，電流計と電圧計を，科学的測定のための機器としてではなく，厳密には実験室にふさわしくない，不正確でやや信頼性に欠ける「インジケーター（表示器）」とみなした．

しかし，世紀転換期の頃，実験科学の急速な成長によって，新世代の科学者たちは電気測定をするのに高品質のウェストン型機器を使うようになった．1897年の電子の発見は，電気現象は本来質量，長さ，時間への換算なしに測れるという見解をさらに支持することになった．実験室科学における電流計と電圧計の採用は，このようにして電気計測に関するこの新しい概念と実践を象徴したのである．

[Graeme J. N. Gooday／柿原　泰 訳]

■文　献

Ayrton, W. E., and J. Perry. "Direct–Reading Instruments." *Proceedings of the Physical Society of London* 6（1884）: 59–67.

Edgcombe, K. *Industrial Electrical Measuring Instruments*. London : n. p., 1908.

Gooday, Graeme. "The Morals of Energy Metering : Constructing and Deconstructing the Precision of the Victorian Electrical Engineer's Ammeter and Voltmeter." In *The Values of Precision*, edited by M. Norton Wise, 239–282. Princeton : Princeton University Press, 1995.

Mazda, F. F. *Electronic Instruments and Measurement Techniques*. Cambridge : Cambridge University Press, 1987.

Stock, John T., and Denys Vaughan. *The Development of Instruments to Measure Electric Currents*. London : Science Museum, 1983.

◆**電　量　計**

Voltameter

電量計は，電気量を測る装置である．それは，イギリスの電気化学者M. ファラデー（Michael Faraday, 1791–1867）により発明され，1834年に，「ヴォルタ・エレクトロメーター（ヴォルタの電気計）」として導入された．この用語もそれを短くした「ヴォルタメーター」という用語も，現在では使われていない．今日使われている電量計（クーロメーター）[Coulometer, クーロンにちなむ（Charles Augustin Coulomb, 1736–1806）]という用語は，1902年，T. W. リチャーズ（Theodore William

Richards, 1868-1918) によって導入された.

ファラデーの法則によれば，溶液中での水の電気分解や，金属の析出や溶解，酸化や還元などにおいて，1g当量あたりの電気化学的な反応に関わる電気量は，ある決まった量である．ファラデー定数と名づけられたこの量は，現在，96486.18 ± 0.13 クーロンとされている．

ファラデーは，白金電極を用い，酸を含む水の電気分解を利用して，水素や酸素，ないしはその混合物の容積を測定した．彼は，最初，掲載した図の左のほうの装置で試したところ，電気分解を停止した後，混合気体が消えていくことに気がついた．彼は，水を構成する気体である酸素と水素からの水の生成に対する白金の触媒作用を体験していたわけである．図の右側のように，電極全体を溶液の中に入れることによって，気体の容積は安定した．ファラデーは，水を電気分解する電量計のさまざまな形式について述べている．今世紀に入って，多くの人々による改良がなされた．気体の容積を測定することにより電気量を求める形式の電量計の不便な点は，温度と圧力を補正し，その結果を対応する質量に換算する必要があることだった．

1835年，イタリアの科学者C. マッテウッチ (Carlo Matteucci, 1811-1868) は，銀を析出させる電量計について簡単に述べた．これは，重量変化が測定される変量となる．J.C. ポッゲンドルフ (Johann Christian Poggendorf, 1796-1877) は，多くの研究者によって用いられることになるタイプを開発した．それは，陰極としてはたらく白金容器の中に硝酸銀溶液を入れ，その中に，陽極としてはたらく銀の板を入れる．そして，電気分解の前後でこの容器の重さを量り，それによって析出した銀の質量を

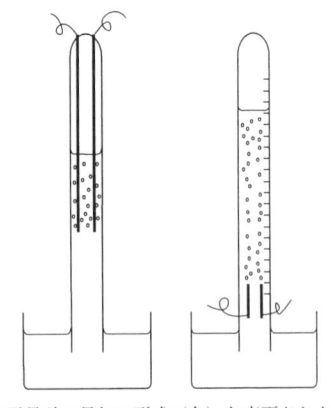

水電量計の最初の形式（左）と変更された形式（右）．

求めるというものである．

今世紀の初頭におけるさらなる改良により，この装置はたいへん正確なものとなったので，電流の強さの国際的な単位であるアンペアは，銀の電気分解による析出量の速度によって定義されることになった．この定義は，1948年まで有効であった．また，電気分解による銀の析出量の測定という技術は，ファラデー定数の非常に正確な決定のためにも用いられた．

電解液として硫酸ヒドラジンを使うと，水素と窒素が発生するが，この電量計は，微小な電気量を測るために用いられた．また，陽極には銀を，陰極には白金を使い，電解液として臭化物を含んだ水溶液の電気分解では，水酸イオンが生じる．それゆえ，このような電量計では，酸の標準液によって滴定を行うことができる．さらに，ヨウ化カリウムの水溶液中に含まれるヨウ素の滴定を利用した電量計は，たいへん精密な測定が可能なものである．

電子回路を用いた装置

化学的な原理ではたらく種々のタイプの電量計とうまく組み合わせることによっ

て，直接，クーロンないしはその他の任意の電気的単位で直読できるようにすることが可能である．このような装置は，次のような関係に基づいている．

$$Q = \int_0^t I dt$$

ここで，Q は電気量（単位はクーロン），I は電流（単位はアンペア），t は時間（単位は秒）である．もし，電気分解の間，電流の値が一定であれば，Q は電流が流れる時間に比例する．もし，電流の値が変動するならば，積分が必要である．

積分器としては，電流と回転数とが比例する特性をもったモーターによって作動するカウンターを使った形式のものがある．このモーターとカウンターは互いに連動しており，同時にスタートし，同時に止まる．あるいは，電流の強さによってギヤ比が制御されるギヤと定速モーターを使ってカウンターを作動させる形式のものもある．しかし，最も重要な積分器は，電流の大きさを周波数に変換するコンバーターと，その周波数を数えることによって出力を表示する装置を組み込んだものである．

応 用

基礎的な研究において重要な電量計は，他の分野においても役立つことを示した．例えば合成化学分野では，反応物が使い果たされるにつれて電流が減少していく現象に対し，電位を一定に保って電気分解を行うことによって，酸化や還元の強さを精密に調節することができる．

T. A. エジソン（Thomas Alva Edison, 1847–1931）が 1880 年代に入って直流による電力供給体系をつくり上げたとき，顧客は，供給される電流のほんのわずかな部分を通過させて電気分解を行わせ，それによって使用した電力量を計ることのできる電量計を取り付けていた．顧客は，一定時間ごとに陽極の亜鉛の質量の減り具合に応じて電気代を支払っていた．その後，2つの電量計が天秤のように組み合わされ，ある期間の棒の傾きを見ることによって，亜鉛の減り具合がわかるようなものが使われた．その結果，これにより重さを測る必要はなくなった．1900 年代の初めに始まった交流への切り替えと，電気的な原理のみで作動するメーターの採用以前には，（スロットにコインを入れるような）先払い方式を含め，化学的・機械的原理を活用したさまざまな種類の装置が考案された（電力計の項を参照）．

[John T. Stock／東　徹訳]

■文　献

Lingane, James J. *Electroanalytical Chemistry*, chap. 19. 2nd ed. New York：Interscience, 1958.

Stock, John T. "A Century and a Half of Silver-based Coulometry." *Journal of Chemical Education* 69（1992）：949–952.

Stock, John T. "Coulombs for Customers." *Journal of Chemical Education* 66（1989）：417–419.

Stock, John T. "From the Volt-electrometer to the Electronic Coulometer." *Journal of Chemical Education* 70（1993）：576–579.

◆電　力　計

Wattmeter

電力計は電気回路で消費した電力を測定する．電力を測定する必要性は，1880 年代初めからの電気照明の電気供給システムの成長がもたらした．それまでは，電気の主なる応用は電信で，比較的電力の少ないものであった．電力計は特に交流システムでは重要である．交流システムでは直流シ

ステムと異なり、電圧と電流を計っただけでは電力は計算できないからである。

大部分の電力計は、二組のコイルをもつダイナモメーター型の原理を使う。一組は固定されて回路に直列に、もう一組は可動コイルで端子間に接続される。コイル間の磁界は、消費電力に対応するトルクを発生するようにはたらく。

E. エアトン (William Edward Ayrton, 1847-1908) と J. ペリー (John Perry, 1850-1920) は1882年に、最初の電力計と呼べるものを設計した。彼らはそれを「アーク型馬力計」と呼んだが、これは直読型であった。C. W. シーメンス (Charles William Siemens, 1823-1883) は、1883年にダイナモメーター電力計を使用するよう提唱した。これは数年前にジーメンス社に採用された形式である。この計器では、可動コイルの振れをもとの位置に戻すようにトーションヘッドを回す。ねじり電力計はC. V. ドライスデール (Charles Vickery Drysdale) によって1901年に、W. デュボア・ダッデル (William Du Bois Duddel, 1872-1917) と T. マザー (Thomas Mather) によって1903年頃に設計された。ドライスデールの計器は、少なくとも1960年代までつくられた。またこの計器は、三相回路の電力測定のために、二組のコイルのある電力計もつくられた。

トーション型計器は研究室や試験室には適しているが、現場や配電盤では目盛りと指針のある計器が必要とされた。W. トムソン (William Thomson, 1824-1907) は1893年に発電機室電力計の特許を得ている。他の計器同様、静電型であったので外部磁界には影響されなかった。J. T. アーウィン (John Thomas Irwin) は1912年に静電電力計の特許を獲得、これは永年

ヒープ・スミス型電力計 (エリオット・ブラザーズ社, 1901年)。SM1931-682, SSPL提供。

わたりつくられた。工業用電気計器の製造業者は、他種類の電力計、単相・三相を需要に応じて製作した。多くの電力計は鉄心を使わなかったが、一部は強力な磁界を得るために積層鉄心を採用した。鉄によって生ずる問題を最小にとどめる注意深い設計が必要であったのである。

静電型も電力計として作動する。アッデンブルーク (G. L. Addenbrooke) は1884～1885年にかけて静電型電力計を使用した。1913年、ロンドン近郊の国立物理学研究所 (NPL) のパターソン (C. C. Paterson)、ライナー (E. H. Rayner)、キネス (K. Kinnes) は、広く計器の較正に使う静電型精密電力計を設計した。

他の電気計器同様、1980年代までに伝統的な計器は電子電力計に取って代わられた。

[C. N. Brown／松本栄寿 訳]

■文 献

Drysdale, Charles Vickery, and Alfred Charles Jolley. *Electrical Measuring Instruments*, Part 1. London : E. Benn, 1924.

Paterson, C. C., E. H. Rayner, and A. Kinnes. "The Use of the Electrostatic Method for the Mesurement of Power." *Journal of the Institution of Electrical Engineers* 51 (1913): 194-354.

Perry, John. "The Future Development of Electrical Appliances." *Journal of the Society of Arts* 29 (1880-1881): 457-470.

◆電力量計

Electricity Supply Meter

　1880年代の白熱電球の導入は，中央発電所からの電気市場をつくり出し，顧客の使用した電気のエネルギーを計る必要性を生み出した．計測の単位，イギリスでは商工単位として知られるキロワット・時は早い段階から確立されていた．キロワット・時の測定は簡単ではない．多くの初期の電力量計は実際はアンペア・時を計ったが，供給電圧は一定だとする仮定の上でキロワット・時単位で較正された．本当のキロワット・時メーターは後に標準となる．

　T．エジソン（Thomas Edison, 1847-1931）は，最初の実用型電力量計を1882年に設計した．彼の白熱電球を使用する顧客に供給するシステムの一部でもあった．その計器は電気分解の原理を採用していた—電力量を知るためには，電極を取り出して重量を量る必要があった—少なくとも数年間は使用されていた．後に直読型の電解電力量計が開発され，ある型は1930年代まで使われた．

　いろいろな電気的現象を使った電力量計が設計されたが，部分的にしか成功しなかった．間欠式の機械式積算電力量計は，ある周期ごとに消費電力をサンプルする方式であるが，ある時期フランスでよく使われた．1884年にベルリンで採用されたH. アロン（Hermann Aron）の時計方式は，固定コイルと振り子との間の電磁力が，振り子を遅くしたり早めたりした．多くの型では，2つの振り子機構と差動歯車機構を使って電気の消費量を直接表示した．この型は1950年代まで，高い評価を得ていた．

　電力量計の多くは，制動力に逆らって動く電気モーター式を採用していた．その回転数から消費電力を測定する．S．フェランティ（Sebastian de Ferranti, 1826-1901）は1883年頃から水銀モーター式電力量計を製造した．電磁力が小部屋の中の水銀を回転させ，同時にカウンターに取り付けた小型のファンを回転させた．粘性力が制動力を与えた．整流子のついた普通のモーターを使った最初の電力量計は，イギリスでは，チェンバレン・フッカム社で1888年頃につくられた．それには永久磁石の磁極間を回転する金属円盤からなる制動機構がついており，それは標準となった．ディスクに生じる渦電流が制動力を生み出す．もう1つの渦電流制動を使った整流子・モーター計器は，1890年にE．トムソン（Elihu Thomson, 1853-1937）がアメリカで特許を取ったもので，長年にわたって使われた．整流子の接触部は，故障を起こしがちであるが，交流の場合は誘導電動機を使うことでそれが避けられる．イタリアのG．フェラリス（Galileo Ferraris, 1847-1897）とアメリカのN．テスラ（Nikolai Tesla, 1857-1943）は，1888年に独立に誘導電動機について発表している．ウェスティング・ハウス社は，1889年にシャレンバージャー（O. B. Shallenberger）の設計になる最初の誘導電動機式メーターを販売した．

　直流電源方式では，イギリスのチェンバレン・フッカム社で最初につくられた水銀モーター方式が標準となった．電流は円盤

エジソンの電解式電力量計.1882年から1885年まで使用.SM 1926-743, SSPL 提供.

状のアーマチュアを放射状に流れ,水銀は移動する接触部の役割をなし,渦電流制動が使われている.かつては多くの電力供給が直流であったが,今では実質的にすべての電力供給が交流でなされており,ほぼすべてで使われている電力量計は誘導電動機型で,その電機子の回転円盤は渦電流制動の役割も果たしている.チェンバレン・フッカム社は,このタイプの最初の計器を1895年に供給した.続いて多くの企業がこの方式の電力量計をつくったが,工業の近代化から,数量は減少している.

工業用電源の電力量計の場合は難しい問題を抱えている.誘導電動機型は家庭用のエネルギー消費を計るのに使用されている.また,三相用には二組の可動部が1台の計器に組み込まれている.高圧や大電流の用途にはトランスやシャント抵抗が使用される.しかし,電源ケーブルの寸法は最大電力需要に合わせる必要があり,また30分間の最大消費量を記録する最大需要計を取り付けるのが普通である.誘導負荷では,エネルギー消費で示されるよりも大きな電流が流れるので,このときはさらに太いケーブルが必要になるとともに,それに合う電力量計が使用される.

1980年頃までに,電子式電力量計が使用できるようになった.1990年代には,より複雑なエネルギー市場に対抗できるよう,工業市場で一層使われるようになっている.しかし,家庭用には,誘導電動式電力量計が適している.驚くほど耐久性に富む計器で,膨大な数が低コストで製造されているし,長い期間稼働しながら無保守で高い精度を維持している.

[C. N. Brown／松本栄寿 訳]

■文 献

Brown, C. N. "Charging for Electricity in the Early Years of Electricity Supply." *Proceedings of the Institution of Electrical Engineers* 132, Part A (1985):513-524.

Ferns, J. L. *Meter Engineering*. London:Pitman, 1932.

Forbes, George. "Electric Meters for Central Stations." *Journal of the Society of Arts* 37 (1888-1889), 148-159.

Solomon, Henry G. *Electricity Meters*. London:Charles Griffin, 1906.

Stumpner, W. "Zur Geschichte des Elektricitätszählers." *Elektrotechnische Zeitschrift* 47 (1926):601-605, 646-650. Reprinted in *Geschichtliche Einzeldarstellungen aus der Elektrotechnik* 1 (1926):78-98.

と

◆頭蓋計測器

Craniometer

　頭蓋計測器は人間の頭蓋骨の特徴を計測するための道具で，基本的な頭部の直径を調べる単純なものから，任意の2点の間の直線距離と角度がわかる，より複雑なものまである．自然人類学者は，頭蓋測定器を用い，データを集計するために統計的手法も駆使しながら，主に人種やその他の集団の標準値を定めようとした．

　いかなる身体的特徴が人間どうし，あるいは人間と他の動物を区別するのかという関心は，アリストテレス（Aristoteles，紀元前384-322）にまでさかのぼる．16～17世紀の芸術家や解剖学者は，頭部の直径や角度からなる詳細な数値のセットを示した．彼らはそれが顔や頭部の形状を定義するのに役立つと考えたのである．18世紀には，C. リンネ（Carl von Linne，1707-1778），G. ビュフォン（George Louis-Leclerc de Buffon，1707-1788），J. F. ブルーメンバッハ（Johann Friedrich Bleumenbach，1752-1840）といった博物学者が，それぞれ1735年，1749年，1775年に，人間の分類や人種あるいは種の間の差異という問題に直接取り組んだ．頭部は身体の中で最も顕著な特徴をもつとみなされていたから，顔面や頭蓋骨の特徴はどの分類方式においても重視されていたが，頭蓋の数量的計測はほとんど試みられなかった．この時期に行われた数少ない頭蓋の数量的計測として，S. T. フォン・ゼメリンク（Samuel T. von Sömmerring，1755-1830）による，ひもを使ったヨーロッパ人とムーア人の頭蓋骨計測（1784年），C. ホワイト（Charles White，1728-1813）によるカリパス（測径器）を使った頭蓋骨のさまざまな部位の計測（1799年），C. ベル（Charles Bell，1774-1842）による，鉄棒の先に「白人」と「ニグロ」の頭蓋をつるしての棒の角度の比較（1809年）をあげることができる．

　最初の頭蓋測定器は，1820～30年代に骨相学者によって案出された．彼らは頭蓋骨の正確な形状を，個人の精神的特徴と関連づけることに関心をもっていた．骨相学のカリパスは頭部の一般的なサイズを計るためのもので，中央軸（central pivot）で連結された2本の曲がった腕部であるアームと，アームの端が指している点と点の間の距離を示す定規をもつ．頭蓋計測器（クラニオメーター）と名づけられた最初の道具は1824年頃，エディンバラの骨相学者R. エリス（Robert Ellis）とW. グレイ（William Grey）によって考案された．これは，あらゆる骨相学上の器官の起点とされた脊髄の頂点から，その器官が脳の表面に到達する地点までの距離を測定するためのものである．彼らの頭蓋測定器は頭部を囲む半円形の枠をもち，枠の先端から出ている細

い棒を両耳に入れる．棒尺が頭頂から半円形の枠の中心（ここが脊髄の中心のところにくる）までの距離を示す．

　頭蓋測定器はあっという間に，発展しつつあった人類学の領域に広まった．A. アンテルメ（Adrian Antelme）のセファロメーターでは，さらに目盛りのついた輪がつけ加えられている．これは目と耳の上を通って頭部を取り囲むようになっており，棒尺のついた半円形の枠に取り付けられている．セファロメーターを使うと計測面を明確に定め，2つの円の座標によって頭部のそれぞれの場所の位置を決定して，顔面角などをきちんと計算することができる．

　アメリカでは1830年代にS. モートン（Samuel Morton, 1799-1851）とJ. ターンペニー（John A. Turnpenny）が，「2～3分の精度で顔面角を正確に測定」できるという顔面角度計（ゴニオメーター）を開発した．この器具は調節可能なコの字型の枠をもち，それに耳の穴に入れる金具（スライドするつくりになっている）と，蝶番で垂直方向にくっつけられた2枚の板がついている．あごが横枠に触れるように頭蓋骨をセットし，鼻梁のあたる部分に穴のあいた縦板を前頭部に立て掛けると，この板が顔面角と平行になる．

　頭蓋計測器と顔面角度計のさらなる改良は1840～50年代にも行われたが，器具の革新が最も盛んだったのは1860～90年，自然人類学がパリ人類学会を中心に花開いた時期である．P. ブロカ（Paul Broca, 1824-1880）は頭蓋計測器に関する論文を40本以上も書き，頭蓋鏡（クラニオスコープ），頭蓋支え（クラニオフォア），ミリメートル測定盤，微量用コンパス，測厚器（パキメーター），頭蓋安定装置（クラニオスタット）といった器具を提案した．彼が関わ

ったもののうち，外科手術器具メーカー，マシュー社との関わりで最もよく紹介されるのは次の諸機器である．ステレオグラフ（1865年），これは頭蓋骨の切断面を平面に映写する器具である．改良型顔面角度計（1864年）．延伸式カリパス（1865年）．スライド式カリパス（1865年）．後頭部角度計（1872年），これは頭蓋骨の後ろの部分の角度を測定する器具である．その他に顔面中央角度計（1874年）などがある．E. デュウセ（Emile Duhousset, 1830-1911）はスライド式カリパスを改良し，頭蓋骨の内部が簡単に計測できるようにした（1875年）．G. ルボン（Gustave LeBon, 1841-1931）と外科手術器具メーカー，モルテニ社は，座標スライド式カリパスをつくった（1878年）．P. トピナール（Paul Topinard）は器具メーカーのコリンズ社と共同して顔面中央角度計を改良し，生きている対象を計りやすくした（1881年）．

　イギリスでは，G. バスク（George Busk, 1807-1886）が頭蓋骨の長さと幅をすばやく計測できる頭蓋測定器を提案した．W. H. フラワー（William H. Flower, 1831-1899）は，延伸式カリパスの計測距離の長さとスライド式カリパスの計測精度を兼ね備えたカリパスを発明した（1879年）．G. M. アトキンソン（George M. Atkinson, 1806-1884）は視覚平面（visual plane）と顔面の任意の2点を結んだ線の角度を計測する顔面角度計を提案した（1881年）．ドイツ語圏では，M. ベネディクト（Moriz Benedikt, 1835-1920）がいくつかの方向から，また異なる平面上で角度を計測できる頭蓋支えを開発した（1888年）．R. マーティン（Rudolf Martin）はスライド式カリパス，延伸式カリパス，頭蓋支えの基本的な設計に改良を加えた（1889年）．

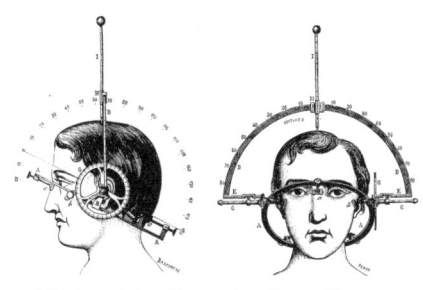

アンテルメのセファロメーター．Alphonse Bertillon, ed. Dictionnaire des Sciences Anthropologiques. Paris, 1883：251．SSPL 提供．

新しい頭蓋測定装置をつくったり，既存のものに改良を加えたりする動きは，自然人類学者らの信念に由来するといえる．彼らは多数の個人を計測して得られる標準値こそ，人種やその他の集団を区別する手段であるとの信念を深めていきつつあったのである．ブロカは1862年に次のように述べている．「われわれの目標は……観察者の賢さや彼の観察の正確さに依存する……評価に代わって，……機械的で統一された手続きに基づく評価を行うことである．そうすれば，観察を系列ごとにグループ分けし，それに基づく計算を行い，平均値が導き出されて，個人的な偏差に由来する誤った影響を可能なかぎり排除……することができる」．加えて，人類学の制度化が進み，アフリカ・アジアの植民地の拡大とヨーロッパにおけるいくつかの考古学的発見も相まって，多種多様な人種と下位集団を単純な数量的差異で表現することがますます困難になりつつあった．自然人類学者は依然として集団の差異を定義し続け，しばしば集団の知的レベルを仮定した上で，それに基づく諸集団のヒエラルキーを主張したりもした．こうした活動において彼らは新しい機器を用い，かつてないほどに精巧な計測値のセットをつくり上げたのである．そこではしばしばどの直径や角度を計るのが「正しい」のかをめぐる意見の対立が起こり，その対立によって研究者たちは色分けされた．

1900年までに，自然人類学には2つのはっきりと異なるスタイルが生まれていた．イギリス，フランス，アメリカはブロカの勢力が強く，彼の提唱した単純で，安価かつ簡単に持ち運べる機器が好まれた．ドイツ語圏では自然人類学は何よりも実験科学として展開したので，精巧で高価，かつ正確な機器が支配的だった．こうした研究スタイルと頭蓋測定器は20世紀に至るまで残った．［John Carson／坂野　徹訳］

■文　献

Broca, Paul. "Instructions craniologiques et craniométriques." *Mémoires de la Société d'Anthropologie de Paris* 2, no. 2 (1875-1882)：1-204.

Hoyme, Lucile E. "Physical Anthropology and Its Instruments：An Historical Study." *Southwestern Journal of Anthropology* 9 (1953)：408-430.

Martin, Rudolf. *Lehrbuch der Anthropologie*. 3 vols. Jena：G. Fischer, 1928.

Spencer, Frank, ed. *Ecce Homo：An Annotated Bibliographic History of Physical Anthropology*. New York：Greenwood, 1986.

Topinard, Paul. *Eléments d'anthropologie générale*. Paris：Delahaye et Lecorsnier, 1885.

◆透 過 率 計

Permeameter

透過率（permeability）とは，多孔性媒質の流体を通す能力を計る尺度（流体における電気伝導率，熱伝導率と似たような概念）である．完全に一様で等方的な多孔性媒質の透過率はすべての方向に対して等し

いが，自然に存在する物質ではまれである．自然界に存在する多孔性媒質の場合，透過率はテンソルの形をとり，方向によって変化する．ある方向の流体の流れの測定結果が，ある単独の平面における透過率の平均を与える．

19世紀中頃に，フランスの水力技師である H. ダルシー（Henry Darcy）は，水のろ過のための砂嚢を通した流体の垂直方向の流れに関する経験則を定式化した．ダルシーの法則によれば「透過性のある媒質を通る，単位断面積あたりの流体の容量流速（容積流量（volumetric flux）と呼ぶ）は，圧力勾配に比例し（方向的には逆となり）流体の粘性に反比例する」．1ダルシーは，1センチポワズの粘性をもつ流体が 1 atm/cm の圧力勾配をかけられたときに，断面積 $1 cm^2$ を 1 秒あたり $1 cm^3$ だけ通過する透過率として定義される．ダルシーが示したのは，多孔性の媒質を流れる流体の見かけの流速が圧力勾配に比例するという部分であり，一方，粘性の逆数に比例するという部分は彼の立てた仮定からきている．

自然の多孔性媒質では，透過率はさまざまな桁のさまざまな値をとる．隙間のないガス溜砂では 10^{-6} ダルシー以下となる一方，透過性の高いガス溜砂では数十ダルシー以上になる．1901年にドイツの水力技師フォルヒハイマー（P. Z. Forchheimer）は，ダルシーの法則の適用範囲が低い容積流量の場合に限られることを示した．高い流量では，ある容積流量にするのに必要な圧力勾配はダルシーの法則から算出される値よりも（流体密度と流速の二乗の積に比例する量だけ）大きくなる．その際の比例係数（β と表記される）は多孔性媒質の慣性による抵抗である．慣性エネルギーの散逸は，流速の方向と大きさの時間あたりの変化（ねじれ，tortuosity）によって引き起こされる．

多孔性物質の単相気体に対する透過率は圧力に加えて，流れる気体の平均自由行路に依存している．石油技師クリンケンベルク（L. J. Klinkenberg）によって最初に発表された気体のすべり流効果（gas slippage effect）が透過率の過大評価を引き起こすことがありうる．気体のすべり流は低い透過率の試材でより顕著となる．透過率をいくつかの孔圧（pore pressure）の平均から算出するときは，データをすべり流を起こさない同等の流体に外挿することができる．透過率測定のための液体を使うことによって気体のすべり流効果を取り除くことができるのである．ただし液体の流速によって流体−岩石相互作用，微粒子移動，孔の詰まり，微生物によるダメージの問題を引き起こすこともある．

器 具

実験室で，多孔性媒質の小さな試料から透過率を決定するために，いくつかのタイプの透過率計が開発されている．最初の透過率計は19世紀に，水のろ過と地下水（帯水層）の利用のために開発された．水文学者たちはしばしば，流圧の差を液体の「頂（head）」の変化，つまり包装された砂の柱をどのくらい水が上がっていくかで計っていた．20世紀初頭には，石油技師と地質学者は透過率を，貯油池の性質をあらわす重要な変数と見なしたが，それは透過率が流体の流れと直接関係した唯一の岩石の初等的な性質だからである．いくつかの表層土の試料に対する透過度の測定結果を含んだ，最初の商業的な石油岩芯分析の報告書は1936年に岩芯研究所によって，テキサス州のダラス実験施設から出されてい

透過率計

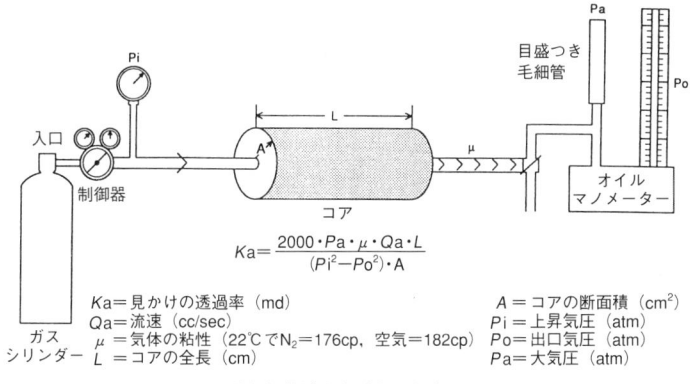

図中の式と凡例:

$$Ka = \frac{2000 \cdot Pa \cdot \mu \cdot Qa \cdot L}{(Pi^2 - Po^2) \cdot A}$$

Ka ＝見かけの透過率（md）
Qa ＝流速（cc/sec）
μ ＝気体の粘性（22℃でN_2＝176cp，空気＝182cp）
L ＝コアの全長（cm）
A ＝コアの断面積（cm^2）
Pi ＝上昇気圧（atm）
Po ＝出口気圧（atm）
Pa ＝大気圧（atm）

単相気体透過率計と一般式．

る．当時は透過率計の設計と製作には規格がなく，商業的に手に入る器具もほとんどなかった．

単相透過率計は単相で安定あるいは不安定状態の気体，液体を計測する．石油産業で使われている透過率計のほとんどは，単相気体の安定状態での透過率を計測し，多くが円筒形の試料用に設計されている．40年以上前に初めて発表された探測透過率測定（probe permeametry）は，岩石の試料の表面に対して密閉した管の端からの気体の流れを計測する考え方を採用している．探測透過率計ではいくつかの流れの変数を計って，ダルシーの法則を修正した式から透過率が算出される．以上によって，円筒形のサンプルがなくても連続的に透過率が計測できるのである．

日常的な透過率測定のためには信頼性の高いデータを得るためにジャケッティング（jacketing），ブーティング（booting），スリービング（sleeving）などの処理が必要である．試料を適合した（ハスラー，Hassler）スリーブで放射状に密閉することによって流体が試料の脇を通り抜けるのを防ぐことができる．圧力はスリーブに対して力学的，水力学的，空気力学的にかけられる．測定が行われるときの圧力条件と試料の向きが透過率の測定に大きな影響を及ぼすことがある．単相気体透過率測定における流速は，乱流が起きないように十分遅く設定しなければならない．透過率計の較正は測定前に不可欠な作業である．透過率計では確かな作動のために流体の漏れを防がなければならない．

プラグ程度の直径の試料と十分大きな直径の試料の透過率測定では，ほとんどの場合単相の気体（通常空気，窒素，ヘリウム）が使われる．液体を含む多孔性媒質では，気体で計測した透過率は相対的な評価として使用すべきで，あくまでより有用で適切な単相液体透過率を近似したものとして用いるべきである．気体の透過率は用いられた気体特有の性質，圧力・温度の条件，平均の孔圧によって変化する．気体の安定な流れは，上流と下流での圧力と流速がすべて時間に依存しない一定の値になるときに得られる．

単相の不安定状態（過渡）透過率計では，一定の体積の流体溜を試料の上流（圧力が徐々に弱くなる）か下流（圧力が増強され

る）で用いる．パルス減衰透過率計では，二重（つまり上流と下流）の試料－流体溜のアプローチをとっていて，（慣性流動抵抗（inertial flow resistance）が問題となる）透過率が低い，例えば $0.1 \sim 0.01 \times 10^{-7}$ ダルシーの範囲の試料にとりわけ適している．圧力減衰法では，単一の試料溜を用いて単純な圧力減衰を起こし，すべり流の因子と慣性抵抗が計算される．

不安定状態法は試料の透過率が 10^{-3} ダルシーより小さい場合により優れている．不安定状態法での計測は，安定状態法での計測に要する時間の何分の1かで可能である．自動データ採取システムの中には，ボイルの法則の多孔度（porosity）と不安定状態法の透過率を1つの試験で計測してしまうものもある．

[Robert A. Skopec, Andrew Hurst／菊池好行 訳]

■文　献

American Petroleum Institute. "Recommended Practice for Determining Permeability of Porous media." *American Petroleum Institute* 27 (1956)：27.

Darcy, H. *Les Fontaines publiques de la ville de Dijon*. Paris：V Dalmont, 1856.

Forchheimer, P. Zeitz. "Wasserbewegung durch Boden." *Zeitschrift Vereines der Deutscher Ingenieure* 45 (1901)：1782-1788.

Jones, S. C. "Two-point Determinations of Permeability and PV vs. Net Confining Pressure." *Society of Petroleum Engineering Formation Evaluation Journal* (March 1988)：235-241.

Klinkenbert, L. J. "The Permeability of Porous Media to Liquids and Gases." *Drilling and Production Practice* (1941)：200-213.

◆動態記録器
→ キモグラフ

◆動　力　計

Dynamometer

動力計（筋力計）は力と機械的能力の双方を測定する．ギリシャ語由来のその言葉は，E. レニエー（Edmund Regnier）の論文『ダイナモメーターの記述と使用……』（1798年）に最初にあらわれた．

19世紀の間，動力計は工学用装置類の先端に位置していた．吸収動力計は蒸気機関といった主動力源によって生み出される動力を測定し，伝達動力計は機械の間で伝達される動力を測定した．前者では摩擦による損失は最大になるように設計され，後者では最小になるように設計されている．

吸収動力計

吸収動力計の基本的な発明は，1822年のフランス人技師 G. ド・プロニ（Gaspard-François-Clair-Marie de Prony, 1755-1839）によるもので，それはエンジンの出力軸を木製のくびきに挿入し，重量の知られるおもりをすべらせるテコによってそのくびきを締めつけていく仕掛けになっていた．一定の回転速度に対して，この制動機によってつくられる対抗トルクは，単純に質量と軸中心からの距離の積によって測定された．機構自体は単純だが，プロニの摩擦制動機は煩雑で動作が不安定でもあった．しかし，この装置は19世紀を通じてかなりの数が開発された．

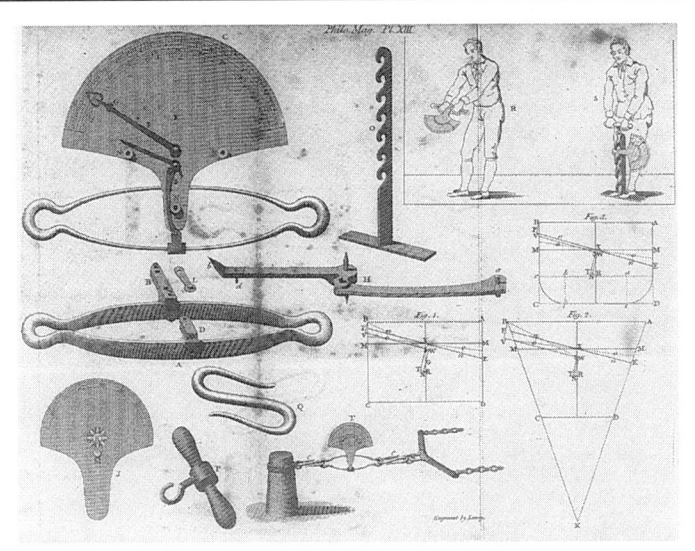

レニエの動力計（1798年）．E. Regnier,"Description and Use of the Dynamometer ; or, Instrument for Ascertaining the Relative Strength of Men and Animals." Philosophical Magazine 1 (1798)：PlateXIII. NMAH 提供．

　1877年にイギリスの技師で船舶水力学の創始者であるW. フラウド（William Froude, 1810-1879）は，船のプロペラの動力を測定する水ブレーキを発明した．これは2つの対照的な容器からなり，プロペラを取り外した上で，船の軸に対して1つは固定され，もう1つは自由に動くようにされた．容器は軸のまわりに楕円形の環状の空間をもち，そこに放射状の羽が通っていた．この空間に水を浸し，軸を回転することによって，羽は内部に一連の渦を生み出し，それが主たる散逸機構として働いた．自由な容器のほうを維持するのに必要なトルクは，渦を通じて固定された容器に連結されており，自由な容器に固定されたおもりつきのレバーによって測定された．

　電磁気的な吸収動力計は，19世紀末にかけて登場し始めた．これらは摩擦機構として渦電流を発生させたり，単に出力が容易に測定できるダイナモであったりした．

伝達動力計

　基本的な伝達動力計は，力を目盛りで指示する単なるバネ秤であった．これは18, 19世紀において実験研究のために広範に利用された．仕掛けは単純であったが，適用にはかなりの工夫を必要とした．最初期の伝達動力計は，間違いなくフランス人技師で軍人であったモラン（A. J. Morin）のもので，彼は1841年に馬車によって消費される力と仕事の実験結果を発表した．バネのユニットは，端が互いに固定された2枚の板バネからなっていた．1枚の中心は牽引軸につながっており，もう1枚は馬車につながっていた．2枚のバネを分ける中心点が牽引力を示した．モランの動力計の革新的な特徴は，馬車の車輪に歯車でつながった円筒の紙に牽引力を記録する針を利用していることであった．長い間にわた

る測定には，積分計が記録計に装備され，なされた仕事量が読めるようになっていた．

フラウドは，1870年にHMS（英国軍艦）グレイハウンド号の縮尺モデルの抗力を測定し記録する巧妙な単一線形バネ記録式の動力計を制作した．その結果は，フラウドの有名な寸法法則によって実物大の場合に外挿され，その予測は実物の船の牽引実験による測定値と比較された．この第二の試験のために，フラウドは水力シリンダーで動作するピストンをもつ記録式動力計を用いた．ピストンの運動は，牽引力の作動下で油圧を増大し，これがより小さなバネで支持されたピストンの動きを生み出した．

1876年にハーン（G. A. Hahn）は，軸の回転のねじれ具合を測定する伝達動力計を発明した．この方法についてはさまざまな改良がその後施された．最もよく知られているのは，スリング・ホプキンソンねじれ計（1906年）である．これは軸を囲み，一端は軸に固定され他端は自由なスリーブを採用している．軸とスリーブの間の相対的なねじれやずれは，軸の変形に応じてずれたりねじれたりする鏡に光を反射させることで測定された．

電化される以前は，小さいバネを備えた滑車が使われ，動力源から機械に力を伝達するベルトの緊張が測られた．

現代における発展

1950年以降の電子工学と新素材の大きな発展により，機械式動力計はさまざまな力，トルク，応力に対してそれらに比例する電気的出力を出す感知器によって支援されるようになった．「伝達動力計」という言葉は使われなくなり，「動力計」といえば普通，吸収動力計を意味するようになった．適応されたプロニ制動機は，まだ小さい力に対しては利用されており，大きな力に対しては水力式か電気式の制動機が使われている．[Thomas Wright／橋本毅彦 訳]

■文　献

Jervis–Smith, F. J. *Dynamometers*. London：Constable, 1915.

Regnier, E. "Description et usage du dynamomètre, pour connaître et comparer la force relative des hommes...." *Journal de l' École Polytechnique* 2（1798）：160–178.

◆時計【原子時計】

Atomic Clock

原子時計は，ジャーナリストの発言にまどわされた一般大衆が誤解しているものとは異なる．原子時計は（放射性炭素のような）特定の物質の中に比較的豊富に含まれていて，その物質の生成以後の経過時間を（決して正確にではないが）測定するのに役立つとされる，放射性同位元素のことではない．原子時計とは，正確にいえば，きわめて精度の高い（そしてきわめて正確さの高い）電子機械のことである．厳密にいうならば，「振り子」の代わりに，よく規定された2つのエネルギー状態の間を遷移する原子，あるいは分子を用いる電子機械のことである．こうした物理学原理を基礎にして，原子時計は一定周期の電磁的振動を生み出し，さらに特定の瞬間以後に生じたこれらの一定周期の振動の回数を数え上げることによって，経過時間を示すようになっている．

原子時計の大半の型において，実際，長期の高安定性を保つすべての型において，「クロック」遷移は，2つの超微細エネル

ギー準位間で，すなわち（原子の）周囲の電子雲に影響を受けて原子核が回転する際の2つの方向間で起きる．この「クロック」遷移の周波数はマイクロ波領域で，5～50 GHz である．慣例上，原子周波数標準（専門文献で「原子時計」の代わりに使われる用語）は，2つの基準に基づいて4つのカテゴリーに分類される．すなわち，能動/受動および実験用/商業用のカテゴリーである．能動標準はメーザーとレーザーである．これらは装置のアウトプットとしてあらわれる電磁気振動が「振り子」の役割を果たす，原子エネルギーの遷移において生じる放射そのものである点で，「能動的」である．アンモニア・メーザーが最初の能動標準となった（C. タウンズ（Charles H. Townes, 1915-），1954年発明，1964年ノーベル物理学賞受賞）．水素メーザー（N. ラムゼー（Norman F. Ramsey, 1915-），1960年発明，1989年ノーベル物理学賞受賞）は，安定性の点で他の標準を凌いでいる．最近ではルビジウムとセシウムのメーザーや多くの安定した型のレーザーも，実験装置として使われてきた．

受動標準とは電子的発振器の周波数を「クロック」遷移の周波数に合わせるための，電子的フィードバック機構のことである．受動標準のアウトプット周波数は，このように，電子的発振器から得られ，原子エネルギー遷移からは間接的にしか得られない．受動原子時計の最初の型は，1945年に提唱され，今日でもなお重要な型として用いられているもので，セシウム原子ビームの周波数に基づいた標準である．この機械は1930年代後半に，原子核の磁気モーメントを測定する目的で，I. I. ラビ（Isidor Isaac Rabi, 1898-1988）によって導入された研究用装置の発想を逆転させたものである．すなわち，セシウム133の超微細遷移が測定される対象でなくなり，反対に，測定する手段に変化したものである．実際1964年に国際度量衡総会は1秒をこのセシウム133の周波数9,192,631,770回と規定した．

他の「受動」標準の中には，光学的エネルギーを与えられたルビジウム・ガス電池に基づくものも含まれる（R. ディッケ（Robert Henry Dicke, 1916-1997），1955年）．最もコンパクトで（握り拳よりももっと小さいものもある）決して高価ではない原子周波数標準である．メーザー周波数標準の「受動」的な（機械全体をよりコンパクトにするための）型もある．さらに最近では電磁気トラップに長時間蓄えられた冷イオンの超微細変位に基づく周波数標準もある（H. デーメルト（Hans G. Dehmelt, 1922-），1989年ノーベル物理学賞受賞）．

大きさと費用を考慮に入れると，商業的標準に対する実験的標準という，第二の次元が浮かび上がってくる．18世紀末にメートル法を生み出した者たちに多大な影響を与えた，自然に存在する不変で普遍的な物理現象に標準をおこうという考え方は，後の2世紀の間もなお，度量衡学者である物理学者たちの指針であり続けた．あらゆるメートル法の基準の中でも，この考え方は千年近い伝統，つまり地球の回転周期の一部を時間単位とする伝統の中で伝えられてきたものであり，きわめて正確な測定をする場合にはなじみやすいものであった（実際今日まで，回数/周波数は，他の追随を許さぬ，最も精密に測定しうる物理量である）．1億分の1の精度で，地球の自転が不安定であることは，20世紀の最初の40年ほどの間に，最初は機械時計の発達によって，その後クオーツ結晶発振器

の開発を通して明らかになってきた．すでに半世紀前にJ.C.マックスウェル（James Clerk Maxwell, 1831-1879）は，G. R. キルヒホッフ（Gustav Robert Kirchhoff, 1824-1887）とR. W. ブンゼン（Robert Wilhelm Bunsen, 1811-1899）によるスペクトル分光の解明（1859年）の後を受けて，時間に関する「現在の科学の状況で最も普遍的な標準」は，ある種の原子の振動周期（と波長の標準，すなわち，その振動を起こす原子から放たれる光線の波長）になるだろう，と語っている．

確かに，長さの原子標準へと向かう傾向は，すでに19世紀末のA. A. マイケルソン（Albert Abraham Michelson, 1852-1931）に見られたけれども，時間の原子標準の提案は，原子の振動数を数える手段のない段階では全く理論的なものにとどまらざるをえなかった．ラジオ電子技術，とりわけマイクロ波レーダーの発達がその手段を生み出すのに，70年の時を要した．電子的発振器の周波数を（アンモニアの反転遷移から生じる吸収線を使って）分子の遷移に固定することは，第二次世界大戦直後の学界や民間の研究機関で行われていたが，よく補正された結晶発振器と，一連の電子周波数増幅器（electronic frequency multipliers）に基づく周波数標準の助けを借りて，原子振動を算定できる設備を整えたのは，国家標準研究所が最初であった．

これを最初に成し遂げたのは米国国立標準局（NBS，現在は，国立標準技術研究所：NIST）であり，アンモニア吸収クロックを1949年1月に発表して大いに脚光を浴びた．同所で引き続きセシウムビーム装置の研究を行ったが結局行き詰まり，イギリスの国立物理学研究所に追い越されることとなった．イギリスでの研究は続行し，1964年の秒の再定義の基盤となった．1960年代には米国国立標準局が先頭に立ったが，カナダの学術研究会議と競合するようになり，やがて，ドイツの物理技術研究所とも凌ぎを削るようになった．これらの機関や，後に創設された他の多くの国家標準研究所が，到達しうる最大の精度の安定性を求めて，原子時計（最初はセシウムビームクロック，そして第二に水素メーザー）の発達を促したのである．この発達はしばしば（遷移時間の）長さを増す方向でなされた．というのも，ハイゼンベルクの不確定性原理のため，「振り子」原子が観測下に置かれる平均的な時間の長さに比例して，周波数標準の正確さが限定されてしまうからである．これらの実験室標準は，10^{13}分の1を超える正確さに到達している．電磁気トラップに蓄えられる冷イオンに基づく装置は，さらに微細な次数にまで正確さを高める期待がもたれている．

商業的標準は，これと比べると，「商業的」という形容からわかるように，コンパクトにまとめられ絶えることなく市場に供されている．主な消費者が軍事機関ではあれ，製作費用は大きさや重さほど重要ではない．正確で信頼できる時計の製造を促す主な動機は，17世紀以来変わっていない．時計によって時間ではなく，位置を決定できることが重要な動機であり続けた．位置決定の次には，暗号化が時計製作を促したが，他にも，通信システムにおける公的な時刻調整や電力ネットワークなどの必要性を動機としてあげることができる．

最初の商業用原子時計は，マサチューセッツ工科大学のJ. ザカライアス（Jerrold Reinach Zacharias, 1905-1986）が考案して研究し，ボストン郊外のナショナル社で開発されたセシウムビーム装置，アトミク

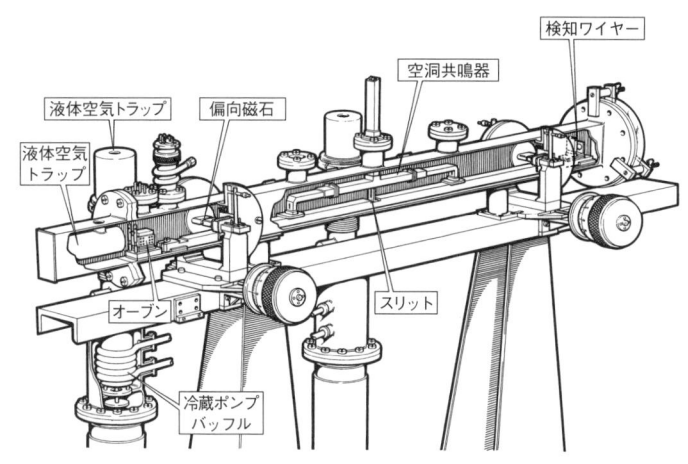

イギリス国立物理学研究所のセシウムビーム発生装置（概略図，1955 年）．SSPL 提供．

ロン®（1956 年）であった．高さ 2.5 m，重量 250 kg で 5 万ドルの製作費を要した．1964 年以来，高さも重量も 10 分の 1 の，ヒューレット・パッカード社の 5060 型が市場を占め，正確さは 10^{12} 分の 1 に近づき，高度の信頼性を獲得した．最近では，GPS（全地球位置把握システム）用の人工衛星に搭載した原子時計から発信される信号が利用しやすくなったため，原子時計の市場は縮小している．原子時計を狭い意味での科学の機器として用いる，最も一般的な分野は，低周波電波天文学（干渉測定）である．そこでは遠く離れた地点に設置されたアンテナで受信された，複数の信号の位相差を遡及的に再構成することが必要とされるが，その場合，きわめて安定していて，正確に補正された周波数標準から得た時間標識に基づいて信号が記録されている必要がある． [Paul Forman／井山弘幸 訳]

■ 文 献

Barnes, James A., and John J. Bollinger. "Clocks, Atomic and Molecular." In *Encyclopedia of Physics*, edited by Rita G. Lerner and George Trigg, 154-155. New York：VCH, 1990.

Forman, Paul. "Atomichron®：The Atomic Clock from Concept to Commercial Product." *Proceedings of the IEEE* 73（1985）：1181-1204.

原子時計のさまざまな側面に関するさらに詳しい書誌的な文献については，以下の時間と周波数をめぐる特集号を参照せよ．Proceedings of the IEEE：79（July 1991）；74（1986）；60（May 1972）．

◆時計【標準時計】

Regulator Clock

標準時計は，高精度な固定式の振り子時計である．標準時計の文字盤には中央に分針があり，中央内側に補助針として時間針と秒針がある．

17 世紀の初め頃，普通の時計では日差約 15 分以内の精度でしか正確な時間を示すことができなかった時代に，スイス生まれの時計製作者 J. ビュルギ（Jost Burgi, 1552-1632）は，特に計時機能を改善する

働きをもつ,クロス・ビートの名で知られる新しい脱進機(歯車の回転速度を一定に保つ装置)を導入した.もっとも,時計の精度が日差数秒以内になったのは,C.ホイヘンス(Christiaan Huygens, 1629-1695)が1657年に実用振り子時計を発明してからのことである.振り子時計はとりわけイギリスにおいて急速に発展し,17世紀末までに近代的機械時計に必要な,ほとんどすべての技術的改良がなされていたのである.

1660年代の初めには,ホイヘンスはすでに長型の振り子時計をイギリスにもたらしており,時間を記録する機械として,振り子時計が安定した機能をもつことを見抜いていた.ロンドンのJ.ニップ(Joseph Knibb)は,天文学者J.グレゴリー(James Gregory, 1638-1675)のために2台の精密ロングケース時計(precision longcase clocks)を納めた.これは,1673年にスコットランドの聖アンドルーズ大学に納めたもので,標準時計の直接の先駆型である.他にも長い振り子をもつロングケース時計を製作した者がいたが,打鐘機能がなかったり,文字盤が普通のものと違っていたり,あるいはほんの一部では,日時計を使って時刻を合わせる,時間表示の数式が付されたものがあった.これらの時計は週差数秒以内の精度で動くことはあったものの,気温が比較的一定に保たれる場合に限られた.

時計製作を向上させた動機の大部分は,海上で正確な経度を知りたいという願望であった(クロノメーターの項を参照).1675年にこの目的で創設されたグリニッジ天文台は,1676年に年間を通じて動き続ける2台の時計をロンドンのT.トンピオン(Thomas Tompion, ?-1713)から入手した.これらの時計は13フィート(約4m)の振り子をもち,デッド・ビート式脱進機が装備されていた.この脱進機は,以前のあらゆるものと違って,振り子の反動で(ガンギ車の)退却が起こらないように工夫されたものである.最初の王室天文学者であったJ.フラムスティード(John Flamsteed, 1646-1719)は,これらの時計を使って恒星の位置測定を行い,地球が地軸のまわりを一定の速度で回転していることを確定した.1720年代にはG.グレアム(George Graham, 1674-1751)が,第二代王室天文学者であったE.ハレー(Edmund Halley, 1656-1742)のために,独自のデッド・ビート式脱進機と標準文字盤を備えた,精度の高い時計を多く製作した.

温度補正

時計は暖められると,一般的に進み方が遅くなる.熱のために振り子が膨張して,運動が緩やかになるからである.18世紀初め頃からこの点は理解されていた.

トンピオンの共同製作者であり後継者であったグレアムは,振り子の有効な長さが同じであるかぎり,時計は正確に時間を刻むことを理解していて,1715年に水銀補正振り子を発明した.この装置は基本的には,鉄棒に触れている短い水銀柱の入ったガラス瓶からなる.気温が上昇して鉄棒が下方に膨張すると,水銀が上方に膨張する仕掛けになっていて,重心は常に振り子の支点から一定に保たれるようになっている.J.ハリソン(John Harrison, 1693-1776)が1725年に製作したすの子形振り子(gridiron pendulum)は,真鍮と鉄の棒の組合せでできているが同じ原理で動く.すなわち鉄棒が下方に膨張すると,真鍮棒は上方に膨張し,重錘の位置が一定になるようになっている.補正振り子をもつ

時計は，週差1秒以内で正確な時刻を示す．ハリソンの補正振り子はグレアムのものより安定していて，使いやすかったので，18世紀の大半の時計の標準型となった．唯一競いあった型はJ.エリコット（John Ellicott）が設計した時計であった．この時計は原理は同じだが，振り子の重錘をもち上げるのにテコが使われた．この型は1750年代よりある程度は用いられたが，性能が優れていたからというよりは，おそらくエリコットの影響と商才のためだろう．

標準時計

18世紀を通じて旅行用の標準時計が多くの遠征で携帯された．世界中のさまざまな地点での重力の差を測定し，地球の形状を得ようとしたからである．

1760年12月，N.マスケリン（Nevil Maskelyne, 1732-1811）は，1761年に起きる金星の太陽面通過を観測する際に用いるため，価格33.12ポンドの天文時計を注文した．この注文で彼は特に「標準時計（regulator）」という用語を使った．この時計はグレアムの親方であったJ.シェルトン（John Shelton）によって製作された．グレアムの最初の器械に基づきながら，標準文字盤，デッド・ビート式脱進機，補正振り子そして維持動力を装備したもので，後の1世紀半の間につくられる時計の標準となった．F.ベルトゥ（Ferdinand Berthoud），R.ロバン（Robert Robin），A.ジャヴィエ（Antide Janvier）といったフランスの製作者たちがつくった標準時計は，同軸の時間針と分針をもつ従来型の文字盤をもち，一般的にイギリスの製品よりも複雑で贅沢な構造をもっていた．

ハリソンは1745年頃，百日間の誤差1秒という驚異的性能をもつと豪語する標準時計を製作した．この時計はハリソン独自のグラスホッパー脱進機とサイクロイド側板のついたすの子形振り子を装備していて，潤滑油の注油なしで動いた．J.ヴァリアミー（Justin Vulliamy）とその息子のベンジャミン（Benjamin）は，わずかながらこのハリソンの設計に基づいた標準時計を製作した．1800年頃になると，推進力を一定に保つ脱進機を備えた標準時計が流行した．その多くは，A.カミング（Alexander Cumming）あるいはT.マッジ（Thomas Mudge）の重力脱進機械か，T.リード（Thomas Reid）あるいはW.ハーディー（William Hardy）のゼンマイ歯止め式脱進機を用いたものであった．どれも今日ではほとんど残存していないが，これらの標準時計がある程度製作されたことはたしかである．

19世紀半ばまで，標準時計の主な機能は正確な時刻を刻むことであった．電気通信と電気時計の発明に伴い，「親」時計は一連の「子」時計に時間を伝えるだけの，補足的な手段に用いられるようになった．C.シェパード（Charles Shepherd）の製作した最初の公用電気時計は，1852年にグリニッジ天文台に設置された．

関連器械

19世紀に導入された「家庭用時計（domestic regulator）」は，従来型文字盤と打鐘機能をもつものであったが，デッド・ビート式脱進機と（普通は）木製棹の振り子をもつものであった．「クロック」という語は，本来，鐘を鳴らす計時機械を意味したことから，この時計を「標準クロック時計（regulator clock）」と呼ぶこともある．

19世紀初頭より，携帯時計（watch）と置時計（clock）両方の時計職人が，一般的には振り子の動きを見ることのできるガラス窓のついた標準時計（regulator）を

E. J. デント社製の標準時計 No. 1906（1870年頃，ロンドン）．英国国立海事博物館提供．

店舗に備えるようになる．自店で製作した置時計や携帯時計を調整して，顧客の便宜を図るためであった．裕福な天文愛好家も，自分の天文台用にこうした器械を得ようとし始めた．

改　良

1831年にアーマー天文台のロビンソン（T. R. Robinson）は，大気圧の変化に起因する誤差を確認した．1794年に T. アーンショー（Thomas Earnshaw）が納めた標準時計がきわめて正確だったため，わずかな時間差も識別できたからである．ロビンソンは小型の大気圧補正器を振り子に取り付けた．1860年代になると，ボストンのウィリアム・ボンド&サンズ社が，大気圧変化によって生じる誤差を探知できる，複数の脱進機を組み合わせた一連の標準時計を開発した．1870年にはデント（E. J. Dent）が有名な標準時計（No. 1906）をグリニッジ天文台のために製作した．デテント（戻り止め）式脱進機を装備し，亜鉛と鋼鉄でできた気温補正振り子を連結し，さらに水銀を満たしたガラス管で気圧補正したものである．

19世紀末には，ドイツのS. リーフラー（Sigmund Riefler）が年差数秒以内まで精度を保つ標準時計を製作した．この時計は動力の重錘に電気の巻き上げ機構をもち，全体が一定気圧の容器に収容されていた．一方，フランスでは，ルロワ社が同じ考えに基づいて時計製作を手がけていたが，こちらは一種のゼンマイ歯止め式脱進機によって振り子に推進力が与えられるようになっていた．内部を真空に近い状態にしたシリンダー内に主振り子を据えた，W. H. ショート（William Hamilton Shortt）の自由振り子時計は，年差約±1秒以内という精度を実現しえた．親振り子はシリンダーの外にある二次的な副振り子によって，電気的に放たれる重力アームによって衝撃を受けるようになっている．このショート方式よりも精度が優れたものは，1940年代にクオーツ技術が十分に発達し，10年差1秒以上の安定した時間を提供できるようになるまであらわれることはなかった．

[Jonathan Betts／井山弘幸 訳]

■ 文　献

"Clock." In *The Cyclopaedia ; or, Universal Dictionary of Arts, Sciences, and Literature* edited by Abraham Rees, Vol. 1, London：Longmans, 1819.

Howse, Derek. *Greenwich Time ; And the Discovery of the Longitude*. Oxford：Oxford University Press, 1980.

Roberts, Derek, Antiques. *An Exhibition of Precision Pendulum Clocks*. Tunbridge Wells：Otter, 1986.

◆ドブソン分光光度計
　➡ 分光光度計【ドブソン式】

◆トラバース板

Traverse Board

　トラバース板とは，船が当直時間［通常4時間］の間に航海した軌跡を保存するため，コンパス（羅針盤）とログとともに使われる記録装置である．それは，コンパスの針の方向をあらわす32本の放射状の線と，その線上に半時間をあらわす8つずつの等間隔に空けられた穴がある木製の板である．8つの小さな釘が板の中央の麻ひもに結びつけられているのだが，操舵係の下士官（海軍）は半時間ごとにその釘を，航海中にその船が通った位置を示すコンパスの穴に置く．穴は，中央に最も近いものが最初の半時間を示し，次の外側の穴が次の半時間を示すという具合に空いている．保存される標本の外見がさまざまであることから，トラバース板は地方の職人や船上の大工によってつくられたことがわかる．

　トラバース板が最初につくられたのは17世紀以前にさかのぼるが，初めて使われた時代と場所に関する史料が存在しない．測程線が使われ始めた17世紀には，トラバース板には4本の水平線と，その線上の12から20以上までの数の等間隔の穴からなっていた．これらは船の速度をノットとファソムで記録するために用いられた．当直の終わりに，航海士は風圧とコンパスの変化を考慮に入れて，航路を記録し計算できた．17世紀後半には粗い記録としての「ラフ・ログ」がログ板に記され，その間に航海した速度，航路，その際の風力などが所定の欄に記録された．また，これらのデータのためのコラムを含んだ私的な日記は「トラバース本」と呼ばれている．

16世紀のトラバース板．David Waters, The Art of Navigation in England in Elizabethan and Early Stuart Times. London：Hollis, 1958：Plate X. 英国国立海事博物館提供．

　トラバース板は帆船の時代の航海に一般的であった器具で，19世紀末までいくつかの国で使われた．

[Jobst Broelmann／橋本毅彦 訳]

■文　献

Hewson, J. B. *A History of the Practice of Navigation*. Glasgow：Brown, 1963.

Robertson, J. *The Elements of Navigation*. 3rd ed. London：Nourse, 1772.

Taylor, E. G. R. *The Haven-Finding Art：A History of Navigation from Odysseus to Captain Cook*. London：Hollis and Carter, 1956.

◆トルクェートゥム

Torquetum

　トルクェートゥムあるいは英語でターケット（turquet）と呼ばれるものは，プトレマイオス天文学の原理に基づいて天体の位置を観測したり，表示したりするものである．これをトリクェトルム（triquetrum）と混同してはならない．後者は棒を組み合わせた単純な器具で，天頂距離を測るものである．

　トルクェートゥムの起源について詳しいことはわかっていないが，13世紀後半からのものであると考えられている．スペインのイスラーム天文学者で数学者であるJ. イブン=アフラハ（Jabir ibn Aflaḥ al-Ishbīlī, Abū Muḥammad, 13世紀前半，ヨーロッパではラテン語化された名前のゲーベル（Geber）として知られる）の名が，その発明者としてよくあげられるけれども，彼は機能においてこれとよく似た器具をつくったにすぎない．同様に，［カスピ海南方の］マラーガ天文台の長であったナシール=ディーン・トゥーシー（Naṣīr al-dīn al-Ṭūsī, Muḥammad [ibn Muḥammad] ibn al-Ḥasan, 1201-1274）もその候補にあげられてきたが，トルクェートゥムが東方イスラーム世界に起源をもつという証拠も見つかってはいない．現存する写本の資料に基づくならば，トルクェートゥムはキリスト教ヨーロッパの発明であるように思われる．現在知られている最古の記述は2つあり，ヴェルダンのベルナルドゥス（Bernardus de Virduno, 13世紀後半，フランシスコ会士）およびポーランドのフランコ（Franco de Polonia, 13世紀後半）によるものである．

　残念なことに，どちらが先であるのかを決定するのは不可能である．ベルナルドゥスの記述（これは彼の『全星学についての論考（Tractatus super totam astrologiam)』の一部をなしている）は，いつ書かれたものかはわからない．フランコの記述をもとにした最初期の写本群は，正確に1284年と同定できる．これらの写本は，ベルナルドゥスの論考に基づいた写本と比べると，より頻繁に書き写され，より広く分布している．これが意味するところは，トルクェートゥムの発明者が疑いもなくフランコであるとはいえないにしても，トルクェートゥムについての知識がヨーロッパ中に広がったのはフランコのためであると見なせる，ということであろう．15世紀の末および16世紀の初頭に至るまで，他のトルクェートゥムの記述の手本となった―特に細かな用語という点で―のは，フランコによる記述であったのである．そのときになってようやく，それは多くの新しい記述―とりわけJ. レギオモンタヌス（Johannes Regiomontanus, 1436-1476），P. アピアヌス（Petrus Apianus, 1495-1552），J. シェーナー（Johannes Schöner, 1477-1547）によるもの―に取って代わられた．

　この器具につけられたさまざまな名前の語源は，興味深いと同時に，とまどいを感じさせるものである．フランコの論考に基づいた写本には"turquetus"あるいは"turketus"という用語が使われている．これは，前に述べたこととは矛盾するが，「イスラーム教徒の器具」を意味したに違いない．中世ラテン語のトゥルクス（turkus）という単語は，トルコやトルクメニスタンだけでなく，より広い地域を指していたのである．英語のターケット（turquet）や

ドイツ語のテュルケンゲレート（Türkengerät）には，この意味が反映されている．ヴェルダンのベルナルドゥスは"turchetus"という用語や，1個所では"truquetus"という用語も使っている．これは，古フランス語のトロシュ（troche）のように，単にある種の「集合体」を示しているように思われる．おそらく，この器具の奇妙な外形との関連であろう．レギオモンタヌスはこの器具を"torquetum"—ラテン語のトルクェオー（torqueo）「ねじる」から［派生する受動分詞で「ねじられたもの」の意］—と呼んだ．これは，R. レコード（Robert Recorde, 1510頃-1558）や他の人たちに"torquete"として受け継がれた．

トルクェートゥムは複雑な構造をもっているが，個々の器具によって形や部品の相対的な大きさに相違はあるものの，その構造に本質的な変化はない．1枚の板—フランコによって"tabula orizontis"［地平板］と名づけられた—が，この器具の基盤をなし，地平面をあらわしている．第二の板—"tabula equinoctialis"［赤道板］—は，第一の板に蝶番で止められており，観測者の緯度の余角に等しい角度に支柱（"stilus"［「尖棒」の意］）で支えられていて，赤道面をあらわしている．第三の板—"tabula orbis signorum"［黄道十二宮の天球の板，すなわち黄道板］—は，第二の板の上に置かれており，回転機構—"basilica"［バシリカ，「聖堂」の意］—によって黄道傾斜に等しい角度に支えられている．バシリカの基部にはポインター—"almuri"［アルムリー，もとはアラビア語で「指し示すもの」の意］—がついている．黄道板は黄道をあらわしていて，度数と黄道十二宮の暦が刻まれている．以上の3枚の板が，トルクェートゥムのいわば頭と肩の部分を支え

ている．これらの部分とは，分割線の入った円盤—"crista"［クリスタ，「鶏冠」の意］—で，第二の回転台—"turnus"［トゥルヌス，「旋盤」の意］—によって，黄道面に垂直な面内になるように設置されている．この回転台の基部は照準尺を形づくっている．クリスタの面上を，もう1つの照準尺—"alidada circuli magni"［大円照準尺］—が動くようになっている．この照準尺に半円形の板—"semis"［半円盤］—が固定されており，非等分時の目盛りと線が記されている．また，中心からおもりをつけた糸—"perpendiculum"［ペルペンディクルム，「糸におもりをぶら下げたもの」の意］—が垂れ下がっている．

トルクェートゥムを操作するとき，それは名前のとおりにさまざまな軸のまわりに回転し，大円照準尺から見た天体の位置を，3つの異なった座標系のどれでも測ることができるようになっていた．

通常の使用では，クリスタの分割線は天の緯度［黄緯］を示し，半円盤におけるペルペンディクルムの位置は高度を，［黄道板上の］黄道円でのトゥルヌスの位置は天の経度［黄経］を，［赤道板の］赤道面上の時刻円におけるアルムリーの位置は赤経を示している．黄道板を折りたたむと，クリスタは赤緯を測るようにもなるし，すべての板を折りたたむと，それは単に方位と高度を示すようになる．

そのような測定に使われてきた初期のトルクェートゥムの例は，次のところに見られる．パリの天文学者であり，算術や音楽の著書もあるミュールのヨハンネス（Johannes de Muris, 1300頃-1350頃）はトルクェートゥムを使って，1318年3月12日に太陽が牡羊宮に入るのを観測した．また，エヴルーのカノン［司教座聖堂参事会

員]であり，ソルボンヌ学院の評議員でもあったリモージュのペトルス（Petrus de Lemovicis, 13世紀後半）は，1299年の彗星の最初の位置が「トルクェートゥムで決定されたところでは，黄道極を通る円の牡牛宮18度」であったことを見出している．しかしながら，トルクェートゥムが主に観測器具として使われたのか，あるいはそれよりも，プトレマイオス天文学の原理を実演するための手段として役立ち，他の方法では難しい座標変換の仕事を計算なしでやり遂げるための手段だったのか，という問題は残る．確かに，16世紀までには，他の大きな特化された器具の登場によって，トルクェートゥムは観測器具としての役割はほとんど失っていたに違いない．それがつくり続けられ，さまざまな高度の装飾が施されていったことは，説明を補助するものとしての価値があったことを証明している．もちろん，自分が天文学に通じていることを示したいという所有者の願望もあったであろうが．

トルクェートゥムは現在では非常にまれである．中世の実物は2つしか残っていない．1つは枢機卿であったクサのニコラス（Nicolas of Cusa, 1401-1464）が所有したもので，1444年製と同定され，モーゼル河畔のクースの聖ニコラウス養老院にある．もう1つはウィーンのH. ドルン（Hans Dorn）によって1487年頃にオルクスのM. ビュリカ（Martin Bylica, 1433-1493）のために製作したもので，クラクフ大学に保存されている．16世紀のものでは少なくとも8台が知られている．それらは，ベルギー王立天文台およびドレスデンの数学・物理学協会にある製作者名のないもの，バンベルク郷土博物館にあるL. M. N. という頭文字の入ったもの，ニュルンベルクのゲルマ

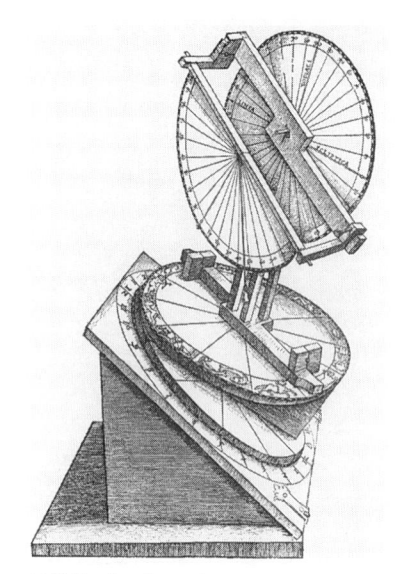

16世紀のトルクェートゥム．Petrus Apianus. Astronomicum Caesareum. Ingolstadt, 1540. SSPL提供．

ン博物館にあるJ. プレトーリウス（Johann Praetorius, 1537-1616）による署名入りの1586年のもの，ケーニヒスベルク大学図書館の銅と真鍮でつくられていてJ. クーノ（Jakob Cuno）に関連づけられるもの，そして，ハンブルクの工芸博物館，ミュンヘンのドイツ博物館，カッセルのヘッセン州立博物館のE. ハーベルメール（Erasmus Habermel, ?-1606）に帰せられている3台である．

トルクェートゥムを描いたおそらく最も有名なものは，H. ホルバイン（子）（Hans Holbein der Jüngere, 1497-1543）の「外交官たち」の背景に見られる．この絵はロンドンのナショナル・ギャラリーにかかっている． ［Giles M. Hudson／鈴木孝典 訳］

■文 献

Gunther, R. T. *Early Science in Oxford*, Vol. 2, 35-37, 370-375. Oxford：1923.

Poulle, Emmanuel. "Bernard de Verdun et le turquet." *ISIS* 55 (1964)：200-208.

Thorndike, Lynn. "Franco de Polonia and the Turquet." *ISIS* 36 (1945-1946)：6-7.

Virduno, Bernardus de. *Tractatus super totam astrologiam*. Edited by Polykarp Hartmann. Werl/Westfalen：Dietrich-Coelde, 1961.

Zinner, Ernst. *Deutsche und neierländische astronomische Instrumente des 11. bis 18. Jahrhunderts*, 2nd ed. Munich：Beck, 1967.

な

◆内視鏡

Endoscope

　内視鏡は，管，中空器官（臓器），あるいは，体腔の内部を検査するのに用いる．管あるいは柄，電源，光学系からなっている．観察は身体の開口部，外科的な小口，瘻孔，あるいは，外科的な切開部を通して行われる．診断用として，内視鏡はここ数十年に治療上の重要性を得てきた．

　身体の体腔を凝視する腔鏡はローマ時代から存在していたが，内視鏡は1805年のP. ボッツィニ（Philipp Bozzini, 1773-1809)の「導光器（light conductor)」に由来する．フランクフルトの医師であるボッツィニは，口腔，鼻，耳，膣，子宮，男性および女性尿道，女性の膀胱，直腸の検査を含む，いくつかの診断方法のためにこの器具を考案した．ウィーンのヨーゼフアカデミーの学部における臨床的な試みにおいて，ロウソクと凹レンズでは十分な照明が得られず，また，レンズのついていない視管では不十分な像しか得られなかった．辛辣な批評が，まもなくボッツィニの器具を葬り去ることになった．

　これに続く内視鏡の発達は泌尿器科学を中心に行われた．しかし，照明の問題と視野の狭さは，フランスの医師，P. S. セガル（Pierre Salomon Segalas, 1792-1875)（1826年)，および，A. J. デソルモ（Antonin Jean Desormeaux, ?-1894)（1853年)の器具に影響を与えた．「内視鏡(endo scope)」という用語を導入したデソルモは，一層明るい光を得るためにアルコールランプ（後に，アルコールとテレピン油の混合物であるガス発生装置によって燃やされた）を採用し，彼の器具はパリのシャリエール（Charrière）とルエル（Luer）によって商業生産された．臨床において広範に受容されたのは，ドレスデンの泌尿器科医のM. ニッツェ（Max Nitze, 1848-1906)が，1879年，膀胱内部をみる膀胱鏡を導入してからのことであった．ニッツェは，ウィーンの器具制作者J. ライター（Josef Leiter, 1824-1892)と協同して，熱は最低限に放出し，照明は改良されている光源を器具の末端に取り付けた（最初の光源は，プラチナ線のランプであり，1886年には白熱光が続いた)．ニッツェ-ライター膀胱鏡は，レンズ・プリズムコンビネーションによって広い視野を達成した．これに続く器具に見られたこうした変化は，電子内視鏡の時代を先導した．

　消化管の内視鏡は，1868年，A. クッスマウル（Adolf Kussmaul, 1822-1902)の硬式開口胃鏡に始まる．しかし，操作法は，H. エルスナー（Hans Elsner, 1874-?)が器具に光とレンズをつけ加えた1911年までは冴えないものであった．このときでさえ，胃鏡は患者にとっては苦痛であり，1932

年,半軟式のヴォルフ-シンドラー胃内視鏡が出現するまで一般的なものではなかった.ミュンヘンの胃腸病専門医であったR.シンドラー(Rudolf Schindler, 1888-1968)は,ベルリンのG.ヴォルフ(Georg Wolf, 1914-)と協同して,34度曲がる「柔軟な」器具をつくった(ゴムで覆われた銅のらせんの中に一連の短焦点レンズを配置することによって,これを達成した).1934年,シンドラーはドイツを離れ,これに続く半軟式の胃鏡の開発はアメリカで行われた.胃鏡の改良は,先端の振れの制御(1941年),生検鉗子(1948年),内視鏡写真(1948年)を含んでいる.

気管支鏡は,1898年,フライベルクのG.キリアン(Gustav Killian, 1860-1921)が,気管瘻孔形成の開口部を通って気管と気管支をみる硬式食道鏡を採用したときに始まる.操作法は,アメリカの喉頭病学者であるC.ジャクソン(Chevalier Jackson, 1865-1958)が1907年,口を通って挿入する装置を考案するまでは,あまり発達しなかった.ジャクソンによって設計され,フィラデルフィアのピリング(Pilling)によって生産された器具は,気管支鏡を異物を除去するものから食道病,および呼吸器病を診断するものへと推進させた.気管支鏡は,フォレステーレ(Fourestiere)の水晶光管による照明(1952年)以外は,最近まであまり変化しなかった.

腹腔鏡検査法は,腹部,特に腹膜腔内部の,内視鏡を用いての視覚による検査である.ドレスデンの外科医,G.ケリング(Georg Kelling)が1901年,腹壁の切開口を通って器具を挿入することにより,最初にこの操作を行った.1910年,ストックホルムのH.C.ヤコバエウス(Hans Christian Jacobaeus, 1879-1937)は,膀胱鏡を用いて,この操作の臨床的な可能性を確立し,「腹腔鏡検査法」と名づけた.1930年以後,アメリカのJ.C.ルドック(John C. Ruddock)とE.B.ベネディクト(Edward B. Benedict)は,肝臓病,腹水,胃と大腸の腫瘍,婦人科病の診断のために器具を洗練させた(腹腔鏡).一般外科における治療的な腹腔鏡検査法は,1987年,フランスのP.モーレ(Phillip Mouret),F.デュボア(Francois Dubois),ペリサ(J. Perrisat)が,腹腔鏡検査法による胆嚢切除術(胆嚢外科)を導入したときに始まる.腹腔鏡検査法は,虫垂切除,婦人科外科,および広い範囲の腹部外科処置に広範に用いられている.1990年以来,使い捨ての腹腔鏡検査器具が急増した(現在では,70%以上).

光ファイバーは,1957年2月,ミシガンのアン・アーバーのB.ヒルショヴィッツ(Basil Hirschowitz)が,彼自身の喉に胃鏡を飲み込み,その数日後には,患者に飲み込ませたときに始まる.ヒルショヴィッツと同僚のC.W.ペータース(C. Willbur Peters),L.カーティス(Larry Curtis),M.ポラード(Marvin Pollard)は,ホプキンス(Hopkins)とカパニー(Kapany)による光ファイバーの研究に刺激され,被覆した光グラスファイバーをつくり,こうしたファイバーの束を備えた内視鏡の原型をつくった.この器具の潜在的可能性を確信したアメリカン・シストスコピック・マニュファクチュアズ(ACMI)は,1960年10月ACMI 4990ヒルショヴィッツ光ファイバー胃十二指腸鏡検査機を導入した.この器具は,しなやかさを増し,容積を小さくすることによって患者の不快感をやわらげた.1960年代後半,1970年代初めには,広角レンズの採用,生検鉗子,吸引,

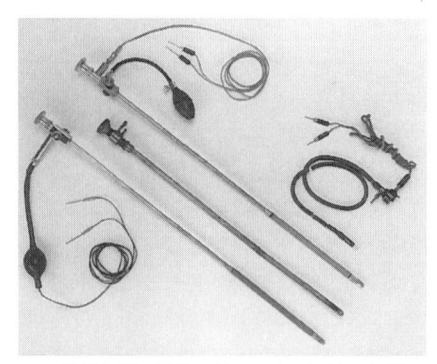

20世紀初期の胃鏡．（左から）反硬式の胃鏡（ゲニト-ウリナリー製造会社製，1950年頃），J. ライトナーによる胃鏡（1900年頃），テイラーの胃鏡（1940年頃），クットナーの胃透照鏡（1920年頃）．SM 1979-707/1, A 600263, 1983-881/1088, A 647516. SSPL 提供．

空気，水のためのチャンネル（通路）の追加，先端の振れの4方向コントロールを含む，内視鏡のめざましい改良が行われた．内視鏡の専門家は，こうした改良をあげて，この器具は発達の最終局面まで到達したと主張した．実際，光ファイバー技術は，胃鏡から結腸鏡検査法，気管支鏡，そして，他の内視鏡領域へと急速に広がった．

光ファイバーは，内視鏡の治療に対する可能性も広げた．例えば，オリンパス社と町田製作所によって1965年に導入された光ファイバー結腸鏡は，W. I. ヴォルフ（William I. Wolf）と新谷弘美（1935-）によって1971年，ワイヤーロープのわなを用いてのポリープ切除ができるように改良された．これに続く治療的胃-腸内視鏡としては，膵管のカニューレ挿入（1972年），胆石の除去（1975年），胃瘻設置術による栄養管の設置（1979年）がある．

ビデオ内視鏡は1982年にウェルチ・アレン社が胃カメラの末端に電荷結合素子（CCD）をつけたときに始まる．CCDによってとらえられた像は，コンピューターによって処理され，テレビ画面に写し出される．シクロン/ACMIによる改良の一方，オハイオ州，クリーヴランドのM. シヴァック（Michael Sivak）による臨床的試みによって，器具の可能性は確証され，ストルツ，オリンパス，フジノン他により内視鏡の革命は起こされた．例えば，制御された先端の直径，柔軟な器具のシャフトが，わずか2.8 mmまでに小さくなり，ビデオ内視鏡は光ファイバーモデルよりも煩わしさが少なくなった．ビデオの出現によって，関節鏡検査法，腹腔鏡検査法，さらには，他の内視鏡外科が，急速に発展し，型にはまった侵襲的な外科に置き替わり続けている．

コンピューターと内視鏡を結びつけることによって，内視鏡像の処理と操作は一変した．ビデオ内視鏡は，証拠資料提示や，所見の再現や，再検査どうしの対照や，教育に関してこれまでにない強みをいまや発揮している．将来的には，コンピューターは，像の三次元化，ロボット化，操作のコンピューター・シミュレーションによって，内視鏡をより一層広げていくことであろう．

[James M. Edmonson／月澤美代子 訳]

■文 献

Edmonson, James M. "History of the instruments for Gastrointestinal Endoscopy." *Gastrointestinal Endoscopy* 37（1991）：27-56.

Hirschowitz, Basil I. "The Development and Application of Fiberoptic Endoscopy." *Cancer* 61（1988）：1935-1941.

Reuter, Hans Joachim, and Matthias A. Reuter. *Philipp Bozzini and Endoscopy in the 19 th Century*. Stuttgart：Max Nitze Museum, 1988.

Sivak, Michael, Jr. "Video Endoscopy, the Electronic Endoscopy Unit, and Integrated Imaging." *Bailliere's Clinical Gastroenterology* 5 (March 1991)：1-18.

Stellato, Thomas. "The History of Laparoscopic Surgery." In *Operative Laparoscopy and Thoracoscopy*, edited by Bruce V. MacFayden and Jeffrey L. Ponsky, 3-12. Philadelphia：Lippincott-Raven, 1996.

◆長さの測定

Measurement of Length

長さの単位は任意である．測定とは，現実の長さを基準として合意された長さに関係づけることである．初期の基準は，いつでもどこでも正確な長さをもつとされる棒，つまり「端基準(端度器，end standards)」であった．この種の棒は16世紀につくられ，イギリスでは法的な標準ヤードとして1824年まで使用された．同年，長さの単位を定義する間隔に線が刻み込まれているより長い棒が採用され，「線基準(line standard)」が端基準に取って代わることになった．1792年のメートル標準器は端基準であり，一方，1875年にそれに取って代わった国際メートル標準は線基準である．原則的には端基準との比較は接触によって，あるいは光学的になされるが，線基準の場合は顕微鏡を使用しなければ正確に測ることができない．

1960年からは長さの基準は光の波長によって定められている．1mはクリプトン84同位体からのオレンジ放射光の真空中の波長1650763.73倍であり，1ヤードは現在0.9144mと定義されている．二次的な実用上の基準は干渉計によって検定されている（干渉計の項を参照）．

長さの測定の最も一般的な方法は目盛られた物差しを使用することである．今日，低価格の物差しはそれほど正確ではないにせよ，刻印や印刷またはエッチングによって目盛られている．以前はナイフを用いて手で刻み込まれていた．18世紀後半以降は，線形分割機によってより正確に目盛りがつけられるようになった．それによって機械的に制御された一定間隔で1本1本の線が刻印された．

0.5mmまたは0.5インチよりずっと細かい目盛りをつくったり使ったりすることは実用的ではない．そうであっても，好条件のもとで経験者が測る場合には，かなり正確に見積もれる．目盛りは拡大レンズか接眼レンズの焦点面に十字線をつけた複合顕微鏡を使って読むことができる．T. ブラーエ（Tycho Brahe, 1546-1601）も知っていた斜線尺もより精密な測定方法であった．

装置の中に物差しが組み込まれ，ある部品の他の部品に対する相対的変位を測定することもある．しかし，ほとんどの場合物差しは測定すべき物体から離れているので，カリパスやコンパスによって測定された長さが物差しと比較される．そのため測定が不正確であったり測定の不便さが増大する．

18世紀に時計メーカーの1/12ゲージのようなテコの倍率器のついたカリパスが導入された．副尺(バーニヤ)をもつスライド式カリパスもそうである．これらは1,000分の1インチまたは50分の1mmまで読むことができる．最近では，精密な歯車で動かされる針のついたダイヤルをもつ器具が副尺に置き換わっている．1973年には0.0001インチまたは0.001mmまでの読みをデジタル表示する電子スライド式カリパスがつくられた．これはガラスに刻まれた固定目盛りと可動目盛りの間のモアレ干渉縞を計算するものである．

ネジマイクロメーターの原理，すなわちネジの軸方向の運動をネジが回転した弧を測ることによって細分することは17世紀に知られていた．この原理は18世紀末にJ. ワット（James Watt, 1736-1819）によって利用され，後にJ. バートン（John Barton），H. モーズリー（Henry Maudslay, 1771-1831）によっても使われた．それはしだいに工作機械の調整方法として導入されるようになったが，1846年にJ. L. パルメー（Jean Laurant Palmer）が手動ゲージを導入した後には測定方法としても広く使用されるようになった．この器具から発展した現代のマイクロメーターゲージは，1,000分の1インチすなわち50分の1 mmまで容易に測定することができ，副尺をあてた円形の目盛りよりも精度がいい．

またマイクロメーターの原理は，部品の長さをほぼ同じ長さの基準と比較して測るコンパレーター（比較測定器）においても重要な役割を果たすことになった．J. ウィットワース（Joseph Whitworth, 1803-1887）が考えた最も正確な測定器では，彼はマイクロメーターとウォームギヤを組み合わせ，100万分の1インチまで正確に測定できることを主張したが，最近の研究によればこの主張はおそらく根拠が確かでないようである．コンパレーターには他の原理も応用された．例えば，ダイヤル計器ではプランジャーの動きが歯車で拡大され，針が目盛りを表示したり（これは19世紀後半に時計生産工場で最初に使われた），あるいはテコや光学的方法で拡大して示したりする．後者の重要な例として，1918年にイギリスの国立物理学研究所のE. M. エデン（Edgar Mark Eden）とF. H. ロルト（Frederick Henry Rolt）が発明したエデン-ロルト・コンパレーターがあり，こ

エデン＝ロルト・スリップゲージコンパレーター（1918年）．100万分の1インチまで測定可能．SM 1928-1171．SSPL提供．

れは100万分の1インチの差まで検知することができる．

1896年にC. E. ヨハンソン（Carl Edvard Johansson）が発明したスリップゲージは高精度で携帯用の長さの基準を技術者に提供した．これらは繊細な仕上げの可能な硬い鋼鉄か類似の硬く安定した金属からなるブロックであり，先端面は光学的に平面かつ平行で，正確に決定された間隔になるようにラップ仕上げがかけられる．平らなおかげで少しずつ異なる長さのブロックを接触させて「絞る」ことで，それらがくっつき，セットの可能な範囲でどのような長さでもつくることができる．最高品質のセットの各ブロックの長さの許容誤差は0.0001 mm以下であり，ブロック間の絞りフィルムの厚さは，注意して操作すればその10分の1以下である．ブロックの長さはエデン-ロルト・コンパレーターや干渉計のような器具によって測定される．

特に製造業においては，長さはしばしば

固定ゲージか調整ゲージを利用することで管理されている。ゲージの大きさや製造部品それ自体の大きさは計測器によって検定される。専用汎用さまざまな設計のものがあるが、いずれも各動作に対し非常に精密な目盛りがつけられている。測定される物品上のゲージの点は光学的に照準されるか、あるいは繊細な電子機械式あるいは空気式接触システムによって検知される。

［Michael Wright／田中陽子・橋本毅彦 訳］

■文　献

Glazebrook, Richard, ed. *A Dictionary of Applied Physics*, Vol. 3. London：Macmillan, 1923.

Hume, Kenneth J. *A History of Engineering Metrology*. London：Mechanical Engineering, 1980.

Moore, Wayne R. *Foundations of Mechanical Accuracy*. Bridgeport, Conn.：Moore Special Tool, 1970.

Rolt, Frederick Henry. "The Development of Engineering Metrology." *Proceedings of the Institution of Production Engineers* 32 (1952)：130-132.

Rolt, Frederick Henry. *Gauges and Fine Measurements*. London：Macmillan, 1929.

◆日 射 計

Pyrheliometer

　日射計は太陽の放射の強度を測定する．その名前は，ギリシャ語の *pyr*（火），*helios*（太陽），*metron*（計測）からきている．日射計は，太陽定数（solar constant, 地球上の単位面積と単位時間についての日光の投射量）を決定するために考案された．20世紀の中頃に太陽定数の値がうまく確立されたときに，日射計の開発は衰退した．現在の標準の機器の設計は，1900年代初頭にさかのぼる．

　1825年にはげしく日焼けをした経験から，J.ハーシェル（John Frederick William Herschel, 1792-1871）は，太陽の放射を測定することに興味をもつようになった．彼は，すぐに彼の光量計，アンモニアにおける硫酸銅の暗い青色の溶液で満たされたガラスシリンダーを開発した．温度計は，溶液の温度上昇を測定するためにシリンダーにハンダづけされた．箱内のシリンダーを一方の透明な側に配置して，ハーシェルは，シリンダーを片側が透明になっている箱の中に置き，1分間隔で日陰に置いたり，日光にさらしたりすることを繰り返した．彼は，それから熱くなったり冷えたりする平均量を加えて，既知のエネルギー源の平均量とともに彼の読取りの目盛りを決めた．この手続きによって，ハーシェルは太陽定数の測定を行うことが可能になった．ハーシェルは自分の研究を自身ではあまり真剣にとりあげず，結果の出版も遅れがちであった．だが，光量計で大気の吸収を研究することをJ. D. フォーブス（James D. Forbes, 1809-1868）に勧めた．光量計の他の型はA. P. P. クローバ（André P. P. Crova）とJ. L. G. ヴィオール（Jules L. G. Violle）によって生産された．クローバは，太陽の放射を測定するために，大きな黒塗りの球をアルコールで満たした．一方，ヴィオールは，温度計の球を両壁で囲まれた球の中心に置いた．冷水槽は球の間の空間を満たした．

　日射計として知られるようになった最初の機器は，C. プイエ（Claude Pouillet, 1790-1868）によって太陽の放射に対する関心から1837年頃に開発された．プイエの装置はB. トンプソン（Benjamin Thompson, 1753-1814）によって最初に使われた装置と本質的に同様で，水が満たされている平らな円筒のディスクからなっている．ディスクの片側は黒くされ，他方は，温度計の球が挿入されるように小さい開口部をもっていた．黒く塗られたほうは太陽に向けられ，その熱によって水の温度が上がったのである．温度の増加量は，それから温度計で測定された．太陽の放射全体の効果を得るために，プイエもまた太陽光線が遮られたときの日射計の冷却度を測定した．これ

ら2つの測定を結合することによって，プイエは太陽定数を計算できたのである.

J. チンダル (John Tyndall, 1820-1893) は，シリンダー内の水の代わりに水銀を用いることによってプイエの日射計を改良した. この設計は，ワシントンD.C.のスミソニアン天体物理学天文台のC.G.アボット (Charles Greeley Abbot) によってさらに改良された. 1900年代最初の10年間の開発によって，アボットの水銀日射計は，ディスクが入っている小さい銅の中に含まれる水銀の薄い層の中に温度計の球を浸すものとなった. ディスクは，球形の組立の中に置かれ，黒塗りされ途中で切られた管を通って日光を受けた. この機器は1908年に銀盤日射計という最終的な形態になるまでに，いくつかの修正を受けた. 主な修正点は，銅の受け皿のディスクを銀のディスクに代えることであった.

重要な新しい形の日射計は，1893年にK. オングストローム (Knut Ångström) が電気補償日射計をつくって，開発された. この機器の背後にある原理とは，一方は太陽によって，他方は既知の熱源によって2台の検出器が加熱される方法である. 2台の検出器の温度が等しいことを決定するとき，太陽の放射熱は，既知の熱源のそれと等しいと考えられる. オングストロームは，太陽にさらされるものと電流によって加熱されるものという，2台の黒く塗られたプラチナ検出器を使った. それらが同じ温度になることは，熱電対によって決定された.

上述した日射計に常にある誤差の原因は，温度を測定する装置から，外側へ伝導される，ないしは放出される放射によって引き起こされる. この小さいが非限定的な誤差を克服するために，アボットは1903年頃から日射計を改良することに取りかかった. アボットは，放射の損失を克服することの鍵は検出器として黒体を使うことだろうと考えた. 日光が小さい隙間を通って空洞の部屋に入ってくるようにした上で，アボットは部屋の壁によって吸収された熱量を測定できるならば，エネルギーの損失について心配する必要がなくなるだろう. アボットの1910年の最終バージョンには，照準を合わせている (collimating) 管から入った太陽の放射を吸収する黒い顔料で覆われた内部屋があった. 放射はその後，部屋のまわりを流れる蒸留水 (ニトロベンゼンが初めに使われた) によって吸収された. 仮に水が吸収されるのと同じくらいのエネルギーを運び去ったならば，太陽の放射の量は，出入りする水の間で温度の差異を測定することによって決定されるであろう. 水流日射計の二室型は，1932年に開発され，非常に安定していて正確な機器であると証明された.

最も正確な日射計は，水流，銀盤，電気補償日射計であった. それらは，後の読取りが絶対的エネルギーに関して行われうるように，一般的に用いられる日射計の目盛りを決めるために使われている. 水流日射計は，複雑で難しい機器であり，スミソニアンが1960年頃にその太陽定数の研究を終えたときからは使用されていない. 銀盤日射計はより広く使用された. なぜならばスミソニアンが太陽定数の読取りを標準化するために世界中で100以上の地域に分配したからである. オングストロームの電気補償日射計は，すべての他の機器の目盛りを決めるための一次基準のままである. 絶対的基準は，スイスのダボズにある世界放射センターのいくつかのオングストローム機器によって維持されている. 二次機器は，これらに対して目盛りを決められ，標

スミソニアン天体物理学天文台の銀盤日射計．NMAH 314,679．NMAH 提供．

準を使用している機器に転送するために使われている．よく使われる現代の日射計は，太陽の放射を受け取って測定するために主として熱電対列を使っている．これらの機器の最も重要なものは，エプレー（Eppley）の正常な投射の日射計（アメリカのエプレー研究所によってつくられる），リンケ=フォイスナー（Linke-Feussner）の日射計（オランダのデルフトにあるキップ（Kipp）とゾーネン（Zonen）によってつくられた），サヴィノフ=ヤニシェフスキ（Savinov-Yanishevsky）の日射計(ソ連でつくられた）がある．ソ連の研究者は，実は合金製の温度計であるマイケルルソン（Michelson）の合金製の日射計も使っている． [Ronald S. Brashear／橋本毅彦 訳]

■文　献

Abbot, Charles Greeley, and Loyal Blaine Aldrich. "The Silver Disk Pyrheliometer." *Smithsonian Miscellaneous Collections*. vol. 56, no. 19. Washington D. C.：Smithsonian Institution, 1911.

Abbot, Charles Greeley, Frederick E. Fowle, and Loyal Blaine Aldrich. "An Improved Water-flow Pyrheliometer and the Standard Scale of Solar Radiation outside the Atmosphere." *Smithsonian Miscellaneous Collections*, vol. 87, no. 15. Washington D. C.：Smithsonian Institution, 1932.

Ångström, Knut. "The Absolute Determination of the Radiation of Heat with the Electric Compensation Pyrheliometer, with Examples of the Application of This Instrument." *Astrophysical Journal 9*（1899）：332-346.

Coulson, Kinsell L. *Solar and Terrestrial Radiation*. New York：Academic, 1975.

Kidwell, Peggy Aldrich. "Prelude to Solar Energy：Pouillet, Herschel, Forbes and the Solar Constant." *Annals of Science* 38（1981）：457-476.

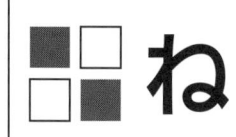

◆ネイピアの棒

Napier's Rods

ネイピアの棒は数字の0から9までについての乗算表を記した棒の組である．乗法，除法，平方根や立方根の算出に用いられ，その名称は16世紀に生きたスコットランドのマーチストンの城主，J. ネイピア（John Napier, 1550–1617），（彼の名は後世，対数の発明のほうでよく知られている）にちなんでいる．

1617年にエディンバラにおいてネイピアの死後に出版された彼の著書，『棒の組，すなわち小枝による計算法 (*Rabdologia, sue Numerationis per Virgulas*)』の中で述べられている三つの計算補助具の中でも，これらの計算棒は最も単純なものである．この年の末に至るまでに，あるロンドンの数学教師はこの本を称賛し，「通常ネイピアの骨と呼ばれている」棒は「ホウジャー通りの N. ゴス (Nathaniel Gosse) によってつくられている」と指摘していた．10年も経たないうちに，この本の一部はドイツ語，イタリア語，オランダ語へと翻訳され，ラテン語の復刻版がヨーロッパに流布した．最も早い英語での説明は1627年に出版された．

初心者にとって，この計算棒は一見不可思議に思える乗法について，たやすく理解できる入門法となった．そのデザインは乗法の「格子」式計算法を適用したものである．これは即座に広範囲の関心を呼んだ．乗法計算は加法に還元して行われたが，乗法表を記憶する必要はなくなった．除法や平方根・立方根の算出も行われたが，乗法の場合と比べて単純さと教育的価値に欠けていた．1674年に J. ムーア (Jonas Moore) が適切に指摘したように，「記憶による乗法は常にそれを実践している人には合っているけれども，確実さと容易さにおいて，木や象牙でつくられたネイピア卿の計算棒に匹敵する発明はこれまでのところなかった」．

ネイピアの死後1世紀も経つと，算術は公教育の中に取り込まれるようになった．教師たちはいまや，紙とペンで乗法や除法を行う技能によってその能力を測るようになった．かつては普及していた初心者の補助道具は，余計なものとして追いやられることとなった．

仕組みと用法

正方形に区切りがなされた棒の各面には，1桁の乗法表が記されている．［答の数値の］1の位と10の位は斜線で区別されている．［0から9までの］数字は棒の4面に，向かい合った面同志の数の和が9になるように配列されている．10本の棒の組には，いろいろな数値の組合せが生じるが，各数値は［合計で40面ほどあるから］4回ずつ出現する．

ネイピアがデザインしたものでは，隣り合った面の乗法表の組は，他の2面の組と反転している．1648年にS. パートリッジ（Seth Partridge）は「計算棒を端から端までひっくり返す手間を省くために」計算棒［の数値］は同じ向きに記されるべきだと提案した．1648年以降，イギリスのテキストはこの提案に追随したが，これはすでに1618年のドイツ語による解説の中に発案として含まれていた．1から9までの数の平方と立方が記された棒は，それぞれ平方根と立方根の算出に用いられた．

初期のタイプには，数字の1から9までが記され，乗数を指示するための個別の棒があった．最初のイタリア語の翻訳者は棒を整列するために直角定規を利用し，その垂直に立った側の数字を乗数とし，乗法の結果を読み取るためにそれに付随したカーソルを用いることを提案した．彼はまた計算棒と定規とカーソルを収める入れ物をも考案した．パートリッジによれば，その計算棒のセットは「表をつくるときや計算棒を置くときに一緒に用いるための枠」を備えていた．その板は乗数がはめ込まれた縁を備えている．

乗法を実行するためには，被乗数の計算棒を選んで盤の上に順番に並べる．ついで，乗数の列に従って右から左へ操作する．すなわち，隣り合った三角形の数字の和をとっていく．10の位の10倍や，1の位の100倍のように9を越えるものは左へとくり上がる．

主なバリエーション

1677年に，W. レイボーン（William Leybourn）は被乗数の札をもっと速く選ぶことができるようにと考え，木の札の両面を用いた薄板の計算棒について述べた．そのデザインが彼の創案であると，主張はしな

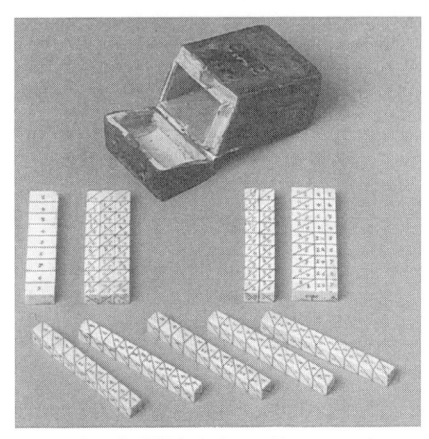

17世紀の象牙製ネイピアの棒．スコットランド国立博物館提供．

かった．この薄い板状のデザインはロンドンのメーカーの支持を受け何十年間か業界の主流となり，まもなく1700年代を迎えた．イエズス会師で百科事典編纂者，G. ショット（Gaspar Schott）の1668年型デザインは，箱に備えつけられた一連の円筒上に，乗法表が取り付けられていた．各円筒の表面は，数字の0から9までの乗法表のための10本の縦の筋に分割されていた．これは必要とする被乗数を，計算棒の組からではなく，「ダイヤル」することによって選べた．蓋に用意されている加法表の意味することは，人は加法すら知る必要がなくなってしまったことであった．

ネイピアの棒に対する17世紀における解説は，この道具が筆算の必要性を取り払ったことを強調することに力点を置いていた．しかしながら，この説明は1桁の数を掛け合わせる場合にのみ有効であった．筆算による記述操作的な仲介を避けるために，1667年にC. コットレル（Charles Cotterel）は，ビーズ玉の算盤と薄板型のネイピアの棒とを組み合わせた「算術道具」

をつくり上げた．このそろばんは乗法の途中で得られる部分積を記録し，総和をとるために用いられた．

[D. J. Bryden／佐藤賢一 訳]

■文　献

Bryden, D. J. *Napier's Bones*：*A History and Instruction Manual*. London：Harriet Wynter, 1992.

Napier, John. *Rabdology*. Translated by W. F. Richardson. Cambridge：MIT Press, 1990.

◆ねじり秤

Torsion Balance

　ねじり秤は，1784年にC.-A. クーロン (Charles-Augustin Coulomb, 1736-1806) がパリ科学アカデミーで披露し，金属線におけるねじりの法則を提唱して以来，電磁気力を測定するのに利用されてきた．その1年後，クーロンは，電流と磁気に関する7編の論文のうちの第1論文で，電気反発における力と距離の関係を研究し，いまや古典の地位を獲得した静電学の逆2乗則の主要部分を定式化した．クーロンはエンジニアとしての訓練を受け，力学や数学の優れた知識を身につけていたため，力学のモデルに基づいて電気学を確立することができた．彼のねじり秤は，そのような想定を確かめるための装置として位置づけられる．クーロンはエンジニアとしてのバックグラウンドがあったので，そのような装置を考案するのに必要とされる技能も身につけていた．クーロンのねじり秤は，ロープの摩擦や剛性を測定するための器具の延長で登場し，当初は流体抵抗を測定するために利用された．

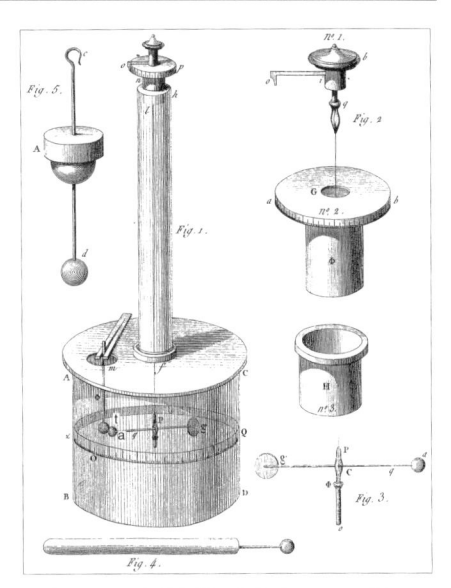

クーロンのねじり秤．C. A. クーロン：Charles-Augustin Coulomb. "Premier mémoire sur l'électricité et le magnétisme." Mémoires de l'Académie Royale des Sciences (1785)：PlateXIII. NMAH 提供．

　磁気を研究するため，磁力の微妙な変化に応じて回転するように，針が生糸製のワイヤーでつり下げられた．糸の回転角は，磁力に対してねじれを戻す方向に働く弾力に比例するものとみなされた．これは，応力（外力，この場合は磁力）はひずみ（弾性変形）に対して比例関係にあるという，フックの法則を一般化したものである．ねじり秤は電気力を測定するのにも利用された．クーロンの器具では，ワイヤーの代わりに長さ 76 cm の細い金属糸が使われ，一端に直径 0.5 cm のピッチ球をつけ，スペイン蠟に浸した生糸製の糸か藁が磁針の代わりに使われた．高さはほぼ 1 m で，上端にねじりマイクロメーターを備え，風から針を守るためにガラス・シリンダーで完全に覆われていた．ガラス・シリンダーの

まわりには，針の正確な位置を読み取るため，度数を記した紙片が針の高さに合わせて貼りつけられた．実験を始めるにあたって，球 a を第二の固定球 t に接触させる．外部から導体を通して電荷が球 t，球 a に与えられると，可動球 a は反発する．均衡位置を読み取った後，2 つの球を互いに再度接近させるようにマイクロメーターを調整すると，ワイヤーのねじれはさらに増加することになる．そして可動球 a の位置を再度読み取る．ここで，2 つの球の間の電気反発は，銀ワイヤーのねじりによって打ち消されている．極端に細い金属ワイヤーはこの秤の最も壊れやすい部分で，非常に容易に壊れてしまった．1820 年代には，電気秤の値段はおよそ 500 フラン（大学教授の 1 月分の標準的な給料にほぼ相当）だった．

クーロンのねじり秤が引き起こした反応は国によって大きく異なっていた．フランスでは瞬く間に受容され，賞賛を浴びた．イタリアでは関心を引かなかった．ドイツでは猜疑の目で見られ，クーロンの他の法則とともに拒絶さえされた．このような反応は，クーロンの論文の普及状況や評価基準の変化，文化的・制度的枠組みなど多数の要因によっている．パリでは，科学アカデミーの会員たちが，単純で普遍的な数学的諸法則を通して自然現象を把握することの実現可能性を追求することに熱中していたので，彼らに共通の自然観にねじり秤はうまく適合した．一方でイタリアの物理学者たちはクーロンの実験を，単一の法則ではとらえられないような複合的な現象だとみなしていた．A. ヴォルタ（Alessandro Giuseppe Antonio Anastasio Volta, 1745-1827）は電気を化学的現象と考えており，定量的にも定性的にも新しい特徴をもつ電気量を定義しようと計画していた．彼は異なったデザインをもつ独自の秤を導入した．ドイツの物理学者たちは，クーロンが十分な数値を与えておらず，公衆の面前で実験を行わなかったことを非難した．教鞭に立たなかったクーロンと違って，ドイツの物理学者たちは学生のために実験を再現しようとした．そのような目的のためにはクーロンの秤は不適当であるとし，彼らは 1825 年に至るまで，代替器具を利用し，クーロンの法則と秤とを疑わしいものとみなしていたのである．

物理学者たちが正確な電気測定にねじり秤を使うのはたやすいことではなかった．ねじり秤はあまりに微妙な変化の影響を受けてしまうし，観測者 1 人の能力にあまりにも依存しすぎていた．そのような欠点は，商品化にあたっての妨げともなった．にもかかわらず，ねじり秤は 19 世紀フランスのほとんどの教育機関の物理実験室の棚に並べられていた．展示されてはいたが，実際に使われることはまれだった．教師はクーロンの実験を説明し，クーロンが 1785 年の論文で与えた 3 つの数値を引用するのがおなじみの光景だった．そのような光景が定着して崇拝の対象になり，クーロンの秤は静電学創設の象徴となった．しかし，磁気観測では状況は異なっていた．フランス人の天文学者 J.-D. カッシーニ（Jean-Dominique Cassini, 1748-1845）は 18 世紀終盤に磁気観測目的でねじり秤を利用した．1820 年代にはフランス人器具製造者 H.-P. ガンベイ（Henri-Prudence Gambey, 1787-1847）が，さまざまなねじり秤（コンパス（羅針儀））をつくり，地球磁場を同時測定するはじめての試みに広く使われた．

電気力や磁気力を糸の回転角によって測定するねじり秤の原理が，電気力を測定す

る検流計と磁力を測定する磁力計という2つの技術的後継者の核心をなしている。W. E. ヴェーバー（Wilhelm Eduard Weber, 1804-1891）とC. F. ガウス（Carl Fredrich Gauss, 1777-1855）が1834年に開始した地球磁場測定の国際的なキャンペーンでは，初めて世界的規模で標準化された秤が成功裡に利用された．ヴェーバーとガウスは，既知の値と比較する方法を放棄して，空間，時間，重量のような正確に測定可能な機械単位を選択し，そのような基本量の測定のみに基づく絶対測定を導入した．彼らの磁力計は，サイズの面でも，測定値を読み取るやり方の面でも，ねじり秤とは異なっていた．また，ガウスとヴェーバーは，1本の糸でつり下げるかわりに2本の糸でつり下げるようにした．そうすることで，ワイヤーの振動を利用せずに，データを即座に得られるようになった．続いてヴェーバーは，装置に関する詳細な知識をこの計画のさなかで獲得し，1840年代に検流計や他の電気測定器具を構想する際に活用した．この系列の電気機械器具は精度の面では，20世紀の後半にデジタル電圧計のようなマイクロエレクトロニクス装置に地位を奪われた．

[Matthias Dörries／中村征樹 訳]

■文 献

Blondel, Christine, and Matthias Dörries, eds. *Restaging Coulomb, usages, controverses et réplications autour de la balance de torsion*. Firenze：Olschki, 1994.

Dörries, Matthias. "Prior History and Aftereffects：*Nachwirkung* and Hysteresis in 19th-Century Physics." *Historical Studies in the Physical Sciences* 22（1991）：25-55.

Gillmor, C. Stewart. *Coulomb and the Evolution of Physics and Engineering in Eighteenth-Century France*. Princeton：Princeton University Press, 1971.

Heilbron, J. L. *Electricity in the 17th and 18th Century：A Study of Early Modern Physics*. Berkeley：University of California Press, 1979.

◆熱電対（列）

Thermopile

熱電対列は熱電効果を利用するもので，温度変化を記録することにも，電流を発生させることにも使える．T. J. ゼーベック（Thomas Johann Seebeck, 1770-1831）が1822年に熱電効果を発見したのは，ガルバーニ装置に対する熱の影響を調べている間のことであった．彼は熱が磁気を発生するという仮説を立て，それを検証しようとしたのであった．ゼーベックは，まず，半円形のビスマス片を同様の形をした銅につなげて円環とした．そして，ビスマスと銅の接合部のどちらかに熱を加えると，近くに置いた磁針が，あたかもこの円環を回路として電流が流れているかのように振る舞った．接合部や導体にさまざまな金属を使って，多くの実験をくり返した後，ゼーベックはこれらの金属を熱電反応の順に並べた．ビスマスが最も陰性が強く，テルリウムが最も陽性が強い．ゼーベックは28の物質についてリストを作成し，その順序はボルタ列とは異なることを発見した．ゼーベックはこの効果を熱磁気効果と記述し続けたが，H. C. エールステズ（Hans Christian Oersted）はこれを熱電気と同定した．J. B. J. フーリエ（Jean Baptiste Joseph Fourier, 1768-1830）の助けを借りながら，エールステズは熱電列の中のいくつかの金属を組み合わせてハンダづけし，電気化学的現象を利用したボルタ電対に対応する，

熱電対列を最初につくった.

　J. カミング (James Cumming) は検流計についての先駆的な仕事で知られるが, 同じ効果を独立して発見し, 自分の実験を1823年に発表した. そして熱電効果による電流を使って小さなモーターを動かすことに成功した. A. C. ベックレル (Antoine Cesar Becquerel, 1788-1878) は化学効果と熱電効果との関係を研究していたが, カミングとゼーベックの研究をよく知らず, カミングの結果は彼を驚かせた. ベックレルはこの現象を使って通常は測定できない領域の温度を測定することに熱心に取り組んだ. 1826年に2つのプラチナ試料からなる組を使って, ベックレルはアルコールランプの炎の温度を測定することに成功した.

　フィレンツェのL. ノビリ (Leopoldo Nobili) は, 1829年に熱電対列についての研究を始めた. ノビリは, 1831年からM. メローニ (Macedonio Melloni, 1798-1854) の協力を得, 共同研究は1939年にメローニがパリに政治亡命するまで続いた. ノビリは多くの熱電対列を製作し, 6個から200個のビスマスとアンチモンを用い, 自分の検流計実験に電気を供給し, これを熱電増幅器と呼んだ. 実際, J. L. クラーク (J. Latimer Clark, 1822-1898) (1873年) とE. ウェストン (Edward Weston, 1850-1936) (1993年) が標準電池によって基準電圧を与えるまでは, これが唯一実用的な安定電源であった (電池の項を参照). G. S. オーム (Georg Simon Ohm, 1789-1854) が彼の電気抵抗の法則を定式化したときに電源として使ったのも熱電対列であった (オームの法則, 1827年).

　1831年9月5日, ノビリとメローニはフランス科学アカデミーで熱の性質 (熱輻射) を研究するための熱電対列について発表した. この熱電対列は差動温度計よりもはるかに敏感で, 1 m 先の手のひらの熱を探知することができた. これはただちに実験装置製造業者に模倣され, ノビリ-メローニ熱電対列として一般に知られるようになった. この装置は主にメローニの実験台とともに輻射熱の実験に使われた. これはスクリーン, スリットのついた隔壁, レスリーの立方体, 真鍮製中空角柱, 角度計, 熱源が付き, すべて締め具で真鍮棒に取り付けられ, その棒はマホガニーの台座にしっかりと支えられてあった. メローニは5つの熱源を使った. 反射器つきのロカテリ灯, アルガン灯, アルコールランプの炎の中におかれたらせん形の白銀, 摂氏400度付近に保たれた黒塗りの銅版, そして沸騰した湯を入れた黒塗りの銅管であった.

　熱電対によって生じる電流はきわめて小さいために, 電気に関して通常思い起こされる現象のどれもが観測可能というわけにはいかなかった. このために, 1831年に死んだゼーベックは自分が磁気現象を発見したと主張し続けたのだった. 熱電スパーク, 熱電抵抗熱, そして熱電による水の電気分解は, 1830年代の終わりに実験で実現され, 1837年に F. ワトキンス (Francis Watkins) は重さ94ポンド (約43 kg) の物体を熱電気による電磁力で持ち上げたと発表した.

　1834年に, J. C. A. ペルティエ (Jean Charles Athanase Peltier, 1785-1845) は, 熱電対に電流を流したとき, 加熱および冷却が接合部で起こることを発見した. 1838年に, E. K. L. レンツ (Emil Khristianovich Lenz) はペルティエ接合を用いて, 水を凍らせることに成功した. この現象を説明しようという試みは熱力学の発展の重要な一側面となり, 最終的にはこれが W. トム

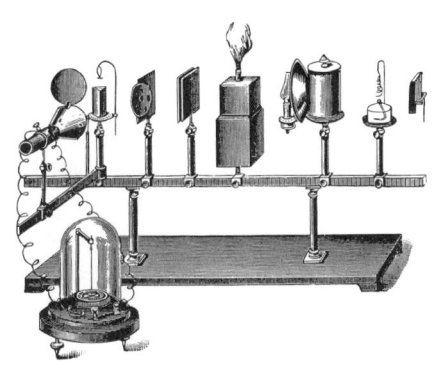

メローニの熱電気装置の商用製品（1912年頃）．John J. Griffin & Sons Ltd. Scientific Handicraft: An Illustrated and Descriptive Catalogue of Scientific Apparatus. London, 1914: 487, Figure 2-2355. フィッシャー・サイエンティフィック U.K. 社提供．

ソン（William Thomson, 1824-1907）とR. J. E. クラウジウス（Rudolf J. E. Clausius, 1822-1888）の熱力学の第二法則の定式化へとつながった．熱電気の歴史においては，実験装置の精度よりも，実験家の創意工夫が重要だといわれた．

熱電対は2点の温度差を測定するのにも用いられる（熱電パイロメーター）．多くの場合，一方の接合部の温度は，しばしば氷水槽を使って，一定の温度に保たれ，他方の接合部は敏感な温度探針として使われる．摂氏1,700度までの精密な温度測定にはプラチナとプラチナ・ロジウム合金の組合せが標準的な温度計に使われる．1,300度までは合金クロメルとアルメルが接合部に使われる．数百度程度までの低温には銅と合金コンスタンタンが広く用いられる．

[Willem D. Hackmann／伊藤憲二訳]

■文　献

Darling, Charles C. *Pyrometry: A Practical Treatise on the Measurement of High Temperature*. London: Spon, 1911.

Finn, Bernard S. "Thermoelectricity." *Advances in Electronics and Electron Physics* 50 (1980): 176-240.

Hackmann, Willem D. *Catalogue of Pneumatic, Magnetic, Electrostatic, and Electromagnetic Instruments in the Museo di Storia della Scienza*. Florence: Giunti, 1995.

◆熱電対湿度計
➡ 湿度計【熱電対式】

◆熱　天　秤

Thermobalance

熱天秤はサンプルとなる物質をあらかじめ設定された雰囲気下で，制御された温度領域における重量変化を測定する．その技法は，熱重量測定（TG: thermogravimetry）ないしは熱重量測定分析（TGA: thermogravimetry analysis）と呼ばれる．熱天秤は通常，X-Y記録器を通じて記録を与えるサーボ機構によってコントロールされるか，コンピューターワークステーションによってコントロールされる微量天秤である．記録は，重量（w）が，温度（T）もしくは時間（t）（時間に対する温度の変化が示されている場合）に対してプロットされる．熱重量測定でしばしば取り上げられる分解の例は，炭酸カルシウムの酸化カルシウムと二酸化炭素への分解である温度に対する重量の記録から，その分解が追跡できる．金属の腐食において，このプロットは重量の増加を示す．このような情報は，しばしば温度に対する重量変化の百分率，

重量変化の割合,もしくは反応進行割合(a)としてプロットされることも別法としてしばしばある.温度に対する重量の記録は,熱重量測定曲線と呼ばれる.熱重量測定微分(DTG:derivative thermogravimetry)では,温度に対してdw/dtが,プロットされている.

熱重量測定分析には,天秤と炉が必要である.重量を測定する技術は,紀元前2800年頃のエジプトで知られていたが,化学的反応を跡づけるための重量測定の最古の例は,プトレマイオス王時代(紀元前332-30),金が水銀とのアマルガム化によって精製された頃にさかのぼる.B.ヒギンズ(Blyan Higgins)の著書,『石灰質セメントについての実験と観察(Experiments Observation…on Calcareous Cements)』(1780年)で,彼は生石灰を異なる温度でどのように熱したら,どのように酸化カルシウムへの分解が起こったかを記述している.彼は加熱による重量変化を天秤を利用して計測しているが,温度については効果的な計測はできてはいない.19世紀の温度計の改良によって,熱天秤の発展が可能となった.

初期の発展

E. G. ヴァールブルグ(Emil Gabriel Warburg, 1846-1931)と飯盛挺造(1851-1916)は,1886年にドイツにおいて微量天秤を導入している.1903年に,ドイツのW. H. ネルンスト(Walter Hermann Nernst, 1864-1941)とE. H. リーゼンフェルド(Ernest H. Riesenfeld)がアイスランド・スパー(氷州石:純粋無色透明の方解石),オパールとジルコニアを熱し,微量天秤を使用して,その重量変化を追った記録を報告した.熱分析においては,試料が炉と同じ場所にずっと置かれるので,保存型の微量天秤が好まれた.

O. ブリル(Otto Brill)は,1905年に炭酸カルシウムを熱した効果を記述した.ブリルは,サンプルを白金管炉で熱し,それを規則的な間隔で取り出し,その重量をネルンスト微量天秤で測定し記録した.1912年にはフランスの化学者,G. ユルバン(Georges Urbain, 1872-1938)が伝統的な天秤にゼロ点の電磁的補正を施す改良(1895年にオングストローム(K. Ångström, 1814-1874)が導入したもの)を加えた装置を作成した.サンプルの重量が炉中で計測され,温度と重量の両方が測定されるので,これは,まさに熱天秤であった.しかし,その潜在的な可能性は,おそらく信頼性が低かったために,現実には活かされなかった.

1915年に,日本の本多光太郎(1870-1954)が『熱天秤について』を発表し,信頼性の高い機器が記載され,初めて「熱天秤」という言葉が使われた.本多の設計は,磁気化学についての彼の研究に使用された同様の機器の使用に影響を受けたものであった.本多の熱天秤は彼の弟子によって改良され,何百という沈澱物についての熱分析が,日本の彼の学派から報告された.初期の他の形式の熱天秤は,1923年にフランスの化学者,M. ギシャール(Marcel Guichard)によって記載されている.彼と彼の協力者は,一連の包括的な熱分析研究を行った.P. デュボア(Pierre DuBois)が先に,後にはP. ヴァレー(Pierre Vallet)が,熱重量変化曲線を記録するのに写真を利用した.

現在の装置

信頼できる商業的な熱重量計測装置は,フランスで1943年に導入されたP. シェヴナー(Pierre Chevenard)の熱天秤に始

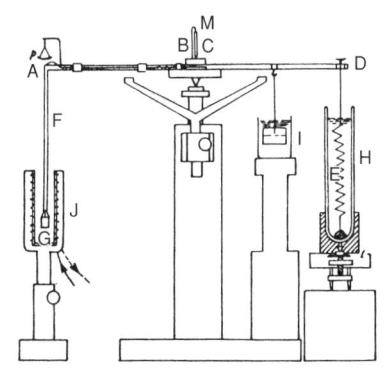

本多光太郎の熱天秤の模式図（1915年）．図中のJが炉にあたる．Clément Duval. Inorganic Thermogravimetric Analysis. Translated by R. E. Oesper. Amsterdam：Duval (1963)：5, Figure 1.

まる．主に，彼の同僚であったC. デュヴァル（Clement Duval）の批判の結果，より信頼性の高いものに改良されたものが1947年に製作された．1950年代初頭以来，熱天秤は，多くの重量測定装置を用い，炉の設計と温度設計プログラムの改良によって，大幅に進歩した．熱重量分析の領域は，現在では，重量計測技術の単なる確立というレベルを越えて，反応速度論や熱力学，冶金学，腐食，ポリマーの領域の研究に広がっている．

熱天秤の設計における最も重要な傾向は，微量天秤と炉の両方の小型化である．これに対しては批判があり，石炭・セメント・ガラスやセラミックスなどの工業では普通見られないほどに試料が小さいものがある．そのため，いくつかの天秤は，重量のある重い物質を計量することが可能でありながら同時に，微量の重量変化を示すにも高精度を実現している．他の改良型では，腐食性のガスの中で稼動することのできるものもある．コンピューターワークステーションの到来によって，データの新し

い表示方法の採用が容易になり，後での計算処理（例えば反応速度論やDTG（熱重量測定微分）といった）も楽になった．現在は，熱重量分析と同時に，微分スキャン熱量測定（DSC：differential scanning calorimetry）や，示差温度分析（differential thermal analysis），関与気体分析（evolved gas analysis）などができる装置が次々に提供されている． ［David Dollimore／塚原東吾・梶 雅範 訳］

■文 献

Duval, C. *Inorganic Thermogravimetric Analysis*. 2nd ed. Translated by R. E. Oesper. Amsterdam：Elsevier Science, 1963.

El-Badry, H. M., and C. L. Wilson. "Report of a Symposium on Microbalances." *Lectures, Monographs, and Reports of the Royal Institute of Chemistry* 4（1950）：23-48.

Honda, K. "On a Thermobalance." *Science Reports of Tohoku University* 497（1915）：97-103.

Keattch, C. J. "The History and Development of Thermogravimetry." Ph. D. dissertation. University of Salford. U. K., 1977.

◆熱の仕事当量測定器

Mechanical Equicalent of Heat Apparatus

熱の仕事当量を決定するためには，熱と力学的仕事との間に比例定数が存在することを示す必要がある．これは，一般的にはエネルギー概念，その中でも特にエネルギー保存の概念を構築するのに最も重要な定量的関係に他ならない．科学史家はこれまで，この仕事当量の実験的測定を1830年代から（エネルギー保存の概念が発達する）1850年代まで続く科学史上重要なエピソードとして描いてきたのであるが，実際にはこの転換係数を決定する実験は19

世紀全体を通じて行われていたのである．

その最も顕著な例が，J. ジュール（James Prescott Joule, 1818-1889）によって 1843～1849 年に行われ，1875～1877 年に規模を大きくして再度行われた外輪式実験である．ジュールは，電流の発熱効果を計測した後（いわゆる間接法）で，水の摩擦によって生じる熱量を計ることによって熱の力学的な値を決定する方法（いわゆる直接法）を利用した．彼の装置は，水で満たされた，外輪つきの銅製の容器からなり，外輪は落下するおもりによって回転して水を撹拌するようにつくられている．ジュールは，約 57 ポンド（約 26 kg）のおもりが 105 フィート（32 m）だけ落下すると，銅製容器内の水の温度は華氏 1/2 度上昇することを見出した．彼はそこから温度差に対するなされた仕事の比の値を算出して 722.69 の数値を得，この値を熱の仕事当量（後に彼の名から J と呼ばれるようになる）と名づけたのである．

ジュールのもともとの実験装置のうち，残っているのは外輪のついた容器だけで，ロンドン科学博物館で展示されている．ジュール自身によって試験されたレプリカは，1958 年にインド，ニューデリーの国立物理学研究所に寄贈されている．マンチェスター科学産業博物館はいくつかの遺物と外輪つき容器のレプリカを所蔵している．ドイツ，オルデンブルクのカール・フォン・オシエツキー大学の物理学科は，実験装置全体のレプリカを所蔵している．

ジュールの実験を再現してみることによって，実験過程についての深い理解が得られる．例えば，ジュールの 1850 年の論文に基づいて設計されたレプリカでは，落下するおもりによる力学的な力に対抗しうるだけの抵抗は得られない．ロンドン科学博物館にある装置に基づいた第二のレプリカでのみ，ジュールの論文で書かれているような力学的な作動が得られるのである．しかしながら，運転用の把手の寸法（この装置の他の部分の寸法に比例する）はこの装置を動かすには小さすぎる．ジュールはこの特別な装置を（使えたとしても）例示用の装置として使うことができただけであろう．さらにいうと，たとえ運転用の把手がより長くても，力学的仕事を行うためには，汗をかくことによって部屋の温度を上げることなく，短い時間でおもりを巻き上げることができる，体を鍛えた第二の人間が必要となるだろう．

温度計測もこの実験において重要な要素である．ジュール自身の温度計は壊れてしまったが，彼の器具の質については十分な理解が得られる．ジュールは，マンチェスターの科学器具メーカーである B. ダンサー（Benjamin Dancer）から可動式の顕微鏡を購入しているが，この分解能の低い顕微鏡は，ネジをまわすことによって，ある軸上を水平に動かすことができる．動かせる距離は，ネジの一方についている目盛られた円盤から決定することができる．ジュールはガラス管を顕微鏡の下に置き，1 インチの水銀柱を管の細い穴の中に入れ，水銀の両端の間の間隔にしるしをつけておいた．水銀を動かして一方の端が前にしるしをつけた点のどちらかに一致するようにすると，2 つ目の目盛りがつけられることになる．各々の位置での水銀柱の長さの変化はせいぜい 4,000 分の 1 インチと確かめられる．したがって，もし管の内径が一定であれば，連続する間隔の長さも一定となるであろう．一方，ジュールの温度計は円錐形で，内径が少しずつ小さくなっていて，管の両端付近での断面積は約 20% 違って

いたのである．このように管の内径をチェックするプロセスによって，最も良質のガラス管を選ぶことができるようになり，ジュールが「目盛りづけそのものによって温度計の補正をする」ことを可能にしたのである．目盛りをつけるにあたって，ジュールはガラス管の容積の変化は大目に見ることにした．上で記述したプロセスによってジュールは水銀柱の長さの変化を同定することができるようになり，しかる後にこれらの異なった間隔は各々50の目盛りに分割された．ジュールはこのような方法で（恣意的ではあるが）最も精度の高い温度計を手にすることとなったのである．

この実験を十分な正確さで行うには複雑な技量も必要となった．温度変化の影響を防ぐために，実験を公衆の前で行うことはできなかったし，醸造業者の酒蔵の中での実験の様子を（熱を放射する）同僚に見せることもできなかった．ジュールは醸造業の文化の中で，他の物質的・人間的財産のみならず，熱測定のために必要な温度測定技術をも手に入れたのである．

ジュール自身の試みとは別に，H. A. ローランド（Henry A. Rowland, 1848-1901）によって熱の仕事当量の根本的な再測定がアメリカのボルティモアのジョンズ・ホプキンス大学の新しい物理学実験室において1876～1879年にかけて行われた．ローランドの装置は，現在ワシントンD.C.の国立アメリカ史博物館に保存されている．ローランドは従来の測定方法を改良し，熱の仕事当量を絶対単位系で求めるために最新の工学技術を応用した．空気温度計についての彼の研究は，熱の仕事当量の値に関する意見の違いを解消するための前提となった．

1860年代以降，熱の仕事当量の測定は

カール・フォン・オシエツキー大学の高等教育・科学史研究グループが製作した，ジュールの外輪式装置のレプリカ（ドイツ）．ケンブリッジにあるウィップル科学史博物館提供．

物理学の講義に多く登場している．プルイ（J. Puluj）は1876年に卓上測定装置を発表し，後にこの装置はドイツのE. ライボルト社によって販売された．1884年には，ケンブリッジ科学機器会社（CSI）は，ケンブリッジ大学のキャヴェンディッシュ研究所の実験物理学担当演示実験者であるボーイズ（C. V. Boys, 1855-1944）とサール（G. F. C. Searle）によって考案された装置の販売で成功した．後者の装置はプールイの装置（現在キャヴェンディッシュ研究所文書室蔵）と類似しており，CSIによって1902年に販売されている．CSIは1904年にはカレンダー（Hugh Longbourne Callendar, 1863-1930）によって設計された高度な装置を売り出したが，販売予告によれば講義をする人は12ポンド10シリングを支払うことによって「クラス中の学生の目の前で約10分で"J"の値を2分の1％の正確さで計測することができる」と謳っている．

ジュールの外輪式装置に基づいて設計さ

れた装置はコペンハーゲン大学のクリスチャンセン（C. Christiansen, 1843-1917）によって提唱され，ドイツのエルランゲンで製作された．1900年頃にケムニッツの科学器具会社マックス・コールはジュールの外輪実験装置全体のレプリカを売り出してさえいる．間接法を用いた（つまり電流によって発生する熱を計測する）装置も同様に人気があったが，こちらのほうは力学単位と電気単位との一致がさらに要求されたのである．　　　［H. Otto Sibum／菊池好行 訳］

■文　献

Joule, James Prescott. "On the Mechanical Equivalent of Heat." *Philosophical Transactions of the Royal Society of London*, 140（1850）：61-82； "New Determination of the Mechanical Equivalent of Heat." *Philosophical Transactions of the Royal Society of London*, 169（1879）：365-383. Reprinted in *The Scientific Papers of James Prescott Joule*, 298-328, 632-657. 2 vols. London：Taylor and Francis, 1884.

Puluj, J. "Ueber einen Schulapparat zur Bestimmung des mechanischen Wämeaequivalents." *Annalen der Physik und Chemie* 17（1876）：437-446；and "Beitrag zur Bestimmung des mechanischen Wärmeaequivalents." *Annalen der Physik und Chemie* 17（1876）：649-656.

Rowland, Henry A. "On the Mechanical Equivalent of Heat, with Subsidary Researches on the Variation of the Mercurial from the Air Thermometer, and on the Variation of the Specific Heat of Water." *Proceedings of the American Academy of Arts and Sciences* 15（1880）：75-200.

Schuster, Arthur. "On the Scale-Value of the Late Dr. Joule's Thermometers." *Philosophical Magazine* 39（1895）：477-501.

Sibum, Heinz Otto. "Reworking the Mechanical Value of Heat：Instruments of Precision and Gestures of Accuracy in Early Victorian England." *Studies in History and Philosophy of Science* 26（1995）：73-106.

◆熱　量　計

Calorimeter

「熱量計（calorimeter）」という言葉は，A.-L. ラヴォワジエ（Antoine-Laurent Lavoisier, 1743-1794）によって，ラヴォワジエとP. S. ラプラス（Pierre Simon Laplace, 1749-1827）が発展させた熱量を計測する道具を指すためにつくられた用語である．この用語は，熱は物質（熱素（カロリック），caloric）であるという彼の信念をあらわす言葉であり，熱の他の種類の測定法への信頼を損なわせるキャンペーンの一環として用いられたのである．現在この言葉は，ラヴォワジエとラプラスの熱量計のように相転移による熱を用いたものだけでなく，熱電効果，時間に依存した温度差，位置による温度差によって熱量を測定する道具を指すのにも用いられる．このように熱量計の歴史では，ある道具が，もともとその道具が具現化していると考えられていた理論を超越することができることと，言葉と物の関係についての歴史的に複雑な問題［ミシェル・フーコーの『言葉と物』を踏まえている］が主要テーマとなる．

ラヴォワジエは熱量計という名前を「温度計（thermometer）」と区別するために用いた．ラヴォワジエの議論によれば，温度計は温度，つまり温度計によって吸収された分のカロリックだけを計っているのであり，あるシステムに含まれるカロリック全体の量を計ることはできない．ある操作（温度の上昇なしに物体の物理的状態が変化するような操作も含まれる）によって放出された熱の全体量を計るために，ラヴォワジエとラプラスは融解する氷によって熱

を計る装置を考え出したのである．熱を計る手段として溶ける雪を用いること自体はJ. C. ウィルケ (Johan Carl Wilcke, 1732–1796) によってすでに実験されてはいたが，ラヴォワジエとラプラスはウィルケの考え方に改良を加え，彼らの道具は，熱を遮断する氷で満たした枠と蓋におさめ，それらは，装置の内部を外部の影響から遮られるようにした．外側の枠と，ラヴォワジエとラプラスが実験をしたい物体や動物が入れられるまん中のかごの間にある第二の空間にはやはり砕いた氷が詰められる．底にはしきり，ふるい，円錐形の枠と管が取り付けられていて，内側のスペースで実験した結果，溶け出した氷はその管を通って最終的な計測のために集められる．装置のだいたいの大きさは，高さ 30 cm，直径 45 cm である．ラヴォワジエが製作を依頼した最初の2つの熱量計の値段は 600 ルーヴルであった．

氷熱量計が，温度計とは違った方法で放出される熱を計測しているとはいえ，データをさまざまに解釈できる点がこの道具の特徴の1つであることは，ラヴォワジエとラプラスも（この熱量計を初めて紹介した1783年の「研究報告 熱について (Memoir on Heat)」において）認めていた．彼らの主張によれば，まずもって重要なのはこの道具が他の道具に比べて技術的に優れているという点なのである．この点を主張するにあたって彼らが特に念頭においていたのは，J. ブラック (Joseph Black, 1728–1799) によって1750年代から1760年代にかけて考案され，A. クロフォード (Adair Clawford, 1748–1795) が『動物熱についての実験と観察 (Experiments and Observations on animal Heat)』(1779年初版) において擁護した「混合法 (method of mixture)」であった．これは，同重量ないし同体積の化学反応しない2つの物質を用いて，最初に両者の温度を測った上で混ぜ合わせる方法であった．混合物の温度が一様になったときにまた温度が測られ，温度計の読みが当該の物質の比熱についての言明に翻訳されるのである．ラヴォワジエとラプラスは，この実験は熱の出入り自由な空間で行われており，大量の熱が計測を逃れてしまうとしてこのアプローチを批判した．さらに彼らは，温度の一様性を確証するのはきわめて難しい上に，燃焼や吸収現象にはこの方法は全く使えないと難じたのである．

クロフォードは1788年に，特にラヴォワジエとラプラスの批判に答える形で，彼が設計した実験装置の解説を出版した．彼は，動物は低温で呼吸するときにより大きな熱を吸収すると確信していたので，自分の道具の中を外界と常に同じ温度に保たなければならないと考えていた．そこで，彼の道具も3つのしきりのセットから構成されてはいたものの，彼の装置の場合，外側の遮断帯には氷ではなく細かい羽毛が，内側の部分には水が入れられていた．クロフォードは彼の道具の中心の部分から放出される熱を，水の温度がどのようにかつどの程度上昇するかによって計測したのである．皮肉にも，クロフォードはカロリックの存在を認めなかったにもかかわらず，彼がラヴォワジエの見方に対抗するために設計された道具はその後，水熱量計 (water calorimeter) として知られるようになったのである．

クロフォードのラヴォワジエ，ラプラスに対する批判は，彼が支持していた J. プリーストリー (Joseph Priestley, 1733–1804) のフロギストン説と，熱が他の物質

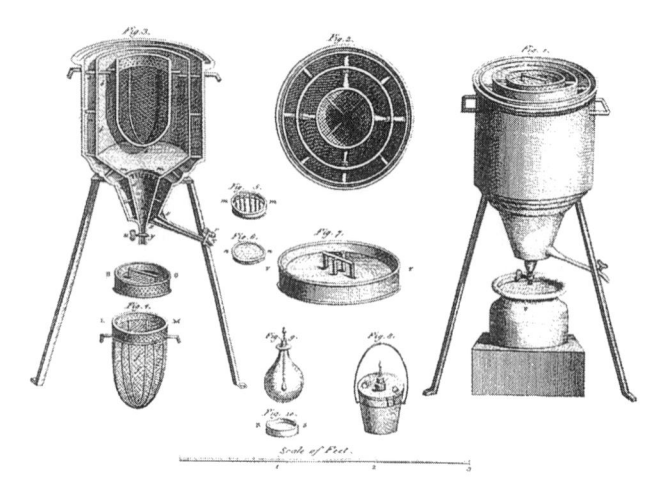

ラヴォワジエの熱量計の断面図．Lavoisier(1780)：図1．SSPL 提供．

と化学的に結合することはないという彼の信念からきていたのであるが，氷熱量計は他の多くの理由からも批判された．この熱量計はきわめてデリケートで，周囲の温度がある小さい温度範囲のときのみに操作可能なのである．ラヴォワジエも認めるように，この道具は高価であり作動が複雑である．さらにデータの示度は不安定であることが知られており，正確な値だとすることはできない．にもかかわらず，ラヴォワジエとラプラスは信じられないほど精密なデータを含む表を出版したのである．R. カーワン（Richard Kirwan, 1733頃-1812）やW. ニコルソン（William Nicholson, 1753-1815）はラヴォワジエのデータの見せかけの精密さが疑わしいという点のみならず，より根本的な問題として，理論的にラヴォワジエが信じているカロリックと「新」化学の中でカロリックの果たす役割が真実であることを支持する手段として，実験的正確さの議論を濫用しようとしているとして批判したのである．

J. ウェッジウッド（Josiah Wedgewood, 1730-1795）は，内側のしきりの中で氷が溶ける過程で，砕かれた氷の中に水が閉じ込められたままになっており，熱量計の正確な読みを妨げていると批判した．この批判は広く受け入れられるところとなり，氷熱量計よりも水熱量計を好んだり，氷熱量計そのものを改良する人々を生み出した．最も成功したのはR. ブンゼン（Robert Bunsen, 1811-1899）が設計し直したものであり，1870年に彼によって初めて記載された．

ブンゼンの熱量計の中心にあるのは，0℃の水で満たされたガラス管で，その中に0.3～0.4gの高温の物質を入れることができる．この管は，水銀の上で凍らせた空気を含まない氷で満たされた，より大きなガラスの筒の内側につけられている．この筒のまわりには，水と氷の混合物によって満たされた外側の覆いがかぶさっており，その中に毛細管がおかれた．最も内側の管で熱が放出されるか吸収されるかすると，

そのまわりの氷が溶けたり凍ったりすることにより体積の変化をもたらし，その変化は毛細管の中の水銀の上下の動きで示される．このように目盛られた動きによって熱の計測が可能となる．この道具の構造上，まわりの水と氷の混合物から対流によって熱が逃げることはないのである．しかしブンゼンの氷熱量計も，操作にいくつもの注意が必要な気まぐれな道具であった．

操作の難しさによって，熱量計は19世紀前半において広く用いられる道具とはならなかった．しかし今日ではいくつもの信頼できる操作の簡単な熱量計が入手可能であり，熱量計測は広く行われている．これらの現代の熱量計のうち，いくつかは伝統的な水銀温度計に依存しているが，電子線や熱電対を用いたものもある．これらの道具が共有している特徴は，熱の出入りの分析や比熱容量の分析を用いていること，カロリックの存在に関する論争からはるか離れたところで存在している，という点である．

[Lissa Roberts／菊池好行 訳]

■文　献
Bunsen, Robert. "Calorimetric Researches. I. The Ice Calorimeter." Translated by F. Jones. *Philosophical Magazine* 41（1871）：161-182. First published as "Calorimetrische Untersuchungen. I. Das Eiscalorimeter." *Annalen der Physik und Chemie* 141（1870）：1-31.
Lavoisier, Antoine Laurent, and Pierre Simon Laplace. "Mémoire sur la chaleur." *Mémoires de l'Academie des Sciences* 1780（1783），355-408. Translated by Henry Guerlac as *Memoir on Heat*. New York：Neale Watson, 1982.［寺田元一訳：「研究報告　熱について」『近代熱学論集』（村上陽一郎編），朝日出版社，1988年，9～65頁］．
Lodwig, T. H. and William A. Smeaton. "The Ice Calorimeter of Lavoisier and Laplace and Some of Its Critics." *Annals of Science* 31 (1974)：1-18.
Roberts, Lissa. "A Word and the World：The Significance of Naming the Calorimeter." *Isis* 82 (1991)：198-222.

◆熱量計【動物用】

Animal Calorimeter

A. -L. ラヴォワジエ（Antoine-Laurent Lavoisier, 1743-1794）は，彼の発明した氷熱量計を用いて，動物の代謝はゆっくりとした燃焼であり，炭素の燃焼と同じくらい正確に測定することが可能であることを示した．それ以来，ヒトと動物の（放射・対流・伝導による）検出可能な熱喪失，およびそれらとともに熱の総喪失量の一部をなしている蒸発熱を測定するために，多くの技術が開発されてきた．

熱量の直接測定は，複雑かつ高価であるため他の方法ほど頻繁には用いられていないが，エネルギー代謝に関するたいへん正確で，かついまや古典となった研究の原型となっている．ベルリン大学の衛生学の教授であったM. ルブナー（Max Rubner, 1854-1932）は，直接測定と間接測定の両方を用いることにより，食物中に含まれる炭水化物，脂肪，ならびにタンパク質の燃料価を決定し，代謝速度の決定因子としての表面積の重要性を示し，また体温の恒常性維持における化学的・物理的因子の役割について発表した．コネチカット州ミドルタウンのウェズリーアン大学の化学教授であり1873年から短期間ではあるが米国農務省の試験所局長を務めたW. アトウォーター（Wilbur Atwater, 1844-1907）と彼の一派は，ヒトの代謝は正確に測定可能で物理法則に従うものであり，したがって生

気論を唱える余地はないということを確かなものにした．彼らはまた，間接的に測定を行う熱量計の使用が有効であることも示した．アメリカのアトウォーターの生徒たち（H. アームズビー（Henry Armsby），F. ベネディクト（Francis Benedict, 1870-1957），G. ラスク（Graham Lusk, 1866-1932）ならびに R. スウィフト（Raymond Swift））は，栄養学に関心が高く，動物栄養学においてエネルギー代謝の原理を確立した．T. ベンツィンガー（Theodor Benzinger）は彼の発明したグラディエント・レイヤー熱量計を用いて，ヒトの体温制御に関わる中心的，周縁的な受容体の役割を示した．

熱量計は，ヒート・シンク，グラディエント・レイヤー，対流，ディファレンシャルの4種類の装置に分けることができる．

ヒート・シンク法（断熱的熱量計）

動物の入った測定室を一定温度に保って外壁からの熱の喪失がないようにしておき，検出可能な熱を水流に吸収させるという方法である．後年も装置にある程度の進歩はあったものの，1899年にアトウォーターと彼の同僚でウェズリーアン大学の物理学教授の E. ローザ（Edward Rosa）によって完成された熱量計が，いまもなおこの型の装置の古典的な代表例である．この装置には，内壁が銅，外壁が亜鉛の二重壁をもつ金属の箱が用いられており，箱は人間が動けるほどの広さをもち，中で自転車型エルゴメーターによる測定作業を進めることができる．金属の部屋は3枚の木製の壁で囲まれており，それぞれの壁の間には空気が封入されている．内側と外側の空間には一定温度の空気が循環しており，静止した空気が封入され断熱状態になった中間層を通じて，熱の交換が生じないようになっている．部屋の中には金属のフィンがついた水冷式の熱交換器があり，これが被験者の発する熱を吸収する．水温，流速，ならびに熱交換器の位置はいずれも，一定の室温が保たれるよう調節可能である．循環させるための外気は，外部から取り込まれる際にまず湿気を除くために冷却され，その後部屋に入る前に再加熱される．部屋から出てゆく空気は再び冷却され，凝縮液の量を測定して蒸発による熱喪失が計算される．空気の一部は二酸化炭素吸収剤を通過し，生産された熱量が間接的に見積もられる．後年，二酸化炭素と水を取り除き，酸素を取り入れるために，閉回路システムが用いられるようになった．銅と亜鉛でできた壁の温度は，0.007℃ の違いを測定することのできる熱電対を304個並べたものを用いて精密にモニターされる．アルコールの燃焼により較正試験を行ったところ，0.2% の精度が実現されていた．ヒート・シンクの原理は近年，アメリカの物理学者 P. ウェッブ（Paul Webb）により，携帯可能なヒト用スーツ型熱量計へと応用されている．断熱性の上着の下に水の入った管を巡らし，体の熱を奪いとる仕組みになっている．ただし，皮膚からの蒸発による熱喪失が測定できないため，汗をかかない条件下での使用に限定されている．

グラディエント・レイヤー法

内部壁を介した熱喪失は，壁の外表面が一定温度に保たれるようにした場合，内部壁中の温度勾配に比例する．C. ベルナール（Claude Bernard, 1813-1878）の研究室で短期間働いていたフランス人の生理学者 J. ダルソンバル（Jacques Arsene d'Arsonval, 1851-1940）とルブナーは，この原理を利用して，測定室に入れられた動物の発する熱に対し，内壁と外壁の間に存在

熱量計［動物用］ 555

する空気の圧力や体積がどのように変化するかを測定した．アルコールの燃焼を用いて較正した後に測定を行うと，これらの変化量を変換することにより，動物から失われた熱量を検出することができる．後年の研究者は，より均一な断熱壁をつくり出し，その壁における温度勾配を熱電対で測定した．この技術は，後にベンツィンガーと海軍医学研究所の生理学者C. キッチンジャー（Charlotte Kitzinger）により高度に完成された．彼らは，数千の熱電対を用いて，大人を入れた測定室のあらゆる壁面に存在する勾配の平均値を割り出した．測定室の内壁は，電気を通しにくい素材であるエポキシ樹脂のシートでできており，その内表面と外表面に銅とコンスタンタンが互い違いに連続して配置され，数多くの熱電対が形成されている．熱電対は直列につながれ，測定室の全壁面における温度勾配の平均値をあらわす，単一かつ累加性の電磁場を生じる．グラディエント・レイヤーの外表面の温度は，外表面に取り付けられた水の流れるパイプにより，一定に保たれている．後年は，グラディエント・レイヤーと外部壁との間に温度制御された空間が存在するモデルもつくられた．いずれの場合も，勾配の形成は被験者の発する熱にさらされる内表面の温度に依存する．蒸発による熱喪失は，これより小さい2つのグラディエント・レイヤーによって測定される．1つは，測定室の温度まで再加熱された飽和空気によって入り口の部分でつくられる温度勾配であり，もう1つは，被験者に由来する水分が凝縮し潜熱を失うようにするため，露点（すなわち測定室に入ってくる空気の温度）まで冷却された空気によって出口の部分でつくられる温度勾配である．グラディエント・レイヤー型の熱量計のいく

つかは，世界中でつくられ，多くのサイズのものが販売用に製造されている．グラディエント・レイヤーの原理を用いたスーツ型熱量計もつくられている．これは，内側の層を水冷式にする代わりに，その両側に抵抗温度計を張り巡らせたものである．

対流法

それ以外の熱喪失の経路が存在しなければ，動物の発する熱は周囲の空気の温度を上昇させるためだけに用いられる．これを利用した方法は19世紀にもルブナーらによって用いられたが，満足な結果が得られるようになったのは，空気の流れや温度，湿度を測定するための高感度な装置が出現してからであった．動物の発するすべての熱は，循環する空気に伝達されるので，測定室の壁を一定温度に保っておくことが重要である．現在の設備では，測定室の空気が内壁の両側で再循環されるようになっており，壁が熱源からの熱を吸収しないよう，研磨された金属でできた放射スクリーンが取り付けられている．

ディファレンシャル法

この方法では，測定室に入れられた動物から失われる熱が，同一の小部屋における別の熱源（通常は電気的なもの）からの熱生成とつり合わされる．この原理は初期の研究者によって用いられてきたもので，ルブナーも自分自身が被験者として彼の2番目の直接測定型の熱量計に入って実験を行った．興味深い例としては，生理学者のD. ボーア（Danes Christian Bohr）と生化学者のK. ハッセルバルク（Karl Hasselbalch）によって作成された，孵化しつつあるニワトリの卵を保持するための極小の熱量計があげられる．この装置は，両方の小部屋のいずれもが銅でできており，それらがコンスタンタンのブリッジでつながれていた．

エアーシアのハンナ研究所の大型動物用グラディエント・レイヤー熱量計．J.マクリーン提供．

■文　献
Lefevre, Jules. *Chaleur animale et bioenergetique*. Paris：Masson, 1911.
McLean, J. A., and G. Tobin. *Animal and Human Calorimetry*. Cambridge：Cambridge University Press, 1987.
Webb, Paul. *Human Calorimeters*. New York：Praeger, 1985.

補償側の小部屋は電気抵抗ヒーターを備えており，これが，2つの小部屋をつなぐ熱電対の指示に応じて，卵による熱生成とつり合うよう調整される仕組みであった．

この型の熱量計の古典的な例としては，ベルギーのルーヴァン大学で生理学の教授を務めていたA. ノワヨン（Adrian Noyons）によって発表されたものがある．2つの銅製の円筒が，どちらも同じ条件になるように水平に置かれ，一方には動物が入れられ，もう一方には加温装置が入れられている．加温装置は可変抵抗と指示計により制御され，動物室において記録された温度とつり合うようになっている．後年のモデルでは，濡らしたモスリンのガーゼを用いて補償室の湿度が制御可能になっており，流れる空気の体積と湿度から蒸発による熱喪失を見積もることができる．この型の熱量計はあまり広くは用いられてこなかったし，ヒトや大型の動物に対してはほとんど全く用いられなかった．ただしこの装置は，例えば姿勢の変化に対して，たいへんすばやく応答することが可能である．

[**Alan H. Sykes**／隅藏康一　訳]

◆熱量計【ボンベ式】

Bomb Calorimeter

ボンベ熱量計は，酸素ないし他の酸化剤と，ある物質との反応で発生する熱を測定する．装置は，ボンベと熱量計そのものの2つの主要な部分からなる．ボンベというのは，密閉された金属製の筒（シリンダー）で厚い壁をもち，その内部で3.0 MPa（約30気圧）ほどの圧力のもと反応が起こる．反応物質はボンベ内部の小さな容器またはるつぼに置かれ，ボンベは2～3 l の水を含むシリンダー状の熱量計容器に入れられる．熱量計自体は，より大きな水浴ないし外槽（jacket）から約1 cmの空気の空間で隔てられている．反応は，物質に接触させるか，ごく近傍にある点火線に電気を通して起こす．反応で生成したエネルギーは，熱量計の温度を上昇させ，それを温度センサーで測定する．19世紀には水銀温度計が使われていたが，それは20世紀になるとサーミスター［半導体の抵抗が大きい負の温度係数をもつことを利用した回路素子］や白金抵抗温度計［白金の電気抵抗の温度による変化を利用する温度計］，水晶温度計などに置き換えられた．

最初のボンベ熱量計をつくったのは，アイルランドの物理化学者T. アンドリューズ（Thomas Andrews, 1813-1885）で，

彼は酸素燃焼の測定結果を 1848 年に報告した．この研究では，薄壁の体積 4 dm³ の銅製シリンダー中で大気圧の酸素を液体や固体と反応させた．1885 年には，ボンベ熱量計が揮発性の低い液体・固体の燃焼にも使えることを，フランスの熱化学者 M. P. E. ベルトロ（Marcelin Pierre Eugène Berthelot, 1827-1907）と P. ヴィエーユ（P. Vieille）が記載した．彼らは，2.5 MPa（約 25 気圧）の酸素を用いて，多くの物質でほとんど瞬間的に完全燃焼させることができた．ベルトロのボンベでは，内部が白金メッキしてあって酸性の蒸気や溶液による腐食を防ぐようになっていた（図参照）．

1915 年にアメリカの熱量測定家ディキンソン（H. C. Dickinson）が，ボンベ熱量計での測定のための，詳細な操作法の記述と計算を提出した．彼は，ボンベ熱量計の較正には安息香酸が最も適した標準物質だと結論づけた．たしかに今日でも安息香酸が世界的に使われている．1930 年代以降は，燃焼エネルギーの誤差はわずか 0.01〜0.03% 程度が一般的になった．

ディキンソンは，ドイツのボンベ製造業者であるクレカー（K. Kroeker）がつくった燃焼ボンベを使った．ディキンソンの熱量計は，アンドリューズやベルトロのものと同じく等温型熱量計の一種である．つまり，熱量計の温度は，反応開始時には水冷筒の温度よりも低く，反応で発生するエネルギーで熱量計容器の温度が等温水冷筒の温度に非常に近くなる．反応エネルギーを計算するときには，かき混ぜで発生するエネルギーや熱交換の補正を考慮する．

アメリカの物理化学者 E. W. ワッシュバーン（E. W. Washburn）は，ボンベ熱量計の実験値を，各反応物質と生成物の標準状態からのずれを除くために，298.15

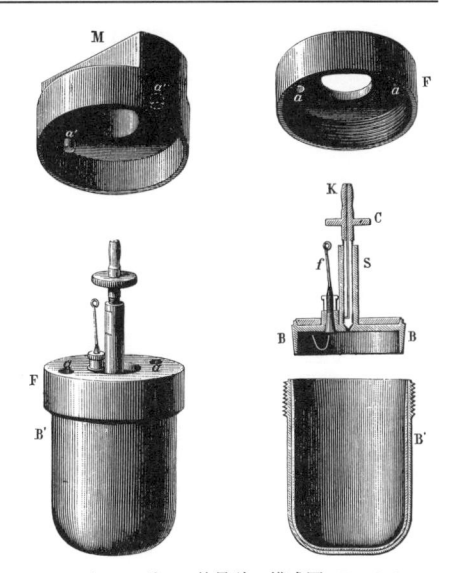

ベルトロのボンベ熱量計の模式図．Berthelot and Vieille（1885）: 546 頁．

K，1 気圧での等温反応の燃焼の内部エネルギーに補正すべきだと推奨した．1956 年にスウェーデンの熱量測定家ズンナー（S. Sunner），アメリカの熱量測定家のワディングトン（G. Waddington）とハッバード（W. N. Hubbard）は，水溶液が生成する反応用の回転式ボンベ熱量計を記載した．この生成物の最終的な熱力学状態のエネルギー論は，均一溶液のエネルギー論に対応している．回転させないと，溶液は均一とならず，その最終熱力学状態も不確定なものとなってしまう．フッ素ボンベ熱量計測定が，1950 年代終わりから 60 年代初めにかけて出現し，無機フッ化物のように酸素ボンベ熱量計になじまない化合物の研究に有用となった．化学元素がフッ素と反応してフッ化物を生成する反応は，特に有用である．なぜなら反応エンタルピーと生成エンタルピーが等しいからである．

ボンベ熱量計測定を発展させる原動力と

なったのは，固体燃料や液体燃料の熱含量の決定が必要とされたことである．1980年代初頭以降では，廃棄物を環境に許容できるようなやり方で捨てるために，同様な熱量データが必要とされている．1990年代初頭において，アメリカでは市販のボンベ熱量計の値段は，周辺機器を除いて1万3千ドルから3万ドルである．

[Eugene S. Domalski／梶　雅範 訳]

■文　献

Andrews, T. "On the Heat Disengaged During the Combination of Bodies with Oxygen and Chlorine." *Philosophical Magazine* 32（1848）: 321-339, 426-434.

Berthelot, M. P. E., and P. Vieille. "Nouvelle methode pour mesurer la chaleur de combustion du carbon et des composes organique." *Annales de chimie et de physique* 6（1885）: 546-556. さらに以下も参照. Berthelot, M. P. E., *Traité pratique de calorimetrie chimique*. Chapter 8, "Chaleurs de combustion." Paris : Gauthier-Villars, 1905.

Dickinson, H. C. "Combustion Calorimetry and the Heats of Combustion of Cane Sugar, Benzoic Acid, and Naphthalene." *Bulletin of the National Bureau of Standards* 11（1915）: 189-257.

Waddington, G., S. Sunner, and W. N. Hubbard. "Combustion in a Bomb of Organic Sulfur Compounds." In *Experimental Thermochemistry*, edited by F. D. Rossini, chapter 7. New York : Interscience, 1956.

Washburn, E. W. "Standard States for Bomb Calorimetry." *Journal of Research of the National Bureau of Standards* 10（1933）: 525-558.

◆ネフェレスコープ

Nephelescope

ネフェレスコープ（雲実験器，cloud-examiner）とは，容器の中で雲を発生させて調べることができる装置である．1830年代にアメリカの気象学者 J. P. エスピー（James Polland Espy, 1785-1860）が，暴風雨に関する自分の対流説を裏づけ，乾燥空気や湿潤空気，あるいは他の気体が膨張するときの特性を実証するために開発した．エスピーは最初に，水蒸気の一部が凝結して水になる際に放出される「潜熱」によって湿潤空気が膨張することを確かめようとした．これらの実験には，栓のついた銅の容器，U字管水銀圧力計，周囲の気温を記録するための温度計が用いられた．まず乾燥空気もしくは湿潤空気を含んだ銅の容器を，ある温度から別の温度に徐々に変化させた．ついで栓を開き，圧力計の2つの管内の水銀の高さが等しくなった［内外の気圧が等しくなった］直後，できるだけ速やかに栓を閉じた．系が［熱］平衡状態に達するにつれて，水銀の高さは再び変化を始める．最終的な圧力の差から，エスピーは乾燥空気の膨張による冷却効果が湿潤空気の膨張によるものよりも約2倍大きいという結論を得た．

潜熱の放出によって暴風雨が駆動されているという説を展開したエスピーは，「水蒸気を含む空気は，水蒸気の一部が凝結して水になるときに大きく膨張する」と推論した．彼は，100ヤード（約91 m）上昇するごとに気温が約1.25°F（約0.69℃）下がり，積雲形成時の雲底は，気温と露点との差1°F（約0.56℃）ごとに約100ヤードずつ高くなると結論した．

1841年にエスピーは，上記の装置に圧縮ポンプを加え，さらに装置内部で発生する雲が見えるようにガラスの容器を用い，これを「ネフェレスコープ」と名づけた．彼は，より高い圧力のもとで行った場合に，（乾燥空気では差がないが）湿潤空気では，数日間容器を放置した後に栓を開いた場合

のほうが，管内の水銀の上昇が大きくなることに注目した．これらの実験からエスピーは，停滞した空気では徐々に飽和が失われると考え，「水蒸気は，空気の隙間（pore）に入り込まない」ので，空気自身の運動によって上空に運ばれているに違いないと結論した．言い換えれば，水蒸気は自由大気中で理想気体のように振る舞うわけではなく，風の流れがない場合，その拡散は非常に遅い．これは，自由大気中の水蒸気の分布に関しては，J. ドルトン（John Dalton, 1766-1844）の分圧の法則よりも気象条件のほうが重要であるということを意味する．

1850年代にエスピーはスミソニアン協会において，二重のネフェレスコープを用い，空気や，酸素，水素，炭酸ガスの特性を調べる実験を行った．また，後に行った医学的な研究に関連する実験では，「肺によって発生した水蒸気の量が露点によって変化するように，呼吸によって発生する炭酸ガスの量も露点によって変化するかどうかを確かめよう」とした．1859年にエスピーは，この二重ネフェレスコープを用いて，J. P. ジュール（James P. Joule, 1818-1889）による熱の仕事当量の値が，空気の比熱（specific caloric）に関する彼の結果と一致することを証明したと主張した．

H. A. ヘイズン（Henry A. Hazen, 1849-1900）は1890年に書いた文章で，エスピーのネフェレスコープ実験はなお乗り越えられておらず，この実験は膨張する空気中の水分の凝結，潜熱の放出，そして上昇気流の生成による彼の暴風雨形成理論の基盤をなしていると述べている．

他の科学者たち，特にJ. エイトケン（John Aitken, 1839-1919）とC. ウィルソン（Charles Thomson Rees Wilson, 1869-

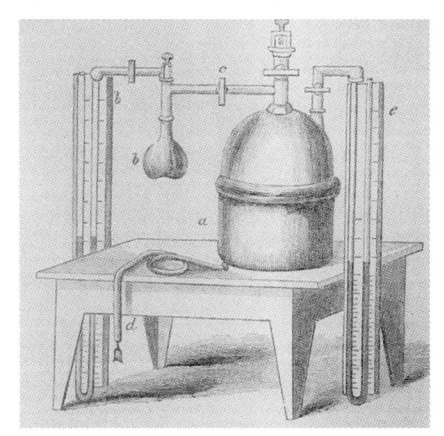

1850年代のエスピーの二重ネフェレスコープ．Espy（1857）：42頁．

1959）は，微視的な雲の凝結核の振舞いと，凝結の物理を調べるために，ネフェレスコープに似た霧箱（cloud chamber）を用いた．1911年にウィルソンは彼の霧箱を原子粒子の検出器として使い始めている．

[James Rodger Fleming／羽片俊夫 訳]

■文 献

Espy, James P. *The Philosophy of Storms*, vii-viii, 27-37. Boston：Little and Brown, 1841.

Espy, James P. *Fourth Meteorological Report*. U. S. Senate, Ex. Doc. No. 65, 34th Congress, 3rd Session. Washington, D. C., 1857.

Fleming, James Rodger. *Meteorology in America, 1800-1870*, 98-99. Baltimore：Johns Hopkins University Press, 1990.

Galison, Peter, and Alexi Assmus. "Artificial Clouds, Real Particles." In *The Uses of Experiment：Studies in the Natural Sciences*, edited by D. Gooding, T. Pinch, and S. Schaffer, 225-274. Cambridge：Cambridge University Press, 1989.

Hazen, H. A. "The Tornado：Theories；Objections." *Science* 15（1890）：351-359.

◆粘 度 計

Viscometer

粘度計とは,粘性を測定する装置である.粘性とは,流体が流れる際の抵抗のことで,1687年に,I.ニュートン(Isaac Newton, 1642-1727)が,流体のせん断応力とせん断速度の比率であると定義した.粘性は温度の関数であり,その通常の単位はセンチポアズ(cP)で,SI単位系ではパスカル秒となる.ここで1ミリパスカル秒＝1センチポアズである.センチストークス(cSt)であらわされる運動学的粘性は,流体の密度で割られる動粘性率である.20℃の水は1.009 cPの粘性をもつ.粘度計には,毛管(開口)粘度計,回転粘度計,落球粘度計の3つの基本的な種類がある.

毛管粘度計

毛管粘度計は,ニュートン流体に広く用いられる.ニュートン流体の粘性は,せん断速度とは無関係である.毛管粘度計の原理は,毛管内の定常で等温の層流に対して,動粘性率と,流体の流れる速度と圧力と管の寸法とを関係づけるハーゲン-ポアズイユの法則に基づいている.1920年にF.W.オストワルト(Friedrich Wilhelm Ostwald, 1853-1932)によって考案された基本的な粘度計は,毛管で隔てられた2つの貯水用バルブをもつガラス製のU字管からなる.一定体積の流体が上方のバルブから静水圧によって毛管を下るのに要する時間から粘性を求める.粘度計の目盛りは一定の温度の基準液体によってつけられ,動粘性率は流下時間と一定の常数とをかけ合わせることで算出される.

その後オストワルト粘度計は,精度を増すために多くの改良がなされた.販売されている粘度計の毛管の直径は0.3～4.0 mmのもので,0.6～30,000 cStまでの粘度が測定可能である.例としては,透明(1939年)や不透明(1941年)な液体の測定のためのキャノン-フェンスケ粘度計や,ウベローデつるし水準器(1938年),フィッツサイモン式(1935年),ツァイトフック式クロスアーム(1946年),SIL(1941年)などがあげられる.ASTM-D-445にガラス製毛管粘度計のよりくわしい寸法や使用法が掲載されている.

開口粘度計

底に穴のあいたカップから一定量の液体が流出するのに要する時間によって粘性を求める.この考えは,紀元前1540年のアメネムヘットの水時計までさかのぼるものであるが,1885年にエングラー(Engler)によって初めてつくられた開口粘度計の作動原理になっている.使用されている開口粘度計には,ペンキやインクのためのフォード,ザーン,シェル・カップや,石油産業で一般的なセーボルト粘度計,レッドウッド粘度計,ファロル粘度計も含まれる.流出時間の比較によって,5,000 cStまでの範囲の粘度を測定できる.

回転粘度計

1890年にクエット(M. M. Couette)により考案された最初の同心円筒の回転粘度計は,容器(外筒)と,ねじれるワイヤーによって支えられた内筒からなる.内筒の回転力と半径と高さ,容器の半径と相対的な角速度を測定し,マルギュールの方程式(1880年)を用いて,容器と内筒の間の狭い隙間でせん断変形作用を受けた液体の動粘性率を算出する.

サール(G. F. C. Searle)は,1912年に,内筒が回転する粘度計を設計した.一方,

1913年にハチェック (E. Hatscheck) は，クエットの考案した粘度計によりよい留め輪をつけて改良した．1915年には，ストーマー (E. J. Stormer) が1909年につくった粘度計より優れた，初の商業用のクエット式粘度計（マクマイケル粘度計）が登場した．この粘度計では，一定の回転力が内筒や外筒にかけられ，それらの回転率が粘度を測定する際の尺度となる．

回転粘度計は用途が広く，非ニュートン流体のせん断率と時間との関係から粘度を測定する．重要な実用的回転粘度計としては，Rotovisco, Rheomat, Brookfield Syncho-Lectric, Mooney Disk があげられる．これらの粘度計は，低いせん断率から高いせん断率にまで対応でき，$2 \sim 10^9$ cPの間の粘度が測定可能である．回転粘度計の中で，円錐と平板を用いるタイプは，円錐と平板の間に試料を挟み，低角度の円錐を平板に対して一定のせん断率で回転させるというものである．このタイプとしては，Ferranti-Shirley と ICI-Cone-Plate がある．

落球粘度計

この粘度計の原理は，液体で満たした円筒中を落下する球の速度と，ニュートン流体の粘性とを関連づけた，ストークスの法則に基づいている．最も一般的なものは，ヘッパー落球粘度計（1933年）で，垂直方向から10度上がった水ジャケットをもち，精密に穴の空けられたガラス管を備えている．この器具は，標準油によって目盛りが振られる．異なった直径の球を使用することで，広い範囲の粘性を測定することが可能である．

近年の傾向

粘性と可塑性の両方の特性を示す物質の応力とひずみの時間的関係を測定する粘度計は，レオメーターと呼ばれる．例として

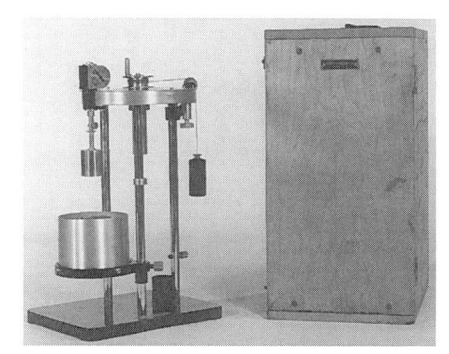

ストーマーの粘度計（1909年頃）．NMAH 336, 370. NMAH提供．

は，融解ポリマーのための圧力式ピストンシリンダー毛管粘度計や，通常の圧力と動的レオロジカル特性を測定するための，ワイセンベルク・レオゴニオメーターがある．現代の粘度計では普通，マイクロコンピューターで制御され，自動的にデータを取得する．レオメーターは連続したプラントにおける品質や工程の制御，また新製品の開発などに広く用いられている．レオロジカル機器は，食品生産や生物の流体，潤滑剤，ペンキ，印刷用インク，ゴム，石けん，プラスチック，そして薬剤学など，多岐にわたる分野で使用されている．

[**Asitesh Bhattacharya**／西澤博子 訳]

■文 献

Kirk-Othmer. *Encyclopedia of Chemical Technology*, Vol. 20, 259–319. New York：Wiley, 1982.

Merrington, A. C. *Viscometry*. London：Edward Arnold and Co., 1949.

Meskat, W. "Viskometrie." In *Messen und Regeln in der Chemischen Technik*, edited by J. Hengstenberg, B. Sturm, and O. Winkler, 856–994. Berlin：Springer, 1964.

Sherman, Philip. *Industrial Rheology*. London：Academic, 1970.

van Wazer, J. R., et al. *Viscosity and Flow Measurement*. New York：Interscience, 1963.

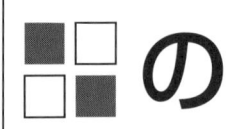

◆濃度計

Densitometer

　濃度計は，写真に沈積した銀の濃度を，通常画像の一部分に光線を通過させ，その前後の光線の強度を計ることにより測定する．これらの数値の比率は測定部分の不透明度と呼ばれ，その逆数は透明度と呼ばれる．濃度値は，試料に特有の曲線を得るために対数値を取って表現されるか，単純に露光量の決定のために利用される．

　陰画の透過濃度を測定する方法は2つ存在する．平行光濃度は測定される部分から少し距離をおいた光線の強さから導かれる．拡散光濃度は陰画の調べる部分を通過した光の全量の計測を伴う．その際，測定する部分は，光を拡散する乳白ガラス（オパールガラス）と接触させられる．平行光濃度測定法は引き伸ばし焼付けにおいて，拡散光濃度測定方法は密着焼付けにおいて，より重要である．濃度の測定は，光学系や光が測定部分に当たったときの選択的な光の拡散である，キャリエ効果（Callier effect）により複雑になる．

　写真から反射濃度を測定する方法は，透過濃度計の場合と似ている．通常，入射光線は写真の表面に45度の角度に向けられ，鏡のような反射を避けるために90度の角度で測定される．

　19世紀最後の四半世紀に，イギリスのランカシャーで働いていた2人の産業化学者，F. ハーター（Ferdinand Hurter）とV. C. ドリフィールド（Vero C. Driffield）は写真の濃度は単位面積あたりに現像された銀の量に比例することを示した．彼らはまた，あらゆる写真の感光乳剤の光に対する反応は，露光時間の対数についての既知の条件下で現像された濃度に関連した，単一または複数の曲線によってのみで表現されうることを示した．これらのハーター-ドリフィールド曲線は，写真フィルムや乾板の感度を評価する際の基礎として長く利用された．写真感光乳剤製造業者は日常的な仕事としてそれらの曲線をつくり続けている．

　ハーターとドリフィールドの最初の濃度計（1886年頃）は，R. ブンゼン（Robert Wilhelm Bunsen, 1811–1899）の油滴露出計を単に改造したものであり，既知の光源と現像された写真感光板を通過した光線とを比較して使用された．ハーターとドリフィールドは後に，石炭ガスの照明力を計測するのに用いられた形式に基づいた基準光量計を考案する．1891年，ハーターとドリフィールドは，写真乾板と光源の間に置かれ回転する角形の区切りのついた回転板の組み込まれた扇形板装置を考案した．乾板には既知の比率で一連の露光が行われ，現像した上で銀の像の濃度が算出された．

　ハーターとドリフィールドによる初期の

装置の正確さ,そして彼らの結論の妥当性は,著名な写真科学者である W. アブニー(William de Wiveleslie Abney, 1843-1920)によって,後にキャリエ効果として知られる現象のためもあり疑問に付された.現在では,アブニーの批判はハーターとドリフィールドの業績を無効にするものではないと受け取られている.

商用濃度計は3つの主な形式に分類できる.強度変動型濃度計(variable-intensity),強度一定型濃度計(constant-intensity),写真電子型濃度計(photo-electric)である.

強度変動型濃度計は,1910年に,ライプツィヒで図像芸術の教授であった E. ゴルトベルク(Emanuel Goldberg)が記述するように,2つの部分の照度を等しくするために光学くさびを使用する.くさびが厚みを増すにつれて,厚みに比例しているスクリーンの光学濃度も数学的に増加する.光学くさびを使用した濃度計は非常に長い期間販売された.1911年に10シリング6ペンスの価格で最初に宣伝されたサンガー-シェパード(Sanger-Shepherd)濃度計は,傾いた鏡がそれぞれの下に設置された2つの穴のあいた小さな箱から成り立っていた.測定される試料が片方の穴にかぶさるように置かれ,もう一方には目盛りのついたくさびが取り付けられていた.箱のふちの接眼レンズをのぞくと,1番目の穴の半分と2番目の穴の半分の画像による円が見える.くさびは2つの照度が等しくなるように調整され,濃度はくさびの目盛りから読み取られる.いくつかの製造業者から変化型が売り出された.イルフォード社は1948年に,測定する陰画の下と環状のくさびの下に置かれた低電圧球からの2つの光線を調整することによる単純な濃度計を売り出した.

強度変動型濃度計は,高い濃度や低い濃度において,光が強すぎて目がくらんだり光が弱すぎて判明できなかったりするために,不満足なものであった.一定の強度に調整された測光範囲をもつ機器がこれらの問題を回避した.そのような装置では,片方の部分では一定の照度を受けるが,もう一方は未知の濃度の試料とくさびを通過する.装置が調整されると,くさびの既知の濃度と試料の未知の濃度の和は一定となり,通過する光の照度は,最初の部分の照度と等しくなければならない.この方式の反射形の装置が,1927年頃にキャプスタッフ(J. G. Capstaff)とパーディー(R. A. Purdy)によって映画製作のために設計された.キャプスタッフとパーディー装置の修正型は,より広い市場に向けてコダック社によって開発された.1950年になされた「モデル2」の批評は「(それは)感光度計を必要とする,天然色写真家,映画製作所,そして多くの産業や科学界での写真の応用のすべての要求を満たすべきものである」と述べている.

光電素子を使用する濃度計は,視覚に頼る装置と比較してより正確で疲れにくい.1920年代のトイ(F. C. Toy)の設計に基づいてワトソン&サンズ社が製作した英国写真研究協会の自動記録型濃度計は,1日に1,000回の測定という視覚による装置では全く非現実的な仕事をこなすことができた.記録型濃度計は20世紀のはじめに光学くさびを方眼紙上に設置された記録機構と組み合わせたゴルトベルク(Goldberg)までさかのぼることができる.光電記録型濃度計は産業実験室で広く使用されている.

直接読み取る形式の光電濃度計も第二次世界大戦後から広く利用可能となった.単

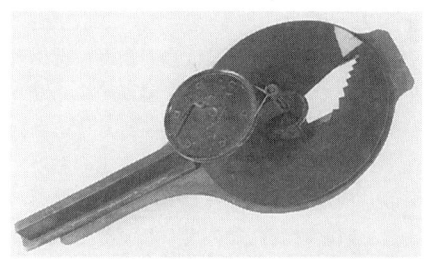

ハーターとドリフィールドの回転円盤型濃度計(1891年).英国バースの王立写真協会コレクション提供.

◆脳波計

Electroencephalograph

脳波計(EEG)は,頭蓋に取り付けた電極によって検知された電気的波動を増幅し記録することによって,脳内の微弱な電気作用を測定する.診断は,電気パルスの強度,周波数,持続を分析することに基づいている.

脳波計は1800年代における生理学者による動物の電気的性質に関する研究から生まれた.1875年にイギリスのリバプールのR.カートン(Richard Caton, 1842-1926)は,動物の脳の電気作用を検知したことを報告した.15年後にポーランドの生理学者A.ベック(Adolf Beck, 1863-1939)は,犬とウサギの大脳皮質に電流の規則的パターンが生じることを検知した.

1902年に,W.アイントホーフェン(Willem Einthoven, 1860-1927)の心電計(EKG)が病気の診断に対して成功裡に導入されると,脳の研究にも刺激を与えた.脳の電気活動の研究者は,すぐにアイントホーフェンの非常に鋭敏な糸電流計を採用した.1914年にクラクフ大学のN.シブルスキ(Napoleon Cyblusky)とS. J.マチェスチナ(S. Jelenska-Macieszyna)が,てんかんで痙攣する犬からアイントホーフェン電流計によって得られた記録を発表した.第一次世界大戦中に低電圧無線信号の三極真空管による増幅法が開発されたことで,脳内の微弱な電気変位を記録することが容易になった.

ドイツのイエナ大学の精神科医H.ベルガー(Hans Berger, 1873-1941)は,1900年代初頭に接触せずに頭蓋骨を通して電気

に2つの光の強度を光電素子を使用して等しくするようにするものもあった.1950年代にイギリスで売り出されたE. E. L.濃度計は,光電素子で発生した電流を光学濃度を示すマイクロアンペア計に直接つないでいた.製造業者は使用寿命まで正確さが維持されると主張した.この装置は透過濃度の平行光濃度を計測するように設計されていたが,少し変化させれば反射濃度にも使用できた.多少異なった設計のものとして,光電子放出管と真空管増幅器を組み合わせたボールドウィン真空管濃度計がある.

[John Ward／土淵庄太郎 訳]

■文 献
Ferguson, W. B., ed. *The Photographic Researches of Ferdinand Hurter and Vero C. Driffield*. London: Royal Photographic Society, 1920.
The Focal Encyclopedia of Photography. Rev. ed. London: Focal, 1965.
Lobel, L., and M. Dubois. *Basic Sensitometry*. 2nd ed. London: Focal, 1967.
Thomas, D. B. *The Science Museum Photography Collection*. London: Her Majesty's Stationery Office, 1969.

活動を検知したが，これによりこの技術は人間に応用できるようになった．1920年代，30年代にはイギリス，フランス，イタリア，ルーマニア，ロシア，アメリカの多くの研究者が中枢神経系の電気生理学を研究し，多くが脳内の電気パルスの固有パターンを観察したり記録したりした．ベルガーは，1924年に感覚刺激の間における電気活動が減少することを観察し，それを1929年に発表した．ベルガーの業績はあまり知られなかったが，1934年にケンブリッジの生理学協会の会合で，また1937年に国際生理学会で，この分野における申し分のない権威であるケンブリッジ大学のE. D. エイドリアン(Edgar Douglas Adrian, 1889-1977)と彼の同僚であるマシューズ(B. H. C. Matthews)がベルガーの知見を公表したことによって広まるようになった．

臨床応用

人間の脳は長い間探ることができなかったが，表面電極をもつベルガーの脳波計は簡単かつ安価で非浸襲的であった．1930年代末と40年代初頭における人体用脳波計の研究は，動物実験の実験技術を身につけた研究者によって特に北アメリカで集中的になされた．ハーバード大学医学部のレノックス(W. G. Lennox)，E. ギッブス(Erna Gibbs)とギッブス(F. A. Gibbs)，ブラウン大学に附置されるエンマ・ペンドルトン・ブラッドレー・ホームのD. リンゼー(Donald Lindsley)，マクギル大学のW. ペンフィールド(Wilder Penfield, 1891-1976)といった研究者である．彼らの研究は主としてロックフェラー財団とジョサイア・メイシー・ジュニア財団によって助成された．両財団とも精神医療，精神異常，社会病理についての学際的研究への援助を目標としている．脳波計の研究は科学的知識に基づく社会改革を約束してくれるように思われた．すなわち，もしもてんかんなどの脳障害が遺伝形質であるならば，これらの疾患の調査によって個人が結婚相手や出産に際して賢明な選択をすることができるようになり，結果的に疾患事例を減少させることもできるだろうと考えられたのである．10年にわたる臨床応用の結果，脳波計は広く受容され，米国陸軍と海軍では，異状な電気的パターンを伴うてんかんや他の失調の徴集兵を審査するためにそれを利用した．

1950年には医学界は脳波計についての情報を十分に得ることで，脳波計のグラフが当初信じられていたほどには決定的でないことに気づくようになった．臨床医は1950年代と60年代の間，脳波計をてんかんの異なる種類の区別や精神病患者の治療効果のモニターに利用したり，睡眠時の電気活動の研究に利用されたりした．しかし彼らは脳波計をより注意深く扱うようになり，それ自体では決定的な診断を与えず，他の診断技術の補助として使うようになった．

脳波計は，ますます技術導入が進む病院の世界で新しい機能が見出されるようになった．人工呼吸や心臓蘇生装置の導入により，脳の機能が停止した後も人を際限なく「生存」させることができるようになったが，そのような患者の延命によるコストの高騰で，脳波計は死を定義する道具として使われるようになった．フラットあるいは等電位の脳波が死を表示することは，1963年に初めてシュワブ(R. S. Schwab)と彼の同僚たちによって提案されたが，1968年にハーバード大学の脳死定義検討特別委員会がその採用を後押しすることで妥当な

使用中のメデレク DG ディスカバリーの携帯用デジタル式脳波計システム（1995年）．メデレク社・ヴィッカーズメディカル提供．

ものとされるようになった．フラットな脳波を死の表示とすることは，それ以来白熱した議論を巻き起こしているが，それは（臓器移植がなされる際の判断のように）客観的で法的な死の定義が必要度を増すなかで，ますます利用されるようになっている．

脳波計は1920年代に最初に人間に応用されて以来ほとんど変化していないが，その機能は完全に逆転し，生命固有の痕跡を示すよりも，その欠如を示すことに利用されるようになった．

[Ellen B. Koch／橋本毅彦 訳]

■文　献

Cobb, W. A., ed. *Handbook of Electroencephalography and Clinical Neurophysiology*: *Appraisal and Perspective of the Functional Exploration of the Nervous System*. Vol. 1. Amsterdam: Elsevier, 1971.

Hill, Denis, and Geoffrey Parr, *Electroencephalography*: *A Symposium on Its Various Aspects*. New York: Macmillan, 1963.

O'Leary, James L., and Sidney Goldring. *Science and Epilepsy*: *Neuroscience Gains in Epilepsy Research*. New York: Raven, 1976.

Russell, Louise B. *Technology in Hospitals*: *Medical Advances and Their Diffusion*. Washington, D.C.: Brookings Institute, 1979.

Report of the Ad Hoc Committee of the Harvard Medical School to Examine the Definition of Brain Death. "A Definition of Irreversible Coma." *Journal of the American Medical Association*. 205 (1968): 85-90.

◆ノクターナル

Nocturnal

ノクターナル（夜間計，夜間時計）は，北極星をまわる星の観測によって夜間の時刻を特定する装置である．それは，1年における季節を知れば，おおぐま座（あるいは北斗七星）の中の指極星（図のX,Yの星）の位置から時刻を告げることができた．羊飼いや船乗りの伝承からおそらく由来したものであろう．

ノクターナルの起源は知られていないが，その機器はドイツのオッペンハイムのJ. コベル（Jacob Kobel, ?-1532）によって普及した．ノクターナルの解説や図は，16世紀の北ドイツのいくつかの文献，S. ミュンスター（Sebastian Münster, 1489-1552）の『時計の構造（*Compositio Horologium*）』（1531年），P. アピアン（Peter Apian, 1495-1552）の『道具の本（*Instrument Buch*）』（1533年），R. ゲンマ・フリシウス（Reiner Gemma Frisius, 1508-1555）によって増補改訂されたアピアンの『コスモグラフィア（*Cosmographia*）』，コベルの著作を典拠とするJ. ドリアンダー（Johannis Dryander）の『ノクターナル（*Das Nocturnal*）』（1535年）などにあらわれる．ノクターナルの構造と利用法についての英語による最初の解説は，T. フェール（Thomas Fale）の『時計図鑑—ダイアルの技法（*Horologiographia. The Art of Dialling*）』（1593年）にあらわれる．N. ビオン（Nicolas Bion, 1652頃-1733）の著作を増補改訂，翻訳したE. ストーン（Edmund Stone）

の『数学的機械の構造（Construction…of Mathematical Instruments)』(1758年)はすでに数学的な骨董品となっていたこの装置について記している．

構造

ノクターナルは2つの重なった円板の定規と，長い尾のような直線上の定規（あるいは指方規）からなっており，それらはすべて両円板の中心を貫く中空のリベットにより支えられている．大きい円板は普通，直径2〜5インチ（5〜12 cm）で，利用者が腕の長さで垂直に持つことができるようハンドルが付いている．この円板には12の月と，通常さらに細かく5日ごとの間隔，そして黄道帯が刻まれる．装置が正しい時刻を示すためには，ノクターナルが垂直に持たれ，月の適切な日付と黄道帯が上部にきている必要がある．この日付の位置は，ノクターナルが製作された恒星の元期（それは分点の歳差によって変化する）に依存し，またユリウス暦用かグレゴリオ暦用かによっても変わる．

小さい円板は，24等分の時間に分割され，そのうち18の時間は，もともと夜間におそらく灯火もなく利用されたため，触っても読みとれるよう歯の形に切り込まれている．歯は一般的に午後4時から午前8時まで，真冬の最も長い暗い時間に相当して刻まれている．

真夜中の時刻を指す歯は，他の歯より常に長く目立つようにされていた．ノクターナルの中には，おおぐま座の指極星だけでなく，こぐま座も利用して時刻を示すことができるものもあった．そのような装置では，経験的に恒星時から太陽時に変換できるよう，天空を観測するに先立ち，午後4時の歯が伸びており日付にそろえることができるようになっていた．

利用法

観測に先立って，時刻定規の長い真夜中の歯を観測がなされる日付に合うように回転させ，くさびでしっかり固定させる．夜の時間が計られるとき，ノクターナルは文字盤が観測者の方を向くように垂直に保持され，北極星が円板中心のリベットの穴からのぞかれる．観測者の腕はまっすぐ伸ばされ，それでも北極星がリベットから見えるようにしておく．長い指方規を，北斗七星の指極星がその内側のエッジにちょうど触るよう回転させる（図参照）．このようにして，ノクターナルは，北極星，垂直線，指極星の毎日の北極星のまわりの回転における現在の位置との間でなす角度を測定する．

指方規をこの位置にしっかりと持ちながら，観測者は小円板の定規のどの時刻が直線定規の内側のエッジによって指示されているかを見て取る．暗い中で読み取る場合は，観測者は装置を指でなぞり，真夜中の前あるいは後のどの歯が定規と対応しているかを探り当てる．

こぐま座を使うときは，大きな午後4時の歯を，装置をセットした日付に合わせる．

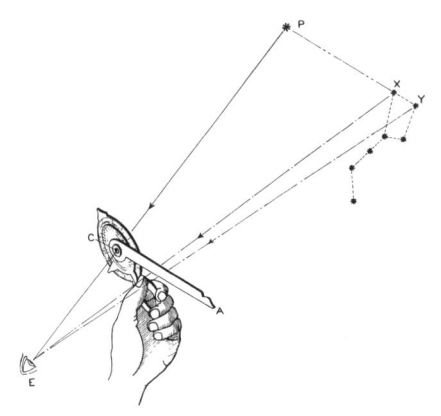

ノクターナルの使用法．SSPL 提供．

実際には，ノクターナルによって15分程度まで時間を読み取ることができるが，その精度は星を観測するときにそれを正確に垂直に立てているかどうかに依存する．

その後の歴史と結末

正確な機械時計の発達はノクターナルに終焉をもたらした．もっとも海上では18世紀まで利用され，僻地ではそれ以後も利用され続けた．第二次世界大戦中には，ノクターナルはセルロイド製の「星時計」として短いながらも復活した．多くのノクターナルは，現在世界中の器具コレクションに保存されている．オックスフォード大学の科学史博物館では，1543年と刻印されたドイツ製の小さい装置が保存されている．

ノクターナルが民芸的な起源をもつことから，16，17世紀にはそれは自家製の装置，特に木製の道具として広く普及していたことが想像される．フェールは，ノクターナルの製作法を詳細に記しており，他の16世紀の著作家も，天文学には疎いアマチュアの器具製作家のために，切り取って木の部品に糊付けするように紙に線描された定規を残している．天文学，印刷，工芸品，そして庶民的な科学の伝統を融合させたノクターナルは，当時において最も一般的な数学的器具だったのだろう．

[Allan Chapman／橋本毅彦 訳]

■文献

Bion, Nicolas. *The Construction and Principal Uses of Mathematical Instruments*, 252-253. Translated by Edmund Stone. London, 1758.
Dryander, Johannis. *Das Nocturnal Oder Die Nachtuhr*. Frankfurt, 1535.
Fale, Thomas. *Horologiographia. The Art of Dialling*, fols. 53-57. London, 1593.
Fine, Oronce. *De Solaribus Horologiis, et Quadrantibus* [1531], fols. 176, 177. Part 4 of *Protomathesis*. Paris, 1532.
Simcock, A. V. "*Elucidatio fabricae ususque*：Rambling among the Beginnings of the Scientific Bookshelf." In *Learning, Language and Invention*, edited by W. D. Hachmann and A. J. Turner, 273-296. Aldershot and Paris：Variorum, 1994.

◆ノモグラム

Nomogram

ノモグラム（計算図表）は，計算を実行するために幾何学の方法を使用する．初心者にも使うことができるが，ノモグラムをつくるのには数学者と製図工の技能を必要とする．したがって，準備にかかる長い時間がほとんど瞬時に結果を得られるという有用性によって相殺される場合に使われる．活動中迅速に結果を必要とする軍事技術者や砲兵将校に好まれてきた．

交差ノモグラムは，計算結果を出すために直線や曲線の交差を使う．以下に示す図表は，$x^3+px+q=0$ という三次方程式を解くための交差ノモグラムである．この例では，$p=0.2$ と $q=0.3$ という直線が-0.5 と -0.6 を示した直線の間，しかも後者により近いところで交差しているので，解は約 -0.57 であると推測できる（真の解は

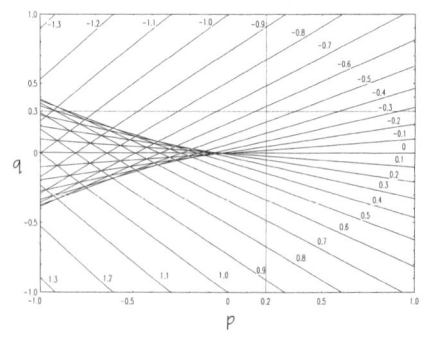

$x^3+px+q=0$ を求める交差ノモグラム．

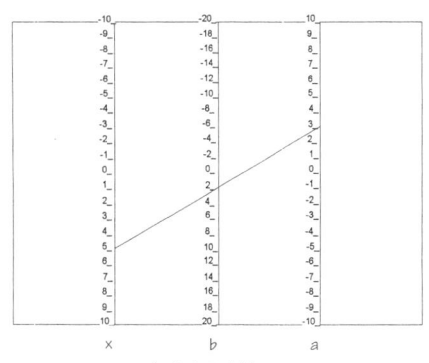

$x = a + b$ を求める直線ノモグラム.

−0.5707 である).

直線ノモグラムは，第 3 の目盛り上に計算結果を与えるために 2 つの目盛り上の既知の数値を一直線上に並べる．最も単純な形態の直線ノモグラムは（上図で示したように），3 つの平行な目盛りからなる．交差する直線は $x = 5$，$b = 2$，$a = 3$ の 3 点を一直線上に並べ，$5 = 2 + 3$ であることを示している．より高度な直線ノモグラムはより複雑な問題を解く．

幾何学的原理は計算問題を解くために長い間使われてきた．例としては，ダッドリー (R. Dudley) の『海の神秘について (Del l'arcano del Mare)』(1661 年) におけるヴォルヴェル図表があり，現在グリニッジの国立海事博物館に所蔵されている．

だが，計算図表法は 19 世紀半ばから始まり，フランスの鉄道体系の構築がその発展の起動力であった．そのプロジェクトに従事した土木技術者の L. ラランヌ (Leon Lalanne, 1811–1892) は，1846 年にその主題を厳密に研究し，さまざまな計算を実行する「普遍計算表」を開発した．ラランヌはまた，直線が曲線に取って代わることができるならば，よりよいノモグラムが生まれるだろうと結論を下した．曲線を直線に代える過程を，彼は歪像描法（アナモルフォシス）と呼んだ．カイロのエコール・ポリテクニクの数学教授であるクラーク (J. Clark) は，後に，いくつかの重要で単純なノモグラムが曲線を使ってつくれることを示した．

1867 年に P. ロベール (Paul de Saint Robert) は，いくつかの明らかに単純な方程式がノモグラムに帰着できないことを示唆する 1 つの基準を導いた．マッソー (J. Massau) は，1880 年代のベルギーの鉄道建設中にその主題の理論的側面をさらに発展させた．この頃までには，ノモグラムについて，当初わかっていたよりも多くのことが存在するということが明らかになっていた．

その理論を最大限発展させた人物は，道路や橋梁や地図に関係するフランス政府のさまざまな機関で働いた技術者である M. ドカーニュ (Maurice d'Ocagne, 1862–1938) だった．彼は 1891 年に「ノモグラム」という用語（文字どおり，法則の図面）をつくり出し，直線ノモグラムを導入した．彼はまた，その主題について権威ある著作を 1899 年に書き，1921 年には第二版が出ている．

ノモグラムはさまざまな幅広い分野で長年にわたって使われ，いくつかの例では，別の装置に取って代わられると予想された後も長く使われてきた．石油・化学産業は 1950 年代にノモグラムを使っていた．ロシアの学術誌『計算数学 (Vychiclitelnaya Matematika)』は，1959 年にまるまる 1 号分をその主題に当てた．1973 年，イギリス海外測量局は，測量計算のノモグラムを出版し，それから地形測計の砂礫層分析のための一連のノモグラムが 1977 年に，有効利率を計算するためのノモグラムが

1980年にあらわれた.

[**H. Ainsley Evesham**／柿原　泰 訳]

■文　献

Allcock, H. J., J. Reginald Jones, and J. G. L. Michel. *The Nomogram*. London：Pitman, 1963.

Evesham, H. A. "The History and Development of Nomography." Ph. D. dissertation. University of London, 1982.

Evesham, H. A. "Origins and Development of Nomography." *Annals of the History of Computing* 8 (1986)：324–333.

Ocagne, Maurice d'. *Traite de nomographie. Theorie des abaques. Applications pratiques*. Paris：Gauthier–Villars, 1899.

は

◆肺活量計

Spirometer

　肺活量計は，肺から吐き出された空気の量を計測する．ほとんどのタイプは，単純なガス留の変種である．これは時に，19世紀における生理学的機能の数的計測に対する関心を示す鍵となる例として示されるが，肺活量計が普通に使われたという証拠は，比較的最近までほとんどない．

　A. ボレッリ (Alphonso Borelli, 1608-1679)，D. ベルヌーイ (Daniel Bernouilli, 1700-1782)，S. ヘイルズ (Stephen Hales, 1677-1761) を含む，18世紀の一連の実験家は，呼気と吸気を計測した．彼らの研究は，厳密に医学的関心というよりも，むしろ，自然哲学的探究，あるいは，自然誌的な関心の所産だった．1800年に，J. ベドーズ (James Beddoes) の気体研究所への訪問の後，W. クレイフィールド (William Clayfield) は，排気の体積を計測できる「水銀空気ホールダー (mercurial air holder)」を制作した．

　一般に医学的肺活量計の発明者とされているJ. ハチンソン (John Hutchinson, 1811-1861) は，1846年に彼の装置を発表した．それは，空気を密閉し水を入れた容器と，その中に入れられた逆さにしてつり合いをとる密閉容器とからなっていた．被験者が，パイプを通して内部のシリンダーの底に空気を吹き込むと，目盛りをつけた封印の上に読み取れる程度まで上がっていく．ハチンソンは，呼吸における種々の空気の体積の分類を行った．すなわち，呼気，補気，予備空気，および残気である．最初の2つの組合せ（深呼吸に続く呼気の最大体積）を，彼は，肺活量と名づけ，これを彼の基本計測とした．ハチンソンは，おそらく医療統計学の発達を反映して，小人から巨人まで，また，拳闘家から紳士まで，4,000人以上の人の正常な肺活量の計測を行った．彼は，この肺活量が直線的に身長と線形的に比例しているが，体重とは比例していないことを立証した．

変　種

　これに続くほとんどの肺活量計は，似たようなアプローチをとった．乾性肺活量計は，水の代わりに機械的に密閉しているが，中心の棒状の目盛りをつけた計測器と連結したコンチェルティナ（六角手風琴）状のふいごの形をしていた．例外としては，1870年に特許をとったR. ローネ (Robert Lowne) のポータブル肺活量計である．ここでは，呼気量は，ギヤによって時計状の計量器と連結したまわりを囲む外輪—これは肺活量計の内部にある—によって計られる．

　ほとんどの肺活量計は，ハチンソンのいう肺活量の数的計測値を与えるだけであった．20世紀の間に，呼気容量と同様，呼

吸速度を研究することも一般的になってきた．時には，タイマーが肺活量計に連結された．しかし，最もしばしば記録されたのは，器具のおもりつき糸にキモグラフ（動態記録器）をつなぐことによってであった．ヴァイタログラフにおいては，制動機つきの動きの早いチャートの上を動いていくペンが，呼気を受けるくさび型のふいごのてっぺんとアームでつながっている．

戦後の発展として最も注目すべきものの1つは，呼吸機能の主計測としての，努力呼出排気量（FEV$_1$）の確立であった．これを計測するために2つの器具が発達した．ライト（Wright）の最大流量計は，空気が側面の穴を通って吹きつけられたとき，円環状に動くように，枢軸上に置かれた羽を含む円筒状の箱である．羽につながったダイヤルによって，読み取ることができる．しかしながら，ピストルのような形をした最大流量の計測器は，円筒の中を走るピストンからなっており，より単純である．

戦後の主要な発達として，他に電動式の肺活量計がある．これでは，電気回路がセンサーからのシグナルを基準値に翻訳する．抵抗値が空気の流率に比例する熱線の上に吐かれた空気を流すなど，さまざまな感知するための技法が利用された．他のアプローチとしては，空気の流れ道に，回転率を光学装置によって読み取る小さなプロペラ状の帆輪を置くものがある．

使用状況

ハチンソンの時代以来，肺活量計の擁護者は，ルーティンな診断技術としての前途を主張していた．これが一層一般的なものになってほしいという願望を，考案者たちがあまりに頻繁に信心深く書いたことが，この想定された可能性を裏切ることになったのではあるが．ライトの最大流量計と計

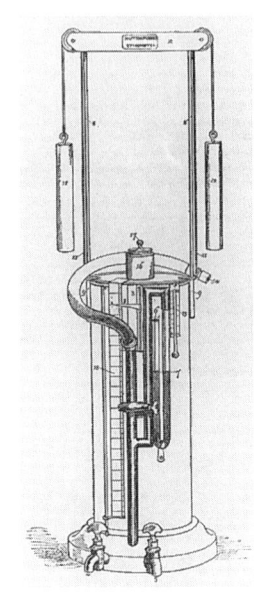

ハチンソン肺活量計．John Hutchinson. "On the capacity of the lungs……" Medico-Chirurgical Transactions 29 (1846)：234. SSPL提供．

量器が導入されるまで，肺活量計がルーティンな臨床的使用への足場を得ることはなかった．病院において，1930年以降，人工的な換気技術が生まれ，モニター技術として肺活量計は適所を得るようになった．電気センサーを用いた肺活量計のモジュールは，いまや生命維持装置の基本的アイテムである．

公衆衛生において，肺活量計はより広範に用いられていた．肺活量の計測は，保険産業の医療実践者の関心をひきつけた．結核の診断に役立つと考えられたからである．結核が広まれば，保険料の計算家は多大な関心を呼び起こされざるをえない．しかし，肺活量計が最も使えると予想されたのは生理学研究室においてのことであり，特に，1930年代以来の占領地の健康にお

ける肺の疾病の研究の増加によっていた．それぞれの肺の排気量を個別に記録する二重の肺活量計を含み，この状況において，多くのテクニックが発達した（この場合，2つの読取りのために，特別のカテーテルを気管に差し込む必要がある）．他の例として，被検者によって吸い込まれた空気と混合した，反応しない気体（普通はヘリウム）の量を計測するカタロメーター（代謝率電気測定計）と連続させた肺活量計を用いての肺の残気量（随意に排気されえない空気）の計測がある．

[Timothy M. Boon／月澤美代子 訳]

■文　献

Bass, B. H. *Lung Function Tests*：*An Introduction*. 4th ed. London：H. K. Lewis, 1974.

Davis, Audrey B. *Medicine and Its Technology*：*An Introduction to the History of Medical Instrumentation*. Westport, Conn.：Greenwood, 1981.

Reiser, Staneley Joel. *Medicine and the Reign of Technology*. Cambridge：Cambridge University Press, 1978.

Spriggs, E. A. "The History of Spirometry." *British Journal of Diseases of the Chest* 22（1978）：165-180.

Wright, B. M., and C. B. McKerrow. "Maximum Forced Expiratory Flow Rate as a Measure of Vital Capacity" *British Medical Journal* 2（1959）：1041-1047.

◆パイロメーター

Pyrometer

もともとパイロメーターは温度変化によって生じた膨張や収縮を計る装置であった．したがって，ある意味では，熱膨張，熱収縮を利用して温度を計る温度計とは逆のことをする道具であった．パイロメーターは18世紀に発達し，当時最も急を要していた技術的問題，つまり温度によって変化しないクロノメーターの振動子をいかにしてつくるかという問題を解決するのに決定的な意味をもっていたのである．しかし1780年代に「パイロメーター」という言葉は高温を計る温度計，つまり「高温計」を指すようになった．温度計の温度領域と高温計の温度領域の境界については意見は一致していないが，実際上は500℃が分かれ目である．しかし電気温度計はしばしばこの温度を越えて使われる．

オランダ人の自然哲学教授 P. ファン・ミュッセンブルーク（Petrus van Mussenbroek, 1692-1761）は1730年代初めにパイロメーターを発明した．この道具は1730年代後半にイギリスの時計職人 J. エリコット（John Ellicott）によって改良され，続いて1750年代にイギリスの科学器具製作者 J. スミートン（John Smeaton, 1724-1792）によって，1780年代には J. ラムスデン（Jesse Ramsden, 1735-1800）により変更が加えられた．

原理的にはパイロメーターは単純な器具である．定規が金属棒の隣に置かれ，温度が変えられ，金属の長さの変化が計られるというわけである．しかし実際上は，温度による定規自身の長さの変化（これによって計測は無意味になってしまう）を確実に防ぐのにかなりの工夫が必要である．スミートンの解決策はとりわけ洗練されていて，彼は真鍮のパイロメーターを水浴につけることによって，計測されている金属棒と同じ温度になるようにしたのである．一方，それとは別に行われた実験では，パイロメーターの先端に鋼片をつけた（既知の長さをもつ）木の棒を置いて30秒ごとにパイロメーターの長さを計測することによ

って，パイロメーターそのものの全体の長さの変化を決めていったのである．木の棒の長さは幾何級数的に増加するので，木の棒がある温度の水につけられた最初のときの長さを外挿することが可能になり，それによって水浴の熱によって膨張する以前のもともとの木の棒の長さを参照しながらパイロメーターの目盛りをつけたのである．

ラムスデンのとった方法では，金属棒が定規と力学的に接触しないため，究極的にはより正確な解決策であった．彼のパイロメーターでは，氷でまわりを囲むことによって一定の温度を保った定規を備えた装置になっていて，定規に固定されてはいるが，マイクロメーターのネジによって動かすことのできる顕微鏡を用いて，加熱されている金属棒の移動を観察するようになっているのである．

パイロメーターの新しい「高温計」としての意味は，イギリスの陶芸家 J. ウェッジウッド（Josiah Wedgewood, 1730-1795）が1782年に高温を計測する"pyrometer"を発表したときに誕生した．彼の道具は既知の長さの粘土片であり，温度を測る窯の中に入れられる．取り出した後に計測される縮みによって，温度が「ウェッジウッド度」で表示されるようになっている．

産業界では温度計測は19世紀後半において重要な問題となり，1900年以前に正確さには限界があるさまざまな器具が発明された．最も単純で実用的な解決策は，ゼーゲル（ゼーガー）・コーンだった．約10 cmの高さの円錐状に整形された粘土の混合物で，決まった温度で壊れるようになっている．1886年にベルリンのH. A. ゼーガー（Hermann August Seger）によって窯業用に発明されたこの道具は，100年間にわたって広く使われた安価な方法であった．

電気抵抗温度計は1871年にC. W. シーメンス（Charles William Siemens, 1823-1883，ドイツ名 Karl Wilhelm）によって発明され，H. L. カレンダー（Hugh Longbourne Callendar, 1863-1930）によって正確な器具となった．彼の白金抵抗温度計についての研究は1886年に始まった．特に彼は非常に純粋な白金を使う必要があることを示した．これらの器具は炉と窯業で使われ，当初は1,000℃，後には1,200℃までの温度を計測するようになり，それ以上の高温では白金線に雲母片を巻いて磁器の管の中で使うことによって計測する．

全輻射高温計（total radiation pyrometer）は，「黒体から発せられる全輻射は絶対温度の4乗に比例する」というシュテファン-ボルツマンの法則を原理としているが，経験的には1879年に J. シュテファン（Joseph Stefan, 1835-1893）によって示唆され，理論的には1884年に L. ボルツマン（Ludwig Boltzmann, 1844-1906）によって示された．鏡高温計（1904年），らせん高温計，望遠鏡高温計など初期の形態はいずれも C. フェリー（Charles Féry）によって発明されている．

最初の光高温計は，19世紀末に H.-L. ルシャトリエ（Henri Louis Le Châtelier, 1850-1936）によってつくられた．広く使われるようになった最初のこの種の器具はヴァナー高温計で，熱光源からの単色光が（規格化できる）電気的な光源と比較されるのである．比較は偏光システムで行われるので，この器具は比較的複雑な光学部品で構成されていた．ヴァナーの器具は成功を収めたが，1950年までには線状（フィラメント）消失型が一般に好まれるようになった．このタイプは1901年に初めて，ド

源から離れたところで計測可能であるので，高温物体，動く物体，腐食性の物体に用いることができる．1920年までにはさまざまなタイプの高温計の限界についての理解が進み，鋳塊やガラスの固まりの温度を長時間にわたって計測，制御しなければならない，焼きなましのプロセスで多用されるようになった．20世紀を通じて，生産の規模が拡大するにつれて欠陥品による損失が大きくなるため，よりきめこまかな品質管理が必要になり，高温計の役割の増大へとつながっている．

[Richard J. Sorrenson, John Burnett／菊池好行 訳]

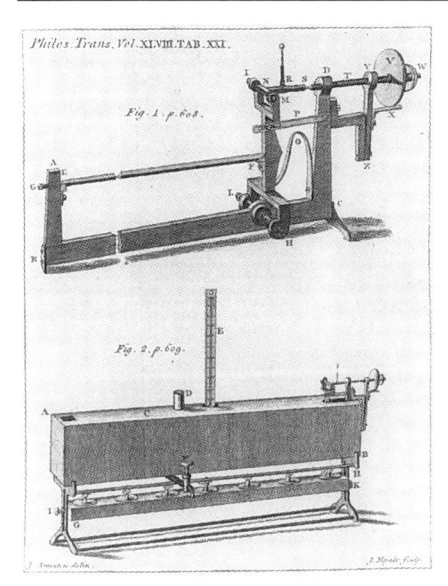

スミートンのパイロメーターと水浴装置 (1754年). John Smeaton: "Description of a New Pyrometer, with a Table of Experiments Made Therewith." Philosophical Transactions of the Royal Society of London 48, 1754: facing page 608. プリンストン大学図書館提供.

イツのL. ホルボルン（Ludwig Holborn, 1860-1926）とF. クールバウム（Ferdinand Kurlbaum, 1857-1927），アメリカのH. N. モース（Harman Northrop Morse）によって独立につくられた．この道具は，フィラメントを通る電流を変化させてフィラメントの温度と色を変えるようになっていて，熱光源となるフィラメントに望遠鏡の焦点を合わせたものである．フィラメントが不可視になるときの電流から，温度が経験的に計算される．この道具によって正確な計測が可能になるため，他の器具の検査や，実験室での計測に用いられる．測定可能な温度範囲は600℃から3,000℃である．

光高温計と輻射高温計は，計測される熱

■文献

Catalogue of the Collections in the Science Museum: Temperature Measurement and Control. London: Her Majesty's Stationery Office, 1976.

DeWitt, D. P., and Gene D. Nutter. Theory and Practice of Radiation Thermometry. New York: Wiley, 1988.

Griffiths, Ezer. "Pyrometry, Optical," and "Pyrometry, Total Radiation." In Dictionary of Applied Physics, edited by Richard Glazebrook, Vol. 1, 643-677. London: Macmillan, 1922.

Musschenbroek, Petrus van. Tentamina Experimentorum Naturalium Captorum in Academia del Cimento, second pagination, 12-57. Leiden, 1731.

"Pyrometer." In The Cyclopaedia; or, Universal Dictionary of Arts, Sciences, and Literature, edited by Abraham Rees, Vol. 29. London: Longman, 1819.

◆秤【一般】

Balance (General)

1750年頃に化学分析の研究が始まるまで，科学者は化学混合物を適度に首尾一貫して調合するために秤を必要とした（化学

天秤の項を参照).だが,それらの成分自体が一貫して純粋でもなく信頼性にも欠けていたので,各成分の正確な量を測ってもあまり大した意味はなかった.腕のいい物差し作りの職人であれば,1,000分の1の精度,すなわち各皿に500グレイン(32.5g)の物体が置かれたときに1グレイン(約0.065g)の精度をもつような両腕の長さの等しい秤をつくることができた.1632年と1750年の間につくられたコインスケールは,そのぐらいの重さ(設計よりもずっと大きい重量だが)によって回転し,使用によりかなり痛んでも,1ないし1.5グレインを指示することができる.長さが10インチ(25 cm)までの角柱型の等腕秤は,2ポンド・アボワールデュポワ,すなわち14,000グレイン(910 g)まで測定することができる.

J. ブラック(Joseph Black, 1728-1799)は常に物質の量を重量によって定義した最初のイギリスの科学者であるが,当初は彼の研究でも,「その量の3ないし4倍」といったように比を使って表現していた.しかし1756年から,薬剤師が重量を利用するようになり,「27グレインのマグネシア」とか「推測するところではほぼ3分の1グレインの重さ」と語るようになった.ブラックは「沈澱物は半グレインになる」といえたにもかかわらず,彼の14,000分の1の精度をもつ,先端が白鳥の首の形をしたスコットランド製の物差しを使っても3分の1グレインの重さを測ることができなかったのである.

重さを測る過程は,製作者が柱から棹を支え,棹と皿をひもで持ち上げるようにすることで簡単になった.箱によって刃先をほこりから守り,毎年物差しを検査し必要に応じて刃先を取り替えることで,損耗の度合いも減少した.棹を円錐状にするのは棹が曲がることへの懸念からであったが,その懸念も皿にあまり重いものを載せず,棹の断面を楕円にしたりすることでかなり解消された.金属の熱膨張の知識は,1834年以降に大英帝国の標準が新しく定まり,天秤を用いた実験精度がかなり向上するようになってはじめて重要になるのである.

棹秤は空気圧,磁気力,テコなどの実験に使われ,1オンス・トロイ程度の圧力や力を示すために利用されている.1690年頃から1780年頃まで器具製作者によってつくられた棹秤は,円形の断面をもつ青銅製のものが多い.当時の物差しの製作職人は,長方形や菱形の断面をもつ錬鉄製の棹秤をつくり,それらは約1,200分の1の精度をもち常衡4オンス(113 g)の単位で刻みをつけられた.トリエーで見出された棹秤のように,ローマ人は紀元300年頃には刃先を支点にした棹秤を使うようになっていたが,それらは完全に平衡ではなかった.というのは刃の中心が折返しの棹秤の中心線上にあることで,より小さな荷重を測るときに「速い」(不安定な)棹秤となり,より大きな荷重を測るときにはさらに速い秤となるからである.この問題はイギリスにおいては1758年以降に,棹秤のいずれの側を使う場合にも,使用する刃先に直線をつくるように刃をそろえるようにすることで解決された.

人々は1750年頃にはコンパクトなバネ秤を使い始めた.らせんのバネをもつ初期のバネ秤は120分の1の感度で60ポンド(約27 g)までを測ることができ,値段は同じ性能の棹秤の10分の1であった.1772年にイギリスで特許がとられた振り子秤もコンパクトで,ただちに「読取り」ができ,300グレインの荷重に対し1グレインの感度があった.しかし刃先の支点が刃の

両側で垂線から30度の角度まで作動しなければならなかった．支点の両側と受皿のピボットで摩耗が大きかったようである．1758年に記録されているランバートの振り子式物差しは，液体中の塩の含有量を決定するために特に利用された．1750年頃に物差しの製造職人は，大型の角柱型で等腕の棹をつくり始めた．S. リード（Samuel Read）は36インチ（91 cm）の棹をつくったが，それは今日破損した状態でも，各受皿に14ポンド（6.3 kg）を載せたときに50グレインを指すことができ，少なくとも5万分の1の精度をもっていた．

19世紀に入り，化学物質がより純粋になり科学実験もより精密になると，器具製作者はより正確な秤をつくるようになった．めのうのベアリングを使って刃先の摩耗を減らし，制動機構を加えて支点や，後には3つのピボットすべてにかかる力を軽減させた．科学者はほこりや腐食性の煙から守るためにガラスのケースを多用するようになった（ガラスケースは1750年までに実験室でよく使われるようになったが，常にケースとして使われていたわけではなく，利用者がその効用を認識するようになるのは1850年以降のことである）．腕はその長さが微調整できるようにつくられ，材質は損耗しないようプラチナ，ガラス，真珠母，パクトン，ニッケルメッキなどが導入された．微量の試料をガラス箱を開けずに測る機構も検討された．特定の実験には専門の付属品がつけられた．

1850年にはロビンソン（T. C. Robinson）の1820年代と30年代の仕事（宣伝では10万分の1の精度を達成したという）とエルトリング（L. Oertling）の仕事のおかげで，学生でも良質の秤が手に入れられるようになった．感度のよい薬物や金の秤や検査官の物差しは現在に至るまで物差しの製作職人によってつくられるが，科学者はほとんどの用途に対して物差しの職人よりも精密器具の製作職人の秤を求めるようになった．

器具製作職人は，商用や軍用の物差しや硬貨の重さを測るための秤をつくった．彼らは3インチから6フィートまであらゆる長さのものを製造したが，残存するものがないので，すべてのサイズの物差しを彼ら自身で製作したのか，あるいは専門の物差し職人から購入したのかは定かでない．物差しの製作職人は1700年代初めにはイギリスの主要な町ではどこにも存在するようになり，特にロンドンの職人の多くは立派な店を構えた．

[Diana F. Crawforth-Hitchins／橋本毅彦 訳]

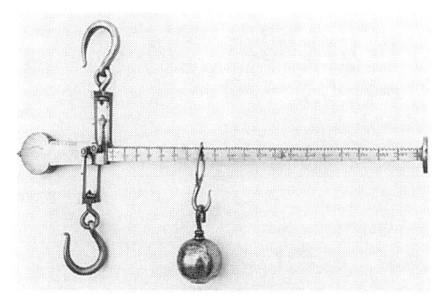

18世紀イギリスの古典的な折返し棹秤．200トロイ・オンスまで計れる．SM 1927-1205. SSPL提供．

■文　献

Equilibrium. Journal of the International Society of Antique Scale Collectors.

Morton, Alan Q., and Jane A. Wess. *Public and Private Science：The King George III Collection*. Oxford：Oxford University Press in association with the Science Museum, 1993.

◆秤【化学式】
➡ 化学天秤

◆秤【静水式】
➡ 静水秤

◆爆薬衝撃力試験器具

Instruments to Test the Ballistic Force of Explosives

砲外弾道学

軍事用火薬を試験する標準的な手段として18世紀を通じて臼砲試験器が利用された．それは小さな臼砲で，一定量の火薬を使って基準となる大きさ・重量の砲丸を広場で投射するものだった．しかし臼砲試験器に対しては，結果が不完全で均斉を欠いているという批判が絶えずなされていた．最も深刻な問題は，高密度で細粒化された火薬が，実際の大砲では大きな威力を発揮するにもかかわらず，臼砲ではわずかな衝撃力しか示さないことだった．にもかかわらず，臼砲試験器は19世紀の後半に至るまで利用され続けた．

しかし一方で，古くから実際の投射速度を導出できる，より感度の高い器具も利用されてきた．それが弾道振り子であり，軍事技術者であり数学者のB. ロビンス（Benjamin Robins, 1707-1751）によって発明され，彼の著作『新弾道学諸原理（*New Principles of Gunnery*）』（1742年）で初めて記述された．

弾道振り子から得られたデータから砲口速度を決定するには，振り子からの距離に従って弾道速度がどのように低下するかについて知る必要があった．そこでの主要な要素は空気抵抗だった．ロビンスは，空気抵抗に関して理論データ・実験データの双方を発展させた弾道学の最初の徒だった．彼の研究は，その後1世紀以上にわたる研究の出発点となった．研究の中で，空気抵抗と投射速度の関係は非常に込み入ったものであることが明らかとなった．

ロビンスは実験を比較的小さな器具を用いて行った．1世紀後には，巨大砲による発砲を大規模な弾道振り子によって把握することができるようになった．アメリカの兵站部将校A. モルディカイ（Alfred Mordecai, 1804-1887）は，空の状態で重量4,250 kgの弾道振り子と24ポンド（11 kg）・32ポンド（16 kg）の試験用小銃を利用して，1843, 1844年にワシントン兵器廠で大規模な弾道試験を行った．

電気弾道クロノグラフによって飛翔中の投射体速度の測定が可能になった．同装置の利点は，サイズが非常に小さく，携帯性に優れていることだった．さらに，小銃の発射した投射体の所定位置での速度を，水平方向以外についても測定することができた．この種の弾道器具は電磁気学の発展に依拠している．C. ホイートストン（Charles Wheatstone, 1802-1875）が1840年前後にそのアイデアを紹介すると，全ヨーロッパの弾道発明家たちは瞬く間に採用した．ここで，電気弾道クロノグラフはみな，以下の同一の原理にのっとって作動している．標的となる電気回路のシーケンスが，発射した投射物によって破壊される．その結果，各回路内の電磁石が不活性化して，

記録装置にマークが連続して刻印される．マーク間の間隔は各標的破壊の間の時間間隔に変換でき，標的間の間隔は前もって決められるので，速度データ変換することができるのである．

ほとんどの電気弾道クロノグラフは，一度に2つの標的間の速度だけしか求めることができなかった．しかし，シュルツ（Schultz）のクロノグラフ（1864年）は連続する複数の標的間の速度を測定することを可能とした．弾道クロノグラフは，例えば調時装置として音叉の代わりに水晶結晶板の基本振動を利用するなどの改良が行われ，20世紀の半ばまで使われ続けた．

砲内弾道学

あらゆる爆発では，爆発気体が急速に体積膨張する．温度と体積の急激な変化によって生じる圧力が，砲身底部の投射物を推進させるのである．火薬の爆発による体積変化を測定しようという試みは，17世紀終わりに始まった．当初得られた解答は，常温では正常な状態での火薬試料体積の220倍から240倍に膨張するというものだった．ロビンスは実際の爆発での温度上昇を考慮に入れ，体積膨張は火薬体積のほぼ1,000倍という結論を得た．したがって，着火した火薬の最高圧は1,000気圧，あるいは1インチあたり「6タン重量（Tun Weight）」ということになった．

ロビンスは，砲の発火時に火薬が瞬間的に爆発することを仮定し，火薬の「密度」（火薬で満たされた着火室の体積比）と圧力の間には比例関係があると主張した．これらの仮定は，ロビンスの最高圧に関する結論とともに，ヨーロッパで活躍したアメリカ人B.トンプソン（Benjamin Thompson, 1753-1814／ラムフォード伯；Count Rumford）らによって検討された．1793年にミュンヘンで行われた実験で，ラムフォードは火薬爆発時の圧力を測定しようと試みた．彼は火薬量と爆発圧の関係を明らかにするグラフを描くのに成功し，ロビンスの提示した比例関係説を論駁した．さらに彼は圧力を測定したが，その値はロビンスの最高圧1,000気圧よりはるかに大きなものだった．実験データは10,000気圧以上というものであり，グラフから最高圧を外挿すれば29,000気圧以上，温度膨張を計算に入れれば128,000気圧となったのである．ラムフォードの提示した数値はあまりに高すぎることが後に判明したものの，着火した火薬の圧力を直接測定する最初の試みとして賞賛された．

ラムフォードによる内圧測定に続いて，1850年代の終わりにアメリカ人兵站部将校ロッドマン（T. J. Rodman, 1815-1871）が進展をもたらした．ロッドマンはとくに，火薬の爆発によって砲腔内に生じた圧力を制御することに関心を抱いていた．それは，銃尾の初期圧力があまりに高すぎるために小銃が破裂してしまうことが，大型後装式小銃では大きな問題になっていたが，そのような危険性を最小限に押さえるとともに，火薬装填の際の効率を弾道学的に改良するためであった．ロッドマンはそのような挑戦に系統的にアプローチした．彼は，砲腔圧力を測定するための器具を開発し，砲腔底部の圧力をほぼ均等化し最高砲口速度を保証する火薬の形状—「多孔固形弾薬筒」—を実験を通して決定した．

圧力測定器具に対してロビンスが自らつけた「圧痕装置」という名称（その後，ロッドマン刻印やカッター・ゲージと呼ばれるようになった）は，その器具の用途を適切に表現している．それはピストンとナイフエッジからなり，ナイフは銅のような柔

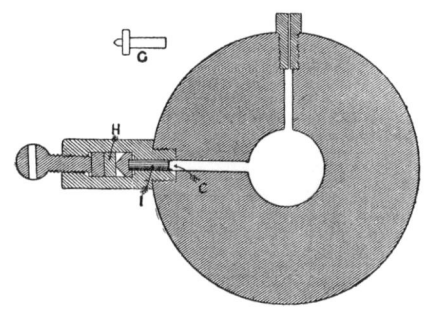

砲腔周囲の各点において圧力を計算するためのロッドマンの圧力ゲージ．Noble (1906)：488頁．SSPL 提供．

らかい金属でできた円盤に接触している．それを砲腔基底にある弾薬筒内に据え付けるか，砲腔内壁にねじ込むのである．爆発圧がピストンに作用して，ナイフエッジを金属円盤に押しつける．その際のナイフの浸入の度合いが，圧力値と相関関係になるのである．

ロッドマンの圧力ゲージは迅速に採用された．イギリスでは，A．ノーブル (Andrew Noble, 1831-1915) が粉砕ゲージを製造した．それは，ナイフエッジを取り除き，ロッドマンの円盤の代わりに銅製シリンダーを使う装置で，シリンダーの圧縮度が圧力と相関的になることを利用する．これらの圧力ゲージの現代の末裔は圧力変換器である．その中でも最もポピュラーな圧電変換器は水晶板を利用しており，圧力を加えることで信号として電荷が生み出される．しかし，大型小銃に対しては，1979年になっても銅製圧縮ゲージを利用しているという言及がある．

[Seymour H. Mauskopf／中村征樹 訳]

■文 献

Fisher, E. B. "Research Test Techniques Applied to Gun Interior Ballistics." In *Interior Ballistics of Guns*, edited by Herman Krier and Martin Sommerfield, Vol. 66, 281-306. [New York]：American Institute of Aeronautics and Astronautics, 1979.

Noble, Andrew. *Artillery and Explosives*. London：John Murray, 1906.

Robins, Benjamin. *New Principles of Gunnery*. London：J. Nourse, 1742. Reprint. Richmond, Surrey：Richmond, 1972.

Steele, Brett D. "Muskets and Pendulums：Benjamin Robins, Leonhard Euler, and the Ballistics Revolution." *Technology and Culture* 35 (1994)：348-382.

Thompson, Benjamin Count Rumford. "Experiments to Determine the Force of Fired Gunpowder." In *Collected Works of Count Rumford*, edited by Sanborn C. Brown, Vol. 4, 395-471. Cambridge：Harvard University Press, 1970.

◆八 分 儀

Octant

オクタント (Octant) とは円周の8分の1，すなわち45°のことを指し，あるいは航海術に広く用いられ，また一般には測量に用いられる，角度測定のための器具のことをいう．すなわち八分儀として知られている．この器具はまた，おそらく混同されてではあるが，ハドレー四分儀 (Hadley quadrant) としても知られている．

八分儀に使われている原理は，六分儀やリフレクティング・サークルなどを含む一般的な光反射器具と同じもので，もし鏡を何度か回転させると，静止した目標物からの光とその反射光との角距離が鏡自身の回転角の2倍分の角を示す，という原理である．使用の際は，角距離を測定するべき2つの目標物の像が互いに重なるように鏡を回転させてやる．そうすると2つの像が重なるまで実際に鏡を動かした角度が，目標

物間の角距離の半分,ということになる.すなわち八分儀は,実際には 90°(すなわち 360°の 4 分の 1=クワドラント)まで測定することができるのだが,そのために要する目盛環の弧の長さは,その半分の 45°(すなわち 8 分の 1=オクタント)あればよいということになり,それがこの器具の名前にまつわる曖昧さの原因ではないかと思われる.またこの原理をふまえ,八分儀の 45°の目盛りは 90 分割で目盛りづけられており,その 1 目盛りが目標物間における 1°角に相当している.

上記のような設計上の原理は,R. フック(Robert Hooke, 1635-1703)や I. ニュートン(Isaac Newton, 1642-1727)によってデザインされた航海用の器具に組み入れられた.また似たような設計のものが,18 世紀初頭に多数あらわれ,アメリカの T. ゴドフリー(Thomas Godfrey, 1704-1749),フランスのフーシェ(Jean-Paul Grandjean de Fouchy, 1707-1788),イギリスの C. スミス(Caleb Smith),J. ハドレー(John Hadley, 1682-1744)によって作製されたものがあげられる.その中でも,ハドレーの提案により,1731 年にロンドンの王立協会のためにつくられ,1734 年には標準的な形に改良されたものが一番よく知られている.

八分儀は,2 本の半径の長さのアームとその間の目盛りづけられた弧からなる扇形を形成し,そしてその扇形の頂点(中心角)の部分を中心に旋回するような形でインデックスアームがつけられ,目盛りの上を動くようになっている.インデックスアームの旋回軸の部分にはインデックスミラーが取り付けられ,固定されたアームの一方にはホライズンガラスと呼ばれる半面だけ鏡面処理されたガラスが,さらにもう一方のアームには照準がついている.初期の八分儀の照準は,ハドレーのもの以外はピンホール式であったが,望遠鏡式の照準がすぐ標準的に装備されるようになった.角距離を測るべき 2 つの対象の一方からきた光は,ホライズンガラスの鏡面処理のされていない透明な部分を通って直接望遠鏡照準に入ってくる.またもう一方の対象からくる光は,回転するインデックスミラーと固定されたホライズンガラスの鏡面処理された部分で二度反射された光線が望遠鏡照準に入ってくる.観測する前には同じ対象を直接と反射の両方で見て,このとき,目盛りがゼロになっていることをチェックし,ゼロでない場合は調整してやる.この状態で 2 枚の鏡は平行になっているはずであり,目盛りはゼロを示すか,後の測定に組み入れられるべき修正値を示していなければならない.実際の観測の際には,求めるべき角度を含んだ平面上に扇形のフレームを固定したまま,インデックスアームについたインデックスミラーを動かし,一方の対象がもう一方の対象と重なるように調整する.

18 世紀の航海術における主要な問題は洋上の船の経度を知ることであり,ハドリーは,精度の面で従来の観測機器を大幅に上回る八分儀を使うことで,経度測定に必要な洋上での月距離の観測が可能になるのではないかと期待した.しかしながらその場合,測定せねばならない角距離が 90°より大きくなることがあった.そのため普通初期の八分儀には,半透明のホライズンガラスがついているフレームに,それと直角になるように,もう 1 枚余分の半透明鏡がつけられており,その鏡のためのピンホール式照準もつけられていた.この 2 枚目の半面鏡を用いた観測では,目盛りが示

R. ラストの貿易業務用名刺に見られる八分儀の使用法(1783年頃). SM 1934-111. SSPL提供.

す値に90°をつけ加えた値が実際の観測値,ということになる.しかしインデックスミラーとホライズンガラスの場合には,両者が平行で目盛りがゼロになるよう調整することが可能であるのに対して,この2枚目の半面鏡の場合には同じような調整法がなく,徐々に位置がずれてしまった場合には全く役に立たなかった.実際八分儀が用いられるのは,普通北極星やその他の星の高度を測定し,緯度を求めるためであって,最も一般的には太陽の子午線高度を求めるためであった.その場合,器具を垂直に保ちつつ,半透明のホライズンガラスを通して水平線を直接観測したので,このガラスをホライズンガラスと呼ぶようになったのである.もう1枚余分につけられた半面鏡と照準は,太陽直下の水平線がうまく見られない場合に,180°反対の水平線を用いて観測するのに用いられ,そのことがこの鏡のバックホライズンガラスという名の由来となっているが,この鏡はすぐに取り付けられなくなった.

初期の八分儀は,フレームはマホガニーの木でつくられ,ツゲでできた目盛環に対角線式の目盛りが刻まれていたものであったが,それは徐々に改良され,19世紀の初頭までには副尺式の象牙の目盛り,黒檀のフレーム,真鍮のインデックスアームが標準的になった.また太陽観測のための減光フィルターや「影(shades)」と呼ばれるものが,インデックスアームとホライズンガラスの間に取り付けられていた.フレームの形をめぐってさまざまな改良がなされた六分儀とは異なり,八分儀に特徴的なアームと目盛環の間のT字型のフレームの形はずっと変えられることはなかった.フレームには鉛筆を差し込んでおくための穴が空いていることもあったし,測定値を書き込むため,フレームの背面に象牙が埋め込まれることもあった.八分儀は比較的廉価で,緯度測定のための実用的な観測機器であったが,六分儀はより高価で精巧につくられており,経度を知るための月距離の測定に用いられる観測機器であった.

[Jim A. Bennett／平岡隆二 訳]

■文 献

Bennett, J. A. *The Divided Circle : A History of Instruments for Astronomy, Navigation and Surveying.* Oxford : Phaidon, 1987.

Cotter, C. H. *A History of the Navigator's Sextant.* Glasgow : Brown, 1983.

◆パッチクランプ増幅器

Patch Clamp Amplifier

パッチクランプ増幅器は，神経，筋肉，感覚細胞の電気的刺激のもととなるわずかな膜電流を測定するものである．古典的なパッチクランプ実験では，小さなピペットを細胞の表面でシールし，膜のパッチにかかる電圧が期待する値でとどめられている間に，ピペットで覆われた膜のパッチを通って流れる電流が測定される．そこで単一のイオンチャンネル（膜に埋まっている，気孔のような高分子）の開閉によって生じる電流の変化を検知することができる．この電流は非常に弱く，主にpA（ピコアンペア）からnA（ナノアンペア）の範囲である．

初期段階

1973年から1980年の間，単一チャンネル電流を測定しようとする試みは，部分的にしか成功しなかった．なぜなら測定用ピペットと試験下の細胞との間を堅くシールすることができなかったからである．1976年に単一チャンネル電流は初めて検知されたが，それは背景の熱雑音のために不明瞭であった．したがってその検知は控えめなものであり，100～1,000 MΩ の範囲のフィードバック抵抗器を備えた，比較的単純な電流-電圧変換器の使用で十分であった．

初期の装置は普通，それを利用する少数の研究室の注文に応じてつくられていた．その主要部品である小さなヘッド・ステージは，低雑音フーリエ変換演算増幅器とフィードバック抵抗器をもっており，測定ピペットが直接つけられた状態で，微動操作機に取り付けられていた．残りの部品は，電源と，平衡オフセット電位のための調整電圧源と，差動増幅器ぐらいであった．

古典的パッチクランプ増幅器

1980年に見出された方法では，ピペット内部とまわりの溶液の間の抵抗値が1～100 GΩ の範囲で，測定ピペットと膜の間を堅くシールすることができた．この方法は信号源の背景雑音を劇的に減少させた．信号源の雑音を減少させたことによって，増幅器の雑音も減少させられ，より広い帯域が（許容範囲の雑音で）可能になった．電圧依存イオンチャンネルを研究するために特に望まれたのが，電圧の段階変化を加えることであった．このことは入力とピペットの容量を補正する回路を必要とした．それは，測定される電流が容量帯電過度電流によって影響を受けないようにするためであった．

ギガシールもホールセルレコーディングへの道を整えた．この技術でパッチ膜を破り，ピペットと細胞内部との間を流れる，低抵抗の電流を生み出す．こうした技術が用いられるのは，細胞全体の電圧を抑制し，こうした刺激に反応して流れる電流を記録するときである．この形を表現することができるのは，三成分等価回路である．すなわち，膜のコンダクタンスと膜のキャパシタンスとの並列結合を直列抵抗を通して増幅器の入力につなげたものである．

電気生理学の主な関心は，膜のコンダクタンスの動的な変化を研究することであるので，適切な回路によって，直列抵抗と膜の容量の影響を補正することが望まれる．あらゆる補正回路を組み入れた，最初の低雑音増幅器を設計したのはF. シグワース（Fred Sigworth）であった．これらの補正回路はかなり複雑で，商業的な製造と援助が必要であった．1980年代初頭以来，さ

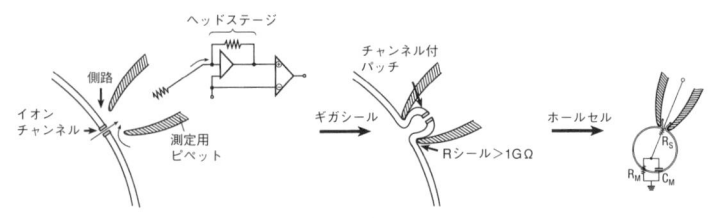

パッチクランプ測定の各段階を表す概略図.

まざまな製品が市場に出回っているが，それらを製造しているのは，カリフォルニアのフォスターシティーのアレクソン器具製作社，フランスのビオロジック社，クレックス社，ミネソタ州ミネアポリスのドラゴン社，HEKE電気，ドイツのラムブレヒトFRG社，同じくドイツのダルムシュタットのリスト電気，日本の日本光電工業などである.

パッチクランプ増幅器の特性と影響

典型的なパッチクランプ増幅器は30～100kHzの分解能で1pAの電流を測定することができる．その雑音スペクトル濃度は，最小で100Hz～1kHzであり，それは次の値に至る．

$$\approx 0.8\,fA/\sqrt{Hz}$$

直流（3kHzの帯域）に限ると，雑音の総計は主に 0.07 pArm である．

1995年には，約2,000から5,000にのぼる世界中の研究室でパッチクランプ増幅器が利用されていた．パッチクランプ技術の影響には2つある．1つ目の影響は，それによって個々のイオンチャンネルの開閉を研究することができるようになったことである．このことは実際，単一の生物学上の高分子の確定的な変化を，リアルタイムで研究することができる唯一の事例であった．それにより，タンパク質反応の動力学に関する詳細な知識が得られた．またそれにより，ある膜が多チャンネル型を含んでいる場合に，膜電流の主な原因を選別することができた．

もう1つの影響は，ホールセル形態が哺乳類の細胞に関する電気生理学的な研究を大きく刷新したことである．というのも，哺乳類の組織のたいていの細胞の型は（無脊椎動物の多くの細胞の型と比べて）これまでの記録技術にとっては小さすぎたのである．

総合型ヘッド・ステージ（Integrating headstage）

電流−電圧変換器のフィードバック抵抗器は，普通その抵抗は50GΩにもなるが現行の増幅器の設計における主な雑音源の1つであることが判明した．それゆえ雑音を改善する1つの方法は，キャパシタンス・フィードバックを用いることである．つまり入力電流が積分されることで，その微分が入力電流に比例した信号になる．こうした形態では，直流電流だと積算した段階（integrating stage）を飽和状態にしてしまうが，この問題は積算器（integrator）を間欠的にリセットすることによって処理される．

コンピューター制御パッチクランプ増幅器

詳細な生物物理学的な分析は，通常は，パッチクランプ増幅器によって測定された電流の記録に基づいて行われ，増幅器とデータ処理システムとの間で広範囲での調和を必要とする．理想的には，データ処理シス

テムは増幅器のすべての設定(利得,極性,補正設定など)を認知しているべきであり,さらにはそれらを制御すべきである.シグワースによって設計されたパッチクランプ増幅器シリーズの最新の世代には,データ収集システムと増幅器のすべてのパラメーターを完全にデジタルで制御する,コンピューター・インターフェイスが組み込まれている.従来の増幅器のハードウェア機能の多くはソフトウェアによって与えられ,補正機構のいくつかは自動化されている.

[Erwin Neher／成瀬尚志 訳]

■文　献

Hamill, Owen P., et al. "Improved Patch Clamp Techniques for High-Resolution Current Recording from Cells and Cell-Free Membrane Patches." *Pflügers Archiv* 391 (1981): 85-100.

Neher, Erwin, Bert Sakmann, and Joe H. Steinbach. "The Extracellular Patch Clamp: A Method for Resolving Currents through Individual Open Channels in Biological Membranes." *Pflügers Archiv* 375 (1978): 219-228.

Sigworth, Frederick J. "Design of the EPC-9, a Computer-Controlled Patch Clamp Amplifier: 1. Hardware." *Journal of Neuroscience Methods* 56 (1995): 195-202.

Sigworth, Frederic J. "Electronic Design of the Patch Clamp." In *Single Channel Recording*, edited by B. Sakmann and E. Neher, 95-127. 2nd ed. New York: Plenum, 1995.

Sigworth, Frederic J, Hubert Affolter, and Erwin Neher. "Design of the EPC-9, a Computer-Controlled Patch Clamp Amplifier: 2. Software." *Journal of Neuroscience Methods* 56 (1995): 203-215.

◆波浪記録計

Wave Recorder

波浪記録計は,波浪の係数,多くは波高と周期を計測し,これらの情報から水の深さと海流の速度がわかれば波の波長や速度などの変数を決定することができる.

1843年,アルジェ・ロードにおいてG.エメ(George Aimé, 1810-1846)は水深がどれくらいのところに水平振動を見つけることができるのかを測定しようとした.彼はフォークのついた小さな浮子を用い,さらに短い銅線によって加重した板を取り付けた.この装置は海底に沈められ,嵐が過ぎ去るまで放置された.水平振動がブイを揺らし,フォークが板を突き刺した.板にできた穴の数がその深さでの水の動きをあらわしたのである.

T. スティーブンソン(Thomas Stevenson)が1843年に発明した波力計は,箱に入った鉄道用緩衝器に似ている.それは岩に固定され,打ち寄せる波はバネから緩衝器を押し戻す.これにより皮製の座金は変動する.この変動によりスティーブンソンは最も大きい波の圧力を計算することができた.

波浪による二次的な影響よりも波浪自体を記録する最初の器具は1867年,フランス人将校パリ(Pâris)提督とその子によって設計された.これは基底部を重くしてあり,水面から10 m突き出た浮遊型ポールでできていた.浮き輪が支柱のまわりに置かれ,その先端とゴムでつながれた.指示器は先端から全体の10分の1下った場所につけられた.波が上下すると,波の跡を規則正しく10分の1の縮尺で時計仕掛けのチャートに記録した.

1908年から1929年にかけて大英タイン川流域開発局は,タイン川河口の埠頭から100 m離れた2つのブイの上下運動を計測するのにセオドライト(経緯儀)を用いた.この上下動は水高としてとらえられた.

1936年のシューマッハ（Schumacher）のように海面の外線を測定するために立体写真測量を用いる試みもなされたが，データの抽出には莫大な作業が必要とされたので，この方法は長続きしなかった．

1930年代には圧力記録計が，ドイツ航空試験所とケンブリッジ科学機器会社との協力のもとに英国海軍とによって開発された．

現代における発達

実用的なシステムには穿孔法，圧力計，倒立音響測深器，加速度計ブイ海上波浪計，固定レーダーセンサー，衛星利用器具などが含まれる．初期の穿孔方法の1つはステップゲージであり，アメリカで多く利用された．等間隔に並べられ，各組の間に抵抗線のついた一続きの電極は海面に垂直に置かれた．各装置が水に浸ると電気抵抗はショートし，ゲージの2つの端末間の抵抗は（逆に）波の高さに結びつけられる．現代のステップゲージは個々に分かれた電子回路を用いることで各電極が水に浸った瞬間を検知し，浸った数を記録することができる．

沖合の原油採掘のためのプラットフォームの多くは，ベイラー波浪ゲージを用いている．これらは海面に対し垂直に引き伸ばされた2本の鋼索からなっており，海面まで伸びた電線になっている．この線のインピーダンスの値は水面から出ている部分の長さに直接関係し，0.65 MHzと測定される．しかしこれらの装置は衝突に弱く，だいたいレーダーゲージに置き換えられている．

初期の圧力計は柔軟性に富んだ袋型の装置であったが，圧電結晶もしくは硬い金属膜の屈曲を探知する容量センサーに取って代わられた．商用圧力ゲージは現在は水面下の圧力を計測することで，絶対的正確性という点での多少の欠陥と非安定性と引き換えに頑丈で確実性の高いものになった．それらは0.5秒の間隔を通じて平均された周波数をもつ周波数変調装置である．深さに伴う圧力変動の減衰を修正することは困難であり，古典的な公式が，おそらく多孔性で軟性である海底に正確に適応するのかどうか疑問の余地がある．しかし現場でデータを得るには，実用的で信頼のおける方法といえよう．

音響測深式波浪計は比較的浅い海に上向きにして海底に置かれている．この装置は海面への距離を探知するが，海面が泡立っているとエコーを見失う傾向がある．波がうねっているときはかなりよく機能するが，嵐の中ではうまく働かない．

加速度計ブイは最も広く用いられ，一般的に最も信頼できる結果を与えてくれる．イギリスのクローバーリーフ・ブイは正三角形の各頂点に配置された3個のフロートのピッチ（縦方向の揺れ），ロール（横方向の揺れ），上下運動とともにブイの芯合わせも測定することができる．これは初期の波浪計では比較的成功した調査器具であったが，調査船に積まれるようになるにつれ日常的な測定には使用されなくなった．最も成功を収めた検知器は，もともと「ウェーブライダー」に起源をもつが，オランダのヴェメルスフェルダー（Wemelsfelder）によって開発されたもので，流体で満たされた球と一周期が大変長い振り子を構成する水平台の搭載された垂直加速度計からなる．出力は2回積分され，ブイの垂直変位が与えられる．指向的な記録をとるためには水面の勾配に従って動くブイがよく用いられ，固定したプラットフォームからのブイの傾きが2本の垂直軸上で測定される．「ウェービック」はウェーブライダーから

発達した方向性ブイであり，ブイの加速の東西方向と南北方向の成分を測定するが，これは波の粒子の運動に従って起こるものと推測される．ブイのこれらの信号は普通，浜辺まで無線で伝えられる．

英国海洋学研究所のタッカー（M. J. Tucker）は1950年代初めに波浪計を考え出した．この波浪計は船の両側にそれぞれ1つずつ体系的に配置された垂直探索加速度計を使用した．圧力記録計は各加速度計の隣に置かれ，船本体にあけられた小さな穴を通じて海水につながっている．抵抗式波浪計は船の全長と比べて短い波の高さを測定する．これら2つの信号機が加えられ総体的な波の記録を与える．4つのセンサーの組合せでほとんど静止している船の揺れの影響をほぼ取り除くことができる．後に船の波への対応から生まれる二次的影響を補う分析的方法に修正が加えられた．またこの装置は浅海という条件に影響されない信頼できるデータを供給することにより波浪の萌芽的研究に大きな貢献をした．

固定レーダーセンサーがあれば，石油プラットフォームなどに垂直方向に取り付けることで海面が生む波高や周期の高低を測定することができる．EMI赤外線レーダーは高価なものだが，これらの装置の中では最も正確で信頼のおけるものである．しかし海面からのエコーの振幅は広範囲にわたり変化するという非常に大きな障害があり，高度なダイナミックレンジをもつ受信機が必要となる．波の荒れから後方散乱を調べるために，通常の水平式PPIマイクロ波レーダーがよく使用される．これは単純なレーダーを使う面倒な方法で，波の進行の主方向しかデータを取ることができないが，もしも一連のレーダー像が記録され，そしてさらに高度な分析により方向のスペ

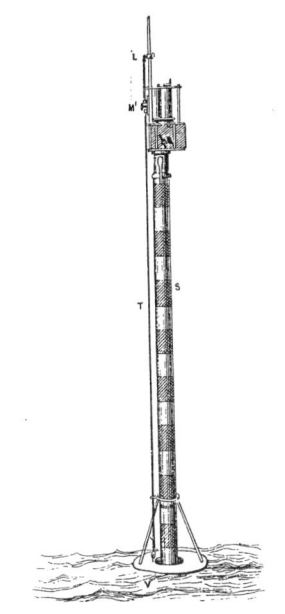

1860年代のフランソワ-エドモンド・パリ提督とその子によって設計された波浪記録計．Pâris：(1867). SSPL提供．

クトルの形を見積もることができる．その振幅は，ウェーブライダーなどを使って計測されなければならない．例えばノルウェーで発達したミロスレーダーのような波浪レーダーは，ドップラー効果を用いて波の中の粒子速度を測定でき，レーダーを調整することにより方向のスペクトルも計測できる．

精密高度計を搭載する衛星は，地上100 km上空から波浪を正確に計測している．これはたいへんシャープなパルスをもつマイクロ波レーダーを下に発射する．海面で生じた波で覆われた海面から後方散乱されると，波頭と波底からの反響の時間差によって海面から戻るパルスを鈍くさせる．このパルスの鈍化が大きな波の高さを与えると解釈することができ，その誤差は±0.5

mか±10%かどちらか悪いほうになる.しかし海面ブイに対して計測することで正確性を2倍向上させることができるだろう.この装置は1秒に1回読取りを行い,記録する個所はわずかだが,数年経てば地球規模の波高データとなる.特にSEASATやERS1といった人工衛星は,海面の波模様を撮影する合成開口レーダーを備えている(レーダー(画像用)の項を参照).しかし波の粒子速度によって生じるレーダーエコーのドップラー効果は分析能力を低下させ,解釈を複雑にするものである.

[**Laurence Draper**／濱田宗信・橋本毅彦 訳]

■文 献

Pabst, von Wilhelm. "Uber ein Gerat zur Messung und Aufzeichnung des Seeganges." *Zeitschrift für Flugtechnik und Motorluftschiffahrt* 21 (1933)：598-619.

Pâris, François Edmond. "Note sur un traceroulis et sur un trace-vague inventés par MM PARIS Pere et Fils." *Comptes Rendus de l'Academie des Sciences* 63 (1867)：731-738.

Schumacher, A. "Untersuchung des Seegangs mit Hilfe der Stereophotogrammetrie." In *Jahrbuch 1936 der Lilienthal Gesellschaft für Luftfahrtforschung*. 239-247. Berlin：Oldenbourg, 1936.

Stevenson, Thomas. *The Design and Construction of Harbours：A Treatise on Maritime Engineering*. 2nd ed. Edinburgh：Black, 1875.

Tucker, Malcom J. *Waves in Ocean Engineering：Measurement, Analysis, Interpretation*. Chichester：Ellis Horwood, 1991.

◆パントグラフ

Pantograph

パントグラフ(写図器)は地図や図面を複写,縮小,拡大するのに利用される.17世紀以来,数学器具製造者たちはさまざまなパントグラフを製造した.

天文学者・数学者でイエズス会士のC.シャイナー(Christoph Scheiner, 1573-1650)は,その著書『パントグラフ,あるいは製図術について(*Pantographice seu ars delineandi*)』(1631年)でパントグラフの説明を公にした.シャイナーは,画家用の複写器具に関する非常に高価な説明書に興味を抱いたが,そこでは形状や構造が念入りに隠されていることに不満を感じていた.シャイナーのパントグラフは,相似三角形の幾何学的原理に基づいて,木製の棒材を平行四辺形につぎ合わせたものだった.器具を模写面に固定し,模写点・作図点を回転させる際の支点として吸着部がつくられた.使用する際には,模写点が像の輪郭を辿るようにすることで,固定点,模写点,作図点の3点が一直線上にあるので作図点は模写点と同じ運動を行い,原図の複写ができる.パントグラフはさまざまな尺度で製図を複写するだけでなく,透視画用の器具としても,製図板を垂直に置きその上に据え付けることで,離れた場所にある対象の輪郭を複写できた.

パントグラフに関する文献はとくにイタリアで出版されたが,17世紀以降の器具で現存しているものの大半は,オランダで製造されたものである.例えば数学器具製造者のH. スネーヴィンス(Henricus Sneewins)やJ. ド・スチュール(Jacob de Steur)はライデンで活動し,真鍮製で新しいデザインのパントグラフをつくった.改良が積み重ねられる中で同器具の古典的な形ができ,18世紀の間に標準的なものとなった.構造の基本になるのは,車輪上を動くことのできる2本の長い棒材と2本の短い棒材である.縮小も拡大もできるように,作図点,模写点,固定点の位置を互いに交換でき

るようになっており，また，2本の棒に刻まれた目盛りによって原図と複写図の比を設定するようになっていた．パリの製造者C. ラングロワ（Claude Langlois, 1700頃-1756頃）が改良を加え，18世紀後半には，キャヴィネ（Cavinet）やグルダン（Gourdin）のようなフランス人製作者が製造を引き継いだ．これらの器具は一般的に真鍮製部品と黒檀からできており，それぞれの器具用につくられた箱に入れて売られた．イギリスでも，パントグラフは多くの数学器具製造者から入手することができた．ただし，19世紀によく使われた材料は，木材ではなく真鍮だった．器具の重量を減らすため（紙との接触による摩擦の影響を減らすために），フランス人製造者ギャヴァール（Gavard）は19世紀半ばに，棒材に管状の構造を導入した．この手法はイギリスのスタンリー（W. F. Stanley）のような他の製造者たちも採用した．20世紀には，安価な学生用のものが，プラスチックや他の新材料からつくられるようになった．

　パントグラフは，原理的にはどんな種類の製図も拡大・縮小できるのだが，実際には拡大器具としての性能は，拡大することで輪郭の不正確さが増幅されてしまうために信頼できないものだった．縮小器具としてさえも，万人に賞賛されたというわけではなかった．地図の縮小版をつくるのに使われたと考えられるが，芸術家や建築家たちにとっては十分に滑らかで確実な輪郭を得ることはできなかった．パントグラフのそのような機械的な欠陥は他方で，改善が可能だということを示唆するものでもあり，いくつかの新たなデザインがあらわれた．1820年代のスコットランドではとりわけ開発が活発で，A. スミス（Andrew Smith）のアポグラフと彼の「新しい」パ

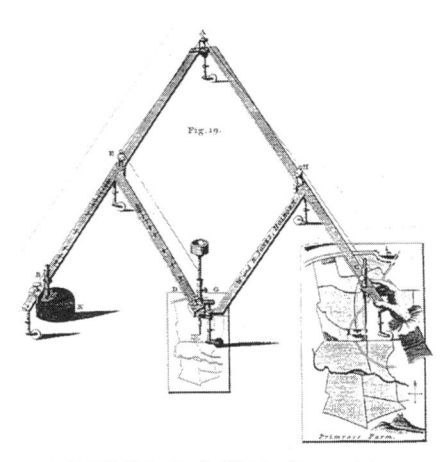

18世紀後期のパントグラフ．George Adams. Geometrical and Graphical Essays, 2nd edition. London：William Jones, 1797：Plate XXXI, Figure 19．オックスフォード大学科学史博物館提供．

ントグラフ，J. ダン（John Dunn）のペントグラフといった器具をめぐって，白熱した議論がくり広げられた．これらのデザインのうちで最も成功を収め，長命を博したのは，エディンバラの数学教授W. ウォレス（William Wallace, 1768-1843）が1821年に発明したエイドグラフだった．パントグラフと同様，エイドグラフには模写点，作図点，固定点が組み込まれており，操作の際にその3点が一直線上に並ぶようになっていた．しかし，部品の配置の仕方が目新しいものだった．固定用おもりが中心に配置され，目盛り入り棒材を支えた．その両端には，模写用紙用と作図点用に，固定点を中心に回転する調整ロッジが備えつけられた．2本のロッドを結合するのに細い鎖（後に鋼鉄製バンドとなった）が使われ，ロッドが互いに平行に動くことを保証した．ウォレスの器具は中心錘を中心にしてバランスをとっていたため，パントグラフ

の車輪を取り除くことができた．

　ウォレスがエイドグラフについて研究していた時期に，エディンバラは出版と図版印刷の中心地だった．それを特徴的に示しているのが，何巻にも及ぶ百科全書である．それらの百科全書は数多くの図版で彩られていることが期待されていたが，図像はたいてい，既存の出版物から模写されたものだった．商業的には全く成功しなかったが，ウォレスは反転図をつくり出し，印刷用銅板に直接彫り刻めるようにする，特別なエイドグラフを発明した．

　ロンドンの製造者R. ベイト（Robert Bate）は，より単純な仕組みのエイドグラフを製造し，A. エイディ（Alexander Adie）はそれにさらに手を加えた．19世紀の後半になるとスタンリーが改良を加え，20世紀に至るまでパントグラフにとともに器具製造者たちの重要な商品だった．

[Stephen Johnston／中村征樹 訳]

■文　献

Hambly, Maya. *Drawing Instruments 1580–1980*. London：Sotheby's Publications, 1988.

Kemp, Martin. *The Science of Art*. New Haven：Yale University Press, 1990.

Simpson, A. D. C., "An Edinburgh Intrigue：Brewster's Society of Arts and the Pantograph Dispute." *Book of the Old Edinburgh Club* 1 (1991)：47–73.

Turner, Anthony. *Early Scientific Instruments：Europe, 1400–1800*. London：Philip Wilson for Sotheby's, 1987.

Wallace, W. "Account of the Invention of the Pantograph, and a Description of the Eidograph, a Copying Instrument Invented by William Wallace." *Transactions of the Royal Society of Edinburgh* 13 (1836)：418–439.

ひ

◆ぴーえいちけい【pH 計】
→ ぺーはーけい

◆比較測定器【距離測定用】

Length Comparator

古代エジプトからのキュービット（腕尺）の存在は，文明の始まり以来の正確な長さの尺度の重要性を物語るものである．早期の長さの基準はほとんど，基礎尺度（bed measure）またはゲージと直接照合される限界基準（end measure）であり，差は明らかであった．より正確な尺度の必要性は，測量術などが学問分野になった18世紀に強く認識された．結果，2本の正確に規定された線の間の距離という科学的に構成された長さの尺度をもたらした．長さの基準における結果的な改善は，改良された正確度を証明するために同様の方法を必要とした．その結果，新しいライン測定の基準を検査するために，一群の新しい測定器具がつくられた．この種の装置は，比較器と総称される工学的計量器の類とは区別されなければならない．これらは，オプティメーターやダイヤルゲージのような測定器具を含んでいる．

長さの尺度や基準を検査する際の距離比較器の役割は，3つのはっきりした応用がある．それは，一次基準から特定の用途のための三次基準までそれぞれたどることのできる異なるレベルの精度に関係している．その頂点では，一次的な物体的基準と現行の自然の長さの基準，つまり光の波長の間で比較される．正確さにおいてより下位なものとしては，一次的な長さの基準と二次的な参照基準の間で比較される．これらの二次基準は，一次基準のコピーであり，自らローカルな基準と比較される．ローカルに機能している基準とは，交易で使われる長さの尺度を検査するために使われる．

基礎尺度ないしゲージは，まさにその性質によって，高い精度を要求することができない．19世紀までに，精度を改良されたラインの基準は，ローカルな基準として使うために格下げされたほとんどの限界基準に影響を与えた．後の器具によって，ラインの基準と限界基準の間の直接的な比較を可能にした．その具体例は，英国標準局に対してトルートン＆シムズ社によってつくられたものである．比較はラインの参照尺度に対してスライドする二組の可動のプレートがついた装置上でなされる．最終的な測定は，顕微鏡のついた副尺（バーニヤ）から読み取られる．基準のひずみは，二組の補助ローラーの使用によって回避される．

正確なライン規格の構成とともに，科学

的器具はそれらを評価することが可能となるまでに発展した．これらのライン比較器の特徴と一般的なデザインは，20世紀の初めになってきちんと確立された．これらは，スイスの会社，ジュネーブ協会によって1902年につくられた「ジュネーブ」比較器の言及によって説明されている．この比較器は，両壁のある水槽の各先端の上に堅く固定された一組のマイクロメーター顕微鏡から成り立っている．測定される基準は，水槽の内側にあるタンク内の2つの調節可能な桁に置かれる．タンクそのものは，各基準を測定する顕微鏡の下に動かすことができる車輪のついたキャリッジに乗っている．比較器は，残りの建造物と独立した固体の柱の上に立っており，熱安定性を高めるために孤立している．作業において，それぞれのラインの基準は，マイクロメーター顕微鏡のもとで交互に比較され，その後逆にされて，あらゆる光学的ひずみを回避するために交換される．これらの測定から単純な計算により，一定の温度での長さの値が与えられる．ある範囲の温度のもとでなされた比較は，膨張係数を示すことになるだろう．国際メートル原器（International Prototype Meter）が0℃で定義される一方，英国法定標準ヤード（Imperial Yard）が62°Fで定められているように，そのような差異は重要である．

自然の長さの基準としての光の波長の使用は，19世紀の初期に提案された．1864年までに，フランスの物理学者A.フィゾー（Armand Fizeau）は，メートル基準で後に使われるプラチナ合金の膨張係数を測定するために干渉計を使った．パリの国際度量衡局で続いて行われたメートルとのラインの基準比較の成功に寄与したのである．「トゥットン（Tutton）」波比較器に

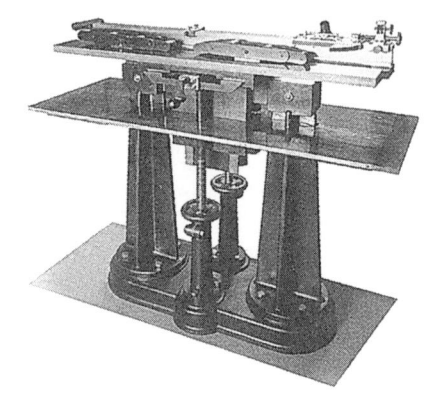

トルートン＆シムズ社製の基礎尺度と限界基準両用の距離測定用比較測定器（1869年）．SM 1933-388．SSPL提供．

おいて見られるように，次のライン比較器は，光学的干渉計をそれらの設計に組み込んだ．この器具の光の干渉計は，他の通常のライン比較器上のマイクロメーター顕微鏡のうちの1つと連結されている．干渉縞の測定は，マイクロメーター顕微鏡の置き換えの非常に正確な値を与えるのである．1930年代までに，ロンドンの近くの国立物理学研究所でなされた改良で，波長比較器を用いて測定するための限界基準を認めた．今日，長さの国際基準は1秒の299,792,458分の1の間に真空でレーザー光が移動する距離として定義されている．

[Kevin L. Johnson／橋本毅彦 訳]

■文 献

Barrel, H. A. "A Short History of Measurement Standards at the National Physical Laboratory." *Contemporary Physics* 9(1968)：205-226.

Hume, Kenneth J. *A History of Engineering Metrology*. London：Mechanical Engineering, 1980.

Johnson, W. H. "Comparators." In *A Dictionary of Applied Physics*, edited by Richard Glazebrook, Vol. 3, 233-257. London：Macmillan, 1923.

Rolt, F. H. *Gauges and Fine Measurement*. London：Macmillan, 1929.

◆比較測定器【天体観測用】

Astronomical Comparator

天体スペクトル比較器は，異なった天文学的プレート（astronomical plates）のスペクトル，または，星の像を比較するために使われる．

スペクトル比較器

E. アッベ（Ernst Abbe, 1840-1905）の比較器（1984年）は，1890年代に波長とスペクトルの偏移を測定するために使われた．アッベの比較器は，正確であったが遅かった．写真が1時間ほどで撮られたのに対し，1つのスペクトルの測定に数日を要したのである．より正確でより効率的な比較器は，J. ハートマン（Johannes Hartmann）によって1906年に設計され，イエナのC. ツァイス（Carl Zeiss, 1816-1888）によって制作された．この器具によって人々は絶対的な波長を知る必要がなくなった．むしろ，測定は，例えば太陽のスペクトルと比較して行われた．これは，分析の時間を3分の1に減少させた．1920年代以来，比較器は，スペクトルがさらなる測定のために印画紙に走査される光電のマイクロ写真に取って代わられた．

立体比較器と明滅比較器

1893年の立体的な距離測定装置を基礎として，ツァイス光学作業所のC. プルフリッヒ（Carl Pulfrich）は，立体の比較器を1899年に開発した．プルフリッヒは，自身の考えを1900年5月に，立体写真を使って1982年以来作業をしてきたハイデルベルクの天文学者M. ヴォルフ（Max Wolf）に提示し，そして，彼は1901年9月のハイデルベルクにおける国際天文学界の会合で，土星の衛星の三次元像を見せる原型を説明した．ヴォルフによって後で使われるこの器具は，1933年からミュンヘンのドイツ博物館に所蔵されている．1901年になると，ヴォルフは，新しい装置によって恒星の相対的な固有運動を測定，およびその他の応用に使われるであろうことを提案した．ヴォルフのアドバイスによって，プルフリッヒは新しい小惑星をヴォルフの写真のプレートの1つにおいてすぐに発見した．しかし，立体比較器の主な使用は，裸眼で発見するのが難しい変光星を探索することであった．1901年の立体比較器の最初のテストの間に，オリオン座星雲で10個の新しい変光星が見つけられた．

その立体測定器は単眼の視覚障害者（プルフリッヒ自身がそうなのだが）によって使われることはなかった．このように，1904年に彼は明滅比較器を開発し，これが天文学の応用のためにすぐに広く使われたのである．明滅比較器では，視野に異なるときにとられた同じ星の2つのネガの写真プレートが見えるのである．より明るい星がかすかな星よりさらに深く写真のプレートを黒くするので，変光星は異なるときに露出された写真のプレート上で異なるサイズの黒い点であると確認されうる．変光星は，光の道が2枚の写真のプレートの間で急速に変わるので，「明滅する」ように思われるのである．明滅比較器は，数百もの変光星の発見にすぐにつながった．

それらの星と比較して急速に動く対象においては，明滅しているものではなく，跳んでいるオブジェクトを探さなければならないのである．大きな成功は，1930年に

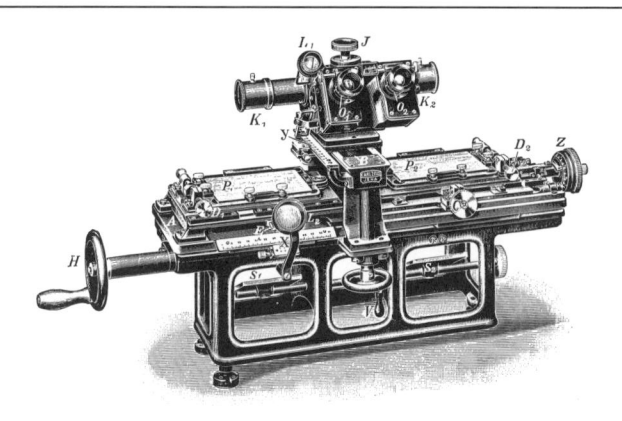

1920年代初期にカール・ツァイスによってつくられた立体式比較測定器．ドイツ博物館提供．

C. W. トンボー（Clyde W. Tombaugh）の冥王星の発見であった．彼は，ツァイスの明滅比較器とローウェル観測所の13インチ屈折鏡によってとられた写真のプレートを使ったのである．明滅比較器の改良されたモデルは，ベルリン-バベルスベルク観測所所長 P. グートニク（Paul Guthnick）のアイデアに従って，ツァイス作業所のW. バウワースフェルト（Walther Bauersfeld）によって1932年に開発された．今日でも，明滅比較器は超新星が発見されたときに，古い写真のプレートをチェックするときなどに使われている．

[Gudrun Wolfschmidt／橋本毅彦 訳]

■文 献

Hartmann, Johannes. "Ein neues Verfahren zur Messung der Linienverschiebung in Spektrogrammen." *Publikationen des Astrophysikalischen Observatoriums zu Potsdam* 18, no. 53 (1906): 1-47.

Pulfrich, Carl. "Ueber neuere Anwendungen der Stereoskopie und über einen hierfür bestimmten Stereo-Komparator." *Zeitschrift für Instrumentenkunde* 22 (1902): 65-81, 133-141, 178-192, 229-246.

Schneller, Hans. "Der neue Blinkkomparator von Zeiss." *Zeitschrift für Instrumentenkunde* 52 (1932): 480-484.

Wolf, Max, and Carl Pulfrich. "Briefwechsel über den Stereokomparator 1901-1920." Deutsches Museum, Archive/Sondersammlungen/Dokumentationen HS 3287-3298, 1901-1920.

Wolfschmidt, Gudrun. "Die Weiterentwicklung von Abbes Geräten bei Zeiss Jena und ihre Bedeutung für die Astronomie in der ersten Hälfte des 20. Jahrhunderts." In *Carl Zeiss und Ernst Abbe-Leben Wirken und Bedeutung*, edited by R. Stolz and J. Wittig, 331-362. Jena：Universitätsverlag, 1933.

◆比較測定器【ロヴィボンド式】

Lovibond Comparator

J. ロヴィボンド（Joseph Lovibond）は，1870年代にビールの色を類別する体系を探し始めたロンドンのビール醸造業者であった．彼はカラーマッチングの方法を調査するのに数年を費やしたが，彼には，理論づける時間がほとんどなかった．むしろ彼は経験的な実験だけに関心を限ることで，「私の時間やエネルギーを，不毛な論争に浪費せず，実際の仕事に投入すること

ができた」．彼の研究の結果，実用的な色分類システムと信頼できる比較器である，ティントメーター（Tintometer）がもたらされ，1887年に市場化された．

ティントメーターは，それまですでに確立されていた色測定の原理，すなわち3原色の組合せからなる目盛られた参照色とサンプルとを比較するという方法を採用した．ロヴィボンドによる優れた参照基準の開発により彼の機器は競争相手よりも商業的成功を博した．カラー「マッピング」の体系は，他で提案されたが，ロヴィボンドは，特に量的な数値目盛りによる色のシステムをつくり出すのに成功した．

もともとのティントメーターは，接眼レンズに収束する長さ約25 cmの，2本の中を見る管から成り立っていた．透明なサンプルが1本の管に置かれて，グラデーション化されたセットからのフィルターは，もう一方のサンプルと合わせた上で，白い表面（または，不透明であればサンプルそれ自体）を照らす「白い」光を見ることで，それと照合した．色の照合は，このように名目的にバランスがとられている光から成分を引いていくことによって得られたのである．人工光が十分にコントロールされていなければ，標準化もされておらず，色調的にかなり黄色味がかっていた時代において，ロヴィボンドは，比較器が使われるために理想的な「白い」光源として霧か曇りの日の発散された北の日光を用いることを推薦した．マゼンタ，イエロー，シアンの各色でつくられた色つきのガラスフィルターは，ほとんど無色から高彩度まで目盛られていた．同じ値の3枚の色つきのフィルターがグレー，ないしは中立の色調をもたらしたということを除けば，この経験的な色の目盛りの単位は随意的であり，同じ色のフィルターの値は付加的に結びつけることができたのである．フィルターを結合できることによって，何百万もの色が生成されることが理論的に可能となった．

ティントメーターは，石油生産，水質測定，農業的な品種交配と同じくらいさまざまな産業上の応用を見出した．それは2つの用途に利用された．1つはそれまで知られていなかった色をそれに相当する色フィルター（例えば，色つきのウールが赤3，黄6.6，青6と表現される）で識別することであり，もう1つは量的な分析手段として使うことである．ロヴィボンドは，彼の方法が小麦粉の色を市場価格に関係させ，鋼鉄内の炭素の選鉱を正確に推論できるであろうことを示した．機器そのものと同じくらい重要なのは，発明者と使用者によって開発された色測定基準の方法であった．例えば，水の中の鉛の濃度を決定するためには，1滴の酢酸と2滴の硫化水素溶液からなる反応指示溶液が，半パイント（約284 cc）の水に加えられ，4インチの長さのティントメーターのセルを満たすのに使われた．色のついた溶液は，フィルターシリーズ52と照合されて，40分割された「度」数によって水1ガロンあたりの鉛が何グレインかわかるのである．その機器の後のバージョンでは，水のpH測定のような特別な分析のために目盛りを定められたフィルターのディスクを使った．第一次世界大戦までに，ティントメーターは，石油産業，皮革貿易，衛生局における正式な尺度の基準であり，それはいくつもの科学界の賞を受けた．

ティントメーターは，1920年代から（色の研究がイギリスとアメリカの原器研究室で特に活発であった時代），2ないし3以上の結合は反射による誤差を生じうるこ

調節可能な接眼鏡

9つの標準色のガラス板をもつスライドラック
その上部に9つのガラス板と1つのスペース，下部に同じ大きさの開口部が備わっている．

二酸化マグネシウムのブロック

B

衝立

衝立

A

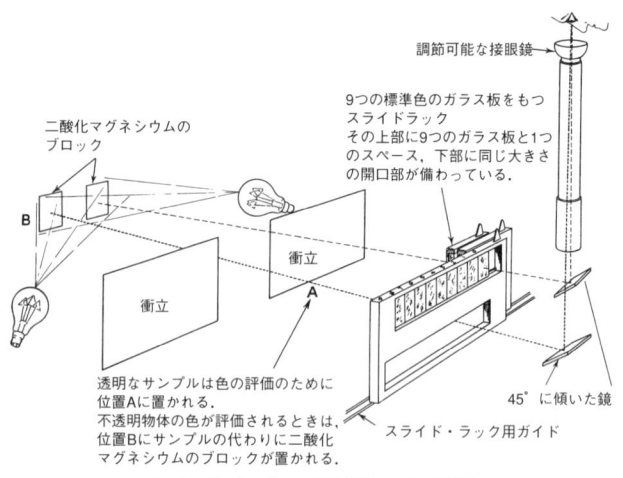

透明なサンプルは色の評価のために位置Aに置かれる．
不透明物体の色が評価されるときは，位置Bにサンプルの代わりに二酸化マグネシウムのブロックが置かれる．

45°に傾いた鏡

スライド・ラック用ガイド

ティントメーターの概念図．SSPL 提供．

と，色の目盛りの「段階」が正確に一定ではなかったこと，照合はサンプルと参照するフィルターと同様に，制御不能な「白い」光源の特性によっていたこと，という3つの理由でしだいに批判された．

ロヴィボンド-スコフィールド・ティントメーター（1939年）のような後のタイプは，2色だけを利用し，そして1931年に導入された新しい国際照明委員会（CIE）の色測定の体系と互換性をもたせるためにフィルターによって光の強さを調節する方法を採用した．そうした改善とともに，ティントメーターとその色体系は，導入後1世紀の間活発に使用され続けた．

[Sean F. Johnston／橋本毅彦 訳]

■文　献

Gibson, Kasson S., and F. K. Harris. "A Spectrophotometric Analysis of the Lovibond Color System." *Journal of the Optical Society of America* 12 (1926)：481-486.

Hunt, Robert W. G. *Measuring Colour*. Chichester：Ellis Horwood, 1987.

Johnston, Sean F. "A Notion or a Measure：The Quantification of Light to 1939." Ph. D. dissertation. University of Leeds, 1994.

Lovibond, Joseph W. *Light and Colour Theories and Their Relation to Light and Colour Standardization*. London：E. and F. N. Spon, 1915.

Lovibond, Joseph W. *Measurement of Light and Colour Sensations*. London：George Gill and Sons, 1897.

◆比　色　計

Colorimeter

比色計（測色計）は色を合わせたり測ったりするために用いられる．「比色計量」（colorimetry）という言葉は，試験溶液の濃度を測ることを指すものとして，化学者によって1860年代に使われるようになり，この目的のために設計された器具は時に「比色計」といわれる．1900年代まで，「比色計（測色計）」という言葉は，色自体を定量化し記述する道具を指すものとして使われた．両方の部類の道具とも一般的に直接比較の方法をとっている．比色計は，そ

れより単純な視覚測光器とは異なり，多くの精神物理的な特徴に依存している．そのうち，色相（色調）・彩度（純度）・輝度の3つの知覚的特徴が特に重要である．

ロヴィボンド比色計などの商業的比色計は，ビール，小麦粉，油などの製品を検査し等級をつけるために広く利用された．標準化された方法の出現により，品質上の逸脱や不純物の混入などが定量化されるようになった．そのような方法はしばしば，標本を色づける指示薬を使ってきた．色彩合致で利用される典型的な指示物質は，濃度の知られた溶液のセットか，染められた布の標本や塗られたカードなどの製造物である．pHの決定，水の純度，血液分析などの日常的な化学検査には，恒常的なガラスのフィルターが装置そのものとともに製作された．

定量分析のための比色計は，20世紀初頭に精密化された．2つの並んだ色の比較を確実にこなすために，視野の広さが注意深く限定され，合致させる指標の色を正確に調節させるための枠が考案された．デュボスク比色計においては，2つの液体の容器を通過した光が接眼鏡において重ね合わされる．歯車機構によって，試薬溶液に沈められ，光の経路上にあるガラスのピストン棒の深さを変化させることで，標本の実質的な厚さを変化させることができた．そのような改良にもかかわらず，比色分析や「指示薬検査」は第二次世界大戦まであまり応用されず，ほとんどの化学分析は湿式の質量ないし体積分析によっていた．

精神物理的意味での測光は，20世紀の世紀転換期から数多く研究されるようになった．さまざまなガス照明と電気照明との間の比較が光度測定の比較を促したが，その比較は色の特徴が異なるために妨げられていた．そのような研究は戦間期に米国国立標準局［NBS，現・国立標準技術研究所：NIST］，イギリスの国立物理学研究所，クリーヴランドのゼネラル・エレクトリック社のネラ研究所，ボルティモアのマンセル・カラー社などの企業研究所で着手されていった．

アイブス（F. E. Ives）は1908年に最初の「3原色」方式の測光計を開発した．これは青，緑，赤のフィルターを通した光を観測者の目のところで重ね合わせる仕掛けになっている．フィルターの上の膜の厚さを調節することで，相対的な明るさを変化させ，3原色を足すことで広い領域の色をつくり出すことが可能である．色の「混合」とは異なる重ね合わせの方法は，異なる色の紙の区画で覆われた回転盤である．この考えは，19世紀にJ. C. マックスウェル（James Clerk Maxwell, 1831-1879）と後にW. アブニー（William Abney, 1843-1920）によって広まったもので，マンセル式測光法のように標準化された色の区画を利用したディスク式測光として1930年代に活用された．他の装置には，「白色」光からスペクトルの一部を除いていくものがある．例えば1920年のイーストマン控除式測光計は，傾斜したくさび形の選択吸収する物質を利用し，端から端までで，あるいは角度の関数として，厚さと光学的濃度が変化するようになっている．単一の指標光におかれたくさびは，青・緑・赤の分光的な補色を次々に制御可能な量だけ取り去っていく．

このような装置は戦間期に洗練されたが，光源やフィルターの特徴の標準化がなされていなかったために発展が阻害された．検討された問題は，標準的な光源の選択，肉眼の色覚の重要性と変異性，最良の

20世紀初頭のコギト社によるデュボスク比色計.SM 1976-420. SSPL 提供.

色フィルターの選択といったことであった.

肉眼によらない測光技術が,光度の光電的な測定の実用化とともに 1920 年代に着手された.可視光領域全体に感光性のある光電池の出現により,商業的な測光が登場した.光電装置の最初の波は,真空光電管を使う物で,比較的繊細で高電圧電源を必要とし,微弱な電流を計るため感度のよい電流計あるいは電圧計を使用した.その後の装置では,セレニウム,シリコンなどの物質を用いてつくられた 1 枚か多数の板状光電池がしばしば利用された.光電式測光計は一般的に色のついた標本を透過した,あるいは反射した光の 3 つの構成色を測定するものである.これらの 3 つの構成色は,光電池だけのスペクトル反応によって定義されるか,3 セットの色フィルターを通し てから光電池で測られたりした.

視覚的方法から物理的方法に取って代わられることで,色の評価を自動化することが可能になった.このことは,染料の生産や製品の大量生産の増大とともに,産業的測光の急速な拡大につながっていった.測光の利用へのもう 1 つの契機となったのは,1931 年の国際照明委員会 (CIE) によって合意された標準的な色彩記述システムであった.この色彩についての定量的表現形式は,新しい CIE 単位として装置の目盛りに利用されたが,この単位は今日最も広範囲に通用する色彩特定の方式になっている.1932 年以降,測光は活発になったが,1930 年代に商業や産業への適用が進むにつれて 30 年代末には測光計の信頼性への不満が高まるようになった.3 刺激値の測光計は品質管理にはほとんど使えなかった.3 色の属性だけを利用するのは,ある種の材質,特に光沢性,不均一,蛍光性の表面をもつものは特徴を十分につかむには不適切であることが判明した.比色計と,より完全な比較には,より正確だが複雑な分光光度計が最も広く利用されている.

[Sean F. Johnston／橋本毅彦 訳]

■文 献

Abney, William de Wiveleslie. *Colour Measurement and Mixture*. London：SPCK, 1891.

Campbell, Norman R. "Photoelectric Colour Matching." *Journal of Scientific Instruments* 2（1925）：177-187.

Committee on Colorimetry of the Optical Society of America. *The Science of Color*. New York：Thomas Y. Crowell, 1953.

Johnston, Sean F. "A Notion or a Measure：The Quantification of Light to 1939." Ph. D. dissertation. University of Leeds, 1994.

Luckiesh, Matthew. *Colour and Its Applications*. London：Constable, 1915.

◆微 震 計

Tromometer

　微震計は，自然に起こる地面の小さい運動を検知する．それは1870年代にイタリアのフィレンツェのT.ベルテッリ（Timoteo Bertelli, 1826-1905）によって発明された．その名称は，ギリシャ語の"*tromos*"（揺れ）から由来する．それは1731年からイタリアで設計され利用された振り子式計器の一種で，単純で安価にでき上がっている（地震計の項を参照）．

　ベルテッリが最初の結果を提示すると，彼はM.S.デ・ロッシ（Michele Stefano de Rossi, 1834-1898）やG.カヴァレリ（Giovanni Cavalleri, 1807-1874）らの肯定的な意見や示唆を得たが，リヴォルノ大学の物理学教授P.モンテ（Pietro Monte, 1823-1888）から厳しい批判も受けた．モンテの批判や他の疑問にも応えるために，ベルテッリとデ・ロッシとは独立であるが手紙で連絡を取りながら，異なる条件下で異なる長さの振り子を用いた一連の長い実験に着手した．

　こうして1875年に生まれた微震計は，焼なましされた細い銅線によってつるされた100gの円筒のおもりからなっていた．銅線は細いがおもりをつるすには十分な太さをもっていた．薄い金属棒がおもりの軸上にハンダづけされ，その端は円盤になり小さな十字が刻み込まれた．10分の1 mmの物差しのついた小さな望遠鏡によって，プリズムに反射する十字のずれを測定することで振り子の振れを観測することができた．望遠鏡は軸に対して回転することができるので，垂直面上で十字を観測し振り子

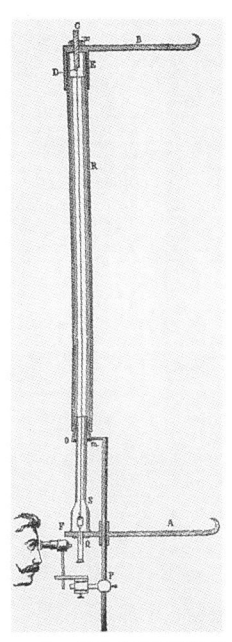

1874年の経済的標準微震計.

の運動の量と方向を測定することができた．おもりと測定用十字を含む微震計の下の部分は，小さいガラスの立体の箱によって覆われた．この測定器は数マイクロラジアンの振れを検知することができた．電気的接触スイッチを備えた微震計は，地震警報装置としても用いることができた．

　ほとんどの微震計は，各地の地元の職人か，あるいはフィレンツェの器具製作職人G.ポッジャーリ（Giuseppe Poggiali）によって製作された．1877年頃フィレンツェのガリレオ工房では，ベルテッリの鉛直つり下げ型の地震計とともに産業用の標準微震計が製造された．

　フランスの政府や専門家は，微震計を消火器と結びつけて微小地震の警報器として使うことに関心を示した．イギリスのJ.ミルン（John Milne, 1850-1913），W.E.エアトン（William Edward Ayrton, 1847-

1908),J. ペリー (John Perry, 1850-1920) もまたこの装置に関心を示した.しかし特に関心が高かったのはイタリアで,1875年頃から 1885 年頃まで微震計は優れて地震用の装置として利用された.1880 年には,31 の微震計が多くの私設の,教会の,あるいは公立の観測所に設置された(この数字は後には 50 以上に上った).観測は毎日一定時間ごとに 3 回なされ,弱い地震から強い地震まで検知された.

19 世紀における微震計による観測は,単に地震現象を時間を追って集めるだけにすぎなかった.このデータを現在の理論的モデルと現代的な処理技術を使い,新たに解釈していくことによって,微震計は断層のゆっくりとしたずれ(スロー・アースクエイク)や地震時の変形を検知できることが示されている.

[Graziano Ferrari／橋本毅彦 訳]

■文　献

Ferrari, Graziano. "The Origin and Development of a Method of Measurement in Early Seismology." In *Proceedings of the Eleventh International Scientific Instruments Symposium*: Held at Bologna University, Italy, 9-14 September 1991, edited by Giorgio Dragoni, Anita McConnell, and Gerard L'E. Turner, 179-189. Bologna: Grafis, 1994.

Ferrari, Graziano. "Seismic Instruments." In *Sciences of the Earth*: An Encyclopedia of Events, People, and Phenomena, edited by Gregory A. Good. New York: Garland, 1990.

Ferrari, Graziano, ed. *Tromometri Avvisatori Sismografi*: Osservazioni e Teorie dal 1850 al 1880 (*Tromometers, Seismoscopes, Seismographs*: Observations and Theories between 1850 and 1880). Bologna: Storia Geofisica Ambiente, 1991.

Ferrari, Graziano, ed. *Two Hundred Years of Seismic Instruments in Italy, 1731-1940*. Bologna: Storia Geofisica Ambiente, 1992.

◆ひずみ計【一般】

Strain Gauge (General)

ひずみ計は,機械や建造物の小さな変形を測定するための高感度の器械である.初期の伸び計は,機械や光学の原理に基づいて作動したが,現代のひずみ計は,たいてい電気か音響学のどちらかの原理に基づいている.

伸び計

大きな建造物のわずかな変形を探知する必要性は,とりわけゴシック建築を維持管理する人々にとって明白だった.1 つの解決策は,土台が沈下しかけた建造物にできた亀裂の差し渡しに,セメントでガラスの薄片を固定する方法だった.その後でガラスに入ったひびは,建造物の亀裂が大きくなり続けているしるしである.このような表示物は,今でも小さな石造のアーチの亀裂を観察するのに使われている.

副尺とマイクロメーターを使っての直接的な長さの測定は,19 世紀に改良された.テコも使われ,写真測量法(カメラ(航空写真測量)の項を参照)のような光学的な技法が,建造物や機械の調査に使われた.また,距離比較測定器のような気象用器具が,荷重を受けた部材の伸びを測定するのに利用されるようになった.

初期の伸び計で注目に値するのは,E. ホジキンソン(Eaton Hodgkinson, 1789-1861)による 1856 年のくさびゲージ,マイクロメーターと電気接点と眼鏡照準具を組み込んだスクリュー型伸び計,そして W. C. アンウィン(William Cawthorne Unwin, 1838-1933)による 1883 年の接触マイクロメーターである.この接触マイクロ

メーターを使いこなせるかどうかは,「カリパスで一分の狂いもなく寸法を測ることに習熟した」機械工なみの職人技を身につけているか否かにかかっていた. カウパー(C. Cowper)の伸び計は,1850年にキエフ橋の長い縦桟を検査するのに使われた. ペイン(W. H. Paine)のテコ式伸び計は, イーストリバー橋の検査に使われた. そしてフラッド(H. Flad)の伸び計は,セントルイス橋の材料の検査に使われた. 20世紀に入る頃には,きわめて正確な,しかし精密で扱いにくい数多くの器械類が,実験室用に進化を遂げていた. めぼしいものにはストライニッツ(H. Streinitz)(1877年)とケネディ(Alexander Blackie William Kennedy, 1847-1928)が各々つくった示差カセトメーター,同じくケネディによるレベル伸び計(1879年), バウシンガー(J. Bauschinger)のローラーと鏡型伸び計, アンウィンの鏡型伸び計, シュトロマイア(O. Strohmeyer)のローラー型伸び計などがある. 19世紀に由来する原理を用いた伸び計は, いまでも何種類かが使われている. 例えばJ. A. ユーイング(James Alfred Ewing, 1855-1935)およびW. H. リンドリー(William Heerlein Lindley, 1853-1917)の伸び計や,電気的接触を機械的に引き離す仕掛けのハウンズフィールド(Hounsfield)の伸び計, また光学機器製造業者マーテンの伸び計などがそうである.

ダイヤルインジケーター(ダイヤルゲージとも呼ばれる)の製造が始まったのは1890年頃である. ダイヤルインジケーターは, プランジャーが伝導装置で指針とつながっていて, 目盛り板の上でその指針が振れることによってプランジャーの移動が示される. ダイヤルインジケーターは一般に生産工学と関連づけられるが, 相変わらず建造物(通常は負荷のかかった梁)のゆがみ計の一部として使われている. そこでは, ぴんと張られたインバール[35.5%のニッケルを含む鉄の合金]製ワイヤーが, ダイヤルゲージと負荷のかかった構造体とを結びつける. ダイヤルインジケーターはまた, 1928年にホイットモア(H. L. Whittemore)が考案したテコ台=板金ひずみ計のような自己充足型装置にも組み込まれ, それが今度はベリー(H. C. Berry)のひずみ計をもたらした. ベリーのひずみ計はインバール製の管を使い, 当初は, 1930年代に建造されつつあった大規模アーチ式ダムを米国国立標準局(NBS, 現・国立標準技術研究所:NIST)が調査するために開発された.

1930年頃, スウェーデンの発明家C. E. ヨハンソン(Carl Edvard Johansson)は新種のひずみ計「ミクロカトール」の開発に成功し, 広範な市場に売り出していた. この器械では, 直線的な移動が, 金属製の帯状ねじれ薄片の中点でじかに針の回転運動へと変換される. 同じく1930年頃, 空気の流れが初めて実験的にひずみ測定に使われた. 依然として, 力動的なひずみ測定を機械装置で行うのは難しく, 代わりに最も一般的に使われていたのはマサチューセッツ工科大学でA. ドフロスト教授(Alfred de Frost, 1888-)が開発したひずみ計だった. これには, 測定される動きを拡大する機構が備わっていなかったので, 記録は顕微鏡で見なければならなかった.

レンズと鏡を用いた光学機器に加えて, 干渉縞や偏光性といった現象を利用した光学装置での実験も行われた. 後者の, 光弾性塗装を使った考え方は, 1930年にフランスの研究者メナジェ(A. Mesnager)が始めたものだが, 1955年までうまく発展

しなかった．合成樹脂の二相性を利用した三次元モデルは，形状の異なる部材に起こりそうな応力集中を明らかにするのに役立ち，1950年代後半から1960年代初頭まで，つかの間の注目を浴びた．

初期の電気ゲージ

大型で経費がかかるにもかかわらず，機械式と光学式の伸び計は，実験研究室での正確な測定に使われ続けた．けれどもこの分野では，あるいは複雑な建造物に関する調査では，それらの伸び計を的確に使うことがほとんどできなかった．

1930年代から1940年代初めにかけて，電気ひずみ計での実験が数多く行われた．その他の装置も，電磁誘導（インダクタンス）あるいは静電容量（キャパシタンス）に依存していた．電磁誘導式ゲージは，測定された変位が磁場の変化，したがって電流を通すコイルのインピーダンスの変化を引き起こす装置である．コイルのインピーダンスは，そのコイルの電磁誘導および実効抵抗によって決まり，この2つの量のどちらかあるいは両方は，測定される機械量に反応しやすくなりうる．変化を起こす電磁誘導は，コイルの自己誘導のこともあれば，別のコイルと関連した相互誘導のこともある．

1940年代半ば，電磁誘導式ゲージの4つの基本形態が発達した．すなわち可変空隙，ソレノイド可動鉄芯，渦電流，磁気ひずみである．1937年にハサウェイ（C. M. Hathaway）が提供した単純な単一空隙型ゲージは，漏れ磁束のせいで非線形反応に帰したが，一方ウェスティングハウス社は，1944年に単一空隙型ゲージから線形反応を得る装置を開発するまで，もっと入り組んだ複空隙型ゲージを提供していた．1947年にシェヴィッツ（H. Schaevitz）が開発した「線形可変作動トランス」（LVDT）の名で知られる可変連結のソレノイド可動鉄芯型ゲージは，「電気伸び計」を含めてさまざまな用途における変換器として，いまなお広く使われている．渦電流型ゲージは，1947年までに，非金属塗装の厚さを測るのに最も有効であることが判明していた．電磁誘導式ゲージも，1944年までには，ゼネラルエレクトリック社の「電磁トルク計」のような磁気ひずみに依存した装置を組み込むことによって，ひずみの測定に十分適していることがわかっていた．

静電容量式ゲージは，抵抗ゲージか誘導要素で得られる結果よりも正確なものを求めて，1940年代に開発された．それらが真価を発揮したのは，温度が抵抗ゲージの限界を超えた場合で，このことから1940年代に，英国王立航空研究所で航空機エンジンの徹底的な試験が行われた．初期の電磁誘導式ゲージと静電容量式ゲージは，全部ひっくるめて電気ひずみ計の名でも知られていた．1950年代になってようやく，電気ひずみ計という用語が，電気抵抗とホイートストン・ブリッジ回路に依存したゲージに限られるようになったのである．

近年の電気ゲージ

箔ひずみ計は，現在世界で最も一般的に使われているタイプのひずみ計であり，1952年，ワイト島のソンダーズ・ロー社に勤務していたP. ジャクソン（Peter Jackson）が発明したものである．当時，プリント配線技術が世に出つつあったので，ジャクソンは，適当な抵抗素材の薄い箔を食刻して格子（グリッド）をつくることにした．箔ゲージなら1個あたりの経費がわずか数ペンスしかかからないだろう，と期待してのことだった．

初期の箔ゲージは大型で，50Ωほどの電

気抵抗しかもてなかったが，熱をすばやく放散でき，彼の主張によれば，ワイヤーゲージよりはるかに多くの電流を流せるのだった．理論的には，ワイヤーゲージとちょうど同じように有効なはずだったが，多重チャンネル回路を使うため，かなり多くの電力が必要だと思われた．しかし，箔ゲージが十分な精度でつくられ，ワイヤーゲージに対する本格的な競争が起こったのは，それからかなり後のことだった．その主な理由は，不完全な食刻の結果，箔の縁がギザギザになってしまい，疲労特性が劣っていたからである．ソンダーズ・ロー社が特許権を握っていたため，イギリス国内の他の製造業者は，必要な改良を施すのを思いとどまった．

その間にアメリカでは箔ゲージの生産技術が完成し，膨大な量の箔ゲージがつくられた．しかし相変わらず高価だった．というのも，箔をつくって熱処理し，写真撮影と版下作成をし，化学的な食刻や磨き仕上げをするのに必要な装置には，かなりの資本支出を伴ったからである．それにひきかえワイヤーゲージは，簡単な道具とすぐ手に入る材料でつくられた．最近では，ゲージの素材，特徴，設計の管理と理解の改善に多大な努力が振り向けられている．新しい生産技術には，食刻ではなく圧力鋳造や，真空蒸着も含まれた．関連する研究は，脆性塗料，偏光を用いた光弾性効果，光弾性コーティングに関わりがあった．こうした技術はすべて，1950 年代と 60 年代の応力分析研究の大進歩にそれなりの役割を果たした．

ピエゾ抵抗効果を利用した半導体ひずみ計は 1960 年に考案された．これらのゲージは，その抵抗をひずみに対して敏感にするために不純物を混入処理されたゲルマニ

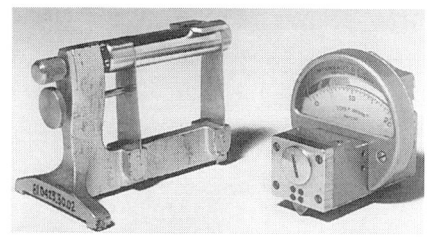

ヨハンソン・ミクロカトールのねじれ薄片式ひずみ計（右）と校正スタンド（1947 年頃）．NMAH 81.0423.30.01-02. NMAH 提供．

ウムかシリコンの結晶を用いることが多かった．ふつうのひずみ計より約 100 倍も感度が高く，点でひずみを測るといっていいほど小さくつくることができた．

非常に高温な状態でひずみを測定するには，静電容量の原理も使われた．ヒューズ・エアクラフト社の初の静電容量式ゲージは 1966 年につくられ，誘電材料に雲母を使っていた．ボーイングのゲージは，イギリスの中央発電庁が発電所のタービン発電機の監視用に特別に設計した装置と同じく，空隙装置を使った．

音響ゲージ
振動弦型ひずみ計は，2つの固定具の間に細い鋼ワイヤーをぴんと張ったものである．ワイヤーは，その真ん中近くに置かれた電磁石のコイルを通る電流の短い噴出によって励起され，横振動を起こす．次にその同じコイルが，ワイヤーの振動数を探るために使われる．固定具と固定具の間の距離が変わると，ワイヤーの張力とその固有振動数も変わる．この種のゲージは 20 年以上にわたって安定であることが証明されており，その振動数はリード線の抵抗や長さで変わることはない．

振動弦型ひずみ計について最初に報告したのは，ロシア人技師 N. ダヴィデンコフ（Nikolay Nikorayevich Davidenkov, 1879-

1962)で，1928年のことだった．ダヴィデンコフはコンクリートに埋め込むのに適した設計に触れたが，初期の実験的なゲージはほとんどが表面のひずみを測定するためのものだった．コンクリートは均質な材料ではないので，埋め込まれたゲージは，三次元の荷重を受けた大きなコンクリート薄板の中で，ひずみの変化を測ることが必要とされる．1960年代の半ば頃，埋め込み式の振動弦型ひずみ計は，核を完全に格納する入れ物としての鋼弦コンクリート製高圧容器の働きに関する予測と実際を比較するため，また鉱山のコンクリート立杭と採掘場の底面通路の覆工を監視するためや，ひずみと縮みに起因する鋼弦コンクリート梁の収縮を測定するために開発された．

[Robert C. McWilliam／忠平美幸 訳]

■文 献

Browne, R. D., and L. H. McCurrich. "Measurement of Strain in Concrete Pressure Vessels." In *Conference on Prestressed Concrete Pressure Vessels*, edited by Marilyn S. Udall, 615-625. London: Institution of Civil Engineers, 1968.

Hetényi, M., ed. *Handbook of Experimental Stress Analysis*. New York: Wiley, 1950.

Neubert, Hermann K. P. *Strain Gauges: Kinds and Uses*. London: Macmillan, 1967.

Unwin, William Cawthorne. *The Testing of Materials of Construction*. 2nd ed. London: Longmans, 1899.

Window, A. L., and G. S. Holister, eds. *Strain Gauge Technology*. London: Applied Science, 1982.

◆ひずみ計【電気抵抗】

Strain Gauge (Electrical Resistance)

接着型の電気抵抗ひずみ計は，20世紀後半における最も重要なタイプのひずみ計である．伝導素材の細いワイヤーか箔でできていて，部材や試験片の表面に貼りつけられるようになっている．試験の対象物に電気的な負荷がかかると，その圧力が計器の中の抵抗体に小さな変化を引き起こす．この変化は，適切なホイートストン・ブリッジ回路での不均衡な示度の点から，ただちに定量化できる．電気抵抗の変化と機械的なひずみには，直接の比例関係がある（1856年にW. トムソン（William Thomson, 1824-1907）によって初めて解明された）．したがって，このブリッジの示度が試料のひずみの尺度になるわけである．非常に幅広い工学的用途における，このような測定の重要性は，いくら力説してもし足りないほどだ．臨界状態で負荷がかかった部材の応力は，ひずみの測定から推断できる．力変換器（その装置に組み込まれたひずみ計の出力から，加えられた力を決定もしくは監視できる）は，大規模な試験から商用秤に至るまで，数えきれないほどの用途に使われている．

P. K. スタイン（Peter Koloman Stein, 1928-）は，本項目の記述にとってきわめて重要な研究を手がけているが，その彼が注目したのは，C. ホイートストン（Charles Wheatstone, 1802-1875）が1843年に「ひずみ計をその手にもっていた」ことである．このときホイートストンは，いまや本人の名を冠したブリッジについての前置き説明の中で，「ワイヤーの電圧の……わずかな差違」はブリッジの均衡を乱しうる，と話したのである．しかし，初の接着型ワイヤーひずみ計が登場するまでには，それから1世紀近くが過ぎることになった．これに先立つ最初の最も重要な開発の1つは，ダムと大規模なコンクリート建造物での利用を意図してつくられた非接着型のワイヤー

ゲージだった．これは1934年にR.カールソン（Roy Carlson）が特許を取り，商業的に生産されたものであり，もう1つ注目に値したのは，1936年にC. M. カーンズ（Charles M. Kearns）が開発した接着型カーボンゲージである．カーンズは単に，円柱状のカーボン抵抗器の平らな面の1つにやすりをかけ，その後アルミニウムの試料に貼りつけた．この接着型カーボンゲージは，1930年代後半，カーンズの会社で実際に飛行機のプロペラの故障をなくす手段となった．また，ヨーロッパでも使われて成功した．

接着型電気ワイヤーひずみ計もこの時期に登場した．関連する特許は，E. E. シモンズ（Edward E. Simmons,「基礎的」な特許）とA. C. ルーゲ（Arthur C. Ruge,「開発と改良」の特許）の名義になっている．1936年にカリフォルニア工科大学で研究をしていたシモンズは，動的力の測定のための接着型ワイヤーひずみ計を提案した．その変換器はG. ダットワイラー（Gottfried Dätwyler）によって製作され，プリズムのような多面的な鋼棒の各面に接着した1本のコンスタンタン（銅とニッケルの合金）のワイヤーで構成されていた．1938年，シモンズらとは全く別個に研究を進めていたマサチューセッツ工科大学（MIT）の土木工学教授ルーゲは，セルロイドの棒に接着した長さ12.25 cmのエリンバ（鉄とニッケルとクロムの合金）のワイヤーで構成された，できのよい接着型ゲージを生み出した．これは水タンク模型のひずみ測定のために急いで開発されたのだった．MITの機械工学部で研究をしていたA. V. デフォレスト（Alfred Victor de Forest, 1888-?）は，すでにカーンズの接着型カーボンゲージという重要な開発を発表していた（彼の会社であるマグナフラックス社は，ストレスコートという脆性塗料［物体表面の応力分布またはひずみ分布を測定することができるもろい塗膜］を生産しており，それがひずみ計研究の準備として応用できる非常に便利な技術の基礎となった）．彼はルーゲの研究の重要性を認め，自らの方向を接着型抵抗線ひずみ計の開発へと変更した．ルーゲとデフォレストは最終的に力を合わせ，そのすぐ後にボールドウィン-サザック社によるひずみ計の商業的な市場開拓が続いた．

抵抗ひずみ計がイギリスで最初に言及されたのは，1939年にポスルスウェイト（F. Postlethwaite）が王立航空研究所の工学部門に提出した小論の中だったらしい．それから1，2年のうちに，ひずみ計はLMSレイルウェイ社のT. ボールドウィン（Tom Baldwin）のグループによって，またオーティー（Frank Aughtie, 1905- ）の指導のもと，国立物理学研究所でつくられていた．ロールス・ロイスの航空エンジン部門と王立航空研究所も，この時期には盛んに活動した．イギリスでの商業的な生産は1942年に始まった．H. ティンズリー社のゴール（D. C. Gall）は，ゲージ製造の技術で1944年に特許を取得した．1946年，「ひずみ計の事実上あらゆる面」に関する論文が，マンチェスターにおける物理学会会議で発表され，インペリアル・カレッジでの物理学会展示会では，ゲージの製造が実演された．1950年代はじめの注目すべき開発は，1952年にソンダーズ・ロー社［イギリスの飛行艇・水上機メーカー］のP. ジャクソン（Peter Jackson）が考案した箔ひずみ計である．今日使用されているゲージの大半はこの型である．半導体ゲージは1960年に初めて登場した．

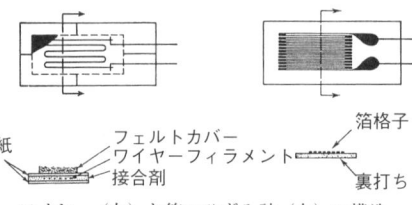

ワイヤー(左)と箔のひずみ計(右)の構造図. Charles C. Perry, and Herbert Lissner. The Strain Gage Primer. New York: McGraw-Hill, 1955:21, Figure 2-1. マグローヒル社提供.

抵抗ひずみ計は,概念的には単純なのだが,現在の形は,世界各国の多数の組織における膨大な研究開発の産物である.現在では,0.1×10^{-6}のひずみ感度限界をもつゲージが入手できる.有効な計器の長さは0.2〜150mmまでの幅があり,摂氏-270℃から350℃までの温度範囲で利用可能,特別な場合にはそれ以上でも使える.最も一般的に使われているゲージ素材は,相変わらず銅−ニッケル合金のコンスタンタンである.ニッケル−クロム合金も使われているし,プラチナ−タングステンは高温に利用できる.計器と,ひずみを起こす本体とをつなぐ接着剤はとても重要である.入手可能な接着剤の多くはきわめて特殊であり,貼付面の下準備はどんな場合でも大切である.溶接できるひずみ計も使うことができる.信頼できるゲージ保護技術が開発されており,これは特に長期間の監視や,水中での使用に適している.関連の電気回路設計技術と信号処理に大きな進歩が見られた.いまやデジタル表示が当たり前で,多くのシステムはデータの分析と蓄積の手段を備えている.

[Peter Stanley/忠平美幸 訳]

■文 献
Gall, M. W. "Early Days of the Resistance Strain Gauge." *Strain* 25 (1989): 83-88.
The Measurement of Stress and Strain in Solids. London: Institute of Physics, 1948.
Stein, Peter K. "A Brief History from Conception to Commercialization of Bonded Resistance Strain Gages and Brittle Coatings." In *Fifty Years of Bonded Resistance Strain Gages—History and Future*, 25-38. Tokyo: Society for Instrument and Control Engineers of Japan, 1989 [計測自動制御学会:「第19回『質量・力計測部会』資料—ひずみゲージ誕生50周年を記念しての講演会」所収,1989年].
Window, A. L., ed. *Strain Gauge Technology*. London: Applied Science, 1992.

◆日 時 計

Sun-dial

日時計は時間あるいは月を示す線の方眼(grid)上の,太陽によるマーカーの影の位置によって時刻を表示する.もし太陽の黄道帯における位置あるいは各月の位置を示す目盛りが引かれていれば,その年における時間(季節)を表示することができ,もし時間の線が引かれていれば,その日における時刻を表示することができる.あるいはもしも日時計に恒星時から太陽時へ換算するための目盛りがついていれば,夜の時刻を表示することもできよう.日時計は単純なグノーモン(1年を通しての太陽の赤緯の関数として,標準の高さの垂直な棒による影の長さを示し,一組の表とともに用いられる表示器)とメリディアン(単に正午の瞬間を示す日時計)からは区別されるべきである.

日時計の最も初期の形跡は,それぞれ紀元前1500年頃と紀元前1000年頃と推定されるエジプトにおける2つの断片と,セティ1世(紀元前1318-1304)の記念碑の図

解つきの碑文である．これらのいずれも 1 年を通しての太陽の赤緯の変化，それについての表はムル・アピン（Mu'l Apin）のテクストの中に見られるように，少なくともアッシリアでは紀元前 1000 年までには知られていたであろうが，その変化に対するいかなる補正も示さない．しかし，これらの表は鉛直なグノーモンに関連があり，真の日時計には関連はない．そして太陽の赤緯の変化に対する補正を組み込んだ時刻目盛りが取り付けられた日時計の発達が最初にどこで起こったかを示す形跡はない．エジプトとギリシャにおいて，ギリシャの地域（デロス島）で発見された残存する最も初期のものと推定できる日時計は紀元前 3 世紀に起源があるが，その発達は紀元前 4 世紀の末期までに起こったと思われる．

ギリシャにおいて，日時計のデザインは紀元前 4 世紀の末以降数が増えた．ウィトルウィウス（Vitruvius）の『建築書（de Architectura）』は古代の日時計技術についての主な拠り所であるが，この書における簡潔な一節の中で，ウィトルウィウスは 4 つの携帯用モデルを含む 15 種の異なる日時計について言及している．ウィトルウィウスによって言及されている日時計のうちの少なくとも半分は，残存するギリシャ-ローマの日時計の中に認められうる．すべての種類の約 300 個の日時計もローマ帝国の頃から残存してきた．

古代および中世から残存するほとんどの日時計は固定された日時計である．一方，14 世紀以前からのすべての携帯型日時計は太陽高度日時計であり，これは局地的な水平線・地平線に沿った太陽の角変位ではなく，太陽の高度によって時刻を測定する．ローマ帝国では日時計は通常大きく派手な彫刻がほどこされ，有用性と飾りとしてのために公共の場所に据えつけられた．日時計は 5, 6 世紀以降キリスト教の修道院において，そして後にイスラム教のモスクにおいても，祈りの時間をあらわすものとして，新しい用途で用いられた．

組織化されたキリスト教の生活の目的のため，日時計の面に直角に据えつけられたグノーモンをもつ直接南を向いている垂直日時計が使われた．そのような日時計上の 12 本の 1 時間ごとの線のうちで，キリスト教徒たちにとって特に重要な線（3 番目，6 番目，12 番目）はしばしば十字架によって区別された．そしていくつかの日時計上では，間にある線は無用であるとして削除された．特にイギリスと北西ヨーロッパに多かったが，そのような日時計は徐々に「大衆の」あるいは「落書き」日時計へと退化した．その実例は 16 世紀までの教会の壁に豊富にある．

近東のイスラム地域，そこではギリシャ-ローマの日時計が比較的豊富に本来の場所に残存したと考えられうるが，その地域において，ギリシャ数学の復興は日時計に対するいくつかの独創的で精巧なデザインの発展へ至った．通常の祈りはイスラム教徒たちに課せられた義務であり，祈りが行われるべき時期は天文学的に決定されたので，それらの時期を示す特別な線が固定型と携帯型の両方の日時計につけ加えられた．イスラム地域から，ある種の日時計，特に携帯用の柱状または筒状日時計についての知識が，10, 11 世紀以降キリスト教ヨーロッパに伝わった．一方で，都市，交易，そして旅行の復活は日時計，特にさまざまの携帯型のものの再現を可能にした．

しかし，中世のこの分野における最も重要な発展は 13 世紀末における磁気コンパスと関連づけられた．磁気コンパスは磁気

子午線に沿って正確に方向づけられなければならない携帯用方位盤の発展を可能にした。2番目の非常に重要な技術革新はおもり駆動型（weight-driven）時計の出現に起因する。それは，14世紀に，旧来の不定時法のシステム（昼あるいは夜間の長さの12分の1，その長さは季節の経過において変化する）が定時法のシステム（昼と夜すべての時間の24分の1，その長さは不変）によって置き換えられるという事態を引き起こした。これは極グノーモン，すなわち，それが使用されるような場所の余緯度に等しい角度だけ，つまり地軸に平行に日時計上で傾斜させられたグノーモンの導入へ至った。

ルネサンス期のヨーロッパにおいて，日時計製造技術はその人気と精巧さの頂点に達した。多くの新しいタイプの日時計が発明され，多量の文献がラテン語と，主な地方の言語で出版され，そして盛大な貿易が展開した。石に刻まれた，大きくて，精巧な多面体の日時計はウィトルウィウスの伝統の中にいる設計者や数学者，そして数学に傾倒していた有閑階級の人々によって設計され，地元の石工や職人たちによって施工された。銀，真鍮，象牙あるいは高価な木でつくられた携帯用日時計は高い技術をもった数学の素養のある器具製作者たちによって製造され，そして贅沢な交易品になった。

15世紀中頃から17世紀中頃の日時計は豊富な装飾，複雑なデザイン，そして多くの異なる表示（時，分，黄道帯における太陽の位置，異なる時間体系に対する目盛りとそれらを変換するもの，日の出と日の入りの時刻，昼と夜の長さ，暦に関する情報）を表示する。しかし，17世紀末以降，日時計はますます機能本位になった。そして

仕事中の16世紀の日時計製作者. B. L (eeman). Instrumentum Instrumentorum: Horologiorum Sciotericorum. Zurich, 1604. ハーバード大学ホートン図書館提供.

副次的な表示は正確な時刻が容易に読み取れる日時計をつくるためになくなった。この時代には，正確に正午の瞬間を示し，そして置き時計と携帯用時計をチェックしテストできるような，公の子午線が一般的になってきた。置き時計と携帯用時計の正確さが増すことで，日時計もますます正確さを増し，そしてギヤつきの分針をもった日時計まであらわれた。

19世紀末における標準時帯の発展とそれらを正確に伝える電信とラジオの時報の出現に直面して，日時計主義者たちは，地元の太陽時と平均時と同様に標準時を表示する器具を開発した。そのような日時計は再び公共の時計としての有用性を主張できた。そしてこのことが，日時計の装飾的な特色と合わせて，20世紀の最後の10年間，日時計製造技術における小さなルネサンスを生んだ。

［Anthony Turner／庄司高太 訳］

■文献

Gotteland, Andrée, and Georges Camus. *Cadrans solaire de Paris*. Paris：CNRS, 1993.

Gouk, Penelope. *The Ivory Sundials of Nuremberg 1500–1700*. Cambridge：Whipple Museum of the History of Science, 1988.

Higgins, Kathleen. "The Classification of Sundials." *Annals of Science* 9（1953）：341–358.

King, D. A. "Mizwala." In *Encyclopaedia of Islam*, vol. 7, 210–211. Leiden：Brill, 1991.

Turner, A. J. "Sun-dials, History and Classification." *History of Science* 27（1989）：303–318.

Waugh, Albert E. *Sundials：Their Theory and Construction*. New York：Dover, 1973.

◆ヒプソメーター

Hypsometer

ヒプソメーター（ギリシャ語の *hypsos*「高さ」＋ *metron*「測定器」．すなわち測高計．沸点気圧計ともいう）は，いまでこそ温度計の較正に使われているが，19世紀には，水の沸点の測定による高度測定に役立っていた．1740年代，パリのアカデミー会員 P. C. ルモニエ（Pierre Charles Le Monnier, 1715–1799）と J.-A. ノレ（Jean-Antoine Nollet, 1700–1770）は，水の沸点が気圧によって決まることに気づき，1760年代にはジュネーブの気象学者で登山家の J.-A. ドリュック（Jean-Andre Deluc, 1727–1817）が，この現象の幅広い研究に着手した．ドリュックは自らの調査用に，ヒプソメーターらしきものを設計した．すなわち，摂氏100度未満に関して1度の何分のいくつかを測定するためのマイクロメーターを装備した温度計と，その温度計を水入り容器の底から1インチ上に固定した状態で入れておく銅およびブリキ製沸器，それにコンロからなる．ドリュックはこの器具を，ジュネーブ周辺の山頂への何度かの旅に持っていった．しかし彼のねらいは温度測定による測高法ではなく，気圧測定による測高法—つまり気圧計を用いた高度の測定—であり，沸点と気圧を関連づけた彼の計算表は前者の目的で使われたかもしれないが，彼はそれらで山岳気圧計の補正温度計を較正するつもりだったのである．

F. H. ウォラストン（Francis Hyde Wollaston）は，1817年に初の本格的な温度測定によるヒプソメーターをつくった．ウォラストンが自ら「温度測定式気圧計」と名づけたその装置は，精度の高い温度計と，熱が沸点近くに達するまで水銀を保持するために水銀球の真上につけた空洞とで成り立っていた．空洞の向こう側には，華氏1度につき1インチの目盛りがついていて，副尺で測定値を1,000分の1度まで読み取ることができた．ウォラストンは，温度計を煮沸器内の蒸気だけにさらすようにした．蒸気の温度は沸騰水の温度に比べて一定に保たれているのである．この装置は床とテーブルの高さの差から生じる沸点の差も感知できる，と彼は主張した．A. ガノー（Adolphe Ganot, 1804–1887）の有名な教科書は，より控えめに10フィート（約3m）と主張している．

フランスの物理学者 H.-V. ルニョー（Henri-Victor Regnault, 1810–1878）は，この器械にいくつか改良を加え，それを「測高温度計」と名づけた．彼は器械を小型化し，摂氏100度に近い温度の水蒸気圧を算出するためのきわめて正確な計算表をつくった（ウォラストンは，沸点と高度との直線的な関係を想定していた）．後の型では，二重壁をもつ入れ子状の箱の中に温度計を納めた．この箱のおかげで，空気の流れによる冷却から温度計が守られ，そのほぼ全

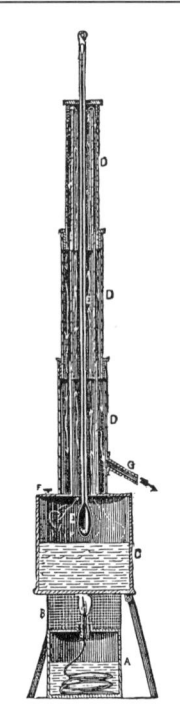

山岳温度計または測高計(ネグレッティ&ザンブラ社,1864年).Negretti and Zanbra(1864):95頁,図73.SSPL提供.

体が蒸気で包まれるようになった.長さわずか15インチのこの器械を提唱する人々は,その正確さと,「困難な地方を旅する人々向け」の32インチの気圧計にもまさる携帯性を絶賛した.

19世紀末にヒプソメーターを完全なものにしたのは,ノルウェーの気象学者H.モーン(Henrik Mohn, 1835-1916)である.モーンは,眼鏡照準具によって1,000分の1度まで読み取れる自分の器械を,気象観測所での気圧計の較正や万有引力定数の確認が十分にできるほど正確なものと見なした.しかし,その器具の名称をめぐる不確定性(「温度-気圧計」と「温度測定式気圧計」,「山岳温度計」,「測高温度計」,「測高器」―この文脈では「気圧計」が高度測定の概念を含むということに注意していただきたい)は,ある種の目的の揺れを如実に示している.何を測定しようとしているのか,高度か,沸点か,大気圧か,はたまた地球の重力か? この器械は,その問いに「高度」という答えが出せるほどには探検家や旅行者に普及しなかったのかもしれず,20世紀には温度計の沸点を較正するための器具に逆戻りしてしまった.

[Theodore S. Feldman／忠平美幸 訳]

■文 献

Mohn, Henrik. *Das Hypsometer als Luftdruckmesser und seine Anwendung zur Bestimmung der Schwerekorrektion*. Christiania：J. Dybwad, 1899.

Negretti and Zambra. *A Treatise on Meteorological Instruments：Explanatory of Their Scientific Principles, Method of Construction, and Practical Utility*. London：Negretti and Zambra,1864.

Regnault, Henri-Victor. "Note sur la température de l'ébullition de l'eau àdifférentes hauteurs." *Annales de Chimie et de Physique* 14 (1845)：196-206.

Wollaston, Francis Hyde. "Description of a Thermometrical Barometer for Measuring Altitudes." *Philosophical Transactions of the Royal Society of London*(1817)：183-196.

◆微分解析機【ブッシュ式】

Bush Differential Analyzer

第二次世界大戦の最中,マサチューセッツ工科大学(MIT)のロックフェラー微分解析機(RDA)が砲撃表やレーダーのアンテナの図表を計算したりするのに利用された.ロックフェラー財団の支援でV.ブッシュ(Vannevar Bush, 1890-1970)に

より作成されたこのアナログ式のコンピューターは，数百 t の重量をもち，2 千本あまりの真空管，12 以上のディスク式積分機，数千のリレー，150 のモーター，そして自動式入力機と印刷機を備えていた．ロックフェラー解析機は，戦争終了時に作業していた計算機の中ではアメリカ最大で，「機械化された計算の新時代」を開くものと期待された．その開発は，1920 年代末に作成された初期の一連の完全に機械的な解析機に啓発されたものである．それは，ゼネラル・エレクトリック社，アバディーン・プルービング・グラウンド社，ペンシルベニア大学，カリフォルニア大学，テキサス大学などの他，イギリス（マンチェスター大学とケンブリッジ大学），アイルランド，ドイツ，ノルウェー，ソ連などアメリカ内外で広く模倣された．

解析機関には2つの起源がある．1つには，世紀転換期以降に普及し，ショップ作業，手の技能，実用数学を強調する技術の文化，もう1つは，真空管や電話線，特に長距離送電線の開発に際して電気工学者が直面した非常に困難な計算である．具体的には，ベル電話社の J. カーソン（John Carson）によって長距離線のために導出された次のような方程式がある．

$$I = A(t)E\sin\theta + Ep\cos(pt+\theta)$$
$$\int_0^t \cos p\delta A\cdot(\delta)d\delta + Ep\sin(pt+\theta)$$
$$\int_0^t \sin p\delta\cdot A(\delta)d\delta$$

ここで I は入力電流，$(E)\sin(pt+\theta)$ は最初はエネルギーを与えられていなかった送電線の出力側に突然かけられる電圧である．手による解法には，まず積分記号の中の積を関数表の助けで計算し，それをプロットし，曲線の面積（すなわち積分）をア ムスラー・プラニメーターで決定し，最後に曲線の積と和を求めて，I と t との関係をグラフで与える．

H. スチュワート（Herbert Stewart），ゲイジ（F. D. Gage），H. ヘイゼン（Harold' Hazen），S. コールドウェル（Samuel Caldwell）の援助を受け，ブッシュは 1931 年にはほとんど完全に機械的な方法で微分方程式の連続的な解を計算する機械を開発した．微分解析機と名づけられたその機械は，長いテーブル状の枠組みで十字に連結し合ったシャフトからなっている．一方の側にはドローイング・ボードが並び，他の側には6つのディスク式積分機が並ぶ．当機はあるボードで関数をトレースし，別のボードでは他の関数を手で入力することができる．積分を実行する解析機の心臓部は，ディスク式積分機である．それは S. トンプソン（Sylvanus Thompson, 1851-1916）以来知られており，摩擦可変式のギヤで，車輪の中心から可変の距離で車輪の上に乗るディスクからなっている．積分機の幾何学は，その構成部品である軸が

$$y = \int_a^b f(x)dx$$

のような関係式が成り立つように回転する．

本質的に解析機は軸の回転を一方からもう一方へと巧みに変換する装置である．それは，数学的変数を軸の回転に直し，いくつものギヤを組み合わせることで加減乗除と積分をこなすことができる．ある意味で，解析機は解くべき微分方程式の優雅な運動的モデルを構成するものである．図は 1931 年型の解析機の一部で，次のような落下物体の方程式を解くための連結方法を示している（k と Σ は乗算と加算のギヤをあらわす）．

$$\frac{d^2x}{dt^2} + k\frac{dx}{dt} + g(x) = 0$$

または

$$\frac{dx}{dt} = -\int \left[k\frac{dx}{dt} + g(x) \right] dt$$

解析機は1935年には世界中の物理学者によって利用され,量子力学や宇宙線に関する複雑な数学的計算の見通しを与えてくれた.成功とともに,時間をとる問題のセットアップ作業への不満から,MITのグループは7年をかけてより大型で正確なロックフェラー微分解析機の開発に乗り出した.それは1つの問題から他の問題へと自動電話交換機の方式で移行することができるものであった.まずプロジェクトでは財団から1935年に予備調査のために1万ドルが支給され,翌年に8万5,000ドルの開発費が支給された.サーボ機構や電子式増幅器などの要素どうしの電気的結合のために必要な装置と同様に,より正確な積分機を開発することはそれほど困難ではなかった.他の問題,とりわけ自動制御の問題は困難であった.RDAは複数の問題を同時に計算することを目指したものだが,ある問題が終わり別の問題が開始されると,残りの計算を早く効率的かつ自動的に再配分する必要があった.その問題は機械の設計にとって非常に困難であり,終戦までには解決されなかった.多重タスクの問題はもちろんいまでも困難で,ブッシュと彼のチームが1940年代に解決できなかったとしても驚くにはあたらない.

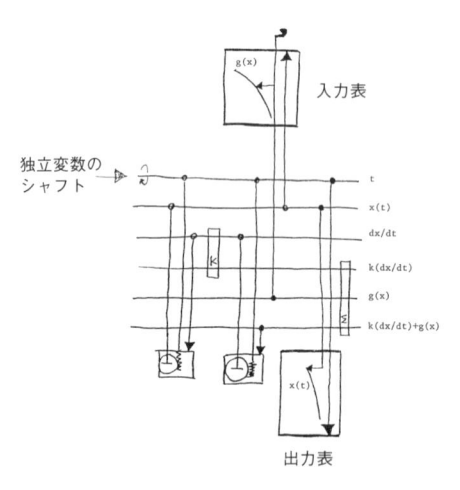

RDAは,期待に応えることも能力を発揮することもなかった.戦後MITの制度的環境の変化もあり,ブッシュの解析機は時代遅れになり不要になった.それは遅く,不正確で,機械職人の古い伝統に基づいているとして,デジタル式コンピューターこそが新しい要求に適うと考える物理学者たちに無視された.解析機はS.ドレイパー(Stark Draper, 1901–)によって採用され,朝鮮戦争の際には砲撃の照準計算のために忠実に働いた.しかし1954年にその生涯を閉じることになった.2週間にわたる喧騒のうちに,この巨大な機械は完全に分解され,部品はボストン科学博物館,フィラデルフィアのフランクリン研究所,パーデュー大学,コネチカット大学,MITの物理学研究施設の倉庫,鉄道クラブ,ロケット学会などに移送され,部品によっては他の新しいコンピューターの部品として陳列されたりした.

[**Larry Owens**／橋本毅彦 訳]

■文 献

Bush, Vannevar. "The Differential Analyzer." *Journal of the Franklin Institute* 212(1931): 447–488.
Bush, Vannevar, and Samuel H. Caldwell. "A New

$d^2x/dt^2 + k(dx/dt) + g(x) = 0$

1931年型の解析機の一部で,落下物体の方程式を解くための連結方式を示すダイアグラム.

Type of Differential Analyzer." *Journal of the Franklin Institute* 240 (1945): 255–326.

Owens, Larry. "Vannevar Bush." In *Dictionary of Scientific Biography*, edited by Frederic L. Holmes, Vol.17, 134–138. New York: Scribner, 1990.

Owens Larry. "Vannevar Bush and the Differential Analyzer: The Text and Context of an Early Computer." *Technology and Culture* 27 (1986): 63–95.

◆ビュレット

Burette

ビュレットは，少量で決まった量の液体を出すコックつきのガラスの管で，容量分析（滴定）に使われる．既知の濃度の反応溶液（滴定剤）を試料となる溶液に添加してゆき，測定されるべき物質が別の物質に変わったところが終点となる．反応の終点は，目で見ることのできる変化（例えば，塩基が酸によって滴定される場合には，呈色指示薬の色の変化によって）や，電極電位の急激な変化によって判定される．含まれる化学反応の知識に基づき，求められる量は，終点に達するまでに添加された滴定剤の容量から計算することができる．通常，あらかじめピペット（普通目盛りのついたガラスの管）で測定された試料溶液に，滴定剤がビュレットから添加されるが，逆のやり方も可能である．

容量分析は，ピペットとビュレットが使用され始めるようになってやっと定量分析の一員となった．この器具はともに，F. デクロワジーユ（François Antoine Henri Descroizilles）の手で発明され，実用化された．彼はこの発明を，布地の漂白で使われる次亜塩素酸塩溶液の適正な濃度をイン

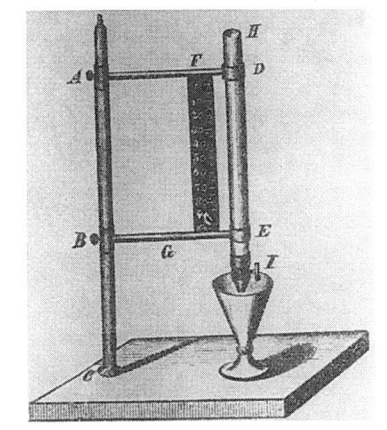

1850年代のコックビュレット．Friedrich Mohr. Lehrbuch der chemisch-analytischen Titrirmethode. Braunschweig: F. Vieweg, 1855: Figure 8.

ジゴ溶液で確認する新しい方法に関する1795年の論文中で発表した．デクロワジーユのビュレットは，目盛りつきの筒で，微量の溶液を注ぐのが困難なものだった．デクロワジーユは，塩素で布地を漂白する方法を開発した同時代人C. L. ベルトレ（Claude Louis Berthollet, 1748–1822）にちなんで，この器具を「ベルトレメーター」と呼んだ．酸–塩基の定量法に関する1806年の論文で，デクロワジーユは「アルカリメーター」を発表したが，これは，微量の液体を滴下することができるものだった．

ビュレットとピペットという名称は，1824年に発表されたJ. L. ゲイ＝リュサック（Joseph Louis Gay-Lussac, 1778–1850）の論文に由来する．そのビュレットが滴定に用いられるとき，溶液は細い管から一滴ずつ滴下されるようになっていた．ゲイ＝リュサックのビュレットは，容量分析に関する最初の書物であるK. H. シュヴァルツ（Karl Heinrich Schwarz）の『質量分析の実践的手引（*Praktische Anleitung zu Mass-*

analysen)』(1853年)において取り上げられたその種の器具としては唯一のものであった．フランス語のビュレットは，もともとは出口が細い管となった小さな金属製容器を意味しており，ピペットという単語はワインの試験器を意味した．

1846年É. O. アンリ（Étienne Ossian Henry）は，銅製の口をもつ新しいガラスのビュレットを発表した．1855年の『化学的-分析的滴定法教本（*Lehrbuch der chemisch-analytischen Titriermethode*）』でドイツ人の薬剤師F. モーア（Friedrich Mohr）が，「クリップビュレット」ならびにすべてがガラスでできている「コックビュレット」の発明を伝えた．19世紀後半にガラスを吹く技術が進歩したおかげで，この種のすべてがガラスでできているコックビュレットが標準的なものとなった．そしてこれが現在でも使用されている．ただし，微量分析の必要に応じて，サイズは小さくなっている．

[Ferenc Szabadváry／吉本秀之 訳]

■文 献

Szabadváry, Ferenc. *History of Analytical Chemistry*, 195-247. Oxford and London：Pergamon, 1966 [坂上正信ほか訳：『分析化学の歴史』, 内田老鶴圃, 1988 年].

◆表面構造の測定

Measurement of Surface Texture

表面の粗度を評価することは，工学的応用の適性を判断するのに重要である．1930年代まで，このことはほとんど触角や視覚的な検査や主観的な判断によってなされ，一連の段階的基準サンプルと比較することによって行われることもあった．工業用部品，特に航空機エンジンの部品に関しては要求がより厳しくなったので，表面構造を量的，客観的に測定することが重要になった．

1929年，ドイツのG. シュマルツ（Gustav Schmaltz）が考案した装置は，表面を横切る針に取り付けられた鏡によって光線の偏曲を写真に記録するものであった．4,000倍までの倍率が得られたが，結果を有用なものにするためにはその10倍の倍率が必要だった．そうした倍率を最初に手にしたのは，1936年，アメリカの物理研究社のE. J. アボット（Ernst James Abbott）であった．

アボットのプロファイルメーター（profileometer）では，手やモーターによって，表面を横切る針の振動が電気的に増幅される．その装置はレコードのピックアップのようによく動けるので，その測定結果は針の速さに依存し，それが計器の表示の客観性の度合いを決定していた．

テーラー・テーラー＆ホブソン社のR. リーズン（Richard Reason）は1937年にタリサーフ（Talysurf）を考案した．この装置でも針の動きは電気的に増幅されていたが，紙に記録されるのは，その運動速度ではなく，その変位なので，表面の凸凹それ自体の記録となっている．半径約0.0025 mmのダイヤモンドの針が使われた．このダイヤモンドの針の形状，それが表面をなぞる際に垂直データとなってしまう横すべり，その両者の幾何学的関係が記録の精度に影響を与える．

電子増幅を使用することに反対する機械工業における偏見や，電子管の使用による問題が実際にあったにもかかわらず，タリサーフはすぐに広く使用されるようにな

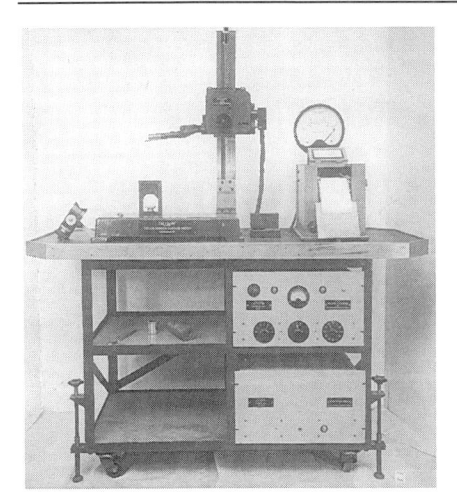

テーラー・ホブソン社製タリサーフ表面測定機（1937年）．ランク・テーラー・ホブソン社提供．

り，同じ型の装置は現在も使用されている．その現代版は半導体電子工学を利用している．

続けてリーズンが1949年に開発したタリサーフは，円形の部品の丸さを記録するものであり，検査している部品とともに回転する円形のチャートに記録するために，検出装置や増幅装置がつくられた．当初この設備はコンサルタント業を通してのみ利用できたが，ランク・テーラー・ホブソン社は1954年その装置をタリロンド（Talyrond）として売り出した．

干渉計（干渉計の項を参照）によって表面の性質を調べることもできるが，それが可能なのは表面が十分な量の反射を生み出すほどよく磨き上げられている場合だけであり，この方法で調べることができる表面粗さの上限は，起伏の幅で約0.0003 mmである．干渉計を使った商業用の装置を開発したのはヒルガー＆ワッツ社，ベイカー社，ツァイス社であった．

さらに小さな規模のものに関して，原子や分子のレベルで表面構造を調べるために，一連の技術が今日では実験的に用いられている．そこで用いられている原理には，分光学，電子回折や電子顕微鏡での検査，X線回折，分子線，イオン散乱などがある．この研究の背後で重要な刺激となったのは，表面の細部と触媒作用との関連性である．

[Michael Wright／成瀬尚志 訳]

■文 献

Hume, Kenneth J. *A History of Engineering Metrology*. London：Mechanical Engineering, 1980.

Moore, Wayne R. *Foundations of Mechanical Accuracy*. Bridgeport, Conn.：Moore Special Tool, 1970.

Somorjai, G. A. "Modern Concepts in Surface Science and Heterogeneous Catalysis." *Journal of Physical Chemistry* 94（1990）：1013-1023.

◆表面分析装置

Surface Analytical Instruments

表面分析装置は，主に固体試料の最も外側の原子層の化学組成を測定するために用いられる．最も一般的なタイプは，オージェ電子分光（AES：Auger electron spectroscopy），X線光電子分光（XPS：X-ray photoelectron spectroscopy），二次イオン質量分析（SIMS：secondary ion mass spectrometry）（質量分析計の項を参照）である．得られる表面感度は実際上，試料物質，分析技術，操作条件に依存し，通常は1から約20原子層の範囲である．深さ方向の組成の変化の情報（「デプス（深さ）プロファイル」）は，特に界面近傍については，しばしば試料物質をイオンスパッタリング［イオン衝撃によって固体表面から

原子を気体中にはじき出す]により除去し，新たに出現した表面を同時に分析することにより得られる．1950年代からのウプサラ大学におけるXPSの開発に関する息の長い研究は，1981年のノーベル物理学賞をK. シーグバーン（Kai Siegbahn, 1918-）にもたらした．

表面および界面の性質は，広範囲の先端材料（セラミックス，複合材料，合金，ポリマー，超伝導体，ダイヤモンド薄膜，生体材料），半導体デバイス，オプトエレクトロニクス（光電子工学），高密度磁気記録メディア，センサー，薄膜，コーティングの製造および性能にとって非常に重要である．表面分析は，表面および界面の分析に広く用いられ，触媒，腐食（または劣化），接着，潤滑，摩耗，凝集，拡散などのような特定の性質またはプロセスと関連づけが可能である．

原 理

図は表面分析装置の模式図を示している．試料は電子（AES），X線（XPS, AES），イオン（SIMS）により照射され，表面からの電子のエネルギースペクトル（AES, XPS）または表面からのイオンの質量スペクトル（SIMS）が測定される．AESおよびXPS測定装置は，スパッタリングにより試料表面を侵食できるように，イオン源（0.5～5 keVのアルゴンイオン）の付属装置を備えていることもある．

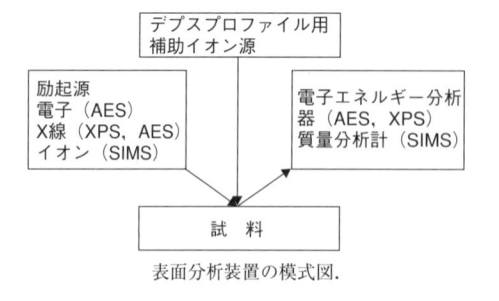

AESでは，入射電子ビームのエネルギーは5～25 keVで，直径20 nm～10 μm までビームを絞ることができる．測定はオージェ電子に対して行われるが，これはある元素に対して特定の運動エネルギーをもった二次電子が20～2,500 eV の間に出現するものである．

XPSでは，試料はX線で照射されるが，アルミニウムまたはマグネシウムを陽極に用いたX線管で発生したX線が用いられる．アルミニウムの特性X線とともに，全体のエネルギー分解能を高め，複数のX線ラインや通常のX線管からの制動輻射による複雑さを除去するために，X線モノクロメーターが用いられることもある．測定では試料中の元素の内殻電子の光イオン化による特徴的な光電子ピークが得られる．これらのピーク（およびオージェ電子ピーク）は，放出電子のエネルギースペクトル中に250～1,500 eV の範囲に出現する．空間分解能は通常5 μm から1 mm の間で，X線光学系および電子光学系の仕様による．

オージェ電子および光電子ピークの位置の微小な変化，およびピーク形状の変化は，特定の元素の化学的な状態についての情報を与える．水素とヘリウムを除くすべての元素がAESおよびXPSで測定可能である．AESの主な長所は，表面組成分析を他の方法よりも高い空間分解能で行えることである．XPSの主な長所は，AESでは電子衝撃で変化するかもしれない試料についても表面分析が可能で，化学的な状態に関する情報が多くの材料に対して容易に得られることである．

SIMSでは，試料は2～30 keVのイオン（Ar^+, O_2^+, O^-, Cs^+, Ga^+）により照射

表面分析装置の模式図．

される．試料からの二次イオンのマススペクトルが四重極型，磁場セクター型，または飛行時間型の質量分析計で測定される．SIMSによる表面分析は，スタティックまたはダイナミックモードで行われる．スタティックモードでは，相対的に低い入射イオン電流密度で，比較的大きい試料面積に対して質量スペクトルが測定され，表面の単原子または分子層程度がイオンスパッタリングで除去されるようにする．ダイナミックモードはデプスプロファイル測定に用いられる．入射イオン電流密度はスタティックモードよりも大きく，侵食速度は毎秒10 nm程度まで高くできる．SIMSの主な利点は，微量元素に対する感度がAESやXPSよりも数桁高いことである．しかしマトリックスと励起の条件により感度はかなり変化するという複雑さがある．

歴史的な発展

1923年に始まる一連の論文で，ソルボンヌのP. オージェ (Pierre Auger, 1899-1993) は，今日では彼の名前がつけられている効果を観察し解釈した．世紀の変わり目の前後には光電効果についての研究が数多くなされたが，最初のXPS実験は，マンチェスター大学のロビンソン (H. R. Robinson) とローリンソン (W. F. Rawlinson) により1914年に行われた．表面のイオン衝撃により生成した二次イオンの最初の観察は，ケンブリッジ大学のトムソン (J. J. Thomson, 1856-1940) により1910年に報告された．

これに続く発展は遅かったが，これは主に超高真空の実現がかなり困難だったことによる．分析箱 (チェインバー) の圧力が10^{-8} Pa程度までなければ，多くの物質の表面組成は通常の測定の間に残留ガスとの反応または吸着で変化してしまう．超高真空チェインバーは，1960年以前にはたいていはガラスでつくられていた．そのため作動する装置を製作し，試験材料を導入し加工することが主要な課題であった．それにもかかわらず，光電子や二次イオン放出および表面反応などの表面現象は，1920年代から30年代には成功裡に探究された．電子回折は1927年に発見されたが，ある実験では表面の状態の便利な検出方法であった．AES, XPS, SIMSの市販の装置が入手可能になるのは，新しい世代のステンレス鋼チェインバー，着脱可能なフランジ，真空ポンプ，真空計が1960年代に開発されてからのことである．

過去30年間に装置の性能は多くの改善をみた．高輝度の電子 (電界放出) およびイオン (液体金属) 源は，表面における組成の変化を明らかにしうるような高い空間分解能の像をAESおよびSIMSにそれぞれもたらした．より強力なX線源も，改良されたX線モノクロメーターとともにXPS用に開発された．異なるタイプの静電的および磁気的電子光学系がAESとXPS用に開発され，選択されたエネルギー分解能で光電子およびオージェ電子をより多く集めることができるようになった．他のシステムは，比較的幅広い電子，X線，イオンビームで照射されたときの電子またはイオン像 (「電子顕微鏡」モード) 用に設計された．非常に効率的な飛行時間型質量分析計がSIMS用に開発された．並列検出器がデータ収集効率を向上させるために導入された．コンピューターソフトウェアがそれぞれの技術についてかなり発展させられ，分析者が装置の設定，データ取得，データ処理でソフトウェアに助けられるようになった．現在では数千台の装置が世界中で稼働中である．1997年には，装置一

式の価格は20万ドルから100万ドルの間であり，その値段は選択された仕様と設計の複雑さで異なる．

表面および表面近傍の組成を調べる他の方法には，スパッタ中性粒子質量分析，ラザフォード後方散乱分光，イオン散乱分光がある．低エネルギー電子回折と反射高エネルギー電子回折は，表面の原子構造を決定するのにしばしば用いられるが，光電子分光と逆光電子分光は表面の電子状態の測定に一般的に用いられる．表面のトポグラフィーは，走査電子顕微鏡（電子顕微鏡の項を参照），走査プローブ顕微鏡（走査プローブ顕微鏡の項を参照），散乱光反射，機械的探査法（表面構造の測定の項を参照）により測定される．

[Cedric J. Powell／山口　真 訳]

■文　献

Benninghoven, A., F. G. Rudenauer, and H. W. Werner. *Secondary Ion Mass Spectrometry: Basic Concepts Instrumental Aspects, Applications and Trends.* New York: Wiley, 1987.

Palmberg, Paul W. "Ultrahigh Vacuum and Surface Science." *Journal of Vacuum Science and Technology* A 12 (1994): 946–952.

Powell, C. J. "Compositional Analyses of Surfaces and Thin Films by Electron and Ion Spectroscopies." *Critical Reviews in Surface Chemistry* 2 (1993): 17–35.

Powell, C. J. "Inelastic Interactions of Electrons with Surfaces: Application to Auger–Electron Spectroscopy and X–Ray Photoelectron Spectroscopy." *Surface Science* 299/300 (1994): 34–48.

Riviere, J. C. *Surface Analytical Techniques.* Oxford: Clarendon, 1990.

◆微量分析機
➡ マイクロアナライザー【電子線】

◆ヒルガー・スペッカー吸光光度計
➡ 吸光光度計【ヒルガー・スペッカー式】

◆疲労試験装置

Fatigue Testing Instruments

疲労とは，一度だけなら破損を起こすには至らない応力が構造物にくり返し加わることで生じる損傷である．この現象は1843年，後のグラスゴー大学工学教授 W. ランキン（William John Macquorn Rankine, 1820–1872）によって叙述され，1854年に J. ブレイスウェイト（John Braithwaite, 1797–1870）によって「疲労」と名づけられた．1917年，B. P. ヘイグ（Bernard Parker Haigh, 1884–1941）は，それと関連する現象で現在「腐食疲労」の名で知られるものを確認した．すなわち金属は，異なる応力を連続的に交互にかけられると同時に腐食作用を受けると，負荷抵抗が減少するのである．

1850年，当時イギリスのバーミンガムに本拠を置いていた機械工学会が，錬鉄の鉄道車軸の劣化に関する一連の討論会を開いた．A. スレイト（Archibald Slate, 1815–1860）は疲労試験機械なるものを説明した．

その機械は1平方インチの棒に絶えず5tの荷重を加え，さらに逆向きの2.5tの荷重を毎分最高で90回加えた．これは鉄道を90年間運行するのに等しかった．スレイトは，鉄に対する有害な影響を何ひとつ見出さなかったので，負荷抵抗の減少は材料の弾性限界を超えた場合にかぎって起こる，という考えを変えなかった．にもかかわらず，これらの限界に合わせて設計された車軸は壊れ続けた．

疲労に関する最初の包括的な調査は，1860年から1870年にかけてドイツの鉄道職員A. ヴェーラー（August Wöhler, 1819-1914）によって実施された．彼は調整された試料に対して，曲げ，引張り，軸方向の諸荷重の反復耐力試験を行った．彼の機械は速度が遅かったが，材料の疲労限度［応力くり返しをいくら行っても疲労破壊が生じない応力の最大値］は，極限の引張り強さのある割合になっているという彼の結論は，いまでも通用する．

ヴェーラーの名は，彼の回転カンチレバー試験片に残っている．これは試験片の一端をつかみ具で締め，もう一端に，ボールレース［ボールベアリングのボールを挟む軌道輪］を介して死荷重をかけるものだった（ヴェーラーの1858年当時の機械に使われていたのは，バネと，滑車の左右に同様のカンチレバーを2つ並べたリングベアリングだった）．現在，ヴェーラーの試験片の形状は国際的な工業規格で定められ，強い応力が一点に集中するのを避けるため，横断面を見たとき，なだらかな丸みが十分につけられるようになっている．カンチレバーのついた試験片は回転されるので，どの部分にも張力と圧縮力が交互に加えられる．

1890年にJ. ソンデリッカー（Jerome Sondericker）が発表した回転梁試験片は，両端に支えがあり，中心から等距離の2点に垂直に荷重が加えられた．これが試験片の中央に均一な曲げモーメントを与え，カンチレバー法に見られるせん断応力［物体を横方向に変形させる力］の発生を防いだ．試料の中央は，応力が集中する部分の破損を防ぐために小さくされ，支えは試料の軸と直交する水平軸を支点にして回転させられる．

ワイヤーの横断面は均一なので，回転梁試験は「つかみ」の部分が最も割れやすい．この難点は，ヘイグとT. S. ロバートソン（Thomas S. Robertson）が1932年に特許をとった機械によって克服された．その機械では，試験片が支えの1つとして曲げられるため，支えと支えの真ん中で曲げモーメントが最大になる．この機械は1日あたり約1,500万回で作動した．アメリカのボールドウィン機関車製作所のサザック事業部用につくられたムーア（R. R. Moore）の逆曲げ疲労試験機は，円筒形の試料に，横のせん断力を取り除いた純粋な曲げモーメントを毎分1万2,000回の速度で加えた．

1850年のバーミンガム討論でJ. ラムズボトム（John Ramsbottom, 1814-1897）が力説したのは，列車の車軸はいつも車輪台座の内側の縁のところで折れるから，全体の設計を考慮すべきだということである．後に立証されたように，破損の可能性を見きわめる際，構成要素の形と配置は，慎重に調整された試料の疲労限度よりも重要になりうるのだった．

20世紀の初頭には，一定のたわみや一定の振幅に基づく直接的な応力機械が，何点か開発された．単純なモデルは，調整された試料に限定されており，曲げ，軸方向，

ねじりの諸荷重によってその試料に単純な変形作用を引き起こした．単純な曲げの例には，1934年のクラウス（G. N. Krouse）による固定カンチレバー定振幅疲労試験機，エイヴリー社の逆曲げ試験機，1940年にソンタッグ・サイエンティフィック社が設計した慣性たわみ試験機も含まれる．

軸方向の荷重は，引張りと圧縮の両方とも，ソンタッグ機に別の備品を取り付けることによって加えることができる．他の軸方向荷重機には，例えば次のようなものがある．1925年のジャスパー社の定変形バネ型機．試料が2つの電磁石の間で前後に動かされる，1926年のヘイグの機械．モーター駆動の不均衡な回転質量から生じたコイルバネの振動で作動する，エイヴリー社の1954年のパルセイター．1960年にローゼンハウセン社が製作し，毎分最大600回のサイクル数で振動を起こす石油ポンプから加わる50tの動荷重領域をもつ油圧式機械など．

ねじれ疲労は，例えばムーア（H. F. Moore）による1934年の一定ゆがみねじれ疲労機や，試験片を固定子の中に入れ，内部の歯状回転子を回転させることでねじれ振動を発生させるバイブローターなど，数多くの精巧な機械で調査されている．

1934年，イギリスの国立物理学研究所は，とりわけクランク軸に見出されるねじれ-曲げ疲労を試験するために，機械仕掛けの模擬実験装置を開発した．試験片は，レバーに関連して回転させることができ，そのレバーを通じて交互の荷重が加えられる．レバーが試験片と一直線になっていないとき，曲げとねじれの組み合わさった力がかかり，ねじれの力はレバーと試験片がなす角度の正弦に比例して増大する．

絶えず変動する内圧と軸方向の応力を受

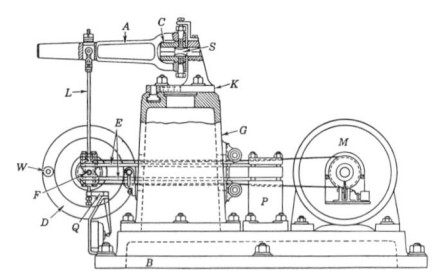

イギリス国立物理学研究所で開発された，ねじれ-曲げ結合疲労試験機．Handbook of Experimental Stress Analysis, edited by Miklos Hetényi. New York：Wiley, 1950：57, Figure 2-27．実験機械工協会提供．

けている管状試料に見られるように，二軸の反復引張り応力もまた機械で模倣されたが，1930年代にその種の機器構成に可能だった最高速度は毎分200回転だった．この限界は，1940年，信頼性の高い電磁共振周波数振動器によって突破された．アムスラー社の1959年のバイブロフォンの場合，荷重は試料に荷重列を加えた固有振動数で与えられ，荷重の振幅は電磁石内の激しい流動の作用である．振動数の変化は，荷重列の質量の変化によってなし遂げられる．

共振機械は，同時代の機械駆動の機械よりも高い振動数で作動した．1970年代，前者は最大で450 kN，後者は最大1,000 kNの荷重容量をもっていた．

1960年代以降はサーボ制御の機械が，動力学的荷重のより融通のきく模倣法を提供した．この場合，荷重（または変位あるいはひずみ）測定装置は差動増幅器を使い，制御された変数をあらわすコマンド入力信号と比較される．次に差動増幅器からの出力が，機械の作動装置を制御するサーボバルブを動かす．したがって，機械をコマンドに従って応答させることのできる制御

ループが存在するのである．ブロックプログラムと一定振幅の試験ばかりか，選ばれた活動の荷重の沿革や無作為な荷重も，そのような機械で管理できる．

1930年代から，箱形桁，航空機のエンジンマウント，機関車の駆動軸には特別な試験装置が使われてきた．1950年代から，飛行中のキャビンの圧力変化と翼の屈曲の模擬試験装置で，完成品の機体が壊れるまで試験されている．1980年代からは，信頼のおける高速作動装置とデジタル式サーボ油圧制御装置のおかげで，遠く離れた現場の実際の状態の記録から，試験走行中の車や工業設備に加わる荷重をシミュレートできるようになっている．このようなシステムは「デジタル的に統合された試験所」として奨励された．

車輪叩き，すなわち使用中の製品の部品のための最も一般的な非破壊検査も，鉄道に関する1850年のバーミンガム討議から生まれた．ハンマーの鋭い衝撃が振動を生み，疲労が引き起こした目に見えない亀裂によるどんな振動も，音の違いによって探知される．

[Robert C. McWilliam／忠平美幸 訳]

■文　献

Gough, Herbert J., and H. V. Pollard. "The Strength of Metals under Combined Alternating Stresses." *Proceedings of the Institution of Mechanical Engineers* 131 (1935) : 3-103.

Lazan, B. J. "Some Mechanical Properties of Plastics and Metals under Sustained Vibrations." *Transactions of the American Society of Mechanical Engineers* 65 (1943) : 87-104.

Moore, H. F., and J. B. Kommers. *The Fatigue of Metals*. New York : McGraw-Hill, 1927.

Peterson, R. E. "Fatigue Tests of Large Specimens." *Proceedings of the American Society for Testing and Materials* 29, part 2 (1929) : 371-379.

Timoshenko, Stephen P. *History of the Strength of Materials*. New York : McGraw-Hill, 1953. Reprint. New York : Dover, 1982 [最上武雄監訳，川口昌宏訳：『材料力学史』，鹿島研究所出版会，1974年].

ふ

◆ファン・スライケ気体計量機
→ 気体計量機【ファン・スライケ式】

◆風速計

Anemometer

　近代初期の自然哲学者にとってとらえにくい概念であった気温，気圧，湿度と比べれば，風速は単純な量に思われる．にもかかわらず，風速計（[英語の]アネモメーター（anemometer）はギリシャ語の「風（*anemos*）」と「測定（*metron*）」の合成語）によるその測定は非常に難しく，意外なほど機械学上の工夫を必要とした．ほぼ無数にある多様な風速計のデザインは2つのカテゴリーに分けられる．風圧型風速計では，風の動的な圧力が何らかの障害物に作用し，指示器を動かす．一方，回転型の風速計では，風車の回転速度が風速にほぼ比例すると仮定されている．
　風速計の発明はしばしばレオナルド・ダ・ヴィンチ（Leonardo da Vinci, 1452-1519）の功績とされるが，この装置はL. B. アルベルティ（Leon Battista Alberti, 1404-1472）によってレオナルドが生まれた1450年頃に記述されている．小さな板が斜めの弧に沿って揺れるこの初歩的な風圧型風速計は，風の中で揺れる看板を見て着想を得たものかもしれない．この板は1枚の風見によって風上に向けられた．R. フック（Robert Hooke, 1635-1703）は1660年頃，「気象誌（history of weather）」を充実させる計画のために，揺動板風速計を製作した．
　サントリオ（Santorio Santorio, 1561-1636）は1625年に，板が風に対して垂直に保持される垂直板風速計について記述している．17世紀および18世紀には，垂直板風速計のためにさまざまな連動機構と抵抗源（揺動板風速計では重力が抵抗の役割を果たした）が開発された．おもり，液柱，均力車（円錐滑車），鎖天秤，滑車などである．1837年にF. オスラー（Follett Osler）が設計した垂直板風速計では板がバネに押しつけられていたが，これは気象観測所における日常的な使用に十分な耐久性と低価格を実現した最初の装置の1つであった．王立グリニッジ天文台ではオスラー風速計が1841年から20世紀に至るまで連続稼働しており，第一次世界大戦中には手持ちの垂直板風速計が利用された．
　18世紀にP. D. ユエ（Pierre Daniel Huet, 1630-1721）とS. ヘイルズ（Stephen Hales, 1677-1761）が風圧管型風速計を作製しているが，気象用途に適した最初のものは，1775年にエディンバラの医師J. リンド（James Lind, 1716-1794）によってつ

くられた.この風圧管型風速計は,両端の開いたU字型の管に水を満たしてある.風が真鍮製のL字管を経てU字管の一方に吹き込むと,反対側の水面が目盛板に対して上昇する.リンドの装置はそれほど感度の高いものではなく,水柱を10分の1インチ(約2.54 mm)変位させるためにおよそ16ノット(約8.7 m/秒)の風を必要とした.1858年にW. S. ハリス(W. Snow Harris, 1791-1867)は,U字管の目盛り側の径をもとの4分の1にし,四角く曲げた細管に置き換えた.この改良で,風にさらされる側の水の動きは16倍に拡大された.

風圧管型風速計の1つの重要な改良が,1890年頃イギリスのアマチュア気象学者W. H. ダインズ(William Henry Dines, 1855-1927)の手でなされた.ダインズの装置はこの世紀のより早い時期にアメリカでなされた研究に基づくもので,風が煙突状の管の開口部を通過することによって管内に生ずる吸引力を測定した.ダインズの風速計では,(風の入り口である)管の頭頂部に通じるパイプは[二重の円筒からなり,断面が]環状で,外側の円筒に開けられた多数の小孔が[2つの円筒の間にできた]この環状の空間に通じている.これらの小孔を通過する風の流れは,風速の二乗に比例する吸引力を生じる.内側のパイプは,密閉された容器内の水に浮かべられた浮子の下側の空洞まで導かれ,風圧が浮子を上昇させようとする.一方吸引力は,外側のパイプから浮子の上部の空間へと導かれる[その結果,浮子はこれらの圧力差で浮上する].浮子内部の空洞の形状は,浮子の行程容積が,平衡状態から浮上した距離の平方に応じて変化するようにつくられている.こうして装置の目盛りは線形に[すなわち,浮上する高さが風速に比例するよ

うに]なっている.ダインズ風速計には潤滑などの注意を要する可動部分がない上,露出部分を測風柱上の高い位置に据えつけた場合でも,パイプで接続することにより都合のよい場所に記録装置を設置することができる.その一方で,記録される変動が多いため(毎分20回にも及ぶ),自由大気の平均的な状況についてそこから何らかの結論を引き出すのは難しかった.ダインズ風速計はいまでも用いられている.

最初の回転式ないし風車型風速計は,おそらく1672年頃にフックによって発明された.風車の回転は,それぞれ百回転,千回転…するごとに一周するよう連動した歯車に伝えられた.これらの歯車上の穴開け器が風車の回転数を記録し,所定の時間内に記された刻印の数によって風速が見積もられた.18世紀および19世紀初頭にいくつかの風車型風速計が設計されたが,これには軸が垂直のものと水平のものがあった.

風杯型風速計はアイルランドの天文学者T. R. ロビンソン(Thomas Romney Robinson, 1792-1882)によって1846年に発明された.この装置は長年にわたって堅実に動作し,相当な動力を生み出し,風に対して比較的ゆっくりと動き,風杯の慣性のおかげで突風や風速の変化に過敏になることがなかった.その上,この装置は風向に合わせるための風見を必要とせず,複製が容易であった.この世紀を通じて多くの型の風杯型風速計が登場した.この発明が電磁気学の応用が始まった時期に重なっていたため,この装置には,所定の回転数ごとに電気回路を閉じ,電磁石によって記録紙に印を残すような改良が施された.

いずれの風速計も較正は容易ではない.ロビンソンは彼の装置を荷台に乗せて,風

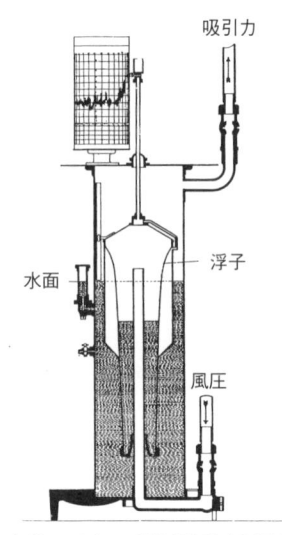

1890年代のダインズ風圧管型自記風速計の浮子と記録ドラム．William Henry Dines Collected Scientific Papers, London：Royal Meteorological Society, 1931：11．王立気象学協会提供．

杯の回転［速度］が風速の3分の1であることを見出した．後の研究は，この単純な関係が信頼のおけるものではないことを明らかにした．事実，いわゆる「風速計定数（anemometer constant）」すなわち風杯の回転速度と風速の比は，風速や突風はもちろん，風杯やそれらを支える十字型のアームの寸法によっても変化する．正確な比は，装置の型ごとに実験によって決定する必要があった．風杯型風速計は，風杯とアームの慣性のため，風に変動があると高めの風速値を記録する．

種類の異なる風速計は本質的に異なる風速値を与える．すでに述べた困難を別にしても，風圧板型風速計と風圧管型風速計が測定しているのは，（風速というより）風圧であり，それは，装置が用いる障害物や，空気の密度，さらには風で運ばれる雨の量によっても変わる．最後に立地の問題がある．風にさらされるどのような平面も局所的な渦を生み出し，装置の向きが数度違うだけで，記録にかなりの影響を及ぼしかねない．装置はどうしても地表近くに設置されるが，地表付近の大気の層は，障害物や空気と地面そのものの摩擦のために，風速の測定にとって理想的とはいえない．たとえ風速計が，平坦で開けた場所につくられた囲いのない鉄塔に設置されている場合であっても，離れた場所の地勢が示度に影響するであろう．

[Theodore S. Feldman／羽片俊夫 訳]

■文　献

Middleton, W. E. Knowles. *Invention of the Meteorological Instruments*. Baltimore：Johns Hopkins University Press, 1969.

Shaw, William Napier. *Manual of Meteorology*. Vol. 1. Cambridge：Cambridge University Press, 1926.

Turner, Anthony J. *Early Scientific Instruments：Europe 1400-1800*. London：Philip Wilson for Sotheby's, 1987.

◆フォトンカウンター

Photon Counter

放射に関するやや古典的なモデルによると，光は波と結びつけて考えられる運動でもって伝播するが，粒子の流れとして放出され検出される．すなわち光は波と粒子の二重性を有しているのである．光電効果において光源物質の表面から個々の電子の放出が観察される．こうした電子のエネルギーを分析することによって，A. アインシュタイン（Albert Einstein, 1879-1955）は，1905年に次のように仮定した．光は

光子と呼ばれる単位に量子化され，そのエネルギーは $E=h\nu$（h はプランク定数（$\approx 6.63\times 10^{-34}$ J.s)) という公式によって，それに相当する古典的な波 ν の周期と関連している，と仮定した．しきい値となる周波数（ν_0）があり，それ以下では電子は放出されない．光電効果それ自身では，電磁場を量子化する決定的な証拠とはならないということがいまでは知られている．しかしながらこの量子化には別の強力な経験的証拠があり，光子自身や光子と物質との相互作用の研究は量子光学と呼ばれている．

実用的なフォトンカウンター（光量子計数装置）が実際に数える光電子は，光線が検出器に達することから生じる．そのカウンターには普通 2 つの特性があり，それによって個々の光子を検出することができる．高い量子的な効率での第一次的な検知の段階では，アウトプットは高エネルギー状態にある電子である．増幅状態は，この一時的な電子の発生を，計数回路によって不分明にならないように計測することを可能にする．

光電子増倍管の光電陰極は（Na_2KSbCs のような），アルカリ金属の合成物からできている．ある光電子が放たれると，それは最初のダイノードへと加速させられ，そのダイノードでその光電子はいくつかの電子を放ち，この連続的な過程がダイノードの連鎖にそって続いており，陰極で大きなパルスを生み出すのである．画像フォトンカウンターでは直径 $10\mu m$ の空洞のマイクロチャンネルが光電子増倍管のそれと同様の機能を果たす．アバランシェフォトダイオードのような個体検出器では，電子は価電子帯から伝導帯へと高められ，それゆえ電流が検出されるようになるのである．

光量子計数装置は空間的に統合する部分と，空間的に解像する部分（すなわち nonimaging もしくは imaging），光電子増倍管とアバランシェフォトダイオードは単に集積装置であり，その感度の高い部分は 1 m^2 の部分から数 cm^2 になった．検出された光子のそれぞれは，（光電子増倍管の中で）数 ns 持続する電流のパルスを与えるので，1 秒間に 10^8 を超える割合で数えることが可能となった．典型的な光電子増倍管を使った光量子計数装置をなしているのは，高電圧供給，光電子増倍管（おそらく暗電流を減らすための冷却器の中にある），前置増幅器，選別器，コンピューターに接続された電子カウンターである．

空間解像フォトンカウンターは光子が到達する時間だけでなく，その位置も記録する．最初に広く使用された装置をつくったのは，1972 年，グリニッジ天文台台長であった A. ボクセンベルグ（Alec Boksenberg）であり，それは天文学用であった．そこでは 4 段画像増幅器の出力リン光体は，プランビコン撮像管に映し出され，電子回路が 1 つの光子の発生を知るために使われた．このやり方にはいくつかのタイプがあるものの，すべて，ある種の増幅器と位置感受型の読取りスキームを使用している．このような装置は光電子増倍管に基づいただけのものに比べると比較的高価である．今日の電荷結合素子（CCD）には，数個の電子が並んだそれぞれの画素に関連した読取りノイズがあるので，本来はフォトンカウンターということはできない．

フォトンカウンターのスペクトル感度は，主要な放射線ステージの感度によって決まる．光電子増倍管内の光電陰極は，青から緑にだけ反応する（S 11）か，赤にだけ反応する（S 20）か，あるいは感度の高い素材としてヒ化ガリウムを使って，近赤

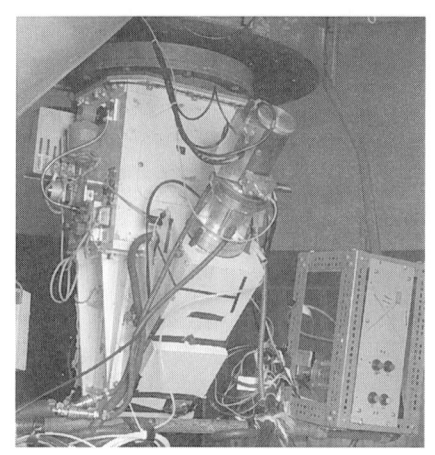

画像光量子計数装置（望遠鏡の前面部）（1980年）．国立グリニッジ天文台提供．

外線に反応するものもある．シリコンは光電陰極の素材よりもかなり高い量子効率をもっており，アバランシェフォトダイオード・フォトンカウンターで使われている．

理想的なフォトンカウンターなら，衝突したすべての光子の時間，位置，偏光，周波数を測定するであろう．可視光線のための現在の装置が測定するのは，せいぜい，時間では数 ns，位置ではおよそ 20% の量子効率で，数 μm である．半導体を使った装置が今後発達すれば，光子のエネルギーも高い量子効率で測定できるようになるかもしれない．[John C. Dainty／成瀬尚志 訳]

■文 献

Boksenberg, A., and D. E. Burgess. "An Image Photon Counting System for Optical Astronomy." *Advances in Electronics and Electron Physics* 33 B (1972): 835–849.

Csorba, I. P. *Image Tubes*. Indianapolis, Ind.: H. W. Sams, 1985.

Einstein, A. "Über einen die Erzeugung und Verwandlung de Lichtes betreffenden heuistischen Gesichtspunkt." *Annalen der Physik* 17 (1905): 132.

Mandel, L. "The Case for and against Semiclassical Radiation Theory." *Progress in Optics*. 13 (1976): 27–68.

◆伏 角 計

Dip Circle

伏角計は，地上近くにつるされた磁針によって水平線となす角度を測定するものである．それはまたディップ・ニードルあるいは傾斜計としても知られている．

1544 年に G. ハルトマン（George Hartmann）は，北の方向を向く磁気を帯びた針が北半球では地面に向かって垂れることに気づいた．ハルトマンはこの垂れ下がりを磁針の重さをつり合わせることで取り除こうとした．イギリスの海事測量家で器具製作職人であった R. ノーマン（Robert Norman）は，広範な伏角の測定を提唱し，この地磁気現象について知られるかぎり最初の体系的な実験研究を遂行した．他の 16 世紀の航海者と器具製作職人も，磁針の伏角について記録した可能性はある．『新しい引力（*The Newe Attractiue*）』（1581 年）においてノーマンは，重心を通る水平軸によって支えられる 6 インチ（約 15 cm）の長さの磁化された鋼鉄の針と，垂直方向の目盛られた円からなる装置について記している．軸の尖った先端は，空のガラス容器に置かれており，磁気子午線内，すなわち天頂と磁北極からなる平面内を回転した．ハルトマンの測定した 9° という伏角はバイエルンの位置としては小さすぎるが，ノーマンの 72° という値はロンドンにしては大きすぎる．伏角を測定する困難については，その後数世紀にわたってしばしば語られることになる．

伏角計についての記述は，次に W. ギルバート（William Gilbert, 1544-1603）の『磁石について（De Magnete）』（1600 年）において登場する．ギルバートの伏角計は，青銅の枠に空けられた穴を通る鋼のワイヤーを軸としており，つくりは粗雑であった．ギルバートは伏角が緯度を表示するのに利用できると示唆したが，軸受けにおける摩擦により正確な測定はできなかった．器具製作職人はその後 300 年間にわたって，この摩擦をなるべく小さくするようにさまざまな手段を講じた．彼らは軸受けの針やカップを，金の合金，鐘青銅（銅 3，スズ 1 の比でつくられる合金），宝石などで内張りした．19 世紀と 20 世紀初頭のシステムは，ナイフエッジを針につけ，それらをめのうの板に取り付けるものであった．

伏角計には他の問題もあった．針の重心は針の回転軸になかなか一致しなかった．さらに軸が目盛られた円の中心上にあることの確認も困難であった．最初の問題は 18 世紀半ばに T. マイヤー（Tobias Mayer, 1723-1762）によって指摘されたが，彼はわざと重心を回転軸から離した．第二の問題の解決は，さまざまな設計上，観測上の工夫からなっている．観測に際しては，針の両端を読み，針を逆にして再び両端を読み，その上で平均をとるという方法がとられた．最後の問題は空気の針への影響で，それは針と円環をガラスと木ないし青銅の箱で覆うことで軽減された．

研究に伏角計が多用され始めるのは，18 世紀になってからのことである．J. C. ヴィルケ（Johan Carl Wilke）は 1768 年に等伏角線図を出版した．J.-C. ボルダ（Jean-Charles Borda, 1733-1799），E. P. ド・ロッセル（E. P. de Rossel），A. フォン・フンボルト（Alexander von Humboldt, 1769-1859）らは，磁気子午線の中で伏角計の針を振動させることで，磁気力を測定する方法を導入した．J. C. ロス（James Clark Ross, 1800-1862）は，1831 年に磁北極の位置を定めるのに伏角計を使った．

18 世紀には伏角計は広く利用されるようになった．ロンドンの E. ネルン（Edward Nairne, 1726-1806）は 1765 年に，マホガニー製のケースをつけた青銅製の装置をハーバード大学に対して 18 ポンド 3 シリングで販売している．パリの É. ルノワール（Étienne Lenoir, 1744-1832）は，C. クーロン（Charles Coulomb, 1736-1806）と J.-B. ビオ（Jean-Baptiste Biot, 1774-1862）のために装置を生産した．H.-P. ガンベイ（Henri-Prudence Gambey, 1787-1847）は 1820 年代初頭に，広く利用される伏角計を生産した．

それまでは装置の設計の改良が次々になされていたが，1830 年代以降の地磁気測量の広がりに伴い，比較的少数の標準設計の装置が普及し販売されるようになった．新しい磁気装置の製造業者の中には，ゲッティンゲンの M. メイヤーシュタイン（Moritz Meyerstein），カッセルの F. W. ブライトハウプト（Friedrich Wilhelm Breithaupt），アイルランドの T. グラッブ（Thomas Grubb）らがいた．R. W. フォックス（Robert Were Fox, 1789-1877）は地上と海上の探険に適した頑丈な伏角計を設計した．それは 1844 年に 26 ポンド 2 シリングの価格でファルマスのミスタージョージの器具ショップから発売された．H. バロウ（Henry Barrow）による別の設計は，少し安く 25 ポンドで販売されたが，精巧にはでき上がっていなかった．3 番目の設計であるキュー・パターン伏角計は，ジョン・

ドーバーのショップで製作された.

最後の設計上の技術革新は,カーネギー・ワシントン研究所の地磁気部においてなされた.その1911年のいわゆる「普遍磁気計(universal magnetometer)」は,伏角計を含むものであった.その名称は伏角計のケースの中に一本線の磁力計を収容させていることに由来しており,それによって軽量で精巧な測定用計器になっていた.

伏角計は採掘や試掘にも長く利用されてきたが,その歴史的詳細は不明である.試掘用の伏角計は20世紀になって,W・アンド・L・E・ガーリー社,コイフェル・アンド・エッセー社,オイゲネ・ディーツゲン社などで製造された.プロシア地磁気観測所の所長であるA. シュミット(Adolf Schmidt, 1860-1944)は,1915年頃に伏角の変位と地磁気の垂直成分を調査するために「垂直秤」を開発した.シュミットの装置は,ホッチキス(W. O. Hotchkiss, 1878-1954)によって1929年に特許がとられた「ホッチキス・スーパーディップ」と同様に,鉱山の試掘に便利であった.

これらの装置は伏角器の設計の頂点に位置づけられるが,新しい磁気の傾斜を決定する方法が開発されつつあった.そのうち最も重要なものが,地磁気場の方向を計測するための,回転コイルと電流計を使った零位法磁気誘導コンパスであった.この計測器は,第一次世界大戦中に観測所や測量現場で利用された.磁気誘導コンパス以降,そのような電気式・電子式計測装置が登場するようになり,磁針からなる伏角計は本質的に時代遅れになっていく.実際,一般的に伏角自体が直接は計測されないようになり,磁気の水平方向の強さと垂直あるいは全体の強さの測定から計算するのが一般

ネルンとブランによる伏角計(1775年頃).SM 1900-129. SSPL 提供.

的方法になっていく.

[Gregory A. Good／橋本毅彦 訳]

■文 献

Crichton Mitchell, A. "Chapters in the History of Terrestrial Magnetism. Chapter III : The Discovery of the Magnetic Inclination." *Terrestrial Magnetism and Atmospheric Electricity* 44 (1939) : 77-80.

Forbes, A. J. "General Instrumentation." In *Geomagnetism*, edited by J. A. Jacobs, Vol. 1, 51-142. London : Academic, 1987.

McConnell, Anita. *Geomagnetic Instruments before 1900 : An Illustrated Account of Their Construction and Use.* London : Harriet Wynter, 1980.

Multhauf, Robert P., and Gregory A. Good. *A Brief History of Geomagnetism and a Catalog of the Collections of the National Museum of American History*, Smithsonian Studies in History and Technology 48. Washington, D. C. : Smithsonian Institution Press, 1987.

Parkinson, W. D. "Geomagnetic Instruments." In *Sciences of the Earth : An Encyclopedia of Events, People, and Phenomena*, edited by Gregory A. Good. New York : Garland, 1997.

◆ブッシュの微分解析機
→ 微分解析機【ブッシュ式】

◆沸点気圧計
→ ヒプソメーター

◆プラニメーター

Planimeter

プラニメーター（面積計）は，閉じた曲線で囲まれた面積を機械的に測定する．19世紀末に広く売れた，数学的演算を実行するためのいくつかの装置のうちの1つである．科学者や技術者は，しだいに計算尺や利用可能になったばかりの商用加算器・計算機を使って計算するようになり，積分をするのにはプラニメーターを使用した．

18世紀末，測量技師たちは，不規則な形の土地区画や地図上の同じように閉じた曲線の面積を，三角形や台形に分割し合計することによって推計した．この手順は時間がかかり，しかもあまり正確なものではなかった．ヨーロッパのさまざまな国の発明家が改良を提案した．1814年にバイエルンのJ.ヘルマン（Johannes M. Hermann），1825年にフィレンツェのT.ゴネラ（Tito Gonnella），1826年にスイスのJ.オピコファー（Johannes Oppikofer）は，それぞれ独立にプラニメーターを提案した．それらのプラニメーターでは，測針（トレーサー）につながれ，円錐の側に接して転がる円盤の回転によって，測針がなぞった空間の面積が与えられる．オッピコファーの装置は1836年頃からエルンスト（Ernst）によってパリで製造された．スイスの技術者C.ウェトリ（Caspar Wetli）とオーストリアの機器製造業者C.シュタルケ（Charles Starke）は，1849年にオーストリアで，歯車と円錐が円盤と歯車の機構に置き換えられるという機器の重要な改良の特許をとった．シュタルケは1850年代初めにこれらの器具をいくつか製造した．1851年にスコットランドの土地測量技師J.サング（John Sang, 1809-1887）は，ロンドンの万国博覧会で改良された歯車・円錐プラニメーターを出品する．サングの「プラトメーター」は，積分装置へのスコットランドの関心の始まりを示している．その刺激を受け，物理学者のJ.C.マックスウェル（James Clerk Maxwell, 1831-1879）は1855年に改良した器具を提案し，技術者のJ.トムソン（James Thomson, 1822-1892）とその弟で物理学者のW.トムソン（William Thomson, 1824-1907）は風と潮汐の研究に関連してより精巧な調和解析機を考案した．

マックスウェルは，改良されたプラトメーターに関する論文の脚注で，関連する器具である極式プラニメーターの説明を思いついたと述べている．「その単純さと作動原理の美しさは，実践的であろうと理論的であろうと，それを技術者や機械工が注目するに値するものにしている」と信じた．器具発明家のJ.アムスラー（Jakob Amsler, 1823-1912）は1848年にケーニヒスベルクで数学の博士号を得，チューリッヒで教育職を始める前，ジュネーブ天文台で1年間働いた．1851年，スイスのシャフハ

ウゼンという都市のギムナジウムで職を得た．3年後，精密な数学機器，特にプラニメーターに関心を向けるようになる．アムスラーは，それ以前の円錐や回転する円盤の複雑な配置を2つの軸となる金属製の棒に取って代えた．一方の棒の先端の一方には測針をつけ，もう一方の棒の先端は固定した極として働く．頂点の近くで測棒（トレーサー・アーム）に取り付けられた測定用歯車は，その棒の方向に平行した動きを記録する．棒のそれ以外の動きは，測針が閉じた曲線のまわりを動くとき，プラニメーターによってなぞられた面積に正味の寄与をしない角変化である．実際，極棒は円弧に沿って動く．いくつかの場合には，この弧は完全な円であり，この円の面積は測られる面積に含まれる．

アムスラーのプラニメーターは小さく頑丈で，使いやすく，評判もよかった．1856年までに，彼の代理業者には，パリのルルブール＆スクレタン，フィラデルフィアのアムスラー＆ヴィルツ，ミュンヘンのエルテル＆ゾーン，ロンドンのエリオットがあった．1857年からアムスラーは，精密器具製作に専念する．彼の死亡時，その事業は50,000個の極式プラニメーターと700個のより複雑なモーメント・プラニメーターを製造していた．アムスラーの設計に改良を加えようとする者もいた．1880年代初頭，チューリッヒのG.コラディ（Gottlieb Coradi）は「精密円盤」プラニメーターを売り始めた．この極式プラニメーターでは，記録用歯車は曲線が引かれた紙の上にある滑らかな円盤上で動くので，粗く平坦でない紙に書かれた空間の面積を正確に測ることが可能になる．1894年，ラング（O. Lang）は，プラニメーターの記録用歯車の軸が測棒に完全には平行でないことに気づいた．彼は，コラディによってつくられ，対象となる空間を囲んでいる曲線が時計回りにも反時計回りにもなぞられる，新しい形態のプラニメーターを説明した．これには，測棒が極の互い違いの側に置かれる必要があった．そのような「補正」極式プラニメーターでは，極棒は測棒よりも上にあり，測棒の可動台部で球状の継ぎ目になる交点に鋼球がついている．

極式プラニメーターは大きさによってその利用が限定される．測られる面積は，極棒に中心を置き，両方の棒の長さの合計に等しい半径をもった円内になければならない．このことから，この器具は長く狭い面積を測るのには適さない．こうした場合，小さな部分に分割し，その面積を測り，合計することはできる．1880年代末から，コラディはこの目的で別の機器を販売した．この回転プラニメーターでは，測針の一方の先端は直線に動くが（極式プラニメーターでは，交点近くの測棒の先端は円に動く）が，もう一方の先端は曲線を描く．この器具が直線に動くことを保証するために，滑るのを防ぐように少しでこぼこになった外輪をもつ2つの重い歯車で回転する．歯車は，枠に据えられた重い車軸によって互いに堅く結びつけられていた．そのような精密さを求めると価格が高くなる．例えば，1909年に，アメリカのコイフェル・アンド・エッセ社は，アムスラー型の極式プラニメーターを28ドルで売りに出していたが，コラディの精密円盤プラニメーターは85ドルで，回転プラニメーターは，測棒の長さによって82.5ドルから95ドルで販売した．

その名前が示すように，はじめプラニメーターは土地の平面を測る手段として構想された．19世紀の間に，蒸気機関のイ

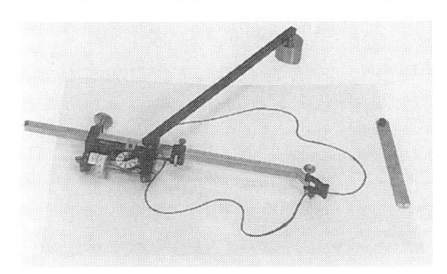

1914年にチューリッヒのコラディによってつくられ，アメリカのコイフェル・アンド・エッセーという会社で販売された補正極式プラニメーター．上が極と極棒，下が可調節測棒，右が試験定規．NMAH Neg 73-1251, NMAH 提供．

ンジケーター・ダイヤグラムは，しっかりと守られた業界の秘密から工学の教科書で教えられる標準的な道具へと変化した．アムスラー式プラニメーターは，蒸気機関で使用するために，目盛りを修正して売られた．19世紀末から20世紀初頭にかけて，E. ウィリス（Edward J. Willis）や A. リッピンコット（Alpheus C. Lippincott）のようなアメリカの発明家は，特にインジケーター・ダイヤグラムを読むための極式プラニメーターを設計した．同じ目的をもっていたが，まっすぐな溝に沿って動くようになっている極棒をもつように設計されたプラニメーターは，スイスのコラディの会社によって販売され，蒸気機関用計器製造業者に売るためにアメリカのJ. コッフィン（John Coffin）によって設計された．

20世紀において，プラニメーターは，測量技師や技術者ばかりでなく，閉じた曲線で囲まれた面積の測定を必要とする科学者や医療技師や造船技師によって広く使われてきた．アムスラー，オット，コラディといった会社は，定められた境界線の間で1本の曲線の下の面積を得ること（積分器），1本の曲線の積分をあらわす直線を引くこと（積分器），かつ/あるいはフーリエ展開によって1本の曲線をあらわすように積分をすること（調和解析機）を目的とした，別のアナログ式器具を製造した．これらの機器は微分解析機の先駆である．20世紀後半には，それらはほとんどがデジタル式電子器具に取って代わられた．

[**Peggy Aldrich Kidwell**／柿原　泰訳]

■文献

Henrici, O. "Calculating Machines." In *Encyclopaedia Britannica*, Vol. 4, 972–981. 11th ed. Cambridge：Cambridge University Press, 1910.

Horsburgh, E. M., ed. *Handbook of the Napier Tercentenary Celebration；or, Modern Instruments and Methods of Calculation*, Edinburgh：Lothian, 1914.

Lopshits, A. M. *Computation of Areas of Oriented Figures*. Translated by J. Massalski, and Coley Mills, Jr. Boston：D. C. Heath, 1963, pp. 22–32.

Maxwell, J. C. "Description of a New Form of the Platometer." *Transactions of the Royal Scottish Society of Arts* 4（1856）：429.

◆プラネタリウム

Planetarium

プラネタリウムは太陽と諸惑星の相対的な運動と位置を説明する．20世紀の後半には，プラネタリウムという用語はしばしば，今世紀初頭にドイツのイエナにあるカール・ツァイス社によって開発された，丸屋根の劇場の中で投影機とともに用いられる光学システムを指す．最近の技術革新は他の投影システムおよび「コンピューター」技術の応用を含む．しかしプラネタリウムという用語は，1781年にオランダのフラネケルのE. アイジンガ（Eise Eisinga）によって完成されたルームサイズのプラネタ

リウムから，多くの博物館コレクションにおいて見られる卓上型のものまでの機械的模型を記述するのにも用いられる．

古代の著述家たちによる，惑星の運動を示すために立案された器具へのさまざまな言及が存在する．キケロ（Cicero，紀元前106-43）は，アルキメデス（Archimedes，紀元前287？-212）を，プラネタリウム［太陽系儀］の構造に捧げられた力学の分科の創始者とみなした一方，ティマイオスのいくつかの文章は，プラトンのアカデメイアが紀元前4世紀に諸惑星の模型をもっていたかもしれないことを示唆する．プラトンの対話篇において，ティマイオスは目で見ることができる模型なしに諸惑星の運動を記述することは不可能であると主張した．言及された器具はアルミッラ天球儀のタイプに相当するものだったかもしれない．キュジコスの数学者たちの学派はエウドクソス（Eudoxos，紀元前400頃-347頃）の惑星の考えを説明するための器具をつくることに関心があった．キケロは哲学者ポセイドニオス（Poseidonios）も惑星の模型をつくったと考えた．2世紀に，天文学者K.プトレマイオス（Klaudios Ptolemaios，100頃-170頃）と医者ガレノス（Galenos）の両者は惑星の軌道の模型と，それらの製作者たちについて言及した．惑星運動のこれらの模型は1つとして残存していないが，紀元前1世紀のものと推定されるギヤつきのアンティキテラ・メカニズムの断片は，1901年に難破船から引き上げられた．この装置は惑星運動を説明するために使われたのかもしれない．

中世から近世初期の間，惑星の運動は，二次元で動くヴォルヴェル［中世の天文機器］と「赤道儀」と三次元の機器によって説明された．二次元の種類の有名な例は1540年に出版されたP. アピアン（Peter Apian）の『アストロノミカ・カエサリウム（Astronomica Caesarium）』においてあらわれる．その時代の惑星時計は残存し，そのような時計についての記述も残存する．水星の運動をプトレマイオス体系で説明するために使われた軌道を示す専用の模型は16世紀にG. D. ヴォルパイア（ラテン名ヴルパリウス，Girolamo Della Volpaia, Hieronymus Vulparius）によってつくられた．

近世初期に，地球を中心とする天動説と太陽を中心とする地動説との論争は惑星模型の作成を鼓舞した．太陽中心の模型は新しい宇宙論を説明し，地球中心の世界観に反論するために用いられた．17世紀に，O. レーマー（Ole Rømer, 1644-1710）とC. ホイヘンス（Christiaan Huygens, 1629-1695）は宇宙の新概念に基づいた機械模型を設計した．それにもかかわらず，地球中心の系の模型は19世紀初頭まで使われ続けた．

18世紀および19世紀には，器具メーカー，とりわけロンドンにおけるメーカーによって市場に出され，そして公開講座において用いられた惑星模型が広まっていった．それらはさまざまなサイズと価格で，太陽系儀や彗星儀といった異なる名前で売られていた（天文学の模型を記述するために使われる用語は複雑で，混乱をまねくもので，首尾一貫しないで用いられていたことは注意すべきである）．ロンドンの器具製作者B. マーチン（Benjamin Martin）は1760年代に2つの特別なタイプの天文模型を売り出した．地動儀（後にtellurium, tellurion, tellariumとしても知られた），これは地球の太陽周回運動を示すものである．そしてルナリウム，これは月の地球周

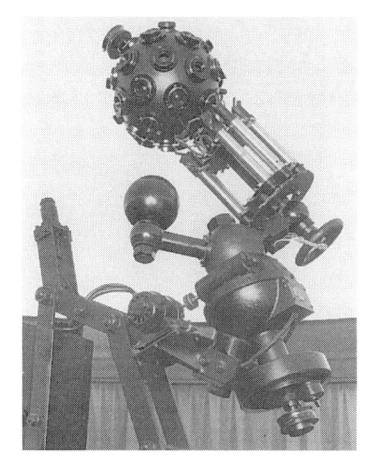

ドイツ空軍演習用プラネタリウム（カール・ツァイス社，イエナ，1940年代），SM 1946-172. SSPL 提供．

回運動を示したものであった．

18世紀において，J. T. デザギュリエ (John Theophilus Desaguliers) のような講演者たちは，彼らの説明の一部として惑星模型をしばしば用いた．マーチンやJ. ファーガソン (James Ferguson, 1710-1776) を含む，器具製作者と講演者たちは惑星模型の使用法を記述した本を出版した．フランスでは，プラネタリウムはしばしばアルミッラ天球儀の一種に入れられた．他のところでは，プラネタリウムの構造はもっと分散した．フラネカーにあるE. エイシンガ (E. Eisinga) によるプラネタリウムは，彼の家の中，彼の居間の天井につくられた．他の器具メーカーは，巡回講演者たちによって携帯された携帯用模型など，家庭用のもっと小さいタイプを売り出した．比較的安価な紙製のものが入手できたことが，そのような器具への大衆の関心をあらわしている．

一般に，プラネタリウムは天体運動を近似的に表現するだけであった．正確である

ことは意図されず，惑星間の相対的な距離，あるいはそれらの楕円軌道のような細部までは扱わなかった．さらにそれらは，摂動を説明することを試みることなく，平均の運動と固定された軌道を示す．

[Liba Taub／庄司高太 訳]

■文献

Gingerich, Owen. "The 1582 'Theorica Orbium' of Hieronymus Vulparius." *Journal for the History of Astronomy* 8 (1977): 38-43.

King, H. C., and J. R. Millburn. *Geared to the Stars: The Evolution of Planetariums, Orreries, and Astronomical Clocks.* Toronto: University of Toronto Press, 1978.

Millburn, John R. "Nomenclature of Astronomical Models." *Bulletin of the Scientific Instrument Society* 34 (1992): 7-9.

Price, Derek de Solla. "Gears from the Greeks. The Antikythera Mechanism: A Calendar Computer from ca. 8 B. C." *Transactions of the American Philosophical Society* 64, new series, part 7 (1974): 5-70.

Sedley, David. "Epicurus and the Mathematicians of Cyzicus." *Cronache Ercolanesi* 6 (1976): 23-54.

◆プランクトン記録装置

Plankton Recorder

プランクトン記録装置は，海洋プランクトンの試料を複数かつ連続して採取するものであり，動物プランクトンのような巨視的な生物の空間分布を研究するために用いられている．海洋プランクトンがどの程度の範囲に分布しているのか，局在しているのか均一に分布しているのか，という問題は，古くから海洋生物学者の間で論争を引き起こし，また現在も関心の的となっている．A. ハーディ (Alister Clavering Hardy,

1896-1985）は，大英帝国植民地局の資金援助によってディスカバリー号で探検に出た際に，南極海における表層プランクトンの水平分布を明らかにした．彼は，航路何マイルにもわたって，錐体型のプランクトン捕獲網2つを，1回あたり数分間ずつ交互にひくことにより，その結果を得たのである．彼はその後，1925年に最初のプランクトン記録装置を設計し，南極沖合で試用した．それによってこの装置がうまく機能することがわかり，この装置は現在でもほとんど変わらぬ形で研究に用いられている．

ハーディの連続式プランクトン記録装置（CPR）は，水深10mの位置で安定するためのフィンを備えており，パラベーン（機雷ケーブル切断装置）のように船尾からひかれるものである．正面の開口部から海水が入り込み，絹のガーゼ・フィルター（幅9インチ（約23cm），1インチあたり60メッシュ）でふるい分けられる．このフィルターは，最後部の受動的なプロペラによる機械的な力でゆっくりと連続的に引っ張られている．開口部から入ってきたプランクトンはガーゼに捕捉され，フィルターと，別の同じガーゼ細片との間にしまい込まれ，最後に保存用ホルムアルデヒドのタンクに浸される．その後，巻かれたフィルターは引きのばされ，一定の曳航距離に対応する長さをもった複数の断片に切り刻まれた後，専門家のチームによりプランクトンの同定・計数が行われる．このようにして，数百マイルの調査範囲に対して数マイルという解像度でプランクトンの分布を記録した試料を得ることができる．

このようなデータ収集方式は，いつも同じ航路を往復する貨物船やフェリーに搭載して使用するのに適していることがわかっている．CPRは，専門知識をもたない港湾労働者や水夫でも積みおろしや配備を行えるものである．北海のプランクトン調査は，ニシン漁において重要であるが，1930年代に，この調査が，当時ハル大学に勤務していたハーディによって前述の方法で実施された．また戦後になってからは他の海洋研究機関によって徐々に範囲が拡張され，最終的にはノルウェーからメイン湾まで大西洋全域をカバーするまでになった．得られるデータ（いまや50年分に達する地域もある）は，当初は予想すらされなかった目的に活用できることがわかっている．それらのデータは，プランクトンの存在量や組成や分布の10年規模の変化を，海洋全域にわたってモニターすることを可能にしており，こうした意味で比類のないものなのである．観測された生物的変動を，北大西洋の循環や北海南部の工業的富栄養化に関連づけることも可能になってきている．

特殊な研究のために，ハーディのものと同様の記録装置を電動化することも，いまや可能となった．船にひかれる本体は，より幅広い深度を調査することができるよう，上下に揺れ動くようにつくることができるようになった．一方で，その装置は，短い時間間隔で深度，温度，塩分濃度，光強度，クロロフィル存在量，その他の変数を記録できるようにもなっている．プランクトンを計数し，大きさを測ることのできる装置もあるようだ（だが，推測を交えずプランクトンを同定することのできる装置はない）．しかし，日常的な調査に関しては，これらの近代的な海洋記録装置が機械仕掛けの安価なCPRに取って代わることはないだろう．

1960年代に，ハーディの可動フィルター

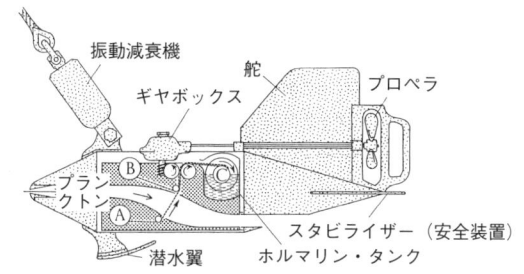

連続式プランクトン記録装置（CPR）の断面図の概略．
R. S. Glover. "The Continuous Plankton Recorder Survey of the North Atlantic." Symposia of the Zoological Society of London 19（1967）：189-210, Figure 1. ロンドン動物学会提供．

技術は，カリフォルニアのスクリプス海洋研究所によって，もっと狭い範囲でプランクトンの分布を解明することを目的とした一群のプランクトン記録装置の設計に用いられた．これらのロングハースト・ハーディ型プランクトン記録装置（LHPR）においては，装置は円錐型のプランクトン捕獲網の頂点に取り付けられ，このネットによってプランクトンがLHPRの開口部に運ばれる前に濃縮されるようになっている．プレフィルター用ネットの形状は，サンプル採取操作の必要性に応じて最適化されている．ガーゼ・フィルターは，電動モーターによって段階的に制御されるように［連続的に引っ張られるのではなく何秒かに一度巻き取られるように］なり，このようにして段階的に分けられたプランクトン試料は，最終的に，対応する深度範囲，温度，塩濃度，その他の電気的に記録されたデータを参照しながら同定される．プリマス海洋研究所の R. ウィリアムス（Robert Williams）は，微小プランクトンと大きいプランクトンを同時に採取するために，2つの LHPR を直列に連結させた．プランクトンの採取は，自動的に行われるかあるいは電気ケーブルによって研究用の船から制御され，通常は装置が海面から斜め方向500～1,000 m にある状態で行われる．

LHPR は，海洋あるいは大陸棚の広い範囲にわたってプランクトンの垂直分布を研究する際に特に有効な機器である．これらの研究は，海洋表層における生物の垂直方向の棲み分けと，（温度，密度，光，クロロフィルの）物理化学的な勾配との関係，なかでも特にこれらの勾配の不連続性との関係のさらなる理解につながった．LHPR で試料採取を行うことにより，異なるプランクトン種が層をなして存在していることや，プランクトンの個体群がいくつかの深さの異なる層に分かれて集合していることが明らかになったが，こうした現象は，いまや全海洋の上部 1,000 m 以内におけるプランクトンの不均一性のうちでも最も重要なものであると理解されている．LHPR により，プランクトンの層は，よい条件下では 5 m 以下に分割して解析されうる．これに対して，他の生物学的な調査手法（開閉式ネットや，複数のネットを用いるシステム）は，もっと低い解像力しかないか，あるいは光と音の信号を用いた推測によっ

てしか同定を行うことができない．LHPRは，水産生物学においても重要な道具となり，1980年代の間，ヨーロッパの大陸棚で何種類かの商用魚の精密な分布や生態を調査することを可能にした．LHPRを用いた研究は，幼生の魚，特にニシンと，それらの餌となるプランクトンや捕食者との関係を理解するという，ハーディの当初の目的に戻ってきたのである．

[Alan Longhurst／隅蔵康一 訳]

■文　献

Colebrook, J. M. "Environmental Influences on Long-Term Variability in Marine Plankton." *Hydrobiologia* 142（1986）：309-325.

Hardy, A. C. "Ecological Investigations with the Continuous Plankton Recorder : Object, Plan and Methods." *Hull Bulletins of Marine Ecology* 1（1939）：1-57.

Herman, A. W. "Emerging Technologies in Biological Sampling." *UNESCO Technical Papers in Marine Science* 66（1993）：1-48.

Williams, R. "The Double LHPR System, a High Speed Micro-and Macroplankton Sampler." *Deep-Sea Research* 30（1983）：331-342.

◆振　り　子

Pendulum

振り子は，その最も基本的形態において，重力に従ってひもや棒の先端につり下げられたおもりである．この器具は静止時には鉛錘であり，垂直指示器となる．鉛錘は古代から天文，測量，建築に利用されてきた．そのおもりが左右に揺れることで振り子になる．

質量のないひもと質点からなる理想振り子は振動の一周期の時間は，ひもや棒の長さと重力計数（g）だけに依存する．それゆえ振り子は，時間（振動期間），それ自身のひもや棒の長さ，振り子が揺れている場所の重力係数のいずれかを確定するためにも用いられる．そしてその3つの変数のうち2つが十分に一定ならば，その振り子は第三の変数についての測定器となる．振り子はこれらの変数の測定において，それぞれ広い科学的産業的分野で利用されてきた．

時間測定

ガリレオ（Galileo Galilei, 1564-1642）は，1582年に左右に揺れる大聖堂のランプを観察していて，振り子の科学的研究を始めたといわれている．振り子の振動周期とひもの長さの関係は，M. メルセンヌ（Marin Mersenne, 1588-1648）によって発見された．彼は，1644年「秒振り子」の長さ（つまり1秒間の周期をもつ振り子の長さ）を実験により決定した．また，1656年に C. ホイヘンス（Christiaan Huygens, 1629-1695）はその法則を適用し，振り子時計をつくった．

このような発明の過程において，実際の振り子の動きは，理想振り子に対して考案されたその理論によっては，適切には説明されないことが理解されるようになった．1673年にホイヘンスは，棒部分のおもさとおもりの大きさを考慮に入れた，基本方程式を改良した．この数学的な改良によって，振り子時計は実際に正確なものとなった．そして，振り子時計は家庭用としてだけでなく，より洗練されることで科学の分野でも標準的に使用されるようになった．

長さの基準

18世紀には度量衡体系の革新がいくつかなされた．メートル単位は革命期のフランスにおいて，パリを通る経線の弧の長さ

によって定義されたものであるが，秒振り子が長さの基本単位の自然な基礎を提供するという提案もなされた．この代替提案は，イギリスでその後検討され，議会の法律で1824年に秒振り子が帝国の長さの基準になった．しかし再現性に問題があり，この基準の精度に細かな要因が多く作用することが知られるようになり，1855年に公式に廃された．

重力測定

17世紀にとりわけホイヘンスは，振り子を特定の場所における重力の値を調べるために利用した．これは何回もの振動の時間を観測し，長さを知ることでなされる．重力をこの手段によって決定したことは大変重要で，19世紀になってgalという単位が導入されるまで，重力の単位は振り子の長さであらわされた．重力の絶対決定のための振り子は20世紀になるまで利用された．おそらく最後に開発された重力振り子は，Y. A. スリヴィン (Yu A. Slivin) によって設計されたロシア製の器具で，モスクワとオーストリアの重力測定を比較するのに用いられた．各地点での決定において5つの二重振り子が5つの排気された箱の中で4,000回振動させられた．各装置は統計誤差を減らすために異なる物質と異なる振り子の長さが使われた．

誤差の修正と補正

振り子によって時間と重力を測定するには，高度な実験技術が必要である．鍵となる影響要因は徐々にコントロールされるようになってきた．

温度変化は最初に取り組まれた要因の1つである．振り子の棒は熱せられると膨張し，それゆえ温度変化は振り子の長さを変化させ，周期の誤差をもたらす．異なる熱膨張率をもつ物質を用いることで G. グレ

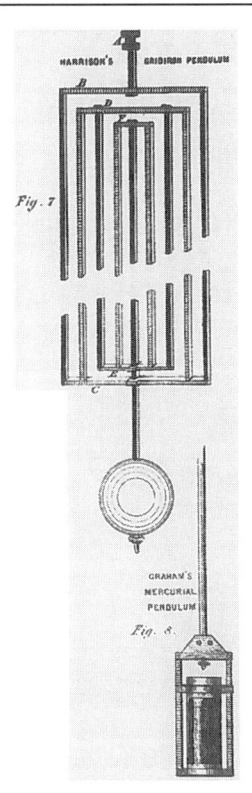

ハリソンとグレアムの振り子．Godfray (1840)：41頁の向かい頁．

アム (George Graham, 1688-1751) とJ. ハリソン (John Harrison, 1693-1776) は，1720年代に定長の振り子を発明した．グレアムの水銀柱は，鋼鉄の棒の端に水銀が取り付けられている．鋼が膨張することで水銀塊が上に押しやられ適当な量だけ補正するのである．ハリソンの鉄格子の仕組みでは，振り子の全長にわたって青銅と鉄が交互に組み合わされた格子が使われる（図参照）．

空気抵抗による摩擦は振動周期を遅らせる．19世紀末にT. C. メンデンホール (Thomas C. Mendenhall, 1841-1924) は彼の重力測定振り子を真空排気された密閉

容器の中に入れることでこの問題を克服した．

第三の誤差は，振り子の周期において選ばれた基準点を振り子が通過する時間が正確に決定されているかどうかに関わっている．時間測定の方法は，自由振り子を標準時計の振り子の周期と比較したり（18世紀），各振動で回路をなすような電気的方法が用いられたり（1900年代初頭）するなどの工夫がなされた．

応　用

振り子はその特性から，他の装置の制御機構に組み込まれてきた．例えばG. カセリ（Giovanni Caselli, 1815-1891）は，19世紀末のファクシミリであった彼のパンテルグラフにおいて電信信号を同期させるのに振り子を利用した．

振り子の基本部品のより普及して成功した応用例は，蒸気機関の調速機としてである．棒の先でおもりが円形に回転すると，外方向に振れる角度が回転速度の制御に利用された．調速機は1740年頃からしばしば風車の制御に利用されたが，その後は続かなかった．広範な応用はJ. ワット（James Watt, 1736-1819）とM. ボールトン（Matthew Boulton, 1728-1809）が1783年に回転球調速機を組み込んだ回転式蒸気機関を発売したときに始まる．蒸気機関調速機の設計に対するその後の関心の高まりは印象的である．1836年から1902年までアメリカだけでも1,000以上の特許がとられた．

[Peter H. Sydenham／
橋本毅彦・柳生江理 訳]

■ **文　献**

Godfray, Hugh. *A Treatise on Astronomy*. London：Macmillan, 1880.

Lenzen, Victor F., and Robert P. Multhauf. "Development of Gravity Pendulums in the 19th Century." *Contributions from the Museum of History and Technology*. United States National Museum Bulletin 240, paper 38. Washington, D. C.：Smithsonian Institution Press, 1966.

Privat-Deschanel, A. *Elementary Treatise on Natural Philosophy*, Part 3, translated by J. D. Everett. 12th ed. London：Blackie, 1891.

Simpson, A. D. C. "The Pendulum as the British Length Standard：A Nineteenth-Century Legal Aberration." In *Making Instruments Count*, edited by R. G. W. Anderson, J. A. Bennett, and W. F. Ryan, 174-190. Aldershot：Variorum, 1993.

Sydenham, Peter H. *Measuring Instruments：Tools of Knowledge and Control*. London：Peter Peregrinus for the Science Museum, 1979.

◆プレチスモグラフ

Plethysmograph

プレチスモグラフ（体積曲線）は，ある器官もしくは四肢部の血流を非侵襲的に測定する．ある器官もしくは四肢部が密閉された容器内にあり，そのとき流出入する血流が干渉を受けないとすると，構造物の体積の短期的変化は，血流の変化を反映しているだろう．その変化は，容器内の空気ないしは温塩水の置換によって探査される．このような装置は十分感受性が高いので，各心鼓動ごとの血流の変化を記録できる．静脈流の一時的（5～10秒）閉塞をくり返すことによって，流入する血量の体積測定が可能になる．こうした発展は，ヒトの生理学的研究へ技術が拡張されるためには，決定的に重要であった．

17世紀以来，単離された筋肉や心臓の体積変化を見積もる方法自体は存在し用いられてきたが，体積をグラフ化して記録する（したがって，プレチスモグラフの名に

値する) 機器が初めて記載されたのは 1862 年であり，それはフランスの医学者ブイソン (C. Buison) によってであった．1875 年になると，イタリア，トリノの生理学者 A. モッソ (Angelus Mosso) が，円筒型容器からなるプレチスモグラフを記載し，ヒトの前肢の血流を記録するために実際それを使用した．

ブロディ (T. G. Brodie) とラッセル (A. E. Russel) は 1905 年，ある動物の腎臓の血流を測定するために，一時的静脈閉塞法を導入した．彼らは，腎臓の形をした剛性容器を用いた．それには開口部があり，開口部からは柄が外部に通じていて，血管と尿管がその柄に収まる造作になっていた．彼らは以下のような記載をしている．「プレチスモグラフは，通常の適用法だと，定性的結果しか得られない．しかも，多くの場合，どう解釈してよいのかがわからないような結果である．われわれはある簡単な改良を施したが，これによって，流量を定量的に，しかもかなりの正確さで測定することができるようになった．この改良法は，原則的に，プレチスモグラフ内に閉じ込められた器官の静脈を，短い時間間隔で塞ぐことからなる．こうして，全静脈血がプレチスモグラフに保持され，記録計のレベルが上昇する．記録計の目盛りが正しく決定されれば，レベルの上昇率からわれわれは静脈に流れ込む血流率を知ることができる．こうした方法を適用するにあたっては，毛細管を通る流れが妨げられるほど静脈を閉塞してはならないことが明らかである．通常の状況なら，どのような場合であれ，静脈が完全に血液で満たされることは決してない．したがって，毛細管から静脈に流れ込む血液を阻止などしなくても，静脈には少量なら，余分の血液を保持するだけの余裕がある……」．

静脈閉塞プレチスモグラフ法は，すぐに他の単離された器官に適用されるようになった．腎臓や脾臓などに使用された機器はオンコメーター (器官容積器，体積記録器) と呼ばれ，ヒトの四肢に用いられたプレチスモグラフとは区別された．ブロディとラッセルは，自分たちの手法がヒトの研究にも応用可能であることに気づいていて，こう記している．「毛細管の流入を妨げない程度の力で静脈を押さえつけるならば，静脈血の流出は円形結紮で阻止することができるだろう」．この手法を初めてヒトの四肢の血流に適用してみせたのは，1909 年のヒューレット (A. W. Hewlett) とズワルウェンバーグ (J. G. van Zwaluwenberg) (ともにイギリスの内科医) の論文であった．この論文以降，血流の測定は，手 (主として皮膚)，指 (皮膚)，前肢もしくは，ふくらはぎ (主として骨格筋) へと適用範囲が広がっていった．手と腕の血流は，次のような方法で分離可能である．まず，上腕の加圧帯 (血圧測定する部位) で，血圧が 5～10 秒の間 50～60 mmHg へと上昇するように動脈を閉塞する．こうすると，静脈血の四肢からの流出が塞がれる．そして，手首のまわりの動脈を，血圧が 200 mmHg へと上昇するほど閉塞する．その後，静脈閉塞法を施せばよい．

剛性容器と組織の間を密閉することは重要である．手や指の研究では，容器内に封じられたゴム製の手袋 (高いコンプライアンスをもつもの，つまり伸縮自在なもの) が採用された．腕やふくらはぎのプレチスモグラフでは，ゴム製もしくは高いコンプライアンスのプラスチックチューブが使われてきた．容器は水で満たされ，温度は制御される．容器はある位置・姿勢に置かれ

二個のロイ腎臓オンコメーター（ケンブリッジ科学器具会社製，1899年頃）. Cambridge Scientific Instrument Company Ltd. Physiological Instruments. Cambridge：Cambridge University Press, 1899：68, Figure 234-5. SSPL 提供.

る．そうすると，研究される四肢がこころもち持ち上げられ，基底状態において，静脈がいくぶんかつぶれることになる．これは，圧力-体積曲線の線形部位で，静脈が満たされることを確実にする．熟練した手にかかれば，このシステムによって，正確で信頼できる結果が得られる．北アイルランド，ベルファストにあるクイーンズ大学医学部と聖トマス病院医学校の H. バークロフト（Henry Barcroft）とその共同研究者たちは，この手法を発展させ，たいそう効果的なものにした．

1953年，R. ホイットニー（Robert Whitney）が導入したラバー/シリコン内水銀応力計測法は重要な発展であった．水銀の満たされた薄いゴム製もしくはプラスチック製の管系を，四肢部に四肢が取り囲まれるような配置にし，抵抗の微小変異が測定できるようにする．四肢部への流入血流の変化によるどのような一過性の変化でも，水銀柱の抵抗の変化によって感知されるのである．いくつかの計器によって体積変化が計算され，管系の高いコンプライアンスが高い感受性を確実なものにする．この手法は信頼性と正確さに限界があるが，実施するのが容易であり，測定対象を測定中動かないように固定する必要がない利点がある．

1991～1995年に，ラバー/シリコン内水銀応力計測法はかなりの発達を遂げた．いまでは，血流ならびに四肢部微小血管の小管特性（浸透圧を含む）測定の，簡便かつ洗練された手法になっている．コンピューター・ソフトウェアの助けを借りて，ごく少量の体積変化も瞬時に測定される．こうして，リズム性の変動とともに，現実の血流レベルが同定・評価可能になった．この手法は，正常の生理学的測定におけるのと同様に，かなり重篤な患者に対しても，末梢血流測定を可能にする見込みがある．

表層（皮膚）の血流測定においては，体積測定をするプレチスモグラフは，速度を測定するレーザー・ドップラー流法に置き換わりつつある（レーザー診断機器の項を参照）．新しい撮像技術における近年の発達は，ヒトの器官もしくは構造物を広範囲かつ非侵襲的に血流測定できるようにした．

プレチスモグラフは，胸郭関連の呼吸変数（コンプライアンスと抵抗）を測定するためにも用いられてきた．全身プレチスモグラフでは，測定対象は容器中に入れられ，外部循環器を通して呼吸するようになっている． ［Cecil Kidd／廣野喜幸 訳］

■文 献

Barcroft, H., and H. J. C. Swan. *Sympathetic Control of Human Blood Vessels*. London：Edward Arnold, 1953.

Brodie, Thomas G., and A. E. Russell. "On the Determination of the Rate of Blood Flow through an Organ." *Journal of Physiology* 32（1905）：xlvii.

Christ, F., P. Raithel, I. B. Gartside, J. Gamble, K. Peter, and K. Messmer. "Investigating the Origin of Cyclic Changes in Limb Volume Using Mercury-in-Silastic Strain Gauge Plethysmography in Man." *Journal of Physiology* 487 (1995): 259–272.

Mosso, A. "Sopra un nuovo metodo per scrivere i movimenti dei vasi sagruigni nell uomo." *Atti della Reale Accademia delle Scienzi di Torino* 11 (1875–1876): 21–81.

Whitney, R. J. "The Measurement of Volume Changes in Human Limbs." *Journal of Physiology* 121 (1953): 1–10.

◆フローサイトメーター

Flow Cytometer

フローサイトメーター(細胞計測器)は，細胞やその他の生物学的粒子の物理学的，化学的性質を測定する装置である．フローサイトメーターでは，細胞が液体の流れにのって計測器中を通り抜け，その性質が，電気抵抗や光の散乱，細胞表面に結合する蛍光標識抗体，その他の染色による蛍光として測定される．測定されたパラメーターの値をもとに，多種の細胞が混在する中から特定の細胞を同定，計数し，さらに研究するために分離することもできる．

前 史

1930年代から1950年代までの間に，ストックホルムのT. カスパーソン (Torbjörn Caspersson, 1910–1997) とその同僚らによって，現代の細胞計測の基礎の多くが築かれた．彼らは，顕微鏡学と分光学を結びつけ，個々の染色されていない細胞における紫外線と可視光線の吸収量を正確に測定した結果を用いて，細胞の正常および異常な生長が起こる間の核酸(DNAとRNA)とタンパク質の含有量の変化を計測した．

1934年にA. モルダヴァン (Andrew Moldavan) は，光電センサーを用い，吸収による光の強さの変化を感知して，毛細管を流れる懸濁液中の細胞を計数する方法を提案した．しかし，彼の言に従えば，装置は実際に使えるほど小さくならなかったということである．

1920年代には，暗視野顕微鏡において観察される光の散乱を使うと，透過型光学顕微鏡の分析限界以下のウイルスや他の対象を見ることができることがわかっていた．1920年代および30年代に，そういった限外顕微鏡を組み込んだ装置が，コロイド浮遊物の分析や，エアロゾル中の粒子の検出，計数，大きさの測定のためにつくられた．

原 型

F. グッカー (Frank Gucker, 1900–1973) とその同僚たちは，1947年にエアロゾル中の細菌の胚種を検出するための装置を用いたことを報告している．グッカーのパーティクルカウンター(粒子計数機)は，試料の空気を，ろ過した空気の非常に速い流れの中に注ぎ込むもので，その流れの中心部に目的の粒子が閉じ込められ，そこで粒子が暗い視域で照明を受ける．光源は，自動車のヘッドライトであった．また，光電子増倍管が検出器として用いられた．1953年に，クロスランド=テーラー (P. J. Crossland-Taylor) は，食塩水中の細胞を計数する同様の装置について記述している．臨床血液学研究室のためにこういった装置を商業的に開発する試みが，いくつかの組織で次々になされていった．

また，同じ1953年に，W. H. コールター (Wallace H. Coulter, 1913–1998) は，食塩水を満たした2つの小室の間を小さな孔

でつないで，そこを比較的電気を通しにくい細胞が通るときに生じる，電気抵抗の小さな変化を測定することで細胞を計数する装置の特許を取得した．コールターカウンターは，1960年代初期には広く使われるようになった．測定された電気抵抗の変化は，細胞の体積に比例しているので，コールターの装置は細胞計数と同時に，細胞の体積の測定にも用いることができる．1965年に，M. フルウィラー（Mack Fulwyler）は，異なる体積の細胞を分離する次のような方法を述べている．細胞を含む食塩水の流れを，コールターの孔から流れ落ちてくる点で，音のエネルギーを利用して液滴に砕く．電気回路を用いて選ばれた細胞を含む水滴に電荷を与える．次に液滴の流れが静電場を通過すると，電荷をもった水滴は収集のための管のほうへとずれて進む．以上のような方法である．この分離のメカニズムは，インクジェット印刷を目的としたR. スウィート（Richard Sweet）の構想を取り入れたものである．

体積の測定をしただけでは，あるいはどのようなものであれ，単一のパラメーターを計測しただけでは，細胞の種類をいくつか同定するのに役立つだけだが，個々の細胞に何種類もの測定を行うことによって細胞の種類の区別をさらに改良することが可能である．1965年に，カスパーソンのグループの援助と刺激を得た，IBMで働くL. カメンツキー（Louis Kamentsky, 1930-）とその同僚らは，1つの細胞につき4つの変数を測定することのできる光学的フローサイトメーターを記載している．この装置は，データ解析のために専用の小型コンピューターを備えていたが，これはその時代では，IBM以外の開発者には考えつかないことであったであろう．1969年までに，カメンツキーら，M. V. ディラ（Marvin Van Dilla, 1919-）とその同僚，W. ゲーデ（Wolfgang Göhde）とその同僚のそれぞれが独立にフローサイトメーターで蛍光測定を行っていた．同じ年のその後，L. ハーゼンバーグ（Leonard Herzenberg, 1931-）とその同僚は，蛍光性で細胞を分類した．これは，静電場で電荷をもった液滴がずれて飛ぶというスウィートの原理もまた用いていた．

現代のフローサイトメーター

グッカーの装置で，個々の粒子が照明光にあたっている時間はおよそ3 msである．後の光学的装置では，観察時間をもっと短く（1～10 μs）したので，波長の短いアーク燈やレーザーのような強力な光源が必要とされた．典型的な装置は，低出力で空冷のアルゴンイオンレーザーの488 nmのブルー・グリーンの光を採用し，大小2つの角度で散乱される散乱光と3ないし4種類の波長域（グリーン，イエロー，レッド，オレンジ）の蛍光を測定するものである．もっと洗練されたシステムでは，通常，紫外線や赤色領域の1つないし複数の別の光源を加えたものである．

複数の変数データの採取と分析は，パーソナルコンピューターによって行われる．液滴の偏向によって細胞を分離する方法はまだ普通に用いられているが，流体を分ける分離メカニズムが普及している．その理由は，1つには操作がしやすいこと，もう1つには生物災害を起こす可能性のあるエアロゾルを生成しないことである．1990年代初期で，典型的な蛍光フローサイトメーターはおおよそ7万5,000ドル，さらに精巧な装置は30万ドル以上する．1994年までに，世界中でおよそ7,000台の蛍光フローサイトメーターが用いられている．抵

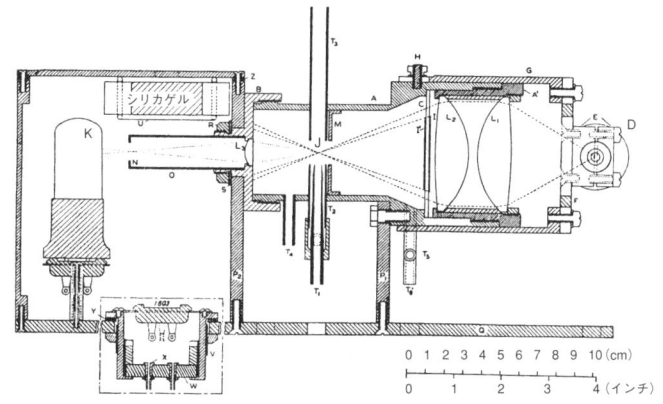

グッカーの光電パーティクルカウンター（粒子計数器）．煙のわずかな流れが，暗視野で光源（D）からの光に照らされる（J）．ここの粒子からの閃光が光電子増倍管（K）で検出される．Gucker et al.（1947）：2423頁，図1．アメリカ化学会提供．

抗や光の散乱による測定法を採用した装置は，さらに多く用いられているが，それらは主に細胞の計数のためである．それらのうちの最も単純なものは，1万ドル未満で入手できる（蛍光活性化セルソーターの項を参照）．

蛍光フローサイトメーターは，現在では血液と免疫系の細胞（例えば HIV 感染者のヘルパー T 細胞など）を計数し，その特徴を知るためや，細胞の DNA 量と増殖能力を調べて臨床現場で予後の評価と癌患者のための治療法の決定を行うために用いられている．他の利用法としては，臓器移植のための適合性検査や，ゲノム解析のためにヒトの染色体の単離，動物の育種のための X 精子と Y 精子の分離，臨床試料や環境試料における微生物の分析がある．1分子のタンパク質，核酸，有機色素に対しても十分な感受性をもつ装置がつくられるようになってきている．微生物学，分子生物学，単一の形質を導入された細胞の分析に応用されれば，将来さらに重要性が拡大することが予想される．

[Howard M. Shapiro／林　真理訳]

■文献

Fulwyler, Mack J. "Electronic Separation of Biological Cells by Volume." *Science* 150 (1965)：910–911.

Gucker, Frank T., Jr., Chester T. O'Konski, Hugh B. Pickard, and James N. Pitts, Jr. "A Photoelectronic Counter for Colloidal Particles." *Journal of the American Chemical Society* 69 (1947)：2422–2431.

Kamentsky, Louis A., Myron R. Melamed, and Herbert Derman. "Spectrophotometer：New Instrument for Ultrarapid Cell Analysis." *Science* 150 (1965)：630–631.

Melamed, Myron R., Tore Lindmo, and Mortimer L. Mendelsohn, eds. *Flow Cytometry and Sorting*. 2nd ed. New York：Wiley-Liss, 1990.

Shapiro, Howard M. *Practical Flow Cytometry*. 3rd ed. New York：Wiley-Liss, 1995.

◆プロセス制御装置

Process Controller

　プロセス制御装置は，化学，石油ガス，鋼鉄，紙，繊維などの材料加工産業において，温度，圧力，流率などの変数を制御するフィードバック・システムの一部である．それらは，誤差信号（制御される変数の望ましい値から測定された値を引いた差）を修正し増幅することで，制御される変数が望ましい値に近づくように加工工程の入力を変化させる．プロセス制御装置は，開閉式制御装置（操作される変数が誤差の符号に従って最小か最大の値をとる）か，連続的に変化する制御信号を与えるモジュラー式制御装置のどちらかである．ほとんどの産業用のプロセス制御装置は，いわゆる PI（比例的（proportional）+ 積分的（integral））か PID（PI + 微分的（derivative））のアルゴリズムを利用している．積分作用（リセット）は定常的な誤差を補正し，微分作用（率）は突然の攪乱に速い応答を与える．

機械式制御装置

　さまざまな目的に対する液体の水位や流れを制御する装置は，クテシビオス（Ktesibios，紀元前 270 年頃），フィロン（Philon，紀元前 230 年頃），ヘロン（Heron，50 年頃）らに帰せられる．これらの直接作用する制御装置は，浮きのバルブを測定して作用する要素として利用しており，中世後期に至るまで水時計に使われた．それらは，18 世紀にイギリスに再びあらわれ，一般家庭の貯水槽，蒸気ボイラー，水洗便所の貯水器における水位を制御するのに使われた．

　温度制御は C. ドレッベル（Cornelius Drebbel，1572-1633）によって始まった．彼のシステムは密閉容器中の液体の膨張に基づいていた．レバーによって増幅される運動が，火への空気の流れを制御する綿くずのダンパーを調節した．同様の調節器が 18 世紀に R.-A. レオミュール（René-Antoine de Réaumur，1683-1757）とペンシルベニア州ランカスターの W. ヘンリー（William Henry）によって記録されている．レオミュールはその発明をド・コンティ王子（ブルボン家のルイ＝フランソワ（Louis-François））に帰し，ヘンリーの装置は「見張り記録機」と呼ばれた．名前さえもよく知られていないボンヌマン（Bonnemain）というフランスの技術者は，産業用の温度調節器を工夫した．異なる金属の熱膨張の差を機械的に増幅させるような同様の温度調節器が，19 世紀の間に何千も特許を取得した．

電気機械式制御装置

　熱膨張を利用した産業用の単純な開閉式温度調節器は，1900 年代初頭に登場し始めた．指示アームの一端に取り付けられたスイッチがリレーの働きをすることで，電動機を制御した．ブリストル社，ケンブリッジ科学器具会社，テイラー・インスツルメント社が，この種のコントローラーを 1906 年頃に製造した．

　20 世紀の最初の 10 年間には，熱電対などの高温感知器が導入された．感知器によって生み出される電動力のわずかな変化が，検流計によって検知された．検流計の動きを記録するために，1897 年に H. L. カレンダー（Hugh Longbourne Callendar，1863-1930），1911 年にリーズ（M. E. Leeds）によって電圧測定式の装置，1906 年にブリストル（W. H. Bristol）によって直接作用式の装置が開発された．ブリストルと

リーズの記録機は，接触断続式のメカニズムを利用して検流計の針を記録紙の上に周期的に固定させた．ブリストルは1920年にその記録器を改良し，針が固定してしまったときには，リレー接触が働き制御出力を生み出すようにさせた．リーズ＆ノースロップ社（1921年），ウィルソン-ミューレン社（1924年），テイラー・インスツルメント社（1926年）が同様の制御装置を生産し，確定補正制御装置と呼ばれた．

空気制御装置

パイロット・バルブのついた空気の開閉式制御装置は，C・J・タリアビュ社（1900年），フォックスボロ社（1915年），テイラー・インスツルメント社（1915年）によって導入された．これら制御装置は，パイロット・バルブを操作する力が測定に影響を及ぼしてしまうために精度が低かった．1914年にフォックスボロ社のE. H. ブリストル（Edgar H. Bristol）が，ふいごとパイロット・バルブの間に挿入することで増幅するフラッパーとノズルからなる装置を発明し，制御装置の精度を高めた．フラッパー・ノズル式の制御装置は，フォックスボロ（1920年），タリアビュ（1925年），ブリストル（1930年），テイラー（1931年）によって導入された．初期のフラッパー・ノズル式増幅器は，高い増幅の利得をもたらし，開閉式のコントローラーとして機能した．後の制御装置（1929年以降）は，狭い帯域での比例作用，典型的なものでは全運動の5％程度の運動をもたらした．

1931年にフォックスボロ社は10型スタビログを発売した．これは比例とリセット（PI）作用を組み込み，制御装置の性能を著しく高めた．スタビログは，フラッパー・ノズル式増幅器にネガティブ・フィードバックをもたらすC. E. メイソン（Clesson E. Mason）の発明を使用することで，それを高利得の線形（比例）増幅器に仕立てた．それは，誤差変数の時間積分に比例する出力をもつ空気のネットワークも含んでいた．この装置は制御装置の精度に新しい標準をもたらし，最初の現代的な制御装置となった．

1934年にテイラーは，PI式制御装置である「フルスコープ」を発売した．これは，無限に変化して場に適合させる比例ゲインを調節することができた．1939年に再設計された「予備作用」（微分作用）をもつフルスコープの制御装置が導入され，フォックスボロは「ハイパー・リセット」というある種の微分作用をスタビログに加えた．

電子式制御装置

1930年代に製造業者は装置にエレクトロニクス部品を使い始めた．ベイリー社の「ガルバトロン」（1934年）は，磁気式と電子式の増幅器を使った．タリアビュ社の「セレクトレー」（1937年）は，検流計の動きを検知する光電子管を使った．ウィールコ社（1938年）は，検流計の動きを検知する共鳴回路を使った．

安定直流増幅器（操作的増幅器）の開発により，検流計を使う代わりにセンサーの出力を直接に増幅するようになった．そのような装置の初期の例としては，ベイリー社の「パイロトロン」（1940年）とブラウン社の「エレクトロニク」などの装置がある．1950年代半ばにトランジスターによる直流操作増幅器に基づく小型化されたパネル式の装置が開発されることで大きな発展が起こった．その例としてはテイラー社のトランセット・レンジ（1950年）とフォックスボロ社のコンソトロール・レンジ（1955年）がある．

フォックスボロ・スタビログ・プロセス制御装置（1946年頃）の内部．シェフィールド大学自動制御システム工学科提供．

デジタル式制御装置

プロセス制御装置のためのデジタル式コンピューターの初期の例としては，1959年に運転を開始した2つのプラントがある．ルイジアナ州ルーリングのモンサント社のバートン・プラントでは，ラモ・ウーリッジ社のコンピューターによって制御された．ICI社のランカシャーのフリートウッドにあるソーダ灰のプラントは，フェランティ・アーガス100のコンピューターによって制御された．バートン・プラントではアナログ式の補助装置が利用されたが，ICI社のプラントではコンピューターシステムに全面的に依存した．

デジタル式コンピューターをプロセス制御装置に利用することは，デジタル・エクイップメント社のPDP-8（1965年）とPDP-11（1970年）の導入によって広まった．しかし，これらのコンピューターは単一のループを制御するにはまだ高価すぎて，単一ループの制御装置に対して経済性の面からもデジタル式がアナログ式に取って代わるのは，1974年にマイクロプロセッサーが導入された後のことであった．

[Stuart Benett／橋本毅彦 訳]

■文 献

Bennett, S. "The Development of Process Control Instruments: The Early Years." *Transactions of the Newcomen Society* 63 (1992): 133-164.

Bennett, S. *A History of Control Engineering: 1930 to 1955*. Stevenage: Peter Peregrinus, 1994.

Mayr, Otto. *Feedback Mechanisms in the Historical Collections of the National Museum of History and Technology* Washington, D. C.: Smithsonian Institution Press, 1971.

Mayr, Otto. *The Origins of Feedback Control*, Cambridge: MIT Press, 1970. Originally published as *Zur Frühgeschichte der technischen Regelungen*. Munich: Oldenbourg, 1969.

Sydenham, P. H. *Measuring Instruments: Tools of Knowledge and Control*. Stevenage: Peter Peregrinus for the Science Museum, 1979.

◆分 割 機

Dividing Engine

分割機は，航海や天文学などの科学における測定器具に，線形ないしは円形の目盛りをつける装置である．最初の機械式分割機は，1674年にR. フック（Robert Hooke, 1635-1703）によって天文観測用の大きな四分儀を分割するために考案された．フックの分割機は，精密なネジの回転によって罫書線を1本ずつ進めていくようになっていた．最初の現実の円環式の分割機は，時計職人のH. ヒンドレー（Henry Hindrey）によって1738年に製作された．J. ラムスデン（Jesse Ramsden, 1735-1800）は1777年に分割機の優れた構造と技術の原理を示した．現代の分割機は，コンピューター制御の光学式の符号器を利用する．目盛りは

写真によって表示され，符号器が測定装置に取り付けられているため，分割機は不要となっている．

分割機は時計の歯車の歯を切る機械として発展したが，その発達は18世紀初頭に経度の決定手段に対して英国政府が提供した有名な賞金によって拍車がかけられた．賞金に刺激され，J. ハリソン（John Harrison, 1693-1776）（1736, 1759年），P. ルロワ（Pierre LeRoy, 1717-1785）とF. ベルトゥー（Ferdinand Berthoud, 1727-1807）（1763年）によって航海用時計がつくられた．これらの著名な努力の後に，器具製作職人たちは，新しい航海術には正確に目盛られた六分儀や八分儀が必要だが，それらは機械的手段によってのみ現実的な製作が可能であると認識するようになった．しかし，19世紀半ばまで主要な天文観測器具の大きな円弧は手で刻まれ続けた．その頃から短い直径の円弧が，大きな円弧に匹敵するか上回る正確さをもつようになった．

円形分割機は，比較的製作が容易である．それは円弧自身が閉じており，いかなる分割も他の分割と比較することができるからである．しかし線形分割機の場合は，基準の長さと比較しなければならず，また基準自身が誤差をもちうる．どちらのタイプをつくるにしても，罫書き用器具を動かす精密なウォーム歯車とラックの歯の位置を決定するガイドとしての物差しが最初につくられなければならない．ヒンドレーの円形分割機はその原理に従っていないため，あまり成功はしなかったろう．

分割機は1750年代には，ストックホルムのD. エクストロム（Daniel Ekstrom, 1711-1755）とアウグスブルクのG. ブランダー（Georg Brander, 1713-1783）によってつくられた．ブランダーは特に回折格子の先駆となるガラス製の格子マイクロメーターの製作に優れていた．D. ド・ショーヌ（Duc de Chaulnes, 1712-1777）は，1760年代にいくつかの分割機を製作したが，その記述から彼が技術的要件と望ましい方法を熟知していたことが読み取れる．とりわけ，コンパスの尖端で角度を二分したり比較したりしていく際に，顕微鏡式マイクロメーターを用いていたことは特筆に値する．しかしショーヌの1761年の分割機を今日測定するとともに，彼の手によって分割された器具が見つかっていないことを勘案すると，彼の装置はあまり成功していなかったようである．熟練職人や高品質の道具の不在が，彼の企ての足枷になったのだろう．

ラムスデンは，最初の円形分割機を1766年に，線形分割機を1768年に完成させた．後者はG. シャックバーグ卿（George Shuckburgh）が4,000分の1インチの精度を達成しようとした1790年には姿を消した．彼の2番目の円形分割機（1774～1775年）は，直径45インチ（114.3cm）で，それによって経度局から6,000ポンドの賞金を獲得するとともに，競合相手に六分儀と八分儀の分割の契約を得た．ラムスデンの成功は，彼の比類なき機械技能と，車輪の端の歯を切るのに当時使われていたウォームネジを製作するのに利用した専用の旋盤によるところが大きい．J. トルートン（John Troughton）は1778年に同様の分割機を製作し，彼の兄弟のエドワード（Edward Troughton, 1753-1835）は，ショーヌと同じ原理を用いて直径30インチの分割機を1783年に完成させた．

1800年には30余りの線形，円形分割機がつくられた．これらのうち最良のものは，

1774年に完成したラムスデンの45インチの分割機. Jesse Ramsden, Description of an Engine for Dividing Mathematical Instruments. London：J. Nourse, 1777：Plate 1. SSPL提供.

角度1秒まで分割できたというが，年周視差が1838年まで観測されなかったという事実から，目盛りの誤差がこれを上回っていたことが想像される．この誤差は，統計的手段の利用，目盛りの誤差の分析，そして物体が熱によって目盛りが異なる熱膨張をすることなどに観測者が注意することで克服されていった．

19世紀前半には，30余りの分割機が次のような著名な器具製作者によって製造された．J. ワット（James Watt, 1736-1819），リッチャー（J.-F. Richer），N. フォルタン（Nicholas Fortin, 1750-1831），ジェッカー（F. A. Jecker），H. キャヴェンディッシュ（Henry Cavendish, 1731-1810），H. ケーター（Henry Kater, 1777-1835），J. アラン（James Allan），W. J. ヤング（William J. Young, 1800-1870），H. ガンビー（Henri Gamby），B. ドンキン（Bryan Donkin），A. ロス（Andrew Ross），G. マーズ（George Merz）などである．W. シムス（William Simms）は，1843年に駆動と罫書きの機構を自動化した．分割機を完成させるそれぞれの試みにおいて，新たな問題が理解された．物差しの材質の冶金的性質，作業物体の軸合せの重要性，器具製作職人の身体の熱の役割，そしてスクリューの誤差を是正する方法などである．

これらの初期の分割機の多くは現存しており，主要なコレクションがロンドンの科学博物館，パリの工芸院，ワシントンのアメリカ史博物館，ドイツ博物館などで所蔵されている．現存する最初期の分割機はショーヌのもので，フィレンツェの科学史博物館に所蔵される．

L. ペロー（Louis Perreaux, 1816-1889）は1850年頃に他の器具製作職人に販売する分割機をつくり始め，1856年のパリ万博への参加を機に諸外国から注文を受けるようになった．ジュヌヴォワーズ物理機器会社は1863年に最初の線形分割機を完成させ，その後すぐにM. テューリー（Marc Thury）によってE. トルートン（Edward Troughton）と同様の方法で罫書きされた最初の円形分割機を完成させた．同社はすぐに高品質の分割機の最大の製造業者になり，現在に至るまでそうである．

分光用の回折格子を製造するための専用の線形分割機については，回折格子の項を参照．　[Randall C. Brooks／橋本毅彦 訳]

■文献

Bennett, James A. *The Divided Circle：A History of Instruments for Astronomy, Navigation and Surveying.* Oxford：Phaidon Christie's, 1987.

Brooks, John. "The Circular Dividing Engine：Development in England, 1739-1843." *Annals of*

Science 49 (1992): 101-135.
Brooks, Randall C. "The Precision Screw in Scientific Instruments of the 17th–19th Centuries." Ph. D. dissertation. Leicester University, 1989.
Chapman, Allan. Dividing the Circle: The Development of Critical Angular Measurement in Astronomy 1500–1850. New York: Horwood, 1990.
Evans, Chris. Precision Engineering: An Evolutionary View. Bedford: Cranfield, 1987.

◆分光器【初期】

Spectroscope (Early)

分光器とは光をスペクトルに分散させ,観察と分析を可能にするものをいう.最初の分光器はR. ブンゼン(Robert Wilhelm Eberhard Bunsen, 1811–1899)とG. キルヒホフ(Gustav Robert Kirchhoff, 1824–1887)によって1859年にドイツで製作された.それ以前には,スペクトル観察は単純なプリズムや回折格子で行われていた.

1666年,I. ニュートン(Isaac Newton, 1642–1727)はガラスプリズムを光の分析に使った最初の人であったが,彼の仕事は1672年まで公表されなかった.彼は白色光を7つの色に分解し,これらの色がそれ以上には分解されないことを示した.1810年代には,光学ガラスを改良する途中で,ドイツのバイエルンのガラス製造業者であったJ. フォン・フラウンホーファー(Joseph von Fraunhofer, 1787–1826)が,炎のスペクトルが特徴的な離散した輝線をもつことを発見した.彼はまた,いくつもの暗線を太陽の連続スペクトルの中に見出し,その位置が不変であることを記述した.これらの暗線はその後フラウンホーファー線として知られ,最も明瞭な線に対して彼が割り当てた文字は今日まで使われている.

スペクトル線が光学機器の較正を容易にした一方で,その意味に対する十分な説明を得るまでには長い年数を要した.たしかに,線の物理的な解釈は1820〜1830年代に起きた光の本性をめぐる論争(波動説対粒子説)において,主要な役割を演じた.W. H. F. トールボット(William Henry Fox Talbot, 1800–1877)は,スペクトル線が化学分析に適用できるかもしれないと1826年に提案した.このアイデアは深く追求されなかったが,それは化学物質中の不純物の影響とともに,ガラスプリズムの品質が概して悪いことが再現性のある結果を得ることを困難にしていたためである.

1850年代に光化学の研究から,ハイデルベルグ大学の化学教授であったブンゼンは,炎から発する光はその中に含まれる化学元素による特有のものであることを確信するようになった.1860〜1861年には,分光化学分析として当時知られていた方法を用い,ブンゼンはそれまでに知られていなかった2つの化学元素を発見し,それらをセシウムとルビジウムと名づけた.これらは鉱水中にごく微量に含まれていたものであった.1861年には,W. クルックス(William Crooks, 1832–1919)が分光化学的方法によりタリウムを発見した.

同じ時期,ブンゼンは物理学教授のキルヒホフと共同研究を行い,ナトリウムに特徴的な強い黄色の輝線が,太陽光のスペクトル中のフラウンホーファーの暗線のD線に対応することを,彼ら2人は実験的に示すことができた.太陽および星(フランスの哲学者A. コント(Auguste Comte, 1798–1857)が決して知りえないものの例として1835年にあげた)へと化学分析を拡張し,天体物理学という新しい科学分野

反射目盛付き分光器（1870年代）．J.Norman Lockyer. The Spectroscope and Its Applications. London, 1873：29, Figure 16. SSPL提供．

が開かれた．続く数十年のうちに，分光学的観測によって天文学者は星の進化系列に対する理論を展開した．さらに後には，特定の元素から放出される線の分布の観測と解析を用いて，物理学者は物質の内部構造の探究を始め，ついには量子力学の発展に至ったのである．

広範な科学的活動に対する分光器の明白な利点から，ミュンヘンのスタインハイル社，ロンドンのエリオット・ブラザーズ・アンド・ジョン・ブラウニング社，パリのデュボス・アンド・ホフマン社などの機器製造業者により市販の分光器が製造された．以後数十年にわたり装置に開発と改良が加えられたが，基本原理は質量分析計（質量分析計の項を参照）が1919年に発明されるまで主要な変更を受けなかった．キルヒホフの研究以降，たいていの分光器にはスペクトル線の位置が測定できる目盛りが取り付けられた．「分光計」と「分光器」の用語は，装置の原理について重大な相違を示すものではなかった（分光光度計の項を参照）．分光器に対してなされた改良には，ガラスプリズムの代わりに回折格子や，または二硫化炭素を充填したホロープリズムの採用が含まれている．ある分光器のプリズムは，分光器が望遠鏡と同じように使用できる配置となった「直視型分光器」であった．しかし，こうした変更にもかかわらず，学校の化学実験室で今日使われている分光器は，ブンゼンやキルヒホフにもただちに分光器だとわかるようなものである．

[Frank A. J. L. James／山口　真訳]

■文　献

Bennett, James A. *The Celebrated Phaenomena of Colours*. Cambridge：Whipple Museum of the History of Science, 1984.

James, Frank A. J. L. "The Discovery of Line Spectra." *Ambix* 32（1985）：53-70.

James, Frank A. J. L. "The Establishment of Spectro-Chemical Analysis as a Practical Method of Qualitative Analysis 1854-1861." *Ambix* 30（1983）：30-53.

James, Frank A. J. L. "The Practical Problem of 'New' Experimental Science：Spectro-Chemistry and the Search for Hitherto Unknown Chemical Elements in Britain 1860-1869." *British Journal for the History of Science* 21（1988）：181-194.

McGucken, William. *Nineteenth-Century Spectroscopy：Development of the Understanding of Spectra, 1802-1897*. Baltimore：Johns Hopkins University Press, 1969.

◆分光器【天文用】

Astronomical Spectroscope

1814年 J. フォン・フラウンホーファー（Joseph von Fraunhofer, 1787-1826）は，太陽の連続的な明線スペクトルの中に500以上もの暗線があることを発見した．1859年に G. キルヒホフ（Gustav Robert Kirchhoff, 1824-1887）と R. ブンゼン（Robert

Wilhelm Eberhard Bunsen, 1811-1899) の研究は，太陽と恒星の化学組成を決定するためにスペクトル分析という方法を考案した．太陽のスペクトルを写真に撮る努力は 1840 年代に始まった．恒星（ベガ）のスペクトルについての最初の写真は 1872 年，H. ドレイパー(Henry Draper, 1837-1882) によってなされた．

初期の研究は，視覚を直接用いた分光器を使ったもの（ミュンヘンのメルツ（Merz）による）か，あるいは微弱な恒星に対して一連のプリズムを開いたもの（ロンドンの J. ブラウニング（John Browning）による）であった．スペクトルを写真撮影するために特別に設計された高分光の分光写真機は 1870 年代に導入された．1888 年には，ポツダム天文台にある 28 cm の屈折望遠鏡と，ポツダムの O. テプフェール（Otto Toepfer）によって製作された分光写真機を用いて，H. C. フォーゲル(Hermann Carl Vogel, 1841-1907) が，ドップラー効果によるスペクトル線の偏移について最初の信頼できる測定を行った．比較するスペクトルは，ガイスラー管あるいはスパークスペクトル［気体または蒸気を通してのスパーク放電によってつくられるスペクトル］によって得られた．

世紀転換期には，大きな分光写真機が，ピッツバークの J. A. ブレイシア（John A. Brashear, 1840-1920），ダブリンの H. グラップ（Howard Grubb, 1844-1931），イエナの C. ツァイス（Carl Zeiss, 1816-1888），ベルリンのアスカニア（Askania）によってつくられた．クーデ式焦点を用いることで，非常に大きな分光写真機が，別室に置けるようになり，スペクトルの記録が，マイクロ光度計を使って実験室で行えるようになった．スペクトル線図には，恒星の大気の温度と圧力についての情報が含まれていた．

特に恒星を分類するために，多数の恒星のスペクトルを同時に観測し写真撮影する目的で，望遠鏡の対物レンズの前部に対物プリズムが取り付けられた（フラウンホーファーのアイデア）．入ってくる恒星の光はすでに平行なので，視準器［コリメーター］やスリットは取り付けずにすむ．プリズムの角度は通常は小さい（約 7°）．そうでなければ，望遠鏡の長い焦点距離はあまりにも大きい分散をもたらすはずである．メルツの対物プリズムを用いて目で観察を行うことで，A. セッキ（Angelo Secchi, 1818-1878）は 1866 年に恒星を 3 つのスペクトルのタイプに分けた．ハーバードの天文学者たちは 1885 年に分光写真観測を開始して，『ヘンリー・ドレイパー・カタログ（Henry Draper Catalogue）』をつくり，そこで A. J. キャノン（Annie J. Cannon, 1863-1941）は，恒星を 7 つのスペクトルのタイプに分類した．調査観測の作業には，対物プリズムが今日でも使われている（分散は，約 100～1,000 Å/mm である）．1949 年代には，ウッド（R. W. Wood, 1868-1955）が，ほとんどのスペクトル光を 1 つの一次スペクトルに収束させることで，光を非常に効率よく利用できる対物透過回折格子を用いた（回折格子の項を参照）．［スペクトルによる恒星の分類について，セッキは『世界科学者辞典 3 天文学者』（原書房，1987 年）によれば 4 つ，『科学史技術史事典』（弘文堂，1994 年縮刷版）によれば，5 つに分類したことになっている．キャノンは，『世界科学者辞典 3 天文学者』によれば 10 に分類した．いずれも年代を顧慮する必要がある．『世界科学者辞典 3 天文学者』は，The Biographical Dictionary of Scientists：Astronomers，Abbott, David ed., Frederick Muller Ltd., London, 1984].

紫外線分光器

1875年 W. ハギンズ（William Huggins, 1824-1910）は，紫外線分光器を設計した．その分光器は，水晶発振レンズと，ロンドンの A. ヒルガー（Adam Hilger）によって製作された氷州石プリズム，そして感光乾板を用いていた．星雲のような非常に微弱な光源のスペクトルを得るために，スリットのない水晶分光器が，世紀転換期にリック天文台などで使用された．

1930年代には，K.-O. キーペンホイアー（Karl-Otto Kiepenheuer, 1910-）が，成層圏に上げた気球に搭載された水晶分光器を用いて，太陽の紫外線放射を観測した．この紫外線二重単色光分光器は，ベルリン=シュテークリッツ社のC. ライス（Carl Leiss）によって製作された．1942年にはキーペンホイアーが紫外スペクトルの写真を撮るために，ロケットを使うアイデアを思いついた．1946年にはアメリカ海軍研究所の指揮下で，紫外線分光器がA4（V2）ロケットによって宇宙に打ち上げられた．1974年には，スカイラブ宇宙ステーションが，遠紫外線における太陽スペクトルについてデータをもたらした．

太陽分光器

太陽プロミネンスは1842年の日食のときに発見され，1868年までは日食の期間にだけ肉眼で観測されていた．1868年に J. N. ロッキヤー（J. Norman Lockyer, 1836-1920）と P. J. ジェンセン（Pierre J. Janssen, 1824-1908）が，分光器のスリットを広くすることで，プロミネンスをいつでも研究できることを見出した．C. A. ヤング（Charles A. Young, 1834-1908）はこの方法を用いて，1870年にプロミネンスをうまく写真に撮ることができた．反射望遠鏡ののぞく側に小さなプリズム分光器がつけられたが，それが結果として太陽分光器に発達していった．それは，用いられる望遠鏡と同じくらい大きくすることができた．高分散の標準スペクトルをつくり出す回折格子（すなわち，スペクトル線の位置がその波長に比例する）は，1880年代に導入された．アメリカの物理学者H. A. ローランド（Henry A. Rowland, 1848-1901）が回折格子を凹面に調整することを始めた．入光スリット，凹面回折格子と写真乾板が1つの円の上に重なるよう装置を取り付けることで，ローランドは，2万本もの太陽スペクトルを示す写真の地図をつくった．アメリカの天文学者であり工学技術者であるワズワース（F. L. O. Wadsworth, 1867-1936）は，凹面回折格子のためにコンパクトで色収差を補正するように構成される装置を設計した．それを使って天文学者たちは，太陽の小さな構造スペクトルを記録し，特定できるようになった．

平面回折格子は同じ完成度であれば，凹面回折格子よりも製作するのはやさしいものであった．しかも平面回折格子は，使えるスペクトルの範囲に対してよりよい鮮明度をもたらした．リットロウ（Littrow）分光器，つまり自動視準分光器（視準レンズは写真機のレンズでもある）は，ウィルソン山太陽天文台で使われている．ミシガンのマクマスハルバート天文台にあるチェルニー分光器は，コマに妨害されない画像をつくり出すことができる．

1908年，天文台に取り付けられたシーロスタット［平面反射鏡2枚で天体から光を常に一定方向に送る装置］（ヘリオスタットの項を参照）によって送られた分光写

太陽プロミネンスを観測するための7つのプリズムをもった天体分光器(1868年). J.Norman Lockyer, Contributions to Solar Physics. London：Macmillan, 1874, Figure 84. SSPL 提供.

真を使うことで，ウィルソン山天文台のG. E. ヘイル（George Ellery Hale, 1868-1938）は，ゼーマン効果によるスペクトル線の二重化を観測し，測定することができた．そうして太陽黒点が磁場をもつことが測定できた．

1970年代から天文学者たちは，ミリメーターあたりいくつかの溝のある回折格子（エシェル［高分解能を得るため，鋸歯状の溝を刻み，高い次数のスペクトルを用いる回折格子］）を使うようになった．それは，1950年代のR. マクマス（Robert McMath）のアイデアであった．適切な形の溝を用いることで，一定の反射角（閃光角）のために，既定オーダーの主要な強度をもつ光が一定方向に収束されるのである．エシェルによって大きな分散が得られる．恒星では，数Å/mm, 太陽では，0.1Å/mm

である．

分光太陽写真儀は1890年に，シカゴのヘイルとパリ=ムードンのH. デランドル（Henri A. Deslandres, 1853-1948）によって，それぞれ独立に発明された．太陽の周囲にある赤茶けたコマである彩層を研究するためであった．この測定機器は，フィルターを通して光の狭い帯域を選択し単色の写真をつくり出すことができる．太陽の写真を一度に1枚だけを撮影することができた．たいていは，赤い水素スペクトル線Hα 6563Åか，紫色のカルシウムスペクトル線3933Å（しかしヘリウムの赤外線も使うことができる）である．ヤーキス天文台のラムフォード分光太陽写真儀を用いて，ヘイルは，Hα線の最初の写真を撮影し，1903年に水素やカルシウムの暗い羊斑［カルシウムや水素の光域で見える太陽黒点の斑点．普通黒点の近くにある］を発見した．ヘイルは1926年には，分光太陽望遠鏡を発明した．短い時間スケールで起こる彩層上の現象を視覚的に観測するための測定機器である．この機器を使って，プロミネンスや特に太陽フレア（高エネルギーの爆発）の動態を観測することができる．　［Gudrun Wolfschmidt／綾野博之 訳］

■文　献

Birney, S. D. *Observatorial Astronomy*, Cambridge：Cambridge University Press, 1991.

Hearnshaw, J. B. *The Analysis of Starlight：One Hundred and Fifty Years of Astronomical Spectroscopy*. Cambridge：Cambridge University Press, 1986.

Kitchin, C. R. *Astrophysical Techniques*, 2nd ed. Bristol：Adam Hilger, 1991.

Ulrich, M. H., ed. *High Resolution Spectroscopy with the VLT. Proceedings No.40 of the ESO Workshop 1992*. Garching, Bavaria：European Southern Observatory, 1993.

Voigt, H. H., ed. *Landolt-Bornstein : Numerical Data and Functional Relationships in Science and Technology*. Group 6, vol.3, *Astronomy and Astrophysics. A : Instruments, Methods, Solar System*, Berlin : Springer, 1993.

Wall, J. V., and A. Boksenberg. *Modern Technology and Its Influence on Astronomy*. Cambridge : Cambridge University Press, 1990.

◆ 分　光　計
　➡ NMR 分光計
　　ガンマ線分光計
　　原子吸光分光計

◆ 分光蛍光計

Spectrofluorimeter

分光蛍光計は，試料が光で照射されたときに放射される輻射の強度を測定する．分子はある特定の波長の放射線（輻射）を吸収し，ある場合には励起状態へと誘導される．分子が励起エネルギーを失うとき，その一部が輻射としてあらわれることがあるが，通常は長波長側，すなわち励起させた輻射よりも低エネルギー側の輻射となる．

原子と分子はともに蛍光を発することができる．そうした原子は蒸気の状態で，分子的結合をもたない状態にあるはずである．分子は液体の溶液でも蛍光を発し，ある場合には固体でも発する．19世紀中頃から，物理学者は気体原子の蛍光を多くの科学的な目的に利用してきた．アメリカの物理学者 R. W. ウッド（Robert W. Wood, 1868-1955）は，20世紀初頭に特に成功をおさめた．

大部分の分子の吸収帯は幅が広く，異なる分子の複雑な混合物では，吸収分光法による定量的な分析が困難または不可能になるほどに，これらの吸収帯が重なり合っている．蛍光分光法では，特定の波長の吸収帯と，同様に特定の波長での発光帯を含むため，分子の重なりの程度は著しく少なくなる．さらに，小さい信号の蛍光測定は，大きい信号の微小な差による吸光度測定よりも感度が高く，このことが蛍光を痕跡量の分子化合物の高感度な検出法としている．

蛍光のプロセスのある点の測定は，この方法の特性をさらに増加させる．分子が励起されたとき，それに続く発光によって緩和が起こるまでの間にある程度の時間的な遅れがある．この緩和時間は，分子についての重要な情報を提供する．緩和時間が非常に長い場合，そのプロセスはりん光と呼ばれ，蛍光測定の別の重要な一面となっている．

1950年代には，この方法の感度を活かして，単純な蛍光計が市販されていた．紫外光を発する明るい光源（通常は水銀放電ランプ）で，試料を照射し，蛍光の信号をフィルターで分離した．そのような単純な装置ながら，非常に高感度な巨大な生体分子の測定法をもたらし，この時期に開花し始めた生化学の分野では重要な装置となった．単純な蛍光測定はまた，原子力エネルギーが重要になり始めたこの時期にあって，ウラン鉱石の分析の方法でもあった．

マサチューセッツ工科大学出身の D. ハーキュリス（David Hercules）は，洗練された蛍光測定の方法の分析化学への応用を1950年代末から1960年代にかけて開拓した．最初の分光蛍光計の製品はこの時期に登場したが，励起光および発光の光線用のフィルターをいずれも分光器に置き換えたものである．この時期にはまた，強力な

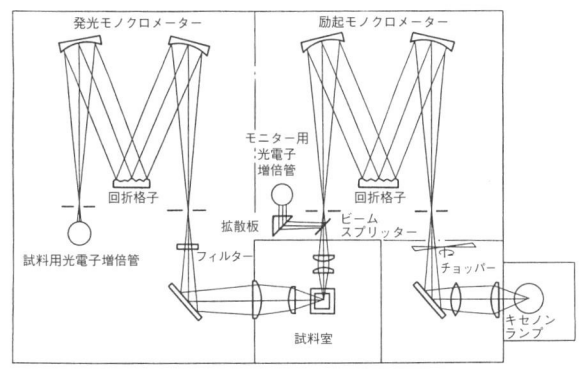

分光蛍光計の光学系の構成図.

紫外光源となるキセノン放電ランプと，非常に高感度な紫外および可視光検出器である光電子増倍管の発展をみた．発光および励起スペクトルを順次掃引することにより分光蛍光計は，複雑な分子を同定することができた．いく人かのノーベル賞受賞者は，1960年代から70年代における生化学の爆発的な進歩に対して，分光蛍光計が入手可能になったことが貢献していると評価している．この分野の多くの仕事は，メリーランド州ベテスタの国立衛生研究所［NIH，アメリカ連邦政府の保健省に属する巨大研究組織］のR. ボウマン（Robert Bowman）とS. ユーデンフレンド（Sidney Udenfriend）の協同で推進された．彼らはまた市販装置の発展も促した．

ある場合には，波長依存の光源の輝度や検出器の感度などといった装置に由来する歪みのない，物理的な発光と励起のスペクトルを知ることが重要となる．これは励起光モノクロメーターからの光の一部を熱電対検出器で抽出することでなされている．熱電対は光の波長によらず信号のエネルギーに直線的に比例して応答する．このような装置はエネルギー記録式分光蛍光計と呼ばれ，例えば蛍光灯のリンのコーティングの分析などに用いられている．

近年，分光蛍光計はその感度と選択性のために，液体およびガスクロマトグラフの検出器にしばしば用いられている．蛍光分光光度計は，定性および定量分析化学のための一連の装置の中で，重要な道具であり続けている．

[Walter Slavin／山口　真 訳]

■文　献

Hercules, David. *Fluorescence and Phosphorescence Analysis*. New York：Wiley–Interscience, 1966.

Rendell, David. *Fluorescence and Phosphorescence*. Chichester：Wiley, 1987.

Slavin, Walter."Energy–recording Spectrofluorimeter." *Journal of the Optical Society of America* 51 (1961)：93–97.

Udenfriend, Sidney. *Fluorescence Assay in Biology and Medicine*. Vol. 2. New York：Academic, 1969.

Winefordner, James D., S. G. Schulman, and Thomas C. O'Haver. *Luminescence Spectrometry in Analytical Chemistry*. New York：Wiley–Interscience, 1972.

◆分光光度計

Spectrophotometer

分光光度計は，分光器と光度計を組み合わせたもので，特定の色（つまりは非常に狭い帯域の波長）の光の強度を測定するものである．分光光度計は通常は，試料で反射されるか，または試料を透過した際の光の強度の変化を求めるのに用いられる．

分光器は可視領域の光を観測するのに用いられる．対照的に，ある種の光電検出を用いる分光光度計や，写真フィルムを用いる分光器は，可視光と同様に赤外および紫外光も検出できる．通常，スペクトルは，1つの装置で測定される紫外および可視部と，別の装置での赤外部に分けられる．

紫外分光測定

W.N.ハートリー（Walter Noel Hartley, 1847-1913）はロンドンのキングス・カレッジで細菌学の研究をしていた1877～1878年に，紫外分光器を製作した．ハートリーの装置はスズ，鉛，カドミウム，ビスマスの合金の火花スペクトルを光源に用いており，最小偏角になるように置かれた石英プリズムならびに石英集光レンズが用いられていた．彼の重要な発明は，スペクトルの焦点を蛍光スクリーンで合わせた後に，ゼラチン写真乾板を用いて記録したことである．

ハートリーは紫外分光について，分析手段（特に冶金学的な試金用）として特に興味があった．しかし彼は有機化合物のスペクトルも研究しており，その中には無色の芳香族物質（ベンゼンやナフタレン）と合成色素の関係も含まれていた．彼はJ.ドビー（James Dobbie, 1852-1924）とともに，互変異性に関する困難な問題に紫外分光を用いて1898～1899年にかけて取り組み，イサチンがエノール（ラクチム）型よりもむしろケト（ラクタム）型であると示すことができた．

ハートリはロンドンのアダム・ヒルガー社のF.トゥワイマン（Frank Twyman, 1876-1959）と研究上密接な関係をもったが，彼は最初の固定微調整型石英分光器を1906年に，また吸収を測定するためのセクター式光量計を1910年に製作した．ヒルガー社は紫外分光器の製造を長年にわたり主導し，1931年には写真式のセクター光量計を光電式スペッカー光量計に置き換えた（吸光光度計（ヒルガー・スペッカー式）の項を参照）．

もう1つの主要な市販の分光光度計はケーニッヒ-マルテンス（Koenig-Martens）のもので，ベルリンのフランツ・シュミット・ウント・ハンシュ社によって製造された．1896年にこの光学機械製作所で働き始めたとき，F.F.マルテンス（Friedrich Franz Martens）はベルリン大学で物理学の学位を取得したばかりであった．彼の分光光度計は，A.ケーニッヒ（Arther Koenig）が10年ほど前に設計した装置を改良したもので，20世紀の第2四半世紀までずっと実際に使われていた．

ケーニッヒ-マルテンス分光光度計では，2つの光線がプリズムで分散され，ウォラストン・プリズムを通すことで互いに直角に偏光される．一方の光線はある種の標準試料を透過（または標準試料で反射）し，もう一方の光線は測定試料と同様に相互作用し，2つの光線はニコルプリズムで再び1つになる．2つの経路が光学的に等しければ，2つの光線は1つになる時点で同じ振幅を示すであろう．2つの経路が異

なれば，2つの光線の振幅はニコルを適当に回転することで等しくする（または打ち消す）ことができる．

当時の方法では，十分に正確なスペクトルを得るためには30点の測定が必要で，それぞれの点について誤りやすく労を要する目視による比較を5回は必要とした．1920年代までには光電素子が進歩し，相対強度の検出器として眼と同等かそれよりも優れているかもしれないと科学者が思うに足るまでに至った．

これを信じた1人が物理学者 A. C. ハーディ（Arthur C. Hardy）であった．1922年に MIT（マサチューセッツ工科大学）に着任した直後，ハーディは2個の新しい最先端のセシウム光電素子を入手し，電子および光電的手段で強度を検出する分光光度計の設計を始めた．彼は最終的に，自記式分光光度計の模範例となった装置を製作した．

1928年，初期のプロトタイプとなった分光光度計で，可視領域の波長を人間の助けなしに掃引し，紙とインクで波長に対する強度のグラフ（つまりスペクトル）を作成することに成功した後，ハーディは彼の新しい自動装置の市販器を生産することについてゼネラル・エレクトリック（G. E.）社と契約を結んだ．非現実的ともいえる熱意の中で，GE 社はハーディに「コンソール型［キャビネット状据え置き型］ラジオより大きくなってはいけないという了解で，光学系を設計し直すために10日しか与えなかった」．GE 社との協力によって，ハーディは金属加工およびエレクトロニクスについては他に並ぶもののない施設を使うことができるようになった．1931年までには，彼は回転式偏光器とフリッカー型光量計に結びついた検出器に基づく新しい光学系を設計していた．基本設計は1932年初頭までに完了し，試作器の製作が春には開始され，秋にはテストが行われ，1933年1月には生産が開始された．それはただちに成功し，長く続いた．最初に生産された装置は，1933年末にインターナショナル・プリンティング・インク社の研究室に搬入された．後に生産された装置は試作器とは大幅に異なるものであった．

米国国立標準局［NBS, 現在は国立標準技術研究所（NIST）］の研究者たちは，この機械がケーニッヒ-マルテンス器や彼らの研究室にある他の機械よりも数倍速く透過および反射曲線を作成することをただちに悟った．このことは色の標準に従事するグループにとっては特に重要であった．よって GE-ハーディ器は1936年，NBS に設置された．四半世紀以上にわたり，この装置は多数の製造業者の色素と染料を検査し，アメリカの繊維製品と塗料のすべての色標準を決定した．この装置はまた，地上，海上，航空の交通のすべての領域に関わる信号機のすべての標準を決定した．1950年代には，これらの標準に対する要請がますます大きくなり，NBS は2台目の GE-ハーディ器を購入した．

GE-ハーディ器はこれを入手できる余裕のあるところでは歓迎された．1943年には，GE-ハーディ分光光度計の価格は6,400ドルであった．1947年には8,000ドルにせまった．1943年の「記録式光電分光光度計」の仕様書には，ユーザー（一部）のリストが載せられているが，それはあたかも主要な企業，大学，政府機関の紳士録をみるようである．リストには，イリノイ大学，パデュー大学，アメリカン・シアナミド，ボシュロム，ダウ，デュポン，コダック，モホーク・カーペット，モンサント，テク

ニカラー（ハリウッド）の各社，アメリカ連邦政府印刷局，食品医薬品局（FDA），フランクフォード兵器廠，ライト飛行場，国立標準局が載っている．GE-ハーディ器は1970年代まで製造され，その価格はしだいに低下したが，他の機械ほど一般的になることはなかった．

GE-ハーディ器が分光光度計のロールスロイスであるなら，A. ベックマン（Arnold Beckman，1900-2004）とH. キャリー（Howard Cary，1908-1991）により設計されたDU器はフォルクスワーゲンであった．1941年から1976年にかけて数千台が製造され，化学・生物学・そして工場の研究室の科学者のほとんどは，DU器とそれに匹敵してどこにでもあるモデルGのpH計を通じて，洗練された測定装置の初めての感触を味わうことになった．自記式ではなかったが，手動操作で特定波長の値を迅速かつ正確に得ることができた．可視領域のみでなく紫外および近赤外もカバーし，容易に入手できた．自記式のバージョンであるDRは1947年に製造されたが，GE-ハーディ器に匹敵するレベルまで自動化された装置が一般に入手可能になったのは1954年のことであった．

赤外分光学

L. ノビリ（Leopoldi Nobili，1784-1834）とM. メローニ（Macedonio Melloni，1798-1854）は1829年から1833年にかけて熱電対検出器と岩塩プリズムの開発で赤外分光学の基礎を築いた．50年後，W. W. アブニー（William de Wiveleslie Abney，1843-1920）とE. R. フェスティング（Edward Robert Festing）は，有機化合物の吸収帯をその化学結合に関係づけた．彼らの仕事はアメリカの物理学者W. W. コブレンツ（William Weber Coblentz，1873-1962）に

より発展させられたが，彼は1900年から1905年の間に112種の有機化合物のスペクトルの目録を編纂した．

ヒルガー社はD83赤外（IR）分光光度計を1922年に発売した．これはネルンストフィラメント，岩塩プリズム，ラッシェン型鏡ガルバノメーターを備えていた．現代の赤外分光光度計の開発における最初の主要な突破口となったのは，1939年にミシガン大学のH. ランドール（Harrison Randall）によるプリズム-回折格子の配列の導入で，これにより測定の正確さが著しく改善された．

市販の赤外分光光度計の普及は，第二次世界大戦の直前およびその大戦中に石油中の炭化水素を同定する目的で赤外分光測定が盛んになったことに伴う．アメリカン・シアナミド社のR. B. バーンズ（R. Bowling Barnes）は，隣り合うパーキン・エルマー社と協同してモデル12を開発した．合成ゴム開発の急を要するプログラムのため，米国政府はベックマンにIR-1の開発を命じ，これは1942年に登場した．イギリスでは，赤外分光光度計はアダム・ヒルガー社（ハーディのシステムに基づくダブルビーム装置），グラブ・パーソンズ社，ケンブリッジのユニカム社により導入された．ベアードアソシエーツ社のダブルビーム分光光度計（1947年）はスペクトルを波長における透過率で表示した．パーキン・エルマー21が2年後にこれに続いた．グラブ・パーソンズ社は最初のダブルビーム回折格子装置GS-2を1956年に開発し，その2年後にはベックマン社が同様のIR-7を製品化した．1957年，廉価なパーキン・エルマー137の導入に伴い，赤外分光測定は通常の化学研究室に，またやがては学部教育の教室にも手が届くものとなった．こ

れらの装置が広く利用可能になったことで，実験室に見かけ以上の変化をもたらした．それらは化学者がすごす一日のありようを変えた．

ケンブリッジ大学のP. フェルゲット(Peter Fellgett) は最初のフーリエ変換赤外（FTIR）スペクトルを測定し，グラブ・パーソンズ社とリサーチ・インダストリアル・インスツルメンツ社は，国立物理学研究所のA. ゲビー (Alistair Gebbie) により開発された遠赤外測定装置を1960年代初めに製品化した．最初の中赤外領域のFTIR装置の製品は，ブロック・エンジニアリング社（後にデジラブ社となり，現在はバイオラッド社）により1963年に発売された．しかし，この技術が全面的に発達するには1960年代末のマイクロコンピューターの導入と，1966年クーリー＝チューキー（Cooley-Tukey）の高速フーリエ変換法の赤外分光への応用を必要とした．コンピューターの価格低下は，1980年代の初めには手頃な価格のFTIR装置の生産を可能にし，それらの装置が古典的な赤外分光光度計に置き換わっていった．

ラマン分光は，インドの物理学者C. V. ラマン（Chandrasekhara Venkata Raman, 1888–1970）により1928年に発見された方法であるが，分子により（吸収ではなく）散乱された光を観測するものである．ラマン分光は分子の対称性や詳細な構造についての有力な手がかりを与えてくれる．水が妨害しないため，ラマンスペクトルは水溶液でも測定可能である．また，初期の赤外分光は手作業によるプロットが必要であったのに対し，ラマンスペクトルは写真乾板に直接記録可能である．

市販のラマン測定装置はカリフォルニア州パサデナのレーン＝ウェルズ商会により

GE-ハーディ記録式分光光度計，ハーディが設計し，アメリカ・カトリック大学にて使用された．NMAH 329,779. NMAH 提供．

1940年代初めに売り出されて成功をおさめた．1945年以降に自記式赤外分光光度計がしだいに入手可能になるにつれて，ラマン分光の必要性は低下したが，有機化学では特にそれが顕著であった．しかし無機化学や赤外領域での吸収が非常に弱い有機化合物の測定には有用であり続けた．Cary 81モデルが1953年に導入された．1962年には，ポルト（S. P. S. Porto）とウッド（D. L. Wood）が，従来の水銀アーク光源または水銀-シリカアーク光源の代わりにレーザーを用いたラマン分光光度計を開発した．この進歩はまもなく商品化され，今日のラマン分光の基礎となっている．FTラマンも商品化されている．

[Jon Eklund, Peter Morris／山口　真訳]

■文　献

Banwell, Colin N., and Elaine M. McCash. *Fundamentals of Molecular Spectroscopy*. 4th ed. London：McGraw-Hill, 1994.

Beckman, Arnold O., et al. "History of Spectrophotometry at Beckman Instruments, Inc." *Analytical Chemistry* 49 (1977)：280 A–300 A.

Boltz, David F., et al. "Analytical Spectroscopy." In *A History of Analytical Chemistry*, edited by Herbert A. Laitinen and Galen W. Ewing. Washington, D. C.：American Chemical Society, 1977.

Denney, Ronald C., and Roy Sinclair. *Visible and Ul-*

traviolet *Spectroscopy*. Chichester : Wiley on behalf of ACOL, 1987.

George Bill, and Peter McIntyre. *Infrared Spectroscopy*. Chichester : Wiley, 1987.

Jones, Ronald Norman. "Analytical Applications of Vibrational Spectroscopy : A Historical Review." *European Spectroscopy News* 70 (1987) : 10-20 ; 72 (1987) : 10-20 ; 74 (1987) : 20-34. Originally published in *Chemical, Biological and Industrial Applications of Infrared Spectroscopy*, edited by James R. Durig, 1-50. Chichester : Wiley, 1985.

Rabkin, Yakov M. "Technological Innovation in Science. The Adoption of Infrared Spectroscopy by Chemists." *Isis* 78 (1987) : 31-54.

◆分光光度計【ドブソン式】

Dobson Spectrophotometer

ドブソン分光光度計は,紫外線の吸収を測定することによって地球大気中のオゾン濃度を測定する装置である(オゾンは紫外線放射を波長 0.22〜0.33 μm において吸収する).鉛直気柱内に含まれるオゾンの全量は,太陽光の2つの波長,すなわちオゾンの吸収帯に一致するものと照合用の他の帯域との強度を比較することによって見積もることができる.またオゾンの鉛直分布は,太陽高度が低いときに異なる仰角で測定することによって見出される.この過程は,反転効果(umkehr effect)と呼ばれている.

ドブソン分光光度計にはプリズムが含まれており,二重単色光分光器によって入射太陽光が選択された2つの波長に分離される.2つの波長は,回転式のシャッターによって交互に光電子増倍管に到達する.光学くさびフィルター[光路内で動かすことにより光の減衰度を連続的に変化させるも の]によって2つの信号の強度を等しくし,光学くさびの位置から,較正の後,2つの光線の相対的な強度を得る.

ドブソン分光光度計は,G. M. B. ドブソン(Gordon Miller Bourne Dobson, 1889-1976)の手で開発された.彼の経歴の大部分を占めたのは,オックスフォード大学における大気中のオゾンの研究であった.19世紀の末に W. N. ハートリー(Walter Noel Hartley, 1847-1913)とコルニュ(A. Cornu, 1841-1902)は,上層の大気のオゾン濃度を観測し,紫外線の遮蔽について指摘したが,その原因がオゾンにあるとした彼らの判断は正しかった.1910年にC. ファブリ(Charles Fabry, 1867-1945)とH. ビュイッソン(Henri Buisson, 1873-1944)は短期間,所定の放射波長における吸収を観察することによって大気中のオゾンを測定した.しかしながら,彼らの装置は屋外で毎日使うには適していなかった.ドブソンは彼らの手法を取り入れ,波長の分離のために1つのプリズムと光学くさびを用いた自らの分光光度計を,1924年に作製した.不要な可視光線は,臭素-塩素フィルター(bromine-chlorine filter)で除去した.スペクトル線の相対的な強度は写真によって記録された.ドブソンの最初の装置は,現在ロンドンの科学博物館にある.

1925年の測定によって,オックスフォード上空におけるオゾンの季節変化の主な特徴が確認された.オゾンの分布と気象学的なパターンの研究をさらに進めるため,ドブソンは王立協会から新しい分光光度計用に5個のフェリプリズム(Fery prism)を購入するための補助金を得た.これらの新しい装置は,アイルランド,スイス,ドイツを含むヨーロッパ各地に送られた.1928年には,さらにカリフォルニア,エジプト,

インド，ニュージーランドに他の装置が送られた．1929年末までに，緯度と季節によるオゾン変動の主な特徴が確認された．

これら最初のドブソン分光光度計は記録装置に感光板を用いており，それをオックスフォードに送り返して処理した．後のモデルでは記録装置に光電セルが使われた．

ドブソン分光光度計はそれ以来，イギリスのR. & J. ベック社（今日のイーリング電気光学社）で製造され，それらを利用する気象観測局のネットワークは着実に拡大している．1956年には44機のドブソン分光光度計が世界中に配備されていた．1957年の国際地球観測年（IGY）は新しい観測装置に対する需要を増大させ，この期間にオゾン観測に関与した60の観測局のほとんどがドブソン分光光度計を用いて測定を行った．1968年までにR. & J. ベック社は100台の装置を完成している．1977年5月に世界気象機関（WMO）は，120機ある全ドブソン分光光度計の設置場所一覧を作成した．1992年までにこの製造会社は台湾のための130号機を完成している．ドブソン分光光度計は少数ながら，日本とソ連でも製造された．

1920年代以来，ドブソン分光光度計の基本的な設計に根本的な変化はない．動力を電力に変更し，光学系を天然水晶から溶融石英に代えたことによって，装置の動作は改善された．それを除けば，国際地球観測年のハンドブックにある分光光度計の図と現在のこの分野の文献にあるものはほぼ同一である．

オゾンの減少

1980年代半ばに英国南極調査局の科学者グループが，ドブソン分光光度計によるデータから，南極上空のオゾンが減少していることを明らかにした．ドブソン分光光

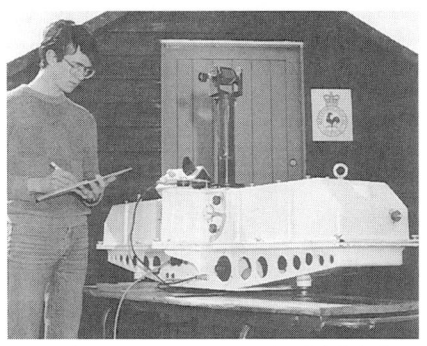

1980年頃の光電ドブソンオゾン分光光度計．British Crown Copyright © 1996.

度計は1956年以来，南極のハレーベイ上空のオゾンを測定するために使われていたが，装置の1台の示度が誤っていないかどうかを調べるために送り返されるまでオゾンの減少は確認されなかった．人工衛星のデータは，データ解析用のコンピューターが低い値をありえないものとして排除するようにプログラムされていたために，その減少を知らせることはなかった．しかしながら，ドブソン分光光度計による測定の結果を受けて，衛星のデータが再調査され，オゾンの減少が確認された．オゾン測定におけるドブソンの重要性は，成層圏のオゾンがドブソン単位で測定されていることにあらわれている．

[Anna Bunney／羽片俊夫 訳]

■文　献

Dobson, Gordon Miller Bourne. "The Development of Instruments for Measuring Atmospheric Ozone during the Last Fifty Years." *Journal of Physics. E : Scientific Instruments* 6 (1973): 938-939.

Dobson, Gordon Miller Bourne. "Forty Years Research on Atmospheric Ozone at Oxford." *Applied Optics* 7 (1968): 387-405.

Dobson, Gordon Miller Bourne, and C. W. Normand. "Observers' Handbook for Ozone Spectrophotometer." *Annals of the International Geophysical Year* 5 (1957)：90–114.

Farman, J. C., B. G. Gardiner, and J. D. Shanklin. "Large Losses of Total Ozone in Antarctica Reveal Seasonal CLOx/NOx Interaction." *Nature* 315 (1985)：207–210.

Houghton, J. T., and C. Desmond Walshaw. "Gordon Miller Bourne Dobson." *Biographical Memoirs of the Fellows of the Royal Society* 23 (1977).

◆ブンゼン式吸収計
➡ 吸収計【ブンゼン式】

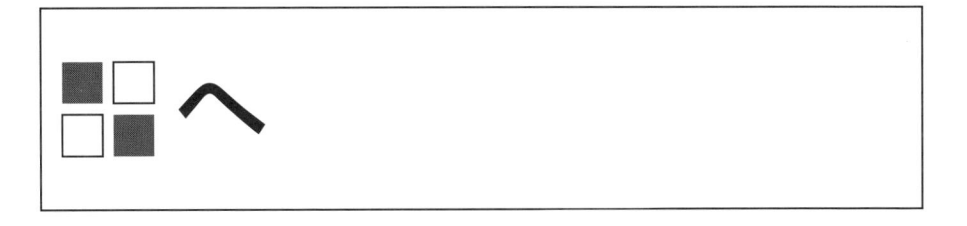

◆平　板

Plane Table

　平板は普通，硬材製の四角の平面板からなり，玉継ぎ手によって上下の調節ができるような測量器具である．この板の上には1枚の紙が敷かれ，蝶番で持ち上げられる四角の枠で板上にぴったりと留められる．紙の上には，通常真鍮製の取り外し可能な指方視もしくは観測定規が置かれる．典型的な平板用指方規は，目盛りが彫られナイフエッジをもつ定規部分と，折りたためる普通の照準器からなっている．この照準器はしばしば二重のスリットと窓からなっている．すなわち折りたためる2つの板には，それぞれ細い垂直のスリットと中央に垂直の糸が張られたスロットとのペアが，その垂直線が重なるように互いに上下に切られている．このことによってどちらの方向でも観測ができ，異なる地点間の照準線を維持するのに便利である．後の平板では望遠照準が定規にマウントされている．平板照準器は複雑で野心的にもなりえて，水準器，高度測定のための垂直の分割円，付属式平行定規などがつけられた．もう1つの重要な付属品は磁気コンパスである．それは取り外し可能なコンパスで，板の角に組み込まれたり取り付けられたりした．あるいはコンパスが照準器の一部になるものもあり，分割された定規をもつ全円コンパスカード照準器は地平測角器としても機能した．

　平板は最も簡便で直接的な測量方法を可能にした．紙上の点は最初の測量地点を表示し，1つの点と板上の方向が測量の予定される進展に応じて選ばれる．指方規とともになされる照準の線が，定規のエッジによって紙に引かれる．板は第二の地点に移される際に方向はコンパスによって保たれ，移動距離が適当な縮尺で紙に書き込まれる．同一の目標物が照準され，照準線の交点が相当する紙上の地点として記される．こうして測量が進むにつれてその場所の地図が描かれていく．

　平板は，16世紀後半に幾何学者が簡単な経緯儀などの器具を利用し，角度測定や

ベンジャミン・コールによる平板（1750年頃）．SM 1933-7．SSPL提供．

三角測量を導入することで測量に革新をもたらそうとした16世紀後半に導入された.これには屋外の測定から地図を作成していくことの「製図」作業の困難を伴う.平板が簡便で測量士に好まれたことは,幾何学者たちの改革のプログラムを脅かすものと彼らは警戒した.しかし平板は大変簡便なため,広く普及し,特に比較的小規模の測量において20世紀に至っても使われ続けている. 　　　　[Jim A. Bennett／橋本毅彦 訳]

■文 献

Bennett, J. A. *The Divided Circle：A History of Instruments for Astronomy, Navigation and Surveying.* Oxford：Phaidon, 1987.

Kiely, Edmond Richard. *Surveying Instruments, Their History and Classroom Use.* New York：Bureau of Publications, Teachers College, Columbia University, 1947.

◆pH 計

pH Meter

pH計とは,水溶液系中の水素イオン(H^+)濃度すなわち酸性度を測る器具のことである.何世紀もの間,酸味のある物質は酸,水溶液にすると石けんのようにぬるぬるした感覚をもつ物質を塩基と分類されてきた.酸性,塩基性を判定する唯一のテスト方法は,自然の染料を染み込ませた1枚の紙に溶液をつけたときの色の変化を観察するという定性的なものであった.S.アレニウス(Svante August Arrhenius, 1859-1927)が,当時物議をかもした電解液のイオン化に関する理論を発表したのは,1887年になってのことである.その理論は,後に,水素イオン濃度によって酸性と塩基性を説明する根拠として認められた.

アレニウス理論を認めることで,水素イオン濃度の正確な数値を求めること,すなわち粗雑で数値的でないリトマス紙によるテストではなく,明確な数値による測定が必要となった.1904年に,フリーデンタール(H. Friedenthal)とサルム(E. Salm)が,一連の反応指示薬を用いた初の定量的な比色法(quantitative colorimetric)を発達させた.これらの反応指示薬は,特定の水素イオン濃度のもとで特定の色に変化する有機酸である.この技術は,W. M. クラーク(William Mansfield Clark, 1884-1964)らによって完成された.pH未知の溶液に指示薬を添加することによって生成する色と,同じ指示薬をpH既知の一連の溶液に添加することによって生成する色とを照合させることによって,適応なpH数値が得られる.

1909年に,セーレンセン(S. P. L. Sørensen, 1868-1939)が,水溶液に関連する広範囲にわたる数を,$pH = -\log[H^+]$とする対数表示に換算すればよいと提案した.純粋な水では,$[H^+] = 10^{-7}$であるから,中性の溶液はpH=7である.このpH定義の負符号のため,水素イオン濃度とpH値とは逆の関係にある.つまり,pH=7以下の溶液は酸性で,pH値が低いほど酸性度が高くなる.

純粋な水では,水素イオンの発生源は,水分子のイオン化($H_2O = H^+ + OH^-$)である.水素イオンと水酸化物イオンが同量ずつ生成されるので,中性の液体では水酸化物イオン濃度も10^{-7}である.水素イオン濃度と水酸化物イオン濃度とをかけあわせた値は,水溶液系では常に10^{-14}なので,水の中で,塩基性である水酸化物イオン源を添加すると,それに応じて水素イオン濃度が低くなっていく.したがって,pH値

が7以上の液体は塩基性であり，中性値である7よりpH値が大きくなるにつれて，塩基性も強くなっていく．

比色分析が発達すると同時に，もっと直接的に水素イオン濃度を測定する電気測定法が探究された．電気化学的電解槽は，外部でつながれた2つの電極を溶液に浸して，回路となっている．両電極で起こる化学反応が起電力を発生させるが，それは1889年に，W. ネルンスト（Walther Hermann Nernst, 1864-1941）が考え出した方程式を用いて測定することが可能である．

電解槽の一方が水素電極である装置を，セーレンセンとクラークが1915年までに開発した．きわめて正確なpH値の測定が可能であったが，高度に浄化された水素ガスが必要だったため，日常の測定器としては実用的ではなかった．1906年に，電位がガラス面でも生じうることをクレーマー（M. Cremer）が示し，1909年にはF. ハーバー（Fritz Haber, 1864-1934）とクレメンシェヴィッチ（Z. Klemensiewicz）が，より簡単なガラス電極が水素電極の代わりになりうることと，電極が浸してある溶液の電位差を測定することが，本当に正しいpH値の測定方法であることを示した．しかし，依然として電解層の起電力の測定には，時間と忍耐と高価な電位差計と検流計が必要であった．1920年において典型的なpH計は467ドルであった．

1921年，K. H. グーデ（Kenneth H. Goode）は，シカゴ大学での修士論文の中で，酸塩基滴定の際に連続的に変化していくpH値の測定に，1909年にL. デフォレスト（Lee De Forest, 1873-1961）によって発明された三極真空管を用いた．真空管は直読式で高感度な電圧計だと考えられていたので，グーデの発見によって，pH値測定はかなり簡潔化した．しかし，グーデは依然として水素電極を用いていた．

真空管を使った電位差計がガラス電極とつながれたのは，ニューヨーク大学のパートリッジ（H. M. Partridge）と，イリノイ大学のW. H. ライト（Walter H. Wright）とL. W. エルダー（Lucius W. Elder）の，2つのグループが，それを用いて溶液のpH値測定に独立に成功した1928年であった．そして，この電位差計のおかげで，測定時間は短縮された．しかし，この測定時間が短くて高価でないpH測定器が現実のものとなったのは，カルフォルニア工科大学の若い化学の助手であったA. O. ベックマン（Arnold O. Beckman, 1900-2004）のところに，彼のイリノイ大学での同級生であったG. ジョセフ（Glen Joseph）が訪れた，1934年のことであった．

カリフォルニア果実生産者取引所の化学者であったジョセフは，レモンジュースの酸性度の測定を困難だと感じていた．ガラス電極は，レモンジュースの中の二酸化硫黄には影響されなかったが，ガラス電極の破損が常に問題であった．さらに，薄くて割れやすいガラスの真空管の高い抵抗を測るには，きわめて感度のよい検流計が必要であった．ベックマンは，真空管電圧計を検流計の代わりに用い，電気化学的電解槽によって生じる小さな流れを測定するために，2つの真空管とミリアンペア計を用いた装置を組み立てることにした．その結果，より丈夫なガラス電極をつくることが可能になった．

数カ月後，ジョセフは，自分の同僚がベックマンにつくってもらった最初の酸性度メーターを借りっぱなしだったので，酸性度メーターをもう1つつくってもらおうと，ベックマンのところに再びやってきた．

ベックマン製作の酸性度計（1934年）．ベックマン・ヘリテイジセンター提供．

ベックマンはすぐに次のように考えた．「ジョセフが彼の大きくもない実験室に，このような器械が2つも必要だというなら，他の化学者たちもきっとこれらを必要としていることだろう」．そして彼は1935年に，持ち運び可能で丈夫なpH計を195ドルで販売し始めた．最初は，化学者も科学器材業者もほとんど興味を示さなかった．フィラデルフィアのアーサーH.トーマス社は，この器具は10年間で600個くらいは売れるだろうと予想した．

低価格と，使用法の簡単さから，ベックマンのpH計はすぐにpH測定器の中でも最良の品となった．そして，わずか2年間で約600個が売れた．他社も，オリジナルデザインを絶えず改良し，ベックマンの先導をすばやく追っていった．現在のpH計でも，測定する際には2つの電極を溶液に浸さなければならないが，目盛りの較正が簡単なので，屋外での使用にも大変便利である．そして，安定なデジタル式の目盛り読取り器がついている．新しいpH計の操作も，ベックマンによって商品化された最初の原理に基づいている．しかし，現在では，pH値の測定は日常的になされており，しばしば自動化されていて測定者の訓練も最小限になった．

[James J. Bohning／西澤博子 訳]

■文　献

Bates, Roger Gorden. *Electrometric pH Determinations : Theory and Practice*. New York : Wiley, 1954.

Dole, Malcolm. *The Glass Electrode*. New York : Wiley, 1941.

Jaselskis, Bruno, Carl E. Moore, and Alfred von Smolinski. "Development of the pH Meter."In *Electrochemistry, Past and Present*, edited by John T. Stock and Mary Virginia Orna, 254–271. Washington, D. C. : American Chemical Society, 1989.

Mattock, G., and G. Ross Taylor. *pH Measurement and Titration*. New York : Macmillan, 1961.

Stephens, Harrison. *Golden Past, Golden Future : The First Fifty Years of Beckman Instruments, Inc*. Claremont, Calif. : Claremont University Center, 1985.

◆ペプチド合成機

Peptide Synthesizer

ペプチド合成機は，材料となるアミノ酸を用いて，ペプチドやタンパク質の化学合成を行うものである．ペプチドは，生物のすべての細胞内に存在する物質である．それらは発生学，代謝制御，免疫学，薬理学その他の多くの領域において重要な役割を果たしている．これらの機能を研究するためには，天然のペプチドおよび適当な類似化合物の供給を手軽に受けられることが重要である．

E. フィッシャー（Emil Fischer, 1852–1919）がペプチド化学という分野を1901年に創設して以来，この分野の主要な目的

は，これらの化合物の合成に必要な反応を改良することと，その反応プロセスを簡略化し加速する方法を見つけることであった．初期の頃は，反応が均一な溶液中で行われる標準的な有機合成の手順が用いられ，それぞれのペプチド結合が形成されるたびに，通常は反応産物の結晶化という時間のかかる方法により，注意深く精製が行われた．

メリフィールド(R. B. Merrifield, 1921–)が，1963年に固相ペプチド合成の概念を導入した．この技術は，ペプチド合成の機械化と自動化を可能にした．αアミノ酸が，クロスリンクしたポリスチレンの小さなビーズといった固相の支持体に共有結合で結びつけられ，続いてペプチド鎖中で次にくるアミノ酸が一連の化学反応により1つずつ付加されてゆく，というものであった．この方法の重要な特徴は，支持体は溶媒和されているがすべての溶媒に対して完全に不溶性であり，したがってこれにくっついているペプチド鎖も不溶性である，ということであった．このことは，ペプチドを反応容器から別の容器に移すことや，古典的な有機化学の手法である退屈な多くの段階の手作業を行わなくても，単にろ過と洗浄を行うだけで，可溶性の試薬や副産物や溶媒からペプチドを即座に分離することを可能にしていた．

最初のペプチド合成機は，メリフィールドとJ. スチュワート (John M. Stewart, 1924–) によって1965年につくられ，1年後に詳細が公表された．その装置は，(1) 反応容器や，試薬を保管し選択するための部品，またそれらを反応容器に出し入れするのに必要な部品を含む，液体処理システム，(2) さまざまな構成要素の操作を自動的に制御し順序立てるための制御システム，という2つの単位からなっていた．試薬は，多孔の回転式バルブによって選択され，計量ポンプによって，焼結ガラスフィルターのついたガラスの反応容器（通常 5〜100 ml 容積）に移される．ペプチドの結合したビーズと反応試薬が，緩やかな振盪により混合され，あらかじめ定められた反応時間の後，あるいは適切な化学的方法で自動的にモニタリングを行った後に，溶媒が真空ろ過により除かれる．この過程は，ドラム形のステッピング式制御装置［1つの電気パルスが与えられるごとに一定の角度だけ回転するもの］によって制御されている．ドラムには調節可能なピンがいくつも取り付けられ，このピンがタイマーと液体処理システムを操作する微小スイッチを作動させる仕組みになっている．ドラムは100回動くと1回転し，これには4時間以上がかかるが，この間に反応が行われ，新たなアミノ酸がペプチド鎖に加えられることとなる．残りのそれぞれのアミノ酸もまた，別の回転式バルブによって選択され，ドラムが1回転する間に，同様なプログラムに従って付加される．正しい配列でアミノ酸をつなげた後は，ペプチドは無水の強酸によって樹脂製の支持体から切り離され，この段階で可溶性となって，精製され性質が調べられる．合成の全過程にかかる時間や労力は，特に大きなペプチドや小さいタンパク質を合成する場合に，大幅に減少した．124残基からなる酵素であるリボヌクレアーゼAが，まもなくこの機械で合成されることとなった．

自動化されたペプチド合成は，大きく分けると2つの様式で行われる．当初のバッチ方式［通常の反応容器を用いる方式］と，支持体の詰まったカラムを反応試薬が通過するフロー方式である．その他の変数とし

1965年にメリフィールドとスチュワートによってつくられた最初のペプチド合成機.

ては,支持体の組成(ポリアクリルアミド,ポリエチレングリコール,炭水化物,多孔性ガラスなど),化学反応の詳細(保護基,カップリング剤),モノマー単位の組成(アミノ酸あるいはペプチド),反応過程を制御・モニタリングするのに用いられる演算装置(マイクロプロセッサー,コンピューター),合成スケール(通常1 mgから1 kgの範囲内),といったものがある.

これらすべての変数が詳細に研究され,多くの研究室において,装置の設計のために最適化されている.これに加えて,より洗練された商用の機器も生産されている.最初のものは,ニューヨーク州オレンジバーグのシュワルツ・マン・バイオケミカルによってつくられ,続いてカリフォルニア州パロアルトのベックマン・インスツルメンツとアリゾナ州トゥーソンのヴェガ・バイオテクノロジーによって,その後はカリフォルニア州フォスターシティーのアプライド・バイオシステムズ,マサチューセッツ州ベッドフォードのミリポア(現在はパースペクティブ・バイオシステムズ),ケンタッキー州ルイスヴィルのアドバンスト・ケムテック,デラウェア州ウィルミントンのデュポン,ウィスコンシン州ミドルタウンのギルソン・メディカル・エレクトロニクス,マサチューセッツ州ウォーバーンのレイニン・インスツルメンツによってつくられた.これらの装置のほとんどは,一度に1つのペプチドを合成するように設計されていたが,構造・機能相関の研究やドラッグ・ディスカバリーのために多種類のペプチドをつくる需要が生じたため,いくつかの装置は,複数の反応容器と複雑なバルブ操作あるいはロボット・アームを用いて,多くのペプチドを同時につくることができる.固相合成の技術は,近年,特定の選択されたアミノ酸を用いて生成しうるすべての配列をもった,何百万種類ものペプチドを含むライブラリーを一度に合成するという,コンビナトリアル・ケミストリーの手法に応用されている.

[R. B. Merrifield／隅藏康一 訳]

■文　献

Merrifield, R. B. "Solid Phase Peptide Synthesis：I. The Synthesis of a Tetrapeptide." *Journal of the American Chemical Society* 85（1963）：2149–2154.

Merrifield, R. B., John M. Stewart, and Nils Jernberg. "An Instrument for the Automated Synthesis of Peptides." *Analytical Chemistry* 38（1966）：1905–1914.

Schroder, Eberhard, and Klaus Lubke. *The Peptides*. Translated by E. Gross. New York：Academic, 1965–1966.

Veggeberg, S. "Today's Peptid Chemists Face a Dizzying Array of Synthesizer Choices." *Scientist* 9（1995）：1–7.

◆ヘモグロビン計

Hemoglobinometer

ヘモグロビンは,1864年,ドイツの化学者F. ホッペ＝ザイラー (Felix Hoppe-Seyler, 1825–1895) によって,血液の赤

い色素に与えられた名である．ホッペ=ザイラーは，このヘモグロビンの吸収スペクトルを発見した．これ自体の重要性は17世紀以来評価されていた．すなわち，R. ボイル（Robert Boyle, 1627-1691）は，『人間の血液の自然誌のための覚え書き（*Memoirs for the Natural History of Human Blood*）』（1683年）において，血液は呼吸機能にあずかると考え，血液中の鉄分の重要性を指摘していた．

血液中のヘモグロビン量を量る方法は，1877年，L. マラッセ（Louis Malassez, 1842-1910）が，血液の色とカルミンのピクリン酸溶液とを比較—血液自体は基準とするには不安定すぎる—したときから始まる．1878年，W. ガワース（William Gowers, 1845-1915）は，『ヘモグロビンの臨床的計測装置（*An Apparatus for the Clinical Estimation of Haemoglobin*）』を記述した．彼が基準としたのは，正常な血液の色をつけたカルミンのピクリン酸溶液で希釈したグリセリン・ゼリーであった．患者の血液のヘモグロビンは，20 mm³（20 μl）のサンプルが同じ色を示すまで希釈する程度で量られた．G. ハイエム（George Hayem, 1841-1933）は，ヘモグロビン値の程度をあらわす一組のカラーディスクを使うことによって，この操作を簡便なものにした．1900年，フィンランドのT. タルクイスト（Theodore Tallquist, 1871-1927）は，吸い取り紙の上にたらした一滴の血液の色と，赤からピンクへと段階をつけた色のセットとを比較した．世界には，この粗雑な方法をいまだに用いているところもある．

1901年，イギリスの生理学者，J. S. ホールデン（John Scott Haldane, 1860-1936）が，石炭ガスにさらすと血液の色素が一層安定になることを観察したことから，事態は大きく展開した．石炭ガスは，ヘモグロビンを一酸化ヘモグロビン（HbCO）に変え，血液の「着色力」は，その酸素結合容量に比例する．1894年，ヒュフナー（G. Hüffner, 1840-1908）は，1 g のヘモグロビンが，1.34 ml の酸素結合能力をもっていることを示した．ホールデンは，血液の正常な酸素結合容量（成人男性）は，18.5%であることを発見した．彼は，1%の正常な血液の溶液を基準値として定義した．ガワースの器具を用いると，100%ヘモグロビンは，138 g/l になる．また，彼は，女性のヘモグロビンは，男性より平均で11%低く，子どもでは13%低いことにも気づいていた．

ホールデン-ガワース血色素計は，大英帝国において広く使われた．一方，ベルンのH. ザーリ（Hermann Sahli, 1856-1933）は，ヘモグロビンを茶色をした誘導体であるヘマチン酸に置き換え，茶色のガラスの基準値に対して読み取ることによって，不安定性の問題を打破しようとしていた．1902年に記述された，ザーリの血色素計は，ヨーロッパ大陸とアメリカにおいてポピュラーなものになった．

2つの面，つまり，器具と基準の点で，一層の発展が起きた．1906年，ベルリンで働いていたブダペストのJ. プレッシュ（Johann Plesch, 1878-?）は，溶液の色は，その濃度に逆比例するという原理に基づいて，ヘモグロビンを計測するセレニウム・セル検流計を記載した．やがて，ますます精巧になった比色計，比較測定器，測光器，分光測光計が，色の強度と光吸収を測定するために発展した．こうした器具は，さまざまな分析測定のために企画されたが，いくつかは血色素計としての特定の機能のために適したフィルターを伴って発展

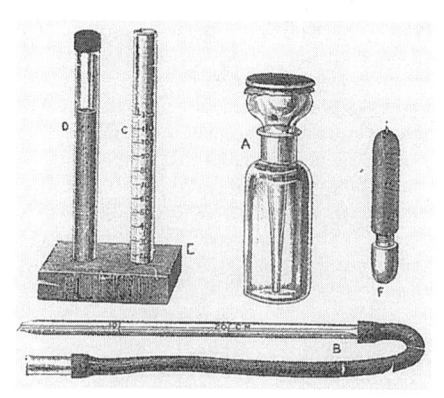

ガワースの血色素計(1923年). Baird & Tatlock Ltd. Standard Catalogue of Scientific Apparatus : Vol. 3 Biological Sciences. London, 1923 : 284. SSPL 提供.

した．
　屋外で使用できる簡単な持ち運び可能な器具の必要性も認識された．こうした器具の1つとして，1937年，E. J. キング（Earl J. King, 1901-）によって考案され，英国医学研究協議会によって，さらに改良された灰色くさび（グレイウェッジ）測光器がある．この器具においては，緑色の吸収フィルターを透過した血液の希釈したサンプルの濃度と，回転する灰色のくさびによって通過した光とが比色される．
　改良された測定方法として，信頼できる基準への要求がはっきりしてきた．ザーリの方法は不満足なものだった．仕様明細に書かれた基準がメーカーによって違っており，130 g/l と 170 g/l の間でばらついていた．イギリスでは，ホールデンの方法の標準化は，1942年，国立物理学研究所に保存されている，「100% ヘモグロビン」を表示する色基準原器とともに，英国基準（BSI 1079）を導いた．しかしながら，1947年，キングとその同僚たちは，鉄分析と気体定量法によって，もとになるホールデン測定が不正確であることを見出した．彼らは，100パーセント・ホールデンの BSI 基準を 148 g/l に改訂し，こうして，英国標準値を再計算し，ヨーロッパ大陸とアメリカですでに確立されていた標準値と一致するようになった．

　しかし，研究室間の測定には，まだ驚くべき食い違いがあった．国際基準を確立しようと，1963年，ヨーロッパ血液学会（当時）はワーキング・グループを結成し，これが血液学における基準のための国際協議会になっていった．1965年，この専門家集団はヘモグロビンシアン化物の基準のための特定化を行った．その濃度は，1961年，ブラウニッツァー（G. Braunitzer）らによって決められたヘモグロビンのグラム分子量を基礎とした分光測光器測定と，そのグラム分子領域の吸収によって決定された．少なくとも8年から10年の安定性をもつこの調合は，世界保健機構によって国際基準として採用された．そして，これは，現在でも世界中の近代的な血色素計の調整に用いられている．

［Mitchell Lewis／月澤美代子 訳］

■文　献

Gowers, W. R. "An Apparatus for the Clinical Estimation of Haemoglobin." *Transactions of the Clinical Society of London* 12 (1879) : 64-67.

Haldane, John. "The Colorimetric Determination of Haemoglobin." *Journal of Physiology* 26 (1901) : 497-504.

King. E. J., et al. "Determination of Haemoglibin : II. The Haldane Haemoglobin Standard." *Lancet* 2 (1947) : 789-792.

King. E. J., et al. "Determination of Haemoglobin : VI. Test of the M. R. C. Grey-wedge Photometer." *Lancet* 2 (1948) : 971-974.

Plesch, Johann. "Über objektive Hämoglobinometrie." *Biochemische Zeitschrift* 1 (1906) : 32-38.

Sahli, Hermann. "Über ein einfaches und exactes

Verfahren der klinischen Hämometrie." *Verhandlungen der Deutsche Gesellschaft für innere Medizin* 20（1902）: 230-244.

◆ヘリオスタット

Heliostat

ヘリオスタットは，時計仕掛けで鏡を太陽の見かけの運動を打ち消すように（太陽の動きに沿って）回転させ，太陽光を一定方向に反射させる器具である．その結果得られた光は，何か強い太陽光が必要な場合や，太陽放射の性質を研究するために用いられる．

すべてのヘリオスタットは，平面鏡の反射光は入射光と鏡の垂線によってつくられる平面内にあり，その光の反射角と入射角は等しいという原理をもとにしている．したがって，もし反射された光に変化がないのであれば，鏡の垂線は，太陽の位置と望まれた光線の方向とがなす角度を二分割していくだろう．ある種の光束に対しては，単純な仕組みによってこの「ヘリオスタットの状態」は満足される．例えば，鏡を地軸と平行に24時間で一回りする軸に適切に取り付ければ，どちらかの極に光を一定に反射させるであろう．そして，その光を別の方向に送るには，第二の鏡をつけ加えればよい．しかしながら，もっと複雑な仕組みならば，ただ1つの鏡で望んだ方向に光を送ることができる．この種のヘリオスタットは通常，壊れやすく，高価で，組立ても面倒である．しかし，鏡を1枚だけ用いた器具は，鏡が2枚のものより光の損失が少ないのである．

ヘリオスタットの設計の問題について初めて考察したのは，17世紀中盤のイタリアのG. ボレッリ（Giovanni Borelli, 1608-1679）であった．おそらく彼は，フィレンツェのアカデミア・デル・チメントにおける光の速度に関する実験に刺激されたのであろう．彼は，さまざまな形態の単一鏡装置の運動を分析した．ただし，ボレッリのアイデアは公表されず，何の影響も及ぼさなかった．

ヘリオスタットの概念にもとづき初めて実際に製作された装置は，オランダの物理学者W. スフラーフェサンデ（Willem Jakob 'sGravesande, 1688-1742）による影響力のある教科書で科学者の間で広く知られるようになった．ヘリオスタットという言葉は，ギリシャ語の「太陽」と「台」をもとにした彼の造語である．スフラーフェサンデの目的は，光学の講義における実験的証明を容易にすることにあった．彼のヘリオスタットは，どの方向にでも自由に動く鏡を支える架台と，時計仕掛けで太陽の動きを追う第二の架台を備えていた．鏡と時計仕掛けの支持架がしかるべき場所に置かれ，スライディング・ジョイントで接続されれば，太陽光は一定方向に反射される．スフラーフェサンデのヘリオスタットは，文章や絵によって広く知られるようになったが，多く製作されることはなかったようである．

ヘリオスタットのめざましい発達は，1800年頃から始まり，手軽で強力な電気照明を容易に利用できるようになる1880年代まで続いた．これらは，顕微鏡を使用した研究，写真術，光の波動説の帰結に関する検討，そして，他のさまざまな強力かつ安定した光を必要とする実験的および教示的な活動において使用された．文献に議論が頻繁に登場することから，ヘリオスタットが19世紀の物理学者に相当な関心を

与えていたことがうかがえる．ここでは，その最も重要なデザインにのみ言及する．

18世紀後半の実験講義で名高いフランスの物理学者 J. シャルル (Jacques A. C. Charles, 1746-1823) は，スフラーフェサンデの器具に初めて改良を加えた．彼の主要な貢献は，鏡を支える部分と時計部分を同じ架台にのせ，組立ての過程をいくぶんか合理化したことである．1809年，物理学者 E. マリュス (Etienne Malus, 1775-1812) は，これとわずかに異なったデザインを発表した．

より使いやすい代替案は，鏡を2枚用いることである．1番目の鏡を時計仕掛けで動く軸に直接取りつけ，光はこの軸に沿って反射される．これは，初めは17世紀に考案され，19世紀にたびたび見直され，つくり直された．これの人気が増大したのは，高い反射率の銀メッキが施された鏡が発明された1850年代である．これは，2回目の反射による光の損失を少なくした．

他の簡易な型のヘリオスタットもまた鏡を直接に時計仕掛けで動く軸に取り付けていた．しかし，この型では鏡の平面は軸と等しい．もし，これが48時間で一回りするのなら，光は一定に保たれて反射される．17世紀に初めて考案されたこの型は，1839年にドイツ人アウグスト (E. F. August) によって再び使われたが，一般的にはならなかった．しかしながら，この型は，天体を追跡し続け，天体が運動も回転もしていないかのように写すという特殊な機能を有していたため，天文写真術の器具であるシーロスタットへと姿を変えた．

パリの科学器具製作者 H.-P. ガンベイ (Henri-Prudence Gambey, 1787-1847) は，1823年に1枚の鏡を用いたヘリオスタットを発表した．とはいえ，彼の器具は初期のものよりずっと小さく，組立ても容易であったが，依然として複雑で壊れやすかった．1824年，イタリア人 P. プランジ (Pietro Prandi) の発表したものは，原理的にはスフラーフェサンデのものに似ていたが，改良され，組立ての問題もはるかに改善されていた．そして，最良のものは，1843年にフランスのシルベルマン (J. T. Silbermann) によって製作された．これは，簡易かつ比較的安価で，ヨーロッパやアメリカで人気を博した．

1862年，フランスの物理学者 J. フーコー (Jean Bernard Léon Foucault, 1819-1868) は，スフラーフェサンデのものを改良し，堅牢で，機構は信頼性に富み，鏡も大型化され，組立ても容易であった．1868年に亡くなる直前，フーコーはそれを，軸の上端に時計の駆動装置を移し，大型化し，耐久性を向上させることにより，天文学用のシデロスタットへと発展させた．

ヘリオスタットに要する費用は，アマチュアの写真家や顕微鏡愛好家らが個人で賄える範囲を超える傾向にあった．それでも彼らは安定した太陽光を必要とした．1869年，アイルランド人 G. ストーニー (George Johnstone Stoney, 1826-1911) は，低価格のヘリオスタットを設計した．これは，ガンベイのものに似ていたが，大型の鏡を備えていた．これは，ドイツと英語圏で多少の人気を得た．そして1879年，ベルリンの R. フュス (Rudolf Fuess, 1838-1917) は，最後の重要なヘリオスタットを発表した．これは，ストーニーのものに似ていたが，製作するにはそれよりも費用がかかった．

ヘリオスタットは，電気照明が簡単に使えるようになった後も好まれた．19世紀末期に研究・教育機関で製作された多数の

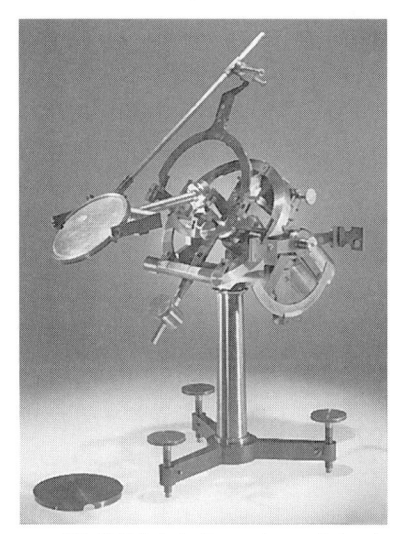

1823年に設計されたガンベイのヘリオスタット。時計部分は見ることができない。軸部分は図の左上。北緯約45度の地点に設置すると、昼頃に反射光は北を向く。NMAH 315,645。NMAH 提供。

ヘリオスタットは，しばしば窓の外の棚に置くためのものとして供給された．さらに後の1931年にシカゴ商会は，太陽放射を学ぶために「実際に必要なもの」として2種類のヘリオスタットを提供し，これらの特徴を記した．この特徴は現在でも残っている．

名称や機能が似ている他の鏡を用いた器具は，ヘリオスタットと混同されてしまうだろう．ヘリオグラフは，軍用の通信器具で，太陽の光を離れた場所にいる相手に向けて反射させるもので，光の反射を遮ることでモールス信号を送ることができる．C. ガウス (Carl Friedrich Gauss, 1777-1855) のヘリオトロープは測量器具に似ており，その反射光は長距離にわたる三角測量のためのビーコンとして有用である．

[Roger E. Sherman／米川 聡・橋本毅彦 訳]

■文献

Middleton, W. E. Knowles. "Giovanni Alphonso Borelli and the Invention of the Heliostat." *Archive for History of Exact Sciences* 10 (1973)：329-341.

Mills, Allan A. "Portable Heliostats (Solar Illuminators)." *Annals of Science* 43 (1986)：369-406.

Radau, Rudolph. "Sur la Theorie des Heliostats." *Bulletin Astronomique* 1 (1884)：153-160.

Repsold, Joh. A. *Zur Geschichte der Artronomischen Messwerkzeuge von 1830 bis um 1900*, Vol.2：8, 116, 119, 127. Leipzig：Emmanuel Reinicke, 1914.

◆ヘルムホルツ共鳴器

Helmholtz Resonator

ヘルムホルツ共鳴器は，もともと音についての主観的でおおむね定性的な分析，とりわけ上音を聞くためにつくられた．現代的な共鳴器はやや異なる形をしているが，空間音響学に使われ，聴覚振動数分析や一定の音の吸収や削除のために利用される．

19世紀前半において，それまで音楽家や数学者だけにとって関心のあった音響学は，物理学の新分野へと変容を遂げていった．特にE. クラドニ (Ernst Chladni, 1756-1827) による音響板，振動弦，振動棒，また『音響学 (*Die Akustik*)』(1802年) の出版は，音響学の出現に決定的であった (クラドニ板の項を参照)．さらに音を発生させるためのサイレン (1830年代と1840年代の間に開発) などの新しい音響器具の登場も重要であった．一方，クラドニの業績は E. H. ヴェーバー (Ernst Heinrich Weber, 1795-1878) と W. ヴェーバー (Wilhelm Weber, 1804-1891) の兄弟を触発し，音波の開拓的な研究 (『波動学 (*Die Wellenlehre*)』，1825年) へと導いた．またサイ

レンは 1840 年代に A. ゼーベック（August Seebeck, 1805-1849）と G. S. オーム（Georg Simon Ohm, 1789-1854）との音調を周期的衝撃の関数として定義しようとする相反する試みへと導いた．

オームとゼーベックの論争は，1850 年代にドイツの科学者 H. フォン・ヘルムホルツ（Hermann von Helmholtz, 1821-1894）が音調についての新しくより複雑な定義をすることで解決された．ヘルムホルツはこの論争に加わったとき，生理的音響学の改革という大きな課題を追求していた．1850 年代半ばに彼は，何らかの音（特に上音）を背景ノイズから切り離して分析しようとすることで，共鳴器を発明した．彼はそれによって，自分の聴覚の共鳴理論をテストするとともに，人が発声する母音の分析を行った．

ヘルムホルツのもともとの共鳴器は，空洞のガラス球で 2 つの短い首の端に開口部をもっていた．その結果彼や他の人々が見たように，ガラスや青銅などの材質をもち，ビンや花瓶など内部に空洞をもつ物体は，ヘルムホルツの共鳴器になる．ヘルムホルツの共鳴器の 1 つの開口部は端が尖っており，もう一方のろうとの形をした開口部は耳の穴に収まるようデザインされている．耳を傷めずにぴったりとはまるよう，ヘルムホルツは耳に入れる前にろうと形の開口部に蠟を厚く塗った（そして彼はもう一方の耳も蠟でふさぎ外部のノイズを減衰させた）．共鳴器と耳は，球の基本音を振動させ，耳に直接聞かせるような，彼のいうところの「弾性システム」となった．ヘルムホルツ自身によれば，この道具は効果的で，聴音訓練をしていない人でもすぐに音調を聞き分けることができた．

生理学的実験を遂行するために，彼は音階に合った一連のそのような共鳴器を作成したが，それらは一緒に用いられることで，かすかな音調も拾うことができるという点でとりわけ効果的であることが判明した．彼はやや粗雑な共鳴器の最初のセットをつくった後に，パリの器具製作職人である K. R. ケーニッヒ（Karl Rudolph Koenig, 1856-1901）に注文し，調律された共鳴器の完全なセットを製作させた．ヘルムホルツの共鳴器は，数学的にいえば音波をその正弦要素に分解する装置である．そのような共鳴器の中の空気は単純な調和運動を示し，首の中の空気が 1 つの物質の塊として，球内の空気はバネのように働く．そのようなヘルムホルツ共鳴器の自然振動数は（開口部と直線部の首の補正や減衰を仮定しないと），

$$\omega_0 = \frac{c}{2\pi}\sqrt{\frac{S}{lV_0}}$$

になる．ここで c は音速，S は首の面積，l は首の長さ，V は球内の空気の体積である．ヘルムホルツの共鳴器と彼の分析は音楽的音調の理解を著しく進展させ，ヘルムホルツの画期的な音楽学の傑作『音楽の理論のための生理学的基礎としての音調の知覚について（*On the Sensations of Tone as a Physiological Basis for the Theory of Music*)』(1863 年) に提示された．この著作は，批判もなかったわけではないが，19 世紀後半以降における音響学研究に大いに刺激を与え，革命をもたらした．それとともに，ヘルムホルツの共鳴器は（さまざまな形態で）物理教育実験室における不可欠の器具になっていった．

ヘルムホルツの共鳴器は現代の音響工学の一部になっている．それは数種類の音の吸収装置の 1 つの核となっている．非常に多くのそのような共鳴器が並列的に結合さ

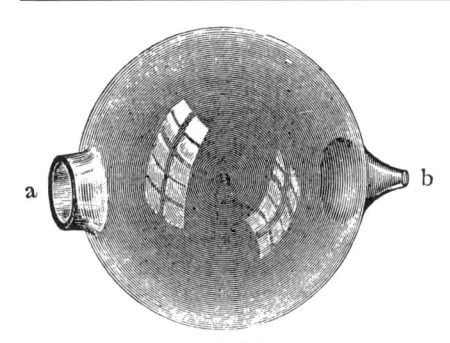

ヘルムホルツの共鳴器．Helmholtz (1877)：43頁．NMAH提供．

れ穴の開いた吸収器になる．音が伝播するダクトの壁の内側に取り付けられると，そのような共鳴器は音を弱める．別の同じ形態の現代的なヘルムホルツの共鳴器は木製の板で，穴が壁面から一定距離で出っ張っている．板とそれと壁との間の空気が一緒になってヘルムホルツの共鳴器として働き，（低い周波数に対して）反響時間を減少させる．さらに，現代的なヘルムホルツの共鳴器は時に部屋自体の建築の一部になる．ベルリン交響楽団のコンサートホールでは，そのような共鳴器が空洞の三角錐の形をして天井からぶら下がっており，それらは視覚的にも光学的にも美的機能を発揮している．ヘルムホルツの共鳴器はまた，現在でもときどきマイクロフォンの中で，音響システムの中から望ましくない周波数を取り除くために利用されたりする．300 MHz以下の周波数に対しては，それらはマイクロフォン・チューナーになり，特にコンサートホールで利用されている．

[David Cahan／橋本毅彦 訳]

■文献

Fletcher, Neville H., and Thomas D. Rossing. *The Physics of Musical Instruments*. 13, 153-155. New York：Springer-Verlag, 1991.

Helmholtz, Hermann von. "On the Physiological Causes of Harmony in Music." In *Science and Culture：Popular and Philosophical Essays*. edited by David Cahan, 46-75. Chicago：University of Chicago Press, 1995.

Helmholtz, Hermann von. *On the Sensations of Tone as a Physiological Basis for the Theory of Music*. Translated by Alexander J. Ellis, 7, 43-45, 51, 111-112, 372-374. 2nd English ed. London：Longmans, 1885. Reprint. New York：Dover, 1954.

Meyer, Erwin, and Dieter Guicking. *Schwingungslehre*, 233-235. Braunschweig：F. Vieweg, 1974.

Vogel, Stephan. "Sensation of Tone, Perception of Sound, and Empiricism：Helmholtz's Physiological Acoustics." In *Hermann von Helmholtz and the Foundations of Nineteenth-Century Science*, edited by David Cahan, 259-287. Berkeley：University of California Press, 1994.

◆偏角コンパス
➡ コンパス【偏差，偏角】

◆偏光解析装置

Ellipsometer

偏光解析装置（エリプソメーター，ellipsometer）は単色光線の電場ベクトルの横楕円振動を測定するものである．楕円偏光は直線偏光を，例えば薄い膜を張ったような鏡面に斜めに入射させて反射させることによって得る．こうして得られた偏光から，振幅反射率（これを tanΨ とあらわす）と入射平面に対して平行にまたは垂直に振動する電気ベクトルの要素の差異による反射位相差（Δとする）が測定される．光の反

射の方程式は，最初に 1815 年 A. フレネル (Augustin Jean Fresnel, 1788-1827) と 1889 年 P. ドルーデ (Paul Drude, 1863-1906) によって導かれた．その当時はΨとΔは媒体を反射する際の，もしくは薄い皮膜における厚さと屈折率の光の特性として導かれた．

偏光解析装置は反射された光線の偏光解析に関係しているので，偏光解析装置の歴史は，反射による光の偏光を発見した E. マリュス (Etienne Louis Malus, 1775-1812) (1809 年) と D. ブルースター (David Brewster, 1781-1868) (1815 年) にまでさかのぼることができる．ジャマン (J. Jamin, 1818-1886) (1851 年) と J. W. ストラット (John William Strutt, 別名レイリー卿, Lord Rayleigh, 1842-1919) (1892 年) が，きれいな液体と固体の表面においてブルースター角（偏光角）に近い角度の反射で引き起こされる楕円偏光を実験的に測定した．しかしながら楕円偏光解析の理論と実験法を確立したのはドルーデ（1889 年）である．1920～1930 年代に，ノルウェーのトロンヘイム市にあるノルウェー工科大学の L. トロンスタッド (Leif Tronstad) とウィンターボトム (A. B. Winterbottom) は，液体または気体環境における金属表面での薄膜形成を研究するために視覚的な「偏光解析装置 (ellipsometer)」（当時は偏光分光器, polarization spectrometer と呼ばれた）を用いた．"ellipsometer" という語は，1945 年 A. ローゼン (Alexandre Rothen) によってつくられた．光電子の発見，電子工学，デジタルコンピューターの進歩が楕円偏光器の復興を導き，この半世紀の間に偏光解析の用途を増大させた．これは 1964 年，アメリカの国立標準局［NBS, 現・国立標準技術研究所：NIST］における偏光解析に関する最初の国際会議での話題の焦点になった．

楕円偏光の解析はセナモン (H. de Senarmont, 1808-1862) (1840 年) にまでさかのぼって記録が残っているが，これは波の減速板とガラス状もしくはシート状の偏光板が使われている．零位点を測定する場合，減速板と偏光板を透過してきた光が消えるように取り付ける（減速板は補整器とも呼ばれる．なぜならそれは楕円偏光を直線偏光に変換し，その上で偏光板を通過させるからである）．正確に楕円偏光のパラメーターを決めるためには，方位角と位相の遅れを，高い精度 (0.01°) で知らなければならない．可動部分なしにすばやくかつ自動で零位点合わせを行う偏光解析装置は，位相の遅れをつくるために電気光学効果（ポッケルス効果）［結晶に電場を加えるとき，結晶の屈折率が変化する現象］を使うことによって，もしくは機械的回転を光学的回転に置き換えるためにファラデー効果［外部磁場によって生じる旋光性のこと］を使うことによって実現されている．このような装置は，表面での反応をリアルタイムで監視することを要求する用途にとって重要である．

最近の偏光解析装置は，ΨとΔを決定するために断続的に発生する光検波信号（偏光器を回転させたり，電気光学効果や光弾性変調器で発生させる）のフーリエ解析を利用している．視覚域を超える，または視覚域に近いスペクトルを用いた分光器を使用する偏光解析法はいまでは商業ベースにのる機器として使用可能であり，アメリカとフランスと日本で製造されている．偏光解析法はまた，弱い X 線，赤外線・遠赤外線，極超短波，さらには固体内の弾性波でさえも扱えるようになっている．

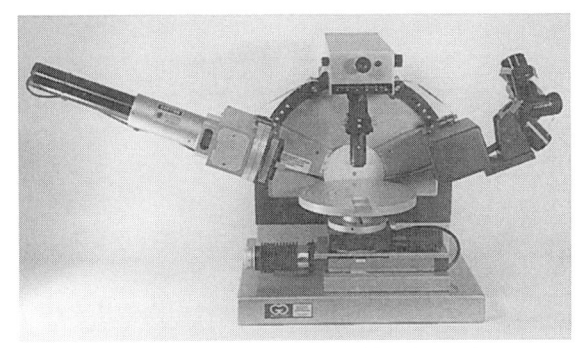

モデル L 115 S, 1994 年ガートナー社によるストークス・ウェハースカン・エリプソメーター. ゲルトナー・サイエンティフィック提供.

可動部分や変調器をもたない最新の機器は, 波面の分割 (E. コレット (Edward Collett), アメリカ, 特許 1979 年, 特許番号 4, 158, 506) と振幅の分割 (R. アッザーム (Rasheed Azzam), アメリカ, 特許 1987 年, 1994 年, 特許番号 4, 681, 450 と 5, 337, 146) を同時に使うことでいくつかの検出器によって 4 以上の倍数からなる信号を生成することに基づいている. ある設計のものは, 全部で 4 つある偏光ストークスパラメーターを測定するために, 部分的に反射シリコンを使用した検出器を 4 つだけ使う. この原理に基づいた製品はシカゴのガートナー社によって販売されている.

[**Rasheed M. A. Azzam**／小林　学 訳]

■文　献

Azzam, Rasheed M. A., ed. *Selected Papers on Ellipsometry*. Bellingham, Wash.：SPIE Optical Engineering, 1991.

Azzam, Rasheed M. A., and N. M. Bashara. *Ellipsometry and Polarized Light*. Amsterdam：North-Holland, 1977.

Passaglia, E., R. R. Stromberg, and J. Kruger, eds. *Ellipsometry in the Measurement of Surfaces and Thin Films*. Washington, D. C.：Government Printing Office, 1964.

Proceedings of the First International Conference on Spectroscopic Ellipsometry. Amsterdam：Elsevier, 1993.

Proceedings of the Second, Third, and Fourth International Conferences on Ellipsometry. Amsterdam：North-Holland, 1969, 1976, and 1980.

◆偏　光　計

Polarimeter and Polariscope

偏光計 (偏光器) は光学活性体 (旋光性のある物体) を通過する光線の偏光面の回転角を測定するものである. 偏光に関する研究は 1669 年に, E. バルトリヌス (Erasumus Bartholinus, 1625-1698) が, 氷州石という透過性のある結晶が光線を 2 つの異なる光線に分光することを観察したことに始まる. C. ホイヘンス (Christiaan Huygens, 1629-1695) は数年間, 複屈折を研究し, 常光線もしくは異常光線の偏光としてわれわれが現在認識しているいくつかの効果を発表した. しかし, 偏光現象が体系的に研究されるのは, 19 世紀になってからのことである.

1808年パリにおいて，E. マリュス（Étienne Louis Malus, 1775-1812）（1809年）は光が回折によって偏光を生じることを発見した．そして彼は「偏光（polarisation）」という言葉をつくった．偏光はすぐにフランスの F. アラゴー（François Arago, 1786-1853），J.-B. ビオ（Jean-Baptiste Biot, 1774-1862），A. フレネル（Augustin Jean Fresnel, 1788-1827），スコットランドの D. ブルースター（David Brewster, 1781-1868）といった先進的な物理学者の関心を引きつけた．1820年頃，光は横波であると信じたフレネルは，複屈折と偏光の現象の数学的説明を可能にした．光学活性体とそれらの分子構造との間の関係が認識されたので，一連の全く新しい装置が開発された．

偏光計の技術はまもなく化学，結晶学，生物学，医学において有益であることがわかった．サッカロメーター（検糖計）といった特殊な目的の偏光計は溶液の糖の濃度を測定するために広く使われた（旋光計（化学用）の項を参照）．ディアベトメーターは糖尿病患者の尿中に含まれる糖の量を測定するものである．

基本的な偏光計は偏光子（複屈折性の結晶，偏光プリズム，重ねたガラス板，非金属の鏡など）と検光子と呼ばれる同じ種類の装置からなっている．検光子は分割された円の中心を回転することができるものである．小さな望遠鏡が観察のために後者に取り付けられた．初期の偏光計は消光の原理に基づいている．すなわち検光子と偏光子が互いに垂直に位置するとき，光を通さなくなるという原理である．偏光子と検光子の間に光学活性の溶液を挿入すると透過光の偏光面が回転され，光は部分的に透過できるようになる．視野を再び暗くするために，検光子はさらに回転させられる．

1810年頃，ビオとマリュスによって使われた偏光計は，検光子と偏光子のために黒いガラスの鏡を回転させて使用した．後のモデルは氷州石のプリズムでつくられた．1828年にスコットランドの地質学者，W. ニコル（William Nicol, 1768-1851）によって効果的な偏光プリズムが発明された．それは2つの氷州石を接着させ，常光を屈曲させる一方で異常光を透過させることができる．ニコルのプリズムは20世紀まで利用された．他の偏光プリズムは，W. H. ウォラストン（William Hyde Wollaston, 1766-1828），J. フーコー（Jean Bernard Léon Foucault, 1819-1868），A. プラズモフスキー（Adam Prazmowski, 1821-1885），P. グラン（Paul Gran），S. トムソン（Silvanus Thompson, 1851-1916）らによって提案された．1844年，ドイツの化学者 E. E. ミッチェルリヒ（Ernst Eilhard Mitscherlich, 1794-1863）は2つのニコルプリズムを備えた偏光計を導入した．その後水晶板のようなさまざまな光学的要素がさらに精度を上げるためにこれらの装置に導入された．

J. F. ソレイユ（Jean François Soleil, 1798-1878）と彼の義理の息子であり後継者でもある J. デュボスク（Jules Duboscq, 1817-1886）は，おおよそ1840年から1880年の間に最もよくできたいくつかの偏光装置を企画し製造した．ソレイユ検糖計は，糖の溶液によってつくり出される白色光線の偏光面の回転が，移動できる二重の水晶製のくさび（ソレイユの水晶くさび補償器）によって補償される．他の重要な製造業者はベルリンのシュミット＆ヘンシュ，フュス（R. Fuess），ベルンのハーマン＆プフィスター，ホンブルクのステーグ＆ロイター，パリのホフマン（J. G. Hoffman）と

L. ローラン（Leon Laurent）らである．

　1865年にH. ヴィルト（Heinrich Wild, 1833-1902）によって発明された偏光ストロボメーターは，干渉縞をつくり出すように2枚の水晶板からなっている．検光子の一定の回転によって縞模様が取り除かれ，偏光面の回転が測定できる．

　1873年，A. コルニュ（Alfred Cornu, 1841-1902）とデュボスクは黄色の単色光を用いた半陰影偏光計を提案した．この装置では，視野の2つ（もしくはそれ以上）の光度を比較し合わせることで偏光面の位置を測定する．1874年ローランは同種のフランスで大変普及することになる機器について述べた．1880年代にF. F. リピッヒ（Ferdinant Franz Lippich, 1838-1913）は検光子がグランのプリズムの一組で構成される半陰影偏光計を考案した．この装置はさらにH. H. ランドルト（Hans Heinrich Landolt, 1831-1910）によって改良された．

　偏光器は偏光の効果を観察するためのもので，偏光の度合いを測定することはできない．偏光現象は人を驚かせると思われてきたので，偏光器は物理学の披露実験に広く使われた．これらの機器はしばしば単軸や双軸の結晶板と販売され，それらは偏光を通すとすばらしい干渉の模様と色を示した．異なる形態の偏光器がヘリオスタットや幻灯機とともに使用された．

　1827年頃K. M. マルクス（Karl Michael Marx）によって最初に述べられた電気石のトングにおいては，観察される試料を2つの電気石の間に挿入する．電気石は異常光線が通る間にほとんどの常光線が吸収される複屈折と二色性のある結晶で，ほとんどの常光線を吸収し，異常光線を透過する．ガラス板を複屈折性にするために，小さな圧力がかけられたりした．1830年頃，ド

19世紀末のドルーユによるネレンベルクの偏光器．フィレンツェの科学技術財団提供．

イツの化学者C. ネレンベルク（Christian Nörremberg, 1787-1862）は，傾いたガラス板によって偏光され，黒い鏡もしくはニコルプリズムによって検光される垂直偏光器を発明した．これは何十年もの間人気を博した．1850年頃，デュボスクは洗練された投影型偏光器を導入し，これはいくつかの器具製造業者によって複製された．多くの同じような装置が提案されたが，動作原理は同じであった．

　G. B. アミチ（Giovan Battista Amici, 1786-1868）は1830年頃，偏光顕微鏡を考案した．そしてこの種の装置は19世紀後半に，記載岩石学と結晶学の研究においてよく使用されるようになった．シアン偏光計は偏光系によってつくり出される色と空の色との比較を可能にした．

　偏光フィルターと偏光シート（ポラロイド）は1930年代にアメリカの発明家E. H. ランド（Edwin Herbert Land, 1909-1991）によって開発された．これは基本的に3つのタイプからなる．合成樹脂媒体中の微小

結晶の二色性と配向性をもつ微小結晶ヨウ素の鎖状高分子を付加させたポリビニルアルコールを伸ばしたシート，もしくは配向性のあるポリビニルからできている，二色性をもつ合成樹脂である．ポラロイドは，現在では古い偏光プリズムに取って代わり，広く産業，写真，多くの光学機器に使用されている．

[Paolo Brenni／小林　学・橋本毅彦 訳]

■文　献

Khvolson, O. D. *Traité de physique*. Paris：A. Hermann, 1908-1914.

Pellin, Philibert. "Polarimètres et saccharimètres." *Journal de physique théorique et appliqué* 4 (1903)：436-442.

Rosmorduc, Jean. *La polarisation rotatoire naturelle, de la structure de la lumière à celle des molécules*. Paris：A. Blanchard, 1983.

Sidersky, David. *Polarisation et saccharimètrie*. Paris：Gauthier-Villars, G. Masson, 1895.

◆偏差コンパス
➡ コンパス【偏差，偏角】

ほ

◆ホイートストン・ブリッジ

Wheatstone Bridge

　ホイートストン・ブリッジは抵抗を比較する電気回路であるが，この用語はこの回路をもつ計器にも使われる．ロンドンのキングス・カレッジの実験哲学者 C. ホイートストン（Charles Wheatstone, 1802-1875）によって，1843 年の王立協会の機関誌『哲学紀要（*Philosophical Transactions*）』に掲載された．同種の原理は，1833 年に S. H. クリスティ（Samuel Hunter Christie）によっても同誌に掲載されている．ホイートストンはクリスティの優先権を論文の脚注に記したが，これはかなり後に記されたことが知られている．クリスティの論文はあまり注意を払われなかった．その理由の 1 つは，同時代の人間がそうだったように，オームの法則を評価しなかったため，彼の分析をたどるのが難しかったことである．「ホイートストン・ブリッジ」という言葉は，大陸でつくられたようである．ホイートストンはこの回路を差動抵抗測定法と呼んでいた．ホイートストンの最初のブリッジの 1 つと信じられているものがキングス・カレッジに残され，現在はロンドン科学博物館に収められている．

　この回路はループ状につながれた 4 辺の抵抗からなる．その 2 辺の接続部間に電池がつながれ，反対側にはガルバノメーター（検流計）がつながれている．1 つまたは複数の抵抗がガルバノメーターに電流が流れなくなるまで調整される．このようにブリッジが平衡したときは，抵抗比 A/B は X/Y に等しくなる．したがって 3 つの抵抗が既知ならば 4 つめは計算できる．ブリッジは零位法の計器であるから―すなわち，測定はガルバノメーターに電流が流れないときになされる―結果は，ガルバノメーターの精度や電池の安定度によらないので，簡単に高精度が得られる．

　標準抵抗を多数使用しなくてもすむように，2 辺の抵抗は，平衡点まで動かせる接点と一様な抵抗線スライドの長さに置き換えることもできる．スライド抵抗ブリッジは，研究所用に 19 世紀後半にも販売されていたが，最も広く使われたのは学校の実験室で，イギリスでは 1970 年代後半まで残っていた．

　一般には，栓抵抗ブリッジが好まれた．これはホイートストン・ブリッジ回路の 3

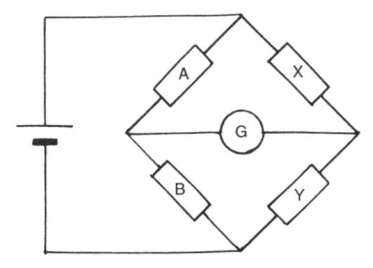

ホイートストン・ブリッジ回路．SSPL提供．

ラティマー・クラーク/ミュアヘッド社製
POボックス型ホイートストン・ブリッジ
(1885年頃). SM 1989-965. SSPL提供.

辺を構成するように組まれた箱である．抵抗値は金属栓を抜く（または型によっては挿す）ことで調整した．一般型はPOボックス型と呼ばれた．これは英国郵政省の電信部門で使われたからであるが，より精密な測定には別の形のものがあった．栓抵抗ブリッジは1880年代まで購入可能であったが，後に，スイッチ機構が開発されて，プラグ機構はスイッチに置き換えられた．高精度計器はガルバノメーターと電池を接続したが，携帯用はガルバノメーターを内蔵し，後には乾電池をも組み込んだ．特殊用途にはホイートストン・ブリッジはいくつもの変形があった．例えば，ほぼ同等の抵抗を比較するカーレー・フォスター・ブリッジ，低抵抗を測定するケルビン・ダブルブリッジ，抵抗温度計用のカレンダー・グリフィス・ブリッジなどである．

ホイートストン・ブリッジはガルバノメーターが，適当な検出器に置き換えられたときは交流でも動作する．このときは，イヤフォン，振動ガルバノメーターや交流ガルバノメーター（この計器が実用になったとき）が使われる．ブリッジの辺は，抵抗やコンデンサーあるいはインダクタンスでもよい．ブリッジは2辺のインピーダンス比が同じになったとき平衡する．インダクタンスや電気容量を測定するブリッジは，抵抗ブリッジほど最近まで一般的でなかったが，メーカーから高精度の計測器として販売されている．一般的な用途としては「万能ブリッジ」が20世紀の後半にあらわれ，あらゆる電気部品の測定を可能にした．

通常の用途の計器は電子式計器に取って代わったが，伝統的なホイートストン・ブリッジは1990年代前半まで完全に消えたわけではない．高度に複雑なブリッジは，いまだに標準制定に携わる研究所では欠かせないものである．

[C. N. Brown／松本栄寿 訳]

■文 献

Ekelöf, Stig. "The Genesis of the Wheatstone Bridge." Papers presented at the fifth IEE weekend meeting on the history of electrical engineering. London, April 1-6, 1997.

Fleming, John Ambrose. *Handbook for the Electrical Laboratory and Testing Room*, Vol.1. London：The Electrician, 1901.

Wheatstone, Charles. "An account of Several New Instruments for Determining the Constants of a Voltaic Circuit." *Philosophical Transactions of the Royal Society* 133（1843）：303-328.

◆望　遠　鏡
➡ 電波望遠鏡も参照

◆望遠鏡【初期】

Telescope（Early）

人間が肉眼で天体を観測するための望遠

鏡には，2つの根本的に異なる設計のものがある．1つは対物レンズからなる屈折望遠鏡であり，もう1つは対物鏡からなる反射望遠鏡である．

ガリレオ（Galileo Galilei, 1564-1642）は屈折望遠鏡を発明した人物として広く受け入れられており，またたしかに彼はその初期の使用者の1人であるのだが，その発明はオランダのゼーランド州の州都，ミッデルブルグのS.ヤンセン（Sacharias Jansen, 1588-1628頃）によるものである．それは1608年頃に発明され，その特許を認可するかどうかが，州当局によって1608年の10月2日に討議された記録がある．当時のヨーロッパでは，この年以前に，光学に興味をもっていた主要な科学者たちが，望遠鏡のことを知っていたことを示す文献的な証拠は残っていない．このニュースはイングランドのT.ハリオット（Thomas Harriot, 1560頃-1621）やイタリアのガリレオに，1609年頃に伝わった．ハリオットは1609年の7月に望遠鏡の使用に関する最も古い記録を残しており，その同じ月にガリレオは，オランダ式の望遠鏡を作製するよう注文している．

屈折望遠鏡においては，そのすべての光学的部品はレンズからなり，その名前の由来は，光がガラスを通るときに屈折するという事実に基づくものである．この最も古いタイプの望遠鏡は3通りの異なる形へと発展していった．第一には天体観測用の望遠鏡で，それは2つのレンズからできており，その両レンズは光を収束させるもので，凸型のレンズとして知られている．この場合得られる像は倒立像であるが，それは天体を観測する際には特に問題はなかった．2番目のタイプは地上での観測に用いる望遠鏡で，これには対物レンズに加えて3枚のレンズからなる正立アイピースを用いた．すべてのレンズは凸型のレンズで，得られる像は正立像である．3つめのタイプは光を収束させる凸型の対物レンズと，光を放散させる凹型の接眼レンズからできていた．このタイプの望遠鏡は，ガリレオが1610年からこの組合せ方を有名にしたので，ガリレオ式として知られている．ガリレオ式望遠鏡の利点はその値段にある．なぜならそれはたった2枚のレンズだけを用い，得られる像も正立像であるからである．また欠点としては倍率がそれほど大きくならないことがある．この組合せはやがてオペラグラスやフィールドグラスにのみ用いられるようになった（双眼鏡の項を参照）．

屈折望遠鏡は17世紀の間を通じて，またその後1750年頃まで，一般的に用いられていた唯一の望遠鏡であった．天文学者たちは星の位置を測定するのに加えて，宇宙を深く見通し，惑星や星雲を調査することも欲した．そのために，50mにも及ぶほどの長い焦点距離をもった，大きな対物レンズがつくられるようになったのである．

このような巨大な望遠鏡を作製しなければならなかった理由は，光の性質が望遠鏡による見かけの像に及ぼす本質的な欠陥に起因するものであって，ガラスのレンズ内の屈折と分散によって生み出されるいくつかの色に起因するものと（色収差），磨き上げられたレンズ表面の球形に起因するものであった（球面収差）．

色収差は，光線がその色により屈折率が違っている，ということにより生ずる．すなわち，スペクトルの青端の光線と赤端の光線とでは違う場所に焦点を結ぼうとするので，結果的に，得られる像の端の部分に

色がついてしまうのである．また球面収差は以下のようにして引き起こされる．球形に磨き上げられたレンズにおいては（非球形のレンズは20世紀の半ばになってようやくつくられる），レンズの端の部分を通る光線は，中央の部分を通る光線に比べて，よりレンズ自身に近い部分に焦点を結ぼうとする．対象のあらゆる部分から放たれる光線は，レンズのあらゆる部分を通過するため，得られる像の全体像がぼやけてしまうのである．一方反射望遠鏡では，光線のすべての色の部分が鏡面で等しく反射され，入射する光線と反射される光線はいつも同じ媒体—すなわち空気—を通過するので，色収差が起こることはない．初期の屈折望遠鏡は，レンズの材料であるガラスの質の悪さと，得られる像の収差がその欠点であった．またその焦点距離に合わせてつくられた極端に長い鏡筒もひどく扱いずらく非実用的なものであったのである．

屈折式の光学機器における—まずは望遠鏡において，そしてその数年後には顕微鏡において—初めての大幅な改良をもたらしたのは，J. ドロンド（John Dollond, 1706-1761）であった．ロンドンに住んでいたユグノー難民の息子である彼の趣味は幾何学であり，また彼は中年にさしかかった頃，息子のピーターを彼の器具製作の仕事に引き入れている．ドロンドが成し遂げたすばらしい偉業は，クラウンガラスとフリントガラスを組み合わせてつくった対物レンズを用いることによって，屈折望遠鏡における色収差を補正したことである．屈折率の大きいフリントガラスは，クラウンガラスに比べてより大きく光を分散させる．そのため凸型のクラウンガラスと，凹型のフリントガラスの両者を1つに組み合わせて使うことによって，実質的に色収差のないレンズをつくることができるのである．このタイプの対物レンズはドロンド親子によって1758年から売り出された．この発明によってドロンドは王立協会からの賞と王立協会会員の座を得た．

一般的な反射望遠鏡は正立像を得ることができ，また色収差もなかったので，このタイプの望遠鏡が18世紀において最も人気を博した望遠鏡であった．また反射望遠鏡では鏡筒の長さも3m以内と大幅に短く，さらに対物鏡も45 cmまで大きくすることができたので，よりたくさんの光を集めることができ，それゆえ宇宙を深く見通すことが可能となった．凹面鏡の存在は昔から知られており，太陽の光を集めて火をつけるのに用いられていた．しかし凹面鏡を組み入れた望遠鏡は17世紀の中葉までつくられることはなかった．スコットランドの数学者，J. グレゴリー（James Gregory, 1638-1675）は，彼が考案した望遠鏡の設計について1663年に出版していたが，当時の技術力ではそれを作製することは困難であった．しかしこれを受けてI. ニュートン（Isaac Newton, 1642-1727）は全く独自に小さな望遠鏡をつくろうとした．そして彼は1669年に長さ6インチ（約15 cm）の望遠鏡をつくることに成功した．ニュートンは，この世界で初めての反射望遠鏡は，対象を約40倍に大きく見ることができ，「6フィート（183 cm）の鏡筒の望遠鏡よりも解像度が高いと思われる」と報告している．

反射望遠鏡には3種類のタイプがある．グレゴリー式反射望遠鏡には凹面の対物鏡に加えてもう1枚凹面鏡がついており，対物鏡で一度反射された光はその凹面鏡によってもう一度反射させられ，対物鏡の真ん中に空いた小さな穴を通してアイピースへ

と導かれるようになっている（アイピースは2枚のガラスのレンズからなる）．これとよく似た形の反射望遠鏡がカセグレン式として知られており，この場合2枚目の鏡が凸面鏡になっていて，得られる像は倒立像である．このカセグレンという名はほとんど無名のフランス人にちなんでつけられた．この2つのタイプの両方とも，観測時には，観測者の視線の方向と対象に向けられた望遠鏡の向きが一致するようになっている．しかし第三のタイプ，ニュートン式反射望遠鏡の場合には，観測者は望遠鏡が向いている方向に対して直角になるように立つ．これは対物鏡が集めた光を，望遠鏡の光軸に対して45°の角度に傾けた小さく平らな鏡によって反射させているからである．それゆえアイピースは鏡筒に対して直角の向きに，望遠鏡の上端の部分につけられている．ニュートン式望遠鏡で最も有名なものは，18世紀末にW. ハーシェル（William Herschel, 1738-1822）が宇宙の深部を観測するためにつくったものである．ハーシェルのつくった反射望遠鏡で最小のものは，直径15.5 cmの金属鏡で焦点距離が2.1 mのものである．

18世紀にロンドンで取引をしていた器具製作者の中には，たくさんの優れた反射望遠鏡作成者が名を連ね，その中で最も有名だったのがスコットランド人のJ. ショート（James Short, 1710-1768）であった．彼の銅とスズの合金を鋳造する技術や，グレゴリー式望遠鏡の光学器に用いるための金属鏡を手で磨く技術は大変優れたものだったので，ヨーロッパやアメリカのほとんどの天文台は彼の望遠鏡を購入した．ショートの功績は18世紀末のハーシェルの仕事の礎となり，そしてハーシェルの仕事によって拡張されたものである．巨

屈折望遠鏡の数々．Johannes Hevelius. Machinae Coelestis. Gedani, 1673：facing page 382. SSPL提供．

大反射望遠鏡は20世紀を通して天文台で使用され，現在においてもなお，さらに大きな鏡を備えた望遠鏡が使用されるに至っている．[Gerard L'E. Turner／平岡隆二訳]

■文　献

King, Henry C. *The History of the Telescope.* London：Charles Griffin, 1955.

Simpson, A. D. C. "James Gregory and the Reflecting Telescope." *Journal for the History of Astronomy* 23（1992）：77-92.

Turner, Gerard L'E. "James Short, FRS, and His Contribution to the Construction of Reflecting Telescopes." *Notes and Records of the Royal Society of London* 24（1969）：91-108.

Turner, Gerard L'E. "Three Late-Seventeenth Century Italian Telescopes, Two Signed by Paolo Belletti of Bologna." *Annali dell'Istituto di Storia della Scienza di Firenze* 9（1984）：41-64,

xxi plates.
Van Helden, Albert. "The Invention of the Telescope." *Transactions of the American Philosophical Society* 67 (1977): part 4.

◆望遠鏡【現代】

Telescope (Modern)

屈折式望遠鏡

色消し屈折レンズは，1750年代に発明されていたものの，19世紀初頭にドイツのベネディクトボイエルンにある製作所でなされた光学ガラス製造上の改良によりさらに大きく発展した．その製作所では，J. フォン・フラウンホーファー (Joseph von Fraunhofer, 1787-1826) によって高品質で予測された分散をもつクラウンガラスとフリントガラスが製造され，それらを色収差を補正するために組み合わせ，レンズの4つの表面に適当な湾曲を計算することが可能になった．フラウンホーファーはドロンド親子 (John Dollond, 1706-1761, Peter Dollond, 1730-1820) よりもずっと大きな色消しレンズをつくり出すことができた．ドルパット天文台 (1824年) とベルリン天文台 (1835年) の彼による屈折レンズは口径9パリインチ (24.4 cm) である．フラウンホーファーはさらに，赤道儀を発達させることにより，望遠鏡の機能と安定性を向上させた．彼の「ドイツ式赤道儀」により，望遠鏡は地平上の空のどの部分にも向けることができ，極軸に対して望遠鏡を逆方向にすることにより，それなしでは見えなかった地域にも差し向けることができるようになった．フラウンホーファーの業績はメルツ&マーラー社によって引き継がれ，彼らは14パリインチ (38 cm) の屈折式望遠鏡をサンクトペテルブルグのプルコバ天文台 (1839年) とマサチューセッツ州ケンブリッジのハーバード大学天文台 (1847年) 用に製作した．

他の重要な屈折式望遠鏡としては，H. グラブ (Howard Grubb, 1844-1931) によるウイーン天文台の27インチ望遠鏡 (1880年)，マサチューセッツ州ケンブリッジポートのアルバン・クラーク&サンズ社によりレンズがつくられ，ハンブルグのJ.G.レプソルト (Johann Georg Repsold, 1770-1830) により取り付けられたプルコバ天文台の30インチ望遠鏡 (1884年)，ミュンヘンのC.A.シュタインハイル&サンズ社によりレンズがつくられ，レプソルトにより取り付けられたポツダム天体観測所の80 cm望遠鏡 (1884年)，ヘンリー兄弟 (Paul Pierre Henry, Prosper Mathieu Henry) によりレンズがつくられ，パリのゴーティエ (P. Gautier) により取り付けられたムードン天文台の83 cm望遠鏡 (1893年)，そしてともにアルバン・クラーク&サンズ社によってレンズがつくられ，オハイオ州クリーヴランドのワーナー&スワゼー社により取り付けられたリック天文台の36インチの望遠鏡 (1888年) とヤーキス天文台の40インチの望遠鏡 (1897年) があげられる．

ほとんどの色消し屈折式望遠鏡は肉眼での観測用に補正されていた．写真観測の重要性が19世紀後半の数十年に増加し，青い波長において鮮明な画像を生み出す屈折式望遠鏡の発展を導いた．これらの天体写真儀は広い視野と短い焦点距離を有し，したがって口径比 (対物レンズの直径と焦点距離の比) は普通の望遠鏡では1：15から1：20なのにもかかわらず，1：4から1：10であった．多くの天体写真儀 (直径40

cm までのもの）はイエナのツァイス社によりつくられた．

巨大な屈折式望遠鏡の時代は，対物レンズが実用的な限界に到達してしまったことにより，19世紀の終わりに終焉を迎えた．重い平面状のガラスは歪みを生じがちであり，特に写真撮影に重要な青いスペクトルにおいて透過する光を吸収してしまったのである．一方，反射鏡は本質的に色収差と無縁であり，側面だけでなく背後からも支えることが可能であった．そのため歪みは少なく，さらに入射光線のほんのわずかしか吸収しなかった．

反射式望遠鏡

スペキュラムと呼ばれる鏡金を用いた大きな反射望遠鏡が18世紀の終わりから19世紀初頭にかけて数台製作されたものの，反射能は高くなく，よく磨かれた鏡面も地球の大気によってすぐに性能が低下してしまった．そのため，J. フォン・リービッヒ（Justus von Liebig）によって1835年に提案された（公表されたのは1856年）ガラスの表面を銀で覆う新しい方法は，天文の分野にただちに採用された．ミュンヘンのC. A. シュタインハイル（Carl August Steinheil）とパリのJ. B. フーコー（Jean Bernard Léon Foucault, 1819–1868）は（互いに独立に），口径32 cmから80 cmの銀メッキされたガラスを用いた良質の望遠鏡を製作した．フーコーは正確な試験技術も発達させた．1870年代までに，イギリスのG. カルヴァー（George Calver）やJ. ブラウニング（John Browning），A. A. コモン（Andrew Ainslie Common, 1841–1903）そしてアメリカのH. ドレイパー（Henry Draper, 1837–1882）やJ. A. ブレイシア（John A. Brashear, 1840–1920）などの光学機器製造者たちは，口径1 mまでの反射望遠鏡を製作した．それらはとても役に立ったものの，職業天文学者たちは，特に天文分光学や光度測定，写真撮影などにおいて20世紀の初頭まで，反射望遠鏡を信頼しなかった（カメラ，光度計，分光器（天文用）の項を参照）．注目に値する唯一の初期の事例は，1879年にコモンによって製作された36インチ「グロスリー反射望遠鏡」で，1895年にリック天文台へ移され，J. キーラー（James Edward Keeler）によって星雲の観察に使用された．1904年にカール・ツァイス社はイエナのショット社により改良されたガラスを用いて反射望遠鏡の製作を開始した．アメリカではヤーキーズ天文台の24インチ反射望遠鏡（1901年）が，60インチと100インチのウィルソン山天文台にある反射望遠鏡（それぞれ1908，1917年）に続いている．これらの3つの望遠鏡は，G. E. ヘイル（George Ellery Hale, 1868–1938）によって奨励され，3つの反射鏡はすべてG. W. リッチー（George Willis Ritchey）によって磨かれた．100インチ望遠鏡で撮影されたスペクトル写真から，E. ハッブル（Edwin Powell Hubble, 1889–1953）は有名な銀河の後退速度と距離の関係を発見した（1929年）．

反射望遠鏡で最大のものは，パロマー山天文台の200インチヘイル望遠鏡（1928年に計画され，1948年に運用開始）とソ連コーカサス山脈のゼレンチュスカヤにある6 m反射望遠鏡（1976年）である．しかしながら，天文学的に有用な反射望遠鏡のほとんどは4 m級の反射鏡を有し，主焦点（口径比1：3から1：5）やニュートン焦点が写真撮影用，カセグレン焦点（1：10から1：20）やクーデ焦点（1：30から1：40）が分光分析用として使用されてい

る．

熱膨張係数の小さな新しい材質が反射望遠鏡の有効性をさらに高めた．パイレックスガラスが1930年代に初めて用いられ，1950年代には広く使用されるようになった．熱膨張係数が非常に小さなガラス・セラミックス（マインツのショット社による「ゼロデュラ」など）は，1970年代に導入された．現代の凹面鏡はとても高い品質の表面を有し，スペイン南部にあるカラル・アルト望遠鏡（1981から1982年）の3.5 m鏡は理想的な表面の形からのずれが1 mmの1万分の1未満である．

シュミット式望遠鏡

放物線鏡では，入射光線が光学軸に平行な場合のみ歪みのない像を得ることができる．光学軸に対して角度をもって入射する光線は彗星のような不均整像を結ぶ（コマ収差）．そのため，放物線鏡は狭い観測範囲（約15分）しかもたず，わずか1平方度に32枚の写真乾板が必要とされる．全天はというと，なんと，41,253平方度もある．中心の1つの星にだけでなく，広い視野に対してよい画質が必要となるという新たな問題は写真撮影の進歩とともに出現した．より広い視野への最初の試みはリッチー―クレティエン反射式望遠鏡であった．H.クレティエン(Henri J. Chretien)が1922年に設計を提案し，リッチーが困難な非球面鏡を製作した．この装置はコマ収差を解消したものの，非点収差と像面湾曲は存在した．K.シュヴァルツシルト(Karl Schwarzschild, ?-1916)は非点収差のみをもつ特殊な2枚の反射鏡からなる望遠鏡を考案した．

広い視野（15度まで）と歪みのない像は，エストニア生まれでハンブルグ天文台に勤務していた光学研究者のB.シュミット (Bernhard Schmit, ?-1935)により達成された．1930年に，シュミットはコマ収差を防ぐために単純な球面鏡を用い，球面収差を取り除くために反射鏡の曲率中心に薄い非球面の補正版を配置した．さらに，彼はこの補正版を作成するのに真空技術を用いるというすばらしい考えをもっていた．

この種類のシュミットの最初の望遠鏡は，直径44 cmの球面鏡と36 cmの補正版（口径比1：1.75，焦点距離62.5 cm）からなり，1962年以降は南アフリカ共和国ブルームフォンテインに位置するボイデン天文台で使用されている．彼の2番目の望遠鏡は60 cmの球面鏡を配していた．1935年にシュミットが亡くなるとまもなく，天文台長はシュミット式望遠鏡の発明と製作に関する詳細を公表した．1930年代の後半にはわずかな台数のシュミット式望遠鏡がアメリカで製作されたものの，第二次世界大戦後まで広く使用されることはなかった．フィンランドのトゥルクでY.ヴァイサラ(Yrjo Vaisala)がシュミット式望遠鏡の原理を独自に開発していた．

20世紀における天文学上の最も重要な発明の1つであるシュミット式望遠鏡は，いくつかの小さな欠点も有している．最も顕著なのはフィルムを曲げなくてはいけないことと望遠鏡の長さがとても長くなることである（鏡筒の長さは焦点距離の2倍になる）．これらの問題を克服する努力がなされており，ライト(F. B. Wright)はシュミット-ニュートン式望遠鏡を考案した．1940年には，J.ベーカー(James G. Baker)がより短い鏡筒長（焦点距離の3分の1）と平坦な焦点面をもつシュミット-カセグレン式望遠鏡を考案した．1944年にはレニングラード（現在のサンクトペテ

1893年のシカゴ・コロンビア万国博覧会で展示されているヤーキーズ天文台の40インチ屈折式望遠鏡. Worcester R. Warner and Ambrose Swasey, A Few Astronomical Instruments. Cleveland：Warner & Swasey, 1900：Plate XXXVI. SSPL 提供.

ルブルグ）のD. マクストフ（Dimitri D. Maksutov）が，主球面鏡の球面収差を補正するための厚い球面のメニスカスレンズを用いた，非常に短い鏡筒長と湾曲した写真面をもつ新たな望遠鏡系を考案した．サーベイカメラ用には，極端な口径比1：0.7と50度という広い視野を有する望遠鏡をつくり出すのにシュミットとマクストフの方式が組み合わされて使われている．最大級のシュミット式望遠鏡は，ドイツ連邦共和国イエナ近郊のトーテンバーグにある1.3 m望遠鏡（1960年）やカリフォルニア州パロマー山の1.2 m（1948年），オーストラリアにある同程度の大きさのもの

(1973年) などである．

[Gudrun Wolfschmidt／土淵庄太郎 訳]

■文　献

King, Henry C. *The History of the Telescope*. London：Griffin, 1955.

Marx, Siegfried, and Werner Pfau. *Himmels fotografie mit Schmidt-Teleskopen*. Leipzig：Urania, 1990.

Osterbrock, Donald E. *Pauper and Prince*：*Ritchey, Hale, and Big American Telescopes*. Tucson：University of Arizona Press, 1993.

Riekher, Rolf. *Fernrohre und ihre Meister*：*Eine Entwicklungsgeschichte der Fernrohrtechnik*. Berlin：Technik, 1957.

Wilson, Raymond Neil. *Reflecting Telescope Optics*. Berlin：Springer, 1995.

◆望遠鏡【X線】

X-ray Telescope

X線望遠鏡は，太陽や他の天体から放出された約1Åの波長をもつ，高エネルギーX線放射を検出する．このカテゴリーには，X線光子を集める電離箱や，内表面を磨かれてX線放射を分光器や画像装置に向ける金属管も含まれる（分光光度計の項を参照）．こうした機器によって，X線天文学がつくられた．ブラックホールやパルス中性子星などの高エネルギー現象の発見と理解を通じて，天体研究の重要な分野となっている．

X線天文学の特徴

X線天文学，電磁スペクトルの高エネルギー部分に関わる天文現象の研究（約0.01Å（1,000 keV）〜約120Å（0.1 keV））は，宇宙技術や特殊な科学機器研究[計装]に大きく依存している．X線は地球大気の高いところ（約100 km）で吸収されてし

まうため，地上で高エネルギー放射を観測することは不可能である．第二次世界大戦後，ロケットが科学研究に利用できるようになると科学者たちは，以前は見えなかった世界について最初の観測を得るために電離箱を使った．標準的な光学望遠鏡は，X線を研究するのには役立たなかった．高エネルギー放射は，電磁波よりも光子によく似た性質をもっているからである．そのため，X線天文学の科学機器研究の発達は，古典的な天文学で訓練を受けた人たちからではなく，高エネルギー粒子の実験に慣れた物理学者として訓練された人たちの手によって生み出された．

電離箱

X線天文学の初期の実験は，ガイガー計数管や比例計数管と同じ原理に従ってX線を検出する電離箱を用いた．つまり，X線光子が機器内部の気体に相互作用したときに，電子のカスケード過程を発生させ，それが電気的に増幅され記録される．放射が通過する薄いプラスチック，あるいは金属窓にさまざまなものを用いることで，科学者は内部の放射エネルギーのレベルを限定して，ありのままのスペクトルを測定することができる．計数管の感受性は，窓に使われる素材と内部の気体に依存する．しかし最も重要なことは，金属窓の大きさが，どれくらいの数のX線光子を集められるのかを決定することにある．大きな口径が最も有効なのである．

天体のX線への興味関心は，実践的な軍事上の関心から引き起こされた．1930年代に，ワシントンD.C.にあるNRL（米国海軍研究所）に勤務する科学者であったE.O.ハルバート（Edward O. Hulburt）は，地球大気のE層（地上90～160km）のイオン化を引き起こすX線を，太陽が放出しているという仮説を立てた．イオン化は，地球周辺のラジオ通信に影響を与えると見られ，これは海軍にとって重要な関心事であった．1949年にはH.フリードマン（Herbert Friedman, 1916-2000）という別のNRLの科学者が，地上150kmまでガイガー計数管を打ち上げるためにドイツのV2ロケットを使った．ハルバートの仮説を検証する一方，太陽のX線の性質に関して最初のデータを得た．1950年代にフリードマンとNRLの同僚たちは，太陽のX線放射についての経験的情報のほぼすべてを得ることを目的として，彼らの測定機器とロケット技術を洗練させた．

太陽系外のX線天文学の起源と新しい機器の発展

X線天文学の活動が爆発的に増えたのは，1957年のロシアのスプートニク打ち上げと，翌年にNASA（米国航空宇宙局）が創設された結果である．大きな宇宙開発計画の小さな部分にすぎなかったが，X線天文学への資金援助（主に観測機器と宇宙船の進歩のためのもの）は，その領域の科学知識を劇的に拡大することを可能にした．NRLの科学者たちによって行われた仕事を別とすれば，研究は，宇宙線物理学者でありマサチューセッツ工科大学教授のB.ロッシ（Bruno Rossi, 1905-）と，アメリカ科学技術社（AS&E）のR.ジャッコーニ（Riccardo Giacconi, 1931-）によって着手された．宇宙科学に関する米国政府の関心に後押しされ，この2人の科学者は太陽を除く別の天文現象もX線を放射するという仮説を立てた．これは驚くべき考えであった．というのも，もし太陽が太陽系外の最も近い距離にある星の位置まで離れれば，ほんのわずかなX線の流量しか示さないことになるからである．しかしロッ

シとジャッコーニが示唆したことは，X線が，高温の熱放射，太陽のX線放射といった源泉からだけでなく，磁気的な制動放射，つまり「シンクロトロン」放射［磁界中に光速に近い速さで円運動している荷電粒子（一般には電子）から放射される電磁波］からも産み出されるということであったシンクロトロン放射では，磁場が高エネルギー電子を捕まえたり，偏向させたりしている．

太陽以外からくるX線は低い流量しかないため，極度に感受性の高い検出器が必要であった．ロッシとジャッコーニは研究資金を得て，1960年からX線源を探すために伝統的な電離箱をつくる一方，X線放射に焦点を当て，真の意味でのX線望遠鏡に取り組み始めた．ジャッコーニは偶然にも，ドイツの科学者H.ヴォルター（Hans Wolter）が1940年代後半と50年代にX線顕微鏡をつくるための理論を提示しているのを発見した．放物線と双曲線の鏡をつなげることで，X線は光線の入射の非常に浅い角度（かすめ入射角）で反射させ，検出器の焦点に収束させることができる．顕微鏡のような小さな機器を製作することは実際には難しいものだったので，X線顕微鏡はうまくつくられなかった．しかしジャッコーニは，望遠鏡のような大きな反射鏡をつくる際には，そうした製作上の制約がないことを心得ていた．他方ロッシは，いくつかの鏡の表面を望遠鏡内で同心上に向けるための有効な方法を考案し，測定機器の能力を向上させた．「望遠鏡」とは呼ばれてはいたが，その機器は，X線を他の検出器に向けるじょうごのように作動するものであった．

反射鏡を使った望遠鏡の研究は，予期しない強いX線の放射源が複数天界に存在することが発見された1962年以降も，ゆっくりと進展した．ロケットで打ち上げられた電離箱によって，AS&EとNASAの科学者たちは1960年代の十年を費やして，太陽とは異なる約30個ものX線放射体を特定した．それには，超新星の残存物がいくつか含まれていた．1970年に打ち上げられた，最初のX線天文学専用の衛星ウフル（UHURU）には広い面積をもつ電離箱が搭載された．これを使ってこれまでにない大量のデータが得られ，科学者たちは多くのX線源の性質について理解できるようになった．例えば，中性子星とブラックホールになる可能性にある連星があり，後者は，連星の片一方からの物質を融合して，その物質を100万度級の温度にまで加熱することがわかった．

X線反射望遠鏡（X-ray mirror telescope）がその最初の使用法を見出したのは1973年のことであった．先のような珍しい天体現象を観察するためではなく，太陽を観測するためであった．望遠鏡は，スカイラブ宇宙ステーションの宇宙飛行士が操作し，太陽コロナからのX線放射について劇的な写真を撮った．この測定機器の成功によってジャッコーニと同僚たちは確信をもって，直径0.6 mのX線反射望遠鏡の設計と製造に取り組んだ．それは，高エネルギー天文台2号（HEAO-2）によって宇宙に打ち上げられる予定となっていた．その望遠鏡は，最初の観測が1979年に行われることもあり，アインシュタイン生誕100年を記念して「アインシュタイン」と名づけられた．その望遠鏡がX線写真に撮ったものは，太陽のような星のコロナから放出されるX線放射といった静かな現象に加えて，銀河系外の爆発性の天体現象や超新星の残存物であった．またその望

NASAのマーシャル宇宙航空センターで検査を受けている高エネルギー天文台（HEAO-B）のX線望遠鏡（1977年）．NASA提供．

遠鏡は，木星や土星の磁場から放出される弱いX線放射も観測した．

1980年代前半からX線天文学研究は，衛星打ち上げ実験と一緒になって続けられた．その多くは，ヨーロッパと日本の宇宙関係の組織団体によって計画され実施された．大きな電離箱とX線反射望遠鏡の両方がX線放射研究に使われてきたのは，それが「ビッグバン」や恒星形成についてなんらかの手がかりを与えるからであった．1993年2月には，日本は衛星「あすか」を打ち上げたが，それはアメリカ製のX線反射望遠鏡を4つ搭載し，宇宙の端のX線放射を研究するために使われている．別のX線反射望遠鏡としては，米国で先端X線天文物理学機器が企画され，議会の資金削減で打上げが遅れたが，1999年7月に打ち上げられ，現在チャンドラX線望遠鏡として観測活動を続けている．X線天文学の進歩は壮観なもので比較的短期間に起こったが，その科学がいかに急速な技術革新と政府の支援に基づいていたかを打上げの遅れは物語っている．

［Richard F. Hirsh／綾野博之 訳］

■文 献

Friedman, Herbert. "Discovering the Invisible Universe." *Mercury*, 20 (January/February 1991): 42-49.

Hirsh, Richard F. *Glimpsing an Invisible Universe: The Emergence of X-Ray Astronomy*. Cambridge: Cambridge University Press, 1983.

Mecham, Michael. "Launch of X-Ray Satellite Will Aid Big Bang Studies." *Aviation Week and Space Technology*. 138 (March 1, 1993): 9.

Tucker, Wallace, and Riccardo Giacconi. *The X-Ray Universe*. Cambridge: Harvard University Press, 1985.

◆望遠鏡【新技術】

Telescope (New Technology)

1970年代以来，より大きく，性能のいい望遠鏡を開発するために，また（ハッブル宇宙望遠鏡のように軌道上で観測することができなかったら起こる）地球の大気による歪みをさけるために，さまざまな改良が行われた．多重鏡望遠鏡，能動光学，補償光学，スペックル結像，超大型望遠鏡などである．

多重鏡望遠鏡 (multiple mirror telescopes)

望遠鏡の性能は，対物レンズの大きさによる．レンズが大きければ大きいほど，対象をはっきり見ることができる．しかし，鏡は現在使われている最大のレンズよりは大きくできても，重量や最終加工技術により大きさに限界がある．この限界を克服するために，いくつかの独立した鏡からなる対物レンズをもつ，大型反射望遠鏡が開発された．1979年に（スミソニアン天体物理学研究所とアリゾナ大学の共同事業として）アリゾナのホプキンス山に開設された多重鏡望遠鏡は，6つの直径183 cmの鏡を1つの追尾機構に取りつけていた．これは直径447 cm鏡に匹敵した．1992年にハワイのマウナ・ケアに開設された直径10 mのケック望遠鏡は1 m鏡を36個もっている．現在は直径25 mのものも計画中である．多数の同じ鏡を同時に製作するので，これらの鏡は安価につくることができる．また，このような望遠鏡を宇宙空間に少しずつつくることもできる．

能動光学 (active optics)

1960年代からあるアイデアを使って，1976年にR. ウィルソン（Raymond Wilson）は薄く変形する鏡をもつ，能動光学の概念を開発した．最初の能動光学望遠鏡の配置は1986年，マニッチ郊外のガーチングにあるヨーロッパ南天天文台（ESO）の研究所で実験された．1989年には，3.6 mの新技術望遠鏡（NTT）がチリのラセラにあるヨーロッパ南天天文台で稼働した．この望遠鏡は，人工衛星による回線を使って，ガーチングから大陸間の遠隔操作をすることができる．

この新種の望遠鏡の鏡はとても薄く，わずかに変形することができる．一般に望遠鏡の鏡は，不完全な最終加工や，稼働中の温度変化・天候・風による，重力・熱・機械の変化のために歪みが生じてしまう．この薄い能動光学望遠鏡の鏡はコンピューター制御されていて，歪みは即座に補正される．こうして，新技術望遠鏡はどんな状況にあっても，最高質の画像を提供できるのである．能動光学望遠鏡の鏡は，従来の鏡より軽くて，それゆえ安価である．新技術望遠鏡のための3.6 mの鏡は，厚さ24 cm，重さ6 tしかない．スペインのカラー・アルトにある従来型の3.5 mの鏡は，厚さ55 cm，おもさ13 tである．

補償光学 (adaptive optics)

地球大気の乱れにより光が乱されるため，星はきらきらと瞬いてみえる．そのため，観測は露出中の大気の状態によって実際上は決定される．これが，（一般に観測地点にのみ関連し，望遠鏡の大きさに無関係で，1, 2秒の大きさをもつ）天文学上の観測と呼ばれるものである．星の平行波の先端は，大気によって多かれ少なかれ歪められ，理論上の最高画質を手に入れられない（例えば，可視光線の1 m望遠鏡における理論的最高値は，0.1秒である）．補償光学は，大気の収差を補い，画質を上げる．この考え方は1953年にさかのぼるが，技術が最初に開発されたのは，1970年代末で軍事目的のためだった．補償光学による初めての天文画像は，1989年にヨーロッパ南天天文台のチームとフランス人天文学者によって観測された．補償光学は波面センサーにより入射光の歪みを測定し，コンピューター制御の小さな可変鏡により即座（わずか数ミリ秒）にこの歪みを修正する．修正のための前提条件は，星・人工光源など比較光源の存在である．こうした大気補正は能動光学での補正に追加さ

れる.

　ヨーロッパ南天天文台の3.6m望遠鏡で使われたCOME-ONシステムなどの補償光学は，赤外波長領域でとりわけ成功した．この新技術によって，宇宙空間での観測に匹敵するきれいな画像を，地上にある望遠鏡でも提供できるようになることを，天文学者は期待している．

スペックル画像（speckle imaging）

　望遠鏡の分解能の理論的限界値への到達を目指すもう1つの方法は，（露出後に）スペックル干渉法を使って写真画像を改良しようというものである．これは1970年にA. ラベリ（Antoine Labeyrie）によって開発された技術である．これには，露出時間のきわめて短い何百枚の写真，目の細かい干渉フィルター，非常に感度のよい増幅器をもつ録画フィルムかビデオカメラ，大きな望遠鏡が使われる．1980年代には，フォトンカウンターを使ったスペックルカメラが開発された．例えばハーバード・スミソニアン天体物理学センターではPAPA（フォト・アナログ・プレシジョン・アドレス）が使われた．あるいは，光ディスクに記録されたCCD（電荷結合素子）データを使ったスペックルカメラも開発された（フォトン・カウンターの項を参照）．

　地球の大気を通して観測されたデジタル画像は，多くの小さな斑点（スペックル）からなり，ぼんやりしている．小さな斑点は，乱気流の影響で，露出のたびに異なったパターンを示す．そのため観測された画像は，即座に変化する大気の情報と，時間に一定の観測対象そのものの情報の2つからなる．スペックル干渉法では，人工の比較星が，特殊なマスクの助けを借りてシミュレートされる．重要なのは，スペックル画像を重ね合わせること自体ではなく（そ

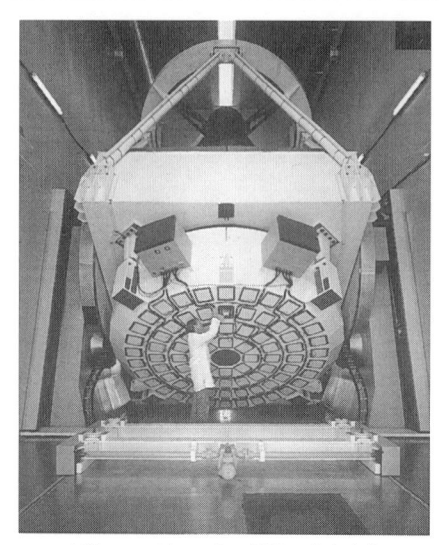

78カ所のコンピューター制御の支えをもつ，直径3.6mの能動光学の新技術望遠鏡（1990年，ヨーロッパ南天天文台）．ヨーロッパ南天天文台提供．

れは長時間の露出と同等である），暗号化された形で観測対象に関する情報をもつ適切な相関関係を形づくることである．スペックル干渉法は，欠陥のある個々の多くの画像から，フーリエ解析によって，本当の（回折限界の）画像を再構成するために，コンピューターを使う．スペックル干渉法は，超大型望遠鏡と併用すれば，可視光について0.01秒以上の分解能をもつ画像を提供できると期待されている．

超大型望遠鏡—光学干渉計

　精密な画像とスペクトルをつくるのは，光学干渉計の大きな利点である．干渉法技術の着想は，電波天文学からきている．

　チリのパラナルにあるヨーロッパ南天天文台の超大型望遠鏡は，いままでつくられた中で最大の光学干渉計になるはずである．1986年に計画が始まり，1995年に最初の望遠鏡が完成した．全構造の完成予定

は，20世紀の終わり頃である［2000年9月に運用が開始された］．この超大型望遠鏡は，能動光学と補償光学の機構を備えた直径8.2mの4つの反射望遠鏡からなる予定で，直径16.4mの望遠鏡と同じ性能をもつ．大きな鏡は，マインツにあるショットグラス社のZERODUR（ゼロデュア，商品名）によってつくられる．1993年にはパリ郊外にあるREOSC社で鏡を研磨した．それぞれの鏡は150の油圧アクチュエーターで支えられる予定である．それぞれの鏡で受け取った光は，共通の焦点に集めることができる．超大型望遠鏡は，宇宙における最もかすかで，最も遠く，最も古い天体の光学的観測を可能にするだろう．

[Gudrun Wolfschmidt／水沢　光訳]

■文　献

Alloin, D. M., and J. M. Mariotti, eds. "Diffraction-Limited Imaging with Very Large Telescopes." *Proceedings of the NATO Advanced Study Institute on Diffraction-Limited Imaging with Very Large Telescopes, Cargese, September 13-23, 1988.* Dordrecht：Kluwer, 1989.

Beckers, J. M., and Fritz Merkle, eds. *High Resolution Imaging by Interferometry* II. Proceedings no. 39 of the European Southern Observatory (ESO) Conference, 1991. Garching：European Southern Observatory, 1992.

Crowe, Devon G., ed. *Selected Papers on Adaptive Optics and Speckle Imaging.* SPIE Milestone Series vol. MS 93. Bellingham, Wash.：SPIE Optical Engineering, 1994.

Merkle, Fritz, ed. *Active and Adaptive Optics.* Proceedings no. 48 of the European Southern Observatory (ESO) Conference, 1992. Garching：European Southern Observatory, 1993.

Merkle, Fritz, ed. *NOAO-ESO Conference on High-Resolution Imaging by Interferometry：Ground-Based Interferometry at Visible and Infrared Wavelengths, 15-18 March 1988.* Garching：European Southern Observatory, 1988.

Tyson, Robert K. *Principles of Adaptive Optics.* London：Academic, 1991.

Ulrich, M. H., ed. *Progress in Telescope and Instrumentation Technologies.* Garching：European Southern Observatory, 1993.

◆放射計【宇宙空間での使用】

Space Radiometer

　宇宙空間で使用される放射計は，人工衛星や惑星間探査機といった，見晴らしのよい宇宙ステーションから観測を行い，自然物より放射される電磁気力を測定する．二次元あるいは三次元の画像を作成する放射計が最も一般的である．典型的な装置は，マイクロ波・赤外線・可視部における，1つあるいは複数の波長を測定する．それらの装置は，表面温度や組成分布を休むことなく観測し，地球や他の惑星の大気中における三次元の温度・湿度・煙霧の分布を測定することができる．また，大気汚染や自然現象と関連するオゾンのような微量成分も観測できる．

　この技術の原型は，主に天文学にある．天文学では，電波望遠鏡も光学望遠鏡も，月や惑星や星に関する放射情報を明らかにする．20世紀初期の装置は，対象からの熱線に的を絞って反応する高性能の温度計以上のものではない．これらの熱線は，火の前や強い日光の中にいるときに感じるものと同じであり，すべてのスペクトル幅に及んでいる．普通の温度の物体は，$1\mu m$より長い波長の赤外線を主に放射する．これは目で見ることはできない．

　測定が平均して数秒間以上に及ぶときや，観測波長幅が広いときには特に，赤外線や電波を観測している放射計は，0.01℃より精度が高い．全域にわたるラスター面

上を，単一点の検出器がスキャンすることにより，画像を作成する放射計もある．また，複数の検出器のある焦点面アレイに照射される放射線に焦点を当てることにより，瞬時に二次元の画像を表示する放射計もある．これらの赤外線検出器は普通，品質評価に耐えうる温度感受性電気抵抗のついた半導体である．現在，可視領域では電荷結合素子（CCD）がしばしば使用される．電荷結合素子では，補足された光子が電子を励起し，励起した電子はセルからセルへと順次移動し，ついには焦点面アレイの端まで移動し，そこで計測される．

地球を測定した初めての放射計の1つは，NASA（米国航空宇宙局）の高分解能赤外放射計（HRIR）である．この装置は，主に表面温度の変動に対して感度のよい3.5〜4.1μmのいわゆる「窓領域」で，熱放射を測定した．周回する人口衛星から，真下の直径おおよそ8kmの地点が観測された．HRIR は，1964年8月28日の打上げ後，わずか3週間半だけ機能した．中分解能赤外放射計（MRIR）は，1966年5月16日に，NASA の人工衛星ニンバス2号に搭載されて打ち上げられ，0.2〜30μmの区間で選択された5つの波長を観測した．大気温の概略をもたらす，波長6μmの水蒸気吸収帯・波長10〜12μmで表面温度を観察する「窓領域」・波長15μmの二酸化炭素吸収帯の情報を解析して，走査鏡は55km解像度で人工衛星の真下の二次元の画像を作成した．他の周波数帯は，熱収支による長波長赤外放射フラックス・太陽エネルギーを反射した0.2〜4μmの波長を観測した．地表表面の種類によって異なる周波数で放射がなされるので，鉱物学・環境・農業のための表面組成を観測することができる．それ以来，民生・軍事の

高度マイクロ波サウンダ（AMSU）-A 1，温度測定用，1995年．

両方の目的のために，多くの国々によって，可視部および赤外放射を測定する改良型の放射計の打上げが長期にわたって行われてきた．

1961年，NASA の宇宙探査機マリナー2号から，初めてマイクロ波放射計が金星を波長19 mm および波長13.5 mm で近距離から観測した．この結果，金星の表面温度は600 K をはるかに超え，人間が生存できないほど高温であることが確認された．地球の周囲を軌道に乗って回転する初めてのマイクロ波放射計は，ソ連の人工衛星コスモス243号に搭載されたもので，地球の表面温度・降雨・雪・水蒸気の分布を観測した．1972年には，初めて大気温の分布図を作成したマイクロ波放射計が，1972年に人工衛星ニンバス5号から，5 mm 付近の5つの波長を観測した．初めての電子走査式マイクロ波放射計も，同じ人工衛星で打ち上げられ，19 GHz で表面温度・大気湿度・降雨・雪・氷の分布図を作成した．

今日，2,000以上の観測周波数帯をもつ赤外放射計が，アメリカの地球観測システ

ム衛星に搭載するために製作中である．1997年以降のアメリカの気象衛星に搭載するため，20以上の観測周波数帯をもつマイクロ波イメージングのシステムも製作中である．これらの放射計は，より信頼できる天気予報を提供するであろう数値モデルの初期化のために必要となる気象情報を入手する際に重要な役割を果たす．現在，より信頼できる週間天気予報が目指されている．これらの可視・赤外の複数の波長バンドで観測する放射計は，都市の成長・土地使用状況の変化・海洋上層での生命活動分布・農作物の病気拡大をも観測している．使用の幅が広がり，情報の質が改善されるにつれ，地球を理解し，変化とその影響を観測し，予想し，制御するために，ますます放射計は重要になるだろう．

[David H. Staelin／水沢　光訳]

■文　献

Barath, Frank T., et al. "Mariner 2 Microwave Radiometer Experiments and Results." *Astronomical Journal* 69 (1964): 49-58.

Basharinov, E., A. S. Gurvich, and S. T. Yegorov. "Determination of Geophysical Parameters According to the Measurement of Thermal Microwave Radiation on the Artificial Satellite 'Cosmos-243'." *Doklady Akademii nauk SSSR* (1969): 1273.

Chahine, Moustafa T., et al. "Interaction Mechanisms within the Atmosphere." In *Manual of Remote Sensing*, edited by Robert N. Colwell, Vol. 1, 165. 2nd ed. Falls Church, Va.: American Society of Photogrammetry, 1983.

Houghton, John T., F. W. Taylor, and Clive D. Rodgers. *Remote Sounding of Atmospheres*. Cambridge: Cambridge University Press, 1984.

Staelin, David H., et al. "Microwave Spectrometer on the *Nimbus*-5 Satellite: Meteorological and Geophysical Data." *Science* 182 (1973): 1339-1341.

◆放射線カメラ

Gamma Camera

　放射線（ガンマ線）カメラは，放射性同位体による医療用イメージングが依拠する装置である．それは基本的にガンマ放射線の検知システムであり，通常，患者が静脈への注射によって，ガンマ線を放出する代謝的に活性的な物質についた放射性核物質を投与された後に，身体の機能や構造を画像化するのに利用される．H. O. アンガー (Hal O. Anger, 1920-) によって1959年に放射線カメラが開発される以前は，同様のタイプの装置を使った研究が，ガイガー—ミュラー計数管を動かすことでなされた．ガイガー計数管は，甲状腺などの器官の上を手によって1cm程度の間隔で，厚い鉛の板の窓（視準器）を通じてガンマ線を受ける．カウントはストップウオッチを利用して，30秒おきに記録され，グラフ用紙にプロットされる．同数のカウントの線をなぞると定量データからの粗いイメージを生み出す．甲状腺のスキャンに取り込まれる放射性同位体は，甲状腺に取り込まれるヨウ素131である．冷たいスポット（相対的に不活発な領域）は腫瘍をあらわし，熱いスポットはチトロクシンの結節を示唆する．

　1950年代末に直線的スキャナーが機械式プリンターに結びつけられた．患者は可動式寝台の上に寝かされ直線上の走査線の中を動かされ，ヨウ化ナトリウムのシンチレーション・カウンターが用いられる．多孔式コリメーターがこのシステムに付加されることで空間的解像度が向上する．最初にヨウ素131で印のついたアルブミンを用

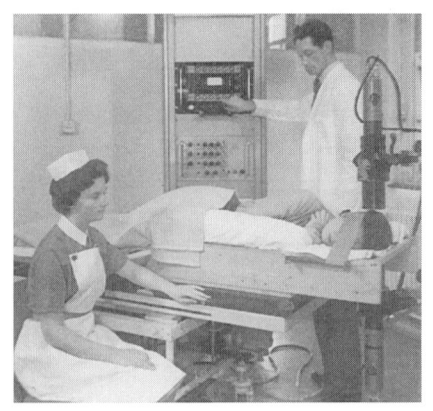

1950年代末のロンドンのハマースミス病院における初期のカラースキャナー．ジョン・マラード提供．

放射線カメラを利用する放射性元素画像解析は，リン酸塩の類似化合物が骨のスキャンによく応用される．取込みの増大により二次的な癌の沈着物などの異常が示される．異常な構造や機能は，肝臓・腎臓・心臓・肺などの器官においても明らかにされる．肺の場合には，放射性ガス（クリプトン81m）が空気の通過のイメージをつくる．例えば腫瘍の抗原に対する単一原種から発生した抗体を放射性表示して検知することが，現在開発されている．

最初から放射性元素の画像は，通常のX線の画像とは，身体の代謝を動的に調査することができる点で異なっていた．放射線カメラに画像処理用のコンピューターを付加することで，この点での可能性を大幅に増大させた．例えば心臓の研究において，患者の心電図の特定の波を検知して，データの収集が始められるようにしたり，心臓の周期と正確にリンクさせることもできる．画像処理のコンピューターは，SPECT (single photo emission computed tomography，単一光子放出計算トモグラフィー) において不可欠である．SPECT用の放射線カメラのスキャナーは，1970年代中葉に開発された．SPECTに対しては，カメラは丸い枠の中に寝かされた患者のまわりを動き，コンピューター処理はコンピューター式のX線同軸トモグラフィーのそれと原理的に同様である．SPECTはとりわけ脳の機能を画像化するのに有用で，識別物質を脳の血流に入れることで，脳の損傷と痴呆とを見分けることができる（PETスキャナーの項を参照）．

放射線カメラの画像化に使用する放射性薬物の開発は，速やかに進んでいる．現在では80％以上の検査において，Te^{99}が放射性のラベルとして使われている．それは，

いて，次にテクネチウム99mを使うことで，脳腫瘍の位置が特定される．

非常に大きなシンチレーション結晶（現代の放射線カメラにおいては直径50cm，厚さ1cm）と多くの平行な穴をもつコリメーターを使うシステムに，多くの光電子増倍管を加えることで，放射線カメラがつくられる．それはもはや画像をつくるのに，患者やスキャナーを動かしたりする必要はない．見地は同時にあらゆる関心からなされる．ガンマ線の放出は，検査をする身体の部分に放射性核物質の分布をあらわしており，コリメーターを通ってタリウムによって活性化されたヨウ化ナトリウムの結晶と相互作用を起こす．それぞれの相互作用は，小さな光のフラッシュを生み出し，それが結晶の背後の光電子倍増管の列によってとらえられる．それによって生じる電子信号が処理されることで，位置の座標とガンマ線のエネルギーが与えられる．ディスプレイはアナログでもデジタルでも表示されるが，現代的なシステムではすべて完全にデジタル化されている．

その短い半減期(6時間)などの多くの理由のために,ほとんどの処理に適している.

[Ghislaine M. Lawrence／橋本毅彦 訳]

■文 献

Brecher, R., and E. Brecher. *The Rays*：*A History of Radiology in the United States and Canada*. Baltimore：Williams and Wilkins, 1969.

Glasser, Otto. *Wilhelm Conrad Röntgen und die Geschichte der Röntgenstrahlen*. Berlin：Springer, 1931.

Mould, Richard F. *A History of X-rays and Radium with a Chapter on Radiation Units*：*1895-1937*. Sutton：IPC Building and Contract Journals, 1980.

Pallardy, Guy, Marie-Jose Pallardy, and Auguste Wackenheim. *Histoire illustrée de la radiologie*. Paris：Roger Dacosta, 1989.

Pasveer, Bernike. "Knowledge of Shadows：The Introduction of X-Rays into Medicine." *Sociology of Health and Illness* 11（1989）：360-381.

◆砲術用器具

Gunnery Instruments

15世紀末のヨーロッパでは,投射運動を制御し分析するための道具が使われるようになり,18世紀末に至るまで科学と戦争行為に重大な影響を与えた.アジア,特にオスマン帝国は西欧の砲術兵器に競合する兵器を保有していたが,新しい数学理論と数学的器具は,ルネッサンス期に西欧の砲手の側に有利な戦術をもたらした.このような成功のもとで,数学が戦略上の必須になった.航海とイタリア式築城様式とともに,砲術は,西欧科学の台頭と西欧の軍事力の台頭を結びつけるものだったのである.

近代初期の砲術で基本自由度となったのは,砲身の射角(水平面となす角),砲架車軸の旋回角(方向・方角),砲架の傾斜角(垂直面となす角),発射された投射体の砲口速度の4つだった.N. タルタリヤ(Niccolò Tartaglia, 1499/1500-1557)は『新科学（*Nova scientia*）』(1537年)で,砲身の射角を測定する砲手用四分儀について記述している.この器具は,鉛直ひもの下がった直角フレームと角度尺からできている.砲手は,四分儀を砲身内に配置し,鉛直ひもが目盛りを横切る位置を観測することで射角を測定した.タルタリヤは四分儀を自身の発明と主張したが,早くも1471年には,ドイツの砲兵隊長M. メルツ(Martin Mercz)が実戦での使用について報告している.1520年代には,ブルゴス(スペイン)とベニスの砲兵学校で砲兵用四分儀の使用に関する教育が行われていた.野戦地で鉛直ひもを安定した状態に維持するのは困難なので,ほとんどの砲手は包囲戦で巨大砲や臼砲を使うときにだけ四分儀を利用した.実際,例えばマウントジョイ卿(Lord Mountjoy)は1600年のキンゼル攻囲で四分儀を装備した砲兵中隊を自ら配備した.

大砲を適当な旋回角に方向づけるために,大砲要員は心押し台を持ち上げ,標的が砲尾と砲口上端の延長線上の位置にくるまで砲架を旋回させた.照準線が砲腔軸に確実に一致するよう,砲口上に簡易照準器が据えつけられた.しかし,砲口を0度以上に傾けてしまうと,たいてい標的は砲口に遮断されてしまう.そこで,射角に影響されずに大砲を設置するため,砲手は目盛りつき砲尾照準器を利用した.30年戦争では,小孔つき垂直尺も装備され,大砲設置要員はその小孔を通して標的を見定めたのだった.18世紀フランス砲兵隊の改革者

J.-B. ド・グリボーバル（Jean-Baptiste de Gribeauval, 1715-1789）は，2本の直線目盛り板とその上を上下に移動する水平棒材からできた接線照準器を開発した．砲尾照準器をきちんと使用すれば，大砲設置要員は四分儀を利用することなく射角を制御することができるようになった．J.-L. ロンバール（Jean-Louis Lombard, 1722-1794）の1787年型グリボーバル大砲用砲撃分析表は，接線照準尺を標準化することで砲身射角を導出するものだった．

17世紀以来，大砲要員は，砲架軸の垂直方向の傾きを制御するため，傾斜計をきまって利用していた．正確に射撃するためには垂直面からの左右への傾斜はゼロでなければならなかったが，それはでこぼこだったり柔らかかったりする地面上では，重装備の砲兵隊にとって困難な要求だった．しかし，そうしないかぎり，砲丸は見定めた標的から傾いているほうへと横にずれてしまうだろう．大砲要員用の傾斜計は，角度尺に沿って揺れる振り子からできていた．砲腔と垂直に砲尾上に設置することで，振り子の位置が軸の傾斜角を示すものとなった．

砲兵隊長は，重量が未知の臼石や鉄製砲丸が供給されると，複雑な問題に直面することとなった．装薬と砲丸との望ましい重量比がわかっているとして，どれだけの火薬を使うべきなのだろうか．1606年，ガリレオ（Galileo Galilei, 1564-1642）は，このような立法比問題を迅速に解決する手段を提供する軍事用コンパスを発明した．このコンパス，セクターは，比例問題一般を解決するものでもあり，特に築城設計や測量，歩兵指令，また，複利計算や通貨交換における比例問題に利用された．

B. ロビンス（Benjamin Robins, 1701-

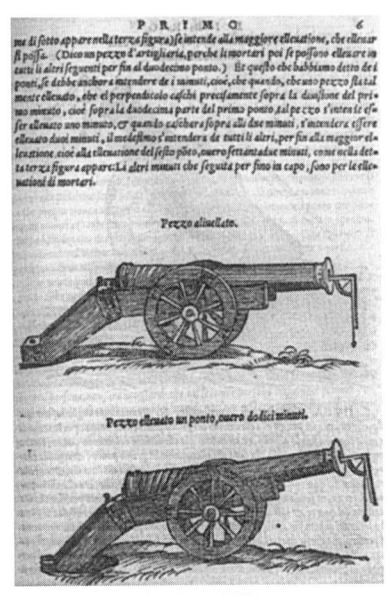

大砲要員用四分儀利用の説明．Niccolò Tartaglia. La nova scienta. Venice, 1558 : 6．オックスフォード大学科学史博物館提供．

1751）が発明した弾道振り子は，投射体の瞬間速度の測定に成功した最初の器具だった．彼はその器具について，『砲術の諸新原理（New Principles of Gunnery）』（1742年）で叙述した．同書は弾道学に革命をもたらした．マスケット弾を剛体振り子の下部面に射撃し，その後方への揺れを観察することで，ロビンスは衝突直前の弾丸速度を慣性の法則を適用して計算した．さまざまな軌道における速度を求めてからロビンスは，ニュートンの運動の第二法則を適用して，速度に関する投射体の空気抵抗関数を計算した．このようにして彼は音の障壁を発見したのである．弾道振り子は18世紀の後半を通して砲術研究の主要な道具となった．それは，ロビンス，L. オイラー（Leonhard Euler, 1707-1783），J. H. ランベルト（Johann Heinrich Lambert, 1774-

1851），J.-C. ボルダ（Jean–Charles Borda, 1733-1799），P. ダントーニ（Papacino d'Antoni），C. ハットン（Charles Hutton, 1737-1823），G. F. フォン・テンペルホーフ（Georg Friedrich von Tempelhoff），ロンバールといった，複雑な砲内・砲外弾道学の諸問題を合理力学で分析することを要求されていた18世紀の数学者たちにデータを提供した．1860年代に弾道クロノグラフが開発されるまで，弾道振り子は投射体速度を測定する最も正確な道具だった（クロノグラフの項を参照）．

低速度投射体の空気力学的抵抗を調査するために，ロビンスは回転アームも発明した．水平面を旋回するようにつくられた梁が，回転軸の円筒にまきつけたおもりが落下することで回転する仕組みになっていた．梁の先端に物体を取り付けた状態と取り外した状態で回転アームの角速度を観察することによって，ロビンスは物体の空気抵抗を導き出した．この器具には1760年代にボルダとJ. スミートン（James Smeaton, 1724-1792）が，それぞれ水力学実験，風車実験のために改良を加えた．G. ケーリー（George Cayley, 1773-1857），H. フィリップス（Horatio Phillips），H. マキシム（Hiram Maxim, 1840-1916），S. P. ラングレー（Samuel Pierpont Langley, 1834-1906）のような19世紀の空気力学の先駆者たちも，回転アームを利用した．20世紀になるとほとんどの空気力学研究で回転アームは空洞に取って代えられたものの，いまでも航空宇宙産業では降雨影響調査に利用されている．

[Brett D. Steele／中村征樹 訳]

■文　献

The Compleat Gunner〔1672〕. East Ardsley, 1971.

Dolleczek, Anton. *Geschichte des Österreichischen Artillerie*〔1887〕. Gratz, 1973.

Galilei, Galileo. *Operations of the Geometric and Military Compass*〔1606〕. Translated by Stillman Drake. Washington, D. C.：Smithsonian Institution Press, 1978.

Lombard, Jean–Louis. *Tables du tir des canons et des obusiers*. Auxonne, 1787.

Steele, Brett. "Muskets and Pendulums：Benjamin Robins, Leonhard Euler, and the Ballistics Revolution." *Technology and Culture* 35（1994）：348-382.

◆膨　張　計

Dilatometer

膨張計とは，あるプログラムによって制御された温度変化による試料の長さの変化を計測し，それによって素材の膨張係数を決定する装置である．類似の装置としてあげられる熱機械解析器（thermomechanical analyzer）は膨張，針入度，応力，ひずみなど，寸法上の変化を計測する．膨張測定は，熱分析のテクニック全体の一部をなしているのである（熱天秤，示差温度解析器の項を参照）．

熱解析は，主にフランスの冶金学者・化学者 H. L. ルシャトリエ（Henri Louis Le Châtelier, 1850-1936）によって1886年になされた信頼性の高い熱電対の開発と，シャルピー（G. Charpy, 1865-1945）によって1895年に行われた電気炉の開発とともに発展した．イギリスの陶芸家 J. ウェッジウッド（Josiah Wedgewood, 1730-1795）は1782年に，陶器の粘土サンプルの収縮を温度目盛りをあらわすのに用いている．彼は基準となる大きさの粘土片を炉に置いて，火入れしてから取り出して冷した後に，収縮を「ウェッジウッド度」の

目盛りがつけられたV字型の刻みで計測したのである．彼は収縮の非線形性を認めなかったため，鉄の融点が10,000℃を越えるという驚くべき結果に到達している．実際のところこれらの実験では，収縮を計るのに温度を使っているのではなく，温度の定義として収縮を用いているという点で，膨張測定とちょうど逆のことをしているのである．

現代の単純な膨張計では，試料は制御された炉の中の一定温度に保たれた恒温帯の中心に据えつけられる．試料の膨張は押し棒によって計られ，押し棒の動きは精密マイクロメーター，ダイヤルゲージ，干渉計，望遠鏡，X線回折パターン，光線と鏡の配置を用いた熱抵抗ブリッジ，あるいは現在一般的になっているように，線形可変示差変換器を使って絶えず計測される．代わりにレーザー光線を使うこともできる．信号はxy平面記録器かコンピューターに記録され，dl/t（つまり温度に対してプロットされる温度変化）の曲線が得られる．正確な実験のためには，押し棒の膨張に対して補正するか，押し棒に平行に並べた（同素材でできている）2本目の棒と差動システムを取り込んだ代わりの配置が必要になる．軟化点を計るために針入度が必要であれば，押し棒の頭部に力学的あるいは電気的におもりが加えられる．棒の先端にはさまざまな形を用いることができる．応力の変化は試料を2つの締め金で止め，一方はしっかり固定してもう一方は押し棒の底の位置に置き，試料にある応力がかけられた状態になるようにつり合わせるのである．この方法は繊維，高分子ファイバーやフィルムに用いられている．

エヴァンス（D. J. Evans）とウィンスタンリー（C. J. Winstanley）は，液体窒素

初期の商業用の自記膨張計（1954年，ネッチュ電機製造会社製）．ネッチュ電機製造会社提供．

レベルの低温まで作動する単純で安価な膨張計について述べている．他の初期の器具についての記述としては，1952年のキンガリー（W. D. Kingery）によるもの，1964年のW. W. ウェンドラント（Wesley W. Wendlandt）によるもの，1965年のP. D. ガーン（Paul D. Garn）によるものがある．

製陶業者のための機械製作会社であったネッチュ電機製造会社は，1950年に原材料に関するさまざまな問題を解決するために広範囲の実験器具，分析器具の開発に乗り出した．ネッチュはローゼンタール陶器の生産地であるドイツ，バイエルン地方のセルブを本拠としていたのである．ネッチュ社が最初の商業用の自記膨張計を送り出したのは1954年のことである．この器具は，1分あたり5℃の割合で加熱する自動温度制御機構を備えていた．温度と長さの変化の記録は写真光学的に行われる．長さの変化の倍率は（試料の長さを100 mmとして）125，250，500，1,000の4段階に切り替えることができ，実際の長さはレバーシステムで合わせるようになっている．1959年にイギリスで販売された初期のネッチュ器具の1つはいまだに英国ゼネラル・エレクトリック社の一部署で使われて

いることが最近報告されている．もう1つの初期のモデルが当時のブリティッシュ・スティールに卸されている．他の熱天秤と示差温度解析器の製造会社も急速にこれに従い，より用途の広い熱機械解析器を送り出すことになる．

1954年にハンガリーのパウリク（F. Paulik）らは熱天秤と示差温度解析器の実験を同時に行う器具を発表し，それを「デリヴァトグラフ（derivatograph）」と名づけた．続いて彼らは単純な膨張測定装置を自らの装置に組み込み，重量変化，重量変化率，エネルギー変化，長さの変化，長さの変化率をすべて温度の関数として同時に記録できるようにしたのである．

最近の発展としては（予想されたことではあるが）温度の範囲が上限，下限の両方に広がったことである．データ採取，データ加工，制御のための装置のコンピューター化も行われた．最も最近の変化としては，動的熱機械解析器（dynamic thermal mechanical analyzer，または動的機械解析器（dynamic mechanical analyzer）とも呼ばれる）の登場である．この器具では，試料に振動する負荷がかけられ，必要な温度領域での物質の粘弾性の変化が得られる．これによって設計技師にとって不可欠なデータが得られるのである．

[John Redfern／菊池好行 訳]

■文 献

Garn, Paul D. *Thermoanalytical Methods of Investigation*. London：Academic, 1965.
Mackenzie, Robert C. "De Calore：Prelude to Thermal Analysis." *Thermochimica Acta* 73（1984）：251-306.
Mackenzie, Robert C. "Origin and Development of Differential Thermal Analysis." *Thermochimica Acta* 73（1984）：307-367.
Paulik, F., J. Paulik, and L. Erdey. Hungarian patent no.145, 332, 1955.
Redfern, John P. "Complementary Methods." In *Differential Thermal Analysis*, edited by R. C. Mackenzie, Vol.1, 138-141. London：Academic, 1970.

◆ポジトロンCT

PET Scanner

PETは positron emission tomography（陽電子放射断層撮影装置）の頭文字をとった語であり，生命体の生化学過程を二次元断層写真として定量的に画像化するための手法ならびに技術のことを指す．生命体についての構造情報（骨密度など）を知ることができるコンピューター断層撮像装置（CTスキャナー）と比べて，PETを用いると，体の特定の部位を特定の分子が流れる様子を経時的に知ることができ，その部位の機能を分析することができる．したがってPETは，生物体の比較的見るのが難しい部位（例えば心臓や脳）で生じる生化学過程に関する有用な情報をどうやって得るか，という問題に対して解決策を提供する．PETが提供する情報には，量的なものと視覚的なものの両方があり，その結果を解釈するにあたっては，注意深く測定することと複雑な生理モデルをうちたてることが必要である．

PETは現在，心臓組織の検査，てんかん病巣の局在部位の同定，骨癌および乳癌の発見，頭部外傷の診断など，さまざまな臨床研究で用いられている．PETはまた，精神生理学でも用いられており，脳の特定部位における酸素血流と，運動機能や視覚的注意力，認知機能やより複雑な認識能力

との関連が研究されている．精神医学においては，S. ケティ（Seymour Kety, 1915–），D. イングヴァー（David Ingvar），M. ブッフスバウム（Monte Buchsbaum, 1940–），および J. ブロディー（Jonathan Brodie, 1938–）が，各々チームを率いて，精神分裂病の広範な研究を行った．その他の精神疾患の患者の脳も撮影されている．こうした研究により，これらの疾患を生物学的あるいは分子的に説明することが盛んになったが，どの程度診断能力があるかという点については，まだ十分に研究されていない．

PET は，多くの学問分野と技術パラダイムの交わるところに位置する．関連領域の数は膨大だが，重要な関係者に言及しながら，複雑な開発史の一端だけでも紹介しておいたほうがよいだろう．画像化して機能を知るための重要な要素の1つは，G. フォン・ヘヴェシ（Georg von Hevesy, 1885–1966）が開発した生物学的トレーサー技術である．彼はこの研究により1943年にノーベル賞を受賞した．ヘヴェシは，ある分子の代わりにその分子の放射性同位体を用いれば，もとの分子と化学的に区別されないため，放射能を追跡することによりその分子が体内をどのように動くかを知ることができる，ということを詳述した．この技術は医療物理学や核医学において用いられ，初期には分子の追跡，後年には分子の局在の画像化が行われた．体の外部で発生され臓器に送られてその構造を明らかにするX線とは異なり，これらの放射性のトレーサーは放射線を内部から発する．

これらのトレーサーの通過経路の検出は，初期にはガイガー–ミュラー計数管で，後にはシンチレーション・カウンターで行われた．1949年にB. カッセン（Bernard Cassen）によって，ジグザグ様に身体領域を迅速かつ正確に測定する直進式スキャナーが導入されたことにより，データ収集能力はたいへん進歩した．同じ頃，H. アンガー（Harold O. Anger, 1920–）が同時にデータを収集する複数のシンチレーション管からなるシンチレーション・カメラを導入した．これらのいずれの装置においても，フィルム上にスポットを含む画像が生じたが，これらのスポットは入射量と比べて暗くなっている場合も明るくなっている場合もあった．アンガーの放射線（ガンマ線）カメラに続いて，より多くのシンチレーション・カウンターを用いる装置がつくられた．これらの計数器は，よりよい三次元特異性が得られるよう配置・視準されていた．

これとは別に新しくとり入れた要素は，より特異性が高く優れた性質をもつトレーサーの開発に関するものである．特定の生物的な過程を研究している化学者や核化学者や生理学者は，ある分子（水や薬剤といった化合物）に対して，分子に含まれる原子の放射性同位体あるいはそれらの原子の近縁のアナログでラベルすることを必要としていた．ある一群の同位体は，陽電子を放射することが知られていた．それらの原子核が崩壊して生じた陽電子は，数mm移動する間に電子と衝突し，陽電子と電子はどちらも消えてしまうが，そのとき，互いにほぼ正確に180度の角度が保たれるような2本の511 keVのガンマ線が発生する．これらの陽電子放射体（^{11}C, ^{13}N, ^{15}O, ^{18}F）の探索は，1939年頃にM. カーメン（Martin Karmen）とS. ルーベン（Samuel Ruben）によって行われた．ただし当時彼らは，^{14}C（陽電子放射体ではない）の存在を見出したにすぎず，その他のものは発見することができなかった．陽電子放射体

は，多くの理由により取り扱うのが難しかった．その理由とは，それらの半減期がたいへん短いこと（^{11}C は 20 分，^{15}O は 2 分，^{18}F は 2 時間），生物体に導入される前にサイクロトロンを用いて生成され，分子に組み込まれなくてはならないこと，などである．

陽電子放射体の探索を医学研究の範囲内で行った背景には，放射性物質の平和利用を促進するという原子力委員会（AEC）の戦後の政策が影響していた．1951 年に，F. レン（Frank R. Wrenn）のグループは，生成する 2 本のガンマ線を同時に検出して，トレーサーの位置を正確に知ること，例えば脳腫瘍の部位を突き止めることが可能であると唱えた．1953 年に，マサチューセッツ総合病院の G. ブラウネル（Gordon L. Brownell, 1922-）と W. スウィート（William H. Sweet, 1910-）は，それを行うための陽電子スキャナーを作成した．1970 年代前半に，ブルックヘブン国立研究所の J. ロバートソン（James S. Robertson, 1920-）が，検出器が円環状に配置された陽電子カメラを初めてつくり出し，同じ年にペンシルベニア大学の D. クール（David E. Kuhl, 1929-）と R. エドワーズ（Roy Q. Edwards）は，単一光量子（ガンマ線）の放射に対する断層撮影画像化装置を開発した．これらによって，PET スキャナーの本格的な開発の準備が整えられた．

陽電子放射体を用いた生理学的な研究は，セントルイスのワシントン大学の M. ター=ポゴシアン（Michel M. Ter-Pogossian）のグループによって行われた．彼らは，^{15}O の酸素気体を用いて呼吸系，脳，ならびに癌の研究を行った．これらの研究は，1960 年代中頃に AEC ならびに米国国立衛生研究所（NIH）の資金援助によってワシントン大学医学研究センターにサイクロトロンが設置されることにつながった．1970 年代後半に，NIH に勤務しケティの研究を発展させた L. ソコロフ（Louis Sokoloff, 1921-）が，デオキシグルコースをトレーサーとして用いるオートラジオグラフィー技術の開発に貢献し，彼の死後になって脳の中の酸素の流れを正確に「見る」ことができるようになった．

イギリスの EMI 社によって CT スキャナーが発表され，コンピューターを用いてどのように断層撮像データをふるいにかけたらよいか，という計算上の問題を解決できることがわかったため，PET スキャナーの開発が促進された．これに触発されて，M. フェルプス（Michael E. Phelps, 1939-）と E. ホフマン（Edward J. Hoffman）は J. コックス（Jerome R. Cox, 1925-），D. シュナイダー（Donald L. Snyder），N. ミュラーニ（Nizar A. Mullani）とともに，ター=ポゴシアンの主導のもと，最初の実用的な PET スキャナーである PETT シリーズを開発した．これらの装置では，電気的につながったシンチレーション・カウンターが六角形に配置されており，これらは向かい合った 2 つの計数器がガンマ線を同時に検出した場合にのみ，正の信号を送るようになっていた．正の信号が生じたときは，陽電子放射分子が 2 つの検出器の間のどこかに存在すると推定することができた．これらの信号はコンピューターに蓄えられ，反復アルゴリズムやフーリエ変換を用いて数学的に処理され，放射能に基づく二次元断面図ができあがった．ガンマ線カメラでは，物理的でノイズの多い，鉛でシールドされたコリメーターが用いられたが，同時検出タイプの装置では，代わりに電気的なコリメーターが用いられるようになり，感

度と精度が大きく上昇した．チョウ（Z. H. Cho, 1936-）によって実際にビスマスゲルマニウム酸塩結晶が発見され，検出器の解像度が向上したこと，動く六角形の検出器ではなく静止した環状の検出器を用いることによって操作が容易になったことなどにより，この技術の大きな改良がもたらされた．

しかし，医療に用いるためには，これらのデータは，体の分子循環と放射性崩壊と検査対象の生理過程の間の複雑な関係（例えば，血液中の酸素濃度と脳の特定領域の血流と認識プロセスの間の関係）に即して処理されねばならなかった．こうしたパラメーターの計算・評価は，トレーサー運動学として知られている．これにより生じる画像は，分子の流速すなわちある領域における分子濃度の経時変化を示すため，機能的な画像と呼ばれている．

PETの有用性は，技術的制約，また放射性医薬品を用いるがゆえの制約に等しく依存する．PETの研究の多くは，核化学的な配位子研究に集中している．それは，医薬品などの複雑な分子が体内のどこでどのように用いられているか，特に脳のどの部分で吸収されているかを示すために，それらの分子を放射性同位体で迅速にラベルする方法を開発する，といった研究である．1979年に，J. ファウラー（Joanna S. Fowler, 1942-）とA. ウォルフ（Alfred P. Wolf, 1923-）は，脳におけるグルコース消費を調べるために，グルコースのアナログである18-FDGを合成して用いたが，これは重要な成果である．18-FDGは，現在も最もよく用いられる放射性医薬品となっている．1983年にジョンズ・ホプキンス大学のH. ワグナー（Henry N. Wagner, 1927-）とM. クーアー（Michael Kuhar, 1944-）は，ヒト・ドーパミン受容体を画像化することができることを示したが，これも重要な成果である．

PET装置の開発に続いて，商用のPETスキャナーがEG&Gオーテック（後のCTI）によって初めて開発された．1979年に，NIHはPETを初めて助成領域の1つと定め，この助成プログラムのもとで7つのPET施設に資金援助を行った．こうした後押しがあったにもかかわらず，PETはCTほど爆発的に臨床医学で用いられるようにはならなかった．むしろ，PETは多くの領域横断的かつ資金のかかるインフラ（サイクロトロンなど）を必要とするため，またPETのデータは臨床的な問題解決にすぐに適用することができるものではないため，PETは最初は科学・医学実験のための技術となっていた．それにもかかわらず，1983年までには，PET施設の数は世界中で40を超えるまでになっていた．1980年代中盤と後半に，よく知られた医療機器販売会社のジーメンスとゼネラル・エレクトリック社（GE）が，CTIとスキャンディトロニクスをそれぞれ買収し，PETの販売を引き継いだ．

PETは，SPECT（単一光量子放射コンピューター断層撮像装置）と並んで，放射線医学と核医学の交点に位置づけられる．これらの装置により，医用イメージングや分子薬理学といった新しい分野の形成が促進された．後者の分子薬理学は，分子生物学のうちトレーサーを用いて画像化を行うものを指すと理解されている．

PETは，人が認知作業を行っているときの活動中の脳の図を得ることができ，また病気や機能不全など多種多様な状態の脳の画像を得ることができるといった能力をもっていたため，大衆文化においてもサイ

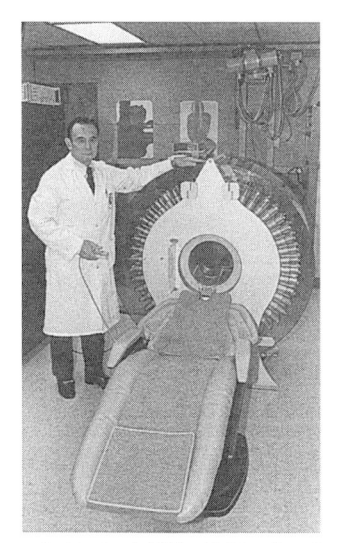

ター=ポゴシアンと初期の PET スキャナー．
ワシントン大学医学部文書館提供．

エンス・ライターやハリウッドを魅了した．法廷では最近，精神障害や心神喪失の科学的証拠として PET を認めてよいかどうかという問題が生じている．また，PET の画像が陪審員たちに偏見を与える可能性があるか否かという問題も議論されている．

1990 年代前半の現在，PET を臨床の場で使える技術にしようとする努力が払われているところである．今後，保険者特にメディケアやメディケイドといった社会保障を管轄するヘルスケア財政局が，PET でなされた検査のコストを補償するようにしなくてはならない．この点に関して進歩はあるものの，保険による補償の問題は，装置の臨床上の効果のみならず PET の費用にも左右される．すべての人が承認された検査を受ける機会をもてるほど十分な数の病院が PET を買うことができるのか，ということが問題になってくるのである．

PET スキャナーの費用は，約 200 万ドルであり，サイクロトロンにも同額がかかる．1 年間の維持費と人件費（サイクロトロン技師，化学技師ならびに PET 技術者）には，30 万から 70 万ドルがかかる．地域に 1 台サイクロトロンを導入し，放射性同位体が近隣の複数の病院のグループに対して提供されるようにすれば，費用の内のいくらかは減らすことができる．放射性ラベルした分子の規制を行おうしている FDA とともに，規制レベルの検討もなされている．最後に，SPECT や fastMR といった，体や脳の機能を画像化するその他の技術が存在し，PET の長所のいくつかをあわせもっていることを付記しておく．

[Joseph Dumit／隅藏康一 訳]

■文 献

Andreasen, Nancy C., ed. *Brain Imaging*：*Applications in Psychiatry*. Washington, D. C.：American Psychiatric, 1989.

Kereiakes, J. G. "The History and Development of Medical Physics Instrumentaion：Nuclear Medicine." *Medical Physics* 14 (1987)：146-155.

Phelps, Michael E. "The Evolution of Positron Emission Tomography." In *The Enchanted Loom*：*Chapters in the History of Neuroscience*, edited by Pietro Corsi, 347-357. New York：Oxford University Press, 1991.

Reivich, Martin, and Abass Alavi, eds. *Positron Emission Tomography*. New York：A. R. Liss, 1985.

Ter-Pogossian, Michel M. "The Origins of Positron Emission Tomography." *Seminars in Nuclear Medicine* 22 (1992)：140-149.

◆ポトメーター

Potometer

ポトメーター（吸水計．ギリシャ語で「飲

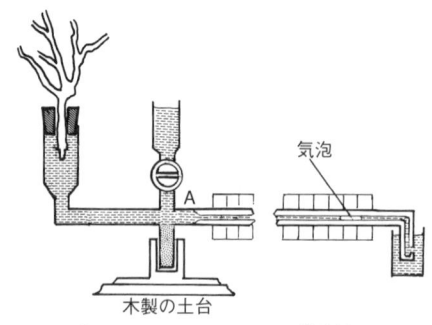

市販されたポトメーターの模式図.

む」を意味する poton に由来する）は、切り取られたシュートや根づいた苗木が、例えば光、温度、風、湿度などの周囲の環境によってどのように吸水率を変化させるかを測定する装置である．これは，1870年代にドイツの植物学者 J. ザックス（Julius Sachs, 1832-1897）によって発明され，イギリスの F. ダーウィン（Francis Darwin, 1849-1925）によって 1884 年に改良されたものである.

　基本的な構造は，水の満たされた貯水タンクに，細管が取り付けられており，その管の端は小さなビーカーに入った水につけられているというものである．測定の対象となる植物は，この装置に根のほうから差し込まれ，実験者の望む環境の中に置かれる．ビーカーを 2, 3 秒離すと，細管の端で凹面状にへこみが形成される．このへこみが 2, 3 mm 動いた後にビーカーを戻してやると，細管に気泡ができる．気泡が細管に沿ってある距離を運動する速さを測ると，あるいは単に気泡が前進する時間を測ると，時間あたりの吸収される水の体積を知ることができる．植物を支えている貯水タンクに気泡が進入することをさけるため，点 A に到達したとき中央の貯水タンクの下のタップを開いて，気泡を取り去っ

てしまわなければならない．ポトメーターを天秤の上に置くと，遅れて水分が蒸発するのを検知することができる．小型のポトメーターは，葉の 1 枚 1 枚について測定することができる．

　ポトメーターは，さまざまな教育機器会社から，およそ 50 ドルで購入することができる．しかし，十分に同じ役目をする装置は実験室のガラス器具で組み立てることができる．気泡を消すために皮下注射針を使って，植物試料を支えるゴム栓にそれを差し込めば，十分な役割を果たす．

[Hans Meidner／林　真理　訳]

■文　献

Darwin, Francis. "Absorption of Water by Plants." Nature 3（1884）：180-182.

◆ポーラログラフ

Polarograph

　ポーラログラフとは，滴下水銀電極における電流-電圧曲線を用いて，どの物質がどのくらいの量存在するのかを表示する化学分析法である．ポーラログラフは自記式実験装置の最初の例の 1 つであり，電流-電圧曲線を描くために 1 点 1 点測定結果をプロットしていく面倒な操作を不要にすることによって，化学分析に革命を引き起こした．

　ポーラログラフの技術は，プラハのカレル大学の J. ヘイロフスキー（Jaroslav Heyrovský, 1890-1967）によって 1922 年に考案され，最初の装置はヘイロフスキー自身によって，日本人の共同研究者である志方益三（1895-1964）とともに 1925 年に開

発された．ヘイロフスキーがポーラログラフという名称を選んだのは，そのような測定によって得られる曲線において分極性の起電力が果たす役割を強調するためであった．

ポーラログラフは無機分析にとりわけ適しているが，それは多くの元素が滴下水銀電極で還元され，明確な電流-電圧曲線（ポーラログラム（polarogram）と呼ばれる）を与えるからである．約30種の元素において1〜10 ppbのレベルの微量を検出できるため，冶金学の分析に広く応用される．またポーラログラフは，市販の化学薬品，水，下水，排水，石油，食料品，生物物質に含まれる不純物を検出するトレース分析にも広く用いられている．多くの有機化合物，特に極性の強い結合や不飽和結合をもった化合物も電気的活性があり，特徴的なポーラログラムを与えるのである．

ヘイロフスキーはイルコヴィッチ（D. Ilkovič），R. ブルジチカ（Rudolf Brdička），ヴィースネル（K. Wiesner）ら同僚とともにポーラログラフの基礎理論の研究に取り組み，同時にこの実験技術を化学の多くの分野に応用していった．1938年までは，ポーラログラフに関するほとんどすべての論文は，プラハで行われたか，プラハで訓練を受けた化学者によって行われた実験をもとに執筆された．アメリカのI. コルソフ（Izaak Kolthoff, 1894-1993）やドイツ，イタリア，ポーランド，ロシア，イギリスの他の電気化学者たちも1930年代末にはポーラログラフの研究を始めた．

第二次世界大戦中には簡単な市販の装置が手に入るようになり，以前には他の方法で行われていたか，従来の分析法では不可能であった分析で試用された．ポーラログラフに関する文献は第二次世界大戦後，膨大になり，1980年までには論文数が2万を越えるに至っている．ヘイロフスキーは1959年にノーベル化学賞を受賞した．

古典的直流ポーラログラフ

1893年にR. ベーレント（Robert Behrend, 1856-1926）は，色ではなく電位差が平衡状態を示す滴定実験に初めて取り組んだ．彼は硝酸水銀溶液をハロゲン化カリウムで（あるいはその逆で）滴定したが，その際彼は水銀指示電極を水銀-硝酸水銀基準電極とともに用いたのである．1920年代初めには滴定曲線を自動的に記録する電気機械システムが開発された．これによって，従来の滴定のように酸や塩基のみならず，酸化ないし還元されうる任意のイオンの濃度の測定が可能になった．

ヘイロフスキーによって開発されたポーラログラフの技術は，電解槽における被酸化あるいは被還元物質の溶液を，分極性の滴下水銀電極と水銀プールあるいは基準電極（普通は飽和カロメル電極）を用いて電気分解することからなっている．徐々に高くなる直流電圧が電解槽にかけられ，電極間を流れる電流が，かけられた電圧に対して記録される．特徴的な段状の電流-電圧曲線が，溶液に含まれる各々の電気的活性のある物質に対して得られる．各々の段の上昇部の中点における電圧（半波電圧）は，段から段への移行を引き起こす化学種に特有の量であり，段の高さ（拡散電流ないし波高）は物質の濃度に比例する．

古典的ポーラログラフで用いられる滴下水銀電極は小さい電極であり，水銀の小滴が，ガラスの毛細管の先端（直径0.05〜0.08 mm）から一滴あたり3〜8秒の割合で定常的に滴下される．この機構は1903年にB. クチェラ（Bohumil Kučera）によって，G. リップマン（Gabriel Lippman,

1845-1921)が考案した毛管電位計のための水銀電極を改良することによって発明された．この装置は+0.3～-2.8Vの間で操作することができる．滴下水銀電極はいくつもの望ましい性質をもっている．水銀の一滴一滴が，溶液に対して常に新しい表面となることで，電気分解によって生成する物質が蓄積されることもない．拡散電流は安定した値を直ちに与え，かつ再現性がある．これらの望ましい特徴の一方で，徐々に増大しつつある水銀滴による充電（あるいは容量）電流が小さい波高の測定を妨げるという問題もある．

　ヘイロフスキーと志方によって1925年に組み立てられたポーラログラフは，電流-電圧曲線を写真に撮って記録した．モーターによって作動する電位差計によって一定の割合で上昇する電圧が電解槽にかけられ，写真紙を巻きつけた円筒が同じモーターによって回転する．電流の変化は，鏡検流計で反射された光のスポットによって写真紙に記録される．電圧の増大は写真紙に自動的に記録され，後で写真紙が現像されるのである．

　商業用の写真式ポーラログラフは1930年代末に市場に登場し，値段はイギリスにおいて140ポンドであった．写真紙の場合，現像する手間がかかるために，実験中にポーラログラムを観察することは不可能であった．ペンで記録する装置がこの欠点を克服した．1944年に開発されたティンスリー製の装置では，電流は鏡検流計に通じ，反射された光線は光電池に当たるようになっていた．光電池で生じた光電電流は直流増幅器によって増幅され，ペンによって記録されるミリ電流計を作動させた．その後，他の方式のペン記録装置がそれに続くこととなる．

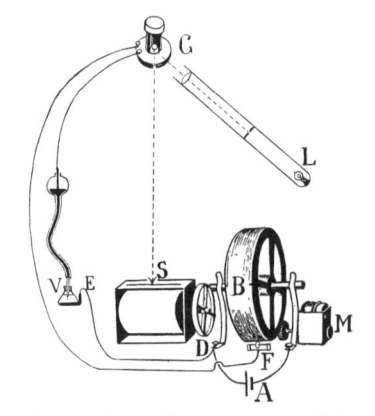

ヘイロフスキーのポーラログラフの模式図（1925年）．Lは検流計を照らすライト，Gは反射検流計，Sはカメラのスリット，Bは回転式電位差計，Mはモーター，Vは滴下水銀電極をあらわす．SSPL提供．

　古典的直流ポーラログラフは10^{-2}～10^{-4} molの濃度の電解性物質を検出することができる．それ以下の濃度になると，充電電流の影響で精度が低くなる．これらの欠点によって直流ポーラログラフの日常的な分析業務での使用が制限されたのである．

現在のポーラログラフ

　1950年代にポーラログラフの精度をあげる試みがなされ，その結果それまでの古典的直流ポーラログラフより1,000倍も精度が高い，タスト・ポーラログラフ，矩形波ポーラログラフ，微分パルス・ポーラログラフが開発されることとなる．タスト・ポーラログラフでは，電流は各々の水銀滴の落下の直前の最大値のみが計測される．この手続きによって充電電流効果が克服され，精度がよくなる．安価で作動が速く，安定した操作が可能な増幅器が1960年代に登場するに及んで，実際上の問題がさらに克服されていった．交流，パルス，および微分パルス・ポーラログラフが大いに有

望であることが明らかになるとともに，ポーラログラフに対する興味が大きく復活した．

現在のポーラログラフはマイクロプロセッサーによって制御され，古典的直流，タスト，矩形波，パルス，微分パルス・ポーラログラフの各機能を備えた，高い性能をもった装置となっている．滴下水銀電極はガラス状炭素電極や炭素ペースト電極で置き換えることも可能であり，これによって陽極領域でのボルタンメトリー［voltammetry，電位を規則的に変化させて電流を測定する方法の総称］の測定ができるようになる．微分パルス陽極（および陰極）溶出ストリッピングボルタンメトリー［stripping voltammetry，電極上で電位を変化させ目的物質を析出させたり溶出させたりして微量分析する方法］によって10数種の元素の1 ppb以下の微量の検出が可能になる．しかしながら現在では，ポーラログラフに代わって，クロマトグラフ，蛍光分析，分光法，質量分析，X線法が中心的な分析手段となっている（クロマトグラフ，質量分析計，分光光度計の項を参照）．

[James E. Page／菊池好行 訳]

■文　献

Galus, Zbigniew. *Fundamentals of Electrochemical Analysis*. Translated by R. A. Chalmers, and W. A. J. Bryce. 2nd rev. ed. New York：Ellis Horwood, 1994.

Heyrovsky, Jaroslav, and Jaroslav Kůta. *Principles of Polarography*. Prague：Publishing House of the Czechoslovak Academy of Sciences, 1965.

Meites, Louis, *Polarographic Techniques*. 2nd ed. New York：Wiley, 1965.

Milner, G. W. C. *The Principles and Applications of Polarography and Other Electroanalytical Processes*. London：Longmans, 1957.

Vassos, Basil H., and Galen W. Ewing. *Electroanalytical Chemistry*. New York：Wiley, 1983.

◆ポリメラーゼ連鎖反応法

Polymerase Chain Reaction

ポリメラーゼ連鎖反応法（PCR）は，ある遺伝子やDNA断片を特定して，急速に増幅する方法である．DNAポリメラーゼ（重合酵素）は，この反応を触媒する酵素であり，連鎖反応とは，必要な遺伝子断片の指数関数的増幅と蓄積を指す．ある範囲のDNAを複製するクローニング法は，1970年代初期に導入されたが，実験に必要な配列を含んだDNAを十分に得ること，および不要なDNAから必要な配列だけを切り離すことは困難であって，なんらかの対策が必要とされた．このような問題をPCRは解決した．

PCRの過程は非常に単純である．科学者は，まず試験管に複製したい遺伝子かその断片（標的配列）を含むような二重鎖DNAを，新しいDNA鎖をつくり出すための原料化学物質（前駆体），複製されるDNA断片を挟む両端の配列になるように特別に作成された2種類の短い1本鎖DNA（プライマー），そしてDNAポリメラーゼと混ぜ合わせる．この混合液を熱すると，DNAの2本鎖は1本ずつに解離し，次にこれを冷やすとそれぞれのプライマーは1本鎖DNA上にある相補的な配列と結合することができる．ポリメラーゼは，それぞれのプライマーを起点としてその配列を複製していく．短時間で標的配列の正確なレプリカがつくり出される．1回のサイクルごとに標的配列の量は倍増していく．20サイクル後には100万以上のDNA

断片のコピーができる．

この段取りは，最初は手で行われたが，この過程を自動化するような特別なサーマルサイクラー［温度を周期的に変える装置］が開発された．PCR装置はいまやコピー機と同じくらいにほとんどの生物医学系の研究室に普及しており，PCRは病原体の検出，DNA鑑定による犯人の割り出しや，大昔に絶滅した生物のDNA分析による進化の研究などにも用いられている．

発想の歴史

PCRのアイデアは，1983年春にK. B. マリス（Kary B. Mullis, 1944–）が思いついたものである．マリスはカリフォルニア州エメリービルにあるバイオテクノロジー企業シータス社に勤務していた．彼はそこで分子生物学者の研究向けにDNA断片（オリゴヌクレオチド）を合成しており，大きく複雑なDNA断片から特定の小さなDNA断片を抽出・複製するために，もっと単純で簡単な方法はないか考えた．プライマーは望みの断片を挟んだ部分を取り出すことができるが，それから莫大な回数の実験操作をくり返さずに複製するにはどうすればいいのか．

彼がやっていたコンピューターを使った仕事と，「ループ状反復過程」のプログラム作成が役に立ち出した．指数関数的な増幅は初等数学の概念であったが，コンピュータープログラマーの手により強力な使い道が与えられた．この概念をなぜ分子生物学や生化学に適用しないのか．周期的な加熱と冷却がDNAの解離と結合を引き起こし，DNAポリメラーゼが結合したプライマーからの伸張合成を引き起こすはずである．1回のサイクルで合成されたプライマー伸張産物は，次のサイクルの鋳型となるため，結果として，特定のDNA断片が指数関数的に蓄積されるはずであった．ポリメラーゼ連鎖反応の概念はこうしたものである．この過程の議論についての文献調査からは何も得られなかった．当初，彼の同僚たちの反応は否定的なものだった．

高卒の研究室技官F. ファローナ（Fred Faloona）の助けを借りて，マリスは1983年の秋に実験を開始した．そして，12月までにはいくつかの説得力のある結果を得ていた．しかし，シータス社がこの技術を評価し応用するための組織を結成するのは，1984年の後半になってからであった．PCRの応用が最初に述べられた論文は，PCRが最初に登場する論文でもあったのだが，1985年の『サイエンス（*Science*）』誌上に発表された．1987年に特許取得と次の論文が出されると，PCRは急速に世界中に普及した．マリスはその業績により1993年のノーベル賞を受賞した．

装置の歴史

当初，シータス社は機器の会社ではなかったため，コネチカット州ノーウォークにあったパーキン・エルマー社と合弁した．1984～1985年に製造，試験された最初のPCR装置「ミスターサイクル」は，Pro/Pette™と呼ばれる2つの湯浴の上にフックでつり下げるようになっているマルチチャンネル自動分注装置からなっていた．機器には2つの温度を制御するアルミ製のブロックが埋めこまれていた．前方のブロックにはサンプル（蓋なしマイクロ遠心チューブに入っている）を入れるようになっており，切り換え式のバルブで94℃と37℃の2つの湯浴とつながっていた．後方のブロックにはクレノウ断片（大腸菌から得られたDNAポリメラーゼ）溶液を蓋なしマイクロ遠心チューブに入れて，前方のサンプルチューブと同じように配置する

ようになっていた．制御装置が高温，低温での保温時間を管理して，前方ブロックの温度を変えるために切り換え式バルブを動かす．そしてマルチチャンネルヘッドが新しいチップを取り上げ，後方ブロックのチューブから一定量の酵素溶液を測りとり，それを前方のブロックに入っているチューブにそれぞれ注入する．クレノウ断片は温度に不安定なため，変性［2本鎖DNAを解離させる］ステップで高温にさらすたびに毎回新しい酵素を加えなければならず，この過程がそれぞれのサイクルでくり返されねばならなかった．この操作が過程を長たらしいものにし，サンプル中に変性した酵素を急速に蓄積してしまうことになった．

1985～1986年に開発された「サン・オブ・サイクル」では2つの重要な新機軸がとり入れられた．1つは高度好熱性細菌 *Thermus aquaticus* から得られた TaqDNA ポリメラーゼの使用である．Taq は温度に対して安定なため，毎回の変性ステップの後に新しい酵素を加える必要がない．もう1つは，ペルチェ素子と呼ばれる半導体素子の使用であり，これにより，サンプルをブロックに入れたまま加熱，冷却ができるようになった．

1987年後半にパーキン・エルマー・シータス社が販売用の機器を発表するまでは，他のデザインもいくつか試された．これは，「DNA サーマルサイクラー I（TC-1）」と呼ばれ，湯浴もペルチェ素子も使わないものだった．その代わりに電気ヒーターで加熱し，装置本体に内蔵された冷却ユニットで冷却した．ユーザーがプログラムできるファイルとあらかじめプログラムされたプロトコールが使えるマイクロプロセッサーがくり返しサイクルの進行を制御し，保温時間とブロック温度を管理した．

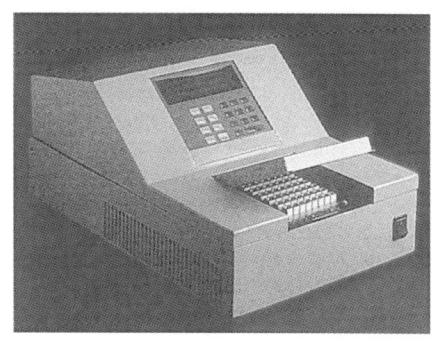

1986年のシータス社による PCR 装置試作品．SM 1993-339. SSPL 提供．

この装置は机の上に置ける大きさで，重さは約 30 kg，値段は約 8,500 ドルであった．

1990年に「DNA サーマルサイクラー 480」が世に出て，さらに 2～3 年後に売り出された「DNA サーマルサイクラー 9600」では，同時に扱えるサンプル数が 48 から 96 になり，他の点でも改良が施された．パーキン・エルマー・シータス社はまた，特許をもつ PCR 用の DNA 増幅用試薬キット，Gene Amp を市場に出した．

1991年，スイスの製薬会社ホフマン・ラ・ロッシュ社が PCR と PCR 関連機器販売の権利を 3 億ドルで買収した．そしてカリフォルニア州アラメダに現在ロッシュ分子システムと呼ばれている生物医学研究所を設立し，現在も新しい PCR 製品の開発を行っている．同じ年にカリフォルニア州エメリービルのもう1つのバイオテクノロジー企業カイロン社がシータス社を7億ドル近い価格で買収した．このようにして PCR を生み出した世界でも最初のバイオテクノロジー企業（1971年設立）の1つが終焉を迎えた．しかしながら，その技術・手段として，年商 10 億ドルの市場として，PCR は成長し最盛期を迎えている．

［Ramunas Kondratas／堂前雅史 訳］

■文献

Erlich, Henry A., ed. *PCR Technology*：*Principles and Applications for DNA Amplification*. New York：W. H. Freeman, 1992［加藤郁之進監訳：『PCRテクノロジー：DNA増幅の原理と応用』, 宝酒造, 1997年］.

Mullis, Kary B. "The Polymerase Chain Reaction." *Les Prix Nobel*（1993）：102–117.

Mullis, Kary B., and Fred A. Faloona. "Specific Synthesis of DNA *in vitro* via a Polymerase Catalyzed Chain Reaction." In *Recombinant DNA*：*Part F*, edited by Ray Wu, 335–350. London：Academic, 1987.

Mullis, Kary B., Fred A. Faloona., F. Ferre, and R. A. Gibbs, eds. *The Polymerase Chain Reaction*. Boston：Birkhauser, 1994.

Yoffe, Emily. "Is Kary Mullis God？" *Esquire*（July 1994）：68–74.

◆ボロメーター

Bolometer

ボロメーターは, 計測器に入射する輻射熱の全量を測定する装置である. 科学研究では主に赤外線の測定用に使われている. 名称はギリシャ語の *bole*（光線）と *metron*（計測）に由来する. ボロメーターは, 金属製検知器の抵抗が, 加えられる熱量に比例して変化するという現象を原理としている. 検知器の抵抗はホイートストン・ブリッジとして知られている電気回路の端末の1つにつないで計測される. 検知器が熱せられて抵抗が変化すると, その結果としてブリッジに生じる電流が計測できるのである.

ボロメーターの検出素子は理論的にはさまざまな金属から選ぶことができるが, 離散的な放射熱源を計るために薄い短冊状の小片にしても強度を保てることから, 最初はプラチナが好まれた. 検知器はしばしばペアで使われ, 各々がホイートストン・ブリッジの別々の端末につながれる. 一方は放射熱にさらされ, もう一方は遮蔽される. 遮蔽された素子は周囲の熱放射の影響を減らす役目を果たしている. ブリッジが平衡状態からずれたときに流れる電流が小さいことから, 計測には通常, 検流計が使われる.

ボロメーターが発明される前に, 放射熱の計測に使われていた標準的な器具は熱電対列であった. しかし19世紀末までには, 研究者は微弱でより離散的な熱源を計ることに腐心するようになっていて, 熱電対列はこの課題には不向きだったのである. T. エジソン（Thomas Alva Edison, 1847–1931）は自らが発明した微圧計（tasimeter）によって状況を改善しようとしたが, 彼の微圧計は不安定で, 反応時間が遅く, 応答が線形でないなど欠点が多かった. 当時ペンシルベニア州ピッツバーグ郊外のアリゲニー天文台長で第一線の太陽物理学者であったS. P. ラングレー（Samuel Pierpont Langley, 1834–1906）はエジソンの失敗にひどく失望した. ラングレーは1877年に新しい器具, とりわけ不可視の赤外太陽スペクトルからくる放射熱を計るための器具の必要性に関してエジソンと文通している. 使える道具ができる見込みがないことから, ラングレーは1879年末から自分自身で器具をつくり始めた. エジソンによる（彼が初め実用的でないという理由で退けていた）示唆から出発して, 1年かけてラングレーはボロメーターの原型となる器具をつくり上げたのである.

ラングレーは, 入手可能となった新素材, 特にセレニウムやカーボン・フィラメントを用いて常に実験しようとしていたが, その一方で検出素子のためにさまざまな金属

を（プラチナに決める前に）試していた．ラングレーの最初のプラチナ製の検出素子は，幅1mmで長さが10mmだった．これらの検出素子とトムソンの検流計を用いると，ラングレーのボロメーターは従来の熱電対列より約15倍も精度が高かったのである．ラングレーはボロメーターの精度に強い印象を受け，1881年のカリフォルニア州ホイットニー山への探査旅行にボロメーターを持参して試用してみた．彼が探査の過程で，太陽スペクトルが赤外領域深くまで広がっていることを発見したことにより，ボロメーターの威力が他の科学者に対してもはっきり示されることとなった．

ラングレーは，満足できるボロメーターを組み立てた直後に，ニューヨーク市の化学器具製作者W．グルノー（William Grunow）に商業的にボロメーターを生産するよう手配した．1886年の終わりにはグルノーは，モスクワのA. G. ストレトフ（Aleksandr G. Stoletov, 1839–1896），ベルリンのH. フォン・ヘルムホルツ（Hermann von Helmholtz, 1821–1894），パリのE.-A. デュクルテ（Eugène-Adrien Ducretet），そしてモンペリエのA. P. P. クロヴァ（André P. P. Crova）などの研究者，科学器具制作者のために計8つのボロメーターを製作した．数年のうちにボロメーターは，特に当時発展しつつあった黒体輻射研究の分野で非常に便利な道具であるということがわかったのである．

ラングレーはグルノーの助けを借りながらボロメーターとその補助器具，とりわけ検流計の改良に引き続き取り組んだ．グルノーとラングレーは検出用の金属片の幅を0.05mmまで細くすることに成功し，より効果的な遮蔽技術を開発していった．ワシントンD. C. のスミソニアン天体物理学天文台に移った後に，ラングレーの助手のC. G. アボット（Charles Greeley Abbot）がボロメーターのケースに関していくつかの追加的な改良を行った．彼は器具の性能を向上させるために検出素子を真空中に置く実験なども行っている．1898年にはボロメーターは密閉され，より持ち運びしやすくなった．電気回路，導線の数は減らされ，初心者にもより扱いやすくなった．ラングレーは，彼のボロメーターの精度を，初期のモデルよりも400倍も向上させたと主張することができたのである．

ボロメーターは成功した器具であったが，放射エネルギー研究での主導的な検出器とはならなかった．E. F. ニコルス（Ernest Fox Nichols, 1869–1924）による放射計（radiometer）の改良と，H. ルーベンス（Heinrich Rubens, 1865–1922）による熱電対列の改良によって，物理学者はいくつかの便利な器具の間で選択の余地が与えられた．ボロメーターの欠点は，検出用の小片の熱が不均等であることからくる示度の「偏流（drift）」と，電流によって生じる熱が原因となって起こる，局所的な空気の流れの干渉である．長所としては短い反応時間があげられ，これによって急速に変化する熱源に関する研究ではボロメーターは最も優れた装置となる．

薄い箔の形をしたプラチナが，1940年代までを通じてボロメーターの検出素子として用いられていた．1940年代には，研究者たちはさまざまな検出素子を使うことでボロメーターの反応時間の改良に取り組んでいた．ニッケルや金を蒸着させたフィルムで実験する研究者がいた一方で，ベル研究所はニッケル，マンガンと酸化コバルトの合金からつくられるサーミスター素子（thermistor：thermally sensitive resistor）

ラングレーのボロメーター(1880年代). SM 1890-39, 1880-40. SSPL提供.

でよりよい成功を収めた．現在，サーミスター・ボロメーターは軍事および宇宙システムで広く使われるようになっている．

もう1つのボロメーターの改良点は，検出器を非常に低い温度に冷やすことができるようになったことである．これによって半導体素子が使えるようになったほか，素子の熱容量が抑えられ反応時間の短縮につながり，また遮蔽に関連して背景輻射の影響を減らすことが可能になった．半導体である窒化ニオブと低温炭素を抵抗素子として使ったコンポジット・ボロメーターも試用されたが，おそらく最も成功したのはF. J. ロウ（Franck J. Low）の低温ゲルマニウムボロメーターであろう．ガリウムによってドーピングされたゲルマニウムの単結晶を用いることによって1961年に開発されたロウ・ボロメーターは天文学での赤外線研究で非常に重要な検出器となっているのである．

現在では，金属フィルムとサーミスター・ボロメーターが依然として一般に使われているが，遠赤外線や微弱な天文熱源についての研究では冷却半導体ボロメーターが必要となる．最後に，研究者は現在でもボロメーターの感度を上げるために検出素子のための新たな素材を探し続けていることをつけ加えておこう．

[Ronald Brashear／菊池好行 訳]

■文 献

Coblentz, William Weber. "Instruments and Methods Used in Radiometry." In *Investigations of Infra-red Spectra*, 152-176. Washington, D. C.: Carnegie Institution of Washington, 1906.

Hudson, Richard D., Jr. and Jacqueline Wordsworth Hudson, eds. *Infrared Detectors*. Stroudsburg, Pa.: Dowden, Hutchinson and Ross, 1975.

Langley, Samuel P. "The Bolometer and Radiant Energy." *Proceedings of the American Academy of Arts and Sciences* 16 (1881): 342-359.

Langley, Samuel P., and C. G. Abbot. *Annals of the Astrophysical Observatory of the Smithsonian Institution*. Vol.1. Washington, D. C.: Government Printing Office, 1900.

Smith, Robert Allan, F. E. Jones, and R. P. Chasmar. *The Detection and Measurement of Infra-red Radiation*. Oxford: Clarendon, 1957.

◆ポロメーター

Porometer

ポロメーター（気孔開閉度測定装置）は，葉の有孔度を測定する装置である．有孔度は，葉の上皮に存在する気孔（stomataという語はギリシャ語の *stoma*「口」からきている）の数と，その開き方に依存している．これは，光合成に必要な二酸化炭素の吸収，水蒸気の喪失と相関がある．それゆえ有孔度の測定は，例えば農業では穀物の畑を監視し，いつ水をまくべきか決めるという，実践的な価値をもっている．

ポロメーターには2種類の基本的なタイプがある．1つは，空気の流れを測定して，葉を横切る方向の圧力勾配を知るマスフローポロメーターであり，もう1つは気体の拡散率を測って，濃度勾配を知るガス拡散ポロメーターである．自然の状況下では，二酸化炭素と水蒸気はともに拡散によって

葉から出入りしているので，後者のほうが実際の過程をより直接的に測定するものである．

最初のマスフローポロメーターは，1911年にイギリスのF. ダーウィン (Francis Darwin, 1849-1925) とペルツ (F. W. Pertz) によって製作された．彼らは，ポロメーターという名前の発案者でもある．水柱の降下する速度として葉の有孔度 (後に気孔抵抗，あるいはその逆数として気孔コンダクタンスと呼ばれた) が測定された．ブラジルで導入されたアルヴィムマスフローポロメーターは血圧計を内蔵したもので，加えられた圧力の低下率から葉の抵抗を測定する．

1934年に，F. G. グレゴリー (Frederick Gugenheim Gregory, 1893-1961) とパース (Pearse) が初めて抵抗ポロメーターを用いた．ⅠおよびⅡの液柱計の目盛りの違いを用いて，毛管部で葉の気孔抵抗を計算するものである (図参照)．1951年のヒース (Heath) とラッセル (Russel) のホイートストンブリッジ・ポロメーターでは，毛管部での抵抗測定が，計測値を目盛りつきのニードル弁の文字盤で読みとれるようになっている．1980年代に開発された圧力差ポロメーターは，圧力変換器を用いて，葉の気孔抵抗をマイクロプロセッサーで計算して，絶対単位 (mm/秒) で液晶表示器上に表示するものである．これらの装置はイギリスで導入された．

ドイツのミュラー (M. J. C. Müller, 1914-2001) は，すでに1870年に拡散の測定を行っていた．彼の装置は，水を満たしたU字型のチューブからできており，その一端は毛細管ぐらいの細さになっている．気孔を含む上皮組織を切り取って，大きく開いたほうの端につける．水蒸気の拡散の割合は，他方の毛細管の水柱の高さの減り方に

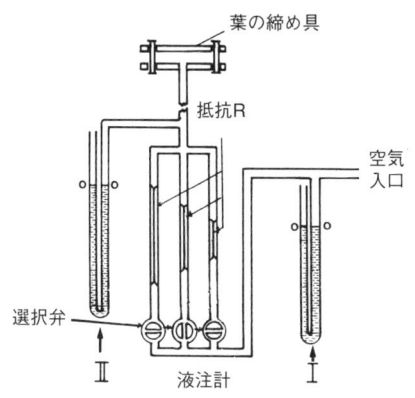

グレゴリーとパースの抵抗ポロメーターの模式図 (1934年)．

よって測ることができる．

拡散の量を確定する方法は，1878年にフランスのマージェ (M. Marget) が無水塩化パラジウムを用いて，葉からの水蒸気の拡散率を計測したときに開始された．1894年にドイツのシュタール (Stahl) は，基準となる暗い青色の無水塩化コバルトの紙を用いて，それが基準となる明るい青色に変化する時間を測定した．1898年にイギリスのダーウィンは，角型の験湿器がある曲率になるまでの時間を用いた．

水素，亜酸化窒素，アルゴン，ヘリウムのような気体の拡散率を測定する装置は，1930年代からフランス，オーストリア，アメリカで用いられ，気孔研究で重要な役割を果たしてきた．

葉からの水蒸気の拡散率を測定することができる装置の制作は，長い間研究の重要な目標であった．1951年にイギリスのH. マイドゥナー (Hans Meidner, 1914-2001) とスパンナー (Spanner) は，間接的に水蒸気の拡散の割合を測定する差分蒸散ポロメーターをつくった．2つの異なった湿度の空気の流れを，葉の近接する2個所にあ

てて，その結果として葉の組織の温度が下がるその下がり方の違いを熱電対列で検出して，電気的な出力に変える．葉の気孔抵抗が低いほど，出力が大きくなる．

決定的な進歩があったのは，アメリカのウォリハン（E. S. Wallihan）による 1964 年の験湿器ポロメーターであった．これは，葉の上に近接して一定の距離をおいて配置された験湿器の電気抵抗の変化率を測定するものである．葉からの水蒸気の拡散が速いと，電気抵抗の減少は速くなる．電気抵抗が決まった程度に減少するのにかかる時間が，伝導時間と呼ばれた．

1990 年代の中頃には，いくつかのガス拡散ポロメーターは，1 万ドルより多少安い値段で入手できた．例えば，デルタ T は伝導時間を測定するものであるが，1970 年代のスタイルズ，モンタイス，バルのデザインを踏襲している．これは，イギリス製のものである．アメリカ製の LI-COR は，バードセル，ジャーヴィス，デヴィッドソンによってデザインされた 1972 年のものを踏襲している．これは，葉を含んだ閉じた空間内で湿度を維持するのに必要な乾燥した空気の量を測定する平衡維持型の装置である．どちらもマイクロプロセッサーを組み込んであり，絶対単位で気孔抵抗や気孔コンダクタンスが液晶表示器に読み出される．[Hans Meidner／林　真理訳]

■文　献

Meidner, Hans, and Terence Mansfield. *Physiology of Stomata*. Maidenhead, U. K.：McGraw Hill, 1968.

Weyers, Jonathan, and Hans Meidner. *Methods in Stomatal Research*. Harlow：U. K.：Longman, 1990.

◆ボンベ熱量計
　➡ 熱量計【ボンベ式】

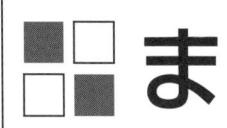

◆マイクロアナライザー【電子線】

Electron Probe Microanalyzer

　これは，真空中の電子・X線光学装置であって微小な体積の固体物質の微小領域における元素の組成を測定するものである．これは，物理学や生物学，さらにはさまざまな技術的な分野にわたって，化学的な微細構造の特徴を明らかにするために用いられる装置である．

物理的な原理

　細く絞った高エネルギーの電子ビーム（直径 1 nm～1 μm）を固体の試料に照射する．非弾性散乱における電子ビームの侵入領域は，0.1 μm から 10 μm の深さである．また，弾性散乱においても，その広がりは，ほぼ同程度である．質量でいうと，0.1 pg から 10 pg の範囲にある励起された部分では，電子ビームは原子の内部にある束縛電子をはじき飛ばすことができる．内部の殻への電子の遷移は，もとの原子に固有のはっきりと決められたエネルギーをもった X 線の放出を引き起こす．複雑な殻構造をもつ重い原子では，その原子に特有の複数の強い特性 X 線群が発生する．原子のつくる電磁場中での電子の減速によって引き起こされる「制動放射」によって形成される連続 X 線のバックグラウンドの上にのるピークとして，特性 X 線は観察される．X 線のスペクトルは次のようにして測定する．波長分散型分光計では，結晶（例えば LiF）からの回折現象により，異なったエネルギー（波長）ごとに X 線を分離して測定する．エネルギー分散型分光計では，X 線が照射される半導体結晶の中で，電子と正孔とが生成される現象を通して，直接，X 線のエネルギーを測定する．波長分散型分光計は高いスペクトル分解能（10 eV 以下）をもっているが，狭いスペクトル範囲しかカバーしないので，全体の X 線スペクトルを調べるためには，いくつかの分光結晶を使って機械的にスキャンする必要がある．エネルギー分散型分光計は，スペクトルの分解能はよくないが，100 eV から 50,000 eV にわたる X 線のスペクトルを同時に検出することができる．

　定性的な分析は，1913 年，H. G. J. モーズリ（Henry Gwyn Jeffreys Moseley, 1887-1915）により最初に調べられた特性 X 線の波長と原子番号との関係についての規則性に，その基礎をおいている．それは，X 線のピークの波長（ないしはエネルギー）により，励起された部分に存在する元素を識別できるということだった．X 線分光計によって測定できる最小の原子番号の元素は，ベリリウムである．測定している試料中の元素からの特性 X 線の強度と，その元素の組成のわかった標準試料に，同じ状態の電子ビームを照射したときの特性 X 線の強度とを比較することによって，定量

的な分析は行われる．（例えば，鉄のような）純粋な元素，（ヒ化ガリウムのように）2つの元素からなり，常温で真空中において固体というわけではない元素の化合物（単純試料），ガラスや（水晶などの）ある種の鉱物の結晶のような，元素の分布が微視的には均一と見なせる混合物が使われる．

元素の真の濃度は，以下のような物理的過程に基づくいくつかの補正因子を考慮した上で，試料と標準試料からのX線の強度の比により求められる．すなわち，電子と試料との相互作用（後方散乱や阻止能），ならびに試料中でのX線の発生と伝播（吸収や低エネルギーの2次蛍光X線）である．すべての補正係数は組成に依存しており，最初のおよその元素組成推定から始めて，いきつもどりつして［推定の精度を高めていく］計算が必要となる．精選した試料を使い，この「いきつもどりつの補正逐次計算」を行えば，テストした分析のうち，95％の試料について真の濃度からの隔たりを±5％以内の精度におさめることができる．検出割合の限界は，元素の種類や試料そのものにもよるが，一般的には，エネルギー分散型分光計では，1,000 ppm程度である．また，波長分散型分光計では，100 ppm程度であるが，最もよい条件では 10 ppm に達することもある．試料1 pgが励起されたときに検出される元素の質量の限界は，質量の絶対値でいえば 10 ag［1アトグラムは 10^{-18} g］から 1 fg［1フェムトグラムは 10^{-15} g］である．決定されるべき元素の数や必要とされるトレース検出限界にもよるが，完全な定性的かつ定量的分析がなされるために必要な時間は，典型的には1つのビーム検出ごとに，10秒から1,000秒ぐらいである．

歴 史

電子線マイクロアナライザーは，1930年代のドイツ（E. ルスカ（Ernst Ruska, 1906-1988）やM. クノル（Max Knoll, 1897-1969）など）や1940年代のアメリカ（V. K. ツヴォリキン（Vladimir Kosma Zworykin, 1889-1982）やJ. ヒリアー（James Hillier））における電子光学に関する実験に，その起源をもっている．最初の電子線マイクロアナライザーは，1951年，フランスのR. カスタン（Raymond Castaing）によって発明された．カスタンは，定量的な分析に影響を及ぼす重要な物理的な過程を明らかにし，補正を行うための組織的な方法を提案した．カスタンの装置は固定したプローブをもっており，試料目標の位置決めをするために光学的顕微鏡を必要とした．イギリスのダンカン（P. Duncumb）とコスレット（V. E. Cosslett）は，X線による組成図作成により，組成的に不均一な微細構造を直接，視覚化できる走査機能を1956年に導入した．オートリー（C. W. Oatley），マクマラン（D. McMullan），スミス（K. C. A. Smith）らによる走査型電子顕微鏡のイギリスにおける並行する発展（1948～1960年）は，高い解像度をもつ形態や組成，電磁場，結晶構造の電子像を得ることを可能にし，X線マイクロ分析を補完するものとなった．

現代の電子線マイクロアナライザーは，25万ドルから100万ドルの価格である．装置は，高性能の走査型電子顕微鏡をはじめ，直径が 10 cm 程度（ないしはそれ以上）の試料を三次元的に正確に置く機械的な台，複数の結晶をもった1つないしはそれ以上の波長分散型X線分光計（分光光度計の項を参照），波長分散型分光計により発生したX線が収束する楕円面に

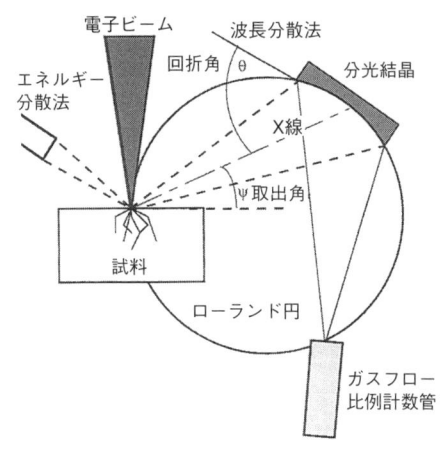

電子線マイクロアナライザーの概略図.

試料を正確に合わせる固定焦点の光学顕微鏡，エネルギー分散型分光計，そして無人操作用に系全体を制御するコンピューター自動化システムなどから構成される．電子線マイクロアナライザーは，物質の微細構造をわかりやすく視覚化するとともに，元素組成の正確な測定を可能にする強力な装置である．[Dale E. Newbury／東　徹訳]

■文　献

Castaing, R. "Application des sondes électroniques á une méthode d'analyse ponctuelle chimique crystallographique." Thesis. University of Paris, 1951.

Goldstein, J. I., et al. *Scanning Electron Microscopy and X-ray Microanalysis*. New York：Plenum, 1992.

Heinrich, Kurt F. J. *Electron Beam X-ray Microanalysis*. New York：Van Nostrand Reinhold, 1981.

Heinrich, Kurt F. J., and D. E. Newbury, eds. *Electron Probe Quantitation*. New York：Plenum, 1991.

◆マイクロデンシトメーター

Microdensitometer

マイクロデンシトメーターは，写真乾板やフィルム，その他の透明画上のマイクロ像の光学的濃度を測定するものである．どの場合にも，像と像との間，あるいは像の部分間の距離を測定する．こうした装置が使われたのは普通，天文学的，または冶金学的な発光分光学においてであった．測定点間の像の濃度は普通急激に変化するので，光学的な濃度が測定されるのは，乾板のごく小さな範囲でなければならない．

最初のマイクロデンシトメーターは，1899年にドイツ人のハルトマン（J. Hartmann, 1865-1936）によって紹介された．これは 2 光線装置で，一般的な接眼レンズとルンマーブロードゥン測光体を備えた 2 つの顕微鏡を利用していた．一方の顕微鏡は像を測定するためのものであり，もう一方は比較スペクトル光線のためのものであった．乾板は非常に小さな口径の絞りで覆われており，ニュートラルウェッジを動かして，測定バランスを得た．正確なステージによって乾板のどの部分も測定光内の顕微鏡の視野の中心にもってこられた．

1915 年，フランス人のファブリ（C. Fabry, 1867-1945）とビュイソン（H. Buisson）が紹介した別のタイプの 2 光線マイクロデンシトメーターもニュートラルウェッジを利用していた．顕微鏡を 1 つも用いていなかったので，ハルトマンの装置で見られるほど小さな乾板の範囲を調べることができなかった．

初期の装置が用いていたニュートラルウェッジでさえ，細かな炭素粒子で着色され

ていたガラスでできていた．ウェッジによって透過は濃度に変えられて，扱いやすくなった．なぜならそれは線形的であるからである．ドレスデン工科大学で，世界で初めての科学写真学部の長であったゴールドベルグ（E. Goldberg）は1910年に，金属の鋳型の中に着色されたゼラチンを入れることによって，ニュートラルウェッジすなわち灰色ウェッジをつくり出した．

初期の装置は目で見ていた．その後のものは光検出器，すなわち光電管や光起電力セル，そしてあるときには熱電対列を利用していた．ソースフィラメントの像は乾板に当てられていた．乾板に近い顕微鏡は，小さい可変の開きをもった絞りに拡大された像を形成した．必要とされる解像度を得るには普通，50倍までの倍率で十分であった．その最も単純な形式では，光検出器が絞りの後ろに置かれていた．その測定はさらにニュートラルウェッジによって計量化された．

1923年にさらに進歩した2光線装置を紹介したのは，イギリス人のドブソン（G. M. B. Dobson）や，その他の者たちであった．そこでは光検出器は乾板を通過してきた光と，ニュートラルウェッジを通過してきた光とによって交互に照明された．

これまで説明してきた装置では，手でウェッジを調節し，スペクトルの各点での濃度を記録し座標で示さなくてはならず，それは骨の折れるものであった．最初の記録マイクロデンシトメーターを紹介したのは，ドイツ人のコッホ（P. P. Koch）であった（1912年）．当時手に入った記録メディアはあまり便利ではなかったが，この発達が重要な前進を特徴づけた．当時，多くのタイプのマイクロデンシトメーターが実験用あるいは商業用に開発され，すでに利用されていたますます高感度になった光検出器や記録装置を利用していた．

ロンドンのキングス・カレッジにある医学研究カウンシル・生物物理学研究部門に所属しているP. ウォーカー（Peter B. M. Walker）は，1951年にかなり高速で，より便利になった記録マイクロデンシトメーターを紹介した．それはもともと，着色された，生きた生物学上の細胞の吸収力を測るために開発された．この装置はニュートラルウェッジを備えた，従来の2光線装置を用いている一方で，いくつかの新しい特徴を組み入れていた．記録ペンと組み合わされたウェッジは非常に感度の高いサーボ装置によって測光計の中に入れられていた．写真乾板やフィルムを支える台は，一定の可変アームとしっかりと結合されており，こうして試料と記録との間の正確な伝導装置を得るという，それまでの問題を取り除くこととなった．速い記録速度でも最大値の正確な記録を保証するために，第二のサーボ機構が導入され，プレートの最適な移動，すなわち光の濃度の上昇率が最小のときに最大の移動を行い，上昇率が最大のときに最小の移動を行うことが可能になった．その装置の反応は非常に速かった．すなわち記録ペンのフルスケールで0.5秒であった．しかも，ペンの変更と位置の再現性は，0.5％よりよかった．光電子増倍管の使用によって高感度が得られ，6Dまでの光学的濃度の測定が可能となった．絞り面に投影される像の倍率は，4倍から80倍で与えられる．効果的な絞りは6×1 mmから50×1 μm まで変えられた．

その装置は1955年からイギリスのゲーツヘッドのジョイス・ルーブル社によって製造され，販売された．その装置の連続的な発達の中には，穿孔テープ出力や，さら

にはベースラインを修正して，最大値間の測定値などを含む正規曲線や，その他の型の曲線に基づいた範囲の統合を含む，出力を処理するための積分マイクロコンピューターがあった．段階解像度は X 軸で 0.5〜12.5 μm まで，Y 軸では 5 μm まで変えられた．スルーレートは毎秒 400 から 1,500 段階で，選ばれた段階の大きさに依存していた．微量の反射率を測定する性能は後につけ加えられた．

2,000 以上の装置が製造された．同時に，ジョイス・ルーブルの 0.5 D からおおよそ 6 D の濃度範囲で，灰色ガラスからの線形精度の高いニュートラルウェッジの生産を発達させた．

その装置は X 線の回折図形やデバイ-シェラー図形の数値を出すために分光器学者や初期の分子生物学者たちによく受け入れられた．進歩し続ける写真乾板やフィルム，そして実際には他のタイプの透明紙のための，便利で記録の速いマイクロデンシトメーターの有用性に促されて，多くの分野で新しい科学的方法が発達した．そこに含まれるのは，（核融合研究における）線の広がりによる，超高温測定，月面地図作成，木の構造分析における定量放射線写真法，超遠心分離機の写真からの有機体の分子の重量の測定，（X 線法による）骨の鉱物含量や掌骨の濃度，干渉顕微鏡，定量マイクロオートラジオグラフィー，衝撃波現象，吸収分光学，乳剤研究，レンズテスト，細胞学などである．

同じ濃度の線を引くことによって，他の方法では得られない情報がもたらされる場合がある．このための装置はオーストラリア人のバブコック（H. W. Babcock）によって 1950 年に紹介された．彼はそれを輪郭光度計（Contouring Microphotometer）と呼んだ．しかしこうした装置はいまではより一般的にアイソフォトメーター（isophotometers），もっと正確にはアイソデンシトメーター（isodensitometers）と呼ばれている．このためのウォーカー・ジョイス・ルーブルの記録型マイクロデンシトメーターへの取付けは，1960 年代にマサチューセッツのバーリントンにあるテクニカル・オペレーション社によって発達させられた．天文学，特に太陽面学だけでなく，多くの専門分野への適用は科学誌や一般誌の注目を引いた．それらに含まれるのは，天文学者がこれまで利用してきた方法ではうまくいかなくなったときに，月塵に失われた天体観測衛星の位置の測定，殺人の決定の覆し，音響原理の光学アナログによるコンサートホールの設計の方法を考案しようとする試みなどがある．

[Herbert Loebl／成瀬尚志 訳]

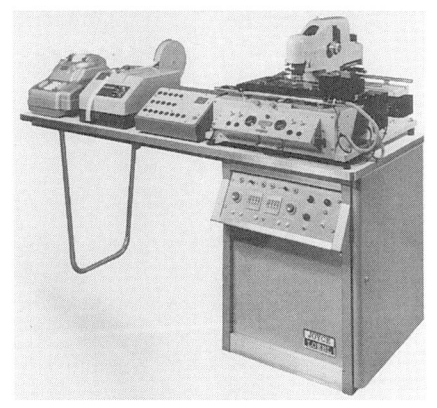

デジタルプリンターとパンチテープ出力付きマイクロデンシトメーター（1955 年頃）．

■文 献

Dobson, G. M. B. "A Flicker Type of Photo Electric Photometer Giving High Precision," *Proceedings of the Royal Society of London* Series. A 104

(1923):248-251.

Fabry, C., and H. Buisson. "Description et emploi d'um nouveau microphotometre," *Journal de physique* 8 (1919):37-46.

Hartmann, J. "Apparat und Methode zu photographischen Messung von Flächenhelligkeiten," *Zeitschrift für Instrumentenkunde* 19 (1899):97-103.

Koch, P. P. "Über die Messung der Schwärzung photographischer Platten in sehr schmalen Bereichen," *Annalen der Physik* 38 (1912):507-522.

Walker, Peter M. B. "A High Speed Recording Microdensitometer Suitable for Cyrological Research," *Experimental Cell Research* 8 (1955):567-571.

◆マイクロマニピュレーター

Micromanipulator

　顕微鏡の視野の中で用いられる微小な道具を保持し操作するための機械装置．マイクロマニピュレーター（極微操作装置）は，操作者の手の運動を，マイクロピペット，微小針，微小電極，微小磁石のような道具の操作に必要な微小な運動に変換するために，くさび，歯車，水圧駆動装置などの手段を用いている．三次元座標軸にそった運動ができるだけでなく，操作の柔軟性を高めるために，回転や斜め方向の移動が補助的に可能な場合もある．

　マイクロマニピュレーターの特徴は，なすべき仕事の種類によって変わってくる．例えば，3つの単純な歯車運動が可能な装置は，200倍までの低倍率が必要な操作に適している．より高い倍率で用いられる装置には，より高い感受性が要求される．それは，通常粗い初期の位置設定と個々の微細な調整が可能である．手動で制御する非常に精密なマイクロマニピュレーターは，5μm内外での位置調整を必要とする．電動タイプでは1μm内外で位置をとるモデルもある．ほとんどのマイクロマニピュレーターは，振動を最小限にするために強固に固定されており，多くの場合，使用者の手から微小な道具への揺れの伝わりを消すために遠隔操作を用いている．

　20社以上の企業がマイクロマニピュレーターをつくっている．最もよく知られたものは，ライツ社のレバー式，ツァイス社のスライド式，デ・フレンブリューン社の圧縮空気式，アメリカンオプティカル社の熱膨張式B-D-Hである．価格は，1,000ドル未満から12,000ドルより高いものまで，運動に対する装置の感受性や制御の正確さによって違ってくる．

　マイクロマニピュレーターは，複式顕微鏡の補助装置の1つとして発達し，1830年から1880年までの間に迅速で重要な改良がなされた．19世紀半ばの顕微鏡学者たちは，まず第一に生物学的，医学的研究に関心があったので，彼らが装置を利用するために開発した道具は，生物学的な標本を準備するため，解剖や操作を行うために設計されたものである．これらの中には，生物学的な試料の薄い切片を切り取るためのミクロトームや，顕微鏡の視野の中で手術を行うための微小な道具もあったが，必然的にそれらの微小な道具を操作するための装置も含まれていた．1859年，ペンシルベニア大学で教育を受けた組織学者のH.シュミット（Henry D. Schmidt）が最初のマイクロマニピュレーターを開発した．彼は，肝臓における胆管の終端と，細胞間の毛細管におけるその由来という問題を解決しようとして自分自身で開発した微小注射器（マイクロインジェクター）を導くため

に，その装置を用いている．彼のマイクロマニピュレーターは，標本と解剖道具を固定する留め金を用いていた．留め金にネジがついていて，それによって操作が可能になっている．

シュミットの装置や他の初期のマイクロマニピュレーターは，標本と対物レンズの間で操作を行うものであった．そのため，倍率の低い対物レンズの場合にしか用いることができなかった．1904年，カンザス大学のM.バーバー（Marshall Barber）は，マイクロピペットと，カバーガラスの下表面に付着した液滴中から単一の顕微鏡的生物を分離できるようなマイクロマニピュレーターを導入した．微小な道具はカバーガラスの下で操作するので，高倍率の対物レンズを備えた油浸の顕微鏡でも使うことができた．

1920年代までに，マイクロマニピュレーターの改良によってマイクロサージェリー（微小外科手術）が可能になった．1921年には，スウェーデンの内科医 C. O. ニュレン（Carl Olof Nylèn）が中耳の微小な構造の部分の手術をするのに，拡大鏡とマイクロマニピュレーターを用いた．その後切断された手足の再接続手術が行われた．しかし，免疫学的な知識に限界があったため，組織や器官の移植にマイクロサージェリーの技術が応用されるのは1970年代を待たねばならなかった．1980年代になると，体外受精や受精卵移植のような補助生殖技術にとってマイクロマニピュレーターは欠かせないものになった．また，組換えDNA研究や遺伝子治療における細胞核や染色体の操作においても，重要な役割を果たすようになっている．

マイクロマニピュレーターが最もよく知られているのは生物学的な研究の場面であ

体外受精に用いるマイクロマニピュレーター（リサーチインスツルメント社製，1995年）．SM 1995-732．SSPL提供．

るが，他の分野でも欠くことのできないものになっている．化学的分析のためにマイクログラム，ナノグラム単位の試料を準備する作業は，マイクロマニピュレーターを用いる方法で行われる．マイクロマニピュレーターに導かれたマイクロピペットのおかげで，空中に飛び散りやすい微粒子の同定を行うことができる．X線回折を用いる研究では，研究するそれぞれの結晶を固定するためにマイクロマニピュレーターが用いられる．芸術家，考古学者，博物館の管理者，法廷関係の専門家が，織物用繊維，顔料，塗料などを，それぞれの分野の重要な目的に応じて分析するためにも，マイクロマニピュレーターは使用されている．昆虫学者も，昆虫の神経学的研究や，ミツバチの女王蜂に人工授精をして繁殖操作や遺伝の実験を行うなど，さまざまな仕事に用いている．

[Victoria A. Harden／林　真理 訳]

■文献

Barber, Marshall A. "A New Method of Isolating Micro-organisms." *Journal of the Kansas Medical Society* 4（1904）：489-494.

Bracegirdle, Brian. *A History of Microtechnique：The Evolution of the Microtome and the Development of Tissue Preparation*. London：Heinemann Educational, 1978.

El-Badry, Hamed M. *Micromanipulators and Micromanipulation*. New York：Academic, 1963.

Schmidt, H. D. "On the Minute Structure of the Hepatic Lobules." *American Journal of the Medical Sciences* 37（1859）：13-40.

Serafin, Donald. "Microsurgery：Past, Present, and Future." *Plastic and Reconstructive Surgery* 66（1980）：781-785.

◆マイクロメーター

Micrometer

マイクロメーター（測微計）は小さな物体，距離，直定規や分度器の目盛りや副尺を計測することができ，工作機械製作者，天文学者や顕微鏡を使用する人々によって広く用いられてきた．糸線マイクロメーター（Filar micrometer）にはネジで動く基準線が1つないし2つ組み込まれているが，それらには通常クモの糸や引き伸ばした銀の細線が用いられている．工作機械製作者が用いる据え置き式マイクロメーター（bench micrometer）やコンパレーター（比較器，comparator）はより単純であり，後者は1860年頃までには高い水準の精度に到達していた．望遠鏡の前に取りつけられる太陽儀（ヘリオメーター）は半分に切ったレンズあるいは鏡からできており，それらの相対的な位置はネジによって調整されるようになっている．接眼レンズに取りつけられた接眼マイクロメーターはたいてい透明な素材に微細な線を刻んでつくられる．1970年代初めに，マイクロメーターの目盛り盤と副尺はコンピューターに接続された磁気式ないし光学式エンコーダー（符号器）によって取って代わられた．

最初のマイクロメーターはL. ブルン（Lucas Brunn, 1590-1628）によって考案され，トレシュラー（Christof Treschler, Sr. 1540頃-1624）によって製作された（1609年頃）．この革新的な器具はネジの回転数と回転の大きさに基づいて計測するものだったが，1945年頃にドレスデンで（空襲によって）破壊された．他の職人たちもトレシュラーを手本にして1620年代後半以降，さまざまな実用目的のマイクロメーターを製作した．

イギリス人の天文学者W. ギャスコイン（William Gascoigne, 1620頃-1644）は望遠鏡内の光路にマイクロメーターを挿入していたものの（1638～1639年），マイクロメーターが科学研究に常にあるいは広く用いられるようになるのは，A. オズー（Adrien Auzout, 1622-1691）がその有用性に対して（フランス）王立科学アカデミーの注意を喚起して以降のことである（1665年）．すぐにJ. ヘヴェリウス（Johannes Hevelius, 1611-1687），R. タウンリー（Richard Townley, 1629-1707；彼はギャスコインのマイクロメーターの改良版を入手しており，自分でもそれを製作した），そしてR. フック（Robert Hooke, 1635-1703）らによって革新が行われた．J. フラムスティード（John Flamsteed, 1646-1719）はタウンリーの器具を使って太陽と惑星の直径を測り，パリ天文台で働いていたJ. ピカール（Jean Picard, 1620-1682）は，太陽と太陽黒点の直径を測るのにマイクロメーターを用いた．マイクロメーターの度

盛り（calibration）は既知の間隔で線を引いたカードをあらかじめ測定した距離（200〜300 m）から観測するという幾何学的方法で行われた．カードの近さに由来する角度数秒の度盛り誤差は認識されなかった．O. レーマー（Ole Christensen Rømer, 1644-1710）は機械的に確かな原理に基づいて設計された最初のマイクロメーターをつくった（1672年）．それはネジの逆回転を補正する機構を備えており，基準線は異なるネジ山に動いてネジ山間隔の誤差を平均できるようになっていて，基準線の台座は，精巧に機械加工され蟻ほぞ［ハトの尾形に先の広がった断面をもつほぞ］型に精巧に機械加工された軌道に沿って動いた．糸線マイクロメーターは引き続きJ. ロウリー（John Rowley, 1665頃-1728），G. グレアム（George Graham, 1674-1751），J. バード（John Bird, 1709-1776），J. ラムスデン（Jesse Ramsden, 1735-1800）ら18世紀イギリスの器械製作者たちによって改良され，1810年までにE. トルートン（Edward Troughton, 1753-1836）の手によってほとんどその最終形態に到達した．G. メルツ（George Merz）や，J. レプソルト（Johann Georg Repsold, 1771-1830），T. グラッブ（Thomas Grubb, 1800-1878），ワーナー＆スウェイジー社などはマイクロメーターをより大型かつ複雑にしたが，真の進歩といえるのはマイクロメーターをクロノグラフと組み合わせて用いたレプソルトの無人マイクロメーター（1893年）のみである．

ヘヴェリウスとフックは1660年代に測微ネジを使って天文四分儀の目盛りを読んだ．（英国）王立天文台でフラムスティードに仕えていたA. シャープ（Abraham Sharp, 1651-1742）はもっともうまくネジを使って目盛りを測定したが，全く問題がないわけではなかった．ルーヴィル（Louville）が設計した目盛り付きマイクロメーター（スケール・マイクロメーター）（1714年頃）はその後の器械製作者たちと天文学者の観測法に影響を与えた．グレアムとバードは目盛り付きマイクロメーターをさらに完成させ，彼らの四分儀は天文学上の重要な発見（例えば光行差や章動）のために使用された．成功の一部は採用した戦略によるものであった．基本となる目盛り（5°，2½°，ないし1°）は細心の注意を払って分割され，マイクロメーターがこれらの小さい角度をさらに細かく測定した．ラムスデンの小型糸線マイクロメーターは測量機器に応用されて成功したが，彼はまた測微ドラム（ドラム型副尺，drum micrometer）を航海用六分儀に組み込んだ最初の人でもあった（1783年頃）．トルートンは1791年から目盛り分割の誤差を平均化し，偏心円，すなわち中心からずれた軸をもつ円形の器具により生ずる誤差を補正するため，天文および測量器具の目盛りの上にいくつかの拡大マイクロメーターを取りつけた．ショーヌ公（The Duc de Chaulnes, 1714-1769）はそれより以前にこの戦略を採用して，1768年につくった目盛り機の歯車の図面を描くのに測微顕微鏡を用いていた．

太陽儀は太陽の直径を測るため，S. セーヴァリ（Servington Savery）とP. ブゲ（Pierre Bouguer, 1698-1758）によって考案された（それぞれ1743年と1748年）．J. ショート（James Short, 1710-1768）とJ. ドロンド（John Dollond, 1706-1761）が設計したものは1750年代に一世を風靡したが，それらは二等分されたレンズを用い，レンズの半分がそれぞれ精密ネジの回転に

ジョン・ドロンドがつくった対物レンズ・マイクロメーター（太陽儀）．1769年の金星による（太陽面）通過を観測するためジェームズ・ショートの36インチ望遠鏡に装着して使用された．SM 1900-136．SSPL提供．

より切れ目に沿ってスライドするように取りつけられていた．F.ベッセル（Friedrich Wilhelm Bessel, 1784-1846）はフラウンホーファー（Joseph von Fraunhofer, 1787-1826）の6¼インチ太陽儀を用いて白鳥座61番連星の恒星視差を測定した（1838年）．これは300年間天文学者たちの目を逃れてきた決定的な観測結果であり，太陽系に関するコペルニクスの見解を裏付ける最初の直接的な証拠であった．

最も注目に値する接眼マイクロメーターはG.ブランダー（Georg Brander, 1713-1783）によるもの（1760年頃）とフラウンホーファーによるものである．J.ワット（James Watt, 1736-1819）はそれと認められるものでは最初の作業用「C字型」マイクロメーター（ゲージ（機械用）の項目の図を参照）をつくったほか，ガラスの上に基準線を引いたスタジア測量器（タキメーター）もつくった（1769年）．これに関連してF.ノーバート（Friedrich Adolph Nobert, 1806-1881）は顕微鏡に取りつけられた糸線マイクロメーターに目盛りを刻むため，いくつかのテスト・プレートをつくった．その中でも最も精巧な「21バンド」プレートは1873年頃つくられた．マイクロメーターと顕微鏡を組み合わせることを最初に試みたのはS.グレイ（Stephen Gray, 1666-1736）で（1698年），彼は気圧計中の水銀（柱）の高さを測ろうとした（カセトメーターの項を参照）．B.マーティン（Benjamin Martin, 1704頃-1782）は1738年以来，自分のドラム型顕微鏡にマイクロメーターを組み込んでいた．たいていの顕微鏡用マイクロメーターは糸線式で天体観測用マイクロメーターと似た設計であったが，精度では劣っていた．

[Randall C. Brooks／中澤 聡 訳]

■文 献

Brooks, Randall C. "The Development of the Micrometer in the Seventeenth, Eighteenth, and Nineteenth Centuries." *Journal for the History of Astronomy* 22（1991）：127-173.

Kiely, Edmond R. *Surveying Instruments, Their History and Classroom Use*. New York：Bureau of Publications, Teachers College, Columbia University, 1947.

McKeon, Robert M. "Les débuts de l'astronomie de précision." *Physis* 13（1971）：225-288；14（1972）：221-242.

◆マ ウ ス

Mouse

ヨーロッパと北米の家鼠であるハツカネズミ（*Mus musculus*）は，生物医学研究の卓越した器具である．マウスでの実験は数

百年も行われてきたのに，マウスが一層操作され，ヒトのモデルとなり，さらに人類を脅かす病気を解明するために使われるようになったのは，19世紀末期のことであった．

標準

生物器具は，きわめて変わりやすい存在である．この可変性を管理するために，遺伝的標準化と均質な飼育とが行われてきた．1956年に米国国立衛生研究所（NIH）によって設立されたマウスの標準についての委員会が述べているところによれば，血統がしっかりした系統とは「遺伝的に均一であること」か，あるいは「均一に遺伝的変異があること」を意味している．どちらも繁殖管理，記録保存，命名規約がその基本となる．前者は「その系統のネズミの生涯を通じて兄弟姉妹間の交配をくり返すことでのみ維持されうる」ものだが，後者は「厳格な任意交配システムによって達成できる」ものである．環境の均一性もまた重要であり，実験室の実験計画や業者との契約では，マウスの正常な飼育条件，食餌，衛生条件が定義されている．マウスはプラスチックか金属のケージの中で，21℃～26℃で飼われねばならない．床敷きはおが屑か，かんな屑を使うべきである．餌は成分がわかっていて，添加物はなく，ホルモン活性は正常範囲内で，微生物による汚染について検査されていなくてはいけない．飼育室に入る人は，体をきれいに洗い，専用の服に着替えるべきである．

歴史的変異と使用法

実験用マウスは，もともとは見た目の形質と地理的起源で特徴づけられていた．ストックは，白，黄色，ブチ，日本産，英国産，攻撃的，などのような名で呼び分けられた．1900年までには毛皮への関心が広まり，その結果，メンデル遺伝する毛色因子の数が増えた．A. ラスロップ（Abbie Lathrop）のニューイングランド・マウス飼育場において養育された日本のコマネズミは，落ち着きがなく，神経質で，興奮しやすく，聴覚に問題があったため，生理学者と心理学者の注目を集めた．1908年，生物学者L. ローブ（Leo Loeb, 1869-1959）は，コマネズミに自然に生じた腫瘍は，ラスロップの集団のコマネズミならどれにでも高い成功率で移植できることを発見した．そこでローブとラスロップはこの系統を，癌免疫の観点から移植受容者と移植細胞の関係を研究するために用いた．

1908年，当時ハーバード大学の学生であったC. C. リトル（Clarence C. Little, 1888-1971）はマウスの毛色の遺伝について研究していたが，きわめて近い血縁関係の個体間で交雑させることによって，植物の純系に相当するものが得られると主張した．彼の指導教員であったW. E. キャッスル（William E. Castle, 1867-1962）は，近親交配は変異性を減少させ，品種を弱くしてしまうだろうという多くの飼育者やナチュラリストの考えに同意していた．実際に，リトルの近交マウスは見るからに病弱になり，同じような病気で死んだ．しかし，12世代ほどの後，一組の薄茶色のマウスの子孫は生育力も，繁殖力も増し，同じ色パターンを示した．古いニューイングランド貴族の家柄の息子で，優生学のサークルで以前から活発に活動していた人物にとって，"Dba"ストックの純血性は倫理的にも有用性からいっても尊ばれるべきであった．1910年より後，1920年代には，遺伝的に高い発癌率や低い発癌率を示すようにされたマウスをつくり出すのには，体系的な近親交配が用いられた．しかし医学の側

から見れば，近交系ストックは安定したものであったが，人工的な特徴を示すものでもあった．

リトルは活発な事業家であり，哺乳類遺伝学，癌研究，大学経営，優生学の4つの異なる発想の分野に従事した．1929年に，彼は米国癌管理協会（現・米国癌協会）の理事に就任し，ジャクソン研究所［マウス研究および系統維持に関する世界最大の実験動物研究所］を設立した．この施設は，実験所でも工場でもなく，研究者が「人類の発生，成長，生殖，すなわち人類自身についての人類の知識を探求する」ことを目的として，マウスの近交系を選択し，保存し，利用するためのセンターである．近交系の遺伝的な品質を管理し，交配させるべく生産体制が確立された．このセンターの成長ぶりは，生産高をみれば明らかである．1933年にはジャクソンの研究者によって使われたマウスは2万匹だったが，1939年に売られたマウスは10万匹で，主としてロックフェラー研究所や国立癌研究所のような大きな消費者が買い手であった．ジャクソン・システムの元来の意図は，マウスの遺伝学を発展させることではなく，人類の病理学的モデルをつくることにあった．そのモデルは，研究方法，解釈の基準，正当性の問題をも統合したものであった．例えば，バー・ハーバー［ジャクソン研究所のある地］で，授乳中の母マウスから子どもに伝染する乳癌の原因物質が，発癌率の高い2～3の系統において発見された．1930年代に，ジャックス癌マウス（Jax）は，医学的関心の対象であるさまざまな因子（遺伝子，ホルモン，食餌）の影響を区別する方法と一緒にして販売された．

第二次世界大戦後のアメリカでは，癌研究は抗生物質研究を範とした．国立癌研究所において1950年代に採用された，化学物質が期待された抗癌性をもっているかどうかスクリーニングする方法は，化学物質が近交系マウスに移植された腫瘍の成長に及ぼす効果を測るものであった．移植された腫瘍は，自然に生まれる腫瘍よりも安価で，研究の産業的パターンへの移行が容易であった．被移植体として使用されたマウスの均一化は，共感性薬物試験の主眼点である．国立癌研究所では，腫瘍細胞と化学物質の受け手として自由に利用可能な均一化されたマウスを無数に生産することを同意した民営研究所と契約して，繁殖，標準化，品質管理を請け負わせた．

遺伝学者もまた，増大するマウス生産への投資から利益を得るところがあった．マウス遺伝学が始まって40年間では24個の遺伝子が同定されたのに対して，1970年代初期までには，教科書で200～300の変異があげられるようになった．連鎖群と染色体地図が，その主な成果であった．しかし，2～3の突然変異が研究室と医療とを仲介した．肥満マウス（$Obese$）は，1950年代にあらわれたジャクソン研究所のVストックのマウスであるが，異常な体重増加を示すものであった．このマウスにおける，軽い過食症，著しい不活発，血糖過多といった特徴は，人間の肥満について現在流布している見方を補強することになった．1950年代末には，筋ジストロフィーマウス（dy）がヒト筋ジストロフィーの生化学的診断分析の研究を大きく前進させた．このマウスは人間でのジストロフィーに神経学的原因がある可能性について軽視させる役割もまた果たしてしまった．ヌードマウス（$nude$）は，利用価値のない毛のないマウス系統（$hairless$）としてグラスゴー大学で1962年に誕生した．もとも

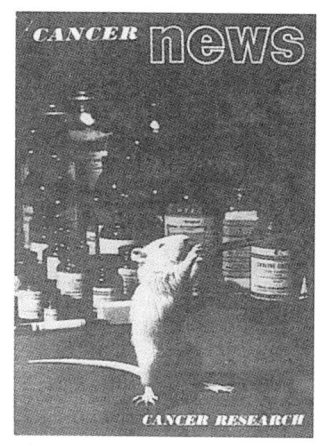

「癌研究のためのマウス」"Cancer News (the journal of the American Cancer Society)" 1948年5月号の表紙. アメリカ癌学会の許可により掲載.

と連鎖の研究のためのマーカーとして維持されたのだが, 後にヌードマウスは人工的に胸腺除去したマウスと似ていることがわかり, 胸腺欠損マウスとして用いられるようになった. いかなる場合でも細胞や組織の移植に対して免疫寛容を示す受容者として, それ以来, ヌードマウスは免疫学者にとって秀逸な道具であった.

トランスジェニック (遺伝形質転換) マウスは1980年代に最初につくられた. 科学者が近交系マウスの受精卵に, 単離された他のDNA断片を注射するための技術と, その卵を養母に移植する技術を発達させたことによるものである. 最初のトランスジェニックマウスは, 成長ホルモン合成の遺伝子のコピーを過剰にもつことによって得られた2匹の巨大マウスであった. 他のマウスでは, ヒトCD4遺伝子で形質転換して, HIVウイルスに感染しやすくしたものがある. 1988年におけるトランスジェニックマウスの系統についての最初の特許を認めた特許局によれば, こうしたものはもはや自然の生物学的産物ではなく, 人間によってつくられた生物学的存在である. そもそも実験用マウスは自然の産物であるのかどうか疑問に思われる人もいるだろうが.

[Jean-Paul Gaudillière／堂前雅史 訳]

■文 献

Clark, R. "The Social Uses of Genetic Knowledge : Eugenics and the Career of C. C. Little." M. A. thesis. University of Maine, 1986.

Green, E. L., ed. *Biology of the Laboratory Mouse*. 2nd ed. New York : McGraw Hill, 1966.

Löwy, I., and J. P. Gaudillière. "Disciplining Cancer : Mice and the Practice of Genetic Purity." In *The Invisible Industrialist : Manufactures and the Construction of Scientific Knowledge*, edited by J. P. Gaudillière, I. Löwy, and D. Pestre. London : Macmillan, 1998.

Rader, K. A. "Making Mice : C. C. Little, the Jackson Laboratory and the Standardisation of *Mus musculus* for research." Ph. D. dissertation. Indiana University, 1995.

◆摩擦測定装置

Friction Measurement Apparatus

摩擦とは, 2つの物体を押し合わせることで両物体間に生じる, すべりに対する抵抗である. 摩擦測定用に設計される装置は, 2つの動いている物体の間にせん断力と垂直力を加え, 測定することができなければならない. さまざまな用途に関係する垂直力と応力は多岐にわたるため, 実に多様な装置が設計されている. これらの器具のほとんどは, 重力に由来する既知の力を使うか, さもなければ弾力的に変形される要素を介して力を加え, その要素のひずみを測定するようになっている.

単純で古典的な摩擦測定法は，重力を利用し，傾けた平面にブロックを置いて傾射角 θ を増してゆくことにより，垂直力とせん断力の両方を加える．ブロックの重さを W とすると，垂直力は $W\cos\theta$, せん断力は $W\sin\theta$ である．

もっと入念な測定をするには，さまざまな形の物体が使われてきた．通常，物体の一方は先端が半球形をした小さい円柱またはピンで，もう一方は大きい平面である．この研究の大半がなされ，試験装置が開発されたのはケンブリッジ大学の物理化学科においてで，活動は 1930 年代に始まった．1939 年に F. P. バウデン（Frank Phillip Bowden, 1903-1968）と L. レーベン（L. Leben）がそうしたように，その平面は直線的に動かすことができ，あるいは 1950 年にホワイトヘッド（J. R. Whitehead）が同じ実験室で行ったように，蓄音機の針を載せるレコード盤の動きと同様，ピンに呼応して回転できる．回転円盤上のピン装置は，無限に大きい相対移動が可能という利点がある．

摩擦抵抗は，2 つの大きい物体どうしをその接触面に沿ってすべらせることでも測定できる．一般にこの方法をとっているのは，地震に関連する断層のすべり抵抗を解明するために岩石の摩擦を研究している地球科学者たちである．かなりの垂直応力を受けた岩石の摩擦を 1950 年代に初めて測定したのは，オーストラリア国立大学（ANU）地球科学研究所の J. C. イェーガー（John C. Jaeger, 1907-1979）だった．彼は，斜めの切り口か割れ目をもつ円柱状の試料を高圧容器に入れ，円柱の一端からもう一端に向けて力を加えた際の，切り口に沿ったすべりに対する抵抗を測った．この種の摩擦測定は，3 つの主軸すべてに沿った応力がゼロではないので，三軸構造の名で知られるようになった．これが使われたのは，岩石の円柱が高い封圧で圧縮されると，試料の軸に対して約 30 度斜めの方向にせん断断層ができるからである．三軸の摩擦測定装置は，高圧における岩石のひずみを測定する装置を改造したものであり，1930 年代に D. T. グリッグズ（David Tressel Griggs, 1911-1974）が初めて開発した．彼は当時ハーバード大学の物理学者 P. W. ブリッジマン（Percy Williams Bridgman, 1882-1961）の高圧実験室で，さらに後には UCLA（カリフォルニア大学ロサンゼルス校）の自分の実験室で研究していた．他の多くの研究者も，岩石の摩擦を測定する際，この一般的な設計に従った．MIT（マサチューセッツ工科大学）で地球科学部の W. F. ブレイス（William F. Brace）に師事していた一群の学生は，そこの実験室で，また後年は自分の実験室においても摩擦測定法の改良に尽力した．

その他の構造をもつ摩擦測定装置も，岩石の摩擦を測定するのに使われた．そのいくつかは，ゼロでない 2 つの主応力だけを利用する．この場合，垂直力は，地震に関与する力ほど大きくなることはない．多方面に及ぶ高い圧力がないかぎり，過度の応力が加われば岩石は砕けてしまうからである．にもかかわらず，高圧容器内で実験をする必要がない場合には技術上の簡素化が見られる．用いられる 2 つの主要な構造は，二重直接せん断および二軸構造と呼ばれる．二重直接せん断は，3 つの直方体のブロックどうしの 2 つの境界を横切る垂直力を加えると同時に，両側の 2 つに挟まれた真ん中のブロックを押す操作を伴う．これを導入したのは，1960 年代に ANU でイェーガーと共同研究をしたアメリカ人，E.

摩擦測定装置　733

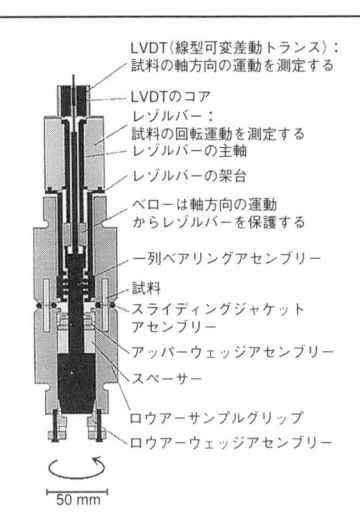

```
LVDT(線型可変差動トランス):
試料の軸方向の運動を測定する
LVDTのコア
レゾルバー
試料の回転運動を測定する
レゾルバーの主軸
レゾルバーの架台
ベローは軸方向の運動
からレゾルバーを保護する
一列ベアリングアセンブリー
試料
スライディングジャケット
アセンブリー
アッパーウェッジアセンブリー
スペーサー
ロウアーサンプルグリップ
ロウアーウェッジアセンブリー
```

50 mm

1980年代にブラウン大学で開発された，摩擦測定用の回転せん断試料アセンブリー．このアセンブリーはガス媒体の高圧容器内に取り付けられ，回転可能なピストンに連結される．

R. ホスキンズ（Earl R. Hoskins）だった．彼は，剛体の枠組内でフラットジャッキ（本質的には，加圧した油を満たした平らな鋼製エンベロープ）によって垂直応力を加え，液圧ラムによって，真ん中のブロックをすべらせる力を加えた．この構造をその後に用いる際は，垂直力と相対運動の両方を提供する液圧ラムが必要になった．二軸構造の場合，直方体のブロックは，最大の面に対して垂直な斜めの切り口をもち，他の二対の面に対し，フラットジャッキか液圧ラムのどちらかで力を加える．フラットジャッキで力を加える場合，関連する力はフラットジャッキ内の圧力を測れば測定できる．液圧ラムを用いる場合，その力はラム内の圧力を測るか，さもなければラムに連結したロードセルを使うことによってわかる．

　無限大の移動が必要であれば，回転せん断形を使うことができるが，この場合，円柱は軸に直交するように二分され，一部が残りの部分に呼応して軸のまわりを回転する．分断された円柱の一方または両方が，適度な厚さの壁で中空にされるなら，内側から外側への速度変化はさほど重要にならない．高圧容器の内部にこの構造を用いた装置は，1980年代にブラウン大学地質科学科のT. E. タリス（Terry E. Tullis）が開発したもので，断層の大きな変位を，岩石の破砕を防ぐように周囲に圧力をかけながら生み出すことができる．高圧を用いる他の装置と同じく，加圧している流体を岩石の孔隙から分離するのに用いるジャケットアセンブリーのすべり，あるいは変形から生じる力のせいで，測定される摩擦抵抗がいくらか増加する．

　摩擦測定装置は，傾斜板にブロックを滑らせるような簡素なものから，大きさが2～3 mで値段が数十万ドルもする高圧装置まで，規模も値段もさまざまである．

[Terry E. Tullis／忠平美幸 訳]

■文　献

Bowden, F. P., and D. Tabor. *The Friction and Lubrication of Solids*. Parts I and II. Oxford：Clarendon, 1950-1964［曽田範宗訳：『固体の摩擦と潤滑』，丸善，1961年］．

Griggs, David, and John Handin. "Rock Deformation." *Geological Society of America, Memoir* 79 (1960).

Jaeger, J. C., and N. G. W. Cook. *Fundamentals of Rock Mechanics*. London：Methuen, 1969.

Tullis, T. E., and J. D. Weeks. "Constitutive Behavior and Stability of Frictional Sliding of Granite." *Pure and Applied Geophysics* 124 (1986)：383-414.

◆マルチスペクトルスキャナー
→ 多スペクトル感応性スキャナー

◆万 歩 計

Pedometer

万歩計とは歩数を数えるものである．一定の区間の歩数を推測することにより，通過した距離を測る．万歩計は歩数を数える機構と表示部分からなる．初期の万歩計は距離を示すために，1つあるいは複数の文字盤を用いていた．現代の万歩計は液晶ディスプレイと速度を見積もる電子計算機を用いた，主に余暇のためのものである．

レオナルド・ダ・ヴィンチ (Leonardo da Vinci, 1452-1519) の著作には，16世紀の万歩計の図版が残っている．『幾何学の方法 (*Methodus Geometrica*)』(Nuremberg, 1598年) の著者 M. ピンチング (Melchior Pfintzing) は，著作に人間と馬につけられた万歩計の図版を載せている．1783年には J. フィッシャー (John Fischer) が「幾何学的歩数測定計」の特許をイギリスでとった．この万歩計は1本の糸によって携帯者の衣服に結びついている．そして糸は，万歩計のバネを含む小さな器具によってピンと張っている．足の動きが，歯が十個ある歯車を1歩につき1歯分だけ回転させる．続いてギヤが動き，2万歩まで数えることができた．1799年には，R. ゴート (Ralph Gout) が新たな改良を行った．人間，馬 (鞍につける)，乗り物の3種類に使用可能であった．

衣服に取りつけられたレバーを動かすメカニズムは，1720年代のフランスにおいて記述されている．1831年，イギリス人 W. ペイン (William Payne) は服の動きに合わせて動く水平振り子のついた万歩計で特許をとった．この方式は一般的になり長期間使われた．今日でも依然使われている．

多くの万歩計は，気のきいた小物の作成を試みた時計製作者によってつくられた．ロンドンの科学博物館には，18世紀につくられた2つの万歩計が収められている．1つはアウグスブルクの羅針盤製作者，J. ウィレブラント (Johann Willebrand) が製作したものである．もう1つにはロン

16世紀の万歩計．Alfred Rohde, Die Geschichte der Wissenschaftlichen Instrumente vom Beginn der Renaissance bis zum Ausgang des 18. Jahrhunderts Lipzig, Klinkhardt & Biermann, 1923. SSPL 提供．

ドンの有名な機械製作者 A. ジョージ（Adams George）の名前がついている．ベルトにつけて装着し，足に結びつけるレバーをもつ道具である．

　万歩計のメカニズムはその後，乗り物の車軸，流速計，オドメーターなどの回転計として使われた．衣服の動きを小さな機関に伝えるというアイデアは自動巻きの腕時計にも使われた．

[Jane Insley／水沢　光 訳]

■文　献

Abridgements of Specifications Relating to Optical, Mathematical and Other Philosophical Instruments, A. D. 1636–1866. London：Her Majesty's Stationery Office, 1875.

み

◆ミクロトーム

Microtome

　ミクロトームは，光の透過が可能な，試料の薄い切片をつくって，顕微鏡で見ることができるようにするための装置である．最初にミクロトームをつくったのは，J. ヒル（John Hill, 1705-1775）であり，樹木の構造に関する自分の著作（1770年）に掲載する標本を製作するためであった．刃で切片を切るたびに試料が少しずつ前進するように，自動化がされていたようである．イプスイッチのカスタンス（Custance）は，しばしば顕微鏡と一緒に販売される木の切片をつくって1700年代に生計を立てていたが，自分のミクロトームのデザインを明らかにはしなかった．しかし，G. アダムス（George Adams）は，穴とそれを支える小さな台というミクロトームの設計を明らかにした．また，彼はそういった装置を1790年代に販売した．
　19世紀の初期には，A. プリチャード（Andrew Pritchard）が，2つの把手のついた刃を，金属製の先端を横切るように押し出すミクロトームを用いた．必要に応じて，木片の入ったくぼみが下部のネジで上げ下げできるようになっている．トッピング（C. R. Topping）は，T字型のマホガニーの先端の1つに穴があり，使用するときには台の端で支えるという，非常に単純な形のものを用いた．彼はこれを用いて，注入された器官の優れた切片をつくった．J. T. クケット（John Thomas Quekett）は1840年代にアダムスが記したものと同じようなミクロトームを用いた．しかし，ほとんどの研究者はフリーハンドで切片をつくることを選んだ．
　1860年代までには，簡単な切片カッターが，ヨーロッパ大陸，イギリス，アメリカで入手できるようになっていた．しかし，1861年のスターリングのモデルに類似したものだけが広く用いられていた．この真鍮製の装置は，台の端に固定するもので，標本を持ち上げるためのネジがついた穴と，刃がスライドして動く上部がついている．
　薄く切り取られる標本は，普通アルコールに浸して穴に押し込まれる．特殊な場合だけであるが，刃が当たって標本がずれるのを防ぐために，木髄やニンジンで周囲を囲むこともある．凍結ミクロトームによって標本の安定性の問題は克服されたが，標本がもろくなるという欠点もあった．1870年代初期に，氷水にかわってわずかに柔軟なゴム糊が用いられるようになると，凍結過程は広く用いられるようになった．1876年に初めて，エーテルを用いて蒸発の際の潜熱によって冷却する方法が使われ，1年中切片を作成することができるようになった．

科学的な大きな転換は，1882年に包埋と浸透のためにパラフィンを用いたことであった．パラフィン油液に標本を浸すと，それがすべての隙間を埋めるため，正しい配置が破壊されずに，ミクロトームで細かい切片を切り取ることができる．こういった技術を利用するために，1885年にケンブリッジ・ロッキングミクロトームが導入された．以前は1カ月かかった切片の製作が，突然半日あればできるように変わった．回転式のミノー型が1887年に導入されると，高価ではあったがよく流通した．他の確立した設計のものは初期のリヴェットの型に基づいていた．これは，基本的には自動化されておらず，斜面上で試料を押して前進させるものであった．

1900年以降，新しい世代の凍結ミクロトームには，二酸化炭素が用いられるようになった．すぐに結果を得たい場面では，簡便法として二酸化炭素法が現在でもまだ広く用いられている．ミクロトームのさらなる発展は，製造工程の特殊化，設計上のゆるやかな発展，および組織化学，特に蛍光を用いる研究において，細胞内器官を生体物質中で局在化させた標本を提供するため，ミクロトームを冷却室に備えつけることによって起こった．現在のミクロトームは，$2\mu m$ の厚さの切片を切り取ることができる．

顕微鏡の下で切片を見ることができるようにするには，固定し，染色し，スライドガラスに乗せることが必要であるという認識が必要である．組織を安定させる固定法は，1830年代から発達し，1860年代後半には広く用いられるようになった．カーミンやログウッドなど天然の染色は，すでに17世紀には用いられていたが，1860年代からアニリン染色が発達し，顕微鏡学者にとって大変役に立つものとなった．カナダバルサムは，1830年頃からプレパラート製作に用いられた．視野をよくするため屈折率を高める透徹は，1850年頃から一般に行われるようになった．

[**Brian Bracegirdle／林　真理 訳**]

ケンブリッジ・ロッキングミクロトーム（1885年）．SM 1885-50．SSPL提供．

■文　献

Bracegirdle, Brian. *A History of Microtechnique：The Evolution of the Microtome and the Development of Tissue Preparation*. 2nd ed. Chicago：Science Heritage, 1986.

む

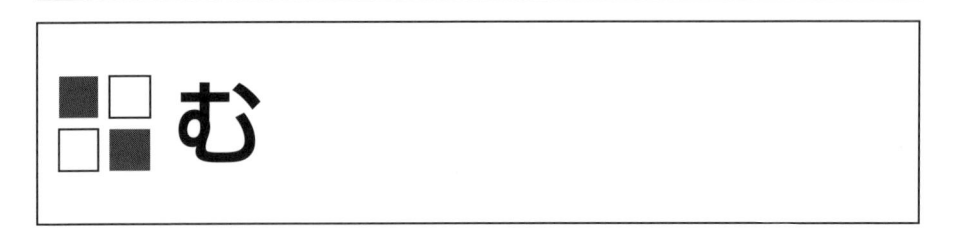

◆無　線　機
　➡ 電波検出器

め

◆メーザー
　➡ レーザー，メーザー

も

◆網膜電図

Electroretinograph

　網膜電図とは，光刺激に誘発されて網膜に生じる活動電位の記録である．網膜の電気活動の研究は，1849年にE. デュ・ボワ＝レーモン（Emil H. Du Bois-Reymond, 1818-1896）が，光刺激によって視細胞から起こる「陰性変動（negative variation）」を発見したことから始まった．デュ・ボワ＝レーモンの研究に興味を抱いたスウェーデンの生理学者A. F. ホルムグレン（A. Frithiof Holmgren, 1831-1897）は，1965年に，眼の近くの皮膚に電極を置く実験を試みた．ホルムグレンは，光刺激の開始点および終了点の両点で，検流計の振れを観察し，光に反応して活動電位が生じることを示した．ホルムグレンは，スウェーデンで出版された研究報告で，この観察およびその説明を記したが，これが網膜電気反応の初の記載であった．序文にはこうある．「光が網膜に及ぼす影響の客観的表現法を見つける方法を考案することは，とても大切なことであろう．そのために，次のことを試みた」．スコットランドの科学者J. デュワー（James Dewar, 1842-1923）とJ. G. マッケンドリック（John Gray McKendrick, 1841-1926）は，1873年に網膜電図の説明書を出版し，ホルムグレンの研究に加わった．

　網膜電図の理解の進歩は，電気生理学の技術の進歩を反映したものであった．イギリスの生理学者F. ゴッチ（Francis Gotch, 1853-1913）は，1903年に弦線検流計を応用し，最初の重要な発展をもたらした．これによって，網膜電図の時間的構成成分を十分すばやく分析することができ，ゴッチはカエルを使い，反応中の一般に認められる全成分特徴を同定した．多くの研究がこれに続き，W. アイントホーフェン（Wilem Einthoven, 1860-1927）も弦線検流計を応用し，網膜電図の一般型は全脊椎動物の眼で同じであることを確立した．網膜電図のその後の分析は微小電極の応用にかかっていた．これは，1938年ハートライン（H. K. Hartline, 1903-1983）によって，また1939年R. グラニト（Ragner Granit, 1900-1992）とG. スヴェティチン（Gunnar Svaetichin, 1915-1981）によって導入された．微小電極技術の応用によって，さまざまな構成成分を発生させる神経が同定しやすくなった．19世紀初頭以降，生理学のテキストには網膜電図が記述され続けている．

ヒトの網膜電図写真

　1877年にデュワーとマッケンドリックは，光刺激によってヒトの眼に起こる電位変化を記録した．しかし，1924年にカーン（R. H. Kahn）とローウェンステイン（A. Lowenstein）が臨床の観点から網膜電図

を記録し始めるまでは，このような測定は学問的好奇心の対象でしかなかった．進展をもたらしたのは，ここでもハートラインであった．彼はザックス（Sachs）とともに，毛細管電位計を用いたが，その限られた分解能のため，進展は限られたものでしかなかった．真空管増幅器が発達し，電動記録方式が導入され，この問題は解決されることになり，1933年にはクーパー（S. Cooper），クリード（R. S. Creed），グラニトによって，彼らの眼の中心部および周辺部の網膜電図が記録されるに至った．こうして臨床応用が試みられ，1945年にはカーペ（G. Karpe）によって臨床網膜電図法の手引きが出版されるまでになった．スウェーデンのカロリンスカ研究所眼科クリニックにおける彼の記録方式は，真空管増幅器に直接連結されたオシログラフからできていた．正常な眼とそうでない眼の両方の網膜電図の記録が写真となって残された．患者の眼には生理用食塩水を滲み込ませたガーゼ付きの2つの銀－銀電極が，前額部には参照電極が，麻酔した角膜には記録用電極が取り付けられた．

記録用電極や信号平均値装置の設計が発達し，網膜電図法は診断技術として評価されるようになった．コンタクトレンズの電極を用いると，反応の再現性は高いのだが，角膜と強膜を麻酔しなければならなかった．これは，下瞼に金箔の電極をひっかけるようにつければ回避できる．ノイズ比を改善するための信号平均化は，もともと撮影像を重ね合わせることによっていたが，最近では1970年代にメデレック社が発展

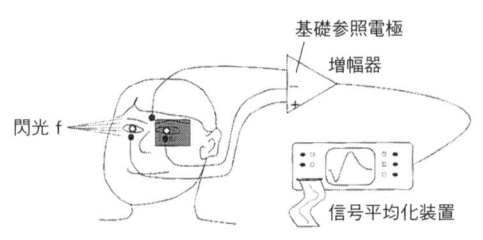

閃光による光刺激に反応して起こる網膜電図の記録．反応は，基礎参照電位との差を記録する．基礎参照電極を取り付ける典型的な部位は額である．光刺激に対する反応が増幅され，多くの反応の平均値が出力となる．

させたような商業的に利用可能な装置によってデジタル方式でなされている．現代の網膜電図はいくつもの機器からなり，光刺激を発するだけでなく，ろ過・増幅・平均化・蓄積も可能で，得られた網膜電図をハードコピーに出力することもできる．

[M. W. Hankins, K. H. Ruddock／
田中陽子・廣野喜幸 訳]

■文　献

Cooper, S., R. S. Creed, and R. Granit. "A Note on the Retinal Action Potential of the Human Eye." *Journal of Physiology* 79（1933）：185-190.

Dewar, J., and J. G. McKendrick."On the Physiological Action of Light." *Transactions of the Royal Society of Edinburgh* 27（1873）：141-166.

Du Bois-Reymond, Emil. *Untersuchungen uber thierische Elektricitat*. Berlin：Reimer, 1849.

Holmgren, F. "Method att objectivera effecten av ljusintryck pa retina." *Upsala lakareforenings forhandlingar* 1（1865）：177-191.

Kahn, R. H., and A. Lowenstein. "Dad Electroretinogram." *Graefe's Archives of Ophtalmology* 114（1924）：304-331.

Karpe, G. "The Basis of Clinical Electroretinography." *Acta Ophtalmologica* 24（1945）：1-118.

ゆ

◆融点測定器

Melting Point Apparatus

　融点測定器具は固体の化合物，とりわけ有機化合物結晶の融点を測定する．有機化合物の特性を調べる分光学的あるいはそれに類似した方法が導入される以前は，融点が固体有機化合物を物理的に特徴づける唯一の方法だったのである．つまり，液体の化合物（例えばケトン）は既知の明確な融点で誘導体結晶（例えばジニトロフェニルヒドラゾン）に変化するわけであるし，ある化合物の同定結果は，その物質を化合物の既知のサンプルと混ぜ合わせたときに融点降下が起こらないことから確証することができたのである．融点はまた，純粋でない化合物が降下した融点をもつことから，有機化合物の純度の非常に敏感な指標でもある．2種類の温度，つまり最初の一滴目の液体が生成する温度と，固体がはっきりと液体になるときの温度が記録される．

　有機化合物とその純度を融点によって特徴づける方法は，1810年代に脂肪酸を研究する過程でM. シュヴルール（Michel Chevreul, 1786-1889）によって導入された．一方の端を閉じられた細い毛細管（いまでも使われている）は，1830年代にR. ブンゼン（Robert Bunsen, 1811-1899）によって使用されている．マサチューセッツ工科大学のS. P. マリケン（Samuel P. Mulliken）は，彼の『純粋な有機化合物を同定する方法（Methods for the Identification of Pure Organic Compounds）』（1899～1904年）において融点の広範囲にわたる表を出版している．

　最も一般的な融点測定装置は，濃硫酸（グリセリン，鉱油も使われた）によって半分だけ満たされ，細い輪ゴムで束ねられた温度計と毛細管がつり下げられた，熱した小さいビーカーからなる．融点の測定は拡大鏡によって改善することができた．硫酸を封じ込めた，いくらか安全な装置は，1877年にR. アンシュッツ（Richard Anschütz, 1852-1937）とシュルツェ（E. A. Schluze），1886年にC. F. ロート（Carl Franz Roth），あるいはF. W. ストリートフィールド（Frederick William Streatfield）などの化学者によって導入されている．J. ティーレ（Johannes Thiele, 1865-1918）によって1907年までには導入されているb型管など，融点測定管にはいくつもの改善が施されたが，これらの改善は広く行きわたるには至らなかった．

　融点測定器具の最も根本的な変化は，1920年代における電熱金属ブロックの導入である．F. A. メイスン（Frederick A. Mason）が1924年に特許を取得したタイプは，ガレンカンプ社によって発売された．現在では当たり前となっている，電熱金属ブロックと拡大鏡がついて1つにまとめら

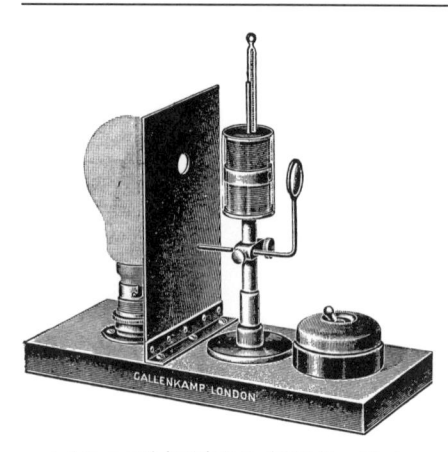

メイスンの融点測定器具（1929 年，ガレンカンプ社製）．A. Gallenkamp & Co. Ltd. Catalogue of Chemical and Industrial Laboratory Apparatus. London：1929：620．フィッシャー・サイエンティフィック U. K. 社提供．

◆誘導コイル

Induction Coil

　誘導コイルは高電圧の花火を生み出す．通常それを構成している 2 組の巻き線は，お互い近くに，あるいはそれ自体の上に重複して巻かれている巻き線に，バッテリーからの電流が通る．一次巻きつけは，数回しか巻かれておらず，機械式の，あるいは電気式の装置によってすぐに中断される．そこで一次コイルの電流が突然生じたり消えたりすることによって，何回も巻かれた二次コイルに起電力（voltage）を引き起こす．起電力の量は 2 つのコイルの巻き数の比と関係しており，そのコイルが非常にうまく適合している場合には，何万ボルトにもなることがある．断続器の起源は 19 世紀初頭の電気的医療（medical electricity）にあり，それは医者がボルタ電池を使い始めた頃から存在している．彼らは前世代の静電気起電機によって生み出される断続的な衝撃に慣れていたので，電池による連続的な電流を切るために，機械的に操作する断続器を考案したのである．

　初期の先駆的な研究の多くは，ダブリンの近くにあるメイノート・カレッジで物理学を教えていた N. J. カラン（Nicholas Joseph Callan, 1799-1864）と，マサチューセッツのセーラムの医者であり電気器具の設計者であった，C. G. ページ（Charles Grafton Page, 1812-1868）によってそれぞれ独立に行われている．誘導コイルとそれに関する用語（インダクタンス，自己インダクタンス，誘導電流）の起源となった研究は，絹で絶縁された，銅でできたリボンのようならせん状のコイルを使って，二

れた装置は 1960 年代初頭に登場し，ついに硫酸浴が放棄されている．より洗練された実験のためには，第二次世界大戦の頃から，熱せられた顕微鏡の台が使われている．全く新しい測定法が 1989～1991 年にローリエイト器具社によって開発されている．そこでは粉末状にした化合物のサンプルは単純な熱いプレートに乗せられると，3 分以内に完全な融点曲線が得られ，コンピューターに記憶されるのである．

　　　　　　　　　［Peter Morris／菊池好行 訳］

■文　献

Price, T. Slater, and Douglas F. Twiss. *A Course in Practical Chemistry*. 3rd ed. London：Longman, Green, 1922.

ューヨーク州のアルバニーにあるアルバニー・アカデミーで若い教師であった J. ヘンリー（Joseph Henry, 1797-1878）によって行われたものである．ページがこの研究を続けて考案した最初の自動変圧器においては，同じコイルの中のさまざまな部分が一次回路や二次回路として働く．

カランが影響を受けた電磁石の研究は，靴屋から科学の講師や電気器具の発明家になった，彼の友人である W. スタージョン（William Sturgeon, 1783-1850）によるものと，それからヘンリーと M. ファラデー（Michael Faraday, 1791-1867）によるものであった．彼の最初の誘導コイル（1836年）は自身の電磁石（1834年）に由来していた．2つのコイルのワイヤーの太さが異なっていたこと以外は，彼の装置はまだページの1835年の形状とよく似た自動変圧器であった．コイルに電圧をかける彼のリピーターは揺り動くワイヤーであり，その端は，ゼンマイ仕掛けのモーターによって操作されて，交互に水銀の入った入れ物に浸された．電気ショックが生じたのは一次コイルの初めと二次コイルの終わりからであったが，1837年までに彼は2つのコイルを分けることによって，二次コイルからのみ電気ショックを生じさせた．これが真正の誘導コイルの形状であった．

発達の第二期において，その原型はよく売れる製品になった．スタージョンがカランの設計図に基づいて自動変圧器を使ったとき，彼は長いコイルを使う代わりにまず木製の糸巻きに太い導線を巻きつけ（一次コイル），薄い銅線からなる多くのこより状のもの（二次コイル）につなげた．彼は1つの柔らかい鉄心と複数の鉄心の振舞いを比較し，後者のコイルのほうが激しい火花を生み出すことを観察した．ロンドンの工芸協会の設計者である G. H. バッホフナー（George Henry Bachhoffner）は，その2週間前にスタージョンのコイルの1つを使って同じ実験をしている．

スタージョンはいくつかの継続器も考案した．1840年代に人気があった，医療用のコイルの型には，手動式と電磁式の2つの継続器があり，それで強いショックか弱いショック（それは断続の速さによる）が与えられた．特に人気があったのは，バーローの車輪に基づくもので，それは手で回された星形の車輪の歯先が，回転している間に水銀の中に浸るようになっていた．これらが考案された重要な要因は，1837年にページによって始められた電磁石式の断続器の開発にあったが，これにもカランのロッキング・リピーターのような先駆者がある．ページの最も成功した設計は自動ハンマー遮断器あるいはバイブレーターと呼ばれた電気式ベルとともに広まった装置の前身であった．同様の装置は1837年に J. W. マゴーリー（James William McGauley）によって理論的な説明が与えられ，医師の G. バード（Golding Bird），ロンドンの器具製造業者 W. ネーヴス（William Neeves）(1838年)，E. ネーフ（Ernst Neeff）(1839年) およびその他の者たちによってさらに発達させられた．

1840年までに医療用コイルは十分発達したが，その外観を特徴的なものにしていたのは，糸巻きに巻かれた一次コイルと二次コイル，中央にある複数の柔らかい鉄心，そして電磁石式の断続器といったものであった．この装置は広く売られ，市場から刺激されて小さな改良が行われた．

その発達が第三期を迎えた1850年代初頭，この装置は物理学において重要な研究道具としてますます使用されつつあった．

X線(1895年)や電波(ヘルツ(Hertz), 1888年, マルコーニ(Marconi)とポポフ(Popov), 1895年)のための高エネルギー源として必要とされるかどうかという研究はコイルの改良に関わっていた．この段階を生み出したH. D. リュームコルフ(Heinrich Daniel Ruhmkorff, 1803-1877)は誘導コイルのあらゆる面を改良した．例えば絶縁体を改良し，二次コイルを非常に大きくし，一次回路の電流の方向を変えるための変流器をつけ加え，そしてとりわけ重要なのは激しいスパークを止めて，白金の接点が溶けないようにするために，ブレーカーの接点につけられた大きなコンデンサー(あるいはキャパシター：capacitor)を台につけ加えたことであった．この改良は1853年にA. フィゾー(Armand Hippolyte-Louis Fizeau, 1819-1896)によってすでに示唆されていた．その装置は一般的になり，特にリュームコルフが1864年のパリ博覧会でナポレオン3世によって多額の賞金が与えられて以降は，リュームコルフ・コイルとしてだけ知られるようになった．このことがアメリカの科学者共同体を憤慨させた．というのも，リュームコルフが1858年に注目したE. S. リッチー(Edward S. Ritchie)によってなされた改良を，その賞は考慮に入れていないと彼らは思ったからである．リッチーがコイルの巻き線を改良したとはいえ，自分の名前のついたコイルの特徴的な形を発達させたのが，リュームコルフであったということは，どちらにしても否定できない．

他の製作者たちも同様の改良を行った．ロンドンのアープス(A. Aapps)が1877年にW. スポッティスウッド(William Spottiswoode)のためにつくった，非常に大きな誘導コイルは42インチ(約107 cm)

医療用誘導コイル(メディカルサプライ社製，1920〜1950年)．SM 1966-1955. SSPL提供．

の火花を生み出した．強力な放電と，連続して使う必要性のために電解継続器や遠心性の水銀継続器のような，断続器の設計が改良された．こうした大きな装置はコイルから離れたところで機能していた．より小さくて単純で持ち運びできる誘導コイルは，医学的な治療や診断のために製造され続けた．

1920年代までに，電波を生み出す装置としての誘導コイルの役割は，特殊な回路の中の強力な電子管によって受け継がれた．最終段階で，その装置は柔らかい鉄のプレス加工からなる閉磁路へも発達し，ブタペストのK. ジペルノウスキー(Karl Zipernowsky), M. デリー(Max Deri), O. T. ブラーシー(Otto Titus Blathy)によって1885年から1886年にその特許がとられた．それは照明装置(アーク灯や白熱灯)の中で，電気を伝える際に利用された．

[Willem D. Hackmann／成瀬尚志 訳]

■文 献

Brenni, Paolo. "19th Century French Instrument Makers : IV. Heinrich Daniel Ruhmkorff (1803-1877)." *Bulletin of the Scientific Instrument Society* 41 (June 1994) : 4-8.

Colwell, Hector Alfred. *An Essay on the History of Electrotherapy and Diagnosis*. London : Heinemann, 1922.

Hackmann, Willem D. "The Induction Coil in Medicine and Physics 1835-1877." In *Studies in the History of Scientific Instruments : Papers Presented at the 7th Symposium of the Scientific Instruments Commission of the Union Internationale d'Histoire et de Philosophie des Sciences. Paris 15-19 September 1987*. edited by Christine Blondel, et al., 235-250. London : Rogers Turner, 1989.

Rowbottom, Margaret, and Charles Susskind. *Electricity and Medicine : History of Their Interaction*. London : Macmillan, 1984.

Shiers, G. "The Induction Coil." *Scientific American* 224 (May 1971) : 80-87.

Warner, Deborah Jean. "Compasses and Coils : The Instrument Business of Edward S. Ritchie." *Rittenhouse* 9 (1994) : 1-24.

◆ユージオメーター

Eudiometer

ユージオメーターは，どのような観点からしても，失敗した装置として見なされる．技術的にいってもユージオメーターの構造や目盛りは標準化されなかったし，応用の点でも密接な関係をもっていたフロギストン化学や空気医学といった理論は，はるか以前に捨て去られた．しかし科学史家にとってユージオメーターは，実験装置と理論の発展，ならびにその社会的コンテクストとの関係についてすばらしい話題を提供してくれる．

F. フォンタナ（Felice Fontana, 1730-1805）や M. ランドリアーニ（Marcilio Landriani, 1751 頃-1816 頃）といった自然哲学者は，J. プリーストリー（Joseph Priestley, 1733-1804）が『異なる種類の空気に関する実験と観察（*Experiments and Observations on Different Kinds of Air*）』で初めて記載した「硝空気の試験」に基づき，試験する空気と硝空気（現在の一酸化窒素）を水や水銀上で化合させ，体積の減少を測定するさまざまな実験装置を設計した．ランドリアーニは，減少のレベルが試験する空気の「よさ」を示すことから，「ユージオメーター」という言葉を造語した．プリーストリーは，彼の硝空気の試験が，空気を嗅いだり，ネズミがその中で生き続ける時間を計ったりする代わりに，空気の新鮮さを試験する方法になると考えていた．しかし試験方法を標準化するよう設計された装置はいずれも，安定で信頼できる測定を与えるとは判断されなかった．当時の報告には，水銀が高価なだけでなく化学的に反応性に富むこと，捕集の際に長い間水上に試験用空気があるために水に空気が溶け込んでしまうこと，異なる場所や時間に使われた硝空気を標準化できないことなどが，受け入れられない技術的理由としてあげられている．

しかしユージオメーターは，狭い技術的な問題をはるかに越えた議論の渦の中に存在していた．プリーストリーと彼の継承者たちが空気の「よさ」というとき，彼らは大気のもたらす効用や健康をフロギストン化学と結びつけようとしていた．よい空気は燃焼と呼吸を助け，それは硝空気と化合することで減少すると論じることによって，彼らは諸種の空気をある種のフロギストンの物差しによって計り，空気の完全性をフロギストンを吸収する最大可能な能力

としたのである．この理論的観点から，ユージオメーターは一般大衆が生活し労働する場所の大気を測定し改善するという，啓蒙時代のさまざまなプロジェクトに利用された．それは，工場や墓地から沼地，市街候補地，農地に至るさまざまな場所における健康度を測定するために使われた．これらのプロジェクトの成功とユージオメーターの実質的承認は，ユージオメーターが生み出すデータ，当時の環境病因説への信念，そしてそのようなプロジェクトへの国王による支援に依拠していた．18世紀末におけるイタリアの啓蒙専制君主の失墜とイギリスにおける保守主義の高揚によって，公衆の健康をユージオメーターで測定することへの支持は失われた．

1777年初頭，A．ヴォルタ（Alessandro Volta, 1745-1827）は電気火花によって彼の試験用空気に火をつけ化合させることで，ユージオメーターの改良を試みた．ユージオメーターをこのように装置的に組み替えることによって，この「火花ユージオメーター」は社会的にも理論的にも同じように複雑な道のりを歩んでいくことになる．A.-L. ラヴォワジエ（Antoine–Laurent Lavoisier, 1743-1794）は，可燃空気と生命空気（水素と酸素）とを結合させることで酸が生まれると期待してそれを利用したが，それらの結合が実は水を生み出すという彼の主張の出発点になった．いったん水が化合物であることを確信すると，ラヴォワジエと彼の一派は，自分たちの主張が「新しい」化学の真理の明白な証拠だとするようになった．ユージオメーターはその誕生をフロギストン説に依存しているが，それが異なる実験的理論的場面で活用されることで，皮肉にもプリーストリーや他のフロギストン論者の仕事と対立する理論体系に

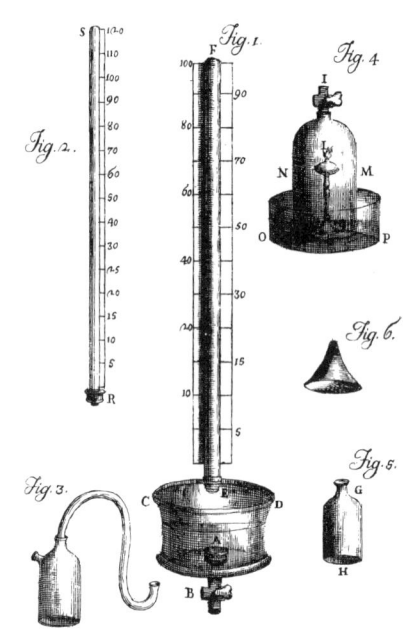

ランドリアーニの「空気の良さ」を試験するための装置．Marsilio Landriani, Ricerche fisiche intorno alla salubrita dell'aria, Milan, 1775：Plate 2．ロンドンのウェルカム研究所図書館提供．

加担することになったのである．

ユージオメーターは19世紀初頭にはまだ実験や教育に使われていたが，そのフロギストン化学，環境医学，旧体制の改革計画との関わりは失われた．硝空気のユージオメーターは活発な研究の道具ではなくなり，ヴォルタの「火花ユージオメーター」の修正版やさまざまな化学反応を利用する実験装置は，混合気体の酸素含有量を測定する装置として，化学実験室の中だけで使われるようになった．化学上の論争や野心的な改革プロジェクトと切り離されて，ユージオメーターは控えめで論争とは無縁の実験室の小道具としての引退生活を送

り，そして忘れ去られていったのである．

[Lissa Roberts／橋本毅彦 訳]

■文　献

Fontana, Felice. "Account of the Airs Extracted from Different Kinds of Waters." *Philosophical Transactions of the Royal Society of London* 69 (1779)：432-453.

Golinski, Jan. *Science as Public Culture：Chemistry and Enlightenment in Britain. 1760-1820*. Cambridge：Cambridge University Press, 1992.

Landriani, Marsilio. "Lettre." *Observation sur la Physique* 6 (1775)：315-316.

Magellan, Jean-Hyacinthe. *Description of a Glass Apparatus for Making Mineral Waters*. London：W. Parker, 1777.

Priestley, Joseph. *Experiments and Observations on Different Kinds of Air*. London：J. Johnson, 1777.

Schaffer, Simon. "Measuring Virtue：Eudiometry, Enlightenment and Pneumatic Medicine." In *The Medical Enlightenment of the Eighteenth Century*, edited by Andrew Cunningham and Roger French, 281-318. Cambridge：Cambridge University Press, 1990.

よ

◆容量ブリッジ

Capacitance Bridge

電気容量ブリッジの原理は，既知の抵抗から未知の抵抗値を計るホイートストン・ブリッジに原点を求めることができる．コンデンサーの正確な容量を知る必要性が生まれたのは1860年代のことで，長距離の海底電線にコンデンサーが使用され始めたときである．最初の容量ブリッジは，イースタン電信会社のド・ソーティ（C. V. De Sauty）によってつくられた．ここでは未知のコンデンサー（X）と既知のコンデンサー（C）は，ホイートストン・ブリッジの隣り合わせの辺に取り付けられる．また他の辺の既知の2個の抵抗（RとS）は，RがXの隣に，SがCの隣になるように接続される．直流電源が2つのコンデンサーの中点と，2つの抵抗の中点の間に接続される．またガルバノメーターが相対する位置につけられる．ガルバノメーターに電流が流れないときには，それらの2つのコンデンサーと，抵抗の間の関係は，XR＝CS，X＝CS/Rとなる．C，SとRは既知であるから，Xが導き出される．

1873年にW.トムソン（William Thomson, 1824-1907, 後のケルビン卿）は，ブリッジに可変抵抗を取り付けた．彼はブリッジのいくつかの辺を，つないだり，外したりする巧妙な方法を考えた．その方法でコンデンサーの充電，放電を可能にしたのである．1881年にゴット（J. Gott）はトムソンのブリッジの一片を接地する工夫を施した．しかし，ド・ソーティ，トムソン，ゴットらのブリッジは，二辺の容量値がほぼ等しいときにだけしか正しい値が得られないという欠点があった．

J.C.マックスウェル（James Clerk Maxwell, 1831-1879）は『電気磁気学（*Treatise on Electricity and Magnetism*）』（1873年）の中で，違った型の容量ブリッジを提案している．ここでは，未知のコンデンサーをホイートストン・ブリッジの一片として，他の片は抵抗とした．整流子がコンデンサーを急速に充電し，放電させる．ガルバノメーターに電流が流れないときには，コンデンサーの容量は既知の抵抗から換算してあらわされる．マックスウェルは整流子に代えて音叉を使用した．しかし，さらに安定な回転式の整流子がグレーズブルック（R. T. Glazebrook），トムソン（J. J. Thomson, 1856-1940），フレミング（J. A. Fleming, 1849-1945）によって後に発明された．1878～1879年のケンブリッジ大学の講義で，マックスウェルは4個のコンデンサーを各片にもつ容量ブリッジを提案している．この方法は1897年にネルンスト（W. Nernst, 1864-1941）によって初めて使われた．

1891年にはM.ヴィーン（Max Wien,

容量ブリッジ A-168-A 型（ミュアヘッド社，1858年）．1989-960，SSPL 提供．

1866-1938）が，交流（ac）の使用を提案した．直流電源ととともに使用されていた弾道ガルバノメーターは，電話の受話器や交流ガルバノメーターに置き換わった．しかし，受話器と交流電源が使用されたときには，バランス点を知るのは難しい．なぜなら，容量の各片とも損失を生じる固有の抵抗とリアクタンス成分をもっているからである．ヴィーンはこのような弱点を克服する直列抵抗法を提案している．このときは，既知の容量と直列の抵抗は，未知の容量の損失を相殺するように働く．ヴィーンの方法は後に，グローバー（F. W. Grover）が1907年に，ワグナー（K. W. Wagner）とシェリング（H. Schering）が1920年に改良し，今日でも使われている標準容量ブリッジの1つとなった．

[Sungook Hong／松本栄寿 訳]

■文　献

Campbell, Albert. "Capacity, Electrical, and Its Measurement." In *A Dictionary of Applied Physics*, edited by Rochard Glazebrook, Vol. 2, 103-144. London：Macmillan, 1922.

Fleming, J. A. "Prof. Clerk Maxwell Lectures on Electricity taken during the Session 1878-1879." Cambridge University Library, *MS Add* 8083.

Hague, Bernard. *Alternating Current Bridge Methods*. London：Pitman, 1930.

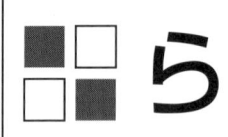

◆ライデン瓶

Leyden Jar

　ライデン瓶は，電荷を蓄える．それはガラス瓶からなり，つながっていない2枚の金属箔（元来は鉛箔あるいはスズ箔）でその内側と外側が覆われ，内側の箔と接続する中央の伝導棒が，絶縁蓋によって定位置に備えつけられている．ライデン瓶は起電機によって充電される．同量の陽電荷と陰電荷が対応する箔に蓄積され，箔の間に電位をつくり出す．また，ライデン瓶は2つの箔が接続されると，パチッという音や閃光とともに放電される．この装置は，18世紀後半における電気学理論の発達において中心的役割を果たした．

　ライデン瓶の発明者としては3人の候補者がいる．ドイツのE. G. フォン・クライスト（Ewald Georg von Kleist, 1700頃–1748）（1745年10月），オランダのP. ミュッセンブルーク（Peter Musschenbroek, 1692–1761）とA. クナエウス（Andreas Cunaeus, 1712–1788）（1746年1月）である．この発明に関する最初の最も詳細な記述は，1747年にダンツィヒ自然哲学協会によって出版されたD. グララス（Daniel Gralath, 1708–1767）の『電気の歴史（*Geschichte der Electricität*）』にある．最も影響力の大きかった書物は，J. プリーストリー（Joseph Priestley, 1733–1804）の『電気についての現状と歴史（*History and Present State of Electricity*）』（1767年）であったが，グララスの著作を読んだ後，第三版の中で記述を改めている．

　クライストは1745年10月11日に，明らかにこの電気現象を観察しているのだが，彼の記述は他の人物が彼の実験を再現するには不十分なものであった．一方，ミュッセンブルークは，ライデンにおいて行われた実験を詳細に記述した．それがもととなり，J.-A. ノレ（Jean-Antoine Nollet, 1700–1770）が装置を「ライデンの瓶」と命名することになった．ドイツにおいては，その装置はいまだ，「フォン・クライストの瓶」と呼ばれることもある．

　ミュッセンブルークは，決してその発明を自分自身のものとして主張することはなかった．そして，水の入った帯電している瓶によって生み出された驚くべき結果が，1746年1月にR. A. F. ド・レオミュール（René Antoine Ferchault de Réaumur）宛に出されたある書簡に記述されており，その中で彼は，この実験はライデンの実験室で数名の人々によって行われたものであると記している．フランスの電気学の歴史家たちの多くは，器具の発明者をミュッセンブルークとしているが，ほとんどのドイツ人の歴史家たちは，プリーストリーの著作で示されているようにクナエウスのほうを好む．

標準的な解説によると，ミュッセンブルークと同僚たちは，針金の一方を瓶に入った水の中に浸し，もう一方を摩擦起電機の主要な伝導体と接続させることで，ガラス瓶の中の帯電した水によって発生する電気の力と持続時間を延ばそうとした．ガラスは，水の中に「流れ込んだ」電気が空気中に放出するのを防ぐ障壁になるため，容器として用いられた．この実験の過程でクナエウスは，発電機に直接つながる伝導体から帯電した瓶をはずすときに，非常に強い電気ショックを受けた．しかし当時の慣行では，電気は一般的にガラスによって励起されるばかりでなく，ガラスを通り抜けると信じられていたため，そのガラス瓶は絶縁されていたことであろう．したがって，素人であるクナエウスはこの実験を行ったかもしれないが，ミュッセンブルークは専門家だったために，この実験を試みるには，電気学上の理論について知りすぎていたのである．

そのことについての真実はともあれ，ライデン瓶はより強力な電気現象を学ぶことを可能にさせたばかりでなく，電気回路，帯電（すなわち電荷）の強さあるいは度合い，容量あるいは箔で覆われ帯電している表面の面積，そして電荷の量というような新しい概念を定式化することにも役立った．そのため，この発見は非常に重要なものであった．これらの概念は流体理論の静水力学的モデルにおいて暗に含意されていたものであるが，ライデン瓶はそれらを明らかにしたのである．また，さまざまな大きさの容器から流れ出る液体の振舞いに容易に比較されるので，電荷，箔で覆われた表面の面積，そして強さ（すなわち電圧）の間にもそのような関係があると考えられたことが，ライデン瓶の形から読み取れる．

その振舞いの分析，特に誘電体（この場合はガラス）の分析は，B．ウィルソン（Benjamin Wilson）（1746年），F. U. T. エピヌス（Franz Ulrich Theodosius Aepinus, 1724–1802）（1756年），そしてA．ヴォルタ（Alessandro Volta, 1745–1827）による「空気コンデンサーの極板」の発見へと導いた．またヴォルタはさらにそれを平行板コンデンサーへと発展させた（1778年）．この装置は1790年代における「粘着性」もしくは「接触性」の電気の発見にとって決定的であった．そしてこの装置はその後ボルタ電池（1799～1800年）の発明を導いたが，ボルタ電池は低電圧電気を連続的に生み出す最初の装置であり，電気学研究の新時代をもたらした．この驚くべき装置をライデン瓶の振舞いから説明しようという試みは破綻し，電流の強さや電気抵抗のような別の概念が必要であることがすぐに認識された．

初期のライデン瓶で用いられていた水に代わって，まもなく金属が使われるようになった．例えば鉛の砲丸（B．フランクリン（Benjamin Franklin, 1706–1790）による）やしわくちゃにした金箔，「オランダ金属」（銅と亜鉛の合金），鉛やスズの箔，または真鍮と鉄のやすり屑などが瓶の中に入れられた．あるいは，ガラスの表面に塗られたシェラックの被覆物に付着された．また，さまざまな種類のガラスが使われ，初期の瓶にはしばしば口の狭い薬瓶が使われた．1770年代，T．キャバロ（Tiberius Cavallo）は「医療用ライデン瓶」を発明した．それは，伝導用（すなわち放電用）の中心棒の絶縁をよくすることで，より長く電荷を保つことができた．また，金属箔に挟まれたガラス板からなる薄型のライデン瓶も，フランクリンなどによってまもな

表面は鉛の箔で覆われ，中に鉄屑がつめられたライデン瓶(18世紀後期)．SM 1927-1273. SSPL 提供．

く開発された．だが，瓶という形は依然として好まれた．そしてまもなく，電荷を増加するために，いくつかの瓶から電池が組み立てられるようになった．

ライデン瓶は，無線電信（ラジオ）の初期の発展においても鍵となる役割を果たした．O. ロッジ（Oliver Lodge, 1851-1940）は1890年，彼の「シントニック［共振］」ライデン瓶の実験によって，信号を改良し干渉を避けるために，同調が重要であることを示した．

マルコーニ無線電信会社は1900年代初頭に，ラジオの受信回路を同調するために，マルチディスク式の可変コンデンサーを開発した．この装置の着想は，W. トムソン（William Thomson, 1824-1907）の「多細胞」静電電圧計からきたものかもしれない．この電圧計では，固定と可動のコンデンサーを交互に積み重ねてある．ライデン瓶はその発展の過程の中で，18世紀における電荷の蓄積装置から，20世紀初頭における電気回路の同調装置へと変わっていったのである．

[Willem D. Hackmann／
柳生江理・橋本毅彦 訳]

■文 献

Hackmann, Willem D. *Electricity from Glass. The History of the Frictional Electrical Machine*. Alphen aan den Rijn：Sijthoff and Noordhoff, 1978.

Hackmann, Willem D. "The Relationship between Concept and Instrument Design in Eighteenth Century Experimental Science." *Annals of Science* 36（1979）：205-224.

Heilbron, John L. *Electricity in the Seventeenth and Eighteenth Centuries ; A Study of Early Modern Physics*. Berkeley：University of California Press, 1979.

◆ラジオゾンデ

Radiosonde

「ラジオゾンデ（無線探測器）」という用語は，気球で運ばれ，さまざまな高度において，関心のある気象要素を測定し，その情報を地上の受信記録装置に無線で送信することができる，あらゆる装置を指す．このような装置は研究者らによって（宇宙線やオゾン濃度のような）種々の現象に関するデータを得るためにつくられてきた．一般に「ラジオゾンデ」はより限定された意味で使われ，気体を充填したゴム製の気球，パラシュート，そして受信基地に向けて気圧，気温，湿度の情報を無線送信する装置ユニットからなる気象用データ収集システムを搭載したものを指す．

自記式の温度計と気圧計を積んだ最初の無人気球の飛揚は，フランスの科学者G. エルミート（Gustave Hermite）によって1892年に始められた．彼はニスを塗った

絹製の定容積気球を用いたが，これは上昇用の気体が減少してゆっくり下降を始めるまでに，9km以上の高さに到達することができた．装置には，これを本局に返却した発見者に対し報酬を約束する通知が添えられていた．飛行記録はそこで解読された．まもなく他の研究者も，このような探測気球，あるいはエルミートの命名による「バルーンゾンデ」を使い始めた．

1896年には，アメリカの気象学者A. ロッチ（Abbot Rotch, 1961-1912）の発案で，装置に湿度計が加えられ，今日でも用いられている3センサーシステムが登場した．1901年にはドイツの気象学者R. アスマン（Richard Assmann, 1845-1918）が密閉したゴム製の気球を導入したが，これは膨張して破裂点に至り，装置をパラシュートで落下させるまでに20km以上上昇させることができた．

探測気球は研究の道具としては有用であったが，天気予報には役立たなかった．飛行記録は即座には手に入らず，回収には1週間かそれ以上の期間を要したからである．第一次世界大戦中に，軍事上の理由からよりよい気象情報が求められると，無線発信器を備え，予報に間に合うように高層大気のデータを得ることができる探測気球が何人かの科学者によって提案された．しかしながらその実現は，しかるべきサイズと重量とコストの無線部品の開発を待たねばならなかった．

1921～1930年にかけて気球搭載用の無線送信機の研究が数カ国でなされた．1929年にフランスの科学者R. ビュロー（Robert Bureau, 1892-1965）は，アネロイド気圧計とバイメタル温度計を，変換器を介して発信器に接続した装置を飛ばした．この電気機械式の変換器は，気圧および気温の値として復調できるような形に無線信号を変化させた．ビュローはこのような装置を記述するために「ラジオゾンデ」という用語をつくった．1930年にロシアの技術者P. モルチャノフ（Pavel Moltchanoff, 1893-1941）は，気圧計，温度計，湿度計の出力をモールス信号で送信するための複雑な切り替え装置を組み込んだ装置を飛ばした．同じく1930年に，ドイツの気象学者P. デュケルト（Paul Duckert）は，温度に敏感なコンデンサーなどのセンサーを送信機の回路に組み込んだラジオゾンデを飛ばした．測定される大気の気象要素の変動に伴い，これらの部品の電気的な特性が変化し，それが無線信号の周波数を変化させ，求められたデータを伝えるのである．

これら3種のラジオゾンデの原型にみられる特徴は，フランス，ロシア，ドイツの気象局のためにつくられた製品や，アメリカの国立標準局［NBS，現在の国立標準技術研究所：NIST］が1938年に開発したラジオゾンデ，またイギリスのキュー観測所が1940年に開発したラジオゾンデに認められる．

1930年代以降，各国の気象観測部門で使われるラジオゾンデの数は増大していった．加えて，この技術が気象以外の要素の測定に関心をもつ研究者によって採用されるにつれて，「ラジオゾンデ」はより広い意味を獲得していった．個々の研究者によって開発されたラジオゾンデをひとまとめに論じることは不可能だが，多くの国で利用されている気象用のラジオゾンデはよく似ている．それらは，気圧の測定にアネロイド気圧計を用い，気温と湿度のセンサーには機械式のもの（バイメタル温度計，毛髪湿度計）か電気式のもの（サーミスター温度計，塩化リチウム湿度計）を用いてい

1950年代のキュー式ラジオゾンデマーク2.
NMAH 322, 313. NMAH 提供.

る．センサーは国際的な協定で定められた周波数帯域で動作する送信機につながれている．通常，データの送信には，可聴周波数信号による変調を利用している．

　典型的なモデルでは，気温を1℃以内，気圧を1ミリバール（1 hPa）以内，そして相対湿度を3％以内［の精度］で測定する．再利用可能な状態で回収できることはほとんどないので，その設計を決める主な要素は精度よりもコストである．政府機関はこれらを公開入札による契約で大量購入する．また，仕様書に合わせてつくられるため，特定の会社の製品とは見なされないのが通例である．

　特殊用途のラジオゾンデは，高々度の研究において，あいかわらず価値ある道具である．気象用のラジオゾンデは，世界中の数百の観測所から毎日飛揚されており，高度30 kmまでの気圧，気温，湿度を測定している．また，その飛行経路は追跡アンテナやレーダーで測定され，上空の風に関する情報を提供している．ラジオゾンデのデータが天気予報に欠くことのできない要素とみなされるようになって久しい．

　　　　　　　［Charles A. Ziegler／羽片俊夫 訳］

■文献

DuBois, John L., Robert P. Multhauf, and Charles A. Ziegler. *The Invention and Development of the Radiosonde*. Washington, D. C.：Smithsonian Institution Press, 2002.

Middleton, W. E. Knowles. *Catalog of Meteorological Instruments in the Museum of History and Technology*, 97-122. Washington, D. C.：Smithsonian Institution Press, 1969.

Middleton, W. E. Knowles, and Athelstan E Spilhaus. *Meteorological Instruments*, 228-265. Toronto：University of Toronto Press, 1953.

◆ラジオメーター
　➡　クルックスのラジオメーター

◆羅　針　儀
　➡　コンパス【磁気式】

り

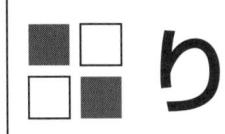

◆立 体 鏡

Stereoscope

　立体鏡は2つのわずかに異なる平面の像から1つの三次元の像の錯視をつくる．平面の像がほぼ等しい地点から描かれたか，あるいは撮影された同一の対象の像で人間の目と目の間の距離を隔てているとき，そして立体鏡が，各々の目が適切な像のみを見る，すなわち左目は左のビューポイントを，右目は右のビューポイントを見るように組み立てられているときにのみ，立体鏡は有効に作用する．

　双眼視は，2つの目によって別々に見られる，わずかに異なる像が脳の中で1つの立体像に融合される手段で，何世紀もの間，科学者たちの関心をひいてきた．2つの目で見られる像における差異は紀元前280年頃ユークリッドによって記述された．しかし，彼が立体視の原理を理解していたことを示唆する証拠はない．同様の観察は2世紀に医者ガレノス（Galenos）によってもなされた．16世紀には，双眼視はレオナルド・ダ・ヴィンチ（Leonardo da Vinci, 1452-1519）とG.ポルタ（Giambattista della Porta）を含む，ヨーロッパの哲学者たちによって研究された．

　立体視の原理はイギリスの物理学者C.ホイートストン（Charles Wheatstone, 1802-1875）によって確立された．彼は1832年の末頃，ロンドンの光学器械製造業者マレー（Murray）とヒース（Heath）によって製作された2つのタイプの立体鏡を所有していた．立体視についてのホイートストンの仕事に関して最も早く出版された記載はH.メイヨー（Herbert Mayo）の『人間生理学概論（Outlines of Human Physiology）』（1833年）の第三版においてあらわれた．1838年に，反射立体鏡についての詳細を含む王立協会への長い論文において，ホイートストンは彼の仕事についての彼自身による記述を公表した．この器具において2つの像は，それら2つの像の中間に互いに直角に置かれた一組の中央の鏡に面するように，水平な棒の向かい合う両端に固定された．鏡に向かった観察者は1つの立体像として，2つの反射された像を同時に見たのであろう．

　反射立体鏡は単純な幾何学的図形の図解を示す場合にのみ適当であることがわかった．そして，それ自体は視覚の生理学の研究への興味深い助けと，興味をそそる光学玩具にすぎなかった．1839年における最初の実用的な写真術の方法の導入は，同様に詳細なひと続きの写真が非常に正確につくられることを可能にしたが，ホイートストンの器具の重要性をより高めることとなった．陰画-陽画写真術の発明者W. H. F.トールボット（William Henry Fox Talbot, 1800-1877）と彼の仕事仲間のH. コレン

(Henry Collen)はすぐに勧められるままに適当なカロタイプの像をつくった．ホイートストンもそれに対抗する銀板写真法によってつくられる写真を使うことを試みたが，この方法による写真は不適当であることがわかった．

ホイートストンは反射立体鏡を商業的に宣伝することへはほとんど関心を示さなかったが，それより以前の彼の器具の1つである屈折立体鏡の発展の結果は1849年にD. ブルースター（David Brewster）によって記述された．ブルースターの立体鏡は，よりコンパクトな器具で，並んでいる2枚の小さな写真を見るための双眼接眼鏡の中にプリズムあるいはレンズを用いた．パリの光学器械製造業者J. デュボスク（Jules Duboscq）によってつくられた，ブルースターの器具の1つの改良物は1851年のロンドンの大博覧会で陳列され，特にヴィクトリア女王の賞賛を受けた．女王の関心は立体写真術の大流行を刺激した．立体写真に対する大衆市場がすぐに確立され，そして立体鏡は凝った飾りが施され，19世紀の家庭に広く普及した．双眼立体鏡は当時の最も人気のある科学的玩具の1つとなった．

ブルースターの屈折立体鏡には多くの改良と改善がなされたが，基本的な双眼様式は今日まで変化はない．写真を見るための装置としてのその人気は第一次世界大戦後に下火になったが，一部の愛好家たちは立体写真を撮り立体視する訓練を続けてきた．20世紀の間に，さまざまな双眼立体鏡の新案物や玩具として製造されてきた．そしてフィルムとビデオが幅広く使われるようになるまでは，セールスマンや巡回販売員が好んで利用した．

近代科学は立体鏡に対していくつかの用

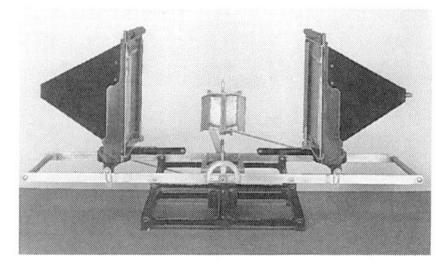

ホイートストン立体鏡，医療用X線写真用（1920年頃）．SM 1973-395. SSPL提供．

途を見出してきた．ステレオコンパレーターは，20世紀の初期に導入され，1つの天体写真と別の1つの天体写真との間の小さな食い違いを示し，多くのかすかな運動する天体の発見に役立った（カメラ（航空写真測量），および比較測定器（天体観測用）の項を参照）．第二次世界大戦の間に大きく発展した非常に複雑な技術を用いて，その器具は航空写真の分析と航空測量の作業に幅広く用いられてきた．立体顕微鏡撮影は微細な物体が双眼ファインダーを通して明確に観察されることを可能にする．立体X線写真術はX線を使って内部構造の三次元像を記録する．これらのX線写真は双眼ファインダーまたはホイートストンミラー立体鏡のいずれでも見ることができる．後者のタイプは，大きな感光板に対して，あるいは空間における立体鏡的距離の測定が必要とされる場合に好都合である．　　　　　　[John Ward／庄司高太 訳]

■文献

Bowers, Brian. *Sir Charles Wheatstone, FRS, 1802-1875*. London：Her Majesty's Stationery Office, 1975.

Coe, Brian. *Cameras：From Daguerreotypes to Instant Pictures*. London：Marshall Cavendish, 1978〔高島鎮雄訳：Cameras：From daguerreotypes to instant pictures., 朝日ソノラマ, 1980

The Focal Encyclopedia of Photography. Rev. ed. London：Focal, 1965.

Gernsheim, Helmut, and Alison Gernsheim. *The History of Photography from the Camera Obscura to the Beginning of the Modern Era.* Rev. and enl. ed. London：Thames and Hudson, 1969.

◆流 速 計

Current Meter

流速計は，水流の方向と速さを測定する．船乗りは昔から，海水に一定方向の絶えざる流れがあることに気づいていたが，18世紀に入ってようやく海洋学者が海流を研究し始め，物理的，生物学的現象に対するその重要性を正しく認識するようになった．その結果として，正確で確実に計測できる器械の開発が長期にわたって行われた．

方向と速さという 2 つの本質的要素を測定するために，これまで多種多様な器械が使われてきたが，技術的な制約があるせいで，どれも設計上よく似たものになった．方向は，磁気を帯びた針か棒でなければ測定できない．速さは通常，プロペラかローターで測定される．

流れの平均的な方向を指示する浮球や受動的漂流物とは異なり，流速計は使用中に静止状態を保っていなければならない．多くは停置した船から操作され，その示度が船上から観測される．この種の流速計を 1845 年に，フランスの海洋学者 G. エメ (Georges Aimé, 1810-1846) が考案し，1847 年にはデンマークの海軍総司令官 C. イルミンガー (Carl Irminger) が使っている．エメの計器は，固定された翼板と磁針とを用いて方向の観測結果だけを表示した．水中にある間，翼板は計器を流れの方向に向け，磁針をその位置に固定することによって，翼板と磁北のなす角度を表示したのである．逆に，1880 年に T. アルヴィドソン (Thorsten Arwidsson) が考え出した器械は，方向を指示できなかったが，速度を目盛り板に表示することはできた．軸は垂直で，この器械は上下を逆転させ，作動用と停止用の 2 本の糸を使って操作される．

以後のほとんどの流速計は，速さと方向を瞬時に記録できなかった．時にはこの 2 つの要素を，計器の回収時に方向，降下時に平均速度，というように不完全な形で表示することもあった（1877 年の E. マイアー (Ernst Mayer)，1885 年の J. E. ピルズベリー (John E. Pillsbury)）．また，非常に単純な仕組みに還元されることもあった（1882 年の S. マカーロフ (Stepan Makaroff, 1848-1904)）．1901 年，F. ナンセン (Fridtjof Nansen, 1861-1930) は振り子の変位に基づく正真正銘の記録計をつくり出した．海底に置かれると，この器械は数分間，流れの速さと方向を指示した．1918 年，それは一層精巧な形で Y. ドラージ (Yves Delage) に引き継がれた．

V. W. エークマン (Vagn Walfrid Ekman, 1874-1954) のプロペラ型流速計 (1903 年) は信頼性が高く，最大 60 分の作動の間，制御しやすかった．この器械は海底に設置され，プロペラの回転によって小鋼球を放出したが，放出数は流れの速さに比例していた．鋼球は，磁針で定位された平板上の小さく区画された部屋に集められたので，この装置は流れの方向も指示した．それによって，さほどの精度を必要としない作業には役立つ一応の結果が得られた．エークマンの単純で頑丈な流速計は，第二

次世界大戦後まで多くの海洋学者に利用された．

しかし，新たな方法も模索された．1909年，J. P. ヤコブセン（Jacob P. Jacobsen）は単純な気泡水準装置を採り入れ，静止した船上から速度と方向の両方を継続的に測定できるようにした．この方法は実際にやってみると不正確だったが，考案した本人は長年それを使った．

初の正確な記録装置は，1910年にO. ペターソン（Otto Pettersson）がつくり，フィルムを用いて速度と方向を断続的に記録するものだった．ローターの軸は垂直で，耐水ケース内部と磁石によって結合されていた．この写真撮影法はさらに発展し，別の記録媒体が導入された．1927年，P. イドラック（Pierre Idrac）の記録装置は35 mmフィルムにデータを写したが，ゼンマイ仕掛けのおかげで，フィルムは7日間にわたって広げられた．1950年に日本の小野弘平（1905-1968）が潮流を調べるために考案した器械では，測定値が巻き紙に色つきペンで転写された．フィエルスタッド（Fjelstad）の器械は，データを数字に変換してスズの円筒に刻印した．

今日用いられている方法は，改良型ローターと，電気か磁気の変換器，それに磁気テープレコーダーを使う．流速計をブイに取り付ける場合，それらの位置は人工衛星で確認することが多い．データは無線で瞬時に，あるいは一定の間隔を置いて送信でき，後にコンピューター処理される．

川の水流測定は，岸辺が常に近くにあって流れの方向が明白だから，海洋での測定に比べて簡単である．多くの場合，測定装置をただ手に持ってじかに測ることができる．おそらくこの理由から，しかし真水のほうが電気をよく遮断するという理由もあ

ったのだろうが，スイスのJ. アムスラー＝ラフォン（Jacob Amsler-Laffon, 1823-1912）は，1876年から自作の流速計の初試行をシャフハウゼン付近のライン川で行った．彼が考案したものは，間違いなく最初期の遠隔測定法の1つであり，計器のプロペラ上の電気接触を用いて陸上のベルを鳴らすものだった．

探検家S. ヘディン（Sven Hedin, 1865-1952）は，アルヴィドソンが開発した流速計を利用した．これは1880年代に，とりわけ真水の浅瀬用に考え出されたものである．ローターは4つの半球形の碗でできており，1つの枠の中に納まっていた．この枠がローターを保護し，水流の作用を助けたのである．指針は目盛り板上に何百何十回転したかを表示し，糸をぐいと引っ張ると，記録が始まったり停止したりした．

海洋測定用に設計された計器のいくつかは，後に真水にも利用され，この傾向は今日の測定・記録器械類に続いている．エークマンの流速計は，あらゆる場面に応用され，大きな湖や川の研究に使われた．最も利用頻度が高かった器具の1つは，アメリカのW. G. プライス（William Gunn Price, 1853-?）が考案したもので，垂直軸についたローターの碗こそ円錐形だったが，アムスラー＝ラフォンの流速計と同じ原理で構成されている．この器具は自由に選択できるバラスト（底荷）と，水中で向きを方位に合わせる方向舵を備え，ケーブルからつり下げられていたので，かなり深いところで作動できた．電気の導線が受信機に信号を伝え，耳に聞こえるそのピッという音の回数はローターの回転の速さに，したがって流速に比例していた．

これとは全く異なる原理が，真水の測定だけに使われている（海で使うのは難しか

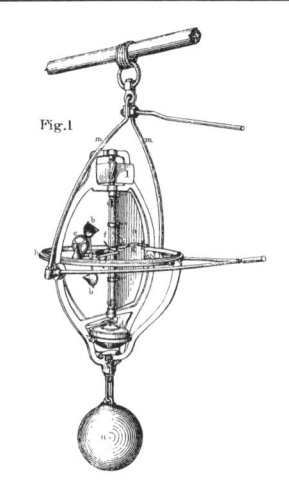

ピルズベリーの最初の流速計の図（1885年）．SSPL提供．

ったのだろう）．それは18世紀のH. ピトー（Henri Pitot, 1695-1771）の発明に基づいていた．直角に曲がった管が流水中に沈められ，管の垂直部分の水位は水圧，したがって流速との相関関係で上昇する．この単純な装置の改良版は，正確で測定可能な結果をもたらした．これと同類の装置がC. E. ベンツェル（Carl E. Bentzel）の器械であり，U管の二又に分かれた垂直部分が沈められ，水でいっぱいに満たされる．その水は，測定される水流によって上下する．いくつかの装置は，流速を目盛りで表示するために考え出された．スラップ（Thrupp）の方法についても触れておかなければならないが，これは水流の中に細いロッドを沈めることによって生じる通り跡の角度から，水面の流速を測定するものである．

[Christian Carpine／忠平美幸 訳]

■文　献

Aimé, G. "Courants de la Méditerranée." In *Recherches de physique générale sur la Méditerranée*, 181-191. Paris：Imprimerie royale, 1845.

Boyer, M. C. "Streamflow Measurement." In *Handbook of Applied Hydrology*, edited by V. T. Chow, 15-1-15-41. New York：McGraw Hill, 1964.

Ekman, V. W. "On a New current-Meter Invented by Professor Fridtjof Nansen." *Nyt magazin for naturvidenskaberne* 39（1901）：63-187.

Frazier, Arthur H. *Water Current Meters in the Smithsonian Collections of the National Museum of History and Technology*, Smithsoian Studies in History and Technology 28. Washington, D. C.：Smithsonian Institution Press, 1974.

Idrac, P. "Sur un appareil enregistreur pour l'étude océanographique des courants de profondeur." *Comptes rendus de l'Académie des Sciences* 184（1927）：1472-1473.

Pillsbury, J. E. "Methods and Results, Gulf Stream Explorations：Observations of Currents." *Report of the United States Coast and Geodetic Survey*（1885）. Appendix 14, 495-501.

◆流　量　計

Flowmeter

流量計は，普通は商用の管の中を流れる液体，気体，粒状固体やそれらの混合物の容積や質量を測定する．タイプによって計器は運動量を測定し，実際の容積や質量は流体の濃度から算出するものもある．この用語は，開口路の流れの測定や細部の流れの状態の測定などで研究によく使われる測定器にも使われる．流量計は，ほとんどすべての産業で実にさまざまな流体（気体，飲料，水，スラリー，下水，化学物質）に対して使用されるが，多くの物理的原理を利用する100以上のタイプからいくつかを以下で説明する．

開いた流れの最初の粗い形の流量計は，3000年前にエジプト人が使用した堰かも

しれない．C. ハーシェル（Clemens Herschel, 1842-1930）（1899年）は，紀元前150年以降に生きたアレクサンドリアのヘロン（Hero）が，「泉からもたらされた水の量を知るためには，流れの断面を決定するだけでは十分でないことに常に注意すべきである．……流れの速さを見出すことが必要である．なぜなら流れがより速ければ泉はより多くの水をもたらし，流れがより遅ければより少ない水を生み出すからである」．フロンティヌス（Frontinus, 40-103）は，ローマには不正直な水の消費者がいたと主張した．問題は流れの測定よりもその配分にあった．各消費者は一定の流れ続ける水の流出の租借に支払いをしており，不正直者は流れを増やすために流出に大きな管をつけたのである．レオナルド・ダ・ヴィンチ（Leonardo da Vinci, 1452-1519）は，堰の上の流れを絵に描き，風を測定するアネモメーター（風速計）を考案した．E. マリオット（Edme Mariotte, 1620-1684）は，開水路の液体の流速を測定する浮きを示唆した．川や開水路の流率を測定するために流水路や堰はいまでも使われている．

D. ベルヌーイ（Daniel Bernoulli, 1700-1782）という名前は，ベンチュリ管などの差圧流量計を律する方程式と結びついている．最初期の真の流量計の1つであるこのベンチュリ管の発明者は，19世紀のハーバード大学の卒業生ハーシェルである．彼はそれをG. B. ベンチュリ（Giovanni Battista Venturi）にちなんでそう名づけ，特許を取得した．W. ケント（Walter Kent, 1746頃-1822）は装置の可能性を理解し，1894年に北米以外の世界各地での権利取得の同意を得て，彼の会社（現在ABBケント・ウォルター社）からは流量測定の著名な技術者たちが輩出されることになった．すなわちグラント（J. E. Grant），ホジソン（J. L. Hodgson），ドール（H. E. Doll），メドロック（R. S. Medlock）らで，彼らの歴史的な論文はベンチュリ管を大いに発達させた．ベンチュリ管の中で流れはスムースに絞られ，首から拡散器に向けて加速される．拡散器では圧力がほぼもとどおりに回復されるため，ベンチュリ管は管内の圧力減少があまり許されないようなところで使われる．流れを算出する圧力差は，入り口と首の部分の間である．現代の装置の測定誤差は，通常 0.5～1.5% である．

最も一般的な差圧流量計は，19世紀末から20世紀半ばにかけて開発されたオリフィス・プレートである．管を仕切る薄板に管径より小さい穴を空けると，穴を通る流れは圧力降下を起こし，それによって流量を算出できる．測定誤差は通常，0.5～1.5% である．

面積流量計（variable-area meter）は，上向きに開く円錐形の管内にフロート（浮子）を入れた構造になっている．上向きに流れが管内を流れると，フロートが持ち上がり，流れの速さに応じて高さが定まる．その高さから流量が求められる．測定誤差は通常 1.5～3% である．ディーコン（G. F. Deacon）は，1873年に面積計に似たデザインを編み出した．この種の装置は J. A. ユーイング（J. Alfred Ewing, 1855-1935）によって1876年頃に考案された．

1790年に R. ヴォルトマン（Reinhard Woltman, 1757-1837）は，羽根車計を川の流れに応用することについて記している．彼はそのデザインをショーバー（Schober）に帰しているが，そのさまざまな形態はいまだにヴォルトマンの名がついている．これは，流れの中でプロペラが

回転し，その回転速度から体積流量が求められるタービン流量計の先駆である．測定誤差は通常 0.1〜0.5% である．

容積流量計（positive displacement flowmeter）は体積を測定するもう1つの流量計である．その回転子は流体を部分に分割し，各部分が流量計を通過することで回転子の回転数から流量が求められるようになっている．液体に対する測定誤差は通常 0.1〜0.5% である．流体の円盤容積流量計（nutating-disk flowmeter）は，1850 年に開発された流量計である．回転ピストン流量計は 19 世紀末に登場した．S. グレッグ（Samuel Greg）は湿式ガスメーターの発明者（1815 年）とされ，W. リチャーズ（William Richards）は乾式膜型ガスメーターの発明者（1843 年）とされている．

渦流量計（vortex flowmeter）においては，管内の鋭敏でない物体が流体の流率に比例する頻度で渦を引き起こす．測定誤差は通常 0.5〜1.5% である．レオナルド・ダ・ヴィンチの絵には，彼がこの現象を知っていたことを示すものがある．この現象の流量測定への応用可能性を検討したのはロシュコ（Roshko）（1954 年）である．1959 年にバード（W. G. Bird）は，流量測定装置で特許をとったが，最初の実用的な流量計の発明は，1960 年代の A. ロドリー（Alan Rodely）の研究に帰せられる．

M. ファラデー（Michael Faraday, 1791-1867）は，磁場を通過する水流は流れを横切って電圧を起こすことに気づいた．ウィリアムス（E. J. Williams）は 1930 年に，磁場のかかった管内を硫酸銅が流れるときに流れに対して垂直に発生する電圧を測定した．その研究は科学的関心から生まれたものであったが，それは今日の，最も普及する電磁流量計の基礎となった．中が絶縁体で内張りされた管内を液体が流れ，管を横切って磁場がかけられる．管の各側の電極は，流率にほぼ比例して起電される電圧を感知する．測定誤差は通常 0.2〜1.0% である．

超音波流量計には2種類ある．ドップラー流量計は，流れの中を動く粒子に超音波を反射させ，周波数のドップラー効果から速度を求めるものである．時間差式流量計は，超音波のパルスが管内の流れに対して斜めに横切る時間の測定に基づいている．前者はあまり正確ではなく，後者は測定誤差が約 0.5〜2% である．この種の装置は 1950 年代に報告された．送受信機と電子回路の面で改良がなされた．

第三の種類の流量計は，質量の流率を測定する．熱流量計では，流体が熱せられ流れる流体の温度変化が特定の流体の質量の流率を与える．装置によっては熱せられたプローブが一定温度に保たれ熱流が計られる．測定誤差は 0.5〜2.0% である．トマス（C. C. Thomas）は 1911 年にこの種の計器を初めて報告した．カレンダー電気気流計は 1920 年には存在した．

コリオリ流量計においては管が振動され，その長さの一部は振動運動と管に沿った流れとの双方によってコリオリの力を受けることになり，その力は質量の流率に比例することになる．測定誤差は通常 0.1〜1.0% である．この種の初期のものは 1953 年にリ（Y. T. Li）とリー（S. Y. Lee）によって導入されたが，その原理に基づく装置の実用化に最初に成功したのは 1970 年代末のことであった．

局所的な流速計の精度は，プローブの目盛りと実験者の技量に依存している．ベルヌーイの方程式が基礎を与えるピトー管は，時に目盛なしで使われるが，正確に

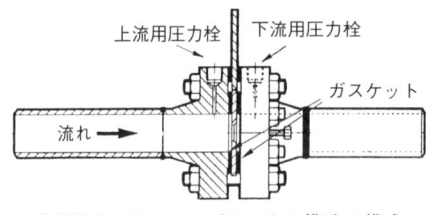

典型的なオリフィスプレートの構造の模式図．ハルトマン＆ブラウン U.K. 社提供．

設計され使用されるなら 1% の誤差で測定を与えることができよう．それは 1732 年に H. ピトー（Henri Pitot, 1695-1771）によって記され，H. ダルシー（Henry Darcy）によってほぼ現在の形に発展させられた．この装置は，ピトー管の入り口で流体を静止させることで，一点での流体の速度を測定する．平均化ピトー管として知られる装置は，管内に垂直に棒を挿入し，棒の上流側にいくつかの穴を，下流側により少数の穴を空けたもので，バルク流量計として使われる．その測定誤差は 1〜3% である．

上述の技術の多くはプローブに使われる．研究用のピトー管の代替物は熱線流速計である．非常に細い線が熱せられ，線からの熱損失が一点での気流速度の計測がなされる．キング（L. V. King）は 1914 年に熱伝導率と速度との関係を与えた．熱フィルムプローブは，流体の流れに対して使われる．

レーザードップラー流速計は，イェー（Y. Yeh）とクミンズ（H. Z. Cummins）によって 1964 年に提案された（レーザー診断機器の項を参照）．2 本の可干渉性レーザー光を交えることで縞模様がつくられる．縞の間隔は光の波長と幾何光学から計算され，流体粒子が通過すると明るい縞の反射光の周波数が粒子速度の測定を与え，粒子を運ぶ流体の速度を間接的に与える．他のシステムでは同じ結果を得るために他の方法が使われる．

上述の流量計は「流体」という語が使われたときは液体にも気体にも適用される．ここでの誤差とは，較正された標準的な装置で得られる誤差のことをいう．

[Roger C. Baker／橋本毅彦 訳]

■文 献

Baker, R. C. *An Introductory Guide to Flow Measurement*. London：Mechanical Engineering, 1989.

Herschel, Clemens. ed. *The Two Books on the Water Supply of the City of Rome of Sextus Julius Frontinus*. Boston, 1899；reptint Boston：New England Water Works, Association, 1973.

Herschy, R. W. *Streamflow Measurement*. 2nd ed. London：Chapman and Hall, 1995.

Medlock, R. S. "The Historical Development of Flow Metering." *Maasurement & Control* 19 (June 1986)：11-22.

Miller, R. W. *Flow Measurement Engineering Handbook*. New York：McGraw Hill, 1989.

Ower, E., and R. C. Pankhurst. *The Measurement of Air Flow*. Oxford：Pergamon, 1966.

Spink, L. K. *Principles and Practice of Flow Meter Engineering*. 9th ed. Foxboro, Mass.：Foxboro, 1967.

れ

◆レーザー，メーザー

Laser and Maser

レーザーとメーザーは，誘導放射を利用して，可視光線・赤外線からマイクロ波の領域のコヒーレントな電磁波を生み出す［現在はもっと広い領域で電磁波がつくられる］．レーザーは「誘導放射による光の増幅（light amplification by stimulated emission of radiation）」の，メーザーは「誘導放射によるマイクロ波の増幅」の頭文字を続けたものである．初期のレーザーは光学メーザーとも呼ばれた．

伝統的なレーザーやメーザーは，反転分布（低エネルギーの準位にある分子よりも励起準位にある分子のほうが多い状態）にある媒質を共振器の中に置いたものである．メーザーは，分子の回転・振動の準位か常磁性結晶のゼーマン分裂を用いる．レーザーは一般的には電子の軌道の準位を用いる．いったん反転分布がつくられると，励起状態のいくつかはエネルギーの低い準位に落ち，光子の自然放出が起こり，誘導放射によって次々に大量の光子が放出される．共振器がフィードバックをもたらし，コヒーレントな放射を生み出す．誘導放射による利得が損失（壁やレーザーの鏡による吸収，散乱など）を越えると，発振が起こる．

A. アインシュタイン（Albert Einstein, 1879–1955）は，プランクの分布則の見事な証明（1916年）を通して，誘導放射の概念を導入した．誘導放射により，励起状態が落ち込む際に，入射光と同じ周波数で同じ運動方向をもつ光子が放出される．誘導放射は，H. A. クラマース（Hendrick Anthony Kramers, 1894–1952）（1924年），およびクラマースとW. ハイゼンベルク（Werner Heisenberg, 1901–1976）（1925年）により，分散の理論的な計算において利用された．R. W. ラーデンブルク（Rudolf Walther Ladenburg, 1882–1952）と共同研究者たちは，1926年から1930年の間に行われた，ネオン中の放電の一連の実験によって，誘導放射の効果を測定した．ヴァンヴレック（J. H. Van Vleck, 1899–1980）とR. C. トールマン（Richard C. Tolman, 1881–1948）も誘導放射の役割を考察している（1924年）．1940年，ソ連のファブリカント（V. A. Fabrikant）が輻射を増幅させるために誘導放射を用いることを示唆し，1950年にはW. E. ラム（Willis E. Lamb, 1913–）とレザフォード（R. C. Retherford）がこの問題を水素の微細構造に関する彼らの研究と結びつけて論じた．F. ブロッホ（Felix Bloch, 1905–1983）は，1946年に，断熱的な高速の原子・分子の流れの実験において，スピンの一時的な反転分布を達成した．パーセル（E. M. Purcel, 1912–1997）とパウンド（R. V. Pound, 1919–）

は1951年に，静磁場の急速な逆転によってスピンの反転分布を実現し，短時間の負の吸収を測定した．また，反転分布の系を記述するために負温度の概念を導入した．しかし，この効果を用いて実用的な機器を作成する可能性について注意を払ったものは1人もいなかった．おそらく，得られたのが一時的な反転分布のみであったためであろう．

ブロッセル（J. Brossel）とカストラー（A. Kastler）の1949年の光ポンピングの研究もまた重要である．彼らはこれによって準位の分布を変化させうることを示したからである．

第二次世界大戦中には，レーダーの発展によりマイクロ波技術が向上した．これにより新たにマイクロ波分光学という分野が生まれ，高周波の電磁波源に対する強い需要も生じた．多くの科学者たちがマイクロ波の分野の技術を習得した．大戦後にはアメリカの大学ではレーダー機器の余剰が生じた．メーザーの発明はこのような状況の自然な帰結であったと見ることができるかもしれない．

歴 史

J. ヴェーバー（Joseph Weber）は，1952年にカナダで開催された電子管会議で，誘導放射に基づくマイクロ波増幅器について述べた．彼は，エネルギーの高い状態の振動子の数を低い状態のものの数よりも大きくできれば増幅を得ることができると考察したが，彼が示した方法は1つも成功しなかった．

誘導放射に基づく機器で最初に作動したものは，C. タウンズ（Charles Townes, 1915–）と彼の学生であったゴードン（J.P. Gordon）とザイガー（H. J. Zeiger）によって，アンモニアの反転遷移を利用してつくられた．研究は1951年に始められ，発振器の作動は1954年4月30日に初めて報告された．

ソ連では，A. M. プロホロフ（Alexander Mikhailovich Prokhorov, 1916–2002）とN. G. バソフ（Nikolai Gennadievich Basov, 1922–2001）が，準位の分布を人為的に変化させることでマイクロ波分光器の感度を上げようと考えていた．1954年10月，彼らはマイクロ波分光学における分子線についての理論的な研究を発表し，これを彼らが分子発振器と名づけた機器に応用することについて論じた．彼らはすでに，1952年5月の全ソヴィエト会議において，誘導放射を用いてマイクロ波を発振させる可能性を指摘していた．

アンモニア・メーザーは，厳密に固定された振動数をもつ細い電磁波を放出した．これは理想的な周波数の標準となったが，例えば通信といった他の分野に応用できる見込みはほとんどなかった．バソフとプロホロフは気体系の3つの準位を利用することを示唆したが，彼らの提案では同調する機器が作成できなかったため，それ以上の展開を見なかった．1955年には，複数の人々が常磁性の結晶を用いようと考えた．タウンズ，コンブリソン（J. Combrisson），ホニッグ（A. Honig）は2準位系について研究し，ストランドバーグ（M. W. P. Strandberg）などは固体を用いることを提案した．ジャヴァン（A. Javan）は3準位のメーザーの可能性を追求し，1957年に結果を発表した．最も重要であったのは，常磁性の固体の3準位系を用いるというN. ブルームバーゲン（Nicolaas Bloembergen, 1920–）による提案であった（1956年）．ベル研究所のスコヴィル（H. E. D. Scovil）も同様の可能性を考えた．

作動する3準位メーザーをはじめてつくり上げたのは，ベル研究所のスコヴィル，フェハー(G. Feher)，ザイデル(H. Seidel)で，Gd^{3+}という常磁性のイオンをランタンエチルサルフェート(硫酸エチルランタン)の結晶に取り込んだものが使われた．1958年には，マサチューセッツ工科大学のリンカーン研究所の A. L. マクウォーター(Alan L. McWhorter) と J. W. メイヤー(James W. Meyer) が Cr^{3+} と $K_3Co(CN)_6$ を用いて最初の増幅器をつくった．同時期に，ミシガン大学の C. キクチらは，ルビーがこれらのメーザーに用いるのによい物質であることを示したが，これらは非常に低い温度で作動させねばならなかった．60 K のルビー・メーザーの成功は，ディッチフィールド(C. R. Ditchfield)とフォレスター(P. A. Forrester)によって1958年に，またそれとは独立に T. H. メイマン(Theodore H. Maiman)によって1959年に，報告されている．1960年には，195 K での作動がメイマンによって報告された．1965年に，ペンジアス(A. Penzias, 1933-) とウィルソン(R. W. Wilson, 1936-) がビッグバンの名残である3K黒体輻射を発見したときに用いたメーザーは，ルビー・メーザーであった．

1965年には，新星の付近や星が寿命を終えるところでは，いくつかの分子が自然にメーザー作用を起こしていることが発見された．

レーザーは，メーザーの原理を赤外・可視領域に拡張することによってでき上がった．1951年，ファブリカントと彼の学生たちは，ソ連において電磁波(紫外，可視，赤外，ラジオ波)の逆転分布を用いた増幅について特許を申請した．この特許は1959年に公表されたので，これとは独立なレーザーの発見には影響を及ぼさなかった．

R. H. ディッケ(Robert H. Dicke)は，1954年に超放射の概念を導入し，1956年にファブリー=ペロー干渉計を共振器として用いることを提唱し，1958年には特許を取得した．ショーローとタウンズは，1958年に，完全なレーザーの設計を示し，ファブリー=ペロー干渉計について論じ，可能性のある媒質をいくつかあげた．彼らは1958年8月に特許を申請し，1960年3月に取得した．1957年，G. グールド(Gordon Gould) は，ファブリー=ペロー干渉計を用いたいくつかの系でレーザー製作が可能であることを理解したが，この計画を記したノートを，公証人に認証させた．彼は1959年4月6日に特許を申請し，このノートをもってショーロー・タウンズの特許と争った．グールドは結局，ショーローとタウンズの特許が切れたのと同時に特許を得た．

ショーローとタウンズの研究に刺激されて，他にもさまざまな物質や設計方針を試みる人々が現れた．最初にレーザーを発振させたのはメイマンであり，これは1960年7月7日のニューヨーク・タイムズで報道された．このレーザーは，ルビーの3準位系で，閃光パルスのランプによる光学ポンピングを用いていた．数カ月後，ソロキン(Sorokin)とスティーヴンソン(Stevenson)が，2.5 μm の波長の放射を行う U^{3+}:CaF_2の系を用いて，低いしきい値で4準位のレーザーをつくり，1961年には Sm^{2+}:CaF_2 の系で 708.3 nm の波長の電磁波を放射させた．

サンダーズ(J. H. Sanders)とジャヴァンは，1959年に，気体の系で放電によって反転分布を生じさせることを考えついた．ジャヴァン，ベネット(W. R. Bennett,

Jr.), ヘリオット (D. R. Herriott) は, 1960年12月に, ヘリウムとネオンの混合気体の系で, ラジオ波の周波数の放電によるポンピングを用いて, $1.15 \mu m$ 付近でいくつかの放射を得た. フォックス (A. J. Fox) とリー (T. Li) が 1960 年にファブリー－ペロー共振器のモードを数値的に研究し, ボイド (G. D. Boyd) とコジェリク (H. Kogelik) が 1962 年に球状の鏡をもつ共焦点構造の共振器を考案した後, ホワイト (A. D. White) とリグデン (J. D. Rigden) は, 1962 年にヘリウム・ネオンの系で 632.8 nm の放射を得た. 反射鏡の反射率を変えることで, ブルーム (A. L. Bloom), ベル (W. E. Bell), レムペル (R. C. Rempel) は $3.39 \mu m$ でレーザー作用を得た.

球状の鏡からなる共振器が導入され, レーザーの製作が比較的容易であることが示されたために, レーザーの種類は増え, 軍事・産業への応用も盛んになった. 例としては, ルビーレーザー・レーダー, ルビーレーザー距離測定器, 強力なルビーレーザーや CO_2 レーザーを用いた機械加工, 医療への応用があげられる.

J. バーディーン (John Bardeen, 1908-1972) との私的なやりとりの中で, 1954 年に, J. フォン・ノイマン (John von Neumann, 1903-1957) は, 注入型半導体メーザーの可能性について言及した. 1957 年 4 月 22 日には, 日本の渡辺 寧 (1896-1976) と西沢潤一 (1926-) は, テルルの再結合発光による $4 \mu m$ の電磁波の放射に関して特許を申請した. フランスのエグレン (P. Aigrain) は, 1958 年に, 半導体を用いてメーザーの作用を可視光の周波数まで拡張することについて論じた. 他にもクレーマー (H. Kroemer) とザイガーが 1959 年に同様の提案を行った. ソ連では, バソフらが 1957 年に半導体についての議論を始めた. 価電子帯と伝導帯の間の遷移によって半導体で誘導放射を起こす可能性については, 1961 年にベルナール (M. G. A. Bernard) とデュラフール (G. Duraffourg) が完全な議論を行っている. 彼らの議論では, レーザー効果を起こすために満たされなければならない基本的な関係を与える, フェルミ擬準位という考え方が用いられた. この関係は, 彼らとは独立に, バソフらによっても 1962 年に導かれた.

1962 年 1 月, レニングラードの A. F. ヨッフェ物理工学研究所のナスレドフ (D. N. Nasledov) らは, 77 K におけるヒ化ガリウムダイオードによる放射の幅が, 高い電流密度で狭まることを報告し, 誘導放射の存在を示している可能性があると指摘した. IBM の W. P. ダムケ (William P. Dumke) が, ヒ化ガリウムのような直接ギャップ半導体のみがレーザーの製作に関して検討されるに値することを示すと, シリコンやゲルマニウムに関する議論はすべて検討外とされ, ヒ化ガリウムを使っていたアメリカのいくつかのグループの間で競争が始まった. ゼネラル・エレクトリック社のスケネクタディー研究所の R. N. ホール (Robert N. Hall) が, 1962 年 9 月に最初のヒ化ガリウムレーザーダイオードの発表を行った. 同様のレーザーは, 10 月 4 日には IBM ヨークタウンハイツ研究所の M. I. ネーサン (Marshall I. Nathan) によって, 10 月 23 日にはマサチューセッツ工科大学のリンカーン研究所のクイスト (T. M. Quist) によって, また 10 月 17 日にはゼネラル・エレクトリック社のシラキューズ研究所のホロニャク (Holonyak) らによって発表された.

これらすべてのレーザーは 77 K のヒ化

最初の2つのアンモニアビーム・メーザーの間のうなりを聞く T. C. ワンと J. P. ゴードン（コロンビア大学，1955年）．NMAH 提供．

ガリウムの pn 接合によってつくられ，8,500 から 100,000 A/cm^2 の高密度をもつマイクロ秒のパルス電流によってポンピングが行われた．ホロニャクとベヴァクァ (Bevacqua) はヒ化ガリウムリンの pn 接合を用い，6,000 から 7,000 Å の可視領域で放射を得た．ヒ化ガリウムの放射は 8,400 Å 付近である．これらの結果が出た後，バソフのグループは FIAN でレーザー・ダイオードを作成した．1963 年には，ヘテロ接合の利用が，クレーマーによって，またヨッフェ研究所のアルフェロフ (Zh. I. Alferov) とカザリノフ (R. F. Kazarinov) によって提案された．1969 年には，それらは実際に，ベル研究所のハヤシ (I. Hayashi) とパニッシュ (Panish) によって，また RCA のクレッセル (H. Kressel) とネルソン (D. F. Nelson) によってつくられた．これらの機器により，連続的な発振と室温での操作が可能になり，レーザーを光ファイバーによる通信や多くのオプトエレクトロニクスの機器へと広く応用するための道を開いた．近年では，星が形成されている地点の近くで，星間塵がレーザー作用を示すことが発見された．

[Mario Bertolotti／岡本拓司 訳]

■文　献
Bertolotti, M. *Masers and Lasers : An Historical Approach*. Bristol : Adam Hilger, 1983.
Bromberg, Joan Lisa. *The Laser in America*. Cambridge : MIT Press, 1991.
Schawlow, A. L., and C. H. Townes. "Infrared and Optical Masers." *Physical Review* 112 (1958) : 1940-1949.

◆レーザー診断機器

Laser Diagnostic Instruments

　レーザー診断機器は，反応性・非反応性の液体のさまざまな熱力学的・化学的なパラメーターを測定することができる．1980 年代より，レーザー診断機器は，物質でできた探針を用いたそれ以前の測定技術に取って代わるようになり，かつては不可能であると考えられていた研究の領域を開いた．

　レーザー診断は，以下のようによく知られた物理現象を利用している．J. スワン (Joseph Swan) が炎からの放射を 1857 年に発見して以来利用されてきた放射分光法．1842 年に発見されたドップラー効果．レイリー卿 (Lord Rayleigh，本名 John William Strutt, 1842-1919) が 1871 年に空が青いことを説明するのに用いた光の弾性散乱．C. ラマン (Chandrasekhara Raman, 1888-1970) が 1928 年に発見し，それによりノーベル賞を受賞した散乱効果．しかし，光源としてのレーザーの特異な性質，つまりその出力，コヒーレンス，波長の純正さがあって初めて，それ以前の技術がより効果的に利用できるようになり，また新しい技術が発見され利用されるようになったの

であった.

　レーザー診断の構成要素の中でそれ以外に重要なのは，光の放射と回収に関わる部分である．レンズはレーザー光の焦点を，測定される物体や光の回収部分に当てる．ビームセパレーター，偏光子，鏡，干渉フィルター，そして近年では光ファイバーなど，さまざまな光学素子が組み合わされ，レーザー光の放射を利用し，また反射光を集めるのに用いられる．集光部分の末端には光検出器があり，電磁波を感知する．単一の光子を検知できる光電子増倍管は，ほとんどすべての主要なレーザー診断にとって信号検知の第一の手段である．電磁波のエネルギーが電気に変換された後，信号は必要な情報の種類に応じて，アナログ的にあるいは数値的に処理される．最後に測定されたパラメーターに対応するデータが，後の処理のためにコンピューターに記録される．

　レーザー診断の開発の第一期（1960年代後半と1970年代）の間は，これらの光学素子は，利用される特定の目的に即して，必要に応じて組み立てられていた．光ファイバーや高度な光学系が登場し，放射と集光の装置の集積化・標準化と完全な一体化が実現すると，レーザー診断を用いるのに光学の知識はほとんど必要なくなった．レーザー診断装置のうち，この部分はしだいにブラックボックス化していった．

　レーザー診断によって，さまざまな物理現象が観測できる．分子からのラマン散乱光は温度を知らせてくれる．レーザー誘起蛍光は，分子の種類に特異的で，フレーム・ラジカルのような痕跡程度しかないごく少数の分子も検知できるので，これを用いれば，種類の異なる分子の濃度を測定することができる．レーザー・ドップラー風力測定法では，速度ベクトルの3成分を同時に測定することができる．位相ドップラー流速計は，二位相流の中の分散した位相に関する大きさと速度の情報を与えてくれる．粒子像流速計を用いれば，流れの中の単一の場所の速さではなく，全体の速度場を知ることができる．

　レーザー・ドップラー風力測定法（LDA），あるいはレーザー・ドップラー流速計は，最初期に開発されたが，現在でも最も進んだレーザー診断技術である．この機器は，流れの速さの測定に関して幅広く応用できる．工学の多様な領域に与えた影響が大きいので，この機器はレーザー診断の代表として扱うことができるであろう．

　熱線風速計は，1930年代に発明されて以来，LDAが利用できるようになる1970年代初めまで，乱流の中で流速を決定できる唯一の計器であった．イェー（Y. Yeh）とカミンズ（H. Z. Cummins）（1964年）は，流れの中に入れた小粒子にレーザー光を当て，反射光のドップラー効果を調べることで流速が決定できると考えた．これは，反射波と入射波を重ね合わせることで実現した．重ね合わせによって，うなり，つまりドップラー効果で生じた周波数の差を観測することができるが，これは粒子の速度に比例している．ただし，粒子はその瞬間の流れを正確に反映するほどに小さいとする．初期のLDA技術は，参照光という技法を利用していた．この場合，ヘテロダイン方式の用語でいえば，参照光が局部発振器となる．今日では，いわゆる二散乱法あるいは二光線法（自己比較法）が最も広く利用されるようになっている．

　他のレーザー診断と同様，LDAも測定対象を乱さず，較正も必要ない．どれほど複雑な幾何学的配置においても，速度の必

メタン空気の炎の中の乱流を測定するレーザー診断装置．後ろにバーナーと光学機器，前にLDAプロセッサーがある．イスケンダー・ゲカルプ／フランス国立科学研究センター提供．

要な成分が直接測定され，しかもそれは流れの温度，圧力，あるいは成分構成に関わりなく行いうる．LDAは極高周波数の感応とダイナミック・レンジを与え，空間的な解像度も優れている．その適用は，生体内にみられるようなごく低速の流れから，化学的な反応性の高い乱流のように危険な媒質，また内燃機関の中に見られるような複雑な流れの状態にまで及んでいる．

すでに述べたようなその他のレーザー診断技術と組み合わされて，LDAは，流体の速度が問題となるような多くの領域で，主要な実験機器となっている．これにより，工学の諸分野で，新しい研究領域と新しい機器の文化が発展することとなった．この技術は，研究においても設計の場面においても同様の信頼性をもって利用することができるため，実験室の研究と設計とをより強く結びつけたのである．

[Iskender Gökalp／岡本拓司 訳]

■文　献

Durst, Franz, A. Melling, and J. H. Whitelaw. *Principles and Practice of Laser-Doppler Anemometry*. 2nd ed. London: Academic, 1981.

Eckbreth, Alan C. *Laser Diagnostics for Combustion Temperature and Species*. Cambridge: Abacus, 1988.

Gökalp, I. "Turbulent Reactions: Impact of New Instrumentation on a Borderland Scientific Domain." *Science, Technology & Human Values* 15 (1990): 284-304.

Gökalp, I., L. Bagla, and S. E. Cozzens. "Introduction of Laser Techniques in Turbulence and Combustion Domains: A Case Study on the Impact of Instrumentation on Science." In *Invisible Connections: Instruments, Institutions and Science*, edited by Robert Bud, and Susan E. Cozzens, 180-198. Bellingham, Wash.: SPIE Optical Engineering Press, 1992.

◆レーダー

Radar

レーダーは，観測者から遠方の反射物体の距離（あるいは範囲）と方向とを測定するために電磁波（ラジオ波）を利用する装置である．レーダー（RADAR：radio detection and ranging）という略号は，1940年に米国海軍によって考案され，国防機密違反のおそれを気にせずに使用できることから，この種の装置の呼び名として広く用いられることになった．レーダーは，発信機，電磁波の方向指示機，アンテナ，離れた物体からのエコー波を受け取る適切な受信機から構成されている．対象までの距離は通常，送信機から対象物そして受信機までの電波の伝達時間を記録することで決定する．その方向は，エコーの出現が最大となるときのアンテナの最大感度の方向を記録することで決定する．送信機と受信機を同じ場所に設置するレーダーはモノスタティック（単一設置）といい，それぞれを別の場所に設置するレーダーはバイスタティッ

ク（二重設置）という．

　電磁波を金属物体に当てて反射させるという発想は，1892年にH.ヘルツ（Heinrich Hertz, 1857-1894）がマクスウェルの電磁波方程式を検証する古典的な研究の中で示している．しかし彼自身がこのアイデアを利用することはなかった．後にG.マルコーニ（Guglielmo Marconi, 1874-1937）が無線電信装置開発のパイオニアとなった．1903年には，C.ヒュルスメイヤー（Christian Hülsmeyer, 1881-1957）は，ドイツのケルンにあるライン川に架かるホーエンツォレルン橋上に無線送信機を置き，そばに受信機を設置した．その装置の位置を調整することによって，彼は送信機から受信機が直接受け取る信号と，下に流れる川の表面から反射して受け取る信号との2つの信号を，ちょうど打ち消し合うようにすることができた．橋の下に船が通過するとこの微妙な信号のバランスが崩れ，強い信号を受信することになり，受信機のコヒーラ（受信装置）がベルを鳴らすことになる．ヒュルスメイヤーはこの装置で霧や闇夜に船舶が通過することを探知できたが，このアイデアをドイツ海軍に売ることには失敗してしまった．H.ドミニク（Hans Dominik, 1872-1945）とR.シェレル（Richard Scherl）は，第一次世界大戦期にヒュルスメイヤーのアイデアを復活させたが，彼らもドイツ海軍の関心を引くことには失敗した．

　1922年，米国海軍のA.H.テイラー（Albert Hoyt Taylor, 1879-1961）とL.ヤング（Leo C. Young, 1891-?）らは，ポトマック川を横断させるように電波を送信し，川に浮かぶ船からの電波エコーを受信することで船を探知できた．研究の継続を勧められたので，彼らは1925年には垂直方向のレーダーで地球のイオン層を探知した（すなわち高さの測定を行った）．1934年までに，彼らは海軍艦船用のレーダーを開発し，1937年には主力戦艦4隻に航空機探知用レーダーが艤装された．

　1935年イギリスでは，R.ワトソン＝ワット（Robert Watson-Watt, 1892-1973）が，レーダーの原理を利用して，ダベントリーに設置されていた英国国営放送（BBC）の短波送信機を用い，前方近くに設置した装置で受信し，航空機を探知できた．この成功によってレーダーネットワークであるチェイン・ホームが建設され，第二次世界大戦中にはドイツからの空襲に対抗した早期警戒として広範囲にわたって利用された．ソ連ではチェルヌィショフ（A. A. Chernyshev）が，人間の眼が達する距離を越え，あるいは夜間でも航空機を探知できるようなレーダー技術の実験を，1934年から1938年あるいは1939年まで行った．この研究は評価されたようだが，その後の絶望的な時期に軍事的な優先順位は2番手となった．

　これらの初期の努力は，20MHzから数百MHzまでの比較的低い周波数を信号として利用した範囲に限られていたので，対象からの反射の空間的な解像度が必然的に乏しい結果となり，対象の映像が不十分で，時には空間上のシミや斑点程度に下げてしまう．これらはすべて送信機や受信増幅器として電子管を利用する無線通信工学に起因するもので，1939年，バーミンガム大学の科学者M.オリファント（Mark Oliphant, 1901-2000）に指導されていたH.ブート（Henry Albert Howard Boot, 1917-1983）とJ.ランダル（John Turton Randal, 1905-1984）が，マグネトロンとして知られていた古いタイプの真空管が複

空洞マグネトロンとして利用できることを発見し，センチメートル波領域の 3,000 MHz 以上の周波数で，強力な信号（各パルスごとに数 MW）を発生させた．このマグネトロンは，航空機設置（他の航空機の位置決定，射撃照準など），すべての艦船設置，戦場利用のための高解像度レーダーの急速な開発をもたらした．同時代に存在したクライストロン管は，カリフォルニアのヴァリアン兄弟（Russell H. Varian, 1899-1959 と Sigurd F. Varian, 1901-1961）によって開発されたもので，マグネトロンと信号の周波数範囲が一致でき，高い感度（当時の典型的なレーダーは 150 マイルを飛行している航空機の探知や位置決定ができた）を達成する可能性があったが，レーダー用受信機に利用するには出力が小さかった．最終的には，精密な大型陰極線管（CTR）が地図を表示するレーダーの開発を可能にし，目標物からのレーダーエコーを電子的に図示することで，オペレーターに目標物の位置を瞬時に判断させることができるようになった．

今日ではレーダーは目的に応じて数百 MHz から数十万 MHz の信号周波数が利用されている．軍事用レーダーは，接近する航空機や艦船，車両，人員，ミサイルを早期に警戒し，防御のために兵器の向きを決めるのに利用されている．航空輸送管制はレーダーを利用することで，航空機が定期的に運行される空域を効果的に決定し，すべてにわたる状況の集中的な表示や，空港輸送の詳細な一覧，表示，報告を準備するネットワークができている．警察は携帯用レーダー，車両搭載レーダーを利用し，スピード違反者を記録する．気象用レーダーは，雨のエコーを受け取ることで，台風や嵐の発生，動きを示す動画による地図

ワシントンにある米国海軍研究所（1939 年当時）．4 台のレーザー用試作アンテナが見える．

をつくっている．現在のレーダー解像度が目指しているのは，視覚能力の改良で，レーダー用の波長を mm（さらに小さく）に下げたり，例えば，より大きなアンテナ開口を擬似的にレーダー装置上でつくり出す．合成開口レーダー（SAR）は増大したアンテナ開口をもち，上空（例えば航空機に設置）を通過するレーダーアンテナを動かすことや，アンテナの動きによってエコー信号を集約したり修正することで，観測した反射対象物の空間上の解像度でそれに付随した画質の向上が伴う．

[**Edwin Lyon III**／河村　豊訳]

■文　献

Fisher, David E. *A Race on the Edge of Time*. New York：McGraw-Hill, 1988.

Page, Robert M. *The Origin of Radar*. Garden City, N. Y.：Anchor, 1962.

Rowe, A. P. *One Story of Radar*. Cambridge：Cambridge University Press, 1948.

Shembel', B. K. *The Origins of Radar in the USSR*. Moscow：Mir, 1977.

◆レーダー【画像用】

Imaging Radar

画像レーダーはマイクロ波放射を用いて高解像度の画像をつくることに利用される．単一周波数のレーダーでは白黒写真で写すのと類似の画像をつくり，複合周波数の画像レーダーではカラー写真と類似の像をつくる．最も一般的な画像レーダーは，約 400 MHz（波長で 75 cm）から約 15 GHz（波長で 2 cm）の周波数で稼働している．画像レーダーのセンサーでは偏向したマイクロ波放射を利用しているので，異種の偏向特性をもつ画像をつくることができる．偏向画像レーダーによって表面特性を地図にあらわす際にある程度の自由さがつけ加わった．

画像レーダーは，レーダー本体が照射する信号を発生させ，地表からの反射信号を測定する．太陽光に依存しないので，晴天や夜間にかかわらず常に運用することができる．また，相対的に長い波長をレーダーに利用すれば，信号は霧や雲，降雨にもほとんど影響されず，あらゆる気象条件やすべての時間帯で地表の画像を撮ることができる．

これらの画像レーダーは，植物で覆われたり，乾いた砂や堆積物，雪に厚く覆われていても，波長の長いマイクロ波を物質が吸収するという特性があるために，それらの下の対象物や状態でも画像化することができる．

概念とタイプ

画像レーダーは移動するプラットフォーム（通常は航空機あるいは宇宙船）に取り付けられている．このレーダーは一連のマイクロ波パルスを地表に送って調査をする．エコーは地表形態や電気的特性に影響され反射して戻り，アンテナで受信しセンサーで探知する．プラットフォームは動いているので，皮を剝くように地表の画像が写しとられる．

画像の解像度は，飛行軌道に並行する幅の解像度と飛行軌道に沿った方位角の解像度によって決定される．幅の解像度は地表への送信パルスの瞬間ごとの送信範囲に対応している．より優れた（小さい）幅の解像度は，送信パルスを短くすることによって達成できる．現代のシステムでは数 m の解像度を容易に達成している．

本来の開口画像レーダーでは，方位角の解像度は地表へのアンテナの送信範囲に対応する．この送信範囲は直接には，使用する波長およびセンサーと地表との距離に正比例し，飛行軌道に沿ったアンテナの大きさに反比例する．低空を飛行する航空機のセンサーの場合，地表までの距離が十分に短く，方位角の解像度は数 m から数十 m となるのが一般的である．しかし，高々度航空機または衛星の場合には，方位角でそのような高い解像度を達成するには，さらに進歩したデータ処理技術でなければ到達できない．それに用いられるのが合成開口画像レーダーである．

合成開口レーダーでは，プラットフォームの動きに合わせてエコーをコヒーレントで連続的に結合し，仮想的に長い方位角の開口（大きなアンテナ）をつくり出す．このやり方は，基本的には電波天文学用のアンテナを精度の高い電波ビームを得るように配列することに似ている．エコーを連続的に結合させることによって，何 km もの大きな仮想的な開口を合成でき，衛星の軌道高度からでも地表に対する方位角の解像

度を数 m にすることができる.

パルス送信範囲にある地表面要素から生じた各エコーの合成は,飛行コースに直交する面の位置に依存したドップラー偏移をそれぞれもつことになる.この平面(あるいは地表面上の線)から要素が遠ざかると,ドップラー偏移はさらに強くあらわれる.この偏移は進行方向の要素前方で正となり,要素後方で負となる.したがって,それぞれのドップラー解像度をもってエコーを連続的に捕捉し,区切りを観測することができれば,非常に高い解像度を得ることができるようになる.

歴史と現代のシステム

航空機搭載の画像レーダーは 1950 年代初期に本来の開口で,また 1950 年代後半には合成開口で開発された.改良された近年の合成開口レーダーでは,通常は偵察映像を得たり,1 マスが数 m の超高解像度で広域を地図にするなど,軍用および民生用の航空機で利用された.

最初の衛星搭載用画像レーダーは,1978 年に米国シーサット衛星に搭載されて飛行した.1980 年代と 1990 年代には,アメリカのシャトル画像レーダー(SIR)シリーズ,ロシア・アルマスシリーズ,ヨーロッパの ERS-1,ERS-2,日本の JER-1,カナダのレーダーサットを含む一連の地球軌道計画で,このレーダーが飛行している.1994 年には,最初のマルチスペクトラル(3 つの周波数)マルチ偏向の衛星搭載レーダーがアメリカ,ドイツ,イタリアのチームによってスペースシャトル,エンデバー号で飛行した.このレーダーはカラー画像レーダーという新しい領域を切り開いた.

画像レーダーは特に金星のような惑星表面の画像を撮るためにも飛行している.

1983～1984 年には,ロシアの軌道画像レーダーが雲で覆われた金星の地表面をおよそ 1 km の解像度で画像に撮ることに成功した.1990～1991 年にはマゼラン計画のもと,アメリカの画像レーダーが金星の全表面を約 100 m の解像度で地図にした.

1990 年代半ばには,新たに画像レーダー干渉計の概念が示された.それは,2 つのアンテナで干渉させて地表面の画像を得るもので,3 次元で表面形状を測定することができる.これは画像と同時に地形情報も得ることができ,画像を遠近法であらわすことができる.2 つに区分された時間で画像を写すことによって,これらのコヒーレント・センサーは波長の大きさ,すなわち数 cm で,地表面の変化を測定できる.このレーダーは,地震発生前後での広い領域を画像とすることや,地図から地表の移動を取り出すという用途があろう.

応 用

画像レーダーは,一般的には地質学分析のために広範囲の地図をつくることに利用できる.地表面の形態は画像によって簡単に視覚化され,地表面や地表面の下の構造を推測することに利用できる.マルチスペクトラル画像レーダーは,特に地表を覆っているものに関する定量的な情報,森林の植物体の種類や雪がもつ水の容量を引き出すことにも利用される.このレーダーの透視力によって,砂や堆積物の薄い層で覆われた構造や形態を地図にすることもできる.氷で覆われた極点を地図にしたり,開かれた航路を地図にして海上の船舶に画像を伝送することによって極点海域の誘導を援助することにも利用できる.海上の波,渦巻き,流れの境界,海洋表面の波の凹凸に影響を与えるさまざまな現象を地図にすることで,海洋表面現象の研究にも利用さ

1994年にスペースシャトル・エンデバー号に搭載された衛星搭載用画像レーダーであるC/Xバンド合成開口レーダーによって撮影されたデータからつくられた，西中国のカラカサ渓谷の3次元遠近図．ジェット推進研究所，カリフォルニア工科大学提供．

れる．画像レーダー干渉計は，デジタル化された地形図をつくったり，地震や氷河流，土石流がもたらした微細な地表面の移動を地図にすることができる．

[Charles Elachi／河村　豊訳]

■文　献

Elachi, Charles. "Radar Images of the Earth from Space." *Scientific American* 247（December 1982）：46-53.

Elachi, Charles. *Spaceborne Radar Remote Sensing*：*Applications and Techniques*. New York：IEEE, 1988.

Harger, R. O. *Synthetic Aperture Radar Systems*：*Theory and Design*. New York：Academic, 1970.

Stimson, George W. *Introduction to Airborne Radar*. El Segundo, Calif.：Hughes Aircraft Co., 1983.

Ulaby, Fawwaz T., Richard K. Moore, and Adrian K. Fung. *Microwave Remote Sensing*：*Active and Passive*. Vols. 1, 2, Reading, Mass.：Addison-Wesley, 1981, 1982；Vol. 3, Norwood, Mass.：Artech, 1985.

◆レベルゲージ
➡ ゲージ【レベル】

ろ

◆炉

Furnace

　熱源は化学実験室での作業に必要不可欠である．もちろん炉は，あらゆる実験において使用され，熱源のためだけに使われるわけではない．初期の実験室では特に実験のために建物に組み込まれ備えつけられたのだが，その形態が特定の目的用に発達することはなかった．それから後，おそらく17世紀頃になって，化学炉が特に熱源用に設計されるようになった．

　18世紀以前の化学実験室の内部の配置について書かれたものは，現在ほとんどない．原型のままで残っている炉は全くなく，手が加えられた型のものもほとんど残っていない．考古学的研究でも中世に実験室で使われた装置がわずかに見つかっただけで，中世の実験室の解明はほとんどなされていない．

　ドイツのアルトドルフ大学で1682年につくられた実験室の図案には，備えつけの炉の図が記されている．それらは全く融通がきかず，出す熱量はゆっくりとして調節できず，適当な加熱をするために容器を適切な位置まで動かさねばならなかった．以下，17世紀以降の文献には持ち運び可能な炉の図が示されている．これらは鉄製でさまざまな炉用の内貼りがなされているのだが，それらの使用も大変難しい．ドイツ人錬金術学者J. J. ベッヒャー（Johann Joachim Becher, 1635-1682）はこの種の炉の構造を，死後の1689年に出版された著作『トリプス・ヘルメティクス・ファティディクス（*Tripus Hermeticus Fatidicus*）』の中で説明している．これらはいくつかの部品から構成されていて炉本体に付属品を取り付けたり，また不要な部品を取りはずしたりすることができた．つまり，炉は，融解・灰吹法・煆焼・反射・接合・消化・蒸留・昇華などの特殊な用途にも応用された．

　1750年代にスコットランド人化学者J. ブラック（Joseph Black, 1728-1799）による炉の大きな改良を，彼の弟子の1人A. C. ルース（August Christian Reuss）が1782年に発表した．この炉は，持ち運びが可能な鉄製の炉で，側面には穴があり栓を使って開け閉めができた．そのため，気流つまり温度を調節することができた．J. プリーストリー（Joseph Priestley, 1733-1804）は1791年（この年，彼の実験室は暴徒によって壊されてしまった）に，この型の炉に3ポンド13シリング6ペンス［1ポンド=20シリング，1シリング=12ペンス］の値をつけ，1866年にはグリフィン社が4ポンド10シリング（大型の楕円形の型には6ポンド6シリング）の値で販売していた．その炉は20世紀初頭においても取引カタログで広告されていた．以上

に述べたすべての炉には固形燃料が使用されていた．1780年にA. アルガン (Ami Argand, 1755-1803) が能率的な石油燃焼システムを開発して，石油ランプ(または「ランプ炉」)が実験室に導入されることになった．それは空気が円筒形の芯の両側から入るようにしたものである．1804年には2つの同心状の芯をもつ特に効率のよい型が，広告されている．

さらに高温を得るためには，燃焼レンズまたは燃焼鏡を利用して，太陽光からの熱を集中させた．チルンハウゼン伯爵(Walter Ehrenfried von Tschirnhausen, 1651-1708)のために巨大二重レンズがつくられ，それは1702年から1709年までフランス王立科学アカデミーで使われた．1772年にはA.-L. ラヴォワジエ (Antoine-Laurent Lavoisier, 1743-1794) らがそのレンズを使い，ダイヤモンドが空気中で燃えることを示した．

1820年頃から石炭ガスが市内で供給されるようになり，実験室の照明や温熱に利用された．M. ファラデー (Michael Faraday, 1791-1867) は，1827年にガスバーナーについて記述した．下部に通風口があり，内部には燃焼時に石炭ガスと空気を混ぜ，高熱の炎をつくり出すガスの火口があった．1857年にR. ブンゼン (Robert Bunsen, 1811-1899) とH. ロスコー (Henry Roscoe, 1833-1915) が考え出した「ブンゼンバーナー」はさらによく知られており，ハイデルベルグ大学の実験技術者P. デザガ (Peter Desaga) が製品化した．さらに発展し，工場主J. J. グリフィン (John Joseph Griffin) はガス筒の底の環管の穴を通して空気を取り込み，ガスと混合させる仕組みのバーナーを考え出した．空気の量を調節することによって炎の温度を変え

ジョセフ・ブラックの持ち運び可能な化学炉を復元したもの．SM 1977-529．SSPL提供．

ることができた．これは実験室の熱源を根本的に変え，20世紀末の[今日でも]広く使われている．しかし，単にバーナーのデザインが変わっただけではない．(イギリス北部の) フレッシャー・テッセル・ワーリントン商会は，1860年から各種のガス炉・吹管・湯沸し器・オーブンを開発し，それらは世界中の実験室で広く利用されるようになった．

電力が容易に利用できるようになると，電熱装置が導入された．これらは微弱な熱や一定量の熱が必要なときに特に有効で，しばしば乾燥用オーブンや殺菌用オーブン，蒸発浴といった用途に使われた．最初は一定の温度を保つことは容易ではなかった．熱線が酸化されやすく，自動温度調節装置は当てにできなかった．1908年にシカゴの大学のフレアス (T. B. Freas) が2種類の金属を貼り合わせた(バイメタルの)温度調節器を発明し，後者の問題が解決され，前者の問題は二重壁中に加熱素子を封入することで解消された．1924年には電熱

制御装置社のウェーバー（V. Weber）がアメリカ，ニュージャージー州ニューアークでオーブンと水浴専門の会社を始めた．後に，電気温熱マントルと絶縁用テープが開発され，20世紀後期の［現在の］実験室でも使われている．

[Robert G. W. Anderson／
田中陽子・梶　雅範 訳]

■文　献

Anderson, R. G. W. "Joseph Black and His Chemical Furnace." In *Making Instruments Count*, edited by R. G. W. Anderson, J. A. Bennett, and W. F. Ryan, 118-126. Aldershot：Variorum, 1993.

Child, Ernest. *The Tools of the Chemist*. New York：Reinhold, 1940.

Kohn, Moritz. "Remarks on the History of Laboratory Burners." *Journal of Chemical Education* 17 (1950)：514-516.

◆ロヴィボンドの比較測定器
➡ 比較測定器【ロヴィボンド式】

◆六　分　儀

Sextant

セクスタント（sextant）という語は60°の大きさの弧を指すので，ティコ・ブラーエ（Tycho Brahe, 1546-1601），J. ヘヴェリウス（Johannes Hevelius, 1611-1687），J. フラムスティード（John Flamsteed, 1646-1719）によって使用されたいくつかの大きな天文観測器具はセクスタント，すなわち六分儀として知られていた．しかしより一般的には，遠くの目標物間の角度を測定するための，持ち運び可能な測定器具を指し，八分儀やリフレクティング・サークルにも用いられている反射の原理に従って働く．六分儀は航海術のために設計されたのであるが，それ以外に天文学や，測量術や，水路学にも利用されていた．六分儀には120°まで測定することができる60°の弧がついており，八分儀のように，インデックスミラーと，半面だけ鏡面処理のされたホライズングラスなどがついている．ほとんどすべてのものに望遠鏡式の照準がついており，またほとんどの六分儀のフレームは金属でできている．

六分儀は八分儀に似ているが，実際には六分儀はリフレクティング・サークルから進化したものである．まずT. マイアー（Tobias Mayer, 1723-1762）が考えたリフレクティング・サークルの設計が，イギリスの経度委員会に提出され，1750年代の終わりにJ. キャンベル船長がJ. バード（John Bird, 1709-1776）の作製したものを用いてテストした．キャンベルは，そのアイデアに引きつけられたが，これが真円のままでは必要以上に扱いにくいということに気づいた．そこで彼は，経度測定に必要な月距離の測定に適当であると彼が考えた60°の弧のデザインを採り入れるようにバードに依頼した．

初期の六分儀は大きく重いものであり，使用中に器具が動かないよう，ベルトで支えられた支柱が必要だったが，目盛りの動きを機械的に動かすディバイディング・エンジンの発展によって，小型のものでも同程度の観測程度を得ることが可能になった．またクランプと正接スクリューは副尺目盛りの最終調整のために標準的に装備されるようになった．

18世紀末から19世紀の初頭にかけて

は,頑丈かつ軽量なフレーム設計のために,さまざまな取組みがなされた.J. ラムスデン(Jesse Ramsden, 1735-1800)は,アームと目盛環の間に真鍮棒で格子を組んだタイプのものや,上半分の真鍮フレームが強度を保ったまま光学機器を保護するブリッジタイプの六分儀を考案した.またE. トルートン(Edward Troughton, 1753-1836)はダブルフレームのデザインを取り入れ,そのデザインは真鍮のプレート上の2本の薄いT字型のフレームが,旋削された真鍮のピラーによって結合されたものであった.このデザインのものは19世紀を通じて,より値段の高いモデルの1つであった.

たくさんの格子型のデザインが19世紀に登場し,その中でも人気のあったものは,中心部分に三重の真鍮円が入ったものであった.この頃までに,フレームにはラッカーがけのものよりも酸化させた真鍮のほうが使われるようになり,はめ込み式の銀の目盛りが目盛環に使われるようになった.一般に目盛環は10分角で刻まれていて副尺で10秒角まで読み取れるようになっていた.フレームにはインデックスミラーとホライズンガラス用の減光フィルターがそれぞれ備えられ,また数種類のネジつけ式フィルターがつけられる望遠鏡照準が備えつけられた.また照準はしばしばレンズのないチューブだけの場合もあった.また20世紀になって,副尺がマイクロメータースクリューの目盛りつきドラムヘッドに変わった頃には,フレームの材料にアルミニウムだけでなく,より軽量な合金を導入しようとする試みもあった.

六分儀は簡易的な天文台や遠征などのときには,天体観測器具として用いられることもあったが,地上での高度測定には人工地平を用いる必要があった.人工地平とは,

トルートンの二重フレーム式六分儀(1790年頃).ケンブリッジのウィップル科学史博物館提供.

水銀の入った桶や水平に置いた鏡などの平らで反射能のある面のことで,観測者が目標物とその人工地平に映る反射像との間の角度を測定すると,その半分が求める高度になる,という仕組みであった.

方位角測定用の測量用六分儀には,太陽を観測しなくてもよいので,減光フィルターはついていなかった.特別な測量用六分儀に,測深六分儀があり,これは沖合での水路測量で水深を測定するとき,船のいる地点を確認するのに用いられた.この場合,海岸の目印を同定するのに役立つよう,より広い範囲を観測できる望遠鏡が備えつけられ,同じく減光用フィルターの必要はなかった.[Jim A. Bennett／平岡隆二 訳]

■文 献

Bennett, J. A. *The Divided Circle*：*A History of Instruments for Astronomy, Navigation and Surveying.* Oxford：Phaidon, 1987.

Cotter, C. H. *A History of the Navigator's Sextant.* Glasgow：Brown, 1983.

◆六分儀【航空機用】

Aircraft Sextant

航空機の航行に用いられる六分儀と船舶上で用いられる六分儀には，2つの大きな差がある．海上にしろ空中にしろ，位置を見出す決定的な測定は，真の地平線と天体への視線との間の角度である．船の甲板上からは，自然な水平線は真の水平線よりも少し下に見えるので，小さな補正がなされる．高空を飛行する航空機からは，真の地平線から自然の地平線への角度はかなり大きくなりうるし，航空機が雲上を飛行する際には地平線は全く見えなくなる．そのため六分儀を人工水平儀に固定させ，真の水平線を座標とさせる．19世紀末期の気球家たちは，観測線が水平であるかどうかを示す液体水準器を備えた海上用六分儀を使用した．

振り子とジャイロスコープに基づく人工水平儀は，海上航行にも普及し，20世紀初頭に航空機用六分儀に盛んに試みられたが，方向が航空機の加速とともに変化してしまうという大きな欠点があった．アメリカの陸軍航空隊で最初に指定された六分儀A-1は，1922年に開発されたジャイロ六分儀である．スペリー・ジャイロスコープ社の候補は，1933年に登場した．パイオニア・インスツルメント社による電気駆動式ジャイロ八分儀は1939年に試みられた．1950年代に開発された慣性誘導システムは，すぐに航空機の航行に六分儀を不要にしたが，その核心部にあるジャイロスコープが加速に反応するという事実があった．

航空機用六分儀の第二の特徴は，高速で運動する航空機の内部は窮屈で，観測が困難なことと関係する．それに対処する方法は，短時間になされるいくつかの観測値の平均をとることである．初期の航空機の航行士たちはこれを手作業で行ったが，1930年代半ば以降のすべての航空機用六分儀は，実質的に各観測をいちいち記録することなく，いくつかの観測を機械的に平均化する仕組みになっている．

初期の平均化には航行士が六分儀を天体に対して2分間固定して保持することが必要であった．改良によって照準が適切に合ったならば，いつでも観測者が記録できるようになった．最も精巧な装置はプラス・ソールド六分儀に初めて装着され，40秒，120秒，200秒のうちあらかじめ設定された時間にわたって観測値を連続的に積分するものであった．

最初期の航行士は六分儀を操縦席から外に出し，猛烈な風で六分儀を手から落としそうになってしまうことについて不満があった．この問題に対しては，英海軍のT. Y. ベイカー（Thomas Yeomans Baker）が1919年に潜望鏡式の六分儀を発明した．これは指標鏡と2つの特殊な水平鏡からなり，水平鏡の1つは天体の直下にある水平線を観測するもので，もう1つは同時に観測者の背後の水平線を観測するものである．

米海軍のR. E. バード（Richard Evelyn Byrd, 1888-1957）は，1919年5月の海軍の歴史的な大西洋横断飛行で航行士の使った六分儀を設計した．バード六分儀は左手にもち，自由な右手で六分儀を降ろすことなく観測記録をつけるようになっている．またこの六分儀は，アルコール水準器によ

る人工水平儀を備えていたが，それは水平鏡の下に鏡をおき照準線の中の泡の像を反射させる仕掛けになっていた．

1919年にポルトガル海軍のG. クティーニョ（Gago Coutinho）提督は，通常の六分儀に装着されたアルコール水準器による人工水平儀を記しており，その装置を精密アストロラーブと呼んでいる．彼は後に六分儀を垂直に保つための第二のアルコール水準器を追加した．クティーニョは，彼のアイデアに対して特許をとらなかったので，その設計はロンドンのヒューズ社とハンブルクのC. プラト社によって利用され，長年にわたって製造された．

航空機用六分儀の設計上の大きな進歩は，1919年のL. B. ブース（Lionel Burton Booth）とファーンボロの王立航空研究所所長W. S. スミス（William Sydney Smith）による新しい形態の泡型人工水平儀の発明であった．それは半球ドームをもつ箱内の液体に泡が浮かぶもので，箱が垂直になると泡がドームの中央にくることで，垂直の座標軸を指し示す．泡はもともと照準線に置かれたが，箱内の液体がかすかな星を隠してしまいがちであった．1925年にハーバード大学のR. W. ウィルソン（Robert Wheeler Wilson）によって特許取得された改良型デザインは，泡箱を照準線の外に置き，鏡によって像を照準線に投影させた．

泡型人工水平儀は，1919年のR. A. E. マークI六分儀に登場した．1920年のMK IIは泡の大きさを調節する装置がついていた．1925年のMK Vと1926年のMK VIには他の改良が施された．このときには，六分儀の枠は泡箱と単純な平均化装置を収納するために完全に再設計されていた．夜間の観測に泡を照らす小さな電気照明をつけるのがすぐに標準になった．

ドイツのプラト・ソールド泡型六分儀は第二次世界大戦中にドイツ空軍によって広範に利用されたが，それは1935年のイギリスのMK VIIIに類似のものである．英国空軍のMK IXはエベレスト（P. F. Everest）によって設計されたもので，第二次世界大戦の初期から1960年代に至るまで連合国の空軍機によって広く使われた．これらは1分間ないし2分間に60の照準観測を平均化することができた．

アメリカでは初期の航空計器の開発は国立標準局[NBS, 現・国立標準技術研究所：NIST]の手によってなされた．彼らが最初に開発に成功した計器はBUSTD MODAであり，それは1925年にバイジ（I. Beige）によって設計され，ボシュロム社によって製造された．改良も続いてなされていった．BUSTD型の装置は，イギリスのヒューズ型の六分儀にも見られる，同じ反射率のガラス板の光学系を使っている．

ヒューズ社はイギリスとカナダの空軍のほとんどの六分儀を製造した．ドイツではプラト社，日本では玉屋商店が供給していたが，アメリカでは，パイオニア社（そのV. E. カルボナーラ（Victor E. Carbonara）が1931年にプリズムを使った小型の泡型六分儀の特許をとった），ボシュロム社，リンク・エービエーション社，フェアチャイルド社，アフガ・アンスコ社などの多くの製造企業が戦時下で生産にあたった．

航空機の機内に圧力がかけられるようになると，航空士は操縦席から外に乗り出して星を観測することはできなくなった．窓を通しての照準は，星の視度が著しく落ちるので，好ましくなかった．航空機の上に，遮るもののない360度の天空の視界を与え，透明な半球形の直径45 cmから60 cmの観測ドームが取り付けられた．航空機が

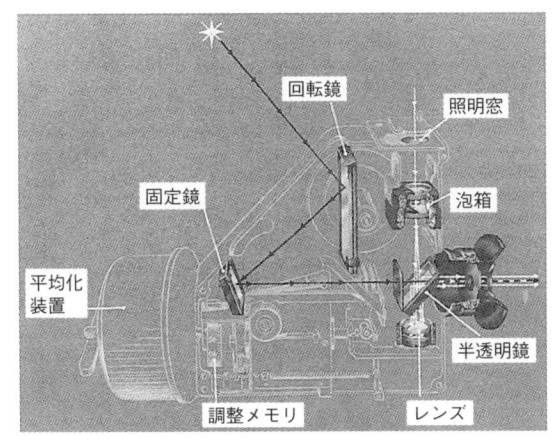

泡型六分儀の概念図．SSPL 提供．

速くなるにつれて，観測ドームは大きな空気抵抗を引き起こすことになった．航空機の表面からわずかに4インチ（約10 cm）から5インチほど上に突き出た潜望鏡型六分儀によってこの問題は解消した．

ちょうど慣性誘導システムの登場によって手でもつ航空機航行用の六分儀が消えていったように，GPS（全地球位置把握システム）の利用によって慣性システムが置き換えられるようになっていった．

[Peter Ifland, Jeremy P. Collins／橋本毅彦 訳]

■文 献

Beij, Karl Hilding. *Astronomical Methods in Air Navigation*. Washington, D. C.: Government Printing Office, 1925.

Booth, Lionel Barton. "The Aerial Sextants Designed by the Royal Aircraft Establishment." In *Proceedings of the Optical Convention 1926*. Vol. 2, 720–728. London: Optical Convention, 1926.

Hughes, Arthur J. *History of Navigation*. London: Allen and Unwin, 1946.

Rogers, Francis M. *Precision Astrolabe*. Lisbon: Academia Internacional da Cultura Portuguesa, 1971.

Weems, P. V. H. *Air Navigation*. New York: McGraw-Hill, 1931.

◆露 出 計

Exposure Meter

露出計（通俗には光度計と呼ばれるが，的確ではない）は写真撮影の用途で光の強度を測定する．得られた測定値は計算表に当てはめられるか，写真機の露出の設定として直接表示される．

露出時間は写真撮影において常に重要な要素である．初期の写真撮影は長い露出時間を必要とし，それぞれに準備された感光体は異なる反応を示した．撮影者は通常，許容しうる結果を得るために，経験に基づいた試行錯誤によって露出時間を算出していた．1880年代になって，大量生産による写真乾板が広範に導入され，一定した予測可能な反応と露出時間を1秒の何分の1かにすることが可能となり，この状況は変化した．感光体の性質についての最初の科学

的研究は，F. ハーター（Ferdinand Hurter）とV. ドリフィールド（Vero Charles Driffield）によってこの時代になされた．彼らは，一群の乾板に対して，信頼できる露出時間を計算する基礎となる感度を割り当てる方法を確立した．露出計は，いまや役に立つ道具と化した．ほとんどの露出計は1880年代以降に製造されている．

露出計は，光量計（アクチノメーター），消像式光学露出計，比較光度計，光電露出計の4種類に分類できる．光量計（時には濃淡計とも呼ばれる）は小さな印画紙片を使用し，それが標準濃度まで黒くなるのにかかる時間を計測する．たいていの場合，光量計には円筒や円盤形の印画紙が組み込まれている．新しい印画紙の一片が標準濃度の隣に置かれ，写真の被写体に当たる光で感光させられる．2つの濃度が等しくなると，それにかかった時間が露出時間を表を使って算出するのに用いられる．この考えが変化したものとしては，しだいに濃度の上昇していく窓のついた光学くさびの下で印画紙を一定時間感光させるものもある．

光量計の原理は，早くも1840年にW. H. F. トールボット（William Henry Fox Talbot, 1800-1877）によってネガを焼き付けるために必要な時間を算出する方法として提唱された．特に，画像の形成が直接は調べられないカーボン印画紙や白金タイプの焼付けのために，焼付け計として知られるいくつかの器具がその後数年の間に考案された．即乾性の感光乳剤が導入され，露出計の必要性が確立し，愛好家の写真ブームを助長させるとともに，高価でない実用的な光量計が数多く1880～90年代に発売された．とても評判のよい露出計のいくつかは，イングランドにあるヘレフォードという町のA. ワトキンス（Alfred Watkins）による1890年1月27日づけの特許に基づいている．ワトキンスの特許は管状の濃淡計と算出表の組合せからなっており，初期のいくつかのワトキンスの光量計は30年以上にわたってよく売れた．ワトキンスの最も成功した露出計は1902年の特許に基づいた時計型のものであった．「ビー露出計」と名づけられ1932年までに，改良型を含めて非常に多くの数が販売された．

光量計は今世紀の初頭までとても人気があったものの，第一次世界大戦後しだいに支持を失っていった．他の方法と比較して動作が遅いこと，全整色の感光体に適してないこと，人工光で使用できないこと，などが理由である．

消像式光学露出計は，肉眼が光度をじかに計測するのを補助するように設計されている．通常は，数字のつけられた目盛りに対応したさまざまな濃度のフィルターである「光学くさび」のついた管か円盤からなっており，それを通して撮影者が被写体を見るようになっている．光学くさびは，被写体の適当な部分がちょうど見えなくなるように調整される．これにより，その部分の明るさを計測することが可能になり，露出を算出するのに使用される．

広く用いられた最初の消像式光学露出計は，1887年にデクーディン（J. Decoudin）によって特許がとられている．これは円盤形の計測器で，写真機のフォーカシングスクリーンのすりガラス上の任意の部分の明るさを計測した．初期の管状の露出計は1889年のタイラース・ピッカード露出計であり，同形式の露出計の多くと同様に，望遠鏡のようにして目につけて使用された．管状や円盤形の単純で安価な消像式光学露出計は1920～30年代にかけて広く販

売された．消像式光学露出計はわずかな光でよく機能したのである．1950年代まで大量に生産されたが，カラー写真に対しての弱みが明らかになり，より正確な露出計の価格が劇的に低下することにより姿を消した．

消像式光学露出計を使用して起こる誤りの原因の多くは，使用者の目や水晶体の調節機能が異なるためであった．そのような誤りは，計測する光と標準光源とを比較することによって解消することが可能であった．よく吟味された実験室用の測光器は，イギリスの H. テイラー（Harold Dennis Taylor）によって写真撮影用に改作され，テイラーは1885年に特許を取得した．テイラーの露出計は，管に収容された蠟燭を標準光源として使用した．当時の手引書には「手の込んだ道具だが，非常に正確に動作する」と表現されている．光を発する物質を標準光源として使用する比較光度計が1880年代から1930年頃にかけて売り出されたが人気は出なかった．電気的な光源を使用する比較光度計が1920年代と30年代に写真市場に売り出され，こちらはもう少し人気があった．改良型が第二次世界大戦後に導入された．1947年にイギリスで販売された「S. E. 1」のように，後期に販売されたスポット型の露出計のいくつかは非常に正確であったものの，常にわずかしか売れなかった．他の方式の露出計と同様に，比較光度計も1950年代に，安価で信頼できる光電露出計が普及したことにより写真市場の座を譲ることとなる．

光電露出計は，セレニウム元素が当たる光の量によって変化する電気伝導率をもつという1870年代の発見によって可能となった．この特性を利用した露出計は1880年代に考案されていたものの，初めて広く販売された光電露出計は1931年に売り出された「アメリカン・ラミスチン・エレクトロフォト」であり，これは3Vの電池につながれたセレン素子とメーターを内蔵していた．1年後，ニュージャージー州ニューアークのウェストン社がセレン素子からの出力のみを利用した最初の市販された光電露出計である，「ユニバーサル617メーター」を製造した．続く数年の間に，多くの光電露出計が欧米で販売されたのである．写真および映画撮影用にさまざまな設計の露出計が生産された．2つの主要な方式の光電露出計が考案された．反射光計は撮影される被写体に向けられ，被写体から反射する光量を表示する．入射光計は光源に向けられ，被写体にあたる光量を表示する．後者の種類は，光電素子を拡散板で覆うことを提案したスメサースト（P. G. Smethurst）による1936年の英国特許を使用している．これは1937年に「アヴォ・スメサースト・ハイライト露出計」として売り出された．

1938年，イーストマン・コダック社は露出調整用に光電素子を組み込んだ最初の写真機を販売した．第二次世界大戦後の数年間に，新たな生産技術によって，光電露出計の価格が他のすべての方式の露出計を市場から追い出すまでに引き下げられた．1950年代の終わりには，当たる光の量によって抵抗値の変化する硫化カドミウム素子がセレニウム素子に取って代わり始める．電池を必要とするものの，セレニウム素子よりも小型で，感度がよかった．写真機に光電露出計を組み込むという考えもこの時期に発達し，現在では完全に自動の写真機もありふれたものとなった．

単独で用いる露出計は，現在では主にプロの写真家や映画のカメラマンによって特

オートマティックコイルワインダー電子機器社製「アヴォースメサースト・ハイライト露出計」(1937年). SM 197. SSPL 提供.

別な状況のもとで使用されている．光電露出計を改良し，ルクス単位で計測する形式のものは，室内装飾家や店舗設計者，管理人，そして博物館や美術館の学芸員が絵画や歴史的な工芸品，傷つきやすい繊維などの展示されている部分の光量を測定するのに使用されている．

[John Ward／土淵庄太郎 訳]

■文　献

Coe, Brian. *Cameras*：*From Daguerreotypes to Instant Pictures*. London：Marshall Cavendish, 1978 ［高島鎮雄訳：Cameras：From daguerreotypes to instant pictures.. 朝日ソノラマ, 1980 年］.

Hurter, Ferdinand, and Vero C. Driffield. *The Photographic Reseaches of Ferdinand Hurter and Vero C. Driffield*. Edited by W. B. Ferguson. London：Royal Photographic Society, 1920.

Stroebel, Leslie, and Richard Zakia, eds. *The Focal Encyclopedia of Photography*. Rev. ed. London：Focal, 1965.

Thomas, D. B. *The Science Museum Photography Collection*. London：Her Majesty's Stationery Office, 1969.

◆ロックイン検波器/増幅器

Lock-in Detection/Amplifier

「ロックイン」検波とは，ロックイン増幅器を用いた信号処理技術のことである．その際，他の方法では識別できない観察対象や，実験装置の応答をまわりの雑音から際立たせるために，ある一定の周波数で信号源と信号がないときのその信号源とを交互に参照する．この交替が可聴低周波数域であるなら，望まれている信号に対する同期参照電圧によって固定された倍率器/整流器によって雑音を減らすことができる．さらに同期参照信号と倍率器の組合せは，低域フィルターとともに，狭帯域ろ波システムとして機能し，雑音の大部分を取り除いて，求めている信号をもたらす．

信号と参照電圧との間の同期に基づいた最初の検波装置となったものは，コセンス（C. R. Cosens）によって考案され，1932～1934年にケンブリッジ科学機器会社によって製造された．これは交流ブリッジのための平衡検波器であり，平衡のインピーダンスに適用された交流周波数にのみ反応する．1930年代後半に，地球物理学や天体物理学の実験者たちが，ひどい背景雑音から弱い信号を観測するための装置の中に，ロックイン検波の原理を組み入れた．例えば日光の中の太陽のコロナを観測したり，上層大気まで散乱したサーチライト光からの光を測定するためである．ロックイン増幅器を周波数と位相に鋭敏な検波器として改良したのは特に，W. C. マイケルズ（Walter C. Michels）とブリンマー大学の女子学生であった．

物理実験の一般的な基準は，これまでに

は設定されたことはなかったが，今後，雑音による限界について体系的に考える必要があるという点で，第二次世界大戦は分岐点となった．物理学者の間で，測定の過程と状態についてのこうした新しい改良の主な原因となったのは，レーダー受信機の雑音の多い出力の中から，真の標的のかすかな反射をうまく見分けるためにはどのようにすればよいか，という問題に取り組んでいたことであった．この共通の目標に取り組んでいた軍事研究の中で，戦後の物理学者たちによる雑音抑制の実験装置の設計に最も影響を与えたのは，［レーダー開発に従事した］マサチューセッツ工科大学放射線研究所のR. H. ディッケ（Robert H Dicke）が設計したマイクロ波放射計であった．この電波温度計（テレピロメーター）がロックイン検波を用いて測定するのは，ホーンアンテナが向けられた信号源の雑音温度とアンテナ自身の雑音温度（300 K）との差であり，そしてさらにこうした測定をするために，受信機のかなり高い白色雑音温度と，その装置の動作変数の遅いランダム変動（「1/fノイズ」）とによる，装置出力への影響を減らした．

その装置の作動原理は次のとおりであった．同期モーターが回転させるディスクは，アンテナと受信機の間の導波管へと適切に合わせられ，部分的に組み込まれている．そうすることで受信機はディスクの30 Hz周期の半分の間は信号源を「見て」，残りの半分の間は300 Kの信号のない雑音源として役立つディスクを見ることになる．放射計，すなわちマイクロ波雑音計として機能するために，その受信機は広い周波数を受信しなければならず，このスペクトルの中で受信された雑音電流が求められていた信号であった．しかしながら検波過程の次の段階で，装置雑音を大いに減らしながらこの信号を維持するために，広帯域受信機の出力の後に，30 Hz周辺の狭帯域の交流周波数のみを受信する増幅器が接続された．この帯域ろ波増幅器の出力はミキサーに供給され，そこで300 K雑音でディスクを回転させるものと同一の同期モーターが駆動する発電機からの30 Hzの同期参照信号が倍加される．その結果，参照信号と同期の検波装置を通ってきたすべての信号成分が直流出力を生み出し，非同期（すなわち装置雑音）成分は，30 Hzの調波であらわれる．こうして低域ろ波器を通して得られた出力を用いることによって，求めている量，すなわち，信号源の雑音温度とアンテナ雑音温度との差を直流で測ることができ，さらにその測定は1/30秒以上のタイムスケールで生じる装置の動作変数内の揺れの影響を受けない．

ディッケのマイクロ波放射計を典型例として，ロックイン検波は物理学の実験にすぐに，そして広く取り入れられ，核磁気共鳴をおそらく皮切りとして，その後すぐにマイクロ波分光器に利用された．ディッケは自身の放射計の動作原理を公表したが，回路の詳細は省かれていたので，彼は何度も図の催促に応じることになった．1960年代初頭，ディッケと数人の同僚はプリンストン応用研究社を設立した．彼らの装置の最初のレパートリー——電力供給など——は商業的にあまり成功しなかったが，ディッケは仲間にロックイン増幅器を提案した．それは入力フィルターと前置増幅器，入力信号と同期参照信号の倍率器，雑音による非直流出力を取り除く低域ろ波器（フィルター）などの利便性を合わせた1つの装置であった．疑う同僚たちに対してディッケは自分がかつて郵送した非常に多くの回路図

図3 マイクロ波放射計

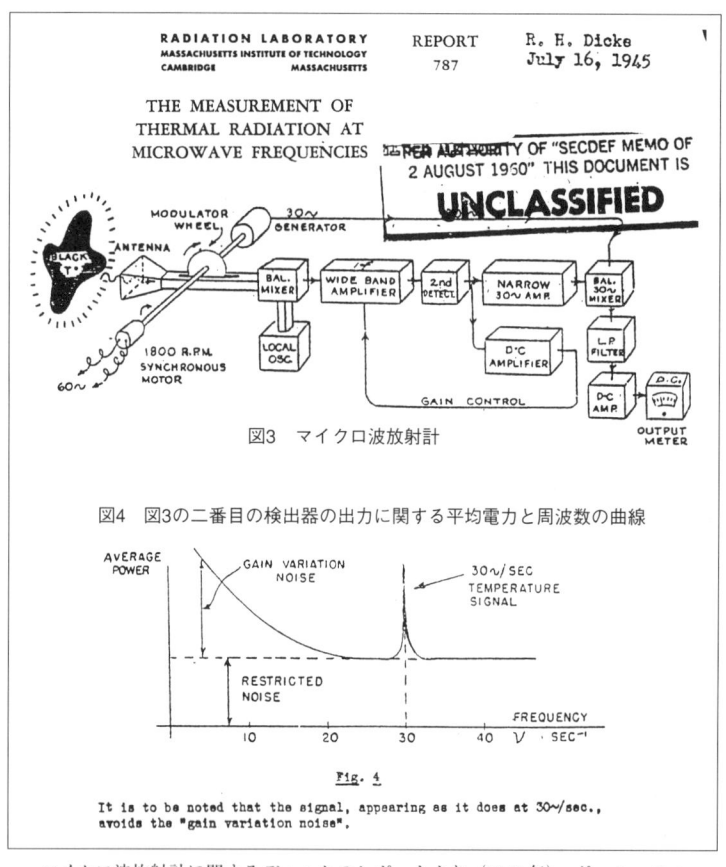

図4 図3の二番目の検出器の出力に関する平均電力と周波数の曲線

マイクロ波放射計に関するディッケのレポートより（1945年）．ポール・フォルマン／NMAH 提供．

を指し示し，少なくとも100人には売れるだろうと見積もった．ロックイン増幅器は発売した最初の年に100台以上が売れた．さらに洗練されることで，ロックイン増幅器は，この成功した会社の最も有名で最も優れた製品となっている．

「信号再生」のための他の多くの技術がここ数十年で発達したにもかかわらず，ロックイン検波は科学研究に最も広く利用され続けている．1980年代初頭のある調査（ミード）は，いまだにその主題に関する唯一の本のようであるが，それによると装置は約80の分野に適用されており，それは，吸収スペクトル分光器や交流ブリッジから，ヤング率やゼーマン効果の研究にまでわたっている．

[Paul Forman／成瀬尚志 訳]

■文献

Dicke, Robert H. Interview by Joan L. Bromberg, and Paul Forman, May 2, 1983. Transcript on deposit at the Niels Bohr Library, American

Institute of Physics, College Park, Maryland.

Dicke, Robert H. "The Measurement of Thermal Radiation at Microwave Frequencies." *Review of Scientific Instruments* 17 (1946): 268-275.

Forman, Paul. "Swords into Ploughshares': Breaking New Ground with Radar Hardware and Technique in Physical Research after World War II." *Reviews of Modern Physics* 67 (1995): 397-455.

Meade, Michael L. *Lock-In Amplifiers: Principles and Applications*. London: Peter Peregrinus on behalf of the Institution of Electrical Engineers, 1983.

あとがき

　本書は，科学研究や産業技術に利用されるさまざまな実験装置や計測機器の誕生から現在に至るまでの発達の推移を解き明かした百科事典である．登場する装置は，湿度計や磁気コンパスといったおなじみの観測機器から，走査型電子顕微鏡や液性限界装置といった素人には縁遠い科学の実験機器，そしてユージオメーターやクロススタッフなどといった今日ではもう名前を聞くことのない歴史上の実験装置に至るまで，実にさまざまである．

　科学史の研究者の間では最近になり，実験装置についてさまざまな角度からの歴史研究が盛んに進められてきている．近代科学が登場する際にも，実験装置は大きな役割を果たしてきた．わが国でも，そのような事情は，ドイツのエンゲルハルト・ヴァイグル氏の『近代の小道具たち』（三島憲一訳，青土社，1990）や金子　務氏の『ガリレオたちの仕事場』（筑摩書房，1991）などの著作で紹介されている．16世紀後半から17世紀にかけて誕生した近代科学においては，一方でコペルニクスの地動説に基づく天文理論やニュートンの力学などの数学的で理論的な成果によるところが大きいが，その一方で各種実験装置によってそれまで隠れていた自然の姿が明らかになっていった成果も多い．「17世紀のサイクロトロン」とヴァイグル氏に呼ばれた真空ポンプは，それまで実在を否定されていた真空の存在を実験的に明らかにした装置として，いかにも近代科学の誕生を象徴する装置である．また望遠鏡や顕微鏡も，人間の眼では見えない世界を眼前に再現したということで，人間の知覚する世界を一挙に拡大し，科学の研究対象となる自然の事物を増大させた．

　筆者も望遠鏡の初期の歴史について勉強したときに，その奥深さ，幅広さに興味をそそられたものである．望遠鏡が発明されたあと，科学機器としてだけでなく，実用的な「遠めがね」として軍用としても重宝された．需要の高さから改良が進んだが，その製作技術の重要なポイントは品質の高いレンズの製作，とりわけレンズの研磨技術であった．優れた望遠鏡の製作で評判の高かった，あるイタリアの望遠鏡製作職人は，自分の研磨技術の秘密を守るために，助手として使う

娘以外は自分の工作室に誰も入れようとしなかった．この逸話を知ったときに，秘匿されたレンズの研磨技術とはいかなるものであったのか，好奇心が沸いてきた．

その後レンズの研磨の仕方についてはずっと関心をもってきたが，最近本書の執筆者の一人でもあるスミソニアン博物館の研究員スティーブン・ターナー氏に会う機会があり，同博物館所蔵の興味深い道具を見せてもらった．それは，19世紀アメリカで非常に性能のよい望遠鏡をつくり続けた製作職人の道具一式である．レンズを成形するための金属製の椀状の型と，レンズを磨くための特殊な粉などがあった．これらの道具は，その職人の自宅の一室に数十年もの間放置された後に，スミソニアンに寄贈されたものなのだという．17世紀の道具と19世紀のものとでは異なるところもあるだろうが，それまで文字を通じてしか知らず，心の中に抱き続けた疑問が，キャビネットに収められたそのさびた道具を見て氷解したような思いを味わった．

レンズが望遠鏡に利用されることによって，光学技術は天文学の発展に大きく貢献してきた．その逆に望遠鏡を通じて，天文学が光学技術の発展に貢献することもある．その好例が，フラウンホーファーの暗線の発見である．フラウンホーファーはドイツのレンズ製造技術者であったが，自ら製作したレンズを使った望遠鏡で，太陽光線を調べてみるとそのスペクトルには暗線が含まれることに気づいた．これが「フラウンホーファーの暗線」と呼ばれるものである．この暗線は，その後の科学の歴史では，天体力学や放射熱の研究につながっていくのであるが，技術者フラウンホーファー自身にとっては，レンズの屈折率を正確に計測するための基準線という役割を果たした．より明晰で正確な屈折率をもったレンズを生産することで，ドイツの光学産業は19世紀の間に大きな発展を遂げていく．このフラウンホーファーについても，マイルス・ジャクソンという科学史家による『信念のスペクトル Spectrum of Belief：Joseph von Fraunhofer and the Craft of Precision Optics』（MIT Press, 2000）という著作があり，その中でフラウンホーファーが光学技術を改良していった舞台裏を垣間見ることができる．ともあれ，そこに人々は測定という課題をめぐり，科学研究と技術開発の間で相互に依存し役立ちあう緊密な交流関係を見てとることができよう．

光の測定に関しては，もう一つ留学中の思い出がある．天文学史を専門にする先生が講演にやってきた時のこと．近代初期の天文学者がどのように星の明るさ

を測り，比較したかというクイズを出した．精巧な計測装置がない時代に，科学者は星の明るさをどのように測ったのだろうか．答えは，昼間に暗い部屋に小さな穴を空け太陽光を通し，それを夜に星の明るさと比べるというものであった．穴の大きさを調節することで，明るさを変化させたという．その場ではなるほどと思ったが，今から振り返ると，それでどれだけ正確な明るさの測定ができたかどうか疑問に思えてくる．光の明るさの測定については，19世紀になり精密な測定方法が考案されるようになる．人工的な照明と測定したい光とを特殊な望遠鏡を通じて近傍に見えるようにして，直接肉眼で比較するのである．その装置は「比較測定器（コンパレーター）」として本書でも解説されている．また19世紀後半になると，ガス照明や電気照明などの各種の人工照明が登場し，それらの照明の明るさの正確な測定の必要性も感じられるようになった．

　光の色や明るさの測定については，それぞれの計測装置があり，本書でも光度計などの項目としてあがっている．それらの項目の執筆者ショーン・ジョンストン氏には，本書項目執筆後に出版した『光と色の測定の歴史 A History of Light and Colour Measurement：Science in the Shadows』(Institute of Physics Publishing, 2001) という著作がある．「影の中の科学」という副題には，二つの意味が重ねられているように思える．一つは，いつも暗い実験室の中で測定を行わねばならぬ科学研究であったこと．もう一つは，脚光を浴びる理論物理学とは異なる，いわば「日陰の科学」であったということ．だが，たとえそうだったとしても，その副題には，科学研究や産業技術に貴重な貢献をしてきた科学として光と色の計測の歴史があったという自負心を見て取ることもできるのではないだろうか．同書には，明るさの科学的測定が考案された後，多くの測定方式が登場し，さらに標準的な測定方式の決定が必要とされていった経緯が述べられている．社会的必要性の増大を背景に，各国で標準測定を行う研究所や国際標準を協議する機関が設立されていく．測定と標準ということは，不即不離の関係として存在している．光の測定ばかりではない．熱・電気・磁気・材料，そして度量衡や時間に関して，19世紀末から20世紀にかけて，各国で精密な測定に基づく標準が定められ，また国際標準が各国の同意の下で決定されていった．

　光については，色の測定についても，いくつかの計測器の歴史が項目を設けられて解説されている．「比較測定器（ロヴィボンド式）」という項目では，溶液の色を比較測定する器具について説明がなされているが，その発明の起源はビー

ルの色の濃さを測定したい醸造業者の関心であった．その後，この装置は石油精製や水質検査などにも応用され，たとえば水の中の鉛の含有量を調べるのに，その水の一定量に酢酸一滴と硫化水素溶液一滴を加えて，その色の濃さをあらかじめ定められたフィルターの色と比較したという，いかにも職人技のような手法が紹介されているが，このような方式をどのような人が行っても同じ結果が出て，また別の方式とも互換性をもたせるのは大変難しいことだろう．だが産業の発展や国際化に伴い，そのような測定の標準化，国際標準の制定は必要な作業になってくる．

　本書に登場する大多数の装置は，科学研究のための実験装置というよりも，このような研究や製造の現場，また日常生活で利用されるさまざまな測定のための装置である．「さまざまな」ということを強調しておきたい．訳者まえがきで述べたように，測定のための器具は身のまわりに，そして身近な世界から離れた工場や実験室に多く存在する．その多種多様さは，本書に収録されている300余りの項目のその項目数の多さからはかり知ることができよう．

　測定とは，そもそも基本的にはさまざまなことがらを数値という物差しに置き換えることである．自然に生じるさまざまな現象，人がつくり上げたさまざまなものを数や長さによって測ることは，古代から行われてきた．度量衡におけるはかりは，古代文明の誕生以来，税の徴収や暦の作成，大きな公共建築の設計などで活用されてきた．その後，近代になり近代科学が誕生すると，自然現象を数量的に測定することは，科学研究者にとっても大きな課題になり，また科学の現場で精密に測定された実験技術は，産業技術にも応用されるようになっていく．精密な測定技術に裏打ちされた現代のテクノロジーは，現代社会を滞りなく運行させるための基盤としての役割を果たしている．現代社会を支えるそのような技術のシステムが単に限られた地域だけでなく世界規模で作動していくためには，測定の精密性とともに，その測定の手順と結果がいつでもどこでも通用するという測定の互換性と標準化ということが必要になっていく．今日の社会における測定技術の進化と多様性の背後には，このような科学と結びついた現代技術の発展の論理があるといえよう．

　最後に翻訳を終えての感想を付言しておきたい．訳していて難しかったこと，こうすればもっとよくなるのではないかと思ったことがいくつかあった．専門で

はないための難しさは，装置や機械の構造を文章のみから理解する際にしばしば遭遇した．メカニズムの詳細を外国語で説明するのは大変骨が折れることであるが，外国語で理解することもなかなか難しいことを実感した．そんなときに役に立つのが図解なのであるが，残念ながら本書の項目にはそれぞれについている図版は一枚だけで，その図版はしばしば本文における装置のメカニズムの説明とは連動していない．装置の仕掛けを説明するための模式図が豊富につけられていると，大変助かるのにとは思ったが，それでも操作の図や実物の写真などは時に印象深く，その装置の仕組みや利用法を一目瞭然と示してくれることもあった．構造を知りたいと思ったときには，インターネットの情報によってずいぶんと教示を受けた．それぞれどこのウェブサイトを参考にしたかは記録に残さなかったが，懇切なウェブサイトにも遭遇し，感謝の気持ちをもった次第である．

　翻訳を始めたのは，十年近く前のことになる．非常に大部の翻訳であり，多くの方々に翻訳を依頼することになった．その多くは科学史の専門家，あるいは専門家の卵の方たちである．ここで改めて翻訳の労をとっていただいた多くの方々に感謝申し上げるとともに，早々に翻訳をすませて頂いた方々には，なかなか出版できなかったことをお詫び申し上げる．また科学史を専門とする人々の翻訳が多いため，技術上の記述については正確さが欠けていることを恐れている．読者のご指摘を頂ければ幸いである．最後に，編集作業を担当してくれた朝倉書店編集部に御礼を申し上げる．

　　2005年2月

　　　　　　　　　　　　　　　　　　　　監訳者を代表して　橋本毅彦

索 引

※太字で示しているページは，項目のタイトルがあるページを表す．

和文索引

あ 行

アイソデンシトメーター　723
アイソフォトメーター　723
IBM 社　282, 407
アカデミア・デイ・リンチェイ　237
アカパンカビ　1
明るい箱　123
アクチノメーター　782
アーク灯　495
アシドーシス　139
「あすか」（衛星）　692
アスディクス　419
アストロラーブ　3, 352, 780
アストロラーブ（航海用）　6
アストロラボン　16
圧縮機　349
圧縮強さ　266
圧電振動子　403
圧度計　8
圧入式眼圧計　125
圧平眼圧計　125
圧力　27
圧力計　10, 198, 360, 586
圧力ゲージ　12
圧力減衰法　516
圧力勾配　514
圧力容器　12
アトウッドの機械　14
アナモルフォシス　569
アナログ式電子計算機（コンピューター）　16, 276, 280, 611
アネモメーター　103, 622, 760
アネロイド気圧計　135, 137, 147, 210, 291, 293, 753
アバランシェダイオード　158

アバランシェフォトダイオード　625
アハロノフ−ボーム効果　371
アーベル計器（テスター）　384
アボガドロの原理　359
アポクロマート対物レンズ　241
アミノ酸　666
アミノ酸配列　438
アリュデル　338
アルカリ電池　495
アルキメデスの原理　377
α粒子　393
『アルマゲスト』　4, 16
アルミッラ天球儀　16, 633
アレージロッド　205
アレニウス理論　664
泡水準儀　352
泡箱　18, 780
暗視野顕微鏡　641
暗視野コンデンサー　218
アンテナ　496
アンメーター　234
アンモニア・メーザー　764

硫黄球　140
イオン化風速計　493
イオン感知微小電極　22
イオン交換クロマトグラフィー　185
イオン散乱　615
イオンセンサー　23
イオンチャンネル　583
イオン・トラップ質量分析　311
胃鏡　530
位相安定性　109

位相差　400
位相ドップラー流速計　768
1 遺伝子 1 酵素説　1
一眼レフカメラ　117
一眼レフレンズ　117
一次電池　494
1 自由度浮動型積分ジャイロ　130
溢液　306
一般相対論の等価原理　371
遺伝学　335
遺伝子組換え　430
遺伝子工学　24
遺伝子銃　23
糸電流計　356
イメージアナライザー　26, 105
イリジウム　132
医療機器　404
色収差　237, 652, 683, 686
引火点　384
陰画−陽画写真術　755
陰極線管　80, 163, 771
インジケーター　27
インシュリン　167
インストロン試験器　94
陰性変動　739
インテンシティ　478
インド・アラビア式記数法　425
インド・アラビア式数字　424
インド式円錐法　42

ヴァーノン＝ハーコート灯　95
ヴァールブルク圧力計　30
ヴィカの針　265
ヴィセロトーム　31
ヴィッカース硬度試験器　253

796　索　引

ウィルソン膨張装置　159
ウェクスラー成人知能検査　455
ウェッジウッド度　701
ウェットアレージ　205
ウェーバー・バー　325
ヴェービー試験　267
ウェンナー法　448
ウォータータウン機　93
ウォッベ指標　96
ウォラストン・プリズム　656
ウォラストンレンズ　116
ヴォルタの電堆　227, 487
ウォレス・ティアーナン絶対圧力計　201
渦電流　415
渦電流型ゲージ　602
渦流量計　761
うそ発見器　34
宇宙線　78, 752
宇宙線検出器　36
ウッド-アンダーソン型計器　303
ヴュルツブルグ・レーダー　499
雨量計　38
ウルトラマイクロトーム　491
ウルフ電位計　36
運動の第二法則（ニュートンの）　700

英国科学振興協会　137, 259
英国国有鉄道　143
英国道路研究所　375
映写機　228
衛星「あすか」　692
エイドグラフ　589
エカント　46
液圧プレス機　93
液晶ディスプレイ　502
液性限界　41
液性限界測定器具　41
液体イオンセンサー　23
液体式タコメーター　435
液体比重計　43
液量計　45, 204, 206
エクアトリウム　45
エクストラクター・ゲージ　203
エコー波　769
エシェル　653

エジソン・スワン白熱電球　476
X線　203, 312, 392, 501, 719
X線回折　48, 615, 725
X線回折パターン　702
X線画像　467
X線管　80
X線結晶学　301
X線顕微鏡　691
X線光電子分光　615
X線装置　52, 80
X線天文学　689
X線反射望遠鏡　691
X線法　711
X線望遠鏡　689
X線放射　691
X線マイクロアナライザー　55
エーテル　127
エドマン分解法　438
NMR分光計　56
エネルギー概念　547
エネルギー記録式分光蛍光計　655
エネルギー代謝　553
エネルギー分散型分光計　719
MOS型電界効果トランジスター　502
エメリーカプセル　94
エリプソメーター　60, 675
エレフロ　115
塩橋　211
円形分割機　647
炎光光度計　213
演算増幅器　277
遠視　222
遠心機（人体用）　60
遠心力　435
鉛錘　636
煙道ガスモニター　99
鉛筆　379

欧州合同原子核研究機関（CERN）　110
黄熱病　32
王立技芸協会（英国）　151
応力　541
応力-ひずみ曲線　115
置時計　523
オクタント　580
オージェ電子分光　615
押込み法　252

オシログラフ　233, 234, 395, 740
オシロスコープ　63, 80, 490
オセオスコープ　171
オゾン　660, 661
オゾン濃度　752
オートアナライザー　65
オートコリメーター　89
オドメーター　67, 735
オプティメーター　591
オプトメーター　223
オペラグラス　397
オーマー　389
オームの法則　476, 478, 544
オームメーター　387
オメガ　389
オメガトロン　203
おもり駆動型時計　608
折りたたみ定規　183
オリフィス計　103
オリフィス・プレート　760
オレリー　69
音圧レベル　394
音圧レベル計　394
音響学　166
音響ゲージ　458
オンコメーター　639
音叉　70
オンドグラフ　63
温度計　72, 365, 549, 550, 609, 695
温度計測　76
温度測定式気圧計　609
オンブロメーター　38
音量計　76, 394

か　行

ガイガー計数管（カウンター）　36, 77, 78, 160, 690
ガイガーミュラー計数管　77, 78, 354, 374, 697, 704
海軍研究局　109
海軍時間・航法システム　315
開口粘度計　560
階差機関　194, 280
海図　288
ガイスラー管　79, 350
回折縞　82
回折格子　81, 417, 647, 652, 658
懐中時計　179
海底地震計　303
回転カンチレバー試験片　619

索　引　797

回転式容積計　102
回転速度計　434
回転粘度計　560
回復時間　78
海洋気圧計　137
海洋時計　180
化学イオン化質量分析　310
化学旋光計　85, 389
化学天秤　85
鏡高温計　574
可逆反応　168
拡散セル　451
核磁気共鳴　56, 444, 785
核磁気共鳴映像法　440
拡大　589
角度の測定　88, 580, 663
隔膜真空計　198
火災感知器　90
火災報知器　90
カサロメーター　99
荷重測定　92
ガスクロマトグラフ　493, 655
ガスクロマトグラフィー　96, 101, 185
ガスクロマトグラフ質量分析計　310
ガス試験装置　95
ガスセンサー　97
ガス探知機（固体式）　97
数取り　423
ガスバーナー　776
ガス分析　96
ガス分析計　98
ガスメーター　101, 761
カセトメーター　104
画像解析装置　105
画像用レーダー　108
画像レーダー　772
加速器　108
加速度　60
加速度計　112, 129, 326
片ひじ天秤　87
カタロメーター　573
カッター・ゲージ　579
合致式距離計　152
カード　269
可動コイル型ガルバノメーター　233, 387
カナール線　308
可燃ガスセンサー　97
カマル　172

カミオカンデⅡ検出器　433
紙試験装置　114
カメラ　116
カメラ（航空写真測量）　118
カメラ・オブスクラ　116, 121, 123
カメラ・ルシダ　123
火薬　578
ガラス球　141
ガラス転移温度　301
カラーマッチング　594
カリパス　511
ガリレイ・コンパス　195
ガリレオ式望遠鏡　397
カルジオグラフ　34, 146
カルド　183
ガルバーニ電気　231
ガルバノスコープ　231
ガルバノメーター　124, 148, 162, 228, 231, 448, 476, 681, 748
カーレー・フォスター・ブリッジ　682
カレンダー・グリフィス・ブリッジ　682
カロタイプ　123
カロリック　550
カロリメーター　95
眼圧計　124
環境医学　746
環境モニタリング　438
還元炎　363
乾式膜型ガスメーター　761
乾湿球湿度計　305
干渉　166
干渉計　126, 165, 205, 325, 344, 499, 533, 592, 615, 694, 702
緩衝剤　488
干渉縞　679
干渉像　126
慣性たわみ試験機　620
慣性誘導装置（システム）　128, 320, 779, 781
眼底検査　219
乾電池　495
貫入試験　42, 359
ガンマ・スフェア　133
ガンマ線　131, 392, 501
ガンマ線カメラ　131
ガンマ線分光計　131
顔面角度計　512

気圧計　135, 198, 394, 609, 728
機械ゲージ　199
機械式積算電力量計　509
機械的圧力計　201
機械量　27
幾何学的原理　569
ギガシール　583
気管支鏡　531
器官容積器　639
気孔開閉度測定装置　716
気孔コンダクタンス　717
気孔抵抗　717
技術競争（ガスと電気の）　251
輝線　82
基礎尺度　591
気体計量機（ファン・スライケ式）　30, 138
気体定数　359
ギッシュ―ルーニー法　449
起電機　140, 750
起電力　480, 742
軌道荷重車　144
軌道記録装置　143
軌道検測車　143
軌道試験車　143
気泡型計器　207
気泡水準器　89
キモグラフ　145, 208, 331, 343, 572
キャヴェンディッシュ研究所　108, 159, 374
逆転びん　366
逆2乗則　250, 478, 541
逆マグネトロンゲージ　203
逆曲げ疲労試験機　619
キャパシタンス・フィードバック　584
キャリエ効果　562
QRS複合　356
吸光光度計（ヒルガー・スペッカー式）　148
吸収　82
吸収計（ブンゼン式）　149
吸収係数　149
吸収スペクトル分光器　786
吸収動力計　516
『九章算術』　286
吸水計　707
臼砲試験器　578
球面収差　237, 683
キュービット　591

凝結湿度計　305
凝固点降下法　332
強収束の原理　109
共振器　763
共振機械　620
胸部打診法　466
極微操査装置　724
曲率計　150
距離計　151
距離測定（光学式）　154
距離測定（電磁式）　153, 156
キーラー・ポリグラフ　35
霧箱　36, 37, 78, 159, 559
筋運動記録器　146
近視　222
近接場超解像走査プローブ顕微鏡　406
筋電計　161
金箔検電器　227, 231
銀板写真　116, 756
筋力計　163, 516

空気医学　745
空気カーマ　501
空軍 621 B 型システム　315
クォーク　371
クオーツ時計　179
屈折　220, 222
屈折計　164
屈折望遠鏡　260, 683, 686
屈折率　164
クヌーセン・ゲージ　202
雲実験　159
雲実験器　558
クライストロン管　771
暗い部屋　121
グラウコマ　124
クラウンガラス　237, 686
クラーク電池　476
グラディエント・レイヤー法　554
クラドニ板　165
クラドニ図形　166
クワドラント　317
クラニオメーター　511
グラフィックオーバーレイ　107
クリスタロイド　358
グリッド　602
グリニッジ天文台　297
グルコースセンサー　167

クルックス管　80, 171
クルックスのラジオメーター　169
クレスコグラフ　344
クレプシドラ　204
クロススタッフ　7, 171, 195, 352
クロス・ビート　522
グロットフスードレイパー吸収法則　254
クローニング　475, 711
クロノグラフ　174, 176, 295, 578, 701, 727
クロノスコープ　176
クロノメーター　178, 522, 573
グローブ電池　476
グローマ　182
クロマトグラフ　96, 183, 711
クロマトグラフィー　439
クーロメーター　505
クーロメトリー　101

経緯儀　188, 456, 585, 663
蛍光　654
蛍光活性化セルソーター　189, 642
蛍光光度計　148, 213
蛍光染色法　23
蛍光フローサイトメーター　642
蛍光分析　711
計算機　191
計算尺　191, 195, 206
計算図表　568
計算棒　539
傾斜計　626
計深器　197, 204
計数機　192
罫線作成機　82, 197
罫線ペン　379
携帯時計　523
ゲージ　535
ゲージ（圧力測定用）　197
ゲージ（機械用）　199
ゲージ（真空測定用）　201
ゲージ（レベル）　204
血圧計　208, 717
血液ガス分析機　30, 138, 210
血液分析　213
血液分析用光学装置　213
結核　572
『結晶学』　416

結晶構造解析　48
結晶分光計　131
血清　487
血中ガス分析　30
血動態計　146
血量計　209
ケプラー式望遠鏡　397
煙感知器　91
ケリーボール　267
ケルダールの窒素定量装置　217
ケルダール・フラスコ　451
ケルダール法　450
ケルビン・ダブルブリッジ　682
ゲルマニウム　132
検影法　223
限界基準　591
限外顕微鏡　23, 217, 461, 641
限外ろ過　461
検眼鏡　219
検眼用機器　222
検光子　678
原子　482
原子核研究　132
原子間力顕微鏡　407
原子吸光分光計　224
原子時計　226, 518
原子プローブ　483
原子力委員会　109
原子力潜水艦　420
弦振動測定装置　421
減衰空芯可動コイル検流計　207
減衰係数　313
弦線検流計（ガルバノメーター）　226, 228, 233, 234, 235, 739
減速計　376
検電器　226
幻灯機　228
検糖計　390, 678
検波　498
検波器　230, 496
顕微鏡　27, 118, 165, 230, 276, 345, 736
ケンブリッジ SBP 試験機　11
ケンブリッジ科学機器会社　63, 107, 112, 235
検流計　148, 162, 231, 476, 503, 543, 644, 665, 681, 714

索　引　799

コア採取器　411
孔圧　8, 514
高エネルギー放射　689
高温計　72, 573
高温超伝導体　372
航海用アストロラーブ　6, 237
航海用時計　647
光学異性体　168
光学活性　390
光学活性体　677
光学顕微鏡（現代）　240
光学顕微鏡（初期）　237
光学測定　244
光学フィルター　437
光学メーザー　763
航空医学　61
航空カメラ　118
航空機用六分儀　779
航空計器　244
航空コンパス　247, 268
航空写真測量　756
航空測量　247
口径分割　126
鉱山師のダイヤル　457
格子　602
高周波スクイド　371
降水量　38
剛性　115
合成開口画像レーダー　772
恒星干渉計　127
高速軌道記録客車　144
高速原子衝撃質量分析　311
高速サンプリング　477
高速フーリエ変換法　659
高速分析機　267
光電管　247
光電効果　624
光電子　625
光電式タコメーター　436
光電子真空管　251
光電子増倍管　106, 132, 225, 247, 354, 392, 402, 625, 641, 660, 722, 768
光電旋光計　390
光電素子　657, 783
光電露出計　783
高度計　245
光度計　250, 254
硬度試験器　252
高濃度塩化カリウム　211
交番勾配シンクロトロン　110

鉱物学　364, 417
高分子化学　301
後方交会法　288
公民権運動　455
交流　502
交流ガルバノメーター　682, 749
交流ブリッジ　786
光量計　254, 536, 782
光量子計数装置　625
氷熱量計　551, 553
語音聴力計　468, 469
呼吸曲線記録器　35
呼吸性アシドーシス　212
国際健康博覧会　259
国際照明委員会　596, 598
国際メートル原器　592
国立加速器研究所（米国）　110
国立物理学研究所（英国）　112
ゴースト　84
コスモトロン　109
コソー計　206
固体ガス探知機　256
固体電解センサー　97
コダック社　117
骨相学　452, 511
固定カンチレバー定振幅疲労試験機　620
固定空気　85
固定電池　496
古典的直流ポーラログラフ　709
ゴニオメーター　512
コヒーラー　497
コマ収差　688
コラーディ機　471
コリオリの力　761
コリオリ流量計　761
コリメーター　417, 698, 705
コールターカウンター（計数器）　190, 256, 642
ゴールトンの笛　258
コロイド　358
コロナ観測器　260
コロナ輝線　261
コロナグラフ　260
コロニーカウンター　262
コンウェイの拡散セル　451
コンクリート試験器　265
渾天儀　17
コンデンサー　227, 231, 339, 744,

748, 751, 753
コンパス　183, 246, 271, 288, 379, 525, 542
コンパス（航空用）　267
コンパス（磁気式）　269
コンパス（ジャイロ）　271
コンパス（偏差, 偏角）　274
コンパスカード　275
コンパス顕微鏡　238
コンパレーター　276, 534
コンピューター　460, 693
コンピューター（アナログ式）　276
コンピューター（デジタル式）　280
コンピューター断層写真　58
コンピューター・トモグラフィー　54
コンプトメーター　193

さ　行

差圧流量計　760
サイクリック・ボルトアンメトリー　168
サイクロトロン　108, 706
歳差運動　272, 446
最大需要計　510
サイフォン気圧計　136, 290
サイフォン・レコーダー　233
再分極　356
細胞計測器　189, 257, 641
材料　284
材料強度試験器具　284
サイレン　673
サイン・ガルバノメーター　232
棹秤　576
棹秤式反発電位計　478
下げ振り　368
サッカロメーター　44, 390, 678
差動温度計　544
差動ガルバノメーター　233
差動システム　702
差動増幅器　620
サーボ機構　722
サーミスター　556
サーミスター温度計　753
サーミスター素子　715
サーモスタット　91
酸化炎　363
三角測量　151, 188, 664, 673

三角法 88
酸化物半導体ガスセンサー 98
サンガー法 474
算木 286, 427
三脚分度器 287
三極管真空計 203
三極真空管 203, 564
3K黒体輻射 765
酸血症 139
3原色 597
算子 286
三軸構造 732
算術 539
『算数書』 286
酸性度 664
酸素センサー 97
酸素測定法 214
算盤 426
散乱効果 767
残留ガス分析器 203

指圧計 27
ジェルベール式そろばん 424
紫外線 392
紫外分光器 656
紫外分光測定 656
死荷重 93
時間差式流量計 761
自記雨量計 39
自記気圧計 290
自記気象計 292
磁気共鳴 371
磁気共鳴映像法 57, 59
磁気コンパス 245, 269, 294, 344, 456, 607
磁気式速度計 415
自記式分光光度計 657
自記晴雨計 294
磁気テープ 313
磁気ベクトルポテンシャル 371
磁気偏差 270
磁気モノポール 371
四極子型残留ガス分析器 204
四極子型質量分析計 204
シークエネーター 439
子午環 88, 294, 298
子午儀 294, 296
視差 172
示差温度解析器 299, 701
示差温度計 305

示差温度分析 547
示差干渉コントラスト 241
示差走査熱量計 300
『磁石論』 226
『死者の書』 85
四重極質量分析計 311
視準器 651
地震学 302
地震感知器 302
地震計 301, 441, 599
自然人類学 513
自然電位法 448
自然物写生装置 123
磁束の量子化 371
死体肝組織採集装置 31
シチェティー 424
実験音響学 70
実験心理学 176, 329
実験生物 334
湿式ガスメーター 761
湿式メーター 101
失神 61
湿度計 303, 305
湿度計（熱電対式） 306
失明 124
質量分析 310, 333, 711
質量分析計 183, 203, 307, 617, 650
CTスキャナー 312, 703
自動気圧計 315
自動屈折計 224
自動純音聴力計 469
磁場偏向型質量分析計 203
四分儀 294, 298, 317, 351, 580, 646, 699, 727
脂肪酸 741
シムス計 207
シムス磁気式燃料計 206
ジャイロ 245, 268, 272, 352
ジャイロコンパス 271, 319
ジャイロスコープ 129, 272, 320, 444, 779
社会保険局（米国） 60
ジャクソンシステム 730
写真 276
写真機 116, 322, 781
写真測量 118, 322, 600
写図器 588
ジャマン干渉計 126
車輪叩き 621
重イオン線形加速器 111

集積回路 283
周波数変化法 450
重量 576
重力計 322
重力波 371, 441
重力波検出器 324
樹液 306
酒気検知器 327
縮小 589
シュタルク-アインシュタインの法則 371
シュテファン-ボルツマンの法則 574
シューラー同調 272
シュリーレン光学システム 487
シュルンベルガー法 449
純音聴力計 468
瞬間露出器 329
ショア反発硬度試験器 253
定規 380, 567
蒸気圧 331
蒸気圧，沸点，融点測定装置 331
蒸気機関 27, 147, 198, 333
蒸気密度 332
硝空気 745
衝撃試験用器具 333
乗算表 539
ショウジョウバエ 334
ショウジョウバエ遺伝学 1
消像式光学露出計 782
照度計 250
照明 744
蒸留 337
職業適性テスト（精神工学） 340
触媒センサー 97
食品医薬品局（米国） 60
植物生長計 342
ジョセフソン効果 371
ジョセフソン接合 372
ジョセフソン接合コンピューター 371
ショッパー試験器 114
ショッパー・ダイヤル・マイクロメーター 115
ショッパー-ダレーン試験器 114
ジョリー測光計 95
試料採集管 411

索引

磁力計 344, 444, 543
磁力顕微鏡 408
シーロスタット 672
磁歪 419
深海温度計 347, 349
真空 81, 135
真空管聴力計 469
真空管電圧計 480
真空計 202
真空ゲージ 201, 349
真空蒸留 339
真空ポンプ 349
シンクロトロン 691
人工衛星 588, 758
人工膵臓 170
人工水平儀 245, 352, 779
人工地平 778
人種 513
人種差別 455
靱性 115
シンセサイザー 71
人体計測 259
人体測定学部会 259
人体測定研究所 259
人体用遠心機 60
シンチレーション 372
シンチレーション・カウンター 353, 372, 697, 704
シンチレーション検知器 444
シンチレーション光 372
シンチレーション・チェインバー 355
シンチレーション法 77, 354
シンチロスコープ 373
心電計 235, 355, 480, 564
心電図 356
浸透圧 331
浸透圧計 358
浸透圧方程式 359
振動ガルバノメーター 682
浸透器 358
振動弦型ひずみ計 265, 603
浸透現象 358
針入度計と貫入試験 359
心拍記録計 34, 146
ジンバル 269
振幅分割 126
心理テスト 342

吹管 363
推算式流量計 101

水質標本採集管 365
水準器 298, 367
彗星儀 369
水素イオン濃度 210, 213, 664
推測航法 412
垂直可変抵抗器 207
垂直・水平距離測定器 104
スウィートの原理 642
スカイラブ 260
スキード測深器 411
スクイド 370, 372
スクリュー型伸び計 600
スケール・マイクロメーター 727
スタジア法 155
スチフネス 115
スーツ型熱量計 554
ステレオコンパレーター 756
ストークスの法則 561
ストラティフィケーション 81
ストロー電位計 227, 479
スーパーヘテロダイン 157
スピンサリスコープ 372
スプートニク打ち上げ 690
スペクトル感度 625
スペクトル線 649
スペクトルバンド 436
スペクトル分析 364, 651
スペックル干渉法 694
すべり尺 480
すべり抵抗 374, 732
すべり抵抗試験装置 374
すべり流効果 514
スライド投影機 228
スランプ試験 267

晴雨計 137
精神工学 340
静水秤 85, 377
製図器具 378
製造ガス 96
静的貫入試験 360
静電起電機 140, 382, 742
静電容量式ゲージ 603
静電容量真空計 202
制動荷重係数 375
生物発光 264
セオドライト 155
ゼーガー・コーン 574
赤外線 382
赤外線検出器 696

赤外線探知機 382
赤外分光学 658
赤外分析計 100
赤外放射計 696
積分機 611, 631
積分ジャイロ 130
石油岩芯分析 514
石油試験装置 383
セクスタント 777
セクター 385, 700
絶縁計 387
絶縁抵抗計 449
石灰光 229
接触式測角器 416
接触電位差 227
接触マイクロメーター 600
接地テスター 389
接着型カーボンゲージ 605
接着型抵抗線ひずみ計 605
接着型電気ワイヤーひずみ計 605
切頭 20 面体重力波アンテナ TIGA 326
セファロメーター 512
ゼーマン効果 56, 653, 786
ゼーマン分裂 763
セメント試験 266
セルソーター 389
セレン素子 783
ゼロ位法 478
線基準 533
線形可変作動トランス 602
線形分割機 533, 647
旋光計（化学用）389, 678
占星術 4
全地球位置把握システム 120, 131, 315, 391, 521, 781
栓抵抗ブリッジ 681
全反射 164, 218
尖筆 379
全幅射高温計 574
選別聴力計 470
戦略防衛構想 111
線量計 391

騒音計 394
層化 81
双眼鏡 396, 683
双眼視 755
双曲線航法システム 398
象限電位計 227

走行距離計　67, 401, 414
走査型近接場光学顕微鏡　401, 407
走査型光学顕微鏡　401
走査型電子顕微鏡　489, 720
走査超音波顕微鏡　403, 404
走査電気容量顕微鏡　407
走査トンネル顕微鏡　406
走査プローブ顕微鏡　406
走査レーザー超音波顕微鏡　404
相変化エンタルピー　299
束一的性質　331
測鎖　409
測色計　596
測深器　410
測地　409
測程儀　412
速度計　245, 414
測量　4, 410, 591, 629, 663
測量機器　416
『測量師』　409
測量用コンパス　457
測量用直角器　182
測角器　416
測距儀　151
測光　597
測高温度計　609
測光器　95
測光計　95, 254
測高計　409, 609
ソナー　348, 418, 464
ソノメーター　421
そろばん　287
そろばん（西洋）　423
そろばん（東洋）　426
ゾーン電気泳動　488

た 行

代謝性アシドーシス　212
代謝率電気測定計　573
対数　539
大西洋海底電信　233
体積曲線　638
体積記録器　639
体積計測管　333
大地の比抵抗　448
大腸菌　429
ダイナモ　517
ダイナモーター　112, 233, 477, 508
ダイナモメーター電力計　508
ダイノード　247, 625
タイムキーパー　180
ダイヤルインジケーター　600
ダイヤルゲージ　94, 591, 702
太陽定数　536
太陽ニュートリノ　432
太陽ニュートリノ検出器　432
太陽の地図　500
太陽放射　671
対流説　558
対流法　555
楕円コンパス　381
楕円偏光　675
タキストスコープ　329
タキメーター　434, 728
タケオメーター　155
タケオメトリー　154
ターゲット　526
多孔性媒質　513
多光束干渉計　127
多孔度　516
タコメーター　435
多重鏡望遠鏡　693
多重追跡表示　64
多スペクトル感応性スキャナー　436
脱進機　179, 415, 522
脱分極　356
ダナライザー　96
ダニエル電池　481
タービン流量計　761
タリサーフ　614
ダルシーの法則　514
ダルトン式加算機　193
単音階発振装置　70
端基準　533
タンジェント・ガルバノメーター　232
単式顕微鏡　238
単純振動　70
弾性散乱　719
炭素アーク灯　244
単相　515
断続器　743
探測透過率測定　515
探偵カメラ　117
弾道学　578
弾道ガルバノメーター　749
断熱の熱量計　554
タンパク質シークエンサー　438
タンパク質反応　584
チェス・ボード　424
チェルニキーフ測程儀　413
遅延線　486
知覚　331
地殻ひずみ計　441
地下ゾンデ　443
置換秤量法　87
地球儀　445
地球磁場　543
地球潮汐　441
地球潮汐計　323
地球潮汐測定装置　442
地球の電気伝導度測定　447
蓄音機聴力計　469
蓄電池　494, 495
地磁気　344
地質学分析　773
地図作成用カメラ　120
窒素定量装置（ケルダール式）　450
チップ・ログ　412
地電流　448
地動儀　632
知能テスト　259, 452
地平測角器　456, 663
中間の代謝　31
中国式そろばん　426
中性カレント　20
中性子　393
中性子散乱　444
中性子線量計　393
潮位計　457
潮位予測計　459
超遠心分離機　460, 487
超音波　463
超音波試験列車　144
超音波診断　463
聴診器　209, 466
調速機　638
調速式速度計　415
超伝導　371
超伝導磁束トランス　371
超伝導体　371
超伝導超大型粒子加速器　111
超伝導量子干渉計（装置）　345, 370
超電流　371
超変形核　133

超放射　765
張力　284
張力計　10
聴力計　468
聴力検査　258
調和解析機　459, 470, 631
直線偏光　675
直流　502
『地理学』　446
チンダル効果　217
『沈黙の春』　493

ツァイス社　119, 152, 164, 397
ディヴァイディング・エンジン　777
DNA シークエンサー　473
DNA シークエンシング　440
抵抗　478
抵抗計　387
抵抗ブリッジ　682
抵抗ポテンショメーター（電位差計）　476
ディップ・ニードル　626
T 波　356
ディファレンシャル法　555
ディフラクトメーター　51
ティントメーター　595
滴下水銀電極　708
滴定　613
滴定実験　709
デクマヌス　183
デジタル計算機　476
デジタル式コンピューター　280, 472, 612, 646
デジタル式サーボ油圧制御装置　621
デジタルマルチメーター　477
『哲学の真珠』　424
デッカ・ナビゲーター　400
鉄筋　266
デッド・レコニング　412
テバトロン　110
デリバトグラフ　300, 703
電圧計　414, 476, 543, 598
電圧倍率器　232
電位　478
電位計　36, 226, 478
電位差　480
電位差記録器　299
電位差計　448, 476, 480, 665, 710

電位測定法　231
電位の井戸　484
電界イオン顕微鏡　482
電解式電力量計　510
電界蒸発　483
電解電流計　476
電界の強度　478
電荷結合素子　484, 532, 625, 69
　　4, 696
てんかん　565
電気　542
電気泳動　487
電気泳動装置　487
電気光学効果　676
電気式タコメーター　435
電気振動機　419
電気照明　387, 671
電気針入度計　361
電気穿孔法　431
電気測定　489
電気抵抗ひずみ計　604
電気伝導率　513
電気ひずみ計　602
電気分解　506
電気放電現象　53
電気盆　227
天球儀　445, 489
電気容量ブリッジ　748
電極　162
天気予報　754
電気量　505
電気力顕微鏡　408
点計数管　77
電子回折　615
電子計算機　489, 734
電子顕微鏡　489
電子工学　288
電磁式測程儀　413
電磁式投げ捨て深海温度計　349
電磁石　743
電子シャッター　157
電子シンチレーション・カウンター　374
電子水準器　89
電子線　553
電子線マイクロアナライザー　492, 720
電子帯域フィルター　422
電子天秤　87
「電子の発見」　81

電磁波　81
　　——の理論　170
電子プローブマイクロアナライザー　492, 720
電磁放射線　436
電子捕獲検出器　492
テンション　478
電磁流量計　761
テンソル　513
天体儀　445
天体スペクトル比較器　593
伝達動力計　516
電池　494, 544
電堆　494
転倒ます　39
天然ガス　96
電波温度計　785
電波検出器　496
電波天文学　128
電波望遠鏡　128, 498
天秤　85, 546
天秤気圧計　290
電離箱　92, 391, 501
電流計　448, 502, 564, 598
電流-電圧曲線　708
電流天秤　234, 504
電流秤　382
電量計　505
電量分析　101
電力計　507
電力量計　509

ドイツ帝国物理工学研究所　250
ドイツ灯　229
同位体　57
糖液比重計　44
頭蓋計測器　511
頭蓋骨　511
透過型光学顕微鏡　641
透過型電子顕微鏡　489
透過放射線　36
透過率　513
透過率計　513
等高度法　274
東西線　183
同時計数装置　37
同時計数法　78
投射照明器　243
動態記録器　145, 208, 331, 343,
　　516, 572

動的貫入試験　360
動的機械解析器　703
動的熱機械解析器　703
動的負荷試験　333
糖尿病　167
透明度　562
動力計　516
特殊相対性理論　127
時計　647
時計（原子時計）　518
時計（標準時計）　521
都市ガス　96
トーション型計器　508
突然変異　335
トップ・クォーク　111
ドップラー効果　587, 761, 767, 768
ドップラー流量計　761
ドブソン分光光度計　524, 660
ドライアレージ　205
トラバース板　525
トラバース本　525
トランジスター　92, 283, 502
トランシット・システム　315
トランシット望遠鏡　345
トランスジェニックマウス　730
トリチェリの管　136, 349
ドリフト率　130
度量衡　636
トルクェートゥム　526
ドルトン－ヘンリーの法則　150
トンネル効果　371

な　行

内視鏡　530
内部抵抗　481
長さの測定　533
鉛蓄電池　495
軟X線　203
ナンセン採水器　347
南北線　183

ニーア機　311
二眼レフカメラ　117
二極真空管　497
濁度計　213
ニコルプリズム　656, 678
二次イオン質量分析　615
二軸構造　732

二次電池　494
二重直接せん断　732
『二種の算術についての梗概』　424
ニッケル－イオン蓄電池　496
ニッケル－カドミウム蓄電池　496
日射計　536
日食　260, 652
乳比重計　44
ニュートラルウェッジ　721
ニュートリノ　20, 432
ニュートン力学　15
ニューモグラフ　35
尿比重計　44
認知　331

ヌクレオチド　487

ネイピアの棒　539
ねじり電力計　508
ねじりの法則　541
ねじり秤　323, 478, 540
熱陰極電離真空計　202
熱感知器　91
熱機械解析器　701
熱源　775
熱収縮　573
熱重量測定　545
熱重量測定曲線　546
熱重量測定微分　546
熱重量測定分析　545
熱線電圧計　477
熱線風速計　768
熱素　550
ネッタイシマカ　32
熱中性子　393
熱電効果　75, 543, 550
熱電対（列）　75, 299, 382, 543, 553, 644, 701, 714
熱電対湿度計　306, 545
熱電対真空計　202
熱伝導真空計　202
熱伝導度検出器　99
熱伝導率　513
熱伝導率（熱伝導度）測定装置　99
熱天秤　545, 701
熱の仕事当量　547, 559
熱の仕事当量測定器　547
熱分析　701

熱放射　714
熱膨張　573, 644, 688
熱匍匐　170
熱容量　301
熱力学の第二法則　545
熱流量計　761
熱量　553
熱量計　95, 550
熱量計（動物用）　553
熱量計（ボンベ式）　556
熱ルミネッセンス線量計　392
ネフェレスコープ　159, 558
ネモタコグラフ　175
ネルンスト灯　244
粘性　514, 560
粘性真空計　202
粘稠性　267
粘度計　384, 560
燃料計　206
燃料電池　496

脳死　565
脳磁図　372
能動光学　693
濃度計　251, 562
脳波計　564
ノクターナル　566
『ノースサイド777』　35
ノット　412
伸び計　600
ノモグラム　568

は　行

倍圧器　227
バイオセンサー　167
バイオテクノロジー　430
バイオリスティック装置　23
肺活量　571
肺活量計　571
倍数比例の法則　99
ハイトメーター　38
灰吹法　363
バイブロフォン　620
バイメタル温度計　753
倍率器　231, 784
パイル　227, 494
パイロメーター　573
秤　377
秤（一般）　575
秤（化学式）　578
秤（静水式）　578

索 引

パーキン・エルマー社　120
箔ゲージ　602
薄層クロマトグラフィー　184
バクテリウム属　430
バクテリオファージ　430
白熱ガスマントル　95, 244
白熱電球　476
箔ひずみ計　605
爆薬衝撃力試験器具　578
ハーゲン－ボアズイユの法則　560
ハーター－ドリフィールド曲線　562
八分儀　7, 173, 319, 352, 580, 647, 777
波長分散型分光計　719
ハツカネズミ　728
白金抵抗温度計　556
バックスタッフ　7, 172, 319, 352
発光ダイオード　157
発光分光法　225
パッチクランプ増幅器　583
ハッチャード－パーカーシステム　255
パーティクルカウンター　641
パーティクル・ガン　23
波動説　649
ハドレー四分儀　580
ハドロンコライダー　111
バーニヤ　177, 533, 591
バーニヤ目盛り　199
ハネウェル熱量計　96
バネ秤　576
パノラマ用カメラ　120
バブル・キャップ棚段　339
波面分割　126
パラボラ・アンテナ　499
バリウム検査　55
パリ人類学会　512
パリティ非保存　20
波力計　585
パルス高分析器　190
パルス法　450
波浪記録計　585
バーローの車輪　743
犯罪人類学者　35
反射式測角器　417
反射望遠鏡　652, 683, 687
反射防止膜　397
反転効果　660

反転分布　763
半導体ゲージ　605
半導体素子　716
半導体ひずみ計　603
半透膜　331
パントグラフ　588
反応エンタルピー　299
反応速度　301
万能ブリッジ　682
万有引力定数　610

微圧計　714
ピエゾコーン　362
ピエゾ電気　419
ピエゾ電気効果　198
POボックス局型　681
比較測定器　534, 600
比較測定器（距離測定用）　591
比較測定器（天体観測用）　593
比較測定器（ロヴィボンド式）　594
ピカー針　265
光シャッター　157
光弾性変調器　676
光の弾性散乱　767
光ファイバー　531, 768
光ファイバーセンサー　215
光ポンピング　764
光ルミネッセンスガラス　392
ひげゼンマイ　180
飛行時間型質量分析計　203
比重　377
微小電極　22, 724, 739
比色計　148, 213, 252, 327, 596, 669
比色分析　225
比色法　664
微震計　599
ピストンフォン　394
ひずみ　541
ひずみ計（一般）　600
ひずみ計（電気抵抗）　604
ひずみゲージ　198, 325
ひずみ補正　93
比濁計　213
ピタゴラス学派　421
非弾性散乱　719
B中間子工場計画　111
ヒットルフ管　80
引張強さ　266
ビデオ内視鏡　532

非点収差　116
ピトー管　245, 761
ピトー管計　103
日時計　183, 271, 522, 606
ヒトゲノム　473
ヒート・シンク法　554
比熱　559
比熱容量　553
P波　356
非破壊検査　93
被曝　393
火花ユージオメーター　746
ヒプソメーター　609
皮膚電気反応　35
ビブリオメーター　115
微分解析機（ブッシュ式）　194, 277, 610
微分スキャン熱量測定　547
ピペット　583, 613
飛沫球　451
ビュレット　613
標準時計　521
標準ヤード　533, 592
表面構造の測定　614
表面電流　387
表面分析装置　615
ピラニ・ゲージ　202
微量天秤　87
微量熱量測定法　265
微量分析機　618
ヒルガー・スペッカー吸光光度計　148, 618
比例コンパス　385
疲労　618
疲労試験装置　618

ファクシミリ電送技術　249
ファブリー－ペロー干渉計　127, 765, 766
ファラデー効果　676
ファラデー定数　506
ファラデーの法則　506
ファルネーゼ・アトラス　445
ファン・スライケ気体計量機　622
不安定状態法　516
フィッシュ・プレート　239
V-2ロケット　129
フィードバック・システム　644
フィードバック制御　407

806　索　引

フィードバック抵抗器　584
フィリップス計　203
V粒子　37
フィールド脱着　310
フィルムカメラ　117
フィルム線量計　392
風圧管型風速計　622
風速　622
風速計　622, 760
風洞　126
風杯型風速計　623
フェアウェザー熱量計　96
フェアブラザー熱量計　95
フォアスタッフ　172
フォトンカウンター　624, 694
フォン・クライストの瓶　750
不確定性原理　520
腹腔鏡　531
複式顕微鏡　238
輻射　654
輻射圧　171
副尺　276
輻射線　81
輻射熱　714
不斉　390
不整脈　356
伏角計　345, 626
伏角線図　627
フックの法則　541
物質波動論　490
ブッシュの微分解析機　629
沸点　331
沸点気圧計　609, 629
沸点上昇法　332
不透明度　562
フライベルク鉱山アカデミー　363
ブラウン運動　219
ブラウン管　264
フラウンホーファー線　649
フラックスゲート　269
ブラッグの回折条件　404
プラットナー装置　364
プラニメーター　629
プラネタリウム　18, 69, 631
プランク定数　371, 625
プランクトン記録装置　633
プランクの分布則　763
フーリエ解析　676
フーリエ級数　459
フーリエ変換　470, 705

フーリエ変換赤外スペクトル　659
振り子　14, 89, 177, 298, 320, 323, 330, 333, 353, 518, 521, 578, 599, 636, 700, 757, 779
振り子秤　576
プリズム　82, 164, 382, 656, 678
フリッカー測光計　95
ブリッジ・メガー　389
ブリネル硬度数　253
ブリュッカー管　80
浮力　377
フリントガラス　237, 686
ブルヴィオメーター　38
フル・キーボード加算機　193
ブルースター角　676
ブルックヘブン国立研究所　109
フルトグラフ　419
ブルドッグ測深器　411
ブルドン圧力計　198
ブルドン管温度計　348
ブレサライザー　327
プレチスモグラフ　638
フレーム・ラジカル　768
フロギストン化学　745
フロギストン説　551, 746
フローサイトメーター　189, 257, 641
プロセス制御装置　644
プロファイルメーター　614
プロペラ型流速計　757
分圧計　203
分割機　88, 646
分極性　709
分光学　417, 615
分光器　417, 650, 654, 656
分光器（初期）　649
分光器（天文用）　650
分光計　650, 654, 719
分光蛍光計　654
分光光度計　100, 114, 183, 213, 224, 252, 598, 656
分光光度計（ドブソン式）　660
分光写真機　82
分光旋光計　390
分光法　711
分子生物学　723
分子線　615
分子量　332
ブンゼン式吸収計　662

ブンゼン測光計　95
ブンゼンバーナー　364, 776
ブンゼン－ロスコーの相反則　254
分度器　380

ベアード・アルパート・ゲージ　203
平行平板蓄電器　227
米国航空宇宙局　696
米国国防研究委員会　399
米国国立標準局　112
米国試験材料協会　42
平板　663
平面球形アストロラーベ　6
ペースメーカー　357
ベータ線　392
ベックマン温度計　332
ベニオフ型計器　303
ペニング計　203
pH計　664
ペバラック　111
ペピーの吹管　364
ペプチド合成機　666
ヘモグロビン　210, 668
ヘモグロビン計　668
ヘリオグラフ　673
ヘリオスタット　671
ペルチェ素子　713
ベルトレメーター　613
ベルヌーイの方程式　761
ヘルムホルツ共鳴器　673
変圧器　743
偏角　274
偏角コンパス　675
変換器　9
偏光　389, 675, 678
変更遺伝子　335
偏光解析装置　675
偏光角　676
偏光器　118, 676, 677
偏光計　164, 168, 677
偏光子　678
偏光フィルター　126, 679
偏光プリズム　126
偏光分割　126
偏差　274, 323, 457
偏差コンパス　680
偏差表　270
ペンタプリズム　117
ベンチュリ管　760

索　引

ベンチュリ計　103
偏流　9, 715

ボーイズ熱量計　95
ホイートストン・ブリッジ
　　269, 389, 681, 714, 748
ホイートストン・ブリッジ回路
　　448, 604
ボイルの法則　30, 201, 516
方位コンパス　274
望遠鏡　118, 154, 237, 294, 296,
　　368, 396, 417, 599, 682, 695,
　　702
望遠鏡（X線）　689
望遠鏡（現代）　686
望遠鏡（初期）　682
望遠鏡（新技術）　692
望遠照準器　368
膀胱鏡　530
方向視準器　456
放射化分析　132
放射計（宇宙空間での使用）
　　695
放射光光ルミネッセンスガラス
　　392
放射性同位体　132
放射性物質　373
放射線　247, 391
放射線カメラ　697
放射線（ガンマ線）カメラ　704
放射線診断　392
放射線治療　55
放射線被曝量　501
放射線防護　501
放射能測定法　265
放射分光法　767
砲術　699
砲術用器具　699
膨張計　701
膨張係数　701
膨張測定装置　703
放電管　79
ポジトロンCT　703
ボシュロム社　106, 119, 263
補償光学　693
補助生殖技術　725
補正　549
ポッケルス効果　676
ポッゲンドルフ法　480
ポトメーター　707
ホニック車　71

ボニッチの鉤爪　411
ホライズンガラス　581, 777
ポラロイド　679
ポラロイド・フィルム　390
ポーラログラフ　708
ポーラログラム　709
ポリアクリルアミドゲル電気泳
　　動　473
ポリアリルジグリコルカーボネ
　　ート　393
ポリグラフ　34, 356
ポリメチルメタクリル樹脂
　　393
ポリメラーゼ連鎖反応法　711
ボルタ電池　142, 742, 751
ボルタメーター　476, 505
ボルタンメトリー　711
ホールデン－ガワース血色素計
　　669
ボルト　477
ポルトランドセメント　265
ボロメーター　382, 714
ボロメーター　716
ボンベ熱量計　556, 718

ま　行

マイクロアナライザー（電子
　　線）　719
マイクロインジェクター　724
マイクロサージェリー　725
マイクロチップ　283
マイクロデンシトメーター
　　721
マイクロ波　764
マイクロ波分光器　785
マイクロ波放射計　696, 785
マイクロピペット　23, 724
マイクロフォトメーター　251
マイクロフォン　675
マイクロプロセッサー　224,
　　668, 711, 713
マイクロマニピュレーター
　　724
マイクロメーター　156, 200,
　　534, 541, 600, 702, 726, 778
マイケルソン干渉計　127
マイスナー効果　371
マイレオメーター　414
マウス　728
巻尺　410
マクサム－ギルバート法　474

膜電流　583
マグネシア・アルバ　88
マグネトロン　770
マグネトロンゲージ　203
膜メーター　102
マクラウド・ゲージ　201
摩擦　731
摩擦測定装置　731
摩擦抵抗　732
マーシャル試験器　114
マティサー軌道記録トロリー
　　143
マトリックス補助レーザー脱着
　　質量分析　311
マノメーター　246
マリュスの法則　250, 391
マルギュールの方程式　560
マルチスペクトルスキャナー
　　436, 734
マレン試験器　114
万歩計　734

ミオグラフ　146
『ミクログラフィア』　239
ミクロトーム　724, 736
水時計　204
水ポテンシャル　306
緑の運動　493
脈波計　146, 208
ミリオネア　193

無勾配シンクロトロン　110
無収差レンズ　240
無線　399
無線機　496, 738
無線探測器　752
無線電信　752
無定位ガルバノメーター　232
無定位システム　232
無歪レンズ　120

明滅比較器　593
メガー　388
メガオーマー　449
メーザー　738, 763
メートル　636
メートル原器　127
メートル法　137, 519
メトローム　389
メナール圧力計　11
目盛り　199

面積計　629
面積流量計　760
メンタルテスト　259
メンデルの遺伝の法則　729

モアレ干渉縞　533
毛管粘度計　560
毛細管電位計　480,740
毛細電気計　356
毛髪湿度計　753
網膜　739
網膜電図　739
モノコード　421
物差し　183,533
モールス信号　673,753
モールス電信機　34

や 行

夜間計　566
夜間時計　566
冶金学　709
冶金分析　148
ヤコブズスタッフ　171
野戦距離計　153
ヤング率　786

有機化合物　741
有機立体化学　390
優生学　259
融点　741
誘電コイル　742
融点測定器　741
誘導コイル　742
誘導性の表皮効果　449
誘導体結晶　741
誘導電導式電力量計　510
誘導放射　763
有毒ガスセンサー　97
U型管　198
ユージオメーター　745
油脂比重計　44
油滴露出計　562
ユーログラム・アレイ　133
ユーロボールⅢ　133

溶解度　149
ヨウ化ナトリウム　132
陽子　108
陽子連鎖　433
容積流量　514
容積流量計　761

陽電子　37
陽電子放射断層撮影装置　703
容量ブリッジ　748
容量分析　613
横向き荷重係数　375
横向き力係数ルーチン調査機械　375

ら 行

ライカカメラ　117
ライカ社　120
ライデン瓶　118,142,750
ライムライト　244
ラウールの法則　331
ラジオ　497
ラジオゾンデ　36,293,752
ラジオ波分光法　56
ラジオメーター　169,202,754
ラジオメーター・ゲージ　202
ラジオメーター力　170
羅針儀　542,754
羅針盤　525
落球粘度計　561
ラドン　393
ラドン線量計　393
ラマン散乱光　768
ラマン分光　659
ラムフォード測光計　95
乱視　222
ランビキ　338
ランプ炉　776
乱流　515

リーク電流　387
リサージュの図形　71
立体鏡　755
立体距離計　152
立体比較器　593
リトマス紙　664
リニアコライダー　109
リービッヒ冷却管　339
リフレクティング・サークル　777
粒子説　649
粒子像流速計　768
流速計　757,735
流動性　267
流量計　360,759
リュームコルフ・コイル　744
量子力学　371
緑内障　124

リンク　409
リングレーザージャイロ　129
りん光　654

ルシャトリエ型枠　266
ルビー・メーザー　765
ルフィニーホーナー法　287
ルンマー‐ブロードゥン測光計　95

冷陰極電離真空計　203
冷陰極放電　203
冷陰極マグネトロンゲージ　203
励起準位　763
励起状態　763
冷却管　339
レオグラフ　64
レオメーター　561
レーザー　128,402,763,767
レーザー干渉計　441
レーザー干渉計重力波天文台　325
レーザー共鳴イオン化質量分析　311
レーザー距離計　153
レーザー診断機器　767
レーザー・ドップラー風力測定法　768
レーザー・ドップラー流速計　762,768
レーザー・ドップラー流法　640
レーザー誘起蛍光　768
レーダー　153,399,418,464,586,754,764,769,785
レーダー（画像用）　772
レッチャー・キット　364
レッドウッド粘度　384
レッドウッド粘度計　384
レッドウッド秒　385
レディーミクストコンクリート　265
レトルト　338
レベルゲージ　204,774
連続ストリップ・カメラ　119
レントゲン写真　312

炉　546,775
ロイド秤　346
ロヴィボンドの比較測定器

777
ロヴィボンド比色計　597
ログ　412, 525
六分儀　88, 205, 288, 320, 352, 580, 647, 727, 777
六分儀（航空機用）　779
露光計　252
ロゴメトリック　196
ロシア式円錐法　42
ろ紙クロマトグラフィー　184
露出計　250, 781
ロスアラモス研究所　111

ローターメーター　103
炉頂ガス　99
ロックイン検波　784
ロックイン検波器/増幅器　784
ロックイン増幅器　784
ロックウェル硬度試験器　253
ロックフェラー微分解析機　610
ロッド　361
ロッドマン刻印　579
露点　305, 555
露点湿度計　305

ロードセル　94, 375
ローマ式そろばん　427

わ　行

歪像描法　569
ワイヤーゲージ　603
ワイヤー測深器　411
ワーカビリティ　266
惑星儀　18, 69
惑星の楕円運動　369
ワトキン・メコメーター　151
腕尺　591

欧文索引

AAR 143
abacus (eastern) 426
abacus (western) 423
absorptiometer, Bunsen 149
absorptiometer, Hilger-Spekker 148
absorption coefficient 149
accelerator 108
accelerometer 112
actinometer 254
AEC 109
aerial camera and photogrammetry 118
aeronautical compass 267
AFM 407
AGS 110
aircraft instrument 244
aircraft sextant 779
air kerma 501
air pump 349
alembic 338
ammeter 502
anemometer 103, 622
angle, measurement of 88
animal calorimeter 553
arithmometer 192
armillary sphere 16
artificial horizon 352
asdics 419
astrolabe 3
astrolabe, Mariner's 6
astrolabon 16
astronomical comparator 593
astronomical spectroscope 650
atomic absorption spectrometer 224
atomic clock 518
Atwood's machine 14
audiometer 468
Auger electron spectroscopy (AES) 615
AutoAnalyzer™ 65
auxanometer 342

back-staff 7, 319
Bacterium 430
balance, chemical 85
balance (general) 575
balance, hydrostatic 377
barograph 290

barometer 135
bathythermograph 347
battery 494
bed measure 591
Bevalac 111
BFC 375
binocular 396
biolistic apparatus 23
blood analysis, optical devices for 213
blood gas analyzer 210
blowpipe 363
bolometer 714
bomb calorimeter 556
BR 143
breathalyzer 327
bubble chamber 18
Bunsen absorptiometer 149
burette 613
Bush differential analyzer 610

calculating machine 191
Callier effect 562
caloric 550
calorimeter 550
calorimeter, animal 553
calorimeter, bomb 556
camera, aerial, and photogrammetry 118
camera lucida 123
camera obscura 116, 121, 123
capacitance bridge 748
cardiograph 355
cathetometer 104
CCD 484, 532, 625, 694, 696
centrifuge, human 60
centrifuge, ultra- 460
CERN 110
chain, surveyor's 409
chamber, bubble 18
chamber, cloud 159
chamber, ionization 501
charge-coupled device 484
chemical balance 85
chemical polarimeter 389
Chladni plate 165
chromatograph 183
chronograph 174
chronometer 178
chronoscope 176
CIE 596, 598

CIMS 310
circumferentor 456
clock 523
clock, atomic 518
clock, regulator 521
cloud chamber 159, 559
cloud-examiner 558
colligative properties 331
colony counter 262
colorimeter 596
cometarium 369
comparator, length 591
comparator, Lovibond 594
compass, aeronautical 267
compass magnetic 269
compass, gyro- 271
compass, variation 274
compound microscope 238
comparator astronomical 593
Comptometer 193
computer, digital 280
computer, electronic analog 276
computer tomography scanner 312
concrete testing instruments 265
condensation hygrometer 305
coronagraph 260
corona, instruments for observing the 260
cosmic ray detector 36
Coulter counter 256
counter, colony 262
counter, Coulter 256
counting rods 286
CPR 634
craniometer 511
Crookes' radiometer 169
cross-staff 7, 171, 195
CSI 235
CT 54, 58
current balance 382
current meter 757

decumanus 183
demodulation 498
densitometer 562
depolarization 356
depth finder 410
depth sounder 410

索　引

derivative thermogravimetry (DTG)　546
derivatograph　300, 703
diagnostic ultrasound　463
differential scanning calorimeter　301
differential analyzer, Bush　610
differential scanning calorimetry (DSC)　547
differential thermal analysis　547
differential thermal analyzer　299
diffraction grating and ruling engine　81
diffraction, X-ray　48
diffractometer　51
digital computer　280
dilatometer　701
dip circle　626
distance-measurement, electromagnetic　156
distance-measurement, optical　154
distillation　337
distortion free　120
dividing engine　646
DNA　23
Dobson spectrophotometer　660
DORIS　111
dosimeter　391
down hole sonde　443
DR　658
drawing instruments　378
drift　9, 715
Drosophila　334
DTA　299
DU　658
dust numerals　424
dynamic mechanical analyzer　703
dynamic thermal mechanical analyzer　703
dynamometer　516

earth conductivity measurements　447
earth strain meter　441
ECD　492
ECG　235
E.coli　429
EDM　156
EEG　564

EFM　408
EKG　564
electricity supply meter　509
electrobalance　87
electrocardiograph　355
electroencephalograph　564
electromagnetic distance-measurement　156
electrometer　478
electromyograph　161
electron capture detector　492
electronic analog computer　276
electron microscope　489
electron probe microanalyzer　719
electrophoretic apparatus　487
electroretinograph　739
electroscope　226
electrostatic machine　140
ellipsometer　675
EM　413
end measure　591
endoscope　530
end standards　533
equatorium　45
Escherichia coli　429
eudiometer　745
evolved gas analysis　547
exposure meter　781

FACS　189
fatigue testing instruments　618
FDA　60
FDMS　310
field desorption　310
field ion microscope　482
FIM　482
fire detector　90
flash point　384
flow cytometer　641
flowmeter　759
fluorescence-activated cell sorter　189
fore-staff　172
friction measurement apparatus　731
furnace　775

GALLEX 計画　434
Galton whitsle　258
galvanometer　231
galvanometer, string　234
gamma camera　697

gamma ray spectrometer　131
gas analyzer　98
gas meter　101
GASP アレイ　133
gas slippage effect　514
gas testing instruments　95
gauge, level　204
gauge, mechanical　199
gauge, pressure　197
gauge, vacuum　201
GC　185
Geiger counters　77
Geiger-Müller counter　77
Geissler tube　79
gene gun　23
gene sequencer　473
glaucoma　124
global positioning system　315
globe　445
GLOC　61
glucose sensor　167
G-M　78
goniometer　416
GPS　120, 131, 315, 521, 781
gravitational radiation detector　324
gravity meter　322
green movement　493
groma　182
gunnery instruments　699
gyrocompass　271
gyroscope　320

hardness testing instruments　252
harmonic analyzer　470
heliostat　671
Helmholtz resonator　673
hemodynamometer　146
hemoglobinometer　668
HILAC　111
Hilger-Spekker absorptiometer　148
HPLC　184
human centrifuge　60
hydrometer　43
hydrostatic, balance　377
hygrometer　303
hyperbolic navigation system　398
hypsometer　609

IC　283
image analyzer　105
imaging radar　772

812　索　引

impact testing instrument　333
indicator　27
induction coil　742
inertial guidance　128
infrared detector　382
instruments for observing the corona　260
instruments to test the ballistic force of explosives　578
insulation meter　387
intelligence test　452
interferometer　126
ion–sensitive microelectrode　22
ionization chamber　501
IQ　453
isodensitometer　723
isophotometer　723

Jacob's staff　172
JER‐1　773

K‐12株　430
kanalstrahlen　308
kardo　183
kymograph　145

laser　763
laser diagnostic instruments　767
LCPC法　43
LDA　768
length comparator　591
length, measurement of　533
LEP　111
level　367
level gauge　204
Leyden jar　750
LHC　111
LHPR　635
LIGO　325
limelight　229
line standard　533
liquid limit apparatus　41
load measurement　92
lock–in detection/amplifier　784
log　412
logometric　196
LORAN　399
Lovibond comparator　594
lucimètre　250
LVDT　602

magic lantern　228
magnetic compass　269
magnetic resonance imaging　58
magnetometer　344
manograph　28
manometer　198
Mariner's astrolabe　6
maser　763
mass spectrometer　307
mass spectrometry　333
measurement of angle　88
measurement of length　533
measurement of surface texture　614
mechanical equicalent of heat apparatus　547
mechanical gauge　199
Meggar　388
melting point apparatus　741
meteorograph　292
Metrohm　389
MFM　408
microdensitometer　721
micromanipulator　724
micrometer　726
microscope, electron　489
microscope, field ion　482
microscope, optical（early）　237
microscope, optical（modern）　240
microscope, scanning acoustic　403
microscope, scanning optical　401
microscope, scanning probe　406
microscope, ultra–　217
microtome　736
Millionaire　193
MOS　485
mouse　728
MRI　57, 58, 314, 440
multispectral scanner　436
Mus musculus　728

Napier's rods　539
NASA　696
NBS　112
negative variation　739
nephelescope　558
Neurospora　1
nitrogen determination apparatus（Kjerdahl）　450

NMR　56
nocturnal　566
noemotachograph　175
nomogram　568
NSOM　401, 407
nuclear magnetic resonance spectrometer　56

octant　7, 173, 319, 580
ocular refraction instruments　222
odometer　67
OHP　228
ONR　109
ophthalmoscope　219
ophthalmotonometer　124
optical devices for blood analysis　213
optical distance–measurement　154
optical microscope（early）　237
optical microscope（modern）　240
orrery　69
oscilloscope　63
osmometer　358

pantograph　588
paper testing equipment　114
parity violation　20
patch clamp amplifier　583
PBP　11
PCO_2　210, 213
PCR　711
pedometer　734
pendulum　636
penetrometer and penetration test　359
PEP　111
peptide synthesizer　666
permeability　513
permeameter　513
PET　703
PETRA　111
petroleum testing equipment　383
PET scanner　703
pH meter　664
photographic camera　116
photometer　250
photomultiplier　247
photon counter　624
piezometer　8
PIP　11
plane table　663

索　引　813

planetarium　631
planimeter　629
plankton recorder　633
plethysmograph　638
PO$_2$　210, 213
polarimeter　168
polarimeter and polariscope　677
polarimeter, chemical　389
polarisation　678
polarogram　709
polarograph　708
polygraph　34
polymerase chain reaction　711
pore pressure　8, 514
porometer　716
porosity　516
positive displacement flowmeter　761
positron emission tomography　703
potential wells　484
potentiometer　480
potentiometric recorder　299
potometer　707
pressure bomb　12
pressure gauge　197
pressuremeter　10
PRN　316
probe permeametry　515
process controller　644
protein sequencer　438
psychrometer　305
psychrometer, thermocouple　306
PTR　250
pyrheliometer　536
pyrometer　72, 573

quadrant　317

radar　769
radar, imaging　772
radio detection and ranging　769
radiometer, Crookes'　169
radiometer, space　695
radiosonde　752
radio telescope　498
radio wave detector　496
rail track recording device　143
rain gauge　38
RAM　267

rangefinder　151
RCT　771
Redwood viscosity　384
refractometer　164
regulator clock　521
repolarization　356
retinoscopy　223
RGA　203
RLG　129

SAGE 計画　434
SAM　404
SBP　11
scanning acoustic, microscope　403
scanning optical, microscope　401
scanning probe microscope　406
schety　424
scintillation counter　353
SCM　407
SCRIM　375
secondary ion mass spectrometry（SIMS）　615
sector　195, 385
seismograph　301
seismology　302
seismoscope　302
SEM　489
sextant　777
sextant, aircraft　779
SFC　375
simple microscope　238
skid resistance testing instruments　374
SLAC　111
SLAM　404
SLC　111
slide rule　195
SLR　117
SMA　66
SMAC　66
solar-neutrino detector　432
solid-state gas sensor　97
SOM　401
sonar　418
sonometer　421
sound level meter　394
space radiometer　695
SPEAR　111
SPECT　698, 706
spectrofluorimeter　654
spectrometer, atomic absorption　224

spectrometer, gamma ray　131
spectrometer, mass　307
spectrometer, nuclear magnetic resonance　56
spectrophotometer　115, 656
spectrophotometer, Dobson　660
spectroscope, astronomical　650
spectroscope（early）　649
speedometer　414
spherometer　150
sphygmomanometer　208
spinthariscope　372
spirometer　571
SPL　394
splash bulb　451
SPM　406
SPS　110
SQUID　345, 370
SSC　111
station pointer　287
stereoscope　755
stethoscope　466
STM　406
straingauge（electrical resistance）　604
strain gauge（general）　600
strength of materials-testing instruments　284
string galvanometer　234
suanpan　426
sun-dial　606
superconducting quantum interferece device　370
surface analytical instruments　615
surveyor's chain　409
surveyor's compass　456

tacheometry　154
tachistoscope　329
tachometer　434
TAPPI　114
tasimeter　714
telescope（early）　682
telescope（modern）　686
telescope（new technology）　692
telescope, radio　498
telescope, X-ray　689
TEM　489
tensiometer　10
theodolite　188
thermistor　715

thermobalance　545
thermocouple　75, 299
thermocouple psychrometer　306
thermogravimetry analysis（TGA）　545
thermogravimetry（TG）　545
thermomechanical analyzer　701
thermometer　72, 550
thermopile　543
the Single Degree-of-Freedom Floted Integration Gyroscope　130
tide gauge　457
tide predictor　459
tintometer　595
TLC　184
TLD　392
torquetum　526
torsion balance　541
total radiation pyrometer　574
track geometry cars　143
track testing cars　143

transit circle　294, 298
transit instrument　296
traverse board　525
TRISTAN　111
tromometer　599
tuning fork　70
turquet　526

ultracentrifuge　460
ultramicroscope　217
ultrasound, diagnostic　463
umkehr effect　660

vacuum gauge　201
Van Slyke gasometric apparatus　138
vapor density, boiling point, and freezing point apparatus　331
variable-area meter　760
variation compass　274
viscerotome　31
viscometer　560
VLSI　486

vocational aptitude tests（psychotechnics）　340
voltage　742
voltameter　505
voltammetry　711
voltmeter　476
volumetric flux　514

Warburg manometer　30
watch　523
water calorimeter　551
water sample bottle　365
wattmeter　507
wave recorder　585
Wheatstone bridge　681
Wobbe index　96

XBT　349
X-ray diffraction　48
X-ray machine　52
X-ray mirror telescope　691
X-ray photoelectron spectroscopy（XPS）　615
X-ray telescope　689

人名索引

アイブス（F. E. Ives）597
アイボリー，J.（James Ivory, 1765-1842）305
アインシュタイン，A.（Albert Einstein, 1879-1955）127, 170, 219, 273, 624, 763
アイントホーフェン，W.（Willem Einthoven, 1860-1927）228, 233, 335, 356, 564, 739
アーウィン，J. T.（John Thomas Irwin）508
アウエンブリュッガー，L.（Leopold Auenbrugger, 1722-1809）466
アヴォガドロ，A.（Amedeo Avogadoro, 1776-1856）232
アストン，F. W.（Francis W. Aston, 1877-1945）309
アスプディン，J.（Joseph Aspdin, 1779-1855）265
アスマン，R.（Richard Assmann, 1845-1918）306, 753
アダー，C.（Clement Ader）234
アダムス，C. B.（Cornele B. Adams, 1849-1924）119
アダムス，G.（George Adams, 1704-1772）239, 275, 352, 456, 736
アッ゠ザルカール（al-Zarqālluh）46
アッターバーグ（A. Atterberg）41
アッデンブルーク（G. L. Addenbrooke）508
アッベ，E.（Ernst Abbe, 1840-1905）116, 164, 218, 241, 401, 406, 593
アトウォーター，W.（Wilbur Atwater, 1844-1907）553
アトウッド，G.（George Atwood, 1745-1807）14
アトラー（A. Atlar）405
アーノルド，J.（John Arnold, 1736-1799）180
アピアヌス，P.（Petrus Apianus, 1495-1552）47
アブニー，W. de W.（William de Wiveleslie Abney, 1843-1920）369, 563, 597
アーベル，F. A.（Frederick Augustus Abel, 1827-1902）384
アミチ，G. B.（Giovanni Battista Amici, 1786-1863）123
アムスラー゠ラフォン，J.（Jacob Amsler-Laffon, 1823-1912）629, 758
アユ，R.-J.（René-Just Haüy, 1743-1822）416
アラゴ，D. F.（Dominique François Arago, 1786-1853）389
アリストテレス（Aristoteles, 紀元前384-322）121
アルヴァレス，L. W.（Luis Walter Alvarez, 1911-1988）19, 109, 132
アルヴィドソン，T.（Thorsten Arwidsson）757

アル゠カーシー（al-Kāshī）46
アルキメデス（Archimedes, 紀元前287?-212）632
アル゠ジュルジャーニー（Al-Jurjani, 1339-1413）395, 422
アルハゼン（Alhazan, 965頃-1039）121
アル゠バッターニー（al-Battani, 858?-929）317
アルパート，D.（Daniel Alpert）203
アルベルティ，L. B.（Leon Battista Alberti, 1404-1472）304, 622
アルント（M. Arndt）99
アレニウス，S. A.（Svante August Arrhenius, 1859-1927）664
アロン，H.（Hermann Aron）509
アンウィン，W. C.（William Cawthorne Unwin, 1838-1933）252, 600
アンシュッツ゠ケンプフェ，H.（Hermann Anschütz-Kaempfe, 1872-1931）129, 272, 321
アーンショウ，T.（Thomas Earnshaw, 1749-1829）180
アンダーソン，C.（Carl Anderson, 1905-）37
アンドリューズ，T.（Thomas Andrews, 1813-1885）556
アンペール，A. M.（André Marie Ampère, 1775-1836）231

飯盛挺造（1851-1916）546
イェーガー，J. C.（John C. Jaeger, 1907-1979）732
イェンセン（A. T. Jensen）300
碇山義人（1949-）168
イジング，G. A.（Gustaf Adolf Ising, 1883-1960）108
イズリン，C. O.（Columbus O'Donnell Iselin, 1904-1971）348
イブン゠アフラフ，J.（Jābir ibn Aflaḥ al-Ishbīlī, Abū Muḥammad, 13世紀前半）526
イブン・サッラージュ（Ibn al-Sarrāj, 1400年頃）5
イレーヌ・ジョリオ゠キュリー（Irène Joliot-Curie, 1897-1956）109

ヴァイス，G.（Georg Weiss）354
ヴァイン，A. C.（Allyn Collins Vine, 1914-）349
ヴァイントラウプ（L. Weintraub）488
ヴァスコ・ダ・ガマ（Vasco da Gama, 1469?-1524）172
ヴァルター，B.（Bernhard Walther, 1430-1504）16
ヴァールブルク，E. G.（Emil Gabriel Warburg,

1846–1931) 546
ヴァールブルク，O.（Otto Warburg, 1883–1970） 30
ヴァン・デ・グラーフ，R. J.（Robert Jemison Van de Graaff, 1901–1967） 108
ヴィヴィアーニ，V.（Vincenzio Viviani, 1622–1703） 135
ヴィカ（L. J. Vicat, 1786–1861） 266
ヴィックラマシンギ，H. K.（H. Kumar Wickramasinghe） 405
ウィットワース，J.（Joseph Whitworth, 1803–1887） 199, 534
ウィトルウィウス（Vitruvius） 368, 607
ウィドロー，R.（Rolf Wideroe, 1902–1996） 108
ヴィーヒェルト，E.（Emil Wiechert, 1861–1928） 302
ウイムズハースト（J. Wimshurst, 1832–1903） 227
ウィーラー，G.（Granville Wheler） 447
ヴィラール，P.（Paul Villard, 1860–1934） 131, 501
ウィル，H.（Hans Will, 1812–1890） 451
ウィルケ，J. C.（Johan Carl Wilcke, 1732–1796） 74, 551
ウィルソン，C.T.R.（Charles Thomson Rees Wilson, 1869–1959） 159, 228, 559
ウィルソン（R. W. Wilson, 1936–） 765
ウィルソン，A.（Alexander Wilson, 1766–1813） 45
ウィルソン，B.（Benjamin Wilson, 1721–1788） 142
ウィルソン，F.（Frank Wilson） 357
ウィルソン，R. R.（Robert R. Wilson） 110
ヴィルト，H.（Heinrich Wild, 1877–1951） 155
ヴィーン，M.（Max Wien, 1866–1938） 748
ヴィンクラー，C. A.（Clemens Alexander Winkler, 1838–1904） 99
ヴィンクラー，J. H.（Johann Heinrich Winckler） 141
ウェア，J.（James Ware, 1756–1815） 222
ウェクスラー，D.（David Wechsler, 1896–1981） 455
ウェッジウッド，J.（Josiah Wedgwood, 1730–1795） 339, 552, 574, 701
ウェッジウッド，T.（Thomas Wedgewood, 1771–1805） 122
ヴェーバー，E. H.（Ernst Heinrich Weber, 1795–1878） 146
ヴェーバー，J.（Joseph Weber, 1919–2000） 325, 764
ヴェーバー，W. E.（Wilhelm Eduard Weber, 1804–1891） 345, 479
ヴェーラー，A.（August Wöhler, 1819–1914） 619
ヴェルニエ，P.（Pierre Vernier, 1580 頃–1637） 199
ウェント，F.（Friedrich Went, 1863–1935） 1

ウェンドラント，W. W.（Wesley W. Wendlandt） 702
ウォーカー，A.（Adam Walker, 1731 頃–1821） 69
ウォーカー，J.（James Walker, 1863–1935） 332
ウォーカー，J. L. Jr.（John Lawrence Jr. Walker, 1931–） 23
ウォーカー，P. B. M.（Peter B. M. Walker） 722
ウォラストン，F. H.（Francis Hyde Wollaston） 609
ウォラストン，W. H.（William Hyde Wollaston, 1766–1828） 86, 123, 258, 364, 416
ウォリハン（E. S. Wallihan） 718
ヴォルタ，A.（Alessandro Giuseppe Antonio Anastasio Volta, 1745–1827） 142, 227, 231, 479, 494, 542, 746
ヴォルトマン，R.（Reinhard Woltman, 1757–1837） 760
ウォルトン，E. T. S.（Ernest Thomas Sinton Walton, 1903–1995） 108, 374
ウォルフ，E.（Edward D. Wolf, 1935–） 24
ウォレス，W.（William Wallace, 1768–1843） 589
ウォンクリン，J. A.（James Alfred Wanklyn, 1834–1909） 451
ウッド，J.（John Wood） 19
ウッド，R. W.（Robert Williams Wood, 1868–1955） 463, 654
ヴンダーリッヒ，C. A.（Carl August Wunderlich） 77
ヴント，W. M.（Wilhelm May Wundt, 1832–1920） 175, 329

エアトン，W. E.（William Edward Ayrton, 1847–1908） 233, 387, 477, 503, 508
エアリー，G. B.（George Biddell Airy, 1801–1892） 295, 458
エイケン，H.（Howard Aiken, 1900–1973） 281
エイトケン，J.（John Aitken） 159
エヴェラード，T.（Thomas Everard, 1680 年頃活躍） 206
エウドクソス（Eudoxus, ラテン名：Eudoxus） 632
エクマン，V. W.（Vagn Walfrid Ekman, 1874–1954） 366, 757
エシェリヒ，T.（Theodor Escherich, 1857–1911） 430
エジソン，T. A.（Thomas Alva Edison, 1847–1931） 507, 509, 714
エスピー，J. P.（James Polland Espy, 1785–1860） 558
エスマルヒ，E. von（Ervin von Esmarch, 1823–1908） 263
エーデルマン，A.（Adolf Edelmann, 1885–1939） 258

索　引　817

エーデルマン, M. (Max Edelmann) 235
エトヴェシュ男爵 (Baron Roland von Eötvös, 1848–1919) 323
エドマン, P. (Pehr Edman, 1916–1977) 438
エバーシェッド (S. Evershed) 388
エビンクハウス, E. (Edgar Ebbinghaus) 102
エメ, G. (George Aimé, 1810–1846) 365, 585, 757
エリス, R. (Robert Ellis) 511
エルスター, J. (Johann Elster, 1854–1920) 247
エールステズ, H. C. (Hans Christian Oersted, 1777–1851) 231, 323, 543

オージェ, P. (Pierre Auger, 1899–1993) 617
オストヴァルト, W. (Wilhelm Ostwald, 1853–1932) 331
オートフーユ, J. de (Jean De Haute-Feuille, 1647–1724) 302
オートレッド, W. (William Oughtred, 1575–1660) 195
オニール (M. J. O'Neill) 301
小野弘平 (1905–1968) 758
オーム, G. S. (Georg Simon Ohm, 1789–1854) 323
オリファント, M. (Mark Oliphant, 1901–2000) 770
オルセン (A. R. Olsen) 202
オングストローム, A. (Anders Jonas Ångström, 1814–1874) 83
オングストローム, K. (Knut Ångström) 537

ガイガー, H. (Hans Geiger, 1882–1945) 77, 373
ガイスラー, H. W. (Heinrich Wilhelm Geissler, 1815–1879) 79, 350
ガイテル, H. (Hans Geitel, 1855–1923) 247, 373
ガーウィン, R. (Richard Garwin, 1928–) 325
ガウス, C. F. (Carl Friedrich Gauss, 1777–1855) 345, 479
カーコルディ, D. (David Kirkaldy, 1820–1897) 94, 284
カサグランデ, A. (Arthur Casagrande, 1902–1981) 9, 41
カスタン, R. (Raymond Castaing) 720
カステッリ, B. (Benedetto Castelli, 1578–1643) 38
カースト, D. (Donald William Kerst, 1911–1993) 109
カスパーソン, T. (Torbjörn Caspersson, 1910–1997) 641
カスバートソン, J. (John Cuthbertson) 351
カーソン, R. (Rachel Carson, 1907–1964) 493
カッシーニ, J.-D. (Jean-Dominique Cassini, 1748–1845) 542
カッチャトーレ, N. (Niccolò Cacciatore, 1780–1841) 302

カーデュー, P. (Philip Cardew) 477
ガドリン, J. (Johann Gadolin, 1760–1852) 339
カートン, R. (Richard Caton, 1842–1926) 564
カバロ, T. (Tiberius Cavallo, 1749–1809) 227
カミング, J. (James Cumming, 1777–1861) 228, 231, 234, 543
カラン, N. J. (Nicholas Joseph Callan, 1799–1864) 742
ガリツィン, B. B. (Boris B. Galitzin, 1862–1916) 303
ガリレオ (Galileo Galilei, 1564–1642) 41, 75, 96, 385, 422, 636, 683, 700
ガルヴァーニ, L. (Luigi Galvani, 1737–1798) 162, 231
カルマン, H. (Hartmut Kallman) 354
カレンダー, H. L. (Hugh Longbourne Callendar, 1863–1930) 75, 382, 549, 574
ガワース, W. (William Gowers, 1845–1915) 669
ガーン, J. G. (Johan Gottlieb Gahn, 1745–1818) 363
カーンズ, C. M. (Charles M. Kearns) 605
ガンター, E. (Edmund Gunter, 1581–1626) 386, 409
カンドル, A.-P. de (Auguste-Pyramus de Candolle, 1778–1841) 343
カントン, J. (John Canton, 1718–1772) 227
カンパヌス (ノヴァラの) (Campanus of Novara, ?–1296) 47
ガンベイ, H.-P. (Henri-Prudence Gambey, 1787–1847) 104, 345

キケロ (Cicero, 紀元前104–43) 632
ギッブス, J. W. (Josiah Willard Gibbs, 1839–1903) 359
キナズリ, E. (Ebenezer Kinersley, 1711–1778) 227
キーペンホイアー, K.-O. (Karl-Otto Kiepenheuer, 1910–) 652
キャヴェンディッシュ, H. (Henry Cavendish, 1731–1810) 73, 99, 276, 478
キャッスル, W. E. (William E. Castle, 1867–1962) 335, 729
キャッテル, J. M. (James McKeen Cattell, 1860–1944) 259, 453
キュイネ, F. (Ferdinand Cuignet, 1823–1890) 224
キーラー, L. (Leonarde Keeler, 1904–1949) 35
ギルバート, W. (William Gilbert, 1544–1603) 140, 226, 275
キルヒホフ, G. (Gustav Robert Kirchhoff, 1824–1887) 83, 225, 649, 650
キルヒャー, A. (Athanasius Kircher, 1601–1680) 121, 229

ギローム, C.-E. (Charles-Edouard Guillaume, 1861–1938) 181
キング, E. J. (Earl J. King, 1901–) 670

クザーヌス → ニコラス (クサの)
クチェラ, B. (Bohumil Kučera) 709
グッカー, F. (Frank Gucker, 1900–1973) 641
クック, J. (James Cook, 1728–1779) 180
クック＝ヤーボロー (Cooke–Yarborough) 106
クッスマウル, A. (Adolf Kussmaul, 1822–1902) 530
グーデ, K. H. (Kenneth H. Goode) 665
クナエウス, A. (Andreas Cunaeus, 1712–1788) 750
クヌーセン, M. (Martin Hans Christian Knudsen, 1871–1949) 202
クライスト, E. G. von (Ewald Georg von Kleist, 1700頃–1748) 750
クラーク, J. (John Clarke) 43
クラーク, L. (Leland Clark, 1918–) 167
クラーク, L. (Latimer Clark, 1822–1898) 481
クラーク, W. M. (William Mansfield Clark, 1884–1964) 664
クラドニ, E. (Ernst Florens Friedrich Chladni, 1756–1827) 165, 673
グラバット, W. (William Gravatt) 368
クラペーロン, E. (Emile Clapeyron, 1799–1864) 27
クラーマー, J. A. (Johann Andreas Cramer, 1710–1777) 363
クラーマー, K. (Kurt Kramer) 214
クラマース, H. A. (Hendrick Anthony Kramers, 1894–1952) 763
グララス, D. (Daniel Gralath, 1708–1767) 750
クーラント, E. O. (Ernest O. Courant) 109
グラント, J. (John Grant, 1819–1888) 265
クーリエ, J. P. (Jean Paul Coulier) 159
クリスティ, S. H. (Samuel Hunter Christie) 681
グリーゼバッハ, A. (August Grisebach, 1814–1879) 343
クリック, F. (Francis Crick, 1916–2004) 473
グリッグズ, D. T. (David Tressel Griggs, 1911–1974) 732
グリボーバル, J.-B. de (Jean-Baptiste de Gribeauval, 1715–1789) 700
グリマルディ, F. M. (Francesco Maria Grimaldi, 1618–1663) 82
グリュー (F. H. Glew) 373
クリル, G. W. (George Washington Crile, 1864–1943) 209
クルックス, W. (William Crookes, 1832–1919) 81, 170, 373, 649

グールデン (W. T. Goolden) 388
グルノー, W. (William Grunow) 715
クールバウム, F. (Ferdinand Kurlbaum, 1857–1927) 575
グレー, S. (Stephen Gray, 1666–1736) 447
グレアム, G. (George Graham, 1674–1751) 69, 275, 297, 318, 344, 522
グレアム, T. (Thomas Graham, 1805–1869) 358
グレイ, S. (Stephen Gray, 1666–1736) 104
グレイ, W. (William Grey) 511
グレゴリー, J. (James Gregory, 1638–1675) 684
グレーザー, D. A. (Donald Arthur Glaser, 1926–) 19
グレーズブルック (R. T. Glazebrook) 748
クレッグ, S. (Samuel Clegg) 101
グレーフェ, A. von (Albrecht von Graefe, 1828–1879) 125
クレマー, E. (Erika Cremer, 1900–1996) 184
グローヴ, W. R. (William Robert Grove, 1811–1896) 494
クロフォード, A. (Adair Clawford, 1748–1795) 551
クーロン, C.-A. (Charles-Augustin Coulomb, 1736–1806) 232, 323, 345, 478, 541
クロンステット, A. F. (Axel Frederik Cronstedt, 1722–1765) 363
グンター, E. (Edmund Gunter, 1581–1626) 319

ゲイ＝リュサック, J. L. (Joseph Louis Gay-Lussac, 1778–1850) 44, 104, 613
ケグラー, F. (Franz Kögler) 11
ゲーデ, W. (Wolfgang Gaede, 1878–1945) 351
ゲーリケ, O. von (Otto von Guericke, 1602–1686) 140, 349
ケプラー, J. (Johannes Kepler, 1571–1630) 192, 206, 222, 370
ケムツ, L. F. (Ludwig Friedrich Kaemtz) 233
ゲラルドゥス(クレモーナの) (Gerardus Cremonensis, 1114頃–1187) 16
ケルダール, J. (Johann Gustav Christoffer Thorsanger Kjeldahl, 1849–1900) 450
ケルビン卿 → トムソン, W.
ゲンマ・フリシウス, R. (Reiner Gemma Frisius, 1508–1555) 188

賈憲 (1050年頃活躍) 287
コセンス (C. R. Cosens) 784
ゴダード, H. H. (Henry H. Goddard, 1866–1957) 453
コックロフト, J. D. (John Douglas Cockcroft, 1897–1967) 108, 374
コックス, O. (Osward Cox) 389

索引　819

ゴッチ，F.（Francis Gotch, 1853–1913）　739
コッハ（P. P. Koch）　722
コッホ，R.（Robert Koch, 1843–1910）　262
コベル，J.（Jacob Kobel, ?–1532）　566
コペルニクス，N.（Nicolaus Copernicus, 1473–1543）　16
コリンズ，G.（Geoffrey Collins）　224
コリンズ，J.（John Collins, 1625–1683）　288
コルソフ，I.（Izaak Kolthoff）　709
コールター，W. H.（Wallace H. Coulter, 1913–1998）　258, 641
コールドウェル，P.（Peter Caldwell）　22
ゴルトシュタイン，E.（Eugen Goldstein, 1850–1930）　81
ゴールトン，F.（Francis Galton, 1822–1911）　258, 453
コロトコフ，N. S.（Nikolai S. Korotkoff, 1874–1920）　209
コント，A.（Auguste Comte, 1798–1857）　649
コンプトン（R. E. B. Compton）　481
コンプトン，A.（Arthur Comptom, 1892–1962）　37

サヴァール，F.（Felix Savart, 1791–1841）　231
サザーランド，W.（William Sutherland, 1859–1911）　201
ザックス，J.（Julius Sachs, 1832–1897）　342, 708
サーバー，R.（Robert Serber, 1909–1997）　109
サフィー・アッ=ディーン（Safi al-Din, ?–1294）　422
ザムゼー，L.（Leon Samzee）　99
サール（G. F. C. Searle）　549, 560
サントリオ（Santorio Santorio, 1561–1636）　72, 304
サンフォード，J. C.（John C. Sanford）　24

シェークスピア，G.（Gilbert Shakespear）　99
ジェゼクエル，F.（François Jézéquel）　11
シェファー，E.（Ernst Schäffer）　198
シェリング（H. Schering）　749
ジェルベール（オーリヤックの）（Gerbert d'Aurillac, 930年頃）　424
志方益三（1895–1964）　708
シグズビー，C. D.（Charles Dwight Sigsbee, 1845–1923）　412
シグワース，F.（Fred Sigworth）　583
シッカルト，W.（Wilhelm Schikard, 1592–1635）　192
シックス，J.（James Six, ?–1793）　38, 74
シデナム，P. H.（Peter H. Sydenham）　442
ジーデントプフ（H. Siedentopf, 1872–1940）　217
清水武雄（1890–1976）　160
シーメンス，C. W.（Charles William Siemens，ドイツ名：Carl Wilhelm Siemens, 1823–1883）　72, 477, 504, 508, 574
ジーメンス，E. W.（Ernst Werner Siemens, 1816–1892）　272
シモン，T.（Theodre Simon, 1873–1961）　453
シャイナー，C.（Christoph Scheiner, 1573–1650）　224, 588
シャイブラー，J. H.（Johann Heinrich Scheibler）　70
シャインプルーク，T.（Theodor Scheimpflug, 1865–1911）　119
ジャッコーニ，R.（Riccardo Giacconi, 1931–）　690
シャピュイ，P.（Pierre Chappuis）　75
ジャマン，J.（Jules Jamin）　126
シャルピー（G. Charpy, 1865–1945）　701
シャレンバージャー（O. B. Shallenberger）　509
ジャンスキー，F. K.（For Karl Jansky, 1905–1950）　498
シュヴルール，M.（Michel Chevreul, 1786–1889）　741
シュスター，A.（Arthur Schuster, 1851–1934）　81, 170
朱世傑（1299年頃活躍）　287
シュタール，G. E.（Georg Ernst Stahl, 1660–1734）　363
シュテファン，J.（Joseph Stefan, 1835–1893）　574
シュトルム，J. C.（Johann Christoph Sturm）　122
シュバイガー（J. S. C. Schweigger, 1779–1857）　231
シュマルツ，G.（Gustav Schmaltz）　614
シュミット，B.（Bernhard Schmit, ?–1935）　688
ジュール，J.（James Prescott Joule, 1818–1889）　548, 559
シュルンベルガー，C.（Conrad Schlumberger, 1878–1936）　448
ショーショワ，R.-A.（Robert-Aglaë Chauchoix）　150
ジョセフソン，B.（Brian David Josephson, 1940–）　371
ショッツ，H.（Hjalmar Schøtz）　125
ショット，G.（Gaspar Schott）　121
ショット，O. F.（Otto Friedrich Schott, 1851–1935）　74
ショート，J.（James Short, 1710–1768）　685
ジョバンニ・デ・メディチ枢機卿（Giovanni de Medici）　304
ショランダー，P.（Per Fredrick Scholander, 1905–1980）　13
ジョンストン，S. A.（Stephen, A. Johnston）　25
秦九韶（1202–1261）　287
シング，E. H.（Edward Hutchinson Synge）　401, 406

シング，R. L. M.（Richard Lawrence Millington Synge, 1914–1994） 184, 407

スウィンバーン（J. Swinburne） 481
スヴェドベリ，T.（Theodor Svedberg, 1884–1971） 460, 487
スケッグス，L.（Leonard Skeggs, 1918–1997） 65
スタイン，P. K.（Peter Koloman Stein, 1928–） 604
スタージョン，W.（William Sturgeon, 1783–1850） 233, 743
スタートヴァント，A.（Alfred Sturtevant, 1891–1970） 335
スタンスフィールド（A. Stansfield） 299
スチュワート，J. M.（John M. Stewert, 1924–） 667
スティーブンソン，J. W.（John Ware Stephenson） 241
ストークス，G.（George Stokes, 1819–1903） 81
ストーマー（E. J. Stormer） 561
ストラウド，W.（William Stroud, 1860–1938） 152, 156
ストラット，J. W.（John William Strutt, 別名レイリー卿, Lord Rayleigh, 1842–1919） 71, 126, 378, 395, 676, 767
ストラトン（S. W. Stratton） 471
ストレトフ，A. G.（Aleksandr G. Stoletov, 1839–1896） 715
スナイダー，H.（Hartland Snyder） 109
スピルハウス，A. F.（Athelstan Frederick Spilhaus） 347
スフィンデン，J. H. Van（Jan Hendrik Van Swinden, 1746–1823） 73
スフラーフェサンデ，W. J.（Willem Jakob' sGravesande, 1688–1742） 70, 671
スプルング，A.（Adolph Sprung, 1848–1909） 291
スペリー，E.（Elmer Sperry, 1860–1930） 273, 321
スペンス，G.（Graeme Spence） 288
スミス，G. E.（George E. Smith, 1930–） 485
スミス，W.（Willoughby Smith, 1828–1891） 247
スミートン，J.（John Smeaton, 1724–1792） 274, 350, 573
スレルフォール，R.（Richard Threlfall, 1861–1932） 324

ゼーガー，H. A.（Hermann August Seger） 574
セッキ，P. A.（Pietro Angelo Secchi, 1818–1878） 290, 293
ゼーベック，T. J.（Thomas Johann Seebeck, 1770–1831） 75, 231, 543
セルシウス，A.（Anders Celsius, 1701–1744） 73
ゼルニケ，F.（Frits Zernike） 241
セーレンセン（S. P. L. Sørensen, 1868–1939） 664

センクエルド，W.（Wolferd Senguerd） 350

ソヴー，J.（Joseph Sauveur, 1653–1716） 422
ソコロフ（S. Y. Sokolov） 403
ソシュール，H.–B. de（Horace–Bénédict de Saussure, 1740–1799） 227, 304
ソーティ（C. V. De Sauty） 748
ソーパー，F.（Fred Soper） 32
ソーヤー，W.（Wilbur Sawyer） 32
ソンデリッカー，J.（Jerome Sondericker） 619

ダインズ，W. H.（William Henry Dines, 1855–1927） 40, 623
ダヴィデンコフ，N.（Nikolay Nikorayevich Davidenkov, 1879–1962） 603
ダーウィン，F.（Francis Darwin, 1849–1925） 708, 717
タウンズ，C.（Charles Townes, 1915–） 764
ダゲール，L. J. M.（Louis Jacques Mande Daguerre, 1787–1851） 116, 122
ターザギー，K.（Karl Terzaghi） 361
ダッデル，W. du B.（William du Bois Duddel, 1872–1917） 66, 234, 508
ター＝ポゴシアン，M.（Michel M. Ter-Pogossian） 705
ターマン，L. M.（Lewis M. Terman, 1877–1956） 453
タリス，T. E.（Terry E. Tullis） 733
ダルシー，H.（Henry Darcy, 1803–1858） 514, 762
ダルシー，P.（P. Le Chevalier d'Arcy） 226
ダルソンヴァル，J. A.（Jacques Arsène d'Arsonval, 1851–1940） 233, 382
タルタリヤ，N.（Niccolò Tartaglia, 1499/1500–1557） 699
ダン（Dunn） 93
ダンサー，B.（Benjamin Dancer） 548
ターンペニー，J. A.（John A. Turnpenny） 512

チェッキ，F.（Filippo Cecchi, 1822–1887） 302
チブナル，A. C.（Albert Charles Chibnall, 1894–1988） 13
チャドウィック，J.（James Chadwick, 1891–1974） 109
張衡（78–139） 302
チョーサー，G.（Geoffrey Chaucer, 1343?–1400） 48
チリッロ，N.（Nicola Cirillo, 1671–1735） 302
チロウスキー，C.（Constantin Chilowsky） 418

ツァイス，C.（Carl Zeiss, 1816–1888） 217, 593
ツァーン，J.（Johann Zahn） 122

ツィグモンディー, R. (Richard Zsigmondy, 1865–1929) 217
ツヴェート, M. S. (Mikhail Semenovich Tsvett, 1872–1919) 184
ツヴォリキン, V. K. (Vladimir K. Zworykin, 1889–1982) 248

デイヴィス, J. (John Davis, 1550？–1605) 173
デイヴィス, R. (Raymond Davis) 433
ティセリウス, A. (Arne Tiselius, 1902–1971) 486
ティチナー, E. B. (Edward Bradford Titchener, 1867–1927) 330
ディッゲス, L. (Leonard Digges, 1520頃–1599頃) 188
テイラー, H. D. (Harold Dennis Taylor) 783
デイル, H. van (Harmanus van Deijl) 237
ティーレ, J. (Johannes Thiele, 1865–1918) 741
ディーン, L. W. (Lee Wallace Dean, 1873–1944) 468
テヴノー, M. (Melchisedech Thevenot, 1620–1692) 368
テオン（アレクサンドリアの）(Theon, 300年頃) 4
デクロワジーユ, F. A. H. (François Antoine Henri Descroizilles) 613
デザギュリエ, J. T. (Jean Theophile Desaguliers, 1683–1744) 226, 370, 633
テスラ, N. (Nikolai Tesla, 1857–1943) 509
デソルモ, A. J. (Antonin Jean Desormeaux, ？–1894) 530
テータム, E. L. (Edward Lawrie Tatum, 1909–1975) 1, 430
デッラ・ポルタ, G. B. (Giovanni Battista della Porta, 1535–1615) 121
テナント, S. (Smithson Tennant, 1761–1815) 364
デフォレスト, L. (Lee De Forest) 498
テープラー, A. (August Toepler, 1836–1912) 394
デュクルテ, E.-A. (Eugène-Adrien Ducretet) 715
デュ・ボア＝レーモン, E. (Emil Du Bois-Reymond, 1818–1896) 162, 480, 739
デュマ, J.-B.-A. (Jean-Baptiste-André Dumas, 1800–1884) 332
デュロン, P. L. (Pierre Louis Dulong, 1785–1838) 104
テーラー, H. S. (Hugh Scott Taylor, 1890–1974) 99
テルツァギ (K. Terzaghi) 8
デルーユ (L. J. Deleuil) 351

ドゥトロシュ, R. J. H. (Rene Joachim Henri Dutrochet, 1776–1847) 358
ドッジ, B. O. (Bernard O. Dodge, 1872–1960) 1
ドナン, F. (Frederick Donnan, 1870–1956) 359
ドビー, J. (James Dobbies, 1852–1924) 656
ドブジャンスキー, T. (Theodosius Dobzhansky, 1900–1975) 337
ドブソン, G. M. B. (Gordon Miller Bourne Dobson, 1889–1976) 660, 722
ドプレ, M. (Marcel Deprez, 1843–1918) 233, 503
ド・ブローイ, L. (Louis de Broglie, 1892–1987) 490
トムソン, E. (Elihu Thomson, 1853–1937) 509
トムソン, J. J. (Joseph John Thomson, 1856–1940) 81, 108, 308, 748
トムソン, W. (William Thomson, 1824–1907) 227, 231, 320, 323, 411, 470, 478, 504, 508, 604, 748, 752
ドライスデール, C. V. (Charles Vickery Drysdale) 508
トラオベ, M. (Moritz Traube, 1826–1894) 359
トラレス, J. G. (Johann Georg Tralles) 44
トリチェリ, E. (Evangelista Torricelli, 1608–1647) 135, 198, 304
ドリュック, J.-A. (Jean-André Deluc, 1727–1817) 73, 136, 304, 609
トルートン, E. (Edward Troughton, 1753–1836) 294, 368, 778
ドルトン, J. (John Dalton, 1766–1844) 99, 149, 559
トールボット, W. H. F. (William Henry Fox Talbot, 1800–1877) 116, 122, 123, 250, 649, 755, 782
ドルレアン, C. (Chérubin d'Orleans, 1613–1697) 396
ドルン, H. (Hans Dorn) 528
ドレイパー, C. S. (Charles Stark Draper, 1901–1987) 129, 612
ドレイパー, D. (Daniel Draper) 291
ドレザル, E. (Eduard Dolezal, 1862–1955) 119
トレシュラー, C. (Christof Treschler) 726
ドロンド, G. (George Dollond, 1774–1852) 292, 345
ドロンド, J. (John Dollond, 1706–1761) 237, 684
ドンキン, B. (Bryan Donkin, 1768–1855) 89, 434
ドンダース, F. (Frans Donders, 1818–1899) 222
ドンディ, G. de (Giovanni de Dondi, 1318–1389) 48
トンピオン, T. (Thomas Tompion, 1639–1713) 69
トンプソン, B. (Benjamin Thompson, 1753–1814) 579

ナイト，G.（Gowin Knight, 1713-1772） 274
ナイファー（F. E. Nipher） 39
ナシール＝ディーン・トゥーシー（Naṣīr al-dīn al-Ṭūsī, Muḥammad ibn al-Ḥasan, 1201-1274） 526
ナンセン，F.（Fridtjof Nansen, 1861-1930） 757

ニーア，A. O. C.（Alfred O. C. Nier, 1911-1994） 309
ニエプス，N.（Nicephore Niepce, 1765-1833） 122
ニクソン，R.（Richard Nixon, 1913-1994） 35
ニコラス（クサの）（Nicolas of Cusa, ラテン名：Nicolaus Cusanus, 1401-1464） 304, 528
ニコルズ，E. F.（Ernest F. Nichols, 1869-1924） 171
西沢潤一（1926-） 766
ニッツェ，M.（Max Nitze, 1848-1906） 530
ニュートン，I.（Isaac Newton, 1642-1727） 82, 140, 164, 382, 383, 560, 581, 649, 684

ネイピア，J.（John Napier, 1550-1617） 195, 539
ネルンスト，W. H.（Walter Hermann Nernst, 1864-1941） 97, 211, 546, 665, 748

ノイマン，J. von（John von Neumann, 1903-1957） 280, 766
ノッティンガム，W. B.（Wayne B. Nottingham） 203
ノートン，T.（Thomas Norton） 85
ノビリ，L.（Leopoldo Nobili, 1784-1835） 232, 382, 544
ノレ，J.-A.（Jean-Antoine Nollet, 1700-1770） 226, 358, 750

バー，A.（Archibald Barr, 1855-1931） 152, 156
ハイサーマン，J.（Joseph Heiserman） 405
ハイゼンベルク，W.（Werner Heisenberg, 1901-1976） 763
ハウウェル，J.（John Howell） 68
ハーヴェイ，E. N.（Edmund Newton Harvey, 1887-1959） 463
ハーヴェイ，W.（William Harvey, 1578-1657） 239
バウシンガー，J.（Johann Bauschinger, 1833-1893） 285
ハウゼン，C. A.（Christian A. Hausen） 141
バウデン，F. P.（Frank Phillip Bowden, 1903-1968） 732
パウリク（F. Paulik） 300, 703
パウル，W.（Wolfgang Paul, 1913-1993） 309
ハウンスフィールド，G. N.（Godfrey N. Hounsfield, 1919-） 314
パウンド（R. V. Pound, 1919-） 763
バークロフト，J.（Joseph Barcroft, 1872-1947） 30, 138
ハーシェル，J.（John Frederick William Herschel, 1792-1871） 123, 536
ハーシェル，W.（William Herschel, 1738-1822） 382, 685
ハージャー，R.（Rolla Neil Harger） 327
パスカル，B.（Blaise Pascal, 1623-1662） 192
パスツール，L.（Louis Pasteur, 1822-1895） 390
ハースト（L. L. Hirst） 202
パーセル，E.（Edward Purcell, 1912-1997） 56, 59, 763
ハーゼンバーグ，L.（Leonard Herzenberg） 190
パターソン（C. C. Paterson） 508
バダル，J.（Jules Badal, 1840-1929） 223
ハチェック（E. Hatscheck） 561
ハチンソン，J.（John Hutchinson, 1811-1861） 571
バックリー（O. E. Buckley） 203
パッシェン，F.（Friedrich Paschen, 1865-1947） 81
バッシュ，S. S. K. R. von（Samuel Siegfried Karl Ritter von Basch, 1837-1905） 208
ハーディー（W. B. Hardy, 1864-1934） 487
ハーディ，A.（Alister Hardy, 1896-1985） 633
ハーディ，A. C.（Arthur C. Hardy） 657
バード，J.（John Bird, 1709-1776） 73, 88, 318, 777
バード，R. E.（Richard Evelyn Byrd, 1888-1957） 779
ハートスターク，C.（Curt Hertstark） 192
ハートマン，J.（Johannes Hartmann） 593
ハートライン（H. K. Hartline, 1903-1983） 739
ハートリー，W. N.（Walter Noel Hartley, 1847-1913） 656
パートリッジ（H. M. Partridge） 665
ハドレー，J.（John Hadley, 1682-1744） 7, 353, 581
バナール，J. D.（John Desmond Bernal, 1901-1971） 50
パノフスキー，W.（Wolfgang K. H. Panofsky, 1919-） 111
パパン，D.（Denis Papin, 1647-1712？） 350
バベッジ，C.（Charles Babbage, 1792-1871） 194, 280
ハーベルメール，E.（Erasmus Habermel, ？-1606） 528
パーマー，H.（Henry Palmer） 457
バラ，W.（William Borough, 1536-1599） 274
ハリオット，T.（Thomas Harriot, 1560 頃-1621）

683

ハリス (G. W. Harris) 389
ハリソン, J. (John Harrison, 1693-1776) 179
ハル (G. F. Hull) 171
ハルコルト, E. (Eduard Harkort) 363
ハルトマン (J. Hartmann, 1865-1936) 721
ハルトマン, A. (Arthur Hartmann, 1849-1931) 468
ハルトマン, G. (Georg Hartmann, 1489-1564) 6
バルトリヌス, E. (Erasumus Bartholinus, 1625-1698) 677
バルナス (I. K. Parnas) 451
パルミエリ, L. (Luigi Palmieri, 1807-1896) 302
ハレー, E. (Edmund Halley, 1656-1742) 270, 288, 297
パレイラス, D. (Decio Pareiras) 32
バーロー, P. (Peter Barlow, 1776-1862) 284
バロウズ, W. S. (William S. Burroughs) 193
班固 (32-92) 286
ハンステーン, C. (Chistopher Hansteen, 1784-1873) 345
バンチ, C. C. (Cordia C. Bunch, 1885-1942) 468
ハント (F. V. Hunt, 1905-1972) 419

ビオ, J.-B. (Jean-Baptiste Biot, 1774-1862) 231, 366, 389
ピカール, J. (Jean Picard, 1620-1682) 141
ビショップ (Bischoff) 228
ピッカリング, E. C. (Edward C. Pickering, 1846-1919) 251
ピッケルス, E. (Edward Greydon Pickels) 462
ヒットルフ, W. (Wilhelm Hittorf, 1824-1914) 81
ヒップ, M. (Matthäus Hipp) 175, 176
ピトー, H. (Henri Pitot, 1695-1771) 759, 762
ビードル, G. W. (George Wells Beadle, 1903-1989) 1
ビネ, A. (Alfred Binet, 1857-1911) 453
ビームズ, J. W. (Jesse Wakefield Beams) 202, 461
ヒューズ, D. (David Hughes, 1831-1900) 468
ビュフォン, G. L.-L. de (George Louis-Leclerc de Buffon, 1707-1788) 511
ビュルギ, J. (Jost Burgi, 1552-1632) 380, 521
ヒュルスメイヤー, C. (Christian Hülsmeyer, 1881-1957) 770
ピョルコフスキー, C. (Curt Piorkowski) 340
ピラニ, M. (Marcello Pirani) 202
ヒル, J. (John Hill, 1705-1775) 736
ヒンケ, J (Joseph Hinke) 22
ヒンデル, C. (Charles Hindel) 235

ファーガソン, J. (James Ferguson, 1710-1776) 370
ファブリ (C. Fabry, 1867-1945) 721
ファラデー, M. (Michael Faraday, 1791-1867) 232, 476, 505, 743, 776
ファーレントラップ, F. (Franz Varrentrap, 1815-1877) 451
ファーレンハイト, D. G. (Daniel Gabriel Fahrenheit, 1686-1736) 73
ファン・スライケ, D. D. (Donald Dexter Van Slyke, 1883-1971) 138
ファント・ホッフ, J. (Jocobus Van't Hoff, 1860-1911) 359
フィアロート, K. (Karl Vierordt, 1818-1884) 146, 208, 358
プイエ, C. (Claude Pouillet) 536
プイエ, S. M. (Servas Mathias Pouillet, 1790-1868) 232
フィエルスタッド (Fjelstad) 758
フィゾー, A. (Armand Hippolyte-Louis Fizeau, 1819-1896) 126, 157, 592, 744
フィッシャー, E. (Emil Fischer, 1852-1919) 390, 666
フィッシャー, J. (John Fischer) 734
フィヌ, O. (Oronce Fine, 1494-1555) 48
フィリップス (C. E. S. Phillips) 203
フィリップス, C. (Courtenay Phillips) 184
フェアバンク, W. (William Fairbank, 1917-1989) 325
フェアマン (J. Fairman) 119
フェラリス, G. (Galileo Ferraris, 1847-1897) 509
フェランティ, S. de (Sebastian de Ferranti, 1826-1901) 509
フェルディナンド・デ・メディチ (Ferdinando de' Medici) 72
フォイクト, F. W. (Friedrich Wilhelm Voight) 364
フォイスナー (K. Feussner) 481
フォックス, R. (Robert Fox, 1789-1877) 448
フォーブス, J. D. (James David Forbes, 1809-1868) 104, 536
フォルタン, N. (Nicolas Fortin, 1750-1831) 86, 137, 150
フォルヒハイマー (P. Z. Forchheimer) 514
フォワード, R. (Robert Forward, 1932-2002) 326
フォンタナ, F. (Felice Fontana, 1730-1805) 290, 745
ブゲ, P. (Pierre Bouguer, 1698-1758) 250
フーコー, J. B. L. (Jean Bernard Léon Foucault, 1819-1868) 157, 272, 320
フック, R. (Robert Hooke, 1635-1703) 39, 72, 89, 136, 179, 239, 290, 292, 304, 323, 350, 352, 365,

581, 622, 646
ブッシュ，V.（Vannevar Bush, 1890-1970） 194, 610
プティ，A. T.（Alexis Thérèse Petit, 1791-1820） 104
プトレマイオス，K.（Klaudios Ptolemaios, ラテン名：Claudius Ptolemaeus, 2世紀） 4, 16, 46, 446, 632
プフェッファー，W.（Wilhelm Pfeffer, 1845-1920） 343, 359
ブライアント，W. S.（William Sohier Bryant, 1861-1956） 469
プライス，W. G.（William Gunn Price, 1853-？） 758
フラウンホーファー，J. von（Joseph von Fraunhofer, 1787-1826） 82, 649, 650, 686
ブラウン，F.（Ferdinand Braun, 1850-1918） 64, 497
ブラーエ，T.（Tycho Brahe, 1546-1601） 16, 296, 317, 777
ブラグデン，C.（Charles Blagden, 1748-1820） 331
ブラケット，P.（Patrick Maynard Stuart Blackett, 1897-1974） 160
ブラック，J.（Joseph Black, 1728-1799） 74, 85, 364, 551, 576, 775
ブラッグ，W. H.（William Henry Bragg, 1862-1942） 51
ブラッグ，W. L.（William Lawrence Bragg, 1890-1970） 49
プラットナー，C. F.（Carl Friedrich Plattner, 1800-1858） 363
ブラッドリー，J.（James Bradley, 1693-1762） 297
ブラマー，J.（Joseph Bramah, 1748-1814） 93
ブラン，L.（Lucas Brunn） 726
フランクリン，B.（Benjamin Franklin） 226
ブランダー，G. F.（Georg F. Brander, 1713-1783） 154, 188
プランテ，G.（Gaston Planté, 1834-1889） 495
ブランリー，E.（Edouard Branly） 497
フーリエ，J. B. J.（Jean Baptiste Joseph Fourier, 1768-1830） 422, 441
プリーストリー，J.（Joseph Priestley, 1733-1804） 478, 551, 745, 750, 775
プリチャード，A.（Andrew Pritchard） 736
ブリッジズ，C.（Calvin Bridges, 1889-1938） 335
フリーデンタール（H. Friedenthal） 664
フリードリッヒ，A.（Alfred Friedrich, 1896-1942） 452
ブリネル，J. A.（Johan August Brinell, 1849-1925） 252
ブリュッケ，E.（Ernst Brücke） 219
フルケード，H.（Henry Fourcade, 1865-1948） 119

ブルースター，D.（David Brewster, 1781-1868） 676, 756
ブールスマ（S. L. Boersma） 301
ブルック，J. M.（John Mercer Brooke, 1826-1906） 411
ブルドン，E.（Eugène Bourdon, 1808-1884） 198
プールバッハ（Peuerbach, 1423-1461） 5
プルフリッヒ，C.（Carl Pulfrich, 1858-1927） 119
ブルーメンバッハ，J. F.（Johann Friedrich Bleumenbach, 1752-1840） 511
ブレイスウェイト，J.（John Braithwaite, 1797-1870） 618
プレイフェア，L.（Lyon Playfair, 1818-1898） 86
フレッチャー，H.（Harvey Fletcher, 1884-1981） 395
フレデリック・ジョリオ＝キュリー（Frédéric Joliot-Curie, 1900-1958） 109
プレトーリウス，J.（Johann Praetorius, 1537-1616） 528
プレパラタ，G.（Giuliano Preparata, 1942-2000） 326
フレミング，J. A.（John Ambrose Fleming, 1849-1945） 481, 748
フレメリー（J. K. Fremery） 202
ブローイ→ド・ブローイ
ブロカ，P.（Paul Broca, 1824-1880） 512
ブロークンシュタイン，R. F.（Robert F. Brokenstein） 327
ブロッホ，F.（Felix Bloch, 1905-1983） 56, 59, 763
ブローベック，W.（William Brobeck） 109
ブロンデル，A. E.（André Eugène Blondel, 1963-1938） 63, 234, 395
ブンゼン，R.（Robert Wilhelm Eberhard Bunsen, 1811-1899） 83, 99, 138, 149, 225, 250, 495, 552, 562, 649, 650, 741, 776
ブント，W.（Wilhelm Max Wundt, 1832-1920） 145
フンボルト，A. W. H. von（Friedrich Wilhelm Heinrich Alexander von Humboldt, 1769-1859） 345

ベアード（R. T. Bayard） 203
ヘイル，G. E.（George Ellery Hale, 1868-1938） 83, 653
ヘイルズ，S.（Stephen Hales, 1677-1761） 146, 208, 342
ヘイロフスキー，J.（Jaroslav Heyrovský, 1890-1967） 708
ペイン，W.（William Payne） 734
ベーヴァーズ（C. A. Beevers） 300
ヘヴェシ，G. von（Georg von Hevesy, 1885-1966）

704
ヘヴェリウス，J.（Johannes Heveliuys, 1611-1687）777
ベーカー（A. Baker）97
ベーカー，H.（Henry Baker, 1698-1774）239
ベクレル（A. C. Becquerel）234
ベケーシ，G. von（Georg von Békésy, 1899-1972）469
ベーコン，F. T.（Francis Thomas Bacon, 1904-1992）496
ページ，C. G.（Charles Grafton Page, 1812-1868）742
ペターソン，O.（Otto Pettersson）758
ベック，A.（Adolf Beck, 1863-1939）564
ベックマン，A. O.（Arnold O. Beckman, 1900-2004）665
ベックマン，E. O.（Ernst Otto Beckmann, 1853-1923）74, 332
ペッツヴァール，J.（Joseph Petzval, 1807-1891）116
ベッヒャー，J. J.（Johann Joachim Becher, 1635-1682）775
ベドノルツ，J. G.（Johannes G. Bednorz, 1950-）372
ベニオフ，H.（Hugo Benioff, 1899-1968）303, 441
ペニング（F. M. Penning）203
ベネット，A.（Abraham Bennet, 1750-1799）227
ペラン，J.（Jean Perrin, 1870-1942）219
ペリー，J.（John Perry, 1850-1920）233, 387, 477, 503, 508
ベリマン，T.（Torbern Bergman, 1735-1784）363
ベルセリウス，J. J.（Jöns Jakob Berzelius, 1779-1848）86, 363
ヘルツ，H. R.（Heinrich Rudolf Hertz, 1857-1894）81, 247, 496, 770
ペルティエ，J. C. A.（Jean Charles Athanase Peltier, 1785-1845）544
ベルテッリ，T.（Timoteo Bertelli, 1826-1905）599
ベルトニ，H.（Henry Bertoni）405
ベルトレ，C. L.（Claude Louis Berthollet, 1748-1822）613
ベルトロ，M. P. E.（Marcelin Pierre Eugène Berthelot, 1827-1907）96, 557
ベルヌーイ，D.（Daniel Bernoulli, 1700-1782）760
ヘルムホルツ，H. von（Hermann von Helmholtz, 1821-1894）71, 81, 145, 218, 233, 487, 674, 715
ベーレン（T. G. B. Behren）228
ベーレント，R.（Robert Behrend, 1856-1926）709

ペロー，L.（Louis Perreaux, 1816-1889）648
ペンジアス（A. Penzias, 1933-）765
ベンチュリ，G. B.（Giovanni Battista Venturi）760
ベンツェル，C. E.（Carl E. Bentzel）759
ヘンペル，W.（Walther Mathias Hempel, 1851-1916）99
ヘンリー，W.（William Henry, 1774-1836）149

ボアズ，F.（Franz Boas, 1858-1942）454
ポアソン，S. D.（Siméon Denis Poisson, 1781-1840）270
ボーイズ，C. V.（Charles Vernon Boys, 1855-1944）95, 324, 382, 549
ホイートストン，C.（Charles Wheatstone, 1802-1875）176, 232, 292, 478, 578, 604, 681, 755
ホイヘンス，C.（Christiaan Huygens, 1629-1695）179, 229, 350, 522, 632, 636
ホイヘンス，C.（Constantijn Huygens）238
ホイーラー，G.（Granville Wheler）226
ボイル（R. W. Boyle, 1883-1955）419
ボイル，C.（Charles Boyle, 1676-1731）69
ボイル，R.（Robert Boyle, 1627-1691）43, 121, 136, 201, 350
ボイル，W. S.（Willard S. Boyle, 1924-）485
ホークスビー，F.（Francis Hauksbee, 1666-1713）141, 226
ボクセンベルグ，A.（Alec Boksenberg）625
ホジキンソン，E.（Eaton Hodgkinson, 1789-1861）600
ホスキンズ，E. R.（Earl R. Hoskins）733
ボーゼ，G. M.（Georg Matthias Bose, 1710-1761）141
ポータフィールド，W.（William Porterfield, 1696？-1771）223
ポッゲンドルフ，J. C.（Johann Christian Poggendorff, 1796-1877）231, 480, 506
ボッツィニ，P.（Philipp Bozzini, 1773-1809）530
ホッフ→ファント・ホッフ
ホッペ＝ザイラー，F.（Felix Hoppe-Seyler, 1825-1895）668
ボーネンベルガー，J. von（Johann von Bohnenberger, 1765-1831）272
ホプキンス, W.（William Hopkins, 1793-1866）166
ホフスタッター，R.（Robert Hofstadter）355
ボーメ，A.（Antoine Baume, 1728-1804）44
ポルタ→デッラ・ポルタ
ボルツマン，L.（Ludwig Eduard Boltzmann, 1844-1906）394, 574
ホールデン，J. S.（John Scott Haldene, 1860-1936）30, 139, 669

ホルバイン，H.（子）(Hans Holbein der Jüngere, 1497–1543) 528
ホルボルン，L. (Ludwig Holborn, 1860–1926) 575
ホルムグレン，F. (Frithiof Holmgren, 1831–1897) 739
ホレリス，H. (Herman Hollerith, 1860–1929) 194
ポロ，I. (Ignazio Porro, 1801–1875) 154
ポロック，J. A. (James Arthur Pollock 1865–1922) 324
ポワッソン，S. D. (Siméon–Denis Poisson, 1781–1840) 479
本多光太郎（1870–1954) 546

マイアー，T. (Tobias Mayer, 1723–1762) 777
マイケルソン，A. A. (Albert Abraham Michelson, 1852–1931) 83, 126, 157, 471
マイドゥナー，H. (Hans Meidner, 1914–2001) 717
マイヤー，V. (Viktor Meyer, 1848–1897) 333
マクミラン，E. M. (Edwin Matison McMillan, 1907–1991) 109
マクラウド，H. G. (Herbert G. McLeod, 1841–1932) 201
マザー，T. (Thomas Mather) 508
マーセット，A. (Alexander Marcet) 365
マックスウェル，J. C. (James Clerk Maxwell, 1831–1879) 170, 320, 479, 520, 597, 748
マッケンジー，M. (Murdoch Mackenzie, 1712–1797) 288
マッケンジー，M.（甥）(Murdoch Mackenzie, 1743–1829) 288
マッケンジー，W. (William Mackenzie) 124
マッシー，E. (Edward Massey) 413
マッジ，T. (Thomas Mudge, 1715–1794) 180
マッテウッチ，C. (Carlo Matteucci, 1811–1868) 162, 506
マッハ，E. (Ernst Mach, 1838–1916) 118
マティス，K. (Karl Matthes) 214
マーティン，A. J. P. (Acher John Porter Martin, 1910–2002) 184
マーティン，B. (Benjamin Martin) 239
マラー，H. J. (Herman J. Muller, 1890–1967) 335
マリケン，S. P. (Samuel P. Mulliken) 741
マリス，K. B. (Kary B. Mullis, 1944–) 712
マリュス，É. (Étienne Louis Malus, 1775–1812) 678
マルクグラーフ，A. S. (Andreas Sigismund Marggraf, 1709–1782) 363
マルコーニ，G. (Guglielmo Marconi, 1874–1937) 182, 770

マルピーギ，M. (Marcello Malpighi, 1628–1694) 238
マレー，E.–J. (Etienne–Jules Marey, 1830–1904) 34, 117, 146, 161, 208
マレット，F. (Frederick Mallet) 345
マレット，R. (Robert Mallet, 1810–1881) 302
マレン，J. (John Mullen) 114
マンソン（W. A. Munson) 395
マンハイム，V. (Victor Mayer Amédée Mannheim, 1831–1906) 196

ミュッセンブルーク，J. van (Johan van Musschenbroek, 1692–1761) 238, 350
ミュッセンブルーク，P. van (Petrus van Musschenbroek, 1692–1761) 70, 93, 573, 750
ミュラー（M. J. C. Müller, 1914–2001) 717
ミュラー，E. W. (Erwin W. Muller, 1911–1977) 482
ミュラー，K. A. (Karl A. Müller, 1927–) 372
ミュラー，W. M. M. (Walther Maria Max Müller) 78
ミュンスター，S. (Sebastian Münster, 1489–1552) 48
ミリカン（G. A. Millikan) 214
ミリカン，R. (Robert Millikan, 1868–1953) 36
ミルン，J. (John Milne, 1850–1913) 303

メイジャーズ（C. Mazieres) 300
メイスン，F. A. (Frederick A. Mason) 741
メーデ，W. (Walther Moede) 340
メナール，L. (Louis Ménard) 11
メニエ，P. B. (Pierre Bernard Mégnié, 1751–1807) 86
メニャン，E. (Emmanuel Maignan, 1601–1676) 304
メリフィールド（R. B. Merrifield, 1921–) 667
メルカトル，G. (Gerhardus Mercator, 1512–1594) 446
メルセンヌ，M. (Marin Mersenne, 1588–1648) 422
メローニ，M. (Macedonio Melloni, 1798–1854) 382, 544

モーガン，T. H. (Thomas Hunt Morgan, 1866–1945) 1, 336
モース，H. N. (Harman Northrop Morse) 575
モーズリ，H. G. J. (Henry Gwyn Jeffreys Moseley, 1887–1915) 719
モッソ，A (Angello Mosso, 1846–1910) 35
モートン，S. G. (Samuel George Morton, 1799–1851) 452, 512
モルガーニ，G. (Giovanni Morgagni, 1682–1771) 466

モルチャノフ，P.（Pavel Moltchanoff, 1893-1941） 753
モルディカイ，A.（Alfred Mordecai, 1804-1887） 578
モーン，H.（Henrik Mohn, 1835-1916） 610

ヤコブセン，J. P.（Jacob P. Jacobsen） 758
ヤング，T.（Thomas Young, 1773-1829） 126, 222
ヤンセン，S.（Sacharias Jansen, 1588-1628 頃） 683

ユーア，A.（Andrew Ure, 1778-1857） 86
ユーイング，J. A.（James Alfred Ewing, 1855-1935） 303
ユーイング，W. M.（William Maurice Ewing, 1906-1974） 348
ユルバン，G.（Georges Urbain, 1872-1938） 546
ユーレー，H. C.（Harold Clayton Urey, 1893-1981） 109
ユンカース，H.（Hugo Junkers, 1859-1935） 95

楊輝（1257 年頃活躍） 287
ヨルゲンソン（J. W. Jorgenson） 488

ライシュ，G.（Gregor Reisch） 424
ライト，W. H.（Walter H. Wright） 665
ライプニッツ，G. W.（Gottflied Wilhelm Leibniz, 1646-1716） 137, 179, 192
ライヘンバッハ，G.（Georg Reichenbach, 1771-1826） 150, 154
ライル，M.（Martin Ryle） 499
ラインケ，J.（Johannes Reinke, 1849-1931） 343
ラウエ，M. T. F. von（Max Theodor Felix von Laue, 1879-1960） 49
ラーヴァター，J. C.（Johann Caspar Lavater, 1741-1801） 452
ラヴォワジエ，A.-L.（Antoine-Laurent Lavoisier, 1743-1794） 44, 73, 86, 550, 553, 746, 776
ラウール，F. M.（François Marie Raoult, 1830-1901） 331
ラヴロック，J.（James Lovelock, 1919-） 492
ラエンネック，R.（Rene Laennec, 1781-1826） 466
ラクール，P.（Paul La Cour） 71
ラザフォード，E.（Ernest Rutherford, 1871-1937） 77, 108, 159, 373
ラザフォード，J.（John Rutherford） 74
ラザフォード，L. M.（Louis Morris Rutherford, 1816-1892） 83
ラスト，K.（Karl Rast） 332
ラスボーン，A.（Aaron Rathborne） 409

ラーソン，J. A.（John A. Larson, 1892-1983） 34
ラプラス，P. S.（Pierre Simon Laplace, 1749-1827） 550
ラベリ，A.（Antoine Labeyrie） 694
ラマン，C.（Chandrasekhara Raman, 1888-1970） 767
ラムスデン，J.（Jesse Ramsden, 1735-1800） 86, 88, 136, 188, 377, 573, 646, 778
ラムゼー，W.（William Ramsay, 1852-1916） 81
ラランヌ，L.（Leon Lalanne, 1811-1892） 569
ラルー（Laroue） 150
ランキン，W. J. M.（William John Macquorn Rankine, 1820-1872） 618
ラングミュア，I.（Irving Lamgmuir, 1881-1957） 202
ラングレー，S. P.（Samuel Pierpont Langley, 1834-1906） 714
ランジュヴァン，P.（Paul Langevin, 1872-1946） 418
ランツベルガー（W. Landsberger） 332
ラントシュタイナー，C.（Carl Landsteiner, 1868-1943） 487
ランドリアーニ，M.（Marcilio Landriani, 1751 頃-1816 頃） 745
ランベルト，J. H.（Johann Heinrich Lambert, 1728-1777） 251, 305

リヴァ＝ロッチ，S.（Scipione Riva-Rocci, 1863-1937） 209
リヴィングストン，M. S.（Milton Stanley Livingston, 1905-1986） 109
リカード，E.（Elmer Rickard） 32
リギ，A.（Augusto Righi, 1850-1920） 170
リサージュ，J. A.（Jules Antoine Lessajous） 70
リシャール，J.（Jules Richard, 1848-1930） 293
リスター，J. J.（Joseph Jackson Lister, 1786-1869） 238, 240
李治（李冶，1192-1279） 287
リチャード（ウォリングフォードの）（Richard of Wallingford, 1292?-1336） 48
リチャードソン，B. W.（Benjamin Ward Richardson, 1828-1896） 468
リッテンハウス，D.（David Rittenhouse, 1732-1796） 70
リップマン，G.（Gabriel Lippman, 1845-1921） 709
リッペルハイ，H.（Hans Lipperhey, ?-1619） 396
リディール，E.（Eric Keightley Rideal, 1890-1974） 99
リトル，C. C.（Clarence C. Little, 1888-1971） 729
リーバー，G.（Grote Reber, 1911-） 498
リービッヒ，J. von（Justus von Liebig, 1803-1873） 339

リヒテンベルク，G. C.（Georg Christoph Lichtenberg, 1742-1799）166
劉益 287
リュームコルフ，H. D.（Heinrich Daniel Ruhmkorff, 1803-1877）232, 744
リヨ，B.（Bernard Lyot, 1897-1952）260
リンデグレン，C. C.（Carl Clarence Lindegren, 1896-）1
リンネ，C. von（Carl von Linnaeus, 1707-1778）73, 511

ルーカス，F.（Francis Lucas）412
ルカーチ（K. D. Lukacs）488
ルクランシェ，G.（Georges Leclanché, 1839-1882）495
ルシャトリエ，H.-L.（Henri-Louis Le Châtelier, 1850-1936）266, 299, 574, 701
ルートヴィッヒ，C.（Carl Ludwig, 1625-1680）208
ルートヴィッヒ，C. F. W.（Carl Friedrich Wilhelm Ludwig, 1816-1895）145
ルートベルク（F. Rudberg）299
ルニョー，H.-V.（Henri-Victor Regnault, 1810-1878）609
ルフト，K. F.（Karl Friedrich Luft）100
ルブナー，M.（Max Rubner, 1854-1932）553
ルーベンス，H.（Heinrich Rubens, 1865-1922）715
ルーミス，A. L.（Alfred Lee Loomis, 1887-1975）399, 463
ルロワ，J. B.（Jean Baptiste LeRoy, 1720-1800）227
ルロワ，P.（Pierre LeRoy, 1717-1785）180
ルンマー，O.（Otto Lummer, 1860-1925）250

レイド，J. E.（John E. Reid, 1910-1982）35
レイノルズ，O.（Osborne Reynolds, 1842-1912）170
レイモンド（L. Raymond）488
レイリー卿→ストラット，J. W.
レヴィンタール，E.（Elliot Levinthal）191
レーウェンフック，A. van（Antoni van Leeuwenhoek, 1632-1723）27, 238
レウス，A.（Alexander Reuss）486
レオナルド・ダ・ヴィンチ（Leonardo da Vinci, 1452-1519）67, 622, 734, 755, 760
レオミュール，R. de（Réne de Réaumur, 1683-1757）73
レギウス（H. L. Regius）424
レギオモンタヌス（Regiomontanus, 1436-1476）5

レーゲナー，E.（Erich Rudolph Alexander Regener, 1881-1955）373
レーザー，H.（Hans Loeser）74
レスリー，J.（John Leslie, 1766-1832）305, 382
レーダーバーグ，J.（Joshua Lederberg, 1925-）3
レッドウッド，B.（Boverton Redwood）384
レッドヘッド，P. A.（Paul A. Redhead）203
レーベジェフ，P. N.（Pyotr Nicolayevich Lebedev, 1866-1912）171
レーマー，O.（Ole Christensen Rømer, 1644-1710）73, 294, 297, 632, 727
レーラー，E.（Erwin Lehrer）99
レン，C.（Christopher Wren, 1675-1711）38, 290, 292
レントゲン（W. C. Röntgen, 1845-1923）52
レントゲン，W. K. von（Wilhelm Konrad von Röntgen, 1845-1923）108

ロイ，W.（William Roy）198
ロイド，H.（Humphrey Lloyd, 1800-1881）346
ロヴィボンド，J.（Joseph Lovibond）594
ロウリー，J.（John Rowley, 1665頃-1728）69
ロジェ（P. M. Roget, 1779-1869）196
ロース，P.（Peter Wroth）11
ロスコー，H.（Henry Roscoe, 1833-1915）776
ロッシ，B.（Bruno Rossi, 1905-）690
ロッジ，O.（Oliver Lodge, 1851-1940）497, 752
ロッチ（Abbot Rotch, 1961-1912）753
ロッドマン（T. J. Rodman, 1815-1871）579
ロバーツ＝オースティン，W.（William Roberts-Austen, 1843-1902）299
ロビンス，B.（Benjamin Robins, 1707-1751）578, 700
ロビンソン，H. R.（H. R. Robinson）617
ロビンソン，T. C.（Thomas Charles Robinson）86, 377, 577
ロビンソン，T. R.（Thomas Romney Robinson, 1792-1882）478, 524, 623
ロメ・ド・リル，J.-B.（Jean-Baptiste Romé de l'Isle, 1736-1790）416
ローランド，H. A.（Henry Augustus Rowland, 1848-1901）83, 549
ローリー，T. M.（Thomas Martin Lowry, 1874-1936）390
ロールシャッハ，H.（Hermann Rorschach, 1884-1922）454
ローレンス，E. O.（Ernest Orlando Lawrence, 1901-1958）108
ロンドゥレ，J. B.（Jean Baptiste Rondelet）93
ロンブローゾ，C.（Caesare Lombroso, 1836-1910）35

ワイヤード（Whyard） 106
ワグナー（K. W. Wagner） 749
渡辺 寧（1896-1976） 766
ワット，J.（James Watt, 1736-1819） 30, 197, 201, 534
ワトソン，J.（James Watson, 1928-） 473
ワトソン，R.（Richard Watson, 1737-1816） 331
ワトソン，W.（William Watson, 1715-1787） 447
ワトソン＝ワット，R.（Robert Watson-Watt, 1892-1973） 770
ワラー，A.（Augustus Waller, 1816-1870） 356

監訳者略歴

橋本毅彦（はしもと・たけひこ）
1957年　東京都に生まれる
1991年　ジョンズ・ホプキンス大学大学院科学史学科博士課程修了
現　在　東京大学先端科学技術研究センター教授・Ph.D.
主な著書　『物理・化学通史』（放送大学教育振興会，1999）
　　　　　『遅刻の誕生』（共編著，三元社，2001）
　　　　　『〈標準〉の哲学』（講談社，2002）

梶　雅範（かじ・まさのり）
1956年　神奈川県に生まれる
1988年　東京工業大学大学院理工学研究科博士課程修了
現　在　東京工業大学大学院社会理工学研究科助教授・学術博士
主な著訳書　『メンデレーエフの周期律発見』（北海道大学図書刊行会，1997）
　　　　　　『錬金術の歴史』（共訳，朝倉書店，1996）
　　　　　　『元素発見の歴史1～3』（共訳，朝倉書店，1988～1990）

廣野喜幸（ひろの・よしゆき）
1960年　東京都に生まれる
1990年　東京大学大学院理学系研究科博士課程修了
現　在　東京大学大学院総合文化研究科助教授・理学博士
主な著書　『生命科学の近現代史』（勁草書房，2002）
　　　　　『公共のための科学技術』（玉川大学出版部，2002）

科学大博物館——装置・器具の歴史事典　　　　定価は外函に表示

2005年3月25日　初版第1刷
2006年4月10日　　　第2刷

　　　　　　　　　　　監訳者　橋　本　毅　彦
　　　　　　　　　　　　　　　梶　　雅　　範
　　　　　　　　　　　　　　　廣　野　喜　幸
　　　　　　　　　　　発行者　朝　倉　邦　造
　　　　　　　　　　　発行所　株式会社　朝　倉　書　店
　　　　　　　　　　　　　　　東京都新宿区新小川町6-29
　　　　　　　　　　　　　　　郵便番号　162-8707
　　　　　　　　　　　　　　　電話　03(3260)0141
　　　　　　　　　　　　　　　FAX　03(3260)0180
〈検印省略〉　　　　　　　　　http://www.asakura.co.jp

©2005〈無断複写・転載を禁ず〉　　　　新日本印刷・渡辺製本
ISBN 4-254-10186-4　C 3540　　　　　　Printed in Japan

前北大 髙田誠二編著

理工学 量 の 表 現 辞 典
―JIS用語から新計量法単位へ―

10131-7 C3540　　　　A 5 判 512頁 本体16000円

1966年以来の大改正で1993年11月に施行された新計量法に準拠する"単位の辞典"への新アプローチ。「国際単位系に読者を誘う、量の表現のための2階層シソーラス辞典。理工学の情報を発信・受信する人々に推薦します。」(計量研究所所長(刊行当時)・栗田良春)。〔内容〕量から表現へ(現代理工学上の量的表現とその解説)/表現はSIへ(現今ももっとも適切と認められている公的な表現と解説)/SIからはずれた表現の処理(法的根拠を失う単位,分野を制限される単位)

山﨑弘郎・石川正俊・安藤　繁・今井秀孝・
江刺正喜・大手　明・杉本栄次編

計 測 工 学 ハ ン ド ブ ッ ク

20104-4 C3050　　　　B 5 判 1324頁 本体48000円

近年の計測技術の進歩発展は著しく,人間生活に大きな利便を提供している。本書は,多方面の専門家の協力を得て,計測技術の進歩の成果を幅広く紹介し,21世紀を視野に入れたランドマークの役割を果たすハンドブックであり,学問的に明解な解説と同時に,計測の現場における利用者を意識して実用的な記述を重視した総合的なハンドブック。〔内容〕基礎/計測標準とトレーサビリティ/信号変換技術とシステム構成技術/計測方法論/計測のシステム化と先端計測/応用

前同志社大 島尾永康著
科学史ライブラリー

人　物　化　学　史
―パラケルススからポーリングまで―

10577-0 C3340　　　　A 5 判 240頁 本体4300円

近代化学の成立から現代までを,個々の化学者の業績とその生涯に焦点を当てて解説。図版多数。〔内容〕化学史概説/パラケルスス/ラヴォワジエ/デーヴィ/桜井錠二/下村孝太郎/キュリー/鈴木梅太郎/ハーンとマイトナー/ポーリング他

R.W.ベック著　嶋田甚五郎・中島秀喜監訳
科学史ライブラリー

微 生 物 学 の 歴 史 I

10580-0 C3340　　　　A 5 判 256頁 本体4900円

微生物学の歴史において「いつ誰が何をしたか」「いつ何が発見/開発されたか」を年代記(年譜)としてまとめたもの。その時代の社会的背景を理解できるような項目も取り上げ,興味深く読めるよう配慮。I巻は紀元前3180年頃から1918年まで

R.W.ベック著　嶋田甚五郎・中島秀喜監訳
科学史ライブラリー

微 生 物 学 の 歴 史 II

10581-9 C3340　　　　A 5 判 264頁 本体4900円

アメリカ微生物学会から刊行された書の翻訳。微生物学の歴史を年代記(年譜)としてまとめたもの。その時代の学問的思潮,周辺諸科学の展開,社会的な背景なども取り上げ,興味深く読めるように配慮。II巻は1919年以降現在まで

愛知大 沓掛俊夫編訳
科学史ライブラリー

アルベルトゥス・マグヌス 鉱 物 論

10582-7 C3340　　　　A 5 判 200頁 本体3600円

ギリシア・ローマ・アラビア科学を集大成した中世最大の学者の主著を原典から翻訳し詳細に注解〔内容〕鉱物:一般論・偶有性/宝石:石の効力・宝石の効能・石の印像/金属一般論:質量・偶有性/金属各論/石と金属の中間のような鉱物/他

R.J.フォーブス著　平田　寛・道家達将・
大沼正則・栗原一郎・矢島文夫監訳

フォーブス 古代の技術史 (上)
―金属―

10591-6 C3340　　　　A 5 判 616頁 本体14000円

オリエント・エジプトからギリシア・ローマまで古代技術の集大成―貴金属は古代から崇拝と欲望の対象であり,権力と富の象徴だった。上巻では「古代文明の中の金属」について解説。〔内容〕金/銀と鉛/銅/亜鉛と真鍮/鉄/錬金術の起源/他

R.J.フォーブス著　平田　寛・道家達将・
大沼正則・栗原一郎・矢島文夫監訳

フォーブス 古代の技術史 (中)
―土木・鉱業―

10592-4 C3340　　　　A 5 判 736頁 本体16000円

中巻では文明の成立に不可欠な様々な大型技術:水の供給と動力の利用,交通手段の整備,さらに鉱山から何をどう採掘していたのか,等を解説。〔内容〕給水/潅漑と排水/動力/陸上交通と道路/古代の地質学/鉱業と採石業/採掘技術/他

上記価格(税別)は 2006 年 3 月現在